普通高等教育"十一五"国家级规划教材

现代化学功能材料

史鸿鑫　主编

化学工业出版社

·北京·

本书共10章，主要介绍化学功能材料的主要种类、制备方法及其应用。针对化学功能材料的发展前沿、国内外最新研究成果，结合编者多年来的科研和教学的实践和体会，力求达到内容新颖、材料翔实、反映国际先进水平。本书可以作为高等院校材料、化学工程与工艺、应用化学等相关专业的研究生、本科生教学用书，也可用作大专、中专和高等职业技术学院相关专业的教学参考书，也可作为材料、化工等相关领域的工程技术人员的参考书。

图书在版编目（CIP）数据

现代化学功能材料/史鸿鑫主编. —北京：化学工业出版社，2009.6（2024.8重印）

普通高等教育“十一五”国家级规划教材

ISBN 978-7-122-05296-4

Ⅰ.现… Ⅱ.史… Ⅲ.化工材料：功能材料-高等学校-教材 Ⅳ.TB34

中国版本图书馆CIP数据核字（2009）第060293号

责任编辑：杨　菁　　文字编辑：林　丹

责任校对：王素芹　　装帧设计：韩　飞

出版发行：化学工业出版社（北京市东城区青年湖南街13号　邮政编码100011）

印　　装：北京盛通数码印刷有限公司

787mm×1092mm　1/16　印张25½　字数684千字　2024年8月北京第1版第4次印刷

购书咨询：010-64518888　　售后服务：010-64518899

网　　址：http://www.cip.com.cn

凡购买本书，如有缺损质量问题，本社销售中心负责调换。

定　　价：48.00元

前　　言

材料科学是21世纪重点发展的学科之一，涉及冶金、机械、化工、电子、生物、航空航天、军事、信息等部门。材料科学自身的发展为生物技术、能源技术和信息技术提供了必不可少的、性能优异的各种基础材料，为它们的发展起到推动作用。而生物技术、能源技术和信息技术的发展，对材料科学提出了新的要求，或者直接应用于材料的研究和生产之中，反过来又促进了材料科学的发展。材料科学已成为发达国家研究开发、激烈竞争的领域，其发展水平将对其它高新技术领域产生极其重要的影响。功能材料是材料科学的一个重要分支，也是衡量材料领域技术水平的标志之一。因此大力发展功能材料，对于抢占21世纪高新技术制高点，推动科学技术的进步，加速现代化进程有十分现实的意义。为了满足发展的需要，培养具有功能材料专业知识的专门人才显得尤为重要和迫切。许多面向大学本、专科学生，企业工程技术人员的材料学和功能材料方面的书籍已经出版，但鲜有化学功能材料方面的教材或专著面世。21世纪材料领域的发展主流将是高新技术的开发和应用，其学科基础将不可避免地拓展到信息科学、化学、电子学、生物学、光学等学科。多学科交叉融合是推动功能材料进步的一个有效途径，特别是材料学和化学化工的相互交融，为化学功能材料的发展注入新的活力。

21世纪从事化学功能材料产品开发和生产的研究人员与工程技术人员应是新知识、新技术的拥有者。《现代化学功能材料》正是为了适应这种发展趋势，为培养化学功能材料领域高级专门人才和精英的需要而编写出版的。本书的第1章～第3章和第8章由史鸿鑫编写，第4章和第5章由王农跃编写，第6章和第7章由项斌编写，第9章和第10章由高建荣编写。全书由史鸿鑫统稿。本书的初稿已经在研究生教学中使用多年，在此实践基础上经补充和调整部分内容，重新撰写而成。《现代化学功能材料》主要介绍化学功能材料的主要种类、制备方法及其应用。针对化学功能材料的发展前沿、国内外最新研究成果，结合编者多年来的科研和教学的实践与体会，力求达到内容新颖、材料翔实、反映国际先进水平。我们希冀通过《现代化学功能材料》的阅读和教学，能够培养一大批具有一定创新思维和创新能力的化学功能材料高级专门人才。

《现代化学功能材料》的读者一般应具备无机化学、有机化学、物理化学、结构化学、分析化学、量子化学、普通物理学等课程的基础知识。本书对于有关的基本公式将不作推演，对相关的基础性内容也不作叙述。本书重点介绍化学功能材料的性能、制备规律和应用方面的内容。在每一章列出了一些主要的参考文献，以便于读者进行深入的了解和研究。在此谨向被《化学功能材料概论》所引用文献的原创者们表示深深的谢意。

《现代化学功能材料》可以作为高等院校材料、化学工程与工艺、应用化学等相关专业的研究生、本科生教学用书，也可用作大专、中专和高等职业技术学院相关专业的教学参考书。它为学生提供必需的化学功能材料的性质、生产和应用方面的知识和技能，为今后从事化学功能材料的研究、开发、生产和应用等工作打下良好的基础。本书也可作为材料、化工等相关领域的工程技术人员的参考书。本书涉及的学科知识面较宽，知识点较新，为了便于理解，采用了通俗易懂的叙述方式，文字相对简明扼要和深入浅出。

鉴于编者水平的局限，疏漏甚至错误在所难免，恳请读者不吝赐教。

史鸿鑫

2009年4月于杭州

目　　录

第1章 绪　论

材料科学是21世纪高新技术之一，它将与生物、能源、信息等技术一起成为研究与发展的热点。材料科学自身的发展为生物技术、能源技术和信息技术提供了必不可少的、性能优异的各种基础材料，为它们的发展起到了推动作用。而生物技术、能源技术和信息技术的发展，对材料科学提出新的要求，或者直接应用于材料的研究和生产中，反过来又促进了材料科学的新发展。有人将21世纪称为能源、信息和材料的世纪，鉴于材料的重要性，又称之为新材料的世纪。无疑在21世纪人们将会更加重视现有材料的应用潜力的发掘和新型材料的研制。

一般固体材料为应用最广泛的一类材料，根据其组成可以分为：金属材料、无机非金属材料、有机高分子材料和复合材料四类。根据材料的特性和用途，可将其分为结构材料和功能材料两大类。利用结构材料的力学性能制造可承受一定负荷的设备、零件、建筑结构等；利用功能材料的某些特殊物理性能，可制造各种电子器件、光敏元件、绝缘材料等。根据材料内部原子排列情况，可将其分为晶态和非晶态材料。而根据材料的热力学状态，又可将其分为稳态和亚稳态材料。

功能材料是指材料本身受外界环境（化学或物理）刺激，产生特定的功能，具有敏锐的应答能力，可进行选择性、特异性工作，如光功能、生物功能、分离功能、导电功能、磁性功能、医用功能等。功能材料是一类新兴材料，它具有能量转换的特异功能。通常是把光、磁、声、热和机械力等的能量转换为相应的电信号，然后通过电信号来控制或接收这些能量或信息。例如电脑、电眼、电鼻、电耳等器件，就是分别采用记忆、光电、气敏、压电晶体等材料制成的。

功能材料按其显示功能的过程分为一次功能和二次功能。一次功能是当向材料输入的能量和从材料输出的能量属于同种形式时，材料起能量传送部件作用，又称载体，主要功能包括：

① 力学功能，如惯性、黏性、流动性、润滑性、成型性、超塑性、高弹性、恒弹性、振动性和防振性；

② 声功能，如吸音性、隔音性；

③ 热功能，如隔热性、传热性、吸热性和蓄热性；

④ 电功能，如导电性、超导性、绝缘性和电阻；

⑤ 磁功能，如软磁性、硬磁性、半硬磁性；

⑥ 光功能，如透光性、遮光性、反射光性、折射光性、吸收光性、偏振性、聚光性、分光性；

⑦ 化学功能，如催化作用、吸附作用、生物化学反应、酶反应、气体吸收；

⑧ 其它功能，如电磁波特性（常与隐身相联系）、放射性。

二次功能是当向材料输入的能量和输出的能量属于不同形式时，材料起能量转换部件作用，又称高次功能，主要功能包括：

① 光能与其它形式能量的转换，如光化反应、光致抗蚀、光合成反应、光分解反应、化学发光、感光反应、光致伸缩、光生伏特效应、光导电效应；

② 电能与其它形式能量的转换，如电磁效应、电阻发热效应、热电效应、光电效应、场致发光效应、电光效应和电化学效应；

③ 磁能与其它形式能量的转换，如热磁效应、磁冷冻效应、光磁效应和磁性转变；

④ 机械能与其它形式能量的转换，如压电效应、磁致伸缩、电致伸缩、光压效应、声光效应、光弹性效应、机械化学效应、形状记忆效应和热弹性效应。

目前常用的功能材料有三大类：信息功能材料（集成电路材料、记忆合金材料、信息储存材料、光导纤维与光电通信、敏感材料及传感器）、能源功能材料（高临界温度超导材料、永磁材料、太阳能转换材料以及有机导电高分子、分离膜与生物机能模拟材料）、生物材料与智能材料。包括功能材料在内的新材料是支撑一切高技术的基础，而化学工业则是材料科学的基础。未来精细化工将向新材料特别是功能性材料方向发展。有机硅材料、有机氟材料、纳米材料、膜材料、生物活性材料、催化新材料、电子用化学材料、智能材料、功能色素材料等以有机合成和化学化工为基础的一批功能性新材料已经崭露头角，它们在电子、通信、计算机、航空、航天、军事、医药、化工、纺织、造纸、皮革、机械、建筑、生物等领域有着广泛的应用，并且有强劲的发展势头，必将成为新的经济增长点和研究热点。《现代化学功能材料》从化学的角度介绍有机硅材料、有机氟材料、纳米材料、膜材料、生物活性材料、催化新材料、电子化学材料、智能材料和功能色素材料，在许多方面将突破传统的功能材料的概念，介绍它们的分类、合成方法、应用和发展趋势等有关知识，引发读者对功能材料的兴趣，进而投身于功能材料的研究开发和生产应用中去。

功能材料属于高新技术的范畴，是21世纪重点发展的领域。例如纳米材料在国家尖端技术、航空航天领域、国防建设中的导弹及新型兵器等方面有十分重要的作用。有机硅材料和有机氟材料在日常生活的许多地方有新的用途。膜材料和新型催化材料在化工领域有不可替代的地位。电子用化学品、智能材料和功能色素等都是崭露头角的新材料。与传统的化工原料、中间体和化学品不同，这些化工材料是在近期迅速发展起来的，具有特殊的功能性、具有很高的技术含量和附加值，是国际化工界竞争最激烈的焦点之一。功能材料的发展水平直接标志着一个国家的科学技术水准，因此世界强国纷纷投入巨资研究开发。编写《现代化学功能材料》，介绍材料科学领域的热点和研究动态，旨在使化学新材料这一21世纪的高新技术成为贴近人们生活、触手可及、实实在在的技术，并利用这些技术，推动我国化学功能材料事业的向前发展。

第2章 纳米材料

2.1 概述

纳米材料是指平均粒径在纳米量级（1～100nm）范围内的固体材料的总称。纳米材料由于平均粒径小，处于宏观与微观的过渡区，表面原子多，比表面积大，表面能高，因而其性质既不同于单个原子和分子，也不同于普通的颗粒材料，常常显示出独特的量子尺寸效应、表面效应，宏观量子隧道效应等特性，并具有普通材料所没有的奇异功能，因而引起人们的广泛兴趣和高度重视。纳米材料是采用纳米技术制备出来的新型材料，伴随着纳米技术的不断成熟而发展。纳米科学与技术是一个融科学前沿和高科技于一体的完整体系。所谓纳米技术，是指研究由尺寸在 0.1～100nm 之间的物质组成的体系运动规律和相互作用，以及可能的实际应用中的技术问题，即通过微观环境下操作单个原子、分子或原子团、分子团，以制造具有特定功能的材料或器件为最终目的的一门崭新的科学技术。纳米技术是 21 世纪科技产业革命的重要内容之一，它是与物理学、化学、生物学、材料科学和电子学等学科高度交叉的综合性学科，包括以观测、分析和研究为主线的基础科学，以纳米工程与加工学为主线的技术科学。纳米技术主要包括纳米电子、纳米机械和纳米材料等技术领域。

对纳米材料的研究始于 19 世纪 60 年代，随着胶体化学的建立，科学家就开始对纳米微粒系统的研究。而真正将纳米材料作为材料科学的一个独立分支加以研究，则始于 20 世纪后半叶。1959 年诺贝尔奖获得者理查德·费曼提出了纳米材料的概念：“我不怀疑，如果我们对物质微小规模上的排列加以某种控制的话，我们就能够使物质具有各种可能的特性”。1982 年 Boutonnét 首先报道了应用微乳液制备出纳米颗粒：用水合肼或者氢气还原在 W/O 型微乳液水核中的贵金属盐，得到了单分散的铂、钯、铑、铱金属颗粒（3～5nm）。1984 年德国物理学家 Gleiter 首次用惰性气体蒸发原位加热法制备了具有清洁表面的纳米块材料，并对其各种物性进行了系统的研究。1987 年美国和德国同时报道，成功制备了具有清洁界面的陶瓷二氧化钛。

20 世纪 80 年代末，IBM 公司的研究人员发现用电子显微镜的电子探针，可以随意一次拾起物质极小的构块并将它移动。为了证明这一点，科研人员取出 35 个氙原子，将它们不断移来移去，并拼写出一个非常小的“IBM”字样来。随后，这种“拼图绝活”便普及起来。IBM 用微小的金块制成一幅比例为 10 亿分之一的世界地图；斯坦福大学的科学家则将小说《双城记》的第一页缩微 25000 倍。从那时起，用各种方法制备的人工纳米材料已多达数百种。人们开始广泛地探索新型纳米材料，系统地研究纳米材料的性能、微观结构、谱学特征以及应用前景，取得了大量具有理论意义和重要应用价值的结果。

进入 20 世纪 90 年代，国外纳米材料的研制与应用开始步入实质性的工业阶段。1990 年第一届国际纳米科学技术会议在美国召开，标志着纳米科学的诞生。纳米材料科学正式作为材料科学的分支，标志着材料科学进入了一个新的阶段。1992 年，世界上第一本“纳米结构材料”杂志创刊。从 1992 年起，两年一届的世界纳米会议先后在墨西哥、德国、美国、瑞典等国举行。于是世界各国先后对这种材料给予了极大的关注，并纷纷将其列入近期高科技开发项目，投入巨资组织力量，竞相加紧研究纳米技术。例如美国自 1991 年开始，把纳米列入政府关键技术，1992 年启动“总统倡导的材料 R&D 项目”，以促进超细及纳米材料应用的商业化。1993 年美国再次启动“联邦先进材料及过程”项目，进一步推动纳米技术的商业化。1994 年第一届“世界纳米材料及涂层”商业性会议在美国召开。

当前，从欧美到日本正在纳米技术领域进行一场世界性的竞争，将其作为 21 世纪工业革命的关键技术。仅美国政府部门在纳米技术基础研究方面的投资，就从 1997 年的 1.16 亿美元增加到 2001 年的 4.97 亿美元。德国把纳米技术列为 21 世纪科研创新的战略领域，19 家科研机构建立了专门的纳米技术研究网。日本政府决定设立“关于在战略上推进纳米技术的恳谈会”，主要负责研究和制定今后日本纳米技术研究开发的重点课题及实行“产官学”联合攻关的方针政策。日本通产省从 2001 年起实施为期 7 年的“纳米材料工程”计划，每年投资 50 亿日元。日本科技厅在 2001 年设立了“纳米材料研究中心”，其预算费用为 32.5 亿日元。据估计，1999 年世界纳米技术的总营业额为 500 亿美元，2003 年增加到约 1000 亿美元，2010 年将达到 14400 亿美元。纳米技术的市场潜力巨大。

中国有组织地研究纳米材料始于 20 世纪 80 年代末，主要集中在中国科学院和大学。1993 年中国科学院北京真空物理实验室操纵原子成功写出了“中国”二字，标志我国进入国际纳米科技前沿。1998 年清华大学在国际上首次成功制备出直径为 3～50nm、长度达微米级的氮化镓半导体一维纳米棒。不久中国科学院物理研究所合成了世界上最长（达 3mm）、直径最小的超级纤维碳纳米管。1999 年上半年北京大学电子系在世界上首次将单壁竖立在金属表面，组装出世界上最细、性能良好的扫描隧道显微镜用探针。1999 年中国科学院金属研究所合成出高质量的碳纳米材料，用作新型储氢材料，一举跃入世界水平。这个研究所还在世界上首次直接发现了纳米金属的超塑延展性。中国对纳米技术的研究覆盖了基础理论和应用领域。基础研究包括纳米微粒的结构与物理性质，纳米微粒的化学性质，纳米微粒的制备与表面修饰等；应用研究包括纳米制品和纳米复合材料。经过十多年的研究，已有许多纳米材料问世，并将纳米材料用于微电子、光电、机械、半导体、计算机等领域，以及用于高档涂料、合成纤维、塑料、橡胶等高分子材料的改性。

2.2 纳米材料的特性

纳米是一种度量单位，$1nm=10^{-9}m$。有人作过一个形象的描述，1nm 的物体放在一个乒乓球上，就像一个乒乓球放在地球上。拿小东西原子比，1nm 约为 5 个氢原子排列成线的长度。一般把直径在 1～100nm 之间的颗粒叫做纳米微粒。

人们对客观物质世界的认识分为宏观世界和微观世界两个方面。对宏观世界的观察可从肉眼可见的物体到地球、银河系之外，乃至几十亿、数百亿光年之遥的空间。而微观世界是指原子、分子、中子及其内部世界。随着科学的发展，人们在掌握了宏观物质世界即物体本身的各种特性的同时，还掌握了微观物质的构成及其特性。而在微观世界和宏观世界过渡区，即三维尺度在 1～100nm 之间的物质与微观物质和宏观物质相比，在性质上有很大的差异。进入纳米空间，出现了人们在通常思路下想象不到的现象，发生了多种效应，开拓了新的应用空间。一旦物质进入纳米级后，其性质与原来宏观情况下所表现出来的性质有天壤之别。人们发现当物质被粉碎到纳米微粒时，所得的纳米材料不仅光、电、磁特性发生变化，而且具有辐射、吸收、催化、杀菌、吸附等许多新的特性，如小尺寸效应、量子尺寸效应、宏观量子隧道效应、表面和界面效应等。

2.2.1　物理性质

2.2.1.1　比表面积

纳米材料颗粒的平均粒径小于 100nm 。一般当粒径为 20nm 左右时称为超微细粉，当粒径为 20～100nm 时称为超细粉。表征纳米微粒的一个重要的指标是比表面积 S_w，它与粒径的关系如公式(2-1)：

$$S_w=\frac{K}{\rho D} \tag{2-1}$$

式中　S_w——粒子的比表面积，m^2/g；

D——平均粒径；

ρ——理论密度；

K——常数，对球形和立方体粒子，$K=6$；

只要已知纳米微粒的理论密度，根据公式(2-1) 就可求出比表面积 S_w，结果见表 2-1。

表 2-1　纳米微粒平均粒径与比表面积的关系

ρ/(g/cm³)	S_w/(m²/g)			实例
	D=10nm	D=60nm	D=100nm	
2.3～2.5	240～260	48～52	24～26	B_4CBN
3.3～3.4	180～190	36～38	18～19	Si_3N_4，MgO
4.0～4.9	120～150	24～50	12～25	Al_2O_3，TiO_2
5.4～5.7	100～110	20～22	10～11	TiN，Y_2O_3
8.3	70	14	7	NbN
15.3	40	8	4	WC

由公式(2-1) 可知，随着颗粒尺寸的减小纳米微粒的表面积迅速增加。纳米氧化锡的比表面积随粒径的变化很显著，10nm 时比表面积为 $90.3m^2/g$，5nm 时比表面积增加到 $181m^2/g$，而当粒径小于 2nm 时，比表面积猛增到 $450m^2/g$。

2.2.1.2　表面与界面效应

比表面积是纳米微粒重要的性质之一，其主要特征与纳米微粒表面结构有关。因为纳米结构在微粒表面产生了原子表面层，而且纳米微粒的比表面积很大，所以位于表面的原子占有相当大的比例（表 2-2），表面能也高。

表 2-2　纳米微粒尺寸与表面原子数的关系

粒径/nm	20	10	5	2	1
总原子个数	250000	30000	4000	250	30
表面原子比例/%	10	20	40	80	99

从表 2-2 可以看到，处于表面的原子数随粒径的减小而迅速增加。由于这些表面原子所处的晶体场环境及结合能与内部的原子有所不同，存在着大量的表面缺陷和许多悬挂键，具有高度的不饱和性，因而这些原子极易与其它原子相结合而稳定下来，使得表面原子具有很大的化学活性，从而使纳米粒子表现出强烈的表面效应。纳米材料的这个特性，使其能与某些大分子发生键合作用，提高分子间的键合力，使添加了纳米材料的复合材料的强度、韧性大幅度提高。

2.2.2　物化性质

2.2.2.1　表面位能

纳米材料的比表面积大，表面能高，吸附作用很强，很难使粒子均匀分散。特别是采用物理方法制备的纳米微粒，机械能转变为微粒的表面能时容易产生集聚。纳米粒子表面层内往往含有官能团。

碳酸钙：Ca^{2+}、CO_3^{2-}；

硅灰石：Ca^{2+}、SiO_3^{2-}；

滑石粉：Si—O—Si、OH^-、Si—O^-；

石英：Si—OH、Si—O—Si、O_3Si（O—Si 连三个 O）、O_4Si（干态）、Si—OH···OH_2（湿态）

这些表面层内官能团带有电荷，决定了粒子表面电性。而电荷类型及其大小将明显影响纳米微粒之间的相互作用。粒子之间的静电作用可以用 Deriapin、Verway、Overbeek 提出的 DLVO 理论来说明。当两个带电粒子相互接近时，由于粒子之间的电荷作用产生静电力，同时也存在着范德华力作用，粒子之间相互作用的总位能可以用公式(2-2) 表示：

$$E=E_r+E_a \tag{2-2}$$

式中 E_r——排斥力位能；

E_a——吸引力位能。

对于排斥力位能，Verway 和 Overbeek 提出用公式(2-3) 来计算：

$$E_r=\frac{\varepsilon D^2 E_0^2}{R} \tag{2-3}$$

式中 ε——介质的介电常数；

D——粒子的半径；

E_0——粒子的表面位能；

R——粒子的间距。

对于两个半径为 D 的球形粒子，其吸引力位能可用 Hamaker 提出的公式(2-4) 计算：

$$E_a=-\frac{AD}{12}\times\frac{1}{H_0} \tag{2-4}$$

式中 A——Hamaker 常数，数值为 $1\times10^{-7}\sim1\times10^{-5}$J；

H_0——粒子间的最短距离，其值可用 $H_0=2R-D$ 来计算。

处于高度活化状态的纳米微粒的表面能很高。例如 10nm 铜离子表面能为 9.4×10^4J/mol，5nm 时为 1.88×10^6J/mol；而 10nm 氧化锡微粒的表面能高达 4.08×10^5J/mol，5nm 时为 8.17×10^5J/mol，2nm 时竟高达 2.04×10^6J/mol。这样高的比表面积和表面能使纳米微粒具有极强的化学活性，譬如金属纳米微粒在空气中会燃烧，一些氧化物纳米微粒暴露在空气中会吸附气体，并与气体进行反应等。另外，由于纳米微粒表面原子的畸变也引起表面电子自旋构像和电子能谱的变化。所以纳米材料具有新的光学及电学性能。例如一些氧化物、氮化物和碳化物的纳米微粒对红外线有良好的吸收和发射作用，对紫外线有良好的屏蔽作用。

当其它条件一定时，由公式(2-3) 可知，排斥力位能 E_r 与粒子半径 D 的平方成正比；由公式(2-4) 可知，吸引力位能 E_a 与粒子的半径 D 成正比。当粒子半径减小，排斥力位能 E_r减小的幅度要比吸引力位能 E_a减小的幅度大得多，所以微粒间总位能 E 表现为吸引力位能，微粒间相互作用表现为吸引力，容易聚集成团，难以稳定保存，这是纳米材料制备过程中必须解决的问题之一。

2.2.2.2 *熔点*

纳米材料熔点下降，其下降值 ΔT_e可用公式(2-5) 计算：

$$\Delta T_e=\frac{E}{R\ln X_e}-S \tag{2-5}$$

式中　E——过剩的表面位能；

R——气体常数；

X_e——最大熔融温度；

S——熔融熵。

对过剩表面位能 E 可用公式（2-6）计算：

$$E=3V_mE_0R \tag{2-6}$$

式中　V_m——摩尔体积；

E_0——粒子的表面位能。

公式(2-6）仅适用于直径在 10～20nm 的粒子。

由于纳米材料由几个原子或分子组成，原子和分子之间的结合力减弱，这时其改变三态所需的热能相应减少，因此纳米材料的熔点降低。银的熔点为 900℃，而纳米银粉的熔点仅为 100℃。最明显的是金，它的熔点在 1000℃ 以上，但金的纳米微粒只在常温下就会熔化。一般纳米材料的熔点为原来块状材料的 30%～50%。除了熔点降低之外，纳米材料的开始烧结温度和晶化温度也有不同程度的降低。

2.2.3　光学特性

光按其波长大致可分为以下几个区域。

γ、α 射线　<100nm

UV 线　100～340nm

可见光　340～760nm

红外线　760nm～20μm

微波（雷达波）　>20μm

粒径小于 300nm 的纳米材料具有可见光反射和散射能力，它们在可见光范围内是透明的，但对紫外光具有很强的吸引和散射能力（当然吸收能力还与纳米材料的结构有关）。与纳米材料的表面催化氧化特性相结合，以纳米 SiO_2、TiO_2、ZnO 填充的涂料具有消毒杀菌和自清洁功能。除了熔点降低之外，纳米材料的开始烧结温度和晶化温度也有不同程度的降低。纳米材料显示出独特的电磁性能，它们对不同波长的雷达波和红外线具有很强的吸收作用，在军事隐身涂层中具有良好的应用前景。不同粒径的纳米填料对光的反射和散射效应是不同的，可产生随入射光角度不同而变色的效应。将胶体金应用于高级轿车罩面漆，可产生极华贵透明红灯彩效果。

2.2.4　量子尺寸效应

当量子尺寸下降到一定值时，费米能级附近的电子能级由准连续变为离散能级现象。宏观物体包含无限个原子，能级间距趋于零，即大粒子或宏观物体的能级间距几乎为零。而纳米粒子包含的原子数有限，能级间距发生分裂。块状金属的电子能谱为准连续带，而当能级间距大于热能、磁能、静磁能、静电能、光子能量或超导的凝聚态能时，必须考虑量子效应，这就导致纳米微粒磁、光、声、热、电以及超导电性与宏观特性的显著不同，这称为量子尺寸效应。

2.2.5　量子隧道效应

量子隧道效应是从量子力学观点出发，解释粒子能够穿越比总能量高的一种微观现象。近年来发现，微粒子的磁化强度和量子相干器的磁通量等一些宏观量也具有隧道效应，即宏观量子隧道效应。研究纳米微粒的这种特性，对发展微电子学器件将有重要的理论和实践意义。

2.2.6　其它特殊性质

（1）强度高　纳米铁晶体（6nm）的强度比多晶铁提高 12 倍，硬度提高 2～3 个数量级。

（2）韧性大　美国 Argonnel 实验室制成的纳米 CaF_2 陶瓷晶体在室温下可弯曲 100%。室温下纳米 TiO_2 陶瓷晶体表现出很高的韧性，压缩至原长度的 1/4 仍不破碎。

（3）扩散率高　纳米晶体的自扩散速率为传统晶体的 10^{16}～10^{19} 倍，是晶界扩散的 100 倍。高的扩散速率使纳米材料的固态反应可在室温或低温下进行。

（4）电导率低　纳米固体中的量子隧道效应使电子输运表现出反常现象。例如纳米硅氢合金中氢的含量大于 5 %（原子百分数）时，电导率下降 2 个数量级，并出现通道电阻效应。纳米材料的电导率随颗粒尺寸的减小而下降。

（5）高磁化率和高矫顽力、低饱和磁矩和低磁耗　纳米磁性金属的磁化率是普通金属的 20 倍，而饱和磁矩是普通金属的一半。

（6）热容高　一般纳米金属材料的热容是普通金属的 2 倍。

（7）耐腐蚀性好　如纳米 $Al_{1.92}Cr_{0.08}O_2$ 薄膜既耐强酸又耐强碱。

（8）热膨胀可调　可用于具有不同热膨胀系数材料的连接。

2.3　纳米材料的制备方法

纳米材料按结构和空间形状可以分为四类：

① 具有原子簇和原子束结构的零维纳米材料，如粒径 0.1～100nm 粉体纳米材料；

② 有纤维结构的一维线性纳米材料；

③ 具有二维结构的层状纳米材料；

④ 晶体尺寸至少有一个方向在几个纳米范围的三维纳米材料。

对纳米材料制备方法的探索是纳米材料研究的热点之一。这是因为即使同一成分的材料由于制备方法的不同，其物理性质也会有很大的差别。此外，不同的制备方法也可获得不同的纳米晶体金属结构。譬如使用气体冷凝法和机械合金法可获得三维等轴微晶；采用气相沉积或电沉积只可得到二维的层状纳米结构；利用化学气相沉积则可得到线状纳米结构。

2.3.1　纳米材料制备方法简介

2.3.1.1　按学科类型分类

目前世界上制备纳米材料的方法很多，按学科类型分有物理法和化学法两种。物理法主要指粉碎法，其基本思路是将材料由大化小，即将块状物质粉碎而获得超微粉。化学法又叫构筑法，由下极限的原子、离子、分子通过成核和长大两个阶段来加以制备。

（1）物理方法　物理方法一般是将原料加热蒸发使之成为原子或分子，再控制原子和分子的凝聚，生成纳米超微粒子。根据加热方式和蒸发原理的不同又可分为惰性气体蒸发法和氢电弧等离子体法等。

① 惰性气体法　在低压的惰性气体中，加热金属使其蒸发后形成纳米微粒。纳米微粒的粒径分布受真空室内惰性气体的种类、气体分压及蒸发速度的影响。通过改变这些因素，可以控制微粒的粒径大小及其分布。如果按加热方式区分又有电阻加热法、高频感应加热法、等离子体喷雾法、电子束加热法和激光加热法等。

② 激光加热蒸发法　以激光为热源，使气相反应物内部很快地吸收和传递能量，在瞬间完成气相反应的成核、长大和终止。采用 CO_2 激光器加热可制得 BN、SiO_2、MgO、Fe_2O_3、$LaTiO_3$ 等纳米材料。

③ 氢电弧等离子体法　使用混入一定比例氢气的等离子体，加热熔融金属。电离的氢气溶入熔融金属，然后释放出来，在气体中形成了金属的超微粒子。此法的特征是混入等离子体中的氢气浓度增加，使超微粒子的生成量增加。

④ 高压气体雾化法　要采用高压气体雾化器，在－40～－20℃将氮气和氩气以3倍于音速的速度射入熔融材料的液流内，熔体被粉碎成极细颗粒的射流，然后骤冷得到超细微粒。此法可生产粒度分布窄的纳米材料。

⑤ 机械合金法　此法是一种很可能成为批量生产纳米颗粒材料的方法。将合金粉末在保护气氛中，在一个能产生高能压缩冲击力的设备（如高频摇动的高能球磨机）中进行研磨，它在三个互相垂直方向上运动，但只在一个方向上有最大的运动幅度。金属组分在很细的尺寸上达到均匀混合。此法可将金属粉末、金属间化合物粉末或难混溶粉末研磨成纳米颗粒。在大多数情况下，只需研磨几个小时或十几个小时就足以形成要求的纳米颗粒。钛合金和钛金属间化合物采用机械合金化法可制得10nm左右的颗粒。通过高能球磨已制备出纯元素（C、Si、Ge）、金属间化合物（NiTi、Al_2Fe、Ni_3Al、Ti_3Al等）过饱和固溶体（Ti-Mg、Fe-Al、Cu-Ag等）、三组元合金系（Fe/SiC、Al/SiC、Cu/Fe_3O_4）等各种类型的纳米材料。

（2）化学制备法　制备纳米粒子和纳米材料的方法主要是化学合成法。化学制备法一般是通过物质之间的化学反应来实现的。在化学反应，物质之间的原子按一定比例重新组排，从而得到所需化学组成的材料。化学法包括沉淀法和水解法等。

① 沉淀法　在溶液状态下，将各成分原子混合，然后加入适当的沉淀剂来制备前驱体，再将此沉淀物进行煅烧，分解成为纳米级氧化物粉体。沉淀物的粒径取决于沉淀时核形成与核成长的相对速率。

② 水解法　以无机盐和金属醇盐与水反应得到氢氧化物和水化物的沉淀，再加热分解的方法。

另外，喷雾分解法、喷雾焙烧法、水热氧化法等也都是制备纳米微粒的常用方法。

2.3.1.2　按物质状态分类

纳米材料制备方法按物质状态分有气相法、液相法和固相法三种。

（1）气相法　直接利用气体或通过各种手段将物质变为气体，使之在气态下发生物理或化学反应，冷却后得到纳米微粒。此法包括气体凝聚法、真空蒸发法、高压气体雾化法、等离子体法、激光加热蒸发法、溅射法、物理气相沉积法和化学气相沉积法等。其中气相化学合成法是传统的方法。

1941年德国迪高沙公司开发出气相$SiCl_4$氧焰水解法制造白炭黑的新技术，在此基础上经过一些工艺改进生产出纳米级金属氧化物TiO_2、ZrO_2和Al_2O_3等。利用气相法获得白炭黑是目前国际上唯一能够大规模工业生产的纳米材料。与沉淀法、炭化法和溶胶-凝胶法相比，气相化学合成法有如下的优点。

① 原料易得，具有挥发性，易水解，产品不需再粉碎，过程连续，自动化程度高。

② 物质浓度小，生成粒子的凝聚少，颗粒的粒径在7～20nm之间。

③ 改变反应条件可控制颗粒的平均粒径，最大比表面积可达$400m^2/g$以上。

④ 产物的表面整洁，纯度可高达98.8%以上。

⑤ 因表面具有氢键网络，作为补强填料使用性能优越。

（2）液相法　液相法是采用微观层次上性能受到控制的源物质，取代传统工艺中那些未受几何化学控制或仅有几何控制的生原料，即采用化学途径对材料性能进行“裁减”。液相法包括水热法、沉淀法、喷雾热解法、溶胶-凝胶法、溶液蒸发法、微乳液法等，其中水热法、溶胶-凝胶法、沉淀法较为常用。

① 水热法　水热法是在密闭容器中，以水或其它液体为介质在高温（100～374℃）、高压（$P\leqslant 15MPa$）下合成，再经分离和热处理得到纳米材料的方法。根据水热法反应条件的不同，此法又可分为水热氧法、水热晶法，水热分解、水热沉淀和水热合成等。具体方法为：250mL高压釜，配有精密温度和压力测控仪。选用合适的反应前驱体如TiO_2粉体和

$Ba(OH)_2 \cdot 8H_2O$ 粉体，经水热反应得钙钛矿 $CaTiO_3$ 晶体。水热法的优点很多，最近在制备纳米陶瓷粉体，特别是不用煅烧和球磨方面发展很快。

② 沉淀法　在液相法中数沉淀法最重要，是目前应用最多的粉体制备方法。所得的粉体粒径小，分布均匀，并可制得多组分粉体。但此法需要经过煅烧，工艺复杂，能耗高。目前用沉淀法生产的纳米级碳酸钙是重要的纳米材料之一。碳化过程是关键过程，必须控制好石灰乳和 CO_2 的吸收碳化反应。采用不同的生产工艺和碳化设备，控制不同的工艺条件，可以制得具有不同理化性能的碳酸钙产品。利用超重力反应结晶法制备出粒径为 15～40nm 的纳米沉淀碳酸钙，晶型为立方体，此法已工业化。另外，喷射吸收法制备纳米沉淀碳酸钙也已工业化。

③ 喷雾热解法　喷雾热解法是将含有所需正离子的盐类溶液喷成雾状，送入已达一定温度的反应器后反应生成微细颗粒。这种方法综合了气相法和液相法的优点，可以方便地制得多种组分的复合材料，并且从溶液到粉末一步完成，工艺简单，反应迅速，产品颗粒形状好。从 20 世纪 50 年代开始至今，已经生产出 MgO、ZnO、Fe_2O_3 和 Al_2O_3 等多种氧化物陶瓷粉体，现在又出现了非氧化物（Si_3N_4）和多元复合化合物。

④ 溶胶-凝胶法　易于水解的金属化合物在溶剂中与水反应，经水解和缩聚过程逐渐凝胶化，再经干燥、烧结等后处理得到所需的材料。其基本反应是水解反应和缩聚反应。它可在低温下制备纯度高、粒径分布均匀、晶型和粒度可调、化学活性高的单组分和多组分混合物。尤其是传统方法不能或难以制备的产物，特别适合于制备非晶态纳米材料。

⑤ 溶液蒸发法　通过喷雾干燥、焙烧和燃烧等方法，将盐溶液快速蒸发、升华、冷凝和脱水，避免了分凝作用，得到的盐类粉末均匀，此法包括冷冻干燥法及喷雾干燥热分解法。日本新技术事业集团采用此法生产了 Y_2O_3 部分稳定 ZrO_2，其纯度达到 99.1%，平均粒径为 30nm。

⑥ 微乳液法　利用油包水型（W/O）微乳液体系，金属盐类可以溶解在水相中，形成以油相为连续相，中间分散着非常小而均匀的水核。在这些水核中发生沉淀反应所产生的微粒可以十分微小，而且也较均匀。例如采用此法制备了 9nm 的 Al_2O_3 超细粉。

⑦ 辐射合成法　所采用的 γ 辐射源为钴 60，水在受到钴 60 的 γ 辐射源照射后被激发，并发生电离，产生还原性的氢自由基。它可以还原水溶液中的某些金属离子、金属原子或低价金属离子，结果生成的金属原子聚集成核，从溶液中沉淀出来。虽然此法用于制备纳米金属材料的研究历史较短，但已在贵金属纳米材料的制备，较活泼金属纳米材料的制备以及金属氧化物纳米微粒的制备等方面崭露头角。

辐射合成法的优点如下。

a. 金属盐浓度较高，工艺简单，常温常压操作，周期短，辐射剂量在 103～104Gy。

b. 不另加还原剂，电离辐射金属盐水溶液自然产生极其活泼的水合电子和氢自由基。

c. 颗粒粒径容易控制，其平均粒度一般为 10nm 左右。

d. 产率高，一般贵金属纳米微粒产率大于 95%，活泼金属纳米微粒产率也大于 70%。

e. 适用范围大。纯金属、氧化物、硫化物的纳米微粒，纳米复合材料以及非晶粉末都可制备。

f. 成本低。

但此法也有缺点，常常要加入一些表面活性剂包覆纳米微粒的表面，以控制粒子的大小；后处理时要多次洗涤，不可避免产品的损失。

（3）固相法　固相法是将金属盐或金属氧化物按一定比例充分混合，研磨后煅烧，发生固相反应，新的单独固相从均匀固相系统中析出而原来固相消失的过程。其中固相热分解法是最常用的方法，主要是利用金属化合物的热分解来制备纳米材料。但其粉末易固结，还需再次粉碎，成本较高。

上述这些分类并不十分严格，实际上很多制备方法并不一定采用单一的方法。如活性气氛下气相浓缩法与机械熔融法可以合起来，称为机械合成法。因而各种制备方法难以完全划清界限。

2.3.2　沉淀法

沉淀法通常是在溶液状态下将不同化学成分的物质混合，在混合溶液中加入适当沉淀剂制备超微颗粒的前驱体沉淀物，再将此沉淀物进行干燥或焙烧，从而制得相应的超微颗粒。一般颗粒在微米左右时就可发生沉淀，从而生成沉淀物。所生成颗粒的粒径取决于沉淀物的溶解度，沉淀物的溶解度越小，相应颗粒的粒径也越小，而颗粒的粒径随溶液的过饱和度减小呈增大趋势。沉淀法包括直接沉淀法、均匀沉淀法和共沉淀法。

直接沉淀法是仅用沉淀操作从溶液中制备氧化物纳米微晶的方法，即溶液中的某一种金属阳离子发生化学反应而形成沉淀物，其优点是容易制取高纯度的氧化物超微粉。

共沉淀法是最早采用的液相化学反应合成金属氧化物纳米颗粒的方法。此法把沉淀剂加入混合后的金属盐溶液中，促使各组分均匀混合，然后加热分解以获得超微粒。采用该法制备超微粒时，沉淀剂的过滤、洗涤及溶液 pH 值、浓度、水解速度、干燥方式、热处理等都影响微粒的大小。共沉淀法是制备含有两种以上金属元素的复合氧化物超微细粉的重要方法。目前此法已被广泛应用于制备钙钛型材料、尖晶石型材料、敏感材料、铁氧体及荧光材料的超微细粉。

在沉淀法中，为避免直接添加沉淀产生局部浓度不均匀，可在溶液中加入某种物质，使之通过溶液中的化学反应，缓慢地生成沉淀剂。通过控制生成沉淀的速度，就可避免沉淀剂浓度不均匀的现象，使过饱和度控制在适当的范围内，从而控制粒子的生长速度，减小晶粒凝聚，制得纯度高的纳米材料。这就是均匀沉淀法。

利用金属有机醇盐能溶于有机溶剂，并可能发生水解生成氢氧化物或氧化物沉淀的特性，也可制备超微细粉。其优点是用有机溶剂做醇盐溶剂，所得粉体纯度高。另外可制备化学计量的复合金属氧化物粉末，且氧化物之间组成均一。

金属离子与 NH_3、EDTA 等配体形成常温稳定的螯（络）合物，在适宜的温度和 pH 值时，螯（络）合物被破坏，金属离子重新被释放出来，与溶液中的 OH^- 及外加沉淀剂、氧化剂（H_2O_2、O_2 等）作用生成不同价态、不溶性的金属氧化物、氢氧化物或盐等沉淀物，进一步处理可得一定粒径、甚至一定形态的纳米微粒。

近年来人们把微波、光和辐射技术引入沉淀法，并发展了微波水解、光合成和辐射还原等新技术。沉淀法制备超微粒子过程中的每一个环节，如沉淀反应、晶粒长大、湿粉体的洗涤、干燥、焙烧等，都有可能导致颗粒长大和团聚。所以要得到颗粒粒度分布均匀的体系，要尽量满足以下两个条件：

① 成核过程与生长过程相分离，促进成核控制生长；

② 抑制颗粒的团聚。

沉淀法的特点是工艺操作简单、成本较低、产品的纯度较高、组成也均匀，可用于制备难溶氧化物、氢氧化物和无机盐等纳米粉末。但也有以下的问题：沉淀物通常是胶状物、水洗和过滤较困难；杂质易混入，影响纯度；沉淀过程中各种成分可能发生偏析，水洗时部分沉淀物发生溶解；从溶液中带出的杂质离子影响粉末烧结性能，而且清除较烦琐。由于许多金属不容易发生沉淀反应，因此该法适用面较窄，且难以制成粒径小的纳米颗粒。

采用沉淀法制备纳米颗粒的实例如下。

将双水乙酸锌和等摩尔浓度的无水碳酸钠分别溶解在蒸馏水中，过滤后两溶液逐渐混合，并同时加热搅拌至一定温度，恒温反应后冷却至室温，经抽滤、洗涤得到前驱体碱式碳酸锌。将其置于马福炉中于350～950℃不同的温度下煅烧，得到纳米ZnO粉体。通过改变反应物的浓度，可以得到不同尺寸的纳米氧化锌颗粒。而对同一浓度得到的ZnO进行不同温度的热处理，可以在不改变颗粒形状的条件下，使微晶离子粗化，得到的纳米氧化锌粉体平均粒径20nm左右。

把$(NH_4)_6Mo_7O_{24}\cdot 4H_2O$固体放入干净的反应器中，加入适量的水和氨水，得到无色透明溶液，再加少量的冰乙酸后滴加36%乙酸溶液，使溶液的pH值等于3.5，静置24h，即有白色沉淀生成。若沉淀不明显，可在60℃干燥箱中放置12h，得到大量白色晶体。用KY2800型扫描电子显微镜观察，可看到明显的纤维状晶体，即$(NH_4)_4H_2Mo_7O_{24}\cdot 4H_2O$和$(NH_4)_3H_3Mo_7O_{24}\cdot 4H_2O$。将其用无水乙醇洗涤，在150℃干燥、分解，即可得到纳米级MoO_3微粉。经XRD分析，该MoO_3属正交晶系。

在搅拌下将计量的浓度一定的反应物按预定的方式混合，边搅拌边加入表面活性剂和助剂，反应约30min得到前驱体碱式碳酸锌。经洗涤至无SO_4^{2-}，分离，干燥，在预定的温度下焙烧，即可得到纳米氧化锌。研究表明，随着反应温度的升高，粒径增大，一次性快速投料比均匀滴加的效果好，搅拌速度对产物的粒径分布范围的影响特别大。搅拌速度愈快，愈有利于反应物混合均匀，生成粒径均匀的粒子，否则将造成粒径分布范围变宽。用表面活性剂对粉体材料做处理是解决粒子团聚的最常用、最简单的方法之一。但表面活性剂加入量过多或过少，其效果都不理想。改进的直接沉淀法制备出的纳米氧化锌呈六方晶型，粒子外形为球形或椭球形，粒径在15～25nm之间。

通过$Ca(OH)_2/H_3PO_4/H_2O$体系合成一系列的纳米级β-磷酸钙。一定量的$Ca(OH)_2$和蒸馏水用搅拌器强烈搅拌，使之混合均匀直至$Ca(OH)_2$在蒸馏水中不团聚，呈更细小颗粒分布。所得混合液作为沉淀剂，缓慢滴加处于电磁搅拌下的一定量的H_3PO_4水溶液。滴加完毕后继续搅拌反应3～5h。静置沉淀，用蒸馏水反复洗涤，过滤三次，于120℃干燥得β-TCP原粉。在箱式电阻炉中于800℃焙烧3 h，自然降温得β-TCP-1结晶产物。另外，搅拌下于室温将$Ca(NO_3)_2\cdot 4H_2O$的水溶液滴加到$(NH_4)_2HPO_4$水溶液中，也得到纳米级β-TCP-2结晶产物。两种方法生产的纳米级β-磷酸钙均为针状结晶，结晶大小分别为β-TCP-1 10nm×80nm，β-TCP-2 15nm×62.5nm。

2.3.3 水热法

水热法是在水存在下经高温高压反应，液相中制备超微颗粒的一种方法。1900年Morey在美国开始相平衡研究，建立了水热合成理论。现在的单晶生长和陶瓷粉末的水热合成都是在此基础上建立起来的。目前水热合成法制备水晶已经实现了工业化生产，并成为单晶生产的主要方法之一。利用该法还可以制备无机薄膜、微孔材料和纳米材料。

水热法一般在密闭反应器（高压釜）中以水溶液作为反应体系，通过将水溶液加热至临界温度（或接近临界温度），使无机或有机化合物与水化合，通过对加速渗析反应和物理过程的控制，可以得到改进的无机物，再过滤、洗涤、干燥，从而得到高纯、超细的各类微细颗粒。水热法制备纳米材料，可将金属或其前驱物直接合成氧化物，避免了一般液相合成需要经过煅烧转化为氧化物的步骤，从而极大地降低乃至避免了硬团聚的形成。制备的粉体具有晶粒发育完整、粒度小、分布均匀、分散性较好等优点。

水热法可分为水热沉淀和水热结晶法。前者如在硝酸锆中加入蒸馏水，在18℃、1.43MPa氮气压力下，逐步加热到150～240℃，加压到12.5MPa为止，保持6 h，冷却、减压、用离心机将固液分离，在红外线灯照射下干燥，获得单斜ZrO_2粉料。后者如将$ZrCl_4$加入2mol/L HCl水溶液中使之溶解，然后加入3mol/L NH_4OH水溶液得到凝胶状物质，经反复过滤、沉淀，在120℃烘干，得到含水ZrO_2。以含水ZrO_2为原料，用KF溶液在100MPa、200～600℃下进行水热反应，在500℃以下得到20nm的含水ZrO_2微粉。一般而言，采用水热法能够获得通常条件下难以生成的纳米微粒，并且其纯度高。制备时要用到耐高温和耐高压的设备。

利用水热法可以制备超细磷灰石粉末。在反应器中加入 $Ca(NO_3)_2$ 溶液（预先用氨水调至 pH 值为 10），边搅拌边加入等体积的 $(NH_4)_2HPO_4$ 溶液（预先用氨水调至 pH 值为 10），使羟基磷灰石混合体系的 $n(Ca):n(P)=10:6$。两种溶液混合后即形成凝胶状的沉淀，体系的 pH 值有所下降。升温至回流，凝胶状的沉淀逐渐形成极易分散的白色沉淀。搅拌一定时间后，冷却至室温，水洗至中性。带水的产物直接进行表面处理或滤去水后于 120℃ 干燥粉碎。试验表明，只要温度 100℃，原料中 $n(Ca):n(P)=10:6$，维持反应体系一定的 pH 值，就可以得到结晶性良好的、平均粒径小于 100nm 的超细磷灰石粉末。

以水热法制备 ZrO_2 纳米微晶，考察其对乙醇和丁烷的气敏特性。选用质量分数分别为 10%、20%、30%、40%、65% 和 80% 的 $ZrOCl_2$ 溶液为前驱体，置于衬有聚四氟乙烯的管式不锈钢高压反应釜中，充填度为 70%，在 180℃ 下反应 48h。反应结束后产物经蒸馏水洗涤，在 110℃ 干燥 19h，得到白色超细 ZrO_2 粉末，再在 600℃ 焙烧 4h，制备得到单斜相 ZrO_2 柱状纳米微晶，颗粒直径 5nm、长 7.5nm 左右。此微晶在水溶液中存在软团聚，团聚体平均尺寸为 90nm 左右。纳米 ZrO_2 微晶对乙醇和丁烷具有较强的敏感性，而且随着气体浓度的进一步增加敏感性趋于定值。ZrO_2 粒子的粒径愈小，对乙醇和丁烷的敏感性愈强。

2.3.4 溶胶-凝胶法

溶胶-凝胶法是 20 世纪 70 年代发展起来的一种无机材料高新制造技术，以无机盐或金属盐为前驱体，经水解缩聚逐渐凝胶化及相应的后处理而得到所需的材料。几个低温化学手段在相当小的尺寸范围内剪裁和控制材料的显微结构，使均匀性达到亚微米级、纳米级甚至分子级水平。影响溶胶-凝胶法材料结构的因素很多，主要包括前驱体、溶胶-凝胶法过程参数（溶液浓度、反应温度和时间、pH 值、酸和碱的种类以及阴离子等）、结构膜板剂和后处理过程参数等。在众多的影响参数中，前驱物或醇盐的形态是控制交替行为及纳米材料结构与性能的决定性因素。利用有机大分子做膜板剂控制纳米材料的结构是近年来溶胶-凝胶法化学发展的新动向。通过调变聚合物的大小和修饰胶体颗粒表面能够有效地控制材料的结构性能。

传统的溶胶-凝胶法采用有机金属醇盐为原料，通过水解、聚合、干燥等过程得到固体的前驱物，再经过适当热处理得到纳米微粒。但采用金属醇盐做原料时，生产成本较高。一般凝胶化过程很慢，造成生产周期比较长；某些不容易通过水解聚合的金属，譬如碱金属，较难牢固地结合到凝胶网络中去。因此，用溶胶-凝胶法制备纳米复合金属氧化物的种类并不多。溶胶-凝胶法包括溶胶的制备和溶胶-凝胶转化两个过程。凝胶指的是含有亚微米孔和聚合链的相互连接的网络。这种网络为有机网络、无机网络和无机有机交互网络。溶胶-凝胶的转化又可分为有机和无机两种途径。

溶胶-凝胶法具有制品粒度均匀性好，粒径分布窄，化学纯度高，过程简单易操作，成本低，低温制备化学活性大的单组分或多组分分子级混合物，并且可以制备传统方法不能或难以制备的纳米微粒，反应物种多等特点。溶胶-凝胶法适用于氧化物和过渡金属族化合物的制备，其应用范围比较广。目前已经采用溶胶-凝胶法来制备莫来石、尖晶石、氧化锆、氧化铝等纳米微粒。

采用 V_2O_5 晶体为原料，以无机溶胶-凝胶法水淬 V_2O_5 制取含纳米颗粒的 V_2O_5 溶胶，其中 V_2O_5 颗粒呈针状，其径向尺寸 50～60nm。适宜的制胶参数为：熔化温度 800～900℃，保温时间 5～10min。控制胶体中 V_2O_5 浓度在 20g/L 以上时，可以使 V_2O_5 溶胶很快形成凝胶。随着放置时间的延长，溶胶黏度增大，约 10 天后失去流动性而成为凝胶，其 pH 值也同时发生类似的变化。

以 Fe(Ⅲ) 氧化物为主体的铁酸盐具有优良的磁谱效应，在 CO_2分解成碳，费托反应和烃类氧化脱氢反应中也表现出良好的催化特性。以柠檬酸为络合剂，采用溶胶-凝胶法制备尖晶石型铁酸盐纳米微粒催化剂的方法如下：先将 40mL、1mol/L 的 $Fe(NO_3)_3$溶液和 10mL、2mol/L $M(NO_3)_2$ 溶液（M=Zn、Co、Ni）充分混合，再以 n(金属)∶n(柠檬酸)=1∶1.5 的比例，向混合溶液中加入柠檬酸络合剂，以形成络合物溶胶。控制 pH=2～3，在 80℃ 水浴中加热并蒸干水分，使络合物聚合成黏稠凝胶后，在 120℃ 烘干得到干凝胶，碾磨后于 500℃ 焙烧 2 h，得到铁酸盐纳米微粒催化剂。这种催化剂对乙苯氧化反应有优良的催化活性和苯乙烯选择性。

将 $Al(NO_3)_3Al \cdot 9H_2O$ 溶于蒸馏水中，得到透明溶液，再加入适量的表面活性剂及分散剂，并高速搅拌均匀，然后逐滴加入 $Ba(OH)_2 \cdot 8H_2O$ 水溶液，搅拌均匀后放在干燥箱内浓缩。先得到透明溶胶，在 60℃ 干燥 8h 后得到干凝胶。用玛瑙研钵研细，置于马弗炉中煅烧 6h，得到纳米级 $BaAl_2O_4$超细粉末。SEM 研究发现，煅烧温度对产物有很大影响。温度过低如 400℃ 煅烧时，反应不完全，产物不纯净，得到非晶体的 $BaAl_2O_4$。600℃ 煅烧得到的样品粒径较小（50～60nm），分散度好。煅烧温度过高如 700℃ 时，粒度明显增大。另外，反应物以离子形式存在于溶液中，增加了各物质的分散度和均匀性，这样既有利于提高反应物扩散速率，又有利于提高反应速率。表面活性剂吸附在固液相界面上，形成了一层分子膜，有效地阻隔了颗粒之间的碰撞和颗粒的团聚，从而使产物颗粒变小，分散度得以好转。

溶胶-凝胶法是制备纳米 TiO_2的重要方法之一，而形成溶胶的过程（如水醇比）对 TiO_2 的粒径有重要的影响。一定量的钛酸丁酯按不同的体积比溶于无水乙醇中，搅拌均匀，加入少量硝酸以抑制强烈的水解。将乙醇加水混合液缓慢加入钛酸丁酯溶液中，以水酯摩尔比 4∶1 的量边加水边搅拌，直至反应物完全混合。通过水解与缩聚反应而制得溶胶，进一步缩聚而制得凝胶，化学反应式如下。

水解：$Ti(OR)_4 + nH_2O \longrightarrow Ti(OR)_{4-n}(OH)_n + nHOR$

缩聚：$Ti(OR)_{4-n}(OH)_n \longrightarrow [Ti(OR)_{4-n}(OH)_{n-1}]_2O + H_2O$

在 50℃ 干燥得到干凝胶，再经充分研磨后，置于电炉以 4℃/min 的速率缓慢升温至 500℃，保温 2h，得到 TiO_2粉末。

研究表明，随着乙醇加入量的增加，凝胶时间变长，TiO_2纳米颗粒的平均晶粒呈下降趋势，并提高对油酸光催化氧化的催化效果。

2.3.5 微乳液法

微乳液法又叫反相胶束法，是一种新的制备纳米材料的液相化学法。所谓微乳液法是指两种互不相溶的溶剂在表面活性剂的作用下形成乳液，也就是双亲分子将连续介质分割成微小空间形成微型反应器，反应物在其中反应生成固相。

微乳液：两种互不相溶液体在表面活性剂的作用下形成的热力学稳定、各相同性、外观透明或半透明、粒径在 1～100nm 范围内的分散体系。

微乳体系：水和油与表面活性剂和助表面活性剂混合形成一种热力学稳定的体系，该体系呈现透明或半透明状，分散相质点为球形且粒径很小，既可以是油包水（W/O）型，也可以是水包油（O/W）型。

微乳反应器原理：W/O 型微乳液中的水核是一种微型反应器，其水核半径（R）与体系中水和表面活性剂的浓度之比（K）及表面活性剂种类有关。K 将影响所制得纳米微粒的大小。

利用这种微乳反应器时，纳米粒子可由三种机理形成。

① 反应物互溶机理　两种微乳液水核各含一种反应物，当其混合后微胶团互相接触引

起水核内不同反应物的互换，进而在核内发生化学反应。在一定的微乳体系，水核大小几乎恒定，同时水核之间不发生晶核交换，这样就有效地控制了水核内粒子的大小。

② 添加还原剂机理 某一微乳液水核内含反应底物，还原剂水溶液与之相混，还原剂分子穿过微乳液界面膜，进入水核与反应底物作用产生晶种，水核的体积控制了晶种生长成粒子的大小。

③ 气体鼓入机理 某一气体鼓入水核内含一种反应底物的微乳液相中，通过混合、扩散，气体分子进入水核内与底物发生反应并得到纳米粒子。

微乳液通常由表面活性剂、助表面活性剂（常为醇类）、油（常为碳氢化合物）和水（或电解质水溶液）在适当的比例下自发形成的透明或半透明、低黏度和各向同性的热力学稳定体系。根据体系中油水比例及微观结构，把其分为正相微乳液（O/W）、反相微乳液（W/O）和中间态的双连续相微乳液。其中 W/O 型微乳液被广泛用于纳米微粒的制造。因为微乳液体系热力学稳定，可以自发形成，微乳液的制备方便，液滴大小可调控，实验装置和操作简单，所以微乳反应器已被用于纳米材料的制备。

微乳液法的第一步是制得微乳液，微乳液的形成机理如下。表面活性剂可以大大降低油/水界面张力（γ），达到 1～10mN/m，形成普通乳液。当再加入一种助表面活性剂时，在混合吸附的作用下，γ 可以大幅度下降到 $10^{-5}\sim10^{-3}$mN/m，甚至瞬时 $\gamma<0$，迫使体系自发扩张界面，表面活性剂和助表面活性剂相继吸附在新界面上，直至 γ 微大于或等于零。这种瞬时负界面张力使体系形成了微乳液。当微乳液滴碰撞而聚集时，会使界面面积减小而产生瞬时界面张力，以阻碍微乳液的凝聚，从而使微乳液达到动态平衡的稳定体系。对于多组分体系而言，其 Gibbs 公式为：

$$-\mathrm{d}\gamma=\sum\Gamma_i\,\mathrm{d}\mu_i=\sum\Gamma_i RT\,\mathrm{d}\ln c_i \tag{2-7}$$

式中 γ——油/水界面张力；

Γ_i——i 组分在界面的吸附量；

μ_i——i 组分的化学位；

c_i——i 组分在体系中的浓度。

因此，只要在体系中加入某种能被界面吸附的物质（其 $\Gamma<0$），则体系中液滴的表面张力会进一步减小，直至出现瞬时负界面张力的程度，并得到稳定的微乳液。一般 $C_5\sim C_8$ 脂肪醇作为助表面活性剂可以起到这种作用。

关于微乳液的结构，Robbins 等人提出了几何排列理论模型，认为微乳液滴界面膜在性质上是个双重膜，极性的亲水基头和非极性的烷基链分别与水和油构成均匀的界面。

设填充系数为 t，则：

$$t=V/(a_0 l_0) \tag{2-8}$$

式中 V——表面活性剂中烷基链的体积；

a_0——平截面上表面活性剂极性头的最佳截面积；

l_0——烷基链的长度。

填充系数 t 决定液滴界面的弯曲方向，即形成油包水型还是水包油型微乳体系。

① 当 $t=1$ 时，油水界面成水平状态，生成层状液晶相乳液。

② 当 $t<1$ 时，烷基链的截面积小于极性头的横截面积，界面凸向水相，形成水包油微乳体系。

③ 当 $t>1$ 时，疏水基链的横截面积大于亲水基的极性头横截面积，界面凸向油相，形成油包水型微乳体系。

研究表明，微乳胶团的大小直接受制于体系的水油比，微小的水池控制了所生成纳米粒子的大小，并得到在一定范围内适用的关系式：

$$r=1.8W+15 \tag{2-9}$$

式中 r——胶团半径；

W——[水]/[表面活性剂]。

制备纳米材料需要 W/O 型微乳反应器。除了添加中等碳链脂肪醇类助表面活性剂之外，还可以添加电解质以压缩双电层，增大填充系数 t，有利于形成 W/O 型微乳液滴。另外，添加摩尔体积较小的油或高芳香性油，以及提高微乳体系的温度都有利于形成 W/O 型液滴。

2.3.5.1 微乳液体系的配制

机械乳化法、转相乳化法和自然乳化法是常用的配制方法，但较多采用自然乳化法。在配制时，可以先把有机溶剂、表面活性剂、醇混合成为乳化液，再加入水，搅拌至透明。当一种液体以纳米级液滴均匀分散在与它不相溶的液体中时，形成微乳液。也可以把有机溶剂先和水及表面活性剂均匀混合成乳液，再向其中加入助表面活性剂，搅拌至透明。

2.3.5.2 微乳液原料的选取

在配制微乳液时，表面活性剂的亲水-亲油理论具有重要的地位。要使所用表面活性剂的 HLB 值与微乳液中油相的 HLB 值相适应。常用的油类物质有煤油、柴油、汽油、烷烃、苯、甲苯等。表面活性剂用作乳化剂，应选择分子结构与油相结构接近，能显著降低油水界面张力、可回收、既经济又安全的表面活性剂。常用的表面活性剂有：十二烷基苯磺酸钠、十二烷基硫酸钠、十二醇聚氧乙烯硫酸钠等阴离子表面活性剂；十六烷基三甲基溴化铵、双十八烷基二甲基氯化铵等阳离子表面活性剂；脂肪醇聚氧乙烯醚、烷基酚聚氧乙烯醚等非离子表面活性剂。一般采用多于一种表面活性剂复配，以提高界面膜的机械强度和弹性。特别是离子/非离子表面活性剂体系具有协同效应，可使吸附量增加，临界胶团浓度下降。常用的助表面活性剂是中高级醇类，如正丁醇、正十二醇等，其作用为调整体系 HLB 值，利于微乳液的生成，并增强界面膜的流动性和改善界面的柔性。

2.3.5.3 反相微乳液制备纳米粒子技术原理

反相微乳液由油连续相、水核、表面活性剂和助表面活性剂组成。（助）表面活性剂所成的单分子层界面包围水核成为微型反应器，其大小为几十纳米以下，可以增溶各种不同的化合物。不同的反应物分别溶于相同的两份微乳液中，混合后发生传质过程，并在水核内发生化学反应。产物微粒在水核内逐渐长大，粒径受水核大小控制。反应结束后，经过超高速离心分离，或加入水-丙酮混合物，使纳米粒子与微乳液分开，有机溶剂洗涤除去颗粒表面的油和表面活性剂，再经干燥就得到纳米微粒。

微乳液法的优点有：实验装置简单、能耗低、操作容易；所得纳米微粒粒径分布窄，而且分散性、界面性和稳定性好；与其它方法相比，粒径容易控制，适应面广。但此法也存在粒径较大和工艺条件难控制等问题。

W/O 微乳液法制备纳米微粒已被证明是十分理想的方法。用该法制备了很多纳米材料，从组成来看有金属和合金（如 Au）、氧化物（如 TiO_2）、盐（如 $CaCO_3$）和无机有机复合纳米微粒；从功能来看有功能性强、附加值高的产品，包括超细催化剂粒子、超细半导体粒子、超细超导材料等；从制备技术看微波、超声波、辐射、超临界萃取分离技术也逐渐引入到微乳液法中，使该方法日臻完善。微乳液法的应用表现在以下几个方面。

（1）纳米催化材料的制备　NP-5/环已烷/氯化铑微乳体系制备了负载型 Rh/SiO_2 和 Rh/ZrO_2，体系中 NP-5（非离子表面活性剂）溶液 0.5mol/L，氯化铑溶液 0.37mol/L，体系水相体积分数为 0.11。室温下加入水合肼和稀氨水，再加入正丁基醇锆/环已烷溶液，边激烈搅拌边升温至 40℃，生成淡黄色沉淀后分离并用乙醇洗涤，80℃ 干燥，500℃ 焙烧 3h，450℃ 氢气流还原 2h，得到 Rh/ZrO_2。其催化活性远远高于浸渍法制得的 Rh/ZrO_2。

(2) 无机化合物纳米微粒的制备　水/AOT/烷烃微乳体系制得纳米级卤化银，AOT浓度为0.15mol/L，微乳体系A中含$AgNO_3$（浓度0.4mol/L），微乳体系B含NaCl或NaBr（浓度0.4mol/L），把两体系充分混合，激烈搅拌，得到纳米AgCl和AgBr，可用于照相底片的乳胶中。

(3) 聚合物纳米聚丙烯酰胺的制备　在20mL AOT/正己烷溶液中加入0.1mL *N*,*N*-亚甲基双丙烯酰胺（2mg/mL）和丙烯酰胺（8mg/mL）的混合物，加入过硫酸铵为引发剂，在氮气保护下聚合，得到分散性较好的纳米聚丙烯酰胺。

(4) 金属单质和合金的制备　在SDS/H_2O/正戊醇/二甲苯体系中，反相微胶囊A中含$NiSO_4$，反相微胶囊B中含水合肼，混合并搅拌反应，经分离和干燥后，于300℃惰性气流中结晶，得到纳米Ni。

(5) 磁性氧化物颗粒的制备　AOT/H_2O/正己烷体系中，乳液A含$FeCl_2$和$FeCl_3$，乳液B含氨水，充分混合反应，产物经分离，用庚烷和丙酮洗涤，得到平均粒径为4nm的Fe_3O_4微粒。

(6) 高温超导体的制备　H_2O/CTAB/正丁醇/辛烷微乳体系中，一个含有钇、钡和铜的硝酸盐溶液，三者之比为1∶2∶3；另一个含有草酸胺溶液为水相，两者混合反应后，经分离，洗涤，干燥，并在820℃焙烧2h，可以得到Y-Ba-Cu-O超导体。

配比为1∶2.1∶3.1∶4的十六烷基三甲基溴化铵（CTAB）和正辛醇的混合溶液，配制成氯铂酸和水合肼的微乳液，使之静置30min。混合上述微乳体系，采用A+B⟶C+D的反应模式，在恒温磁力搅拌器中反应，控制温度在30℃，pH=6.5，发生了如下的化学反应：

$$H_2PtCl_6 + N_2H_4 \cdot H_2O \longrightarrow Pt\downarrow + N_2\uparrow + HCl + H_2O$$

反应时间约25min，溶液颜色由淡黄色变为浅黑色。将反应后的微乳液采用超声波振荡分散，然后将分散液滴滴加到铜网上，经红外灯烘干后，用透射电镜测量铂粒子的粒径大小。并用统计的方法求出离子的粒径分布。

在微乳法制备铂纳米微粒的过程中，采用水合肼为铂离子的还原剂。由于微乳体系中包含氯铂酸根离子的水核和包含水合肼的水核之间的相互融合和渗透需要一定的时间，所以反应在30℃下进行了30 min。当溶液由浅橘黄色转变为淡黑色时，还原反应已基本完成，此时体系pH=6.5。在还原反应过程中，由于水溶性反应物在W/O型的微反应器的相互作用只能在一定的范围内进行，并且反应器中离子的生长受到表面活性剂和助表面活性剂的强吸附作用，而得到严格的控制。所以一个个的W/O微反应器成为单体源，所制得的铂纳米微粒极其细小且分布均匀。当$m(CTAB) : m(C_8H_{16}OH) = 1 : 3$时，微乳体系具有较大的溶水量，即W/O型区域较大；在不同的温度（T=20℃、30℃、40℃）下，微乳体系的W/O型区域没有大的变化，微乳体系对pH值有较大的稳定性；微乳体系的形成是一个动态平衡过程；当采用溶水量大的微乳体系制备出的纳米微粒效果最好。

2.3.6 电化学法

电化学模板法通过电化学沉积使材料定向进入模板的纳米孔洞中并生长，膜板的孔壁规范了所沉积材料的形状和尺寸，从而得到准一维纳米线、纳米列阵模板等纳米新材料。纳米模板作为合成纳米体系新材料的中间载体或最终载体已得到材料领域的极大关注。20世纪中叶就制备与应用了阳极氧化法有孔氧化铝膜。金属纳米管和纳米列阵体系常常以Al_2O_3纳米管状列阵模板，通过化学、电化学方法或高温高压下迫使熔化的金属进入孔洞的方法来获得。这类列阵体系的列阵密度高达10^{11}个/cm^2，而聚碳酸酯和聚酯等高分子纳米管列阵孔洞模板的列阵密度只有10^9个/cm^2。纳米尺度的孔洞列阵模板为制备金属、导电高分子、磁性材料等的纳米线、纳米管和多层纳米线、超晶格、量子点等可用于大规模和超大规模集成的新功能材料开辟了新的途径。

随着人类对纳米材料研究的深入，已经合成出碳纳米管、半导体、金属及其合金的准一维纳米材料。它们被用于有效的电子输运和光学激发的最小的维数结构体系，在光电集成、光电器件和传感器等领域有广泛的应用前景。

纳米线直径为100nm以下，长度可达数微米的线性纳米材料。Martin等人开拓了模板法制备纳米线的方法。他们于1987年首次以聚碳酸酯过滤膜为模板制备了Pt纳米线列阵，1989年在阳极氧化铝模板的孔道内合成了Au纳米线，1994年又在聚碳酸酯膜的纳米孔洞内电沉积制备了金属纳米线。1996年有人用多孔阳极氧化铝模板交流电沉积CdS纳米线。现在AAO模板已成功地应用于电沉积制备金属、半导体以及导电聚合物纳米线。

电化学沉积的优点在于低温，能耗低，工艺简单，不需高纯度起始物，产品不需纯化，可以通过电化学参数（如电极电位、电流密度、温度）来控制膜的厚度、结晶状况、组成及半导体的禁带宽度、掺杂和p-n型等各种光电性质。电沉积技术特别适于制备太阳能电池的异质结。

(1) 多孔AAO模板制备纳米线的工艺过程　首先制备具有纳米孔洞的模板，在模板的一侧镀上一层金或银等金属膜作为阴极。然后把有镀层的一侧固定于导电基底上，另一侧与电解液接触，在恒压下沉积金属或半导体于纳米孔道中，形成纳米线。最后溶解模板得到纳米线。

(2) 模板材料的选择　多孔AAO模板和多孔聚合物膜模板最为常用，可制得直径为几十纳米的纳米线。另一类聚碳酸酯膜和聚酯膜模板具有随机分布的均匀孔道，孔径小至10nm，大到几微米，列阵密度较低，约为109个/cm^2，膜的厚度一般为6～20μm。

(3) AAO模板的制备　99.9%纯度的铝片用丙酮除油，分别以NaOH和HNO_3溶液溶解表面氧化层，接着以$HClO_4/C_2H_5OH$混合溶液抛光。然后把铝片置于H型电解池，采用两电极和不同的电解液中恒压电解。最后分别用HCl和$CuCl_2$溶液溶去铝质基底，再用稀酸溶液除去铝基底与多孔层之间的致密氧化层，得到通孔的AAO模板。

以阳极氧化铝膜（AAO）为模板，制备聚苯胺（PANI）纳米管和PANI纳米管列阵，同时利用溶胶-凝胶法制备ZnO-PANI同轴纳米线和同轴纳米列阵。除脂后的铝箔用碱去除表面氧化层，在磷酸溶液中作电化学抛光至镜面。以2片镀铂钛板为阴极，把铝箔阳极置于钛板中间。在草酸溶液中40V下阳极氧化2h。尔后用磷酸-铬酸混合溶液溶掉氧化铝层，得到有规则光滑铝凹面。重复氧化，再用饱和$HgCl_2$溶液把未反应的铝去除，得到带阻挡层的氧化铝膜。用磷酸溶液除掉阻挡层即得表面上孔洞大小均匀，分布有序的AAO模板。把AAO模板固定在云母片的溅射金膜上作为工作电极，铂片为对电极，饱和甘汞为参比电极，在苯胺/$HClO_4$混合溶液中，以100mV/s的扫速和－0.2～0.7V电位循环扫描1000周次，于是在AAO模板中形成PANI纳米管列阵。若先除去AAO模板背面的导电金膜，再除去AAO模板，则可得到PANI纳米管。如果在除去PANI纳米管列阵背面的导电金膜后，利用真空泵和缓冲瓶在含有PANI纳米管列阵的AAO模板底面加一负压，再往膜表面滴加ZnO胶体溶液，使其渗入PANI纳米管和纳米管与膜板孔壁间隙，恢复常压并以无水乙醇洗涤后得到AAO模板中的ZnO-PANI同轴纳米线。碱溶除去模板则得到ZnO-PANI同轴纳米线。

经过透射电子显微镜表征，PANI纳米管的外径约30nm，内径约10nm，ZnO-PANI同轴纳米线直径约60nm。较之ZnO纳米线，同轴AAO模板中的纳米线列阵的可见光发射谱带蓝移，强度显著增加。而分散在NaOH溶液中的同轴纳米线，其谱带蓝移程度更大。

在硫酸和磷酸电解液中可制备不同孔洞直径的氧化铝纳米模板。极纯铝箔经机械和电解抛光，除去氧化层。在硫酸溶液中室温下，铝箔为阳极，在5～20V的范围内，阳极氧化

6～60min。而在不同浓度的磷酸溶液中作类似的阳极氧化实验，然后把样品置于高氯化汞饱和水溶液及蒸馏水中，将氧化铝膜从铝基体上分离，并洗涤干燥。制备了高纯度不同晶粒组织的氧化铝纳米列阵模板，分别得到 10nm、20nm、30nm、60nm 和 100nm 孔径的纳米孔。由透射电镜和 X 射线衍射表征可知，近似于六边形密排蜂巢结构薄层。阳极氧化后的模板为无定形结构。

电化学也可用于纳米多层膜的制备。采用电沉积多层膜的原理如下。由 A、B 两种金属膜组成多层膜，如果 A 金属的电化学活性大于 B 金属，则将少量 B 金属离子添加到含大量 A 金属离子的溶液中组成电镀液。采用双脉冲极化方式，在较正的电位下，只有 B 金属离子可被还原。在足够负的极化电位下，B 金属离子的还原速度受扩散控制。由于其含量少，沉积速度很小。而 A 离子则以较高的速度沉积。当电极电位交替地在正、负两种电极电位之间变化时，则得到有纯 B 金属层以及含有痕量 B 的富 A 金属层组成的多层膜。

电化学沉积方法制备多层膜又分为单槽电沉积和双槽电沉积。单槽电沉积有恒电流和恒电位两种。将两种不同活性的金属离子溶液以一定的比例加入同一电解槽中，控制电极电位在一定的范围内周期性变化，而得到组分或周期变化的金属膜。双槽电沉积是交替在含有不同沉积金属盐的两个电镀槽中进行的。

利用纳米多层膜材料得巨磁阻效应，能用于检测微弱的外部磁场，制作高灵敏度的磁阻传感器和高密度的磁盘，用于汽车制动系统，用于汽车和助听器的巨磁阻传感器。此材料使磁盘的磁记录密度增加许多倍。也可用于生产巨磁阻磁盘和巨磁阻磁头产品。

采用电沉积方法制备纳米金属多层膜主要由一些磁性金属与非磁性金属组成：Cu/ Ni，Cu/Bi，Cd/Ag，Ag/Pd，Ni/Mo，Cr/Mo，Co/Ni，Fe/Cu，Ni/Zn，Ni/Ni-P，Co/Ni-P 等。这些金属多层膜的单层厚度可以达到 10nm 以下。

采用铜金属为牺牲电极，在乙酰丙酮溶剂中，电化学法一步法溶解铜金属制备 $Cu(acac)_2$，再将电解液直接水解制备纳米 CuO。电镀新鲜的铜为阳极，电解液为 0.005mol/L 的 $Bu_4N\cdot Br$ 的乙酰丙酮醇溶液，控制电极电位在 1.2～1.8V 之间，电流密度为 450A/m，温度为 50～70℃ 时电解 5h 得到蓝色溶液。把电解液制成乙醇溶液，使 $Cu(acac)_2$ 与乙醇体积比为 10∶1，加入适量的水，用 NaOH 调节 pH 值，加热回流后得到黑色胶状沉淀，分离后以乙醇洗涤，并干燥。得到的纳米 CuO 呈球形单分散结构，平均粒径 10nm。电合成前驱体直接水解法具有方法简单有效，成本低等许多传统化学方法无法比拟的优点，电解液可循环使用，对环境污染少。

2.3.7 超声化学法

超声波是由一系列疏密相间的纵波构成的，并通过液体介质向四周扩散。当超声波能量足够高时就产生“超声空化”现象。空化气泡的寿命大约是 1×10^{-7}s，在爆炸时它可释放出巨大的能量，产生强烈冲击力的微射流，其速度高达 110m/s，使碰撞压强达到 0.147MPa。空化气泡在爆炸的瞬间产生约 4000K 和 100MPa 的局部高温高压环境，冷却速度可达 10^9K/s。这些条件足以使有机物在空化气泡内发生化学键断裂，水相燃烧或热分解，并能促使非均相界面的扰动和相界面的更新，从而加速界面间的传质和传热过程。化学反应和物理过程的超声强化作用主要是由于液体的超声空化产生的能量效应和机械效应引起的。

超声空化所引发的特殊的物理、化学环境为制备具有特殊性能的新型材料，如纳米微粒提供了一条重要途径。超声法制备纳米材料有超声声解法、超声还原法、超声共沉淀法和超声微乳液法等数种方法。

2.3.7.1 *超声声解法*

超声的化学效应源于超声空化：液体中气泡的形成、生长和急剧崩溃。在此过程中产生局部热点，其瞬态温度达 4000K，压力 100MPa，冷却率大于 10^9 K/s。这种剧烈的条件足以分解金属-羰基化合物，并制备非晶态金属、合金，氧化物等。含有挥发性过渡金属化合物如 $Fe(CO)_5$、$Ni(CO)_4$ 和 $Co(CO)_3(NO)$ 等进行超声处理可得到纳米非金属多孔聚集体。例如用超声辐照 $Fe(CO)_5$ 的癸烷溶液（通入氩气），伴随 $Fe_3(CO)_{12}$ 聚集体的形成还生成了非晶态纳米铁。控制 $Fe(CO)_5$ 的浓度可改变纳米粒子的尺寸。如果改用 $Fe(CO)_5$ 和 $Co(CO)_3(NO)$ 混合溶液，并且调节两种溶液的比例，就可制得不同比例的 Fe-Co 合金。

2.3.7.2 超声还原法

利用超声的空化作用使得水溶液或醇溶液中产生还原剂，从而还原相应的金属盐可制备纳米材料。水溶液中声化学过程如下：在崩溃气泡的内部，具有极高的温度和压力，使水汽化，并进一步热解为氢和羟基自由基；在空化泡和本体溶液的边界区域，虽然温度相对较低，但还能诱发声化学反应；而在溶液本体则发生反应物分子与氢和羟基自由基的反应。例如从肼羧酸铜的水溶液制备纳米铜微粒，水分子吸收超声能量产生 H· 和 OH·，把溶液中的 Cu^{2+} 还原为纳米铜微粒：

$$H_2O \xrightarrow{\text{吸收超声能量}} H\cdot + OH\cdot$$

$$Cu^{2+} + 2H\cdot \longrightarrow Cu^0 + 2H^+$$

$$nCu^0 \longrightarrow (Cu^0)_n \text{ 聚集体}$$

当反应体系中有氩气和氢气时，氢气可清除 OH·，并产生更多的 H·，从而增加 Cu^{2+} 的还原量。此法已制备得到 20nm 左右的银粒子和纳米 MoSi 等。

2.3.7.3 超声共沉淀法

超声空化作用所产生的高温高压环境为微粒的形成提供能量，使得沉淀晶核的生成速率提高几个数量级，并使粒径减小，晶核的聚集受到压制。例如用此法制备 $LaCoO_3$ 晶体均匀。当以 33kHz 超声波辐照时微粒平均粒径为 20nm，而 50kHz 时则为 12nm。超声共沉淀制备的样品具有较大的比表面，且随着超声频率的增加而增加。当超声作用于已醇、环已烷和硫酸铜的水溶液的混合物时，可形成微乳液，加入硼氢化钾，会沉淀出铜颗粒，粒径约 8nm，反应活性极高。

2.3.7.4 超声雾化-热分解法

利用超声波的高能分散机制，把前驱体溶解于特定的溶剂中，配制成一定浓度的母液，再通过超声雾化器喷出微米级的雾滴，并随载气进入高温反应器中发生热分解反应，进而得到均匀粒径的超细粉体。控制前驱体母液的浓度就可以控制纳米微粒的粒径大小。Okuyama 等人报道了采用超声雾化-热分解法制备 ZnS 和 CdS 超细颗粒的方法。使用的母体溶液为 $Zn(NO_3)_2$ 或 $Cd(NO_3)_2$ 与 $SC(NH_2)_2$ 的混合水溶液。当母液的起始浓度变化时，所得到的颗粒粒径在亚微米到微米级变化。研究发现，反应炉的温度分布会影响颗粒的性质，而且颗粒的平均粒径与溶液中金属硝酸盐浓度的 1/3 次方成正比。

2.3.7.5 超声波-电化学法

超声波与电化学相结合产生声电化学新方法，其中超声波对电化学过程起促进和物理强化作用。直径在 20～50μm 的金属粉末一般采用高电流密度下电解相应的电解质水溶液制备。为了在电解过程中获得高成核速率和小成核直径可以采取两种方法：其一是对电解质溶液进行强烈搅拌；或者采用脉冲电流来得到较高的电流密度。假如电解速度或成核的速度很高，而晶体长大的速度较小，则有利于超细粉体的制备。假如电解的速度小于晶体长大的速度，则可能会在电极上产生致密的电镀层。所以根据过程条件控制的不同，一个电化学过程可以是典型的电镀过程也可以是超细粉的制备过程。例如在超声波作用下采用脉冲高电压电解金属硝酸盐的二甲亚砜溶液，在抛光银电极表面得到超导体前驱体 Ti—Pb—Sr—Ca—Cu 的纳米薄膜。而在同一电极上同时采用脉冲超声和脉冲电流，可制得粒径约为 100nm 且分布较窄的结晶金属粉体，收率达到 80%～90%。

2.3.8 模板法

所谓模板合成（template synthesis）就是将具有纳米结构、价廉易得、形状容易控制的物质作为模子（template），通过物理或化学的方法将相关材料沉积到模板的孔中或表面，而后移去模板，得到具有模板规范形貌与尺寸的纳米材料的过程。模板法是合成纳米线和纳米管等一维纳米材料的一项有效技术，具有良好的可控制性，可利用其空间限制作用和模板剂的调试作用对合成材料的大小、形貌、结构和排布等进行控制。模板合成法制备纳米结构材料具有下列特点。

① 所用模板容易制备，合成方法简单，很多方法适合批量生产。

② 多数模板性质可在广泛范围内精确调控。

③ 可同时解决纳米材料的尺寸与形状控制及分散稳定性问题。

④ 能合成直径很小的管状材料，形成的纳米管和纳米纤维容易从模板分离出来。

⑤ 特别适合一维纳米材料，如纳米线（nanowires，NW）、纳米管（nanotubes，NT）和纳米带（nanobelts）的合成。模板合成是公认的合成纳米材料及纳米阵列（nanoarrays）的最理想方法。

模板法的类型大致可分为硬模板和软模板两大类。硬模板包括多孔氧化铝、二氧化硅、碳纳米管、分子筛以及经过特殊处理的多孔高分子薄膜等。软模板则包括表面活性剂、聚合物、生物分子及其它有机物质等。

2.3.8.1 多孔氧化铝模板法

多孔氧化铝（AAO）模板是高纯铝片经过除脂、电抛光、阳极氧化、二次阳极氧化、脱膜、扩孔而得到的，表面膜孔为六方形孔洞，分布均匀有序，孔径大小一致，具有良好的取向性，孔隙率一般为 $(1\sim1.2)\times10^{11}$ 个/cm，孔径为 4～200nm，厚度为 10～100μm。氧化膜断面中膜孔道平直且垂直于铝基体，氧化铝膜背呈清晰的六方形网格（图 2-1）。

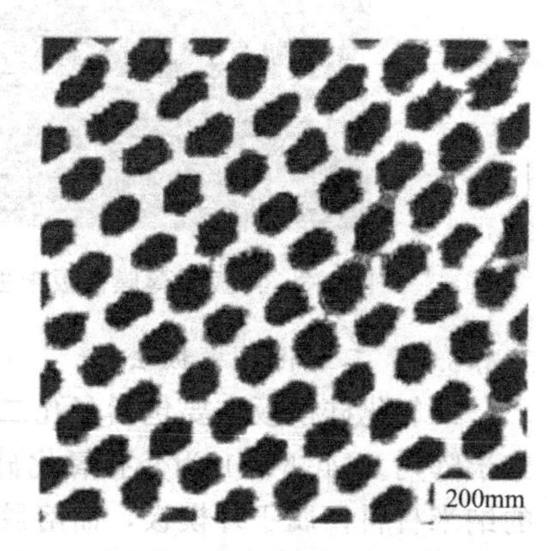

图 2-1 多孔氧化铝模板 AFM 照片

制备多孔氧化铝时，电解液的成分、阳极氧化的电压、铝的纯度和反应时间对模板性质都有重要影响。制备阳极氧化铝膜的电解液一般采用硫酸、草酸、磷酸以及它们的混合液。这三种电解液所生成的膜孔大小与孔间距不同，顺序为磷酸＞草酸＞硫酸（表 2-3）。因此，考虑规定大小的纳米线性材料的制备时，可采用不同的电解液。

表 2-3 不同条件下多孔氧化铝膜孔径的典型值

电介质类型	电介质温度/℃	氧化电压/V	孔径/nm
1.2mol/L H_2SO_4	1	19	15
0.3mol/L H_2SO_4	14	26	20
0.3mol/L $H_2C_2O_4$	1	40	40
0.3mol/L $H_2C_2O_4$	14	60	60
0.3mol/L H_3PO_4	3	90	90

利用多孔氧化铝膜作模板可制备多种化合物的纳米结构材料，如通过溶胶-凝胶涂层技术可以合成二氧化硅纳米管，通过电沉积法可以制备 Bi_2Te_3 纳米线。这些多孔的氧化铝膜还可以被用作模板来制备各种材料的纳米管或纳米棒的有序阵列，包括金属（Au、Cu、Ni、Bi 等）、合金（Fe_xAg_{1-x}）、半导体（CdS、GaN、Bi_2Te_3、TiO_2、In_2O_3、CdSe、MoS_2

等）以及 $BaTiO_3$、$PbTiO_3$和 $Bi_{1-x}Sb_x$ 纳米线有序阵列等线形纳米材料。用 AAO 模板采用电沉积法制备金纳米线阵列的过程参见图 2-2。

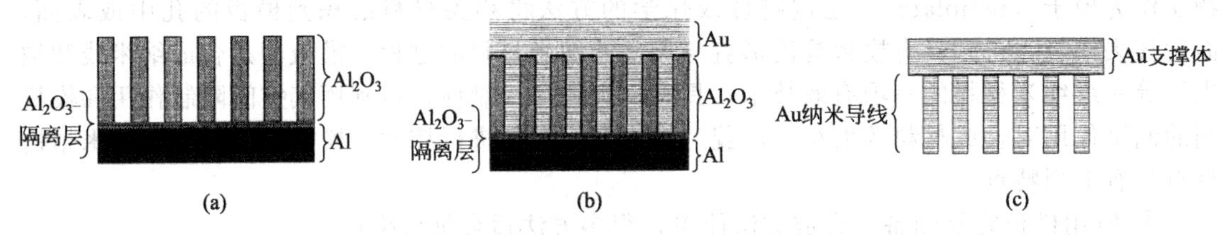

图 2-2　采用多孔氧化铝模板制备金纳米线阵列示意图

将多孔氧化铝膜制备工艺移植到硅衬底上，以硅基集成为目的，研制硅衬底多孔氧化铝模板复合结构成为一个新的研究方向。利用铝箔在酸溶液中的两次阳极氧化制备出模板，调整工艺条件可得到有序孔阵列模板，孔的尺寸可在 10～200nm 之间变化，锗通过在硅衬底上的模板蒸发得到纳米点，这种纳米点的直径为 80nm，纳米点阵列的密度约为 $1.2\times10^{10}/cm^2$，所研制的金属-绝缘体-半导体结构有存储效应。图 2-3 为利用阳极铝薄膜为模板制备的锗纳米粒子的 SEM 图。

图 2-3　阳极铝薄膜模板未去除（a）和去除后（b）硅衬底上锗纳米粒子的 SEM 图

2.3.8.2　*二氧化硅模板法*

二氧化硅模板主要包括多孔二氧化硅、石英玻璃、二氧化硅凝胶，以此制备排列整齐的纳米阵列。MCM-41 为介孔氧化硅模板，它具有纳米尺寸的均匀孔，孔内可形成有序排布的纳米材料，属于外模板，而溶胶-凝胶法形成的二氧化硅胶粒则属于内模板，在其上形成纳米结构材料，最后二氧化硅用氢氟酸溶解除去。

以 Si 晶须为基片，其上覆盖 100nm 厚的二氧化硅或厚度达到 8.5μm 的化学气相沉积的氧化硅后，利用照相印刷和干湿法刻蚀相结合的技术将 Si/SiO_2上设计各种图形，从而生长具有此图案的纳米材料。

以分子筛为模板可以制备直径为几个纳米的纳米线。最初采用毛细渗透法，利用毛细作用将金属盐溶液渗入多孔二氧化硅体内，用氢气还原金属盐，制备 Ag、Au、Pt 纳米线，直径约 7nm，长度 50nm～1μm。但在后处理过程中，金属盐易于扩散到 SiO_2的外表面，还原形成大的金属粒子。为了避免该种情况的出现，可以用 $(CH_3O)_3Si(CH_2)_3N(CH_3)_3Cl$ 将 MCM-41 和 MCM-48 孔道内表面进行功能化，再将分子筛与饱和的金属盐水溶液混合。用氢气还原吸入金属盐的分子筛，得到金属/SiO_2复合物。功能化后的多孔二氧化硅不仅增加了金属的装载量，而且防止了金属离子扩散到二氧化硅表面形成大的金属粒子。Fröba 等报道了在中孔的分子筛 MCM-41 二氧化硅内部形成有序排布的Ⅱ/Ⅵ磁性半导体量化线 $Cd_{1-x}Mn_xS$。Zhao 等报道以 $In(NO_3)_3$ 为原料，以高度有序中孔结构的表面活性剂-SiO_2 为模板剂和还原剂，采用一步纳米浇铸法合成了高度有序的单晶氧化铟纳米线阵列。

通过气相渗透法也可以在中孔 SiO_2 中合成金属和半导体纳米线。虽然气相法可以得到高质量的半导体纳米线，但需要高温和较长的反应时间（约在 48h 以上），而且需要金属或半导体在多孔二氧化硅体内成功成核的基础上进一步生长，比较耗时。在中孔二氧化硅中采用超临界流体液相法，可使流体具有高扩散性，迅速进入纳米孔中快速成核和成长，减少反应物在孔内填充的反应时间。用这种方法，Coleman 等人通过二苯基硅烷热裂解，在中孔二氧化硅的孔中成功地合成了直径约 8nm 的硅纳米线。该法所得到的纳米线直径一般都比较小。

以分子筛为模板制备的纳米线长度和直径与所用多孔二氧化硅的孔径以及孔长有关。因此，用该法制备的纳米线一般比较短，也不过几个微米，但是直径都比较小（几个纳米），能够产生量子效应，可用作量子线。

2.3.8.3 碳纳米管模板法

自从 1991 年发现碳纳米管以来，碳纳米管合成方法的优化、结构表征以及性能方面已有很多研究。碳纳米管（carbon nanotubes）是一层或若干层石墨碳原子卷曲形成的笼状纤维，可由直流电弧放电、激光烧蚀、化学气相沉积等方法合成，直径一般为 0.4～20nm，管间距 0.34nm 左右，长度可从几十纳米到毫米级甚至厘米级，分为单壁碳纳米管（single-walled carbon nanotubes）和多壁碳纳米管（multi-walledcarbon nanotubes）两种（见图 2-4）。

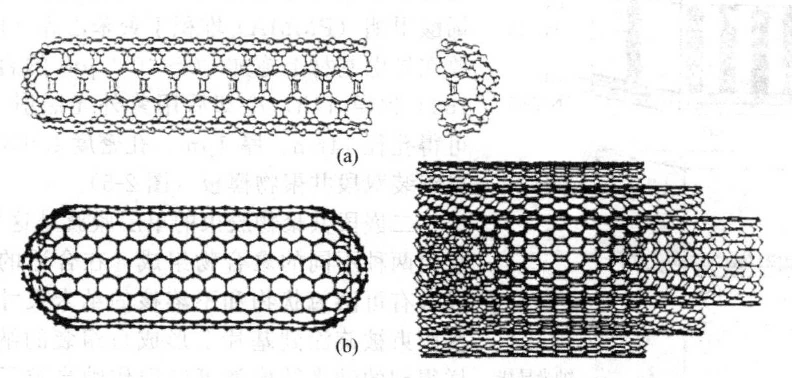

图 2-4 单壁（a）和多壁（b）碳纳米管示意图

以碳纳米管为模板可以制得多种物质的纳米管、纳米棒和纳米线。以碳纳米管作为模板制备的纳米材料既可覆盖在碳纳米管的表面也可填充在纳米管的管芯中。将熔融的 MoO_3、V_2O_5、Bi_2O_3、PbO、Se、Pb、Bi 等组装到多层碳纳米管中可形成纳米复合纤维。通过液相方法将 AgCl-AgBr 填充到单壁碳纳米管的空腔中，经光解形成银纳米线。将 C_{60} 引入碳纳米管可制备 C_{60}-碳纳米管复合材料。

首次成功制备的钒氧化物纳米管就是由碳纳米管作模板得到的。除了钒的氧化物纳米管外，用碳纳米管作模板也可以得到二氧化硅纳米管、Al_2O_3、MoO_3、RuO_2、ZrO_2 纳米管等。排列整齐的碳纳米管与 SiO_2 在 1400℃ 下反应可以得到高度有序的 SiC 纳米棒。采用碳纳米管模板法可以制备多种金属、非金属氧化物的纳米棒，例如 GeO_2、IrO_2、MoO_3、MoO_2、RuO_2、V_2O_5、WO_3 以及 Sb_2O_5 纳米棒。

2.3.8.4 聚合物模板法

使用人造高聚物控制金属 F 金属键的形成和晶体的生长早已成为了传统的方法。1996 年 Ahmadi 等人使用聚丙烯酸钠为模板，在溶液中通过用氢气控制还原 $K_2[PtCl_4]$ 首次合成了 4～18nm 的立方铂纳米颗粒，此纳米单晶在 {100} 面上具有与大块金属相似的结构。

根据聚合物的作用可以分为聚合物胶束模板、聚合物纤维模板和聚合物自组装体模板。

利用树枝状聚合物胶束模板的制备过程通常分两步。首先，金属离子被螯合进入树枝状聚合物内，随后通过化学法还原金属离子得到纳米粒子，由于合成依赖于树枝状聚合物模板，所以得到的金属纳米粒子是单分散的。以树枝状聚合物为模板制备金属钯纳米粒子，并用正烷基硫醇从中提取单分散的钯纳米粒子，将钯纳米粒子转移到苯溶剂中，而树枝状聚合物模板则留在水溶液中，这是首次报道的将纳米级材料从分子模板中转移出来而模板未受到任何破坏的例子。以甲硅烷醇功能化的双亲嵌段共聚物形成的胶束作模板，制备出空的二氧化硅纳米胶囊，这样得到的有机-无机杂化的纳米胶囊将有许多潜在的应用前景。

聚合物纤维也可以被用作模板：将钛氧化物溶胶涂在聚合物纤维上，加热除掉聚合物即得二氧化钛纳米管。二氧化钛纳米管的首次合成就是用一种聚合物模子，在其上通过电化学沉积得到的。利用高分子聚合物聚乙二醇（PEG）作为大分子表面活性剂，在特定的胶束范围和介质体系中形成超分子模板，以它作为微反应器，利用 PEG 与无机物之间的协同作用，控制模板中的水解反应，在特定的试剂、浓度、比例和温度等条件下，除制备具有球形、针/棒状纳米氧化锌粒子外，还制得均匀分散的六角形、片状、螺旋棒状的氧化锌纳米和亚微米材料。

利用模板将纳米粒子自组装成特定的结构是近年来的研究热点，这种方法可以控制制备具有特殊性能的光、电、磁特性的纳米尺寸构筑块。通过自组装方法将直径 14nm 的六方柱形聚甲基丙烯酸甲酯（PMMA）堆积于聚苯乙烯（PS）母体中，放在导电基材上施加 30～40V/μm 的直流电场，在 165℃保温 14h，冷却后用紫外光照射，草酸溶解，可得孔径 14nm、厚 1μm、孔密度 $1.9\times10^{11}/cm^2$ 的自组装双段共聚物模板（图 2-5）。

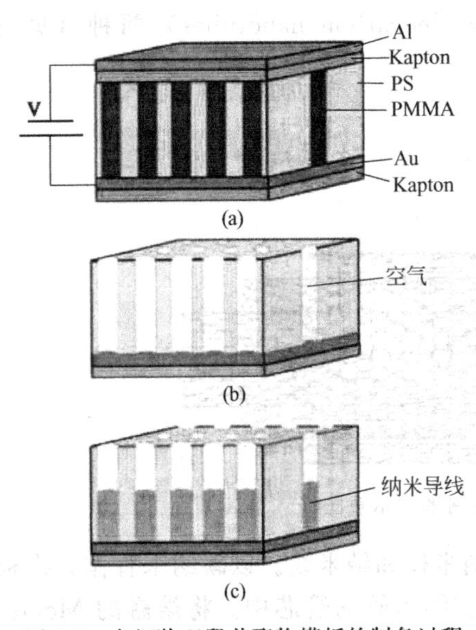

图 2-5　自组装双段共聚物模板的制备过程

二嵌段共聚物胶束的单层膜就是这样一种模板。它由两种不同的聚合物组成，在合适的溶剂中能形成含有可溶冠状物和不溶核的纳米尺寸的胶束。这些胶束被旋涂到基片上形成自组装的纳米结构，这样得到的纳米结构就可以用作纳米粒子的结构模板剂。在结构模板上，纳米粒子可被组装成特别整齐的二维或一维阵列，如在二嵌段共聚物胶束单层上组装的六角形纳米粒子阵列。最近研究表明，用嵌段共聚物的自组装作模板可以将金属纳米粒子在平面上组成图案。所用的主要路线有两种：纳米粒子在溶液的胶束中形成，然后被沉积到固体表面；或运用选择性润湿直接在表面形成图案，如以聚苯乙烯-聚（异丁烯酸甲酯）二嵌段共聚物形成的带状图案为模板，通过金的气相沉积可直接在其表面形成纳米线阵列。

2.3.8.5　生物模板法

许多生物体结构单元在纳米范围，如血红蛋白直径 618nm，烟草花叶病毒是长 300nm、直径 18nm 的棒状体，DNA 分子是直径约 2nm 的双螺旋体，具有线型、环型等拓扑结构。这些具有纳米形貌的物质都可作为生物模板（biological template）。

DNA 是一种活跃的生物材料，在有序纳米粒子结构组装中可被用作模板。Willner 等以 DNA 和多熔素作模板把金纳米粒子组装成有序的线状结构。Wong 等利用阴离子 DNA 和阳离子膜自组装的多层结构作模板，其中互相平行的一维 DNA 链被限定在堆积的二维脂质体薄片之间，先将 Cd^{2+} 引入 DNA 链间的中间螺旋孔内，然后与 H_2S 反应形成宽度和结晶方向可控的 CdS 纳米棒。Brust 等利用双螺旋 DNA 的限定位置作保护连接成分，用限定核酸内切酶作选择性脱保护剂，组装了金纳米结构。Braun 等将寡聚核酸连在金电极之间，用 DNA 分子作模板生长出长 12μm、直径 100nm 的 Ag 纳米线。将十八胺/DNA-Cd^{2+} LB 膜与 H_2S 气体反应，依靠 DNA 分子的线型结构诱导成核可制备针状 CdS 纳米粒子。

利用自然界中的棉花纤维作为生物模板，将棉花纤维和 $AlCl_3$溶液进行渗透结合，然后在空气中进行高温烧结得到产品。Al_2O_3纤维保持了棉花纤维的形态结构，而且大部分都是中空的，烧结温度是 α-γ 型 Al_2O_3的转变温度。而且烧结温度极大地影响着表面积和孔的尺寸，用棉花作为生物模板合成 Al_2O_3纤维被证实是一种方便、可行、易控的方法。

2.3.9　自组装法

所谓自组装，是指基本结构单元（分子，纳米材微米或更大尺度的物质）自发形成有序结构的一技术。在自组装的过程中，基本结构单元在基于共价键的相互作用下自发的组织或聚集为一个稳定、具有一定规则几何外观的结构。自组装过程并不是大量原子、离子、分子之间弱作用力的简单叠加，而是若干个体之间同时自发的发生关联并集合在一起形成一个紧密而又有序的整体，是一种整体的复杂的协同作用。

自组装过程中分子在界面的识别至关重要。自组装能否实现取决于基本结构单元的特性，如表面形貌、形状、表面功能团和表面电势等，组装完成后其最终的结构具有最低的自由能。研究表明，内部驱动力是实现自组装的关键，包括范德华力、氢键、静电力等只能作用于分子水平的非共价键力和那些能作用于较大尺寸范围的力，如表面张力、毛细管力等。

纳米结构的自组装体系的形成有两个重要的条件：一是有足够数量的非共价键或氢键的存在，这是因为氢键和范德瓦耳斯键等非共价键很弱（2.1～4.2kJ/mol），只有足够量的弱键存在，才能通过协同作用构筑成稳定的纳米结构体系；二是自组装体系能量较低，否则很难形成稳定的自组装体系。

纳米粒子组装体系的构筑通常是以分子组装体系为基础。分子组装体系包括固体基底上形成的自组装单分子层或多分子层膜，LB 膜，生物分子自组装体系（如 DNA 等）等。纳米粒子通过与分子组装体系中功能基团的物理或化学作用，被固定在分子组装体系的特定位置上，从而形成一个有序的组装体系。这种“自下而上”的构筑方法得到的纳米粒子组装体系往往具有奇特的光学、电学、磁学和化学性质。因此，上述体系的制备与性质在纳米电子、光电子器件及纳米传感器的研制等方面具有极为重要的理论意义和应用前景，成为当今纳米科技中最为活跃的研究领域之一。利用自组装技术制备纳米材料具有以下特点：

① 粒径可控，分散性好；

② 纯度高，废物少；

③ 产物较稳定，不易发生团聚现象；

④ 操作仪器简单，但对条件的控制要求精确；

⑤ 产量较小。

2.3.9.1　纳米粒子自组装

纳米粒子所具有的优异性质可以通过简单的操纵或调节其尺度和几何外观来得到调节。因此，功能性纳米粒子的可控分级有序自组装是纳米科技发展的重要方向。由于分子自组装形成的稳定体系可以被控制在纳米量级，所以，通过分子自组装技术可以制备各种不同尺寸的纳米团簇。目前文献报道的纳米团簇组装方法有两类：一类是利用胶体的自组装特性使纳米团簇组装成胶态晶体；另一类是利用纳米团簇与组装模板之间的分子识别来完成纳米团簇的组装。Murray 等用胶态晶体法完成了纳米团簇的组装，他们将包覆三辛基氧磷和三辛基磷的 CdSe 纳米颗粒先用混合溶剂在一定条件下溶解，然后通过降低压力使溶剂挥发，CdSe 的胶态晶体就从中析出。经分析，用这种方法组装得到的纳米团簇有序排列范围可达到微米尺度。这有可能为纳米线以及纳米管的制备提供原料，尤其是在高取向纳米级高模量纤维的制备上应用前景广阔。

将没有任何化学修饰的纳米粒子进行自组装是非常困难的，因为粒子之间往往会产生团聚现象，在溶液中稳定分散这些纳米粒子非常困难。以单分子层薄膜稳定的胶体纳米粒子（金属、非金属）是用来自组装制备各种分级有序结构的理想研究对象。这些纳米粒子本身具有光学、电学和磁学的特殊性质，而表面的单分子层则提供和限制了粒子与周围环境间的作用方式。通过这些表面分子之间的相互作用，可以有效地实现对纳米粒子的自组装。最典型的代表是在金或银纳米粒子的表面用硫醇进行单分子层修饰，通过硫醇分子间氢键来诱导自组装。将2-羧酸三聚噻吩酸修饰的磁性 Fe_3O_4 纳米粒子通过 π-π 相互作用自组装为高度均一的球状聚集体。其中，粒径仅为 (6.0±1.3)nm 的 Fe_3O_4 纳米粒子在溶液中自组装形成平均直径为 148nm 的球形聚集体，这种通过纳米粒子间的作用力组装得到的聚集体具有均一的尺度。

2.3.9.2　一维纳米材料的自组装

由于一维纳米材料的各向异性，对其进行直接自组装是比较困难的。一般在液体辅助下进行自组装，即利用液体的界面张力、毛细管作用力，或者纳米材料本身不同的亲、疏水性进行自组装。

回流 ZnO 纳米粒子胶体溶液可得到 ZnO 纳米棒，人们发现 ZnO 纳米棒的形成是通过 ZnO 纳米粒子的晶格相互匹配发生自组装实现的。此法虽然可以制备出一维纳米粒子组装体系，但是可控性差，难以调控组装体系的许多参数，如长度和直径。

在液体的表面或者体相中，通过表面张力或者毛细管力的作用，可以将一维纳米材料自发地组装为微米尺度的有序结构。科学家利用简单的 LB 技术，将杂乱分散在液体表面的一维纳米材料（比如 $BaCrO_4$ 纳米棒、Ag 纳米线）组装为具有规则取向的纳米线阵列（图 2-6）。

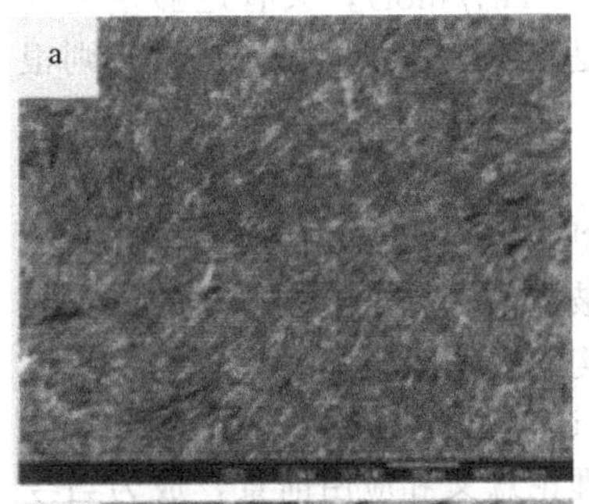

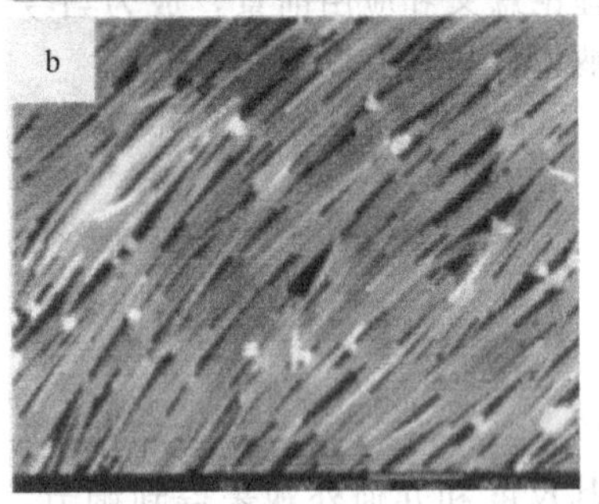

图 2-6　利用 LB 膜技术对溶液界面上的一维材料的自组装

模板诱导自组装是得到理想结构的一种十分有效的方法。最常使用的硬模板是多孔氧化铝。采用多孔氧化铝为模板，制备出 Au 纳米粒子的一维组装体系。通过调节模板孔径的大小及厚度，可以控制一维组装体系的直径及长度。在多孔氧化铝的孔壁上修饰末端为氨基的自组装膜，利用 Au 纳米粒子与氨基的静电作用制备出以 Au 纳米粒子为基本结构单元的纳米管组装体。线型大分子经常被用作软模板，如以 DNA 分子为模板制备出了直径均匀的一维纳米粒子组装体系。将一个 DNA 分子连接在两个金微电极之间，利用 DNA 分子上相应功能基团对 Ag^+ 的吸引，在 DNA 分子链的特定位置上还原出 Ag 纳米粒子形成一维组装体系。

静电力也可以诱导一维纳米材料自组装。以无机半导体材料为代表，沿着 (001) 方向生长的 ZnO 纳米带的两侧具有不同的电性，锌原子富集的一侧表现出正电性，而氧原子富集的另外一侧表现出负电性。于是，在静电力的诱导下，这种一维的纳米带结构会自组装成三维右手螺旋状结构。研究结果表明，制备得到的螺旋状氧化锌纳米环的内部富集了正电荷，而外表面富集了负电荷。由于这一结构具有最小的整体能量，因此可以稳定存在。在温和的溶液反应中，反应生成的氧化锌纳米棒会自组装成为如图 2-7 所示的花状聚集体。由于制备得到的氧化锌纳米棒是沿着（001）方向生长，其晶格排列会导致纳米棒的两端分别带有相反的电荷，在锌原子富集的（001）面表现出正电性，而在氧原子富集的（001）面表现出负电性。为了降低整个体系的能量，在静电力的诱导下，最终会自组装为有中心的花状聚集体。

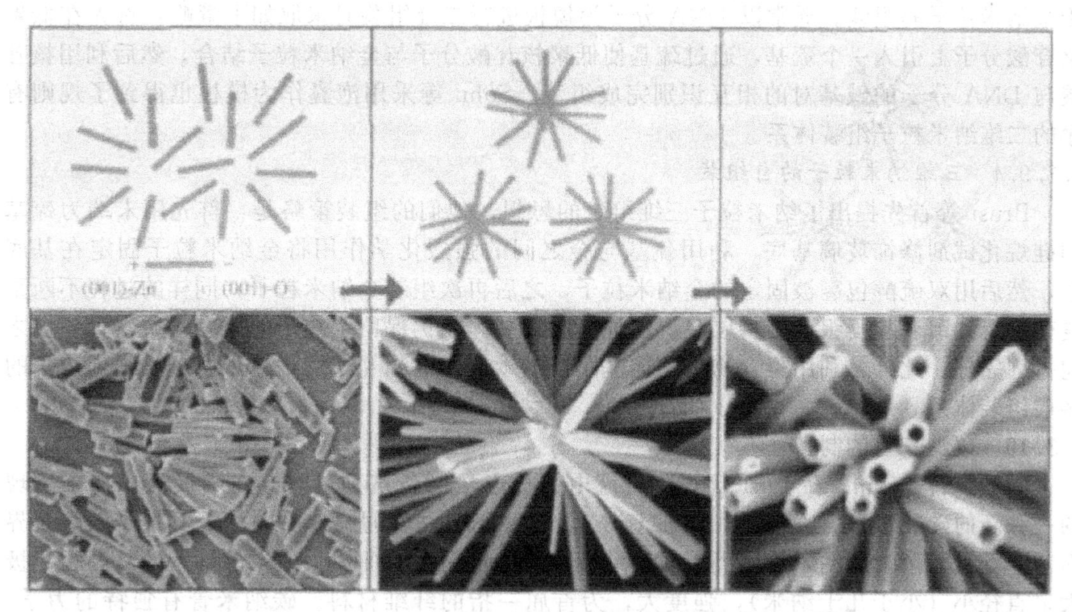

图 2-7 静电作用力诱导的自组装花状结构的氧化锌纳米棒

2.3.9.3 二维纳米粒子的自组装

纳米粒子的二维组装是纳米粒子组装研究中开展最早、最广泛，也最为深入的部分。其中最重要的是纳米复合薄膜自组装技术。

纳米复合薄膜自组装技术包括 LB（Langmuir Blodgett）膜技术、自组装薄膜技术等。铺展在水溶液表面上的二维连续的单分子层被称为单分子膜，也被称为 Langmuir 膜。利用适当的机械装置，将一个或多个单分子层从水溶液表面逐层转移，组装到固体基片表面所形成的薄膜，称为 LB 膜，相应的技术被称为 LB 膜技术。

自组装单层膜是指将衬底浸入到合适的溶液中，溶液中的分子自动吸附到衬底表面上所形成的单分子厚的薄膜。自组装多层薄膜是指利用共价键或非共价键将分子、纳米粒子等逐层沉积到固相表面上的体系。这种制备单层膜和多层膜的技术被称为自组装薄膜技术。自组装薄膜的膜层与衬底表面之间、膜层与膜层之间的结合力大致包括共价键、配位键、离子共价键、电荷转移、氢键、静电吸引等形式的作用力。在共价键等形式的化学键力驱动下的自组装称为化学自组装或化学吸附自组装；在静电引力驱动下的自组装称为静电自组装。静电自组装是一种物理吸附自组装。在各种类型的自组装薄膜技术中，LB 膜技术、化学自组装薄膜技术和静电自组装薄膜技术处在重要位置，均为分子水平的复合薄膜组装技术。另外，溶胶-凝胶法、旋涂法、有机分子束外延生长技术等也可以用来制备复合薄膜。

1992 年 Alivisatos 等首次报道了基于自组装膜的 CdS 纳米粒子组装体系，其组装策略是首先在固体基底上制备一层末端为巯基的自组装膜作为偶联层，然后将其浸入 CdS 纳米粒子胶体溶液中，利用巯基与 CdS 纳米粒子形成的化学键将粒子固定在基底上，得到 CdS 纳米粒子的二维组装体系。此后人们又将纳米粒子表面进行化学修饰，利用修饰分子的活性基团与自组装膜表面基团之间的反应将纳米粒子组装在基底上。上述两项工作开创了利用粒子与自组装膜之间相互作用构筑纳米粒子阵列的新方法。由于人们可以对纳米粒子进行化学修饰，并且可以根据情况选择自组装膜末端的功能基团，因此上述方法又具有极大的灵活性。通过此法人们已经实现了对 CdS、PbS、Au、Ag、Cu 等多种纳米粒子的二维组装。

基于模板的纳米粒子二维可控组装模板法是比较常用的制备二维纳米粒子组装体系的方法。采用 DNA 分子或其片断作为模板可以使组装具有高度的选择性，目前这种方法只适用于金纳米粒子的组装。通常以 DNA 分子为模板进行二维组装时采取如下策略：首先在低聚核苷酸分子上引入一个巯基，通过巯基使低聚核苷酸分子与金纳米粒子结合，然后利用核苷酸与 DNA 分子的碱基对的相互识别完成组装。Sohn 等采用泡囊作为模板也得到了规则有序的二维纳米粒子组装体系。

2.3.9.4 三维纳米粒子的自组装

Brust 等首先提出了纳米粒子三维组装的思想，他们的组装策略是，首先用末端为巯基的硅烷化试剂修饰玻璃基底，利用巯基与金之间的强烈化学作用将金纳米粒子固定在基底上，然后用双硫醇包裹被固定的金纳米粒子，之后再次组装金纳米粒子，同样的过程不断重复就可得到纳米粒子组装的多层膜。这种多层组装体系仍保留了粒子的原有性质，且各层之间排列完好。此外，利用聚合物中功能基团与纳米粒子的相互作用，也可以形成纳米粒子的多层组装体系。

2.3.10 碳纳米管的制备

碳纳米管是 Ijima 在 1991 年观察直流电弧放电法制备富勒烯时，在阴极沉积物中发现的一种新的碳的形态，直径在几到几十纳米之间，长度可超过微米数量级，其量子效应及界面效应都很显著。碳纳米管由类似石墨结构的六边形网络卷曲成为中空的细管，其高径比极大，直径小（小于几十纳米），强度大，为首屈一指的纤维材料。碳纳米管有独特的力学、电学和化学特性，例如它可以是金属性的，也可以是非金属性的，可根据结构的变化而表现出不同的导电性，电子在碳纳米管内的运动呈现量子限域效应，作为量子导线可用于单电子晶体管、场发射器件的制备中。在碳纳米管的中空结构中，利用毛细现象将某些具有电催化活性的贵金属引入其中，可制成纳米电极材料。在催化、复合材料、储能材料和微电子器件等方面具有极其重要的应用前景。在不同的应用领域，对碳纳米管的形貌与结构有不同的要求。

2.3.10.1 碳纳米管的制备

① 石墨电弧法 Iijima 等人在惰性气体的保护下，以铁、镍、钴等催化下，让石墨电极进行电弧放电，所产生的高温使石墨电极蒸发，气态碳离子沉积于阴极而生成碳纳米管，其直径仅为 1nm，而且质量和产量都很高。这个方法是制备碳纳米管的经典工艺方法。

② 激光蒸发法 此法也是物理气相沉积，是目前最佳的制备单壁碳纳米管的方法。与电弧法相比，它可以远距离控制单壁碳纳米管的生长条件，更适合于连续生产，所得的碳纳米管质量较好。

③ 催化裂解法 碳氢化合物在过渡金属催化剂上分解而得到碳纳米管。Ivanov 等人用此法制备出的碳纳米管长度达到 50 μm。此法较电弧法简单，也能大规模生产，但碳纳米管的层数较多，形态复杂。

④ 为了避免碳纳米管与其它纳米颗粒的混合状态、碳纳米管相互缠绕、质量和产率低等缺点，有人利用熔盐电解碱金属卤化物生长出直径为 10～50nm，长度 20μm 的碳纳米管及金属线。如果在氯化钠熔盐体系中电解，50% 的普通石墨转化为碳纳米管。

2.3.10.2 碳纳米管列阵的制备

将电弧法制备的碳纳米管均匀地分散在树脂中，采用聚合物切片的方法使之排列起来。如果将碳纳米管悬浮液通过 0.2μm 微孔的陶瓷滤片，再把获得的碳纳米管膜转移到衬底表面上，可以得到大致定向的碳纳米管。进一步的研究发现，可以通过控制纳米催化剂颗粒在基体表面或介孔中的均匀分布来直接生长定向碳纳米管列阵。譬如用模板炭化沉积技术，以纳米孔径的铝阳极氧化膜为模板，热分解丙烯使碳沉积在均匀分布的多孔层管壁上，得到两端开口、中空的碳纳米管。也可以用光刻技术把钴的薄膜刻蚀成均匀分布着纳米钴颗粒的沟槽，再以它为衬底直接生长出平行于刻痕方向的碳纳米管列阵。我国科学工作者以碳氢化合物化学气相沉积的方法，在嵌有纳米铁颗粒的介孔 SiO_2 基体上制备出 2mm 长的根部呈自然开口的超长定向碳纳米管列阵。而且可以控制其生长模式，使碳纳米管的长度比一般方法的长1～2个数量级。

利用催化裂解 CH_4 来制备不同形貌的碳纳米管，反应装置如下。水平管式电炉内置一石英管（ϕ50mm×1400mm），电炉恒温区为 200mm。取 100mg 催化剂前驱体置于恒温区的石英舟内，在氢气氛下慢慢升温还原，反应温度稳定 10min 后，以 50mL/min 流速导入 CH_4，反应 2h 冷却。

分别在 500℃、600℃、700℃下用 $Ni_{0.5}Mg_{0.5}O$ 制备碳纳米管。TEM 结果表明，随着反应温度的升高，催化剂颗粒先增大后减小，其形貌分别类似于六边形（500℃）、锐化的五边形（600℃）和尖卵形（700℃），碳析出的晶面夹角愈来愈小，碳纳米管的外径由 500℃ 的 25～30nm 增加到 600℃ 的 35～40nm，再减小到 700℃ 的 15～20nm，而碳纳米管的内径随温度增加略有增加；在 500℃ 生长的碳纳米管短，而 600℃ 和 700℃ 生长的碳纳米管要长得多。一般认为，碳在金属颗粒体相中的扩散是碳纳米纤维生长过程的控制步骤。500℃ 时甲烷在某一浓度下分解出的碳物种的生成速率可能超过碳在金属颗粒体相中的扩散及在其它晶面堆积成管的速率，导致碳物种在原地堆积覆盖了甲烷催化裂解的活性表面，使整个反应停止，碳纳米管生长得短。反应温度提高，碳在金属颗粒体相中的扩散加快，达到使整个反应停止所需的甲烷浓度极限更高，反应时间更长，所以 600℃ 和 700℃ 时碳纳米管生长得长。

一般而言，碳纳米管有两种结构形式：单壁碳管和多壁碳管。单壁碳管由单层石墨卷集而成，直径在 1～2nm；多壁碳管则由多层石墨卷集而成，直径在 2～50nm 之间。虽然碳纳米管由石墨转化而来，但与石墨在性质上有天壤之别。例如，它在一定尺寸范围内具有导体和半导体特性、高机械强度，及溶液中的非线性光学特性。由于它具有导电性和完整的表面结构，因而是良好的电极材料。事实上，碳纳米管电极具有明显的促进生物分子的电子传递作用，很可能在生物传感器方面有较大的作为，正在引起人们的极大兴趣。

2.3.11 纳米陶瓷的制备

陶瓷在人们日常生活和工农业生产中有广泛的应用，但它质地硬脆，强度与韧性不好，限制了在某些领域的应用。英国著名材料专家 Cahn 提出采用纳米技术来解决陶瓷的脆性问题。所谓纳米陶瓷指显微结构中的物相具有纳米级尺度的陶瓷材料，即晶粒尺寸、晶界宽度、第二相分布、缺陷尺寸等都在纳米量级水平上。

二氧化锆是一种具有高熔点、高沸点、热导率小、热膨胀系数大、耐高温、耐磨性好、抗蚀性能优良的金属氧化物材料。纳米级二氧化锆粉体材料在常温下是绝缘体，高温下具有导电性、敏感特性、增韧性，可以制造反应堆包套、发动机排杠、汽缸内衬等结构陶瓷，气体、温度、湿度和声传感器等功能陶瓷，电容器、振荡器、蜂鸣器、调节器、电热组件等电子陶瓷，压电陶瓷，生物陶瓷，高温燃料电池，高温光学组件，磁流体发电机电极等高新技术产品。纳米二氧化锆的晶粒粒径小，烧结温度低，性能优化，能使脆性材料韧性大幅度增加，以此解决陶瓷的脆性问题。其表面既有酸性又有碱性，本身既有氧化性又有还原性，同时呈现 p 型半导体的特性，因而具有良好的催化活性。

纳米二氧化锆的制备分为物理粉碎法、化学气相法和化学液相法等方法。

（1）物理粉碎法　采用高速球磨机的超强剪切力把大颗粒粉碎。虽然此法可工业化生产而且批量大，但是此法对机械性能要求高，粒度随机分布，有晶相缺陷，甚至会产生晶体晶相转变为非晶体的现象。物理粉碎法对于制备高质量的纳米材料而言并非最佳。

(2) 化学气相法　挥发性金属化合物蒸气在高温发生化学反应，生成纳米材料。控制工艺条件使粒径大小得以调整，粒度分布集中，得到的产物纯度也高。但此法需要专用设备，投资大，操作复杂。

① 化学气相沉积法　挥发性乙酰丙酮锆原料在高温 300℃ 左右，减压蒸发后气相热分解生成二氧化锆，在其过饱和蒸气压作用下，自动凝结成大量晶核并长大聚集，在低温区冷却，在收集区得到纳米二氧化锆。

② 化学气相合成法　把挥发性金属化合物前驱体在真空状态下热分解得到纳米粉体。例如将叔丁基锆、高纯氦气和氧气（He 与 O_2 流量比为 1∶10）一起喷射进入反应管的反应区，控制压力 1kPa，温度 1000℃，金属化合物分解并氧化成氧化锆纳米颗粒，然后利用温度梯度收集纳米微粒。金属化合物的分解、氧化和晶化过程都在均相气态中进行，调控容易，生成物颗粒均匀，但产量较低、金属前驱体成本高等制约了此法的大量应用。

③ 低温气相水解法　在 270～300℃ 高温下将氯化锆汽化，并与高纯氮气混合喷入反应器，再喷入水蒸气与之常压混合反应，先生成氧化锆晶种，再成气溶胶并从反应器出口处滤出氧化锆纳米微粒。此法生成粒径约 10nm 的氧化锆，比表面高且不易聚集，连续化生产。但氯化锆可与水蒸气反应生成氯化氢气体，并为氧化锆所吸收而造成污染。

④ 气相置换法　金属锆和固体 Fe_2O_3 分别置于石英管内，在高真空度下除去固体吸附的气体，通入氯气，在 450～950℃ 和 0.1MPa 下密闭反应 12～48h 后，排气并收集样品。过程反应式：

$$Zr(s)+2Cl_2(g)\longrightarrow ZrCl_4(g)$$

$$Fe_2O_3(s)+ZrCl_4(g)\longrightarrow 2FeCl_2(g)+ZrO_2(g)+O_2(g)$$

$$2FeCl_2(g)+Zr(s)\longrightarrow ZrCl_4(g)+2Fe(s)$$

(3) 化学液相法

① 沉淀法　此法又可分为直接沉淀法、共沉淀法和均匀沉淀法三种。

a. 直接沉淀法　在 $ZrOCl_2$ 盐溶液中添加沉淀剂，得到 $Zr(OH)_4$ 沉淀，经过滤、洗涤和热处理而得氧化锆微粒。虽然方法简单，但是容易造成局部浓度偏高，使沉淀晶粒过快长大，颗粒变大。

$$ZrOCl_2+H_2O+2OH^-\longrightarrow Zr(OH)_4\downarrow+2Cl^-$$

$$Zr(OH)_4\xrightarrow{650℃}ZrO_2+H_2O$$

b. 共沉淀法　把 $ZrOCl_2$ 水溶液与一定量的稳定剂混合，边搅拌边滴加氨水等沉淀剂，发生共沉淀后，过滤、水洗、醇洗、干燥、650℃ 高温煅烧。该法的特点是体系金属盐浓度保持低水平，这样既加快晶粒成核，又阻碍晶粒的快速长大，从而得到较细的微粒。

c. 均匀沉淀法　体系通过化学反应缓慢生成沉淀剂，从源头上消除了沉淀剂分布不均和局部过量的现象。在 $ZrOCl_2$ 溶液中加入尿素并混合均匀，加热反应，再经过滤、洗涤、干燥、煅烧等过程得到粒度均匀，纯度高的纳米粒子。反应式如下：

$$CO(NH_2)_2+3H_2O\longrightarrow 2NH_3\cdot H_2O+CO_2\uparrow$$

$$ZrOCl_2+2NH_3\cdot H_2O\longrightarrow Zr(OH)_4\downarrow+2NH_4Cl$$

$$Zr(OH)_4\xrightarrow{煅烧}ZrO_2+H_2O$$

② 水热法　在水热介质中加温加压的条件下，前驱体溶解、反应，进而晶化长大成微粒。例如 $ZrOCl_2$ 先水解成 $ZrO(OH)_2$，再移入压力釜，加适量水，于 100～350℃，15MPa 条件下反应：

$$ZrO(OH)_2\longrightarrow ZrO_2+H_2O$$

经后处理得到氧化锆微粒。由于采用了高温高压条件，使水热反应得以加快。此法的特点是所得粉体无需高温焙烧，减少了颗粒之间的团聚，粒子均匀且粒径可调，纯度好，工艺简单，具有较高的应用价值。

③ 溶胶-凝胶法 一般在有机溶剂中溶解锆醇盐，滴加蒸馏水让其水解成溶胶，再凝聚成凝胶，进而干燥成干凝胶粉末，经高温焙烧直接得到产品。也可以 $ZrOCl_2$ 为原料，用氨水中和 $ZrOCl_2$ 水解过程中产生的 HCl，得到水合氧化锆，水洗除去凝胶中的 Cl^-，再用无水乙醇洗涤除水后，高温焙烧得到纳米颗粒。此法不引入杂质，晶粒小，分布窄，质量高。

④ 蒸发法 以乙酸氧锆和稳定剂混合溶液直接喷射到炽热的反应区中，水分迅速挥发，反应物很快分解得到氧化锆，并在收集区被回收。此法化学计量精确，反应快，产品组成均一，不需高温焙烧。但有机锆化合物在分解时放出大量废气，造成污染。

⑤ 微乳液法 一定配比的锆盐和钇盐水溶液慢慢加入到表面活性剂的有机溶液中，振荡至浑浊得到微乳液。再和同法制得的氨水微乳液充分混合、有效地搅拌以得到沉淀，经分离、洗涤、干燥后在 600℃ 高温焙烧 4h，得到含钇纳米氧化锆，微粒直径小于 20nm。

⑥ 超临界法 以聚氧乙烯型非离子表面活性剂为模板，乙醇锆为前驱体，在 270℃，7.5MPa 的超临界乙醇中，直接合成具有四方形骨架介孔氧化锆沸石。

2.3.12 纳米薄膜的制备

无论是纳米单层膜、纳米叠层膜，还是纳米混合膜，在力、热、光、电和磁等方面表现出许多特异性，如超硬、超强、超塑性、高韧性和巨磁阻等。在特定的基材上制作出纳米薄膜，将产生表面功能化的新材料，这对功能器件开发，特别是微型机电产品的开发，具有特别重要的意义。

具有结晶结构的金刚石薄膜有很高的热导率、硬度和极好的化学稳定性，折射率高且宽波段透明，线膨胀系数极小且抗张性能好。可应用于各种光学器件中，以改进器件的性能和耐破坏的能力。纳米金刚石薄膜不但有良好的表面性能，也有极好的电子发射性能，因而在平板显示器件中可起到重要的作用。

最简单最有效合成大面积金刚石膜方法是热丝法化学气相沉积。已经开发了使用甲烷和氢气混合气体为沉淀原料，用热丝法加负偏压恒流控制化学气相沉积的新工艺。热丝的作用不仅使氢分子部分解离成氢原子，也加速甲烷的分解，以产生具有合成金刚石必须的 sp^3 杂化轨道键的碳原子基团。氢原子与生长在金刚石表面的碳原子键合，从而稳定金刚石表面。热丝的排布方式可以增强热丝的活化区域，使温度场分布均匀。采用 9 根圆柱形退火钽热丝平行并联排布，热丝间隔 12mm，热丝到基板距离 10mm，以 25V 交流输出电源加热，避免对加载负偏压的影响。以自动加热控制系统保证热丝温度在整个制备过程中恒定。

使用偏压恒流法控制热丝化学气相沉积的新工艺在硅基板上成功制备了大面积(100mm) 均匀分布纳米金刚石膜。在甲烷/氢气混合气［甲烷含量 1.5%（体积分数）］中，一定的电流密度（5.3mA/cm^2）下，得到了平均晶粒尺寸为 10nm，表面粗糙度为 6.9nm 的高质量纳米金刚石膜。通过对纳米金刚石膜生长工艺的研究，得知在负偏压下基板和热丝之间的电流密度以及甲烷与氢气体积比是非常重要的参数。随着它们的增加，金刚石成核密度增加，晶粒尺寸减小，表面粗糙度变小。但在过大电流密度和过高甲烷浓度下将破坏基板的金刚石晶相，从而无法制备高质量的纳米金刚石膜。

纳米结构的 WO_3 薄膜由于特殊的量子尺寸效应，使得薄膜的性能明显提高。采用纳米晶结构 WO_3 薄膜作为传感器，灵敏度能显著提高。作为光致变色材料，致色效应更强且致色峰蓝移。采用纳米多孔 WO_3 薄膜作为电致和气致变色器件，致色响应速度更快，大面积致色效应更均匀。

将适量过氧化氢滴加到装有金属钨粉的烧瓶中，冷却并搅拌至溶液呈乳白色，离心分离得到纯净 WO_3 透明水溶液。加入等量无水乙醇，混匀，80℃ 蒸馏至溶液由乳白色变成透明的橘红色。所得的 WO_3溶胶稳定性较好，室温下可保持 3 个月。在制备 WO_3薄膜时，先清洗普通载玻片、导电玻璃和硅片，酒精擦洗后热风吹干，再以浸渍提拉法在基片表面形成 WO_3薄膜。当涂膜提拉速度为 0.2～0.4cm/s 时，可获得高质量的薄膜。用电阻式烘箱对薄膜进行热处理，随着热处理温度的增加，薄膜折射率不断增加，但薄膜厚度不断变薄。经室温干燥，200℃、300℃ 和 400℃ 热处理后，载玻片上 WO_3薄膜呈现出倒 V 字形单层薄膜投射光谱，随着热处理温度的提高，WO_3薄膜的透射峰向短波长方向移动。而且 WO_3纳米颗粒变大，薄膜致密，WO_3结构发生变化，桥键 W—O—W 吸收逐渐减弱，且向低波数方向移动，共角 W—O—W 键吸收愈来愈强。这些变化归因于热处理导致的 WO_3 颗粒形状、团聚状态的变化以及应力键的产生。

稀土细化的贵金属纳米颗粒-半导体（BaO）复合薄膜的制备。Ag-BaO 薄膜的制备采用由机械泵、扩散泵、球阀和管泡组成的真空系统，其极限真空小于 3×10^{-5}Pa。管泡内装有 Ag 源、Ba 源、稀土源、挡片和两个内壁电极。Ag-BaO 薄膜沉积在管泡内侧顶部。Ba、Ag 在蒸积过程中，由于挡片的作用，将在管泡内壁形成一条由没有沉积物的绝缘带分开的两个完全对称的薄膜。稀土源则必须通过适当的遮挡使其蒸发物只能沉积在管泡的一边，可保证只有一个薄膜含有稀土。制备的工艺过程如下。

① 当系统真空度高于 5×10^{-5} Pa 后，蒸发沉积 Ba，使样品管泡的自然光透射比下降约 50%。

② 充入氧气氧化 Ba，同时用约 400℃ 高温烘烤 BaO 薄膜。

③ 蒸少量 Ba 激活 BaO 膜，当光电流达最大值时，停止蒸发 Ba。

④ 蒸发沉积金属 Ag，使光电流达到最大值，形成 Ag-BaO 薄膜。

⑤ 对管泡的半侧 Ag-BaO 薄膜蒸发沉积适量的稀土金属。

⑥ 再次蒸发 Ba 激活 Ag-BaO 薄膜，使样品管泡的光电流达到最大值。

掺杂稀土可以有效地提高金属纳米粒子-介质复合膜（Ag-BaO）的光电发射能力，掺 La 和 Nd 可提高幅度近 40%。其机理是稀土细化、球化、均化和密集了 Ag-BaO 薄膜中光电发射的主体 Ag 纳米粒子。由于稀土具有独特 4f 电子结构，存在亚稳态，从而可能存在能量传递效应，即稀土原子吸收光电子能量传递给光电子发射体，增强其光电发射。

通过低压-金属有机化学气相外延工艺，使用二甲基锌和硫化氢，石英衬底上生长出 ZnS 薄膜。二甲基锌和硫化氢的流速分别为 28.56×10^{-6} mol/min 和 4.00×10^{-4} mol/min，氢气的流速为 1.3L/min，用以输送反应物，生长室压力为 4.0×10^{4} Pa。预先将石英玻璃片在 600℃ 下热处理 10min，除去表面杂质，保持衬底温度 320℃，然后从生长室取出 ZnS 薄膜，在 800℃ 的氧气中退火 2h，从而制备得到高质量的纳米 ZnO 薄膜。X 射线衍射结果表明，纳米 ZnO 薄膜具有六角纤锌矿多晶结构。拉曼光谱观测到典型的多声子共振过程。在光致发光光谱中，自由激子和束缚激子发射都很明显。低温下束缚激子复合发射占主要地位，而自由激子复合发射也容易观测到。

Au 膜在 10 mmol/L PATP 的乙醇溶液中经过 12h 组装得到 PATP 膜，在 0.5mol/L 苯胺/$HClO_4$溶液中，利用循环伏安法，于电位－0.2～＋0.7 V 扫描 100 循环（速度 100 mV/s）得到 PANI 膜。再以 PANI/PATP/Au、PATP/Au 为电极，Pt 片为辅助电极，电解液为 0.055mol/L 氯化镉和 0.19mol/L 单质硫的 DMSO 溶液，温度控制在 100℃，电沉积得到浅黄色 CdS 微粒膜，再以热的 DMSO 清洗和高纯氮气吹干。分析测试表明，基体对 CdS 微粒膜的结构和性能具有较大的影响。在 Au 膜和 PANI 膜上的多晶结构 CdS 微粒呈粒状分布。而在 PATP 膜上却呈单晶结构和有序的棒状分布。PANI 膜上 CdS 微粒膜的紫外-可见吸收谱带具有分裂结构，气相吸收波长相对于体相 CdS 有蓝移。由于 PANI 的作用，CdS 微粒膜的部分吸收峰峰位有所偏移。同时其缺陷荧光谱带有较大的蓝移。较之激子发光，强度有所减小。

CeO_2 折射率高，稳定性好，用来制备减反射膜等各种光学玻璃，各种增透膜、保护膜和分光膜。以 $Ce(NO_3)_3 \cdot 6H_2O$ 为前驱体，以火胶棉为黏度调节剂，采用溶胶-凝胶提拉法，制备均匀透明的 CeO_2 纳米薄膜。具体操作方法是，先将 0.01mol $Ce(NO_3)_3 \cdot 6H_2O$ 溶于 70mL 无水乙醇中，再加 1.0mL 火胶棉来调节拉膜液的黏度。经超声清洗的玻璃衬底于 120℃ 活化 2h 后垂直浸入拉膜液中，静置 1min 以改善黏附性能，并使拉膜液表面平稳，再以一定速度提拉，即在衬底上形成一层透明的凝胶膜。经过热处理得到 CeO_2 薄膜。

火胶棉的黏度大，改变其含量就可调节拉膜液的黏度，把它加入到 $Ce(NO_3)_3 \cdot 6H_2O$ 的乙醇溶液后，形成的高分子溶液使拉膜液稳定。成膜时已水解和未水解的 $Ce(NO_3)_3$ 均匀分布在高分子网状结构的空隙中，使其在热处理时受到隔离而不能聚集。提拉法成膜时，单次成膜的最大厚度不要超过 100～300nm，否则膜会不同程度地从衬底上剥离。此法制得的 CeO_2 薄膜表面致密均匀，光滑，无裂纹和空洞，是均一的连续膜，多次重复浸渍、提拉和热处理可制备厚度较大的薄膜。在 400～800nm 波长范围内，薄膜的折射率为 2.22～1.79。

2.4　纳米材料的应用

由于纳米材料具有量子尺寸效应、小尺寸效应、表面效应和宏观量子隧道效应等特性，使纳米微粒的热、磁、光、敏感特性、表面稳定性、扩散和烧结性能，以及力学性能明显优于普通微粒。纳米材料的这些特性使它的应用领域十分广阔。它能改良传统材料，能源源不断地产生出新材料。例如纳米材料的力学性能和电学性能可以使它成为高强、超硬、高韧性、超塑性材料以及绝缘材料、电极材料和超导材料等。它的热学稳定性使它成为低温烧结材料、热交换材料和耐热材料等；它的磁学性能可用于永磁、磁流体、磁记录、磁储存、磁探测器、磁制冷材料等；它的光学性能又可用于光反射、光通信、光储存、光开关、光过滤、光折射、红外传感器等；它的燃烧性能还可用于火箭燃料添加剂、阻燃剂等。纳米材料在材料科学领域将大放异彩，在新材料、能源、信息等高新技术领域和在纺织、军事、医学和生物工程、化工、环保等方面都将会发挥举足轻重的作用。

纳米技术从研究走向应用要解决纳米材料、超精度微加工方法和微机电系统三个问题。

(1) 研制纳米材料　纳米材料就是在纳米量级范围内调控物质结构研制而成的新材料。它具有自洁功能，防垢防附着，韧性、保温性好，耐高温、耐摩擦、耐冲击。

(2) 超精度微加工方法　常规的由大到小的加工方法可用于微米级零部件，但不适于纳米尺寸零部件的加工。现在发明了扫描隧道显微镜加工技术，将扫描隧道显微镜极其尖锐的金属探针向材料逼近至 1nm 时，施加适当的电压，产生隧道电流，使探针尖端吸引材料的一个原子后，将针尖移动至预定位置，然后去除电压使原子跌落。如此不断重复便可按设计要求“堆砌”出各种微型构件。

(3) 机电系统　这是纳米技术的核心技术。纳米级部件构成的微机电的宏观参数如体积、质量已微不足道，而与物体表面相关的因素如表面张力和摩擦力则十分重要。新的物理特性使纳米器件非常坚固耐用、非常可靠，即使振动 2000 万次也不损坏。科学家已经制造出纳米齿轮、纳米弹簧、纳米喷嘴、纳米轴承等微型构件，并由此造出纳米发动机，其直径仅为 200μm，一滴油就可灌满 40 多个纳米发动机。同时微型传感器、微型执行器等也相继制成，这些基础单元再加上电路、接口，就可以组成完整的微机电系统。

纳米技术对科学技术的进步具有划时代的影响。一般认为从电子管到晶体管，到集成电路，再到大规模集成电路，微电子技术已经发展到了极点。从这个意义上说，纳米技术将超越电子技术发展的极限，引发一场新的技术革命，创造新的奇迹。

2.4.1 纳米材料在纺织工业中的应用

纳米材料在纺织上的用途非常广泛。在化纤纺丝过程中加入少量纳米材料可生产出具有特殊功能的新型纺织材料。如果化纤纺丝过程中加入金属纳米材料或碳纳米材料，可以纺出具有抗静电防微波性能的长丝纤维。纳米材料本身具有超强、高硬、高韧特性，把它和化学纤维融为一体，将使化纤成为超强、高硬和高韧的纺织材料。将纳米材料加入纺织纤维中，利用纳米材料对光波的宽频带、强吸收、反射率低的特点，使纤维不反射光，外界看不到，达到隐身的目的。假如把纳米氧化钛、纳米氧化铝等加入到纤维中，可以制成耐日晒、抗氧化的纤维。利用氧化锆吸收人体热能发射远红外线，可以制备远红外长丝。纳米级铜、镁、氧化钛等具有杀菌、抗红外、抗紫外的特点，利用它们制成的具有该功能的服装将大受欢迎。

科技发展到今天，人们对材料的认识和要求已不满足于其固有的结构与性能，而希望材料多功能化。利用纳米材料的特性开发多功能、高附加值的纺织品成为纺织行业的研究开发热点。纳米材料的应用方法主要有共混纺丝法、后整理法和接枝法三种。

（1）共混纺丝法　在化纤的聚合、熔融或纺丝阶段，加入功能性纳米粉体，纺丝后得到的合成纤维具有新的功能。例如在芯鞘型复合纤维的皮、芯层原液各自加入不同的粉体材料，可生产出具有两种以上功能的纤维。由于纳米粒子的表面效应，活性高，易与化纤材料相结合而共融混纺，而且粒子小，对纺织过程没有不良影响。此法的优点是纳米粉体可以均匀地分散到纤维内部，耐久性好，所赋予的功能可以稳定存在。

（2）后整理法　天然纤维可借助于分散剂、稳定剂和黏合剂等助剂，通过吸浸法、浸轧法和涂层法把纳米粉体加到织物上，使纺织品具有特殊功能，而其色泽、染色牢度、白度和手感等方面几乎不改变。此法工艺简单，适于小批量生产，但功能的耐久性差。

（3）接枝法　对纳米微粒进行表面改性处理，同时利用低温等离子技术、电晕放电技术，激活纤维上某些基团而使其发生结合，或者利用某些化合物的“桥基”作用，把纳米微粒结合到纤维上，从而使天然纤维也获得具有耐久功能的效果。

纳米材料的应用主要表现在抗菌除臭，抗紫外、抗静电、抗电磁辐射，远红外功能，高性能纤维等方面。

2.4.1.1 抗菌除臭

紫外线有灭菌消毒和促进人体内合成维生素 D 的作用而使人类获益，但同时也会加速人体皮肤老化和发生癌变的可能。不同波长紫外线对人体皮肤的影响如表 2-4 所示。

表 2-4　不同波长紫外线对人体皮肤的影响

符号	波长/nm	对皮肤的影响
UV-A	406～320	生成黑色素和褐斑，使皮肤老化、干燥，皱纹增加
UV-B	320～280	产生红斑和色素沉着，长时间辐射有致癌的可能
UV-C	280～200	穿透力强并对白细胞有影响

各种纳米微粒对光线的屏蔽和反射能力不同。以纳米 ZnO 和 TiO_2 为例，在 $\lambda<350nm$ 时，ZnO 和 TiO_2 的屏蔽率接近。当 $\lambda=350\sim400nm$ 时，ZnO 的屏蔽率高于 TiO_2 的分光反射率。紫外线对皮肤的穿透能力后者比前者大，而且对皮肤的损伤有累积性和不可逆性。因为 ZnO 的折射率比 TiO_2 的小，对光的漫反射也低，所以 ZnO 使纤维的透明度较高，有利于织物的印染整理。图 2-8 表示超微粒 ZnO 和 TiO_2 的分光反射率。超微粒粒度大小也影响其对紫外线的吸收效果。图 2-9 为 TiO_2 粒径和极薄薄膜（50nm）中紫外线照射的透过度，即采用计算机模拟设计得到的 TiO_2 粒径与紫外线透过度的关系。在 $\lambda=300\sim400nm$ 光波范

围内，微粒粒径在 50～120nm 时其吸收效率最大。

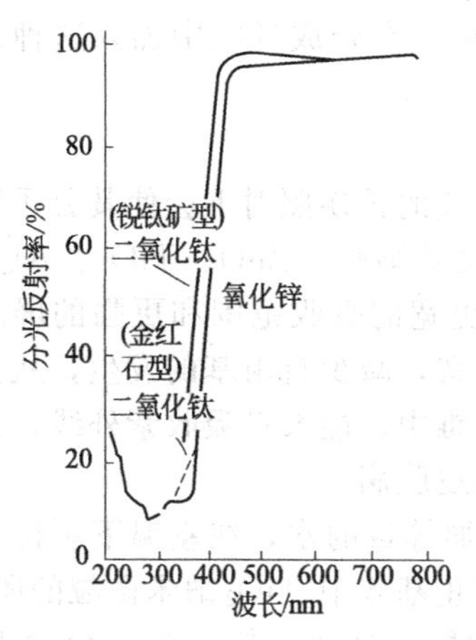

图 2-8 超微粒 ZnO 和 TiO_2 的分光反射率

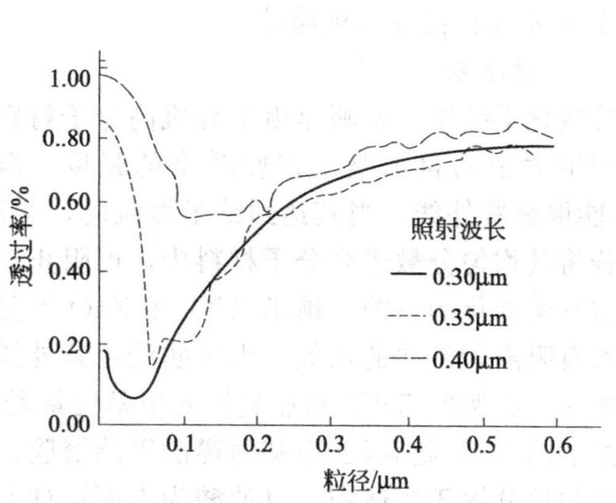

图 2-9 TiO_2 粒径和极薄薄膜（50nm）中紫外线照射的透过度

根据杀菌机理，无机抗菌剂可分为两种类型。

① 元素及其离子和官能团的接触性抗菌剂，如 Ag、Ag^+、Cu、Cu^{2+}、Zn、SO_4^{2-} 等。

② 光催化抗菌剂，如纳米 TiO_2、纳米 ZnO 和纳米硅基氧化物等。

多种金属离子杀灭或抑制病原体的强度次序为：

$$Ag>Hg>Cu>Cd>Cr>Ni>Pb>Co>Zn>Fe$$

由于 Hg、Cd、Pd 和 Cr 对人体有害，Ni、Co 和 Cu 离子对织物有染色作用而不宜使用，所以常用的金属抗菌剂只有 Ag 和 Zn 及其化合物。银离子的杀菌作用与其价态有关，杀菌能力次序为 $Ag^{3+}>Ag^{2+}>Ag^+$。高价态银离子具有高还原电势，使周围空间产生氧原子，而具杀菌作用。低价态银离子则强烈吸引细菌体内酶蛋白中的巯基，进而结合使酶失去活性并导致细菌死亡。当菌体死亡后，Ag^+ 又游离出来得以周而复始地起杀菌作用。

纳米 TiO_2 和纳米 ZnO 等光催化杀菌剂不但能杀灭细菌本身（如大肠菌、绿脓菌和黄球菌），而且也能分解细菌分泌的毒素。对于纳米半导体，光生电子和空穴的氧化还原能力增强，受阳光或紫外线照射时，它们在水分和空气存在的体系中自行分解出自由电子（e^-），同时留下带正电的空穴，逐步产生下列反应：

$$ZnO/TiO_2 + h\nu \longrightarrow e^- + h^+$$

$$e^- + O_2 \longrightarrow \cdot O_2^-$$

$$h^+ + H_2O \longrightarrow \cdot OH + H^+$$

生成的 $\cdot O_2^-$ 和 $\cdot OH$ 极其活泼，具有极强的化学活性，能与多种有机物反应，从而把细菌、残骸和毒素一起消灭。对于人体汗液等代谢物滋生繁殖的表皮葡萄球菌、棒状菌和杆菌孢子等“臭味菌”，纳米半导体也有杀灭作用。譬如 ·OH 会进攻细菌体细胞中的不饱和键：

$$R_2C{=}CR_2 + \cdot OH \longrightarrow R_2\dot{C}{-}C(OH)R_2$$

所产生的新自由基会激发链式反应，导致细菌蛋白质的多肽链断裂和糖类分解，从而达到除臭的目的。金属纳米微粒巨大的比表面和体积效应使其反应性能急剧增加，可与细菌体内的蛋白酶作用而使其丧失活性。ZnO、TiO_2 等金属氧化物纳米微粒属于光催化杀菌剂，能产生具有较强活性的基团，与细菌体内的有机物反应而杀死细菌。研究表明，ZnO 纳米材料对棉织品作处理后，对金黄葡萄球菌、大肠杆菌、白色念珠菌和黑曲霉菌都有显著抑制作用。利用 ZnO 等做核外包银以抗细菌，外包氧化铜以抗真菌。在合成纤维中加入这种抗菌微粒 1% 就具有良好的抗菌性。

2.4.1.2 抗辐射

某些化学纤维不耐晒是由于有机高分子材料在日光紫外线的长期照射下会使其分子链降解，产生大量的自由基，致使纤维的强度、颜色和光泽大受影响，ZnO、TiO_2、Al_2O_3、MgO 能屏蔽紫外线，当其达到纳米微粒时，会对紫外线有更宽的吸收范围和更强的屏蔽作用。若将其均匀分散于高分子材料中，可阻止高分子链的降解，减少自由基的发生，从而达到预防日晒老化的目的。纳米 TiO_2 和 ZnO 等复合到合成纤维中，能大量吸收紫外线，制得的成衣有阻隔紫外线的功效，也可防治由紫外线吸收造成的皮肤病。

把一定比例的 $TiCl_4$ 和油酸加入甲基丙烯酸甲酯中，再加等量的水，在室温下制得表面包覆油酸的 TiO_2 超微粒/甲基丙烯酸甲酯溶胶，能有效地制止基体中 TiO_2 纳米微粒的团聚，使之均匀地分散于胶体中。以油酸为表面活性剂进行包覆便能达到此目的。在 TiO_2 浓度分别为 0.016% 和 0.032% 的油酸包覆 TiO_2/甲基丙烯酸甲酯溶胶中，TiO_2 纳米微粒能均匀稳定地分散而且粒径小，部分粒径为 5～30nm，具有良好的紫外吸收光谱。

在纺丝或后处理时把纳米材料结合到织物上，能有效降低紫外线的透过。如果在抗紫外线的基础上，把屏蔽波长扩展到红外线区域，则可制得凉爽型纤维，用其制作夏季服装和户外帐篷，能有效地降低温度。TiO_2、SiO_2、ZnO 等纳米微粒对远红外线有很强的吸收和发射作用，把它们结合到织物上，制得的远红外线功能纺织品既有保暖保健功能，又能使军服具有抗红外线探测仪侦测的功能，保护士兵夜间行动安全。

2.4.1.3 高性能纤维

SiO_2 纳米材料对塑料具有增强作用，结合了 SiO_2 的塑料其强度、韧性、防水性和透明度大为提高。碳纳米管的强度和韧性极高，虽然密度仅为钢的 1/6，但是强度却比钢高 100 倍。它也具有优良的导电性，将其加入纤维中，可获得高强高韧性质，是抗静电、抗电磁辐射的首选材料。纳米级纤维有极大的比表面，制成的织物密度低、孔隙率高，具有极强的吸附性和良好的过滤性、阻隔性，又不影响透气性和穿着舒适性，所制成的服装具有吸附过滤等生化防护作用。江雷提出的“二元协同纳米结构理论”认为，当采取某种特殊的表面加工后，在介观尺度能形成混杂的两种性质不同的二维表面相区，每个相区的面积以及两相构建的“界面”是纳米尺寸的。研究表明具有不同甚至完全相反理化性质的纳米相区，在某种条件下具有协同的相互作用，以致在宏观表面上呈现出超常规的界面物性的材料，即为二元协同纳米界面材料。在此理论基础上开发出具有超双亲界面性能的面料，能有效改善化纤的穿着舒适度。同样，由此发展起来的超双疏性界面性能的面料，其高超的拒水、拒油性能达到了惊人的地步，使免洗服装成为可能。在特定材料表面上建造纳米尺寸几何形状互补的界面结构，使其吸附气体成为稳定的一层气体薄膜，使油和水无法与之表面接触，这样的材料表面具有超常的双疏性。用此超常双疏性材料制成的服装就能拒水拒油，从而可大大减少服装的洗涤次数，省时节水效果明显。另外，把高密度纳米材料加入纺丝液中可制得超垂感纤维，利用纳米级铝酸锶的蓄光性能制得发光纤维，利用具有可逆热致变色特性的化合物开发出变色纤维。

纳米材料本身具有超强、高硬、高韧特性，将其与化纤融为一体后化纤也具有这些特性。为此碳纳米管用作复合添加剂，在航空航天的纺织材料，汽车轮胎帘子线工程纺织材料等方面有极大的应用前景。纳米材料具有特殊的导电、电磁性能，超强的吸收性和宽频带性质，为导电吸波织物的开发提供了新途径。日本已开发出一个分子粗细的导电纤维，可方便地把它混入普通纤维中，获得良好的防护和抗静电作用。不但不影响织物的手感和外观，而且可把织物做得更薄更轻。

无机物蒙脱土由于自身的层状结构，在聚合物聚合中进行插层剥离形成纳米粒子，纳米粒子可以均匀分散在纤维中，制成的纳米纤维具有良好的力学性能，阻燃性能，抗辐射、防霉、抗老化性能和突出的远红外反射效果。纳米蒙脱土具有极强的表面活性，极易吸附在丝纤维的表面。丝纤维在蒙脱土后整理剂溶液中充分溶胀，纳米微粒渗透入纤维内部，而且强大的比表面能使丝素大分子不会溶解分散到溶剂中，而是紧紧缠绕在纳米微粒的周围，增加了丝纤维的耐磨性和耐水性。染色时蒙脱土自身具有的层状结构可以吸附极性染料，纳米颗粒的大比表面增加了其与极性染料的接触和吸附，层状纳米蒙脱土和丝素大分子以及染料形成交联的立体网状结构，整理后的丝纤维染色率和染色牢度大为提高。天然纯色的丝织物经日晒吸收阳光中的紫外线能量，使氨基酸变性降解，纤维结构被破坏，易变黄、变脆。经过整理后的织物在日常穿着中，由于蒙脱土纳米微粒作为保护层覆盖于纤维表面，反射阳光中的紫外线，减少了纤维吸收紫外线的能量，从而达到避免丝绸氨基酸的降解。蒙脱土本身是膨润土的有效成分，膨润土用于纤维后处理，可提高其防腐能力。所以蒙脱土的层状结构给丝纤维建起了一道屏障，把霉菌与其养料——蛋白质分隔开，防止了霉菌的生长。

2.4.2　纳米材料在医学和生物工程上的应用

纳米技术对生物医学工程的渗透与影响是显而易见的，它将生物兼容物质的开发，利用生物大分子进行物质的组装、分析与检测技术的优化，药物靶向性与基因治疗等研究引入微型和微观领域，并已取得了一些研究成果。

2.4.2.1　纳米高分子材料

纳米高分子材料作为药物、基因传递和控制的载体，是一种新型的控释体系。纳米粒子具有超微小体积，能穿过组织间隙并被细胞吸收，可通过人体最小的毛细血管，还可以通过血脑屏障，故表现出许多优越性。

① 可缓释药物，延长药物作用时间。

② 靶向输送。

③ 可在保证药物作用的前提下，减少给药剂量，减轻药物的毒副作用。

④ 提高药物的稳定性。

⑤ 保护核苷酸，防止被核酸酶降解。

⑥ 帮助核苷酸转染细胞，并起到定位作用。

⑦ 建立一些新的给药途径。

纳米高分子材料的应用已涉及免疫分析、药物控制释放载体及介入性诊疗等许多方面。在免疫分析中，载体材料的选择十分关键。纳米聚合粒子尤其是某些具有亲水性表面的粒子，对非特异性蛋白的吸附量极少，而被广泛用做新型标记物载体。某些药物只有运送到特定部位才能发挥其药效，可以用生物可降解的高分子材料对药物做保护，并控制药物的释放速度，以延长药物作用时间。纳米高分子材料制成的药物载体与各类药物，无论是亲水的还是疏水的药，或者是生物大分子制剂，都有良好的相容性。因此能够负载或包覆多种药物，并可有效地控制药物的释放速度。纳米高分子粒子还可以用于某些疑难病的介入性诊断和治疗。由于纳米粒子比红细胞小得多，可在血液中自由运动。所以可注入各种对机体无害的纳米粒子到人体的各部位，检查病变和进行治疗。例如载有抗增生药物的乳酸-乙醇酸共聚物的纳米粒子，通过冠状动脉给药，可以有效防止冠状动脉再狭窄。

(1) 癌症治疗　纳米粒子缓释抗肿瘤药物，延长药物在肿瘤内的存留时间，减慢肿瘤的生长，与游离药物相比延长了患肿瘤动物的存活时间。由于肿瘤细胞有较强的吞噬能力，肿瘤组织血管的通透性也较大，所以静脉途径给予的纳米粒子可以在肿瘤内输送，从而达到提高疗效，减少给药剂量和毒性反应的目的。例如，把抗肿瘤 ZnPcFI6 包裹到聚乳酸（PLA）

纳米粒子和聚乙二醇（PEG）修饰的PLA纳米粒子中，给小鼠静脉注射后，发现前者的血药浓度较低。这是因为PEG修饰的纳米粒子能减少网状内皮系统的摄取，同时增加肿瘤组织的摄取。把抗癌新药紫杉醇包裹在聚乙烯吡咯烷酮纳米粒子中，体内实验以荷瘤小鼠肿瘤体积的缩小和存活时间的程度来评价药效，结果表明含紫杉醇的纳米粒子比同浓度游离的紫杉醇的疗效明显增加。

纳米微粒系统主要用于毒副作用大、生物半衰期短、易被生物酶降解的药物给药，如抗癌药物。在恶性肿瘤的化疗中，提高药物的靶向性并降低其毒副作用是改善化疗效果的关键。丹尼斯·沃茨经过3年研究发明了一种可直接将药物导入癌组织的磁铁技术，可望代替化疗药物，以提高治病效果，避免药物对肠胃带来的副作用。该技术采用的系统由3组铜线圈组成，每组两个。这些线圈与电源相连后，分别固定在身体的各个不同部位。通过在患病部位连续移动磁铁，附着在药袋上的氧化磁铁纳米微粒，便可随DNA链进入患处，并将药物直接释放到癌组织内。沃茨采用一种能附着在DNA链顶端的生物素，先将磁铁颗粒包住，再用荧光技术在磁铁颗粒上着色。这样可在显微镜下清楚地看到DNA链包裹的磁铁微粒的活动情况。沃茨发现当磁铁不移动时，DNA链呈长形链状盘绕着球体。当磁铁连续移动时，球形DNA链则伸展，呈锥形体，顺利进入癌组织。

(2) 细胞内靶向输送　由于纳米粒子聚集在网状内皮系统里，所以可用药物的载体治疗网状内皮系统的细胞内寄生物。纳米粒子包裹的药物沿着静脉迅速聚集在肝和脾等网状内皮系统的主要器官内，降低了由于治疗药物非特定聚集而引起的毒性。研究表明，被纳米粒子包裹的氨必西林比游离的氨必西林的疗效高20倍。

(3) 对疫苗的辅助作用　纳米粒子的辅助作用在于持久地释放被包裹的抗原，或加强吸收作用和身体免疫系统对纳米粒子结合抗原的免疫反应。聚甲基丙烯酸甲酯纳米粒子对大鼠体内的艾滋病毒疫苗起辅助作用，与氢氧化铝或水溶解的辅助作用相比，抗体滴度要高10～100倍。与抗原有关的口服用药纳米粒子避免了被胃酸和胃酶分解，尔后被肠淋巴组织吸收。

2.4.2.2 基因纳米技术

DNA纳米技术是指以DNA的理化特性为原理设计的纳米技术，主要应用于分子的组装（尤其是需要循环列阵的晶体结构和记忆驱动系统）。DNA复制过程中所体现的碱基的单纯性、互补法则的恒定性和专一性、遗传信息的多样性以及构象上的特殊性和拓扑靶向性，都是纳米技术所需要的设计原理。

纳米大小的胶体粒子因其物理学、光学、光化学特性而广泛应用于化学传感器、色谱激发器等物理学领域。DNA纳米技术则使它的组装构型成为可能。例如在3nm直径的金粒子的表面连接上两段寡核苷酸链：3′-thiol-TACCGTTG-5′和5′-AGTCGTTT-3′-thiol，然后加入带有与这两条链互补的“黏附末端”的双链寡核苷酸，利用碱基配对原则形成肉眼可见的金粒子聚合体，从而完成了纳米粒子的自组过程。

同时，DNA技术的发展有助于DNA纳米技术的成熟。例如，在分子生物学的实验方法中，PCR技术成为最经典、最常用的复制DNA的方法。Bukanov等研制的PD环（在双链线性DNA中复合一段寡义核苷酸序列）比PCR扩增技术具有更大的优越性。它的引物无须保存于原封不动的生物活性状态，而且产物具有高度序列特异性，不像PCR产物那样可能发生错配现象。PD环的诞生为线性DNA寡义核苷酸杂交技术开辟了一条崭新的道路，使从复杂DNA混合物中选择分离出特殊DNA片段成为可能，并可能应用于DNA纳米技术中。

被制成基因载体的DNA和明胶纳米粒子凝聚体含有氯奎和钙，而明胶与细胞配体运铁蛋白共价结合。纳米粒子在很小的DNA范围内形成，并在反应中与超过98%的DNA相结合，用明胶交联来稳定粒子并没有影响 DNA 的电泳流动性。DNA 在纳米粒子中部分避免了被脱氧核糖核酸酶 I 的分解，但还能被高浓度的脱氧核糖核酸酶完全降解，被纳米粒子包裹的 DNA 只有在钙和包裹运铁蛋白的纳米粒子存在的情况下，才能进行最佳的细胞转染作用。利用编码 CFTR 模拟系统可证明被纳米粒子包裹 DNA 的生物完整性。用包含这种基质的纳米粒子对人工培养的人类气管上皮细胞进行转染，结果超过 50% 的细胞 CFTR 表明，转染效率与 CFTR DNA 纳米粒子的物理化学性质有关。而且在氯化物中输送的 CFTR 缺陷的人类支气管上皮细胞，在被包含有 CFTR 输送基因的纳米粒子转染时可以提高有效的输送活性。

2.4.2.3　纳米中药

“纳米中药”指运用纳米技术制造的粒径小于 100nm 的中药有效成分、有效部位、原药及其复方制剂。纳米中药不是简单地将中药材粉碎成纳米颗粒，而是针对中药方剂的某味药的有效部位甚至是有效成分进行纳米技术处理，使之具有新的功能：提高生物利用度、增强靶向性、降低毒副作用、拓宽原药适应性、丰富中药的剂型选择、减少用药量等。

纳米中药的制备要考虑到中药组方的多样性和中药成分的复杂性。要针对矿物药、植物药和动物药的不同单味药，以及无机、有机、水溶性和脂溶性的不同有效成分确定不同的技术方法。也应该在中医理论的指导下研究纳米中药新制剂，使之成为高效、速效、长效、小剂量、低毒和方便的新制剂。纳米中药微粒的稳定性参数可以纳米粒子在溶剂中的 ξ 电位来表征。一般憎液溶胶 ξ 电位绝对值大于 30mV 时，方可消除微粒间的分子间力避免聚集。有效的措施是用超声波破坏团聚体，或者加入反凝聚剂形成双电层。

中药和可生物降解聚合物纳米微粒相结合，或者包封形成毫微囊，或者附载成为分散体。这种新型的经口蛋白、多肽、基因等已经问世。生物可降解聚合物基材可选用聚乳酸、聚氰基丙烯酸酯、聚己内酯、海藻酸钠凝胶等。

聚合物纳米中药的制备有两种。其一把中药溶入聚乳醇-有机溶液中，在表面活性剂的帮助下形成 O/W 或 W/O 型乳液，蒸发有机溶剂，含药聚合物则以纳米微粒分散在水相中，并可进一步制备成注射剂。其二采用壳聚糖、海藻酸钠凝胶等水溶性的聚合物。例如将含有壳聚糖和两嵌段环氧乙烷-环氧丙烷共聚物水溶液与含有三聚磷酸钠水溶液混合得到壳聚糖纳米微粒。这种微粒可以和牛血清白蛋白、破伤风类毒素、胰岛素和核苷酸等蛋白质有良好的结合性。已经采用这种复合凝聚技术制备 DNA-海藻酸钠凝胶纳米微粒。

聚合物纳米中药具有以下优点。

① 高载药量和可控制释放。

② 纳米微粒表面容易改性而不团聚，在水中形成稳定的分散体。

③ 采用了可生物降解的聚合材料。

④ 聚合物本身经改性后具有两亲性，从而免去了纳米微粒化时表面活性剂的使用。

2.4.2.4　纳米医学材料

传统的氧化物陶瓷是一类重要的生物医学材料，在临床上已有多方面的应用，例如制造人工骨、人工足关节、肘关节、肩关节、骨螺钉、人工齿等，还用作负重的骨杆，锥体人工骨。纳米陶瓷的问世，将使陶瓷材料的强度、硬度、韧性和超塑性大为提高，因此在人工器官制造，临床应用等方面，纳米陶瓷将比传统陶瓷有更广泛的应用，并有极大的发展前景。纳米微孔 SiO_2 玻璃粉已被广泛用作功能性基体材料，譬如微孔反应器、微晶储存器、功能性分子吸附剂、化学和生物分离基质、生物酶催化剂载体、药物控制释放体系的载体等。纳米碳纤维具有低密度、高比模量、高比强度、高导电性等特性，而且缺陷数量极少、比表面积大、结构致密。利用这些超常特性和它的良好生物相容性，可使碳质人工器官、人工骨、人工齿、人工肌腱的强度、硬度和韧性等多方面性能显著提高。还可利用其高效吸附特性，把它用于血液的净化系统，以清除某些特定的病毒或成分。

2.4.2.5 纳米医疗技术

纳米技术导致纳米机械装置和传感器的产生。纳米机器人是纳米机械装置与生物系统的有机结合，在生物医学工程中充当微型医生，解决传统医生难以解决的问题。这种纳米机器人可注入人体血管内，成为血管中运作的分子机器人。它们从溶解在血液中的葡萄糖和氧气中获得能量，并按医生通过外界声信号编制好的程序探视它们碰到的任何物体。它们也可以进行全身健康检查，疏通脑血管中的血栓，清除心脏动脉脂肪沉积物，吞噬病菌，杀死癌细胞。纳米机器人还可以用来进行人体器官的修复工作，如修复损坏的器官和组织，做整容手术，进行基因装配工作，即从基因中除去有害的 DNA；或把 DNA 安装在基因中，使机体正常运转；或使引起癌症的 DNA 突变发生逆转而延长人的寿命；或使人返老还童。

纳米生物计算机可以为远程医疗提供强有力的手段，远程诊断系统必须建立在高速信息网基础上。纳米生物计算机的主要材料之一是生物工程技术产生的蛋白质分子，并以此作为生物芯片。在这种生物芯片中，信息以波的方式传播，其运算速度要比当今最新一代计算机快 10 到几万倍，能量消耗仅相当于普通计算机的 十亿分之一，存储信息的空间仅占百亿分之一。由于蛋白质能够自我组合，再生出新的微型电路，使得纳米生物计算机具有生物体的一些特点，如能发挥生物本身的调节机能自动修复芯片上发生的故障，还能模仿人脑的机制等。纳米生物计算机的发展必将使人们在任何时候、任何地方都可享受医疗，而且可在动态检测中发现疾病的先兆，从而使早期诊断和预防成为可能。

纳米技术虽然还处在重大突破的前夜，但如果能在未来的几十年中获得成功，对卫生保健的影响将超过医学史上的任何进展，并将全面革新军队的卫勤工作。纳米技术的应用已有了原型样机，堪培拉分子工程技术合作研究中心完成了填充了直径为 1.5nm 离子通道的合成膜的生物传感器。专家预测，纳米技术的医学应用初期将集中于体外，如含有纳米尺寸离子通道的人工膜生物传感器将使医学检测、生物战剂侦测及环境检测改观。在此基础上建立的纳米医学，可能应用由纳米计算机控制的纳米机器，以引导智能药物到达目标场所发挥作用。

纳米技术的体内应用，如使用免疫机器可保护机体免受病原体的攻击。细胞聚集器可用于激活细胞和支持机体自身的组织构建及修复机制，使伤口快速愈合，确保细胞形成健康的模式，并激活细胞使其周围有适当的细胞间质。该机器经程序化后能重新加强血管的结构，修复关节，消除瘢痕组织，并用天然牙本质和牙釉质填充牙齿。这种修复还可以从组织水平发展到细胞内部水平。细胞修复仪将比一个细胞小得多，它们像“纳米医生”将修复化学或辐射引起的细胞损伤及杀死细胞内病毒。

纳米技术和生物学相结合可研制生物分子器件。以分子自组装为基础制造的生物分子器件是一种完全抛弃以硅半导体为基础的电子元件。在自然界能保持物质化学性质不变的最小单位是分子，一种蛋白质分子可被选作生物芯片的理想材料。现在已经利用蛋白质制成了各种开关器件、逻辑电路、存储器、传感器、检测器以及蛋白质集成电路等生物分子器件。利用细菌视紫红质和发光染料分子研制出具有电子功能的蛋白质分子集成膜，可使分子周围的势场得到控制的新型逻辑元件；利用细菌视紫红质也可制作光导“与”门；利用发光门制成蛋白质存储器，进而研制模拟人脑联想能力的中心网络和联想式存储装置。利用它还可以开发出光学存储器和多次录抹光盘存储器。1994 年美国利用此蛋白质器件已经研制成功生物电脑。

2.4.3 纳米技术在军事上的应用

纳米技术是典型的军民两用技术，它率先应用于军事领域，在导弹、国防军工和航空航天领域有广阔的应用前景。

2.4.3.1 纳米燃料催化剂

纳米催化剂由于颗粒特小，比表面极大，表面原子比例高，晶粒微观结构复杂和存在各种点阵缺陷，而表现出极高的催化活性，用作纳米燃料催化剂可以显著提高固体推进剂的燃速。美国 Mach I 公司开发一种纳米超细氧化铁，比表面达 $250m^2/g$，直径 3nm 的单个球形微粒中含有铁和氧原子大约分别为 600 和 900 个。它对 HTPB 推进剂燃烧速度比高性能的 BASFL 2817 氧化铁还要高 25%，而且压强指数下降。与二茂铁类催化剂相比，其自燃温度高，冲击感度较低，是传统产品的理想替代品。

金属粉在火炸药中的应用十分广泛。铝粉可提高固体推进剂的能量、燃烧稳定性和爆热与爆炸威力；镍粉可提高固体推进剂的燃速，并降低临界压力；镁粉则可提高火药能量并改善其点火性能。这些金属粉的粒度影响火炸药的性能，研究开发纳米金属粉是国际军事界十分关注的问题。一种用 EEW 工艺生产出的粒径为 10～50nm 的活性铝 Alex，它更容易氧化。实验表明，它在 450℃ 时开始部分氧化，并放出大量热。在 45℃ 和 65℃ 时，其在干燥空气中相当稳定，在相对湿度较高时反应速度很快。Alex 用作复合推进剂在发动机燃烧时，大大提高了推进剂的能量利用率，也使推进剂的燃速得到明显提高。我国科学家发现，随着纳米铝粉粒度的减小，铝粉参与反应的比表面积增大，加快了炸药的反应速率，提高了金属粉的利用率。譬如采用 70nm 铝粉代替普通铝粉，可使燃速提高 4mm/s 以上。

在高能 NEPE 推进剂中，纳米碳酸铅与硝酸酯有良好的相容性，对降低 NEPE 推进剂压力指数有显著作用。当含量为 1% 和 2% 时，对该推进剂压力指数分别降至 0.54 和 0.52，接近大型导弹的应用水平。在双基推进剂中，纳米 PbO 与普通 PbO 相比，使催化作用区间向低压力范围移动，而且在 4～10MPa 内压力指数由 0.42 下降到 0.33。如果纳米 PbO 与铜盐复配，则压力指数可进一步下降至 0.10。

很多学者预言，纳米炸药将在多方面表现出与普通炸药的显著区别，如机械感度降低、爆轰更接近于理想爆轰，并可能成为低易损装药的突破口。美、日、德、俄等国极其重视单质炸药的超细技术的研究，一些单质炸药已经达到微米和亚微米的水平，TATB 则已达到纳米量级。与同类大颗粒炸药相比，超细炸药释放能量提高数倍，而且爆速高，爆轰稳定，安全性好。我国经过努力也已制备出 4nm HMX，粒度分布狭窄，呈球状，其分解活化能大幅度降低。

2.4.3.2 纳米电磁波吸收材料

采用纳米技术制造电磁波吸收材料。纳米材料具有特殊的光学性能，粒度愈细，对光的吸收作用愈强烈。采用铁氧体纳米微粒与聚合物制成的复合材料，能吸收和衰减电磁波和声波，减少反射和散射，被认为是一种极好的隐身材料。纳米复合材料多层膜在 7～17GHz 频率的吸收峰高达 14dB。在 10dB 的吸收水平，其频宽在吉赫兹，几十纳米厚的膜相当于几十微米厚的普通吸收材料的吸波效果，从而在军事上可望提高战略飞行器的突防能力。纳米雷达波吸收材料用于电磁波屏蔽和隐身武器装备的研制与改进。

纳米吸波材料的关键技术是制备超细的微球，并将所需的纳米粉体包覆在超细微球上，就会得到极好的效果。把聚苯乙烯纳米球体包覆一层导电的铜或镍，再将其在一定条件下局部氧化成顺磁性微粒，这种材料是潜在的军用隐身材料。把超细陶瓷球粉体混合于普通油漆中，再喷涂在飞机和车辆上，可提高隐身能力。也可以把它涂在电子设备上以防电子干扰。美国已开发出第四代纳米吸波材料超黑粉，它对雷达波的吸收率达到 99%，而其厚度仅为微米级。国内外研究的纳米雷达波吸收剂主要有以下几种类型：纳米金属与合金吸收剂、纳米氧化物吸收剂、纳米碳化硅吸收剂、纳米石墨吸收剂、纳米 Si/C/N 和 Si/C/N/O 吸收剂、纳米导电聚合物吸收剂、纳米金属膜/绝缘介质膜吸收剂和纳米氮化物吸收剂。

纳米材料还可用于干扰红外成像。现代战争中电子干扰和抗干扰之间的对抗愈演愈烈，其结果导致武器装备向精度高、稳定性好、抗干扰能力强的方向发展。红外成像制导精度高，隐蔽性好，抗干扰能力强，是对付复杂背景地物的主要方式。而毫米波系统波束窄，带宽大，体积小，对目标跟踪和识别有较高的分辨力和精度。干扰红外成像制导的一种有效方法是采用红外辐射遮蔽剂，通过爆炸等方法把某些特定物质的细小颗粒在敌军红外探测器和我军事目标之间的空间区域内分散。当我军事目标的红外辐射通过该遮蔽物向远处传播时，将受到这些小颗粒的强烈吸收和散射，从而使敌军红外成像系统失去目标。由于纳米微粒体积小，滞留空间时间长，散布的纳米微粒通过扩散在空间形成巨大的均匀烟雾，有效地对入射电磁波实现衰减。另外，纳米微粒也强烈吸收电磁波，所以利用一种或多种宽波段纳米吸波材料，来干扰毫米波或微米波，达到出奇制胜的目的。

2.4.3.3 航空航天

纳米材料的力学特性和电磁光特性对航天和国家安全有重要意义。发达国家早就重视纳米技术在航天领域的应用，他们在三个方面做努力。

① 通过先进的电子纳米设备取得持续的信息优势。

② 研制以纳米结构电子设备为基础的、技术上更加先进的虚拟系统，实现相对低价的有效训练。

③ 减小航天器的有效载荷尺寸、质量和功耗，改进火箭、导弹和空间站，以质量轻、强度高、热稳定性好的材料来设计与制造。

目前向太空发射每磅有效载荷耗费 1 万～2 万美元，如果采用纳米技术使部件小型化，则可使导弹的发射成本大大下降。譬如一颗小型运载火箭可运送上千颗体积小、质量轻的“纳米卫星”。这一群纳米卫星按不同的运行轨道组成卫星网，可以同时监视世界上任何地方，其经济和军事效益是不言而喻的。

纳米技术在导弹和控制系统中已有初步应用，例如姿态和空间位置测量，姿态控制用的分系统以及推力器。惯性传感器尤其是陀螺，采用纳米技术制造可使其尺寸和价格下降几个数量级。用它可以制造出高性能标准化姿态测量器，并使生产成本大为降低。

2.4.3.4 纳米武器

纳米器件比半导体器件工作速度快，可大大提高武器控制系统的信息传输、存储和处理能力，可制造出全新原理的智能化微型导航系统，使制导武器的隐蔽性、机动性和生存能力发生质变。譬如利用纳米技术制造的蚊子状微型导弹，直接受电波遥控，可悄悄潜入目标内部，实施摧毁，发挥出神奇的战斗作用。纳米武器的特点如下。

① 武器系统超微型化，可使目前的电子战系统缩微至单兵携带，更隐蔽更安全。

② 武器系统高智能化，使控制系统获取信息加快，侦测监视精度大大提高。

③ 武器系统集成化生产，成本下降，可靠性提高。

例如，“苍蝇飞机”，它为苍蝇般的袖珍飞行器，携带有侦测设备，具有信息处理、导航和通信能力，可悄悄布置到敌军信息中心和武器系统的内部或附近做监视，可以悬停、飞行，雷达“看”不见，能全天候工作，把信息发回己方，直接引导导弹攻击目标。还有“蚂蚁士兵”，它是蚂蚁大小的、通过声波控制的微型机器人。它们通过各种途径渗入敌军武器系统中潜伏，一旦启用，或者破坏敌军电子设备，或者用特种炸药引爆，或者施放化学制剂，使敌军装备瘫痪，人员丧失战斗力。

2.4.4 纳米材料在化工方面的应用

化工是一个巨大的工业领域，产品数量繁多，直接与人们的衣、食、住、行相关。纳米材料的无比优越性给化学工业带来福音，并显示它的独特魅力。在橡胶、塑料、涂料等方面纳米材料都能发挥其重要的作用。

2.4.4.1　在涂料领域

纳米材料为表面涂层提供了良好的机遇，涂料中加入不同组分的纳米材料，可使涂料的功能大为提高，例如可使涂料具有耐磨、耐腐蚀、隔热和阻燃等多种功能。

目前改性涂料所使用的纳米材料一般为纳米半导体材料，如纳米 SiO_2、TiO_2、ZnO 等，它们具有光学特性、光电催化特性、奇特的选择性、吸收特性和光电转换特性等。

① 纳米材料对涂料耐紫外线老化性能的改性。纳米二氧化钛无毒、无味、无刺激性，热稳定性好，不分解、不挥发、散射紫外线能力强，且自身为白色，是最好的涂料填料。在苯丙涂料中加入占涂料量（以质量计）0.5%、1.0%、1.5% 和 2.0% 纳米 TiO_2（或 SiO_2）和不加纳米材料的涂料进行紫外线老化试验，并对它们的变色差（ΔE 值）进行对比（见表 2-5）。结果表明，当加入 0.5%～2.0% 纳米 TiO_2（或 SiO_2）时，ΔE 比空白的小，涂膜（乳液树脂）老化明显减缓，说明这些纳米微粒对紫外光起到屏蔽作用，保护了涂膜。紫外线波长介于 200～380nm 之间，是造成涂料老化的主因，其波长愈短能量愈大，对涂料的破坏愈强。纳米 TiO_2 以散射方式屏蔽紫外线，其颗粒大小对屏蔽效果起较大的作用。常用的最佳粒径计算公式：

表 2-5　涂料紫外老化前后变色差对比

纳米 TiO_2 含量/%	0	0.5	1.0	1.5	2.0
苯丙涂料变色差(ΔE)	1.65	0.42	0.33	0.66	0.48
纳米 SiO_2 含量/%	0	0.5	1.0	1.5	2.0
苯丙涂料变色差(ΔE)	1.65	0.46	0.45	0.46	0.48

$$d_{最佳}=\lambda/2.1\times(n_p-n_b) \tag{2-10}$$

式中　$d_{最佳}$——散射效率最佳的粒径，μm；

λ——入射光波长，nm；

n_p——分散质的折射率，锐钛型 TiO_2 为 2.52，金红石型 TiO_2 为 2.7；

n_b——分散介质的折射率。

根据公式(2-10) 求出锐钛型 TiO_2 在水中对不同波长紫外线散射的最佳粒径见表 2-6。

表 2-6　TiO_2 在水中对不同波长紫外线散射的最佳粒径

波长/nm	200	290	380
最佳粒径/nm	77	111	115

可见 77nm 锐钛型 TiO_2 对抗 200nm 的紫外光最有利。

② 光催化涂料。利用某些纳米材料的光催化特性制备纳米光催化涂料。采用经过表面处理的纳米 TiO_2 与纯丙树脂配成涂料，经测定它对氮氧化物、油脂、甲醛等物质具有明显的催化降解作用，其中对氮氧化物可达到 80% 的降解率。

③ 超双亲界面物性材料。光的照射引起 TiO_2 表面在纳米区域形成亲水性和亲油性两相共存的二元协同纳米界面结构，于是在宏观的 TiO_2 表面出现奇妙的超双亲性。用此原理制备的新材料，可以修饰玻璃表面和建筑材料表面，使其具有自动清洁和防雾等功能。

④ 超双疏性界面物性材料。利用由下到上、由原子到分子直至聚集体的纳米材料制备方法，可在特定的表面构建几何形状互补的纳米界面结构。在纳米尺寸低凹处，能稳定吸附气体分子，以形成宏观表面上一层稳定的气体膜，使油和水无法直接接触。假如在输油管道内壁涂覆这种带有防静电的超双疏性界面物性材料，石油长距离输送就安全得多，而且管道损伤可减小到最低程度。

⑤ 纳米金红石型 TiO_2 具有随角度变色的效应，在汽车面漆中是重要的和有发展前途的

效应颜料。纳米 TiO_2能提高轿车漆的装饰效果和轿车漆的耐候性。在建筑外墙涂料中加入适量纳米 TiO_2也可以提高乳胶漆的耐候性。

纳米 SiO_2 是无定形白色粉末，表面存在不饱和残键和不同键合状态的羟基，它具有“触变性”，即在时间与外力作用下回复原状的剪切力弱化反应。正是这个特性才使纳米 SiO_2 能够改变传统涂料的各种性能。纳米 SiO_2 具有很强的紫外线吸收和红外线反射特性，对波长 400nm 以内的紫外线吸收率高达 70 %。把它加在涂料中能使涂料起屏蔽作用，达到抗紫外线的目的。纳米 SiO_2具有三维硅石结构，比表面积很大，因表面配位极其不足而活性极大，从而强烈吸附色素粒子，并包覆其表面形成屏蔽，大大减轻了紫外线辐射引起的色减。又因为纳米 SiO_2被充分均匀地分散于涂料介质中，所形成的分散相是透明的并不影响色彩。

纳米 SiO_2事先要作表面处理，使其亲水性变为亲油性，改变表面极性，利于分散。经过表面处理的 SiO_2有三种特性。

① 表面亲油性　当以有机硅处理后，SiO_2表面为亲油的烷基而呈亲油性。

② 表面接枝　常以含两个活性基团的处理剂与 SiO_2作用，其中一个基团与纳米微粒结合，另一个则与聚合物基体反应，提高相容性。

③ 两亲性　如果处理剂分子除了含有与纳米微粒结合的基团外，还含有另外的亲水基团和亲油基团，则经改性的纳米微粒具有双亲特性。

利用微乳液制备技术开发成功胶粒直径为 60nm 的纳米级水分散聚合物乳液，聚合物中的醇酸链段可进行各种改性，如用环氧树脂、聚氨酯中间体、有机硅衍生物进行改性。一种纳米级水分散聚合物乳液作基料制成的防腐底漆和防腐面漆的耐化学药品性、耐盐雾性、耐湿热及耐水性均达到很高的水平，为实现涂料的水性化迈出了可喜的一步。

2.4.4.2　在塑料、橡胶领域

在橡胶制品中加入纳米微粒如 SiO_2、ZnO 等，可以提高橡胶制品的强度、耐磨性和抗老化性，可以达到抗紫外光老化和热老化的目的。由于纳米 SiO_2特有的三维硅石结构、庞大的比表面积、表面原子的严重不足，表现出极强的活性，以致对色素的吸附作用很强，紧紧包裹在色素粒子的表面，形成屏蔽作用，大大降低了因紫外光照射而造成的色素衰减。当纳米 SiO_2粒子被充分均匀地分散在介质中形成的分散相是透明的，对材料中染色剂的染色效果没有任何影响，从而使橡胶制品的色彩可根据客户的要求进行调配。

在橡胶中加入纳米 SiO_2 可以提高橡胶的抗紫外线辐射和红外反射能力。纳米 Al_2O_3 和 SiO_2 加入到普通橡胶中，可以提高橡胶的耐磨性和介电特性。而且弹性也明显优于用白炭黑作填料的橡胶。

纳米技术应用于塑料中对其进行改性时，纳米粒子必须与塑料合成纳米复合材料才能发挥其独特的效果。所谓塑料纳米复合材料是指无机填充物以纳米分散在有机聚合物基体中形成的有机/无机纳米复合材料。塑料纳米复合材料的合成方法有插层复合法、原位复合法、共混法、分子复合材料形成法等。其中插层复合法最有工业化前景。在制备无机纳米粒子-高聚物共混复合材料时，为了获得较高的综合力学性能，需要对纳米粒子的表面进行改性处理，以便纳米粒子尽可能均匀地分散在聚合物基体中。对纳米粒子进行表面处理的方法主要有沉淀法反应改性、外膜层法改性、表面化学改性、高能量法表面改性和粒子表面接枝聚合改性等。

纳米微粒的比表面积大、表面活性原子多、与聚合物的相互作用强，将纳米微粒填充到聚合物中可以显著改善复合材料的刚性、韧性、强度和耐磨性等物理机械性能。例如把平均直径为 30nm 的 $CaCO_3$粒子填充到 PVC 中，结果发现，当 $CaCO_3$的质量分数为 10%时，复合材料的拉伸强度和缺口冲击强度分别为纯 PVC 的 123% 和 313%。规格为 1.8μm、

100nm 和 10nm 等 3 种沉淀 $CaCO_3$ 对 PVC 有增韧作用，10nm 的 $CaCO_3$ 对 PVC 的增韧作用最好。以 10nm 非晶质 Si_2N 对聚甲醛进行改性，加入 3% 时聚甲醛的抗冲击强度和拉伸强度达到最大值，分别为原来的 260% 和 125%。

应用天然丰产的蒙脱土层状硅酸盐作为无机分散相一步法制备尼龙 6 纳米塑料，它与纯尼龙 6 相比具有高强度、高模量、高耐热性、低吸热性、高尺寸稳定性、良好的阻隔性和加工性能。与普通的玻璃纤维增强和矿物增强的尼龙 6 相比，具有相对密度低、耐磨性好、在相同的无机含量条件下，综合性能明显优于前者。正因为尼龙 6 纳米塑料具有优异的性能及较高的性能价格比，其应用领域相当广泛。它可用于制造汽车零件、特别是发动机内部及其它有耐热性要求的零件，还可以用于办公用品、电子电器部件和日用品等。它也是工程塑料的理想原料。

利用纳米微粒独特的光、电、磁等特性已开发出许多功能性复合材料。美国马里兰大学研制成功纳米 Al_2O_3 与橡胶的复合材料。这种材料与常规橡胶相比，耐磨性大大提高，介电常数提高将近 1 倍。已研制成功的树脂基纳米氧化物复合材料，在静电屏蔽性能上明显好于其它复合材料，同时还可根据纳米氧化物的类型来改变树脂基纳米氧化物复合材料的颜色，在电器外壳涂料方面有着广阔的应用前景。利用纳米 TiO_2 粉体对各种波长光的吸收带宽化和蓝移的特点，将 30～40nm 的 TiO_2 分散到树脂中制成薄膜，可提高对紫外线吸收的能力，可用做食品保鲜袋。用不同的纳米材料 SiO_2、TiO_2、Al_2O_3、ZnO 填充聚四氟乙烯复合材料，当 Al_2O_3 用量为 10% 时其力学性能保持较好，耐磨性比原来提高很多。

聚乙烯纳米复合棚膜专用树脂可生产高性能棚膜，其最大的特点是保持了普通 PE 膜的力学性能，提高了保暖性能，达到了 EVA 膜的同等水平，成本低，透光率好，对红外线和紫外线有一定的阻隔作用。一种具有优良化学物理性能、可纺性好的抗菌丙纶、抗菌聚酯纤维，经测定它们都具有优良的抗菌效果。抗菌 ABS、抗菌 PS 等改性工程塑料已经用于家电、通信器材、医疗器械等领域，它们具有永久性的抗菌性能，而不影响其力学性能。

2.4.4.3 *在润滑材料方面*

将纳米微粒以适当的方式分散在润滑油中，这样每升油中就含有数亿个纳米微粒。在摩擦过程中它们吸附在摩擦副表面，通过"微轴承"作用，形成一个光滑保护层。填充表面的微坑和损伤部位，以增强润滑，减少磨损。这类纳米润滑材料有：n-Cu、n-Pb、n-Ni、n-MoS_2、n-WS_2、n-PbS、n-$La(OH)_3$、n-Sb_2O_3、n-ZnO、n-TiO_2、n-SiO_2、纳米硼酸盐、纳米石墨和高分子纳米微球等。它们的加入对改善重载、低速、高温和振动条件下的摩擦性能十分有益。将 n-Cu 或纳米铜合金粉末加入润滑油中，可使润滑性能提高 10 倍，并能显著降低部件磨损，提高燃料效率，改善动力性。用 DNP 做添加剂生产了 N-50A 润滑磨合剂，使其磨合时间缩短 50%～90%，同时可提高磨合质量，节约燃料，延长发动机寿命。用纳米添加的润滑油与传统的润滑做比较，添加了纳米材料的润滑油使凸轮轴磨损减到 1/10；活塞环磨损减至 1/4；降低表面摩擦和机械磨损 25%；增加汽缸压力 0.12MPa；在高负荷和振动条件下仍保持润滑膜，降低油耗，对所有柴油汽油机安全。

以零磨损、超滑为目标的纳米颗粒材料、表面改性技术和表面分子工程也取得了进展，例如类金刚石膜、Ni-P 非晶膜和非晶碳膜等作为磁盘表面保护膜，以及利用 LB 膜技术在固体表面组装成的有序分子润滑膜，取得了优异的减磨耐磨性。用这些材料制得的磁盘表面保护膜，可使软磁盘每运行 10～100km 的磨损量小于一层原子，而硬盘磨损率为零。

用络合还原法制得的 15nm 纯度为 8% 的纳米铜粉，它们极细而且软，是一种很好的润滑剂。在汽车发动机的润滑油中加入分散均匀的纳米铜粉，可以提高汽缸和活塞的耐磨性能。纳米引擎镀铜液在引擎运转过程中可以修复汽缸中的缺陷，如局部的不平整或刮伤小槽沟等，它对于减少汽缸的摩擦磨损、延长发动机使用寿命是十分有益的。

把纳米铜粉加入不导电的润滑油脂中，原来不导电的油脂变为导电油脂，而微米级铜粉加入绝缘油脂中不可能使油脂导电。当纳米铜粉的添加量达到 12% 后开始变为有导电性的油脂，加到 15% 时就有比较好的导电性能。这种导电油脂将用在大电流的电接触点和大电流的刀闸开关上，用来防止大电流启动时发生的电弧现象。

2.4.4.4 *在化妆品方面*

化妆品的活性物质可起到清洁保养皮肤、治疗问题皮肤、调和肤色等作用，但传统工艺生产的化妆品其功效难以发挥。若采用纳米技术对化妆品做处理，则可使化妆品的性能得以大大提高。

人类的皮肤只能通过表皮和毛囊腺吸收化妆品的活性物质。而一般膏霜和乳液类化妆品中的膏体为微米级的胶团状或胶束状物质，很难穿过皮肤最外层的疏水性角质层被皮肤所吸收。如果采用纳米技术，将化妆品中最具功效的成分做特殊的处理，使化妆品膏体微粒达到纳米级水平，这样它对皮肤的渗透性大大增强，被皮肤所吸收的可能性也大为提高。一种毫微乳液功能性化妆品，其微粒粒径在 100～200nm 之间，活性物质极易穿过皮肤作用于角质层。假如在化妆品中复配有抗衰老、美肤或营养成分，则其使用效果将更好。

活性物质进入体内后的传送也可运用纳米技术，最新的研究成果是采用微胶囊和纳球作为化妆品的载体。由聚合物薄膜制成的微胶囊把微量的固态、液态或气态物质包裹其内，这样既可防止各种成分间的相互干扰，又能控制内在物质的释放速度。疗效化妆品 Primmoriale 就是利用纳米胶囊制成的，它可以整夜向皮肤输送营养物质。纳球也是新型的多孔微粒载体，因为多孔而使球体表面积增加，进而提高其吸附能力，即它可输送的活性物质会更多。这种纳球还具有缓释和定向释放的特点。

传统的防晒霜较多使用有机化合物作为紫外吸收剂，这就有化学过敏甚至引发癌症的问题。虽然化学防晒剂品种多、效果好，但光稳定性差。物理防晒剂的光稳定性好，同时又具有美白作用。使用纳米 TiO_2 可获得较高的防晒系数，使用纳米 ZnO 则可获得对 320～400nm 紫外线的防护作用，两者复配使用即可得到广谱的保护功能。在紫外线照射下，纳米 ZnO 在水或空气中会分解出自由移动的电子，同时留下带正电荷的空穴，此空穴能激活空气中的氧变成活性氧，它的化学活性极大，可氧化细菌和有机物，从而杀死细菌和病毒。如果在化妆品中添加纳米 ZnO，则既能抗紫外线而防晒，又能抗菌而保健。现在它已被广泛地应用于防晒、增白和保湿等化妆品的配方中。

维生素 E 乙酸酯对热和紫外光都不敏感，通过皮肤吸收后，在肌体细胞、组织遭受内部新陈代谢和外部环境刺激所产生的自由基的侵害时起到保护作用。作为体内活性抗氧化剂，可保护皮肤免受紫外线造成的氧化伤害，还可改善干燥肌肤。把纳米维生素 E 添加到膏霜中，它可顺利通过表皮细胞为皮肤所吸收，解决了常规维生素 E 很难渗入皮肤的问题。

纳米中药材由于副作用少，对某些皮肤病疗效好，同时中药材性质温和，药效持续时间长而被用于化妆品中。譬如纳米灵芝加入化妆品中，其杀灭肿瘤或细菌的成分可为皮肤所吸收，就可预防和治疗皮肤癌等皮肤病。而纳米人参、纳米芦荟、纳米黄芪添加入化妆品中，可以起到治病和美容的目的。有一种 DNA 纳米祛斑霜结合了纳米技术和新型生物机能技术，其膏体为纳米微粒，活性物质渗透性大大增强，其祛斑效果明显提高。

如果把纳米 ZnO 等微粒与合成纤维原料共混，可以制成抗菌卫生巾、卫生护垫、卫生化妆巾等。它们分散性好、杀菌能力强、安全性高、吸水性和透气性好。例如一种粒径为 25nm 的广谱速效纳米抗菌颗粒，无毒无味、无刺激、无过敏反应、遇水杀菌能力更强，是一种不产生耐药性的纯天然抗感染医用美容产品。它作为安全的抗感染药物不仅应用于医药美容领域，而且可应用于人们的日常美容生活、日常消毒、食品卫生和环境保护中。

2.4.4.5 其它方面

（1）纳米聚合物 纳米材料在纤维改性、有机玻璃制造方面有很好的利用。在有机玻璃中加入经过表面处理的 SiO_2，可使有机玻璃抗紫外线辐射而达到抗老化的目的。而加入 Al_2O_3，不仅不影响玻璃的透明度，而且还会提高玻璃的高温冲击韧性。将纳米 ZnO 和纳米 SiO_2 混入化学纤维，得到的纤维具有除臭及净化空气的功能。这种化学纤维被推广应用于制造长期临床病人和医院的消毒敷料、绷带、睡衣等。将纳米 ZnO 加入到聚酯纤维中，该纤维除了具有防紫外线功能外，还具有抗菌、消毒、除臭的功能。将金属纳米微粒添加到化学纤维中可以起到抗静电作用，将银纳米微粒加入到化学纤维中会产生除臭灭菌功能。纳米材料也用于制造高强度质量比的泡沫材料、透明绝缘材料、激光掺杂的透明泡沫材料、高强纤维、高表面吸附剂、离子交换树脂、过滤器、凝胶和多孔电极等。

（2）纳米日用化工 纳米日用化工、纳米色素、纳米感光胶片、纳米精细化工材料等将把我们带到五彩缤纷的世界。作为一种光学效应，颜料的透明度是颜料粒径的函数。当颜料粒径接近可见光波长的 0.4～0.5 倍时，散射能量最大，即不透明度最大。粒径越小越透明。例如针状的 α-水合氧化铁和 α-氧化铁，只有当粒径达到 60nm 以下的才具有透明性。因此要制备出透明的氧化铁颜料，颗粒必须超微细。目前已经制备出红、黄、橙三种透明氧化铁颜料。红色的为 α-氧化铁（α-Fe_2O_3），赤铁矿型；黄色的为 α-水合氧化铁［α-FeO(OH)］，针铁矿型。透明氧化铁在涂料、油墨和塑料制品中得到广泛的应用。尤其是透铁红和透铁黄在闪光涂料和印钞票油墨中应用，取得了很好的效果。另外透明性超微粒氧化铁，由于其吸收紫外线能力强，透明性好，耐热性高，分散性佳，储存性稳定，常常用来印刷薄膜、食品包装袋、胶片着色剂和化妆品等。

（3）黏合剂和密封胶 密封胶和黏合剂是量大、面广、使用范围宽的重要产品。它要求产品黏度、流动性、固化速度达最佳条件。国外已将纳米材料纳米 SiO_2 作为添加剂加入到黏合剂和密封胶中，使黏合剂的黏结效果和密封胶的密封性都大大提高。其作用机理是在纳米 SiO_2 的表面包覆一层有机材料，使之具有亲水性，将它添加到密封胶中很快形成一种硅石结构，即纳米 SiO_2 形成网络结构，限制胶体流动，固体速度加快，提了粘接效果，由于颗粒尺寸小，更增加了胶的密封性。

（4）储氢材料 FeTi 和 Mg_2Ni 是储氢材料的重要候选合金，吸氢很慢，必须活化处理，即多次进行吸氢-脱氢过程。用球磨 Mg 和 Ni 粉末直接形成 Mg_2Ni，晶粒平均尺寸为 20～30nm，吸氢性能比普通多晶材料好得多。普通多晶 Mg_2Ni 的吸氢只能在高温下进行（当 $P_{H_2}\leqslant$20Pa，则 $T\geqslant$250℃），低温吸氢则需要长时间和高的氢压力；纳米晶 Mg_2Ni 在 200℃ 以下即可吸氢，无需活化处理，300℃ 第一次氢化循环后，含氢可达 3.4% 左右。在后续的循环过程中，吸氢比普通多晶材料快 4 倍。纳米晶 FeTi 的吸氢活化性能明显优于普通多晶材料。普通多晶 FeTi 的活化过程是在真空中加热到 400～450℃，随后在约 7Pa 的 H_2 中退火，冷却至室温再暴露于压力较高（35～65Pa）的氢中，激活过程需重复几次。而球磨形成的纳米晶 FeTi 只需在 400℃ 真空中退火 0.5h，便足以完成全部的氢吸收循环。纳米晶 FeTi 合金由纳米晶粒和高度无序的晶界区域（约占材料的 20%～30%）构成。

（5）催化剂 在催化剂材料中反应的活性位置可以是表面上的团簇原子，或是表面上吸附的另一种物质。这些位置与表面结构、晶格缺陷和晶体的边角密切相关。由于纳米晶材料可以提供大量催化活性位置，因此很适宜作催化材料。事实上，早在术语“纳米材料”出现前几十年，已经出现许多纳米结构的催化材料，典型的如 Rh/Al_2O_3、Pt/C 之类金属纳米颗粒负载在惰性物质上的催化剂，已在石油化工、精细化工、汽车尾气许多场合应用。在化学工业中，将纳米微粒用做催化剂，是纳米材料大显身手的又一方面。如超细硼粉、高铬酸铵粉可以作为炸药的有效催化剂；超细的铂粉、碳化钨粉是高效的氢化催化剂；超细银粉可以为乙烯氧化的催化剂；铜及其合金纳米粉体用作催化剂，效率高、选择性强，可用于二氧化碳和氢合成甲醇等反应过程中的催化剂；纳米镍粉具有极强的催化效果，可用于有机物氢化反应、汽车尾气处理等。

2.4.5 环境保护方面的应用

1972 年 Fujishima 和 Honda 报道了电极可光电解水现象，纳米半导体的光催化研究引起了广泛关注，在此基础上迅速发展成为一门科学技术，其中尤以利用纳米半导体做催化剂来氧化降解有机污染物和治理污水成为研究热点。

2.4.5.1 光催化机理

用作光催化剂的纳米材料多为半导体。半导体的能带是不连续的，价带和导带被禁带所隔离。一般金属氧化物和硫化物的禁带较宽，例如半导体 TiO_2 的禁带宽度为 3.2eV。普通的 TiO_2 的光催化能力较弱，但纳米级锐钛型 TiO_2 晶体具有很强的光催化能力，这与颗粒的粒径有直接的关系。当颗粒的粒径在 10～100nm 时，费米能级附近的电子由连续能级变为分立能级，吸收光波阈值向短波方向移动，这种现象就是量子尺寸效应。量子尺寸效应会使禁带变宽、能带蓝移，其荧光光谱也随颗粒半径减小而蓝移。由量子尺寸效应引起的禁带变化十分显著，譬如当硫化镉颗粒粒径减小到 26nm 时，其禁带宽度由 2.6eV 增加到 3.6eV。Brus 公式定量地表达了颗粒量子效应引起的能带变化：

$$\Delta E=\frac{h^2\pi}{2R_2}\left[\frac{1}{m_e}+\frac{1}{m_h}\right]-\frac{1.786e^2}{\varepsilon R}-0.248E_{RY} \tag{2-11}$$

式中 m_e——电子质量；
m_h——空穴质量；
R——微粒半径；
h——普朗克常数；
ε——介电常数；
e——基本电荷电量，1.62×10^{-19}C；
E_{RY}——有效里德堡常数。

当用能量大于催化剂吸收阈值的光照射催化剂时，其价带电子发生带间跃迁，从而产生光生电子对和空穴。空穴将吸附在周围的分子氧化成自由基，并进一步氧化为其它的化合物。例如当以 $\lambda<400$nm 的光照射 TiO_2 时，价带电子被激发到导带，在价带形成相应的空穴（h^+）。这是由于随着颗粒粒径的减小，分立能级增大，其吸收光的波长变短，光生电子比宏观晶体具有更负的电位，表现出更强的还原性。光生空穴具有更正的电位，表现出更强的氧化性。在电场的作用下，空穴和电子（e^-）迁移到粒子表面，光生空穴的得电子能力很强，具有很强的氧化性，在水溶液中容易把吸附在表面的 OH^- 和 H_2O 氧化为羟基自由基（OH·），水体中存在的氧化剂中 OH· 氧化能力最强，其反应能力为 402.8MJ/mol，可破坏有机物中的碳碳键、碳氢键、碳氧键和碳氮键，所以能够氧化水体中和空气中的大多数有机物和部分无机物，把它们最终氧化为二氧化碳和水。OH· 对反应物几乎没有选择性，在光催化反应中起决定性作用。其光催化反应机理如下：

$$TiO_2+h\nu \longrightarrow (TiO_2)h^+ +(TiO_2)e^-$$

$$O_2+e^- \longrightarrow O_2^-$$

$$H_2O+h^+ \longrightarrow \cdot OH+H^+$$

$$O_2^- +H^+ \longrightarrow \cdot OOH$$

TiO_2 颗粒粒径从 30nm 减小到 10nm 时，其光催化降解苯酚的活性上升了 45%。

TiO_2 作为光催化剂用于环境治理，比传统的生物法处理工艺优越，主要表现在：

① 反应条件温和，能耗低，在阳光下或在紫外线照射下即可发挥作用；

② 反应速度快，在几分钟到数小时有机物的降解即告完成；

③ 降解没有选择性，能降解任何有机物，特别是多环芳烃和多氯联苯类化合物也能被正常降解；

④ 消除二次污染，把有机物彻底降解成 CO_2 和 H_2O。

所以，TiO_2 等半导体纳米微粒的光催化反应在废水处理和环境保护方面大有用武之地。

2.4.5.2 废水处理

利用 TiO_2 的光催化作用建立一个新型污水处理系统，可用来降低废水中的 COD（化学需氧量）和 BOD（生物需氧量）。采用纳米 TiO_2 粉末，利用太阳光进行光催化降解苯酚水溶液和十二烷基苯磺酸钠水溶液，结果在多云和阴天的条件下，光照 12h，苯酚的浓度从 0.05mmol/L 下降到零，浓度为 1mmol/L 的十二烷基苯磺酸钠也被基本上降解掉，说明这一技术的可操作性和实用性。

生产和应用染料的过程中会排放大量含芳烃、氨基、偶氮基团的致癌物废水，常用的生物法降解效果不理想。以纳米 TiO_2 对甲基橙光催化降解脱色，结果反应仅 10min，脱色率就达到 97.4%。活性绿染料废水的处理、酸性蓝染料的光催化降解和活性艳红 X-3B 的氧化脱色等都取得了良好的效果。

纳米 TiO_2 催化降解技术也可以应用于催化降解有机磷农药的生产和使用过程中产生的有毒废水。用纳米 TiO_2 作催化剂，太阳光为光源进行光催化降解多抗霉素、春雷霉素废水，废水中 COD_{Cr} 去除率达到 78%。同样，呋吗唑酮、二氯乙烯基二甲基磷酸酯、久效磷等农药废水都能很好地被纳米 TiO_2 光催化降解处理。

用浸涂法制备的纳米 TiO_2 或者用空心玻璃球负载 TiO_2 可以漂浮于水面，对水面上的油层、辛烷等具有良好的光催化降解作用，这无疑给清除海洋石油污染提供了一种可以实施的有效方法。

如果把纳米微粒做成净水剂，那么这种净水剂的吸附能力是普通净水剂 $AlCl_3$ 的 10～20 倍，如此强的吸附力足以把污水中的悬浮物完全吸附和沉淀下来。若再以纳米磁性物质、纤维和活性炭净化装置相配套，就可有效地除去水中的铁锈、泥沙和异味。经过前两道净化工序后水体清澈、无异味，并且口感较好。这样的水流过具有纳米孔径的特殊水处理膜和具有不同纳米孔径的陶瓷小球组装的处理装置后，水中的细菌、病毒得以百分之百去除，达到饮用水的标准。

2.4.5.3 废气处理

大气污染是全人类面临的重大难题，纳米技术和纳米材料的应用将是解决这个问题的新途径。工业生产和汽车使用的汽油、柴油等在燃烧时会放出大量的 SO_2 气体，造成对环境的污染。纳米 $CoTiO_3$ 是一种很好的石油脱硫催化剂，以 55～70nm $CoTiO_3$ 负载于多孔硅胶或 Al_2O_3 上，所得的负载型 $CoTiO_3$ 催化剂的催化活性极高，用它对石油脱硫处理，所得的石油中硫的含量小于 0.01%，达到国际标准。煤的燃烧也会产生 SO_2 气体，在燃煤中添加纳米级助燃剂，帮助煤充分燃烧，既可提高能源的利用率，又可把硫转化为固体硫化物，防止有毒气体的产生。

复合稀土化物的纳米级粉体有极强的氧化还原性能，是其它任何汽车尾气净化催化剂所不能比拟的。它的应用将彻底解决汽车尾气中 CO 和 NO_x 的污染问题。以活性炭作为载体，纳米 $Zr_{0.5}Ce_{0.5}O_2$ 粉体催化活性组分的汽车尾气催化剂，由于其表面存在 Zr^{4+}/Zr^{3+} 及 Ce^{4+}/Ce^{3+}，电子可以在其三价和四价离子间传递，因此具有极强的电子得失能力和氧化还原性。又由于纳米材料比表面大，空间悬键多，吸附能力强，所以它在氧化 CO 的同时也还原了 NO_x，使之转化为无毒无害的 CO_2 和 N_2。而更新一代的纳米催化剂将在汽车发动机汽缸里发挥作用，使汽油在燃烧时不产生 CO 和 NO_x，把污染消灭在源头，这样就不需要再作尾气的净化处理。

近年来，随着室内装潢涂料油漆用量的增加，室内空气污染越来越受到人们的重视。调查表明，新装修的房间内有机物浓度高于室外，甚至高于工业区。目前已经从中检测出甲醛、甲苯等数百种有机物，其中不乏致癌、致畸物，这些有毒气体成为人类的新杀手。研究表明，光催化剂能够很好地降解这些有毒物质，其中 TiO_2 的降解效率最好，将近达到100%。纳米 TiO_2 光催化剂也可用于石油、化工等工业废气的处理中，改善厂区周围空气质量。另外，利用纳米 TiO_2 的光催化性能不仅杀死环境中的细菌，而且同时降解由细菌释放出的有毒复合物。在医院的病房、手术室及生活空间安放纳米 TiO_2 光催化剂还具有除毒作用。

2.4.5.4 固体垃圾处理

将纳米技术和纳米材料应用于城市固体垃圾处理主要表现在两个方面。

① 将橡胶制品、塑料制品、废旧印刷电路板等制成超微粉末，除去其中的异物，成为再生原料回收。例如把废橡胶轮胎制成粉末用于铺设田径运动场、道路和新干线的路基等。

② 应用 TiO_2 加速城市垃圾的降解，其降解速度是大颗粒 TiO_2 的 10 倍以上，从而可以缓解大量生活垃圾给城市环境带来的巨大压力。

2.4.6 纳米陶瓷的应用

工程陶瓷因其具有硬度高、耐高温、耐磨损、耐腐蚀以及质量轻、导热性能好而得到广泛的应用，但是工程陶瓷存在脆性、均匀性差等缺点。根据材料的使用性能的要求，可以通过以下两种方法把纳米材料应用于陶瓷。

(1) 制备陶瓷复合材料　纳米陶瓷复合材料是指在陶瓷中加入纳米级第二相颗粒以提高其性能的材料。制备纳米陶瓷复合材料的目标是把纳米微粒均匀地分散在微米陶瓷基体中，并使其进入基体晶体内部，形成晶内型结构。亚微米、纳米级的陶瓷粉体固化的坯体可以在较低的温度下烧结。

(2) 将纳米材料以一定的方式加入釉中　当材料的其它性能符合要求时，可仅对陶瓷表面进行加工。此时可将纳米材料经干法混合，以熔块形式加入釉中。也可将所用纳米材料配制成悬浊液，代替部分水加入到釉中制成釉浆。

以纳米 SiC 等微粒为第二相的纳米复合陶瓷具有很高的力学性能。纳米微粒 Si_3N_4、SiC 分布于材料内部的晶粒内，增强了界面强度，提高了材料的力学性能，从而使易碎的陶瓷变成富有韧性的特殊材料。纳米陶瓷的特性主要表现在力学性能上。纳米级陶瓷复合材料在高温下使硬度和强度大为提高。纳米陶瓷具有在较低温度下烧结并达到致密化的优越性，这有助于解决陶瓷的强化和增韧问题。通常硬化处理会使材料变脆，造成断裂和韧度的降低。就纳米晶而言，硬化和韧化是由空隙的消除来形成的，这样就增加了材料的整体强度。若陶瓷材料以纳米晶形式出现，可以观察到通常脆性的陶瓷变成延展性的，在室温下就允许有大的弹性形变，可达 100%。纳米材料还具有很多其它独特性能，譬如作为外墙用的建筑陶瓷材料，是纳米界面材料技术应用于传统建材开发的新产品，在经过修饰的陶瓷表面具有自清洁和防雾功能。

纳米微粒制成的固体材料具有大的界面，界面原子排列相当混乱。原子在外力变形条件下自己容易迁移，因此表现出极佳的韧性和一定的延展性，例如已经研制出耐摔打的陶瓷碗。利用硬脂酸凝胶法制备的 Y_2O_3 纳米晶弥散到金属中，得到了强化的超导耐热合金以及高强高韧的稳定氧化锆陶瓷。CaF_2 纳米材料在室温下可以大幅度弯曲而不断裂。人的牙齿由纳米磷酸钙等构成，因此强度很高。纳米陶瓷一次成型塑性形变的可能性也可实现。已制备出 TiO_2 在 800℃ 高温无裂缝的形变；纳米结构陶瓷在熔点以下的温度能被使用拉伸应力塑性形变。虽然总的形变仍然不大，但足以说明实现纳米陶瓷的较大形变是可能的。

纳米复合陶瓷与普通陶瓷相比，在力学性能、表面光洁度、耐磨性以及高温性能诸方面都有明显的改善。研究已经证实，在微米级基体中引入纳米分散相进行复合，可使材料的断裂强度、断裂韧性提高 2～4 倍，使最高使用温度提高 400～600℃，同时还可提高材料的硬度、弹性模量，提高抗蠕变性和抗疲劳破坏性能。纳米陶瓷材料制成的烧结体可作为储气材料、热交换器、微孔过滤器以及检测气体温度的多功能传感器。

用硬脂酸盐法和溶胶-凝胶法合成的 $BaTiO_3$ 纳米晶，由于其电导率随温度变化显著，可逆性好，成为一种优良的温敏材料。用一价离子掺杂法制得的纳米 ZnO 陶瓷的非线性指数短时间大量吸收能力强，性能稳定，是一种良好的压敏陶瓷。用超临界流体法制备的纳米 SnO_2 粉末并经过掺杂 $PdCe_2$ 和 SiO_2 制成气敏陶瓷元件，对 CO 气体具有很高的灵敏度，且具有低功耗的特点。半导体陶瓷气体传感器的气敏机理按照不同的材料构成可分为表面控制型、体控制型以及由这两种形式构成的复合控制型。典型的表面控制型传感器是由 SnO_2、ZnO 气敏材料构成的气体传感器。它的机理是器件中的敏感体表面在正常大气环境中，吸附大气中的活性气体 O_2，O_2 以 O_2^- 和 O_2^{2-} 等吸附氧形式塞积在晶粒间的晶界处，造成高势垒状态、阻挡载流子运动，使半导体器件处于高电阻状态。当遇到还原性气体如 H_2、CO、烷烃等可燃性气体时，与吸附氧发生微氧化-还原反应，降低了吸附氧的体积分数，降低了势垒高度，从而推动载流子运动，使半导体器件的电阻减小，达到检测气体的目的。器件的表面活性越高，这种微反应也就越激烈，器件的灵敏度和选择性也越好。体控制型典型的传感器有 Fe_2O_3 等气体传感器。其机理为材料的内部原子也参与被检测气体的电子交换反应，而使之价态发生可逆的变化。所以粒子的尺寸越小、参与这种反应的数量和能量也越大，产生的气敏特性也越显著。

洁具上的纳米陶瓷的应用研究成为新的热点。在陶瓷的釉面上涂一层 TiO_2，并在此涂层上再涂一层铜银混合物。当釉面吸收光线后，能自行分解出自由移动的电子，同时留下不带电的空穴，空穴将空气中的氧激活变成活性氧。正是这种活性氧能将大多数病菌杀死，从而实现消毒效果。

在航天工业，纳米陶瓷材料也有一定的用途。利用其强度与密度之比高、质轻且具有优良的热学性能，可用作飞机、火箭和人造地球卫星的结构材料。

2.4.7 碳纳米管的应用

碳纳米管一直是近年来国际科学的前沿领域之一，它被誉为未来的材料。碳纳米管的性质与其结构密切相关。就其导电性而言，碳纳米管可以是金属性的，也可以是半导体性的，甚至在同一根碳纳米管的不同部位，由于结构的变化，可呈现出不同的导电性。电子在碳纳米管的径向运动受到限制，表现出典型的量子限域效应，而电子在轴向运动不受限制。无缺陷金属性碳纳米管被认为是弹道式导体，其导电性能仅次于超导体。根据经典电阻理论和欧姆定律，导体的电阻与其长度成正比。但碳纳米管却表现出不一样的导电特性，其电阻与其长度和直径无关，电子通过碳纳米管时不会产生热量加热碳纳米管。电子在碳纳米管中传输就像光信号在光学纤维电缆中传输一样，能量损失极小，可认为碳纳米管是一维量子导线。

碳纳米管应用领域十分广泛，具有巨大的商业价值。譬如其高强度的特性使它可作为超细高强度纤维，也可作为其它纤维、金属、陶瓷等的增强材料。碳纳米管被认为是复合材料的终极形式，在复合材料的制造领域有十分广阔的应用前景。碳纳米管可以用于大规模集成电路、超导材料、电池电极和半导体材料。如果把药物载于碳纳米管中，并通过一定的机制来激发药物的释放，那么控制药剂释放成为现实。碳纳米管是很好的储氢材料，可用作氢燃料汽车的燃料存储器。

2.4.7.1 在锂离子电池中的应用

纳米碳材料具有传统碳材料无可比拟的高比容量，已成为新一代锂离子电池负极材料的研究重点。碳纳米管的层间距是 0.335nm，又由于其特殊的一维管状分子结构，所以锂离子不但可以潜入中空管内，而且可进入层间的空隙和空穴中。具有嵌入深度小、过程短、嵌入位置多等优点，从而有利于提高锂离子电池的充放电容量。已经证明在 6GPa 高压下，催化法生成的多壁碳纳米管中每个碳原子可吸收 2 个锂原子。根据实验多壁碳纳米管锂电池放电能力达到 385mA·h/g，单壁碳纳米管则高达 640mA·h/g，而石墨的理论放电极限为 372mA·h/g。碳纳米管掺杂石墨可提高石墨负极的导电性，消除极化。实验表明，用碳纳米管作为添加剂或单独用作锂离子电池的负极材料，均可提高负极材料的嵌锂离子容量和稳定性。

2.4.7.2 储氢材料

碳纳米管经过处理后具有优异的储氢性能。理论上单壁碳纳米管的储氢能力在 10% 以上。目前制备出碳纳米管的储氢能力达到 4% 以上，是稀土的两倍。根据实验结果推测，室温常压下，大约 2/3 的氢能从这些可被多次利用的纳米材料中释放。储存和凝聚大量的氢气可做成燃料电池驱动汽车。

2.4.7.3 超级电容器

碳纳米管用作电双层电容器的电极材料。超级电容器具有可大电流充放电，几乎没有充放电的过电压，循环寿命可达上万次，工作温度范围宽的突出优点。它在声频-视频设备、调谐器、电话机、传真机等通信设备及家用电器上得到广泛的应用。碳纳米管比表面积大，结晶度高，导电性好，微孔大小通过合成可以得到控制，因而是一种理想的电双层电容器电极材料。由于碳纳米管具有开放的多孔结构，并能在电解质的交界面形成双电层，从而聚集大量的电荷，功率密度可达 8000W/kg。其在不同频率下测得的电容容量分别为 102F/g（1Hz）和49F/g（100Hz）。碳纳米管超级电容器是已知的最大容量的电容器，具有巨大的商业价值。

2.4.7.4 催化剂

碳纳米管在催化方面主要作为载体使用，可分别制成单层和多层碳纳米管负载的金属催化剂。Brotons 用 Pt+Co（1+3）电弧法合成出单层碳纳米管，所得粗产品经氢气在 400℃ 过夜处理，得到的 Pt-Co/单层碳纳米管催化剂用于肉桂醛加氢合成肉桂醇，其转化率为 10%，选择性达到 80%～85%。而在同样的情况下，Pt-Co/活性炭催化剂从来没有报道过有这么高的选择性，这可能意味着单层碳纳米管对 Pt-Co 的肉桂醛加氢反应有特殊的影响。把多层碳纳米管应用在催化剂载体，发现 Ru/多层碳纳米管催化剂在肉桂醛加氢合成肉桂醇有高达 92% 的选择性和 80% 的转化率。而同样分散度的 Ru/Al_2O_3 却只有 20% 的选择性。在碳纳米管上负载铑膦配合物作为丙烯加氢甲酰化催化剂，得到高的丙烯转化活性及高的丁烯选择性。这是因为碳纳米管的纳米级空腔的空间立体选择性及由碳六元环构成的憎水性表面相关联。

参考文献

[1] 吕树臣，宋国利，肖芝燕，张家骅，黄世华. 发光学报，2002，23（3）：306-310.
[2] 任引哲，王建英，王玉湘. 化学通报. 2002，（1）：47-49.
[3] 刘敏娜，王桂清，罗成，徐英. 精细化工中间体，2002，23（2）：34-36.
[4] 何毅、刘孝波、陈德娟等. 合成化学，2000，108（2）：96-99.
[5] 薄颖慧，廖凯荣，卢泽俭等. 中山大学学报（自然科学版），1999，38（3）：43-47.
[6] 皎宁，龚晓钟，马晓翠等. 化学世界，2002，（4）：177-180.
[7] 杨绍利，徐楚韶，陈厚生，光铭. 化工新型材料，2002，30（2）：34-36.
[8] 石晓波，李春根，汪德先. 江西师范大学学报（自然科学版），2002，26（2）：95-97.
[9] 王建英，任引哲，杨瑞林，王玉湘. 合成化学，2002，10：81-83.
[10] 刘强，柳清菊，王宝铃，吴兴惠. 云南大学学报（自然科学版），2002，24（1A）：53-55.

[11]　邵庆辉，古国榜，沈培康，章丽娟．化工新型材料，2002，30（2）：31-33.
[12]　Penner R M，Martin C R．Anal Chem.，1987，59：2625-2628.
[13]　郑志新，席燕燕，董平，黄怀国，周剑章，吴玲玲，林仲华．电化学，2002，8（2）：154-159.
[14]　虞澜，史聪花，彭巨霖，张捷．云南大学学报，2002，24（3）：211-214.
[15]　周幸福，楮道葆，何惠，林昌键．应用化学，2002，19（7）：708-710.
[16]　吴国涛，朱光明，尤金跨，林祖赓．高等学校化学学报，2002，23（1）：98-101.
[17]　原效坤，许并社．太原理工大学学报，2002，33（3）：229-231.
[18]　龚辉，范正修，姜辛，Klages C P．光学学报，2002，22（6）：718-722.
[19]　吴广明，傅亚翔，马建华，沈军．同济大学学报，2002，30（3）：370-374.
[20]　黄瑞卿，王雪文．云南师范大学学报，2002，22（4）：32-35.
[21]　张伟力．哈尔滨师范大学自然科学学报，2002，18（4）：16-19.
[22]　黄环国，席燕燕，郑志新等．电化学，2002，8（2）：195-201.
[23]　王成云，赵贵文．化学世界，2002，（7）：345-348.
[24]　吴绥菊，季晓雷，石宏宽．纺织科学研究，1999，（2）：54-557.
[25]　陈海珍，陈建勇．丝绸，2002，（5）：36-38.
[26]　Allemann E，Brasseur N，Benrezzak O，et al．Pharm．Pharmzeol.，1995，47（5）：382-387.
[27]　阳小利，徐堤，陈兰英．生物化学与生物物理进展，1993，20（2）：143.
[28]　咸才军，郭保文，关延寿．新型建筑材料，2001，（5）：3-4.
[29]　漆宗能．化工进展，2001，（2）.
[30]　李毕忠．2001 年中国塑料工程学会塑料改性专业委员会年会论文集．2001，3-9.
[31]　Brus L E．Chem．Phys.，1984，80（4）：403-409.
[32]　孙奉玉，吴鸣，李文钊等．催化学报，1998，19（3）：229-233.
[33]　孙尚梅，赵莲花，康振晋．延边大学学报，1998，24（4）：77-79.

第 3 章 催化新材料

3.1 概述

催化剂在化学化工领域的应用十分广泛。在传统的化工行业如石油工业、化肥工业、基本有机合成、药物合成等方面，催化剂起着不可或缺的作用。一个国家的化学化工水平的高低，与其催化、催化剂和催化新材料的发展水平不无联系。许多繁琐的合成步骤因为找到了合适的催化剂而简化。二酚类化合物的合成一直是极其复杂的合成过程，通过磺化碱熔引入羟基工艺条件苛刻，特别是引入第二个羟基困难更大。人们早就发现用生物催化剂二加氧酶进行顺式二羟基化作用是低等生物体中芳香族化合物降解的一个主要降解途径，最近又充分认识其合成能力，并用突变型菌株开发成工业规模的二酚合成技术，实现了芳环上一步引入两个羟基。不但简化了合成步骤而使生产成本大大下降，而且节约了资源，避免了大量三废的产生，取得了巨大的社会效益。钯、铂、铑等贵金属是稀少的战略物资，却是目前汽车尾气处理催化剂的主要活性成分。在纳米催化剂的研究中，人们已经找到了三元贱金属纳米催化剂，在汽车尾气处理中具有与贵金属等同的效果，其展现的应用前景十分诱人。

20 世纪 90 年代以来，国际上对催化新材料的研究热情空前高涨，尤其在纳米催化剂、固体酸催化剂、生物催化剂和手性催化剂等领域投入了大量的人力和物力，许多国家的政府制定一系列特殊的政策鼓励和支持，因此在这些领域已经取得令人瞩目的进展。在 21 世纪初，催化新材料仍然是国际化学化工界研究的热点和前沿。新的催化材料和催化技术会不断涌现，并推动化学化工的向前发展。

3.2 固体酸催化剂

所谓固体酸，一般来说就是能使碱性指示剂变色的固体。严格地讲，固体酸是指能给出质子（Brönsted 酸）或能够接受孤电子对（Lewis 酸）的固体。超强酸则是指酸强度大于 100%硫酸的酸类，如用 Hammett 函数来表示，则其 $H_0 < -11.93$。显然，固体超强酸是指酸强度大于 100%硫酸的固体。

生产过程中应用的酸催化剂主要还是液体酸，虽然其工艺已很成熟，但在发展中却给人类环境带来了危害，同时也存在着均相催化本身不可避免且无法克服的缺点，如易腐蚀设备、难以连续生产、选择性差、产物与催化剂难分离等。尤其是环境污染问题，在环保呼声日益高涨、强调可持续发展的今天，已是到了非解决不可的地步。固体酸则克服了液体酸的缺点，具有容易与液相反应体系分离、不腐蚀设备、后处理简单、很少污染环境、选择性高等特点，可在较高温度范围内使用，扩大了热力学上可能进行的酸催化反应的应用范围。

酸催化剂在催化领域中广为研究和应用，其中 H_2SO_4、HF 等液体酸最常用。它们因以分子形态参与化学反应，因此在较低的温度下就有相当高的催化活性。但使用这类催化剂时存在一系列问题，如产生大量的废液废渣、设备腐蚀严重及催化剂与原料和产物不易分离、在工艺上难以实现连续生产等缺点。若这些液体酸催化剂能以无毒无害的固体酸催化剂来代替，则上述诸多问题就可得到解决。因此，以固体酸代替液体酸作催化剂是实现环境友好催化新工艺的一条重要途径。

3.2.1　概述

3.2.1.1　固体酸的类型

固体酸指能使碱性指示剂改变颜色或能化学吸附碱性物质的固体，或指具有给出质子或接收电子对能力的固体，并分别称作 Brönsted 酸（B 酸）和 Lewis 酸（L 酸）。到目前为止，人们所研究和开发的固体酸数目十分庞大，但大致可分为 9 类，见表 3-1。

表 3-1　固体酸的分类

编号	酸类型	实　例
1	负载试剂型催化剂	HF/Al_2O_3, BF_3/Al_2O_3, H_3PO_4/硅藻土
2	氧化物	Al_2O_3, SiO_2, B_2O_3, Al_2O_3-SiO_2, ZrO_2/SiO_2
3	硫化物	ZnS, CdS
4	金属盐	$AlPO_4$, $Fe_2(SO_4)_3$, $Al_2(SO_4)_3$, $CuSO_4$
5	分子筛	ZSM-5, MCM-41, X-分子筛, Y-分子筛, 丝光沸石
6	杂多酸	$H_3PW_{12}O_{40}$, $H_3PMo_{12}O_{40}$
7	阳离子交换树脂	苯乙烯-二乙烯基苯共聚物, Nafion-H
8	天然黏土矿	高岭土、蒙脱土、膨润土
9	固体超强酸	SO_4^{2-}/ZrO_2、WO_3/ZrO_2、MoO_3/ZrO_2、B_2O_3/ZrO_2

3.2.1.2　固体酸代替液体酸催化工艺

目前已有多个以固体酸代替液体酸作催化剂的反应过程实现了工业化，包括烷基化、酯化、聚合、缩合、加成和异构化等反应，见表 3-2 和表 3-3。

表 3-2　利用固体酸催化的生产过程

反应类型		过　程	催化剂	开发公司
Ⅰ. 取代	烷基化	萘＋甲醇⟶甲基萘	HZSM-5, 400℃	Hoechst
	酯化	羟乙基哌嗪⟶三亚乙基二胺	磷酸锶	空气产品
Ⅱ. 异构化	歧化	甲苯⟶苯＋二甲苯	HZSM-5	Mobil
	脱水	二甲基乙醇⟶2-甲基丙烯	磺酸树脂	UOP/Huels
Ⅲ. 加成/消除	水合	环己烯＋水⟶苯酚	新型分子筛	旭化学
	醇化	甲醇＋烯烃⟶MTBE	酸性树脂	Aroc 化学
Ⅳ. 缩合/聚合/环化		甲醇⟶乙醚		Mobil
		甲醇＋乙醚⟶汽油	ZSM-5	Mobil
		C_3、C_4 烯烃⟶芳烃，烷烃		UOP/BP
Ⅴ. 裂解		烃类裂解	UCC LZ-210	UOP
		重烃馏分裂解	ARTCAT	Engelhard
		蜡＋氢⟶汽油	ZSM-5	Mobil

虽然人们在研究开发以无毒无害的固体酸代替 H_2SO_4、HF、$AlCl_3$ 等液体酸催化剂方面做了大量工作，也取得了较好的经济效益和社会效益，但目前仍有许多酸催化工艺不得不沿用液体酸催化剂，其中最突出的是异构烷烃与烯烃烷基化生产烷基化油和环己酮肟 Beckmann 重排生产己内酰胺。烷基化油是一种燃烧清洁的烷基汽油，是汽油的最佳调和组分，1994 年世界生产能力就达到 59.5Mt。己内酰胺是生产合成纤维和合成材料的最重要原料，1997 年生产能力为 3.87Mt。目前的烷基化油生产均采用 H_2SO_4 或 HF 作催化剂，环己酮肟 Backmann 重排采用发烟硫酸为催化剂。为此，各国都投入了大量的人力和物力进行研究、开发无污染的固体酸催化剂，如氧化物、分子筛、金属磷酸盐、超强酸等，以取代目前

使用的液体酸催化剂，已取得了不少成果，并力图从现代均相酸催化理论出发，重新探讨多相酸催化的问题。根据每个反应的特点尽早开发出可以取代液体酸的新型固体酸催化剂，以满足人们对清洁环境不断增长的要求。

表 3-3 传统酸催化剂与固体酸催化剂生产过程的比较

类别	过　程	酸催化剂	T/℃	缺　点	改用固体酸
烷基化	RCl＋苯⟶烷基苯	$AlCl_3$ BF_3 HF	50～159	腐蚀，条件苛刻，收率低，脱 HCl 困难，催化剂难分离，废水处理，HF 有毒	ZSM-12，X 分子筛，25MPa 选择性 95％ UOP 开发
酯化	水杨酸＋甲醇⟶水杨酸甲酯	浓硫酸	60～80	腐蚀，有毒，废水处理，催化剂难分离，副反应	离子交换树脂
异构化	邻(间)二甲苯⟶对二甲苯	$HF\text{-}BF_3$	＜100	腐蚀，污染，操作须熟练	ZSM-5 Mobil 开发
加成	正丁烯⟶仲丁醇	硫酸		废水处理	离子交换树脂
缩合	丙酮＋酚⟶双酚 A	盐酸，硫酸	＜50		离子交换树脂
聚合	四氢呋喃⟶聚丁基醚	发烟硫酸		催化剂失活	$H_3PW_{12}O_{10}$

3.2.1.3　催化剂表面上的酸中心

3.2.1.3.1　Brönsted 酸中心

Brönsted 酸简称 B 酸。光谱数据已经证明，氧化物表面中心主要是酸性羟基，它们可以通过金属-氧键的部分水解形成端羟基：

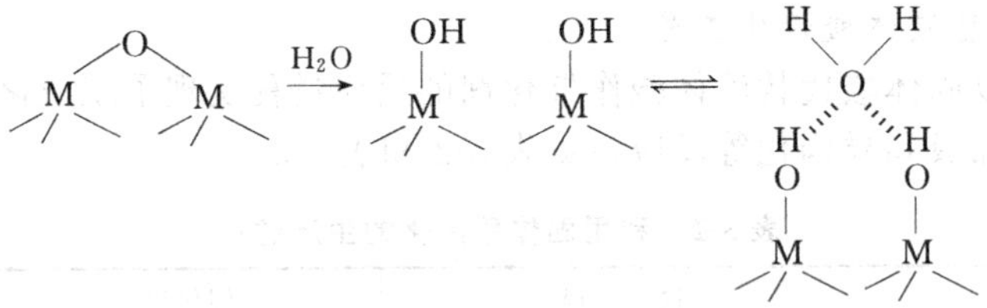

或者通过 H^+ 中和氧化物表面局部过剩的负电荷形成桥式羟基：

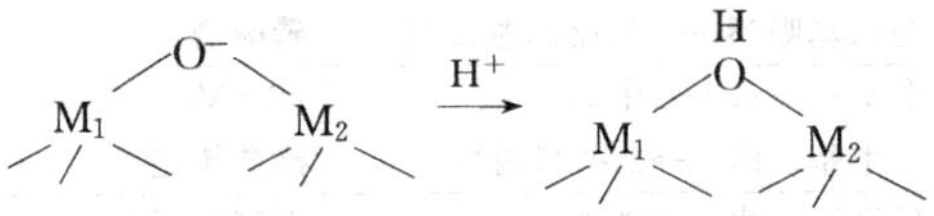

鉴于氧化物表面的复杂性，它可以同时存在几种能量不同的酸中心。有人认为这种能量不连续的酸中心是由于氧原子与周围阳离子配位不同即氧原子的轨道杂化所引起的。也有人认为是其酸碱性所决定的。由红外光谱测定自由的羟基价键振动频率为 $3839cm^{-1}$，具有碱性，而离子 OH^+ 价键振动频率为 $2955cm^{-1}$，具有酸性，而且由红外光谱数据可以得到固体表面半定量的酸强度。

3.2.1.3.2　Lewis 酸中心

Lewis 酸（简称 L 酸）一般指那些具有接受电子对定域低能空轨道的物质，常见的有 $AlCl_3$、BF_3、$FeCl_3$ 等。Al_2O_3 也是 L 酸，其酸中心的晶格中心模型（a）和吸附态模型（b）可分别表示为：

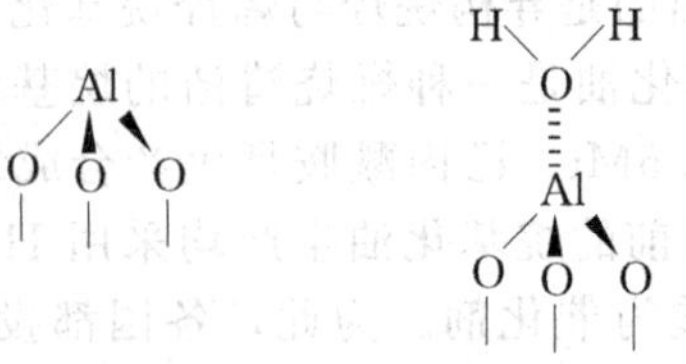

(a)　　(b)

吸附态模型较为理想化，没有考虑介质对 L 酸中心的影响。硅酸铝晶格中的 Al 是 L 酸中心，在吸附水的过程中氧离子对 Al 原子有屏蔽作用，氧离子和 Al 原子的相对排列状态决定这种屏蔽作用的程度，甚至可使吸附产生活化作用。

3.2.1.3.3　表面酸位模型

对于表面端羟基 M—OH，金属 M 离子化电位低时，羟基电荷呈负值，表现为碱性。当金属 M 离子化电位较高时，例如 Si^{4+}、P^{5+}、S^{6+}，羟基带有酸性。对于桥式羟基，羟基氧对阳离子 M 的配位数为 2，因而电负性更大，酸强度也更高。就硅酸铝的活性位而言，桥式羟基由 B 酸中心（端羟基）和 L 酸中心两部分组成。多相催化剂酸中心的强度受到两个因素的控制：

① 含质子物种的酸强度（以酸物种脱出质子的能量 E^{H^+} 表示）；

② 体系中 L 酸中心的配位能力（以 L 酸中心与酸残留部分结合的热效应 Q 表示）。

量子化学计算结果表明，质子从≡P—OH 中脱出的能量要比从≡Si—OH 中脱出的能量小 125kJ/mol，同样从桥式酸中心≡P—OH—Al≡中脱出的能量也比从≡Si—OH……Al≡中脱出的能量低 25kJ/mol。水分子的配位热效应 Q 比 L 酸 Al≡大 30kJ/mol，比 B≡则更大。同样质子从≡Si—OH…Al≡中脱出的能量比从≡Si—OH—B≡中脱出时小 60kJ/mol，L 酸中心的配位能力还会直接影响到酸结构的稳定性。

3.2.1.4　*研究固体酸酸性方法*

可以采用很多方法，如指示剂法、碱性气体吸附法、红外光谱法、XPS 法和经改进的指示剂法来研究固体酸的酸性。

（1）试剂

① Hammett 系列指示剂溶液的配制　取一定量的指示剂置于 50mL 滴瓶中，使用经 0.05nm 分子筛脱水后的分析纯苯，使之成为饱和溶液。

② 0.1mol/L 正丁胺-苯溶液配制　将分析纯的正丁胺和苯用 0.5nm 分子筛脱水。吸取 10.0mL 正丁胺置于 1000mL 容量瓶中，用苯稀释至刻度，放置 24h，用已知浓度的高氯酸-冰醋酸溶液标定浓度。

③ 0.02mol/L 高氯酸-冰醋酸溶液配制　在干燥的 1000mL 容量瓶中，先加入约 500mL 的分析纯冰醋酸，再加入 22mL 的分析纯醋酸酐，然后加入 8.6mL 70%的分析纯高氯酸，用冰醋酸稀释至刻度，摇匀后放置 24h，用邻苯二甲酸氢钾标定得到 0.1mol/L 的高氯酸-冰醋酸溶液。取标定过的高氯酸-冰醋酸溶液 100mL，用冰醋酸（加 2mL 醋酸酐）稀释至 500mL，得到 0.02mol/L 高氯酸-冰醋酸滴定液。

（2）酸强度测定　取一定量样品，研磨至 200 目左右，500℃焙烧 2h 后，降至 200～250℃。取少量装入一个经干燥过的小瓶中，置于干燥器中，降至室温，迅速加入少量已除水的苯浸湿样品，再滴加一定量的饱和指示剂，用超声波振荡器处理 1h，观察溶液中样品颜色的变化。这种操作可避免使用干燥箱，操作简便。

（3）酸度的测定　把经 500℃焙烧后的样品降温至 200～250℃，快速取出约 150mg 装入已烘干称重过的三角瓶中，于干燥器中降至室温，准确称重，差减得样品的准确重量。同一样品称取 5 份，按下述公式计算中和固体酸所需要的正丁胺的量：

$$\text{数预测的总酸度(mmol/g)} \times \text{样品重(g)} = \text{正丁胺的量(mL)} \tag{3-1}$$

加入正丁胺的量为此值的 1～3 倍。加入正丁胺后，再加入苯，使其总体积为 10.0mL。放在超声波振荡器内，连续振荡 2h 后放置片刻。倾出上层澄清液于干燥过的小烧杯内，再放置 1h。吸取上层澄清液 5.0mL 放于干燥的 50mL 三角瓶中，加入两滴甲基紫指示剂，用 0.02mol/L 高氯酸-冰醋酸溶液滴定。

$$\text{加入的正丁胺量 } m_0 = \text{正丁胺体积(mL)} \times \text{正丁胺浓度(mol/L)} \tag{3-2}$$

$$溶液中剩余正丁胺量\ m_s=高氯酸体积(mL)\times高氯酸浓度(mol/L)\times2 \tag{3-3}$$

$$\begin{aligned}每克催化剂吸附正丁胺的总量&=\frac{m_t}{w}\\&=\frac{m_0-m_s}{w}\end{aligned} \tag{3-4}$$

式中 w——样品的质量。

因为

$$m_t=m_h(酸中心消耗正丁胺量)+m_a(非酸中心消耗的正丁胺量) \tag{3-5}$$

而且 m_a 和 m_s 成正关系，即 $m_a=Km_s$

所以

$$\begin{aligned}\frac{m_t}{w}&=\frac{m_h+m_a}{w}\\&=\frac{m_t}{w}+\frac{Km_s}{w}\end{aligned} \tag{3-6}$$

以$\frac{m_t}{w}$对$\frac{m_s}{w}$作图将得到一条直线，其截距为$\frac{m_h}{w}$。

(4) 酸强度分布测定　将 11 个编号的小瓶干燥称重，按前述处理方法迅速向各瓶加入 0.04～0.05g 样品，在干燥器中降至室温，再称重。分别向各瓶中加入 2mL 苯，按照预定酸度 0.05mmol/g、0.1mmol/g、0.2mmol/g、…、1.0mmol/g，计算各瓶需加正丁胺的量。在超声波振荡器槽内振荡 2h，取出后加入某一 pK_a 的指示剂，找出显示混合颜色的样品，其对应正丁胺的加入量就是酸强度小于 pK_a 值的酸量。用同样的方法换用不同的指示剂可测出酸强度分布。

3.2.1.5 程序升温脱附法测定固体酸催化剂的酸性

程序升温脱附法（TPD）测定固体酸催化剂的酸性，是根据酸性催化剂表面对碱性吸附物的活化能不同，脱附温度也不同的基本原理，用程序升温脱附法测定固体催化剂的表面酸性及分布。在程序升温脱附法测定催化剂的酸性中，首先要根据实验室的物质条件和技术水平，尽量选择操作简单，并且能够提供多种信息的探针分子；其次，探针分子在选定的温度和压力下有足够的稳定性，并且探针分子在所研究样品的表面上不会分解，也不会生成稳定的表面化合物。程序升温脱附法测定催化剂的酸性中常用的探针分子有氨气、吡啶。吡啶分子远远大于氨气分子，若所测的催化剂为微孔样品，则可选择动力直径较小的氨气，避免微孔阻滞探针分子在内表面的吸附。

化学吸附仪常用热导池检测器，可以满足一般要求，但对于 NH_3-TPD 常使用质谱检测器，其灵敏度高，对于弱酸性催化剂，仍可给出较好的结果。

一般来说，低温脱附峰（$T_m=25\sim200$℃）相应于弱酸中心，中温峰（$T_m=200\sim400$℃）相应于中等酸中心，高温峰（$T_m>400$℃）相应于强酸中心。而对应的峰面积则代表酸量的大小。

3.2.2 负载试剂型催化剂

负载试剂型催化剂是一类新型的环境友好催化剂，它克服了传统液体酸硫酸、氢氟酸、磷酸和 Lewis 酸试剂作催化剂时产物分离困难、催化剂难于再生、环境污染严重等缺点，并在替代传统酸作催化剂时表现了良好活性和环境友好性能，在化学工艺上实现了多相化。

负载试剂酸催化剂开发和研究出现在 20 世纪 80 年代末，以黏土为载体进行的 Lewis 酸试剂负载研究中，发现这一类催化剂在 Friedel-Crafts 反应中的催化性能，尤其是单一化产物的选择性比传统催化剂要好。负载试剂催化剂通过一定的方法（表 3-4）把活性组分固载在载体上形成催化剂，它包括负载试剂酸、负载试剂碱、负载试剂氧化物。它们的共同特点是活性高于载体活性和试剂活性的简单组合。

表 3-4 负载试剂的制备方法

方 法	特 点
浸渍蒸发法	使用广泛，采用合适溶剂，通过分散度和负载量来控制
沉淀法/共沉淀法	使用于溶解度不大的试剂，难于控制
吸附法	易操作，效果不佳
机械混合法	操作简单，避免了其它化学物质的引入，不太使用
离子交换法	对有可交换离子的物质简单有效(黏土和沸石)
溶胶凝胶技术	不需要进行载体预处理但是要进行硅烷单体的合成，难于控制结构
甲基硅烷基化法	使用预知结构的载体与合成的硅烷基单体，但是表面活性数量易流失
载体氯化衍生法	表面氯化易进行，且 Si—Al 具有高活性，但需有机金属化合物参与

载体是负载试剂制备中要考虑的重要因素之一，载体的热稳定性、比表面积、孔结构等参数有助于选择合适的载体，它的表面结构将影响试剂负载的牢固程度。如蒙脱土具备层状结构和微孔结构，经酸化处理而有良好的中孔结构和较大的比表面积。硅胶中的 Si—OH 键极易与试剂牢固结合，有利于形成稳定的负载试剂。硅胶的中孔结构有利于分散试剂。MCM 分子筛比表面积＞$1000m^2$，并具有六方有序排列空间结构，有利于分子在孔道内进行有效扩散和试剂的负载固定。试剂的选择要根据反应的性质来定，试剂在载体上的稳定性好，才能确保催化剂具有良好的寿命，才有其工业应用价值。然而，试剂和载体的相互作用是复杂的，不同试剂和载体间的作用也是不一样的。

3.2.2.1 蒙脱土负载试剂酸催化剂

蒙脱土具有 2∶1 的层状硅铝酸盐结构，它具有二维通道和大孔分子筛的性质，被称为“层柱状分子筛”，具有很高的催化活性，且热稳定性与化学稳定性良好。从蒙脱土本身的结构指标来看，远低于负载试剂应有的载体材料所需要的指标，它必须经过酸化处理。经过处理的蒙脱土具有更强的吸附性和化学活性，是一种具备中孔结构的载体材料（图 3-1）。研究江苏等地的蒙脱土酸处理条件，发现不同产地的蒙脱土的处理条件有较大差异。蒙脱土酸处理过程中发生层离，经过焙烧后成为中孔结构。只有充分酸化打破原有的结构才能够表现出良好的活性。试剂的负载量也是一个重要的因素，试剂在载体表面上未能与载体发生真正的协同作用，从而降低了负载试剂的催化活性而单独表现为试剂的催化性能。用甲醇的 Lewis 酸试剂溶液通过浸渍法负载在 K10（商品化的酸处理蒙脱土）后，经过焙烧活化形成的系列催化剂，在 Friedel-Crafts 烷基化反应中表现出良好的催化性能。尤其发现负载 $ZnCl_2$ 的催化剂在反应中活性、单一选择性和产率高，因此开辟了一类新型固体酸新途径。以 $AlCl_3$、$FeCl_3$、$ZnCl_2$ 等为代表的金属卤化物 Lewis 酸试剂，通过浸渍蒸发溶剂法负载于

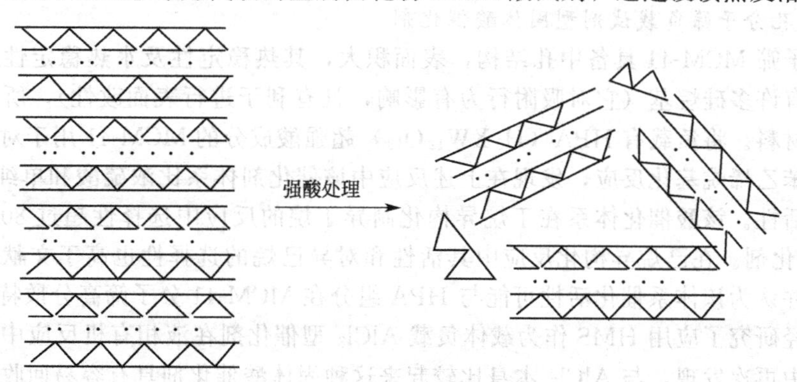

图 3-1 蒙脱土酸处理后负载氯化锌的结构变化

酸化土所形成的催化剂，在液相 Friedel-Crafts 烷基化反应中表现出良好的催化性能，且在工业化得以应用。

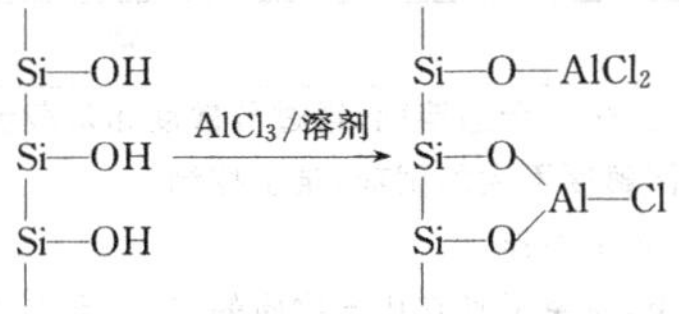

Si—OH　　　　　　　　　Si—O—$AlCl_2$
Si—OH　—$AlCl_3$/溶剂→　Si—O
　　　　　　　　　　　　　　　　Al—Cl
Si—OH　　　　　　　　　Si—O

图 3-2　负载 $AlCl_3$ 催化剂的制备

用化学键将 $AlCl_3$ 固定在 K10 上制得的催化剂，催化 Friedel-Crafts 烷基化反应：

$$PhH + CH_3(CH_2)_5CH{=}CH_2 \longrightarrow Ph(CH_2)_7CH_3$$

其表现出了比 $AlCl_3$ 更好的环境友好性能，应用于生产线性烷基苯是一良好催化剂。催化剂的活性中心包括通过 $AlCl_3$ 与高表面积和多孔性的无机载体（中孔硅胶和酸处理蒙脱土）的表面羟基反应形成的 2 个—O—Al—Cl_2 和 1 个—O_2—Al—Cl 活性位（图 3-2）。

对比以 $AlCl_3$ 为试剂通过化学键负载在 K10 上所得的催化剂和 Clayzic 催化剂，前者具有较强的 B 酸和 L 酸，烷基化试剂可以为烯烃和醇类物质，后者表现为中等强度的 L 酸，烷基化试剂通常为活泼性高的卤代烷和卤苯。所以，前者应用范围更为广泛，并且试剂通过化学键键合在载体上，使得其稳定性比通过简单的物理吸附浸渍的 Clayzic 催化剂的稳定性高，所以开发这类催化剂或许具有更为广阔的应用价值。

3.2.2.2　硅胶负载试剂固体酸催化剂

使用孔径为 7～15nm 的中孔硅胶，用与酸处理蒙脱土一样的方法负载 Lewis 酸试剂后，在催化 Friedel-Crifts 烷基化反应中具有良好的活性和选择性，而微孔和无孔硅胶却显惰性。由于中孔硅胶本身结构特点具有良好中孔孔径，也就不需经过改性处理，直接应用 Lewis 酸试剂溶于甲醇形成溶液后浸渍负载于中孔硅胶的表面上。

对比研究不同试剂（如 $AlCl_3$ 和 $ZnCl_2$）在中孔硅胶固载后的活性发现，$AlCl_3$ 的活性比 $ZnCl_2$ 高，这样就可以利用廉价的 $AlCl_3$ 作为试剂进行大量研究和开发。在均相反应中由于 $AlCl_3$ 酸强度比 $ZnCl_2$ 要高，其中 Friedel-Crifts 烷基化反应表现为更佳的催化性能。$AlCl_3$ 固载于中孔硅胶上的机理有多种解释：一种是单纯通过物理吸附分散在中孔硅胶的表面；另一种则是中孔硅胶表面上的羟基与 $AlCl_3$ 通过化学反应键合，这一解释认为通过化学键键合有利于提高催化剂的稳定性，防止活性位的流失，提高了催化剂的寿命。硅胶的负载量大约为酸化蒙脱土的 2 倍，虽然硅胶的价格比酸化土高，但是从催化剂活性考虑，要比以蒙脱土作载体时高些。

3.2.2.3　中孔分子筛负载试剂型固体酸催化剂

中孔分子筛 MCM-41 具备中孔结构，表面积大，其热稳定性及水热稳定性高，并且其孔壁上通常有许多硅烷基（它对吸附行为有影响，且有利于进行表面改性），所以可用来作为试剂载体材料。将负载有 HPA（$H_3XW_{12}O_{40}$）超强酸成分的 MCM-41 用于对叔丁基苯酚的异丁烯和苯乙烯烷基化反应，发现在上述反应中该催化剂体系比浓硫酸和单纯的 HPA 组分有更高的活性。该酸催化体系在丁烷异构化制异丁烷的反应中选择性超过 80%，大大高于 ZSM-5 催化剂。在已烷异构化反应中其活性和对异已烷的选择性也高于文献报道的其它催化体系，并认为该体系催化活性可能与 HPA 组分在 MCM-41 分子筛高分散特性有关。

国外已经研究了应用 HMS 作为载体负载 $AlCl_3$ 型催化剂在液相有机反应中的应用，在烯烃烷基化中再次发现，与 $AlCl_3$ 本身比较起来这种固体酸催化剂具有容易回收和再生的优点。通过使用 HMS 负载型固体酸催化剂提高了单一化选择性。

3.2.3 杂多酸

由不同种类的含氧酸根阴离子缩合形成的叫杂多阴离子（如 $WO_4^{2-}+PO_4^{3-} \longrightarrow PW_{12}O_{40}^{3-}$），杂多酸是两种或两种以上无机含氧酸盐缩合而成的多元酸的总称，是一类含氧桥的多酸配合物。

3.2.3.1 杂多酸的结构

杂多酸具有确定的结构，杂多阴离子称为一级结构；杂多阴离子和反荷阳离子（质子、金属离子等）组成杂多化合物的二级结构；反荷阳离子、杂多阴离子和结构水在三维空间形成三级结构。12-磷钨酸是经典的杂多酸，其三级结构示意图如图 3-3 所示。已确定的一级结构有 Keggin，Dawson，Anderson，Silver 和 Waugh 五种。其组成及结构见表 3-5 和图 3-4。目前研究得最多的是具有 Keggin 结构 $H_{8-n}(X_nM_{12}O_{40})$ 的杂多酸，其中 X 为中心原子，可以是 P^{5+} 和 Si^{4+} 等；M 为 Mo^{6+} 或 W^{6+}。如 $H_3PW_{12}O_{40} \cdot xH_2O$，$H_4SiW_{12}O_{40} \cdot xH_2O$ 等。

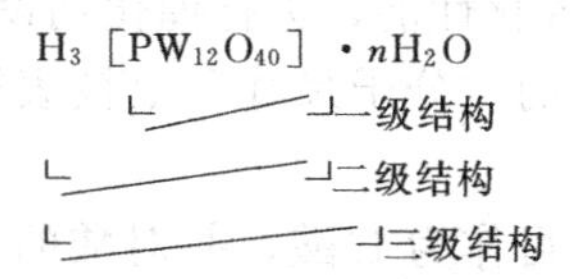

图 3-3 12-磷钨酸的三级结构

表 3-5 不同类型杂多阴离子的组成及结构

X/M*	结构类型	结构式	阴离子负电荷数目	X^{n+}
1/12	Keggin	$XM_{12}O_{40}$	$8-n$	P^{5+}，As^{5+}，Si^{4+}，Ge^{4+}，C^{4+}，
	Silver	$XM_{12}O_{42}$	8	Ce^{4+}，Th^{4+}
1/11	假 Keggin	$XM_{11}O_{39}$	$12-n$	P^{5+}，As^{5+}，Ge^{4+}
2/18	Dawson	$X_2M_{18}O_{62}$	6	P^{5+}，As^{5+}
1/9	Waugh	XM_9O_{32}	6	Mn^{4+}，Ni^{4+}
1/6	Anderson(A)	XM_6O_{24}	$12-n$	Te^{6+}，I^{7+}
	Anderson(B)	XM_6O_{24}	$6-n$	Co^{6+}，Al^{3+}，Cr^{3+}

注：$M^*=W^{6+}$，Mo^{6+} 等，n 为杂原子 X 所带正电荷数。

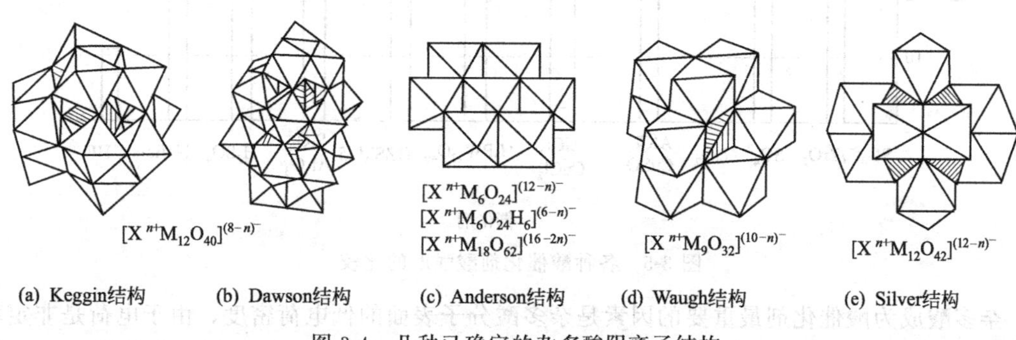

图 3-4 几种已确定的杂多酸阴离子结构

多酸化学认为：杂多阴离子是由中心原子（以 X 表示）与氧原子组成的四面体（OX_4）或八面体（OX_6）和多个共面、共棱或共点的，由配位原子（以 M 表示）与氧原子组成的八面体（MO_6）配位而成。在杂多酸最基本的配位单元 MO_6 中，具有双键、单键和强极性键三种化学键，这是显示出独特的催化性能的关键所在。前人的研究结果表明：一级结构相当稳定，二级结构非常易变，随着反荷阳离子的电荷、半径、电负性不同，既可以影响酸性、氧化性，又可以调变杂多酸的催化活性和选择性，这是杂多酸化合物实现"分子设计"的基础。

杂多化合物独特的组成和结构，赋予它一系列的优点，主要特性如下。

① 具有确定的 Keggin 等结构。这些结构中，杂多阴离子的基本结构单元是含氧四面体和含氧八面体，有利于催化反应的进行。

② 通常易溶于水或极性有机溶剂，可负载于硅胶等物质，并显示出很好的催化活性及选择性，可用于均相和非均相反应体系。

③ 具有酸性和氧化性，可作为酸性、氧化性或双功能催化剂。

④ 独立的反应场所，在固相催化反应中，极性分子可以进入催化剂体相，具有“假液相”行为。

⑤ 杂多阴离子的软性，杂多阴离子属于软酸，可以作为金属离子或有机离子的配体，具有独特的配位能力，可以使反应物中间体稳定。

⑥ 具有电子转移、储藏能力，固体化合物具有较高的热稳定性。

⑦ 表面具有离子交换性，有不少可供交换的质子和离子，必要时可按需要交换直接暴露于表面的金属离子，以调整其催化性能，进行催化剂设计。

⑧ 其结构可以在杂多阴离子的“分子尺寸”上被表征，容易从分子水平解释其独特的性质。

杂多酸由于阳离子 M 本身即可作为 L 酸，并对酸的残余部分有很高的配位能力，因而它具有较强的 B 酸中心。在溶液和晶体状态下，酸的酸强度有如下的关系：

$$H_3PW_{12}O_{40} > H_4SiW_{12}O_{40} \sim H_3PMo_{12}O_{40} > H_4SiMo_{12}O_{40}$$

杂多酸独特之处在于它是酸强度较为均一的纯质子酸，且其酸性比 $SiO_2 \cdot Al_2O_3$、H_3PO_4/SiO_2、分子筛（HX、HY）等固体酸催化剂强得多。各种酸催化剂的酸强度比较见图 3-5。

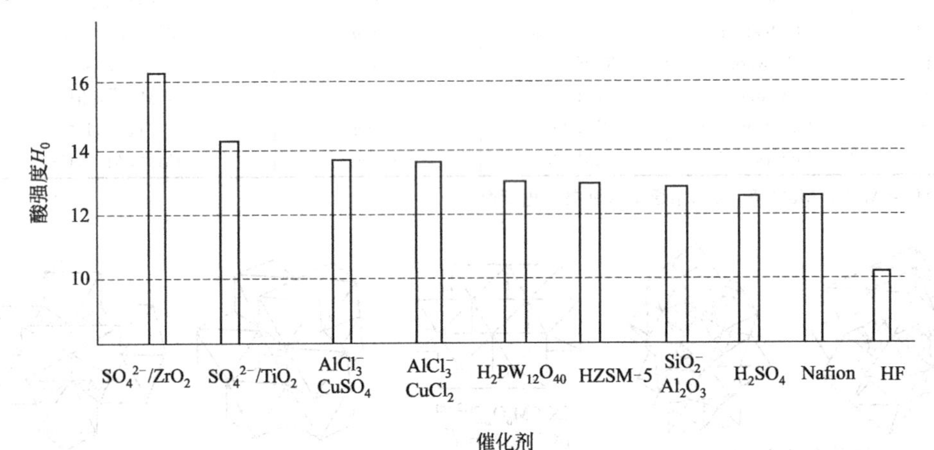

图 3-5　各种酸催化剂酸强度的比较

杂多酸成为酸催化剂最重要的因素是杂多酸分子表面的低电荷密度，由于电荷是非定域的，所以质子的活动性相当大且有很强的 B 酸性，当以固体或在非水溶液中使用时，大概比硫酸酸性强 100 倍。杂多酸的挥发性和腐蚀性都很小，在某些场合其选择性比普通无机酸高，因而具有取代硫酸的应用前景。

固体杂多酸催化剂有三种形式：①纯杂多酸；②杂多酸盐（酸式盐）；③负载型杂多酸（盐）。

3.2.3.2　纯杂多酸

传统的制备杂多酸的方法是酸化含杂原子和多原子的含氧酸盐的混合物，然后采用乙醚抽提或离子交换的方法分离得到。传统的制备方法一般收率较低，且产生一定的废物。Kulikova 等提出了采用电化学制备杂多酸的新方法，采用电化学方法，杂多酸的收率接近

100%。具有 Keggin 结构的杂多酸，如十二磷钨酸（$H_3PW_{12}O_{40} \cdot xH_2O$）溶于水、乙醇、丙酮等极性较强的小分子溶剂，但不溶于极性较弱的大分子和非极性溶剂，因此在不溶解杂多酸的反应物参与的反应中，杂多酸可以作为固体酸催化剂使用。在气相反应中杂多酸也是固体酸催化剂。

杂多酸另一重要性质是具有独特的“准液相”行为。某些较小的极性分子（如水、醇、氨、吡啶等）可以进入杂多酸的体相并在体相中迅速扩散，好像发生在液相中一样，这一现象称为“准液相”行为。“准液相”行为的存在，使催化反应不仅能发生在催化剂的表面，而且能发生在整个催化剂的体相，因而使杂多酸具有更高的活性和选择性。

3.2.3.3 杂多酸盐

杂多酸盐催化剂可由杂多酸与可溶性金属碳酸盐加热反应而制得。根据其水溶性和比表面积的大小，杂多酸盐可分为 A 组盐和 B 组盐。A 组盐包括 Na^+、Cu^+ 等半径较小的阳离子所形成的杂多酸盐，其性质与杂多酸接近，比表面积小且溶于水。B 组盐包括 NH_4^+、K^+、Rb^+、Cs^+ 等半径较大的阳离子所形成的杂多酸盐。B 组盐的比表面积（50～200m²/g）和孔体积（0.3～0.5mL/g）较大，酸强度高（$H_0 < -8.2$），且不溶于水。显然 B 组盐为更理想的固体酸催化材料。

在杂多酸盐中对磷钨酸的铯盐的研究最深入。调节磷钨酸和碳酸铯的摩尔比进行反应，可制得 x 在 0～3 范围变化的 $Cs_xH_{3-x}PW_{12}O_{40}$ 酸式盐。其性质随 x 变化，在 $x=2.5$ 时表面酸性最强（$H_0=-13.16$），是酸强度与纯磷钨酸相近的超强酸。$Cs_xH_{3-x}PW_{12}O_{40}$ 具有微孔结构，其孔径与 x 有关。通过精细调节 x 的值，制得具有择形作用的固体超强酸催化剂。酸式杂多酸盐的催化作用机理已基本探明。其酸性中心的来源主要有以下 5 种：

① 酸式盐中的质子；

② 阳离子的部分水；

③ 络合水的电离；

④ 阳离子的 Lewis 酸性；

⑤ 金属离子的还原（临氢条件下）。

大多数 B 组杂多酸盐为超细粒子，具有较大的外表面积，质子能均匀分布在催化剂的表面，因而具有较多的表面酸中心。杂多阴离子对反应还可能具有协同作用。

3.2.3.4 负载型杂多酸（盐）

由于杂多酸比表面积较小（1～10m²/g），在实际应用中，需要将其负载在适当的载体上，以提高其比表面积。杂多酸固载化后，容易从反应介质中分离，也为这类均相催化反应多相化创造了条件。不但克服了其腐蚀性，而且可以增强机械强度和热稳定性等。但负载型杂多酸的结构、酸性、氧化-还原性必将受到载体的影响。杂多酸的负载方法主要有浸渍法、溶胶-凝胶法、吸附法和水热分散法。

① 浸渍法　负载的方法大都采取浸渍法，负载杂多酸的催化性能与载体的种类、负载量和处理温度有关。Al_2O_3、MgO 等载体碱性较强，易使杂多酸分解而不宜作为载体。一般采用中性和酸性载体：SiO_2、活性炭、TiO_2、离子交换树脂、MCM-41 分子筛、层柱材料等，其中 SiO_2 和活性炭最常用，并得到较好表征。普遍认为，在非极性反应体系中 SiO_2 负载杂多酸催化剂的活性最高，而在极性溶剂中进行的反应活性炭负载杂多酸最牢固。

② 溶胶-凝胶法　作为较理想催化材料的 B 组杂多酸盐不溶于水和一般溶剂，因此一般的浸渍法不适于制备负载型杂多酸盐催化剂，而需要采用特殊的负载方法，如溶胶-凝胶法。按一定量的摩尔比加入正硅酸乙酯、乙醇、水和 0.04mol/L 烟酸于烧杯中，搅拌至形成硅溶胶后，将一定量的杂多酸盐水溶液加入到上述硅溶胶液，搅拌至凝胶形成，老化，放入烘箱干燥，一定时间后取出即可。如将正硅酸乙酯加入到 $H_3PW_{12}O_{40}$ 与 Cs_2CO_3 形成的胶体

中，然后经蒸发焙烧制得了负载型 $Cs_{2.5}H_{0.5}PW_{12}O_{40}/SiO_2$ 催化剂。制得的催化剂具有较好的催化活性，用于乙酸乙酯的水解反应，其活性（基于转化频数）是 Amberlyst-15 的 5 倍，是 HZSM-5 的 2.5 倍。

③ 吸附法　将一定量的载体放入 200mL 烧瓶中，向其中加入一定量的杂多酸的水溶液，然后加热回流，并不断搅拌。反应一定时间后放置过夜，滤去液体，可由母液测出吸附杂多酸的量，制得的固体样品于一定温度下干燥后备用。

④ 水热分散法　将定量 HAlMCM-41 和已知浓度杂多酸溶液，按一定质量比调成稠浆，转入聚四氟乙烯衬里的压力釜，于 363～383K 下处理 24h。所得润湿固体物质在微波场下处理 20min，迅速除去残留水分，研磨均匀后于 383K 下干燥 24h，在给定温度下焙烧 4h，得到负载产品。

3.2.3.5　杂多酸的应用

以 TiO_2 负载磷钨杂多酸（$H_3PW_{12}O_{40}/TiO_2$）为催化剂，以乙酰乙酸乙酯、环已酮、丁酮、苯甲醛和正丁醛与二元醇（乙二醇，1,2-丙二醇）为原料，合成 2-甲基-2-乙氧羰甲基-1,3-二氧环戊烷、2,4-二甲基-2-乙氧羰甲基-1,3-二氧环戊烷、环已酮乙二醇缩酮、环已酮-1,2-丙二醇缩酮、丁酮乙二醇缩酮、丁酮-1,2-丙二醇缩酮、2-苯基-1,3-二氧环戊烷、4-甲基-2-苯基-1,3-二氧环戊烷、2-丙基-1,3-二氧环戊烷、4-甲基-2-丙基-1,3-二氧环戊烷，10 个缩醛（酮）。较系统地研究了醛或酮与二元醇摩尔比、催化剂用量、反应时间诸因素对收率的影响。结果表明，在 n(醛或酮)∶n(乙二醇或 1,2-丙二醇)＝1∶1.5，催化剂的用量占反应物料总质量的 1.25%，反应时间为 1h 条件下，10 种缩醛（酮）的收率为 45.2%～92.2%。

张晋芬等以磷钨和硅钨两种系列杂多酸的一系列铯盐作为催化剂合成乙酸乙酯，选择性为 100%。但是用杂多酸类催化剂进行均相催化酯化，在催化剂的回收方面并不理想。李明轩等采用凝胶法制备新型复合杂多酸纳米粒子催化剂 $H_3PW_{12}O_{40}/SiO_2$，并催化合成 1-萘乙酸甲酯，研究表明酯化收率可达 96.5%，催化剂重复使用 10 次，催化活性没有明显下降。Sila 等用 SiO_2 负载的磷钨酸作催化剂生成异胡薄荷，发现催化剂重复使用性较好，转化率和选择性都较高，转化率接近 100%。

3.2.4　超强酸

所谓固体超强酸是指比 100% 硫酸的酸强度还强的固体酸。固体超强酸的酸性可达 100% 硫酸的 1 万倍以上。超强酸按其存在的状态分为液体超强酸、固体超强酸和气体超强酸。由于固体超强酸有许多独特的性质，而且便于重复使用，近年来已受到人们的广泛关注。1979 年第一次合成出 SO_4^{2-}/M_xO_y 型超强酸后，对固体超强酸的研究很快得以兴起。超强酸结构可表示为：

$$
\begin{array}{c}
\qquad\qquad\ \ \mathrm{F} \\
\qquad\qquad\ \ | \\
\mathrm{H}\cdots\mathrm{F}\rightarrow\mathrm{B}-\mathrm{F} \\
\qquad\qquad\ \ | \\
\qquad\qquad\ \ \mathrm{F}
\end{array}
$$

固体超强酸大致分两大类：含卤素超强酸和 SO_4^{2-}/M_xO_y 型超强酸。

含卤素固体超强酸是将氟化物负载于特定载体上而形成的超强酸，如 SbF_5-TaF_5（Lewis 酸）、SbF_5-HF-AlF_3（三元液体超强酸）、Pt-SbF_5（活性组分＋氟化物）、Nafion-H 等。由于制备的原料价格较高，对设备有一定腐蚀性，在合成及废催化剂处置过程中都产生难以处理的三废问题，催化剂虽然活性高但稳定性差，存在怕水和不能在高温下使用等缺点，因而它并不是理想的催化剂。目前这类含卤素的固体超强酸在研究和应用方面很少。

1979 年，日本的日野诚等人第一次成功地合成了不含任何卤素，并可在 500℃高温下应

用的 SO_4^{2-}/M_xO_y 型固体超强酸。它是以某些金属氧化物为载体，以 SO_4^{2-} 为负载物的固体催化剂。此类固体超强酸与含卤素的固体超强酸相比，具有不腐蚀设备、污染小、耐高温、对水稳定性很好、可重复使用等优点，因此引起了国内外研究者极大的关注，成为超强酸催化领域的研究热点之一，其中许多已被用于一些重要的酸催化反应中，显示出很高的催化活性。当然，SO_4^{2-}/M_xO_y 型固体超强酸也存在缺点，如在液固反应体系中，其表面上 SO_4^{2-} 会缓慢溶解出而使活性下降，在煅烧温度以上使用会迅速失活等。目前，对 SO_4^{2-}/M_xO_y 型固体超强酸研究最为系统和深入。常见的 SO_4^{2-}/M_xO_y 型固体超强酸有 SO_4^{2-}/TiO_2、SO_4^{2-}/ZrO_2、SO_4^{2-}/Fe_2O_3 等。

3.2.4.1 含卤素的固体超强酸的制备

该类固体超强酸的制备一般都是采用酸性氧化物、杂多酸和离子交换树脂等为载体，负载卤化物来制备。

固体酸中酸性较强有 SiO_2-TiO_2、SiO_2-ZrO_2、TiO_2-ZrO_2 和 SiO_2-Al_2O_3 四种，用液体超强酸 SbF_5 或 FSO_3 中的一种和上述固体酸作用，制备酸性更强的固体酸，在专利报道中试制了 SbF_5-SiO_2、TaF_5-SiO_2、SbF_5-Al_2O_3、TaF_5-Al_2O_3。将 $BF_3 \cdot SbF_5$ 等路易斯酸负载在石墨上，或在离子交换树脂上负载 BF_3，或选择金属（Pt、Al）、合金（Pt-Au、Ni-Mo、Ni-W、Al-Mg）、聚合物（聚乙烯等）、盐（$SbF_3 \cdot AlF_3$），多孔性物质（Al_2O_3、SiO_2 等）采用浸渍法使 $SbF_5 \cdot HF$ 等低黏度溶剂负载在载体上。

3.2.4.2 SO_4^{2-}/M_xO_y 型固体超强酸的合成

SO_4^{2-}/M_xO_y 型固体超强酸的制备一般都是用可溶金属盐经氨水或铵盐沉淀为无定形氢氧化物，再洗涤除去杂质离子，氢氧化物烘干后用硫酸或硫酸铵溶液浸渍处理，再在一定温度下焙烧而成。

① SO_4^{2-}/ZrO_2 的制备　这种固体超强酸可用方便的方法制备，即用28%氨水使 $ZrOCl_2$ 或 $ZrO(NO_3)_2$ 水解，然后将沉淀的 $Zr(OH)_4$ 水洗、烘干、研磨成100目以下的颗粒，注入硫酸溶液，烘干、灼烧，即制成 SO_4^{2-}/ZrO_2 固体超强酸。

② SO_4^{2-}/Fe_2O_3 的制备　可用商品 $Fe(OH)_3$ 或分别由 $Fe(NO)_3 \cdot 9H_2O$、$FeCl_3 \cdot 6H_2O$ 加氨水水解制得，烘干焙烧，用一定浓度的 H_2SO_4 淋沥，再烘干焙烧，即制得 SO_4^{2-}/Fe_2O_3 超强酸催化剂。

③ SO_4^{2-}/TiO_2 固体超强酸的制备　取50g二氧化钛（用硫酸钛、氨水水解制得二氧化钛）使用前在2000℃的马弗炉中干燥2h（以除去吸附在固体表面上的水及铵盐等），然后浸泡于15mmol/L硫酸溶液中14h，抽干、红外灯下烘干，于一定温度下马弗炉里焙烧3h，冷却即制得 SO_4^{2-}/TiO_2。

SO_4^{2-}/M_xO_y 型超强酸中的硫酸根与载体表面很好结合，不会水解，所以可以在空气中长期存放，一旦在500℃热处理，即可除去吸附水而恢复活性。

3.2.4.3 制备条件对催化剂性能的影响

(1) 金属氧化物的种类及晶态的影响　金属氧化物的种类对 SO_4^{2-}/M_xO_y 型固体超强酸的合成有重要影响。这与氧化物金属离子的电负性及配位数有关，浸渍 SO_4^{2-} 之前氧化物的晶态也有较大作用。普遍认为要获得高催化活性的超强酸，必须使用无定形氧化物或氢氧化物。

(2) 浸渍液的影响　浸渍液的种类、浓度对超强酸的酸强度，酸种类及催化活性的确定有较大影响。对于 $(NH_4)_2SO_4$ 和 H_2SO_4 来说，要得到相当强度的超强酸，前者的浓度要远远大于后者。迄今对典型的超强酸 SO_4^{2-}/ZrO_2、SO_4^{2-}/TiO_2 等，浸渍液 H_2SO_4 的浓度一般为 $c(1/2H_2SO_4)1mol/L$。

(3) pH 值的影响　沉淀时溶液的 pH 值必须适当。pH 值不同，制得的超强酸催化剂性能有时会有较大的区别。这是因为 pH 值不仅影响催化剂的颗粒大小、比表面和孔结构等基本物理性质，而且还影响晶相结构，甚至关系到能否得到超强酸。

(4) 焙烧温度的影响　要得到足够强的超强酸，较高焙烧温度是必要的（一般在 773～923K 之间）。例如，SO_4^{2-}/Al_2O_3 一般在 823K 焙烧，SO_4^{2-}/ZrO_2 一般在 923K 下焙烧。IR 及 TG/DTA 的研究表明，大多数超强酸的催化活性最高时的焙烧温度接近于表面超强酸物种分解温度。所以，要获得足够强的超强酸中心，又要生成尽可能多的酸中心数目，最佳的焙烧温度应接近超强酸结构刚能分解的温度。

3.2.4.4　固体超强酸酸强度的测定

按其化学本质而言，超强酸实际上是由 B 酸和 L 酸复合而成的一种新型酸，其酸的强度 H_0 值为－20～－12，超过硫酸的酸强度（$H_0=-12$）。酸强度是指酸性中心吸附的中性碱（一般称 Hammett 指示剂）转变为其共轭酸的能力，也就是酸中心给出质子（B 酸）或接受电子对（L 酸）的能力。就最简单的超强酸 $HF\text{-}BF_3$ 而言，L 酸对质子酸残余部分 F 的配位大大促进了 HF 的供质子能力，因而体现出超强酸的特点。一些固体超强酸也十分类似。

当酸中心（HA）通过质子使吸附碱 B 转变为其共轭酸 $B:H^+$ 时

$$B+HA \rightleftharpoons B:H^+$$

其酸强度可用 Hammett 酸度函数 H_0 表示：

$$H_0=pK_a+\lg\frac{[B]}{[BH^+]} \tag{3-7}$$

式中　[B]——中性碱的浓度；

$[BH^+]$——B: 的共轭酸的浓度；

$pK_a \equiv -\lg K_a$，pK_a 是 BH^+ 的解离常数 K_{BH^+} 对数的负值，即：

$$pK_a=-\lg K_{BH^+}=pK_{BH^+} \tag{3-8}$$

当酸中心（A）从被吸附的碱（B:）中把电子对吸引并转移过来时：

$$B:+A \rightleftharpoons B:A$$

则

$$H_0=pK_a+\lg\frac{[B]}{[BA]} \tag{3-9}$$

式中　[BA]——与电子对受体 A（L 酸）起反应的中性碱浓度。

在式(3-2)、式(3-5) 中，当 $[B]=[BH^+]$ 或 $[B]=[BA]$ 时，$H_0=pK_a$。

选择适当的 Hammett 指示剂，使其与酸作用，如果指示剂变色，则其酸强度 H_0 等于或小于指示剂的 pK_a。H_0 值愈小，则相应的酸强度愈大。表 3-6 列出普通 Hammett 指示剂及其 pK_a 值。

表 3-6　Hammett 指示剂及其 pK_a 值

指示剂	pK_a	指示剂	pK_a	指示剂	pK_a
对硝基甲苯	−11.35	间硝基氯苯	−13.16	2,4,6-三氯苯	−16.12
间硝基甲苯	−11.99	2,4-二硝基甲苯	−13.75	(2,4-二硝基氟苯)H	−17.35
硝基苯	−12.14	2,4-二硝基氟苯	−14.52	(2,4,6-三硝基甲苯)H	−16.36
对硝基氟苯	−12.44	2,4,6-三硝基甲苯	−15.60	(对-甲氧基苯甲醛)H	−19.5
对硝基氯苯	−12.70	1,3,5-三硝基苯	−16.04		

通常采用三种方法测定酸强度：

① 在硫酰氯溶剂中测定；

② 在真空中样品与指示剂蒸气接触，观察其颜色变化；

③ 用可见光谱或红外光谱测定。根据此法测定 SO_4^{2-}/ZrO_2 和 SO_4^{2-}/TiO_2 的酸强度为 −16.04～−13.16。当在 575℃焙烧 SO_4^{2-}/ZrO_2 时，测得其酸强度为 −16.04，为 100%硫酸的 10000 倍。

李青燕等人提出一种简单、方便的用指示剂蒸气测定固体超强酸酸强度的新方法。采用的实验装置既能保证系统的真空环境，又能使固体超强酸与指示剂充分接触，指示剂变色明显，测定灵敏度高。而且一次可以同时测定十几个试样，测定效率高。

实验装置如图 3-6 所示。将固体超强酸试样在马弗炉中 400℃下活化 2h，取出放入真空干燥器中，迅速抽真空，冷却后吸入指示剂溶液，然后将干燥器放入温度为 60℃的恒温水浴中加热，使干燥器中充满指示剂蒸气，通过观察试样表面的颜色变化来确定其酸强度。实验结果表明，当指示剂溶液的体积分数大于 1%时，可以正确判断指示剂的变色情况，在测定固体超强酸酸强度的实验中，选择指示剂的体积分数为 2%。

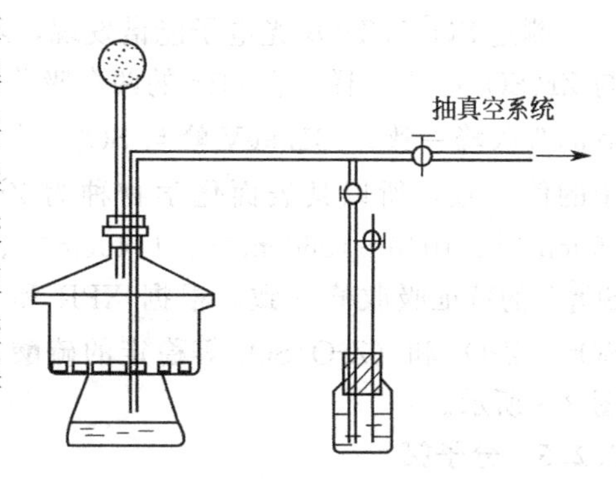

图 3-6　固体超强酸强度测试装置

3.2.4.5　**超强酸中 B 酸和 L 酸的鉴别**

采用 Hammett 指示剂法测定超强酸的酸强度，由于指示剂与 L 酸和 B 酸都能反应而不能区别，通常采用观察吸附了氨或吡啶后的红外光谱图予以鉴别。L 酸活性位以配位键与吡啶结合，B 酸活性位则与吡啶反应生成吡啶离子，它们的红外吸收谱有显著的差异（表 3-7）。

表 3-7　固体酸上吡啶的红外吸收谱①

配位键吡啶	吡啶离子
1447～1450(V_S)	1485～1500(V_S)
1448～1503(V)	1540(S)
约 1580(V)	约 1620(S)
1600～1693(V)	约 1640(S)

① V_S—非常强；V—强；S—易变。

在某些固体超强酸的表面如 $SbF_5/SiO_2\text{-}Al_2O_3$ 同时存在 B 酸（吡啶离子吸收峰 1540cm^{-1}）和 L 酸（吡啶吸收峰 1460cm^{-1}）。但在 SO_4^{2-}/M_xO_y 型固体超强酸表面，在 L 酸活性位上吡啶吸收峰强度变化不大，而在 B 酸活性位上吡啶生成稳定的离子类物质，说明在 SO_4^{2-}/M_xO_y 型固体超强酸表面形成了 B 酸中心。以不同浓度 H_2SO_4 浸渍 SO_4^{2-}/TiO_2 催化剂，发现催化剂酸强度随着浸渍液 H_2SO_4 浓度的升高而增强，当 $c(H_2SO_4)=1.0$mol/L 时，SO_4^{2-}/TiO_2 催化剂的酸强度最高，其 $H_0<-12.14$，具有超强酸性；随着 H_2SO_4 浓度的进一步升高，催化剂酸强度反而降低。

3.2.4.6　**SO_4^{2-}/M_xO_y 型固体超强酸结构**

由红外光谱测定结果推测 SO_4^{2-}/TiO_2 具有如图 3-7 所示的结构。由于 S═O 键具有很强的诱导效应，使得表面 Ti^{4+} 的 Lewis 酸性增强；当样品吸附少量水，水分子中的 H^+ 极易解离而形成 Brönsted 酸中心。并且催化剂表面上的这两类酸中心很容易相互转化，表面酸强度的增强，有利于 TiO_2 导带上的光生电子向表面迁移，导致光生电子-空穴对的分离效率提高，促进光催化反应的进行。显然，催化剂酸强度的增强与表面 SO_4^{2-} 的含量有关。

SO_4^{2-} 含量不足固然不利，但 SO_4^{2-} 过量也可能使表面酸物种被覆盖，从而导致催化剂的酸强度降低和光催化活性下降。

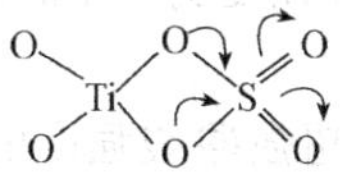

图 3-7　SO_4^{2-}/TiO_2 表面的螯合双配位结构

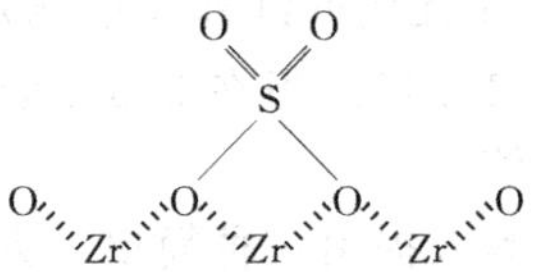

图 3-8　SO_4^{2-}/ZrO_2 表面的螯合双配位结构

测定 SO_4^{2-}/TiO_2 光电子能谱发现，Zr $3d_{5/2}$ 的吸收峰与不用硫酸处理的 ZrO_2 相同，而与 $Zr(SO_4)_2$ 不一样。在 O1s 的两个吸收峰中，530.2eV 为 Zr—O 结合吸收峰，与 ZrO_2 中氧的吸收峰一致；531.9eV 峰与 SO_4^{2-} 中氧吸收峰一致。由于 S $2p_{3/2}$ 的吸收峰与 $Zr(SO_4)_2$ 中的值一致，所以其表面化学物种为 ZrO_2 和 SO_4^{2-}。SO_4^{2-}/ZrO_2 有 5 个 IR 光谱吸收峰 990cm^{-1}、1040～1060cm^{-1}、1140cm^{-1}、1250cm^{-1} 和 1380cm^{-1}，这与金属原子上双配位 SO_4^{2-} 的特征吸收峰一致。根据 XPR 和 IR 分析结果可以推测在 SO_4^{2-}/ZrO_2 表面为形成 SO_4^{2-}/ZrO_2 和 $(ZrO)SO_4$ 等稳定的硫酸盐，SO_4^{2-} 只以金属离子配体存在，其可能结构如图 3-8 所示。

3.2.5　分子筛

分子筛是一种结晶型硅铝酸盐。它由 SiO_4 或 AlO_4 四面体连接成的三维骨架所构成（Al 或 Si 原子位于每一个四面体的中心），具有小而均匀的孔结构，其最小孔道直径为 0.3～1.0nm。根据 SiO_4 四面体的连接方式不同分为 A 型、X 型、Y 型沸石。自从耐酸性分子筛 ZSM-5 发现以来，人们对合成具有 ZSM-5 结构的金属硅铝酸盐沸石进行了许多尝试。利用 XRD、IR 和 SEM 技术研究了 Ti-ZSM-11 的结构，XRD 谱表明 Ti-ZSM-11 为 ZSM-11 型的四方晶系结构，结晶度＞92%。对样品的 IR 研究结果表明，960cm^{-1} 处多了一条强吸收带，这说明 Ti 原子进入了沸石骨架。

分子筛具有以下特点。

① 具有均匀的孔径，对分子具有良好的筛分效应。

② 具有很大的比表面积和孔体积。

③ 硅氧和铝氧四面体共享桥氧原子为基本骨架单元，组成短程有序和长程有序的晶体结构。

④ 具有离子可交换性，其化学组成经验式为 $(M^{2+}, M^{+})(O \cdot Al_2O_3 \cdot xSiO_2 \cdot yH_2O)$。

由于分子筛具有高选择性、强酸性和表面规整性的孔结构特点，可作为石化工业中很好的催化材料而备受重视。从孔道排列和骨架原子的有序性分析，分子筛可以分为三类。第一类为微孔晶体材料，如传统的沸石、$AlPO_4$ 等，具有规整的孔道排列和骨架原子有序性；第二类为 M41S 系列中孔分子筛 MCM-41、SAB-1、SAB-2、SAB-3 等中孔材料，孔道排列规整有序，但组成骨架的原子排列都是无序的，如无定形硅；第三类如 KIT-1 分子筛，具有均匀的孔径分布，孔道排列和组成骨架的原子排列都是无序的，这类分子筛具有高于 MCM-41 的比表面积和水热稳定性。另外，过渡金属取代硅铝的分子筛如含钛的分子筛 TS-1、TS-2 等在 H_2O_2 条件下催化转化烷烃中有很好的活性。

分子筛的单元结构可表示为—M_1—OH—M_2—，羟基中 H^+ 的释放视—M_1—O—中 M_1 的电负性和氧的电荷而定，它们之间有很好的对应关系：金属 M_1 的电负性愈小，或者氧化物中氧的部分电荷愈小，氧化物的酸性就愈大（图 3-9）。L 酸 M_2 对氧的配位或溶剂化能力对羟基中 H^+ 的释放也有影响。配位能力愈大，H^+ 的释放程度也愈大。

用铵离子对 NaY 型分子筛进行离子交换处理，然后在 773～823K 下焙烧交换产物可得 HY 型沸石。用类似方法可得 HZSM-5 分子筛。分子筛的 OH 基团是酸性的。可用如下的平衡式表示：

H
O　O　　　O　O
Si　＋　Al　Si　⇌
O　O　H⁺　O　O
Si　Al　Si

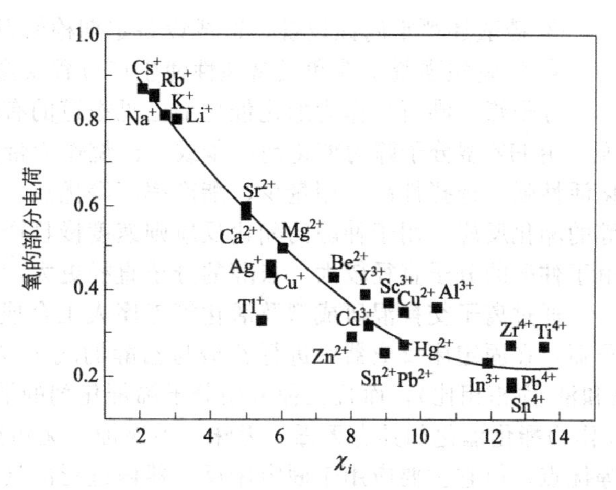

图 3-9　氧化物中氧的部分电荷与金属离子的电负性的关系

OH 基团的比活性，因沸石结构不同而不同。丝光沸石 OH 基团的比活性是 Y 型分子筛的 17 倍，HL 沸石的 OH 基团比活性是 HY 沸石的 3 倍。一般认为 OH 基团的比活性随沸石的硅铝比（Si/Al）提高而增加。现已经证实，铝离子很容易从沸石骨架上脱出而以阳离子形式(如 AlO^+）存在于孔道中。20 世纪 80 年代初期的研究表明，由骨架迁移出来的铝离子对分子筛的酸性有重要影响。

分子筛的主要合成方法有水热晶化法、非水体系合成法、极浓体系合成法、干粉法及较新颖的蒸汽法等。随着对中孔分子筛的研究增多，一些物理手段如微波诱导法、磁场诱导及乳液相技术也开始相继应用。在分子筛的合成过程中，模板剂的选择起很大的作用，近年来合成的 12 元孔以上的分子筛的合成都归功于模板剂的正确选用，如 $AlPO_4$-8（14 元环）、UTD-1（14 元环）、MCM-41、HMS、MSU-n 等分子筛的合成，使人们通过模板剂诱导对分子自组装进行调控，合成理想的催化材料。模板剂除了在凝胶化或成核过程中作为中心结构单元外，还通过有机-无机物之间的相互作用，形成分子筛结构，主要表现为：

① 在形成无机物骨架过程中作为空间填隙物，生成一定的孔结构和骨架；

② 满足与无机物骨架之间的电荷匹配，即电荷匹配原理；

③ 具有自组装能力，起结构导向作用。

在合成的过程中使用的模板剂有：

① 有机物小分子；

② 表面活性剂分子，包括阳离子、阴离子和非离子表面活性剂；

③ 有机金属化合物；

④ 特种模板剂，包括冠醚、有机聚合物。

3.2.6　固体酸催化剂的应用

固体酸在羧酸酯化反应、芳烃硝化反应、芳烃烷基化反应、异构化反应和酰基化反应等方面有广泛的应用。

3.2.6.1　固体酸催化羧酸的酯化反应

羧酸酯是一类重要的化工原料，广泛用于香料、溶剂、增塑剂及有机合成的中间体，同时在涂料、医药等工业中也具有重要的使用价值。传统的羧酸酯合成常用浓硫酸作催化剂，但有以下缺点。

① 生产周期长，转化率低。由于硫酸的脱水、酯化和氧化作用，造成副产物多，并给反应产物的精制和未反应原料的回收带来困难。

② 反应结束后要以碱中和并水洗以除去催化剂硫酸，产生三废。

③ 硫酸还严重腐蚀设备，造成设备定期检修乃至更新，增加生产成本。

④ 浓硫酸强脱水性和强腐蚀性使生产过程安全性要求高，一旦不慎易对人体引起灼伤。

分子筛（沸石）作为酯化催化剂已见报道的有：HZ 型、HY 型、HM 型及 HZSM-5 型等。用 HZ 型分子筛为催化剂，苯或环己烷作为带水剂，通过直接酯化制备羧酸酯，具有催化活性强、选择性高、用量少、酯产率高等优点。这些催化剂特别适合于饱和直链羧酸与伯醇的酯化反应。用于仲醇的酯化反应则速度慢且产率低，它更不适于叔醇的酯化反应。这是由于仲醇的分子直径较大，叔醇的分子直径更大，难以接近催化剂活性部位所引起的。

通过离子交换混研成型及活化等工序人工合成制备的 HZSM-5、HY、HM 三种氢型分子筛，在固定床反应器中进行乙酸与乙醇的气-固相酯化反应，可以获得较高的乙醇转化率（和液-固相相比），而且三种氢型分子筛催化剂的活性顺序为 HZSM-5＞HY＞HM。HZSM-5 作为酯化催化剂具有无毒、无味、不腐蚀、无污染、容易再生、便于连续化、自动化生产等优点，但它主要应用于固定床反应器内进行的气-固相反应。

沸石分子筛固体酸的催化活性与酸量呈线性关系。HZSM-5 沸石催化剂作为乙醇和乙酸的酯化反应催化剂，酸和醇的摩尔比＞3，反应温度 130～170℃，反应体系中无其它副反应产生，乙醇转化率 96%～98%，选择性为 100%。

SO_4^{2-}/ZrO_2、SO_4^{2-}/TiO_2 或复合型超强酸应用于酯化反应，取得了较好的结果。400℃下焙烧活化制得的 SO_4^{2-}/TiO_2 催化剂用于乙酸与丁醇反应（88～98℃，1.5h）转化率可达 95%。SO_4^{2-}/ZrO_2 超强酸对不饱和羧酸丙烯酸与伯醇反应的催化活性，高于 Nafion-H 强酸性树脂的活性。在二元酸酯的反应（如马来酸酐与醇和邻苯二甲酸酐与醇的酯化反应）中，复合型固体超强酸 $SO_4^{2-}/ZrO_2\text{-}TiO_2$ 具有很高的催化活性，对醇碳数大于 5 的酯的合成反应（140～180℃下反应 2～3h），酯化率可达到 98%。另外 SO_4^{2-}/TiO_2 在一些香料酯的合成（如肉桂酸异戊酯、水杨酸异戊酯）中，也具有较高的酯化催化活性。

从稀土复合固体酸 SO_4^{2-}/Ti-La-O 的制备及催化均苯四甲酸二酐和 2-乙基己醇酯化反应活性发现，固体酸催化剂 SO_4^{2-}/Ti-La-O 的酯化活性与其制备条件有关。在一定浓度的硫酸中 Ti/La 约为 0.17、焙烧温度 400～450℃时，酯化活性较高。在催化剂表面存在着 B 酸中心和 L 酸中心，酯化活性是 B 酸中心和 L 酸中心的协同作用的体现；酸处理提供了更多的 B 酸中心，提高了催化剂吸附 H_2O 解离能力，大大提高了其酸强度和酯化活性。

固体超强酸 TiO_2/SO_4^{2-} 也是合成羟基乙酸酯的良好催化剂，对于丙酯、丁酯、戊酯等的合成具有反应工艺条件简单、反应时间较短、后处理方便、收率较高等优点，且催化剂可重复使用。羟基乙酸丙酯合成最佳工艺条件为酸醇摩尔比 1.0：2.0，催化剂用量为醇酸总质量的 10%，带水剂环己烷与醇体积比 2：1，反应时间 4h，收率 86.5%。

以大孔强酸性阳离子交换树脂作为催化剂进行乙酸与一元醇的酯化反应，结果表明乙酸与直链烷基伯醇的酯化率随醇分子链长增大而提高，选择性达 100%。异构醇的酯化反应能力顺序为伯醇＞仲醇＞叔醇，叔醇易产生醇分子内或分子间的脱水反应。一元醇 α 碳或 β 碳上的供电子取代基降低了醇的酯化活性。

以多种用于合成丙烯酸酯的固体酸催化剂代替浓硫酸，初步探索负载型固体酸以及锆基固体酸 CZ 催化剂的不同制备方法对催化剂性能的影响。结果表明：在反应温度为 110～120℃，酸醇质量比为（1.05～1.1）：1 的条件下，以对甲苯磺酸为活性组分负载到分子筛上制得的催化剂对丙烯酸二乙二醇酯有较好的催化活性，丙烯酸的转化率达到 93.9%。锆基固体酸催化剂 CZ 对多种丙烯酸酯合成均有很高的活性，丙烯酸的转化率可达到 97.8%。用于三羟甲基丙烷三丙烯酸酯（TMPTA）合成时，产物中其二酯和三酯的比例为 1：6.6。

3.2.6.2 固体酸催化烷基化反应

由于受到环境保护的限制，生产高辛烷值的无铅汽油是大势所趋。异丁烷-C_3、C_4 烯烃

烷基化所制得的 C_8 烷基化油是高辛烷值无铅汽油最洁净的汽油调和组分，其 RON 值一般为 90～94，蒸气压低，芳烃与烯烃含量低，具有优良性能。烷基化工艺具有充分利用炼油厂气体资源的特点，是炼油厂中应用最广、最受重视的一种气体加工过程。因此，烷基化工艺已成为目前世界炼油工业竞相开发的重要工艺之一。目前工业上应用的是以硫酸和氢氟酸为催化剂的烷基化过程，虽然都生产环境友好的汽油调和组分，但工艺本身对环境造成严重的危害：氢氟酸毒性大，有害人体健康；硫酸腐蚀设备；酸耗高，易与反应生成的缩合物形成大量酸渣污染环境；要用大量碱中和处理反应料液，生成大量碱渣造成环境污染；在使用和运输过程中，容易发生泄露，造成装置及运输沿线附近的空气污染。因此，以硫酸或氢氟酸作催化剂的烷基化工艺的发展受到了很大限制。

国内外对固体酸烷基化工艺的研究已有 30 年以上的历史。总的来说，这些固体酸催化剂可分为四类：金属卤化物催化剂、分子筛催化剂、超强酸催化剂和杂多酸催化剂。

（1）金属卤化物催化剂　对金属卤化物的研究主要集中在 $AlCl_3$、BF_3、SbF_3 上，其中包括 $AlCl_3$-HCl、$AlCl_3$-CH_3OH-HCl、$AlCl_3$-有机络合物和 $AlCl_3$ 悬浊液、$AlCl_3$-无机氯化物等，除此之外 KBr 和 $ZrCl_4$ 也曾被考察过。虽然这些物质都呈强酸性，在一定空速下可显示出一定的活性和选择性，但其连续催化效果并不理想。而含 SbF_5 的负载型催化剂如 SbF_5-FSO_3H/活性炭、SbF_5-FSO_3H/石墨、SbF_5-FR/Al_2O_3 等的催化效果也不尽如人意。在金属卤化物体系中，最引人注目的是 BF_3，首次用异构烷烃与乙烯烷基化反应的催化剂是 BF_3+H_2O+Ni，并很快证明 Ni 不起作用，但 BF_3 中添加水、甲醇、HF、磷酸和卤代烃等物质可以得到活性范围广泛的催化剂体系。

在 BF_3/SiO_2 上异丁烷与丁烯的烷基化反应时，在 0℃、1.1MPa，烷烯比为 3～10，进料中 BF_3 含量为 0.25%～0.3%（质量分数），水含量为 0.005%，丁烯空速为 $1.05h^{-1}$ 条件下，可得到高质量的烷基化油。但是 BF_3 或 SbF_5 等负载型催化剂活性组分易流失，造成长期连续运转过程中的催化活性和选择性降低，达不到工业烷基化反应的要求；当原料不同时，即以 1-丁烯、2-丁烯、异丁烯与异丁烷反应，虽然 C_8 组分在总组成中的含量变化不大，但 C_8 组分中的组成 TMP（三甲基戊烷）与 DMH（二甲基已烷）却有着巨大的差别。2-丁烯或异丁烯与异丁烷反应，TMP/DMH>6，其辛烷值在 94 以上；而 1-丁烯与异丁烷反应，TMP/DMH=0.05，辛烷值只有 73。表明原料不同对烷基化油的组成有着巨大的影响，而工业烷基化反应中所用原料都是 1-丁烯和 2-丁烯的混合物，所以该催化剂体系受原料制约。

（2）分子筛催化剂　随着分子筛催化剂的出现及它们在众多催化领域中的成功应用，分子筛作为异构烷烃和烯烃烷基化反应的催化剂得到了较为广泛的研究。已开发出性能较好的分子筛催化剂，如 USY、HY、Hβ、Mord、MCM-22、ZSM 系列等。表 3-8 列出了 USY、Hβ、Mord、MCM-22、ZSM-5 五种分子筛催化剂的烷基化反应性能。反应实验条件为：50℃，2.5MPa，烷烯比 15，烯烃空速 $1h^{-1}$（WHSV）。由表 3-8 中的产率数据可知，在反应初始丁烯转化率很高，都在 90%以上，但液体产物的产率都很低，产物分布也不是很好。研究发现，在 MCM-22 上丁烯的转化率在 15min 内便由 95%迅速降至 30%，催化剂失活很

表 3-8　不同催化剂的初始烷基化反应活性和选择性

催化剂（质量分数）	USY	Hβ	Mord	ZSM-5	MCM-22
丁烯转化率/%	100.0	97.4	93.7	99.8	95.2
产率①/%	0.48	0.47	0.67	0.03	0.12
C_5～C_7/%	32.8	29.9	7.9	6.2	63.4
C_8/%	40.9	50.6	70.2	83.5	33.0
C_9/%	26.3	19.5	21.9	10.3	3.6

① 产率定义为：得到的 C_5 以上液体产物（g）/转化的丁烯量（g）。

快，而该催化剂总酸量最多，是五种催化剂中失活最慢的一个，这充分表明了分子筛催化剂的反应稳定性太差，失活太快。

(3) 超强酸　超强酸可分为两类：液体超强酸和固体超强酸。液体超强酸大多为一些含卤素的化合物或一定比例的混合物，如 CF_3SO_3H、FSO_3H、HF-SbF_5、FSO_3H-SO_3、FSO_3H-SbF_5 等。某些液体超强酸的 H_0 甚至可小于－20，其高酸强度和低亲核能力使之成为能生成稳定的正碳离子的溶剂介质，所以对烷基化反应表现出良好的活性。但这些液体超强酸都有硫酸和氢氟酸作为催化剂存在的缺点，研究者把注意力更多地放在固体超强酸上，开发了一种以固载酸做催化剂的固定床烷基化工艺，该工艺用特殊方法将一种液体酸催化剂（FSO_3H 或 CF_3SO_3H）负载在固体载体上。氟磺酸催化剂的酸强度较高（其 H_0 值为－14.6），可增强烃类烷基化的反应能力。由于这种催化剂具有很好的稳定性和催化性能，在实际烷基化反应装置中使用少量的酸就能得到较高的烷基化油产率。1991 年建成了一套 80L/d 的中试装置，反应温度为－40～80℃。烷基化油的辛烷值可达 98 以上。

无卤素型 M_xO_y-SO_4^{2-} 固体超强酸体系，如 ZrO_2、TiO_2、Fe_2O_3、SnO_2 等氧化物浸渍 SO_4^{2-}、WO_4^{2-}、MoO_4^{2-} 等无机酸根的各种超强酸，其中最典型的为 SO_4^{2-}/ZrO_2。此类催化剂制备简便，酸强度高，其活性与载体种类、酸浓度、焙烧温度、氧化物来源等有很大的关系。以固体超强酸体系为催化剂的异丁烷丁烯烷基化反应表明，SO_4^{2-}/ZrO_2 及其负载催化剂 SO_4^{2-}-ZrO_2/载体具有较高的烷基化初活性，但很快失活，且由于该类催化剂的酸强度较高，裂化反应所占比重大，产物中 C_5～C_7 成分较多，选择性不佳。

(4) 杂多酸催化剂　采用杂多酸（盐）催化异丁烷-C_3、C_4 烯烃烷基化的研究取得了重要进展。这种催化剂在避免腐蚀和污染的同时，又能保持低温活性高的优点，因而是新一代的固体酸催化材料。如采用 $Cs_{2.5}H_{0.5}PW_{12}O_{40}$ 为催化剂，异丁烷与 1-丁烯在室温下就能进行烷基化反应。催化活性和 C_8 烷烃的选择性（表 3-9）顺序为 $Cs_{2.5}H_{0.5}PW_{12}O_{40}$ ＞ $H_3PW_{12}O_4$ ＞ SO_4^{2-}/ZrO_2。采用 $Cs_{2.5}H_{0.5}PW_{12}O_{40}$ 催化剂，产物收率和 C_8 选择性分别可达到 79.4％和 73.3％。采用杂多酸的碱金属盐（Cs^+，K^+）、铵盐（NH_4^+）和季铵盐（NEt_4^+）为催化剂，催化异丁烷与 1-丁烯进行烷基化反应。在 30℃、烷烯摩尔比为 15 的条件下，C_8 烷烃的选择性为 100％，以烯烃质量计的最佳油收率大于 150％，催化剂在反应中不失活，可多次使用。也有用负载杂多酸催化苯和十二烯合成直链烷基苯的。XRD 物相分析结果表明，当负载杂多酸低于一定量时，不出现杂多酸催化组分的特征峰，可使负载杂多酸催化组分均匀地分散在载体上。对不明显出现杂多酸特征衍射峰的催化剂利用 SEM 和 TEM 分析表明，负载的杂多酸催化组分均匀地分散在催化剂载体上。在一定的固定床反应温度条件下，催化剂的活性随反应温度的增加而增加；催化剂对 2-十二烷基苯的选择性开始随反应温度的增

表 3-9　杂多酸（盐）催化异丁烷与 1-丁烯烷基化的反应结果

催　化　剂	$Cs_{2.5}H_{0.5}PW_{12}O_{40}$	$H_3PW_{12}O_{40}$	SO_4^{2-}/ZrO_2
总质量产率/％	79.4	25.1	23.0
选择性/％			
224-TMP[RON:100]	0.3	0.6	1.6
223-TMP[RON:110]	23.6	18.4	28.0
234-TMP[RON:103]	14.5	15.2	13.9
233-TMP[RON:103]	14.5	13.9	10.9
23-DMH	10.8	8.1	7.2
C_1 烷基化油	73.3	56.2	61.6
C_3～C_7	1.5	0.8	0.9
烯烃二聚体	13.3	8.5	9.2
C_9～C_{12}	11.3	34.0	26.6

加而增加，达到一定温度后 2-十二烷基苯的选择性随反应温度的增加而降低。

3.2.6.3 固体酸催化芳烃硝化反应

硝基芳烃化合物是重要的有机中间体，在医药、染料、农药等领域中有着广泛的应用。传统的芳烃硝化均采用混酸硝化技术，存在位置选择性差、副反应多以及环境污染严重等缺点。开发绿色硝化路径，提高一硝化产物中的对位选择性，已经受到国内外的广泛重视。近年来一些环境友好的固体酸不断被开发，它们具有制备简单、酸性强、污染小和易分离等优点而成为有机合成领域的研究热点之一，应用前景愈来愈广阔。

以 HM、HZSM-5、Silicalite-1、732 大孔强酸型阳离子交换树脂，α-Al_2O_3 和 SiO_2 等固体酸催化甲苯硝化反应，并与浓硫酸催化反应作比较（表 3-10）。令人惊异的是，一些弱酸性或近中性的固体酸催化剂如 Silicalite-1，α-Al_2O_3 和 SiO_2 等可使甲苯转化率提高一倍左右，而反应产物分布情况与空白反应相近。这可能与固体催化剂上甲苯的吸附有关，通过吸附不仅可能使甲苯在催化剂表面局部富集，而且可能使甲苯芳环上电子云密度增加，从而使反应加速进行。高硅铝比的 HZSM-5 的活性及对位选择性最高，甲苯转化率达到 61.1%，对位/邻位硝化产物比（对/邻）达 0.769。通过考察沸石晶粒大小、酸性强弱、脱铝程度和阳离子交换等因素对反应活性和选择性的影响，发现该反应主要在沸石孔内进行，对位选择性与沸石的孔径存在一定对应关系。沸石催化剂除能促进 HNO_3 解离成 NO_2^+ 外，对甲苯也有活化和富集作用。因而，反应活性与催化剂的酸性有关。适当地增加沸石的亲油性也有利于提高硝化反应活性。

表 3-10 甲苯在固体酸催化剂上的硝化反应

催化剂	产物(摩尔分数)/%						转化率/%	选择性/%		
	甲苯	苯甲酸	硝基甲苯			硝基苯		硝基甲苯		
			邻	间	对			邻	对	对/邻
—	81.4	0.2	9.2	1.6	5.5	1.0	17.6	52.5	31.4	0.598
硫酸	0.0	4.1	46.2	5.0	44.7	0.0	100.0	46.3	44.6	0.966
HZSM-5	38.9	1.1	27.2	9.1	20.9	2.8	61.1	44.6	34.3	0.769
HM	49.3	0.5	26.8	3.7	17.1	2.6	50.7	52.8	33.8	0.640
Silicalite-1	66.6	微量	17.6	5.0	10.8	微量	33.5	52.6	32.4	0.617
732 树脂	51.8	0.5	23.2	7.5	14.7	2.4	48.2	48.1	30.4	0.632
α-Al_2O_3	68.3	0.5	16.4	3.5	9.9	1.5	31.7	51.7	31.2	0.603
SiO_2	57.4	0.6	22.2	3.6	14.2	2.0	42.6	52.1	33.5	0.643

催化剂 SO_4^{2-}/ZrO_2 催化硝酸硝化氯苯，反应具有强的对位选择性硝化能力，催化剂经 500℃焙烧后，在反应温度为 30℃、反应 30min 时，氯苯一硝化产物中邻/对硝基氯苯异构体的质量比达 0.23，产物得率可达 55.5%，催化剂重复使用 4 次，其催化活性减少不大。催化剂制备和分离容易，可再生利用，可从源头上阻止污染的产生，是一种很有应用前景的绿色硝化反应催化剂。

硝基苯酚来源于苯酚的硝化，工业上将苯酚与稀硝酸反应生成邻硝基苯酚和对硝基苯酚，对/邻值为 0.5，反应不具有位置选择性，并且酚羟基和芳环易于氧化，导致收率低。固体酸改性皂土和高龄土催化苯酚硝化反应，并与非催化硝化反应相比较，结果显示，未采用黏土固体酸催化的苯酚硝化时，对/邻值为 0.3～0.4，反应无区域选择性。当采用催化剂时，对位选择性大大提高，最高对/邻值可达 0.9（表 3-11），并且工艺条件易于控制。在固体酸存在下，苯酚对位选择性硝化能力提高的原因是 Perrin 的自由基硝化机理和经典的 Hughes-Ingold 离子硝化机理竞争硝化的结果。在黏土类固体酸内存在少量的过渡金属元素如铁等。当苯酚和催化剂作用时即产生自由基阳离子，可能的机理为：

表 3-11　苯酚在黏土催化剂上的硝化反应

催化剂	硝化试剂	对硝基苯酚/g	邻硝基苯酚/g	对/邻比率	得率/%
酸性皂土	浓硝酸	3.7	4.1	0.90	65
	发烟硝酸	2.2	4.6	0.48	52
改性高岭土	浓硝酸	3.3	4.8	0.69	62
	发烟硝酸	2.8	4.3	0.66	54
—	浓硝酸	1.9	4.6	0.40	49
	发烟硝酸	1.8	5.3	0.34	50

$$ArOH + Fe(Ⅲ) \longrightarrow ArOH^{+}\cdot + Fe(Ⅱ)$$

$$HNO_3 \longrightarrow NO_2\cdot + HO\cdot$$

$$ArOH^{+}\cdot + NO_2\cdot \longrightarrow \left(Ar\begin{matrix}\diagup OH\\ \diagdown NO_2\end{matrix}\right)^{+}$$

$$\left(Ar\begin{matrix}\diagup OH\\ \diagdown NO_2\end{matrix}\right)^{+} \longrightarrow Ar'\begin{matrix}\diagup OH\\ \diagdown NO_2\end{matrix} + H^{+}$$

由于苯酚自由基孤电子自旋密度对位（0.3847）大于邻位（0.2199 和 0.2204）[AMIS-CF 法计算值]，所以对位硝化产物明显提高。在酸性皂土固体酸催化下，应用硝酸硝化甲苯、乙苯、正丙苯和叔丁苯等烷基苯时，也能够提高烷基苯的对位选择性硝化能力，邻/对硝化产物异构体比例分别为 0.60、0.39、0.42 和 0.11，较经典硝化方法结果（分别为 1.58、0.98、1.11 和 0.14）明显降低（表 3-12）。

表 3-12　酸性皂土上烷基苯的硝酸选择性硝化

烷基苯	硝基异构体/%			邻/对	一硝基烷基苯/%
	邻位	间位	对位		
甲苯	36	4	60	0.60	51
乙苯	23	18	59	0.39	34
正丙苯	25	16	59	0.42	15
叔丁苯	9	7	84	0.11	11

固体酸 $SO_4^{2-}/TiO_2\text{-}SiO_2$ 对甲苯硝化的选择性催化作用，表明固体酸 $SO_4^{2-}/TiO_2\text{-}SiO_2$ 是甲苯硝化的很好的位置选择性催化剂，它的选择性与制备方法有关。通过选择制备条件获得了邻/对比高达 1.56 的位置选择催化剂。已知用浓硫酸作催化剂，邻/对比只有 0.65 左右。芳磺酸作催化剂时邻/对比为 0.96～1.06，各种负载芳磺酸作催化剂时邻/对比为 1.05～1.63，强酸性离子交换树脂作催化剂时邻/对比为 0.65～1.53，而固体酸 $SO_4^{2-}/TiO_2\text{-}SiO_2$ 作催化剂时，邻/对比最少也有 1.02。

3.2.6.4　固体酸催化生物柴油制备

目前制备生物柴油主要采用酯交换法，即利用甲醇或乙醇等短链醇类物质，与天然植物油或动物脂肪中主要成分甘油三酸酯发生酯交换反应，利用甲氧基取代长链脂肪酸上的甘油基，将甘油三酸酯断裂为长链脂肪酸甲（乙）酯——生物柴油，从而减短碳链长度，降低油料的黏度，改善油料的流动性和汽化性能，达到作为燃料使用的要求。油脂酯交换反应方程式：

$$\begin{matrix}CH_2OOCR^1\\ |\\ CHOOCR^2\\ |\\ CH_2OOCR^3\end{matrix} + 3ROH \xrightarrow{催化剂} \begin{matrix}R^1COOR\\ \\ R^2COOR\\ \\ R^3COOR\end{matrix} + \begin{matrix}CH_2OH\\ |\\ CHOH\\ |\\ CH_2OH\end{matrix}$$

酯交换法主要包括均相催化法、非均相催化法、生物催化法和超临界法。均相催化法在液体酸、碱催化剂条件下发生酯交换反应，这是目前欧洲、美国等工业化生产生物柴油的主要方法。采用液体酸、碱催化剂反应速度快，转化率高，但同时产品需中和洗涤而带来大量的工业废水，造成环境污染，后处理复杂。生物催化法是在生物催化剂脂肪酶等催化下进行酯交换反应，产品分离及后处理方便，无废水产生，但反应时间长，脂肪酶的活性低、价格偏高，并需要解决酶固定化的问题。超临界法是在甲醇处于超临界状态下进行酯交换反应，Saka等提出超临界酯交换制取生物柴油的新方法，反应在间歇不锈钢反应器中进行，反应温度350～400℃，压力45～65MPa，甲醇与油菜籽油的物质的量比为42∶1，时间不超过5min，产率高于普通催化酯交换过程。因此，采用超临界法进行酯交换反应，反应时间短，转化率可达95%以上。但醇油物质的量比高，反应温度与压力超过甲醇的临界温度与临界压力，生产工艺对设备要求高。而采用固体酸、碱催化剂非均相催化油脂酯交换反应制备生物柴油，不仅可避免在传统的均相酸碱催化酯交换过程中催化剂分离比较难，存在废液多、副反应多和乳化现象等严重问题，而且反应条件温和，催化剂可重复使用，容易采用自动化连续生产，对设备无腐蚀，对环境无污染。目前采用固体酸、碱催化剂催化油脂酯交换反应成为研究的热点。

陈和等通过硫酸改性氧化钛、氧化锆，并经过高温煅烧得到了相应的固体强酸催化剂TiO_2-SO_4^{2-}、ZrO_2-SO_4^{2-}，实验结果表明TiO_2-SO_4^{2-}、ZrO_2-SO_4^{2-}与改性前的氧化物相比具有较高的酯交换反应活性，在230℃、醇油物质的量比12∶1及催化剂用量为棉籽油2%的条件下，反应8h后甲酯的收率达到90%以上。

曹宏远等采用新型固体酸$Zr(SO_4)_2 \cdot 4H_2O$，催化大豆油与甲醇的酯交换反应制备生物柴油。在醇油物质的量比为6∶1，催化剂用量为（占原料油质量）3%，反应时间6h，反应温度65℃，生物柴油的收率可达96%。

Dorae Lopez等研究了阳离子交换树脂（Amberlyst-15）、高氟化离子交换树脂NR50、硫酸锆、钨酸锆等固体酸催化剂催化甘油三乙酸酯（作为动植物油脂中所含的大分子甘油三酸酯的模型）和甲醇的酯交换反应。与硫酸相比较，催化活性的次序为：硫酸＞Amberlyst-15＞硫酸锆＞高氟化离子交换树脂NR50＞钨酸锆。当醇油物质的量比为6∶1，催化剂用量为（占原料油质量）2%，反应温度为60℃，反应时间为8h时，甘油三乙酸酯的转化率分别为：Amberlyst-15 79%，硫酸锆57%，高氟化离子交换树脂NR50 33%。这些催化剂在反应条件下不容易失活，硫酸锆和钨酸锆可再生循环利用数次。

Jaturong Jitputti等制备了一系列的固体酸催化剂，将它们用于棕榈核油和粗椰子油，发现SO_4^{2-}/ZrO_2具有最高的催化活性，在醇油物质的量比为6∶1，催化剂用量为（占原料油质量）3%，反应时间4h，反应温度200℃，在5MPa的氮气氛下，生物柴油的纯度达到93%，生物柴油的收率为86.3%。

固体酸在反应条件下不容易失活，对油脂的质量要求不高，能催化酸值和含水量较高的油脂，但在催化油脂酯交换反应中反应时间较长，反应温度较高，反应物转化率不高。因此，固体酸催化剂适合以废餐饮油为原料生产生物柴油。

3.3 纳米催化剂

早在大约19世纪60年代，随着胶体化学的建立，科学家们就开始了对纳米微粒系统的研究。最早提出在纳米尺度上科学和技术问题的著名物理学家，诺贝尔奖获得者查理德·费曼指出：如果人类能够在原子/分子的尺度上加工材料、制备装置，将会有许多激动人心的新发展。他认为这“需要新型的微型化仪器来操纵纳米结构并测定其性质”。纳米微粒由于尺寸小，表面占较大的体积百分数、表面的键态和电子态与颗粒内部不同，表面原子配位不全等导致表面活性增加，使它具备了催化剂的基本条件。纳米材料随着粒径的减小，表面光滑程度变差，形成凹凸不平的原子台阶，这就增加了化学反应的接触面。利用纳米微粒高比表面积和高活性这种特性，可以显著提高催化效率。

3.3.1 纳米催化剂的结构及特性

3.3.1.1 晶体结构

纳米粒子的晶体结构与催化的关系一直是催化研究者十分重视的问题。根据能量最低原理计算推测金属微粒的形状，结果表明：3 个原子构成的粒子为三角形；4 个原子的为正四面体；7 个原子的为五角双锥；13 个原子的为正二十面体。粒径为 4.0nm 的仍以正二十面体最为稳定。这些理论推演在后来的电镜实验中都得到验证。多元体系的纳米粒子晶体结构随制备条件的不同而异。同种化合物的粒子可能有各种不同的晶体结构：有的呈针状，有的呈球状、片状、板状等，有时甚至晶格类型也不一样。最令人感兴趣的是对具有确定粒子模型的纳米粒子催化性质的探索。实际上，纳米晶粒各晶面的活性是不同的，Rh_{55}原子簇在(001)、(100)、(110)、(331) 面有特殊的表面活性，而 (111) 的活性大大降低。将 Na-Y 型沸石与 $Cd(NO_3)_2$ 溶液混合，离子交换后形成 Cd-Y 型沸石，经干燥后与 H_2S 气体反应，在分子筛八面体沸石笼中生成 CdS 纳米粒，并且在不同条件下制得不同晶格类型的 CdS 纳米粒子，其光解水效果有明显的不同。另外晶粒形状不同，其不同晶面露置程度也不同，对催化反应的活性和选择性同样会产生很大影响。在两种不同条件下制备的纳米 Pt，对异丁烷在 Pt 上发生的异构反应和氢解反应表现出不同的催化活性：具有正方形结构的 Pt(100) 在异丁烷的异构反应中显示出较高的活性，而且在异丁烷的氢解反应中，折皱表面 (10,8,7) 上显示出较高的活性，而在单晶上进行同样反应，其结论也恰好吻合。

3.3.1.2 表面特性

纳米粒子与催化研究有关的表面特性，除了我们通常所熟知的高比表面积和高表面原子占有率外，它特殊的表面位置对决定特定的催化反应也起着重要的作用。用计算机模拟刚性球模型来研究这一问题，发现有 16 种表面位置，有些在单晶表面，有些可作为电子给体，有些可作为电子受体；有的为单配位，有的为双配位、三配位或四配位。粒径可以作为表述这些表面位置量的函数，不同的表面位置对外来吸附质的作用不同，从而产生不同的吸附态，导致不同的催化反应。

3.3.1.3 吸附特性

H_2 在某些过渡金属纳米粒子上呈解离吸附。Raney 镍是镍铝骨架负载的高分散镍纳米粒子催化剂，通常用于还原有机化合物，活性与选择性都很高，这里起还原作用的就是原子氢。至于氧的吸附就更明显，几乎所有的纳米粒子在氧气气氛下都发生氧化现象，即便是热力学上氧化不利的贵金属，经特殊处理也能氧化。应用 LEED 方法研究 Cu(001) 表面上 CO 的吸附结构，结果表明 CO 为顶位吸附，且 C 接近表面，其 C—O 键键长为 0.115nm，C—Cu 键长为 0.18nm，Cu—Cu 间键长为 0.256nm。

3.3.1.4 表面反应

金属纳米粒子在适当条件下可以催化断裂 H—H、C—H、C—C 和 C—O，而它们沉积在冷冻的烷烃基质上，甚至有加成到 C—H 键之间的能力，如 Fe 等能形成稳定的准金属有机粉末，该粉末对催化氢化具有极高的活性。不同粒径的同一种纳米粒子可起不同的催化反应。用银粒子催化氧化 C_2H_4，当粒径小于 2nm 时产物为 CO_2 和 H_2O，大于 20nm 时主要是 C_2H_4O。硅载体镍催化剂对丙醛的氧化反应表明，镍粒径在 5nm 以下，反应选择性发生急剧变化，醛分解反应得到有效控制，生成乙醇的转化率急剧增大。

3.3.2　纳米催化剂的制备方法

在第 2 章纳米材料中已经详细讨论了纳米材料的制备方法。纳米催化剂的制备类似于纳米材料的制备，大致可分为化学法和物理法两大类。化学方法是通过液相反应或气相反应方法制备的纳米材料，虽然生产率较高，但是制备的纳米材料中含有杂质，因而大大限制了这种纳米材料的应用功能。物理方法制备的纳米材料具有表面清洁、无杂质、粒度可控、活性高等优点，但目前产率大都较低且成本高。因此，现在纳米材料的关键技术是如何制备含杂质少、产率高的纳米材料。相对于传统的高温固相反应制备纳米材料的硬方法而言，软化学方法是制备纳米功能材料的较理想方法之一，已产生了一系列新型的材料制备技术，包括溶胶-凝胶过程、插入反应、离子交换过程、水热法和微乳液法等。由于软化学技术是一类在温和条件下实现的化学反应过程，易于实现对其化学反应过程、路径和机制的控制，从而可根据需要控制过程的条件，对产物的组分和结构进行设计，进而达到"剪裁"其物理性质的目的。其合成思路是：首先通过准确的原子、分子设计合成具有预期组分、结构和化学性质的前驱体，再在软环境下对前驱体进行处理，进而达到预期的材料。其优点在于将新材料制备技术从高温、高压、高真空、高能和昂贵的物理方法中解脱出来，进入一个更宽阔的空间。软化学方法关键在于前驱体的分子设计与制备技术。由于合成过程是在溶液中进行的，因而可达到原子级水平的均匀混合，且能对组分和结构进行较好的控制，这就为制备纳米材料提供了重要的保障。

3.3.3　纳米催化剂的表征

纳米催化剂的催化性能不但与其化学组成有关，而且与其结构、晶体形态、颗粒大小等因素密不可分。固体催化剂表征方法有许多，主要有表面积、孔径分布、金属面积、程序升温还原、微分扫描量热计、红外光谱仪、X 射线衍射（XRD）、X 射线荧光、电子探针分析、ESCA（用于化学组分分析的电子能谱）、透射电子显微镜（TEM）、扫描电子显微镜（SEM）等。催化剂的物性表征本身不是目的，与活性和选择性测定相联系的物理参数，乃是催化剂设计和研究开发的基本依据。在纳米催化剂的研究过程中，常常把催化活性和纳米颗粒的大小、晶体的形态形貌相关联。应用较多的是 XRD，TEM 和 SEM。

3.3.3.1　XRD

XRD 是揭示晶体内部原子排列状况最佳手段。应用 XRD 技术研究纳米催化剂，可提供十分宝贵的结构方面的信息，以便人们把催化剂的宏观催化性能与催化剂的微观结构相联系，从中找出规律性的东西，指导催化剂的制备和应用。

和日光一样，X 射线也是一种电磁波，它的波长范围为 0.001～10nm，而应用于晶体结构分析的 X 射线波长范围为 0.05～0.25nm。一般利用高速运动的电子去轰击金属靶，就能产生 X 射线。在靶原子核附近的强电场作用下，高速运动的电子能量降低，并以光子的形式释放出能量，这时得到的是波长 λ 连续的 X 光谱。还有一种情况，高速运动的电子直接激发靶原子内的电子，外层高能级电子发生跃迁至低能级，并以电磁波的形式释放出能量。因为电子能级的不连续性，电子跃迁时释放的能量也不连续，所以由此产生的 X 射线具有特定的波长，即特征 X 射线谱（图 3-10）。L 层（M 层）电子向 K 层跃迁时产生 K_α（K_β）射线，统称 K 系射线。而外层电子向 L 层跃迁时产生 L 系射线。

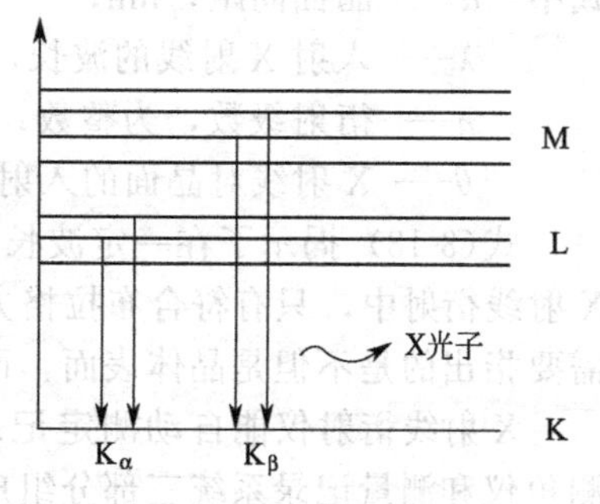

图 3-10　特征 X 射线谱的产生

K 系和 L 系射线构成了不同元素的特征 X 射线谱。一般而言原子序数越大，其波长越短。X 射线在穿过被测材料时，部分能量被吸收，造成其强度的衰减。设 X 射线入射光强度为 I_0，穿过厚度为 l 的材料后强度为 I，则

$$I=I_0e^{-\mu l} \tag{3-10}$$

式中 μ——线性吸收系数，cm^{-1}，与物质种类、聚集状态和X射线波长有关；

l——被测材料的厚度，cm。

式(3-10) 可以改写成：

$$I=I_0e^{(-\mu/\rho)\rho l} \tag{3-11}$$

式中 μ/ρ——质量吸收系数，与物质的组成和X射线波长有关，与原子序数的四次方成正比；

ρ——物质的密度。

对于多元素物质，质量吸收系数为各元素质量吸收系数按质量分数的加和，即：

$$[\mu/\rho]=w_1[\mu/\rho]_1+w_2[\mu/\rho]_2+\cdots+w_n[\mu/\rho]_n \tag{3-12}$$

式中 w_1、w_2、…、w_n——该物质中各元素的质量分数。

X射线的λ越小，μ/ρ也越小。如果λ小到某个特定值λ_0时，光子的能量因恰好可以激发原子的K（或L）层电子而被大量吸收，使μ/ρ发生突变。这种现象被称为K（或L）吸收现象。当物质发生K吸收时，K层电子被激发，外层电子跃迁到K层，产生X射线，这被称为二次荧光。因为它的波长大于入射X射线波长，所以对其无干涉，仅使衍射谱图的本底提高。以下两种方法规避二次荧光：

① 靶原子序数比样品中主要原子序数大3以上；

② 靶原子序数小于或等于样品中含量较高的原子的原子序数。

如果X射线与原子作用而改变方向，则被称为散射。当X射线入射散射体时，在其电磁场的作用下，散射体的电子会受迫振动而成为新的辐射电磁波源，其散射波长与入射波相同，因此新散射波间可以发生干涉作用。入射X射线束遇到散射体的所有电子均可成为新的辐射波源，构成了群相干的波源，称之为相干散射。由于相干散射只改变X射线的传播方向，并不改变其波长，因此它是X射线在固体中产生衍射现象的基础。如果X射线与散射体发生非弹性碰撞，使部分原子的外层电子获得动能而成为反冲电子，同时X射线的能量却减少，并且方向改变，波长增大，这种现象被称为非相干散射。X射线波长越短，散射体原子序数越小，就越容易发生非相干散射。非相干散射的散射波长略大于入射X射线波长，它不会产生衍射而成为衍射谱图的本底。

晶体对X射线产生衍射要满足下列特定条件：一束波长为λ的平行X射线，射到晶面间距为d的一组平行晶面时，如果入射角为θ，晶面间的反射线的光程差恰巧是波长的整数倍，则在这个特定的角度下，各晶面的反射必将相互加强，此时在反射角为θ的方向上，可以观察到晶面间距为d的那组晶面对X射线的“反射”。这种特定条件的反射就是晶面对X射线的衍射。布拉格方程表示这种特定的条件：

$$2d\sin\theta=n\lambda \tag{3-13}$$

式中 d——晶面间距，nm；

λ——入射X射线的波长，nm；

n——衍射级数，为整数；

θ——X射线对晶面的入射角（即布拉格角），2θ为衍射角。

式(3-13) 揭示了在一定波长λ下发生衍射时，晶面间距d和入射角θ之间的关系。在X射线衍射中，只有符合布拉格方程的一定数目的入射角才有X射线衍射现象，反之亦然。需要指出的是不但是晶体表面，而且晶体内层原子平面也同时参与反射。

X射线衍射仪能自动测定记录多晶衍射线的衍射角和衍射强度。它由X射线发生器、测角仪和测量记录系统三部分组成。现代衍射仪都配备了计算机控制和数据处理系统。

X射线衍射可以用于物相鉴定、物相定量、晶胞参数测定和平均晶粒大小等方面。

（1）物相鉴定　物质对 X 射线衍射效应是 X 射线物相鉴定的理论基础。每一种物质由于其自身的内部结构特点决定了它的衍射峰位置和强度。就晶体物质而言，其晶体结构类型，晶胞大小，晶胞中原子、离子或分子数目的多少，及其所在的位置等结构参数都是特定的。不论晶体物质以纯净物还是以混合物存在，在一定波长的 X 射线的照射下，会给出其特有的 X 射线衍射谱图［衍射线条 $d_{(hkl)}$ 及其强度 $I_{(hkl)}$，（hkl）泛指某一晶面指数］。物相不同，其特征 X 射线衍射谱图也不同，它们互不干涉，彼此独立。由不同物质组成的固体催化剂可以给出独特的 X 射线衍射图，这样就可以对由多种物质、多种物相组成的样品进行物相鉴定。一般采用与标准衍射谱图对照的方法，具体步骤：

①选择合适的实验条件，摄取样品的粉末衍射谱图；

② 查表或由式(3-14）计算各衍射线的 $d_{(hkl)}/n$ 值（简写为 d）；

③ 以衍射谱图中最强衍射线的强度 I_1 值除其余各衍射线强度 I，求出各 I/I_1 值，再按 I/I_1 值大小顺序排列，并列出其相应的 $d_{(hkl)}$ 值。

④ 查找标准衍射 d-I 数据卡，对照并作出鉴定结果。

（2）物相定量　以 X 射线衍射法测定多相混合物中各物相的质量分数的理论依据是，所产生的衍射线的强度与其在混合物中的含量有关。例如在混合物相样品中，I 物相的某个 hkl 衍射强度 I_i 与该物相的含量（质量分数）X_i 存在以下关系：

$$I_i=\frac{K_iX_i}{\rho_i\mu_m^*} \tag{3-14}$$

式中　ρ_i——纯 I 物相的密度；

μ_m^*——样品的质量吸收系数，可由式(3-12）计算，其中各元素的质量吸收系数可查阅《X 射线晶体学国际表》第 3 卷第 162 页；

K_i——常数，与仪器、入射 X 射线波长 λ、入射角 θ 和 I 物相的结构有关，而与 I 物相的含量无关。

X 射线衍射作物相定量的方法应用最为广泛的是外标法、内标法和稀释法。

对（a+b）两相混合物，外标法需要纯物相标准样品 a，并制备一系列该物相不同质量分数 X_{a1}、X_{a2}、…的已知的标准混合样品。在完全相同的实验条件下，分别测得各个样品中 a 相同一衍射指标 hkl 衍射线的强度 I_{a1}、I_{a2}、…、I_a^0，再以 I_{a1}/I_a^0、I_{a2}/I_a^0、…、对对应样品的质量分数 X_{a1}、X_{a2}、…作图，得到标准工作曲线。对待测混合样品可在相同实验条件下，测出其同一衍射指标 hkl 衍射线强度 I_a，求出 I_a/I_a^0，查标准工作曲线就可求出 a 相在（a+b）相中的质量分数 X_a。外标法计算简单，要求仪器的综合稳定性高，样品压片厚度和致密度的重现性要好。

内标法则在样品中外加一定量的内标物（标准物质），然后测量样品中的待测物相某一衍射线强度与内标物的衍射强度，比较此二强度即可求出待测物相的质量分数。

稀释法是在样品中加入一定比例的与待测物相相同的纯物质，再选择样品中某一具有较强衍射的其它物相的衍射线作为强度参考线，使用作图的方法求出待测物相在样品中的含量 X_i。

（3）晶胞参数测定　晶胞是晶体中具有代表性的最小的平行六面体。在正常条件下，晶胞参数（平行六面体的边长及其夹角）为一常数。但是当某一晶体与其它物质共存，生成固溶体、同晶取代或有缺陷时，晶胞参数会发生变化，从而导致催化剂活性和选择性的变化。以 X 射线衍射法测定晶体的晶胞参数，一般先测定样品的一个或几个衍射峰的 $d_{(hkl)}$ 值，再根据晶胞参数与晶面间距 d 之间的关系式求出晶胞参数值（表 3-13)。晶面间距 $d_{(hkl)}$ 值（即 d）可以根据衍射峰的 2θ 角，由布拉格方程式(3-14）计算得到。

表 3-13 不同晶系衍射峰 $d_{(hkl)}$ 值与晶胞参数的关系

晶系	测定衍射峰 $d_{(hkl)}$ 值个数	关系式	晶胞参数
立方	1	$d_{(hkl)}=a/(h^2+k^2+l^2)^{1/2}$	a
四方	2	$1/d^2_{(hkl)}=(h^2+k^2)/a^2+l^2/c^2$	a,c
正交	3	$1/d^2_{(hkl)}=h^2/a^2+k^2/b^2+l^2/c^2$	a,b,c

(4) 平均晶粒大小测定　测定平均晶粒大小的常规方法是X射线的衍射线宽化法，具有直观、快速和简便的特点。一般单晶颗粒小于200nm，随着每个晶粒中晶面数目的减少，衍射线条弥散而变宽，并且晶粒越小，这种衍射线条宽化现象就越明显，从而使衍射线强度在 $2\theta\pm\Delta\theta$ 范围内有一个较大的分布。当晶体内不存在应力和缺陷时，可以利用晶粒大小与衍射线宽化程度的关系来测定晶粒大小。Scherrer 公式表示了晶粒大小和衍射线宽化之间的关系：

$$D=\frac{0.89\lambda}{B\cos\theta} \tag{3-15}$$

式中　D——晶粒大小，表示晶粒在垂直于 hkl 晶面方向的平均厚度，nm；

λ——X射线波长，nm；

θ——布拉格角；

B——衍射线的本征加宽度（晶粒加宽），是经双线校正和仪器因子校正得到的完全由晶粒大小引起的衍射线加宽，通常用衍射峰极大值一半处的宽度表示，rad。

Scherrer 方程测定晶粒大小的范围是3～200nm。

3.3.3.2　透射电子显微镜

透射电子显微镜（TEM）的主要部件有镜筒、电源和真空系统，其中镜筒是最重要的单元。透射电子显微镜的工作原理可以参考有关的专业书籍。在透射电子显微镜中，电子通过聚光系统（常采用两个聚光镜装置）后与试样相互作用。样品下面直接安置一个直径为0.02～0.06mm的物镜孔（图3-11），以阻止通过试样的所有宽角散射电子。这些电子再通过一系列透镜（图3-12），包括短焦距物镜、一个或两个中间透镜和一个投影透镜，使图像放大到 2×10^5 倍。物镜对电子显微镜的分辨率起决定作用。在此电子与光轴成较大的角度

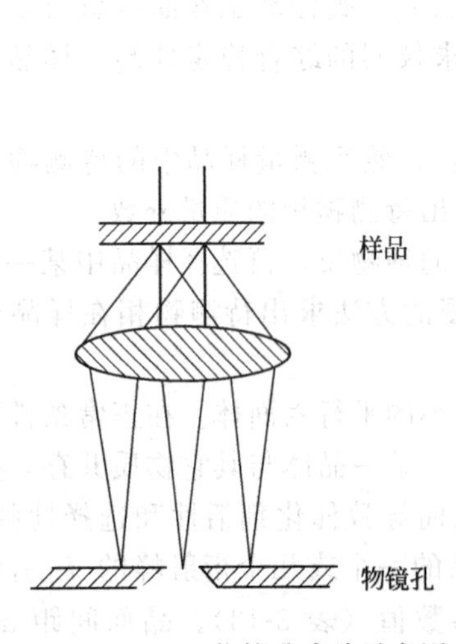

图 3-11　TEM 物镜孔光路示意图

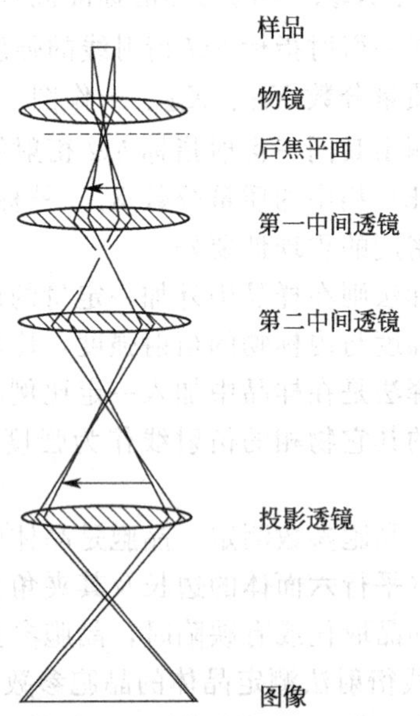

图 3-12　TEM 放大系统示意图

运动，为此球形像差和色像差都是最大的，只有把样品尽可能放到磁场最强的透镜中心，使像差降低至最小，方能获得最大的分辨力。

这里简单介绍电子衍射图。电子束具有一定的波长，它与晶体物质作用时会发生衍射现象。电子衍射也满足布拉格方程：当波长 λ 的电子束照射到晶体上，电子束的入射角与晶面距离为 d 的一组晶面之间的夹角 θ 满足下列关系式：

$$2d\sin\theta=n\lambda \tag{3-16}$$

式中　n——整数。

电子束在与入射束成 2θ 方向上产生衍射束，在电子衍射中一般只考虑一级衍射，式(3-16) 可以改写成：

$$2d\sin\theta=\lambda \tag{3-17}$$

在电子显微镜中，电子透镜使衍射束会聚成衍射斑点，晶体试样的各个衍射点构成了电子衍射花样。当电子束经过晶体试样时，透过束和衍射束经物镜作用而在后焦面上造成透射衍射花样，并在其像面上产生一次放大像。降低中间镜电流以使其物面和物镜后焦面相重叠，于是物镜后焦面上所形成的衍射花样投射到投影镜的物面上，并经投影镜的放大，在荧光屏上显示出电子衍射花样，同时可以照相底版记录下来。由于电子波长极短，电子衍射的衍射角仅为 1°～2°，电子衍射相对很强，所以只要数秒时间就可摄取电子衍射花样。对于选区电子衍射，多晶试样为环花样，而单晶试样则为点花样。根据衍射环或衍射点的测量，可以计算出产生该衍射环或衍射点相应晶体的晶面间距 d。在获得一系列未知相的晶面间距值 d 后，对照衍射数据标准卡片，就可确定未知相的结构。一般电子衍射只适合于分析薄晶体。

透射电子显微镜最重要的用途是高放大倍数下观察样品，获得高质量的电子显微图。不同的物相材料的 TEM 显微图像常常呈现不同的特征形态，可以依据图像进行物相或晶形的鉴定。TEM 显微图像也可用于颗粒或晶粒大小与分布的测定。在得到适当放大的显微图片后，在其上面沿相垂直的两个方向随机测量一定数量的粒子最大直径（通常测定几百到几千颗），然后把它分成若干个间隔，画出粒径分布图，并计算算术平均直径：

$$d_n=\sum n_i d_i/\sum n_i \tag{3-18}$$

或表面平均直径：

$$d_s=\sum n_i d_i^3/\sum n_i d_i^2 \tag{3-19}$$

式中　d_i——测定的粒子直径读数；

　　　n_i——每个直径增量中的颗粒数。

另外，还可以根据表面平均直径计算比表面积：

$$S=6/(\rho d_s) \tag{3-20}$$

式中　ρ——试样真密度。

3.3.3.3　扫描电子显微镜

扫描电子显微镜与透射电子显微镜有明显的不同，通过透镜系统在样品上聚焦的电子束以一组致偏线圈使之在样品上进行光栅扫描，透镜系统对样品产生一个数量级为 10～25nm 大小的电子源来放大图像。样品或者很薄，足以为电子所透射；或者是块状的，此时一定能量的电子与试样的交互作用，由入射初级电子与试样原子作弹性碰撞引起弹性散射，以及非弹性碰撞引起样品原子的激发和初级电子本身能量的损失，同时产生多种物理效应（图 3-13)。入射电子束转化成次级电子或某种其它能量的形式，例如光辐射或特征 X 射线。这些信息是扫描电子显微镜成像的依据。应当指出这些有用的信息反映了样品本身不同的物理和化学性质，扫描电子显微镜的功能就是根据不同信息产生的机理，采用不同的信息检测器，作选择检测，把这种信息变成放大了的电信号，并用于产生一种图像。因此扫描电子显微镜可以自样品接受各种各样的信号，从而使它成为灵活性很大的仪器。

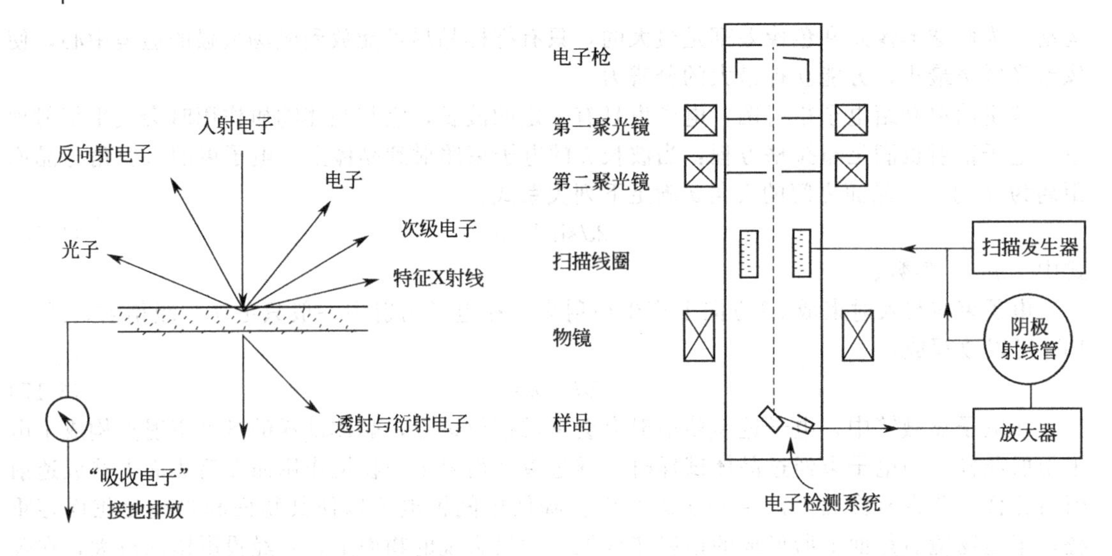

图 3-13 电子束与样品固体作用示意图　　图 3-14 扫描电子显微镜示意图

用扫描电子显微镜检测样品的基本观点是，从表面上每一点发出的辐射强度都足以表现该点的组成和形貌特征。于是通过放大检测到信号，并将其显示在与射到试样上的电子束同步扫描的阴极射线管（CTR）上，就能显示出高分辨力的图像（图 3-14)。借助于电子束扫描到样品上的距离和扫描到 CRT 上距离的比值，就能测到放大倍数。

3.3.3.4 纳米催化剂表征实例

用 XRD 和 TEM 表征以溶胶-凝胶-表面活性剂法合成的 Ag-TiO_2 纳米催化剂。图 3-15 为 TEM 照片，1cm 代表 120nm。从 TEM 照片看粉体粒径为 12nm，粒径较均匀，但 Ag 的存在使背景变黑、变模糊。95.0%的 TiO_2 和 5.0%的 Ag，XRD 谱（图 3-16）表明晶型主要为锐钛型，其中 TiO_2 由 79.7%的锐钛型和 20.3%金红石型组成。通过对 101 面进行 $K\alpha_1$ 和 $K\alpha_2$ 剥离，Scherrer 方法校正，测得 D 为 5.9nm，说明纳米催化剂的一次粒径为 5.9nm。

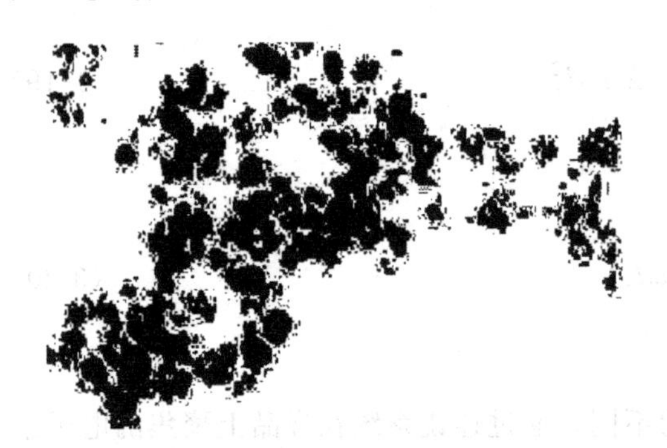

图 3-15 Ag-TiO_2 的 TEM 照片

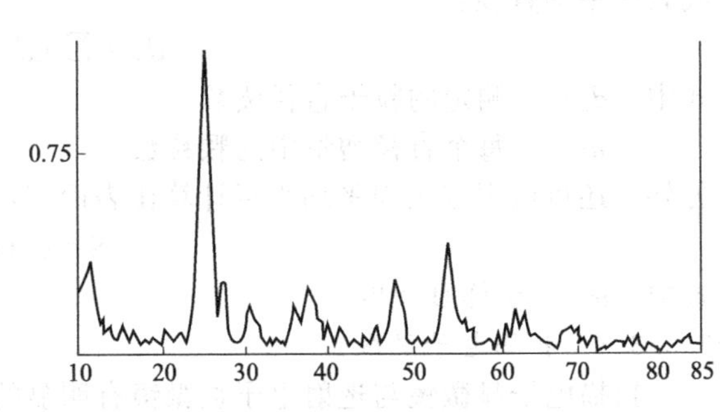

图 3-16 Ag-TiO_2 的 XRD 谱图

用乙醇超声分散纳米铁酸镧金属氧化物、催化剂及碳纳米管后，采用日本理学 D/MAX-IllA 型 X 射线衍射仪进行 XRD 表征，工作条件为：CU 靶，石墨片滤波，管压 30kV，电流 30mA，以 2°/min 的速度从 10°扫到 70°。图 3-17 是催化剂还原前后的 XRD 结果。催化剂属于斜方晶系铁酸镧晶体，结晶度高、晶体纯，所合成的纳米晶为钙钛矿结构。由图 3-17 可看出，催化剂在 1073K 还原 1h 后，没有铁酸镧的特征峰。样品由 La_2O_3 六方晶体和 α-Fe 晶体组成，$LaFeO_3$ 完全还原。实验观察到催化剂颜色由黄褐色还原后变成黑色，催化剂失重 10.1%（理论计算失重为 10%）。用 Scherrer 公式计算出样品还原前的平均

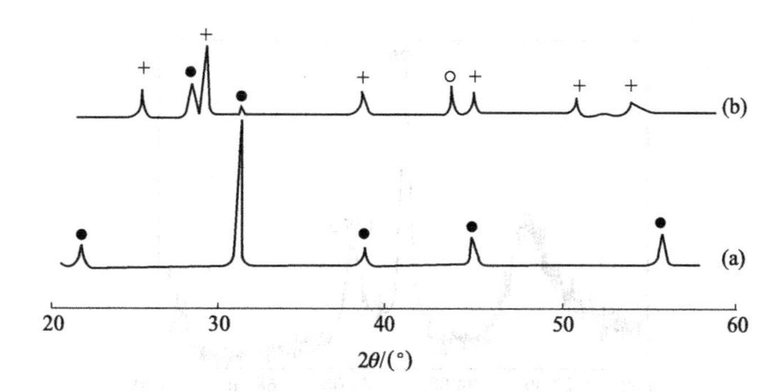

图 3-17 催化剂还原前后的 XRD 谱图

(a) 还原前；(b) 还原后

●—$LaFeO_3$；+—La_2O；○—Fe

粒径为 33.1nm，还原后 La_2O_3 晶体平均粒径为 31nm、Fe 粒子平均粒径为 40nm。表明样品在 973K 高温下不易烧结，而且 1073K 氢气还原后纳米晶粒没有明显变化。

以 XRD 和 TEM 表征采用浸渍法制备的纳米 Pt/C 催化剂。纳米催化剂的表面形貌观察使用日本日立公司的 Hitachi-H800 型透射电子显微镜，放大倍数为十万倍。从图 3-18 可以看出，铂金属粒子存在于炭的表面，由于活性炭是多孔物质，所以炭的微孔之中必然有铂的存在，由于分散不太均匀，所以可观察到活性炭有团聚现象。可以明显看到铂粒子呈现球形分布，且粒径大小分布在 2～6nm 之间。样品的 X 射线衍射表征在日本的 RigakuD/MAX-rb 型 X 射线衍射仪上进行。图 3-19 是 Pt/C 催化剂的 XRD 分析谱图。从图上可以清楚地看到铂粒子以晶体的形式存在，通过图上数据还可以计算催化剂的基本参数。因为

$$D=0.89\lambda/(\beta\cos\theta)$$
$$\lambda=0.154\text{nm}$$

可以得到：

$$S=6.14/(\rho_{Pt}D)$$
$$\rho_{Pt}=21.45\text{g/cm}^3$$

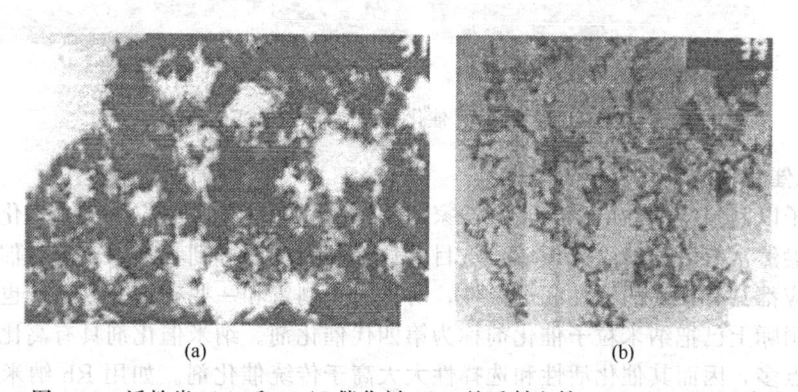

图 3-18 活性炭（a）和 Pt/C 催化剂（b）的透射电镜（100000×）照片

计算出铂粒子的粒径大小和铂的比表面积大小数据分析结果如表 3-14 所示。研究负载型纳米非贵金属催化剂上 CO 的氧化过程中，用 SEM 手段对纳米催化剂进行表征（图 3-20）发现，反应前纳米粒子均匀地镶嵌在载体表面上，载体的大部分内孔被充填或堵塞；催化反应后，催化活性组分在载体表面分散的更加致密和均匀，使得活性组分和载体表面的结合更加牢固。在催化反应前后，各催化剂颜色发生了明显的变化，如由黑色变为棕红色、灰色

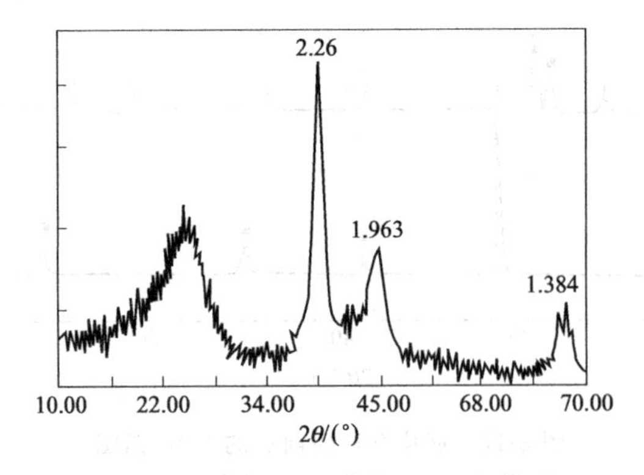

图 3-19 Pt/C 催化剂的 XRD 光谱图

等。说明在催化过程中，金属粒子发生了价态变化。

表 3-14 Pt 在 Pt/C 中的特征参数

2θ	D 值	半高宽	晶面(hld)	晶粒度/nm	比表面积/(m^2/g)
39.7	2.26	1.360	111	5.80±0.5	49.31
46.22	1.963	1.963	200	2.89±0.5	99.01
67.62	1.384	1.562	220	3.70±0.5	77.30

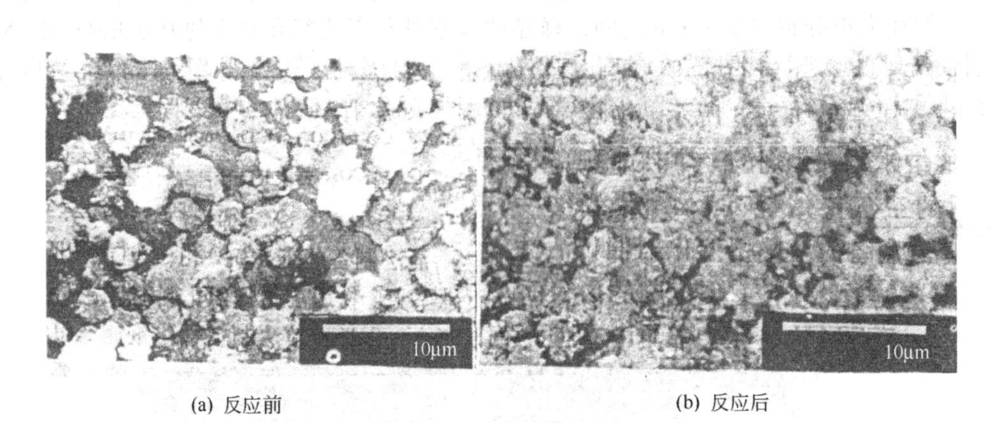

(a) 反应前　　(b) 反应后

图 3-20 纳米 Cr 催化剂反应前后的 SEM 像

3.3.4 纳米催化剂的催化性能

纳米粒子以其独特的性质受到了科学家的关注，它在催化中的应用更为催化工作者展示了一个趣味盎然富有活力的研究领域。从目前这一领域可以看到，纳米粒子对催化氧化、还原和裂解反应都具有很高的活性和选择性，对光解水制氢和一些有机合成反应也有明显的光催化活性。国际上已把纳米粒子催化剂称为第四代催化剂。纳米催化剂具有高比表面积和表面能，活性点多，因而其催化活性和选择性大大高于传统催化剂。如用 Rh 纳米粒子作光解水催化剂，比常规催化剂产率提高 2～3 个数量级；用粒径为 30nm 的 Ni 作环辛二烯加氢生成环辛烯反应的催化剂，选择性为 210，而用传统 Ni 催化剂时选择性仅为 24；在火箭发射用的固体燃料推进剂中，如添加约 1%（质量分数）的纳米镍微粒，每克燃料的燃烧热可增加一倍。纳米的铂粉、碳化钨粉等是高效的氢化催化剂。纳米的铁、镍与 γ-Al_2O_3 混合轻烧结体可以代替贵金属作为汽车尾气净化催化剂。纳米银粉可以作为乙烯氧化的催化剂。纳米的镍粉、银粉的轻烧结体作为化学电池、燃料电池和光化学电池中的电极，可以增大与液相或气体之间的接触面积，增加电池效率，有利于小型化。用纳米的 Fe_2O_3 微粒作催化剂可以在较低温（270～300℃）下将 CO_2 分解。纳米铁粉可以在苯气相热分解中（1000～1100℃）起成核的作用而生成碳纤维。纳米相 TiO_2 具有从模拟汽车废气（含有硫化氢气流）中除去硫的能力，在 500℃经 7h 后从模拟废气中除去的总硫量比所有供试验的常规 TiO_2 形式除去的量约大 5 倍。更重要的是在暴露 7h 后，纳米相 TiO_2 除去硫的速度仍然相当高；而其它所有的样品均已变得无用了。用溶胶-凝胶法将平均粒度为 3～13nm 的镍钠米粉末均匀分散到 SiO_2 多孔基体中，所得催化剂对一些有机物的氢化反应或分解反应具有催化作用，其催化效率与镍的粒度有关。一般粒径为 30nm 的镍可使加氢和脱氢反应速度提高 15 倍。另外，用溶胶-凝胶法得到的气凝胶材料具有非常大的比表面积，是催化剂的理想载体。实验证明，以 Al_2O_3 基气凝胶为载体的 Pb 催化剂对 NO 气在 270℃下还原反应的催化效率，比以传统陶瓷为载体的 Pb 催化剂的催化效率高。

锐钛矿型 TiO_2 具有优良的光催化性能，近年来备受人们的关注。一种新的常温光催化技术利用人工采光和纳米化钛催化剂，能将工业废液和污染地下水中的多氯联苯类分解为 CO_2 和水。迄今已知纳米 TiO_2 能处理 80 多种有毒化合物，包括工业有毒溶剂、化学杀虫剂、木材防腐剂、染料及燃料油等。

以锰矿为原料，采用电弧等离子体法制备纳米锰活性组分，得到一种以锰为主要成分含有少量铁等金属、平均粒径在 50nm 左右的类球形粒子。这种物理法制备的纳米锰催化剂用于 CO 氧化反应显示出较高的催化活性，其活性与贵金属 Pd 催化剂相当（表 3-15）。

表 3-15　催化剂和载体对 CO 氧化的催化活性①

催化剂	T_{50}/℃	T_{90}/℃	T_{95}/℃	制备方法
6.4% Mn/γ-Al_2O_3	231	266	271	物理法
4.6% Mn/γ-Al_2O_3	248	286	293	物理法
6.4% Mn/γ-Al_2O_3	234	274	281	化学法
Nano-Mn	224	250	256	—
Mn③	313	405	—②	—
γ-Al_2O_3	368	468	—②	—
0.05% Pd/γ-Al_2O_3	251	261	262	化学方法

① T_{50}、T_{90}和 T_{95}分别为对应于 50%、90%和 95% CO 转化率的反应温度；γ-Al_2O_3 为载体。

② 为达不到 95% CO 转化率。

③ 为过 200 目金属 Mn 在空气中焙烧 16h。

采用纳米二氧化锆催化剂催化一氧化碳加氢合成异丁烯，考察纳米 ZrO_2 的制备方法及 Al_2O_3 和 KOH 助剂的添加对 ZrO_2 催化 CO 加氢合成异丁烯反应的影响。纳米 ZrO_2 的制备方法对 ZrO_2 的物理性质和催化性能有较大的影响。用超临界流体干燥法干燥并在流动 N_2 气氛中焙烧制得的 ZrO_2 催化剂对异丁烯具有较高的选择性，Al_2O_3 和 KOH 助剂表现出非常优良的助剂效应，在大幅度提高催化剂对 i-C_4 烃选择性的同时保持了和 ZrO_2 同样高的催化活性。催化剂的酸碱性表征结果表明，酸碱性对催化剂的催化性能影响很大，催化剂上适宜的酸碱数量和酸碱比例是影响其催化 CO 加氢合成异丁烯性能的非常重要的因素。

采用 Si/SiO_2 混合物，在 Ar 气氛中升至高温，制备出约 30nm 大小的 Si 微粒。FTIR 分析表明，其表面存在大量的羟基（Si—OH）。室温下它们与金属络合物 $Cu(acac)_2$（乙酰丙酮铜）作用，把金属络合物锚定在纳米 Si 的表面上。经过热分解除去络合物的配体，得到单原子分布的铜选择性催化剂。它能选择性地把乙醇氧化为乙醛，催化活性明显高于现在工业应用的 Kenvin 催化剂（表 3-16）。

表 3-16 纳米铜催化乙醇氧化反应

化合物	Cu/Si	Kenvin(Cu/Cab-O-Si)
乙醇	55	75
乙醛	45	25
其它	0	0

纳米材料稀土氧化物/氧化锌可作为二氧化碳选择性氧化乙烷制乙烯的催化剂。它是以ZnO为载体负载稀土氧化物作为活性组分，载体ZnO是平均粒度为5～80nm的超细纳米粒子，所用稀土氧化物为镧、铈、钐等稀土元素中的一种或几种混合氧化物，含量为10%～80%。用这种纳米催化剂，乙烷与二氧化碳反应可高选择性地转化为乙烯，乙烷转化率可达60%，乙烯选择性可达90%。

利用酸催化的溶胶-凝胶法制备纳米二氧化钛半导体催化剂，用XRDH和TEM技术对其结构进行了表征，并利用环己烷在其上的光催化氧化进行了结构与其催化性能关系的研究。结果表明，利用热处理技术可以制得不同粒径、不同相结构的纳米粒子；粒子粒度分布均匀，粒径分布范围窄；该纳米催化剂的光催化活性随粒子粒径的大小、相结构的不同而改变；该催化剂对产物环己醇具有很高的选择性，选择性大于85%。

3.4 手性催化剂

手性因素在化学、生物学及其它学科和技术领域中起了极其重要的作用。随着自然演变，生命的产生和发展，在生物体内的手征性成为普遍现象。自然界往往对一种手性有偏爱，例如在自然界中存在的糖为D型，氨基酸为L型，而核酸的螺旋构象则全为左旋。不同的光学异构体具有不同的生物活性、运转机制以及可能的代谢途径。Thalidomide是一种镇静剂，最初上市为外消旋体。起初人们以为其中不起药效的光学异构体仅仅是生理惰性的，但妊娠妇女服用后易引起婴儿畸形；事实上其*S*-异构体是致畸的，而*R*-异构体才是起镇静作用的（图3-21）。由此在生物体中不同的光学异构体要作为不同的化合物来慎重对待。

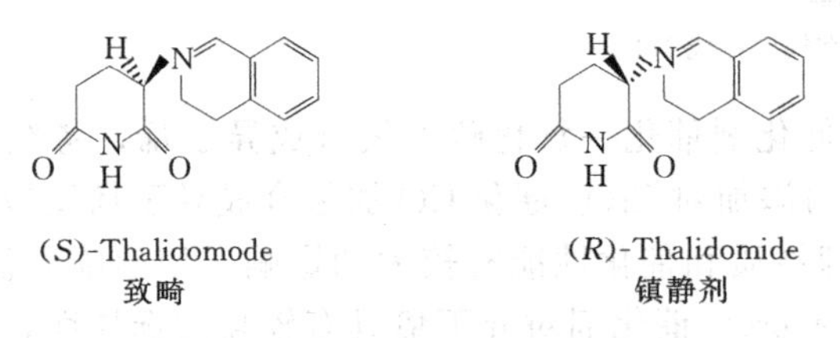

图 3-21 光学异构体的不同作用

光学活性化合物可以从天然产物中抽提分离、酶法发酵、从合成的外消旋化合物拆分或者通过不对称合成取得。以前许多化学家曾经用化学计量的手性源诱导不对称反应，合成出目的手性化合物。如今人们仅利用催化量的手性源就能实现反应中的手性催化循环，诱导合成出具有高光学活性的手性产物，这就是所谓的不对称催化。不对称催化是一个手性增值反应，用一个手性源分子可能产生数十万个手性产物分子，其关键是手性催化剂。

3.4.1 基本概念

（1）手性 所谓手性（chirality）即立体异构形式，具有手性的两个分子的结构彼此间的关系如同镜像和实物或左手和右手间的关系，相似但不叠合，如2-溴丁烷（图3-22）。

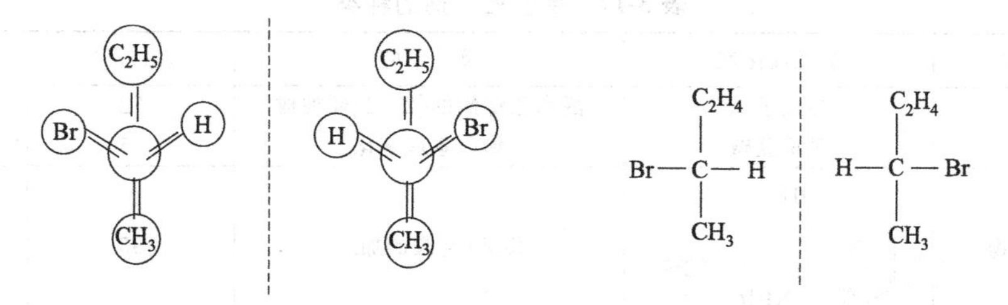

图 3-22　2-溴丁烷分子模型

(2) 对映体　互为手性的分子称为对映异构体，简称对映体（enantiomers）。一般其物理和化学性质相同，区别它们的明显特征是两种对映体使偏振光分别向右或向左偏转。右旋和左旋分别用“*d*”和“*l*”或“+”和“−”表示。国际上通用的手性分子标记法还有源于甘油醛构型的 D、L 标记法，和建立在官能团优先顺序基础上的 *R*、*S* 标记法。

(3) 手性合成　即选择一个较好的手性诱导剂，使无手性或前手性（prochiral）的作用物转变成光学活性产物，并使一种对映异构体大为过量，甚至得到光学纯的对映体。手性合成又称不对称合成。

(4) 对映体过量（enantiomeric excess 简记为 e. e.）：

$$\text{e. e.}(\%)=\frac{A-B}{A+B}\times 100\% \tag{3-21}$$

式中　*A*——过量对映体的量；

B——量少的对映体的量。

(5) 旋光产率（*p*）

$$P=\frac{[a]_{\mathrm{m}}}{[a]_{\mathrm{p}}}\times 100\% \tag{3-22}$$

式中　$[a]_{\mathrm{m}}$——产品混合物使偏振光偏转的角度；

$[a]_{\mathrm{p}}$——纯的对映体使偏振光偏转的角度。

当偏振光的旋转角度与混合物的组成呈线性关系时，对映体过量与旋光产率相等。通常对映体过量和旋光产率越大，反应的光学选择性越高。

(6) 外消旋体　两个对映体以 1∶1 所组成的混合物称为外消旋体。这时一个对映体的旋光效应值恰好被另一个对映体的相反值所抵消，所以外消旋体没有旋光性。

3.4.2　手性催化剂

手性合成有着广泛的应用价值，但其反应需要一些特殊的条件。一般来说，其反应体系要有手性因素，如手性反应物、手性试剂、手性溶剂以及手性催化剂等。其中手性催化剂起着举足轻重的作用。目前已知的手性催化剂，除了纯天然物外，还有天然物经人工修饰后的手性催化剂，以及全部人工合成的手性金属络合物等，它们可以应用于许多反应，从而得到很好的立体选择性（表 3-17）。

3.4.3　手性催化反应动力学和热力学

手性合成反应的动力学控制和热力学控制是动态立体化学的两个方面。图 3-20 表明了反应起始物 A_0 生成不等量的立体异构产物 A_1 和 A_2 的反应。在热力学控制中，反应条件使生成的立体异构产物相互逆转并达到平衡。此时立体选择性并不反映反应初始的立体选择性，而是产物立体异构体 A_1 和 A_2 的相对稳定性的量度。当反应为动力学控制时所生成的立体异构产物之间存在不平衡。此时的立体选择性可归因于立体异构产物过渡态之间的活化能之差。在图 3-23 第（Ⅰ）种情况中 A_2 为动力学控制产物，而 A_1 为热力

表 3-17　手性催化剂的种类

催化剂种类	手性催化剂	反　应	e. e. /%	参考文献
纯天然物	马钱子碱	醛和乙烯酮的[2+2]环加成	72	[80]
	腐爪豆碱	烯丙基烷基化	85	[81]
生物碱衍生物	OH, NRR^1 /BH_3	R_2Zn 与醛的加成	95	[82]
氨基酸衍生物	NMe_2, R, CH_2PPh_2 /Ni	格氏试剂交叉偶合	94	[83]
羟基酸衍生物	ROOC, COOR, HO, OH /Ti	烯丙醇的环氧化	98	[84]
手性碳水化合物衍生物	Ph_2PO, O, $OPPh_2$ /Rh	带烯氨基烯烃的氢化	90	[85]
萜类化合物衍生物	OH /$AlCl_3$	Diels-Alder 反应	72	[86]
人工合成催化剂	R, OH, OH, R /$LiAlH_4$ **BINOL**	羰基还原	100	[83]
	PPh_2, PPh_2 /Ru **BINAP**	烯丙醇的氢化	99	[87]

学控制产物；第（Ⅱ）种情况中动力学和热力学控制产物都是 A_2。

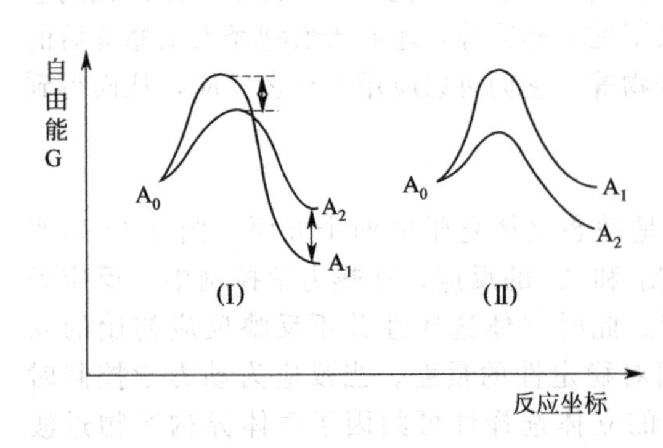

图 3-23　手性合成反应过程

不对称手性催化剂首先是作为反应的催化剂降低反应的活化能，由于催化剂带有手性源，因而很可能选择性地形成一种立体构型过渡态（transition state，简称 TS)，比另一种立体构型的过渡态降低更多的能量，以致整个不对称反应主要采取能量较低的途径进行，生成和过渡态构型相吻合的手性产物。当两个过渡态自由能或两个途径自由能之差 $\Delta\Delta G^{\neq}$ 为 8.4～12.5kJ/mol 时（图 3-24)，反应可获得较高的立体选择性。

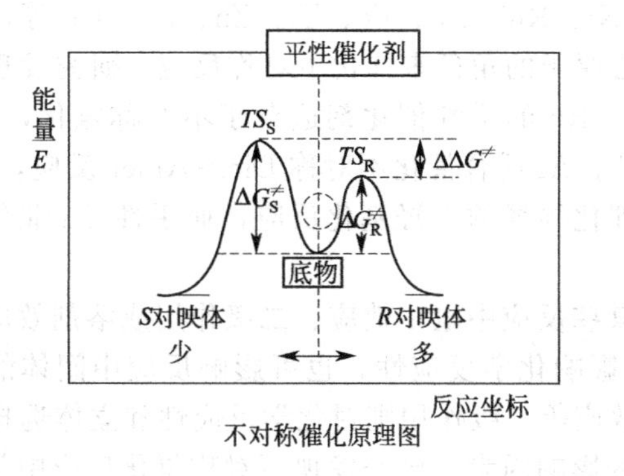

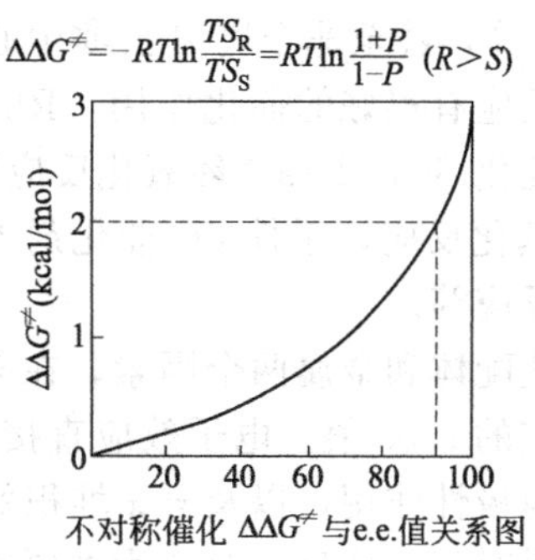

图 3-24　不对称催化过程示意图

3.4.4　手性催化剂的结构

一般手性催化剂由手性配体和中心金属离子组成。也有一些反应只用手性配体进行催化而不需金属离子。虽然可供选择的金属离子有许多，但最常用的是过渡金属离子，表 3-18 给出了这些金属离子及其所催化的不对称反应。理想的不对称反应应该有良好的收率和高对映选择性，这就要求过渡态中间体相对稳定，能垒要低，并具有一定的刚性。应当选择合适的金属离子和手性配体，并考虑手性配体与金属和底物的配位作用，以及氢键、极性静电作用和 π-π 堆积效应等。如果手性源构型有利于形成其中一种过渡态，即手性配体、金属离子和反应底物三者在空间上有利于配位螯合，同时形成氢键和产生正的极性作用等，则两种过渡态中间体才可能有较大的自由能之差（$\Delta\Delta G^{\neq}$），也就可能获得较高的对映选择性。带有较大的基团手性配体可以降低过渡态的自由度，从而有利于反应的选择性；但取代基太大又会影响反应的进行。手性配体具有最低阶次的 C_2 对称轴，则减少反应过程中非对映异构体过渡态可能出现的构象数目，有利于确保活性物种的单一性。事实证明，具有 C_2 对称轴的手性配体一般都具有较好的结果，具有非对称的手性配体情况大致相同。

表 3-18　非均相金属催化剂及均相金属催化剂作用下的不对称反应

反应类型		Ni	Cu	Co	Rh	Pd	Pt	Ir	Ru	Mo	Ti	Fe	V
氧化	C=C			×	×	×	×		×				
	C=O	○	○	○×	×			×	×				
	C=N	○	○	○	○×				×				
氢甲酰化				×	×	×							
氢氰化				×	×								
氢硅化	C=C				×	×							
	C=O				×	×	×						
	C=N				×								
氢烯化													
交叉偶联													
环丙烷化													
聚合											×	×	
环氧化										×	×		×
异构化									×				
氨基化						×							

注：○—非均相金属催化剂；×—均相金属催化剂。

一方面，改变手性配体的种类和结构来提高不对称反应的选择性；另一方面，中心金属原子的选择具有同等的重要性。人们已经使用元素周期表中的大多数金属或过渡金属，从主族金属 Li、Mg、Ba、Al 等到过渡金属 Ni、Rh、Ru、Fe、Ti、Zn、Pd、Cu 等，再到稀土金属 La、Eu 等，甚至非金属 B 扮演中心原子的角色来催化不对称反应。研究发现一些金属对某些有机反应有很好的催化作用：Rh、Ru 的手性催化剂适合于不对称氢化，手性 Ti 复合物则适合催化 Sharpless“环氧化反应”。Al 适合催化不对称 Diels-Alder 反应，Pd 适合催化烯丙基烷基化反应，手性 Os 催化剂催化烯烃的二羟基化反应，而手性 Cu 催化剂则适合于环丙烷化反应等。

除了手性配体和金属两个因素，在某些反应中电子效应、二级作用或溶剂效应也可能极大地影响反应的 e. e. 值。电子效应直接影响化学反应性，也可影响反应中间体的形成；而氢键，静电与极性作用，以及 π-π 堆积效应等二级作用则对化学反应性和立体选择性起辅助作用，但有时对于一些反应会变为主要的影响因素。已经发现不对称氢化反应中氢键的主导作用（表 3-19）。当反应物的 R 基分别为—H 和—Me 时，反应的选择性相差很大。对于 *S* 构型的反应底物，二级氢键作用比立体效应更为重要，即配体末端上的氨基和底物上的羧基活泼氢可形成氢键，反应式如下，这是关键的决定因素。

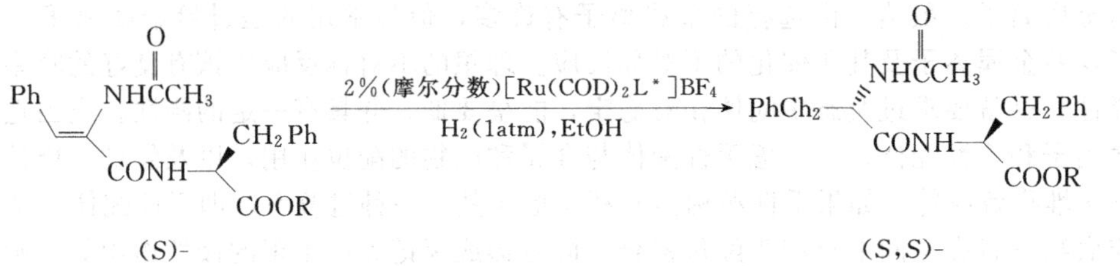

(*S*)- $\xrightarrow[H_2(1atm), EtOH]{2\%(摩尔分数)[Ru(COD)_2L^*]BF_4}$ (*S*,*S*)-

表 3-19 氢键作用对不对称反应的影响

手性配体 L*	反应底物 R	手性配体 R′	e. e. /%
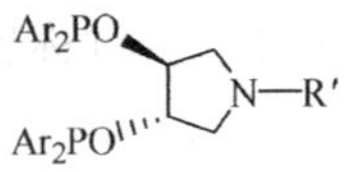	H	$CH_2CH_2NMe_2$	90(*S*,*S*)
	H	$CH_2CH_2CH_2NMe_2$	86(*S*,*S*)
	Me	$CH_2CH_2NMe_2$	不反应
	Me	$CH_2CH_2CH_2NMe_2$	收率低

使用手性硼催化剂催化环戊二烯和 2-溴丙烯醛的加成反应，并获得了 99.5%e. e. 。据认为能获得如此高的对映选择性与手性配体和亲二烯体间的 π-π 相互作用有关。这种 π-π 相互作用有利于亲二烯体与催化中心离子的配位，并使它能与二烯体发生对映选择性加成（图 3-25）。手性配体和底物之间的相互作用在对映选择催化中具有重要意义。它们之间有多种相互作用方式，其中最典型的是配位相互作用、静电相互作用、氢键形成以及 H 相互作用等。

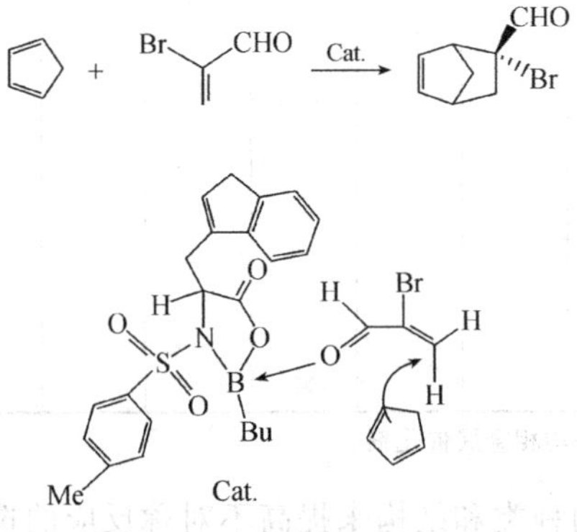

图 3-25 手性硼催化剂催化 Diels-Alder 反应的过渡态

3.4.5 手性金属络合物催化剂

从 20 世纪 50 年代开始人们主要研究非均相金属催化剂，但由于它在手性合成中的效果不佳，从 20 世纪 60 年代中期后逐渐转向金属络合物催化剂的研究，现在它已成为手性合成中最主要的催化剂。与其它手性催化剂相比，手性金属络合物催化剂有以下优点。

① 反应收率较高，所以只要保证高的立体选择性，就能获得理想的催化剂。

② 金属能催化的反应较多，将不同的金属与配体相互组合，可得到种类繁多的络合物催化剂，适用范围广。

③ 金属络合催化剂在不影响催化能力的前提下，可固定于高聚物载体上，从而方便回收和利用。

手性金属络合物催化剂可用 L_n(M) 表示；L 代表手性配体，n 指配体个数，M 代表作为中心离子的金属离子。其性能优劣取决于中心离子和配体的共同作用。中心离子较多地采用过渡金属离子。金属络合物催化剂能广泛适用于许多反应（体系），得益于手性配体的选择。一般来说优良的手性配体应具备以下条件。

① 底物手性中心形成时，手性配体应结合在中心离子上，而不造成溶剂效应。

② 催化剂的活性不应因手性配体的引入而有所降低。

③ 配体结构应易于进行化学修饰，可用于合成不同的产物。

常用的配体有：手性膦化物、手性胺类、手性醇类、手性酞胺类及羟基氨基酸、手性二肟类、手性亚砜类、手性环戊二烯类和手性冠醚类。其中影响最大、应用最广的是手性膦配体，一方面因为它能与多种金属离子形成性能卓越的络合物催化剂，另一方面膦化学已分支为一门系统的学科，为各种膦配体的合成提供了方便。图 3-26 列出了部分膦配体的结构。

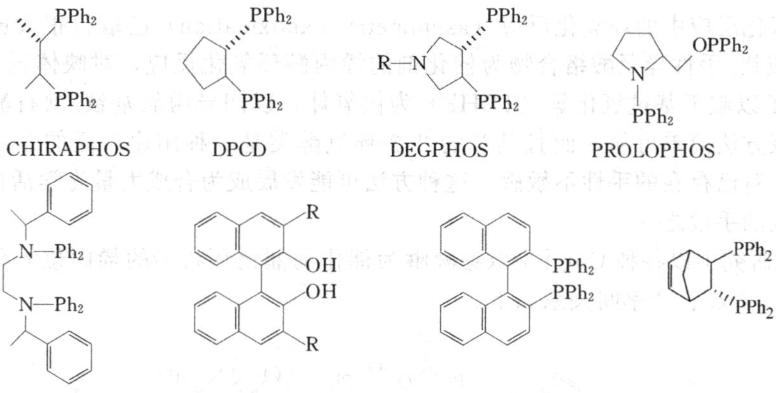

CHIRAPHOS　DPCD　DEGPHOS　PROLOPHOS

PNNP　BINOL　BINAP　NORPHOS

图 3-26　手性膦配体

3.4.5.1 手性金属络合物催化剂催化不对称加氢反应

手性金属络合物催化剂的不对称加氢反应是较早研究并已取得良好成果的领域。不对称催化反应是一个增量过程，仅用少量手性催化剂便可获得大量手性产物。既可避免使用大量手性拆分剂进行对映异构体的拆分，又可不必像一般不对称合成那样需要大量的手性原料。它有可能合成出具有 100％光学纯度的各种手性化合物。目前金属有机催化的不对称合成已经在工业中获得应用而有很大发展。其中引人注目的是在 Rh/膦络合物催化条件下，从 α-酰基氨基丙烯酸出发合成光学活性氨基酸，反应式如下。

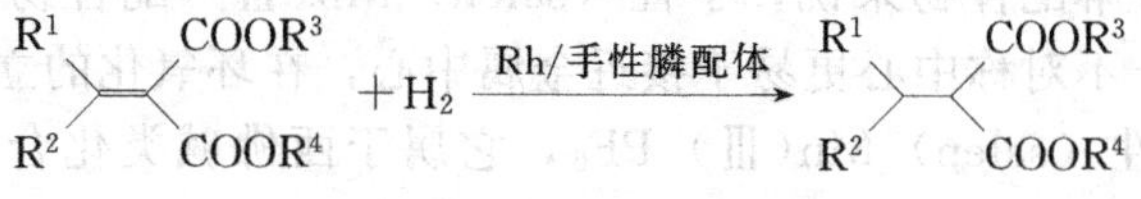

$$R^1R^2C{=}C(COOR^3)(COOR^4) + H_2 \xrightarrow{\text{Rh/手性膦配体}} R^1R^2CH{-}CH(COOR^3)(COOR^4)$$

大部分性能良好的催化剂是以二膦化合物为配体。这些反应的旋光产率都高于90%，而且用量很少。若把催化剂负载于高分子载体上，不影响立体选择性，催化剂的回收套用也方便。

近年来利用金属络合物外消旋体催化剂与少量的手性活化剂进行芳基酮的不对称氢化反应已有许多文献报道，例如（R）-沙丁胺醇：

$$\text{HO-C}_6\text{H}_3(\text{CH}_2\text{OH})\text{-COCH}_2\text{NHC(Me)}_3 \xrightarrow[\text{KOH},(\text{CH}_3)_2\text{CHOH},(\text{CH}_3)_2\text{CO}]{(S,S)\text{-TsDPEN},[\text{RhCODCl}]_2} \text{HO-C}_6\text{H}_3(\text{CH}_2\text{OH})\text{-CH(OH)CH}_2\text{NHC(Me)}_3$$

式中，（S，S）-TsDPEN 为 N-对甲苯磺酰基二苯基乙二胺（手性配体活化剂）；$[\text{RhCODCl}]_2$ 为二-μ-氯-二(1,5-环辛二烯)二铑（外消旋体金属络合物催化剂）。

手性氢化物还原试剂（BINAL-H）具有非常高的对映面识别能力和还原各种不饱和羰基底物的能力。产物构型可以预测并且光学产率很高，已有效地用于立体控制合成一些前列腺素中间体，昆虫信息素和手性伯萜烯醇等。另外 BIANL-H 还可以还原前手性胺，得到光学活性的磷酰胺，用于手性氨基酸的制备，反应式如下。

$$\text{Un(R)C(H)OH} \xleftarrow{(R)\text{-BINAL-H}} \text{Un-CO-R} \xrightarrow{(S)\text{-BINAL-H}} \text{Un(R)C(H)OH}$$

BINAL-H

Un—芳基、链烯基、炔基等；R—烷基、H

3.4.5.2 手性金属络合物催化剂催化不对称氧化反应

不对称氧化反应中的环氧化反应（asymmetric expoxidation）已取得很大成功。最早以MO/氨基酸或钒/手性异羟酸络合物为催化剂的烯丙醇环氧化反应，对映体过量不过80%。1980年出现了以叔丁基过氧化氢（TBHP）为供氧体，以四异丙氧基钛/酒石酸二酯为催化剂的方法。该方法简单可靠，而且其产物2,3-环氧醇类是一种用途广泛的合成中间体，其光学纯度高，对已存在的手性不敏感，这种方法可能发展成为合成大量光学活性天然产物和药物的最有效的手段之一。

Pfaltz 等研究了以各种 Cu(Ⅰ)-双噁唑啉为催化剂催化环状烯的烯丙位氧化反应。反应式及配体、n、e. e.、产率间关系如下。

$$\text{环烯}(\text{CH}_2)_n \xrightarrow[\text{Cu(I)-Box}\ (5\%,\text{摩尔分数})]{\text{PhCO-O-O-Ph}} \text{环烯基-OCOPh}$$

配体	n	e. e. /%	产率/%
4	1	82	66
3	1	70	44
3	2	80	43
4	3	82	44
18	2	71	80

手性过渡金属西佛碱配合物作环氧化催化剂的研究只对 Mn(Ⅲ) 配合物做了大量报道。相对于手性过渡金属卟啉配合物来说，手性（salen）Mn(Ⅲ) 配合物合成简单，易控制配体的电子、立体因素，不对称中心更易于接近金属中心，在环氧化的立体控制上有更好的效果。1990年合成出手性（salen）Mn(Ⅲ) PF_6，它属于西佛碱类化合物，是端烯、顺式二

取代烯烃、三取代烯烃和四取代烯烃的有效催化剂，其对苯乙烯、顺式β-甲基苯乙烯等不对称环氧化，产物 e. e. 值超过了当时报道的所有非酶催化体系。随后又对西佛碱类物质的结构进行优化，合成了结构更为复杂、催化效能更好的（salen）Mn(Ⅲ)Cl，其结构如图 3-27 所示，该类化合物催化 1-苯基环己烯不对称环氧化的结果如表 3-20 所示。

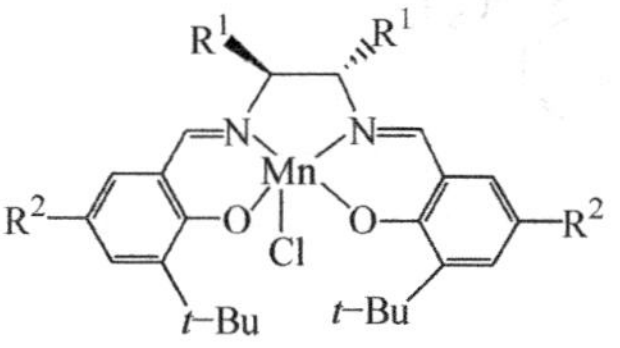

1. $R^1,R^1=-(CH_2)_4-,R^2=t\text{-Bu}$
2. $R^1,R^1=-(CH_2)_4-,R^2=O(t\text{-Bu})$
3. $R^1,R^1=-(CH_2)_4-,R^2=OSi(i\text{-Pr})$
4. $R^1=Ph,R^2=Me$
5. $R^1=Ph,R^2=O(t\text{-Bu})$

图 3-27　西佛碱类物质的结构

表 3-20　1-苯基环己烯的对映选择性环氧化

编号	催化剂	溶剂	轴向配体	e. e. /%
1	1	CH_2Cl_2	无	89
2	1	CH_2Cl_2	4-t-BuC_3H_4NO	92
3	1		4-PhC_3H_4NO	93
4	2	CH_2Cl_2	4-PhC_3H_4NO	91
5	3	CH_2Cl_2	4-PhC_3H_4NO	92
6	4	CH_2Cl_2	4-PhC_3H_4NO	86
7	5	CH_2Cl_2	4-PhC_3H_4NO	86

3.4.5.3　手性金属络合物催化剂催化不对称碳碳键形成反应

现在某些催化反应的铜络合物已用于工业生产，(*R*)-1648（图 3-28）催化剂用于合成菊酸，其 (*S*)-构型用于合成二氯菊酸。两种产物都是合成杀虫剂拟除虫菊酯的前驱体。另一种铜催化剂 (*R*)-T644，则可以 92% e. e. 合成（+）-2,2-*H*-甲基-环丙烷-羧酸。它是合成 Cilastatin 的关键中间体。Cilastatin 是一种酶抑制剂。在医药上用于抑制 Imimenem（一种内酰胺抗体）退化。

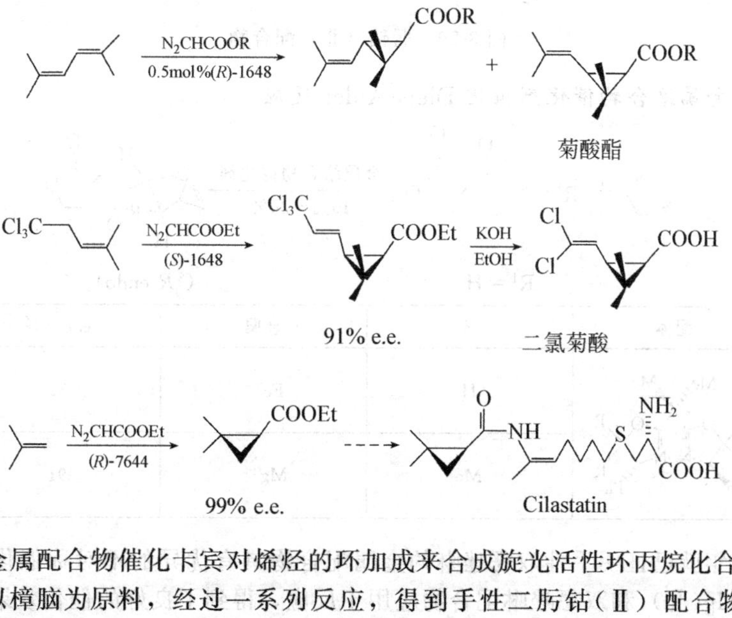

菊酸酯

91% e.e.　　二氯菊酸

99% e.e.　　Cilastatin

采用过渡金属配合物催化卡宾对烯烃的环加成来合成旋光活性环丙烷化合物是一种十分有效的途径。以樟脑为原料，经过一系列反应，得到手性二肟钴(Ⅱ）配合物（1）和（2）（图 3-29），用于催化环丙烷化反应，研究了其催化活性。在这类催化剂中，α,δ-异构体形成 N,O-六元环钴配合物，而β-异构体形成 *N*,*N*-五元环钴配合物。研究表明α,δ-异构体的催化

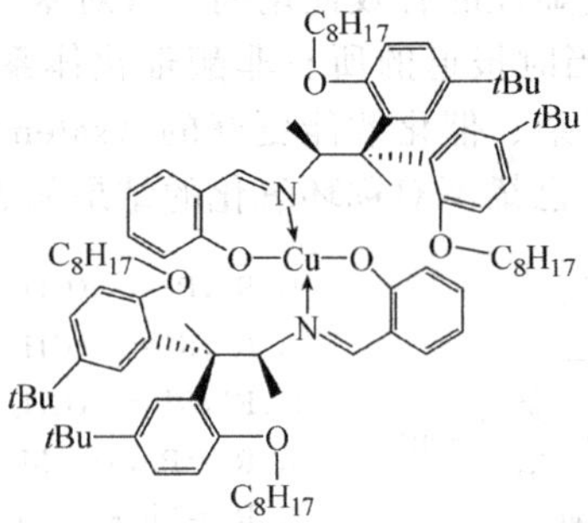

图 3-28 催化剂结构

效果较好，而β-异构体的催化效果较差。同时由α,δ-异构体催化所得产物以 *cis*-为主，而由β-异构体催化却得到以 *trans*-为主的产物。把配位中心的金属离子换成 Pd(Ⅱ) 时，光学收率显著下降（<1% e. e.）。另外，反应中重氮乙酸酯的酯基体积增大时，反应的立体选择性随之提高。因此，配体的结构、底物的结构、金属离子种类及其与配体的正确搭配是决定反应的立体选择性的重要因素。

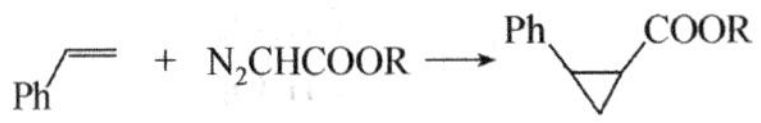

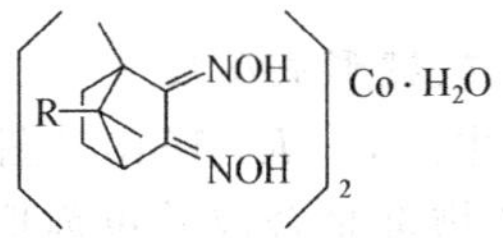

1a. R=CH_3(2*E*,3*Z*),Co(α-cqd)$_2$ · H_2O
1b. R=CH_3(2*E*,3*Z*),Co(β-vqd)$_2$ · H_2O
1c. R=CH_3(2*Z*,3*E*),Co(δ-cqd)$_2$ · H_2O
1d. *n*-C_4H_9(2*Z*,3*E*),Co(δ-preqd)$_2$ · H_2O
2a. (2*E*,3*Z*),Co(β-nqd)$_2$ · H_2O
2b. (2*Z*,3*E*),Co(δ-nqd)$_2$ · H_2O

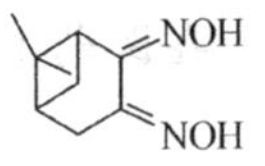

图 3-29 肟钴（Ⅱ）配合物

3.4.5.4 手性金属络合物催化剂催化 Diels-Alder 反应

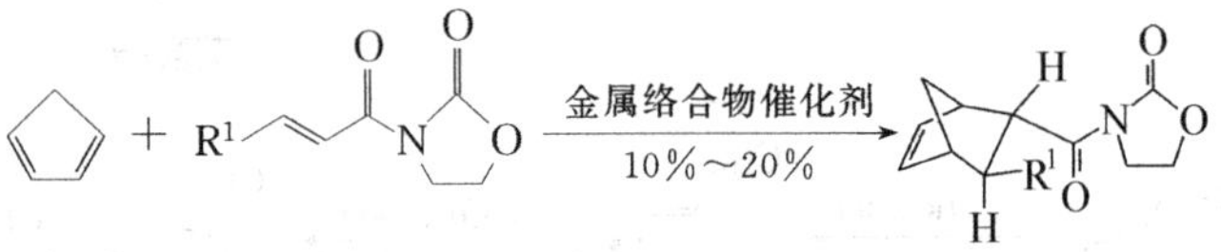

配体	R	金属	e. e. /%
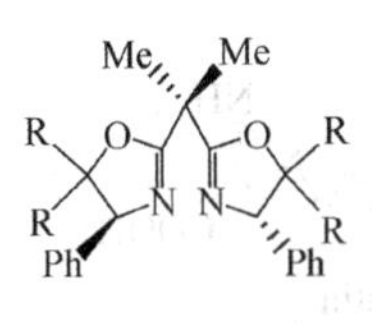 (Me, Me, R, O, N, Ph 双噁唑啉配体)	H	Fe^{3+}	82
	Me	Mg^{2+}	91

早在 1991 年就已证明手性双噁唑啉的金属配合物具有优异的不对称催化效果，并首次将 Fe(Ⅲ) 及 Mg(Ⅱ) 和双噁唑啉配合物应用于反应，得到了良好的催化效果，并提出了一定的解释。

在生成配合物催化剂的路易斯酸金属盐中，铜盐使用得最多，Evans 等证明了三氟甲磺酸铜［$Cu(OTf)_2$］对 Diels-Alder 反应有较好的催化效果。用 5％～10％（摩尔分数）的催化剂［bubox-3，$Cu(OTf)_2$］即可得到高比例的 endo/exo 选择性，同时也能得到高的对映选择性（90％～98％e. e.）。后来还用到 $Cu(SbF_6)_2$ 等，阴离子对 Diels-Alder 反应活性也有一定的影响，活泼顺序大致如下：$SbF_6 > PF_6 > OTf > BF_4$。现在用得较多的 Lewis 酸主要为 $Cu(OTf)_2$ 和 $Cu(SbF_6)_2$。人们还制备出几种配合物催化剂的单晶，双噁唑啉配体在 Diels-Alder 反应中应用效果较好的还有 Py-box，底物除了环戊二烯外，还有呋喃，且其产物可进一步生成有用的天然物 ent-shikmicacid。

关于 Diels-Alder 反应的影响因素，Evans 等研究了时间及温度的影响。低温长时间（－78℃，42h）反应可以获得好的立体选择效果，而温度升高（如－20℃），时间越长，立体选择效果越差。Kanemasa 等则报告使用适量的水比无水催化剂更有催化活性及好的立体选择性。

3.4.5.5 负载化手性催化剂

不对称催化可分为均相手性催化和多相手性催化。均相手性催化利用手性配体与金属相互作用形成可溶于反应体相的金属配合物和配位不饱和的中间体，即手性催化的活性中心。均相手性催化具有高催化活性、高选择性、反应体系条件温和等特点。均相手性催化剂虽然能够很好地催化不对称合成反应，但很难回收利用，损失极大。因此手性催化剂的负载化十分必要。以聚合物为载体的手性催化剂具有一般负载化的均相催化剂所应有的作用，有很大优越性：

① 聚合物负载的手性催化剂能通过简单的过滤与反应体系分开，能使作为催化剂主要成分的贵金属和经常是比贵金属更昂贵的手性配位体回收再生后循环使用，为大规模连续生产提供了可能；

② 提高不稳定的手性试剂的稳定性；

③ 操作方便，对环境有利；

④ 手性产物易于分离；

⑤ 适当结构的聚合物可以为不对称反应提供小分子所没有的微环境，提高光学产率。

环境对不对称反应的影响要比一般反应更敏感，大分子则比其它载体较容易提供一个均一的环境；一个特别设计的大分子还有可能对反应产生“协同作用”。高分子手性催化剂对化学反应的催化性质类似于生物酶。它们同样是长链大分子，都是以极少的催化量就可以催化大量的物质反应。这对于模拟生物酶的研究具有深远意义。

早在 70 年前，就已开始利用多相金属催化剂催化不对称合成反应。但由于多相催化往往受到载体性质的影响，造成催化剂表面结构的非均一性，且反应条件苛刻，光学收率难以提高。从 20 世纪 70 年代开始人们采用模拟改良的方法，将均相不对称催化剂与多相催化剂的优点相结合，通过各种方法实现了均相催化剂的多相化。一般而言，同均相催化剂相比，手性催化剂固相化的结果降低了催化活性单元的活动能力，导致不同程度地存在传质问题，致使催化活性及对映体选择性较均相催化剂有一定的降低。

（1）固载化手性金属配合物催化剂　有机高分子化合物和无机氧化物常常被用作载体。硅胶、三氧化二铝等无机氧化物载体，在机械强度、稳定性及来源上均明显优于高分子载体。有两种方法可把手性金属络合物负载在无机氧化物上。其一无机氧化物表面存在着羟基等官能团，它们可以与络合物催化剂配体中的活性官能团发生反应，以共价键的形式结合而“锚定”在氧化物上。但无机氧化物载体表面羟基数量少，限制了催化剂负载量的提高，若选取比表面积较大的载体会提高相对负载量。一般载体的孔径要比反应底物大得多，这样能提高传质效率。其次是用吸附或离子交换法，利用载体与手性金属配合物的相互作用，简单操作就能制备多相手性金属配合物催化剂。

① 化学键联固载化　利用化学键作用负载金属络合物最直接的方法是接枝引入。利用配体或金属络合物的功能化官能团 X 与有机或无机载体的表面活性基团 Y 反应，通过形成共价化学键实现配体或金属络合物负载在载体表面（图 3-30）。

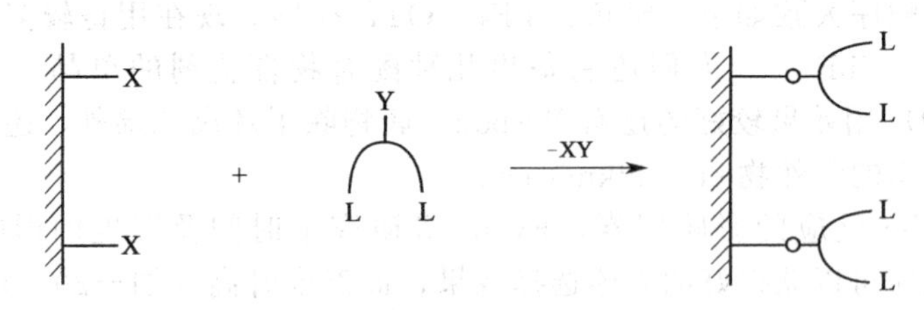

图 3-30　功能化配体接枝法固载化

无机载体表面的活性基团一般为羟基，常采用含有三乙氧基等活性基团的有机硅化合物作为接枝过渡物质，利用乙氧基与羟基易发生缩合反应而放出 C_2H_5OH 的性质，实现配体的引入。利用 3-异氰酸酯基丙基三乙氧基硅烷和 DIOP、PYRPHOS 及 PPM 配体反应，合成了含有上述双膦配体单元的异氰酸酯，通过异氰酸酯与表面羟基发生反应，达到键联到硅胶载体上的目的。在 α-乙酰氨基肉桂酸甲酯（AACA-Me）的不对称氢化反应中，以含 PPM 配体的负载催化剂效果最好（e. e. 93.5%），且重复利用不降低活性。与 PPM 的反应如下。

$(EtO)_3Si$～～～NCO + HN（PPM，PPh_2，PPh_2）⟶ $(EtO)_3Si$～～～NH–C(=O)–N（PPh_2，PPh_2）

PPM

② 吸附及离子交换固载化　载体和手性金属化合物之间存在相互作用及静电力，通过浸渍吸附和离子交换容易达到手性金属络合物负载的目的。显然操作程序简单，但活性物种与载体的结合较弱，催化剂易流失，对映体选择性一般较共价键负载化手性催化剂的低。通过浸渍的方法将 DIOP 和 NORPHOS 配体负载于氧化铝、硅胶等无机载体上，以水/乙醇作为溶剂，用于 AACA 的氢化反应，产物 e. e. 值为 50%～70%。在负载 NORPHOS 配体催化剂的循环利用中，e. e. 值可增大至 75%。其原因可能是 NORPHOS 配体自身被还原所引起的。DIOP 和 NCRPHOS 结构如下。

（PPh_2，PPh_2）DIOP　　（PPh_2，PPh_2）NORPHOS

（2）手性配体修饰型金属催化剂　在已知性能及用途的传统多相催化剂中加入结构规整的手性修饰剂，得到性能不同的手性固相催化剂，是目前研究手性催化剂及催化反应的又一可行方法。

① 酒石酸修饰的镍催化剂　以手性有机酸修饰雷尼镍催化剂，并在以 MMA14 为代表的 β-酮酯的不对称加氢方面取得了成功，已开发出高效、经济的不对称加氢负载化酒石酸-溴化钠-修饰雷尼镍（TA-NaBr-MRNi）系列催化剂。该体系对 β-酮酯及一系列前手性酮进行不对称氢化反应的 e. e. 值一般都大于 80%，最高的可达到 96%。为了提高 TA-NaBr-MRNi 催化剂可循环利用能力，将它嵌入硫化硅橡胶中，做成柔韧的膜。实验结果显示，这种膜催化剂对 MMA 的不对称加氢不仅保持了原有的催化活性及对映体选择性，而且重复使用 30 次催化活性及对映体选择性没有明显的降低。以 TA-NaBr-MRNi 为催化剂的反应如下。

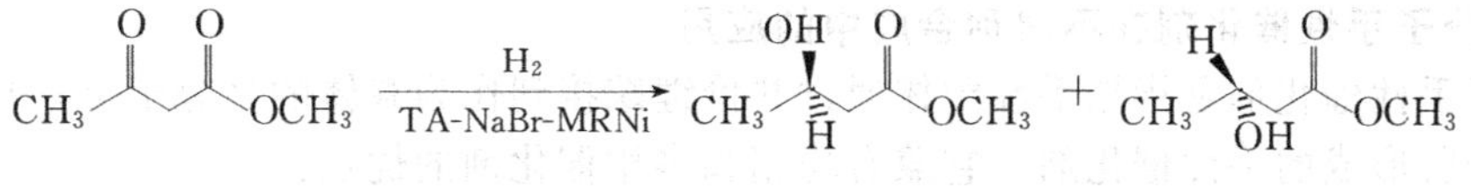

$$CH_3COCH_2COOCH_3 \xrightarrow[\text{TA-NaBr-MRNi}]{H_2} (R)\text{-MHB} + (S)\text{-MHB}$$

② 天然生物碱修饰的贵金属催化剂

金鸡纳碱（图 3-31）是天然生物碱的一类，一个 sp^3 杂化碳原子连接刚性喹啉环和奎宁环，分子结构具有较大的柔韧性。在金鸡纳碱分子内含有 4 个手性碳原子。C_8 和 C_9 位是不对称催化反应进行的立体控制中心，其立体构型将直接影响不对称氢化产物的主导立体构型。金鸡纳碱修饰的贵金属催化剂现已广泛用于 α-酮酯、酮肟以及一些不饱和酸类化合物中 α-羰基、碳氮双键、碳氢双键的不对称氢化反应中。CD-Pt/Al_2O_3 系列的催化剂在 α-酮酯类化合物不对称加氢中的 e. e. 值都保持在 80%～90%，最高可达 95%。然而和酒石酸修饰的镍催化剂相类似，金鸡纳碱修饰型贵金属催化剂的制备及反应操作过程要求也极为苛刻。不同的催化剂预处理方法，金鸡纳碱的加入程序，反应体系压力、温度、溶剂的变化以及搅拌情况的差异将对催化效果均有较大的影响，甚至造成对映体选择能力的完全丧失。

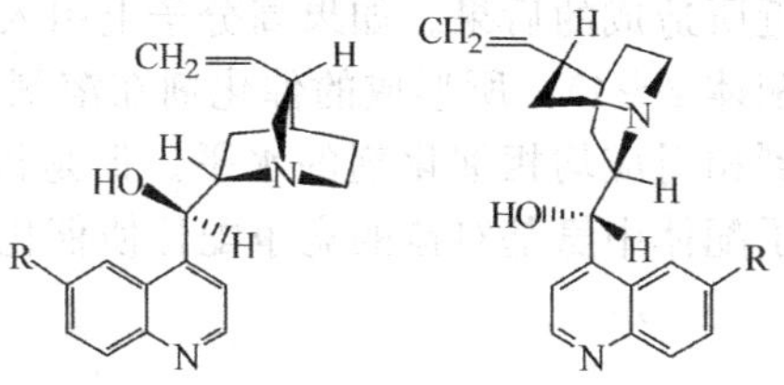

A　　B

A：R=H，辛可尼定（CD）；R=MeO，奎宁（Q）；B：R=H，辛可宁（CN）；R=MeO，奎尼定（QD）

图 3-31　金鸡纳碱结构

（3）手性分子筛催化剂　分子筛的催化性能取决于酸碱中心、阳离子的种类及浓度、特定形状的孔道等因素。若将手征性带入分子筛的结构，便可充分利用分子筛的自身特性，将手性分子筛应用于不对称催化反应或对映体拆分中。由 L-脯氨酸衍生来的含氮配体与 Rh 形成的配合物，在负载官能团三乙氧基硅的作用下锚联到 USY 分子筛（孔径 1.2～3.0nm）上。在 *N*-酰基脱氢苯丙氨酸类化合物的不对称氢化反应中，光活产物的 e. e. 值为 94%～95%。将中心金属更换为 Ni，在烯酮类化合物的不对称烷基化反应中，光活产物的 e. e. 值也可达 95%。利用天然金鸡纳碱对 Y、ZSM-5、ZSM-35 型分子筛及 β-沸石进行改性后作为载体，制备了负载型 Pt 催化剂。在催化 EtPy 不对称氢化生成 EtLa 的反应中，基于 Y 和 ZSM-35 型分子筛的催化剂展现出了较高的对映体选择性，且对映体过量值强烈依赖于溶剂的选取。仅仅通过改变溶剂 e. e. 值就会从 60%增大到 80%。

（4）嵌入型手性黏土催化剂　层状黏土（如蒙脱土、水辉石等）具有规整的层次构型，且兼有层间离子交换、插入及膨胀等性质，在催化、吸附和分离等领域具有许多潜在的利用价值。黏土层间阳离子的交换性质及交换容量是开发其潜在功能的关键之一。若将手性金属络合物有效地嵌入黏土的层间，则能实现另一类多相化不对称催化。蒙脱土积聚的 Sharpless 不对称环氧化酒石酸-Ti 催化剂可有效地应用于烯丙醇类化合物的不对称环氧化中，化学收率及 e. e. 值分别达到 89%及 98%。在前手性硫化物的不对称氧化反应中也得到了 90%的 e. e. 值。将 Rh 的 PNNP 配合物通过简单的离子交换的方法负载在一系列无机黏土载体上，在 α-乙酰氨基肉桂酸的不对称氢化反应中，由水辉石负载的 Rh 金属配合物催化剂可得到 50%（*S*）的光学收率，且催化剂在热稳定性、机械强度及重复利用等方面均表现出其独特的优越性。

3.4.6 高分子手性催化剂在不对称合成中的应用

高分子手性催化剂是指把手性配体通过共价键嫁接到作为载体的高分子上，与中心原子或离子络合所形成的手性催化剂。它兼有均相和多相催化剂的优点：

① 分离简单，简单过滤就能把催化剂和反应产物溶液分开；

② 催化剂可回收，且套用效果好；

③ 与无机载体不同，反应时高分子溶胀使反应界面变大，嫁接的手性催化剂深入反应液之中，类似均相催化；

④ 存在特色的“高分子效应”。

但它对反应温度、介质酸碱性度较敏感，有时稳定性较差，手性催化剂易从高分子载体上脱落，从而限制了它在某些反应中的应用。

3.4.6.1 不对称还原反应

载体高分子的性质如高分子骨架与反应底物和反应溶剂的相容性等往往起关键作用。高分子配体结构如图 3-32 所示。高分子手性配体 1 与 Rh(Ⅰ) 形成的手性配合物对 *α*-乙酰氨基肉桂酸的氢化几乎无催化作用。这是交联聚苯乙烯骨架在乙醇中收缩塌陷，使有机物分子无法渗入与催化活性中心接近所造成的后果。如果高分子上引入带有极性基羟基的甲基丙烯酸羟乙酯单元时（如高分子配体 2～4），所形成的催化剂在溶剂乙醇中能很好地溶胀，催化氢化反应的立体选择性可达到相对应均相催化剂的水平。但是极性基团的极性也必须适中，如含有侧链酰胺结构的高分子配体中氨基对铑的竞争配位使催化氢化反应对映体选择性大大降低。

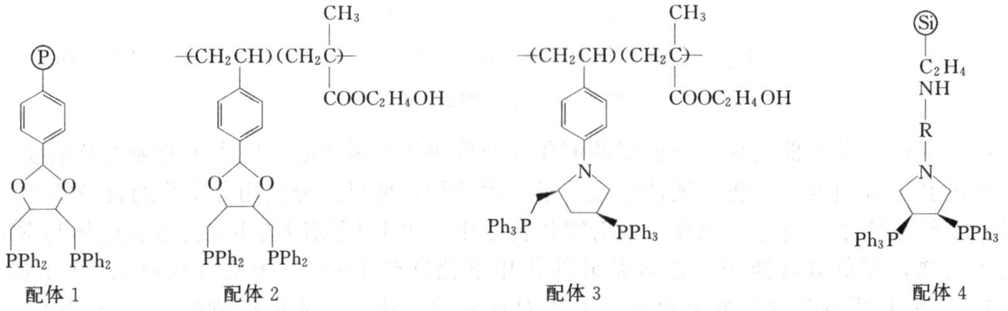

图 3-32 高分子配体结构

由 (*S*)-*α*,*α*-二苯基-2-吡咯烷甲醇和 1%交联的聚对乙烯苯硼酸制备催化剂，在它的催化下苯乙酮被硼烷还原成 (S)-苯乙醇，产率高达 93%，e. e. 值高达 98%。

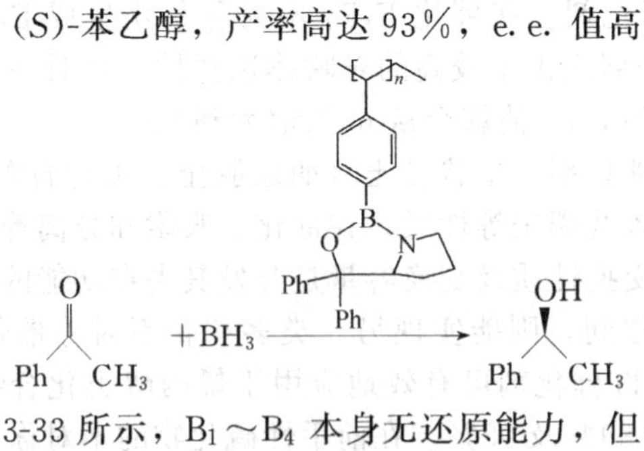

噻唑硼烷的结构如图 3-33 所示，B_1～B_4 本身无还原能力，但当加入过量硼烷后便为高效的立体选择性还原催化剂。用于前手性酮的还原时光学产率几乎定量。高分子负载噻唑硼烷催化剂 B_5 在催化还原苯丙酮时，苯丙醇光学产率可达 75%，与相应均相催化剂的立体选择性（76%e. e.）相当。Felder 制备的可溶性高分子负载噻唑硼烷 B_6 用于苯乙酮的不对称还原时光学产率高达 97%，而且该催化剂在膜反应器中可实现连续不对称还原操作。

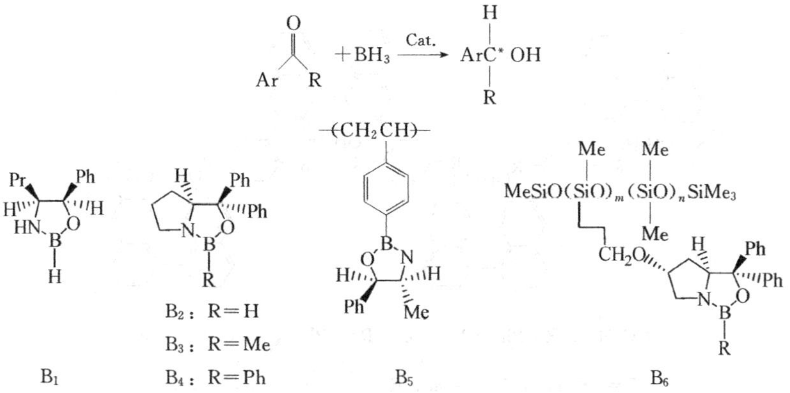

图 3-33 噻唑硼烷的结构

3.4.6.2 对称烷基化反应

Soai 等先后合成了两种高分子手性氨基醇催化剂 C_1 和 C_2，催化苯甲醛和 $ZnEt_2$ 的加成（图 3-34）：

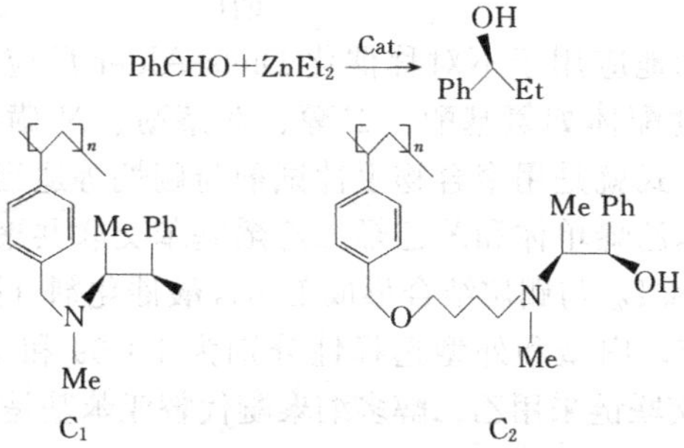

图 3-34 催化剂 C 的结构

二者很相似，除了构型正好互成镜像外，主要区别是前者配体较接近高分子链，后者较远离（隔几个亚甲基），但后者产率和 e. e. 值（91%，96%e. e.）比前者均有较大的提高（83%，89%e. e.）。张政朴等将辛可宁、奎宁等手性试剂负载到交联聚合物载体上，生成聚合物负载手性催化剂：

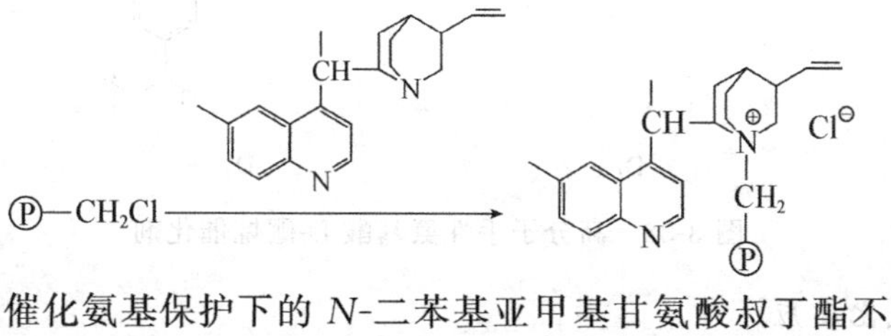

用该手性催化剂催化氨基保护下的 *N*-二苯基亚甲基甘氨酸叔丁酯不对称烷基反应，制得一系列氨基酸，但是光学产率较低。可能是生物碱与聚合物的连接部分与手性中心 C_8、C_9 较近，影响了底物分子与催化剂分子之间相互叠合过渡态的形成，而影响了光学产率。

在传统的手性高分子催化剂的合成过程中，通常都采用把小分子催化剂通过化学修饰或共聚反应负载于非手性的、立体无规的高分子之上的方法。这样获得的高分子负载手性催化剂的催化立体选择性往往都要降低。最近合成了以聚联二萘酚为骨架的手性高分子催化剂（图 3-35）。催化位点在高分子链上排列有序，催化活性中心的微观环境能够很好地控制。该催化剂无论是对芳香醛还是对脂肪醛都有很高的催化烷基化对映体选择性，而且催化剂性能比较稳定，醛上的取代基对光学产率影响不大。

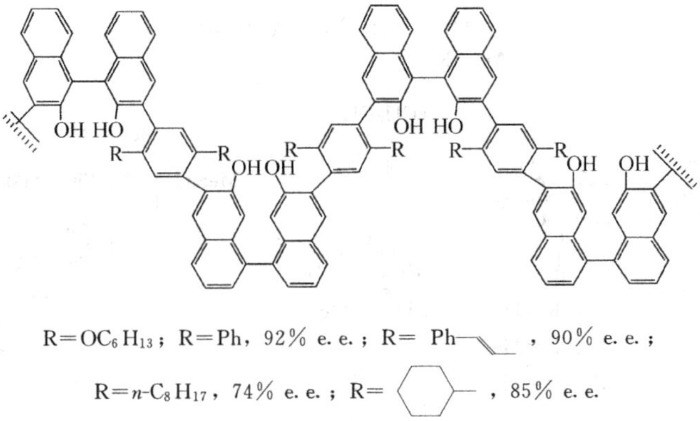

$R=OC_6H_{13}$；R=Ph，92% e. e.；R= Ph—CH=CH₂，90% e. e.；

$R=n\text{-}C_8H_{17}$，74% e. e.；R= 环己基，85% e. e.

图 3-35 聚联二萘酚类催化剂

3.4.6.3 不对称 Diels-Alder 反应

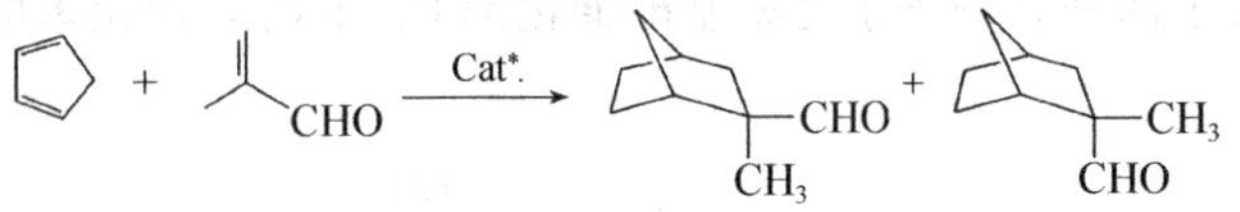

手性 Lewis 酸已被成功地应用于不对称催化 Diels-Alder 反应。常用的 Lewis 酸主要是由 Al、Ti、B 等与一些手性配体如氨基醇、二醇、双萘酚、*N*-磺酰氨基酸以及 *α*-羟基酸等形成的配合物。基本合成方式就是用聚合物手性试剂与硼烷等适当结合形成手性催化剂，聚合物载体用含手性部分的苯乙烯单体和苯乙烯二乙烯基苯交联共聚。

高分子手性氨基酸 D_1 和 D_2 与硼烷结合形成 Lewis 酸催化剂（图 3-36），催化异丁烯醛和环戊二烯的 Diels-Alder 反应，内型和外型选择性分别为 1∶99 和 4∶96，产率 93%和 99%，e. e. 值 65%和 95%；后者交联链采用乙二醇多缩聚醚代替亚苯基是唯一显著的区别。

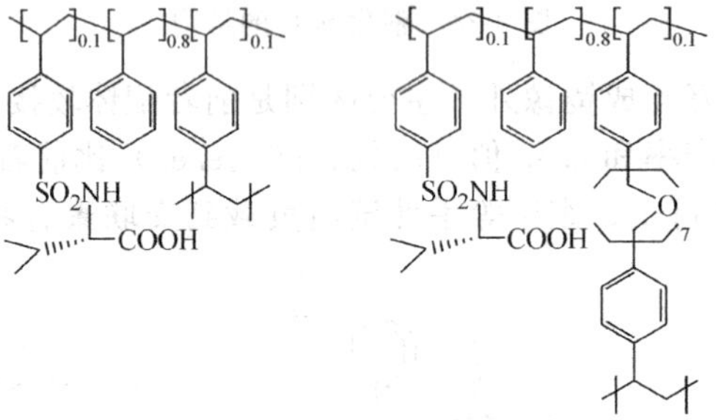

D_1　　D_2

图 3-36 高分子手性氨基酸 D-硼烷催化剂

3.4.6.4 不对称氧化反应

烯烃的不对称二羟基化反应是合成手性二醇的有效途径。Kobayashi 等将高毒性 OsO_4 负载于丙烯腈-丁二烯-苯乙烯的共聚体（ABS）上形成负载新型催化剂，高产率、高选择性地合成了二醇化合物，该催化剂可回收与连续使用，其活性和选择性变化甚微。Song 等则报道了负载型锰催化剂用于烯烃的不对称氧化，并取得了明显的效果，但该催化剂不能回收反应如下。

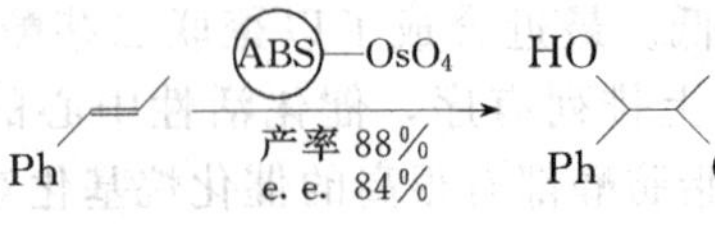

以 OsO_4 为氧化剂，金鸡纳碱衍生物为手性催化剂，对烯烃进行不对称双羟基化反应已

在生产中大量使用。为使这一新反应更方便、更经济地进行，聚合物负载的金鸡纳碱-OsO_4配合物对烯烃进行非均相不对称双羟基化反应有了很大的进展。这类反应所使用的聚合物负载的手性奎宁/奎尼定催化剂的研究主要集中在两方面，一是改变聚合物载体的碳骨架类型；二是改变聚合物载体与手性部位之间间隔臂的长度。

以奎宁和丙烯腈为共聚单体，通过控制生物碱在聚合物中的比例及R基团种类制得一系列聚合物负载的手性催化剂。用该系列催化剂催化反-1,2-二苯乙烯不对称氧化反应，可知：

① 只有奎宁含量＞15%时才会有高产率的1,2-二醇产物；

② 光学产率几乎不受奎宁9位R取代基类型的影响；

③ e.e.值最高为46%，小于相应小分子类似物的反应，这可能是高分子链的空间位阻效应造成的。

这种聚合物负载的手性催化剂可使用多次而不损失活性和立体选择性。Moon等人报道了以丙烯腈和乙烯共聚物为碳骨架的一系列含有间隔臂的手性金鸡纳碱衍生物催化剂。用这些催化剂研究1，2-二苯乙烯的不对称催化双羟基化反应，并且和无间隔臂的催化剂做了比较，发现前者有更好的催化活性和立体选择性，并且化学产率可达96%，光学产率达93%。

3.5 生物催化剂

生物催化剂是由生物产生用于自身新陈代谢以维持其生物活动的各种催化剂的总称。工业上以游离或固定化酶的形式存在。生物化工离不开生物催化剂，早在1952年Peterson和Marrey利用微生物进行孕酮的α-11羟基化反应制取羟基孕酮获得成功以来，开创了利用生物催化剂进行化学合成的时代。生物催化剂在有机合成特别是对具有复杂结构和生物活性物质的合成上具有广泛的应用潜力，并随着固定化酶和固定化细胞技术的发展，形成了一门以生物催化剂研究和应用为基础的新综合性学科——酶工程。酶工程和微生物工程在生物化工中占有极其重要的位置，已引起世界各国的高度重视。

酶是植物、动物、微生物和人体细胞合成生产的一类特殊蛋白质，有时也称为酶蛋白。由于酶具有提高生物化学反应速度和反应质量的催化能力，因而也称它为生物催化剂。一种酶的命名，通常根据它催化的对象来确定。譬如日常生活中见到的淀粉酶，只对淀粉发生催化作用；葡萄糖氧化酶，仅对葡萄糖的氧化反应起催化作用。人们根据酶催化的性质还将酶分为氧化还原酶、转移酶、水解酶、异构酶和连接酶等。另外就酶本身所含成分而言，也可将酶分为单纯蛋白酶和结合蛋白酶两类。前者是仅由若干氨基酸分子组成的单肽链，如水解酶；后者除含有氨基酸分子外，一部分酶中带有一些其它小分子有机化合物，如维生素类，特别是B族维生素及其衍生物；另一部分酶中则含有金属离子，如铁、铜、锌、锰和钼离子等。这些小分子有机化合物和金属离子，是构成酶分子不可缺的辅助因素，也是酶发生催化活性的重要基因。

3.5.1 对酶和生物催化剂概念的认识

自1833年Payen和Persoz得到第一个酶（淀粉糖化酶）开始，直至20世纪80年代初，人们发现了几千种生物催化剂，其化学本质无一例外都是蛋白质。在这一时期人们形成了酶的明确概念，即酶是由生物体产生的具有催化功能的蛋白质分子。在此阶段生物催化剂与酶的概念是等价的，因为发现的所有生物催化剂都是酶。

3.5.1.1 核酶

1981年Cech研究证明，四膜虫（一种原生动物）rRNA前体能自身催化剪接过程，并首次提出了核酶，意指具有酶一样催化活性的核糖核苷酸（RNA）。近年来已发现七类天然存在的核酶。核酶具有许多类似酶的特性，如催化的高效性、底物的专一性、相似的动力学性质等。近十几年来，已经发现核糖核苷酸（RNA）可以催化许多反应：如脱氧核糖核苷酸（DNA）、RNA 的特异水解、模板 RNA 的连接、核苷转移、氨基酰 tRNA 合成、多核苷酸磷化等。在结构上它也与酶类似，也有底物结合部位、催化活性部位。但其化学本质不是蛋白质，而是 RNA。这一重大发现已获得 1989 年诺贝尔奖，可见其在科技史上的重要地位。随着自然界更多功能的核酶的揭示，发现核酶一般具有保守的锤头结构。一些实验室利用这一特性设计并合成出一系列新的核酶。现在可以把所有的核酶分成 3 类：自我剪接核酶、自我剪切核酶以及催化分子间反应的核酶。核酶的底物也由 RNA 扩大到 DNA、糖类、氨基酸酯。这些事实表明了核酶的普遍性。核酶的催化活性依赖于 RNA 的结构，具有很高的底物专一性，这与酶的催化行为极其相似。迄今所发现的天然核酶可催化 2 种反应，而人工合成的核酶可催化 13 种反应（见表 3-21）。

表 3-21 核酶和脱氧核酶催化的反应

编号	反 应	核酶		脱氧核酶	
		天然	非天然	天然	非天然
1	磷酸酯转移	✓	✓		
2	磷酸酯水解	✓	✓		✓
3	多核苷酸连接		✓		✓
4	多核苷酸磷酸化		✓		
5	单核苷酸聚合		✓		
6	氨酰基转移		✓		
7	酰胺键剪切		✓		
8	酰胺键形成		✓		
9	肽键形成		✓		
10	*N*-烷基化		✓		
11	*S*-烷基化		✓		
12	卟啉金属化		✓		✓
13	Diels Alder 反应		✓		
14	氧化性 DNA 剪切				✓

3.5.1.2 脱氧核酶

1994 年报道了一个人工合成的长度为 35 个脱氧核糖核苷酸的单链 DNA 分子，它能催化水解某一特定的 RNA 或 DNA 分子中的磷酸二酯键，并将这个具有磷酸酯酶催化活性的 DNA 分子称脱氧核酶。从分子的组成与结构上看 DNA 与 RNA 有许多相似之处，它们都有糖磷酸骨架和与之相连的含氮碱基，很难想象 2′-OH 会给 RNA 带来异乎寻常的特性。Chartrand 等得到了一段由 14 个脱氧核苷酸组成的寡聚脱氧核苷酸，在 Mg^{2+} 存在下具有切割 RNA 链中磷酸二酯键的活性，其催化反应的动力学特征非常类似于核酶。同样 Cuenoud 等也得到了一段具有连接酶活性的 DNA，它由 47 个脱氧核苷酸聚合而成。自然界中是否存在这类有催化活性的 DNA，以及它在生命起源的化学进化过程中的作用等问题已成为脱氧核酶研究的热点。

3.5.1.3 其它酶

除核酶、脱氧核酶及抗体酶外，还出现了其它的新型“酶”，如生物工程酶、人工酶以及模拟酶等。生物酶工程是酶学和以基因重组技术为主的现代分子生物学技术相结合的产物，主要包括 3 个方面：

① 用基因工程技术大量生产酶；

② 修饰天然酶基因产生的遗传修饰酶（突变酶）；

③ 设计新酶基因，合成自然界不曾有的新酶。

人工酶是指人工合成的蛋白质或多肽类的非天然催化剂。所谓模拟酶就是利用有机化学的方法合成一些比较简单的非蛋白质分子，非核酸分子，它们可以模拟酶对底物的络合和催化过程，既可达到酶催化的高效性，又可以克服酶的不稳定性。模拟酶的研究是试图合成具有酶的催化特点，而化学本质不是蛋白质的催化分子，即根据酶的结构与催化机制去设计并合成小分子有机化合物。从某种意义上可以说是分子水平的仿生学。

1980 年 Breslow 等仔细分析了环糊精与底物结合的特点，改进设计后，观察到 3-反式-二茂铁基-丙烯酸的对硝基苯酯的水解被环糊精加速了百万倍，其加速的倍数完全可与酶相比拟。博莱霉素（bleomycin，BLM）是从轮枝链霉菌中得到的一类抗肿瘤抗生素，它是一种糖肽，有 15 种天然类似物。BLMA2 是一个表现出基本酶功能的最小天然分子，它可与 DNA 结合并催化 DNA 的氧化断链反应，作用位点是脱氧核糖环的 C_3—C_4 键，在反应前后 BLMA2 本身结构并无变化。这符合催化剂的概念。该分子上既有底物结合部位，又有催化活性部位，类似于酶活性中心结构。此外该分子上还有活性调节基团。详尽研究 BLMA5 后发现它也是一种生物催化剂，其对 DNA 的作用行为与酶的催化行为非常类似。

生物工程酶、人工酶、抗体酶、模拟酶、核酶和脱氧核酶除了在催化功能上与传统酶极其相似外，在来源和化学本质上又各有特点。各种类似传统酶的化合物，特别是核酶和脱氧核酶的出现对酶的传统概念提出了严峻挑战。为了明确生物催化剂和酶的概念，当核酶和脱氧核酶出现以后，就应当将生物催化剂作为属概念，把酶、核酶和核酶作为种的概念。这样酶、核酶和脱氧核酶都属于生物催化剂。

3.5.2 生物催化剂的种类和在化学合成中的应用

生物催化剂按催化反应的类型可分为以下几类。

① 水解酶类，有脂肪酶、酯酶、蛋白酶、酰化酶、酰胺酶和腈水合酶等，可以催化各种水解、合成、酰基化反应。

② 氧化还原酶类，有醇脱氢酶、环氧化物酶、单加氧酶、双加氧酶等，可以催化含有C—C、C—O、C—N、C═C等键的硝基、氨基、砜基、亚砜基化合物及醇、醛、酮衍生物等的氧化还原反应。

③ 合成酶类，有醇腈酶、醛缩酶等，可以催化许多用化学方法难以完成的合成反应。

④ 裂解酶类，如天冬氨酸酶、富马酸酶、苯丙氨酸氨解酶等，可以催化双键的形成。

⑤ 转移酶类，可以催化烷基、酰基、羰基、氨基、巯基等的转移反应。

⑥ 异构酶类，可以催化多种异构化反应。

表 3-22 使用酶的最佳 pH

编号	酶	最佳 pH
1	胃蛋白酶	1.5
2	血清的酸性磷酸酶	4.5～5.0
3	尿素酶	6.4～6.9
4	焦磷酸酶	7.0
5	胰脏的淀粉酶	6.7～7.2
6	亮氨酸-氨基-肽酶	8～9
7	血清的碱性磷酸酶	9.5
8	精氨酸酶	9.5～9.9

生物催化剂按其存在的形式可分为：游离的酶、固载化酶、微生物细胞、固载化微生物细胞、植物及动物细胞等。生物催化剂是一类以蛋白质为主体的催化剂，其催化活性易受温度及 pH 的影响。随着温度的上升反应速度增加，但是达到某一温度以上（一般是 45～

50℃)，蛋白质就会变性失活，其反应速度就会急速下降。生物催化剂也只在有限的 pH 范围内起反应。表 3-22 给出了一些酶的最佳 pH。

生物催化很早就已应用于生产实践，在夏商时期我国人民就已进行发酵如酿酒、造酱、制饴等，但从 20 世纪 60 年代才开始把生物催化用在大规模的工业化生产上。生物催化有着一般化学工业所不可比拟的优点：它可使反应在比较温和的条件下进行，pH 一般为 4～9，温度为 10～60℃。生物催化剂与传统化学催化剂相比是一种非常高效的催化剂，具有高效率地进行区域或立体专一选择性催化的特点。在相同的条件下，有酶参加的反应速率要比没有酶时快一百万倍或几百万倍。由于生物催化剂——酶具有高度的选择性和专一性，它可使反应的产率比较高。一般反应完成后不会留下诸如金属催化剂一类的废弃物。生物催化不仅降低了生产成本，而且是一种环境友好的方法。

目前生物催化几乎可以应用于各类有机反应中，如取代反应、消除与加成反应、酯的生成与水解反应、酰胺的生成与水解反应、氧化与还原反应等。生物反应可广泛用于合成醇、醛、酮、有机酸及其衍生物，如醇酸、醛酸、酮酸、脂、酰胺、环氧化物等；卤代物、糖类化合物、光学活性氨基酸的制备；蛋白质和多肽的合成；抗生素、生物碱、类固醇、生物激素、维生素及中间体转化和制备；也已广泛应用于制药、食品、饮料、化妆品和香料工业。

3.5.2.1 生物催化剂应用于取代反应

(1) 氨基酸侧链的取代反应　许多酶都可以用来催化丙氨酸、丝氨酸、半胱氨酸衍生物 β-碳上的取代反应以及蛋氨酸等化合物 γ-碳上的取代反应。*O*-乙酰基丝氨酸在酶的作用下发生 β-碳原子上的取代反应，得到 L-半胱氨酸。当 L-半胱氨酸在酶的作用下与 L-高丝氨酸反应时，γ-碳上的羟基被取代生成 L-胱硫醚：

$$\underset{\displaystyle NH_2}{HOOC\underset{|}{C}HCH_2SH} + \underset{\displaystyle NH_2}{HOCH_2CH_2\underset{|}{C}HCOOH} \longrightarrow \underset{\displaystyle NH_2}{HOOC\underset{|}{C}H}CH_2SCH_2CH_2\underset{\displaystyle NH_2}{\underset{|}{C}HCOOH}$$

(2) 芳香族化合物的取代反应　在酶的催化作用下合成侧链带有羟基或吲哚的氨基酸。一个典型的例子就是 β-酪氨酸酶，它可以催化由苯酚、乙酰基甲酸和氨来制备 L-酪氨酸的反应：

$$C_6H_5OH + CH_3\overset{O}{\overset{\|}{C}}COOH + NH_3 \longrightarrow HO\text{—}C_6H_4\text{—}CH_2\underset{\displaystyle NH_2}{\underset{|}{C}HCOOH}$$

(L)

3.5.2.2 生物催化剂应用于加成反应

(1) 水与双键的加成　富马酶可使水与富马酸的双键加成，得到羟基丁二酸的一种对映异构体，L-羟基二酸。它在食品工业中用作酸化剂，现在用此法生产的 L-羟基丁二酸已达 1800t/年。

$$HOOC\text{—}CH{=}CH\text{—}COOH \xrightarrow[\text{水}]{\text{富马酸}} HOOC\text{—}CH_2\text{—}CH(OH)\text{—}COOH$$

L-羟基丁二酸

丙烯酰胺是制造高分子和合成纤维的原料单体，它是从丙烯腈的氰基水合而得到的。在传统的化学工业上，丙烯腈与水的反应是在硫酸或某种金属催化剂通常为铜的催化下进行的。其缺点是在适当的时候必须停止反应，以免丙烯酰胺进一步转变为丙烯酸。应用丙烯腈在腈水合酶的催化下与水加合的方法生成丙烯酰胺，这一生产过程的产率可高达 99.9%。1g 细胞可生产数千克的丙烯酰胺。酶的选择性使产物中不存在丙烯酸。近年来这种方法在工业上已经得到了很大的发展。细胞的生产能力也已提高了很多倍。

$$CH_2{=}CHCN \xrightarrow[\text{水}]{\text{腈水合酶}} CH_2{=}CHCONH_2$$

使用这种方法除了可以得到较纯的产物外，与一般的合成方法相比它的生产步骤也减少了（见图 3-37）。现在工业上用这种方法生产的丙烯酰胺每年已达数千吨。

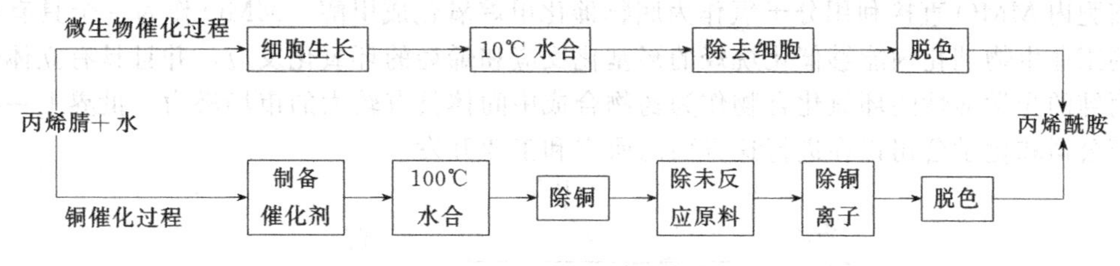

图 3-37　丙烯腈水合反应步骤

(2) 氨与双键的加成　天冬酶可使氨与富马酸加成而生成 L-天冬氨酸。天冬酶在大肠杆菌的生长细胞上产生，将这种细胞固定在胶体中可用于连续的反应，反应物可穿过细胞，这样酶的活性可有 3 年的半衰期。此反应 20 世纪 60 年代即用于工业生产。

$$HOOC{-}CH{=}CH{-}COOH \xrightarrow[NH_3]{\text{天冬酶}} HOOC{-}CH_2{-}CH(NH_2){-}COOH$$

L-天冬氨酸

(3) 碳碳双键的加成　碳碳双键在酵母粉下的加成反应：

$$R(H)C{=}C(R')(R'') \longrightarrow R{-}CH_2{-}C(R')(H)(R''')$$

$R''=CHO$ 或 CH_2OH 时 $R'''=CH_2OH$，$R''=NO_2$ 时 $R'''=NO_2$

所有常用的裂合酶都可以催化羧基邻位的不饱和键上的加成反应，而且这类反应几乎都是反式加成。

(4) 碳氧双键的加成　醛缩合酶可以催化羟醛缩合反应。在这一类酶中，研究得最多的是以果糖-1,6-二磷醛缩酶（FDPA）在有机合成中的应用。譬如在二羟基丙酮与 2-羟基丙醛的反应中，以果糖-1,6-二磷醛缩酶催化可以得到二甲基羟基呋喃酮。

$$HOCH_2\overset{O}{\overset{\|}{C}}CH_2OH + CH_3\overset{OH}{\overset{|}{C}}HCHO \xrightarrow{FDPA} \text{(}H_3C,\ CH_3,\ HO,\ O\text{ 取代呋喃酮)}$$

(5) 氢与羰基的加成　人们在酵母细胞发面酵母中发现了还原酶。氯乙酰丙酮酸酯在还原酶的作用下，氢加成到酮羰基上，只生成两种异构体中的一个：(*R*)-γ-氯-β-羟基丙酮酸酯，进而中间体用三甲胺取代氯以及辛酯水解生成相应的酸，即 L-肉碱。

$$ClCH_2COCH_2COOC_8H_{17} \xrightarrow{\text{还原酶}} ClCH_2CH(OH)CH_2COOC_8H_{17} \longrightarrow Me_3NCH_2CH(OH)CH_2COOH$$

(*R*)-γ-氯-β-羟基丙酮酸辛酯　　　L-肉碱

含有两个羰基以上的化合物，在酶的作用下还原，根据条件的不同（特别是 pH 的变化），所得的产物也会有所不同。例如下述的二羰基化合物，在酵母的作用下，pH＝5.0 时只有一个羰基被还原，显示出高度的区域专一性和立体专一性。但如果 pH 增大，就会生成二醇及部分消旋化合物。

3.5.2.3　生物催化剂应用于氧化反应

（1）烷烃羟基化　甲烷单加氧酶（MMO）是甲烷利用细菌代谢过程中的重要酶系，在细菌细胞内 MMO 直接利用分子氧作为底物催化甲烷氧化成甲醇。MMO 作为一个具有应用前景的工业生物催化剂能够催化烷烃的羟基化反应和烯烃的环氧化反应，并且具有立体选择性。而纯的光学活性的环氧化合物作为药物合成中间体具有较大的市场潜力。世界上一些大的制药公司和化学公司正在进行这方面的研究和工业开发。

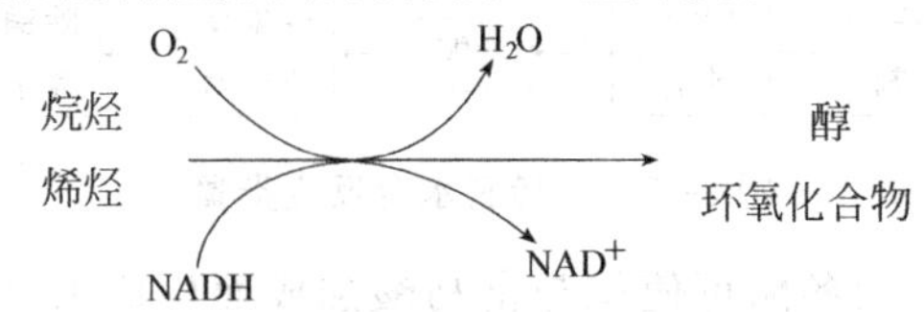

研究来源于 *M. capsulatus* Bath 的 sMMO 催化底物的能力，结果表明 sMMO 是一个非专一性的酶，它能够催化 C_1～C_8 烷烃类，卤代、硝基取代烷烃类，烯烃和二烯烃类，芳香烃类和醚类等化合物氧化生成的醇和环氧化合物。随后筛选出许多甲烷利用细菌，发现它们的悬浮细胞能够催化烷烃和烯烃羟基化和环氧化反应，且具有较宽的底物选择性。

随着医学的发展，合成药物的光学纯度要求越来越高，以尽可能减少药物的毒副作用，提高药物的治疗效果。和其它生物催化过程一样，MMO 催化烷烃羟基化反应和烯烃环氧化反应具有很高的立体选择性。MMO 和来源于烷烃、烯烃利用细菌的单加氧酶（AMO）已成为催化烯烃环氧化，制备具有光学活性环氧化合物的重要生物催化剂，由此获得的产物光学活性选择性接近 100%。利用这类生物催化剂催化芳香烃基烯烃基醚环氧化反应可制备出 *S*-芳香烃基环氧丙烷基醚——合成 β-肾上腺素受体拮抗剂的中间体。利用含 MMO 和 AMO 的休止细胞催化相应的烯烃环氧化反应制备 *S*(－)-4-溴-1,2-环氧丁烷和 *R*(＋)-4-羟基-1,2-环氧丁烷。它们是合成抗菌素、抗真菌药物和抗焦虑药物的中间体。日本已实现商业规模的 MMO 和 AMO 催化烯烃环氧化反应制备纯光学活性环氧化合物工业过程。

（2）Baeyer-Villiger 反应中的羟基化　在依赖 NADH 的单加氧酶的作用下，通过消耗核苷酸辅酶和分子氧，酮类化合物能立体选择性地氧化为酯或内酯。由于在传统的化学中没有与其对应的能完成这种立体选择性反应的方法，因此这种生物催化反应特别有意义。一般用于这种反应的单加氧酶都依靠 NADPH，这个辅酶是不易大规模循环再生的。所以生物催化的 Baeyer-Villiger 反应一般要利用完整的微生物细胞来完成。这个过程避免需要外界循环的辅酶，但常常由于内酯产物进一步代谢使产量降低而阻碍反应的进行。人们在樟脑上生长的恶臭假单胞菌株中获得了一种单加氧酶，它可以利用 NADH 以代替问题较多的 NADPH。

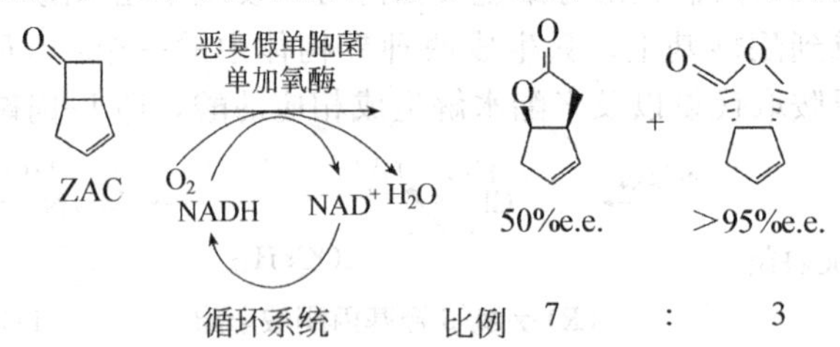

这种酶具有专一性，与其它单加氧酶起互补作用，用于产生可作为合成抗病毒药前体的区域异构体的手性内酯。

用微生物二加氧酶进行顺式二羟基化作用是低等生物体中芳香族化合物降解的一个主要

降解途径。虽然这个反应已经发现了相当长时间，但直到最近其合成能力才被完全认识，并用突变型菌株开发成工业规模。有关微生物氧化和手性二元醇的合成如图 3-38 所示：

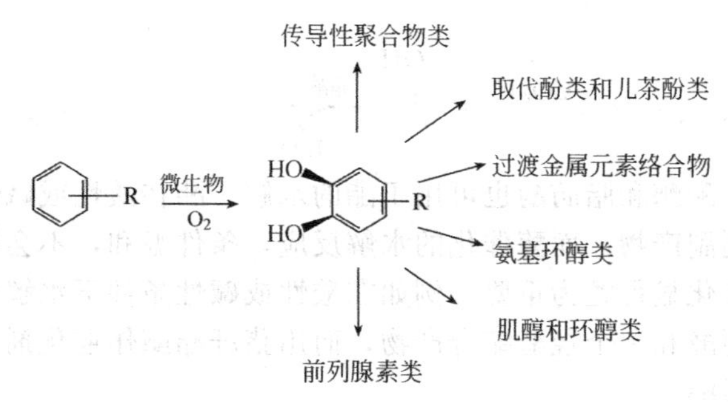

R：H，Me，Et，*n*-Pr，*i*-Pr，*n*-Bu，*t*-Bu，EtO，*n*-PrO，CF_3，Ph，$PhCH_2$，PhCO，$CH_2{=}CH$，$HC{\equiv}C$

图 3-38 芳香化合物的微生物不对称二羟基化以及手性二元醇的合成潜力

（3）卤代烃降解与脱卤 由于卤代脂肪烃类化合物作为工业溶剂和聚合物单体广泛应用，给环境带来严重污染。研究卤代脂肪烃的生物降解有重要的现实意义。研究表明，含有甲烷利用细菌的混合培养物在有氧条件下能够生物降解氯代烃类污染物。进而筛选出许多不同种类的能够降解氯代烃的甲烷利用菌，如 *M. trichosporium* OB3b，*Methylomonas* sp. 86-1。用甲烷利用细菌生物催化降解氯代烃污染物具有以下优点：生物降解速率高；不产生对人体有害的中间体；可生物降解的底物选择性大。在卤代烃的生物降解过程中，MMO 催化氯代烷烃类羟基化、氯代烯烃类环氧化转化为相应的醇和环氧化合物。然后再由其它代谢酶系作用，最终使之矿物化。

在农业化学中除莠剂的合成需用中间体（*S*)-2-氯丙酸，它要求有较高的立体纯化度。使用在假单线菌（*P. putida*）上生长的脱卤酶作催化剂，(*R*,*S*)-2-氯丙酸外消旋混合物中的（*R*)-2-氯丙酸与水反应脱氯可转化为 L-乳酸，而其中的（*S*)-2-氯丙酸不发生反应，可将其从反应混合物中分离出来。这种方法在 1991 年用于大规模的工业生产，产量已达 2000t/年。

H Cl / HO_2C CH_3 + H Cl / HO_2C CH_3 $\xrightarrow[\text{脱氯酶}]{H_2O \quad HCl}$ H Cl / HO_2C CH_3 + H OH / HO_2C CH_3

(*S*)-2- 氯丙酸　　L- 乳酸

3.5.2.4 生物催化剂应用于酯化反应和酯的水解反应

在酯化反应中酶作催化剂的情况并不鲜见，最常用的酶有两类：酯酶和脂肪酶，有时也可以用蛋白酶。酯的合成常用羧酸和醇作原料，例如草莓假单胞菌（*P. fragi*）的脂肪酶经 PEG 修饰后能溶于苯中，可在 25℃有效催化萜烯醇香料（香茅醇、香叶醇、金合欢醇、植醇）和短链羧酸（C_2～C_5 酸）的酯化反应，产率 80%～95%，酶也可以完成单脂肪酸甘油酯的合成以及促进内酯的合成等。另外酯交换反应也是制备酯的一个重要方法，当采用此法合成新酯时，也可以用酶作催化剂，如下例所示：

CH_3 / R CH_2OH + $CH_2{=}CHOAc$ $\xrightarrow{\text{酯酶}}$ CH_3 / R CH_2Ac + CH_3 / R CH_2OH

S-酯　　*R*-醇

肉豆蔻酸（myristic acid）与异丙醇（IPA）缩合生成异丙基肉豆蔻酸盐，它是一种用作保护皮肤的润肤剂，可使皮肤达到如“天鹅绒般柔软光滑”的感觉。反应中使用的酶是从生产假丝菌素的酵母中得到的，具体反应如下。反应在60℃进行，需要除去过程中产生的水，产率>99%。

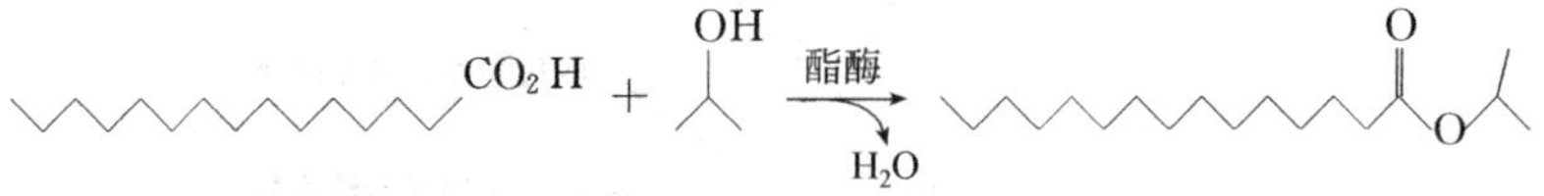

CO_2H OH 酯酶 H_2O O O

类似于酯的合成，酯酶和脂肪酶也可用于酯的水解。酯在酸性或碱性条件下水解都可能引起碳架的改变，得到副产物，而酶催化的水解反应，条件温和，不会影响碳架结构，因此酯的水解反应用酶来催化显得尤为重要。例如在酸性或碱性条件下水解环丙醇乙酸酯，都会发生开环反应，生成丙醛和一个羟醛缩合产物，而用猪肝酯酶作催化剂，在pH值为7.5的条件下水解才得到环丙醇。

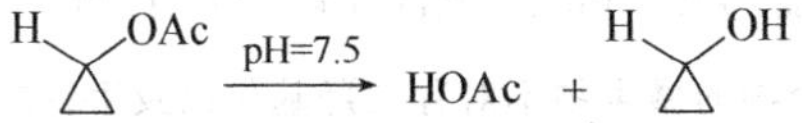

H OAc pH=7.5 HOAc + H OH

再如α-芳基丙酸酯的水解，在CLEC-CR酶的作用下，优先水解具有*S*-构型的α-芳基丙酸酯。

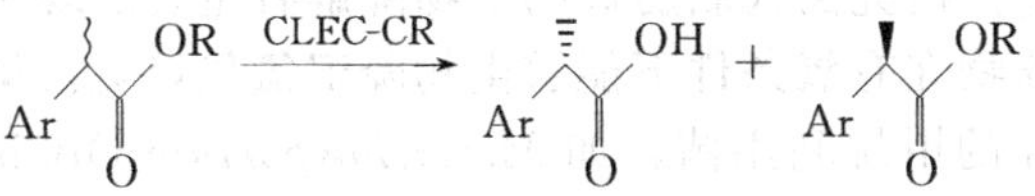

OR Ar O CLEC-CR OH Ar O + OR Ar O

钙拮抗药物diltiazem的合成用酯酶可以区别底物酯的对映异构体。这种酯是一种含有活性脂环基环氧基的分子，它在严格的条件下易于分解。酶选择性地水解底物酯的外消旋混合物中的一种对映体，产物是可以进一步合成最终的药物化合物的酸（此步骤未给出）。

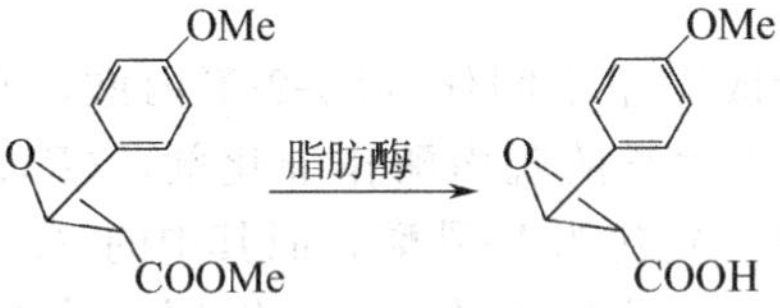

OMe O COOMe 脂肪酶 OMe O COOH

外消旋体 (*R*,*R*)

3.5.2.5 生物催化剂应用于酰胺的合成与水解反应

如果有酶参与酰胺键的形成或裂解，可以得到具有光学活性的氨基酸、二肽或多肽等肽类衍生物，因此酶催化酰胺的反应无论在实验室或在工业上都得到了应用，特别在抗生素（以青霉素和头孢菌素为主）的研究中应用最为广泛。

酶催化反应在青霉素和头孢菌素的酰胺键生成中起着极为重要的作用。例如在酶的作用下7-氨基去乙酰氧基头孢菌素酸（7-ADAC）和D-苯基甘氨酸可以转变为头孢菌素，反应如下。

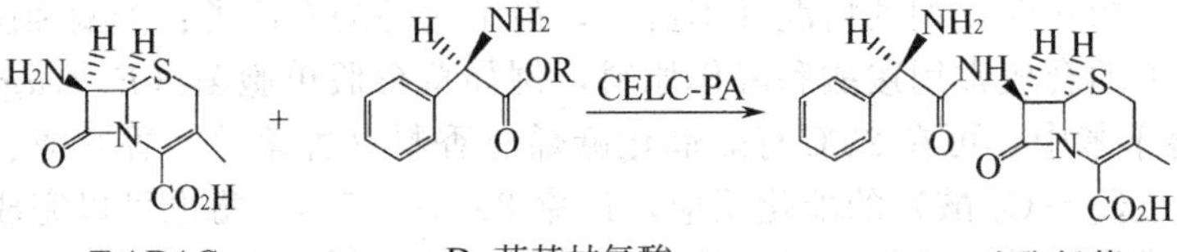

H_2N H H S N O CO_2H + H NH_2 OR O CELC-PA H NH_2 NH H H S O N O CO_2H

T-ADAC D-苯基甘氨酸 头孢氨苄

天冬糖（aspartame）比蔗糖甜200倍，是一种广泛应用于食品和饮料工业的甜味剂。它是由甲基乙酯苯丙氨酸与天冬氨酸反应而成的。在一般的化学反应中必须将天冬氨酸的氨基保护起来，以防止它与另一个天冬氨酸分子反应得到副产物。天冬氨酸中有两个活泼的酸基团（定义为α和γ），只需其中的α参与缩合反应，普通化学反应很难做到这一点。另外苯丙氨酸的甲基乙酯在一定的条件下会发生水解。应用生物催化则可克服这些缺点。

$$\underset{\text{PhCH}_2\text{COONH}\quad\text{CO}_2\text{H}}{\text{HO}_2\text{C}} + \underset{\text{H}_2\text{N}\quad\text{CO}_2\text{Me}}{\text{Ph}} \xrightarrow[\text{H}_2\text{O}]{\text{嗜热菌蛋白酶}} \underset{\text{PhCH}_2\text{COONH}\quad\text{CONH}\quad\text{CO}_2\text{Me}}{\text{HO}_2\text{C}\qquad\qquad\text{Ph}}$$

cbz-天冬糖

嗜热菌蛋白酶在加热和有机溶剂中都是稳定的，在有机溶剂如乙酸乙酯中仍可起作用。它能“识别”天冬氨酸中的α酸基团和γ酸基团，而促使反应只在α酸基团上进行，反应中没有其它副产物生成。嗜热菌蛋白酶也可区分甲基乙酯苯丙氨酸的对映异构体，因此可以用比较便宜的对映异构体的外消旋混合物作反应物。只有 L-异构体参与了缩合反应，D-异构体则留在反应混合物中形成了产物的一种盐，它有利于重新获得天冬糖前体。反应在 pH=6～8、40℃条件下进行，反应产物的氨基保护基团 cbz（$PhCH_2OCO$）可形成天冬糖而除去。目前用酶催化方法生产的天冬糖产量已达 2000t/年。

酶促氨解反应是 20 世纪 90 年代中期发现的一种新型反应。在脂肪酸酰胺的合成、手性药物的拆分中显示出巨大的应用潜力。油酰胺是脑脊髓液的一种天然成分，可诱导鼠的生理睡眠，因此有望被开发成一种天然镇静剂。用假丝酵母（*Candida antarctica*）脂肪酶催化三甘油酸酯的氨解反应，60℃反应 72h，油酰胺的产率可达 90%。绝大多数有机化合物在非水体系中溶解度很高，可很容易实现产物的分离，也会促进反应平衡向产物方向移动。

PhCONH—(青霉素母核)—CO_2H $\xrightarrow[\text{H}_2\text{O}]{\text{青霉素酰胺酶}}$ H_2N—(青霉素母核)—CO_2H + $PhCO_2H$

$\downarrow$ RCO_2H，$-H_2O$

RCONH—(青霉素母核)—CO_2H

生物催化最著名的一个实例是青霉素酰胺酶催化由发酵产生的青霉素，使青霉素分子侧链的酰胺键水解，产物为青霉素酸（6-APA）。在青霉素酸的 6-氨基官能团上连接不同的侧链形成一系列新的青霉素衍生物，以此扩大抗生素的使用范围，如增强了药物的活性并且使化合物具有经口效用。6-APA 是一种不太稳定的分子，在一般化学过程中青霉素母核环中的酰胺键会发生水解，因为使侧链酰胺键水解的条件也能使青霉素母核的环酰胺（β-Iactam）水解。而生物催化过程可在接近中性的条件下进行，不必提高温度，在此条件下可避免 6-APA 环的分解。

一般很少用酶来催化氨基酸中的酰胺键水解，但 *N*-乙酰基取代的氨基酸中的酰胺键，在酶的作用下水解却非常重要。酰化氨基酸水解酶能够选择性地使 L-构型的反应物水解，而 D-构型的反应物不受影响，并可从混合物中分离出来。

$$\underset{(\pm)}{\underset{\text{NHAc}}{\text{RCHCOOH}}} \longrightarrow \underset{(\text{D})}{\underset{\text{NHAc}}{\text{RCHCOOH}}} + \underset{(\text{L})}{\underset{\text{NH}_2}{\text{RCHCOOH}}}$$

3.5.2.6 生物催化剂应用于还原反应

除甲醛之外所有醛都是潜手性的，因此在酶催化下醛还原得到α-碳为手性的伯醇。例如α-甲基苯丙醛在酵母粉的作用下可还原成伯醇，反应式如下。

$$\text{PhCH}_2\text{CH(CH}_3\text{)CHO} \xrightarrow[\text{pH}=7\sim7.5]{\text{b. y.}} \text{PhCH}_2\text{CH(CH}_3\text{)CH}_2\text{OH}$$

3.5.3 生物催化剂在不对称合成中的应用

手性是自然界的本质属性之一，构成生命有机体的分子都是不对称的手性分子。生命界中普遍存在的糖为D型，氨基酸为L型，蛋白质和DNA的螺旋构象又都是右旋的。手性药物是指有药理活性作用的对映纯化合物。生命体内许多内源性化合物，包括可与药物发生药动学和药效学相互作用的天然大分子都具有手性，不同手性的药物作用于生物体时，它们所起的作用是不同的，在活性、代谢过程及毒性等方面往往存在显著差异。

在化学工业中生物催化主要用于生产手性小分子，它们或是药物产品，或是药物中间体。随着生物技术和现代提取分离鉴定手段的进步，生物催化也被用于生产如抗体和治疗性蛋白等大分子。生物催化剂已被广泛应用于药物前体化合物的转化、不对称合成、手性化合物的拆分等领域。生物催化手性化合物合成反应大致可分为两类：一类是把外消旋体拆分为两个手性对映体；另一类是从外消旋或前手性的前驱体出发，通过催化反应得到不对称的光活性产物。

3.5.3.1 酶法拆分外消旋体合成手性化合物

利用酶对对映体的识别作用，可有效拆分外消旋药物及其合成子的对映体，其主要特点是拆分效率和立体选择性高、反应条件温和。通常以脂肪酶、酯酶、蛋白酶等水解酶为手性拆分催化剂，采用下述两策略制备作为药物或其合成子的光学活性醇、酸、酯。

水相酯水解：

$$\underset{\text{外消旋酯}}{(\pm)\text{-R}^{1*}\text{COOR}^2} + \text{H}_2\text{O} \xrightarrow{\text{酶}} \underset{\text{光学活性酸或酯}}{(\text{R}^{1*}\text{COOH}+\text{R}^{1*}\text{COOR}^2)} + \text{R}^2\text{OH}$$

$$\underset{\text{外消旋酯}}{(\pm)\text{-R}^1\text{COOR}^{2*}} + \text{H}_2\text{O} \xrightarrow{\text{酶}} \underset{\text{光学活性醇或酯}}{(\text{R}^{2*}\text{OH}+\text{R}^1\text{COOR}^{2*})} + \text{R}^1\text{COOH}$$

有机相醇酰化：

$$\underset{\text{外消旋醇}}{(\pm)\text{-R}^{3*}\text{OH}+\text{R}^1\text{COOR}^2} \xrightarrow{\text{酶}} \underset{\text{光学活性酯或醇}}{(\text{R}^1\text{COOR}^{3*}+\text{R}^{3*}\text{OH})} + \text{R}^2\text{OH}$$

酶由L-氨基酸组成，其活性中心构成了一个不对称环境，有利于对消旋体的识别，属于高度手性的催化剂。它的催化效率高，并有很强的专一性，反应产物的对映体过量百分率可达100%。因此在手性药物合成过程中，用酶拆分消旋体是理想的选择。D-苯甘氨酸和D-对羟基苯甘氨酸是生产半合成青霉素和头孢菌类抗生素的重要侧链。利用恶臭假单胞菌（*Pseudomonas putida*）的L-氨肽酶拆分DL-氨基酸酰胺获得了D-苯甘氨酸和D-对羟基苯甘氨酸。拆分过程中生成的不要的对映体可通过与苯甲醛形成酰胺的Schiff碱形成加合物，在升高pH值时发生外消旋化，外消旋后的氨基酸酰胺可重复利用。

光学活性氰醇以及由它转变而成的α-羟基酸、α-羟基酯、α-羟基酮和β-羟基胺等光学活性异构体都是重要的医药和农药中间体，β-类肾上腺素阻断剂和拟除虫菊酯都是这类化合物的代表。α-氰基-3-苯氧基苯甲醇的*S*-构型异构体具有较高的杀虫剂活性。当利用节杆菌产生的脂肪酶对（±）α-氰基-3-苯氧基苯甲醇乙酸酯拆分时，可得到*S*-构型氰酸，e.e.值为99.8%。

使用悬浮于环己烷的粉末状游离脂肪酶（*Candida cylindracea lipase* OF 360）作生物催化剂，已成功地构建了一个高效的非水相游离酶连续搅拌釜反应器。当使用高度反应性的丙酸酐作为薄荷醇的酰基给体，进行连续的酶促对映选择性酯化反应时，醇的转化率在两周内可保持40%以上，所生成酯的光学纯度超过95%e.e.。但是当使用相应的游离丙酸（而不是酸酐）作酰基给体时，薄荷醇的转化率在连续操作开始后迅速下降，表明使用酸酐时的生产力要比使用游离酸时高。对底物溶液的浓度和流速进行优化，对反应器系统的含水量进行了监测，并通过对酸酐料液的浓度或流速进行微调，可有效地将有机溶液相的水分浓度控制在一定的范围（2～4mmol/L）之内。结果 *dl*-薄荷醇对映选择性连续酯化反应非常稳定地运行了两个月之久（转化率 35%～47%，光学纯度 95%～98%e. e.），酶反应器的半衰期超过 200 天。

萘普生是一种非立体性的抗炎药，以纯 *S*-对映体上市。从细菌 *Bacillus subtilis* 中分离得到羧基酯酶 NP，它可接受包括萘普生在内的多种底物。当底物有一个芳香侧链时表现出最大的活性和最高的选择性。NP 的三种典型底物结构式如图 3-39 所示。

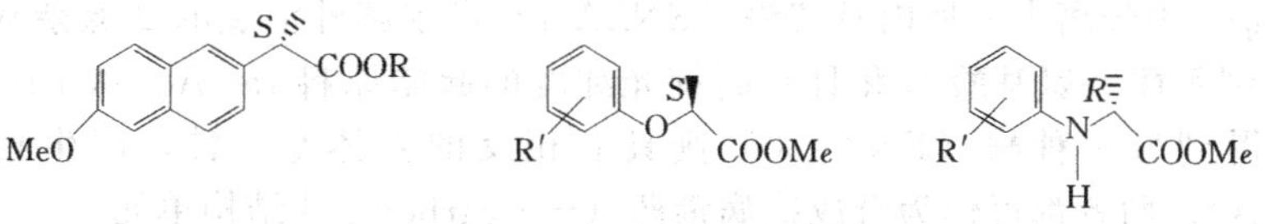
S
COOR
MeO
S
O
R′
COOMe
R
N
R′
H
COOMe

(*S*)-E_1　　(*S*)-E_2　　(*R*)-E_3

图 3-39　羧基酯酶 NP 的典型底物结构式

a—R=H；b—R=Me

除了水解如萘普生 α-芳基丙酸外，此酶还能高度专一性地水解 α-芳氧基丙酸酯 E_2。比较 E_{1b} 和 E_2 可以发现，当一个额外氧原子引入手性中心和芳香部分之间时，酶的专一性就转变了。然而 *N*-芳基丙氨酸酯 E_3 以高对映过量率得到了 *R*-酸。

关于有空间位阻的酯类如叔醇酯或 α,α,α-三取代乙酸酯的水解报道很少，显然水解酶不能适应靠近反应位点带有季碳原子的底物。不过也有例外，如在 *Candida cylindracea* 中发

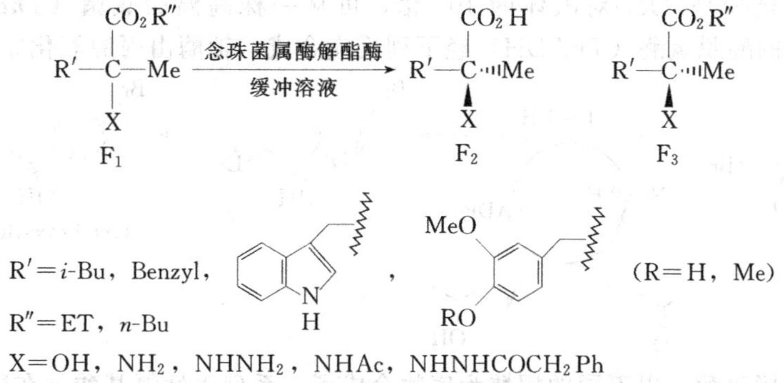
CO₂R″
R′—C—Me
X
F₁
念珠菌属酶解酯酶
缓冲溶液
CO₂H
R′—C···Me
X
F₂
CO₂R″
R′—C···Me
X
F₃
R′=i-Bu，Benzyl，
R″=ET，n-Bu
N
H
MeO
RO
(R=H，Me)
X=OH，NH₂，NHNH₂，NHAc，NHNHCOCH₂Ph

现的酯酶能拆分叔炔酯（E_4）（图 3-40），产生 *R*-醇和 *S*-酯，并有较高的对映过量率。有趣的是当炔基部分被甲基、乙烯基或氰基取代时，这些酯就不再作为酶的底物而被接受。

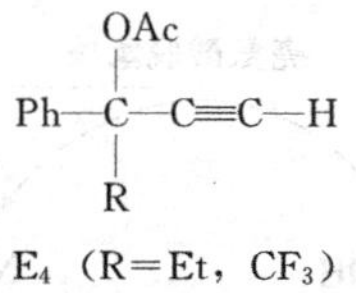
OAc
Ph—C—C≡C—H
R

E_4（R=Et，CF_3）

图 3-40　叔炔酯 E_4 结构

从假丝酵母（*Candida lipolytica*）酯解酯酶的大量粗品中分离得到一个含量很少的新的酯酶，它可以把化合物 F_1 水解得到酸 F_2 和酯 F_3，对映过量率大于 90%。类似于羧酸酯酶 NP，当有芳香侧链存在时，该酶的立体选择性最高。这些高度取代的羧酸，尤其是氨基酸，由于其可作为酶抑制剂和受体拮抗剂的性质，在制药和农药工业中具有重大意义。从

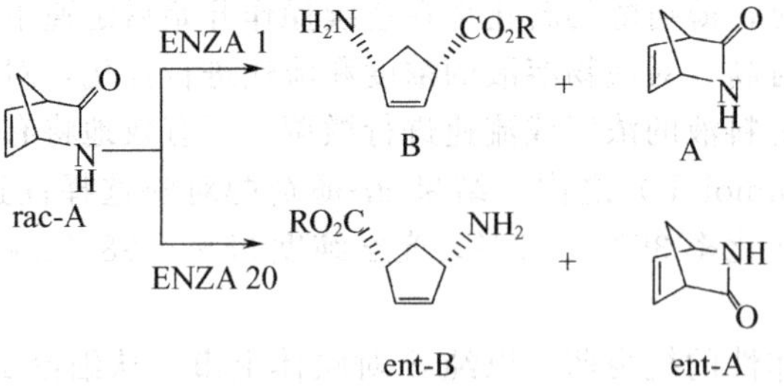

双环内酰胺的分解，外消旋的 2-氮杂双酮［2.2.1］-5-烯-3-庚酮由 ENZA1 催化水解为手性 γ-氨基酸 B 和起始原料 A。ENZA20 具有相反的立体专一性并水解 rac-A 为 ent-A 和 ent-B

Rhodococcus equi 中分离出一种内酰胺酶（ENZA 1）可水解外消旋的 2-氮杂双环［2.2.1］-5-烯-3-庚酮得到手性 γ-氨基酸 B 和具有高旋光纯度的起始原料 rac-A。从 *Pseudomonas solanaceaum* 中得到另一种酶（ENZA20）则具有相反的立体专一性，产生相应的对映体（ent-B 和 ent-A）。两者都可作为合成抗病毒药（－)-carbovir 的结构单元。

3.5.3.2 酶催化不对称合成

以具有氧化或还原作用的酶及相关微生物为手性合成催化剂催化前手性底物反应，可直接构建光学活性药物的手性中心。

（1）脱氢酶　脱氢酶的受氢体绝大部分是尼克酰胺二核苷酸（磷酸），作为辅助因子的尼克酰胺核苷酸有两种：NAD^+ 和 $NADP^+$。氧化还原反应在尼克酰胺环上进行，氧化状态时环上 N 为 4 价，写成 $NAD(P)^+$，还原后则写成 NAD(P)H。脱氢酶是以辅酶或辅基为受氢体，所以又称为不需氧脱氢酶。

broxatherol 是一种强效 β_2-肾上腺素能受体激动剂，用作支气管扩张剂治疗哮喘。其 (*S*)-对映体活性至少是（*R*)-对映体的 100 倍，可从一株高温厌氧菌（*Thermoa-nerobium brockii*）中分离的醇脱氢酶（TbADH）经下列反应合成，辅酶由丙醇氧化原位再生：

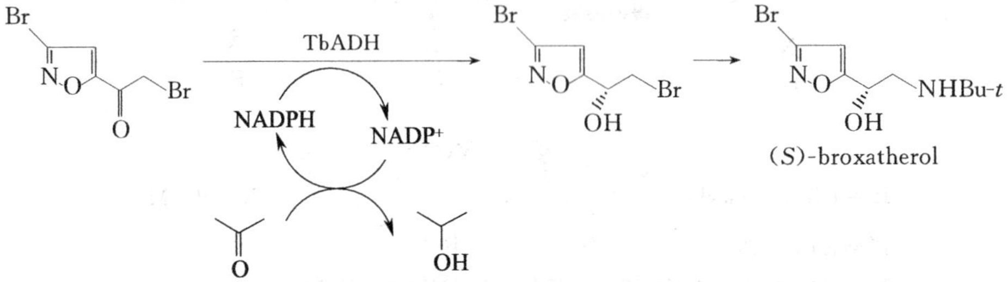

(*S*)-broxatherol

利用亮氨酸脱氢酶，以不同的酮酸为底物合成了一系列手性氨基酸。在这一方法中，辅助因子通过甲酸脱氢酶再生。

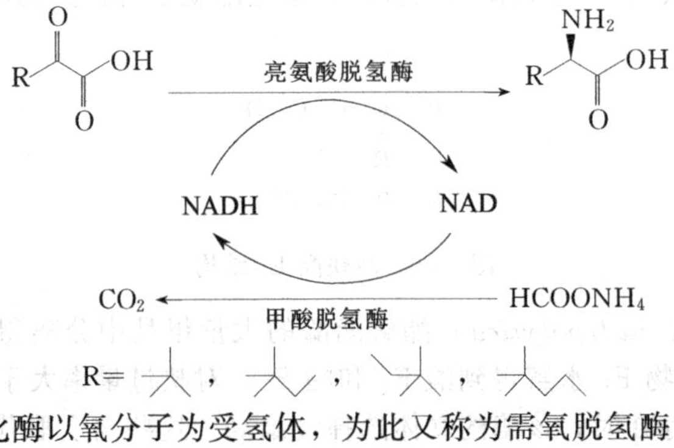

（2）氧化酶　氧化酶以氧分子为受氢体，为此又称为需氧脱氢酶。这类酶常需要黄素核苷酸（FMH 或 FAD）为辅酶，且结合紧密，故又称黄素蛋白。氨基酸氧化酶催化氨基酸转

化为相应的酮酸，逆反应则由脱氢酶催化，例如以头孢菌素 C 为原料，二步酶法制备 7-氨基头孢烷酸（7-ACA）。

头孢菌素 C →(D-氨基酸氧化物, O_2) α-酮己二酸单酰头孢菌素 →(H_2O_2) 戊二酸单酰头孢菌素 →(戊二酸单酰水解酶) 7-氨基头孢烷酸（7-ACA）

（3）过氧化物酶　过氧化物酶常以黄素 FAD、血红素为辅基担负 H_2O_2 与过氧化物的分解与转化，催化以 H_2O_2 为氧化剂的氧化还原反应：

茚 →(溴过氧化物酶) $2R,1R$-溴茚醇 + $2S,1S$-溴茚醇 →(脱氢酶) 2-溴茚醇 ⇌ 2-溴茚酮 + $2S,1S$-溴茚醇 →(OH^-) $1S,2S$-环氧茚 → 甲基噁唑啉 → 反-$1S,2S$-氨基茚醇 ⇒ 佳息康

佳息康是 HIV-Ⅰ蛋白酶抑制剂，临床上用于艾滋病的治疗。生产佳息康的一个关键中间体反-$1S,2R$-氨基茚醇能以手性的 $1S,2R$-环氧茚为前体合成，而以 curvulariaprotuberate MF 5400 中的溴过氧化物酶和脱氢酶为催化剂，可直接将茚转化为 $1S,2R$-环氧茚。

（4）加氧酶　加氧酶常伴随羟基形成，故又称为羟化酶。它与氧化酶不同，它催化氧原子直接参入有机分子，可根据反应体系中氢供体数目分为两个亚类：单加氧酶和双加氧酶。例如在降血糖药物格列吡嗪（*glipizideg*）的合成中，其中一个前体就是在生物催化剂的催化下，直接将甲基基团上的一个非活化碳直接氧化而成。

2,5-二甲基吡嗪 →(恶臭假单胞菌) 5-甲基吡嗪-2-羧酸 ⇒ 格列吡嗪

(5) 转移酶　转移酶能催化一种底物分子上的特定基团，如酰基、糖基、氨基、磷酰基、甲基、醛基和羰基等，转移到另一种底物分子上。大部分转移酶常常需要辅酶的参与，它是被转移基团的携带者。转氨酶的应用较多，它需要磷酸吡哆醛为辅酶，后者是维生素 B_6 的衍生物，除了参与转氨基反应以外，它也是脱羧反应和消旋反应的辅酶。反应过程中先要形成活泼的 Schiff 碱，然后再根据酶的催化特性进行相应的反应。转氨酶的特点是底物特异性低，反应速度快，已被用于大规模合成非天然氨基酸，以满足生产手性药物的需要(表 3-23)。L-同型苯丙氨酸是抗高血压药依那普利的组分，D-苯丙氨酸和 L-叔丁亮氨酸分别是抗血栓药和抗艾滋病药的组分。

表 3-23　用转氨酶生产非天然氨基酸

转氨酶	缩写	基因	来　源	产　物
天冬氨酸	AAT	*Aspc*	*E. coli*	L-同型苯丙氨酸
分枝氨基酸	BCAT	*LivE*	*E. coli*	L-叔丁基亮氨酸
D-氨基酸	DAT	*DaT*	*Bacilius* sp. *YMI* *Bacilicus sphaericus*	D-谷氨酸 D-亮氨酸 D-苯丙氨酸 D-2-氨基丁酸

L-丝氨酸是一个重要的药用氨基酸。利用丝氨酸羟甲基转移酶催化甲醛和甘氨酸，能可逆地合成 L-丝氨酸。反应过程中丝氨酸羟甲基转移酶需要 PLP 和四氢叶酸作为辅助因子。最终反应液中 L-丝氨酸浓度达到 0.2mol/L，该法是目前最有应用前景的 L-丝氨酸生产方法。

H_2N–CH_2–COOH + HCHO ⇌（丝氨酸羟甲基转移酶）HO–CH_2–CH(NH_2)–COOH

(6) 水解酶　把大分子物质底物水解为小分子物质的酶为水解酶，反应不可逆，一般不需辅助因子。据估计，生物转化利用的酶约 2/3 为水解酶，其中使用最多的是脂肪酶，以及酯酶、蛋白酶、酰胺酶、腈水解酶、磷脂酶和环氧化物水解酶。脂肪酶容易获得，在已报道的生物转化过程约有 30%与脂肪酶有关，常用的脂肪酶有猪胰脂肪酶、假丝酵母属脂肪酶、假单胞杆菌属脂肪酶和毛霉属脂肪酶。例如抗高血压病药物地尔硫䓬 (diltiazem) 的一个中间体就是利用固定化脂肪酶催化合成的，其产率为 40%～43%，光学纯度为 100%e. e. 。

MeO–C₆H₄–环氧–CO_2Me (DL)-*trans* —脂肪酶→ *trans*-(2*R*,3*S*) —→ —→ 地尔硫䓬（OMe，S，O_2CCH_3，N，O）

乙内酰胺酶的使用较广，常用于大规模制备 D-氨基酸。例如用乙内酰胺酶工业化生产阿莫西林的侧链—对羟基苯甘氨酸，在该工艺中非目的对映体可通过动态拆分循环利用。

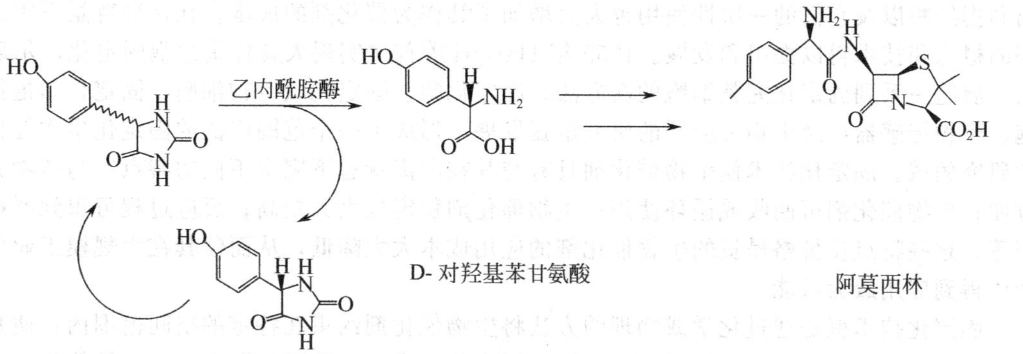

乙内酰胺酶

D-对羟基苯甘氨酸

阿莫西林

R-3-羟基-4-腈丁酸乙酯是生产降胆固醇药阿妥伐他汀的中间体，用2,3-二羟基氯丙烷合成该中间体的方法需要6步反应，而用腈水解酶催化表氯醇合成只需3步反应。

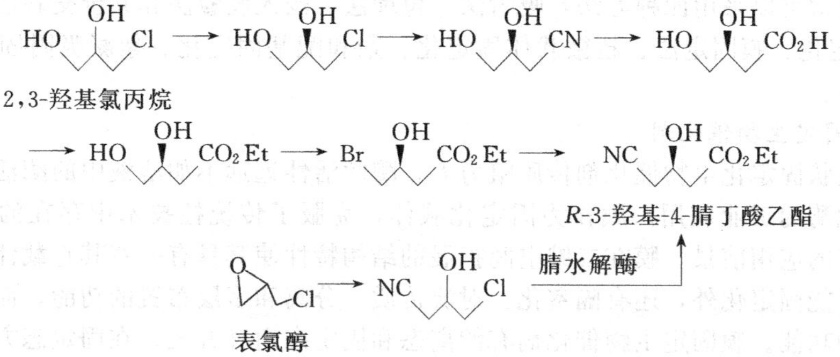

2,3-羟基氯丙烷

R-3-羟基-4-腈丁酸乙酯

腈水解酶

表氯醇

(7) 其它酶 2S-(—)-4-氨基-2-羟基丁酸（S-AHBA）是半合成糖苷类抗生素丁氨卡那霉素的结构单元，亦为神经递质4-氨基丁酸最强的抑制剂，可由两个酵母菌还原前手性酮合成。

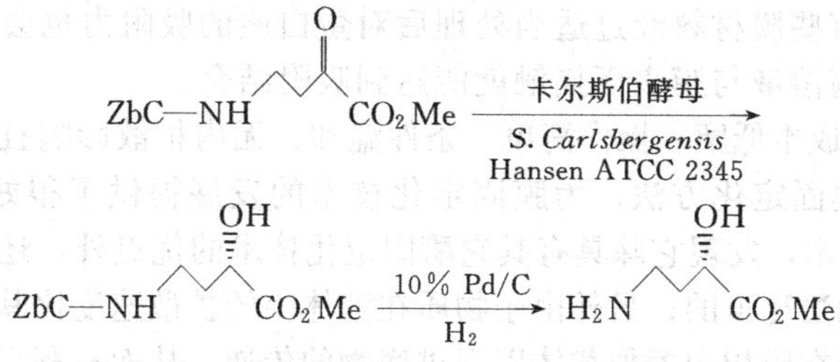

卡尔斯伯酵母 *S. Carlsbergensis* Hansen ATCC 2345

10% Pd/C, H_2

① 收率40%，ee. 88%

② 收率54%，ee. 88%

醇腈酶的裂解型酶通过形成一个手性氰醇将氢氰酸不对称地加至醛或酮的羰基上。这些分子对于手性的α-羟基酯或酸、氨基醇和二元醇的合成是通用的起始原料。由于反应中只

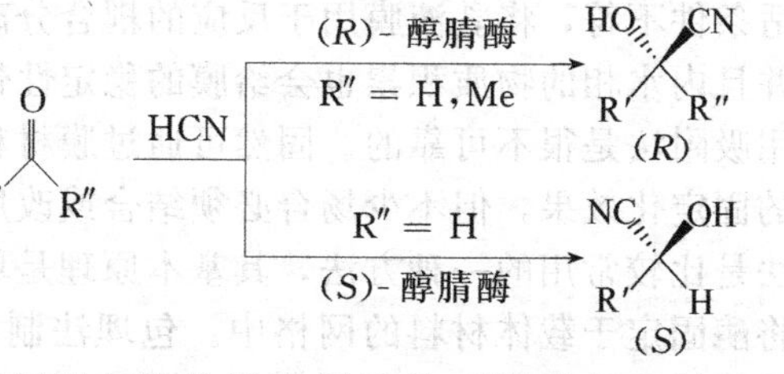

(R)-醇腈酶 R″＝H,Me

HCN

R″＝H (S)-醇腈酶

产生一个对映体，因此具有相反立体化学选择性的不同酶的有效性，对于合成R-型和S-型氰醇都是必需的。从杏仁中发现了一种具有R-型专一性的酶，而从北美枫香树中分离到(S)-醇腈酶都可用于氰醇的合成，其中后者能以脂肪醛为底物，用途更大。

3.5.4 生物催化剂的固定化

游离酶由于不稳定和易变性等缺点，使它们难以在工业中得到更为广泛的应用。此外，分

离和提纯酶以及它们的一次性使用也大大增加了其作为催化剂的成本。在这种背景下固定化酶的概念和技术得以提出和发展。1959年Hattori等首次实现大肠杆菌细胞固定化，尔后逐渐发展起一系列固定化完整细胞的新方法。固定化酶、固定化微生物细胞、固定化动植物细胞、生物传感器以及生物反应器的研究迅猛发展，形成了一个范围广泛的固定化生物催化剂的研究领域。固定化技术使生物催化剂具有与其在游离状态下完全不同的特点：与产物分离方便；生物催化剂可回收或循环使用；生物催化剂稳定性大大提高；反应过程可得到严格控制等。这些特点使价格昂贵的生物催化剂的应用成本大大降低，从而使其在大规模工业化生产中得到应用成为可能。

固定化技术就是通过化学或物理的方法将生物催化剂约束在特定的空间范围内，使其保持一定的催化性能并可被连续重复地使用。固定化技术一个重要的研究方面是性能优良的固定化载体的开发，迄今为止已有许多无机、有机和生物载体用于生物催化剂的固定化。传统的酶固定化通常可以采用四种方法：吸附法、包埋法、围入胶囊法和共价交联法；新型的有溶胶-凝胶固定化、膜固定法、超微载体固定化、亲和配基固定化、絮凝吸附固定化和组合固定化技术等。

3.5.4.1 膜固定生物催化剂

传统的柱状固定化生物催化剂传质阻力大，酶的活性远远不如溶液中的酶活性高，因而阻碍了固定化酶的工业应用。膜作为固定化载体，克服了传统柱技术中存在的传质差的缺点，具有很好的应用前景。膜在二维空间扩展的结构特性使其具有一些其它载体不可比拟的优点。膜除了能固定化外，还有隔室化、对流传质、分离和多层布置的功能，而其它载体只有固定化一种功能。膜固定生物催化剂有游离态和固定态两种方式。在固定态方式下，膜固定生物催化剂可分为吸附、包埋、化学偶联等方法。

(1) 吸附法　吸附法是一种最古老、最简便、经济的固定化方法。有些膜材料对蛋白质具有很强的吸附力，有些膜材料经过适当处理后对蛋白质的吸附力也会显著增强，此时便可采用吸附法。只要将酶溶液与膜表面接触就能达到吸附结合。

Lee等开发了一种成本低廉、操作简单、条件温和、无内扩散影响且具有良好生物相容性载体的生物催化剂的膜固定化方法，为膜固定化技术的发展提供了很好的参考。Prazeres和Cabral研究了乳液膜技术，发现它除具有其它酶固定化技术的优点外，还在消除产物及底物抑制方面是其它方法所无法比拟的；另外由于物质在液体中的扩散速度比其在固体中的扩散速度快得多，故可根据需要在膜相中添加载体以促进底物的传递，从而有利于反应速度的提高。

稳定性是影响乳液膜技术工业化应用的主要障碍。酶与膜之间的结合只依靠范德华力，作用力很弱，所以存在酶的泄漏问题。在许多情况下，酶的非特异性吸附常会引起酶部分或全部失活，高浓度的盐溶液或底物溶液又将加速蛋白质的脱附。另外，由于乳液膜的最适条件往往与酶促反应的最适条件不符，将乳液膜用于反应的耦合分离时，往往会对乳液膜系统造成很多不利的影响，并且内水相的物质积累也会给膜的稳定性带来问题。因此，当要求酶的固定绝对牢固时，采用吸附法是很不可靠的。固然可通过膜材料的更换或处理以及操作条件的调整来改善吸附法的固定化效果，但不少场合必须结合或改用其它的固定化方法。

(2) 包埋法　包埋法是比较常用的一种方法，其基本原理是单体和酶溶液混合，再借助引发剂进行聚合反应，将酶固定于载体材料的网格中。包埋法制备的固定化酶吸附容量大、通用性强、可渗入特定粒子，以增加密度或赋予磁性。为防止酶的泄漏，提高固定化强度，常常在包埋后再进行辐射或加以交联。包埋法的优点在于它的普适性。酶在包埋过程中其分子本身并不直接参加反应，除了包埋过程中的化学反应和温度可能对酶有不利影响或作为包埋材料的膜会引起酶的变性外，不少酶都能用包埋法固定。但是包埋法对底物分子和产物分子的大小有所限制，有时存在着严重的内扩散。

包埋法采用的载体材料包括聚丙烯酰胺、聚乙烯醇、聚氨酯等高聚物。包埋法只适合作用于小分子底物和产物的酶。因为只有小分子可以通过高分子凝胶的网格扩散，并且这种扩散阻力还会部分导致固定化酶动力学行为的改变，降低酶的活力。在选择高分子载体时应考虑下列关键因素：

① 载体材料的稳定性及生物相容性；

② 载体材料可结合酶的最大能力；

③ 载体材料与底物的竞争力等。

在加工过程中载体材料必须保持稳定，以防止酶的大量丢失和酶活力下降。由于聚乙烯醇膜的制备较其它膜如醋酸纤维素膜、聚砜膜等的制备条件要温和些，所以在包埋法中应用最多。Ima等进行了将酵母转化酶包埋在聚乙烯醇膜来水解蔗糖的尝试。Jancsik等人在聚乙烯醇膜内以包埋法固定β-半乳糖苷酶、醛缩酶和青霉素酰化酶。Drioli等人成功地将嗜热微生物*Cafdariella acidonhila*用醋酸纤维素膜和聚砜膜加以包埋。

(3) 交联法　最简单的化学固定化方法是交联法。该方法的实质是在膜材料上不存在反应基团的情况下，通过双功能或多功能试剂的架桥作用，使酶与功能试剂间形成共价键而实现固定化。常用的试剂有二醛（主要用戊二醛）、亚已基二异氰酸酯、双重氮联苯胺和乙烯-马来酸酐共聚物等。戊二醛最初作为分子间的交联剂，现在广泛应用于酶在各种载体上的固定化。戊二醛既可直接参与酶分子的交联或者酶分子与其它惰性蛋白分子的交联，形成酶的蛋白质聚结态；也可先与含伯胺的聚合物合成与戊二醛功能相同的多醛基聚合物载体，使酶交联固定。

交联法固定化酶的研究工作开展较多，如在CTA膜上固定胰凝乳蛋白酶，采用先将酶进行超滤使其吸附于膜上，然后用戊二醛交联的办法。也有把酶液以错流方式在膜的一侧进行循环，同时在另一侧将戊二醛溶液或蒸气进行循环，以实现交联，上述两种方法为动态法。

采用静态法将α-淀粉酶固定在几种不同的膜材料上，主要步骤是先将膜以酶溶液浸泡，然后用戊二醛浸泡。与动态法比较，静态法易于实现酶在膜上的均匀分布，过程也简便灵活。但静态法也有明显的弊端，耗时长，效率低。此外，动态法多用于中空纤维膜上酶的固定，而静态法则多用于平板膜上酶的固定。

功能试剂与酶的交联作用，常伴随着酶的高级结构的改变。为避免或减少在交联过程中因化学修饰而引起酶的失活，可在待交联的酶溶液中添加一定比例的惰性蛋白，如牛血清蛋白和明胶等。例如在固定helix pomatia中的硫酸酯酶时，把牛血清蛋白和酶分别溶于0.1kmol/m^3、pH=7.8的磷酸缓冲液中，质量分数和质量浓度分别为10%～15%和13～150kg/m^3。将戊二醛加到上述溶液中，使戊二醛体积分数达0.5%。把溶液迅速搅匀后倾倒在洁净的玻璃板上，再将醋酸纤维素支撑膜放入到溶液中，使溶液均匀地渗透到膜中，然后将膜在空气中静置半小时左右以进行凝胶化，再在体积分数为1.0%的戊二醛中浸泡2h，使膜进一步固化。最后用蒸馏水洗去游离的戊二醛，把膜置于0.1mmol/L、pH=7.8的磷酸缓冲液中于4℃下保存。

(4) 共价偶联法　共价偶联法是一种把酶与膜以共价键方式结合的方法。用该法固定酶，膜与酶结合牢固，酶的半衰期较长。但由于共价偶联过程中剧烈的反应条件往往引起酶的高级结构发生变化，因而使酶的活性回收率较低。用共价偶联法固定酶，要求膜表面含有功能活性基团。对于缺乏活性基团的膜材料，如聚砜膜、聚乙烯膜和聚丙烯膜等，可采用以下两种办法改良：

① 对膜进行修饰；

② 研制专门适用于酶固定化的特种膜。

共价偶联可以通过不同的反应途径实现，尽管已有许多固定化方法被研究出来，但没有一种方法是万能的。这是由于不同的酶结构和化学特性不同，不同的底物和产物性质各不相同。固定化方法应遵循简便、经济、高效、酶易再生等原则，这也是评价一个固定化方法优劣的主要标准。

3.5.4.2 溶胶-凝胶固定化

溶胶-凝胶固定化是将生物催化剂包埋于多孔的光学通透性凝胶中。该固定化过程条件温和，被包埋于溶胶-凝胶体系中的生物催化剂可继续保持其原有的结构、活性和功能，底物也可以通过体系中的孔道与生物催化剂接触反应。该体系的孔大小具有一定的可控性，进一步提高了生物反应的选择性。酶在经溶胶-凝胶法包埋后，其四级结构几乎不发生改变，催化效率几乎和溶液中相同；用此方法包埋细胞可不损伤其组织活性。Carturan 将酿酒酵母包埋于溶胶-凝胶中，其生物活性可维持一年。Youichi Kurokawa 用溶胶-凝胶法制备的固定化 β-半乳糖苷酶在含有高浓度的 K^{+}、Mg^{2+} 的溶液和磷酸缓冲液中无任何变化；在装柱后进行的连续反应过程中无挤压现象发生。Reetz 等利用此技术制成含有脂肪酶的固定化酶在催化酯化反应过程中，其相对活力是传统有机相反应的 5～80 倍。

3.5.4.3 超微载体固定化

20 世纪 60 年代 Van Wezel 就提出微载体的概念，认为多孔微载体的内部网状结构使细胞免受（或降低）外界环境改变所带来的影响，不过这种多孔结构大大增加了反应过程中传质阻力。如果改用无孔微载体虽消除了内扩散的影响，但也会使酶的比活率下降。超微载体材料的出现则解决了上述问题。这种载体材料尺寸更小（直径为几百纳米），材料内部的孔隙和通道很小，使生物分子不能进入其内部，只能固定在载体的表面，这样就避免了由于孔隙存在所造成的内扩散的影响。由于载体材料的吸附表面大，使生物分子极易被吸附并固定在载体表面，因而可获得具有比活性很高、稳定的固定化酶。例如采用无孔聚苯乙烯/聚苯乙烯磺酸钠微球（直径为 280nm）作为固定化载体，用于固定淀粉葡萄糖苷酶，所得的固定化酶不出现内扩散的影响，而且具有很高的比活性。

3.5.4.4 絮凝吸附固定化

在早期的理论研究中已经出现了比较完善的高分子聚合物的絮凝机理。与其它固定化方法相比，该方法条件温和，絮凝体系中通常没有使生物物质失活的化学物质存在，不会有传统固定化过程中存在的酶活损失问题。酶（细胞）分子之间通过絮凝剂分子“架桥”连接，絮凝剂在固定化过程中起“骨架”作用，酶分子处在固定化颗粒外侧，在反应中可直接与底物接触，消除了内扩散的影响。絮凝形成的“架桥”结构既可以保证固定化生物催化剂整体结构的稳定性，又可以保证生物催化剂个体具有一定的自由度，有利于保持生物活性。这些优点使得该固定化方法在生物催化转化领域中具有良好的应用前景。已有专利报道采用絮凝法对含有葡萄糖异构酶的菌株进行固定化。

3.5.4.5 耦合固定化

生物催化剂耦合固定化的目的是为了弥补单一固定化技术的不足，充分发挥不同固定化方法的各自优势。例如采用吸附-交联固定化方法，不但使固定化酶的酶活性保留率大大增加，而且提高了固定化酶的稳定性。将固定化技术与其它技术如反应器技术相结合，使整个体系既能克服固定化技术单独使用时所表现出来的缺点，而且使体系拥有全新的特点。如果把絮凝固定化技术与膜生物反应器技术组合应用，使得在该体系中，不仅两种技术的优点均得以发挥，而且由于生物催化剂（尤其是小分子酶）在固定化后的体积增大，即使增大了膜的选择范围，仍可使生物催化剂得到有效截留，这使得生物催化剂在得到截留的同时还可以提高底物和产物（尤其是大分子底物和产物）的透膜传输速率。可以预料生物催化剂的耦合固定化技术具有实际应用价值，会对固定化技术的研究产生很大的影响。

3.5.4.6 联合固定化

联合固定化最初是指把外来酶结合于固定化完整细胞上。后来又发展到将两种酶、两种微生物细胞以及生物催化剂（酶/细胞）与底物或其它物质联合固定在一起。联合固定化技术是酶、细胞固定化技术发展的综合产物，与普通的固定化酶或固定化细胞相比，联合固定化生物催化剂可以充分利用酶和细胞的各自特点，把不同来源的酶和整个细胞的生物催化性质结合到一起。

最初研究的联合固定化是将微生物细胞与酶结合在一起。有人研究了用海藻酸盐联合固定化微生物细胞和酶：首先用碳化二亚胺作交联剂，把酶共价结合到海藻酸钠上，然后加入微生物细胞（如酵母），混匀后将这个含有酶和细胞的海藻酸钠混合物滴入氯化钙溶液中，从而形成了一种含有细胞和酶的联合固定化生物催化剂颗粒。另一种联合固定化方法是先将微生物细胞进行干燥脱水，再悬浮于酶液中，使酶分子沉积在细胞壁上，进而进入细胞壁孔隙中，然后用丹宁和戊二醛处理，使酶与细胞交联在一起，形成联合固定化生物催化剂。

一种好氧微生物与厌氧微生物联合固定化体系，有效地利用了固定化细胞颗粒内部缺氧部分空间。在该联合固定化体系中，好氧菌生长在氧气充足的固定化颗粒表面，而厌氧菌则主要生长在氧气缺乏的固定化细胞颗粒的中央部位。在这种联合固定化生物催化剂体系中，如果一种微生物的代谢产物是另一种微生物所利用的底物，那么在单一培养装置内就可以进行两阶段的发酵。

联合固定化生物催化剂的优势是明显的，因而有潜在的应用前景。酶与酶联合固定化体系在生物传感器中获得了广泛的研究和应用。由固定化酶和电化学传感器组成的酶电极，将酶的专一性、灵敏性与电学测量的简便、迅速巧妙地结合起来，为新型自动分析仪器的制造提供了基础。酶与微生物细胞联合固定，可以弥补单一微生物酶系的不足，扩大微生物细胞所固有的“酶库”。如酵母与纤维二糖酶联合固定后，不仅可以把纤维二糖转化为葡萄糖，还可以利用酵母把葡萄糖转化成酒精，避免了葡萄糖对纤维二糖水解的抑制作用，提高了酒精产率。将底物与生物催化剂联合固定化，还可用于在水溶液中溶解性差的物质的生物转化。例如用海藻酸钙包埋法将 arthrobacter simplex 与底物氢化可的松联合固定，用于将氢化可的松转化成氢化泼尼松，这种联合固定化方法提高了底物的转化率。

3.5.5 生物催化剂在化工中的应用

3.5.5.1 微生物法生产丙烯酰胺

丙烯酰胺是以丙烯腈为原料水合而成的，从20世纪50年代至今生产工艺先后经历了硫酸水合、铜系催化的化学水合及微生物腈水合酶生物转化三个发展阶段。1973年能催化丙烯腈水合停留在丙烯酰胺的微生物 *Brevbactrium* R312 的发现，标志着用微生物生产丙烯酰胺的研究的开始。1985年日本建成了世界上第一个微生物法生产丙烯酰胺的工业性装置。丙烯腈生化催化合成丙烯酰胺技术有以下特点。

① 高效生化催化合成丙烯酰胺单体技术，生产工艺极简单，丙烯腈转化成丙烯酰胺的转化率和选择性几乎为100%，生产过程中无废水，副产物，环境极佳。

② 水溶液法（含少量表面活性剂）生产聚丙烯酰胺，产品为固体颗粒，无废气、废液排出，分子量高，可调节残留单体含量达国际卫生标准，产品溶解性能好，储藏性能好，根据使用要求，可生产30余种牌号聚丙烯酰胺。

与铜系催化法相比微生物法有许多优点：酶催化反应在常温、常压下进行，提高了生产安全性；丙烯腈的转化率接近100%，不需回收未反应原料；由于省去了铜分离工段，产品中不含铜离子，产品纯度高，特别适合生产超高分子量的聚丙烯酰胺；工艺过程简单，设备投资少，生产经济效益高。微生物法催化生产丙烯酰胺是石油化工骨干产品利用酶催化技术第一个成功范例，具有划时代的意义。

丙烯腈的微生物反应如下，反应的最终产物为丙烯酸：

$$CH_2{=}CH{-}CN \xrightarrow{\text{腈水合酶}} CH_2{=}CH{-}\overset{\overset{\displaystyle O}{\|}}{C}{-}NH_2 \xrightarrow{\text{酰胺酶}} CH_2{=}CH{-}\overset{\overset{\displaystyle O}{\|}}{C}{-}OH$$

微生物法生产丙烯酰胺的关键是制备腈水合酶（nitrile hydratase），目前已知能产生腈水合酶的微生物有红球菌（*Rhodococcus*，如1985年工业化的*Rhodococcus* sp. 774）、假单胞菌（*Pseudo monas*，如1988年工业化的*Pseudo monas chlororaphis* B23）、假诺卡氏菌（*Pseudonocardia*）、节杆菌（*Arthrobacter*）、芽孢杆菌（*Bacillus*）、诺卡氏菌（*Nocardia*）、丛毛单胞菌（*Comamonas*）、棒状杆菌（*Corynebacterium*）以及短杆菌（*Brevibacterium*）等，用来催化腈的水合而生成相应的酰胺。第三代生物催化剂是1992年投入工业应用的*Rhodococcus rhodochrus* J1，其酶活性、对丙烯腈的耐受率、培养密度和稳定性、生产能力都达到较高的水平。中国工程院院士沈寅初等培育出比它的产酶水平高15%的*Nocardia* sp. 86-163，其酶活性高达2857单位。

丙烯酰胺单体纯度是影响聚合及聚丙烯酰胺质量的关键问题，国内几乎所有工厂的产品质量欠佳根源就在于此。生化催化用特种生物催化剂，生产工艺极简单，生产1t丙烯酰胺需丙烯腈760t(100%转化)，催化剂1kg，反应在水溶液中进行，丙烯酰胺水溶液不含其它杂质。

生产步骤如下。

① 原料准备（丙烯腈贮槽、催化剂、水槽）。

② 生化催化剂悬浮液的制备：间歇操作，在小于30℃，101.3kPa下进行。

③ 合成：丙烯酰胺水溶液浓度6%～35%，反应对间为1～5h。

④ 过滤：丙烯酰胺水溶液经过滤器，滤去催化剂。

⑤ 水溶液直接用泵送到聚合车间。

对水质的要求：脱盐，pH＝6.5～7.5，O_2 含量1mg/L，Fe含量1mg/L。

3.5.5.2 生物石油技术

经生化手段发酵制得一种高分子微生物多糖——黄原胶，它具有独特的流变性，除了用于医药、食品、纺织、涂料、消防等行业外，也是一种优良的钻井泥浆添加剂，可用作泥浆处理剂和钻井液，对于提高钻井速度，防止油井坍塌，保护油气层和防止井喷有明显作用。将其用于二、三次采油，可大幅度提高采油率。采用微生物催化反应生产的丙烯酰胺，被广泛用于石油开采中灌注油井的流体中，可将常规采油技术不能获得的深井下2/3的地下石油采出，大大提高单井的采油率。

俄罗斯科学家使用多种适于在石油中生存的微生物，将其与催化剂一同置于采油管内，这些微生物新陈代谢的产物可以大大增强石油的流动性，从而提高采油率，而不会影响石油的质量。测试表明，每使用1t微生物和催化剂的混合物，可多采集石油500t。美国科研人员开发出一种新型生物炼油技术，可以利用细菌净化重油，降低重油中的硫、氢和重金属含量，从而增强炼油过程中抗堵塞和抗结焦能力，并减少燃油有毒气体的排放。这种有催化作用的细菌能够在高达60℃的条件下存活并起作用。该技术可使重油中的硫、氢和重金属的质量分数降低20%～50%。美国能源生物系统公司在离析的独立菌株基础上，成功研究开发了柴油生物脱硫新工艺，解决了反应器设计、分离流程、催化剂再生以及副产品应用和开发的一系列问题。此外，由国内研制的一种咔唑微生物能将石油中含氮杂环氧化，为石油微生物脱氮开辟了新的领域。

石油中含有许多硫醇、二硫化合物、砜、噻吩等有机硫，在燃烧中它们转化为 SO_2，造成腐蚀设备、污染大气，形成酸雨。传统的工业脱硫方法是加氢脱硫（HDS），即在金属催化剂的作用下，对石油进行高温高压的脱硫处理，将有机硫化合物转变为 H_2S 后再从系统中分离出去。但 H_2S 能使脱硫催化剂中毒，这令高含硫石油的HDS变得复杂化。而生物手段脱除石油中硫的方法为人们提供了经济可行的路线。它是在温和的条件下利用适宜的细菌代谢过程使石油脱硫，在生化反应过程中脱硫剂可以再生或自身补充。但该技术消耗石油中的部分烃作为细菌的碳源，而缺乏商业竞争力。

生物催化脱硫（BDS）是由微生物脱硫发展而来的。它是在常温（20～60℃）、常压和非临氢的条件下进行。在经济方面设备投资是HDS法的一半，而操作费用则降低15%，且能有效地除去HDS难以除去的苯并噻吩。BDS是利用细菌酶催化特定的反应，释放出硫，留下碳氢化合物，也就是酶的生存和繁衍不依靠石油中的烃作为碳源。

石油炼厂的废水、焦油污染的土壤里的硫化合物在自然条件下，其中的一部分会发生生物降解，这是自然界中存在着细菌的作用。首先被使用的是可降解无机硫的细菌，如硫化亚铁硫杆菌，它能在黄铁矿的硫被氧化成水溶性硫酸盐的过程中吸取能量，供其自身代谢。在自然界中极少有细菌靠有机硫进行代谢，因此需要对细菌作人工变异培养。通过改变细菌生长条件，促使微生物的性质和酶活性发生变化。例如改变细菌生存环境的金属离子种类、pH值、培养基浓度及生长温度等，可得一些细菌突变体，它们具有强脱硫能力。这种脱硫操作中，有机硫分子的代谢仍要以烃作碳源，而不是选择性或专一性地代谢硫，有机硫化合物只是从非水溶性转变成水溶性，随后从石油中被分离出来，但有价值的烃也被部分地损失掉了。BDS对诸如硫醇、硫醚等分子量较小的有机硫化合物较为有效。对于带有硫杂环的芳香族化合物，迄今只有少数几个细菌菌株能够代谢为水溶性的化合物，如亚臭甲单细胞菌和*P. alcaligens*等，这样就大大地限制了BDS法的商业利用价值。

BDS脱硫是在生化反应系统中，以细菌酶催化的特定反应来释放硫，细菌的生存是以硫而不是以碳氢化合物为能源。这种方法首先是对有机硫化合物中的C—S键产生生物分解作用的几种细菌进行混合培养，然后进行化学诱变，使之产生一种能选择性地断裂二苯并噻吩（DBT）中的C—S键的作用，从而释放出硫的新培养物。研究者把从自然环境中分离出的几种细菌进行混合，并保存在有DBT存在下的连续除硫培养基中，然后再将其暴露在化学诱变物1-甲基-3-硝基-1-亚硝基胍中。该突变培养物对DBT代谢的主降解产物是二羟基联苯，硫被分解为水溶性的硫酸盐，而分子中碳氢部分被保留下来。而后从这种混合细菌培养物中分离出突变菌株，即玫瑰色红球菌，被称为ICTS8［登记号为ATCC 53968］。它是目前公认的对DBT有效脱硫的生物催化剂。

DBT被生物催化剂代谢的历程如下式所示。有4种酶用于催化该新反应历程，分别表示为Dsz A，Dsz B，Dsz C和Dsz D。通过这个历程，DBT逐渐被氧化为亚砜、砜和亚磺酸盐，并在最后一步被氧化为邻苯基苯酚和硫酸钠。

$^{+}$NADH　Dsz D　$FMNH_2$　FMN　Dsz C　O_2
二苯并噻吩　DBT亚砜　DBT砜
$FMNH_2$　Dsz A　Dsz D　$^{+}$NADH　FMN　O_2
SO_4^{2-}　O_2　SO_3^{2-}　+　Dsz B　H_2O
邻苯基苯酚　HPB亚磺酸盐

生物催化脱硫过程首先将石油或其产品与氧源接触，由于石油溶解氧的能力比水大得多，则溶于石油中的氧可作为催化剂在脱硫过程中的氧源。而后在生物反应器中与生物催化剂水溶液在乳化剂和湍流或其它方法的作用下形成乳液或微乳液。它是以有机相为连续相的油包水型，液滴直径是微米级的，这样保证了生物催化剂与有机相的紧密接触。液滴直径的选择还与生物催化剂的浓度和比活性、反应系统中氧的浓度和有机硫化合物的浓度有关。最佳条件是通过试验确定的。经生物催化脱硫后的乳状液经分离装置将脱硫油和待再生的生物催化剂分开。因为硫是以 SO_4^{2-} 形式溶于水，除去 SO_4^{2-} 的过程即为生物催化剂再生的过程。

3.5.5.3 生物催化剂应用于精细化学品生产

(1) 微生物法生产烟酰胺　烟酰胺是辅酶Ⅰ和辅酶Ⅱ的组成成分，烟酰胺和烟酸一起被总称为维生素 B_3，烟酸在动物体内可转化为烟酰胺而发挥作用。缺乏烟酸或烟酰胺动物会产生皮肤、消化道等病变，出现癞皮病、口角炎等疾病。因此，烟酰胺和烟酸在医药、食品、饲料领域有重要应用。目前全球每年需求量达 4 万吨，国内现有产量不能满足市场需求，部分依赖进口。烟酰胺的传统生产方法为烟酸氨化法和烟腈碱水解法，国内厂家大多采用第二种方法，生产工艺落后，规模很小，成本高，总产量不足 0.5 万吨/年。

日东公司在成功开发了微生物法生产丙烯酰胺技术后不久即开发了微生物法生产烟酰胺技术，利用用于丙烯酸胺生产的腈水合酶高产菌种催化烟腈水合生产烟酰胺。瑞士 Lonza 公司是全球最大的烟酸胺生产企业，它利用日东公司的技术建立了全球第一个微生物法生产烟酰胺的工业装置，1998 年该公司在中国的合资企业广州龙莎有限公司，建成了年产 0.34 万吨的微生物法生产烟酰胺的生产装置。上海市农药研究所也在微生物法丙烯酸胺生产技术开发成功之后开发了微生物法生产烟酰胺技术，并于 2003 年在浙江新昌建立了工业装置，规模达 0.2 万吨/年。微生物法的特点是操作简便、反应条件温和、环境污染小、分离提纯简单、产品纯度高。

$$\text{3-CN-吡啶} \xrightarrow[\text{水}]{\text{腈水合酶}} \text{3-CONH}_2\text{-吡啶}$$

(2) 微生物法生产 D-泛酸　D-泛酸又称维生素 B_5，是辅酶 A 的组成部分，其作用即是辅酶 A 的生理功能参与体内脂肪酸降解、脂肪酸合成、柠檬酸循环、胆碱乙酰化、抗体的合成等，泛酸的存在有利于各种营养成分的吸收和利用。由于泛酸对热、碱、酸均不稳定，其商品形式主要为 D-泛酸钙。D-泛酸作为重要的药物、食品添加剂和饲料添加剂，用途广、市场大，特别是 D-泛酸钙的需求量很大。生产 D-泛酸的关键技术是中间体 DL-泛解酸内酯的手性拆分，以往 DL-泛解酸内酯的拆分大多采用化学方法，手性拆分剂价格昂贵、成本高、分离困难且有环境污染和毒性问题。因此酶催化拆分方法的开发受到重视，其中 Sakamoto 等 1991 年报道利用尖镰孢霉菌等产生的 D-泛解酸内酯水解酶，选择性水解 DL-泛解酸内酯生成 D-泛解酸，分离后的 D-泛解酸转化为 D-泛解酸内酯，D-泛解酸内酯再与 β-丙氨酸钙缩合即得到 D-泛酸钙。1998 年日本富士药品公司利用该技术大规模生产 D-泛酸钙，成为世界上首家生物法生产 D-泛酸钙的公司。

江南大学的孙志浩等 2001 年报道筛选到了一株能高产立体专一性 D-泛解酸内酯水解酶的微生物菌株串珠镰孢霉 *Fusarium moniliforme* SW902，利用它催化 DL-泛解酸内酯的拆分，酶转化时间短（5～10h），酶可反复利用多次，固定化后可使用 180 次以上，所得到的酶水解产物光学纯度达到 99%以上。已在杭州鑫富药业股份有限公司实现工业化生产，2002 年生产规模即达到 D-泛酸钙 2000t/年，目前生产规模已达 5000t/年。

(3) 微生物法生产 1,3-丙二醇　对苯二甲酸丙二醇酯（PTT）是用 1,3-丙二醇和对苯二甲酸合成的聚酯，回弹性、耐污性良好，且具有良好的染色性、膨松性、耐磨性和抗静电性，主要用作涤纶原料。为降低成本，杜邦和杰能科联合开发了以葡萄糖为底料生产1,3-丙二醇的方法。把葡萄糖转化成甘油和甘油转化成1,3-丙二醇两个过程合于一次发酵完成。用基因工程菌在年产为80t规模的中试中得到含1,3-丙二醇160g/L的发酵液。工业上应用最多的菌种是肺炎杆菌属（*Klebsiella pneumoniae*）、丁酸梭状芽孢杆菌属（*Clostridium butyricum*）及其基因工程菌，其中*C. butyricum*一直被看作最好的1,3-丙二醇产生菌，也是唯一的采用不依赖于辅酶维生素B_{12}的甘油脱水酶的菌。Gonzalez-Pajuelo M等将*C. butyricum*中的关键酶基因，通过质粒导入梭菌属*C. acetobutylicum*中得到基因工程菌DG1（pSPD5），分批补料发酵可得到1104mmol/L产品，在长期连续发酵中得到3g/(L·h)的产率和788mmol/L的浓度。构建高产、耐产物抑制的基因工程菌提高发酵水平，以及采用膜法分离产物等是国际上研究的热点。

参考文献

[1] 吴越. 化学进展，1998，10 (2)：158.
[2] Misono M，et al. Appl. Catal.，1990，64 (1)：1.
[3] Armor J N. Appl. Catal.，1991，78：141.
[4] Knozinger H，et al. Catal Rev. Sci. Eng.，1978，17：31.
[5] Jones L N. J. Chem. Phys.，1964，22：217.
[6] 王志斌等. 化学研究与应用，1999，11：66.
[7] Barlow S J，Clark J H. J. Chem. Soc. Perkin Trans2，1994，411.
[8] Clark J H，Marcquerrie D J. Chem. Soc. Reviews，1996，303.
[9] Kozhevinikov I S，Jansen R. Cat. Lett.，1995，30：24.
[10] Clark J H. J. Chem. Soc. Chem. Comm.，1998，853.
[11] Misono M. Catal. Rev. Sci. Eng.，1987，29：269.
[12] Izumi Y，Ono M，Ogawa M，et al. Chem. Lett.，1993，825.
[13] 日野诚，荒田一志. 触媒，1979，21：217.
[14] Tanabe K，Hattori H. Chem. Lett.，1979，625.
[15] 田部浩三，野依良治著. 超强酸和超强碱. 崔圣范译. 北京：化学工业出版社，1986，4.
[16] 胡百华，王琪等. 精细石油化工，1989，18 (1)：32.
[17] 苏文悦，陈亦琳，付贤智，魏可镁. 催化学报，2001，22 (2)：175.
[18] 苏文悦，付贤智，魏可镁. 光谱学与光谱分析，2000，20 (6)：840.
[19] 银小龙，王常有. 天然气化工，1994，19 (1)：43.
[20] Jin T，Yamaguchi T，Tanabe K. J. Phy. Chem.，1986，90：4794.
[21] 田丸谦二，田部浩三. 催化剂手册（按元素分类），北京：化学工业出版社，1982.
[22] Wilson S T，et al. J. Am. Chem. Soc.，1982，(104)：1146.
[23] Barthomenf D. Catalysis by zeolites. Elsevier Ameterdam，1980，55.
[24] Nadimi S. Stud Surface Sci. Catal.，1994，84：319.
[25] Xu W Y，Li J Q. Zeolites，1990，(10)：159.
[26] Bibby D M，Dale M P. Nature，1985，317：157.
[27] 窦涛. 燃料化学学报，1997，25 (1)：16.
[28] 孙志浩，华蕾. 精细与专用化学品，2004，12 (10)：11.
[29] 巩雁军，孙继红，董梅，吴东，孙予罕. 石油化工，2000，29 (6)：450.
[30] 张毓瑞等. 石油化工，1986，15 (4)：245；石油化工1987，16 (1)：38；石油化工，1986，15 (7)：411.
[31] 赵振华等. 催化学报，1991，12 (4)：32.
[32] 张怀彬等. 石油化工，1986，15 (8)：476.
[33] 王恩波等. 石油化工，1985，14 (10)：615.
[34] Santacesari E. J. Catal.，1983，(80)：427.
[35] 王潍平，朱汉荣等. 化学与粘合，1990，(1)：11.
[36] 陈里，丁来欣，崔立燕. 化学物理学报，1997，10 (1)：84.
[37] 张竞清，陈国导. 佛山科学技术学院学报（自然科学版），2000，18 (2)：42.
[38] 郑荣辉，曾金龙. 精细石油化工，1997，(4)：20.
[39] 张敬畅，曹维良，吕青等. 北京化工大学学报，1999，26 (1)：72.
[40] Grosse V A，Iphtiff N V. J. Org. Chem. Soc.，1948，8：438.
[41] Svhreidez A，Konnedy R M. J. Am. Chem. Soc.，1951，73：5013.

[42] 张从良，唐艳丽，李学孟. 郑州工业大学学报，1999，20 (4)：25.
[43] 孟宪岑. 油气加工，1997，7 (2)：56.
[44] Croma A，Martinez A，et al. Catal. Lett.，1994，28：187.
[45] Das D，Chakrabarty D K. Energy & Fuels，1998，12：109.
[46] Corma A，Juan-Rajadell M I，et al. Appl. Catal. A.，1994，111：175.
[47] Corma A，Martinez A，et al. J. Catal.，1994，149：52.
[48] Liang C H，Anthony R G. 206th National Meeting，American Chemical Society，Chicago，IL，August 22-27，1993.
[49] Okuhara T，Yamashita M，Na K，et al. Chem. Lett.，1994，1451.
[50] 吴越等. ZN 1125640A. 1996.
[51] 张金昌，李成岳，李英霞，朱佐刚，陈标华. 石油化工，2002，30 (9)：717.
[52] 高滋，杨晓波，高光晔. 催化学报，1994，15 (6)：474.
[53] 程广斌，吕春绪，彭新华. 火炸药学报，2002，(1)：61.
[54] 彭新华，吕春绪. 江苏化工，1996，24 (3)：7.
[55] 彭新华，吕春绪. 南京理工大学学报，2000，24 (3)：207.
[56] 阳年发，张春华. 化学研究与应用，1996，8 (4)：543.
[57] Allpress J G，Sanders J V. Aust. J. Phys.，1970，23.
[58] Schmid G. Chem. Rev.，1992，92：1709.
[59] Herron N. J. Phys. Chem.，1992，95：525.
[60] Lyon H B. J. Chem. Phys.，1967，46：2539.
[61] Mclean M. Surf. Sci.，1966，5：466.
[62] Olga Leticia. Perez. Appl. Surf. Sci.，1982，13：402.
[63] Andersson S. Phys. Rev. Lett.，1979，43 (5)：363.
[64] Davis S C，Klabunde K J. J. Am. Chem. Soc.，1981，103：3024.
[65] Davis S C，Klabunde K J. J. Am. Chem. Soc.，1976，100：5973.
[66] Harriott P. J. Catal.，1975，39：395.
[67] 刘微桥，孙桂大. 固体催化剂实用研究方法. 北京：中国石化出版社，2000.
[68] R. B. 安得森，P. T. 道森. 催化研究中的实验方法（第二卷）. 北京：科学出版社，1983.
[69] 余润兰，余润洲. 化学研究与应用，2002，14 (5)：587.
[70] 彭峰，汪建成，雷建光. 无机化学学报，2002，18 (2)：190.
[71] 邵庆辉，谢方艳，田植群，古国榜等. 电池，2002，32 (3)：153.
[72] 杜芳林，崔作林，张志琨，陈诵英. 分子催化，1997，11 (3)：209.
[73] Davis S C，Klabund K J. Chem. Rev.，1982，82：153.
[74] 冯丽娟，赵字靖，陈诵英. 石油化工，1991，(9)：633.
[75] Ueno A，et al. J. Chem. Sec.，Faraday Trans.，1983，79：127.
[76] 杜芳林，崔作林，张志琨，陈诵英. 石油化工，1997，26：736.
[77] 李映伟，贺德华，袁余斌，程振兴，朱起明. 催化学报，2002，23 (2)：185.
[78] Gole J L & Whitey M G. J. Catalyisis，2001，204：249.
[79] 徐奕德. CN 1199652.
[80] 苏碧桃，孙丽萍，孙巧珍，何玉凤. 兰州大学学报（自然科学版），2000，36 (6)：75.
[81] 刘惠涛，翟纬绪. 分子催化，1992，6 (4)：308.
[82] Borrmann D，Wegler R. Chem. Ber.，1967，100：1575.
[83] Togni A. Tetrahedron：Asymmetry，1991，2：683.
[84] Noyori R，Kitamura M. Angew Chem.，Int. Ed. Engl.，1991，30：49.
[85] Apsimon J W，Collier T L. Tetrahedron，1986，42：5157.
[86] Finn M G，Sharpless K B. J. Am. Chem. Soc.，1991，113：106.
[87] Habus I，Raza Z. J. Mol. Catal.，1987，42：173.
[88] Narasaka K. Synthesis，1991，1.
[89] Noyori R，Kitamura M. Modern Synthetic Methods. 1989，115.
[90] 宓爱巧，王朝阳，蒋耀忠，黄志镗. 合成化学，1994，2 (2)：105.
[91] Ender D. Chemtech.，1981，(11)：504.
[92] Whitesell J K. Chem. Rev.，1989，89：1581.
[93] Blaser H U. Chem. Rev.，1992，92：935.
[94] Yamagishi T，et al. Bull. Chem. Soc. Jpn.，1990，6：281.
[95] Corey E J，Loh T P. J. Am. Chem. Soc.，1991，113 (23)：8966.
[96] Kagan H B. Asymmetric Synthesis. Morrison J D ed. Academic Press Inc.，1985，5：1.
[97] 蒋耀忠等. 不对称催化合成进展. 北京：科学出版社，2000.
[98] 郭红超，王敏. 有机化学，2000，20 (4)：486.
[99] Katsuki T. Sharpless K B. J. Am. Chem. Soc.，1980，102：5974.

[100] Gokhale A S，Minidis A B E，Pfaltz A. Tetrahedron Lett.，1995，36：1831.
[101] Brandes B D，Jacobsen E N. J. Org. Chem.，1994，59：4378.
[102] Tatsuno Y，Konishi A，Nakamur A，et al. J. Chem. Soc. Chem. Commun.，1974，(15)：588.
[103] Nakamura A，Konishi A，Tsujitani R，et al. J. Am. Chem. Soc.，1978，100 (11)：3449.
[104] Corey E J，Imai N，Zhang H. J. Am. Chem. Soc.，1991，113：728.
[105] Evans D A，Miller S J，Lectka T J. Am. Chem. Soc.，1993，115：6460.
[106] Evans D A，BarnesD M. Tetrahedron Lett.，1997，38：57.
[107] Kanemasa S，Oderaotoshi Y，Yamamoto H，Tanaka J，Wada E，Curran D P. J. Org. Chem.，1997，62：6454.
[108] Schwab G M，Rost F，Rudolph L. Kollooid-Zeitschrif，1934，68 (2)：157.
[109] Lipkin D，Stewart T D. J. Am. Chem. Soc.，1939，61：3297.
[110] Pugin B，Muller M. Stud. Surf. Sci. Catal.，1993，78：107.
[111] Brunner H，Bielmeier E，Wiehl J. J. Organomet. Chem.，1990，384：223.
[112] Tai A，Harada T. Taylored Metal Catalysts (Ed. IwasawaY)，Dordrecht：D. Reidel，1986，265.
[113] Sugimura T，Osawa T，Tai A，et al. Stud. Surf. Sci. Catal.，1996，101：231.
[114] Tai A，Imachi Y，Izumi Y，et al. Chem. Lett.，1981，1651.
[115] Blaser H U，Jalett H P，Wiehl J. J. Mol. Catal.，1991，68：215.
[116] Corma A，Iglesias M，Sanchez F，et al. J. Organomet. Chem.，1992，431：233.
[117] Reschetilowski W，Bohmer U，Keim W，et al. Chem. Ing. Tech.，1995，67 (2)：205.
[118] Choudary B M，Valli V L K，Prasad A D. J. Chem. Soc.，Chem. Commun.，1990，1186.
[119] Baker G L，Fritschel S J，Stittle J K. J. Org. Chem.，1981，46：2960.
[120] Sung E C，Roh E J，Lee S G，et al. Tetrahedron：Asymmetry，1995，6：2687.
[121] Caze C，Moualij N E，Hdge P，Lock C J，Ma J B. J. Chem. Soc：Perkin Trans.，1，1995：345.
[122] Felder M，Giffels G，Wandrey C. Tetrahedron：Asymmetey，1997，8：1975.
[123] Soai K，Niwa S，Watanabe M. J. Chem. Soc.，Perkin Trans. I，1989：109.
[124] Watanabe M，Soai K. J. Chem. Soc.，Perkin Trans. I，1994：837.
[125] Zhang Z，Wang Y，Wang Z，et al. Chinese J. Polymer Science，1998，16：356.
[126] Huang W S，Hu Q S，Zheng X F，Anderson J，Pu L. J. Am. Chem. Soc，1997，119：4313.
[127] Itsuno S，Kamahori K，Watanabe K，et al. Tetrahedron：Asymmetry，1994，5：523.
[128] Itsuno S，Watanabe K，Koizumu T，et al. Polymers，1995，24：219.
[129] Kobayashi S，et al. J. Am. Chem. Soc.，1999，121：11229.
[130] Song S E，et al. Chem. Commun.，2000，615.
[131] Pini D，Petri A. Tetrahedron Lett.，1991，32：5175.
[132] Kim B M，Sharpless B K. Tetrahedron Lett.，1990，11：3003.
[133] PRODYGA. Science，1986，231：1577.
[134] Joyceg F. Proc. Natl. Acad. Sci. USA.，1998，95 (13)：5845.
[135] Chartrand P，Harvey S C，Ferbeyre G，et al. Nucleic Acid Research，1995，23 (20)：4092.
[136] Cuenoud B，Szostak J W. Nature，1995，375：611.
[137] 张又良. 中等医学教育，1998；16 (6)：41.
[138] Sucking C J. 酶化学影响与应用 [M]. 金道森，童林荟，姚钟麒译. 北京：科学出版社，1991.
[139] Hecht S M. Bleomycin [M]. New York：Springer Verleg，1979.
[140] 李鹏，邹国林. 武汉大学学报（自然科学版），1997，43 (4)：517.
[141] 马云杰. 基本生物化学. 台湾：徐氏基金会出版，1989.
[142] Hsiao H Y，Wei T. Biotechnol. Bioeng.，1987，30：875.
[143] Kanazaki H，Kobayashi M，Nagasawa T. Agric. Biol. Chem.，1986，50：391.
[144] Roy M，Keblawi S，Dunn M F. Biochemistry，1988，27：6698.
[145] Hogberg H E，Berglund P，Edlund H. Catalysis Today，1994，22：591.
[146] Chihara I. Trends Biothenol.，1976，2：153.
[147] Wong C H. J. Org. Chem.，1983，48：3199.
[148] Chenevert R，Thiboutot S. Chem. Lett.，1988，1191.
[149] Colby J，Stirling D J，Dalton H. J. Biochem.，1977，165：395.
[150] Fox B G，Borneman J G，Wackett L F，et al. Biochemistry，1990，29：6419.
[151] Ishio N T，Takahashi K，Yoshimoto T J. Biotechnol，1985，2：47.
[152] 彭立风，谭天伟. 化学世界，1998，39：119.
[153] 董桓，杜灿屏. 化学世界，1997，8：13.
[154] Laumen K，Breitgoff D，Schneider M P. J. Chem. Soc. Chem. Comm.，1988，1459.
[155] Jongejan J A，Duine J A. Tetrahedron Lett.，1987，28：2767.
[156] Lalonde J. Development，1997，8～45.
[157] Zoete M C，Dalen K V，Rantwijk V F. J. Molecular Catalysis B：Enzyme 1996，2 (2)：141.

[158] Macadam A M. Biotechnol Lett., 1985, 7: 865.
[159] Olivieri R, Fascetti E, Angelini L, et al. Enzyme Microbiol. Technol., 1979, 1 (3): 201.
[160] Mitsuda S, Yamamoto H, Umemura T, et al. Agri. Biol. Chem., 1990, 54 (11): 2907.
[161] 许建和，俞俊棠，川本卓男，田中渥夫. 高校化学工程学报，1996，10 (3): 291.
[162] 陶文沂，李江华. 无锡轻工大学学报，2002，21 (5): 538.
[163] DeAmici M, Demicheli C, Carrea G, Spezia S. J. Org. Chem., 1989, 54 (11): 2646.
[164] Bommarius A S, Schwar M M, Drauz K. J. Mol. Cat B: Enzymatic, 1998, 5: 1.
[165] Cambiaghi S, Tomaselli S, Verga R. EP 0496993.
[166] Zhang J, Roberge C, Reddy J, et al. Enzyme and microbial technology, 1999, 24 (1): 86.
[167] Kiener A. US 5236832.
[168] Taylor P P, Pantaleone D P, Senkpeil R F, et al. Trends in Biotechnology, 1998, 167 (10): 412.
[169] 孙进，吴梧桐，吴震等. 中国药科大学学报，2000，31 (2): 135.
[170] Matsuma H, Furui M, Shibatani T, et al. J. Fermentation & Bioengineering, 1994, 78 (1): 59.
[171] Carol J H, Shaun K, Stephanie G B. Biotechnology Letters, 1998, 20 (7): 707.
[172] Rouhi A M. C&E News, 2002, 80 (7): 86.
[173] Harris K J, Sih C J. Biocatalysis, 1992, 5 (3): 195.
[174] 沈宏宇，胡永红，沈叔宝，欧阳平凯. 化工进展，2003，22 (1): 18.
[175] Furusaki S. J. Chem. Eng. Japsn., 1988, 21 (3): 219.
[176] Praseres D M P, Cabral J M S. Enzyme Microb. Technol., 1994, 16: 738.
[177] Inama L, Dire S, Carturan G, et al. J. Biotechnol., 1993, 30: 197.
[178] Youichi Kurokaewa, Keichiro Suzuki, Yuko Tamai. Biotechnology and Bioengineering, 1998, 59 (5): 651.
[179] Reetz M T, Zonta A, Simpelkamp J. Biotechnol. Bioeng., 1996, 49: 527.
[180] Van Wezel A L. Nature, 1967, 216: 64.
[181] Oh J T, Kim J T. Enzyme and Microbial Technology, 2000, 27: 356.
[182] 王建龙，周定，柳萍. 生物化工进展，1994，14 (2): 35.
[183] Kurosawa H, et al. Process Biochem., 1990, 25 (6): 189.
[184] Kaul R, et al., Biotechnol. Bioeng., 1986, 28: 1432.
[185] Daniel G, Rui P, Dominic B, Don C. Enzymeand Microbial Technology, 2000, 26: 368.
[186] 沈寅初，张凡国，韩建生. 工业微生物，1994，24: 24.
[187] Colmer A P, Hinkle M E. Science, 1947, 106: 252.
[188] Kilbane J. J. US Patent Application Serial, 1990, (7): 461.
[189] 张艳丽，张艳玲，衣学飞等. 分析实验室，2007，26 (增刊): 50.
[190] 曹小华，黎先财，柳闽生等. 化工中间体，2005，(2): 8.
[191] 罗茜，张进，胡常伟. 西昌学院学报 (自然科学版)，2005，19 (1): 101.
[192] 刘庆辉，詹宏昌，汤敏鑿. 广州化工，2008，36 (2): 14.
[193] 杨水金，李臻，童文龙等. 精细化工，2005，22 (11): 842.
[194] 刘桂荣，王洪章. 江西化工，2005，(3): 23.
[195] 李青燕，沈雁君，沈清华等. 石油化工，2005，34 (1): 75.
[196] 闵恩泽，唐忠，杜泽学等. 中国工程科学，2005，(4): 1.
[197] Gemma Vicente, Mercedes Maut-mez. Bioresouce Technology 92, 2004: 297.
[198] Watanaber Y, Shimida Y, Sugihara A, et al. J. Mole. Cat. B: Enzymatic, 2002, 17 (3～5): 151.
[199] Saka S, Kusdiana D. Fuel, 2001, 80 (2): 225.
[200] 陈和，王金福. 过程工程学报，2006，(4): 571.
[201] 曹宏远，曹维良，张敬畅. 北京化工大学学报，2005，(6): 61.
[202] Dora E. Lopez, James G, Goodwin J, et al. Applied Catasis A: General, 2005, 295: 97.
[203] Jaturong J, Boonyarach K, Pramoch R, et al. Chem. Eng. J, 2006, 116: 61.
[204] 宫倩，胡又佳，朱春宝. 生物技术通报，2006，(6): 60.
[205] 罗积杏，薛建萍，沈寅初. 上海化工，2006，31 (4): 31.
[206] Nagasawa T, Mathew C D, Mauger J, et al. Appl. Environ Microbiol, 1988, 54 (7): 1766.

第 4 章　有机硅材料

4.1　概述

有机硅是分子结构中含有硅元素的高分子合成材料，通常指含有硅氧烷键的聚合物，作为具有特殊用途的功能性材料，用途极为广泛。例如用来合成具有特殊功能的表面活性剂，由于其分子内含有聚氧基硅氧烷憎水基具有氧化稳定性、热稳定性、润滑性、抗静电性、剥离性及生理惰性等优点，尤其是优异的表面活性使其既能存在于水介质中，又能存在于有机介质中。与一般的表面活性剂相比，其具有更多的优越性，因而被广泛应用于化纤织物柔软剂、消泡剂、涂料流平剂、水溶性润滑剂、合成橡胶乳剂的热敏凝固剂、防雾剂、聚氨酯泡沫的稳定剂等。

有机硅分子由硅原子和氧原子间隔排列的无机主链构成，这种 Si—O 键很像石英和玻璃中的 Si—O 键，虽然其耐热性不及石英，但比 C—C 键主链的分子优异得多。这种耐高温性可以从 Si—O 键的键能来理解。Si—O 键的键能为 368～489kJ/mol，而 C—C 键的键能只有 347～356kJ/mol。无机主链结构使有机硅有抗真菌的能力，对啮齿动物也无吸引力。如用硅橡胶作为绝缘材料，它不仅可耐高温，而且即使暴露在火焰中烧成灰也是绝缘的。

硅氧键主链周围为极其灵活的甲基基团所屏蔽，这就产生了两方面的作用。首先这种屏蔽作用很大。一般有机硅侧链基团中的甲基占 99.9%，而甲基只具有伯氢，它对氧的进攻不太敏感，再加上主链不含 C═C 双键，对臭氧和紫外线也不敏感，所以有机硅在高温下能够较长时间地保持自己的性能。其次甲基限制了有机硅分子间的接近，分子间的距离和甲基基团的非极性使硅氧烷的玻璃转化温度降低，而且使硅橡胶有很高的适应性和压缩性。

4.2　有机硅材料的分类

4.2.1　有机硅单体

有机硅高分子材料的主要原料是有机硅甲基单体，其通式为 R_nSiX_{4-n}，式中 R 为烷基或芳基，X 为卤素或 OR 官能团。如果式中 X 为卤素（一般为氯），则为卤素（氯）硅烷单体；如果 X 为 OR，则为取代硅酸酯类。最重要的是甲基氯硅烷（惯称有机硅甲基单体），其用量占 90%以上，有机硅的生产水平相当程度上体现在甲基单体的生产技术水平。

有机硅甲基单体的生产是氯甲烷与硅粉在高温下反应直接合成而得。其产物是复杂的混合物，主要为二甲基二氯硅烷 $(CH_3)_2SiCl_2$，含量约为 70%，另外还有一甲基三氯硅烷 CH_3SiCl_3，三甲基氯硅烷 $(CH_3)_3SiCl$ 等副产物。通过精馏可以分离得到纯度较高的二甲基二氯硅烷。

$$\underset{CH_3Cl}{\overset{CH_4 + HCl}{\Big\downarrow \text{氯化}}} + \underset{Si}{\overset{SiO_2 + C}{\Big\downarrow \text{还原}}} \xrightarrow[Cu]{280\sim300℃} \begin{cases} CH_3SiCl \\ (CH_3)_2SiCl_2 \\ (CH_3)_3SiCl \\ CH_3SiHCl_2 \end{cases}$$

4.2.2 硅油

硅油是有机硅的主要产品之一，其中二甲基硅油是最主要的硅油。硅油的生产一般以三甲基氯硅烷水解缩聚后的 $(CH_3)_3SiOSi(CH_3)_3$ 作为封头剂，再将二甲基二氯硅烷进行水解。水解物在 KOH 的存在下进行催化重排（裂解）制得环体，经分馏将 173℃以下和 176℃以上的馏分作为硅油原料，再除去低分子物即得硅油。

$$2(CH_3)_2SiCl + H_2O \longrightarrow (CH_3)_3SiOSi(CH_3)_3 + 2HCl$$

$$4(CH_3)_2SiCl_2 + H_2O \longrightarrow [(CH_3)_3SiO]_4 + 8HCl$$

$$(CH_3)_3SiOSi(CH_3)_3 + n[(CH_3)_2SiO]_4 \xrightarrow[\text{催化剂}]{\text{聚合}} (CH_3)_3SiO\left[\begin{array}{c} CH_3 \\ | \\ Si-O \\ | \\ CH_3 \end{array}\right]_n Si(CH_3)_3$$

二甲基硅油是透明液体，它的黏温性好，在较宽的温度范围内都保持液相。硅油不易燃烧，热稳定性好，闪点高，挥发度低，凝固度低，绝缘性好，具有防水性和化学惰性等优点。

4.2.3 硅橡胶

硅橡胶是硅、氧原子交替形成主链的线性聚硅氧烷，包括一种或几种聚二有机硅氧烷，基本上由羟基或乙烯基封端的 R^1R^2SiO 链节组成，常含有 Me_2SiO 单元、PhMeSiO 单元和 Ph_2SiO 单元，或者兼有 2 种单元。分子中硅氧键易自由旋转、分子链易弯曲，形成 6～8 个以硅氧键为重复单元的螺旋型结构。线性聚硅氧烷具有较低的内聚能和表面张力。作为压敏胶用的有机硅橡胶在常温下一般都是无色透明的液体或半固体，玻璃化温度约为－120℃左右。用来制备硅橡胶的原料要求纯度很高，如主原料二甲基二氯硅烷纯度高达 99.98%以上，这样才能聚合成分子量为 40 万～50 万之间的具有较高弹性的硅橡胶。硅橡胶的特点是既耐低温又耐高温，在－65～250℃仍能保持良好的弹性。

$$\begin{array}{c} CH_3 \\ | \\ CH_3-Si-O \\ | \\ CH_3 \end{array}\left[\begin{array}{c} CH_3 \\ | \\ Si-O \\ | \\ CH_3 \end{array}\right]_n\left[\begin{array}{c} CH{=}CH_2 \\ | \\ Si-O \\ | \\ CH_3 \end{array}\right]_m \cdots \begin{array}{c} CH_3 \\ | \\ Si-CH_3 \\ | \\ CH_3 \end{array}$$

甲基乙烯基硅橡胶分子结构，基中 n=6000～11500，m=10～20

4.2.4 硅树脂

硅树脂是高度交联的网状结构的聚有机硅氧烷，通常是甲基三氯硅烷、二甲基二氯硅烷、苯基三氯硅烷、二苯基二氯硅烷或甲基二苯基氯硅烷的各种混合物，在有机溶剂如甲苯存在下，在较低温度下加水分解，得到酸性水解物。水解的初始产物为环状的、线性的和交联聚合物的混合物，通常还含有相当多的羟基。水解物经水解除去酸，中性的初缩聚体于空气中热氧化或在催化剂的存在下进一步缩聚，最后形成高度交联的立体网状结构。

$$\begin{array}{c} CH_3SiCl_3 \\ + \\ (CH_3)_2SiCl_2 \\ + \\ PhSiCl_3 \\ + \\ Ph_2SiCl_2 \end{array} \xrightarrow{\text{共水解}} \xrightarrow{\text{共缩聚}} \begin{array}{ccccccc} & R & & R & & R & \\ & | & & | & & | & \\ -O- & Si & -O- & Si & -O- & Si & -O- \\ & | & & | & & | & \\ & O & & O & & O & \\ & | & & | & & | & \\ -O- & Si & -O- & Si & -O- & Si & -O- \\ & | & & | & & | & \\ & R & & & & R & \\ & R & & O & & R & \\ & | & & | & & | & \\ -O- & Si & -O- & Si & -O- & Si & -O- \\ & | & & | & & | & \\ & R & & R & & O & \\ & & & & & | & \end{array}$$

式中与 Si 原子相连接的有机基团 R 除甲基外，也可部分是苯基、羟基或乙烯基等。根据选用的单体配比不同，可制成可溶可熔的柔性树脂或不溶不熔的硬脆性固体。

4.3　有机硅聚合物的通性

有机硅化合物包括硅油、硅橡胶、硅树脂。硅油是聚硅氧烷油和聚硅氧烷流体的简称。合成硅油的第一步是采取电热法用碳还原二氧化硅，得到纯净的硅粉后，与有机氯化物在300℃氧化铜催化下生成氯硅烷的混合物，氯硅烷通过水解、缩聚可制成各种类型的硅油。不同官能度的各种链节可组成硅油、硅橡胶、硅树脂。

4.3.1　表面张力

以聚二甲基硅氧烷为例，其结构为一种易屈挠的螺旋形直链结构：

```
CH₃   CH₃
   \ /
—O—Si—O—Si—O—
         / \
      CH₃   CH₃
```

Si 原子上的每个甲基都围绕 Si—C 键轴旋转、振动，甲基上的氢原子要占据较大的空间，从而增加了相邻分子间的距离，因此聚二甲基硅氧烷分子间的作用力要弱得多，黏度要低，表面张力小，据测聚二甲基硅氧烷的表面张力为 21mN/m。

4.3.2　特殊柔顺性

除了具有大的键角、键长、键能以外，硅氧键另一个独特的性质是可自由旋转，在聚氯乙烯中围绕碳碳键旋转所需能量为 13.8kJ/mol，在四氟乙烯中旋转能大于 19.7kJ/mol，在聚硅氧烷中围绕硅氧键旋转所需的能量几乎为零，这表明聚硅氧烷旋转实际上是自由的。主链显著的柔顺性还在玻璃化温度（T_g）上体现，玻璃化温度是聚合物内流动性、自由体积、分子间力、主链刚性以及链长的量度。聚二甲基硅氧烷具有最低玻璃化温度为－127℃，因此其主链十分柔顺。

4.3.3　化学惰性

尽管 Si 原子与 C 原子同处于第Ⅳ主族，但二者显著区别在于硅硅双键不能形成，且硅油主链中 Si—O 键键能为 506.7kJ/mol，远大于 C—C 键的键能 345.8kJ/mol，因此聚硅氧烷化合物比其它有机化合物更不易氧化，更耐紫外线照射，热稳定性更高，聚二甲基硅氧烷从 200℃开始才被氧化，250℃以上硅氧键断裂。硅油不仅耐高温也耐低温，且各种性能随温度变化很小，聚二甲基硅氧烷长期使用温度为－60～250℃。它们具有较高的绝缘性，对化学药品的抵抗性很强。有机硅的物理常数较稳定，一般温度变化对其影响较小。

4.3.4　耐水与拒水性

有机硅聚合物的耐水性和拒水性能很好。其本身对水的溶解度很小，又难吸收水分。当它与水滴接触时，好像水滴落在石蜡上，有很大的接触角。所以水珠只能落下来而无法润湿其表面。

4.4　有机硅表面活性剂

4.4.1　有机硅表面活性剂的结构和应用

一般表面活性剂的疏水基是烷烃链，而硅氧烷表面活性剂的疏水基是聚合度在 2000 以下的液态聚二甲基硅氧烷，也称甲基硅油。有机硅表面活性剂按其亲水基的化学性质可分为非离子型、阴离子型、阳离子型和两性表面活性剂四大类。目前国内应用较多的是聚醚接枝的聚二甲基硅氧烷非离子型表面活性剂。普通表面活性剂的亲水基团原则上都可成为有机硅表面活性剂的亲水基。有机硅表面活性剂按其亲水基在主链上的位置又可分为侧链型（亲水基悬挂在主链上）和嵌段型（亲水基与疏水基都处于主链上）；此外按疏水基与亲水基连接基团不同还可分为硅-碳链-亲水基型和硅-氧-碳链-亲水基型。按疏水基的不同，常把以Si—O—Si为主干的表面活性剂称为硅氧烷表面活性剂（siloxane surfactant），以 Si—C—Si 为主干的称为聚硅甲基或碳硅烷表面活性剂（polysilmethylene or carbosilane surfactant），以 Si— Si 为主干的称为聚硅烷表面活性剂（polysilane surfactant）。最常见的硅氧烷表面活性剂主要有如下 3 种类型。

① 三硅氧烷表面活性剂　其结构通式可表示为 M—D′(R)—M，典型结构如图 4-1 所示。

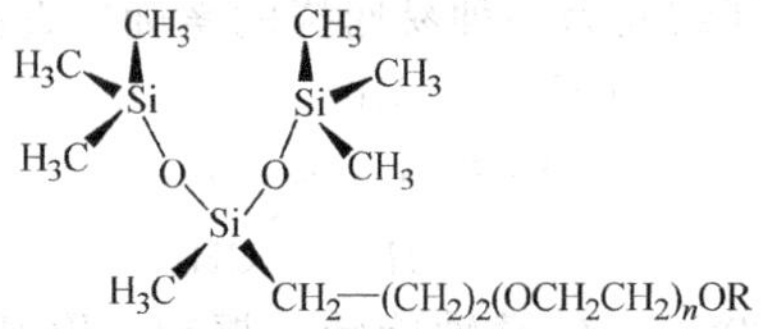

图 4-1　三硅氧烷表面活性剂的结构

② 耙形（rake-type）共聚物　也叫做梳状或接枝共聚物。其结构通式为 M—D_x—D_y(R)—M。典型结构如图 4-2 所示。

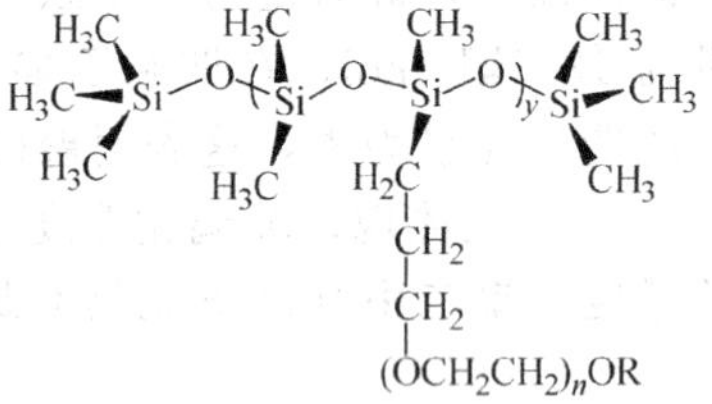

图 4-2　耙形结构（梳状或接枝）硅表面活性剂分子结构

③ ABA 型共聚物　这些硅氧烷表面活性剂一般结构为 M′(R)—D_x—M′(R)，也称为 α-ω 或 Bola 型。典型结构如图 4-3 所示。

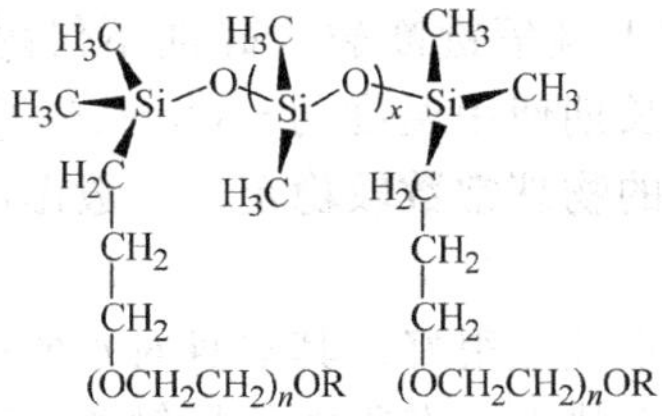

图 4-3　ABA 型硅氧烷表面活性剂的分子结构

上面这些结构式中，亲水基 R 可以是阴离子（通常为碱金属反离子的硫酸盐）、阳离子（通常为烷基化铵，并有各种一价的反离子）、两性（甜菜碱或磺基甜菜碱）或非离子（大多数情况下为含不同数目的 EO 单元的聚乙二醇醚）；通常由—$(CH_2)_3$—基结合到硅原子上，但也可能是亲水的—CHOH—或醚基。

不同化学结构的有机硅表面活性剂其性质及应用领域会有区别。

有机硅表面活性剂的独特之处在于聚二甲基硅氧烷疏水基有许多优良性能，如低表面张力，优良的黏温特性，柔顺性和在极性表面易布展性，良好的疏水性和适合在宽温度范围下的使用性能等。

4.4.1.1 非离子型有机硅表面活性剂

非离子型有机硅表面活性剂的合成主要是在疏水性的聚硅氧烷的侧链或链端引入亲水基团，最常见的方法是硅氢加成法和缩合法。

硅氢加成法是利用有机硅分子结构中的 Si—H 键，与含不饱和键的化合物在一定条件下进行加成反应，是合成非离子型有机硅表面活性剂的最广泛的方法。

(1) 聚醚接枝有机硅的合成

$$CH_2{=}CHCH_2OPE + Me_3SiO(Me_2SiO)_m(MeHSiO)_nSiMe_3 \xrightarrow{\text{催化剂}} Me_3SiO(Me_2SiO)_m(\underset{\displaystyle CH_2CH_2CH_2OPE}{MeSiO})_nSiMe_3$$

(2) 聚醚嵌段有机硅的合成

$$HMe_2SiO(Me_2SiO)_mSiMe_2H + CH_2{=}CHCH_2OPE \xrightarrow{\text{催化剂}} PEOCH_2CH_2CH_2Me_2SiO(Me_2SiO)_mSiMe_2CH_2CH_2CH_2OPE$$

(3) 含碳官能团侧基的聚醚接枝型有机硅的合成

$$Me_3SiO(Me_2SiO)_m(MeHSiO)_nSiMe_3 + CH_2{=}CHCH_2OPE + CH_2{=}CHQ \xrightarrow{\text{催化剂}} Me_3SiO(Me_2SiO)_m(\underset{\displaystyle CH_2CH_2Q}{MeSiO})_x—(\underset{\displaystyle CH_2CH_2CH_2OPE}{MeSiO})_ySiMe_3$$

上述反应中催化剂一般为铂盐或铂络合物；PE= $-(CH_2CH_2CH_2O)_x-(CH_2CH_2O)_y-R$（R=H 或烷基）；Q=$-CH_2OCH_2CH{=}CH_2$。

缩合法也是合成有机硅表面活性剂较为常用的方法：

$$Me_3SiO(Me_2SiO)_m(MeHSiO)_nSiMe_3 + HOPE \xrightarrow{\text{催化剂}} Me_3SiO(Me_2SiO)_m(\underset{\displaystyle OPE}{MeSiO})_nSiMe_3$$

$$Me_3SiO(Me_2SiO)_nSiMe_2Y + HOPE \xrightarrow{\text{催化剂}} Me_3SiO(Me_2SiO)_nSiMe_2OPE$$

（Y=H，Cl，OR，AcO，NH_2；PE 为聚醚）

$$YMe_2SiO(Me_2SiO)_nSiMe_2Y + HOPE \xrightarrow{\text{催化剂}} PEO(Me_2SiO)_{n+2}OPE$$

$$2RONa + ClCH_2Me_2SiO(Me_2SiO)_nSiMe_2CH_2Cl \xrightarrow[\text{回流}]{DMF} ROCH_2Me_2SiO(Me_2SiO)_nSiMe_2CH_2OR$$

$[R=(CH_3OCH_2)_2CH(OC_2H_4)_{10}]$

前 3 个反应式是利用含硅官能团的有机聚硅氧烷与聚醚的缩合反应来合成有机硅表面活性剂，得到的表面活性剂的化学结构中含有 Si—O—C 键，易于水解，应用受到一定的限制。最后反应式是利用卤代烷基聚硅氧烷与聚醚的碱金属盐的反应来合成有机硅表面活性剂，该反应较易进行。

利用开环反应也可合成有机硅表面活性剂，如：

$$Me_3SiO(Me_2SiO)_m(\underset{}{MeSiO})_nSiMe_2Y \;(\text{侧基 }(CH_2)_4OCH_2\overset{O}{\overbrace{CHCH_2}}) + HOPE \xrightarrow{Cat.} Me_3SiO(Me_2SiO)_m(\underset{\displaystyle (CH_2)_4—OCH_2\underset{\displaystyle OH}{CH}CH_2OPE}{Me_2SiO})_nSiMe_3$$

非离子型有机硅表面活性剂的性能受到亲水基团的影响较大。例如在聚硅氧烷-聚醚共聚物中，聚醚链段在分子中的比例越大，共聚物的水溶性越好；聚醚结构中氧化乙烯基与氧化丙烯基的比例增大，共聚物的亲水亲油平衡值也增大，在水中的溶解度增大，浊点也相应增高。

4.4.1.2 阳离子型有机硅表面活性剂

阳离子型有机硅表面活性剂的合成方法：

$$NR_3 + R'_{4-n}SiX_n \longrightarrow [(R_3\overset{+}{N})_nSiR'_{4-n}] \cdot nX^-$$

式中，X为卤素；R、R′为烷基或烷氧基。反应一般采用苯、甲苯、丙酮或四氯化碳等惰性溶剂。

季铵化反应是合成阳离子型有机硅表面活性剂最常用的方法，有机硅季铵盐是利用聚硅氧烷与亲水性物质聚合后再进行季铵化，使它能溶于水。含氢硅油与缩水甘油烯丙醚反应，生成带环氧基团的硅油，然后与二甲胺反应生成有机硅叔胺，再与氯甲烷在压力下反应生成以下结构季铵盐：

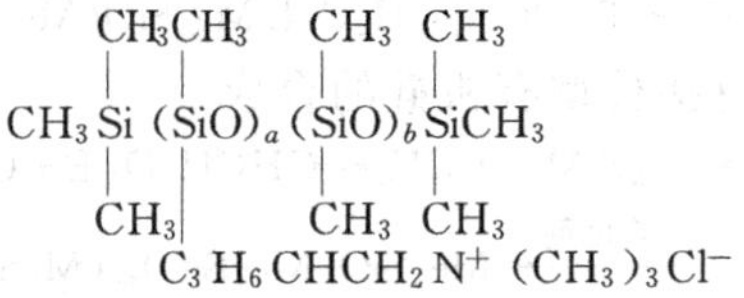

$$\begin{array}{l} \quad\ \ CH_3\ CH_3\quad CH_3\ \ CH_3 \\ \quad\ \ |\qquad\ |\qquad\ \ |\qquad |\\ CH_3Si\ (SiO)_a\,(SiO)_b\,SiCH_3 \\ \quad\ \ |\qquad\ |\qquad\ \ |\qquad |\\ \quad\ \ CH_3\ \ |\quad\ \ CH_3\ \ CH_3 \\ \qquad\quad C_3H_6CHCH_2N^+(CH_3)_3Cl^- \end{array}$$

式中，a和b为大于1的整数。

为了提高有机硅季铵盐的亲水性，在硅季铵盐的大分子中引入氧乙烯醚亲水基团，得到如下的硅醚酯季铵盐：

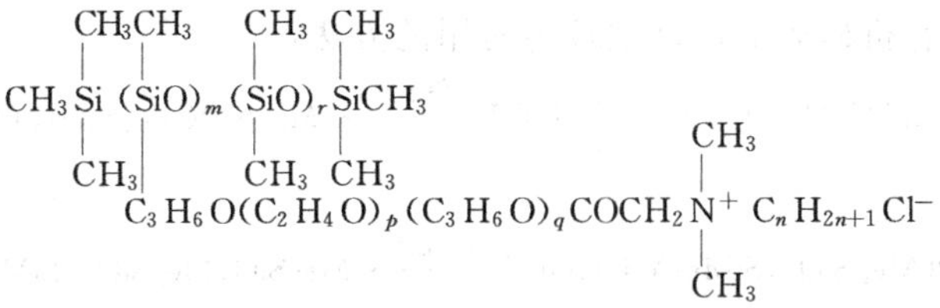

$$\begin{array}{l} \quad\ \ CH_3\ CH_3\quad CH_3\ \ CH_3 \\ CH_3Si\ (SiO)_m\,(SiO)_r\,SiCH_3 \qquad\qquad\qquad\quad CH_3 \\ \quad\ \ CH_3\ \ |\quad\ \ CH_3\ \ CH_3 \qquad\qquad\qquad\qquad\ | \\ \qquad\quad C_3H_6O(C_2H_4O)_p(C_3H_6O)_qCOCH_2N^+\,C_nH_{2n+1}Cl^- \\ \qquad\qquad\qquad\qquad\qquad\qquad\qquad\qquad\quad | \\ \qquad\qquad\qquad\qquad\qquad\qquad\qquad\qquad\ CH_3 \end{array}$$

式中，m，n，p，q，r都是整数。

将磷酸酯及酰胺引入硅醚季铵盐，产品性能还能得到进一步改善。

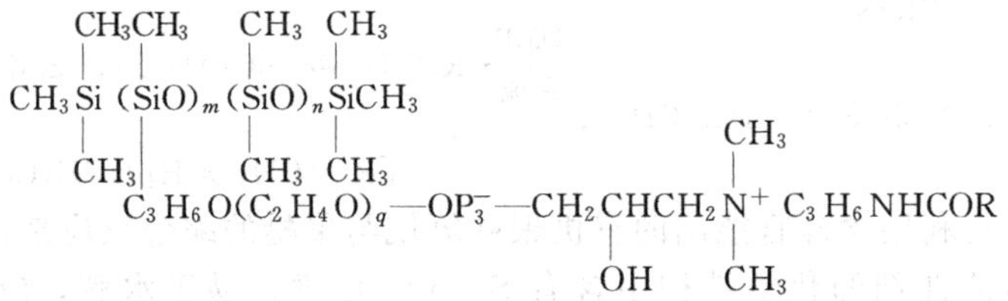

$$\begin{array}{l} \quad\ \ CH_3\ CH_3\quad CH_3\ \ CH_3 \\ CH_3Si\ (SiO)_m\,(SiO)_n\,SiCH_3 \qquad\qquad\qquad\qquad\quad CH_3 \\ \quad\ \ CH_3\ \ |\quad\ \ CH_3\ \ CH_3 \qquad\qquad\qquad\qquad\qquad\ | \\ \qquad\quad C_3H_6O(C_2H_4O)_q{-}OP_3^-{-}CH_2CHCH_2N^+\,C_3H_6NHCOR \\ \qquad\qquad\qquad\qquad\qquad\qquad\qquad\ \ |\qquad\quad\ | \\ \qquad\qquad\qquad\qquad\qquad\qquad\quad\ \ OH\qquad CH_3 \end{array}$$

式中，m，n，q为整数；R为C_1～C_{18}的烷基。

也可以用含碳官能团有机硅氧烷与有机胺反应合成阴离子型表面活性剂：

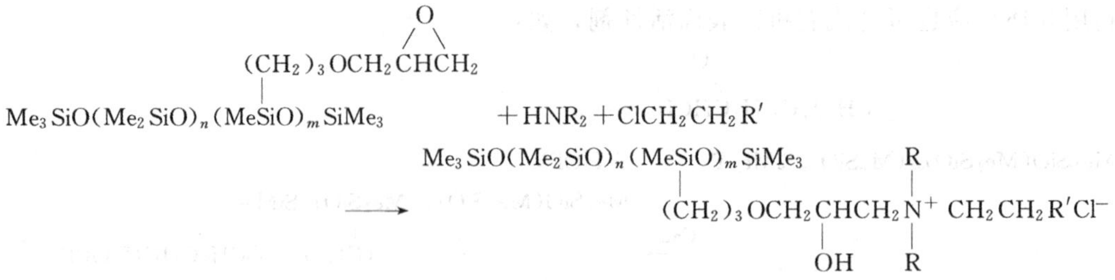

$$\begin{array}{l} \qquad\qquad\qquad\qquad\qquad\quad O \\ \qquad\qquad\qquad\qquad\quad\ \ /\ \backslash \\ \qquad\qquad (CH_2)_3OCH_2CHCH_2 \\ \qquad\qquad\ | \\ Me_3SiO(Me_2SiO)_n(MeSiO)_mSiMe_3 \qquad + HNR_2 + ClCH_2CH_2R' \end{array}$$

$$\begin{array}{l} \qquad\qquad Me_3SiO(Me_2SiO)_n(MeSiO)_mSiMe_3 \qquad\quad R \\ \qquad\qquad\qquad\qquad\qquad\qquad\ \ |\qquad\qquad\qquad\qquad\ \ | \\ \longrightarrow \qquad\qquad\qquad\qquad\quad (CH_2)_3OCH_2CHCH_2N^+\,CH_2CH_2R'Cl^- \\ \qquad\qquad\qquad\qquad\qquad\qquad\qquad\qquad\quad\ |\qquad\quad\ | \\ \qquad\qquad\qquad\qquad\qquad\qquad\qquad\qquad\ \ OH\qquad\ R \end{array}$$

R' = OH 或 COOH

4.4.1.3 阴离子型有机硅表面活性剂

阴离子型有机硅表面活性剂的合成：

$$R_3SiC_nH_{2n}X + H-\underset{COOC_2H_5}{\overset{COOC_2H_5}{C}}-H \longrightarrow R_3SiC_nH_{2n}-\underset{COOC_2H_5}{\overset{COOC_2H_5}{C}}-H \xrightarrow{\text{水解}} R_3SiC_nH_{2n}COOH$$

此反应利用了丙二酸酯中亚甲基氢的活性以及水解后丙二酸受热脱羧的特性。引入羧基后的含硅烷及硅氧烷化合物不仅本身可用作阴离子表面活性剂，更可由此引入含酰胺及酯类等其它有机硅表面活性剂。也可利用开环反应来合成阴离子型有机硅表面活性剂：

$$\text{马来酸酐} + Me_3SiO(Me_2SiO)_m(MeSiO)_nSiMe_3 \text{（侧基 }(CH_2)_3NH_2\text{）} \longrightarrow Me_3SiO(Me_2SiO)_m(MeSiO)_nSiMe_3 \text{（侧基 }(CH_2)_3NHCOCH{=}CHCOOH\text{）}$$

$$\xrightarrow{HSO_3Na} Me_3SiO(Me_2SiO)_m(MeSiO)_nSiMe_3 \text{（侧基 }(CH_2)_3NHCOCH(SO_3Na)CH_2COOH\text{）}$$

4.4.1.4 两性有机硅表面活性剂

两性有机硅表面活性剂的合成：

$$HNR_2 + Me_3SiO(Me_2SiO)_n(MeSiO)_mSiMe_3 \text{（侧基 }(CH_2)_3OCH_2\overset{\frown O \frown}{CHCH_2}\text{）} \longrightarrow Me_3SiO(Me_2SiO)_n(MeSiO)_mSiMe_3 \text{（侧基 }(CH_2)_3OCH_2CH(OH)CH_2NR_2\text{）}$$

$$\xrightarrow{ClCH_2COONa} Me_3SiO(Me_2SiO)_n(MeSiO)_mSiMe_3 \text{（侧基 }(CH_2)_3OCH_2CH(OH)CH_2N^+R_2CHCOO^-\text{）}$$

类似可得到聚硅氧烷磷酸酯甜菜碱型两性表面活性剂 $R^1SiMe_2O(Me_2SiO)_nSiOR^1$，其中，

$$R^1 = (CH_2)_3O(C_2H_4O)_a(C_3H_6O)_b(C_2H_4O)_cR^2,\quad R^2 = -\underset{\underset{O}{\|}}{\overset{\overset{O}{\|}}{P}}-OCH_2CH(OH)CH_2-\underset{\underset{CH_3}{|}}{\overset{\overset{CH_3}{|+}}{N}}-(CH_2)_3-NH\overset{\overset{O}{\|}}{C}R^3$$

(R^3 为脂肪酸残基)。

该表面活性剂随 pH 值的不同，其水溶液的离解结果也不同。偏碱性时，溶液显示阴离子型表面活性剂的性质；偏酸性时，溶液显示阳离子型表面活性剂性质。由于含有聚甲基硅氧烷-聚醚链段，其水溶液也具有类似聚硅氧烷-聚醚非离子型表面活性剂的浊点。

4.4.2 有机硅表面活性剂的应用

有机硅表面活性剂除具有润湿、去污、乳化、洗涤、分散、渗透、扩散、起泡、抗氧化、黏度调节、防止老化、抗静电、柔软、增溶、消泡、稳泡和防止晶析等功能外，还具有高的表面活性和极易在极性表面铺展、无毒、生理惰性、耐气候、耐高低温等特点，广泛用于日化、食品、医药、生物工程、合成树脂、染料、农药、纺织、涂料、纤维、石油化工等行业，作为乳化剂和溶剂等。由于经济附加值高，它不但有极高开发价值，而且越来越显示其发展前景。

4.4.2.1 化妆品

有机硅表面活性剂可作为乳化剂用于各种化妆品。在香精、洗发香波中使用具有乳化、气泡、分散、增溶的作用，能使香波泡沫丰富、细微而稳定，并有抗静电效果。有机硅表面活性剂对人体无副作用，能在皮肤表面形成脂肪层的保护膜，防止皮肤干燥，是优良的皮肤润湿剂和保湿剂，特别适合于配制面部、眼部化妆品作为乳化剂和乳化稳定剂。化妆品用有机硅表面活性剂的结构式：

$$CH_3-\underset{CH_3}{\overset{CH_3}{|}}{Si}-O\left[\underset{CH_3}{\overset{CH_3}{Si}}-O\right]_m\left[\underset{C_3H_6O(C_2H_4O)_a(C_3H_6)_bR}{\overset{CH_3}{Si}}-O\right]_n\underset{CH_3}{\overset{CH_3}{Si}}-CH_3$$

式中，$m+n=5\sim50$，R＝H 或 $C_1\sim C_3$ 烷基，$a/b=(80/20)\sim(100/0)$，聚醚链段在分子结构中占30%～70%（质量分数），黏度 $500\sim3000mm^2/s$。

用于化妆品的有机硅表面活性剂应是无色无味、透明的，可以使用有机硅表面活性剂在酸性条件下使不饱和异丙烯基聚醚的异丙烯基水解，再用水蒸气蒸馏的方法去掉丙醛或采用加氢的方法使双键生成饱和物。

4.4.2.2 织物整理剂

织物柔软整理的目的在于降低纤维与纤维之间或纤维与人体之间的摩擦力，经过柔软处理的织物滑爽柔软，穿着美观舒适，可以达到风格化、高档化及功能化的质量效果。目前柔软剂有上千种，其中以阳离子型表面活性剂和聚硅氧烷两大类为主。聚硅氧烷性能优越、效果突出、使用广泛，也可用于消泡剂、防水剂、润滑剂、涂饰剂、防霉剂和超细纤维上浆剂等，其中用作柔软剂用量约占一半。

有机硅超柔软整理剂是在甲基含氢硅油上接枝氨基、羧基、聚醚基等，使其成为大分子树脂，其结构式为：

$$R'-\underset{CH_3}{\overset{CH_3}{Si}}-O\left[\underset{CH_3}{\overset{CH_3}{Si}}-O\right]_n\left[\underset{CH_2NH_2}{\overset{CH_3}{Si}}-O\right]_m\underset{CH_3}{\overset{CH_3}{Si}}-R'$$

（$R'=-CH_3$、OH 或$-CH_2NH_2$）

其引入的氨基也可以是氨丙基或氨乙基氨丙基等。它能使织物滑爽、透气、丰满，具有超级柔软手感，并具有良好的防缩性、耐洗性、吸水性及抗静电性，使柔软性获得更大改善，故称之为超柔软整理剂。

近年来已开发出环氧改性有机硅柔软剂、羟基改性有机硅柔软剂、羧基改性有机硅柔软剂、聚醚改性有机硅柔软剂、聚醚-环氧改性有机硅柔软剂、醇改性有机硅柔软剂、聚醚-氨基改性有机硅柔软剂、酯基改性有机硅柔软剂等。人们已经将新型改性有机硅微乳用于织物后整理特别是用于超细纤维柔软整理剂和化纤仿真整理。

4.4.2.3 聚氨酯泡沫稳定剂

聚氨酯泡沫为有机硅表面活性剂能够得以广泛应用的一类重要产品，并随聚氨酯生产的发展而获得了快速的发展，聚氨酯泡沫稳定剂大致用于聚氨酯软泡、硬泡、半硬泡及高回弹泡沫等。其分子结构有四种形式：

① 聚甲基硅氧烷-聚醚共聚物；

② 低分子量烷氧基二甲基聚硅氧烷；

③ 低分子量高烷基改性二甲基聚硅氧烷；

④ 低分子量二甲基聚硅氧烷。

硅氧烷表面活性剂在泡沫塑料生产过程中如体系分散、气泡形成、气泡生长、气泡稳定及气室开放等有重要作用。为适应聚氨酯在家电、汽车建材等方面的阻燃要求，新开发的分子结构为聚二甲基硅氧烷中用氰烃基部分取代了甲基，或将聚醚链段末端用氢烃基封闭，或用环丁砜取代基聚二甲基硅氧烷链节中的部分甲基，其中分子结构式为：

$$CH_3-\underset{CH_3}{\overset{CH_3}{Si}}-O\left[\underset{CH_3}{\overset{CH_3}{Si}}-O\right]_m\left[\underset{C_3H_6O(C_2H_4O)_a(C_3H_6)_bR}{\overset{CH_3}{Si}}-O\right]_n\left[\underset{CH_3}{Si}-O\right]_2\underset{CH_3}{\overset{(CH_2)_3CNCH_3}{Si}}-CH_3$$

或

$$CH_3-\underset{CH_3}{\overset{CH_3}{Si}}-O\left[\underset{CH_3}{\overset{CH_3}{Si}}-O\right]_m\left[\underset{C_3H_6O-\text{环丁砜基}}{\overset{CH_3}{Si}}-O\right]_n\left[\underset{C_3H_6O(C_2H_4O)_a(C_3H_6)_bR}{\overset{CH_3}{Si}}-O\right]_2\underset{CH_3}{\overset{CH_3}{Si}}-CH_3$$

（其中环丁砜基为：CH_2-CH、H_2C、CH_2 与 $S(=O)_2$ 组成的五元环）

作为阻燃性有机硅泡沫稳定剂在聚氨酯泡沫中的应用已越来越占有相当的比例。

4.5　有机硅胶黏剂

有机硅由于独特的结构而具有优异的耐候性、耐久性、耐高低温性、抗紫外线辐射和弹性胶接能力，在建筑、电子和消费品等方面广泛用作密封剂，其卓越的性能部分抵消了高昂的价格。有机硅低的表面张力使其又成为优异的防粘剂材料，在食品、包装、建筑、汽车、电子、模制品等领域中广泛使用。

在现有的耐热胶黏剂中，有机硅胶黏剂是优良品种之一，有机硅胶黏剂品种分耐高温胶黏剂、耐热密封胶、耐高温应变胶及耐热压敏胶等几种。

4.5.1　硅树脂胶黏剂

有机硅胶黏剂按原材料来源可分为以硅树脂为基料的胶黏剂和以硅橡胶为基料的胶黏剂。以硅树脂为基料的胶黏剂主要用于胶接金属和耐热的非金属材料，所得胶接件可在－60～200℃温度范围内使用；以硅橡胶为基料的胶黏剂主要用于胶接耐热橡胶、橡胶与金属以及其它非金属材料。传统的硅树脂是以硅-氧-硅为主链的交联型合成高聚物：

① 根据硅原子上连接基团的不同分成甲基硅树脂、苯基硅树脂、甲基苯基硅树脂等；

② 根据交联固化方式的不同分为缩合型、聚合型、加成型等。

硅树脂中官能团的数目不同，取代基不同以及聚合度、支化度和交联度不同，则产品的性能也不同，适应于不同的用途。通常采用的硅单体的 R/Si 在 112～115 之间，高于此值时固化后的硅树脂强度差、柔性好；低于此值时交联度高，硅树脂硬而脆。固化后的硅树脂玻璃化转变温度（T_g）＞200℃。甲基苯基硅树脂中苯基含量对产品的缩合速度、硬度有很大影响。含有苯基可改进产品的热弹性和与颜料的相容性及热稳定性。苯基倍半氧烷（即硅梯聚合物）$[C_6H_5SiO_{1.5}]_n$ 是梯形聚合物，耐热性能突出，在空气中加热到 525℃才开始失重。以硅为主链的梯形聚合物：

$$
\left[\begin{array}{c} CH_3 \\ | \\ Si \\ | \\ CH_2 \\ | \\ Si \\ | \\ CH_3 \end{array} \right]_n
$$

耐热性甚佳，可耐热1300℃，在1250℃下仍具有一定的强度。

线形环状硅氮聚合物结构式为：

$$
\left[-N \begin{array}{c} R\ \ R \\ Si \\ \diagup\ \diagdown \\ \diagdown\ \diagup \\ Si \\ R\ \ R \end{array} N - \underset{R}{\overset{R}{|}}{Si}- \right]_n
$$

硅氮主链聚合物在450～480℃下不分解，可在450℃下长期使用。硅氧烷主链中引入各种芳杂环或其它耐热环状结构及杂原子，可在不降低其耐热性的前提下改善其综合性能。笼形结构的苄十硼烷结构引入聚有机硅氧烷主链，降低了链节的活动旋转能力，增加了刚性，提高了玻璃化温度；引入芳环后耐热性能明显改变，黏附性能、内聚强度、耐辐射性能有明显改变。主链上加入亚苯基、二苯醚亚基、联苯亚基等芳亚基，耐辐射性强，耐高温可达300～500℃。在硅氧烷主链上引入丁基，能增加与醇酸树脂、聚酯树脂等的相容性；引入苯基可以改进产品的热弹性、与颜料的混溶性、胶接性和热稳定性；引入适当的苯基（7%～20%）时可获得最佳自熄性的阻燃硅橡胶密封胶。引入杂环，介电性能十分优良；引入二茂络铁结构，具有导电性；引入Al、B、Ti、Sn等各种杂原子，耐热性、黏附与自黏性能有所提高。

改变侧链结构引入氰乙基、γ-三氟丙基、脂肪氨基、芳香氨基、氯甲基、环氧基等以提高其耐油性能、黏附性能及内聚强度。有机高分子材料化学改性聚有机硅氧烷，酚醛树脂、环氧树脂、聚酯树脂、聚氨酯树脂改性，黏附性能良好，可室温固化，耐高温。

硅树脂对铁、铝和锡之类的金属胶接性能好，对玻璃和陶瓷也容易胶接，但对铜的黏附力较差。以纯硅树脂为基料的有机硅胶黏剂，由硅树脂加入无机填料和溶剂混合而成，固化时放出小分子，需加热加压。KH-505胶黏剂就是常用的耐高温有机硅胶黏剂，基料是甲基苯基硅树脂，单体R/Si值为113，甲基/苯基值为1。填料云母粉、石棉等可改进胶黏剂在高温下的强度。石棉可防止胶层因收缩而产生的龟裂，云母能增加胶层对被粘物的湿润性，TiO_2增加强度和改善抗氧化性，ZnO可中和微量的酸。KH-505胶黏剂的胶接件能经受1000℃的火焰喷烧，此时加载0.294MPa超过4h也未破坏，其耐湿热老化性能良好。KH-505为高温导电胶，耐高温200～250℃和耐离子辐射，可用于电真空射频溅射技术中靶与阴极的胶接。以硅树脂为基料的胶黏剂固化温度太高，应用受到限制。加入少量的原硅酸乙酯、乙酸钾及硅酸盐玻璃等，固化温度降到220～200℃，高温强度仍有3.92～4.90MPa。纯硅树脂机械强度低，与聚酯、环氧或酚醛等有机树脂共聚改性时，可获得耐高温性能和优良的机械性能，用于耐高温结构胶。

4.5.2 硅橡胶胶黏剂

硅橡胶按其固化方式分为高温硫化硅橡胶（HTV）和室温硫化硅橡胶（RTV）。由于高温硫化硅橡胶胶黏剂的胶接强度低，加工设备复杂，极大地限制了它的应用。自20世纪60年代初室温硫化硅橡胶出现以来其发展越来越快。室温硫化硅橡胶除具有耐氧化、耐高低温交变、耐寒、耐臭氧、优异的电绝缘性、耐潮湿等优良性能外，最大特点是使用方便。

目前大多数有机硅室温硫化硅橡胶的基础胶料仍是以羟基封端的 PDMS（M＝10000～80000），其结构式如下：

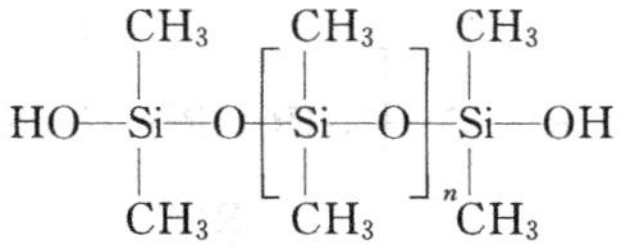

$$HO-\underset{CH_3}{\overset{CH_3}{Si}}-O-\left[\underset{CH_3}{\overset{CH_3}{Si}}-O\right]_n-\underset{CH_3}{\overset{CH_3}{Si}}-OH$$

按有机硅室温硫化硅橡胶商品包装形式可分为单组分和双组分室温硫化硅橡胶。

单组分室温硫化硅橡胶是多官能有机硅与空气中的水分接触后交联固化，固化时生成小分子，据此有脱酸型、脱肟型、脱醇型、脱胺型、脱酮型、脱酰胺型等。交联剂是每个分子具有两个以上官能团的硅烷，硅烷偶联剂也常用作交联剂。不同交联剂类型的胶接性能顺序为：脱乙酸型＞脱胺型＞脱酮、肟型＞脱酰胺型＞脱醇型。脱乙酸型成本低，对大多数材料都有良好的胶接强度。中性室温硫化硅橡胶由于无腐蚀性发展较快。脱酮型 RTV 具有良好的胶接性和耐热性及储存稳定性，无臭、无腐蚀性，不用有机羧酸金属盐作催化剂，硫化胶无毒。采用混合交联剂也有利于提高胶接强度。常用的催化剂是锡、钛、铂等金属有机化合物，胺，铅、锌、锆、铁、镉、钡、锰的羧酸盐等。采用钛络合物催化剂可提高醇型 RTV 的胶接强度。通过调节催化剂种类和用量可控制硫化时间，辛酸亚锡可在几分钟内使密封胶凝胶，二丁基二月桂酸锡则可在几小时内凝胶。单组分 RTV 的交联反应首先由胶料表面接触大气中的湿气而开始硫化，并进一步向内扩散，因此胶层厚度有限。

双组分 RTV 分缩合型和加成型两种。缩合型是在催化剂有机锡、铅等的作用下，由有机硅聚合物末端的羟基与交联剂中可水解基团进行缩合反应。缩合反应主要有脱醇型和脱氢型两大类，催化剂用量一般为 0.1%～5%。加成反应型 RTV 是在铂或铑等催化剂作用下，含乙烯基的硅氧烷与含氢硅氧烷发生硅氢加成而得，催化剂用量极少。双组分 RTV 的最大优点是表面和内部均匀硫化，即可深度硫化。但双组分 RTV 粘接性能差，常用硅烷偶联剂作底胶或用增黏剂可提高胶接强度。RTV 聚硅氧烷分子呈螺旋卷曲状，硅氢键的极性互相抵消，连接在硅原子上的非极性基团排在螺旋状硅氧主链的外侧，因此 RTV 自身的强度和对各种材料的黏附强度比较低，常用添加补强填料如气相二氧化硅来提高 RTV 强度，也有采用硅橡胶与其它有机聚合物共混或改变硅橡胶主链结构来提高其强度。

4.5.3　硅烷偶联剂

硅烷偶联剂是一类具有特殊结构的有机硅化合物，其通式为 $Y-R-SiX_3$，其中 Y 为可以和有机化合物反应的官能团，如氨基、乙烯基、硫醇基、环氧基、甲基丙烯酰基等；R 是短链亚烷基；X 是可进行水解并可生成—OH 的基团，如烷氧基、酰氧基及卤素等。X 和 Y 是两类反应特性不同的活性基团，其中 X 易与无机化合物产生牢固的化学或物理结合；而 Y 则易与有机树脂、橡胶等产生牢固的化学或物理结合。因此，通过硅烷偶联剂可以把无机和有机材料结合起来，获得满意的结果。有机硅偶联剂不仅可用作复合材料的界面处理剂、防水剂和增强剂，还广泛用作增黏剂、表面改性剂、交联剂、金属的防锈和防氧化、玻璃和陶瓷的保护、纤维及皮革的整理及石油的开采与输送等多种用途。

硅烷偶联剂大多是 γ-型的三官能团偶联剂，即硅原子连有三个可水解基，硅原子的 γ-碳上连有一个反应性基团，其主要有以下几种类型：普通直链烷基偶联剂，不耐高温；耐高温偶联剂，主要是芳香族硅烷，如含氰苯基、氯苯基、溴苯基或甲苯基的硅烷；阳离子型偶联剂，如 XZ-8-5069：

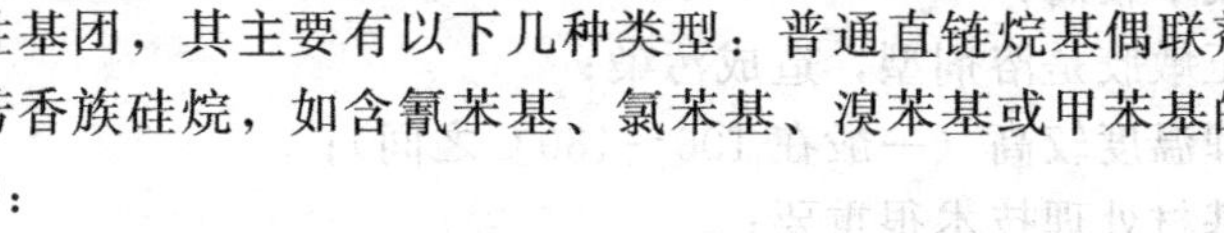

$$(CH_3O)_3Si(CH_2)_3NHCH_2CH_2\underset{\vdots \atop HCl}{NH}CH_2-C_6H_4-CH=CH_2$$

它适用性广，能溶于水和有机溶剂，对空气和湿度都不敏感，对许多热固性树脂和热塑性树脂、无机材料或金属都有活性，能增强无机物与聚合物表面之间的胶接；水溶性硅烷偶联剂如 Marsden 等人提出的聚合物-硅烷化的多氮酰胺

$$\left[NHR^1NHR^2-\overset{\overset{\displaystyle O}{\|}}{C} \right]_x \left[NHR^1\underset{\underset{\displaystyle Si(OR)_3}{|}}{\underset{\displaystyle R^3}{\underset{|}{N}}}R^2-\overset{\overset{\displaystyle O}{\|}}{C} \right]_y NHR^1NH_2$$

使用时以浆状形式与树脂混合，效果良好；叠氮型硅烷偶联剂如 S-3046，结构式为 $(CH_3O)_3Si—R—SO_2N_3$，加热时分解成活泼的 RSO_2N；可插入 C—H 键、C ═ O 键或芳香体系中，可显著提高聚丙烯的弯曲强度（提高 77%）和拉伸强度（提高 65%）。

除了乙烯基硅烷偶联剂中活性基团双键在硅原子的 α-碳上外，还有 α-型偶联剂，通式为 $Y—CH_2Si(OR)_3$，R=—CH_3、—C_2H_5 等。此类偶联剂中硅氧烷比较活泼，更容易发生化学反应，耐高温性能比 γ-型好，可用作 RTV 的交联剂，但在强碱性介质中会发生断链。另外，硅烷化的聚丁二烯如 Y-9246 是一种无臭味的硅烷偶联剂，可用于改性常用的无机填料。过氧化物硅烷偶联剂是一类新型的硅烷偶联剂，偶联效果的产生是通过热裂解，而不是水解，适于一大类相似或不相似物质之间的偶联，如乙烯基三(叔丁基过氧化)硅烷 Y-5712，VTPS 既是引发剂，又是增黏剂。阳离子型偶联剂、过氧化物类型的偶联剂对聚烯烃类热塑性树脂强度的提高特别有效。含巯基的偶联剂在橡胶弹性体中有较好的效果。

4.6 有机硅压敏胶黏剂

4.6.1 基本组分及制备机理

有机硅压敏胶主要由硅橡胶生胶、硅树脂、交联剂和添加剂混合而成。硅橡胶是基本组分，为连续相，能成膜、赋予有机硅压敏胶必要的内聚力；硅树脂为分散相，起调节压敏胶物理性质和增加黏性的作用。硅橡胶与硅树脂之间通过物理共混或化学交联而结合。

有机硅压敏胶按化学结构可分为 2 种类型：甲基型和苯基改进型。后者在高温（260℃）和低温（－73℃）均有优异的黏合能力，具有高黏度、高剥离度和高粘接性。

有机硅压敏胶有如下优点：

① 适应温度范围广，可长期在－73～260℃使用，不变脆不变干；

② 电性能优良，耐电弧、漏电性好，可以制造 H 级电绝缘胶带的压敏胶用；

③ 耐水性、耐湿性和耐候性好；

④ 耐油、耐酸碱性好，化学惰性，施工期限长；

⑤ 可以粘接多种难粘的低表面能材料，如未经处理的聚烯烃、聚四氟乙烯和聚酰亚胺薄膜、有机硅脱膜纸等。

有机硅压敏胶与普通压敏胶相比也有不足：

① 工艺复杂、成本较高；

② 多数有机硅压敏胶是溶剂型，造成污染；

③ 干燥和热处理温度较高（一般在 100～180℃之间）；

④ 粘接力小，基材处理技术很重要；

⑤ 对于甲基型有机硅压敏胶，除价格很高的聚四氟乙烯等氟化物外，还没有找到合适的隔离纸，一般的有机硅隔离纸随着时间延长会逐渐失去隔离效果。

有机硅压敏胶作为一种特殊胶在高温、高湿、强腐蚀性等特殊环境中或在有特殊性能要

求的场合下使用。已经工业应用的几种有机硅压敏胶制品及其主要用途见表 4-1。

表 4-1　各种有机硅压敏胶制品及其主要用途

基材种类	使用温度范围/℃	主要用途
聚酯	−60～160	各种遮盖带、蜡纸的粘贴和修补等
玻璃布(单面)	−75～290	各种电机上的 H 级绝缘带、高温遮盖带等
玻璃布(双面)	−75～290	各种高温零部件的连接和密封
含浸有机硅树脂的玻璃布	−75～290	H 级绝缘带,高温遮盖带等
增强有机硅橡胶	−75～290	粘接硅橡胶电缆、捆扎电器件等
含浸有机氟树脂的玻璃布	−75～200	各种沟槽的护衬、造纸机的包覆等
铂箔	−75～430	热处理用粘接带、宇宙飞船的高温粘贴等
背面有机氟处理的铝箔	−75～200	高温防湿、防摩擦保护等
聚酰亚胺	−60～260	H 级电气绝缘带
处理过的聚四氟乙烯	−75～200	电绝缘带、防湿、防摩擦保护等
高分子量聚乙烯	−60～150	防磨损和防污垢的保护

4.6.2　有机硅压敏胶的分类

4.6.2.1　羟基缩合型

早期的有机硅树脂由 R_2SiCl_2、R_3SiCl 和 $RSiCl_3$ 等几种氯硅烷的混合物经水解和缩聚反应制得。有机硅树脂具有极其复杂的分子结构，R 一般为甲基，故称之为甲基硅树脂、作为压敏胶用的硅树脂，平均分子量一般都不大，常温下为白色固体粉末。在反应结束时有机硅树脂中总会留下一些未反应的硅醇基团。它的极性较大，对压敏胶的湿润能力、初黏性和剥离力有很大贡献。硅树脂在压敏胶中起着类似于增黏树脂的作用。反应中原料配比、R 基团及反应条件的不同，所得硅树脂的分子量和结构（尤其是硅醇基含量）也会不一样，这都会影响压敏胶的性能。

制备有机硅压敏胶的简单合成工艺：

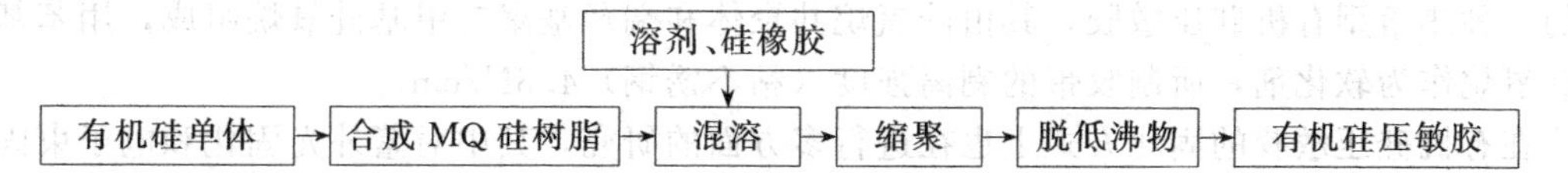

正因为羟基间的脱水缩合，得以防止混合后出现相分离，也赋予了压敏胶一定的初黏力。这就是有机硅压敏胶早期的体系，虽能满足一些实用的要求，但还存在较大缺陷。此体系虽然因缩合反应有了一定的内聚力，但从本质上仍属于非交联型的，热塑性较强，所以高温下的持黏力、耐热老化和耐药品性能往往不能满足某些要求。另一方面为了提高内聚力，必须选用分子量很高的硅橡胶。导致体系的黏度非常大，操作性能差，必须用大量的溶剂来稀释，因此又易污染环境。同时由于大量残余—OH 的存在，使得胶液稳定性下降。

4.6.2.2　过氧化物交联型

在硅树脂与硅橡胶已初步缩合的基础上，采用交联剂进行交联固化，增加硅橡胶和硅树脂间的化学交联。交联剂为有机过氧化物类，如过氧化苯甲酰和过氧化 2，4-二氯苯甲酰，辛酸铅等有机金属盐以及氨基硅烷等。使用过氧化物时热处理必须采用高温短时间的工艺，使其快速分解，否则过氧化物会升华，凝结在通气口，易引起爆炸。化学交联可以提高体系内聚强度，使得压敏胶的耐高温蠕变性能有了很大改进，初黏度、剥离力、高温持黏性都达到了很高的标准。其缺点为：

① 需用高分子量硅橡胶，操作困难、污染环境；

② 交联必须在≥150℃的高温下进行；

③ 交联点不易控制，粘接强度易变。

4.6.2.3 乙烯基—H基加成型

通常由乙烯基聚二有机硅氧烷、树脂类增黏剂即MQ硅树脂、氢基硅烷交联剂和硅氢化加氢催化剂组成。在此体系中，端烯基硅橡胶与硅树脂需要高度相容。由于带有反应活性烯键的硅橡胶和带有Si—H键的有机硅烷经铂催化可以很容易发生硅氢加成反应，进行扩链，所以反应后的体系分子量很大。于是就可选择小分子量的硅橡胶作基料，大大降低体系黏度；溶剂的使用量也大为下降，可制成高固含量的压敏胶，甚至制成无溶剂的压敏胶。若选用合适的引发剂和催化剂，高固量有机硅PAS在≤110℃即可固化。同时由于体系中—OH含量的减少，使得胶液稳定性得到提高。

合成时采用正硅酸乙酯或硅酸钠水溶液与R_3SiCl反应，工艺简单，性能优越。通过控制适当的M/Q比例，可生产出不同性能的硅树脂。在这种有机硅压敏胶体系中，硅橡胶间通过交联提高了内聚强度，改善了高温蠕变性能，所以耐温性能好于其它体系。但由于硅橡胶与硅树脂间是物理混合，所以粘接强度不如端羟基硅橡胶体系高。

4.6.3 有机硅压敏胶的改性

采用共混、共聚、嵌段、接枝等手段把有机硅和其它功能基团连接起来，可以改善有机硅压敏胶的某些性能。例如由二异氰酸酯与有2个反应性基团的聚有机硅氧烷反应制备软硬链段交替的热塑性共聚物，硬段来自二异氰酸酯部分，软段来自聚有机硅氧烷疏水部分和聚乙烯氧化物亲水部分，把它加入到MQ树脂和硅橡胶等基料中，可以明显改善有机硅压敏胶的冷流性。

在传统配方基础上加入油溶的金属盐做稳定剂来提高耐温性，产品能通过288℃老化实验。具体配方为：MQ树脂（M/Q为0.6～0.9）、端羟基聚二有机硅氧烷、一种油溶的稀有金属盐稳定剂（如铈盐、镧盐等）和有机溶剂。此胶在－150～200℃固化。如果在硅氧烷主链上接枝无定形聚α-烯烃，有机硅压敏胶可湿气固化，具有较高的粘接力、内聚力和热稳定性。近年来发展较快的是通过共聚、共混制成热熔型有机硅压敏胶。例如，道康宁公司研制的一种热熔型有机硅压敏胶，其由硅氧烷共聚体和端羟基聚二甲基硅氧烷组成，用苯基甲基硅氧烷作为软化剂，所制胶带的剥离强度（粘不锈钢）4.8N/cm。

在有机硅压敏胶的固化方式上也在进行多方面的研究，其中对紫外光固化和电子束固化研究较多。它具有无污染、低能耗和高效率等优点。其基本组分是：带有烯键的聚硅氧烷、可与烯键硅氧烷共聚合的单官能团烯类单体、MQ硅树脂、光引发剂、多官能团烯类单体交联剂和少量溶剂。由于PSA体系不含或只含少量溶剂，所以辐射固化取消了溶剂型压敏胶高温烘干工序，可以避免热敏基材的破坏。

4.7 无溶剂型有机硅防粘剂

有机硅聚合物表面张力低，一般在20～24mN/m，而大多数有机黏合剂为30～50mN/m。正是有机硅聚合物的低表面张力，加之其与有机聚合物不相容性，使其成为一种被普遍使用的防粘材料。就固化反应机理而言，有机硅防粘剂可以分为缩合反应型和加成反应型两类。缩合反应型有机硅防粘剂的固化反应为：

$$\equiv Si—OH + RO—Si\equiv \xrightarrow{Sn} \equiv Si—O—Si\equiv + ROH$$

$$\equiv Si-OH + HO-Si\equiv \xrightarrow{Sn} \equiv Si-O-Si\equiv + H_2O$$

加成型有机硅防粘剂的固化反应为：

$$\equiv Si-CH=CH_2 + H-Si\equiv \longrightarrow \equiv Si-CH_2CH_2Si\equiv$$

$$\equiv Si-CH=CH_2 + HS-R-Si\equiv \xrightarrow{h\nu} \equiv Si-CH_2CH_2-SR-Si\equiv$$

但从产品的形式又可把有机硅防粘剂分为乳液型、溶剂型和无溶剂型三大类。

乳液型有机硅防粘剂是有机硅氧烷的水乳液，一般有机硅含量为 20%～30%。涂布时可根据使用要求进一步用水稀释。乳液型防粘剂的特点是成本低，涂布量容易控制，对大气环境无污染，但其防粘性差，不稳定，水对基材特别是对纸基可产生变形及褶皱。

溶剂型有机硅防粘剂是有机硅氧烷在有机溶剂中的溶液，有机硅含量为 10%～30%。涂布时根据使用要求可用溶剂适当稀释。溶剂型防粘剂的特点是防粘效果好，涂布量可以控制，但是溶剂会造成环境污染以及安全性问题。因此，在使用溶剂型防粘剂时需要加设溶剂回收装置。

无溶剂型有机硅防粘剂开发于 20 世纪 70 年代，在西欧市场目前已占有机硅防粘剂用量的 80%。它的优点在于防粘效果好，稳定，固化速度快，有利于提高生产效率。可以进行双面涂布，在生产操作中，又可实现在线操作。另外，无溶剂型有机硅防粘剂在高速剥离时，其剥离力值的增加比缩合反应型防粘剂的低得多。因此，特别适合于标签纸的生产，高速撕废时不会被撕破，有利于高速连续化生产。特别是克服了溶剂型防粘剂的环境污染和生产安全性问题。但是无溶剂型防粘剂生产成本较高，对涂布设备和涂布技术要求也较高。

乳液型、溶剂型和无溶剂型有机硅防粘剂的各项性能比较见表 4-2，表中性能优良性顺序为：▽>○>△>×。

表 4-2 热固化防粘剂性能比较

形态	乳液型		溶剂型		无溶剂型	
反应类别	缩合	加成	缩合	加成	缩合	加成
防粘性	△	○	△	▽	△	▽
浴态寿命	△	○	△	▽	×	▽
固化速度	×	△	△	○	○	▽
大气污染	○	○	×	×	○	○
水质污染	×	×	○	○	○	○
能耗	×	△	△	△	○	○
涂布性	△	○	○	○	×	△
生产性	△	△	△	○	×	○
成本	○	△	○	△	○	△

4.7.1 乳液型有机硅防粘剂

乳液型有机硅防粘剂是聚硅氧烷的水溶液，有机硅含量一般为 30%～40%。使用乳液型有机硅防粘剂时，通常在原纸上直接进行涂布。为了改善成膜特性和降低纸的渗透性，可在乳液型有机硅防粘剂中加入增稠剂。乳液型有机硅防粘剂的优点是成本低，涂布量容易控制，对环境无污染，使用安全。缺点是对基材特别是对纸基可产生变形及褶皱，所以对基材有一定的要求。使用时要注意乳液型有机硅防粘剂对铂催化剂很敏感，有很多因素会引起阻聚，如基材、稀释水、混合及液槽设备、涂布机、其它有机硅添加剂等。理想的情况应使用去离子水，但很少用户能做到。罗纳普朗克公司乳液体系的产品为 SILCOLEASE 71867，产品具体指标如表 4-3 所示。

表 4-3 SILCOLEASE 71867 产品指标

溶　　剂	去离子水
交联剂	71806
催化剂	71853
剥离调节剂	71824
固含量	40%
固化方法	加聚固化
用途	通用型，主要用于间歇生产，多组分体系
特殊用途	FDA/BGA 食品接触
添加剂	SILCOLEASE 700 成膜剂，SILCOLEASE 液槽稳定剂，HEC/CMC 黏度调节剂，TRITONX100 润湿剂，SILBIONE 70460 消泡剂

4.7.2 溶剂型有机硅防粘剂

溶剂型有机硅防粘剂是聚硅氧烷在有机溶剂中的溶液，有机硅含量为 30%。目前发展较快的是加成反应型，以铂作为催化剂的溶剂型有机硅防粘剂。溶剂型有机硅防粘剂需要溶剂进行稀释，常用溶剂甲苯、二甲苯、己烷、庚烷和混合溶剂。使用溶剂型有机硅防粘剂时，底纸需涂 PE 或 PVA，使纸张平整，并防止有机硅渗透到纸张背面。使用进口 GLASSINE PAPER 和 CLAYCOATED PAPER 时纸张无需底涂。溶剂型有机硅防粘剂的优点是防粘效果好，涂布量可以控制，易操作，适用于各种纸和薄膜基材；缺点是溶剂会造成对环境的污染，使用上存在安全问题。法国罗纳普朗克公司生产溶剂型有机硅防粘剂，主要的品牌为 SILCOLEASE 7410，7412，7430。罗纳普朗克公司产品系列的主要特点是低温固化，固化时间短；具有低的，稳定的剥离特性。产品具体指标见表 4-4 所示。

表 4-4 SILCOLEASE 7410，7412，7430 指标

项目	SILCOLEASE		
	7410	7430	7412
溶剂	甲苯	甲苯	甲苯
交联剂	91A	无	无
催化剂	90B	93B	90B
剥离调节剂	RCA3	RCA3	RCA3
固含量	30%	30%	30%
固化方法	加聚固化	加聚固化	加聚固化
用途	通用型，主要用于间歇生产，多组分体系	通用型，用于间歇和连续生产，两组分体系极易剥离（特别是溶剂丙烯酸胶黏剂）	通用型，主要用于间歇生产，多组分体系
特殊用途	FDA/BGA 食品接触	待定	FDA/BGA 食品接触

4.7.3 无溶剂型有机硅防粘剂

以加成反应固化的无溶剂型有机硅防粘剂反应式：

$$\equiv Si-CH=CH_2 + H-Si\equiv \longrightarrow \equiv Si-CH_2CH_2-Si\equiv$$

实现固化反应有三个必要的组成成分：含有 Si—CH ═CH_2 基团的聚有机硅氧烷、含有 Si—H 键的聚有机硅氧烷和加成反应催化剂。含有 Si—CH ═CH_2 基团的聚有机硅氧烷就是基胶，在每个分子中含有至少 2 个 Si—CH ═CH₂ 基团，其结构式为：

$$CH_2{=}CH-Si(CH_3)_2-O-[Si(CH_3)_2-O]_m-Si(CH_3)_2-CH{=}CH_2$$

$$CH_2{=}CH-Si(CH_3)_2-O-[Si(CH_3)_2-O]_m-[Si(CH_3)(CH{=}CH_2)-O]_n-Si(CH_3)_2-CH{=}CH_2$$

含有 Si—H 键的聚有机硅氧烷称为交联剂，每个分子中含有至少 3 个 Si—H 键，其结构式为：

$$CH_3-Si(CH_3)_2-O-[Si(CH_3)(H)-O]_m-[Si(CH_3)_2-O]_n-Si(CH_3)_2-CH_3$$

$$CH_3-Si(CH_3)_2-O-[Si(CH_3)(H)-O]_m-Si(CH_3)_2-CH_3$$

铂催化剂品种较多，常采用铂络合物。同时为了使防粘剂具有较好的浴态寿命，还需加入适量的抑制剂，使防粘剂在室温条件下具有较长的浴态寿命，而在高温下又能实现快速固化的目的。在配制无溶剂型有机硅防粘剂时，为了应用方便、计算正确、增加储存稳定性，把其配制成 M 组分和 N 组分。在 M 组分中含有基胶、交联剂和抑制剂，在 N 组分中含有基胶和催化剂。使用时只需将 M、N 按 1∶1 质量比混合均匀即可进行涂布。

4.7.4　有机硅防粘剂的应用

在自黏性标签上的应用是用量最大的一项，主要是将防粘剂固化在底纸上，成为防粘纸。目前世界上的防粘纸中，用于自黏性标签方面的占防粘纸总量的 80%。

(1) 在压敏胶带上的应用　在压敏胶带的基材（如 PE 纸）的一面先涂防粘剂，固化后，再涂布胶黏剂（如压敏胶等），固化后收卷，便是常见的压敏胶黏带。它常用于封箱、喷漆涂装的遮蔽带等。还有一种双面胶带，其结构是由双面防粘纸和胶黏剂层构成，它要求防粘纸的两面具有不同的剥离力值，以便顺利开卷使用。最常见的是双面胶带、牛皮封箱胶带等。

(2) 在装饰薄膜上的应用　在薄膜或布等基材的表面上设计各种装饰图案，背面涂上胶黏剂，复合防粘纸。使用时将防粘纸撕开，露出胶黏剂层，粘贴到所需位置上，施工很方便。

(3) 在人造皮革上的应用　在聚氯乙烯、聚氨酯人造革铸塑法新工艺中，要求以离型纸作为载体，使制品能顺利脱膜，同时在离型纸上的图案能逼真地印在人造革制品上。这种离型纸也是防粘剂涂布而成的。它要求有机硅防粘剂具有耐热性，一定的伸展性和优异的防粘性，所以必须选择剥离力值较低的防粘剂。例如在聚氨酯生产中，防粘剂要与作为介质使用的有机溶剂和粘接力很强的聚氨酯糊料相接触，同时防粘层必须耐溶剂而且又具备优异的防粘性，才能满足使用要求。

(4) 在妇女卫生用品上的应用　将防粘剂涂布并固化在基纸上制成离型纸。离型纸复合在卫生巾的胶黏剂上，使用时将离型纸撕开。

(5) 在包装行业上的应用　采用防粘纸包装焦油、沥青等黏性物质，可防止与包装材料相黏结。

(6) 其它　有机硅防粘剂的应用相当广泛，建筑、汽车、电子、食品及医药方面都有涉及。其中有机硅防粘剂应用于食品及医药方面，需符合食品及医药卫生标准。

4.8 有机硅密封胶

4.8.1 有机硅密封胶的分类及特点

有机硅密封胶以羟基封端的甲基聚硅氧烷及细微填料为材料主体，硫化交联方式一般为缩合型。在产品形态上分为单组分与双组分两大类。

4.8.1.1 单组分有机硅密封胶

单组分有机硅密封胶是将有机硅聚合物和无机填料、交联剂、硫化剂等有效成分在干燥条件下装入密封容器，使用时与空气中的水分接触后即交联固化。根据交联剂的种类又分为不同的交联体系，如脱醋酸型、脱酮肟型、脱醇型、脱酰胺型等。应用时可根据各种硫化体系的特点进行选择。

(1) 脱醋酸型　单组分 KTV 聚硅氧烷密封胶是以羟基封端的聚二甲基硅烷为基胶，采用脱醋酸型硫化体系并添加不同增强填料、助剂在无水条件下制成的，产品硫化前为非流动性膏状物，包装于专用塑料密封筒内，施工时用腻子进行涂覆，在室温下接触空气中水分便硫化成橡胶弹性体，对玻璃、陶瓷、金属、混凝土等显示出优良的防水、防潮、防裂、耐寒等综合性能，主要用于铝合金门窗、全视野玻璃幕墙等结构部位的密封粘接。它在硫化后硬度达 30SHA，拉伸强度 2.5～3.0MPa，伸长率为 400%以上。单组分密封胶主要用于建筑业如接缝、金属与玻璃及高层建筑的幕墙的嵌缝密封，具有用量少，产品结构稳定、无毒等特点。其粘接强度高，粘接范围广，其性能优于双组分密封胶。

交联剂为乙酰氧基硅烷，反应机理：

$$\equiv Si—OH + CH_3\overset{O}{\overset{\|}{C}}OSi\equiv \longrightarrow \equiv SiOSi\equiv + CH_3COOH\uparrow$$

特点：固化快，透明，成本低。固化后强度较大，但有刺激性的气味，对金属有轻微的腐蚀性，对玻璃等材料的粘接性非常好。硫化后硬度约 25～30SHA，拉伸强度 2.5MPa 左右，伸长率能达到 400%。

(2) 脱酮肟型　脱酮肟型现已发展成为室温固化（RTV）胶中最主要的胶种。日本东芝使用的含肟基硅烷或其部分水解物与含氧基硅烷部分水解物通过肟基和氧基反应制成的交联剂，使胶料的消黏时间为 10min。交联剂为酮肟基硅烷，反应机理为

$$\equiv Si—OH + X{=}NO—Si\equiv \longrightarrow \equiv Si—O—Si\equiv + X{=}NOH\uparrow$$

X= 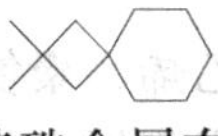

特点：几乎无味，储存稳定，对铜等特殊金属有轻微腐蚀。加入溶剂后，可作喷涂、浸渍处理，是目前市场上销量最多的单组分有机硅密封胶品种。硫化后硬度为 40SHA 左右，拉伸强度为 1.0～6.0MPa，伸长率在 200%～300%范围内。

(3) 脱醇型　脱醇型采用烷氧基硅烷交联剂，具有优越的物理机械性能、粘接密封性能及防水防潮性能，对所有金属材料无腐蚀，使用极其方便，为市场应用品级多，应用普遍的一种新产品。硫化后硬度范围为 20～40SHA，拉伸强度 2.5MPa 左右，伸长率 300%～500%。对有机玻璃、无机玻璃、陶瓷、搪瓷、混凝土、竹木、ABS、PVC、电木、橡胶等具有强的黏合作用。因其优异的综合性能，在电子电器、光学仪器、机械、航空航天部门有

广阔的应用前景。脱醇型低模量聚硅氧烷密封胶主要用于建筑物的外墙嵌缝，各种耐候性伸缩缝及任何非结构型部位的粘接密封。脱醇型中模量聚硅氧烷密封胶，特别适用于预制墙板及建筑物内部装饰粘接密封。

脱醇型单组分有机硅密封胶由基胶与交联剂、催化剂混合而成，装入牙膏管中密闭保存。使用时从管中挤出，借助于空气中微量的水分引起化学交联而固化。最常用的交联剂是甲基三甲氧基硅烷［$MeSi(OMe)_3$］，催化剂采用钛酸酯。

交联剂为烷氧基硅烷类时反应机理为

$$\equiv Si—OH + ROSi\equiv \longrightarrow \equiv Si—O—Si\equiv + ROH\uparrow$$

$$R=CH_3、C_2H_5 \text{ 等}$$

特点：无毒无味，无腐蚀性，粘接性能好，固化较慢。能保持良好的电性能，是目前市场上品种品级最多、应用也较普遍的一种产品。

（4）脱酰胺型　交联剂为酰氨基硅烷，反应机理为

$$\equiv Si—OH + R—\overset{\overset{O}{\|}}{C}—NRSi\equiv \longrightarrow \equiv Si—O—Si\equiv + R—\overset{\overset{O}{\|}}{C}—NHR$$

$$R=CH_3、C_2H_5 \text{ 等}$$

特点是有酰胺臭味，无腐蚀性，伸长率较高，对许多基材的粘接性都很好。硫化后硬度10～20SHA，拉伸强度为110MPa左右，伸长率可超过100%。

单组分有机硅密封胶的制备方法：将室温硫化硅橡胶生胶与填充剂及其它助剂在开炼机上混炼均匀后移入捏合机中，在无水的条件下加入交联剂和催化剂，混合均匀。其制备工艺如下。

基胶
填料——→混炼——→干燥脱水 $\xrightarrow[\text{催化剂}]{\text{交联剂}}$ 捏合 $\xrightarrow{\text{干燥}}$ 出料罐装
助剂

为改进密封胶的性能可加入如气相法白炭黑和沉淀法白炭黑等填料，为降低成本可加入硅藻土、碳酸钙等填料。使用的设备包括混炼机、捏合机、三辊研磨机、包装机等。成品胶一般采用金属软管、塑料（或金属）封筒包装。

4.8.1.2　双组分有机硅密封胶

双组分RTV胶使用是以聚二甲基硅氧烷为基胶，配合增强填料、辅助填料、颜料等组分，以二官能团或三官能团的二乙基羟氨基的环硅氧烷为交联剂，配合无机助剂为另一组分，经混炼制成的三元网状液体胶料，与有机锡催化剂混合后在室温下硫化成弹性体。

双组分RTV胶具有深层硫化，使用温度范围广、憎水防潮、耐臭氧、耐气候老化、高绝缘强度、低介电损耗、耐电弧、耐电晕等优点，广泛应用于金属板幕墙接缝，预制混凝土、石器材料的接缝，窗框与玻璃之间的接缝，大型水槽的密封及超高幕墙接缝等。

双组分室温硫化硅橡胶主要用于平显系统等重要部件的灌注胶接，如大透镜组件的密封胶接，中心反光镜与底座胶接，CRT的封装和电缆固定等，能达到固定、密封、防潮、减震等综合功能，广泛地用于飞机、电子元件等制作中的粘接、灌封和包封。除作为军工应用外，还用于电子元器件和组合件、光电器件和组合件、仪器仪表等整机的生产和装配等。

双组分RTV胶以有机锡类化合物作为催化剂，由有机硅聚合物末端的羟基与交联剂中可水解基团进行缩合反应而得。分为脱醇型和脱氢型两大类。

① 醇型：交联剂为烷氧基硅烷或其部分水解物，反应机理为

$$\equiv Si—OH + ROSi\equiv \longrightarrow \equiv Si—O—Si\equiv + ROH$$

② 脱氢型：交联剂为甲基氢聚硅氧烷，反应机理为

$$\equiv Si—OH + HSi\equiv \xrightarrow{Sn} \equiv Si—O—Si\equiv + H_2\uparrow$$

双组分有机硅密封胶大部分商品是脱醇型，其粘接性能好，无毒无味，无腐蚀性，而且成本较单组分要低，但操作稍麻烦，使用时要将两个组分按比例混匀使用。常用于一次用量较大的操作场合。调节催化剂用量，可把硫化时间控制在几分钟或几天。各类品级的胶料其性能因配方不同而有一定差异，一般硫化后硬度为（35±5）SHA，拉伸强度为1～4MPa，伸长率在100%～200%之间。

双组分有机硅密封胶的制备方法：双组分有机硅密封胶A、B组分分别制备和包装，也可在使用前按下列工艺加工包装，即

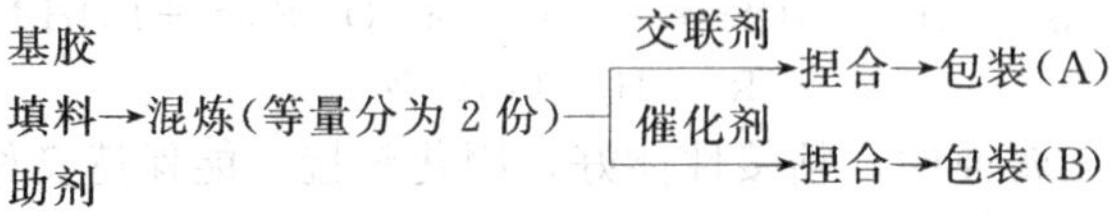

基胶　　　　　　　　　　　　　　交联剂
填料→混炼(等量分为2份)—┬──→捏合→包装(A)
助剂　　　　　　　　　　　└催化剂→捏合→包装(B)

使用时按质量比1∶1混合均匀。双组分对设备和包装的要求均较低，因此成本相对较低。

4.8.2 聚氨酯密封胶

聚氨酯密封胶一般都含有—NCO、—OH等极性基团，固化后能形成强韧的弹性粘接层。聚氨酯分子被看作为柔性链段和刚性链段的嵌段共聚物，其结构特点是聚氨酯密封胶对许多材料都具有良好的粘接力，且具有耐油、耐磨、耐振动、耐疲劳、耐低温、弹性好等优点。因而，聚氨酯密封胶在机械设备、管路设施、电器工业、车辆结构、建筑施工等多种领域得到广泛应用。

以二官能团聚醚、三官能团蓖麻油为原料分别与甲苯二异氰酸酯（TDI）反应制成PU_1、PU_2预聚体，然后以一定的配比混合，再加各种填料等可制成单组分室温潮气固化的聚氨酯密封胶。以PU_2为预聚体，加入一定量的填料（$CaCO_3$）、增塑剂、稳定剂以及不同量的催化剂制得的一系列样品，测其表干时间及下垂度（表4-5）。随着催化剂含量的增加，表干时间缩短，但储存稳定性下降，下垂度略有增加，但仍在要求范围内（一般密封胶要求下垂度不大于3～5mm）。这是因为TDI同羟基反应力弱，而催化剂能与羟基结合生成络合物，从而使聚氨酯胶迅速固化。催化剂含量为0.4%时胶的固化时间和储存性能较好。

表4-5 催化剂含量对密封胶性能的影响

催化剂/%	胶料状态	表干时间/h	下垂度/mm	储存稳定性
0.1	流动性好，细腻	30	0	稳定
0.4	流动性好，细腻	23	0	稳定
1.8	流动性好，细腻	4	1	不稳定

不同NCO/OH比对密封胶力学性能的影响见表4-6。随着NCO含量的增加，剪切强度和断裂强度增加，断裂伸长率减小；随着NCO含量的增加，密封胶固化交联点增加，从而使胶层的剪切强度和断裂强度增加，弹性下降。另外，随着预聚体中NCO/OH比增加，胶层体积膨胀率增加。

表4-6 不同NCO/OH比对密封胶力学性能的影响①

NCO/OH	剪切强度/MPa	断裂强度/MPa	断裂伸长率/%
1.65	1.25	1.75	36.64
1.4	0.50	1.59	40.44
1.2	0.49	1.53	55.32
0.95	0.46	0.79	63.76

① 填料为活性$CaCO_3$、4A；PU_2为预聚体。

单纯以 PU_2 为预聚体制得的密封胶伸长较低，用 PU_1 和 PU_2 分别按不同的配比混合，然后加入一定量填料、有机硅、抗下垂剂、分子筛、稳定剂、催化剂制得一系列两种预聚体比例不同而其它组分含量固定的样品。当 PU_2：PU_1 的比例增加时，剪切强度和断裂强度增加，伸长率减小，但比单纯以 PU_2 为预聚体密封胶的伸长要增加许多，PU_2：PU_1＝7：3时性能较好。

有机硅化合物可以改善密封胶与玻璃的粘接性，并且使之固化时减少气泡，因此添加有机硅化合物对密封胶的力学性能有很大的影响。加了有机硅化合物后剪切强度可以提高60%左右。随着有机硅含量的增加，其断裂强度和断裂伸长率先增大后减小。在有机硅含量为5%时其力学性能最佳。这是因为在一定范围内，有机硅与聚氨酯中的NCO发生化学反应，然后与空气中的水反应生成硅醇基 Si—OH 和小分子醇 ROH，生成的硅醇可以进一步脱水形成 Si—O—Si 键，所以硅醇基团的存在会增大密封胶与玻璃之间的粘接性。另外，ROH 低分子不像 CO_2 那样迅速集中挥发，形成气泡，而是慢慢挥发，因而不会产生大量气泡。因此，在一定范围内随着有机硅含量增多，化学交联点增加，交联密度也相应增加，胶的力学性能也相应提高，但有机硅超过一定含量，力学性能反而下降。所以，有机硅为5%时，密封胶的力学性能较好。

聚氨酯改性有机硅密封胶的基础聚合物是端硅烷聚氨酯预聚体。其结构特点是通过官能基硅烷与端—NCO 聚氨酯预聚体反应，使—NCO 被官能基硅烷基团取代，变成一种端硅烷聚氨酯预聚体。也可以通过含异氰酸酯基的官能基硅烷与端羟基聚氨酯预聚体进行加成反应，使之成为端硅烷聚氨酯预聚体。

陈精华等以聚氧化丙烯二醇或聚氧化丙烯三醇、氨乙基氨丙基聚二甲基硅氧烷、甲苯二异氰酸酯为原料在无溶剂条件下制备预聚体，利用二甲基硫甲苯二胺为固化剂合成一系列氨基硅油改性聚氨酯弹性体材料，并对材料的力学性能、耐热性、表面接触角等性能进行了测试。结果表明，改性后的有机硅聚氨酯弹性体具有更优良的力学性能、耐热性及表面疏水性。

秦玉军等以端羟基液体聚丁二烯（HTPB）、氨乙基氨丙基聚二甲基硅氧烷（AEAPS）、异佛尔酮二异氰酸酯（IPDI）为原料制备预聚体，用多元胺（MOCA）为固化剂，合成了一系列氨基硅油改性的聚氨酯，测试了材料的力学性能、动态力学性能和表面接触角，同时对材料进行了 ESCA 表面分析。结果表明，HTPB-IPDI 型聚氨酯具有优良的力学性能；改性后的聚氨酯硅氧烷在表面富集，具有较低的表面张力，而其力学性能变化不大。SPU 密封胶可在室温下快速固化，具有良好的耐候、耐水、耐热、耐老化性，对基材适应性广以及不含游离的异氰酸酯基等特点。这类密封胶适用于在建筑业、运输业和汽车制造业等领域中推广，具有较广阔的应用前景。

4.8.3 触变性酮肟型有机硅密封胶

酮肟型有机硅密封胶由于粘接性能好，固化速度快，其腐蚀性小于醋酸型和胺型，因此在胶黏剂市场上发展很快。以 α,ω-端羟基聚二甲基硅氧烷为原料，填料包括气相 SiO_2 和活性 $CaCO_3$。选用酮肟型三官能团硅烷为交联剂，有机锡为催化剂。其中酮肟型交联剂的结构式为 $(CH_3)_{4-n}Si(ON{=}CR^1R^2)_n$，$2<n\leqslant4$。常用的交联剂有：

$$CH_3Si(ON{=}C(CH_3)CH_3)_3 ,\qquad CH_3Si(ON{=}C(CH_3)C_2H_5)_3$$

交联剂在密封胶中的化学反应包括：①α,ω-端羟基聚二甲基硅氧烷与酮肟型交联剂反应生成酮肟基团封端聚二甲基硅氧烷；②酮肟基团封端聚二甲基硅氧烷在潮气和催化剂作用下，水解并交联成网络结构弹性体。

交联剂的用量对密封胶固化性能有很大的影响。用量过低，密封胶固化不良。同时又由于胶中的填料会吸附一部分交联剂，因此可适当增加交联剂用量，以利于胶液充分固化，并保证适当的使用工艺。催化剂一般选用有机锡，常用的有二月桂酸二丁基锡、二丁基二醋酸锡、辛酸亚锡等。有机锡的用量对密封胶的表干速度、电绝缘性能等有一定的影响。有机锡用量大于 0.4 份后，表干时间小于 60min，但电绝缘性能、剪切强度都略有下降。因此，有机锡的用量不宜过大，一般为 0.4～0.5 份。

室温硫化硅橡胶直接与交联剂交联形成的弹性体力学性能较差，拉伸强度一般只有 0.2MPa 左右。因此需要加入补强填料以提高其力学性能，同时还可加入某些半补强填料或增量填料以降低密封胶的成本，并达到某种使用工艺要求。选用气相 SiO_2（经硅烷处理）和活性 $CaCO_3$ 混用作为改性填料。活性 $CaCO_3$ 表面经特殊处理后，不仅粒径细微（<0.1μm），同时表面又包覆一层硬脂酸盐，使 $CaCO_3$ 疏水，有利于 $CaCO_3$ 在密封胶中分散。气相 SiO_2 和活性 $CaCO_3$ 并用，不仅能提高密封胶的力学性能，而且还赋予其良好的触变性。

4.8.4 单组分改性有机硅密封材料

单组分改性有机硅密封材料主要的基础聚合物一般为含有机硅基团的聚合物。它以烯丙基醚醇等为原料，进行如下反应制备：

$$CH_2{=}CHCH_2O{\sim\sim}OH + HO{\sim\sim}OH \xrightarrow[\text{②}CH_2X_2]{\text{①苛性碱}} CH_2{=}CHCH_2O{\sim\sim}(OCH_2O)_{1\sim2}OH \xrightarrow{CH_2=CHCH_2X}$$

$$CH_2{=}CHCH_2O{\sim\sim}(OCH_2O)_{1\sim2}OCH_2CH{=}CH_2 \xrightarrow{\text{脱盐，精制}} \text{精制中间体}$$

$$\xrightarrow[\text{铂催化剂}]{HSiCH_3(OCH_3)_2} (CH_3O)_2\overset{\displaystyle CH_3}{\overset{|}{Si}}(CH_2)_3O{\sim\sim}(OCH_2O)_{1\sim2}O(CH_2)_3\overset{\displaystyle CH_3}{\overset{|}{Si}}(OCH_3)_2$$

为使这种改性有机硅化合物固化，水分和硅醇固化催化剂是必需的。其它改性有机硅密封材料用聚合物还有如下几种。

① 由聚环氧丙烷多醇和多异氰酸酯反应得到末端含有异氰酸酯基的氨基甲酸酯预聚物，再与 γ-氨丙基三甲氧基硅烷反应得到烷基封端的聚合物。

② 由烯丙氧基封端聚环氧丙烷和巯基烷氧基硅烷发生加成反应，得到末端为硅烷基的聚合物。

③ 由烯丙氧基封端的聚环氧丙烷和链烯基氧基硅烷在铂系催化剂存在下加成反应，得到末端为硅烷基的聚合物。

④ 由末端带环氧基的聚环氧丙烷与氨基化合物、氨基烷氧基硅烷一起，在一级醇存在下反应，得到末端为硅烷基的聚合物等。

单组分改性有机硅密封材料是由主成分改性有机硅聚合物、缩合催化剂及其它材料等组成的混配物。它暴露于空气中，与空气中的水分反应，并从表面开始逐渐硬化，最后形成橡胶状弹性体。

(1) 改性有机硅系聚合物

$$(CH_3O)_2\underset{\displaystyle CH_3}{\underset{|}{\overset{\displaystyle CH_3}{\overset{|}{Si}}}}(\underset{\displaystyle CH_3}{\underset{|}{CH}}CH_2O)_n\underset{\displaystyle CH_3}{\underset{|}{Si}}(OCH_3)_2$$

(2) 聚氨基甲酸酯

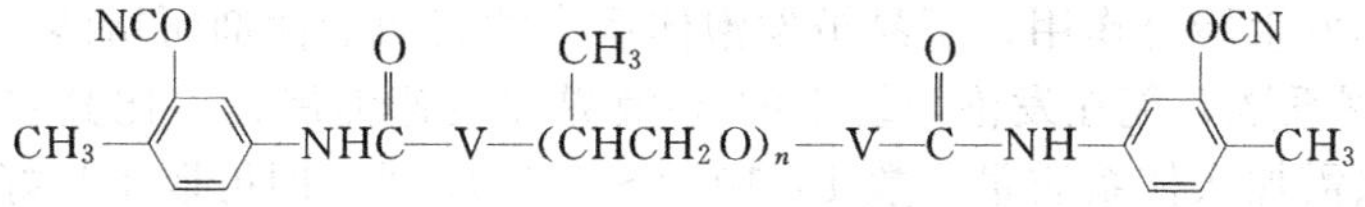

$$CH_3-C_6H_3(NCO)-NHC(=O)-V-(CH(CH_3)CH_2O)_n-V-C(=O)-NH-C_6H_3(OCN)-CH_3$$

V 为氨基甲酸酯键

（3）聚有机硅氧烷类（脱醇型）

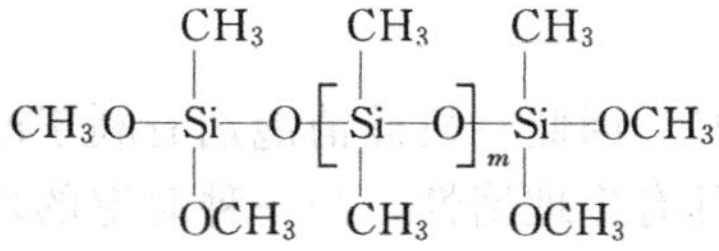

$$CH_3O-Si(CH_3)(OCH_3)-O-[Si(CH_3)_2-O]_m-Si(CH_3)(OCH_3)-OCH_3$$

改性有机硅聚合物主链中具有与聚氨基甲酸酯同样的聚醚键，末端上又具有作为官能基的、与脱醇型有机硅同样的甲基二甲氧基硅基。改性有机硅聚合物的优良特性基于这种特征性的长链结构，单组分改性有机硅密封材料代表性产品的一般性能见表 4-7。其储存稳定性优良，低温作业性很好，甚至在低温下黏度增加也很小，还能迅速固化。对于多数被粘物体，特别是玻璃、瓷砖、聚氯乙烯、钢板、铝材及不锈钢等，即使无底涂，它也有很好的粘接性。它的应力缓和功能性很高，像厚薄不均陶瓷材料那样，随着平衡化的长期进行，构件对极少收缩的材料均表现出优良的适应性。

表 4-7　单组分改性有机硅密封材料 JISA 5758 的性能

项　目			中高模量级	低模量级
固化前	密度(g/cm^3)		1.3～1.5	1.3～1.5
	挤出性/s	5℃	5～10	5～10
		20℃	3～8	3～6
	塌陷性/mm		0	0
	消黏时间/h		0.5～5	1～12
	有效使用期/月		6～12	6～12
固化后	50%拉伸应力/(N/cm)		20～60	10～20
	最大拉伸应力/(N/cm)		50～180	30～70
	伸长率/%		200～400	300～600
	硬度(JIS-A)		20～40	10～20
	热失重/%		1～3	2～4
	耐用性区段		9030	8020
	耐候性(1000h)		表面状态无异常	

4.9　有机硅消泡剂

有机硅消泡剂是由硅油、乳化剂、增稠剂配以适量的水经机械搅拌乳化而成的。首先提出用化学方法来消泡的是德国实验物理学家 Quineke。20 世纪 50 年代，美国道康宁公司对当时的消泡剂文献做了较大规模的整理，对造纸、发酵、锅炉等方面的消泡技术进行了全面系统的研究。同一时期美国的另一家 Wagnd-ott 公司首先投产聚醚型消泡剂。

有机硅消泡剂的特点如下。

① 在化学结构上同其它有机消泡剂不同，活性基团近似非极性，与水、含有烃基或极

性基团的物质均不发生缩合作用，不易被发泡体系中的表面活性剂所增溶。

② 具有正铺展系数，能在发泡系统中的气-液界面迅速铺展开。比其它有机消泡剂的消泡能力强，通常只需加入体系质量分数 $1\times10^{-6}\sim75\times10^{-6}$，即可取得良好的消泡效果。

③ 在化学性质上对于一般的物质呈惰性，不会同起泡物质发生化学反应。

④ 有机硅耐热性、耐高低温性能好。硅油黏度在200℃以上才逐渐上升，而其硅氧键却不分解。

⑤ 硅油的柔性、润滑性良好，因此有机硅消泡剂有利于改善涂布纸的质量。

⑥ 有机硅无毒、无污染、具有生理惰性，是一种时髦的环境友好物质。

⑦ 有机硅耐候性、耐久性、耐老化性能突出，在任何环境条件下均能发挥其效能。

⑧ 有机硅材料强度低，这一点对消泡剂产品没有不利影响。

⑨ 有机硅产品价格昂贵，这是限制其发展的障碍，也是有机硅之所以不能像其它有机物那样应用广泛的重要原因。

4.9.1 有机硅消泡剂消泡机理

泡沫是一种有大量气泡分散在液体中的分散体系，其分散相为气体，连续相为液体。当体系中加有表面活性剂时，在气泡表面吸附着定向排列的一层表面活性剂分子，当其达到一定浓度时，气泡壁就形成了一层坚固的薄膜。表面活性剂吸附在气-液界面上，造成液面表面张力下降，从而增加了气-液接触面，这样气泡就不易合并。气泡的密度比水小得多，当上升的气泡透过液面时，把液面上的一层表面活性剂分子吸附上去。因此，暴露在空气中的吸附有表面活性剂的气泡膜同溶液里的气泡膜不一样，它包有两层表面活性剂分子，形成双分子膜，被吸附的表面活性剂对液膜具有保护作用。消泡剂就是要破坏和抑制此薄膜的形成，消泡剂进入泡沫的双分子定向膜，破坏定向膜的力学平衡而达到破泡。消泡剂必须是易于在溶液表面铺展的液体。此种液体在溶液表面铺展时会带走邻近表面的一层溶液，使液膜局部变薄，于是液膜破裂，泡沫破坏。在一般情况下，消泡剂在溶液表面铺展越快，则使液膜变的越薄，迅速达到临界厚度，泡沫破坏加快，消泡作用加强。一般能在表面铺展、起消泡作用的液体，其表面张力较低，易于吸附于溶液表面，使溶液表面局部表面张力降低（即表面压增高），发生不均衡现象。于是铺展即自此局部发生，同时会带走表面下一层邻近液体，致使液膜变薄，从而气泡膜被破坏。因此，消泡的原因一方面在于易于铺展，吸附的消泡剂分子取代了起泡剂分子，形成了强度较差的膜；同时在铺展过程中带走邻近表面层的部分溶液，使泡沫液膜变薄，降低了泡沫的稳定性，使之易于破坏。

消泡剂要起作用，首先必须渗入到气泡之间的液膜上，其渗入能力用渗入系数 E 表示。消泡剂渗入到气泡的液膜上以后，需要很快散布开来，其扩散能力用铺展系数 S 表示：

$$E=Y_{F}+Y_{DF}-Y_{D} \tag{4-1}$$

$$S=Y_{F}-Y_{DF}-Y_{D} \tag{4-2}$$

式中 Y_{F}——泡沫介质的表面张力；

Y_{D}——消泡剂的表面张力；

Y_{DF}——泡沫介质和消泡剂之间的界面张力。

消泡剂要起作用必须 $E>0$、$S>0$。一般有机化合物，如烃类、醚类、醇类以及磷酸酯的铺展系数很小，在化学性能上是惰性的，单纯的硅油无消泡性。但将其乳化后，它在溶液表面很易于铺展，用量较少就能达到很好的消泡效果。聚醚本身也有一定的消泡抑泡效果，它作为有机硅乳液的增效剂，能够与有机硅乳液产生协同效应，使消泡效果在原来有机硅乳液的消泡水平上提高近一倍。

4.9.2 有机硅消泡剂分类

商品消泡剂的品种繁多，性能各异，目前常采用的消泡剂大致有3类，即聚醚型、硅油型和聚醚改性有机硅消泡剂。

4.9.2.1 聚醚型消泡剂

一般有机化合物如醚类、烃类、醇类及磷酸酯类，铺展系数较大，因此破泡作用很强，但是抑泡作用却很差。以环氧乙烷、环氧丙烷开环聚合制得的聚醚是优良的水溶性非离子表面活性剂，其典型结构为 $C_nH_{2n}+10(EO)_a(PO)_bH$。分子中聚环氧乙烷链节是亲水基，聚环氧丙烷链节是疏水基。环氧乙烷的量超过25%时聚醚溶于水。表征聚醚水溶性的指标是浊点。调节环氧乙烷和环氧丙烷的比例可制得不同亲水亲油平衡值（HLB）的表面活性剂，获得所期望的表面活性。通过调节EO/PO比和相对分子质量，改善其水溶性和油溶性，可大大降低发泡液表面张力，使其具有很好的消泡、抑泡能力。

聚醚消泡剂最大的优点是抑泡能力较强，因此它是目前发酵行业应用的主导消泡剂，但是它又有一个致命的缺点是破泡率低，一旦产生了大量的泡沫，它不能一下有效地扑灭，而是需要新加一定量消泡剂才能慢慢解决问题。

4.9.2.2 硅油型消泡剂

单纯的有机硅如二甲基硅油，并没有消泡作用。但将其乳化后，表面张力迅速降低，使用很小量即能达到很强的破泡和抑泡作用，成为一种重要的消泡剂成分。硅油型消泡剂一般具有较高的消泡效能，其使用时的关键在于硅油的乳化。如乳化不完全，使用时会破乳，影响其使用效果。常用的有机硅消泡剂都是以硅油作为基础组分，配以适宜的溶剂、乳化剂或无机填料配制成的。有机硅作为优良的消泡剂，除了消泡力强，尤为可贵的是硅氧烷集化学稳定性、生理惰性和高低温性能好等特性于一身，因而获得广泛应用。

常用的二甲基硅油的结构为：

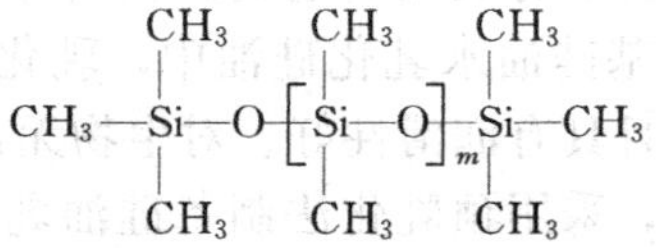

$$CH_3-\underset{CH_3}{\overset{CH_3}{\mid}}\!\!\!\!Si-O-\left[\underset{CH_3}{\overset{CH_3}{\mid}}\!\!\!\!Si-O\right]_m-\underset{CH_3}{\overset{CH_3}{\mid}}\!\!\!\!Si-CH_3$$

因硅油本身具有亲油性，因此对油溶性溶液的消泡具有令人满意的效果。

4.9.2.3 聚醚改性有机硅消泡剂

聚醚改性有机硅是在硅氧烷分子中引入聚醚链段制得的聚醚-硅氧烷共聚物（简称硅醚共聚物），其典型结构为：

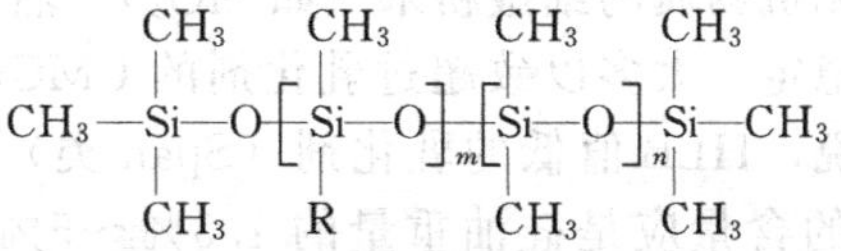

$$CH_3-\underset{CH_3}{\overset{CH_3}{\mid}}\!\!\!\!Si-O-\left[\underset{R}{\overset{CH_3}{\mid}}\!\!\!\!Si-O\right]_m\left[\underset{CH_3}{\overset{CH_3}{\mid}}\!\!\!\!Si-O\right]_n-\underset{CH_3}{\overset{CH_3}{\mid}}\!\!\!\!Si-CH_3$$

聚醚改性有机硅消泡剂是将两者的优点有机结合起来的一种新型高效消泡剂。它是由以具有较强抑泡能力的聚醚和疏水性强、破泡迅速的二甲基硅油为主要成分，以能使硅油与聚醚有机结合起来的乳化剂、稳定剂等成分组成的消泡剂。它具有表面张力低、消泡迅速、抑泡时间长、成本低、用量少、应用面广等特点。

在硅醚共聚物的分子中，硅氧烷段是亲油基，聚醚段是亲水基。聚醚链段中聚环氧乙烷链节能提供亲水性和起泡性，聚环氧丙烷链节能提供疏水性和渗透力，对降低表面张力有较强的作用。聚醚链端的基团对硅醚共聚物的性能也有很大的影响。常见的端基有羟基、烷氧基等。调节共聚物中硅氧烷段的分子量，可以使共聚物突出或减弱有机硅的特性。同样改变聚醚段的分子量，会增加或降低分子中有机硅的比例，对共聚物的性能也会产生影响。

韩克达等用二甲基硅油与聚醚共聚，采用复合乳化剂在均质器乳化，并以1%（质量分数）十二烷基硫酸钠水溶液为生泡体系，发现合成聚醚改性有机硅的最佳配比为硅油和聚醚的质量分数分别为90%和10%，并在180℃下反应3h。聚醚改性有机硅消泡剂的性能明显好于单独的聚醚消泡剂和有机硅消泡剂。在二甲基硅油分子链上引入亲水的聚醚链段，可显著改善二甲基硅油在水中的分散性，但要控制链段的长度及数量，使改性有机硅消泡剂既具有消泡速度快、抑泡时间长、应用面广的特点，又能耐高温、耐强碱。在一定的范围内，硅油的运动黏度越低，消泡速度越快，但抑泡时间越短；相反亦然。根据不同用途，可以选用300～2000mm^2/s不同运动黏度的硅油。选择合适的乳化剂分子HLB值才能使乳液稳定，而且被乳化物与乳化剂憎水基之间越相近，其亲和力越好。采用脂肪醇聚氧乙烯醚系列复合乳化剂（HLB值为9），可得到兼有有机硅和聚醚特性的高效消泡剂。当用均质器乳化时，乳化剂的用量一般为被乳化物的20%左右。

4.9.2.4 油状有机硅消泡剂

油状有机硅消泡剂可分为油型和油复合型。纯硅油对水溶液的泡沫无消泡作用，但在硅油中混入经疏水处理过的二氧化硅助剂，形成油复合型消泡剂。由于二氧化硅表面烃基有利于硅油的分散，从而改善了硅油的消泡性能，并且降低了原料成本。油状有机硅消泡剂的分子量大小对其消泡效果有一定的影响。分子量小易于分散和溶解，但缺乏持久性；相反分子量大则消泡性能差，同时乳化困难，但溶解性差，持久性好。实验测定，在强碱性的三乙醇胺水溶液发泡体系中，甲基硅油先于聚二甲基硅氧烷而达到消泡效果。

4.9.2.5 乳液有机硅消泡剂

由于油状有机硅消泡剂应用于水相，大多数受到分散性差等因素的影响，所以寻求能改善这种局面的添加剂，使其形成乳液有机硅消泡剂。乳液有机硅消泡剂既能应用于非水相，又能适用于水相。在系列化的甲基硅油水乳化硅油中，乳化硅油302-30、302-20、304，既可用于非水相，又可用于水相，且具有润滑性好、对生物无毒害作用、不易挥发、不腐蚀金属、耐热、抗氧化等性能。例如，采用预乳化法制备硅油乳液。先将适量Span 80、Tween 20或Tween 80等乳化剂溶于聚二甲基硅氧烷，搅拌均匀后，加入少量水混合物中搅拌，经高速搅拌器间断打浆，经过压差为200～450kgf/cm^2（1kgf/cm^2＝98.0665kPa）的均化器处理两次，制成O/W型乳液。硅油中加入SiO_2可以使硅油的分散提高，但同时会使乳状液的稳定性降低，故SiO_2的量不能太多，以少于0.2%为好。若是非水溶剂中作消泡剂，则可以在硅油中加入一定量的无机物质的细微粉末（如SiO_2），然后用溶剂稀释后现用。乳化剂总量不能太少，使乳液不稳定，太多以致超过乳化剂的CMC，反而会使消泡乳液活性降低。对Tween和Span类来说，HLB值低的乳化剂（Span类）的用量应比HLB值高的乳化剂的用量多一些，乳化剂的含量应是硅油重量的1.5%～5%。硅油作为消泡剂的主体，若含量太少，则所加的乳液量必须多才能达到预期的效果，这样必定会影响产品质量。若硅油含量太高，乳化有困难，一般硅油含量在30%左右为好。

4.9.2.6 固体有机硅消泡剂

固体有机硅消泡剂制备工艺简单，储存稳定性好，便于运输，通过改变其载体或助剂后，既能用于水相，又能用于油相，且有较好的介质分散性。因此，固体有机硅消泡剂除用于无泡、低泡洗衣粉生产外，也已向其它使用液体消泡剂的领域渗透。

固体有机硅消泡剂的制备方法可分为三种：

① 活性组分直接分散在固体载体表面；

② 活性组分与软化点较低的脂肪醇、脂肪酸、脂肪酰胺、脂肪酸酯、石蜡等物质一起熔融，再将熔融体附着在载体的表面；

③ 活性组分与成膜物质混合，使成膜物质包封在消泡组分的外部。

第一种方法制备的消泡剂适用温度范围宽，第三种方法制备的消泡剂稳定性强。

以聚二甲基硅油、含氢聚二甲基硅油、气相法白炭黑、复合乳化剂水溶性赋形剂等为原料，按正交试验得到的最佳工艺配方为把白炭黑加到含氢聚二甲基硅油中，搅拌均匀，升温反应一段时间，依次加入复合乳化剂、聚二甲基硅油、增效剂，继续搅拌 30min。所得的液体混合物按比例与赋形剂混合均匀，得到 YS-固体有机硅消泡剂。经过消泡效果和抑泡效果测定，YS-固体消泡剂消泡时间平均不超过 12s；抑泡高度平均不超过 159mL。而且存放 2 年以上的 YS-固体消泡剂性能不变，130℃处理 2h，性能不变。表明其消泡和抑泡性能良好，耐氧化，稳定性优越。用量一般为 0.1%～0.01%，可广泛应用于印染、造纸、涂料、石油化工等工业领域。

4.10　有机硅耐高温弹性体

聚硅氧烷的主链为 Si—O 重复链，硅原子上直接连接有机基，Si—O 键的键能大 (451kJ/mol)，而且 Si—O—Si 键长较长，键角较大，这使得 Si—O 之间容易旋转，其对侧基转动的位阻小，因而聚硅氧烷的柔性大，可作弹性体材料用。聚硅氧烷弹性体具有良好的耐高低温、耐气候老化、电气绝缘、耐臭氧、生理惰性等性能，被广泛用于国防、纺织、轻工、电子电气、化工、交通运输、医药医疗等领域。一般的聚硅氧烷弹性体只能在 200℃以下长期使用，但在一些特殊场合比如航天航空领域和计算机芯片的制造等要求材料能在 300℃以上长期工作，为了满足这些需求，耐高温有机硅弹性体材料应运而生。在聚硅氧烷中引入亚芳基链节能大大提高其强度，也能提高其耐高温性能，且含亚芳基的聚硅氧烷聚合物一般都是通过逐步聚合的方法制备，可以在很宽范围内控制其分子量分布、改变其分子组成，原料安全易得，是最具应用价值的一类耐高温弹性体材料。

4.10.1　聚硅氧烷的热稳定性

聚硅氧烷在高温下可以发生热解聚、离子降解和热氧化降解等反应，导致材料性能劣化。聚硅氧烷热解聚的机理是分子链内氧原子的未共用电子对与邻近硅原子的 3d 空轨道配位，在高温或催化剂等的作用下 Si—O—Si 键断裂、重排、产生小分子环状硅氧烷，如三元环、六元环、八元环等小分子环硅氧烷。反应式如下：

$$\sim\!\!\sim Si(CH_3)_2-O-Si(CH_3)_2-O-\ldots \longrightarrow \sim\!\!\sim Si(CH_3)_2-O\sim\!\!\sim + [(CH_3)_2SiO]_3$$

如果在主链或侧链上引入位阻较大的基团将使分子转动困难，难以形成小分子的环硅氧烷，材料的耐高温性能得以提高。为了提高聚硅氧烷的长期热稳定性并保持其低温柔韧性，人们尝试在聚硅氧烷分子主链中引入芳环单元，由于其刚性大，可以阻止其在高温下降解成小分子环硅氧烷。对于侧链也可改变取代基或加入耐热添加剂来改善它的耐热性。例如聚二甲基硅氧烷在 290℃就开始分解，而亚苯基聚硅氧烷的分解温度要高得多。

4.10.2　聚硅氧烷的分子结构

4.10.2.1　硅基亚芳基-硅氧烷共聚物

Petar 等合成了含有不同取代基的硅基亚芳基-硅氧烷交替共聚物：

$$\left[-\underset{R}{\overset{R}{Si}}-Ar-\underset{R}{\overset{R}{Si}}-O\left(\underset{R''}{\overset{R'}{Si}}-O\right)_x \right]_n \qquad \left[-\underset{R}{\overset{R}{Si}}-Ar-\underset{R}{\overset{R}{Si}}-O-\underset{R''}{\overset{R'}{Si}}-O- \right]_n$$

I　　　　Ⅱ

Ar：$-C_6H_4-$，$-C_6H_4-O-C_6H_4-$，$-C_6H_4-(CF_2)_3-C_6H_4-$，$-C_6H_4-C_6H_4-$，$-C_6H_4-$（间位），$-C_6H_4-(CF_2)_6-C_6H_4-$（间位）

其中Ⅱ被称为严格交替共聚物。取代基可以是甲基、乙基、乙烯基、烯丙基、苯基、腈乙基、腈丙基、氢、三氟丙基、十三氟-1,1,2,2-四氢辛烷，几种取代基也可同时存在于聚合物中。主链和侧基的性质都会对聚合物的耐热性产生影响。Otomo把亚萘基链接到分子主链上，制备了聚亚萘基硅氧烷共聚物。这种结果结构的弹性体可以用作气相色谱的固定相，其最高使用温度比一般的聚硅氧烷固定液高。

4.10.2.2 硅基亚芳基-硅氧烷主链上引入连二炔烃链节

Homrighausen等通过消去二甲胺的方法制备分子中含有连二炔单元的低聚物，加热交联后得到不同交联度的热固性弹性体：

$$\left[-\underset{CH_3}{\overset{CH_3}{Si}}-C\equiv C-C\equiv C-\underset{CH_3}{\overset{CH_3}{Si}}-O-\underset{CH_3}{\overset{CH_3}{Si}}-C_6H_4-\underset{CH_3}{\overset{CH_3}{C}}-O- \right]_n$$

$n=1,2,3$

研究发现，交联后弹性体的耐热性大大提高，起始分解温度变为425～475℃之间。若为三元共聚物，分子中连二炔单元的不同序列分布对弹性体的 T_g 和起始降解温度也有明显的影响。

4.10.2.3 硅基亚芳基-硅氧烷主链上引入全氟环丁烷链节

Rizzo等在聚硅氧烷主链上引入亚芳基和全氟环丁烷：

$$HO-C_6H_4-Br \xrightarrow[②BrCF_2CF_2Br]{①KOH,DMSO} BrCF_2CF_2O-C_6H_4-Br \xrightarrow{Zn} CF_2=CFO-C_6H_4-Br \xrightarrow[SiCH(CH_3)_2]{Mg,THF} CF_2=CFO-C_6H_4-Si(CH_3)_2H$$

$$\xrightarrow{\triangle} H-Si(CH_3)_2-C_6H_4-O-C_4F_6-O-C_6H_4-Si(CH_3)_2-H \xrightarrow{Pd,H_2O} HO-Si(CH_3)_2-C_6H_4-O-C_4F_6-O-C_6H_4-Si(CH_3)_2-OH$$

$$\xrightarrow{KOH} H-\left[O-Si(CH_3)_2-C_6H_4-O-C_4F_6-O-C_6H_4-Si(CH_3)_2\right]_n-OH$$

$$\xrightarrow{Cl-Si(CH_3)(CH_2CH_2CF_3)-Cl} H-\left[O-Si(CH_3)_2-C_6H_4-O-C_4F_6-O-C_6H_4-Si(CH_3)_2-O\right]_x\left[Si(CH_3)(CH_2CH_2CF_3)-O\right]_y-H$$

均聚物的 $T_g=27℃$，失重5%时的温度在空气中为380℃，氮气中为410℃。共聚物随着 y 值的增加，T_g 显著降低。这是因为材料在高温下成环降解的倾向下降，从而使其耐热和耐油性能提高，得以用作高温油罐的密封材料。

4.10.2.4　其它结构的聚亚芳基硅氧烷聚合物

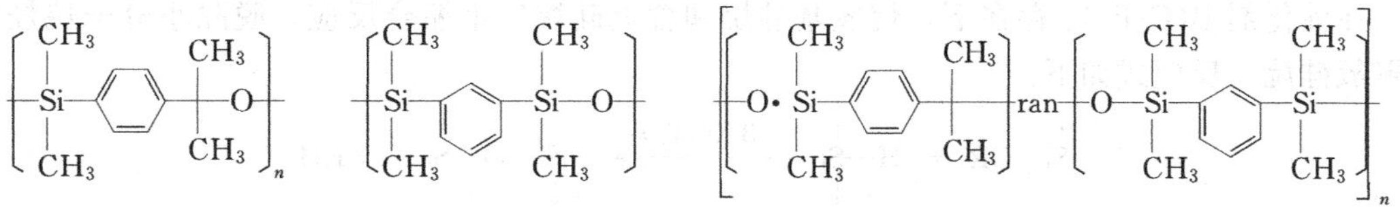

$$\left[-Si(CH_3)_2-C_6H_4-C(CH_3)_2-O-\right]_n \quad \text{III}$$

$$\left[-Si(CH_3)_2-C_6H_4-Si(CH_3)_2-O-\right]_n \quad \text{IV}$$

$$\left[\left[-O\cdot Si(CH_3)_2-C_6H_4-C(CH_3)_2-\right]ran\left[-O-Si(CH_3)_2-C_6H_4-Si(CH_3)_2-\right]\right]_n \quad \text{V}$$

化合物Ⅲ对称性好，容易结晶，只能在较高温度下才表现出良好的弹性。化合物Ⅳ和化合物Ⅴ不会结晶，它们是很好的弹性体。

4.10.3　聚硅氧烷的合成

4.10.3.1　脱水法

硅醇分子间发生脱水反应，消除水而得到聚硅氧烷。例如，原料邻二氯苯与以格利雅试剂反应，再经碱性水解制备硅醇，然后硅醇之间脱水缩合得到聚（四甲基-间硅基亚苯基）硅氧烷，其 $M_n=186000$，$T_g=-52℃$，在氮气中起始分解温度为415℃，在空气中从361～495℃仅失重1%。如果以1,3-或1,4-双(二甲基羟基硅基)苯和羟基封端的低分子量聚硅氧烷脱水，则可以得到嵌段共聚物。合成步骤如下。

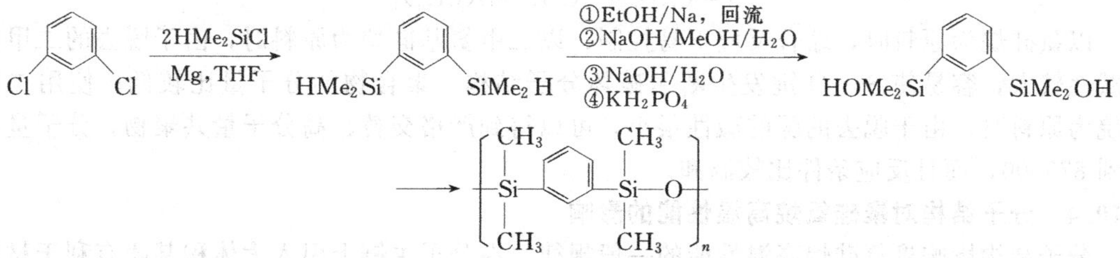

$$Cl-C_6H_4-Cl \xrightarrow[Mg,\ THF]{2HMe_2SiCl} HMe_2Si-C_6H_4-SiMe_2H \xrightarrow[③NaOH/H_2O\ ④KH_2PO_4]{①EtOH/Na，回流\ ②NaOH/MeOH/H_2O} HOMe_2Si-C_6H_4-SiMe_2OH \longrightarrow \left[-Si(CH_3)_2-C_6H_4-Si(CH_3)_2-O-\right]_n$$

4.10.3.2　催化脱氢缩合法

在催化剂存在下硅烷和硅醇分子间缩合脱去氢气，可以制备具有线性结构的聚硅氧烷，该法选择性好，反应条件温和，副产物氢气很容易去除。催化脱氢缩合法属于逐步聚合法，制备的聚合物的分子量和分子结构容易控制。硅烷和硅醇的催化脱氢缩合反应如下。

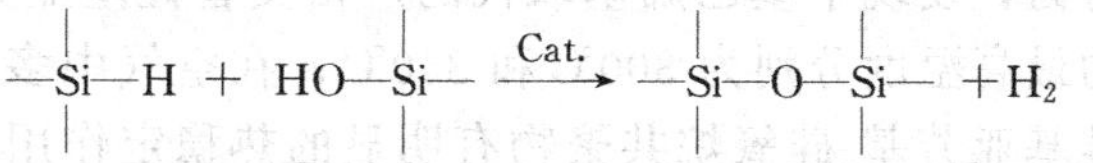

$$-\overset{|}{\underset{|}{Si}}-H + HO-\overset{|}{\underset{|}{Si}}- \xrightarrow{Cat.} -\overset{|}{\underset{|}{Si}}-O-\overset{|}{\underset{|}{Si}}- + H_2$$

催化剂主要为Pt、Ru、Rh、Pd等的复合物，例如 $(Ph_3P)_3RhCl$、Pd/C、$Pd_2(dba)_3\cdot CHCl_3$［三(二亚苄基丙酮)二钯 (0)-氯仿］、$PdCl_2$、$H_2PtCl_6\cdot H_2O$ 等。例如，用 $(Ph_3P)_3RhCl$ 催化亚芳基硅烷和亚芳基硅醇脱氢，可以制得最高分子量为17200g/mol的聚合物，收率高达98%。脱氢催化剂还可用于脱除硅烷和其它含活泼氢化合物间的氢来制备聚硅氧烷高聚物，反应如下式。

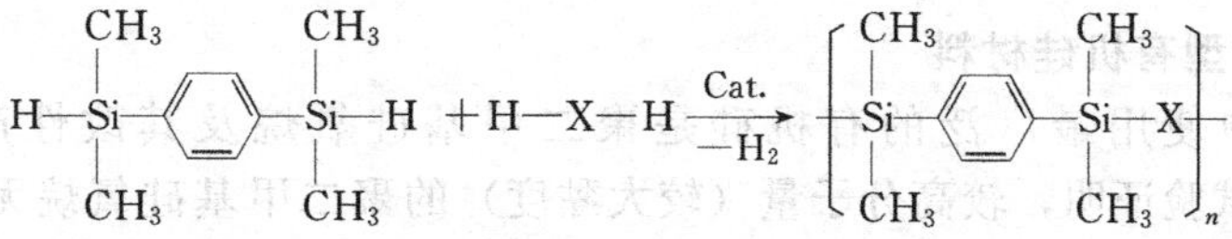

$$H-Si(CH_3)_2-C_6H_4-Si(CH_3)_2-H + H-X-H \xrightarrow[-H_2]{Cat.} \left[-Si(CH_3)_2-C_6H_4-Si(CH_3)_2-X-\right]_n$$

$X=O$、$-OSi(Ph)_2O-$、$-O(P-Ph)O-$

研究发现 $Pd_2(dba)_3\cdot CHCl_3$、$PdCl_2$、$H_2PtCl_6\cdot H_2O$ 都是芳基硅烷和水之间脱除氢分子的良好催化剂，反应2h后，产物的分子量 M_n 分别达到16300g/mol、23000g/mol、15700g/mol。使用Pd/C为催化剂时，虽然反应速度很快，得到的产物分子量却比较低，仅为 2400g/mol。

催化脱氢缩合法制备聚硅氧烷的缺点是催化剂用量较大、得到的聚合物分子量不高、有可能发生硅醇的自聚而破坏交替结构的规整性。

4.10.3.3 脱烷烃缩合法

在催化剂 $B(C_6F_5)_3$ 存在下，烷氧基硅烷和含氢硅烷发生缩合反应，脱除小分子烷烃得到聚氧硅烷，反应式如下。

$$-\underset{|}{\overset{|}{Si}}-OR + H-\underset{|}{\overset{|}{Si}}- \xrightarrow{B(C_6F_5)_3} -\underset{|}{\overset{|}{Si}}-O-\underset{|}{\overset{|}{Si}}- + RH$$

此法反应条件温和，室温下就能发生反应，所得的聚合物分子量在 10000～50000 之间。反应速率与体系中催化剂浓度成正比，同时受空间效应的影响较大。当 R 为伯烃基时容易发生—OR 和—H 之间的交换反应，使得目的产物产率较低；当 R 为仲烃基时聚硅氧烷的产率比较高。

4.10.3.4 脱 HCl、胺或脲、醋酸缩合法

硅醇和氯硅烷或二甲氨基硅烷等发生缩合反应得到聚硅氧烷，反应式如下。

$$HO-\underset{CH_3}{\overset{CH_3}{Si}}-C_6H_4-\underset{CH_3}{\overset{CH_3}{Si}}-OH + X-\underset{R'}{\overset{R}{Si}}-X \longrightarrow \left[\underset{CH_3}{\overset{CH_3}{Si}}-C_6H_4-\underset{CH_3}{\overset{CH_3}{Si}}-O-\underset{R'}{\overset{R}{Si}}-O\right]_n$$

$X = Cl、CH_3COO、NH(CH_3)_2$

以氯硅烷为原料时，缩合反应不易控制；以二甲氨基硅烷为原料时，由于脱去的二甲胺的碱性较大，容易使 Si—O 键发生断裂破坏分子结构，聚合物的分子量比较低；使用二脲硅烷为原料时，由于脱去的脲的碱性很小，可以得到严格交替、高分子量共聚物，分子量可达到 875000，而且反应条件比较温和。

4.10.4 分子结构对聚硅氧烷高温性能的影响

分子结构影响聚氧硅烷高温性能的一般规律：在分子主链上引入大体积基团有利于材料耐高温性能的提高；在侧链引入题解较大或极性较大的基团将使材料的 T_g 升高，低温性能变坏。Yang Liu 发现将侧链上的甲基用氢或乙烯基取代，所得聚合物的起始降解温度比侧链为全甲基的同类聚合物高。Dvornic 比较了含有不同侧基的硅基亚芳基-硅氧烷交替共聚物的热稳定性及其分解行为，发现甲基乙烯基取代的严格交替硅基亚芳基-硅氧烷共聚物空气中和氮气中长期使用的最高温度分别为 300℃和 350℃；在空气中多步失重，在氮气中一步失重；乙烯基取代对硅基亚芳基-硅氧烷共聚物有明显的热稳定作用；分子量大小对热稳定性影响较小。

4.11 有机硅在医药和农药上的应用

4.11.1 医药用新型有机硅材料

在医药领域中使用最广泛的有机硅是聚二甲基硅氧烷及其改性产物，黏度 10～100000MPa·s。试验证明，较高分子量（较大黏度）的聚二甲基硅氧烷无明显急性及慢性中毒反应，无致突变及致癌作用；未发现胃肠消化道吸收、转化、降解，直接经排泄系统排出体外；不经皮肤吸收进体内；经口及皮肤致敏反应试验显示不同物种间无差异。最低分子量线性聚二甲基硅氧烷，即六甲基二硅氧烷，在毒理学试验中也显示几乎无毒。其它中、低分子量线性聚硅氧烷的试验结果与高分子量聚硅氧烷类似。二甲基硅油与某些物质半数致死

量（LD_{50}）对比见表 4-8。二甲基硅油的 LD_{50} 远高于食盐及酒精，几乎和白糖等同，说明它属于安全无害物质。改性聚二甲基硅氧烷及其衍生物的生物活性及毒性，则取决于官能团取代基的结构与特性。如聚醚改性聚二甲基硅氧烷，与聚二甲基硅氧烷一样无毒，但可能会有一定程度的眼刺激性。有机硅材料的低化学活性、低表面能及显著的疏水性能，一定程度上决定了该类材料具有很好的生物相容性。

表 4-8　二甲基硅油与某些物质的 LD_{50}（小鼠口服）

物质	二甲基硅油	白糖	酒精	食盐
LD_{50}/(mg/kg)	35000	35400	10900	8070

有机硅橡胶是医用有机硅高分子材料的一大类，具有无毒、无污染、不引起凝血、不致癌、不致敏、无致突变作用，与人的机体相容性好，并可耐受苛刻的消毒条件，有机硅橡胶制品长期植入人体不丧失其弹性和抗张强度，如人造瓣膜和人造心脏要求不引起血栓；人造血管必须有微细网眼；作人造肾脏透析时，要能透过像尿素等小分子化合物而不能透过血清蛋白等大分子；人造心脏应满足每分钟跳动 60～120 次，以 20 年计，安全系数为 2，则心脏共需跳动 16～24 亿次，这要求人造心脏的耐劳性很高，有机硅橡胶对上述要求完全可予满足。有机硅橡胶还可根据需要加工成管道、片材、薄膜及异构体，制作成医疗器械，人造心脏、人工气管、人工喉等脏器，所以有机硅橡胶是一种理想的医用材料。有机硅橡胶在医学上的应用首先始于美国道康宁公司，由于所需产品类型及功能不同，又形成了许多有机硅系列产品，应用有机硅橡胶可制成人体器官部件和医用材料（表 4-9），在美国应用较为广泛。

表 4-9　长期埋藏人体硅橡胶部件和短期置留人体的硅橡胶管、片

名　　称	作用和用途
脑积水引流装置	排除脑积水
人工角膜支架	恢复视力
人造耳、鼻、乳房、上下颌、人造手指、掌、关节	整形、充填因肿瘤外伤或先天性缺陷
人工心脏、瓣膜附件、心脏起搏器	二尖瓣缺损、刺激心脏搏跳功能恢复正常
托牙组织面软衬垫	防止牙齿松动、脱落
静脉插管	为肝功能不全、肠瘘、烧伤等急危病人补液用
腹膜渗析管	抢救肾功能衰竭病人解除药物中毒
长效避孕环	利用药物缓慢透过硅橡胶原理，达到长期避孕
接触眼睛	几乎可以完全透过氧气，可用于近、远视眼和白内障切除者
动脉外插管	治疗急、慢性肾功能衰竭、急性药物中毒
导尿管	导出尿液、因管质柔软减少病人痛苦

4.11.2　制剂配方的组分

硅油可作为皮肤病药物配方的敷料（赋形剂、添加剂），辅助治疗各类皮肤病，如痤疮、粉刺、银屑癣、真菌类皮炎、痔疮、肛门皮炎、疖疮疼痛等。在抗痤疮、粉刺药物配方中使用硅油是因为其本身具有抗痤疮、粉刺的特性。六甲基二硅氧烷（沸点 100℃）则作为挥发性组分添加到杀（真）菌气雾喷剂中。这种二硅氧烷低表面张力，能提高药物在皮肤上的覆盖能力，同时也能增强药物的生物活性。硅油不仅是有效的护肤成分，还可以治疗烧伤；含有硅油的软膏可令烧伤患者疼痛缓解及肿块的较快消失，并能控制感染，促进肉芽生成；同时它可作为辅助治疗严重烧伤的无菌环境材料，用以保护皮肤的创伤面。

有专利报道，将硅盐溶解到特定溶液中，调节 pH 值至 10，陈化干燥得到的硅盐聚合物可作为抗敏剂、消炎剂、镇痛剂及血液体外循环增强剂等药物配方的组分；硅烷二醇 (silanediol) 是一种生物电子等排体，能透过细胞膜发挥抗 HIV 病毒的功效，故可作为 HIV 蛋白酶抑制剂，有望用于开发 AIDS 治疗药物。

4.11.3 医用消泡剂

用于医药消泡的有机硅一般有聚二甲基硅油、聚醚改性甲基硅油等，或包含有机硅氧烷的混合物。选用含烷氧基和羟基的聚烷基硅氧烷与葡萄糖酸盐、甘露醇、氯化钠、三聚磷酸钠、二氧化硅等助剂以 1∶10～2∶5 的质量比进行混合，可得无毒高效粉末状消泡剂。有机硅消泡剂在美国药典、美国国家处方集、欧洲药典中也有收载，名称为 Simethicone。

医药有机硅消泡剂可直接加入胃肠 X 射线钡餐或钡灌肠剂中使用，也可在内窥镜检查前或检查中加入，有利于检查和诊断；与抗酸性溃疡治疗药物和促进胃肠排空性药物配合使用，可消除患者胃肠胀气，缓解反酸、嗳气、腹胀等症状，用于治疗消化性溃疡、反流性食管炎等疾病；用于抢救急性肺水肿，可迅速疏通呼吸道，改善缺氧情况，减少或避免因泡沫阻塞气流而导致的窒息死亡；也可用于制药工业，如抗菌素发酵的消泡等。

4.11.4 药物缓释、控释体系

利用聚硅氧烷弹性体对药物渗透的阻滞作用可有效控制药物释放量，达到长期发挥药效的目的。聚硅氧烷主要用于以下两类缓、控释体系。

(1) 经皮给药系统　该系统中除主药、经皮吸收促进剂和溶剂外，还有控制药物释放速率的控释膜或骨架材料和将给药系统固定在皮肤上的压敏胶 (PSA)。骨架材料可采用疏水性的聚硅氧烷弹性体，能使药物缓慢渗透。二甘醇烯丙氧基乙基醚改性聚硅氧烷能显著提高药物溶解性，令亲水性药物（如甲硝唑）的渗透扩散能力得以改善。释药量由接触体表的面积来控制。

医用有机硅压敏胶 (MSPSA) 主要由两种组分组成：一种是线性高分子聚二甲基硅氧烷，另一种是无定形硅树脂。两者形成聚合物树脂互穿网络体系，使黏着强度得以提高。两者的比例可影响压敏胶的性能：硅树脂比例增加，制得的压敏胶黏性较低，化学稳定性提高；聚二甲基硅氧烷的比例增加，压敏胶的黏着力提高，且较柔软。压敏胶中硅树脂所占的重量百分比一般 50%～70%。以八甲基环四硅氧烷 (D4) 或二甲基环氧硅烷 (DMC) 为原料，130～160℃下以氢氧化钾催化开环反应，制得分子量为 190000～620000 的羟基聚硅氧烷，与无定形硅树脂复合后，制成的 MSPSA 具有较好的药物和气体透过性及黏着性能。也有报道采用聚二有机硅氧烷二胺与硅树脂、多异氰酸酯反应生成增黏的聚二有机硅氧烷聚脲嵌段共聚物，作为医药用压敏胶。

(2) 植入缓释、控释体系　该体系一般分为药库型和基质型两种。药库型是把药物储于有机硅弹性体囊中，通过囊壁扩散到人体中。如女性皮下埋植长效避孕剂（商品名 Norplant），每根含 18-甲基炔诺酮 36mg，释放量 30～70μg/天，有效期 5～6 年。硅胶弹性体缓释胶囊使水溶性药物在胃部释放时间大大延长，从而更有效地治疗胃痛、胃溃疡等胃部疾病。甲基硅烷化 (silylated) 可降解聚合物在弱酸（如柠檬酸、醋酸）条件下就会发生交联，将其应用于蛋白质和疫苗的控释十分有效。采用聚乙二醇 (PEG) 和异氰酸-3-丙基三乙氧基硅氧烷 (IPTS) 通过溶胶-凝胶转变和乳化作用，制备甲硅烷化 PEG 基水溶胶微球，溶胀性能好，可作为新型药物控释系统。

基质型是指把药物与有机硅弹性体混匀，固化后制成棒或膜，植入体内而缓慢释放药物。如醋酸去氧皮质酮硅橡胶植入剂，用于制取抗高血压药物研究中的动物模型。体外和体内释药研究表明，该给药系统的释药量与时间的平方根成正比，且释放速率与植入剂的荷药

量呈线性关系；同时试验证明一次植入可达到多次皮下注射的效果，且能得到长时间的维持。

4.11.5　有机药物合成

硅烷化试剂作为基团保护剂（如保护有机合成反应中的活泼氢），近年来已十分成功地应用于制药工业中。如三甲烷基化试剂已在氨苄青霉素、头孢菌素及氟尿嘧啶等药物的生产中应用。有机氢硅烷（包括甲基含氢硅油）在有机、生化合成中，因其本身及在合成中产生的副产物都属于安全和无毒（或低毒）级别，比其它（还原）试剂更易处理，故在有机药物合成领域中可作为还原剂。如对环体半缩醛的还原显示其很好的选择性；可将 *O*-乙酰呋喃糖和吡喃糖还原成脱氧糖，它也是核苷类制品的温和性还原剂等。

有机硅材料也可直接参与有机药物的合成。在 2,8,9-三氧杂-5-氮杂-1-硅杂双环［3.3.3］十一烷 1 位引入含硅甲硫醚基团，合成一系列具广泛生物活性的五配位 1-（取代硅基甲硫基）甲基-2,8,9-三氧杂-5-氮杂-1-硅杂双环［3.3.3］十一烷有机硅化合物，并测得该系列化合物有一定抗肿瘤活性，其中 3 种对小鼠有镇痛效果。采用带有二甲基-叔丁基硅烷基的氮杂环丁烷酮与顺式-3-(乙酰基硫代）硫醇烷-1-氧化物进行一系列反应，制备抗菌素 3*S*，4*R*-3-［1*R*-1-(二甲基叔丁基甲硅烷氧基）乙基］-4-［顺式-1-氧代-3-硫羟烷基硫代（硫代羰基）硫代］-2-氮杂环丁烷酮。近年来发展起来的有机硅药物还有：杂氮硅三环，具抗癌、抗血管硬化、降血压、镇痛等作用；甲基硅钾或钠的水杨酸盐，用于治疗动脉粥样硬化及各种炎症，与苄星青霉素合用对病毒性疾病有疗效；2,6-顺式-二苯基六甲基硅氧烷，治疗前列腺癌和麻痹综合征等。

4.11.6　新型抗菌防腐剂——有机硅季铵盐

20 世纪 70 年代道康宁公司首先研制出一种抗菌效果很强的有机硅季铵盐杀菌防霉剂，有机硅季铵盐与各类表面形成接枝共聚，获得持久的杀菌、抑菌效果，以这类化合物所进行的防菌、防臭、防霉、防腐等在国外应用较广。有机硅季铵盐具有较强的抗菌活性，抗菌实验（表 4-10）表明，经有机硅季铵盐处理的抗菌活性表面微生物减少了 95%。同样有机硅季铵盐的抗菌活性在医学抗微生物上有一定的经济价值，它能灵敏地抑制和杀伤大肠杆菌、绿脓杆菌、沙门-志贺杆菌等革兰阴性细菌和葡萄球菌、链球菌等革兰阳性细菌。用有机硅季铵盐可以杀死常见细菌，杀死率达 90%～99%。其杀菌抑菌用途很广，包括外科手术刀的消毒、无菌室的消毒等均可应用有机硅季铵盐。

表 4-10　抗菌活性实验

水洗次数①	玻璃表面生存的微生物(葡萄球菌)个数		
	未处理	用季铵盐处理	用有机硅季铵盐处理
0	1000	750	2
1	1000	1000	1
2	1000	1000	4
3	1000	1000	2
10	1000	1000	3
30	1000	1000	20
50	1000	1000	50

① 每次在 20℃水中冲洗 4min。

4.11.7　具有生物活性的有机硅化合物及应用

有机硅化合物作为农药具有活性高、药效长、毒性小和亲脂性强等特点。现已开发利用的有机硅农药主要有以下几种。

（1）植物生长调节剂　苯氧乙酰氧甲基硅烷结构如下。

$$X_n\text{—C}_6\text{H}_4\text{—OCH}_2\text{COCH}_2\text{SiR}_3$$

$$(X=Cl, CH_3; R=C_nH_{2n+1}, OC_nH_{2n+1}, C_6H_5, OC_6H_5)$$

其是一类广谱的植物生长调节剂，能刺激烟叶、大豆、土豆和小麦的生长。苯环上取代基的类型与位置对生物活性有很大影响，当取代基为对位氯时，该化合物对前三种植物表现出高的生物活性；而取代基为邻、对位二氯时，则对小麦生长表现出高的生长调节作用。

（2）除草剂　如式：

$$CF_3CH{=}CH\text{—}Si(OC_2H_5)_2\text{—}CH_3$$

其是很有效的除草剂。施用 0.01mg/L 该溶液，15 天内便能杀死 93%～96%的水草。施用 1～5mg/L 该溶液，30 天能全部杀死藻类。

（3）杀虫和杀菌剂　含硅的酰胺类、磺酰胺类、硫醇类、异硫氰酸酯类、氟硅烷类、取代乙炔硅烷、乙炔酮有机硅类等，都具有杀虫和杀菌的作用。

（4）驱避剂　许多含氨基的有机硅化合物都可用作驱避剂。如式：

$$(C_2H_5)_2N(CH_2)_3\text{—}Si(CH_3)_2\text{—O—}Si(CH_3)_2\text{—}(CH_2)_3N(C_2H_5)_2$$

其可用作织物驱避剂。许多氨丙基硅烷都具有明显的杀菌活性，故可用作抗菌药物。

$$CH_3\text{—}Si(C_4H_9)_2\text{—}(CH_2)_3N(C_2H_5)_2\text{，}\quad CH_3\text{—}Si(C_4H_9)_2\text{—}(CH_2)_3N\text{(哌啶基)}$$

以上两种都可用于抗结核菌。由二苯基二氯硅烷水解得到的二苯基二羟基硅烷，具有优良的抗痉挛作用。其代谢产物为

$$C_6H_5\text{—}Si(OH)_3\text{，}\quad C_6H_5\text{—}Si(OH)_2\text{—}C_6H_4\text{—OH}$$

其能促进头发生长，可用于男性秃发症的治疗。目前具有杀菌活性的有机硅在洗发香波、护肤品等方面的应用颇多。

硅油、硅树脂和硅橡胶具有优越的物理化学性能，如憎水、防粘、消泡和生理惰性等，广泛用作医药制品及医药基体材料。如室温硫化硅橡胶可用于制备药物胶囊、医用、生物电子仪器的包封等；有机硅凝胶可作为人工乳房的充填料；液体硅橡胶可注射成型，制备导尿管等医用制品。聚硅氧烷在药物缓释中的应用也日趋重要。它们具有特殊的优点，如生物和化学惰性、无毒、无味、对多种药具有渗透性，故广泛用作节育、助产、抗精神病、抗菌素、局麻、催眠等药物的缓释基材。

已知硅取代物与原碳化物在与生物体的作用、中间代谢以及排泄等方面有所不同，如抗痉挛剂，其结构式为

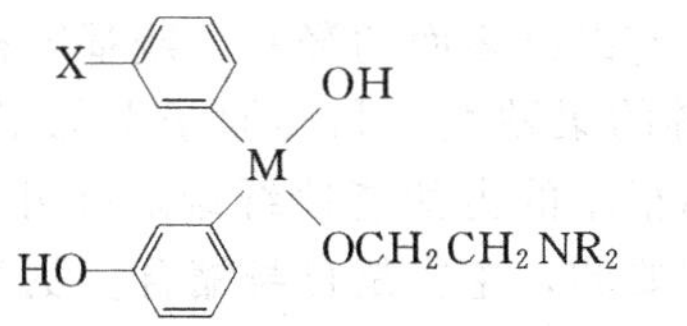

（M=C，Si）

当 M 为硅原子时，药物作用时间较短，这可能是由于硅化物在生物体中易于水解而失去药效。

美国 DC 公司发现某些含苯基的聚硅氧烷具有性激素活性，如 2,6-顺式-二苯基六甲基环四硅氧烷，其结构式如下：

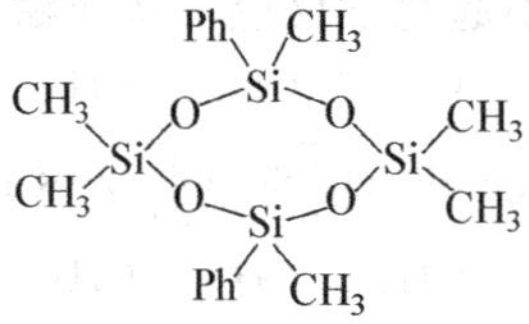

它对哺乳动物显示出相当大的性激素活性，而且毒性很低（LD_{50}＞5g/kg）。目前已作为避孕药申请了专利。另外，还有一些含氨基、硫基、磺酰基的硅氧烷也有较强的生物活性。

杂氮硅三（silatrane）有机硅化合物结构可表示为：

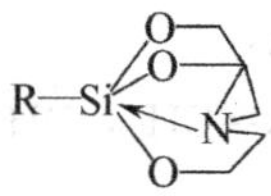

杂氮硅三环化合物在哺乳动物中有广谱的生物活性，其中 R 基对其生物活性有相当大的影响。R 基为苯基时，杂氮硅三环具有相当大的毒性，在美国已作为杀鼠剂使用，当 R 基为烷基或烷氧基时其毒性相当小，而且还具有某些药理活性。如氯甲基杂氮硅三环可作为治脱发药及外伤治疗药，某些侧链上含氮的杂氮硅三环对肿瘤有一定的控制作用，有希望成为一类抗癌药物。

4.12　有机硅在纺织行业的应用

有机硅表面活性剂的疏水基团是由疏水性比碳链类更强的烷基硅氧烷组成的，具有比碳链类更强的表面活性，在同等浓度的溶液中，具有更低的表面张力。在纺织行业，主要赋予纺织品柔软、滑爽手感及抗菌防霉、抗静电、亲水、防水等特殊功能。

4.12.1　有机硅柔软剂

有机硅织物整理助剂在织物整理方面有着广泛的应用。该助剂不仅可以处理天然纤维织物，还可处理涤纶、尼龙等各种合成纤维。处理后的织物防皱、防污、防静电、防起球、丰满、柔软、富有弹性和光泽，具有滑、爽、挺的风格。有机硅处理还可以提高纤维的强度，减轻磨损。

4.12.1.1　有机硅柔软剂的柔软机理

聚硅氧烷的主链十分柔顺，围绕 Si—O 键旋转所需的能量几乎为零，这表明聚硅氧烷可以 360°自由旋转，这个特性决定了聚硅氧烷成为最优良的织物柔软整理剂。优异的柔顺性起因于基本的几何分子构型，聚硅氧烷是一种易挠曲的螺旋形直链结构，由硅原子和氧原子交替组成。聚硅氧烷分子间的作用力比碳氢化合物弱得多，且聚硅氧烷比相同分子量的碳氢化合物黏度低，表面张力小，成膜性强。

氨基聚硅氧烷由于氨基的极性强，与纤维表面的羟基、羧基等相互作用，与纤维形成非常牢固的取向和吸附。而 Si—O 键主链的柔顺性，和硅原子上的甲基与聚二甲基硅氧烷一样，使纤维之间的静摩擦系数下降，用很小的力就能使纤维之间开始滑动，以致感到柔软。氨基聚硅氧烷与纤维之间的交联不是主要的，主要是自身缩合。氨基聚硅氧烷在纤维上吸附后，由空气中二氧化碳及水分形成碳酸，与氨基产生交联，高度聚合，在纤维表面和内部生成高聚合度弹性网状结构，赋予织物超级柔软效果和很高的耐洗性。

4.12.1.2 有机硅柔软剂的种类、结构及性能特点

(1) 非活性有机硅柔软剂　该类柔软剂主要为二甲基硅油类，可赋予织物较好柔软性和耐热性。因不含活性基团，与纤维不起化学反应，从而赋予其悬垂性和耐洗性差。其结构为

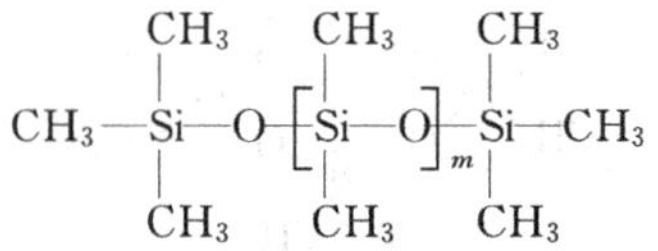

$$CH_3-\overset{\displaystyle CH_3}{\underset{\displaystyle CH_3}{Si}}-O\left[\overset{\displaystyle CH_3}{\underset{\displaystyle CH_3}{Si}}-O\right]_m\overset{\displaystyle CH_3}{\underset{\displaystyle CH_3}{Si}}-CH_3$$

(2) 活性有机硅柔软剂　该柔软剂主要为羟基硅油乳液和含氢硅油乳液，在金属催化剂存在下能在织物表面形成网状交联结构，使织物具有很好的柔软性和耐洗性。其结构为

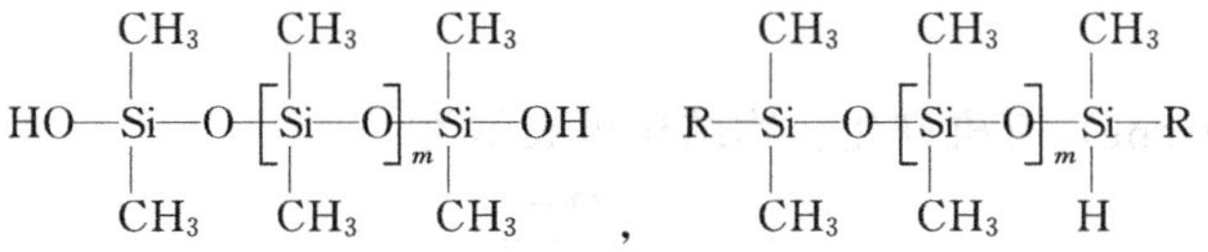

$$HO-\overset{\displaystyle CH_3}{\underset{\displaystyle CH_3}{Si}}-O\left[\overset{\displaystyle CH_3}{\underset{\displaystyle CH_3}{Si}}-O\right]_m\overset{\displaystyle CH_3}{\underset{\displaystyle CH_3}{Si}}-OH,\quad R-\overset{\displaystyle CH_3}{\underset{\displaystyle CH_3}{Si}}-O\left[\overset{\displaystyle CH_3}{\underset{\displaystyle CH_3}{Si}}-O\right]_m\overset{\displaystyle CH_3}{\underset{\displaystyle H}{Si}}-R$$

$(R=CH_3，OH)$

(3) 改性有机硅柔软剂

① 氨基改性有机硅柔软剂　氨基改性有机硅柔软，广泛应用于各种织物整理中，可使织物滑爽、透气、丰满，具有超级柔软手感，并具有良好的防缩性、耐洗性，产量仅次于聚醚改性有机硅。但在受热或紫外线的影响下容易泛黄，因而不宜用于浅色织物的柔软整理，且用它整理织物后，织物的吸湿性有很大下降，而吸湿性是服装舒适性的因素之一。目前商品化的氨基改性有机硅柔软剂中，有 90%以上是氨乙基氨丙基有机硅（简称双胺型），其分子结构式为

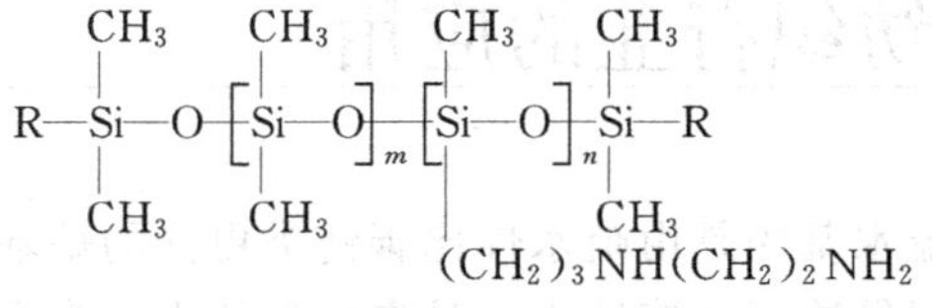

$$R-\overset{\displaystyle CH_3}{\underset{\displaystyle CH_3}{Si}}-O\left[\overset{\displaystyle CH_3}{\underset{\displaystyle CH_3}{Si}}-O\right]_m\left[\overset{\displaystyle CH_3}{\underset{\displaystyle (CH_2)_3NH(CH_2)_2NH_2}{Si}}-O\right]_n\overset{\displaystyle CH_3}{\underset{\displaystyle CH_3}{Si}}-R$$

$(R=CH_3，OCH_3，OH)$

改进的方法有改变活性基团结构，进行环氧化、酰胺化或仲氨基化，控制改性程度或采用混合改性，也可制成稳定的有机硅微乳液。在环氧化氨基改性中，聚硅氧烷的氨基部分吸附于纤维，赋予织物柔软光滑性；烷氧基则与聚硅氧烷的—OH 端基交联，以赋予织物牢固性、压缩回复性和弹性；亲水基提供吸水性和抗静电性，以克服单纯环氧基有机硅和氨基有机硅处理时吸湿吸汗性降低、易产生摩擦静电的缺点。德国 Wacker 公司对不同氨基改性的柔软剂进行了性能测试。比较各种氨基改性聚硅氧烷的整理效果发现，白度、吸水性和易去污性是伯→仲→叔氨基依次提高，但兼有伯氨和仲氨基的常用氨基聚硅氧烷的 3 种性能都很差，而不是处于伯、仲氨基聚硅氧烷之间。柔软性则以仲氨基最佳，白度值以环己基最高。因此，仲氨基聚硅氧烷有可能获得最佳综合整理效果。

侧链仲氨基改性主要有两个途径，一是在双胺型聚硅氧烷的基础上对伯氨进行酰化保护，减少活泼氢。酰化的整理效果主要取决于酰化反应的深度，当原氨基硅氧烷中的30%～70%氢原子参与酰化反应时，能取得最佳整理效果，酰化程度过高反而会损害柔软效果。可

用的酰化剂有酸酐类、内酯类和碳酸酯类等，其中以醋酸酐最经济。另一途径是在合成时引入新的硅烷偶联剂，一般选用仲氨基类型的偶联剂以减轻双胺型硅氧烷的变黄；同时由于新氨基官能团的引入，亲水性和易去污性都有所改善，可能获得最佳的综合整理效果。

② 环氧基改性有机硅柔软剂　环氧改性有机硅柔软剂的结构为

$$R-Si(CH_3)_2-O-\left[Si(CH_3)_2-O\right]_m-\left[Si(CH_3)\left((CH_2)_3CH\overset{O}{-}CH_2\right)-O\right]_n-Si(CH_3)_2-R$$

$(R=CH_3, OH)$

环氧改性能赋予织物卓越的平滑性和柔软性，其活性强度高，与各类纤维和其它聚合物易交联或共聚，提高织物的耐洗性、亲水性和抗静电性，且高温不泛黄。但织物的亲水性有时会降低，故多数采用混合改性（如聚醚/环氧和氨基/环氧等）。若与氨基改性有机硅并用，可起到非常理想的柔软效果。

③ 聚醚改性有机硅柔软剂　聚醚改性有机硅可改善织物的亲水性、抗静电性和防污性，且乳化方便，不易漂油，工艺上有时还可与染色同浴，是目前纺织上销量最多的一类。典型结构为

$$CH_3-Si(CH_3)_2-O-\left[Si(CH_3)(R)-O\right]_m-\left[Si(CH_3)_2-O\right]_n-Si(CH_3)_2-CH_3$$

$[R=(CH_2)_3O(EO)_a(PO)_bH]$

调节共聚物中硅氧烷段的分子量，可以使共聚物突出或减弱有机硅的特性，如滑爽性、柔软性。同样改变聚醚段的分子量，会增加或降低分子中有机硅比例，对共聚物的性能也会产生影响。

④ 羧基改性有机硅柔软剂　羧基改性有机硅柔软剂具有化学反应性和极性，用于天然纤维后整理能与纤维很好结合，用于化纤能改善其抗静电性和吸湿性。与氨基或环氧基改性有机硅并用，可提高柔软手感，且洗涤时不易脱落。一般结构为

$$CH_3-Si(CH_3)_2-O-\left[Si(CH_3)(R)-O\right]_m-\left[Si(CH_3)(RCOOH)-O\right]_n-Si(CH_3)_2-CH_3$$

⑤ 醇改性有机硅柔软剂　该类柔软剂可改善织物的染色性、耐热性和耐水性。一般结构为

$$CH_3-Si(CH_3)_2-O-\left[Si(CH_3)_2-O\right]_m-\left[Si(CH_3)(R-OH)-O\right]_n-Si(CH_3)_2-CH_3$$

⑥ 酯基改性有机硅柔软剂　该柔软剂使织物手感柔软滑爽、弹性好，适用于化纤及其与棉涤混纺织物的柔软整理。其结构为

$$CH_3-Si(CH_3)_2-O-\left[Si(CH_3)_2-O\right]_m-\left[Si(CH_3)(R-COOR')-O\right]_n-Si(CH_3)_2-CH_3$$

⑦ 巯基改性有机硅柔软剂　用该柔软剂整理羊毛可使羊毛具有耐久的防皱性和润滑性。

一般结构为

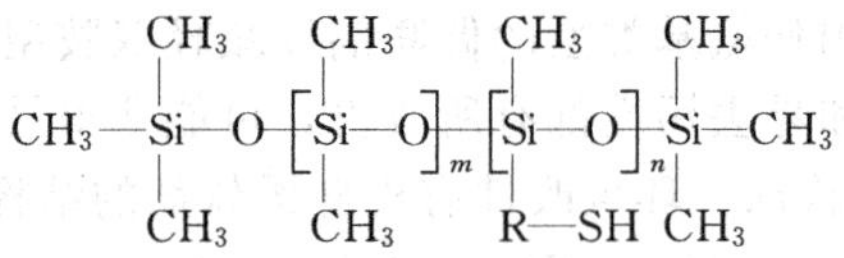

$$CH_3-\underset{CH_3}{\overset{CH_3}{Si}}-O\left[\underset{CH_3}{\overset{CH_3}{Si}}-O\right]_m\left[\underset{R-SH}{\overset{CH_3}{Si}}-O\right]_n\underset{CH_3}{\overset{CH_3}{Si}}-CH_3$$

⑧ 有机硅季铵盐　有机硅季铵盐是一类新型阳离子表面活性剂，它具有耐洗、持久的抑菌效果。它抑菌范围广，能有效地抑制革兰阳性菌（葡萄球菌、链球菌、枯草菌）、革兰阴性菌（猪霍乱杆菌、伤寒杆菌、大肠菌、肺结核菌等）、酵母菌、真菌（黑曲菌、皮肤癣菌）。1967 年美国道康宁公司第一个发表专利研制出有机硅季铵盐 DC-5700［其分子结构为 $Si(OCH_3)_3(CH_2)_3N^+(CH_3)_2C_{18}H_{37}Cl^-$］。该季铵盐具有较强的杀菌、抑菌作用，并且既能和纤维素纤维反应，又能自身缩聚成膜。由于其和纤维牢固结合，故其杀菌机理为接触杀死形式，而非溶出形式，保证了人体安全性。同时由于分子中带有 3 个易水解的甲氧基，水解为易起交联反应的硅羟基，能牢固地附着于纤维、皮革、纸张、木材、金属及其它非金属表面上，使固体表面耐久抗菌。季铵盐的抗菌机理在于渗透入细菌的细胞壁，使细胞壁的蛋白质凝固，从而达到杀菌、抑菌的作用。

有机硅季铵盐可用于织物亲水整理，广泛赋予织物良好的吸水、吸汗性、柔软性、平滑性、回弹性、防静电性，并且无毒、无害，是一种高效、安全、多功能的柔软整理剂。有机硅季铵盐除了用作织物抗菌柔软整理外，还可用于其它材料表面上。例如在木材、皮革、无纺布、聚氨酯、橡胶、人造纤维、合成纤维和各种硅酸盐表面涂料中，适当添加有机硅季铵盐，大大加强了抗菌防霉效果；在皮革加脂剂、涂饰剂中加入硅氯化铵，除了增加柔软性、结膜牢固性外，防霉效果尤其突出；在船底的防蚀保护涂层中加入一定量的硅氯化铵，除了有缓蚀功能外，还可大大提高防藻类和其它生物附着的有效性，延长船只的检修保养周期。

4.12.2　有机硅防水剂整理织物的研究

未经整理的纤维织物是亲水的。当水滴落在织物表面时不仅能扩展润湿，而且由于毛细管作用而渗到纤维与纤维之间、纱与纱之间的空隙里，此时织物与水滴之间的接触角小于 90°。织物的防水整理就是将疏水性物质吸附或化学交联于织物的纤维上，赋予织物拒湿能力。此时织物与水滴之间的接触角大于 90°，当水滴落在防水织物表面时，水滴成球（珠）状。接触角越大，水滴的形状越接近于球状，织物的防水性能越好。

4.12.2.1　配方设计

作为织物防水剂应具备以下条件：

① 固化后能在织物表面形成一层防水膜；

② 与布基有良好的粘接性。

二甲基硅油由于无活性基团，只能在高温（250～300℃）下通过甲基氧化才能交联，且与布基的粘接性差，因此不宜用作织物的防水整理剂。当有机硅带有活性基团，如 Si—H、Si—OH 或 Si—OR 时，在催化剂存在下能在较低温度下交联成弹性膜，在织物表面形成防水层，而且这些活性基团还可与织物表面的羟基反应，使形成的弹性膜与布基结合得更为牢固。甲基含氢硅油最大的优点是防水效果好。它在金属盐类催化剂的作用下，可低温交联，在织物表面形成防水膜；但织物手感不太好，生成的有机硅膜硬而脆，经不住多次水洗涤。它与羟基硅油乳液共用，既能防水又可保持织物原有的透气性和柔软性，并能提高织物的撕裂强度、耐磨性和防污性，改善织物的手感和缝合性能。

4.12.2.2　防水机理

有机硅的主链十分柔顺，是一种易挠曲的螺旋形结构。它的基本结构单元是 $\left(\overset{|}{\underset{|}{Si}}-O\right)$ ，

为极性部分，与硅原子剩余两键相连的有机基团，是非极性部分。在高温和催化剂作用下，硅氧主链发生极化，极性部分向纤维上的极性基团靠拢。硅氧主链上的氧原子可与纤维上的某些原子形成氢键，羟基硅油上的羟基则可与纤维上的某些基团发生缩合反应形成共价键，这样便将有机硅化合物固定在纤维的表面。极性基团发生定位的同时，迫使非极性部分的甲基定向旋转，连续整齐地排列在纤维的最外层（见图 4-4）。这些疏水性的甲基使纤维疏水化，从而改变了织物的表面性能，产生了拒水效果。

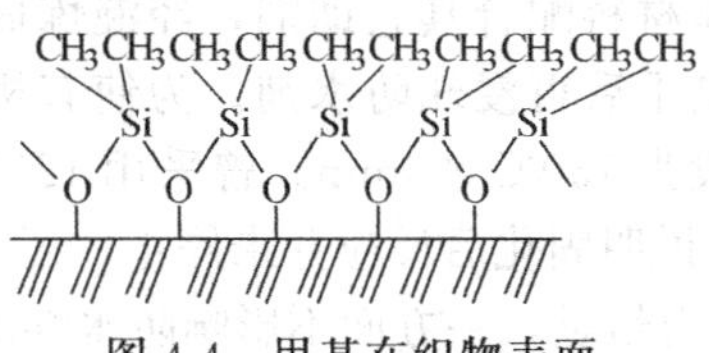

图 4-4 甲基在织物表面定向排列示意图

金属羧酸盐是硅氢键（Si—H）水解和硅醇键（Si—OH）缩合的有效催化剂。硅氢键具有较大的活性，在催化剂作用下易发生水解反应，水解后形成的 Si—OH 键可自身脱水缩合，交联成弹性膜；也可与羟基硅油中的羟基缩合，使之交联，形成更大的网络，进一步提高有机硅膜的弹性和柔韧性。固化后有机硅弹性膜盖覆于织物表面，从而赋予织物优良的防水性。

以上机理可由两个实验证实。

① 当用有机硅和石蜡的混合物整理织物时，防水性减弱。因为此时发生了硅氧烷分子排列颠倒；甲基指向石蜡，而 Si—O—Si 中氧原子向外排列。

② 在短 21S/3×2+2 维纶帆布的防水整理中，将金属羧酸盐的用量从 5 份逐渐增至 30 份，织物的防水性能得到改善（见表 4-11）。

表 4-11 金属羧酸盐对织物防水性能的影响

金属羧酸盐用量/份	防水性		
	吊水/cm	水压/cm	淋雨/min
0	<2	24	25
5	9	59	108
10	11	59	100
15	11	63	112
30	11.5	63	111

注：防水剂配方为羟乳+含氢硅乳。

4.12.2.3 织物的涂层处理及要求

有机硅膜完全覆盖在织物表面，显示出优良的防水性。但遇水时有缺陷的地方的纤维将润湿膨胀，导致有机硅膜胀破，织物防水性能下降。因此遇水后膨胀较大的织物纤维不能直接用有机硅整理。对覆盖密度较小的织物如平布、尼龙绸、府绸等需用涂层堵掉部分空隙，才能用有机硅防水剂整理。作为织物涂层应具备的条件如下：

① 应为溶液，最好是水溶液；

② 涂于织物上，填充纤维间隙，成为极薄的膜，能耐老化、耐洗；

③ 对人体无害、无气味，不影响织物的基本颜色；

④ 能承受一定的水压；

⑤ 手感柔软。

选择溶剂应注意以下几点：

① 溶剂对胶料的溶解特性，即溶度参数相近原则；

② 溶剂本身的稳定性，即不与胶料起化学反应；

③ 溶剂的毒性与环境污染小；

④ 溶剂的挥发速度适当。

织物的整理工艺如下。主体材料配合其它助剂，经混炼成胶，加入溶剂搅拌成胶浆。用专用涂胶设备涂于织物背面，烘干后再浸轧防水剂。为使有机硅固化必须焙烘，焙烘条件应根据织物厚度与性质决定，一般为150℃×3min。曾采用120℃焙烘，放置16天后再测其防水性、耐洗性，发现差别不大。说明固化后反应并未停止，还在继续进行。另外，有张力与无张力焙烘有差别，最好采用无张力焙烘，一方面不影响防水性能，同时避免织物门幅变窄。

4.13 有机硅在皮革工业中的应用

硅油具备许多独特的优良性能，如不影响皮革透气性的良好的防水性、突出的柔软性、良好的手感、耐擦性、耐久性、化学稳定性等，为皮革工业提供了许多重要用途。有机硅化合物在皮革工业中主要用于四个方面：鞣剂、加脂剂、涂饰剂和功能性助剂。

4.13.1 含硅皮革加脂材料

加脂（加油）是皮革生产中的一个重要工序，其目的是通过一定的工艺条件使皮革吸收结合一定量的油脂材料，从而在皮纤维表面形成一层油膜，使皮纤维间具有良好的润滑性，从而赋予皮革良好的柔软性、丰满性和延伸性，使皮革具有较好的物理机械性能和使用性能。常用的加脂材料有天然动植物油脂和矿物油及其改性产品和合成加脂材料两大类。目前对皮革加脂材料的要求越来越高，具有多功能的结合型加脂剂最受青睐。这种加脂材料与皮纤维结合牢固，在皮革使用过程中不会由于油脂的迁移而引起皮革的老化从而影响其使用性能。多功能性的加脂剂除具有加脂作用外，还能赋予皮革某些特殊的性能，如防水、匀染、丝光感及特殊的柔软滑爽感等。由于有机硅化合物具有较低的表面张力和较好的疏水性，是制备皮革防水加脂剂的首选材料之一。20世纪70年代前苏联学者曾用聚乙烯醇作为乳化剂，将乳化硅氧烷和锭子油的混合物用于皮革防水的研究；美国专利US 3832203和英国专利Brit 17363也曾报道过溶剂型的有机硅防水剂。这种溶剂型或拼混型有机硅防水材料使用不便，且与皮纤维的结合较弱，其防水与加脂的效果较难持久，使其应用受到限制。目前国内外大力开发研究的有机硅防水材料以水乳型为主，且多采用活性有机硅氧烷，以增加有机硅与油脂及皮纤维间的结合。国外含硅皮革防水加脂剂的研究较早，目前已有多家公司生产系列产品，如BASF公司的Densodrin系列、Bayer公司的Xerodern系列和Schill & Seilach公司的Perfectol系列产品，集防水加脂于一体，经其处理的皮革有很好的防水效果。国内20世纪80年代曾用八甲基环四硅氧烷（D4）在酸性催化剂的作用下使其聚合得到分子量低的硅乳液进行毛皮防水处理，其后又有人做过一些探索。但以防水为主的含硅加脂剂的研究没有大的突破。目前国内的研究主要侧重于利用有机硅化合物的优良性能来改性天然油脂或合成油脂，主要采用以下两条技术路线进行有机硅加脂材料的研究：

① 在制备加脂材料过程中通过在有机硅化合物分子上引入羧基、氨基等活性基团，使制得的含硅加脂剂具有结合性且能自乳化；

② 将有机硅接枝在天然油脂或合成油脂分子链上制备加脂材料。

这两种方法制备的含硅加脂剂与皮纤维有较好的结合作用，有效地克服了有机硅在皮革中易迁移的问题。如利用醇解的花生油与分子量为 500～600 的端羟基聚硅氧烷接枝共聚，制得的加脂剂性能稳定，加脂后的皮革柔软、滑爽、有丝光感。用改性的玉米油与有机硅预聚物接枝制得的加脂剂加脂效果优异，并且能减少油脂用量。以天然植物豆油改性产物与含有活性基团的有机硅接枝共聚得到的有机硅加脂剂，特别适应于绒面革和正面服装革的加脂。以葵花子油为原料，经酯交换反应后与八甲基环四硅氧烷（D4）接枝得到一种阴离子加脂剂，该加脂剂可使皮革获得丰满柔软性的同时有明显的油润感。含硅加脂剂目前在国内虽然研究较多，但形成规模的品种还很少，特别是价廉、多功能性的含硅加脂剂比较少。

4.13.2　鞣剂

德国 Hoechst 公司研制的 Feliderm W 是一种稳定的含硅胶体水分散液，具强渗透、吸附能力，用它处理的脱灰裸皮能顺利进入皮胶原纤维内部，经其处理的白湿皮可长时间存放和进行机械操作。此外，英国研制的有机硅化合物和氯化铬或碱式氯化铬在一定醇溶液中反应，水解得到防水鞣剂。也有研究表明，有机钛化合物能促进乙基氢硅氧烷与二甲基硅氧烷与胶原之间的反应，可提高有机硅对铬鞣革的防水处理。原化工部成都有机硅中心研制生产的 WPT-S 防水加脂复鞣剂，是有机硅化合物与丙烯酸单体共聚制备的兼具防水加脂复鞣的多功能材料，经其处理的皮革 2h 动态吸水率小 20%，不影响透气透水性能，只需选用少量通用加脂剂与之配合使用，便可达到成品柔软的要求，该材料具有明显的填充增厚作用，成革发泡感强，可在一定程度上改善松面状况，提高皮革利用率。

4.13.3　有机硅改性皮革涂饰材料

大多数皮革要具备使用性能必须进行表面涂饰，即利用合适的化工材料在皮革表面形成一个修饰层，一方面增加皮革的美观，另一方面使皮革在使用过程中具有耐热、耐寒、耐干湿擦和耐碰撞等使用性能。常用的涂饰材料主要有蛋白质类、丙烯酸树脂类、聚氨酯类和硝化纤维类。这些涂饰材料要在皮革表面形成良好的修饰层，本身须满足以下要求：涂层美观，要与皮革表面有良好的黏着力，在皮革表面形成的涂层要有很好的延伸性，涂层应有较好的卫生性能，即有良好的透气性和透水汽性，以保证穿着的舒适。同时，涂层还要具有一定的耐热、耐寒和耐老化等性能，皮革工业中常将这些涂饰材料称为成膜物质。

4.13.3.1　*有机硅改性丙烯酸树脂涂饰材料*

丙烯酸树脂乳液是皮革生产中用量较大、使用较早的一类成膜物质，其优点是黏着力较强、薄膜透明、柔软而富有弹性、涂层耐光、耐干湿擦、耐老化、卫生性能优于硝化纤维和聚氨酯涂饰材料。但丙烯酸树脂一般为链状的线型结构、属于热塑性材料、对温度极为敏感、温度上升发软变黏、温度太低又逐渐变脆，即所谓的热黏冷脆、涂层经不起冬夏季节的气候变化。另外，丙烯酸树脂形成的薄膜不耐有机溶剂的作用。用有机硅改性丙烯酸树脂可有效地利用有机硅化合物耐寒、耐热和抗有机溶剂性强等性能，从而改变丙烯酸树脂的上述缺陷。因此丙烯酸树脂经有机硅改性后，可成为较理想的皮革涂饰材料。

有机硅改性丙烯酸树脂的改性方法主要有两种：

① 采用双端活性硅氧烷与丙烯酸树脂共聚（缩合），将 Si—O—Si 链引入丙烯酸树脂大分子主链中，得到嵌段共聚物；

② 采用单端活性硅氧烷与丙烯酸树脂接枝共聚，在丙烯酸树脂大分子侧链上形成梳状侧链结构。

DX-8501 硅丙树脂涂饰剂就是采用有机硅氧烷接枝改性丙烯酸树脂。该产品在－40～40℃条件下使用无热黏冷脆现象，是一种性能优异的涂饰剂。AS-Ⅰ、AS-Ⅱ树脂皮革涂饰剂是有机硅预聚物、丙烯酸单体通过种子乳液聚合制得的，其化学稳定性、薄膜的耐水、耐有机溶剂性能都很好，是目前国内有机硅改性丙烯酸树脂涂饰剂中性能较优异的一种。

4.13.3.2 有机硅改性聚氨酯皮革涂饰材料

聚氨酯皮革涂饰剂是一种新兴的涂饰材料，我国对聚氨酯的研制开始于20世纪70年代，而在皮革上大规模应用则始于20世纪90年代，是目前应用最多的一类皮革涂饰材料。它是由二元或多元异氰酸酯与二元或多元羟基化合物作用而成的高分子化合物的总称。聚氨酸涂饰材料在皮革表面形成的薄膜光洁平滑，耐摩擦、耐候性优良，薄膜柔软富有弹性，与皮革表面黏着牢固。水性聚氨酯因其大分子链上含有较多的亲水基团，使薄膜耐水性能较差；溶剂性聚氨酯薄膜则透气性较差。而有机硅具有较好的耐水性能，其薄膜具有滑爽、细腻的手感，但由于有机硅化合物的薄膜与皮革的黏结性差，不宜单独使用。有机硅化合物与聚氨酯进行结合，可扬长避短，用有机硅化合物对聚氨酯进行改性，有希望获得较理想的涂饰材料。

有机硅改性聚氨酯可以通过物理共混来进行，例如利用水性聚氨酯和聚硅氧烷乳液进行物理共混改性。聚氨酯可以改善聚硅氧烷乳液的耐油性，而聚硅氧烷乳液可以改善水性聚氨酯的耐水和耐溶剂性能，两者共混可获得取长补短的效果。但要获得效果较好的改性产品，一般需通过改变聚氨酯主链结构来进行。例如NS-01有机硅改性聚氨酯防水光亮剂是采用有机硅改性聚氨酯，在其主链上引入硅氧烷链，并采用自乳化体系而制得的。该光亮剂乳液稳定性好，不怕冻，解冻后不破乳，用于皮革涂饰其薄膜的耐干湿擦性能较高。用羟基硅油对聚氨酯进行改性，得到的阳离子型聚氨酯乳液在皮革表面上形成的薄膜具有良好的手感、柔软度和防水性能。

4.13.3.3 有机硅改性硝化纤维涂饰材料

硝化纤维涂饰材料用于皮革涂饰始于20世纪20年代，其特点是薄膜光亮、耐摩擦、耐水和耐油，缺点是不耐老化，耐寒性和薄膜的透气性差，目前在皮革涂饰中应用不多。20世纪80年代开始，国内有人陆续进行有机硅改性硝化纤维的研究。将硝化纤维清漆作光亮组分，有机硅作滑爽组分，研制出兼具光亮与滑爽双重功效的光亮剂。DX-8502硅丙硝化棉光亮剂是采用有机硅-丙烯酸树脂对硝化棉进行接枝改性，先使硝化纤维、醋酸丁酯、丙烯酸酯及引发剂进行乳液聚合反应，然后加入有机硅和引发剂进行接枝聚合而成，该产品在皮革表面形成的涂饰层有较好的耐候性。

4.13.4 功能性有机硅类皮革助剂

功能性有机硅类皮革助剂主要有柔软剂、手感剂和滑爽剂。这类助剂可归于有机硅化合物中的含硅表面活性剂一族，主要是基于含硅表面活性剂所具有的独特的优点，例如表面张力低、润湿性能好和乳化作用强等。皮革生产传统的作软方法是加脂，通过在皮纤维中引入大量油脂材料来提高纤维的柔软程度，这一方法的主要缺陷是经较长时间后，油脂易在皮革中迁移，造成皮革表面的油腻，采用有机硅柔软剂则可避免这一问题。聚硅氧烷的主链十分柔软，围绕Si—O键旋转所需的能量几乎为零，这个特性决定了聚硅氧烷可成为最优良的织物柔软剂。同时有机硅柔软剂不仅使织物具有柔软、滑爽的性能，还能增加织物表面的光泽和弹性，因此有机硅类柔软剂在纺织行业得到了普遍的应用。受其影响自20世纪80年代开始制革工作者开始了有机硅类皮革助剂的研究，近几年取得了较大的进展。目前已有多个产品问世，例如以羟基硅油、十八醇及两性咪唑啉表面活性剂为主要柔软组分，通过复合乳化剂和特殊乳化工艺，制备出稳定的硅蜡两性皮革柔软剂，经其处理的皮革可提高其柔软性并改善皮革的手感。以八甲基环四硅氧烷和N-β-氨己基-γ-氨丙基甲基二甲氧基硅烷为原料，在催化剂和促进剂作用下，低温开环聚合得到氨基聚硅氧烷，乳化后用其处理皮革，可有效地提高皮革的柔软性和疏水性。用八甲基环四硅氧烷在酸性引发剂及非离子乳化剂共同作用下，得到的阴离子型的滑爽剂可改善绒面革和服装革的手感。

目前应用较多的有机硅类皮革助剂主要是两类，一类将合适的有机硅化合物与合适的乳化剂直接复配制得，像德国 Rohm Hass 公司的手感剂 Additive-229 就是典型代表，该手感剂较小的用量就可使皮革表面具有较好的滑爽性和油润感，但该产品价格较贵。另一类是利用八甲基环四硅氧烷为原料在一定条件下开环乳液聚合，生成含亲水基团的聚合物，进一步乳化形成稳定的水乳液，这类助剂使用方便，作用效果持久，目前国内产品大多属此类。

4.14　有机硅在涂料工业中的应用

4.14.1　有机硅高聚物涂料结构与性能

聚硅氧烷是研究应用最早、最广泛的有机硅聚合物，聚二甲基硅氧烷（PDMS）占有机硅用量的 90%以上，其结构示意图如下：

$$HO-\underset{CH_3}{\overset{CH_3}{Si}}-O-\left[\underset{CH_3}{\overset{CH_3}{Si}}-O\right]_m-\underset{CH_3}{\overset{CH_3}{Si}}-OH$$

在聚硅氧烷中 Si—O 键键能很大，达 452kJ/mol，热稳定性很好；键长较长，键对侧基转动的位阻小；Si—O—Si 键的极性大，有 51%离子化倾向，对 Si 原子上连接的烃基有偶极感应影响，从而提高了其稳定性。这些性质决定了聚硅氧烷具有能耐高温（200～250℃），又有在宽的温度范围（−50～200℃）内电性能变化小的特性。PDMS 是除聚四氟乙烯外所有高分子化合物中表面张力最低的一种。因此，有机硅涂料除具有优良的耐热性、耐高低温性外，还具有耐潮湿和抗水性，对臭氧、紫外线和大气的稳定性良好，对一般化学药品的抵抗力也好。

聚硅氧烷根据摩尔和结构的质量不同，可分为硅油、硅树脂和硅橡胶等。硅油为摩尔质量较低的聚硅氧烷，黏度从 0.65～1000000mPa·s 的液体，在涂料中主要用作添加剂；硅橡胶是摩尔质量较高的线型聚硅氧烷，可通过氧化物在高温下或有机锡在室温下，交联形成网状弹性体。有机硅树脂是摩尔质量为 700～5000g/mol、具有分支结构和多羟基的聚硅氧烷，可进一步固化成网状结构，是涂料中的重要成膜物质。

有机硅涂料用树脂中单体结构、单体官能团数目与比例对漆膜性能影响很大（表 4-12）。有机硅树脂中三官能团以上的单体提供交联点，二官能团单体增进柔韧性，两者应按一定比例混合才能形成较好的漆膜。二苯基单体可增加漆膜高温时的坚韧性和硬度，但本身活性差而不能用量过多。甲基苯基单体已广泛用于有机硅树脂中，赋予树脂良好的漆膜性能和施工性能。其中甲基含量高的树脂柔韧性好、憎水保光性好、固化速度快、对紫外线的稳定性好；苯基含量高的树脂热稳定性好、坚韧性好、耐空气中氧的氧化作用的稳定性好、固化速度稍慢。

表 4-12　单体结构对漆膜性能的影响

有机硅树脂	漆膜性能
$CH_3SiO_{3/2}$	脆性、硬度高、固化速度快
$(CH_3)_2SiO$	柔软性、柔韧性
$C_6H_5SiO_{3/2}$	硬度高、中等固化速度
$(C_6H_5)_2SiO$	弹性模量高、坚韧性强、固化速度慢
$CH_3(C_6H_5)SiO$	坚韧性强、中等弹性模量、柔韧性好

在硅氧烷主链上引入丁基基团增加了其与醇酸树脂、聚酯树脂等的相容性。主链上加入

亚苯基、二苯醚亚基、联苯亚基等亚芳基品种及硅碳硼高聚物品种，耐辐射性强，耐高温可达 300～500℃。新的有机硅高聚物主链结构为硅氮键，其高聚物的热稳定性在 400℃以上。美国 DC1-2577 有机硅树脂涂料是一种有规结构的有机硅高聚物，既有树脂的硬度，又有类似橡胶的弹性，抗紫外线、耐大气老化、抗潮湿、抗污染且透光率高。有规亚芳基的有机硅高聚物各项性能都比无规高聚物高得多，前者能耐 500～550℃高温，后者只耐温 380℃。有机硅树脂和耐火颜料经“热玻璃化”处理制成的耐火涂料 PYROMARK 2500，耐温近 1400℃，是一种控温涂料，漆膜薄而坚韧，附着力强。有机硅与无机硅酸盐中的羟基反应制成的低温或常温固化涂料可耐热 700℃，抗辐射、耐腐蚀、防潮湿。双组分室温硫化硅橡胶型涂料 DC-Q3-6077 及 DC 93-104，热传导率低、高温柔软性好、粘接力强，已用于航空中的烧蚀绝缘涂料及光导纤维保护涂料。

硅油的品种很多，大致分为普通硅油和改性硅油两大类。在油漆中加入极少量的低黏度甲基硅油、聚醚改性硅油、脂肪酸酯改性硅油可防止颜色不匀及起皱，并可增加油漆和清漆的鲜艳性。高黏度硅油可作油漆的消泡剂等，硅油用作胶合板涂料的抗黏剂很有效果。胶合板涂料通常由氨基醇酸树脂制成，涂层硬度较低，堆积在一起容易相互粘连，强力拉开时涂膜发生破坏；加入约 0.5%的硅油可避免胶合板粘连。日本研制出以羟基硅油为主要成分、用于船舶结构的室温固化型硅氧烷涂料。以含氢硅油为主要成分的气囊薄膜用聚有机硅氧烷乳液涂料对织物基材附着性好、机械强度高。用增强填料与非活性硅油在高剪切条件下混合，再与 1 种以上黏度不小于 6000mPa·s 的活性聚硅氧烷混合，可制得缩合型有机硅防污涂料。将乙烯基二甲基封端的聚二甲基硅氧烷与聚甲基氢硅氧烷和铂硅氧烷催化剂混合，可制成飞机用耐化学武器的室温固化型聚硅氧烷涂料。该涂料涂覆在铝材上时，可在短时间内室温固化。

硅树脂在结构上可分为 2 类，第一类是分子主链完全由—Si—O—键构成的聚硅氧烷，第二类是在—Si—O—键中引入 B、Ti、Al、Sn、Pb 等其它元素构成的聚硅氧烷。硅树脂的主要用途是高温防护涂料。美国采用硅树脂作涂料于 20 世纪 70 年代研制出耐 600℃以上高温的润滑涂料。在硅树脂中加入无机填料和玻璃料，配制成能耐 500～600℃高温的涂料。以聚有机硅氧烷为基料配制成的 GT 系列、SO 系列防腐涂料，具有常温固化、长期耐高温、耐辐照、去污性优良等特性，是核电站高温设备理想的防腐涂料。在聚硅氧烷主链引入 Si—O—B—和 Si—O—C_6H_5 结构，合成出有机硅硼聚对苯二酚树脂，由此得到的涂层耐温性较好，与聚碳硅烷树脂复合使用时，耐热性更好。

硅树脂还具有较好的保光性，用硅树脂涂覆铝和铝合金材料可提高其保光性；同时涂层还具有防粘性，因而可防止或减少污损；硅树脂还可用于防冰雪屋顶材料和耐污损轮子及体育馆圆形屋顶的耐污透明涂料，也可制成能形成氧化膜的液态涂料；在硅树脂中加入合适的固化剂可制得长效防污性低温固化涂料；Kuwata 等人制得的水性有机硅涂料，特别适于橡胶、纤维等基材表面的涂覆，赋予基材表面优异的耐磨性和润滑性。用有机硅化合物与氧化锡、氧化钛和氧化锆等制得与眼镜片的无机防炫面漆层具有良好附着力的耐候性涂料。

硅橡胶按其硫化方式可分为热硫化和室温硫化两大类。摩尔质量在 5×10^5～8×10^5 g/mol 的直链聚硅氧烷均属热硫化橡胶，常用过氧化物作交联剂，并配以各种添加剂，在炼胶机上混炼，然后采用模压、挤出、压延等方法制成各种橡胶制品。热硫化硅橡胶作为涂料应用相对较少，但在医疗器械方面有较好的应用，如涂覆硅橡胶的超细纤维布可制成人造皮，用于大面积烧伤病人的抢救。这种人造皮具有如下优点：对烧伤创面具有较好的黏附力，保护创面，防止细菌入侵，可减少创面渗出液，对机体无毒、无刺激、过敏反应，质轻、消毒简单，易保存和携带。室温硫化硅橡胶通常为羟基封端、摩尔质量在 1×10^4～8×10^4 g/mol 的直链聚硅氧烷，又称液体硅橡胶。羟基封端的液体硅橡胶采用多官能团的有机硅化合物

（如四乙氧基硅烷）作交联剂，并用有机金属化合物（如二月桂酸二丁基锡）作催化剂，配合其它添加剂可在室温下缓慢缩聚成三维网络结构。根据商品形式又分为单组分和双组分室温硫化硅橡胶。前者是将基胶、填料、交联剂或催化剂在无水条件下混合均匀、密封包装，使用时遇空气中的潮气即自行交联，后者是将基胶和交联剂或催化剂分开包装，使用时按一定配比混合，进行交联反应，不受环境湿气影响。

4.14.2 有机硅改性聚合物涂料

有机硅树脂涂料固化时间长、大面积施工不方便、对底层的附着力差、耐有机溶剂性能差、价格较贵，因此常与其它有机树脂制成改性树脂。改性方法主要有物理共混法和化学共聚法。大多数情况下，有机硅树脂只有通过化学改性才能取得良好的改性效果。化学改性的产品比单纯物理共混改性的性能好。化学改性主要是在有机硅柔软的硅氧烷链的末端或侧基上引入活泼的官能基团，与其它高分子结合生成嵌段、接枝或互穿网络共聚物，从而使有机硅获得新的应用。化学改性主要是通过缩聚、自由基聚合及加成反应，在聚有机硅氧烷主链的末端或侧链连接上其它有机树脂，形成嵌段、接枝或互穿网络共聚物，从而赋予有机硅树脂新的性能，使其获得新的应用。另一种改性方法是制备反应性的有机硅低聚物，用以和醇酸树脂上的自由羟基进行反应；也可将有机硅低聚物作为多元醇与醇酸树脂进行共缩聚。为了控制硅羟基的自缩合反应，可以先将其烷基化，如甲醚化。硅树脂与其它树脂间的反应可先在溶液中完成，也可以在成膜时完成，既可以是单组分的，也可以是双组分的。丙烯酸树脂是主链不含或基本不含不饱和结构的碳氢化合物，具有优异的成膜性、耐候性和装饰性，用有机硅氧烷改性丙烯酸树脂可获得兼具二者优良性能的树脂。另外，在涂料工业中用有机硅树脂对其它有机树脂进行改性时，有机硅树脂的用量一般在30%～50%之间，用量低于30%改性效果不明显，用量高于50%则成本太高。

4.14.2.1 有机硅改性醇酸树脂涂料

有机硅改性醇酸树脂涂料既保留有醇酸树脂漆室温固化和涂膜物理、机械性能好的优点，又具有有机硅树脂耐热、耐紫外线老化及耐水性好的特点，是一种综合性能优良的涂料。最早的改性方法非常简单，将硅树脂直接加到反应达终点的醇酸树脂反应釜中即可。通过这样简单的混合，醇酸树脂的室外耐候性大大改进。硅树脂在高温下可与醇酸树脂通过共价键相连，但也可能大部分硅树脂只是与醇酸树脂混溶。为了改进有机树脂与硅树脂的相容性，硅树脂中常含一些长链烷基。通过这样简单的混合，醇酸树脂的室外耐候性大大改进。一般来说，与高甲基含量的硅树脂改性的醇酸树脂相比，高苯基含量的硅树脂改性的醇酸树脂的热塑性较好、气干速度较快和相容性较好。另一种改性方法是制备反应性的有机硅低聚物，使其与醇酸树脂上的自由羟基反应。也可将有机硅低聚物作为多元醇和醇酸树脂进行共缩聚。有机硅改性醇酸树脂的耐候性更好，其耐候寿命可达8～10年，适合于永久性建筑及设备的涂装，及严寒气候条件下航行的海洋船舶的涂装。有机硅改性醇酸树脂主要为气干性，也可用作氨基醇酸漆。

湖南大学用醇解法制成的羟基封端醇酸预聚体与以水解法或异官能团法制成的有机硅预聚体进行缩聚反应，合成出（A—B）$_n$型结构的有机硅-醇酸嵌段共聚物，并以该嵌段共聚物为基料制成清漆。该清漆综合性能优良，既具有醇酸树脂清漆的室温固化、漆膜柔韧性、冲击强度和附着力好的优点，又大大提高了耐热、耐大气老化和抗水介质腐蚀等性能。

4.14.2.2 有机硅改性聚酯和丙烯酸树脂涂料

有机硅改性丙烯酸树脂涂料具有优良的耐候性，保光保色性，不易粉化，光泽好；大量用于金属板材的预涂装、机器设备的涂装及建筑物内外墙的耐候装饰与装修。有机硅改性丙烯酸树脂有溶剂型和乳液型两类，其中硅丙乳胶涂料具有优良的耐候性、耐沾污性、耐化学药品性能，是一种环保型绿色涂料。端羟基的聚酯和聚丙烯酸酯均可用多羟基的有机硅低聚物（每分子的平均羟基数为3～5个左右）进行改性，有机硅上的羟基需先进行醚化，然后在催化剂（如四丁基锡）存在下，于140℃左右进行反应，通过黏度变化确定反应终点。此类改性树脂固化温度低（甚至可以室温固化）、介电性能优异、黏附性良好、耐水防潮性、保光性、抗粉化性更好。

硅树脂与聚丙烯酸酯或聚酯中的羟基间的反应也可导致交联，而这种交联反应可在涂布以后高温下完成；故可用作卷钢涂料的成膜物，300℃下烘90s，辛酸锌作催化剂。所得涂层具有很好的耐候性、高温稳定性和低温柔性。其缺点是长期置于高温条件下漆膜易变软，从而易被损伤。而将其置于一般条件下时，漆膜又可变硬；变软的原因可能是交联反应的逆反应。涂料中可加入少量有机树脂以促进硅树脂与聚丙烯酸酯或聚酯间进行二次固化。

湖北大学采用水溶性自由基引发剂，以含氢硅油与丙烯酸丁酯为原料，通过乳液聚合方法合成了性能优异的有机硅/丙烯酸酯乳液。该乳液具有很好的耐酸碱、耐高低温及耐电解质稳定性，用其配成的涂料具有很好的耐候性和耐沾污性能。

以聚酯-硅氧烷共聚物为基料的涂料可用于机械零件表面的保护或装饰。有机硅氧烷原位接枝聚合的方法改性丙烯酸树脂，既提高了材料的物理机械性能，又提高了材料的耐热性、耐溶剂性和耐盐雾性。一种以有机硅丙烯酸树脂为基料的室内涂料，涂层耐紫外线、耐大气老化及耐腐蚀性气体，性能良好、成本低廉。用丙烯酸酯与有机硅大分子聚合，可得表面改性用的有机硅嵌段共聚物。含有该聚合物的涂料能赋予基材表面良好的耐水性、耐候性、耐化学品性、耐沾污性和耐溶剂性。上海威尔公司开发出的有机硅改性丙烯酸树脂漆，具有优良的抗污染性、耐化学腐蚀性，同时不回粘、不吸尘。潮气固化的有机硅-丙烯酸树脂涂料，其耐候性能不亚于氟树脂涂料，而售价仅为后者的1/3，与有机硅改性醇酸树脂一样，被推荐为重防腐蚀涂料系统中的户外耐候面漆。

4.14.2.3 有机硅改性环氧树脂涂料

用有机硅对环氧树脂进行改性既可降低环氧树脂内应力，又能增加环氧树脂韧性、提高其耐热性。中科院化学所用聚二甲基硅氧烷改性邻甲酚环氧树脂，使其内应力大幅度降低，抗开裂指数大为提高。武汉材料保护研究所采用环氧树脂与混溶性好的反应性有机硅低聚物缩聚，所制得的有机硅改性环氧树脂兼具环氧树脂和有机硅树脂的优点，不仅提高了耐热性，而且具有良好的防腐性。

硅树脂与环氧树脂反应可得到环氧改性硅树脂，其反应主要发生在硅树脂中的羟基和环氧树脂上的羟基之间，环氧树脂中的环氧基不受影响，但可在以后的交联反应中起作用。美国Ameron国际公司研制PSX700高性能环氧-有机硅涂料，并获得专利。Coatings American有限公司研制出适合于炊具和灶具用的含有机硅的耐热环氧树脂粉末不粘涂料。Hasegawa等人采用环氧改性硅树脂制得了机械强度和耐酸性均好的金属涂料。以$R_x^1R_y^2Si(OR^3)_{4-x-y}$ [R^1＝环氧封端的烷基；R^2＝(取代）烷基、链烯基、芳基；R^3＝低级烷基、链烯基、芳基；x=1、2；y=0、1] 为原料，在引发剂存在下聚合，再于酸或碱催化剂存在下水解聚合制成聚硅氧烷。含有上述聚硅氧烷的涂料具有良好的耐热性、韧性和柔软度。以环氧改性硅树脂为基料，添加铝粉、玻璃料及助剂制成的涂料。耐海水热循环、耐600℃高温、耐高温润滑油、燃油、液压油等性能均超过英国材料标准要求。采用环氧树脂与有机硅缩聚，所得产物不仅耐热性提高，而且防腐性能良好。采用羟基封端的聚甲基苯基硅氧烷与环氧树脂反应，得到具有海岛状结构的接枝聚合物，其耐热性和耐水性良好。

4.14.2.4 有机硅改性聚氨酯涂料

将有机硅用于聚氨酯的改性是改善聚氨酯和有机硅材料单一材料性能缺陷的一条重要途径。改性方法既可以是将有机硅与聚氨酯预聚体共聚，也可以是将有机硅作为改性剂直接添加到聚氨酯等。卿宁等人以聚醚（聚酯）多元醇、有机硅低聚物、多异氰酸酯、扩链剂和亲水扩链剂为主要原料，制成有机硅改性聚氨酯乳液。该乳液稳定性好，聚硅氧烷链段富集在乳胶膜表面，对聚氨酯材料具有明显的表面改性作用，使其耐水性提高，而本体力学性能变化不大，将其作为顶层涂料具有很好的综合性能。中国涂料工业研究设计院制成一种有机硅改性聚酯聚氨酯涂料，其性能优于聚酯类丙烯酸漆：附着力1～2级，冲击强度49MPa，柔韧性1级，在水中48h无变化，在HyietIVA航空油中48h无变化，经170℃×8h后变色1级、失光0级，流变性16min，适合于大型民用客机及汽车的涂装。

以多异氰酸酯或异氰酸酯为链端的树脂可与硅树脂反应，得到含自由异氰酸酯基团的聚氨酯改性硅树脂，它不仅可在室温下潮气固化，还可以显著提高有机硅的附着力、耐磨性、耐油及耐化学品性。日本的Ikeda用含有多元醇和有机硅改性的聚氨酯预聚物制得了自干性、憎水性和耐候性均好的涂料。Ishino等人制得有机硅改性聚氨酯涂料，用其罩面的仿木质装饰材料具有良好的抗沾污性和耐磨性。Ogawa等人用有机硅与多异氰酸酯合成的溶液涂于聚酯膜上，于120℃下固化60s，所形成的涂膜动摩擦系数为0.56，防粘性好。

含有聚硅氧烷的聚氨酯加成物可用作自行车座、方向盘、手柄和仪器面板等模件的脱模剂。用聚硅氧烷改性多异氰酸酯交联的丙烯酸树脂，所形成的涂膜容易清洗，并且在去除乱涂乱画污渍后不必重涂。美国Ameron国际公司制得一种在潮气下固化的聚硅氧烷聚氨酯涂料，成膜具有良好的耐化学品性和耐候性、张力及剪切强度高、伸长率高，这类组合物可用于制备比常规潮气固化性聚氨酯涂膜更厚的涂料。Griswold等人将缩合或加成固化的有机硅乳液与水性聚氨酯乳液构成的防粘组合物涂于基材（如纸张）上并固化，可形成无需垫板、可印刷的防粘涂层。

4.14.3 有机硅水性涂料

有机硅水性涂料是以水为介质的低VOC含量的一类室温固化环保型涂料。目前已有超过半数以上的有机硅涂料为非溶剂型涂料，包括水性涂料、高固体分涂料、粉末涂料等。水性有机硅涂料分乳液型及水溶性型两种。乳液型除单纯的有机硅乳液外已出现了有机硅微乳液、共混乳液、共聚乳液及复合乳液。聚硅氧烷乳液有阴离子型、阳离子型、非离子型和自乳化型。阴离子型乳液比阳离子型乳液具有更好的储存稳定性，用途广泛。在阳离子型乳液中加入少量的非离子型表面活性剂，可以保护乳液粒子，增强其稳定性。近年来开发的有机硅微乳液，颗粒细微，粒径小于0.15μm，外观呈半透明到透明，有很好的储存稳定性和优良的渗透性能。未交联的聚硅氧烷乳液聚合物是黏的非弹性的胶状物，PDMS与其它多功能有机硅单体在有机锡等催化剂作用下交联成具有弹性的聚合物网膜。按交联先后分前交联和后交联系统，目前大多数商品化的聚硅氧烷橡胶胶乳属于前交联体系，即在乳化或干燥失水过程中发生交联。

为改善聚硅氧烷和丙烯酸酯共混乳液的混溶性，改变单一的聚硅氧烷性能，可以采用加入增容剂和交联剂的方法以获得较好的乳液聚合物相容性，但其在微米级范围内的共混乳液仍是非均相的。聚硅氧烷/丙烯酸酯共聚乳液粒径分布均匀，成膜性好，膜拉伸强度和断裂伸长率都远大于共混胶膜。具有核/壳结构的有机硅聚合物复合乳液比通常的乳液共混或无规共聚物具有更好的成膜性、稳定性、附着性及其它一些力学性能，在黏合剂、防腐或装饰涂料、感光材料中有着广泛的用途。

4.14.4 涂料助剂

有机硅具有低的表面能，在涂料中广泛用作流平剂、消泡剂、防发花浮色剂等，其应用情况列于表4-13中。有机硅涂料助剂用量少，效率高。硅油、有机硅改性树脂是涂料行业中使用最早、最广泛的一种流平剂，其作用是降低涂料的表面张力，减少涂膜的表面张力梯度，改善流平性，消除贝纳德涡流，防止发花、橘皮，降低涂料与底层的界面引力，提高对底材的湿润性，增加附着力，减少缩孔、针眼等涂膜表面病态。改变主链上的烷基R（聚醚、聚酯、C_4～C_{14}的烷基）和聚合度m、n，可改善其与树脂的亲和性、流平性及增滑性。聚醚改性的有机硅不耐高温和水解，在高温和有水环境下使用聚酯改性的有机硅类流平剂。

$$CH_3-\underset{CH_3}{\overset{CH_3}{|}}{Si}-O-\left[\underset{R}{\overset{CH_3}{|}}{Si}-O\right]_m-\left[\underset{CH_3}{\overset{CH_3}{|}}{Si}-O\right]_n-\underset{CH_3}{\overset{CH_3}{|}}{Si}-CH_3$$

表 4-13　有机硅涂料助剂

品　种	规　格	应　用	用量/%
二甲基硅油	黏度 50～500μm²/s	改进流平性,防止发花、结皮、麻点,提高漆膜表面光滑性、光泽及抗水性树脂热炼消泡剂	约 0.01
	0.1μm²/s	锤纹漆纹型促进剂	0.01～0.1
甲基苯基硅油	40μm²/s	改进流平性,防止发花,提高漆膜表面光滑性、光泽及抗水性,与有机树脂相容性好,不降低附着力	0.001～0.1
硅氧烷-聚醚	各种黏度	水性漆消泡剂,提高流平性,增加光泽和耐磨性;与有机树脂相容性好,不降低附着力	0.1～1.0
有机硅胺单体或低聚体	正丁醇作溶剂	增强涂料与底材(金属或玻璃)间附着力;环氧树脂及有机硅树脂的常温固化剂	4～5
甲基苯基硅树脂	高苯基含量	增加烘漆流平性,防止麻点和结皮	1

很多消泡剂是聚硅氧烷树脂制成的，与流平剂相比，消泡剂相对分子质量较低，大约在1000左右，不会影响附着力，但用量过多会引起缩孔。流平剂相对分子质量一般都在3000以上，会影响附着力。Tego Chemie Service 公司的 Tego Airex 930 氟化聚硅氧烷消泡剂，荷兰 EFKA 公司 EFKA 22 聚硅氧烷衍生物，台湾德谦公司 5500、6500 改性聚硅氧烷消泡剂都是应用效果较好的消泡剂。5500 对聚氨酯与水反应产生的 CO_2 气泡有良好的排除作用，因此其应用较好。Air Products and Chemicals 公司的 100%活性的聚醚改性有机硅消泡剂，在室温或加热下都有长期的抑泡性能。

有机硅偶联剂通式为 $YR(CH_2)_nSiX_3$，$n=0\sim3$，此类单体在同一分子中具有两种不同官能团，可以把两种不同化学结构类型和亲和力相差很大的材料在界面间连接起来，增加涂料与无机底层及颜料、填料与树脂基料间的结合。用量为 0.1%～2%的有机硅偶联剂对增强涂料的机械物理性能及在潮湿环境下与底材的附着力，效果非常显著。

4.15　有机硅在造纸上的应用

4.15.1　有机硅离型纸的生产

有机硅离型纸又称隔离纸、防粘纸（release paper），已有四十多年的历史。制备离型纸分两道工序，首先在离型原纸上挤出压延法涂塑一层 10～20μm 厚的低密度聚乙烯（PE）膜，形成光滑、平整的涂塑纸。再在涂塑纸上喷涂或刮涂一层配制好的有机硅涂料，烘干、固化、卷取，即制得成品。

有机硅树脂表面张力很低，临界表面张力只有 19.1mN/m，它的隔离效果良好。有机硅树脂可以容易的溶解在甲苯、汽油、己烷等溶剂中制成稀溶液。工业上采用喷涂或辊涂法可以在 PE 膜上形成极薄的膜（0.8μm 厚），进行适当的交联可以增强有机硅涂层的内聚强度及其与基材的结合力。由于有机硅树脂价格昂贵，而纸张表面不够光滑平整，因而一般都是涂塑一层 PE 膜（$\gamma_{PE}=27.9$mN/m）。再将有机硅涂料喷涂一层 PE 膜上，形成有机硅膜。

很少有直接涂布在纸上制造离型纸的。改变交联密度与交联点之间的分子量，可以在一定范围内调节有机硅涂层的剥离力，从而制得各种剥离力的离型纸，以适应不同产品的诸多要求。例如制造双面胶带的双面离型纸，其剥离力为 0.05～0.06N/25mm，制造商标原纸的离型纸为 0.06～0.08N/25mm，制造某些膜类产品如上光膜类产品为 0.10N/25mm 重剥离的离型纸。

有机硅树脂（含量 30%），经稀释成 3%～5%浓度后加入定量的催化剂，配制成有机硅涂料。涂布在淋膜之后的涂塑纸上。加热固化后形成一层光滑的有机硅弹性膜，耐磨性良好，并具有优良的防粘性。其结构是一层网状的聚硅氧烷。它的主链是以硅原子与氧原子相互结合，侧链是甲基、乙烯基等有机基团的一种高分子化合物。HS-FJ 型与 SS4330T 型有机硅树脂均属加成型，它的主体是活性聚合物甲基乙烯基聚硅氧烷（Ⅰ），交联剂甲基含氢聚硅氧烷（Ⅱ）。

$$CH_3-\underset{CH_3}{\overset{CH_3}{Si}}-O\left[\underset{CH_3}{\overset{CH_3}{Si}}-O\right]_m\left[\underset{CH_3}{\overset{CH=CH_2}{Si}}-O\right]_n\underset{CH_3}{\overset{CH_3}{Si}}-CH_3 \quad (\text{Ⅰ}),\qquad CH_3-\underset{CH_3}{\overset{CH_3}{Si}}-O\left[\underset{CH_3}{\overset{CH_3}{Si}}-O\right]_m\left[\underset{CH_3}{\overset{H}{Si}}-O\right]_n\underset{CH_3}{\overset{CH_3}{Si}}-CH_3 \quad (\text{Ⅱ})$$

两者在氯铂酸催化下进行加成反应，形成二甲基硅氧烷为主体的网状交联，其反应式为

$$-\underset{|}{\overset{|}{Si}}-CH=CH_2 + H-\underset{|}{\overset{|}{Si}}- \longrightarrow -\underset{|}{\overset{|}{Si}}-CH_2CH_2-\underset{|}{\overset{|}{Si}}-$$

4.15.1.1 涂塑纸的制备

将 PE 吸入挤出机的料斗中，烘干、备用。升高挤出机各段温度，加热扁平模头并调试模头间隙。将离型原纸经过放送架、展平辊，牵引后与挤出机模头挤出的熔融 PE 复合，经过硅橡胶加压辊、冷却辊成型后，经卷曲辊收卷，完成淋膜过程。淋膜过程要求纸塑复合良好、平整光滑、边缘无损坏、厚度均匀，涂塑 PE 量一般为（20±2）g/m^2。涂塑纸每卷抽样检测。

4.15.1.2 离型纸的制备

有机硅涂料的配制如下。在两个不锈钢配制槽中泵入定量甲苯及准确标量的有机硅树脂，搅料匀、密封保存、当班应用。开启涂布机组烘箱的加热设备及热风鼓风系启涂布机组烘箱的加热设备及热风鼓风系统。调整烘箱温度为 120～150℃成梯形分布，将上述配制好的有机硅涂料泵入浴槽中，开启罗茨鼓风机，通过遍平模头吹扫到 PE 涂塑纸上，力求均匀涂布，多余的溶液重新返回浴槽中。涂布好的离型纸由放送架牵引以 30～40m/min 速度通过烘箱，首先挥发掉甲苯，有机硅在涂塑纸上固化，形成一层牢固的光亮的膜。离型纸每卷编号抽样检测，现场可用目测，手指甲刮擦，不脱落，不掉光，视为合格。离型纸的性能见表 4-14。

表 4-14 离型纸的性能

性能	K72 单面离型纸	K90 单面离型纸	K100 单面离型纸	K150 单面离型纸	K110 双面离型纸
定量/(g/m^2)	73±5	90±5	100±5	150±5	110±5
底纸颜色	白色	本色牛皮纸	黄色	白色	白色
幅宽/mm	1200,1020	1200,1020	1200,1020	1200,1020	1200,1020
离型力/(N/25mm)	0.06～0.08	0.06～0.08	0.06～0.08	0.06～0.08	0.05～0.06

4.15.2 有机硅纸张柔软剂

纸纤维分子链中含有多个羟基，且为直链型大分子，链间有着很强的分子间力及氢键缔

合，具有较高的结晶度，属于刚性链。通过打浆等机械作用及加入各种助剂，可使得纤维分子分散、降解和降低结晶度，能够起到一定的助软作用，但远远不能满足对纸的柔软要求，在纸张柔软剂中，有机硅柔软剂性能特别优异，其中应用最多的是阳离子有机硅柔软剂乳液。非离子有机硅高分子侧基为非离子基，本身不具有和纤维素纤维结合的能力，主要有聚醚型有机硅高分子，可在铝盐存在条件下与纤维形成配位键，起到润滑和柔软作用，有时可加入阳离子表面活性剂，复配形成阳离子乳液，但留着性较差，一般使用效果不好。

4.15.2.1 阳离子有机硅柔软剂的结构与性能

阳离子有机硅高分子主链由Si—O—Si键组成，侧基则为疏水性的烃基，另外还含有一定数目的阳离子基，属特种高分子表面活性剂。其降低水表面张力的能力仅次于含氟表面活性剂，可以达到20mN/m的水平，故有机硅高分子柔软性能远远优于其它柔软剂。其主要缺点是成本较高，在湿部加工和涂布中，阳离子有机硅柔软剂能与纸纤维形成静电结合，具有较强的结合牢度。此外，它们还能在纤维表面形成疏水基向外的反向吸附，增大了彼此间的润滑性，使纸获得平滑柔软的手感，质量档次明显提高。

纸张柔软剂的作用是在纤维之间形成非极性隔离膜，这样分子链易在应力下发生相互滑移和运动。季铵盐型阳离子有机硅表面活性剂，在酸性、中性及碱性介质中都呈现阳离子性，特别适用于中性抄纸；而氨基硅油则在酸性介质中呈阳电性，故一般适合于酸性抄纸工艺。但在聚酰胺多胺环氧氯丙烷存在下，亦可在近中性条件下，与纤维素纤维形成醚键结合，使纸张获得永久的柔软效果。

4.15.2.2 阳离子有机硅柔软剂主要品种

(1) 季铵化有机硅油　DC25700有机硅季铵盐（美国道康公司）同时含有季铵盐和三个易水解甲氧基的硅烷。它水解为易起交联反应的硅羟基，能牢固附着于纤维表面，起到柔软作用，且具有杀菌、抑菌能力。以含氢硅油与缩水甘油烯丙醚反应，生成带环氧基的硅油，然后与二甲胺反应生成有机硅叔胺，再和氯甲烷在压力下反应也能生成有机硅季铵盐。在有机硅季铵盐的大分子上引入氧乙烯醚亲水基，可提高其亲水性，且同时具有抗静电性。

(2) 氨基硅油　氨基硅油是受重视的改性硅油，它在酸性条件下呈现阳离子性，可根据需要制备不同的氨基硅油如有端氨基硅油、双端型氨烃基硅油及侧氨基硅油。近年来环氧化或酰化的氨烃基硅油受到重视。氨乙基氨丙基有机硅是高级柔软剂，但仍可进行改性，其中酰化氨乙基氨丙基有机硅和含有仲氨基功能团的有机硅柔软剂能提高综合整理效果。其柔软效果主要取决于酰化程度，在原氨基硅油中只有30%～70%氮原子参与酰化反应时能取得最佳综合效果。

环己氨基硅油可明显改善耐候性。氨基结构包括伯氨基、仲氨基、叔氨基。白度、吸水性和易去污性是以伯氨基→仲氨基→叔氨基逐渐提高，但兼有伯氨基、仲氨基的常用氨基硅油三种性能都最差。白度提高是由于氨基的化学结构造成的，热返黄现象是因为氨基氧化分解形成发色团。从伯氨基到叔氨基白度提高，表明随着烷基取代数目增加，热降解减缓。而氨乙基氨丙基硅油有很强的返黄趋势，说明这种结构具有协同加速氧化降解作用，即有利于形成发色团。

4.15.2.3 阳离子羟基硅油乳液

八甲基环四硅氧烷是一种合成有机硅高分子的重要单体，可在酸或碱催化下进行开环聚合，形成端羟基二甲基硅氧烷。该聚合物呈线型结构，主链由Si—O键组成，侧基为甲基，反应符合逐步聚合机理，即分子量随着时间而增加。作为纸张柔软剂应用的主要是阳离子羟基硅油乳液。可以采用氯化十二烷基苄基二甲基铵及二乙醇胺作为乳化剂及催化剂，使胶乳呈阳离子性，并且加入十八醇作为助乳化剂，增加乳胶稳定性。乳胶破乳后则可以得到羟基硅油。

4.15.3　有机硅材料在造纸印刷工业中的应用

有机硅材料有良好的脱模性，与其它物质不相容和疏水性，对纸张混合印刷品的制造改性具有其它材料所不能比拟的优越性。

有机硅是理想的防水剂，可在纤维表面形成膜而具有憎水性，在纸张加工时，只要加入0.02%～0.03%的有机硅，即可提高纸张的疏水性。采用硅油或硅乳液处理超细玻璃纤维而制成防水过滤纸已应用在医药、化工、电子等行业的细菌微尘及放射性过滤中。它使用性能好、过滤效率高、对空气阻力也小，例如用硅油乳液处理过的防毒面具过滤器的过滤纸，在6.6×10^4Pa(500mmHg) 压力下，受压 2h 而不漏水，滤纸无论是强度还是防水性都十分理想。

(1) 隔离纸表面防粘处理　用作纸张表面防粘处理的有机硅含有化学活性基团，在有机催化剂存在下，与交联剂作用，在纸张表面形成交联的聚合物，起隔离和防粘作用。有机硅防粘处理剂分为溶剂型、水乳液型和无溶剂型三种。而无溶剂型最环保，是大力发展的方向。有机硅防粘剂由于低毒、低极性和低表面张力，以及与有机聚合物的不混溶性的优点而成为理想的纸张防粘剂，已成功制成纸基压敏胶带、自黏标签、医用药膏等，并成为关键材料。

(2) 印刷品防水上光滑爽处理　透明玻璃硅树脂在纸张印刷品上涂刷固化后，能牢固地附着在纸张的基材表面，所形成的树脂膜硬度高、耐摩擦、耐高温 (150℃)、耐低温 (−50℃)、不脆化、疏水、防潮、耐候性好、透明度高、耐辐射、无毒，因此已被用作透明涂料。用于扑克牌、画报、挂历、艺术书、高档商标、产品样本等高级印刷品的上光、防水、滑爽处理，上光后的印刷品不但有亮度、滑度和清洁度，而且还提高原印刷品的耐磨、耐搔抓，防水和防污性能，增加了挠曲性和弹性，使印刷品持久不发黄、质量显著提高。

参考文献

[1] 孙争光，李盛彪，朱杰，黄世强．化工新型材料，2001，29 (3)：10-12.
[2] 黄月文．化学与胶粘，2001，(1)：25-28.
[3] 郭金彦，陈维钧，刘文娟等．粘接，2003，24 (5)：35-38.
[4] Eur. Patent 0667382，1995. 08. 16.
[5] Eur. Patent 0576164，1993. 12. 29.
[6] Kzaumune Nakaot. Adhesion，1994，(46)：117-130.
[7] Eur. Patent 452034，1991. 10. 16.
[8] 王文义，王凯，袁双喜．有机硅材料及应用，1994，(4)：21-24.
[9] 夏毅然．化工新型材料，1998，(2)：21-23.
[10] W. 诺尔．硅酮化学与工艺学 (下)．北京：科学出版社，1978.
[11] 黄文润．有机硅材料及应用，1993，(5)：1.
[12] 周宁琳，夏小仙，袁虹等．南京师大学报 (自然科学版)，1998，21 (4)：45-48.
[13] 王强华，贺孝明，杨中文．粘接，1999，20 (5)：19-21.
[14] 奥野英一．有机硅材料与应用，1994，(2)：26-29.
[15] 韩富，张高勇，王军．日用化学工业，2001，31 (4)：39-41.
[16] 张宝银，孙军玲．山东化工，2001，30 (2)：9-10.
[17] 曹桂茹．工业表面活性剂技术经济文集 [C]，大连：大连出版社，1999：457-462.
[18] 韩克达，冯绍森，张玉平．北京服装学院学报，1999，19 (1)：57-60.
[19] 邬继荣，吴连斌，倪勇等．杭州师范学院学报 (自然科学版)，2004，3 (4)：284-288.
[20] 沈玉龙，张建生．化工科技市场，2002，25 (11)：33-34.
[21] 黄振宏，陈子达．中国医药工业杂志，2003，34 (3)：152-156.
[22] 田德美，李中华．有机硅材料及应用，1997，(4)：14-17.
[23] 韩富，张高勇，王军．日用化学工业，2001，31 (2)：38-41.
[24] 谭京亮．有机硅材料与应用，1996，(5)：7-10.
[25] 赵海鸿，王荣华．皮革化工，1997，(1)：3-7.
[26] 丁海燕，孙烈刚，冯咏梅．日用化学工业，2003，33 (5)：317-320.
[27] 黄月文．涂料工业，2000，(1)：35-39.

[28] 卢红梅，钟宏. 有机硅材料，2002，16 (6)：22-27.
[29] 鲁长蓉，鲁薇. 中国胶粘剂，2000，9 (6)：29-32.
[30] 沈一丁，刘建平. China Pulp & Paper，2000，(5)：39，51.
[31] 沈一丁. 造纸化学品，1999，(3)：25-28.
[32] 肖进新，赵振国. 表面活性剂应用原理 [M]. 北京：化学工业出版社，2003：327-330.
[33] 陈循军，崔英德，尹国强等. 材料导报，2006，20 (9)：55-58.
[34] Dvornic P R，Lenz R W. Macromolecules，1992，25：3769.
[35] Dvornic P R，Perpall H J，Uden P C. J. Polym. Sci.：Part A：Polym. Chem，1989，27 (10)：3503.
[36] Chojnowski J，Rubinsztajn S，Cella J A. Organometallics，2005，24 (25)：6077.

第5章　膜　材　料

5.1　概述

膜分离现象在大自然、特别是在生物体内广泛存在，但人类对它的认识、利用、模拟直至人工制备的历史却漫长而曲折。

用半透膜作选择障碍层，允许某些组分透过而保留混合物中的其它组分，从而达到分离目的的技术称为膜分离技术。它具有设备简单、操作方便、无相变、无化学变化、处理效率高和省能等优点，已作为一种单元操作日益受到人们的重视。分离膜是膜分离过程中的核心。分离膜必须具有不同物质可以选择透过的特性。它可以采用天然或人工合成的无机或有机薄膜。

1748年，Abble Nelkt发现水能自然扩散到装有酒精溶液的猪膀胱内，首次揭示了膜分离现象。1846年，Schonbein用硝酸纤维素制作了具有实际意义的气体分离膜。其后的近一个世纪中，几乎所有的膜科学方面的研究工作，都是以类似的改性纤维素为基本材料。直到20世纪20年代，高分子科学的兴起为膜科学的发展提供了坚实的物质基础，使膜分离技术获得了迅速的发展。1918年，Zsigmondy提出商品化微孔滤膜的制造法，1925年在德国建立起了第一个专门经销和生产微孔滤膜的公司。1935年Teorell发明了具有离子选择透过性的离子交换膜。

20世纪60年代，膜科学发展进入了黄金时期，各种各样的膜材料大量涌现，更重要的是膜分离进入了实用工业化，微滤、反渗透、超滤、透析及气体分离相继得到迅速发展。1961年美国Hevens公司首先提出了管式膜组件的制造法。1965年美国的Du Pont公司首创了中空纤维及其分离装置，这一发明大大促进了气体膜分离技术的发展。这一时期问世的液膜分离技术，发展速度惊人，经历了支撑体液膜、乳化液膜和流动载体乳化液膜3个阶段，目前用液膜法去除载人宇宙飞船密封舱内CO_2的技术已经成功地应用于宇宙空间技术中。生命科学的发展，对生物体内活性物质的分离纯化提出了更高的要求。20世纪80年代发展起来的亲和膜技术，在膜上负载特定的功能配位基，如氨基酸、酶、抗体等，利用这些功能配位基选择性地实现了物质的特异性分离，目前已应用于肝素、尿激酶、单克隆体、胰蛋白酶等生物大分子的纯化和分离。将膜分离技术与其它化学过程结合起来的集成膜分离技术近年来也迅速发展起来。膜分离与液-液萃取相结合的膜萃取技术将料液相与萃取相用薄膜隔开，两相在膜两侧分别流动，传质过程在膜表面进行，克服了通常萃取过程中液滴的分散与聚合现象，而且可以实现连续操作；膜分离与化学反应相结合，可以在化学反应进行的同时将产物分离出反应体系，减少副反应，提高产品的收率。这些新型的膜分离技术目前大部分仍处于试验室规模，一旦实现大规模的工业应用，将引起工业生产的重大变革。

5.1.1　膜分离技术

膜分离技术（MST）就是借助膜在分离过程中的选择渗透作用，使液体组分分离。它是一种节能、无公害的物质分离工艺。已被国际上公认为今后近50年中最有发展前途的一种重大生产技术。近几年来，微滤（MF）、超滤（UF）、反渗透（RO）已出现相互重叠的倾向，反渗透和超滤之间出现交叉。膜分离特性示意见图5-1。

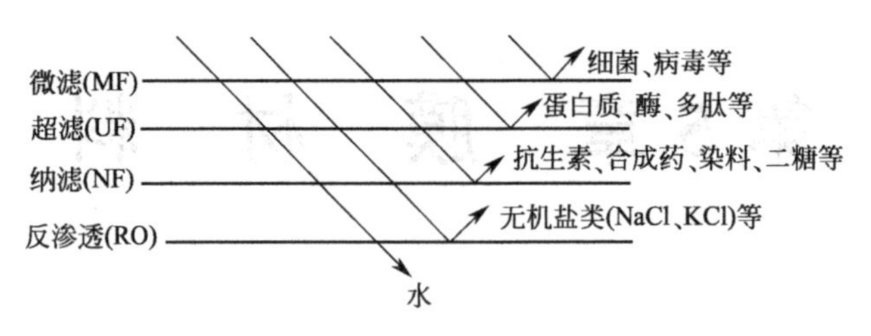

图5-1 膜分离特性示意

5.1.1.1 微滤

微滤主要是根据筛分原理以压力差作为推动力的膜分离过程。在给定压力下（50～100kPa），溶剂、盐类及大分子物质均能透过孔径为0.1～20μm的对称微孔膜，只有直径大于50nm的微细颗粒和超大分子物质被截留，从而使溶液或水得到净化。微滤技术是目前所有膜技术中应用最广、经济价值最大的技术。主要用于悬浮物分离、制药行业的无菌过滤等。

5.1.1.2 超滤

超滤和微滤一样也是利用筛分原理以压力差为推动力的膜分离过程。同微滤过程相比，超滤过程受膜表面孔的化学性质的影响较大。在一定的压力100～1000kPa条件下溶剂或小分子量的物质透过孔径为1～20μm的对称微孔膜，而直径在5～100nm之间的大分子物质或微细颗粒被截留，从而达到了净化的目的。超滤主要用于浓缩、分级、大分子溶液的净化等。

5.1.1.3 反渗透

反渗透过程主要是根据溶液的吸附扩散原理，以压力差为主要推动力的膜过程。在浓溶液一侧施加一外加压力（1000～10000kPa），当此压力大于溶液的渗透压时，就会迫使浓溶液中的溶剂反向透过孔径为0.1～1nm的非对称膜流向稀溶液一侧，这一过程叫反渗透。反渗透过程主要用于低分子量组分的浓缩、水溶液中溶解的盐类的脱除等。

5.1.1.4 纳滤

纳滤（NF）是介于反渗透和超滤之间的一种压力驱动型膜分离技术。纳滤是膜分离技术的一个新兴领域，纳滤膜（nanofiltration membranes）是20世纪80年代末期问世的一种新型分离膜，其截留分子量介于反渗透膜和超滤膜之间，约为200～2000，此推测纳滤膜可能拥有1nm左右的微孔结构，故称之为“纳滤”。纳滤膜大多是复合膜，其表面分离层由聚电解质构成，因而对无机盐具有一定的截留率。目前国外已经商品化的纳滤膜大多是通过界面缩聚及缩合法，在微孔基膜上复合一层具有纳米级孔径的超薄分离层。纳滤也是根据吸附扩散原理以压力差作为推动力的膜分离过程。它兼有反渗透和超滤的工作原理。在此过程中水溶液中低分子量的有机溶质被截留，而盐类组分则部分透过非对称膜。纳滤能使有机溶质得到同步浓缩和脱盐，而在渗透过程中溶质损失极少。纳滤膜能截留易透过超滤膜的那部分溶质，同时又可使被反渗透膜所截留的盐透过，堪称为当代最先进的工业分离膜。由于它具有热稳定性、耐酸、碱和耐溶剂等优良性能，所以在工业领域有着广泛的用途。随着纳滤分离技术越来越广泛地应用于食品、医药、生化行业的各种分离、精制和浓缩过程，纳滤膜分离机理的研究也成为当今膜科学领域的研究热点之一。

5.1.1.5 渗析

渗析也称透析是最早被发现和研究的膜现象。它是根据筛分和吸附扩散原理，主要利用膜两侧的浓度差使小分子溶质通过对称微孔膜进行交换而大分子被截留的过程。渗析主要用于从大分子溶液中分离低分子组分。由于超滤技术的发展，渗析技术正逐渐被取代。但是近年来血液渗析技术的发展使渗析技术得到重视，血液渗析和血液超滤技术互有补充，各有侧重。

5.1.1.6 电渗析

电渗析是膜分离技术中较为成熟的一项技术，它的原理是利用离子交换和直流电场的作用，从水溶液和其它一些不带电离子组分中分离出小离子的一种电化学分离过程。电渗析用的是离子交换膜，这一膜分离过程主要用于含有中性组分的溶液的脱盐及脱酸。电渗析的发展经历过三次大的革新：

① 具有选择性离子交换膜的应用；

② 设计出多层电渗析组件；

③ 采用倒换电极的操作模式。

5.1.1.7 气体分离

气体分离技术在 20 世纪 90 年代得到巨大的发展，现已广泛应用于空气中富氧、浓氮、天然气分离等领域。它的基本原理是利用溶液的溶解和吸附扩散原理，以静压差（1000～15000kPa）作为推动力，根据混合气体中各组分透过膜的传递速率的不同而进行分离的过程。气体分离过程用的是一种均聚物制成的非对称膜，这一过程主要用于气体及蒸气的分离。随着膜材料的进一步发展，气体分离这种高效经济的技术将得到改进，并会有更大的发展。

5.1.1.8 渗透蒸发

渗透蒸发作为一种有相变化的膜分离过程是在近 20 多年才迅速发展起来的新的液体混合物的分离技术，可用于传统分离手段较难处理的恒沸物、近沸物系的分离，微量水的脱除及水中微量有机物的去除。渗透蒸发是利用溶液的吸附扩散原理，以膜两侧的蒸气压（0～100kPa）为推动力，使一些组分首先选择性地溶解在膜料液的侧表面，再扩散透过膜，最后在膜透过侧表面汽化、解吸，而一些不易溶解组分或较大较难挥发的组分被截留，从而达到分离目的的过程，此过程采用的是用均聚物制成的非对称可溶性膜。

5.1.1.9 膜蒸馏、膜萃取、亲和膜和膜反应

膜分离技术与传统的分离技术相结合，发展出了一些全新的膜过程。例如膜蒸馏、膜萃取、膜反应、亲和膜分离等。这些新的膜过程在不同程度上吸取了膜分离和传统分离方法的优点，而避免了两者一些原有的缺点，是膜技术发展的主要方向。

（1）膜蒸馏　膜蒸馏是膜技术与蒸发过程结合的新型膜分离过程，它应用疏水微孔膜，其特点是过程在常压和低于溶液沸点下进行，热侧溶液可以在较低的温度，例如 40～50℃下操作，因而可以使用低温热源或废热。与反渗透比较，它在常压下操作，设备要求低，过程中溶液浓度变化的影响小；与常规蒸馏比，它具有较高的蒸馏效率，蒸馏液更为纯净，无需复杂的蒸馏设备。膜蒸馏的弱点是：它是一个有相变的膜过程，热能的利用率较低，通常只有 30%～50%，这是阻碍该过程大规模应用的关键问题之一。而热效率的提高是和水通量的提高同步的，因此该方面研究的课题就是如何提高膜蒸馏装置的通水量。膜蒸馏的应用主要有两个方面：制取纯水与浓缩溶液。膜蒸馏中的主要问题是膜的热转移、膜的质量转移、能量回收、溶质影响、传导中热损失和膜的润湿。膜蒸馏是充气膜过程中的一种，充气膜不仅可以从非挥发性物质水溶液中分离水，它也可以用于从水溶液中除去其它挥发性的物质，是一种有较大应用前景的新型膜分离技术。

(2) 膜萃取　膜萃取又称固定膜界面萃取，它是膜过程和液-液萃取过程相结合的新型膜分离过程。与通常的液-液萃取过程相比，膜萃取过程的传质在分隔料液和萃取液的微孔膜表面进行，不存在通常萃取过程中的液滴分散和聚合现象。因此该过程的特点是萃取剂选择范围宽，在料液中夹带损失小；过程不受“返混”的影响和“液泛”条件的限制；可实现同级萃取和反萃取过程，采用萃余物载体促进迁移，提高传质效率；可以避免膜内溶剂流失。由于这些特点，膜萃取在某些传统分离方法效率低下或束手无策的场合显示出特殊优越性。

(3) 亲和膜　亲和膜分离基于在膜分离介质上（一般为超滤或微滤膜）利用其表面及孔内所具有的官能团，将其活化，接上具有一定大小的间隔臂（spacer）。先用一个合适的亲和配基（ligang），在适合条件下使其与间隔臂分子产生共价结合，生成带有亲和配基的膜，再将样品混合物缓慢地通过膜，使样品中参与亲和配基产生特异相互作用的分子（配合物 ligate）产生偶联或结合，生成相应的络合物。然后通过改变条件，如洗脱液组成、pH 值、离子强度、温度等，将已和配基产生亲和作用的配合物分子解离，将其接收下来，再将其膜进行洗涤，再生和平衡，以备下次分离用。

(4) 膜反应　膜反应主要包括膜生物反应和膜催化反应两个方面，它的主要特点是反应转化率不受化学平衡限制，能提高复杂反应的选择性，反应分离设施的同一化，减少了设备投资和能耗。

5.1.2　膜分离技术的基本原理

膜分离技术就是借助膜的选择渗透作用，在外界能量或化学位差的作用下，对多组分化合物（气体或液体）进行分离、分级、提纯和富集。宏观上膜分离相似于过滤，微观上却不像过滤使小分子透过滤膜的微孔那样简单，而是物质分子透过聚合物膜时，要涉及分子在膜上的吸附、膜中的溶解和扩散。

混合物之所以能被分离就是由于它们之间的物理或化学性质有所差异。根据分离过程中的推动力的不同，膜分离技术可以分为以压力差、浓度差、电位差、温度差和化学反应为推动力的各种分离方法。在此基础上，再按膜的分离机理和结构形态进行细分，如在以压力差为推动力的方法中，按膜的孔径大小又可细分为微孔过滤、超过滤、反渗透等，表 5-1 列出了各种膜分离的基本分类及特征。

表 5-1　几种主要膜分离分类及特征

推动力	分离方法	膜类型	透过物质	截流物质
压力差	微过滤	多孔膜，非对称膜	水、溶剂溶解成分胶体	悬浮物质
	气体分离	均质膜、复合膜	气体	不易和不可渗透的气体
	超过滤	非对称膜	溶剂、离子和小分子量物质	生物制品、胶体及各类大分子
	反渗透	非对称膜、复合膜、动力膜	水	全部悬浮物、溶解物和胶体
电位差	电渗析	离子交换膜	离子	所有非解离和大分子颗粒
浓度差	渗透	非对称膜、离子交换膜	离子、低分子量有机质、酸、碱	相对分子质量大于 1000 的溶解物和悬浮物
化学反应	液膜	液膜	电介质离子	溶剂

微孔过滤和超滤是根据膜的微孔对不同大小和形状的杂质的截留作用而实现的，当待分离的溶液经过膜时，只有颗粒度小于孔径的物质才允许通过。二者的差别在于孔径不同，需要的压力差不同。微孔过滤的孔径大约在 0.1～10μm 之间，压力差大约是 100kPa，超滤的孔径范围为 1～200nm，压力差则需 0.1～1.0MPa。

渗透和反渗透基于渗透压的作用而实现分离。浓溶液比稀溶液具有较高的渗透压，如果用薄膜将一容器分为两部分，膜的两侧是不同浓度的溶液，则溶剂就会通过膜向高浓度一侧转移［图 5-2(a)］，直到两侧渗透压相等，达到动态渗透平衡［图 5-2(b)］。当在浓溶液一侧加一外界压力，且此压力大于浓溶液与稀溶液的渗透压之差时，溶剂就会向相反的方向转移［图 5-2(c)］。

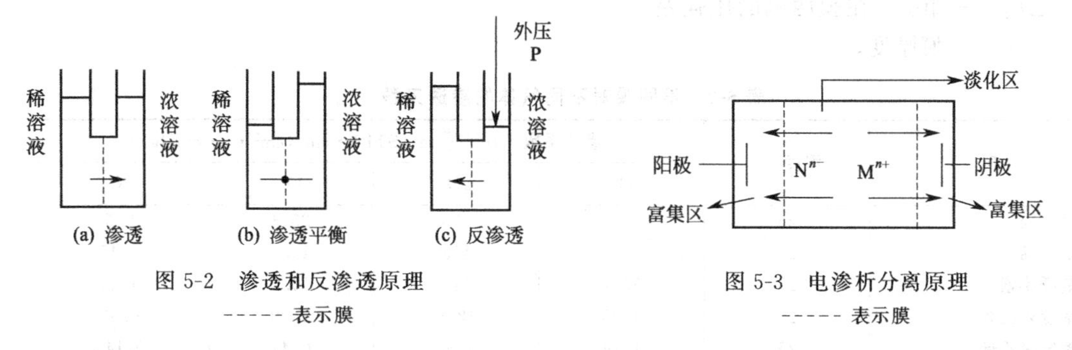

图 5-2　渗透和反渗透原理

----- 表示膜

图 5-3　电渗析分离原理

----- 表示膜

电渗析是在外界电场的作用下，电解质离子通过离子选择性透过膜分别在阳极和阴极富集，从而将电解质与非电解质分离或将浓电解质溶液稀释。作用原理如图 5-3 所示。

液膜是由悬浮在液体中的一层很薄的乳状液微粒所构成的，通常在液膜内部还有特定的流动载体，依靠载体对特定物质的识别作用，将之从膜外相转移富集到膜内相，然后再破乳、分液，便可达到分离富集的目的。其作用原理如图 5-4 所示。

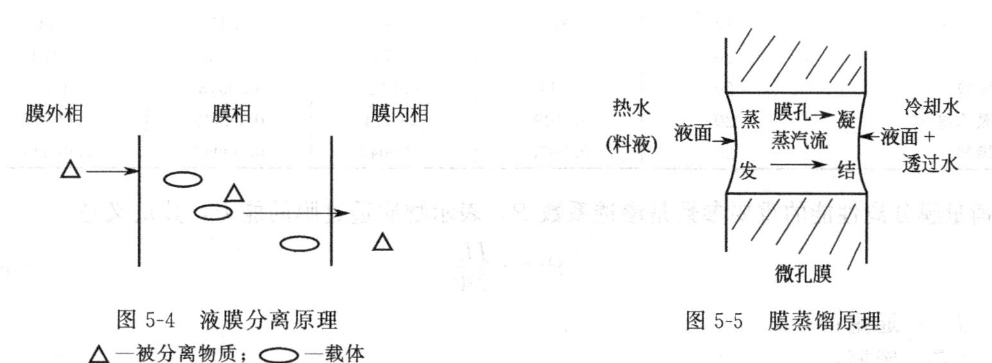

图 5-4　液膜分离原理

△—被分离物质；⬭—载体

图 5-5　膜蒸馏原理

另外还有膜蒸馏分离，它所用的是疏水微孔膜，孔径一般为 0.1～0.4μm。膜的一侧是热的（40～50℃）非挥发性物质（如盐等）的水溶液，另一侧是冷水。膜孔热端液面上水的饱和蒸气压高，冷端液面上水的饱和蒸气压低，由于水蒸气的压差，热端水汽化，水汽通过膜孔扩散到冷端冷凝，水便从热的水溶液中分离出来。热水溶液得到浓缩。其作用原理如图 5-5 所示。

膜分离的重要技术指标是选择性和通量。选择性通常用分离系数 α 表示，其定义为：

$$\alpha_{AB}=\frac{(x_A/x_B)_{透过侧}}{(x_A/x_B)_{加入侧}} \tag{5-1}$$

式中　x—摩尔分数。

显然，当 α 接近 1 时选择性不好；当 $\alpha\gg1$ 时，则在透过侧 A 被浓缩，在加入侧残留物中 B 被浓缩，从而得到好的分离效果。当需从流体中除去高分子、胶粒和低分子溶质时，也常用去除率表示选择性，去除率越接近 100%，分离性能越好。

通量 J 指单位时间、单位膜面积透过物质的量。在制膜技术中通量和选择性常是矛盾的，制得既有高选择性，又有较大通量的性能优良的膜是膜分离应用的前提。

气体的通量可用式(5-2) 表示：

$$N_i = K_i A \Delta P_i / \delta \tag{5-2}$$

式中 N_i——组分 i 的渗透速率；

K_i——组分 i 的渗透系数（或渗透率），不同材料的膜对不同的气体有不同的渗透系数（表 5-2），此即膜分离的选择性特性；

A——膜面积；

ΔP_i——组分 i 在膜两侧的压强差；

δ——膜厚度。

表 5-2 不同膜对不同气体的渗透系数

膜	温度/℃	渗透系数×10^{10}/[cm^3(STP)·cm/(cm^2·s·cmHg)]			
		He	CO_2	O_2	N_2
天然橡胶	25	—	154	23.4	9.5
聚丁二烯	25	—	138	19.0	6.45
乙基纤维素	25	53.4	113	14.7	4.43
低密度聚乙烯	25	4.93	12.6	2.89	0.97
高密度聚乙烯	25	1.14	3.62	0.41	0.143
聚苯乙烯	20	16.7	10.0	2.01	0.315
丁基橡胶	25	8.42	5.18	1.30	0.325
聚碳酸酯	25	19	8.0	1.4	0.3
硝基纤维素	25	6.9	2.12	1.95	0.136
聚醋酸乙烯	20	9.32	0.676	0.225	0.032
聚氯乙烯	25	2.20	0.149	0.044	0.0115
醋酸纤维素	22	13.6	—	0.43	0.14
尼龙-6	30	—	0.16	0.038	0.010
聚丙烯腈	20	0.44	0.012	0.0018	0.0009
聚偏氯乙烯	20	0.109	0.0014	0.00046	0.00012
聚乙烯醇	20	0.0033	0.00048	0.00052	0.00345

衡量膜分离性能的重要参数是渗透系数 P，表示物质透过膜的能力，其定义是

$$P = -\frac{JL}{\Delta \Phi} \tag{5-3}$$

式中 J——通量；

L——膜厚；

$\Delta\Phi$——推动力，如压差、浓度差等。

在一定条件下，对欲分离的成分 A 与 B，其渗透系数相差越大，则选择性越好；对欲在透过侧浓缩的成分 A，其渗透系数越大，则通量越大。

对气体分离而言，衡量各种选择性分离膜的指标主要有渗透系数 P 和分离系数 α。一般来说，当原料气（高压侧）的压力远高于渗透气（低压侧）的压力时，两组分渗透系数比将等于分离系数。

在高分子材料的气体分离膜中，过程的推动力是膜两侧的压力差，组分通过膜的机理比较复杂，有多种机理模型。按照通常认可的溶解-扩散模型，组分通过膜的过程分为三步：

① 在膜的高压侧，气体混合物中易渗透组分溶解在膜表面；

② 溶解于膜表面的组分从膜高压侧透过，分子扩散传递到膜低压侧；

③ 在膜的低压侧表面，渗透组分解吸到气相。

按以上模型，气体组分的渗透量可以写成式(5-4)：

$$J = \frac{DH}{\delta}(P_1 - P_2) \tag{5-4}$$

式中　D——气体组分在固体膜中的扩散系数；

H——气体组分在固体膜中溶解度系数；

δ——膜厚；

P_1，P_2——膜的高压侧和低压侧气体压强。

当膜低压侧压强比高压侧小得多时，即 $P_2/P_1 \approx 0$，其分离系数可以表述为

$$\alpha_{AB}=\frac{D_A H_A}{D_B H_B} \tag{5-5}$$

目前认为溶解扩散理论可较好地说明反渗透膜的透过现象，该理论也可以解释渗透蒸发、气体分离等的分离过程。而 Sounrajan 认为膜的表面能够选择性吸水而排斥盐类，因此可在膜表面形成一层纯水层，在压力作用下水透过多孔膜，从而实现了分离，即经典的"优先吸附-毛细孔流理论"。

对于多孔性无机膜来讲，分离过程通常依靠气体混合物中不同组分在膜内微孔中传递速率的差异而实现分离。气体分子在膜内扩散有两种形式，即沿孔截面的扩散和沿孔表面的扩散。对于前者，当孔径远大于气体分子运动平均自由程时，它与一般的分子扩散没有区别；当孔径远小于分子平均运动自由程时，气体分子不断碰撞孔壁，扩散阻力主要来自于它与孔壁碰撞，分子间碰撞引起的阻力可以忽略不计，这类扩散叫 Knudsen 扩散。当微孔表面吸附气体分子时，沿孔口向里的表面上存在浓度梯度，气体分子可以沿着孔壁向里扩散，称为表面扩散。要得到性能优良的分离膜，多孔膜孔径通常要在 50mm 以下，从而保证 Knudsen 扩散占主导地位，此时混合气体的理想分离系数等于两种气体分子量平方根的倒数。利用分子表面扩散作用有可能得到较大的分离系数，但膜制备相对困难，它不仅要求膜具有与分子体积相当的孔径及均匀的孔径分布，而且往往需要经过膜表面的化学修饰。

除此之外，为了使气体膜过程同时实现高选择性和高渗透通量，将可逆化学反应引入膜结构中，构成新的分离机理，以区别于溶解-扩散机理和 Knudsen 扩散模型。例如一种高性能 O_2/N_2 分离膜，利用钴卟啉与氧在高压侧反应生成络合物，络合物依靠浓度梯度将氧输送到低压侧释放，然后返回高压侧重复进行。由于化学反应通常具有特异性，所以它能够提供很高的分离选择性，这一过程常常称为促进传递膜分离过程。

超滤与微滤是简单的筛分过程，当溶液在压力条件下透过膜时，大于膜表面孔径的大分子及微粒组分被截留，较小的分子则可以透过膜，一般用微孔模型表示其传质过程。电渗析的核心是离子交换膜，目前其透过机理主要有"双电层理论"和"Donnan 膜平衡理论"。"双电层理论"认为离子交换膜是一种高聚物电解质薄膜，在电解质溶液中其活性基团在溶剂的作用下发生解离，产生的反粒子进入水溶液，在膜上留下带有一定电荷的固定集团，从而在膜-溶液界面上形成带相反电荷的双电层，与这些固定集团电性相同的离子受到排斥，而相反电荷的离子因异性相吸使之透过膜，达到两相分离。Donnan 理论则认为，当离子交换膜浸入电解质溶液时，电解液中的离子和膜内的离子发生交换作用，从而达到动态平衡。

有机物的特性和分子量对膜过滤通量有很大的影响。分子量较大的疏水性有机物和分子量较小的中性亲水性有机物对膜通量的影响是不同的，前者通常导致通量的大幅度下降，因为其分子量较大，沉积在膜表面迅速堵塞膜孔；而后者由于分子量较小，能进入膜孔内部，使膜孔逐渐堵塞，从而表现为通量的逐渐下降。混凝能有效去除疏水性有机物，改善通量效果明显，但由于去除亲水性有机物的效果很差，仍无法阻止通量的缓慢下降。有机物的分子量的大小也影响着有机物的亲、疏水性：较大的显示较强的疏水性，较小的表现出较强的亲水性。研究表明，通量的下降在很大程度上取决于超滤膜截留有机物的组分。膜截留疏水性有机物越多，则通量下降也越严重。研究同时表明，超滤膜过滤混凝和粉末炭处理水，截留在膜内的有机物组分有很大的不同，过滤混凝处理水时，膜倾向于截留亲水性有机物，而过

滤粉末炭处理水时，膜倾向于截留疏水性有机物。

5.1.3 膜分离技术的特点

膜分离技术的特点主要表现在：

① 大多数的膜分离过程不发生相变（除渗透汽化外），分离系数较大；

② 和其它方法相比能耗较低；

③ 操作温度在室温左右，适于热敏感物质的分离、浓缩和纯化；

④ 膜分离技术不仅适用于有机物、无机物、病毒、细菌及微粒的广泛分离范围，而且还适用于许多特殊溶液的分离，如溶液中大分子与无机盐的分离等；

⑤ 分离装置简单，操作容易，控制及维修简单。

所以膜分离技术是现代分离技术中一种效率较高的分离手段，可以部分取代传统的过滤、吸附、冷凝、重结晶、蒸馏和萃取等分离技术，在分离工程中具有重要作用。

5.2 膜材料的分类

膜还没有一个精确、完整的定义。一般的定义是，膜为两相之间的选择性屏障，它以特定的形式限制和传递各种化学物质。它可以是均相的或非均相的；对称型的或非对称型的；固体的或液体的；中性的或荷电性的。其厚度可以从几微米（甚至1/10μm）到几毫米。

现阶段膜的制作材料种类繁多，不同的膜材料其化学稳定性、热稳定性、机械性能及疏水性不同，应根据不同的分离体系及处理要求选用不同的材料制备分离膜，以便取得较好的效果。膜按材料可分为有机膜和无机膜（表5-3）；有机材料主要有纤维素类、聚砜类、聚烯烃类、聚酰胺类、含氟高分子类、芳香杂环类等；无机材料主要有金属类、陶瓷类、玻璃类、氧化物类等。

表5-3 膜材料的分类

大类	小类	膜材料举例
有机膜	纤维素衍生物	醋酸纤维素，硝酸纤维素，乙基纤维素
	聚砜	聚砜，聚醚砜，聚芳醚砜，磺化聚砜
	聚酰(亚)胺	聚砜酰胺，芳香族聚酰胺，含氟聚酰亚胺
	聚酯、聚烯烃	涤纶，聚碳酸酯，聚乙烯，聚丙烯腈
	含氟(硅)	聚四氟乙烯，聚偏氟乙烯，聚二甲基硅氧烷
	其它	壳聚糖，聚电解质
无机膜	致密膜	金属钯，金属银，合金膜，氧化膜
	多孔膜	陶瓷，多孔玻璃

纤维素是最早应用的膜材料，现已广泛应用在微滤、超滤及反渗透等膜分离技术中。聚砜类是近年来开发出来性能稳定、抗化学腐蚀性强的膜材料，是反渗透膜、超滤膜、微滤膜及气体分离膜的重要材料；聚酯类强度高，耐热、耐化学溶剂，广泛用于分离膜的支撑、增强材料；含硅聚合物材料的气体透过率高，多用在气体分离膜和渗透汽化膜中；含氟类膜材料的化学稳定性好，表面张力极低，憎水性强，用其制成的膜不易堵塞，清洗方便，在微滤膜中使用效果较好；陶瓷、金属膜等无机材料的化学稳定性好，机械强度大，且耐高温、抗微生物能力强，弥补了聚合分离膜的缺点，它们的应用领域日益扩大，在超滤膜和微滤膜制备中较为多见。

分离膜按推动力分类可分为压力差推动膜、浓差推动膜、电推动膜和热推动膜等。

(1) 压力差推动膜　各种压力推动膜过程可以用于稀（水或非水）溶液的浓缩或净化。

这类过程的特征是溶剂为连续相而溶质浓度相对较低。根据溶质粒子的大小及膜结构（即孔径大小和孔径分布）可对压力推动膜过程进行分类，即微滤、超滤、纳滤和反渗透。在压力作用下溶剂和许多溶质通过膜，而另一些分子或颗粒截留，截留程度取决于膜结构。从微滤、超滤、纳滤到反渗透，被分离的分子或颗粒的尺寸越来越小，膜的孔径越来越小，所以操作压力渐大以获得相同的通量。但各种过程间并没有明显的分别和界限。

（2）浓差推动膜　利用浓差为推动力的膜过程包括气体分离、蒸气渗透、全蒸发、透析、扩散透析、载体介导过程和膜接触器。在全蒸发、气体分离和蒸气渗透过程中，推动力通常表示为分压差或活度差，而不是浓度差。根据膜的结构和功能的不同可分为固体膜过程和液膜过程。在以上各过程中，与压力推动膜过程不同的是均采用无孔膜，而且它们之间彼此也有相当大的差别。

（3）电推动膜　以电位差为推动力的膜过程，就是利用带电离子或分子的传导电流的能力。向电解质与非电解质的混合液加电压，使阳离子向阴极迁移，阴离子向阳极迁移而不带电的分子不受这种推动力的影响。因此，带电阻分可与不带电阻分分离。这里使用的膜起选择性屏障作用，可分为两类：充分带正电荷的离子通过的阳离子交换膜和允许带负电的离子通过的阴离子交换膜。使用这类膜的过程主要包括电渗析、膜电解、双电性膜和燃料电池。前三个过程需要有电位差作为推动力，而燃料电池能将化学能转化为电能，其转化方式较常规的燃烧法更为有效。

（4）热推动膜　大多数膜传递过程均为等温过程，推动力可以是浓度差、压力差或电位差等。当被膜分离的两相处于不同的温度时，热量将从高温侧传向低温侧。热量传递与相应的推动力即温差有关。通过均质膜的热传导过程，热量通常与膜材料的热导率、温差成正比。在热量传递的同时，也发生质量传递，这一过程称为热渗透或热扩散，在这类过程中不发生相变。另一类热推动膜过程为膜蒸馏，用多孔膜将两个不能润湿膜的液体分开。如果液体温度不同，两侧蒸气压不同，导致蒸气分子从高温（高蒸气压）侧传向低温（低蒸气压）侧。膜蒸馏是一种膜不直接参与分离作用的膜过程，膜只作为两相间的屏障，选择性完成由气-液平衡决定。这意味着蒸气分压最高的组分渗透率也最快。

按结构可分为对称膜、不对称膜和复合膜。对称膜又称均质膜，指各向均匀的致密或多孔膜，主要用于研究阶段膜性能的表征。不对称膜在沿膜厚的方向上是不均匀的，由较薄而致密的一层逐渐过渡到较疏松的多孔层，致密层起分离作用，厚度在 0.25～1μm 之间，多孔层仅起机械支撑作用。复合膜由超薄皮层和多孔支撑层二者复合制成。与非对称膜相比，复合膜的皮层更薄，一般＜0.1μm，而且皮层和多孔支撑层可分别选用不同材料。实用的膜大都是不对称膜或复合膜。

5.2.1 无机膜材料

无机分离膜是由无机材料如金属、金属氧化物、陶瓷、多孔玻璃、沸石、无机高分子材料等制成的膜。具有结构稳定、耐高温高压、耐酸碱、耐有机溶剂、抗微生物侵蚀、不老化、寿命长、化学稳定性和机械强度大、孔径均一、易于进行化学清洗、易于实现电催化和电化学催化等优点。缺点是没弹性、比较脆、不易加工，需特殊构型和组装体系，材料少，成本高等。部分商品化的无机膜列于表 5-4 中。

5.2.1.1 玻璃膜

玻璃膜主要是由玻璃（$Na_2O_2SiO_x$）经化学处理制成具有分离功能的渗透膜。它是无机多孔膜的一种，可用于血液过滤和气体分离。其中孔径大于 50nm 为粗孔膜，孔径介于 2～50nm 称之为过渡孔膜，孔径小于 2nm 称之为微孔膜。玻璃膜有其独特的优点：生产工艺简单；可制备超细微孔径的分离膜；单位体积过滤面积大，如空心玻璃纤维的研究和应用使玻璃膜的气体分离率成倍增长。目前研究的玻璃膜有三种：

表 5-4 部分商品化的无机膜

材料	制造商	膜的特性			最大使用温度/℃
		孔径/μm	孔隙率/%	透过速率/[m³/(m²·h·MPa)]	
Al_2O_3	Cerver(Fr)	0.004～15	33～37	8.1～69.0	1300
	TDK(Jap)	0.05	—	1.2	—
	Norton(USA)	0.2～1.0	—	—	145～750
	Mitsui(Jap)	1～80	47	46～74.6	—
	Nipongaishi(Jap)	0.2～5	36	15～200	1300
	Kubodaterko(Jap)	0.05～10	40	20～220	—
	Totokiki(Jap)	0.2～8	38～44	0.5～78.0	1100
SiO_2-Al_2O_3	Nipongemaha(Jap)	0.08～140	40～53	—	300
ZrO_2	Sfec(Fr)	—	—	1.5～40	1200
SiC	Nipongaishi(Jap)	62	32	—	1600
	Totokiki(Jap)	0.04	32	—	1600
SiO_2	Akakwakoshitsu(Jap)	0.064～1	25～64	0.15	800
	Asahigarsu(Jap)	0.004～3	—	—	—

① 酸沥法制备的多孔玻璃膜；

② 用无机物或有机物进行表面改性的玻璃膜；

③ 以多孔玻璃、陶瓷、金属为基体，利用溶胶-凝胶等将另一种非晶态膜涂在它们表面的复合膜。

5.2.1.2 金属膜

金属膜是 20 世纪 90 年代由美国研制成功的以多孔不锈钢为基体、TiO_2 陶瓷为膜层材料的一种新型金属-陶瓷复合型的无机膜。金属膜具有良好的塑性、韧性和强度，以及对环境和物料的适应性，是继有机膜、陶瓷膜之后性能最好的膜材料之一。金属膜是以金属材料，如钯、银为介质制成的具有分离功能的渗透膜。可利用其对氢的溶解机理制备超纯氢和进行加氢或脱氢膜反应。金属膜材料包括致密金属膜材料和多孔金属膜材料。致密金属膜材料物质通过致密材料是按照溶解-扩散或离子传递机理进行的，例如钯（钯银）、银、钛、镍等金属能够选择透过某种气体，所以对某种气体具有较高的选择性是致密材料的突出特点，但渗透率低是其缺点之一。这类膜材料包括 Ag、Pd、Pd 与ⅥB 至ⅧB 族金属制成的合金膜，V、Nb、Ta 等ⅤB 族金属元素膜。由多孔金属材料制成的多孔金属膜，包括 Ag 膜、Ni 膜、Ti 膜及不锈钢膜。目前已有商品出售，其孔径范围一般为 200～500nm，厚度 50～70nm，孔隙率可达 60%，以具有催化和分离双重性能而受到重视，但成本较高。

金属膜材料主要是稀有金属，以钯及其合金为代表，主要用于 H_2 的分离。钯/银合金膜厚 25μm，因为纯钯在解吸循环中有变脆的趋势，所以钯合金的使用更为广泛。Johnson Mattheyand Co. 出售的制造特殊用途超纯氢的小规模装置使用的也是钯/银合金。另外，钯膜已用于加氢、脱氢及氢氧化过程。

5.2.1.3 沸石膜

沸石膜具有无机晶体结构，孔径与小分子尺寸相近，可耐高温和化学降解，也能提供高的选择性。制备连续无缺陷的沸石膜，为扩展膜技术在石化领域的应用提供了机会。但目前连续无缺陷沸石膜仅能在实验室制备，还难以实现大规模工业生产。Los Alamos 国家实验室用激光沉淀法制出的新沸石膜，其厚度小于 0.5μm，孔径大小为 0.8～12nm。该实验室与陶氏化学公司合作，开发出此薄膜，更有效地用于气体分离。这种膜的主要应用是用于平衡驱动的反应，应用膜反应器可极大地提高产量。此薄膜的制法是在 15～20kPa 真空容器内，用脉冲激光磨蚀一旋转的沸石体的颗粒而成，此粉末沉积在多孔陶瓷基质上，该基质并不妨碍沸石的分离效率。该实验室已制成50mm直径的膜用于分离操作。

5.2.1.4　陶瓷膜

陶瓷膜是以多孔陶瓷材料为介质制成的具有分离功能的渗透膜。陶瓷膜可由管内部的细粒层和外部的支持层构成。细粒层担负过滤作用，支持层的孔径扩大，便于滤液顺利流过，同时也担负支持陶瓷膜整体强度的作用。细粒层和支持层均可用 Al_2O_3 作为膜材料，但在开发超滤膜中由于细粒层气孔在烧结时缩小，Al_2O_3 耐腐蚀性不好，故以 TiO_2 作为细粒层材质。在支持层的 Al_2O_3 上附以 TiO_2 粒子涂层能使孔径更加细小，适于过滤。膜体的支持体和中间层材质可用 Al_2O_3；精密过滤层用 Al_2O_3 或 ZrO_2，超滤层可用5～30nm孔径的 ZrO_2 或 TiO_2。

陶瓷膜具有耐酸碱、耐高温和抗腐蚀等优良品性，在高温气体分离及化工新型反应器的研制上具有巨大的应用潜力。通过测定所制得的陶瓷膜的最大孔径，孔径分布曲线等发现，它具有窄孔径分布和高温稳定性的优点。用浸渍沉积于固体氧化物上的催化剂也可分散在陶瓷膜上，从而产生高催化剂表面体积比。

由法国 Seciete Des Ceramigue Technigues 开发的陶瓷膜过滤器，其中心由一根管状的陶瓷膜构成，膜的孔径为0.2μm，外套不锈钢外壳。此薄膜对热、化学物质、pH和压力有很强的耐受力。采用薄膜过滤是一种有选择性的过滤方法，浑浊堵塞物和细菌不能透过滤孔。

5.2.2　有机膜材料

研究和已经应用的有机分离膜材料大致可归纳为以下10类。

① 纤维素衍生物类（再生纤维素 Cellu、硝酸纤维素 CN、醋酸纤维素 CA、乙基纤维素 EC、其它纤维素衍生物）。

② 聚砜类（双酚A型聚砜 PSF、聚芳醚砜 PES、酚酞型聚醚砜 PES-C、聚芳醚酮）。

③ 聚酰胺类（脂肪族聚酰胺、芳香族聚酰胺、聚砜酰胺、反渗透用交联芳香含氮高分子）。

④ 聚酰亚胺类（脂肪族二酸聚酰亚胺、全芳香聚酰亚胺）。

⑤ 聚酯类（涤纶 PET、聚对苯二甲酸丁二醇酯 PBT、聚碳酸酯 PC）。

⑥ 聚烯烃类（聚乙烯、聚丙烯、聚4-甲基-1戊烯 PMP）。

⑦ 乙烯类聚合物（聚丙烯腈 PAN、聚乙烯醇 PVA、聚氯乙烯 PVC、聚偏氯乙烯 PVDC）。

⑧ 含硅聚合物（聚二甲基硅氧烷 PDMS、聚三甲基硅丙炔 PTMSP）。

⑨ 含氟聚合物（聚四氟乙烯 PTFE、聚偏氟乙烯 PVDF）。

⑩ 甲壳素类（脱乙酰壳聚糖、氨基葡聚糖、甲壳胺 Chitosan）。

5.2.2.1　聚酰亚胺（PI）

聚酰亚胺（PI）是一类由芳香族或脂环族四酸二酐和二元胺经缩聚得到的环链化合物。根据其结构和制备方法不同可分成两大类：

① 主链中含有脂肪链的聚酰亚胺；

② 主链中含有芳香族的聚酰亚胺。

作为膜分离材料，在20世纪80年代中期已受到重视，它以其优良的机械性能和热稳定性在许多混合气体体系的分离中得到了应用，如 H_2/N_2、O_2/N_2、H_2/CH_4、CO_2/N_2、CO_2/CH_4 等的分离。但大多数种类分子链存在刚性大，透气性差的缺点。为了改善其性能，目前多采用对其进行化学改性，如为改善其加工性能而用脂肪链、醚键、酯键改性，为提高其柔韧性用有机硅改性等。有机硅膜材料具有通量高、耐氧化、耐电弧性等优点，但存在选择性低的不足。从结构上看它属半无机、半有机结构的高分子，兼有有机高分子和无机高分子的特性。其中甲基硅橡胶（MSR）是一种很独特的已工业化的膜材料，对 CO_2 气体，其气体透过系数达 $25.45\times10^{-11}cm^3\cdot cm/(cm\cdot s\cdot Pa)$；扩散系数 $D=13.9\times10^{-6}cm^2/s$。

合成含有某些取代基的PI材料，在保持较高气体选择性的同时，可大大提高气体渗透速率。例如，含有—$C(CF_3)_2$—基团的PI，具有较高的气体渗透速率及气体选择性，特别是对 CO_2/CH_4 的分离。原因是这种大的取代基团的存在，阻碍了分子内部链段的运动，继而增强了骨架链段的硬度，有效地限制了高分子链段的密实堆积，使自由体积增大。

5.2.2.2 含氟聚合物

用聚四氟乙烯与聚偏氟乙烯制成的微滤膜在美国、德国和日本已经工业化，被广泛应用于微电子、医学、食品和化工等领域。氟塑料具有耐腐蚀、耐溶剂、耐高温和不黏结等优点，是其它膜难以代替的。美国 Fluoropope 系列膜是由聚四氟乙烯黏合在高密度聚乙烯网上而成，能耐有机溶剂（80℃以上芳烃溶剂除外）、光刻胶、酸、碱及化学试剂，也经得起蒸汽灭菌，可用于130℃以下。美国 Mitex 系列膜的两种型号均由聚四氟乙烯制成，该膜不用支撑材料，在温度高达260℃和低达－100℃下均稳定。德国 TE 系列膜也由聚四氟乙烯制成，但用聚酯纤维作支撑膜，最高使用温度可达135℃。此外，WTP 膜也是聚四氟乙烯系列的微滤膜，有0.2μm、0.5μm、1.0μm 3 种规格。WTP 系聚四氟乙烯拉伸薄膜黏合在增强用的聚丙烯织物上，可耐145℃。

富氧膜是节能技术课题，可将空气中氧气浓缩到30%～40%，所用材料为聚偏氟乙烯、聚三氟氯乙烯和聚全氟乙丙烯。日本将氟树脂复合材料制成平板型富氧膜，可将空气中氧气浓缩到40%以上，可用于医疗方面，或作为甲烷与二氧化碳的气体分离膜。日本将游离基化的聚四氟乙烯膜复合在聚四氟乙烯膜的两侧，再在它的外面用聚偏氟乙烯膜复合，制成多孔疏水性水-乙醇分离复合膜。当通以100～1000kHz 高频电流时，可在膜表面产生微波振动。用它处理含4%～5%乙醇的啤酒可得到92.7%乙醇。

含氟聚合物膜应用领域很广：

① 用氟化乙丙烯膜作传感器可检测溶液中的氧气，也可用作血液中氧分压的测定电极，直接插入血管中可监测早产儿的呼吸状况；

② 聚四氟乙烯以三元溶剂溶解，经浇注、压延成超滤膜，用于分离电泳液；

③ 聚四氟乙烯接枝苯乙烯成强酸性膜，拒盐率达90%，可用于废水处理；

④ 聚四氟乙烯、聚氟乙丙烯膜可固化酶的基材，用于化工、生化领域；

⑤ 聚四氟乙烯-聚乙烯吡咯烷酮膜可用于分离共沸混合物；

⑥ 氟化乙丙烯接枝苯乙烯成离子交换膜，可用于电渗析或食品工业。

5.2.3 功能化膜

在膜内部和表面固定催化剂，不仅使其具有催化反应功能，而且还具有分离功能。反应物在催化剂功能膜的作用下反应而产生生成物，并使反应物和另一侧的生成物分离开。高分子化合物虽无法通过膜，但在膜表面催化剂的作用下可使之分解，产生的低分子生物通过膜，就连续将高分子反应物及低分子生产物分离。由此看来，通过膜分离高、低分子混合物及其分解产物也是有可能的。

在膜反应过程中，膜具有以下功能：

① 分离催化剂及其它物质；

② 选择性地分离反应物与产物；

③ 膜本身即为反应的催化剂或催化剂的载体，同时具有②的功能。

由此将膜反应分成两类，即在反应中膜本身仅提供反应产物的分离条件而自身并无反应活性，以及膜既能提供分离条件而自身又具有催化反应功能。

5.2.3.1 固定酶的分离功能膜

纤维素物质通过酶固定膜时水解，生成葡萄糖和果糖。在高分子溶质混存的纤维素溶液中，高分子溶质的分离和纤维素的水解反应同时进行。尿素水溶液通过尿素酶固定膜时，尿素水解反应类似于一般的酶反应，酶固定膜类的最大速度约比裸酶类大700倍，可连续进行渗透、水解。用超滤膜处理含高分子溶质的溶液时，随着膜表面的浓度极化而形成凝胶层，明显降低膜的渗透性。若积极利用超滤膜的这一弱点，即浓度极化现象，则可在高分子膜表面固定酶。利用醋酸纤维素膜浓缩酸性磷酸酶水溶液，形成酶凝胶层。酶固定膜在医疗方面得到应用。经尿素酶固定的微胶囊膜和活性炭经微胶囊化后的膜来吸附、清除血液中的新陈代谢产物肌酸酐、尿酸等。活性炭不能吸附的尿素经固定的离子交换树脂吸附，可清除其中的水解生成物铵离子，以除去血液中新陈代谢排除的废物，但难以清除血液中的水分。

5.2.3.2 高分子金属络合物分离膜

这类膜具有催化作用，同时具有输送、分离功能。如聚乙烯醇-铜络合物膜在水中可形成不溶性的高稳定性膜，即使在过氧化氢的渗透分解试验中反复使用，其催化活性也几乎不会降低，是一种稳定的膜。

5.2.3.3 高分子催化分离功能化膜

离子交换膜在工业生产的各个方面得到了应用，譬如将膜用作反应场就是一个新的开发领域。由聚苯乙烯磺酸和聚乙烯醇制成的不溶于水的阳离子交换膜可催化醋酸和各类醇的酯化反应，这种膜还可以分离出生成的酯。

5.3 膜的制备方法

5.3.1 无机膜的制备

无机膜的制备始于20世纪40年代，70年代末开始进入工业应用，其市场销售额以35%的年增长率发展着。我国无机膜的研究始于20世纪80年代，到90年代已能制备出实验室用及工业应用的微滤膜、超滤膜及高通量的金属钯膜。由于有很多优点，无机膜在近十年发展极快。无机膜制备方法主要有以下几种。

5.3.1.1 固态粒子烧结法

固态粒子烧结法又称为悬浮粒子法，它是将一定细度的无机粉粒、无机黏结剂和塑化剂制成悬浮液，然后用浸涂法在多孔支撑体上将悬浮液涂制成一定厚度的膜层，经过干燥后进行高温焙烧，使粉粒接触部分烧结，而形成多孔结构的膜。此法可制备出适用于微滤和超滤的孔径范围在10nm～10μm之间的多孔膜。这种膜的结构主要受无机粉粒粒径大小及分布、悬浮液组成、涂膜的厚度及烧结工艺条件（如温度）等因素的影响。

5.3.1.2 溶胶-凝胶法

目前应用在工业中的Al_2O_3及ZrO_2等膜大多采用此法制成。制备溶胶的方法主要有聚合凝胶和胶体悬浮法两种。制成溶胶后通过浸涂法在多孔支撑体上形成凝胶层，再经过干燥及焙烧等热处理成膜。膜的结构与料浆的含量及组成、粒子的粒径分布、浸渍时间、多孔载体的孔结构以及热处理的工艺条件等因素有关。该法工艺设备简单，过程易于控制，可制备多种复合薄膜，具有广泛的应用价值，目前已成功地制备出Al_2O_3、TiO_2载体膜以及SiO_2膜。

5.3.1.3 高温分解法

用高温分解法制备的膜又叫分子筛膜。它是将纤维素、酚醛树脂、聚偏氯乙烯、聚糠醇、聚酰亚胺以及氧化聚丙烯腈等热固性聚合物制成的膜，在惰性气体或真空中加热裂解，释放出小分子气体，形成多孔膜，然后在氧化气氛中进行活化或氧化燃烧，可制得贯通膜开孔的碳分子筛膜。这种膜具有孔致密均匀、选择性高、热稳定性好及耐腐蚀等优点。

5.3.1.4 化学提取法（刻蚀法）

将固体材料进行某种处理后，使之产生相分离，然后用化学试剂将其中一相除去，形成多孔膜。不同的材料可用不同的方法。

(1) 多孔玻璃膜 将硼硅酸盐玻璃拉成中空细丝后，经热处理分相形成硅酸盐相和富硅相，然后用强酸除去硅酸盐相，可得富硅的多孔中空玻璃膜。

(2) 阳极氧化法 在室温下将高纯的金属薄片放入酸性介质中进行阳极氧化，然后用强酸除去未被氧化的部分，即可制得多孔金属氧化膜。

5.3.1.5 其它制备法

制备无机膜还可用相分离法等。此外，正在进行研究和开发的方法有薄膜沉积法，包括物理气相沉积（PVD）、化学气相沉积（CVD）、电化学气相沉积（ECD）及脉冲激光沉积、电镀和化学镀制膜、熔模离心以及原位粒成膜法等。

5.3.2 有机高分子膜的制备

5.3.2.1 平板膜

(1) 流延法 它是将过滤和静置脱泡后的铸膜液直接倒在洁净的平板上，然后用刮刀在平板上从一端向另一端均匀地刮膜，并用刮刀上缠绕着细金属丝的粗细来控制膜的厚度，最后将溶剂蒸发，即可得到均匀的聚合物薄膜。流延操作也可固定基板移动流延嘴，或固定流延嘴而移动基板，膜的流延厚度可通过固定在流延嘴上的微调螺丝来调节。

(2) 浸沉凝胶相转化法（L-S 法） 浸沉凝胶相转化法是制造皮层与支撑体同时形成的非对称分离膜的最重要方法。它是将一个均匀的高聚物溶液倾浇在一个平板上。用刮刀使它成一均匀薄层，然后连溶液带板放入一个液体槽中。槽中液体（称凝胶液，槽称凝胶槽）对高聚物不溶，与溶剂能互相溶解。在槽中高聚物溶液中的溶剂不断扩散进入凝胶液中，而凝胶液也扩散进入高聚物溶液中。高聚物溶液中含有的凝胶液逐渐增多，由于它虽与溶剂能互相溶解，但对高聚物是不溶的，所以到一定程度后高聚物就从原来溶液中变成固相沉析出来。原来在板上的一层高聚物溶液就转变成一张高聚物固体薄膜了。

5.3.2.2 管膜

管膜根据制膜工艺的不同可分为内压式和外压式两种，大多组装成管束使用。管膜的特点是需多孔支撑体、填充密度小以及设备费用较高等，但由于物料流动性好，对物料不需进行严格的预处理，因此在许多领域中都获得了应用。制内压式管膜时，先要选择一根内径均匀的管子（玻璃管或不锈钢管），在管中放置一锥锤和一定量的制膜液，然后使锥锤匀速向上运动（或管子匀速向下运动），这样在锥锤与管内径的间隙处就会留下一层制膜液，同时也决定了膜的厚度。将该管浸入凝胶槽中，则制膜液便可凝胶成内压式管膜；制外压式管膜时，先要选择合适尺寸的多孔管（PVC 或 PE 管等），使它通过定向环和底部有一锥孔的制膜液储筒，这样多孔管的外壁上就涂上了一层制膜液，将该管浸入凝胶槽，便可得到所需的外压式管膜。

5.3.2.3 中空纤维膜

中空纤维膜可分为均相膜和非均相膜或复合膜，中空纤维的直径通常为 25～200μm，它的结构与纺丝液组成及温度、喷丝构件的结构、精度及喷丝速度等因素有关。中空纤维膜的优点是装填密度大、不需要支撑体、比表面积大、组件结构紧凑且小型轻便。缺点是易被堵塞、透过液的压力降较大且清洗困难。中空纤维的制备有两种方法：溶（湿）纺和熔（干）纺，其中溶纺使用较多。

(1) 溶纺 将聚合物的溶液过滤后从纺织头挤进去，同时中间通以空气或液体，这样溶液由喷丝头喷出后即可形成中空纤维，然后进入凝胶浴。凝胶后的纤维经漂洗、干燥后收集于滚筒上。制膜时如果通入的是水，则形成内表面致密的非对称中空纤维，如果通入的是稍加压的空气或惰性气体，稍蒸发后进入适当的凝胶浴，则纤维外形成致密的表皮层。

（2）熔纺　将聚合物加热熔融后压入纺丝头的环行喷口，熔纺纤维离开喷丝头可拉伸成很细、很薄的纤维，制成中空纤维膜。

5.3.3　复合膜的制备

复合膜是另一种形式的非对称分离膜。它的制造方法一般是先制造多孔支撑膜，然后再设法在其表面形成一层非常薄的致密皮层。这两层的材料一般是不同的高聚物。

从形态结构上分离膜的发展至今可分三个阶段。第一阶段是均质膜，上下左右都相同，其特点是透量较低。第二阶段 Loeb 和 Sourirajan 发明了浸沉相转化，制造出皮层致密、很薄，支撑层多孔、比皮层厚得多的非对称反渗透膜，使其透量比均质膜提高了近一个数量级。但是当人们试图用相转化法再进一步减少皮层厚度时，效果不显著，一般只能达到100～200nm。1963 年 Riley 首先研制出支撑层与皮层分开制备的复合膜制造新技术。用这种制膜技术，皮层厚度一般为 50nm 左右，最薄可达到 30nm。这种膜的皮层和支撑层一般是两种材料。为了与一般的非对称膜（相转化膜）相区别，称之为复合膜。复合膜是第三代分离膜。

（1）浸涂法　此法常用不对称超滤膜作为底膜，将底膜浸入涂膜液中，把底膜从浸膜液中取出时，一薄层溶液附在其上，然后加热使溶剂挥发，溶质交联，从而形成复合膜。

（2）界面聚合法　此法是在基膜的表面上直接进行界面反应，形成超薄分离膜层。

（3）等离子体聚合法　此法是在辉光放电的情况下，有机和无机小分子进行等离子聚合直接沉积在多孔的基膜上，形成以等离子聚合物为超薄层的复合膜。

（4）膜分离装置　根据膜的形状，膜分离装置基本上可分为如下几类。

① 板式结构　用多层平板膜叠合而成，其特点是结构简单、组装方便、易于操作以及便于清洗；缺点是密封严格、成本较高且装填密度不大。分别有反渗透、纳滤、超滤、微滤等装置。

② 管式结构　分外压管式和内压管式两种。其膜面料液流动状态好，不易阻塞膜面，因此对料液中杂质要求不高，适用于黏稠液体的浓缩分离，但膜的填充密度小，占地面积和空间体积大。分别有反渗透、纳滤和超滤装置。

③ 卷式结构　卷式结构应用的是平板膜，是板式结构的变形。它的优点是结构简单、造价低廉、填充密度高，单位容积的生产能力大，同时有一定的抗污染能力，易于大规模工业化生产，世界各国造水系统多采用这种结构；其缺点是膜元件如有一处破损，将导致整个元件失效，对预处理要求也较严格。分别有反渗透、纳滤和超滤卷式装置。

④ 中空纤维结构　其主要优点是填充密度高，占地面积小；缺点是清洗困难、压力损失大，同时对预处理要求严，一旦损坏无法更换。分别有中空反渗透、中空纳滤和中空超滤装置。

5.4　膜分离装置

5.4.1　在食品工业中的应用

乳清作为奶酪生产的副产物，多年来一直被作为饲料或排入下水池，造成很大浪费。乳清中含有原乳几乎全部的乳糖、20%乳蛋白及大多数的维生素与矿物质。传统将乳清加热干燥制成全干乳清（WPC）或乳清蛋白粉回收蛋白质的方法，只能除去水分而使这种乳清粉中的乳糖含量达73%、矿物质达12%、蛋白质达12%。乳清粉中营养搭配比例极不协调，因而限制了它在食品中的应用。采用超滤和反渗透技术，可以在浓缩乳清蛋白的同时，从膜的透过液中除掉乳糖和灰分等，这样就大大扩大了乳清的应用范围。引入超滤和反渗透后，乳清蛋白质的质量明显提高。与传统工艺生产所得的产品相比，蛋白质提高了近4倍，乳糖含量下降约40%。

超过滤技术目前已用于苹果、柑橘、葡萄、梨及猕猴桃果汁的浓缩和澄清，在澄清的同时可以除去浆料物质和果胶，从而快速澄清果汁。目前正在发展适用于100℃，pH值在0～4之间的超过滤膜供果汁澄清应用。低度啤酒生产采用超过滤技术可以调整啤酒的酒精浓度，可把酒精度由5%～6%调到2%～3%容积百分比。方法是首先除去部分水和酒精，然后再加水调到所需的酒精度。生产出的产品除了酒精度下降外，其它指标变化极小。超过滤技术还能提高酒的质量，清酒和黄酒加热后装瓶，酒质下降。生酒质量高，但易酸败和沉淀。用超过滤技术处理生酒，同时配合无菌装瓶，可以延长生酒的保存期。这种方法已应用于工业生产，对于啤酒和葡萄酒则可以用超过滤技术减少蛋白质性浑浊和改进色泽，从而提高质量。

纳滤膜（NF膜）最大的应用领域是饮用水的软化和有机物的脱除。试验表明，NF膜可以去除消毒过程产生的微毒副产物、痕量的除草剂、杀虫剂、重金属、天然有机物及水质硬度、硫酸盐及硝酸盐等，同时具有处理水质好且稳定、化学药剂用量少、占地少、节能、易于管理和维护，基本上达到零排放等优点。所以，NF膜有可能成为今后饮用水净化的首选技术。

分离奶油后的乳清液含有4%～6%NaCl、6%的固形物，BOD高达4500mg/L，直接排放则是极严重的污染。用纳滤处理可将4%的乳清液浓缩到19%～21%，同时脱去40%～48%的盐，并且蛋白质的损失要少于电渗析法和离子交换法。与其它方法相比，经纳滤处理的乳清液喷雾干燥后，乳清粉质量、加工效率和能耗方面都有改善。例如乳清粉中的乳糖结晶量提高到31%，如果和渗滤结合，乳糖结晶量可提高到60%，这可使乳清粉的吸湿性分别降低2～3倍。

用甲醇从粗植物油（大豆油）中抽提游离脂肪酸后，可采用纳滤法加以分离。膜的通量大于25L/(m^2·h)，最高截留率可达90%。若将高截留率膜与低截留率膜结合使用，截留游离脂肪酸浓度可达35%，渗透液游离脂肪酸浓度小于0.04%。该法不需碱液，渗透液可循环使用，不仅节约药剂和能量，而且减少污染。

合成低聚糖是通过蔗糖的酶化反应来制取的。为得到高纯度低聚糖，需除去原料蔗糖和另一产物葡萄糖。但低聚糖与蔗糖的分子量相差很小，分离很困难，通常采用高效液相色谱法（HPLC）分离。HPLC法不仅处理量小，耗资大，并且需大量的水稀释，因而后面浓缩需要的能耗也很高。采用纳滤膜技术来处理可以达到HPLC法同样的效果，甚至在很高的浓度区域实现三糖以上的低聚糖同葡萄糖、蔗糖的分离和精制，而且大大降低了操作成本。

5.4.2 在制药业中的应用

利用纳滤技术提纯与浓缩生化试剂，不仅可以降低有机溶剂与水的消耗量，而且还可以去除微量有机污染物及低分子量盐，最终达到节能、提高产品质量的效果。抗生素的相对分子质量大都在300～1200范围内，其生产过程为先将发酵液澄清、用选择性溶剂萃取，再通过减压蒸馏得到。纳滤膜技术可以从两个方面改进抗生素的浓缩和纯化工艺。

① 用NF膜浓缩未经萃取的抗生素发酵滤液，除去可自由透过膜的水和无机盐，然后再用萃取剂萃取。这样可以大幅度地提高设备的生产能力，并大大地减少萃取剂的用量。

② 溶剂萃取抗生素后用耐溶剂纳滤膜浓缩萃取液，透过的萃取剂可循环使用。这样可节省蒸发溶剂的设备投资费用以及所需的热能，同时也可改善操作环境。NF膜已成功地应

用于红霉素、金霉素、万古霉素和青霉素等多种抗生素的浓缩和纯化过程。

维生素 B_{12} 由发酵得到，传统的生产工艺复杂，生产率低。用微滤替代传统的过滤，经微滤的发酵清液再用 NF 膜可浓缩 10 倍以上，从而大大减少了萃取剂用量，并提高了设备的生产能力。被萃取后的水相还有少量的维生素 B_{12} 及一定的溶剂，通过 NF 膜可进行截留，以减少产品的损失。粗产品纯化过程中所使用的溶剂，也可以用 NF 膜处理回收使用。超滤技术应用于提取中药有效成分的研究日益活跃，部分产品已从实验室研究走向工业生产。用超滤法提取黄芩中有效成分黄芩苷，结果表明超滤法在产率、纯度方面均较常法为优，且一次超滤即可达到注射剂要求，不需再行精制，工艺简单，生产周期可缩短 1～2 倍。选用适宜孔径（截留相对分子质量为 6000～10000）的超滤膜是提高黄芩苷收率和质量的关键，同时升高药液温度或降低浓度，严格控制 pH 值（酸化时 pH＝1.5，碱溶时 pH＝7.0），可显著提高超滤速度，获得最佳产出效果。超滤法（聚砜膜，截留相对分子质量 6000）用于植酸的制备中，植酸得率为 86.4%，比常规的植酸盐法提高 12.6%。而且超滤法所得植酸几乎不含无机磷，外观透明几近无色。应用超滤技术分离精制甜菊糖苷，采用超薄型板式超滤器和截留相对分子质量为 10000 的醋酸纤维素膜（CA 膜）对甜菊糖苷进行净化现场实验，其工艺流程合理可行。超滤器性能稳定，膜的脱色性能和除杂质效果良好，可较好地解决甜菊糖苷生产中常常出现的沉淀和灌封时起泡问题。

5.4.3 在废水处理中的应用

采用 KMS Spirapak 超滤膜组件能有效地应用于含油废水的处理。超滤工艺的浓缩倍数较高，可以达到 71，而且在保证膜水通量为 3～5L/min 的条件下，超滤膜能运行较长时间而不堵塞。处理后出水中的油脂浓度小于 30m/L；COD 浓度为 2000～2500mg/L。

纳滤膜可成功应用于制糖、造纸、电镀、机械加工的废水（液）的处理。在电镀加工和合金生产过程中经常需要大量水冲洗，在这些清洗水中含有浓度相当高的重金属，如镍、铁、铜和锌等。为了使这些含有金属的废水符合排放要求，一般的措施是将重金属处理成氢氧化物沉淀除去。如果采用 NF 膜技术，不仅可以回收 90%以上的废水，使之纯化，而且可使重金属量浓缩 10 倍以上，浓缩后的重金属具有回收利用价值。如果控制适当条件 NF 膜还可以使溶液中的不同金属实现分离，如 Cd 和 Ni 的分离，先将它们转化成 $CdCl_2$ 和 $NiCl_2$，加入 NaCl，分别形成荷电络合物和非荷电络合物。NaCl 浓度为 0.5mol/L 时，在溶液中镉的主要存在形式是 $CdCl_2$，但是镍并不以络合形式存在，而以镍离子方式存在，用带正电的 NF 膜处理截留镍离子，而让镉自由通过，即可实现金属间的分离。

用碳纤维复合微滤膜处理钛白生产中产生的工业废水，在操作压力 0.35MPa，速度 4m/s，膜装填面积为 292.8m^2 时，渗透通量达 55m^3/h，可有效地除去废液中的少量 TiO_2 微粒。为了消除膜污染，工业操作过程中每天用 2%的氢氟酸溶液清洗 1h。

5.4.4 在气体分离上的应用

天然气是氦气生产的主要来源，传统的深冷法提氦，能耗大、成本高；与之相比，膜法分离技术即具有能耗低，分离效率高，设备简单等优点，可从贫氦天然气中提浓氦气，但高纯氦的收率不高。美国 Union Carbide 公司采用聚醋酸纤维平板膜分离器，对氦浓度 5.8%（体积分数）的天然气经二级膜分离，产品气中氦浓度达到 82%左右。

在化工生产、油罐、油轮及加油站等有机物质制造、储存、运输和使用过程中，经常要排放一些含有机物质的气体。这些有机蒸气不仅污染大气，而且对人体有害。它们通常由惰性气体（氮气、空气）和烷烃、烯烃等有机气体组成，采用膜技术实现有机混合气体的分离，不仅可以回收附加值高的烷烃、烯烃有机气体和 N_2 等，有可观的经济效益，而且可减少环境污染，保护生态环境，造福人类。与催化燃烧、吸附等传统处理方法比较，膜法具有高效、节能、操作简单和无二次污染等优点。Ohlrogge 等人采用膜技术开发出了用于储油罐和汽车加油站的有机蒸气回收装置。Nippon Kokan 采用膜法处理含有机蒸气 15%～20% 的汽油废气，可使有机蒸气含量降至 5%以下。Andreev 等人采用醋酸纤维多级分离膜处理含 CO_2、CH_4、C_2H_6 和氮的混合气体，可制得超纯的 CO_2；胡伟等利用硅橡胶/聚砜复合膜进行了正庚烷/氮气分离的实验研究，结果表明当处理量为 4.8m^3/(m^2·h) 时，正庚烷的脱除率可达到 90%左右。

美国 Manatdi-Criswell 公司生产一种新的过滤介质名为 Mikrotex，把 10μm 的聚四氟乙烯膜与 453g 聚酯毡相结合。聚四氟乙烯的化学惰性可耐各种酸碱腐蚀，在膜表面上有 2μm 的微孔。颗粒收集在滤袋表面，在毡上不形成尘块。这样可消除滤袋的堵塞与渗出现象。使用这种滤袋的过滤压力降低，气体流量高，捕集效率高。Mikrotex 575 滤袋耐温 134℃。Mikrotex 795 滤袋使聚四氟乙烯膜复合在聚苯硫醚纤维上，长期操作温度耐 190℃。气体分离膜制作材料多为聚砜、聚烯烃、硅橡胶、聚碳酸酯等，用于氧氮分离、氢氮分离、天然气提纯、合成氨释放气中氢回收等许多方面。用气体分离膜对空气进行一级膜分离可获得含氧 30%～40%的富氧空气，将富氧空气经过富氧燃烧体系，用于玻璃、炼铁等行业的加热炉中，促使燃料完全燃烧，可节能 25%～30%。因此，该技术具有极高的推广价值。

5.4.5 在石油化工中的应用

在石油提炼过程的蒸馏步骤中需要消耗巨大的能量，如果能够用膜分离过程替代蒸馏，这将节省大量的能耗费用。Hazlet 和 Kutowy 分别报道了用聚砜超滤膜分离原油中的重油和金属化合物。在此领域应用的膜除了要具有较好的热稳定性能外，并且油对膜的性能不能有较大的影响。一种聚酰亚胺不对称膜具有高流量并耐高压、高温以及耐有机溶剂的特点，流量为 10～250kg/(m^2·天)，其中 MWCO 170 的膜能有效地分离汽油和煤油，分离系数为 19.5。

近海石油开采，需把海水与原油分开，将原油输送到岸上，而废水直接排放。但是这些废水的排放受到环保部门的严格控制，环保部门要求废水中的有机物含量少于 48mg/L。目前所采用的降低有机物含量的方法主要是活性炭吸附。虽然反渗透膜技术可以延长活性炭再生周期，但它同时也脱除了盐，较高的操作压力限制了它的应用。采用低脱盐率的纳滤膜技术是比较适合的处理方法，它不仅可以达到低于 48mg/L 的废水排放标准，而且通量大，水的回收率高。一般所采用的纳滤膜对 NaCl 的截留率小于 20%。

同样在海上石油开采中，通常要在油井中灌注海水以提高原油的开采产量，但在有些海域中的原油含有较高浓度的 Ba^{2+}，Ba^{2+} 易与海水中的 SO_4^{2-} 反应形成 $BaSO_4$ 沉淀物，从而堵塞输油管道。NF 膜能选择性地除去 SO_4^{2-}，而让 Cl^- 自由通过，这大大地降低了膜的渗透压，比对盐毫无选择性的 RO 膜在经济上更为可行。

利用膜分离方法进行芳烃/烷烃分离，生产高品质的清洁燃料是一种切实可行的工艺路线。美国 EXXON 公司开发成功了聚酰亚胺/聚酯的高分子共聚物分离膜，用于石油化工中的粗汽油催化重整过程，分离出其中的芳香族成分，有效提高了成品油质量。与传统的精馏、萃取等工艺过程相比，利用膜分离技术脱除汽油、柴油和溶剂油中少量残存的芳烃、烯烃和有机硫化物，具有选择性高、节省能耗、设备简单、一次性投资和生产运行费用低等优点，被认为是 21 世纪最有发展前景的分离技术之一。

5.4.6 在染料生产中的应用

染料生产的通常工艺制成的液体粗制品需盐析、过滤并加水稀释、再喷雾干燥，得到的固体粉状染料含盐量高（约 30%）、纯度和品质不高，同时将产生大量高盐度、高色度、高 COD 的浓废水，严重影响经济效益并污染环境。因而提高我国染料工业产品的品质和价值十分重要。20 世纪 90 年代起国际上采用先进的纳滤膜技术，将制成的液体粗制品通过纳滤膜技术进行一次性浓缩、脱盐，再喷雾干燥，既节约了干燥热能，又提高了染料的纯度和品质，提升了染料的价值，具有较好的经济效益；同时还大大降低了废水污染，为一绿色生产工艺，是目前国际染料工业的发展方向之一。

选择合适的纳滤膜十分关键。首先是选择纳滤膜的孔径范围，这是纳滤膜选择性分离染料和低分子有机物、盐类的基础。通常用膜对 NaCl 的截留率来表征纳滤膜的孔径大小，膜对 NaCl 的截面率越大，膜的孔径就越小；在满足染料全部截留的要求下，较大孔径的纳滤膜有利于其它物质的透过，实现高效选择分离；在实际生产中，必须能同时满足多种染料除盐、浓缩的要求，膜孔径的选择必须保证能全部截留多种染料。其次是膜材料的选择，必须考虑膜材料与有机物的相容性、膜材料的荷电性及其与溶质的相互作用、膜的污染及清洗等问题。

针对染料溶液特性和纳滤膜技术的特点，采用短流程、高流速工艺，使用 12 支 4in（1in＝0.0254m）卷式纳滤膜。膜法染料精制生产工艺主要包括恒容除盐和浓缩两个过程。在恒容除盐过程中，对染料粗制品不断加水恒容除盐。当物料经过纳滤膜时，在压力作用下染料溶液中的无机盐、低分子有机物等将随水不断透过纳滤膜，而染料则被膜截留住并循环回物料槽中，直到物料中盐含量降低到要求为止。在浓缩过程中在高压泵的循环加压作用下，水不断透过纳滤膜，物料中染料的含量将不断提高，直到能满足喷雾干燥为止。实际生产过程中恒容除盐、浓缩两个过程往往是交替进行的，通常先对物料进行预浓缩，然后再进行恒容除盐和浓缩；在整个生产过程中，透过液流量和循环液体积是不断变化的。

5.4.7　在纯水制备上的应用

在水中硫酸和碳酸的钙、镁盐产生了水硬度，水通过两步 NF 分离过程，第 1 步和第 2 步透过的水均已被纯化，经第 2 步的残余水中含有大部分的硫酸盐和碳酸盐，这些水被排放。进一步的氯处理即可制成标准饮用水。Filmtech 公司 NF70 膜的主要应用就是软化水，由此称之为“水软化膜”，它的操作压力为 0.5～0.7MPa，能脱除 85%～95%的硬度以及 70%的单价离子。

海水的综合利用包括海水淡化、海水制盐及从海水中提取溴、镁、钾、铀等物质。海水通过膜分离组件后，被分为淡化水和浓缩水，淡化水经进一步处理，可作为工业用水和生活用水，浓缩水则可用于制盐及提取溴、镁、钾、铀等。目前海水淡化的主要方法有蒸馏法、电渗析法、冷冻结晶法及反渗透法。其中反渗透法的耗能最小，只有 6～7kW·h/m^3，为蒸发法的 1/4。用离子交换膜生产食盐与传统的盐田法相比，占地面积只需 1/15，人力只需 1/10，食盐的纯度可达 95%以上，而且生产不受天气影响，工艺操作可自动控制。

5.5　高分子分离膜

5.5.1　纤维素膜材料

纤维素是资源最为丰富的天然高分子。它的相对分子质量很大（50 万～200 万），在分解温度前没有熔点，又不溶于一般的溶剂。所以，一般都先进行化学改性，生成纤维素醚或酯。由于在反应时有分子链的断裂，纤维素醚或酯的分子量大大降低，所以纤维素衍生物能溶于一般的溶剂。纤维素是一种稳定的亲水天然高分子化合物。它具有规则的线型链结构，结晶度高，加之其羟基之间形成分子间氢链，故虽高度亲水却不溶于水。纤维素及其衍生物膜材料广泛用于微滤和超滤，也可以用于反渗透、气体分离和透析。因此是最重要的一类膜材料。

醋酸纤维素（CA）是由纤维素与醋酸反应制成的典型纤维膜，应用广泛，具有选择性高、透水量大、耐氯性好、制膜工艺简单等优点。二取代醋酸纤维素含醋酸 51.8%，三取代醋酸纤维素含醋酸 61.85%，主要用作反渗透膜材料，也用于制造超滤膜和微滤膜。醋酸纤维素膜的优点是价格便宜，膜的分离和透过的性能良好。其缺点是 pH 使用范围窄（pH=4～8），容易被微生物分解以及在高压下操作时间长了容易被压密，引起透量下降。醋酸纤维素是纤维素分子中的羟基被乙酰基所取代，削弱了氢键的作用力，使大分子间距离增大，利用具有良好血液相容性和生物相容性，可制得具有泡沫结构的中空纤维膜，用于气体分离、血液过滤等。硝酸纤维素（CN）是由纤维素和硝酸制成的。价格便宜，广泛用作透析膜和微滤膜材料。为了增加膜的强度，一般与醋酸纤维素混合使用。

三醋酸纤维素比二醋酸纤维素具有较高的耐热和耐酸等性能，可制成能分离分子量范围狭小的超滤膜，用于血液过滤。针对 CA 膜的化学和热稳定性不佳，压密性较差，易降解的缺点，开展了不同用途的改性醋酸纤维素膜的研制工作。例如，在 CA 基质中加入适量的丙烯腈与衣康酸共聚物共混纺丝，制取具有较好的形态及结构稳定性的中空纤维血浆分离膜；分离油水用的聚苯乙烯与三醋酸纤维素共混膜；制备耐高温的羟丙基醋酸纤维素膜和钛醋酸纤维素反渗透膜。三醋酸纤维素（CTA）分子结构类似于 CA，但在乙酰化程度以及分子链排列的规整性方面有一定的差异。CTA 不仅具有较好的机械强度，同时具有生物降解性、热稳定性能，将其与 CA 共混可改善 CA 的性能。CA 也可用来制备控制释放药物的胶囊和用来进行膜分离的纤维素胶囊。用亲油单体、亲水单体和两亲单体均相接枝纤维素制取甲基丙烯酸羟乙基酯接枝纤维素膜，具有优良的生物相容性、亲水性，适宜作血液透析膜。

5.5.2 聚酰（亚）胺膜材料

CA 膜不能经受反渗透海水淡化高压操作。20 世纪 60 年代中期芳香聚酰胺（APA）、芳香聚酰胺-酰肼（APAH）首先被选中作为制造耐高压的反渗透膜材料。随后聚苯砜酰胺（APSA）、聚苯并咪唑（PBI）、聚苯并咪唑酮（PBIL）等也相继用作 L-S 法制造耐高压非对称反渗透膜的材料。目前性能最好的海水淡化反渗透复合膜，其超薄皮层都是芳香含氮化合物。脱盐率达到 99.99%的 PEC-1000 反渗透复合膜的皮层是芳香含氮聚醚；PA-300 是芳香聚醚酰胺；FT-30 是芳香聚酰胺。这类复合反渗透膜的分离与透过性能都很好，也耐高压，其缺点是耐氯性能差。

聚酰亚胺（PI）是耐热、耐化学性、耐氧化最好的高分子材料。它有良好的热稳定性，耐有机溶剂性，并有较好的透过速度与分离率。PI 被用于超滤、蒸汽渗透、反渗透、气体分离、LB 膜（亲油及亲水基团分别有序排列的双层选择膜）等。聚酰亚胺是由芳香族或脂环族四酸二酐和二元胺缩聚得到高聚物，一般结构式为

$$
\begin{array}{ccccccc}
 & \mathrm{O} & & \mathrm{O} & & & \\
 & \| & & \| & & & \\
 & \mathrm{C} & & \mathrm{C} & & & \\
\left[\mathrm{N}\right. & & \mathrm{R^1} & & \mathrm{N}-\mathrm{R^2} & \left.\right]_n & \\
 & \mathrm{C} & & \mathrm{C} & & & \\
 & \| & & \| & & & \\
 & \mathrm{O} & & \mathrm{O} & & &
\end{array}
$$

R^1—芳环或脂肪环；R^2—脂肪族碳链或芳环

二酐和二胺的化学结构是影响其透气性的主要因素。由苯二胺、联苯胺、稠环芳二胺制得的聚酰亚胺由于主链刚性大，自由体积小，透气性差，需要改性。

（1）引入取代基增大聚酰亚胺的自由体积可改善其透气性　如用三甲基间苯二胺或四甲基对苯二胺与六氟二酐缩聚得到的多取代聚酰亚胺提高了透气性，但对于透气选择性而言，多取代型比非取代型要低一个数量级。二酐的化学结构也是影响 PI 透气性的主要因素。刚性二酐聚酰亚胺自由体积较大，玻璃化温度（T_g）高，内聚能密度大，所以具有较好的透气性和透气选择性。柔性二酐聚酰亚胺由于链段活动性大，有碍于气体扩散，透气性好，但

透气选择性低。改进方法是把柔性二酐与某些刚性二胺缩聚，可得到兼具有较高透气性和良好选择性的聚酰亚胺分离膜。

理想的聚酰亚胺气体分离膜材料具有如下结构特征：

① 刚性分子骨架和低链段活动性；

② 较差的链段堆砌，即大的自由体积；

③ 链段相互作用要尽可能弱。

含氟聚酰亚胺 6FDA-NDA 和 6FDA-DBA 是具有上述结构特征的两个例子：

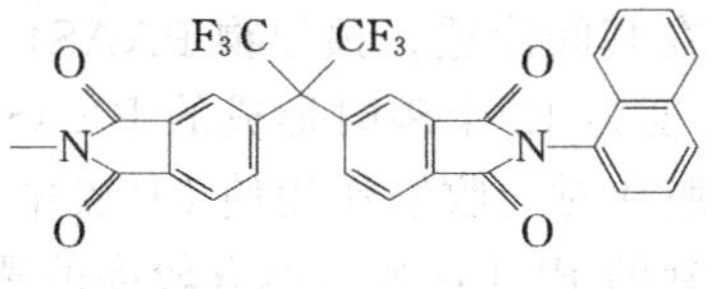

F_3C　CF_3　　F_3C　CF_3

COOH

6FDA-NDA 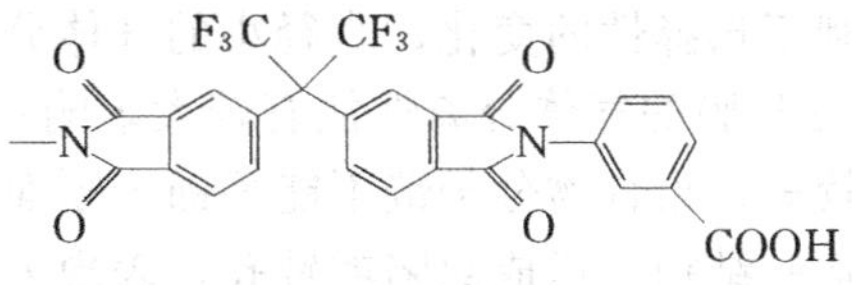　　6FDA-DBA

它们具有很高的透气性和透气选择性，前者的 CO_2 透过系数（P）和 CO_2/CH_4 透过选择系数 α 分别为 5.05×10^6 Pa 和 144；后者的 H_2 透过系数和 H_2/CH_4 透过选择系数分别为 3.2×10^6 Pa 和 427。二酐残基中的"6F"基团有两方面作用，其一是增大自由体积和分子主链的刚性，其二是增大 CO_2 和 O_2 的溶解性，二者的协同效应使 6FDA 型聚酰亚胺兼具有高透气性和高透气选择性。

（2）通过改变单体化学结构来提高其透气性　如在联苯二酐的两个苯环间引入具有较大体积的六氟异丙基后，透气性可提高一个数量级，且其透气选择性并不比联苯型聚酰亚胺逊色。对三苯二醚四酸二酐（HQDPD）型聚醚酰亚胺研究发现，二苯甲烷二胺的氨基邻位甲基取代比氨基间位甲基取代能更有效地改善气体分离性能，表明取代位次可调节 HQDPD 型聚醚酰亚胺的链段局部运动能力和自由体积及其分布。

（3）通过交联改性来获得较理想的选择性和透气性　聚酰亚胺交联形成网络后，链段活动性减小，透气性下降，透气选择性升高。有时交联在减小链段活动性的同时也可增大自由体积，导致透气性和透气选择性同时升高。含羧基的聚酰亚胺 6FDA-DBA 与乙二醇反应交联后，透氢系数和 H_2/CH_4 选择系数可分别提高 15% 和 62%。3,3′,4,4′-二苯甲酮四羧酸二酐（BTDA）分子中两个苯环间的羰基是光活性基团，在 365nmUV 的辐射下 BTDA 型 C—N 键邻位多取代聚酰亚胺会发生分子间光交联。研究发现这类聚酰亚胺在 UV 辐照交联后，在透氧性无太大减小的情况下，O_2/N_2 选择性显著增大，其主要原因在于气体扩散系数的增大和气体扩散选择性的减小。化学交联改性也是改进多取代聚酰亚胺透气选择性的有效方法。例如溴甲基化改性 3,3′,4,4′-联苯四羧酸二酐间苯二胺的膜在 1%～5% 的氨水及有机胺溶液中浸泡 3～10h 后，发生表面交联反应，CO_2 的透过系数可从 2×10^7 Pa 减小至 10^6～10^7 Pa 左右，而 CO_2/N_2 透过选择系数从 30 增至 40～70 左右。

PI 膜作为气体分离用膜材料得到广泛研究并获得初步应用，但常规 PI 膜较厚，气体的透过率均较小。根据气体通量与膜厚成反比的关系，运用 LB 膜技术从分子水平上进行厚度控制得到超薄有序的 LB 膜，是一种提高气体透过速率的潜在方法。由于聚酰亚胺 LB 膜具有超薄、机械强度高、膜中缺陷结构少、并可作多层复合等优点，因而聚酰亚胺 LB 膜也被尝试用于气体分离。

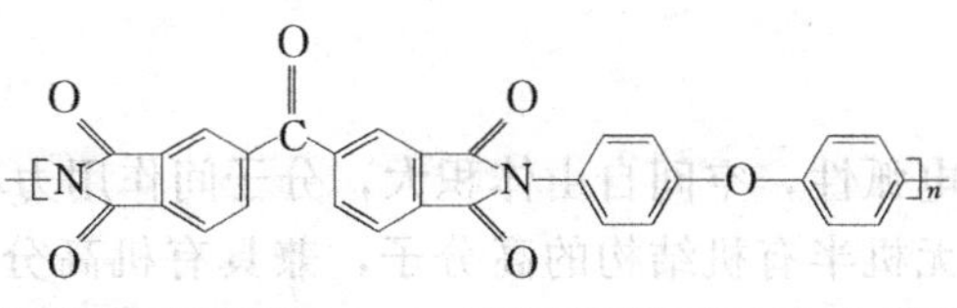

将 30 层 PI4LB 膜复合到最大孔为 18nm 的聚苯醚不对称支撑膜上，得到带有超薄 PI 功

能分离层的复合型气体分离膜。用不同长度侧链烷基叔胺制备聚酰亚胺预聚物（PAAS4）的 LB 膜、PI4LB 膜及 PI4 涂膜的气体分离性能列于表 5-5，PAAS4 或 PI4 的 LB 复合膜的透气速率比 PI4 均质膜大两个数量级，侧链为十六烷基的 PAAS4(16)LB 膜亚胺化后的 PI4(16)LB 膜对 N_2 的透过速率的减小幅度，大大超过对 O_2 和 CO_2 的透过速率的减小幅度，表明该 PILB 膜几乎没有缺陷，气体透过选择性很高，接近厚度数 10μm 的 PI 均质膜。与 PAAS4（16）相比，PI4（16）的选择性大幅度提高，可能是因为亚胺化后化学结构的变化，使聚合物中电荷络合物、氢键、侧链、柔性、有序性、自由体积、聚合物链间距等性质发生了有利于选择性的变化，直径小的气体分子容易在其间渗透。预聚物 PAAS4 中侧链的长度对 PI4LB 膜的气体分离性能有较大影响；侧链长度为 12 个碳时形成的 PAAS4(12)LB 膜疏水基较短，聚合物分子链不能平铺于膜面上，亚胺化时的收缩作用使 LB 膜中产生褶皱和其它非均一结构，形成缺陷或针孔，表现为由此得到的 PI4LB 膜虽然有较高的透气速率，但是透过选择性减小。可以认为，将超薄 PILB 膜复合在较厚的 PPO 等不对称微孔支撑膜上，有希望获得同时具有较大的透过速率和良好选择性的高效气体分离膜。

表 5-5　PAAS、PI 复合分离膜的透过速率和选择系数

超薄膜	$R[\times 10^{-10}\mathrm{mol/(min \cdot cm^2)}]$				
	O_2	N_2	CO_2	O_2/N_2	CO_2/N_2
PAAS4(12)①	5.80	2.54	20.51	2.28	8.08
PAAS4(16)①	27.3	12.70	76.81	2.15	6.05
PI4(12)①	19.44	8.68	70.13	2.24	8.08
PI4(16)①②	12.52	1.60	41.10	7.71	25.73
PI4coating②	0.085	0.011	0.277	8.10	26.38

① 括号中的数据是 PAAS4 中的侧链烷基的长度。

② PI4 膜层的厚度为 30～50μm。

5.5.3　聚烯烃膜材料

乙烯类高聚物是一大类高聚物材料，其中包括聚丙烯腈、聚乙烯醇、聚氯乙烯、聚偏氟乙烯、聚丙烯酸及其酯类、聚甲基丙烯酸及其酯类、聚苯乙烯、聚丙烯酰胺等，前四种已用于分离膜材料。低密度聚乙烯（LDPE）和聚丙烯（PP）薄膜通过拉伸可以制造微孔滤膜。孔一般呈狭缝状，也可以用双向拉伸制成接近圆形的椭圆孔。高密度聚乙烯（HDPE）通过加热烧结可以制成微孔滤板或滤芯，它也可作为分离膜的支撑材料。聚 4-甲基-1-戊烯（PMP）已用作氧、氮分离的新一代膜材料。表面氟化的 PMP 非对称膜，其氧、氮分离系数高达 7～8。

聚丙烯腈（PAN）是仅次于聚砜和醋酸纤维素的超滤和微滤膜材料。也用来作为渗透汽化复合膜的支撑体。由聚乙烯醇与聚丙烯腈制成的渗透汽化复合膜的透量远远大于聚乙烯醇与聚砜支撑体制成的复合膜。以二元酸等交联的聚乙烯醇（PVA）是目前唯一获得实际应用的渗透汽化膜。交联聚乙烯醇膜亦用于非水溶液分离的研究。水溶性聚乙烯醇膜用于反渗透复合膜超薄致密层的保护层。聚氯乙烯和聚偏氟乙烯用作超滤和微滤的膜材料。

5.5.4　有机硅膜材料

有机硅材料耐热，耐电弧性，空间自由体积大，分子间作用力小，内聚能密度低，结构疏松。这类高分子属于半无机半有机结构的高分子，兼具有机高分子和无机高分子的特性，其中聚二甲基硅氧烷（PDMS）是典型代表。PDMS 分子链为：

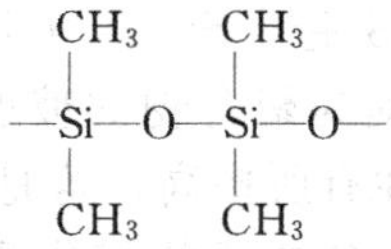

$$-\underset{\underset{CH_3}{|}}{\overset{\overset{CH_3}{|}}{Si}}-O-\underset{\underset{CH_3}{|}}{\overset{\overset{CH_3}{|}}{Si}}-O-$$

作为膜材料的 PDMS 具有螺旋形结构，分子间作用力非常微弱，它是目前工业化应用中透气性最高的气体分离膜材料，但有以下几个缺点：

① 透气选择性低；

② 超薄化困难；

③ 强度很差，不能单独做膜。

如与其它高分子共聚解决支撑问题，其选择系数亦可提高。Kiyotsukuri 使

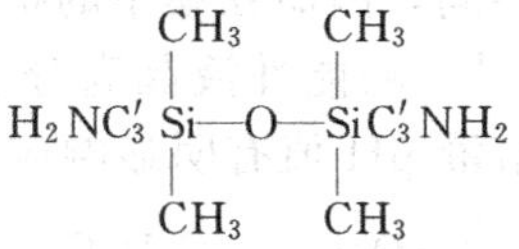

$$H_2NC_3'\underset{\underset{CH_3}{|}}{\overset{\overset{CH_3}{|}}{Si}}-O-\underset{\underset{CH_3}{|}}{\overset{\overset{CH_3}{|}}{Si}}C_3'NH_2$$

与 $HOOC(CH_2)_nCOOH(n=0\sim10)$ 于 160～170℃ N_2 中热缩合 3～4h，热压成膜。当共聚物中含硅量为 15.6%时，在 60℃、20%NaOH 中 4h 不降解，其中透过率 $P(O_2)$ 为 2.04×10^{-4} Pa，选择系数 $\alpha(O_2/N_2)$ 为 2.73。在上述反应中加入一种三元酸，如苯间三羧酸为交联剂，也可做成透明柔软膜，在 60℃时氧气透过率最高可达 3.2×10^{-4} Pa，选择系数 $\alpha(O_2/N_2)$ 为 6.8。

鉴于含氟化合物对氧之溶解性能高，而硅亚苯基又能使 O_2/N_2 分离选择性提高，合成了硅氧主链上有亚苯基，侧基上含氟的聚合物，结构为

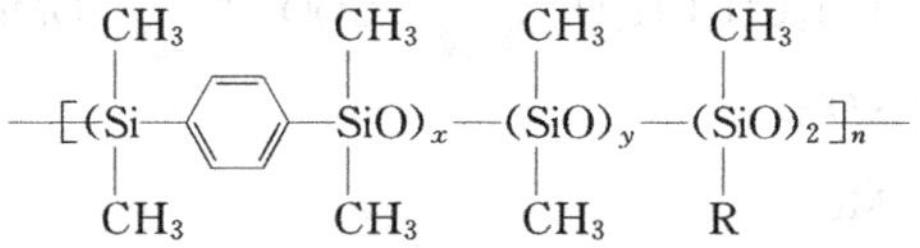

$$-\!\!\left[\left(\underset{\underset{CH_3}{|}}{\overset{\overset{CH_3}{|}}{Si}}-C_6H_4-\underset{\underset{CH_3}{|}}{\overset{\overset{CH_3}{|}}{Si}}O\right)_x-\left(\underset{\underset{CH_3}{|}}{\overset{\overset{CH_3}{|}}{Si}}O\right)_y-\left(\underset{\underset{R}{|}}{\overset{\overset{CH_3}{|}}{Si}}O\right)_2\right]_n\!\!-$$

$$R=CH_2CH_2CF_3,\ (CH_2)_3OC\ (CF_3)_2F$$

其中亚苯基链段平均 x 为 100，熔点>130℃。结果表明，F 取代烷基或芳基以后都可提高选择系数 $\alpha(O_2/N_2)$ 之值，甚至达到 2.5。

聚硅氧乙烷与血液有良好的相容性，可用于医药工业。它和 PDMS 组成的膜，视两种高分子在组成中的多少可对药物有选择性的释放。如环氧端基的 PDMS 在 BF_3 催化下与聚乙二醇加成：

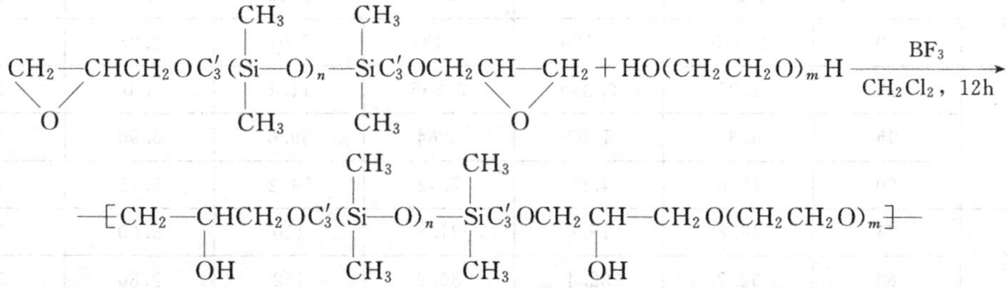

$$\underset{\diagdown O \diagup}{CH_2-CH}CH_2OC_3'\left(\underset{\underset{CH_3}{|}}{\overset{\overset{CH_3}{|}}{Si}}-O\right)_n-\underset{\underset{CH_3}{|}}{\overset{\overset{CH_3}{|}}{Si}}C_3'OCH_2\underset{\diagdown O \diagup}{CH-CH_2}+HO(CH_2CH_2O)_mH\xrightarrow[CH_2Cl_2,\ 12h]{BF_3}$$

$$-\!\!\left[CH_2-\underset{\underset{OH}{|}}{CH}CH_2OC_3'\left(\underset{\underset{CH_3}{|}}{\overset{\overset{CH_3}{|}}{Si}}-O\right)_n-\underset{\underset{CH_3}{|}}{\overset{\overset{CH_3}{|}}{Si}}C_3'OCH_2\underset{\underset{OH}{|}}{CH}-CH_2O(CH_2CH_2O)_m\right]\!\!-$$

生成的羟醚链节的羟基在 BF_3 的作用下可进一步与过量的环氧基作用产生交联，同时环氧端基在没有羟基的参与下借 BF_3 催化也会自聚生成另外一种交联。两种交联生成互穿网络，前者亲水，后者疏水。亲水网络对亲水药物如维生素 B_{12} 的扩散有利。疏水网络则对疏水药物如甾体类药物扩散有利，可以调节两种组分的配比对药物选择性释放。

对 PDMS 的改性有侧链和主链两种方法。侧链改性是用较大或极性基团取代 PDMS 侧链上的 CH_3。侧链改性的热点是设法使 PDMS 侧链上接上羧乙基，如聚 2-羧乙基甲基硅氧烷（PCMC）与 PDMS 按（4∶1）～（1∶1）的比例熔融共混制膜，其透过率为 3×10^{-3} Pa，而选择系数 $\alpha(O_2/N_2)$ 将提高到 3.9。更主要的是它可制得超薄化的膜，从而大大提高了透

过率。主链改性是通过共聚法在 PDMS 主链 Si—O 上增加较大的基团，或用 Si—CH_2 刚性代替 Si—O 柔性主链。两种改性都将提高聚合物的玻璃化温度（T_g）和链段堆砌密度。渗透系数随侧基的增大而下降，但选择性有所提高。这是由于侧基增大后，高分子链的空间位阻增大，不利于分子链的运动。由 Si—O 构成的高分子主链其运动能力较由 Si—C 或 C—C 构成的高分子链要强，有利分子的扩散透过。另外，聚三甲基甲硅烷基丙炔、聚乙烯基三甲基硅烷也有较高的透气性。其中聚三甲基甲硅烷基丙炔的气体透过率比聚二甲基硅氧烷要高一个数量级，这是由于其自由体积大。

5.5.5 液晶复合高分子膜

高分子与低分子液晶构成的复合膜具有选择渗透性。液晶高分子膜的选择渗透性是由于粒子（气体分子、离子等）的尺寸不同，因而在膜中的扩散系数有明显差异，这种膜甚至可以分辨出粒子直径小到 0.1nm 的差异。功能性液晶高分子膜易于制备成较大面积的膜，强度和渗透性良好，对电场，甚至对溶液 pH 值有明显响应。

$$-\!\!\left[OOC-C_6H_4-C(CH_3)_2-C_6H_4-O\right]_n\!\!- \qquad C_2H_5O-C_6H_4-CH{=}N-C_6H_4-C_4H_9$$

PC　　　　　　　　EBBA

将高分子材料聚碳酸酯（PC）和小分子液晶对(4-乙氧基亚苄基氨基)丁苯（EBBA）按 40/60 混合比制成复合膜，可用于 n-C_4H_{10}、i-C_4H_{10}、C_3H_8、CH_4、He 和 N_2 的气体分离。在液晶相气体的渗透性大大增强，而且更具选择性。GingHoHsih 制备了含有介晶侧基的硅氧烷，结构式为

$$-\!\!\left[\underset{\displaystyle Me}{\overset{\displaystyle CH_2CH_2CH_2O-C_6H_4-COO-C_6H_4-OMe}{SiO}}\right]_n\!\!-$$

在甲苯中成膜，将该膜夹在两片聚丙烯的膜中测试它对 4 种气体在不同温度下的透过率和选择系数，结果见表 5-6。

表 5-6　4 种气体在不同温度下的透过率和选择性系数

热状态	温度/℃	$P/\times10^5$ Pa				α	
		O_2	N_2	CH_4	CO_2	O_2/N_2	CO_2/CH_4
玻璃态	0	0.228	0.076	0.079	1.15	3.0	14.6
	10	0.375	0.126	0.137	2.07	2.98	15.2
向列晶态	25	1.35	0.380	0.655	11.1	4.0	16.9
	45	6.37	1.63	2.64	39.6	3.90	15.0
	60	18.6	4.95	7.42	74.2	3.75	10.0
各向同性态	75	46.8	15.6	21.8	110	3.00	5.04
	82	62.7	22.4	30.9	152	2.80	5.00
	90	87.1	31.5	39.0	200	2.76	5.13

表 5-6 中数据表明，几种气体的透过率都是随温度升高而增加的，从玻璃态到向列晶态都有一飞跃，增加了 5 倍。而从向列晶态到各向同性态，虽有增加但无飞跃。通常是透过率加大，选择系数降低。但从玻璃态转变到介晶态时，O_2/N_2、CO_2/CH_4 两对气体的 α 值都突然升高，分别从 2.98 到 4.0 和 15.2 到 16.9。若温度继续升高 α 反而下降。可能是液晶复合高分子中的液晶由两种不同的微区组成，一种是有螺旋形的硅氧主链骨架，另一种是各向异性的较为有序的介晶侧基。当温度小于 T_g 时，侧基被冻结，介晶区域成为气体通过的障

碍。气体主要是通过无定形的硅氧主链区通过，透过率较小。当温度大于 T_g 时，侧基有相当的链段运动，气体不仅可通过无定形区，亦可通过介晶区，透过率因之大许多。而超高分子的有序排列可能使选择系数 α 在介晶范围加大。

在聚碳酸酯（PC）或聚氯乙烯（PVC）中添加液晶化合物如 EBBA 等发现，在液晶的 N～K 相变温度附近，膜的透过率有 2～3 个数量级的突变。这样的膜可由温控来调节其透过率。若将液晶 EBBA 添加于 PVC 中，外加电场使其垂直排列也能大幅度提高透过率。用合成橡胶（SBR，PB）和聚二甲基硅氧烷（PDMS）分散 α,ω-对乙氧羰基苯甲酸聚乙二醇酯（PEECB）而得到聚合物分散液晶复合膜（PDLCM）。PEECB-*m* 结构式如下：

$$C_2H_5OCOO-\langle\bigcirc\rangle-COO-(CH_2CH_2O)_m-OOC-\langle\bigcirc\rangle-OOCOC_2H_5$$

其中 m=2、3、4.05、6.90。用这种膜进行富氧分离，当 PEECB-4.05（4.05 为聚醚软段的数均聚合度 DP）的含量超过某一临界值［约 23.0%（质量分数）］时，室温下 SBR/PEECB-4.05/PDMS 体系膜的氧气透过率 $P(O_2)$ 值达 $7\times10^6\sim6.34\times10^7$Pa，增加约 60 倍，$\alpha(O_2/N_2)$=3.47～2.59 且 PEECB-*m* 中聚醚软段的长短将直接影响膜选择透气性能。当 PEECB-*m* 中聚醚软段重复单元为奇数时，PDLCM 复合膜的 P（O_2）值较高。因为当 m 为奇数时，短程的聚醚软段较 m 为偶数时更易于构象伸展，有利于氧气的溶解和扩散。高分子聚合物-液晶-冠醚复合膜在紫外（λ=360nm）和可见光（λ=460nm）照射下，金属离子 K^+ 会发生可逆扩散。复合膜的这一奇异功能可用于人工肾脏和环境保护。研究冠醚液晶/PVC二元复合膜的离子传输性质后发现，Na^+、K^+、Li^+ 在复合膜为液晶态时的传输速度比在晶态和各向同性液态快。

5.5.6　高分子金属络合物膜

从空气中分离出 N_2 和 O_2 是工业上进行的规模最大的气体分离。现有聚合物膜受透过率和选择性的限制，仅在有限的情况下（如从空气中小规模分离出 N_2）使用膜进行气体分离才是经济的，而高分子金属络合物膜很有发展前景。高分子金属络合物（MMC）是指由金属和高分子通过键合而成，而性质不同于聚合物与普通的过渡金属络合物、金属原子或金属簇的简单混合物体系。键合于聚合物基质上的金属络合物即 MMC，在键合小分子的反应中常常表现出特殊性质。金属离子及其络合物的特有化学功能之一是对小分子或气体分子的特定的和可逆的结合。在人体中由血红蛋白进行的有效氧输运是一个典型例子。将络合物固定在刚性聚合物链上做成固体 MMC 膜，避免两个络合物互相太靠近以免发生二聚反应。

通过固体膜中的固定载体（络合物）进行小分子或气体分子的促进输运。以氧气为例，固定载体从上流膜的接触面处的空气中选择性地提走氧分子，如进入膜的氧分子按其在膜内纵向的浓度梯度被固定载体从膜上流侧转移到膜下流侧，在膜下流侧接触面处载体将氧分子释放出来。如果固定载体构成的氧通道效率高，则氧气的输运会得到增强。通过微容积的测量证实了固定络合物对氧气具有选择性可逆键合。例如，含 30%钴卟啉（CoP）络合物的膜可吸附氧气大约 7mL/g 聚合物，这已超出了物理方式溶解进去的 O_2 的 500 倍。如此超大量的氧气溶解到聚合物膜中，是以聚合物膜中 CoP 络合物对氧气的化学选择性可逆键合为基础的。

将一种固体 MMC 膜（其中的 CoP 具有反应动力学活性）用于化学选择性氧气输运，从而成功实现了气体分子透过固体 MMC 膜的促进输运。固定在膜中的活性 CoP 络合物使 O_2 在膜中易于输运，并增强了 O_2 的渗透。$P(O_2)$ 随掺和 CoP 浓度的增大而增大。当膜中络合物的含量为 0、2.5%、4.5%CoP 时，$\alpha(O_2/N_2)$ 分别为 3.2、5.7、12。此结果表明，使用 MMC 膜可实现气体的高渗透选择性分离，而且以络合作用为媒介的促进输运可同时提高透过率和选择性，克服了现有聚合物膜的高透过率和选择性不能同时满足的缺点。目前从空气中分离 N_2，当产品流出速率和要求的产品纯度大小居中时，膜分离往往是最佳选择。试验表明，用现有膜分离得到的粗N_2经MMC膜体系进一步分离，纯度可达99%。在固体MMC膜中的钴Schiff碱络合物也能作为固定载体来输运O_2，$P(O_2/N_2)$的比值随钴络合物浓度增大而增大，含12%络合物的膜的$\alpha(O_2/N_2)$大于10。通过将一些金属络合物引入聚合物中制作成MMC膜，可获得高选择性和高效的气体分离。MMC膜的实际应用可行性已得到肯定。并且这类膜具有容易制备，膜和载体稳定性高的优势，因而具有巨大发展潜力和商业价值。

5.6 纳滤膜

纳滤是介于反渗透和超滤之间的一种压力驱动型膜分离技术。它具有两个特性：

① 对水中的分子量为数百的有机小分子成分具有分离性能；

② 对于不同价态的阴离子存在Donnan效应。

纳滤膜是介于反渗透膜及超滤膜之间的一种新型分离膜，能使90%的NaCl透过膜，而使99%的蔗糖被截留。由于该膜在渗透过程中截留率大于95%的最小分子约为1nm（不对称微孔膜平均孔径为2nm），故被命名为"纳滤膜"（nanofiltration membrane，NF），这就是"纳滤"一词的由来。在此术语出现之前，该膜曾被称为"选择性反渗透膜"。NF膜大多从反渗透膜衍化而来，如CA-CTA膜、芳族聚酰胺复合膜和磺化聚醚砜膜等，以及无机膜。纳滤膜具有以下特点。

① 纳米级孔径　纳滤膜表面孔径处于纳米级范围，因而其分离对象主要为粒径1nm左右的物质，特别适合于相对分子质量为数百至1000的物质分离。

② 具有离子选择性　荷电纳滤膜能根据离子大小及电价高低对低价离子与高价离子进行分离。其对不同价态离子截留效果不同，对单价离子的截留率低，对二价和高价离子的截留率明显高于单价离子。对阴离子的截留率按下列顺序递增：NO_3^-、Cl^-、OH^-、SO_4^{2-}、CO_3^{2-}；对阳离子的截留率按下列顺序递增：H^+、Na^+、K^+、Mg^{2+}、Ca^{2+}、Cu^{2+}。

③ 操作压力低　纳滤过程所需操作压力一般低于1.0MPa，操作压力低意味着对系统动力设备要求降低，这对于降低整个分离系统的设备投资费用是有利的。

④ 较好的耐压密性和较强的抗污染能力　由于纳滤膜多为复合膜及荷电膜，因而其耐压密性和抗污染能力强。

由于纳滤膜具有纳米级膜孔径、膜上多带电荷等结构特点，因而主要用于以下几个方面：

① 不同分子量的有机物质的分离；

② 有机物与小分子无机物的分离；

③ 溶液中一价盐类与二价或多价盐类的分离；

④ 盐与其对应酸的分离。

从而达到饮用水和工业用水的软化，料液的脱色、浓缩、分离、回收等目的。

5.6.1 纳滤膜的分离机理与性能

纳滤膜的分离机理遵循下列膜传递方程式：

$$J_W = A(\Delta P - \Delta\pi) \tag{5-6}$$

$$J_S = B\Delta c \tag{5-7}$$

式中　J_W，J_S——溶剂和溶质的膜通量；

A，B——与膜材质有关的常数；

ΔP，$\Delta\pi$，Δc——膜的两侧外加压力差、渗透压差和溶质的浓度差。

由于无机盐能透过纳滤膜，使其渗透压远比反渗透膜的低。因此在通量一定时，纳滤过程所需的外加压力比反渗透的低得多；而在同等压力下，纳滤的通量则比反渗透大得多。此外纳滤能使浓缩与脱盐同步进行。所以用纳滤代替反渗透，浓缩过程可有效、快速地进行，并达到较大的浓缩倍数。

纳滤膜分有不同系列，如以色列 MPW 公司的纳滤膜件分有区号 10、20、30、40、50 和 60 六大系列，各膜件皆有特定的分子量截留区（截止相对分子质量为 200～400 不等），操作的 pH 值范围，耐溶剂性能及使用温度。其中 10 和 20 系列膜具有敏锐的分子量截留区及大的通量，耐溶剂性能适中；30 系列膜可耐强酸、强碱，耐热性好；40 至 60 系列膜在各种溶剂中均保持良好的稳定性，其中 40 系列膜在成膜材料中引入某些极性基团，为亲水性膜，而 50 和 60 系列膜则为疏水性膜。表 5-7、表 5-8 给出了某些 NF 膜的性能和分离特性。可以看出，不同的 NF 膜有其各自的性能。通常对单价离子脱除率低，对硫酸根和蔗糖的脱除率高；另外对单价离子的脱除率随浓度的增高而迅速下降。这些特性来源于膜材料、膜的结构和形态，以及膜的表面性质等。

表 5-7　一些纳滤膜的性能

模型号	厂商	性能		试验条件	
		脱盐率/%	通量/[L/(m²·h)]	压力/MPa	进料 NaCl/(mg/L)
Desal-5	Desal	47	46	1.0	1000
NF-40	Filmtec	45	43	1.0	2000
NF-70	Filmtec	80	43	0.6	2000
NTR-7410	Nitto	15	500	1.0	5000
NTR-7450	Nitto	51	92	1.0	5000
SU-600	Toray	55	28	0.35	500
SU-200NF	Toray	50	250	1.50	1500
ANM™	Trisep	40	40	0.70	1000
PVDI	Hydranautics	60	60	1.0	1500
MPT-10	Memb. Prod.	63	30	1.0	2000

表 5-8　一些纳滤膜的分离特性

溶质	膜型号							
	NF-40	NF-70	NTR-7450	NTR-7410	NTR-7250	SU-600	SU-200	ANM™
NaCl	40	70	51	15	60	80	65	40
Na_2SO_4	—	—	92	55	99	—	99.7	—
$MgCl_2$	20	—	13	4	90	—	99.4	—
$MgSO_4$	95	98	32	9	99	99	99.7	98
乙醇	—	—	—	—	26	10	—	—
异丙醇	—	—	—	—	43	35	17	—
葡萄糖	90	98	—	—	94	—	—	—
蔗糖	98	99	36	5	98	99	99	97
试验条件								
W(进料)/%	0.20		0.20			0.10		0.10
压力/MPa	0.40		1.00			0.75		0.70
温度/℃	25		25			25		25

5.6.2 纳滤膜的制备方法

纳滤膜的表面致密层较反渗透膜的疏松，但较超滤膜的致密，目前主要有 4 种制备方法。

5.6.2.1 转化法

通过调节超滤膜或反渗透膜的制膜工艺将超过滤膜表层致密化或反渗透膜表层疏松化而制得纳滤膜。利用此法，高田耕一等人先制得小孔径的聚 β-氯苯乙炔（PPCA）超滤膜，再对该膜进行热处理和磺化，制得 PPCA 纳滤膜。该膜在 0.4MPa 压力下对聚乙烯醇 1000 的截留率达 94%，水通量为 $1.3m^3/(m^2 \cdot 天)$。利用 RO 膜疏松化制得的纳滤膜的例子有 LP-300 和 NS-300 膜。

5.6.2.2 共混法

将 2 种或 2 种以上的高聚物进行液相共混，在相转化成膜时，利用它们之间的协同效应制成具纳米级表层孔径的合金纳滤膜。利用此法制成了醋酸-三醋酸纤维素（CA-CTA）纳滤膜和 CA-PPOBrP 纳滤膜。

5.6.2.3 复合法

在微孔基膜复合上一层具纳米级孔径的超薄表层，是目前用得最多也是较有效的制备纳滤膜的方法，包括微孔基膜和超薄表层的制备。

（1）微孔基膜的制备　主要有两种制备方法。一种是烧结法，可由陶土或金属氧化物（如 Al_2O_3、Fe_2O_3）高温烧结而成，也可由高聚物粉末（如 PVC 粉）热熔而成；另一种是 L-S 相转化法，可由单一高聚物形成均相膜，如聚砜超滤膜，也可由 2 种或 2 种以上的高聚物经液相共混形成合金基膜，如含酞侧基聚芳醚酮-聚砜（PEKC-PSF）合金膜。

（2）超薄表层的制备　目前超薄表层的制备及复合方法主要有涂覆法、浸渍法、界面聚合法、化学蒸气沉积法、动力形成法，另外还有正处在研究中的水力铸膜法、等离子体法等。其中用得较多的有以下几种。

① 涂覆法　将铸膜液直接刮涂到基膜上，再借外力将铸膜液轻轻压入基膜的大孔中，然后用相转换法成膜。对无机铸膜液（如氧化钛），可先将其形成颗粒细小均匀的氢氧化物胶粒沉淀在无机基膜（如微孔 Al_2O_3 基膜）上，再经高温烧结并控制好其在溶胶-凝胶转化时晶型的变化，形成纳米级孔径；对高聚物铸膜液，涂刮到基膜后，经外力将铸膜液压入基膜的微孔中，再经 L-S 相转化成膜。该方法的关键是合理选择和基膜相匹配的复合液并调节工艺条件。另外，还可以用此法将有机和无机铸膜液相结合而制成有机-无机双活性层纳滤膜，从而使有机、无机双活性层达到膜性能的互补。

② 化学蒸气沉淀法　该方法是先将一化合物（如硅烷）放在高温下使其变成能与基膜（如金属氧化物微孔基膜）反应的化学蒸气，与基膜反应后形成具纳米级孔径的表层。

③ 动力形成法　利用溶胶-凝胶相转化原理，将一定浓度的无机或有机聚电解质用循环加压方式逐层沉积到微孔基膜上。几乎所有的有机或无机聚电解质均可作为动力膜材料，无机类如 Al^{3+}、Fe^{3+}、Si^{4+}、Th^{4+}、V^{4+} 等离子的氢氧化物或水合氧化物；有机类如聚丙烯酸、聚乙烯磺酸、聚丙烯酰胺等。由于该类物质亲水性较大，故所制得的膜的水通量较大。

④ 界面聚合法　界面聚合法是目前世界上最有效的制备纳滤膜的方法，也是工业化 NF 膜品种最多、产量最大的方法。这类膜工业的主要有 NF 系列、NTR 系列、UTC 系列、ATF 系列、MPT 系列、MPF 系列及 A-15 膜等。

利用 Morgan 的界面聚合原理，使反应物在互不相容的两相界面处反应成膜。一般方法就是用微孔基膜吸取溶有一类单体或预聚物的水相，沥去过多水相后，在溶有另一单体的油相（如环己烷）中接触反应一定时间成膜。为了得到更好的膜性能，一般还需水解荷电化、离子辐射或热处理等后处理过程。该方法的关键是基膜的选取和制备及调控两类反应物在两相中的分配系数和扩散速度，以使表层疏松程度合理化并且尽量薄。目前用此法制得的 NF 膜在（1.5～2.0）MPa 压差下，对质量分数为 0.5%～1.0%的 NaCl 溶液的脱盐率可达 95%～99%，水通量为 0.5～1.3$m^3/(m^2 \cdot d)$。

5.6.2.4 荷电化法

荷电化法是制备纳滤膜的重要方法。通过荷电化不仅可以提高膜的耐压密性、耐酸碱性及抗污染性，同时利用道南离子效应分离不同价态的离子，提高膜的选择性。荷电膜大体分两类：一类是表层荷电膜；另一类是整体荷电膜。荷电的方法很多，并且为了制得高性能的纳滤膜，往往和其它方法如共混法、复合法结合。大体上有以下几种：

① 表层化学处理；

② 荷电材料通过 L-S 相转化法直接成膜；

③ 含浸法；

④ 成互聚合法。

其中较有效的是含浸法，该方法就是将基膜浸入含有荷电材料的溶液中，取出后再借热、光、辐射等使之交联固化。该方法对提高基膜、复合层间的结合强度及复合层的强度很有用。成互聚合法是将基膜浸入一种聚电解质和一种高分子的共溶液中，取出后使之在一定条件下成膜。这类膜有聚阴离子和聚阳离子膜。聚阴离子如碱金属的磺酸盐，聚阳离子如聚苯乙烯三甲基氯胺。这类膜目前可在较低压力下从蔗糖（M_w=342）中分离葡萄糖（M_w=180）。

目前工业化的 NF 膜有许多都是荷电膜，这种膜的制膜关键是根据分离对象的性质来决定是荷负电还是荷正电，同时控制好离子交换容量（I. E. C 值）及膜电位。

5.6.3 操作条件对 NF 膜分离性能的影响

5.6.3.1 操作压力

在不同 NaCl 和 $MgSO_4$ 浓度时压力对 NF240 膜分离性能影响如图 5-6。从图中可知，浓度一定时随压力增大，水通量几乎直线上升，脱盐率也呈上升趋势。这可以从溶解-扩散模型得到解释。由该模型得水通量公式：

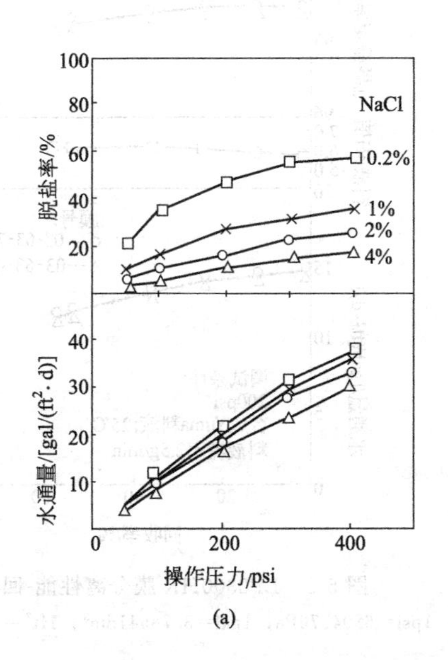

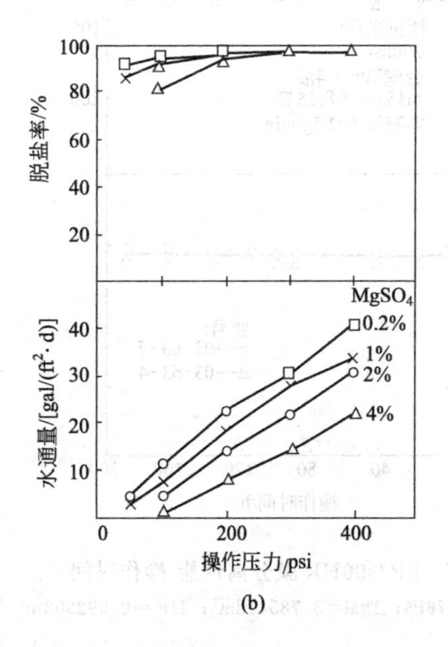

图 5-6 NF240 膜分离性能与操作压力及 NaCl（a）和 $MgSO_4$（b）浓度关系

1psi=6894.76Pa；1gal=3.78541dm^3；1ft^2=0.092903m^2

$$F_w = A(\Delta P - \beta\Delta\pi) \tag{5-8}$$

式中 F_w——水通量；

A——水透过系数；

ΔP——压力差；

β——浓差极化因子；

$\Delta\pi$——渗透压。

盐通量公式：

$$F_s = B(\beta c_1 - c_2) \tag{5-9}$$

式中 F_s——盐通量；

B——盐透过系数；

β——浓差极化因子；

c_1——料液盐浓度；

c_2——透过液盐浓度。

浓差极化因子公式：

$$\beta = c_b / c_m \tag{5-10}$$

式中 c_b——膜液界面盐浓度；

c_m——料液主体盐浓度。

从公式(5-8) 可知，水通量随压力呈线性增大；从公式(5-9) 可知，盐通量与压力无直接的关系，只是膜两侧盐浓度的函数，随压力增加，透过膜的水量增大而盐量不变，故脱盐率增大，但也使 c_2 减小，膜两侧盐浓度增大，有降低脱盐率的趋势，这两方面的共同作用使脱盐率增加逐渐变缓，最后趋于定值。

5.6.3.2 操作时间

由于NF膜制备大多采用复合法，故耐压密性较整体不对称膜好。从LP2300HR膜的分离性能随操作时间变化（图5-7）可知，随着时间的增加，膜的水通量和脱盐率基本不变。

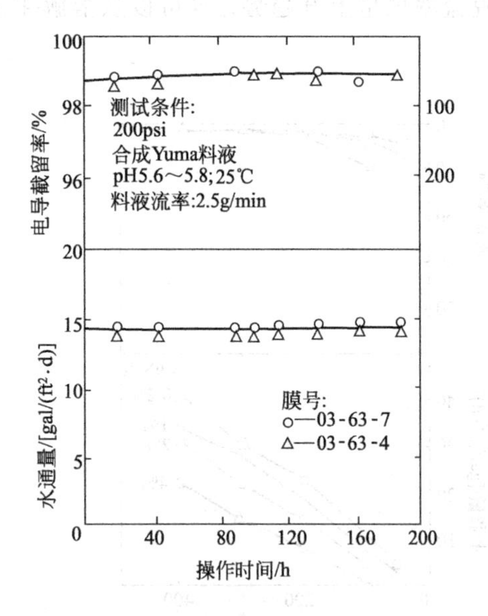

图5-7 LP2300HR膜分离性能-操作时间

1psi=6894.76Pa；1gal=3.78541dm³；1ft²=0.092903m²

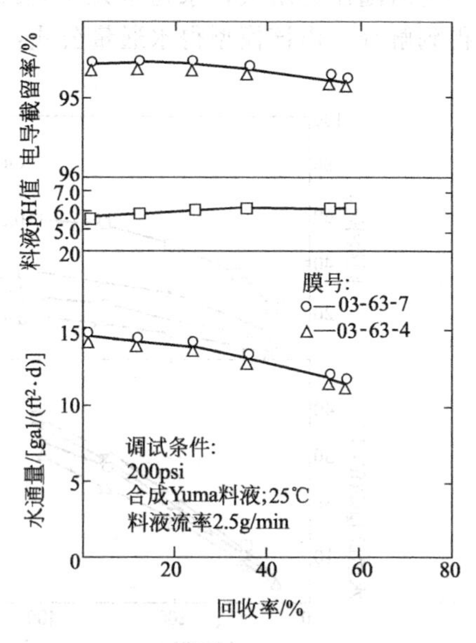

图5-8 LP2300HR膜分离性能-回收率

1psi=6894.76Pa；1gal=3.78541dm³；1ft²=0.092903m²

5.6.3.3 料液回收率

图5-8是LP2300HR膜分离性能-回收率关系图。从图中可知，随回收率的提高，水通

量、脱盐率均下降。这主要是由于回收率增大使料液浓度增大，回收率为 50%时，料液浓度将是原液的一倍，回收率为 90%时，则增大为原液的十倍。主体料液浓度的提高也使得膜液界面处盐浓度提高，对于微溶性盐如 $CaSO_4$ 在高回收率时，该盐的溶解度极限就会被超过，导致盐在膜表面的沉积，引起水通量下降。同时从公式(5-9) 可知，c_1 提高使得盐通量升高，从而脱盐率下降。

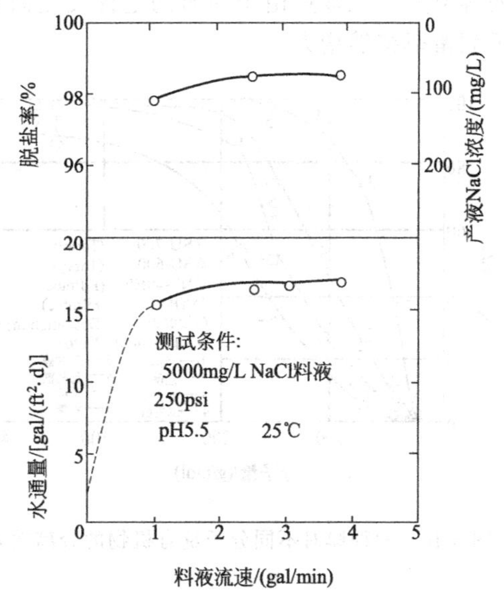

图 5-9 LP2300HR 膜分离性能-料液流速

1psi=6894.76Pa；1gal=3.78541dm³；1ft²=0.092903m²

5.6.3.4 料液流速

从图 5-9 中可知流速增大，脱盐率和水通量同时增大，并逐渐趋于稳定，这主要是流速增大，使主体料液浓度 c_1 和膜液界面处料液浓度趋于一致，浓差极化减小，β 值降低趋于 1，水通量和脱盐率逐渐升高并趋于稳定。

5.6.4 物料性质对 NF 膜分离性能的影响

有机物的分子量对 NF 膜截留率的影响（图 5-10）表明，RO 膜（图中 SU-700）的截留相对分子质量在 100 以下，而 NF 膜的截留相对分子质量则在 200 以上；在 NF 膜的截留分子量以下，分子量越小，截留率越低；截留分子量越小的 NF 膜，对同一分子量有机物的截留率则越高。

NF 膜对离子的截留率受到共离子的强烈影响（表 5-9）。对同一种膜而言，在分离同种离子并在该离子浓度恒定条件下，共离子价数相等，共离子半径越小，膜对该离子的截留率越小；共离子价数越高，膜对该离子的截留率越高。

表 5-9 三种纳滤膜对不同无机离子的分离数据①

组 分	浓度/(mol/L)	膜 号					
		Desal-5(Desalination)		NF-40HF(Filmtec)		SU-600(Toray)	
		V_p/[L/(m²·h)]	R/%	V_p/[L/(m²·h)]	R/%	V_p/[L/(m²·h)]	R/%
NaCl	0.01	34	57	35	64	73	57
KCl	0.01	44	61	38	72	75	55
Na_2SO_4	0.005	40	98	39	99	—	—
K_2SO_4	0.005	—	—	—	—	73	99
HCl	0.01	38	29	34	4	80	17

① 测试条件：25℃，1MPa。

离子浓度对 NF 膜分离性能也有影响，图 5-6 数据说明，NaCl、$MgSO_4$ 浓度的增大，膜的水通量和脱盐率均下降。其原因同前述的回收率的提高使料液浓度提高所引起膜分离性能的变化一样。

在制备 NF 膜时，为了提高膜的分离性能，往往使膜荷电化。因此，大多数 NF 膜表层总带有一定的电荷。在处理像氨基酸这样的物质时，pH 值的不同就使得这些物质的荷电性不同，进而由于膜的荷电性相互作用的差异引起膜的截留率产生变化。NTR-7410 膜在不同 pH 值时对三种氨基酸的截留率（图 5-11）表明，对任一氨基酸，随 pH 值增大，开始截留率基本不变，但当pH值增大到一定值时，膜的截留率突然增大，该pH值就是膜与该物质的等电点。在该点由于物质的电性突变而具有与膜表层相同的电性，同性电荷相斥，而使得膜截留率突然增大。

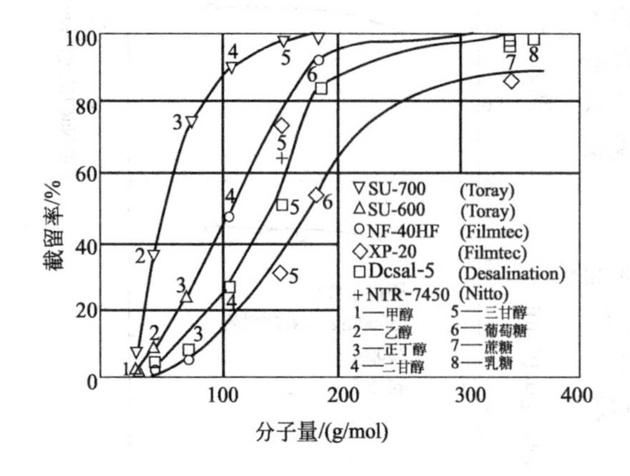

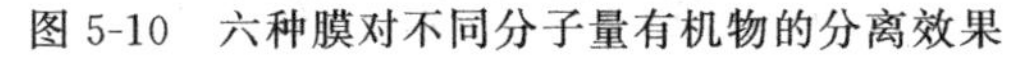
图5-10 六种膜对不同分子量有机物的分离效果

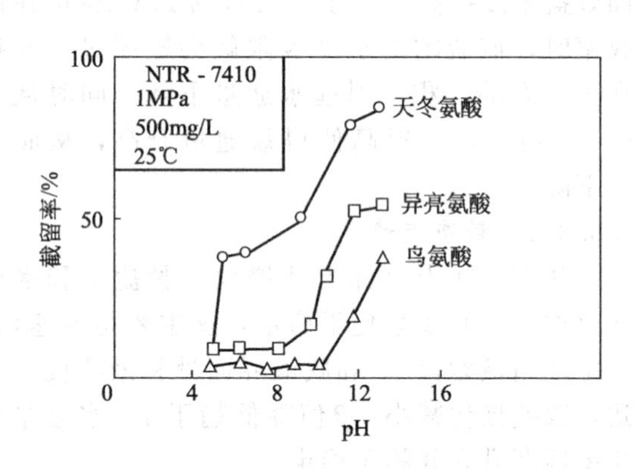

图5-11 pH值对NF膜截留率的影响

5.7 超滤膜

超滤膜多数为非对称膜，由一层极薄（通常仅0.1～1μm）的具有一定孔径的表皮层和一层较厚（通常为125μm）的具有海绵状或指状结构的多孔层组成。前者起筛分作用，后者主要起支撑作用。当物料和溶剂被超过滤膜分隔开时，由于超过滤膜上有许多微孔，允许溶剂和某些小分子量物质自由通过膜，因而很快两侧溶剂和那些可以自由通过膜的小分子物质达到平衡。但物料中含有许多大分子物质不能通过膜，而是在膜两侧形成渗透压差，物料侧渗透压大于溶剂侧渗透压。这时在物料侧施加一定压力（一般大于两侧的渗透压差），则可以使物料侧的小分子物质向溶剂侧转移，使溶剂侧渗透压或液柱静压上升。若压力足够大，物料中的溶剂大量进入溶剂侧，这样仅在一种操作中就可完成渗析，从大分子溶液中除去小分子物质和浓缩，从物料中脱去部分溶剂，从而达到物料的分离和浓缩。超滤膜的基本性能包括孔隙率、孔结构、表面特性、机械强度和化学稳定性等，其中孔结构和表面特性对使用过程中的膜污染、膜渗透流率及分离性能具有很大影响。表征超滤膜性能的主要有三个参数：纯水渗透流率、截留率和截留分子量。

5.7.1 超滤原理

描述超滤传质的动力学过程和机理主要以下有几种。

5.7.1.1 孔模型

Lacey认为溶质被截留是因为溶质分子太大，不能进入膜孔；或者由于摩擦力，大分子溶质在孔中流动受到的阻碍大于溶剂和水分子溶质。该模型认为大分子溶质不能百分之百截留，是因为膜孔径有一分布。由孔模型可以预料到膜的透水量正比于操作压力，而溶质的截留率与压力无关。

5.7.1.2 Hagen-Poiseuille定律

索里拉金认为超滤不仅仅是筛孔过滤的过程，它由两个因素决定膜的分离特性。

① 溶质-溶剂-膜材质的相互作用，相互作用力包括范德华力、静电力、氢键作用力。溶质分子在膜表面或膜孔壁上受到吸引或排斥，影响膜对溶质的分离能力。

② 溶质分子尺寸与膜孔尺寸的相对比较，即膜的平均孔径和孔径分布影响膜的分离特性。理想情况即膜上均匀地分布着大小均匀的孔，没有膜污染、浓差极化可忽略时，一般认为在超滤过程中描述流体通过膜流动的最好模型是 Hagen-Poiseuille 定律，其应用形式之一是：

$$J=\varepsilon R^2 P/(8\eta\Delta x) \tag{5-11}$$

按此模型，膜渗透流率与压力呈直线关系。但一般只在低压的料液浓度、高流速下才存在。

5.7.1.3　凝胶极化模型

在超滤中易出现浓差极化，对于大分子溶质，当膜面浓度上升到某一数值后，就会引起溶质在膜面的凝结，于是发生凝胶极化现象。最早解释超滤中极化效应的模型是凝胶极化模型，又称质量传递模型。膜过滤速率表示为：

$$J=\frac{D}{\delta}\ln\frac{(c_m-c_p)}{(c_b-c_p)} \tag{5-12}$$

如果溶质分子在膜上完全被截留（$c_p=0$，$c_m=c_s$），则式(5-12) 可简化为：

$$J=K_d\ln\frac{c_s}{c_b} \tag{5-13}$$

式中　$K_d=D/\delta$；

D——扩散传质系数；

δ——浓度边界层厚度，m；

c_p——滤液中溶质的浓度；

c_m——膜表面溶质浓度；

c_b——主体流浓度；

c_s——膜表面饱和浓度。

在式(5-12) 和式(5-13) 模型中没有压力项，因而模型仅仅在与压力无关的范围内是有效的。

5.7.1.4　渗透压模型

当溶质浓度过高时就不能将渗透压忽略，渗透压模型假设滤膜两侧的有效传质推动力会因渗透压差的存在而降低，渗透压模型的超滤速度表达式如式(5-14)。

$$J=\frac{\Delta P-\Delta\pi}{\mu R_m} \tag{5-14}$$

式中

$$\Delta\pi=f(c_m) \tag{5-15}$$

当 $c_s=c_m$，则：

$$c_m=c_b\exp(J/K_d) \tag{5-16}$$

式中　$\Delta\pi$——膜两侧溶剂的渗透压差，Pa；

R_m——膜阻力，m^{-1}；

μ——溶剂黏度，Pa·s。

$$J=\frac{\Delta P-f\left(c_b\exp\frac{J}{K_d}\right)}{\mu R_m} \tag{5-17}$$

渗透模型假设在膜表面溶质的浓度是所有变量的函数，包括外加压力，但凝胶极化模型则假设溶质浓度与操作条件无关。渗透压模型在理论上是很有价值的，它考虑到了膜两侧化学位不同造成的渗透压对过滤推动力的影响，将操作压力与推动力分开；同时，它适于求解任意时刻的过滤速率，不仅适用稳定阶段，也适用于衰减阶段。但其应用同样存在一些困难，如膜两侧溶剂渗透压差的求取等，目前还只能根据特定的实验数据与浓度进行关联，没有找出溶剂渗透压差的决定因素的定量关系，还无法从理论上预测计算，而且式(5-17) 中 R_m 是随操作时间而变化的，并非纯膜阻力。

5.7.1.5 阻力模型

在研究超滤现象时，模拟常规的滤饼过滤理论用一系列阻力之和来描述总的超滤阻力，从而提出了边界层阻力模型，其数学表达式为式(5-18)。

$$J=\frac{\Delta P}{\mu(R_m+R_s)} \tag{5-18}$$

$$R_s=R_{bi}+R_d+\Delta R_m$$

$$\Delta R_m=R_p+R_a$$

式中 R_s——累加阻力，m^{-1}；

R_{bi}——浓差极化阻力，m^{-1}；

R_d——浓质阻力，m^{-1}；

ΔR_m——膜阻增加值，m^{-1}；

R_p——膜孔堵塞阻力，m^{-1}；

R_a——膜孔壁吸附阻力，m^{-1}。

或者将 $R_m+\Delta R_m$ 以 R_m 表示，称为工作膜阻。假定溶质阻力可借助于比阻来表示，并且与粒子的特性有关，则膜过滤速率可用 Kozeny-Carman 方程表示式(5-19)。

$$J=\frac{\Delta P}{W_m+W_d+W_b}=\frac{\Delta P}{W_m+\alpha_d M_d(t)+\alpha_b M_b} \tag{5-19}$$

式中 W_m——膜阻力；

W_d——沉积溶质阻力；

W_b——边界层阻力；

$M_d(t)$——单位膜面积上沉积溶质的质量，kg；

M_b——在边界层上溶质滞流的质量，kg；

α_d——沉积溶质的质量平均比阻，m/kg；

α_b——在边界层上溶质的质量平均比阻，m/kg。

上述基本理论模型分别从不同的角度对超滤现象进行了探讨，但由于其本身理论的局限性，均没有从理论上真正找出过滤速率的决定因素，特别是没有考虑溶液浓度对于溶质特性的影响，溶质特性对于过滤速率的影响以及溶质、溶剂与膜相互作用等最基本的因素，均不能准确预测各种液-膜系的超滤性能，它们的应用都是建立在实验数据拟合基础上，以系数弥补了其理论缺陷。

5.7.2 超滤膜的种类及特性

超过滤膜是超过滤技术中的关键部件，其结构及性质直接影响分离效果和产品的质量。按形状可把超过滤膜分成管式、板框式、螺旋式、毛细管式和空心纤维式；按材料性质可把超过滤膜分成以下几种。

(1) 醋酸纤维素膜 1960 年 Locb 等发明了第一张二醋酸纤维素膜（CA），但因其 pH 适应范围小、抗氧化性能差、易水解、易压密、易生物降解和不耐高温等缺点明显限制其应用范围。随后研究大多集中在改性方面，如使其转变为性能较好的三醋酸纤维素材料、羟烷基醋酸纤维素材料等。Cannon 研制二醋酸-三醋酸纤维素混合膜（CA-CTA），比原来 CA 膜有更高水量和脱盐率。而且由 CTA 制作膜比 CA 膜或 CA-CTA 混合膜具有更好水解稳定性和抗微生物降解能力，耐游离氯性能优异。羟烷基醋酸纤维素材料耐生物性、耐热性、膜截留性能较好，只是透水率比醋酸纤维素低。总的来说，醋酸纤维素膜是应用最早的膜，具有使用可靠、价格经济的特点，但耐热、耐酸和耐化学腐蚀的性能较差，已被逐步淘汰。

（2）聚砜树脂衍生物膜　这是第 2 代膜，其抗酸性能强，可耐 80℃，高温使用周期长，已被广泛应用。聚砜具有刚性强、强度高、抗蠕变、尺寸稳定、耐热、耐酸碱、耐氯和抗氧化等优点，且能将其制成各种构型（平板、管状和中空纤维）和宽范围孔径（1～20nm）膜，聚砜是目前制作超滤膜应用最广的材料。为扩大其应用范围，近年来将其与其它材料配合制作复合膜，例如聚氯乙烯/聚砜共混（PVC 和 PSF 之比为 4∶1），水通量可达 138.3L/(m^2·h)，对 0.05%牛血清蛋白溶液截留率可达 88.9%。还可对其进行丙烯酸化学改性（可同时达到提高膜透水量、增加截留率和改进抗污染性三方面效果）和紫外辐射改性（增加通量和膜亲水性）。

（3）无机膜　无机膜很多，如陶瓷、金属、玻璃、硅酸盐、沸石和炭膜等，其中尤以陶瓷膜最常用，炭膜次之。目前陶瓷超滤膜大多用粒子烧结法制备基膜，并用溶胶-凝胶法制备反应层。两层制备所用材料有差别，制备基膜材料可以是高岭土、蒙脱石、砖灰石、工业氧化铝等为主要成分混合材料；而以反应层主要成分来区分，常用陶瓷超滤膜可分为 Al_2O_3、ZrO_2 和 TiO_2 膜，它们各自有不同制备材料。

（4）离子交换膜　在 20 世纪 60 年代离子交换膜就用作超过滤膜，如用氯乙烯-丙烯腈共聚物和 1-乙烯碘化咪唑制成阴膜，用氯乙烯-丙烯腈共聚物和聚苯乙烯磺酸制成阳膜，以阴膜超过滤电解质溶液时，高价阳离子和低价阴离子易脱除，而用阳膜时高价阴离子和低价阳离子易脱除。

5.7.3　超滤膜的技术特点

不可透过物质的相对分子质量大于 500 万（相对于水相对分子质量），最大不允许通过的相对分子质量在 50 万～100 万，工作压力最高不超过 2.0MPa，一般在 0.3～1.0MPa。与反渗透相比工作压力较低，工作温度在 30～40℃，也可达 50℃。温度过低时物料黏度上升，流动性下降，影响操作和生产率。温度过高可能影响产品质量和损坏膜。现在新推出的膜材料可适应 50℃以上的高温。这样可以防止黏度上升和减少膜的高温损坏。被分离物料的 pH 值为 2～14，一般为 2～8，即在酸性范围内可达到的浓缩度是有一定限度的。一般总溶解体量可达 20%～25%。如要求高的浓缩度最好配合其它技术。用该技术达到较低的固体溶解量时十分经济。一套设备中至少设多个超过滤器，这样可保证工作的稳定和正常。一般来说要求设备结构紧凑，占地少。

超过滤技术的特点如下。

① 操作条件温和，温度和压力较低，对膜片影响很少，更换膜片方便，操作简单能耗低。由于在超过滤中，某些小分子物质可通过膜，所以渗透差小于同种物料在反渗透中形成的渗透压，所需的工作压力较小，温度也比较低。超滤的工作温度在 30～40℃，也可达 50℃，压力一般在 1～10Pa，最高不超过 10Pa。

② 过滤面积大，物料加工时间短，生产率高。利用超滤进行浓缩除去水分，不发生相变化，大量节省能源；且只以压力作为推动力，所以装置简单，操作容易，易于控制与维修。

③ 设备运行时没有污染物质侵入物料，清洁卫生，能够加工对环境条件及对污染很敏感的物料。分离过程在常温密闭环境下进行，对蛋白质等热敏性物质以及一些挥发性物质几乎没有损害，而且清洁卫生，避免了加工中的再污染；绝大多数细菌等微生物被截留，极大地减轻了杀菌除菌的负担，提高了产品的质量。

④ 适应 pH 值范围广，可处理多种物料，并可同时完成渗析和浓缩，产品质量好，纯度高。

5.7.4　超滤、反渗透和微滤的关系

超滤和反渗透是密切相关的两种分离技术，反渗透是从高浓度溶液中分离较小的溶质分

子，超滤则是从溶剂中分离较大的溶质分子，这些粒子甚至可以大到能悬浮的程度。对小孔径的膜来说，超滤与反渗透相重叠，而对孔径较大的膜来说，超滤又与微孔过滤相重叠。也有把 1μm 的颗粒定为超滤的上限，把 10nm 的颗粒定为反渗透的上限，当颗粒物大于 50nm 后，即属于一般的颗粒过滤，说明目前对划分的界限尚无一个绝对的标准。超滤与反渗透的主要区别在于：

① 它们的分离范围不同，超滤能够分离的溶质相对分子质量大约为 100 万～500 万，分子大小为 300nm～10μm 的高分子；而反渗透能够分离的是只有无机离子和有机分子；

② 它们使用的压力也不同，反渗透需要高压，一般为 1.0～10MPa；超滤则需要低压，一般为 0.1～1.0MPa。

另外，超滤中一般不考虑渗透压的作用，而反渗透由于分离的分子非常小，与推动压力相比，渗透压变得十分重要而不能忽略不计。超滤和反渗透大都用不对称膜，超滤膜的选择性皮层孔大小，分离的机理主要是筛分效应，故其分离特性与成膜聚合物的化学性质关系不大。而反渗透膜的选择性皮层是均质聚合物层组成的，这样膜聚合物的化学性质对透过特性影响很大。

5.7.5 超滤膜的改性

随着膜技术领域的不断扩大，对膜材料的性能要求不断提高，现有的单一膜材料已不能满足实际应用，因此迫切需要开发新的品种或对现有材料进行改性。常用的对膜材料进行改性的方法有接枝、交联、共混、等离子表面照射、表面活性剂、溶剂预处理等。

5.7.5.1 共混改性

在各种改性方法中共混是最简便易行的方法，它能将几种性质不同而相容性较好的成分结合在一起，相互补偿而改变膜材料的本质特性。如聚偏氟乙烯（PVDF）和聚丙烯腈（PAN）是两种各具特色的分离膜材料，PAN 以其价廉、易制膜而受到重视，但由于耐酸碱性较差使其应用受到限制。而 PVDF 具有优异的耐腐蚀及耐酸碱性能。以二者为原料采用共混改性制备的 PVDF/PAN 共混超滤膜截留率高，耐化学性能优良。用聚砜和高分子液晶共混制备的超滤膜使膜的截留率有很大提高，且膜的耐酸碱耐热范围较宽。

影响共混膜性能的制膜条件如下。

① 共混物的总浓度　共混物总含量增加，膜的水通量减少，截留率增大。

② 添加剂的种类　对单一聚合物超滤膜有效的添加剂不一定是共混膜的有效添加剂，一些醇类和酯类是 PAN/CA 较佳的添加剂，以甲醇和乙醇最好。

③ 添加剂用量　用量增加，孔径和水通量上升，截留率下降。

④ 添加剂分子量　其变化对共混超滤膜性能的影响较单组分膜要小，规律也不同。

⑤ 铸膜液温度　温度升高使膜的水通量降低，截留率提高。

⑥ 凝固条件　PAN/CN 中空纤维膜凝固过程中内凝固液浓度和外凝固液浓度有影响。内、外凝固液是含有溶剂和凝固剂的混合液体。随着内凝固液压力的增大，成膜速度加快，膜孔隙率和孔径增大，水通量上升，截留率下降；随着内凝固液中溶剂含量的增加，凝固条件缓和，膜结构致密，水通量减小。水通量随外凝固液浓度的变化存在一个极小值。当外凝固液中溶剂浓度增加时，成型条件逐渐缓和，膜结构趋于致密，水通量下降。继续增加溶剂含量，由于溶剂的溶胀作用，膜结构又变得疏松，因此水通量上升。由于内、外凝固液的共同影响，中空纤维存在两层指状孔，中间为海绵层，当内凝固速度较快时，海绵层远离纤维内表面，反之则偏近内表面。平板膜由于不存在内凝固作用，因此其海绵层无限靠近内表面。共混改性可以制备抗污染超滤膜，可以控制膜平均孔径，将化学稳定性好的材料与膜性能较好的材料进行共混改性，可以改善膜的耐化学性能，共混改性在改善膜的耐热性、耐微生物分解性能及膜的形变性能和强度方面也具有良好的效果。

5.7.5.2 接枝改性

接枝即把具有某些性能的基团或聚合物支链接到膜材料的高分子链上，以使膜具有某种需要的性能。如采用液相共辐照技术在聚砜超滤膜上接枝丙烯酸，使膜的纯水通量下降，对提高蛋白质的截留率，抗污染程度的能力有显著作用，并且直接用已制成的膜进行接枝改性，省去了重新研究铸膜液配方和成膜条件的环节。接枝基团以共价键与膜相连，它克服了用表面活性剂处理膜（物理吸附）在使用过程中逐渐脱附的缺点。

5.7.5.3 交联改性

交联常用于控制膜的稳定性或机械强度，如聚乙烯醇具有极好的水溶性，但其高度的水溶性使膜易被溶胀、破坏，为此用戊二醛、多元酸之类交联剂，使其交联成网状结构，增加膜的耐水性能。

5.7.5.4 等离子表面照射改性

等离子体是气体在电场作用下，部分气体分子发生电离，生成共存的电子及正离子、激发态分子及自由基，气体整体呈电中性。等离子体处于被激发的高能状态，具有紫外辐射和中性粒子（亚稳态形体和自由基），能诱发固体表面的化学反应。用等离子或放射线对膜的表面进行交联、刻蚀、修正或复合超薄表皮层，已在膜的改性和生产中得到大量应用。如等离子体对醋酸纤维素超滤膜的改性，大大改变了其透水性能。又如用低温等离子表面改性技术用于 PAN 超滤膜的改性，使膜性能显著改善，透水率下降，截水率上升。

5.7.5.5 表面活性剂改性

表面活性剂由至少两种以上极性或亲媒性显著不同的官能团（如亲水基和疏水基）所构成。由于官能团的作用，在溶液与它相接的界面上形成选择性定向吸附，使界面的状态或性质发生显著变化。如用表面活性剂 Tween20 对聚砜超滤膜进行改性后，改善了膜表面的亲水性，提高了通量。

5.7.5.6 溶剂化处理

溶剂化处理是在一定的时间、温度下，用某种溶剂对聚合物膜进行预处理，以提高膜的分离性能。该法较多地用于对渗透膜的改性。

5.8 分子筛膜

分子筛膜是微孔无机膜中重要的一种，分子筛膜是将分子筛以膜的形式加以利用，也就是在陶瓷支撑体上制备一层连续、致密的分子筛而得到的。分子筛膜是新近发展起来的新型无机膜，它具有一般无机膜耐高温、抗化学侵蚀与生物侵蚀、机械强度高和通量大等优点。尤其是它利用了分子筛孔径均匀、孔道呈周期性排列的结构特点，具备分子筛分性能，比表面积大、吸附能力强。在优先吸附性、分子筛分双重机理的作用下，分子筛膜能够选择性地吸附、透过大小相近而极性（或可极化程度）不同的分子，进而达到分离的目的。这些特性使得分子筛膜拥有良好的分离性能，使之在许多膜过程（如渗透汽化、气体膜分离、膜反应等）中具有广泛的应用前景。

5.8.1 分子筛膜的分类

按分子筛膜合成时所需的溶液状态不同分为溶胶合成膜、凝胶合成膜和气相合成膜；按合成时所提供能量方式的不同可分为原位水热合成膜和微波合成膜；按是否在载体上预涂晶种可分为一次合成膜、二次合成膜和多次合成膜。根据分子筛膜形成过程中有无支撑体分为无支撑膜和支撑膜，无支撑膜又细分为填充膜和自支撑膜（独立膜）等。填充分子筛膜是将已制备好的分子筛晶体嵌入到非渗透性基质（如有机聚合物、金属箔、二氧化硅等）中。支撑分子筛膜是让分子筛在具有一定强度的多孔载体（如多孔陶瓷、多孔金属和多孔玻璃等）表面上生长并形成一层致密、连续的膜层，利用这一膜层进行物质的分离。还有一种自支撑分子筛膜，即没有支撑体，仅由分子筛晶体构成的膜片。

目前制备和研究的分子筛膜主要有 LTA 型（NaA）、FAU 型（NaX，NaY）、MFI 型、P 型、AlPO4-5 型、SAPO-34 型和 UTD-1 型等。

(1) LTA 型分子筛膜　LTA 型分子筛膜是由 α 笼通过八元环相互连通构成的立方体晶体，具有三维立体孔道，晶孔数目为 8，孔径为 0.42nm，与小分子的动力学直径相当，硅铝比为 1，亲水性很强，因此在小分子/大分子的分离方面具有很好的选择性，可实现极性分子/非极性分子和水/有机物等的分离；有较好的催化作用和脱水性能，在渗透蒸发、有机物脱水等领域有很大的应用潜力。杨维慎等用微波合成法合成了高渗透量的 A 型沸石膜。Xu 等在陶瓷中空纤维上合成出厚为 5μm 左右的 NaA 型沸石分子筛膜。

(2) FAU（八面沸石型）分子筛膜　它包括 X 和 Y 型分子筛膜，均为立方晶系，晶孔的参数为 12，孔径为 0.74nm，一般把 SiO_2/Al_2O_3 在 2.2～3.0 的称 X 型分子筛膜，而 $SSiO_2/Al_2O_3$ 大于 3.0 的称 Y 型分子筛膜。它们具有较大的孔径通道和较高的空隙率，适用于较大分子的分离和反应过程。Kusakabe 等在多孔 α-Al_2O_3 上合成了 NaY 型分子筛膜，对极性分子有较强的亲和力，可用于极性分子与非极性分子，如 CO_2/N_2 的选择渗透分离。

(3) MFI 分子筛膜　MFI 分子筛膜材料是美国 Mobil 公司 20 世纪 60 年代中期开发的新型高硅分子筛，属于正交晶系，Si/Al 值为 5～∞，晶胞组成为 $Na_nAl_nSi_{96-n}\cdot16H_2O$（$n$ 是晶胞中铝的原子数，可以从 0 到 27）。

MFI 型分子筛膜（包括 ZSM-5 和 Silicalite-1 分子筛膜）是一种具有二维孔道系统的分子筛。它有两种相互交联的孔道体系：b 轴方向的直线形孔道（孔径 0.53nm×0.56nm）；a 轴方向的正弦形孔道（孔径 0.51nm×0.55nm）。图 5-12 和图 5-13 分别为 MFI 型分子筛膜的孔道结构和空间骨架示意图。MFI 型分子筛的孔径与许多重要工业原料的分子直径相当，因而其应用相当广泛。由于其硅铝比高，因而具有很高的热稳定性。即使在 1000℃ 的高温也能保持其晶型的稳定。

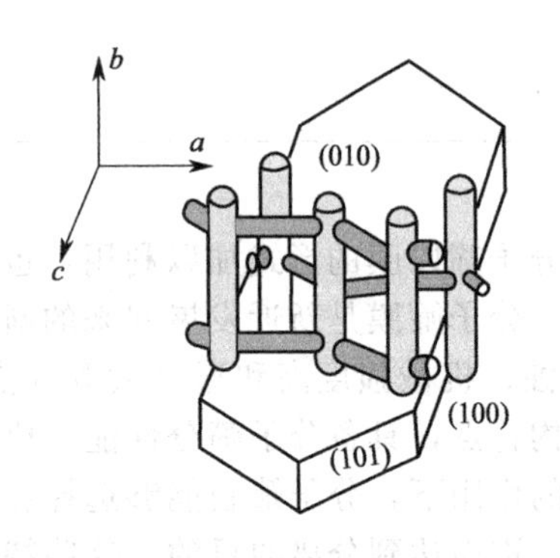

图 5-12　MFI 型分子筛膜的孔道结构

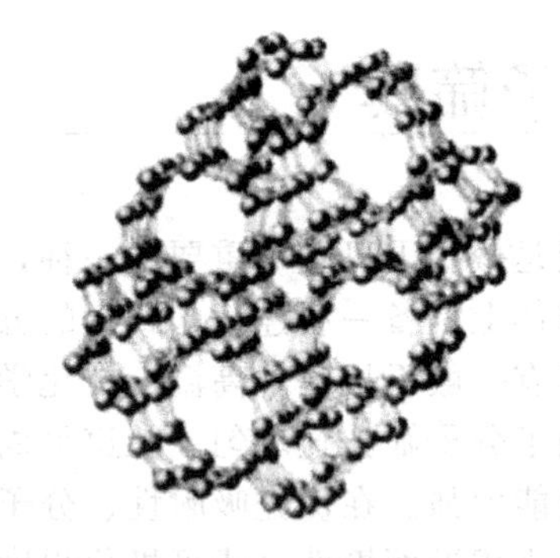

图 5-13　MFI 型分子筛膜的空间骨架（010 方向）示意图

ZSM-5 分子筛膜不同于其它类型的分子筛膜，属于 MFI 型的中孔（0.55nm 左右）分子筛膜，具有较高的热稳定性、抗酸性、水热稳定性以及优良的催化性能。此外，ZSM-5 分子筛晶粒多为苯环形，对膜的形成有利，因此 ZSM-5 分子筛膜的合成备受关注，是目前合成和研究最为广泛、文献报道最多、最具有开发潜力的分子筛膜。图 5-14 是合成的 ZSM-5 分子筛膜的 SEM 照片。

Silicalite-1 膜是另一类具有 MFI 结构的分子筛膜，是 ZSM-5 分子筛不含铝时的纯硅分子筛的形态。由 Silicalite-1、ZSM-5 分子筛形成的分子筛膜具有高的 Si/Al 值，从而具有亲

图 5-14 合成的 ZSM-5 分子筛膜的 SEM 照片

有机物憎水的特性，可广泛用于乙醇/水和烷烃的分离。

(4) P 型沸石分子筛膜 它在 [100] 和 [010] 方向上存在孔径为 0.31nm×0.44nm 和 0.26nm×0.49nm 的孔道。Dong 等在孔隙率为 50%、半径孔径为 200nm 的 α-Al_2O_3 的支撑体上合成了 P 型沸石膜，H_2/Ar 和 CH_4/Ar 的理想分离系数分别为 5.29 和 2.36。

(5) $AlPO_4$-5 分子筛膜 它是 20 世纪 80 年代初由美国联合碳化物公司（UCC）Tarrytown 技术中心开发的磷酸铝分子筛膜，孔径 0.8nm 左右，其骨架结构中不出现硅氧四面体，属于六方棱柱，为电中性，有适中的亲水性和独特的表面选择性，可用作吸附剂和催化剂载体，是良好的膜催化反应器的膜材料。Mintova 等利用微波水热法制备了纳米 $AlPO_4$-5 超薄分子筛膜。

(6) SAPO-34 分子筛膜 它是一种磷酸硅铝分子筛膜，孔径在 0.43×0.5nm 之间，是甲醇、乙醇、二甲醚、二乙醚及其混合物转化为轻烯烃（乙烯、丙烯和丁烯）反应极优良的催化剂。Zhang 等在 α-Al_2O_3 陶瓷载体上合成 SAPO-34 分子筛膜。丝光沸石膜具有相互平行的椭圆形孔道，晶胞组成为 $Na_8[(AlO_2)_8 \cdot (SiO_2)_{40}] \cdot 24H_2O$，其孔径为 0.695nm×0.581nm。由于具有高的热稳定性和优异的耐酸性，在膜催化反应和酸性介质分离领域有广阔的应用前景。张延风等以四乙基溴化铵为模板剂，用原位水热合成法在 α-Al_2O_3 陶瓷管上合成出丝光沸石膜。

(7) UTD-1 分子筛膜 它是一种硅酸盐基质超大微孔分子筛材料，只含有四氧配位铝和硅的 14 元环孔道结构，热稳定性很好。Balkus 等利用脉冲激光烧蚀法制备了厚为 650nm 的定向 UTD-1 分子筛膜。

5.8.2 分子筛膜的制备方法

5.8.2.1 载体的选择及制备

最初人们在玻璃材料上研究分子筛成膜现象和规律，Kiyozumi 用液态金属（如水银）表面作载体，用硅酸铝胶通过水热晶化合成 ZSM-5 膜，晶化速度和膜的结晶度比特富龙表面净化高得多，表明分子筛的晶化与水银很高的表面张力有很大的关系。多孔氧化铝陶瓷膜是研究得最多的载体材料，有时通过硅胶、铝胶修饰再进行分子筛成膜，或预先生成一层分子筛，再在其上合成分子筛膜。

载体的预处理对成膜性能影响也较大。当用 α-Al_2O_3 作载体，调节合成液的组成能形成 ZSM-5。而强碱沥滤 α-Al_2O_3 则能形成方解石。通常载体的处理方法有碱处理、水处理。底膜在制备前先用 Ni、Co 或 Mo 的金属或氧化物涂布或用酸处理，实验可重复几次。底膜由细不锈钢丝网经不规则排列压密和烧结而成。研究发现，未处理的底膜上不能成膜，而用 Co 盐和 Mo 盐处理后的底膜经几次晶化操作，SEM 观察分子筛晶粒覆盖均匀完全。

5.8.2.2 原位水热合成法

原位水热合成法是将支撑体（载体）放入分子筛合成母液中，在水热条件下使分子筛晶体在支撑体表面生长成膜。这种方法较为简单，不需要特殊的装置，因而得到了广泛的应用。目前已合成的分子筛膜有八面沸石膜、丝光沸石膜、MFI 沸石膜、镁碱沸石膜、A 沸石膜和 P 沸石膜，以及磷铝系列（$AlPO_4$-5，SAPO-33，SAPO-34）分子筛膜等。

将氧化铝碟片水平放在合成母液的气液相界面上，只在碟片的下表面合成分子筛膜，上表面生成的膜用砂纸打磨掉，以避免分子筛晶体在载体上的沉积。其氢气/异丁烷，异丁烷/正丁烷的理想分离比分别为 151.18（室温）和 54.31（458K）。管状膜的合成其载体为垂直放置。将凝胶放入管内，管两端用聚四氟乙烯塞子塞住，管外壁用聚四氟乙烯胶带缠绕，以使分子筛膜只在内表面生长。如果将晶化母液的主要成分（硅源和铝源）分置载体两侧，可避免对成膜无益的晶化作用，使晶化只在载体表面发生，明显减少试剂的投入量。该方法尤其适用于采用管状载体时的涂膜操作。

5.8.2.3 二次生长法

二次生长法是先将载体在浸涂液中预涂晶种，再置于母液中原位水热晶化成膜。即第一步控制所种晶种的种类，必须是微米级的胶体分子筛悬浮液。然后将这些晶种种到微孔陶瓷或金属表面。改变溶液的 pH 值，从而改变支撑体 Al_2O_3 和 SiO_2 晶种的 Zeta 电位。Hedlund 等用阳离子聚合物和晶种，通过静电力在载体表面种晶种，第一次成功地在 Au 或石英等无孔表面制备出薄 ZSM-5 分子筛膜。用砂纸对 α-Al_2O_3 支撑体进行摩擦，也可以生长一层简单的分子筛膜。第二步是将种好晶种的支撑体进行水热处理，使晶体生长成为连续的分子筛膜。A、MFI、LTA、ZSM-5（Silicalite-1）和 Y 膜等都可由这种方法制备出来。

二次生长法主要有以下优点：

① 去除了成核期，缩短了合成时间；

② 将成核和生长两个步骤分开，可以更好地控制晶体生长和分子筛膜的微结构（如制备亚微米级、定向生长、无缺陷的分子筛膜）；

③ 由于晶种的存在，在二次生长时就有更宽的操作空间。

Boudreau 等用二次生长法在硅片上制得了 A 型分子筛膜。先制得晶种悬浮液，晶种表面用硅烷修饰使其表面电位为正电位。用普通浸涂法或静电沉积法在载体表面涂布晶种，经干燥、焙烧和二次生长即得分子筛膜，此法制得的膜其晶体排列紧密且定向生长。

用二次生长法可在氧化铝载体上制得了 ZSM-5 分子筛膜。先将载体用阳离子表面活性剂溶液修饰，再经浸涂、焙烧、二次生长即得分子筛膜。此分子筛膜的厚度为 1.5μm，基本无缺陷。混合物最大分离比：N_2/SF_6 为 110（105℃），H_2/i-C_4 为 99（70℃）。也可在载体上预涂晶种，二次生长时不用有机胺做模板剂，制得了 ZSM-5 沸石膜。膜的厚度约 10μm，H_2/正丁烷、O_2/N_2 的理想分离比分别为 104 和 9～10，但渗透率较低。

利用气相再生长法可在多孔载体上制得了 MFI 沸石膜。载体表面先预涂晶种，再置于 100℃的水蒸气中再次生长。此法能使膜上的沸石晶体间的边界相互融合，从而形成一层连续的分子筛膜，膜的厚度可以达到 0.5μm，且气体渗透的重复性相当好。

在浸涂过程中通常要在浸涂液中加入联结剂或添加剂，或用有机或无机涂层对载体进行修饰，以保证高覆盖度以及晶种与载体之间有强结合力。在晶种悬浮液中加入铝联结剂可增加膜的化学和机械稳定性。也有用表面活性剂溶液来修饰载体表面，或用硅烷来修饰分子筛晶种，并控制浸涂液的 pH 值以及载体的抽出速率。但在浸涂液中加入添加剂、对载体或晶种进行修饰以及浸涂后的高温焙烧等处理方法并非必需，只经简单的浸涂、干燥后，再进行二次生长，同样可以制得厚度薄且定向生长的分子筛膜。

5.8.2.4 微波加热法

微波加热法出现较晚，其合成步骤与原位方法相似，只是在水热晶化时采用微波加热而已。使用微波加热，可以在 2min 内使合成液由室温升到 100℃，并在几分钟内完成晶化过程，极大缩短了合成时间。就分子筛合成而言，微波加热法能得到高纯度、大小均一、不同硅铝比的分子筛晶体。同样在分子筛膜的合成中，微波加热法较传统的水热合成法也有一定的优势：微波加热法能大大缩短晶化时间；制得的分子筛晶体大小均一，有利于控制分子筛膜的微结构（形貌、取向和晶体大小）；制得的分子筛晶体纯度高，且合成范围较宽，从而给分子筛膜的合成留有较大的余地。

用微波加热法在氧化铝载体上可以制得A型分子筛膜：母液组成为 $w(Al_2O_3)$ ∶ $w(SiO_2)$ ∶ $w(Na_2O)$ ∶ $w(H_2O)$＝1∶0.85∶3.0∶200。用微波合成晶化时间只需15～20min，制得的膜稳定且致密，膜的厚度可以通过改变合成母液的量来控制。用两步微波加热法在阳极氧化铝上制得SAPO-5分子筛膜：将晶化母液用微波加热到458K并保持3.5min，冷却并离心分离，取上层清液置于另一釜中，将阳极氧化铝载体置于气-液界面上，再用微波加热到458K并保持2.5～4.5min即可。分子筛晶体以 c 轴垂直于载体表面，且晶体之间排列十分紧密。

5.8.2.5 气相法

气相法可认为是溶胶-凝胶法与蒸气相法的有机结合。先将载体浸入由硅源、铝源、无机碱和水形成的溶胶中，一定时间后取出载体并低温干燥，再放入溶剂和有机模板剂的蒸气相中于一定温度和自生压力下晶化而成为分子筛膜。最早采用气相法制得MFI分子筛是在1990年，此法能减少有机胺的消耗。Kim等将气相法用于分子筛膜的合成，成功地制得了MOR、FER分子筛膜。气相法中分子筛膜的形成过程不同于水热合成，其所得分子筛膜的顶层明显不致密，这说明在多孔氧化铝内部形成了致密的分子筛/氧化铝复合层。

Matsufuji等用气相法制备FER分子筛膜。将多孔氧化铝载体于室温下在母液中浸渍一天，在室温下干燥24h。将一定配比的EDA、Et_3N 的水溶液倒入釜中，在453K下晶化7天左右即可。在晶化过程中来自干凝胶层的硅铝酸根粒子在载体表面是活动的，这些粒子能进入氧化铝载体孔道内部，从而形成致密的FER-氧化铝复合层。他们用气相法也制备了MFI分子筛膜，并用于己烷异构体的分离。在室温下，正己烷/2-甲基戊烷、正己烷/2,3-二甲基丁烷的理想分离比分别为37和50。等摩尔的正己烷/2-甲基戊烷混合物的分离比为54，等摩尔的正己烷/2,3-二甲基丁烷混合物的分离比为120，而10%的正己烷和90%的2,3-二甲基丁烷（摩尔比）的混合物的分离比则为270。

5.8.2.6 脉冲激光蒸镀法

脉冲激光蒸镀法是将脉冲激光照射事先合成好的分子筛，将分子筛晶体蒸镀到载体上，通常还需进行二次生长。Balkus等对此方法进行了大量研究，合成的分子筛膜有UTD-1、$AlPO_4$-5、$MeAPO_4$-5(Me＝Mn,V,Co，Fe)、MCM-41等分子筛膜，并将其用于化学传感器、气体分离及催化反应研究。除了制备平板状的分子筛膜以外，还能在三维载体（如金属球、玻璃球等）上制备分子筛膜，这使得其在催化领域有着广阔的应用前景。

与传统的原位水热合成法相比，激光蒸镀法具有以下优点：

① 膜的制备不受水热合成条件的限制，从而易于制得高结晶度、无杂晶的分子筛膜；

② 分子筛膜的附着强度高，覆盖完全；

③ 易于控制膜的厚度（从数百纳米到几个微米）；

④ 将激光蒸镀法与二次生长法相结合，可以制得定向生长、结晶度高的分子筛膜；

⑤ 可以在非平面物体（如金属球、玻璃球）上制备分子筛膜。

由于激光蒸镀法具有以上优点，所以在理论上可以制得任何类型的分子筛膜。例如用激光蒸镀法在硅片和多孔不锈钢碟片制得了高硅UTD-1型分子筛膜。激光蒸镀后再进行二次生长可以使分子筛晶体定向生长。激光蒸镀形成的分子筛膜由紧密堆积的纳米晶体组成，在X射线下是无定形的，在二次生长时则作为晶种层或成核中心。

5.8.3 分子筛膜的缺陷及缺陷的消除

分子筛膜上的缺陷按其大小可分为大缺陷（大于 50nm）、中缺陷（2～50nm），小缺陷（小于 2nm，但大于分子筛孔道）。大缺陷通常为针孔或裂纹，中缺陷通常是由于水热合成中分子筛晶体交联生长不完善所致。虽然较大的缺陷可通过多次晶化来消除，但会减小渗透速率，且不能清除小缺陷。小缺陷的清除可通过二氧化硅的化学气相沉积来消除，如通过硅氧烷或其它硅化物的反应。

在合成阶段由于分子筛晶体在载体上的覆盖与交联难以做到完美无缺，故就可能产生缺陷。就分子筛膜的合成而言，主要是采用合适的合成方法以及优化合成配比。分子筛膜在合成好后必须将模板剂从分子筛孔道中去除，才能使分子筛/分子筛膜具有吸附/渗透性能。一般用高温焙烧去除模板剂，但分子筛与载体材料之间热膨胀系数存在差异，载体的热膨胀系数为正值，而分子筛在高温下会收缩，产生热应力，不可避免地产生缺陷。焙烧过程小分子筛晶体（小于 150μm）基本不产生缺陷，而大的晶体则易产生缺陷。分子筛膜的焙烧温度不应超过 400℃，升温速率要小（1℃/min）。去除模板剂不需要更高的温度，温度越高，热应力也越大。无论在焙烧或在使用中，温度过高都会严重影响分子筛膜的寿命。

分子筛膜的修饰主要有 CVD 法和积炭法。用 TEOS 作为硅源，O_3 作为氧化剂，分别从膜的两侧通入，通过 CVD 反应产生非晶态的二氧化硅来修饰缺陷。由于 TEOS 分子大于分子筛孔道，故反应不会在分子筛孔内发生，而只发生在晶间孔，从而选择性地堵住晶间孔而不破坏分子筛孔道。用此法修饰过的纯硅分子筛膜，在 288K 下对正丁烷和异丁烷的分离系数为 87.8，而 SF_6 的渗透量却降低到 10^{-8}mol/(m^2·s·Pa)。还可以采用在非分子筛孔道内选择性积炭的方法来消除缺陷。例如，将分子筛膜浸入 1,3,5-三异丙基苯溶液 24h，再经高温焙烧使其积炭。由于 1,3,5-三异丙基苯分子大于分子筛孔道，故只能进入缺陷，积炭也只在缺陷内产生。经此法修饰过的 ZSM-5 分子筛膜的正丁烷和异丁烷的选择性在 458K 下分离系数为 322，但膜的渗透通量却明显降低。用化学沉积法和高温积炭法对 MFI 分子筛膜层内的非沸石孔道的缺陷实施修饰，其正丁烷/异丁烷的理想分离比从修饰前的 9.4 增加到修饰后的 83，渗透率下降 1 个数量级。

5.9 炭膜

炭膜是一种新型的无机膜，它是含碳物质经高温炭化所形成的膜。炭膜这一术语的出现可追溯到 20 世纪 60 年代。1973 年 AshR. 首先以石墨化炭黑为原料制得了平板炭。与传统的有机膜相比炭膜具有以下优点。

① 膜具有高选择性，高渗透性和高分离能力。

② 耐高温，可以在 400～700℃的 He、H_2、CH_4 等高温气体中暴露几天仍不改变其特性。

③ 化学稳定性好，对于有机溶剂、腐蚀性介质表现出良好的稳定性。

④ 炭膜孔径均匀，孔径分布范围狭窄，且孔径范围可调，同一材料制备的炭膜可通过化学热处理等方法得到不同孔径的膜。而为了得到不同孔径的有机膜，往往需要不同的有机材料。

⑤ 炭膜的机械强度好，可在较高压力下使用。

⑥ 清洁状态好，在炭化时已得到高温消毒。

5.9.1 炭膜的分类

炭膜可分为两大类：非支撑炭膜和支撑炭膜。非支撑炭膜易脆因而实际使用非常困难，支撑炭膜需要进行多次聚合体沉积炭化才能获得较完美的膜。非支撑炭膜即对称膜，膜中各点结构相同；支撑炭膜即非对称膜，其结构由 2 或 3 部分组成，即支撑体和分离层（部分膜有过渡层），支撑体主要起支撑作用，要求有较好的渗透性和较高的机械强度，分离作用主要发生在分离层，分离层厚度在几微米至几十微米之间，根据不同的分离目的，炭膜的孔径通常指的是分离层孔径，用于液体分离的孔径约在 0.1～1μm 之间，用于气体分离的孔径约为 0.3～1nm。

炭膜可分为 4 种主要的形式：平板膜、管状膜、毛细管状膜和中空膜。平板膜适于实验室及研究应用，其余的适于工业应用。非支撑炭膜有 3 种形式：平板膜、中空纤维膜和毛细管膜。支撑炭膜有 2 种形式：平板膜和管状膜。管状炭膜的结构如图 5-15 所示。

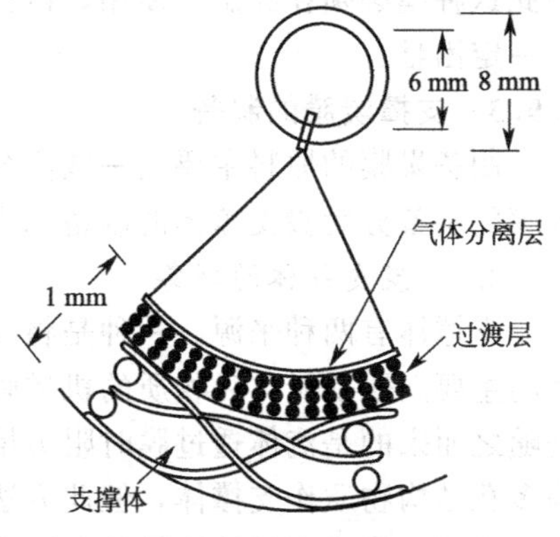

图 5-15　管状炭膜的结构

几乎所有用来分离气体的聚合物膜都是非对称结构的，包括明显不同的两层：一层是薄的致密选择性表面层，另一层是厚的对致密表面层起支撑作用的多孔层。这种结构使膜具有高选择性和渗透性。支撑炭膜是具有支撑层的非对称结构膜，由有较大孔径的支撑体和其上覆盖的致密分离层，以及其中的修饰成分组成。分离层必须无裂缝和针孔，且孔径分布范围窄。考虑到分子筛炭膜的裂缝通常是由于多孔支撑层上的缺陷而引起的，海绵状结构将会减少其对致密炭膜层的影响。用这种方法制备无缺陷的支撑分子筛炭膜会比较容易，可以通过一次涂覆制得良好的分子筛炭膜。

5.9.2　炭膜分离机理

气体在炭膜中的分离有以下 4 种机理：努森扩散，毛细冷凝，表面扩散，分子筛分。

5.9.2.1　努森扩散

当孔径小于分子自由程时（<10nm），分子在膜中的扩散以努森扩散为主，兼有黏性流动（黏性流动没有分离效果），定义 Knuden 数为 $K_n=\lambda/d$，λ 为气体分子平均自由程，d 为孔径。$K_n\ll1$ 时，表现为黏性流；$K_n\approx1$ 时表现为中间流；$K_n\gg1$ 时表现为分子流（努森扩散流）。

努森扩散是基于分子量不同而进行的扩散，其分离系数同分子量的平方根成反比，基于这种分离机理的炭膜选择性较低，有理论上限，且因为有黏性流的存在，随着压力的增大，分离系数减小，因此它的使用范围不广，只适用于几种分子量差别较大的气体分离，如 H_2 同 CO_2、O_2 的分离。

5.9.2.2　毛细冷凝

在高压和低温条件下，混合气体中的一种或几种气体有选择性地冷凝在膜孔中，冷凝的液体通过扩散穿过膜孔，由于此组分在孔内凝聚，阻碍了其它组分的通过，于是发生凝聚的组分同没有发生凝聚的组分得以分离。这种机理要求膜孔为中等孔，一般在 3～10nm 之间。此分离机理适用于有凝聚组分的气体分离。如从 H_2 中分离出 H_2S，或从 H_2 中分离出 SO_2。利用这种机理易冷凝气体可以得到很好的分离，但分离程度受冷凝气体的偏压、炭膜的孔径和几何尺寸的影响。

5.9.2.3　表面扩散

混合气体中的一种或几种较好地吸附在膜孔表面，这种组分比不吸附组分扩散快，因此使气体分离，这种机理主要由混合气体组分的吸附选择性决定，膜孔径在 0.3～2nm 之间。因为吸附气体的表面扩散可以很快，同时被吸附分子会阻碍不吸附气体分子以努森扩散通过膜孔，增加了总的分离选择性，所以利用这种分离机理可以同时具有高选择性和高渗透性，被认为是一种较有希望的分离方式。

5.9.2.4 分子筛分

基于分子筛分基础上的炭膜称为分子筛炭膜，它要求膜孔径为0.3～0.5nm，分子筛分的基本原理就是直径小的分子通过膜，而直径大的分子则被截流。分子筛炭膜有很高的选择性，其氧氮的分离系数可达10以上，但由于分子筛炭膜孔径小，而膜厚都要在几微米以上，因此这种膜必须在高温下使用，以保证足够大的通量。另外由于膜孔极小，在制作技术上也有一定困难。

5.9.3 支撑炭膜的制备

制备炭膜的原料主要是一些高分子有机物，例如聚丙烯腈、聚酰亚胺、煤沥青等。支撑炭膜的制备分为炭支撑体的制备和炭膜的制备。

5.9.3.1 炭支撑体的制备

支撑体有两种来源。一种是将成型好的有机膜进行固化、炭化，制得炭支撑体。这种途径的主要问题是炭化后物质的机械强度不好，虽然支撑体足够厚，能够承受较大的压力，但是随之而来的是流体透过膜时阻力增大，渗透速率降低；另一种途径是以石墨、金属、陶瓷等多孔结构物质作支撑体，但此方法会产生针眼。将原料粉碎至一定粒度，加入黏结剂等添加剂成型，将成型好的原料膜在惰性气体保护下，以一定的加热条件进行热处理，即炭化。通过炭化，原料膜中的有机物进行热缩聚反应，高分子链断裂，释放出小分子物质，炭化产物是一种高度多孔性物质。一次炭化产物一般孔径较大，孔分布较宽，且存在许多闭孔，影响了其选择性和渗透性，需要对孔隙进行调整，才能制得分离用炭膜。支撑体的制备是炭膜制备中的重要一步，支撑体质量的好坏直接影响到炭膜的性能，而且由于机械强度的原因，没有支撑体的膜没有实际用处。

炭膜中的微孔是在炭化时形成的，炭化条件如升温速率、炭化终温、恒温时间和降温速率的选择至关重要。

(1) 升温速率　炭化时原料膜中的气体挥发速率和挥发气体的扩散速率对炭化产物的微孔结构影响大，而气体挥发速率和扩散速率又依赖于升温速率和样品尺寸。在较低的加温速率下，孔结构是均一的，且主要以小孔组成；升温速率增加，当超过一临界水平时，气体挥发速率大于其扩散速率，造成气体堆积，并从样品中大量冲出造成不规则大孔，炭化产品的弯曲模量会突然降低，机械强度减小。

(2) 炭化终温及恒温时间　炭化温度过低，产品中的小分子物质挥发不完全，孔隙不发达，会降低膜的渗透量；温度过高，造成产品过度收缩，也会降低膜的渗透量。炭化终温以700～1000℃为宜。同样恒温时间过短，小分子物质挥发不完全；恒温时间过长，小分子物资基本除掉。这时高温环境会使炭化产品孔隙收缩，孔道变窄，恒温时间以0.5～2h为佳。

(3) 降温速率　一般均在室温中自然降温，但有人认为降温速率慢，有利于提高产品性能。将降温速率控制在10℃/min。

5.9.3.2 涂覆法

涂覆法就是在支撑体上涂覆一定的有机溶液，干燥后再炭化，于是在炭支撑体表面形成一层致密的分离层。它是一种方便而有效的调整孔隙的方法，合适的涂覆液必须具备高含碳率，且最好与支撑体有相同或相近的含碳率（至少在40%以上）。涂覆液同支撑体必须有相容性才能形成均一的炭膜层，即能和支撑体有机结合起来，不破坏支撑体结构。涂覆液浓度也要合适，浓度低，则有效成分量少，不能有效覆盖大孔；浓度高，则易形成连续薄层，对大孔的堵塞效果好。一般一次涂覆难以达到理想的效果，需重复几次涂覆-干燥-炭化过程。该法的关键是解决涂层与基膜的复合效果及能否形成均匀致密的微孔涂层结构问题。

5.9.3.3　活化法

聚合物膜炭化时有一部分孔隙被焦油或其它热解产物所生成的无定形碳堵塞，造成闭孔。所谓活化法就是将炭膜在活性气氛中进行处理。通过炭膜中碳的烧失，一方面使膜的封闭孔打开，另一方面使膜孔尺寸变大，起到扩孔作用。常用的活化剂有空气、水蒸气、二氧化碳等气体，也可用硫酸、硝酸和磷酸等液体，其中水蒸气活化较好。它反应条件温和，易于控制。控制活化程度可以控制炭膜孔径大小，从而影响其分离系数。

5.9.3.4　化学气相沉积法

气相化学沉积法就是挥发性金属化合物或非金属化合物吸附在所要修饰的基体上，通过化学反应合成所需物质，此物质沉积在大孔上起到堵孔的作用。它要求沉积物质与基体在结构上要有一定的相似性或有较强的亲和力。此法的优点是生成物浓度高，生成颗粒分散性好，孔径和颗粒大小易控制，分离膜的厚度可以很薄。其缺点是设备和工艺复杂。

气相化学沉积法是一种有效的调孔方法。它要求沉积物质和基体在结构上有一定的相似性或有较强的亲和力。沉积物炭膜表面有三种沉积方式，即均匀的沉积在孔道内、部分沉积在膜孔内及沉积在膜孔表面。实际上沉积是三种方式的混合。沉积物颗粒大小、沉积温度和时间都影响其沉积方式。

5.9.4　非支撑炭膜的制备

相对于支撑炭膜来说，非支撑炭膜本身要求具有良好的机械强度，其成膜后要有较好的孔结构和孔径分布范围。非支撑炭膜有如下制备方法。

① 平板状非支撑炭膜　在一定温度和湿度下，将原料溶液直接在平整的玻璃板上流延成膜，干燥后炭化而成。

② 管状炭膜　以含碳原料为前驱体，加入一定量的黏结剂，混合均匀后加压挤出成型，再经炭化烧结而成。可以作非支撑体炭膜，也可以作支撑体炭膜。

③ 中空纤维炭膜　将前驱体溶液由内插式喷丝头挤出，经短时间蒸发后，进入凝胶浴，凝胶后的中空纤维膜经洗涤、干燥后炭化而成。

④ 毛细管炭膜　将前驱体聚合物溶液涂在非常细的聚四氟乙烯（PTFE）管上。通过一定的装置控制 PTFE 管以一定的速率通过具有一定直径的孔，然后放到恒温水浴中使其凝结，干燥后将形成好的毛细管薄膜从 PTFE 管上取下，进行炭化后便可得到毛细管炭膜。

5.10　无机膜

在膜科学技术领域中，开发较早的膜材料是有机聚合材料，它在很多方面有独到的优点，例如有机膜具有韧性，能适应各种大小粒子的分离过程，制备相对较简单，易于成型，工艺也较成熟，且价格便宜。但是它也有一些自身无法克服的缺点：

① 热稳定性差，不耐高温；

② 抗腐蚀性差，不耐酸碱及有机溶剂；

③ 恶劣环境下使用寿命短；

④ 易堵塞，不易清洗重复使用。

鉴于有机膜的以上缺点，20 世纪 80 年代以来，无机分离膜的研究和开发已逐渐引起人们的普遍关注。无机膜是指采用陶瓷、金属、金属氧化物、玻璃、硅酸盐、沸石及碳素等无机材料制成的半透膜。它包括陶瓷膜、微孔玻璃、金属膜、分子筛膜、炭膜及金属-陶瓷复合膜等，其中分子筛膜和炭膜已在前面作了介绍，本节不再讨论。

5.10.1 无机膜的分类

根据膜的结构不同可分为多孔膜、致密膜及复合膜。

多孔膜为多孔陶瓷、多孔石英玻璃和多孔钢管等，以多孔陶瓷为主，孔径范围0.0005～50μm，主要用于液体的微滤、超滤及纳滤、气体的分离和复合膜之载体。

致密膜为元素周期表中ⅥB～ⅧB族元素镍、铂、钯等及它们的合金金属片，其中钯及其合金具有较高的氢气渗透系数而被广泛研究和应用，主要用于高纯氢气分离和脱氢、加氢、选择氧化和耦合等高温催化反应。

复合膜由多孔载体、中间膜（γ-Al_2O_3，TiO_2 等）和顶层膜［SiO_2（孔径≤1nm）和钯及钯合金］构成，具有耐高温、耐腐蚀、机械稳定性好、渗透系数和分离因子都较高等显著优点，其用途与致密无机膜类似。

5.10.2 无机膜的特点

与高分子膜相比，无机膜具有许多优良的特性，如下所述。

① 热稳定性好，即无机膜在400～1000℃的高温下使用时，仍能保持其性能不变，这使采用膜分离技术进行高温气体的净化具有了实用性。

② 化学性质稳定，能耐有机溶剂、氯化物、酸和强碱溶液，并且不被微生物降解。

③ 具有较大的强度，能在很大压力梯度下操作，不会被压缩和蠕变，故其机械性能好。

④ 与高分子膜不同，不会出现老化现象，只要不破损，可长期使用，而且容易再生，可采用高压、反冲清洗，蒸汽灭菌等。

⑤ 容易实现电催化和电化学活化。

⑥ 容易控制孔径大小和孔径尺寸分布，从而有效地控制分离组分的透过率和选择性。

5.10.3 无机膜的制备

无机膜的制备方法很多，主要有以下几种。

5.10.3.1 *溶胶-凝胶法*

溶胶-凝胶工艺是20世纪60年代发展起来的一种材料制备方法。它的基本原理是：一些易水解的金属化合物（无机盐或金属醇盐）在某种溶剂中与水发生反应，经过水解与缩合过程在低温下逐渐形成凝胶，控制一定的温度与湿度干燥形成凝胶膜，再经过高温煅烧等后处理工序，就可制得所需的无机膜。

（1）水解反应：金属醇盐 $M(OR)_n$（n 为金属M的原子价）与水反应，如：

$$M(OR)_n + xH_2O \longrightarrow M(OH)_n(OR)_{n-x} + xROH$$

反应可延续进行，直至生成 $M(OR)_n$。

（2）缩合反应：可分为失水缩合（a）和失醇缩合（b）：

$$\text{(a)} \quad \cdots M{-}OH + HO{-}M\cdots \longrightarrow \cdots M{-}O{-}M\cdots + H_2O$$

$$\text{(b)} \quad \cdots M{-}OH + RO{-}M\cdots \longrightarrow \cdots M{-}O{-}M\cdots + ROH$$

反应生成物是各种尺寸和结构的溶胶粒子，溶胶经干燥后得到凝胶，凝胶在一定的温度下烧结即得到无机膜材料。

与其它制备方法相比，溶胶-凝胶法由于是在室温附近进行的一系列湿化学反应，制备过程温度低，工艺易于控制，只要条件控制得当，即可得到窄孔径分布、孔径分布均匀和大孔隙率的膜。但它也有不足之处，如原料价格高、有机溶剂具有毒性及在高温下进行热处理时会出现团聚现象等。为了消除团聚等现象对无机膜性能的影响，可引入冷冻干燥、形成乳浊液、共沸蒸馏等技术手段来减少或避免团聚现象的发生。

采用溶胶-凝胶法可制备氧化铝膜、氧化锆膜、氧化钛膜、二氧化硅膜和沸石膜等。例如采用溶胶-凝胶法可制得孔隙度分布非常窄的 Al_2O_3 和 TiO_2 超细过滤膜，通过控制适当的热处理条件，可以得到各种不同孔径（4～100nm）的过滤膜；采用此法还制得了 RuO_2-

TiO_2 系列超细过滤膜（孔径为5～20nm），这种膜具有金属导电性，可以应用于电化学超细过滤。

5.10.3.2 化学提取法

化学提取法（刻蚀剂）的基本原理：首先将制膜固体原材料进行某种处理，使之产生相分离，然后用化学试剂（刻蚀剂）处理，使其中的某一相在刻蚀剂的作用下，溶解提取，即可形成具有多孔结构的无机膜。

5.10.3.3 相分离-沥滤法

相分离-沥滤法可以制备微孔玻璃膜、复合微孔玻璃膜、微孔金属膜，美国Corming公司首先开发出制作高硅氧Vycor玻璃。他们先制成玻璃膜，再利用玻璃分相原理得到高硅氧Vycor玻璃。用相分离-沥滤法制得的微孔玻璃膜，其孔径可以通过配料组成、分相温度和沥滤条件等在0.5～50.0nm之间调节，而且孔径分布范围极为狭窄。复合微孔玻璃膜的制备方法是将溶胶-凝胶法与沥滤法结合起来的一种制膜技术，它先在一多孔陶瓷管上用溶胶-凝胶法制成含有 B_2O_3 的 SiO_2 玻璃膜，然后用酸对陶瓷膜进行沥滤，最后得到复合微孔玻璃膜。

用于制膜的原始玻璃材料中至少含 SiO_2 30%～70%，其它为锆、铪、钛的氧化物及可提取材料。可提取材料中含一种以上的含硼化合物和碱金属氧化物或碱土金属氧化物。该原始材料经热处理分相，形成硼酸盐相和富硅相，然后用强酸提取硼酸盐使之除去即制得富硅的多孔玻璃膜，其孔径一般为150～400nm。

5.10.3.4 阳极氧化法

阳极氧化法是目前制备多孔 Al_2O_3 膜的重要方法之一，该法是以高纯度的合金铝箔为阳极，并使一侧表面与酸性电解质溶液接触，通过电解作用在此表面上形成微孔 Al_2O_3 膜，然后用适当方法除去未被氧化的铝载体和阻挡层，得到孔径均匀、孔道和膜平面垂直的微孔 Al_2O_3 膜。杨文彬报道了用阳极氧化法在高纯铝片上制备含有纳米孔阵列的阳极氧化铝膜技术，并用原子力显微镜和扫描电子显微镜对样品形貌进行了分析，结果表明，阳极氧化处理后铝片明显地分为未反应的铝、阻挡层氧化铝和多孔层氧化铝3层结构，且阻挡层处在铝和多孔层之间，具有弧形底部。多孔层氧化铝中孔的大小约为50nm，孔间距约为100nm，且这些孔有规律地排列成纳米孔阵列。

5.10.3.5 化学气相沉积法

化学气相沉积法（CVD）是在远高于热力学计算临界反应温度条件下，反应产物蒸气形成很高的过饱和蒸气压，然后自动凝聚形成大量的晶核，这些晶核长大聚集成颗粒，沉积吸附在基体材料上，即制得无机膜。

化学气相沉积法的原理是含有构成需要元素的一种或几种化合物、单质气体供给载体，借助气相作用，在载体的表面上化学反应生成所要求的薄膜。化学气相沉积法是建立在反应的基础上的，其表面孔径可控制4～10nm，厚度5μm。它的沉积反应主要有两类。

① 热分解反应　　$A(g) \longrightarrow B(s) + C(g)$　　（B沉积在基体上）

② 化学合成反应　　$A(g) + B(g) \longrightarrow C(s) + D(g)$　　（C沉积在基体上）

相对而言，后者有多种组合，通用性好，如：

$$ZrCl_4(g) + 2H_2O(g) \longrightarrow ZrO_2(s) + 4HCl(g)$$

形成 ZrO_2 膜。

化学气相沉积法包括以下几个步骤：①两个反应物种在基体孔中的扩散；②化学反应和固体产物在基体孔壁上沉积；③气体产物从基体孔中扩散出来。

化学气相沉积法的影响因数很多，除了反应动力学和扩散速率外，实验条件如沉积方式、载体性质（孔径、温度、大小、形状等）、反应物浓度等，均会对沉积的效果产生影响。

而沉积的厚度也要受到沉积时间、沉积次数、沉积温度和载体孔径的控制。上述影响因数之间又相互关联。

近年来CVD技术制备无机膜发展迅速，如通过正硅酸乙酸分解制取氧化硅膜；采用$ZrCl_2$、YCl_3制备YSZ膜，此外还成功地制备了TiO_2、Al_2O_3、B_2O_3等多种无机膜。由该法所制得的无机膜的厚度可以很薄，孔径可小于2nm。

5.10.3.6 喷雾热分解法

喷雾热分解法（SP法）是将金属盐溶液以雾状喷入高温气氛中，此时立即引起溶剂的蒸发和金属盐的热分解，随后因过饱和而析出固相粒子并吸附在载体上，沉积成金属膜或合金膜。该法具有工序少、易于控制组成及纯度、操作方便等优点，可制得成分均匀，具有纳米级粒度的颗粒，沉积形成的膜的厚度1.5～2μm，孔径小于5nm。例如以硝酸钯溶液和硝酸银溶液为原料，采用喷雾热分解法成功地制得了具有良好透氢性的Pd-Ag合金催化无机膜。

5.10.4 无机膜的表征方法

无机膜的表征技术是无机膜的制备和应用的基础，它包括结构表征和性能表征。结构表征主要是孔结构表征，包括平均孔径和孔径分布、孔形状、曲折因子、孔隙率等；性能表征包括了材料性质和传递性能两方面。

5.10.4.1 孔结构的表征

① SEM观察法　扫描电子显微镜（SEM）是以电子束代替可见光，从固体表面获得放大图像，分辨率很高，达10^5倍，观测下限为5nm，可用来观测孔径分布和孔隙率。图5-16是利用SEM观察的α-Al_2O_3微滤膜的表面和断面结构。此外，投射电镜（TEM）、原子力显微镜（AFM）和扫描隧道显微镜（STEM）都是无机膜孔结构的有效表征方法。

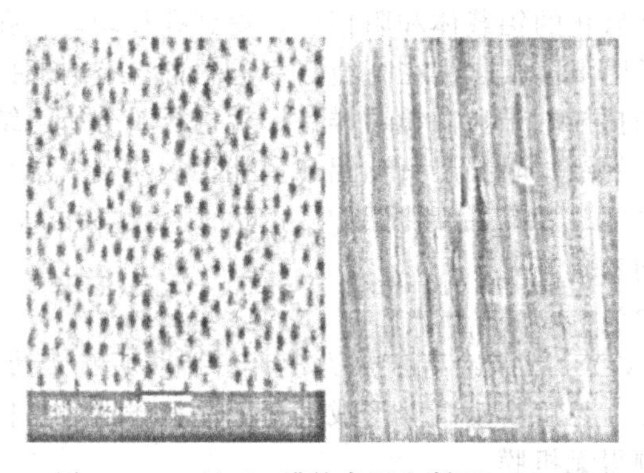

图5-16　α-Al_2O_3膜的表面和断面SEM图

② 压汞法　该方法借助外力将非浸润的液态金属汞压入到干的多孔样品中，测定进入样品中的汞体积随外压的变化，利用Laplace或Wahburn方程可以确定样品的孔隙体积与孔径的关系。

$$r_p = -2\gamma\cos\theta/P \tag{5-20}$$

式中　r_p——毛细管的半径，m；

γ——汞-空气的界面张力，（N/m）；

P——压力，Pa；

θ——接触角。

③ 气体泡压法　气体泡压法是利用液体在毛细孔中所受到的毛细管张力作用以及气体在毛细孔中的流动机理，测量气体透过液体浸润膜的流量与压差的关系，利用Laplace方程计算膜的孔径。气体泡压法还可以检测膜的最可几孔径、最大孔径或缺陷尺寸。

5.10.4.2 材料性能的表征

(1) 化学稳定性 无机膜的化学稳定性好，可在较宽的 pH 值范围内使用。无机膜的化学稳定性以其耐酸碱性能表示，即在一定的条件下（酸或碱溶液、温度和时间）考察膜的损失量。测试方法参照国家的有关标准，表 5-10 为几种膜材料在盐酸中的腐蚀量比较。

表 5-10 几种膜在盐酸中的腐蚀量比较

膜材料	比表面积/(cm^2/g)	质量损失量/[%/(d·cm^2)]
α-Al_2O_3	0.93	2.1×10^{-5}
聚四氟乙烯	3.21	6.4×10^{-1}
不锈钢 316(A)	3.09	4.1×10^{-1}
不锈钢 316(B)	0.85	4.3×10^{-2}

(2) 机械强度 无机膜具有很高的机械强度，但至今尚无一种标准的测试方法对其进行合理的表征，目前主要借鉴无机材料机械强度的测试方法，通常采用抗弯强度、抗压强度、爆破强度以及挠曲强度表示。

5.10.4.3 分离性能的表征方法

无机膜的分离性能主要是其渗透性和渗透选择性，前者可用渗透通量和渗透系数来表示，反映了流体在膜内的传输速率；后者以截留率及分离系数来表征，反映了流体通过膜后的分离效果。

(1) 渗透性 无机膜在液相分离中都是以压力差为推动力的膜分离过程，表征无机膜渗透性能的参数是渗透通量（J）和渗透率（Q），其定义如下：

$$J=V/(At) \tag{5-21}$$

$$Q=V/(At\Delta P) \tag{5-22}$$

式中 V——液体透过总量；

A——膜的有效面积；

t——过滤时间；

ΔP——操作压力。

渗透系数主要是对气体分离而言，在表征多孔膜渗透性能时渗透通量（JA）和渗透系数（PA）的关系是：

$$PA=JA\Delta l/\Delta P \tag{5-23}$$

式中 ΔP——膜的进料侧和渗透侧压力差，Pa；

Δl——膜厚度，m。

(2) 渗透选择性 表征膜渗透选择性的参数有截留率、截留分子量和分离因子等，对于液相分离过程来说，可采用截留率来表示膜的渗透选择性，定义如下：

$$R=(1-c_p/c_b)\times100 \tag{5-24}$$

式中 R——截留率，%；

c_p——渗透液中溶质浓度，mol/L；

c_b——截留液主体浓度，mol/L。

截留分子量主要用于对超滤膜，通常选择不同分子量的溶质，测量膜对它们的截留率，而分离因子则是用来评价气体选择性的参数。

5.10.5 陶瓷膜

陶瓷膜是以多孔陶瓷材料为介质制成的具有分离功能的渗透膜。它可承受高温和宽的 pH 值范围，而且其化学惰性比聚合物膜高，一般用于微滤和超滤。陶瓷分离膜是以多孔陶瓷为载体、以微孔陶瓷膜为过滤层的陶瓷质过滤分离材料。它主要是依据“筛分”理论，根据在一定的膜孔径范围内渗透的物质分子直径不同则渗透率不同，利用压力差为推动力，使小分子物质可以通过，而大分子物质则被截留，从而实现它们之间的分离。陶瓷膜具有特别优越的性能，可以在1000℃以上、10MPa以下和较大的pH范围内操作，可用120℃蒸汽连续消毒杀菌，也可在500℃高温煅烧去除污物。在运行中陶瓷膜性能稳定，不变形，使用寿命长，具有高渗透性和必要的强度，制备过程中其气孔也可以得到控制。一次陶瓷膜已被广泛应用于食品、造纸、医药、生物、机械等领域。

陶瓷膜的过滤元件由微孔陶瓷基片和微孔陶瓷膜组成，陶瓷膜的气孔可以按照被分离物质的尺寸来选择。制备微孔陶瓷基片可采用氧化硅、氧化铝、石英和刚玉陶瓷，一般在微孔陶瓷基片上涂覆与之材质相同的陶瓷膜，如氧化铝微孔陶瓷基片上涂覆氧化铝陶瓷膜。

陶瓷膜的主要制备技术有采用固态粒子烧结法制备载体及微滤膜，采用溶胶-凝胶法制备超滤膜，采用化学气相沉积制备微孔膜或致密膜。其基本理论涉及材料学科的胶体与表面化学、材料化学、固态离子学、材料加工等。近年来，溶胶-凝胶法的成膜技术仍在发展，用以制备孔径小于2nm的纳滤膜和气体分离膜。如采用聚合法制备的SiO_2溶胶膜，具有明显的分子筛作用，关键在于控制陈化时间和催化剂浓度；采用溶胶-凝胶法制备的TiO_2膜，平均孔径为1.5nm，截留相对分子质量低于200；采用溶胶-凝胶法制备的TiO_2膜和ZrO_2膜，孔径1nm左右，用以清除废液中色素及毒物。此外，用化学沉积法制备微孔膜也日益受到重视。

5.10.5.1 微孔陶瓷基片的制备

生成微孔陶瓷基片的过程为：

原料 → 粉碎 → 细磨 → 筛分 → 配合料混合 → 泥坯制备 → 成型 → 煅烧 → 微孔氧化硅陶瓷基片

制备微孔氧化硅陶瓷基片原料采用瓷土、石英砂、黏土高岭土等。加入透锂长石可增加其稳定性。氧化硅微孔陶瓷材料的化学成分和烧结温度见表5-11。把这些原料加入球磨机中细磨到比表面积5～7m^2/g后，加入聚氨酯纤维制成泥坯，在带式压力机中进行真空处理，再挤压成型为陶瓷基片。干燥后进行煅烧，在400℃以前缓慢升温，防止聚氨酯纤维被立即炭化，随后可快速升温。

表5-11 氧化硅微孔陶瓷材料化学成分和烧结温度

烧结温度/℃	SiO_2/%	Al_2O_3/%	Fe_2O_3/%	TiO_2/%	CaO/%	MgO/%	K_2O/%	Na_2O/%	烧失量/%
1320	67.05	20.34	0.35	0.15	1.94	1.03	2.45	1.22	5.47
1350	67.87	20.82	0.36	0.16	1.77	0.93	2.44	1.21	5.44
1420	66.53	21.73	0.37	0.17	1.44	0.73	2.42	1.20	5.38

5.10.5.2 在微孔氧化硅陶瓷基片上涂氧化硅膜

采用溶胶-凝胶法，化学原理：

$$Si(OCH_3)_4 \xrightarrow[\text{催化}]{+H_2O} Si(OH)_4 \xrightarrow[\text{水解}]{+H_2O} SiO_2$$

将醇硅制成$Si(OCH_3)_4$或$Si(OCH_2CH_3)_4$溶液，溶剂为乙醇或丙酮，用盐酸作为水解催化剂，使其成为溶胶，然后在陶瓷基片上进行浸涂，在70～80℃干燥1h，250℃焙膜（缩聚）生成SiO_2膜。它不溶于水，通过800～900℃热处理可以调节气孔的尺寸。一般情况下涂一层气孔尺寸为0.1～0.5μm，涂两层气孔尺寸为0.005～0.025μm。

5.10.5.3 微孔过滤陶瓷基片上涂其它膜层

用表面变性的办法处理陶瓷基片以拓展其应用范围，例如在微孔过滤陶瓷基片上沉淀从甲醛铜溶液中沉淀出铜层。沉淀反应在碱性介质中进行，然后在120℃下干燥，400℃热处理，获得具有表5-12所列的结构参数的过滤元件。可以看出经过变性后，气孔的最小尺寸达到0.2～0.3μm。该气孔的大小与MФA-MA系列聚合物过滤装置的气孔相当，但其过滤效率要高3～5倍。

表5-12 具有铜膜的微孔陶瓷基片过滤元件气孔特性①

未涂铜层	涂铜膜		
	变性时间60s	变性时间90s	变性时间120s
1.52/10.5	0.80/8.4	0.60/4.6	0.30/2.2
1.53/11.0	0.95/9.0	0.54/5.2	0.22/1.5
1.42/10.6	0.80/8.8	0.42/5.0	0.24/2.0
1.49/10.9	0.86/9.2	0.51/4.8	0.20/2.0
11.50/11.2	1.00/9.4	0.62/5.8	0.32/1.8

① 分子表示气孔直径（μm），分母表示在0.1MPa下，该过滤元件生产率（$10^{-5}m^3/s$）。

5.10.5.4 陶瓷滤膜的特点

无机陶瓷滤膜主要特点表现在以下几个方面。

① 耐高温 无机陶瓷膜具有极好的耐热性，大多数陶瓷膜可在1000～1300℃高温下使用，可用于高温、高黏度流体的分离。对于那些不利于化学清洗的情况，如食品、乳品、制药等工业，或者是希望通过高温操作来降低进料物黏度的场合，无机陶瓷膜均适用。

② 化学稳定性好 耐酸碱和生物腐蚀，比金属和其它有机材料的膜质更加耐酸碱腐蚀。由于能够稳定地经受氢氧化物或酸的腐蚀，可用于处理pH值有极性的物料，特别是碱性物料。陶瓷膜能长时间地经受各种介质的侵蚀，能抗生物降解，抗菌性能好。

③ 渗透选择性高 由于多孔陶瓷膜的孔径都很小，因此其渗透选择性很高，多用于超滤和微滤。另外，无机陶瓷纳滤膜对无机离子还具有不同的分离特性，可以根据不同的需要来选择材质，对特定的离子进行分离。

④ 污染小，易清洗，使用寿命长 由于陶瓷膜的化学稳定性好，在分离过程中不会产生相变，因此污染较小。另外，由于陶瓷膜的化学及结构的稳定性，应用中的膜清洗问题可以轻易地解决。例如：可以用酸性、碱性和活性酶清洗剂来分别处理膜上的不溶沉淀、油性物质和蛋白质等，也可以采用蒸气和高压蒸煮进行膜的消毒处理；由于陶瓷膜元件具有非对称结构，可采用反冲技术清除膜表面膜孔内的污物。陶瓷膜不易老化，使用寿命一般为3～5年，有的甚至可以达到8～10年。

⑤ 光催化作用 有些材质的陶瓷膜，如TiO_2膜，具有很强的光催化作用，在紫外光的照射下，能够杀死进料物中细菌和其它微生物，可用于水处理、空气净化、杀菌等。

5.10.6 结构参数对性能的影响

无机陶瓷膜的分离性能与其结构、材料性质是密切相关的。陶瓷膜的结构参数主要包括平均孔径和孔径分布、膜厚度、孔隙率、孔形状、曲折因子等，它决定了膜的渗透分离性能；操作参数主要包括膜面流速、操作压力、温度等，影响膜过程的浓差极化程度和膜污染程度，对渗透通量和分离性能均有影响。

5.10.6.1 膜孔径的影响

膜孔径是影响膜通量和截留率等分离性能的主要因素。一般孔径越小，对粒子或溶质的截留率越高，相应的通量往往越低。膜应用中的膜选型就应在保证截留率的基础上使所选孔径膜的通量最高。对于纯溶剂介质而言，膜孔径越大，通量越高。但在实际体系分离中，由于吸附、浓差极化、堵塞等膜污染现象的影响，过滤渗透通量值很少能与膜的纯水渗透通量值相比拟。在某些情况下还会出现膜自身阻力与膜污染阻力总和最小、膜通量最高的最优膜孔径。

5.10.6.2 膜厚度的影响

膜厚度对膜性能的影响主要表现在渗透通量上。由于膜厚度的增加使流体透过路程增加，导致过滤阻力增加和通量下降。在操作压力 0.11MPa、流速 0.6m/s、温度 298K 条件下进行钛白粉废水微滤实验，发现不同厚度的膜对渗透通量有不同影响，膜的纯水通量随着膜厚的增加线性减小，过滤通量却是 24μm 厚的膜最高，43μm 厚的膜次之，13μm 和 65μm 厚的膜通量大致相同。渗透通量随时间的变化情况为膜越厚，初始通量越小，但随时间衰减较为缓慢；而较薄的膜初始通量较高，但在初始阶段衰减较快之后变化趋缓。

5.10.6.3 膜孔隙率的影响

孔隙率高的膜具有较多的开孔结构，在相同的孔径下具有高的渗透通量。一般多孔无机膜特别是陶瓷膜，其膜层的孔隙率在 20%～60%之间，支撑体孔隙率高于分离层，对微滤膜而言，孔隙率一般大于 30%。一些学者尝试从理论上构建结构-性能关系而建立面向应用过程的膜微结构的设计方法。Belfort 等在考虑膜组件优化设计时提出了关注膜微观结构的影响，但是由于流场流型和传递扩散方程计算复杂，很少采用这种膜组件的设计方法。徐南平等提出面向应用过程的陶瓷膜材料设计理论研究方法，针对具体应用体系利用模型预测选择最优结构的膜，根据陶瓷膜结构控制理论将其制备出来，最优结构的膜在最优操作条件下应用将最大限度地发挥膜技术的优势。这种新的膜应用和设计方法在钛白粉颗粒悬浮液体系得到了验证，并且进行了不同粒径分布和膜孔径分布的模拟计算机实验，为更好地掌握陶瓷膜过滤过程奠定了基础。

5.10.7 膜材料性质的影响

膜材料性质包括膜的化学稳定性、热稳定性、表面性质及机械强度等，它们不仅影响膜的渗透分离性能，更与膜的使用寿命密切相关。膜材料的亲水性和膜表面荷电性对实际体系的分离性能有很大影响，膜表面的电化学性质会对膜和流体之间的作用本质和大小产生影响，从而影响溶剂和溶质（或大分子/颗粒）通过膜的渗透通量，通常表征膜表面电化学性质是膜的 ζ 电势和等电点，也有用表面电荷和零电荷点等来表征的。

Elzo 等在研究荷电情况对膜过滤性能影响中，用电泳法测定的制膜粉体的 ζ 电势作为膜的 ζ 电势。但由于制膜粉体不是膜本身，其表面性质可能与膜的不同，而膜粉碎的颗粒由于产生超额表面电荷也使结果复杂化，甚至无法保证这些颗粒的表面性质能够代表膜的活性层。Mullet 等对复合陶瓷膜的表面电化学性质进行了研究，采用电渗法测定了片状膜的 ζ 电势，并与表面电荷密度测定获得的等电点进行了对比。在 NaCl 的两种离子强度下等电点都为 4.7，$NaSO_4$ 和 $CaCl_2$ 溶液中等电点分别为 4.2 和 5.7，未发生 Na^+、Cl^- 的特征吸附，而 Ca^{2+} 和 SO_4^{2-} 在膜表面有特征吸附，会影响膜的分离性能。

5.10.8 溶液性质对膜过程的影响

溶液性质是指溶液黏度、pH 值、离子强度、电解质成分等。这些性质直接影响到与之接触的膜的表面性质。同时溶液性质的变化还会改变其中所含的待分离的颗粒或大分子溶质的性质，造成膜与溶剂、与颗粒/溶质等之间的作用发生变化，从而影响到膜的分离性能。pH 值及离子强度的变化会改变体系性质如胶体颗粒的电荷，特别在等电点附近使胶体颗粒趋向于沉淀和不稳定。例如蛋白质在等电点下的溶解度最低，倾向于增加在膜表面的吸附，所以在蛋白质的过滤过程中，一般在等电点时通量最低，这在许多的生物、蛋白质等大分子体系的过滤过程中会出现这一现象；而在一些无机颗粒体系的过滤过程中，在等电点由于颗粒的絮凝效应使得过滤通量反而最大。另外，因 pH 值等的变化会改变膜的电性质，如大多数陶瓷膜在中性水溶液中带净负电荷，如通过控制膜的 ζ 电势，可以显著引起膜对蛋白质混合物的选择性提高。而膜 ζ 电势的变化，会使流体通过膜孔时产生的电黏滞效应变化而影响膜通量。

溶液中的无机离子会对膜过滤（特别在蛋白质过滤过程中）产生重要影响。一方面一些无机盐复合物会在膜表面或膜孔内直接吸附与沉积，或使膜对蛋白质的吸附增强而污染膜；另一方面无机盐改变了溶液离子强度，影响到蛋白质溶解性、构型与悬浮状态，使形成的沉积层疏密程度改变，从而对膜过滤性能产生影响。例如在厌氧无机膜生物反应器中，由于进料厌氧消化后 NH_4^+、PO_4^{3-} 浓度升高，同时 pH 值升高，使 $MgNH_4PO_4 \cdot 6H_2O$ 的溶解度下降，该无机盐在膜孔内外沉积而严重影响膜通量。采用无颗粒的酸性消化液进行反向进料，可以改善膜通量，但不能解决根本问题，仍需酸的清洗。胶体颗粒体系的过滤过程中 pH 值对膜有通量影响。采用 Al_2O_3 膜对 20g/L 的 SiO_2 悬浮体系进行过滤，结果表明在 pH 值小于 2 时膜通量较高。这与 SiO_2 的等电点为 2 一致，但同时在较高 pH 值下膜通量又增大。这可能是在较高 pH 值下颗粒电势高、排斥力大，导致了滤饼层变薄所致。

对不同粒径的聚苯乙烯乳胶悬浮液的过滤研究发现，离子强度对临界通量有显著的影响，在离子强度低于 $10^{-1.5}$ mol/L，临界通量下降；而高于该离子强度后临界通量增大。前者可能是因为离子强度增大，颗粒表面电势值减小，扩散层变薄，滤饼中颗粒结合更紧、阻力增大所致；后者是因为离子强度的进一步增大后颗粒发生了凝聚，使临界通量增大。

5.10.9　操作参数对分离过程的影响

不同操作条件（过膜压差、膜面流速和温度等）对膜分离性能的影响很明显。膜应用过程都应在最优操作条件下工作，操作条件的渗透通量临界值是一个重要参数。Wang 等人在作轧钢废水中试实验发现，过膜压差增大到 0.2MPa 时渗透通量逐渐增大；超过 0.2MPa 时渗透通量有变小的趋势。过膜压差对于这种乳化油体系存在临界值，在用陶瓷膜处理钛白废水体系时也发现这种临界值现象：操作压差在 0.2MPa 出现最大值，膜面流速在 3.0m/s 也有这种最大值。一般情况下，温度的升高会使溶液黏度下降，悬浮颗粒的溶解度增加，传质扩散系数增大，可以促进膜表面溶质向主体运动，减薄了浓差极化层，从而提高过滤速度，增加膜通量。稀溶液过滤时，通量随温度的变化可由黏度与温度的关系来预测，实验发现当温度从 303K 上升到 318K 时，渗透通量提高了 1 倍；在油水分离中也发现，当温度从 293K 上升至 323K 时，膜通量增加了 2 倍。若过滤过程属浓差极化控制，温度对膜通量的影响将取决于液相传质系数和黏度之间的关系。此时黏度与过滤通量的关系是非线性的。总之，温度升高往往使膜通量升高，膜通量升高将减少单位产量所需的膜面积，从而降低投资成本；不过升高温度也会使能耗增加，增加操作成本；而且对于易变性的体系（如蛋白质）反而不宜升温。

参考文献

[1] Schonbein C. Bri. Patent. 11402. 1846.
[2] Zsigmondy R, Bachmann W. Ano rg. A llgem. Chem, 1918, (103) 119.
[3] Teorell T. P roc. Soc. Exp. Bio l. M ed. , 1935, (33): 282.
[4] 孙福强，崔英德，刘永等. 化工科技，2002，10 (4)：58-63.
[5] 郃超，朱若华，邹洪等. 化学教育，2000，(12)：3-6.
[6] 王保国. 化学工程师，1996，(4)：24-26.
[7] Johnson B, Baker R W. J. Member. Sci. , 1987, (8): 31-67.
[8] 马云翔，田福利. 内蒙古石油化工，2003，29：15-16，19.
[9] Yazawa T. J. Membrance, 1995, 20 (3): 183-193.

[10] Brinker C J, Ward T L, Sehgal R, et al. J. Memb. Sci., 1993, 77: 165-179.
[11] Shelekhin A B, Dixon A C, Ma Y H, J. Memb. Sci., 1992, 75: 233-244.
[12] 刘丽，邓麦村等．现代化工，2000，20 (1)：17-21.
[13] 张有谟．化工技术经济，1995，(1)：14-19.
[14] 张建国，罗小娟．山东化工，2004，33 (5)：16-19.
[15] 吴麟华．膜科学与技术，1997，17 (5)：11-14.
[16] Bauer J M, Elyassini J, Moncorge G, et al. New Developments and Applicat ions of Carbon Membranes. Proceedings of the 2nd Internat ional Conference on Ino rganic M embranes, Montpellier. 1991, 207.
[17] Litz L M, et al. Gas Permeation for Helium Extraction. Appl. Cryog. Technol, 1972, 5: 106-128.
[18] Ohlrogge K, et al. Process Technol. Proc., 1994, 11: 903-908.
[19] Andreev B M. Vysokochist Veshchestva, 1995, (5): 67-72.
[20] 胡伟等．膜科学与技术，1997，17 (3)：25-29.
[21] 环国兰，张宇峰，杜启云等．天津工业大学学报，2003，22 (1)：47-50.
[22] Bartels C R. Chicago: International Conferenceon Membranes, 1990.
[23] Eriksson P. Environmental Profress, 1998, 7 (1): 58-62.
[24] Ho W S, Sartori G, Thaler W A, et al. International Congress on Membrane and Membrane Processes [C]. Janpan: Yokohama, 1996. 18-23.
[25] 刘梅红，苏鹤祥，俞三传等．纺织学报，24 (4)：75-77.
[26] 周金盛，陈观文．膜科学与技术，1999，19 (4)：1-11.
[27] 吴学明，赵玉玲，王锡臣．塑料，2001，30 (2)：42-48.
[28] Perry M, Linder C. Desalination, 1989, 71: 233-245.
[29] 宋玉军，刘福安，杨勇等．化工科技，1999，7 (3)：1-7.
[30] 高田更一等．高分子论文集，1988，45 (1)：47-53.
[31] Report 1979, W79209314, OWRT27509 (1); Order No. PB2299266, 122 (Eng).
[32] Cabasso, et al. J. Appl. Polym. Sci., 1979, 23: 2 967-2 988.
[33] Bardot C, et al. PCT. Int. Appl. WO 92 06775.
[34] Lin C, Flowers D F & Liu P K T. Meeting North American Membrane Soc., Lexington, May 17～20, 1992.
[35] 高以恒，叶凌碧．膜分离技术基础．北京：科学出版社，1989.
[36] Robert J P. J Membr. Sci., 1993, 83: 81-150.
[37] 高从岾等．水处理技术，1987，13 (5)：140-145.
[38] 宋玉军，孙本惠．水处理技术，1997，23 (2)：78-82.
[39] 邓理，陈立冬，何小慧．农机化研究，2001，(2)：88-90.
[40] 赵眉飞，满瑞林．贵州化工，2004，29 (5)：3-7.
[41] 颜正朝，宋军，林晓等．石油化工，2004，33 (9)：891-900.
[42] 张延风，许中强，陈庆龄．化工进展，2002，21 (4)：270-274.
[43] 许中强，陈庆龄．化工进展，1998，(4)：8-13.
[44] Niwa M, Yamazaki K, Murakami Y. Ind. Eng. Chem. Res., 1991, 30: 38.
[45] 刘作华，杜军，李晓红．重庆大学学报，2004，27 (2)：63-67.
[46] 魏微，刘淑琴，王同华等．化工进展，2000，19：(3)：18-22.
[47] Uhlborn R J R, Burggraaf A J. Gas seperat ion with In organic Membranes. Inorganic Membranes Synthesis Characteristics and Application. Ed. by Bhave R R. New York: Van Nostrand Reinhold, 1991, 155-176.
[48] 苏毅，胡亮，刘谋盛．化学世界，2001，(11)：604-607.
[49] 范恩荣．流体机械，1996，24 (12)：26-30.
[50] 邢卫红，范益群，徐南平．膜科学与技术，2003，23 (4)：92.
[51] 董秉直，陈艳，高乃云等．同济大学学报（自然科学版），2006，34 (12)：1643-1648.
[52] 董秉直，冯晶，陈艳等．同济大学学报（自然科学版），2007，35 (3)：356-360.
[53] FAN L, Harris J L, Roddick F A, et al. Water Research, 2001, 35 (18): 4455.
[54] Kimura K, Hane Y, Watanabe Y, et al. Water Research, 2004, 38: 3431.
[55] 许振良，李鲜日，周颖．膜科学与技术，2008，28 (4)：1-8.
[56] 成岳，李健生，王建军等．化学进展，2006，18 (2/3)：221-229.
[57] Takao M, Tadashi A, Mitsuru S, et al. Chem. Eng. Sci., 2003, 58: 649-656.
[58] Richter H, Voigt I, Fischer G, et al. Sep. Purif. Technol., 2003, 32: 133-138.
[59] Kusakabe K, Kuroda T, Morooda S. J. Membr. Sci., 1998, 148: 13-24.
[60] Dong J H, Lin YS. Ind. Eng. Chem. Res., 1998, 37: 2404-2409.
[61] Mintova S, Mo S, Bein T. Chem. Mater., 1998, 10: 4030-4036.
[62] Balkus KJ, Munoz T, Gimon Kinsel M E. Chem. Mater., 1998, 10: 464-466.
[63] 魏微，秦国峒，候胜德．环境污染治理技术与设备，2004，5 (7)：5-8.
[64] Damle A S, Gangwal S K, Venkataraman V K. GasSeparation and Purification, 1994, 8 (3): 137-147.
[65] 卢明超，张永刚．材料导报，2007，21 (3)：200-203.

[66] 徐卫军，俞建长，胡胜伟. 中国陶瓷，2004，40 (2)：39-41.
[67] 邓娟利，胡小玲，管萍等. 材料导报，2005，19 (10)：40-43.
[68] 何敬昌，彭乔，林贞军等. 辽宁化工，2008，37 (1)：83-87.
[69] 时均，袁权，高从堦. 膜技术手册. 北京：化学工业出版社，2001，85.
[70] Burggraaf A J，Cot L. Elsvier Science B V，1996，79.
[71] Bottino A，Capannelli G，Grosso A，et al. J. Membr. Sci. 1994，99：289-296.
[72] Bhave R R. Inorganic membranes synthesis，characteristics and app lication. New York：Van Nostrand Reinhold，1991.

第6章　生物活性物质

生物活性物质，也称之为生理活性物质，即具有生物活性的化合物，是指对生命现象具有影响的微量或少量的物质。包括多糖、萜类、甾醇类、生物碱、肽类、核酸、蛋白质、氨基酸、苷类、油脂、蜡、树脂类、植物色素、矿物质元素、酶和维生素等。

6.1　生物工程

6.1.1　概述

众所周知，21世纪最具发展潜力的两大产业是信息技术（IT）和生物技术。信息技术发展迅猛，并已渗透到社会生活的各个角落。而与IT的轰轰烈烈相比，生物技术看起来却平平淡淡，虽然基因、克隆、人类基因组计划、生物多样性等字眼经常见诸报端，但离我们的生活似乎还很遥远。所以也有专家这样评论：20世纪不是生物技术的世纪，而是生物工程蓄势待发的世纪，21世纪才是生物工程的世纪。克隆羊多利的诞生，人类基因组90%测序工作的完成，欧美、日本等发达国家对生物技术产业投资的逐年加大，世界各大公司生命科学产业的合并浪潮一浪高过一浪，所有这一切都使我们相信21世纪的的确确是生物技术的时代。

生物工程（bioengineering），也即生物技术（biotechnology），是指人们以现代生命科学为基础，结合先进的工程技术手段和其它基础学科的科学原理，按照预告的设计改造生物体或加工生物原料，为人类生产出所需产品或达到某种目的。简而言之，生物工程是以生命科学为基础，利用生物体系（个体、组织、细胞器和基因）和工程原理来生产生物产品，培育新的生物品种，或提供社会的综合科学技术。

先进的生物技术手段是指遗传工程［包括基因工程（gene engineering）和染色体工程］、细胞工程（cell engineering）、酶工程（enzyme engineering）、发酵工程（fermentation）、蛋白质工程（protein engineering）和生物反应工程（又称生物反应器）等新的技术。生物体指动物、植物和微生物。生物原料指生物体的某一部分或生物生长过程所能利用的物质，如淀粉、糖蜜、纤维素等有机物和某些无机化学品。

遗传工程是生物工程的核心部分。利用遗传工程可以生产新的物种和培育转基因动植物品种，达到改变物种性状，增强作物抗病虫害的能力，提高作物产量和改善食品营养成分等方面的目的。

基因工程是在基因水平上的遗传操作，如将甲种生物提取的脱氧核糖核酸分子片段，根据人类的需要，用类似工程设计的方法，在生物体外进行重组，然后通过一定的“载体”（细菌质粒或病毒）渗入到乙种生物的细胞内，使受体细胞具有甲种生物遗传信息所控制的遗传性状，从而有目的地改变乙种生物的遗传结构，创造出用一般育种方法所不能创造的新品种或新物种。也即通过有机合成，或者以mRNA为模板，利用反转录酶合成碱基互补的DNA，按着人们的需要进行设计、剪接、修饰加工，再和载体DNA（质粒）连接在一起重新导入细胞，大量繁殖表达，生产所需要的蛋白质、激素、疫苗、酶等，培育出具有某些特殊性质的转基因动物、转基因植物。

通过遗传工程可以生产新的物种。由于可以从分子水平上对生物进行操纵和控制，人们可以打破生物原有的属、科、目乃至更高层次上的界限，按照需要定向设计和构建具有新的特定性状的物种，由此产生很多新的优良物种。通过遗传工程还可以培育转基因动植物品种。通过基因移植技术，将动植物的生长速率、生产能力和抗性、耐性大大提高，从而培育出高产粮食和速肥猪等。如美国培育出的转基因玉米。

细胞工程是指细胞水平的遗传操作，以及利用离体培养细胞的特性，生产特定的生物产品，快速繁殖或培养新的优良品种。细胞工程包括植物组织细胞的培养和细胞杂交。前者指把植物的花粉、胚、分生组织等离体培养成为植株。后者指把小到几十微米的肉眼难以见到的细胞，从植物体上分离下来，在人工控制的条件下，使它们类似性细胞受精那样，完成全面的融合过程，继而把这些融合的细胞人工培养成杂交植株。

细胞工程是生物工程的一个重要组成部分。细胞是一切生物的基本组成单位，细胞工程通过影响和改变其性状，从而控制生物和发展方向。在农业生产中，通过无性繁殖发展种子产业，使生物的杂种优势固定，免去年年人工制种的麻烦；利用动物胚胎移植分割技术，发展胚胎生产、储运和促使动物的高效繁殖；利用组织培养脱毒技术与快繁技术结合，可以快速生产优质的苗木；利用畜禽性别鉴定技术，进行定向繁育和饲养。

酶是生物细胞合成的具有特殊催化能力的蛋白质。酶工程是在适宜的生物反应装置中，利用酶将一种物质转化成另一种物质，即将相应的原料转化成人类需要的产物。酶工程的主要内容包括：酶的提取、分离、纯化，酶或细胞的固定化，以及固定化酶的反应器等。由酶的提取、分离、精制得到的酶制剂已广泛应用于食品、发酵工业、纺织、皮革、医药、造纸和木材加工等领域。

发酵工程又称微生物工程，是根据不同微生物的特性，在无氧或有氧的条件下，利用酶的催化作用，将各种不同的原料转化成各种不同物质的工程技术。发酵工程主要包括：菌种的选育、菌种最佳培养基的选择；发酵反应器的设计；产物的分离、提取和精制等。

蛋白质工程，也称第二代基因工程，是在编码蛋白质的基因 DNA 碱基排列顺序或蛋白质的氨基酸序列完全清楚的基础上进行的。通过定点突变技术更换蛋白质分子中某一特定氨基酸，或更换蛋白质分子中的某一区域中的全部氨基酸，即更换一个片段，修饰改造现在已有的蛋白质、酶、多肽激素、疫苗等，使之具有某些新的特性，满足人类的需要，表现了巨大的潜在应用价值。

生物工程由多学科综合而成，包括微生物学、生物化学、细胞生物学、分子生物学、免疫学、人体生理学、动物生理学、植物生理学、遗传学、育种技术等学科，是一门多学科互相渗透的综合性学科。如果一个基因工程产品从上游的基因重组、克隆、表达完成之后再经过工程菌的发酵或动物细胞的大量培养、分离、纯化目的产物、质量检验到产品，涉及分子生物学、蛋白质、酶、微生物、免疫、发酵工程等方面知识，必须由精通这些方面的人才通力合作才能完成。

生物工程的应用领域非常广泛，包括医药、农业、畜牧业、食品、化工、林业、环境保护、采矿冶金、材料、能源等领域。这些应用所带来的经济利益和对社会发展的影响均非常巨大，现代生物技术是新兴高技术领域中最重要的三大技术之一，正受到世界各国的重视。因此有人预言：21 世纪将是“生物学技术的世纪”。

6.1.2 生物工程与农业

通过生物工程，可以定向和有效地对农用动植物进行遗传改良，培育出抗虫、抗病、抗除草剂、耐旱、耐寒、耐储运的优良品种；植物种苗的工业化生产；大幅度减少农药、化肥和水的投入；增加产量，提高效益，保护资源和环境，促进农业的高效和可持续发展。

农作物的基因工程发展很快，自1983年得到第一例转基因植物后，转基因成功的植物种类迅速增加，一大批抗虫、抗病、耐除草剂和高产优质的农作物新品种已培育成功。在转基因植物中，申请最多的前几种农作物是玉米、油菜、马铃薯、番茄、大豆和棉花。申请数最多的前五名国家为：美国、加拿大、法国、比利时和英国。已商业化的转基因植物有抗螟虫玉米；抗甲虫马铃薯；抗真菌的烟草；抗除草剂的玉米、棉花、油菜、大豆、马铃薯、西红柿和烟草；抗病毒的西葫芦和番木瓜；雄性不育的菊苣以及成熟延迟的番茄等。

通过直接获取营养体细胞或外植体如茎尖、子叶、胚、芽、下胚轴、子房等，在适当的培养液或培养基中短时间由愈伤组织诱导产生幼苗从而再生出植株，这就是快速无性繁殖。该技术已获得广泛应用，在花卉领域，已应用于海棠、一品红、百合、蔷薇、孤挺花、君子兰、红掌、玫瑰、南洋金花等，在该领域中的应用，甚至可以控制观赏植物的叶色、花数、花形、香味等性状；在经济植物中已应用于水稻、玉米、小麦、马铃薯、高粱、烟草、咖啡、香蕉、人参等；在本木植物中已应用于白杨。

动物转基因技术将外源基因导入动物的基因并获得表达，由此产生的动物称为转基因动物（transgenic animal）。转基因技术利用基因重组，打破动物的种间隔离，实现动物种间遗传物质的交换，为动物改善的改良和新改善的获得提供了新方法。这种新技术已应用于转基因鱼，鲫鱼、鲤鱼、泥鳅、鳟鱼、大马哈鱼、鲶鱼、罗非鱼、鲂鱼等各种淡水鱼和海鱼；转基因家禽，鸡；转基因家畜，猪、牛、马、羊、兔等。转基因动物的研究主要集中在提高动物生长的速度和抗逆性。已有多种哺乳类和鸟类的基因被成功地整合到鱼类的基因组中，例如将羊生长激素基因转入鲤鱼、鲫鱼、泥鳅、鲂鱼等，明显提高了生长速度。又如将牛生长激素基因导入鸡，可以大大增加鸡的体重。转生长激素基因的猪的饲料转化率、增重率提高，而脂肪减少。

6.1.3 生物工程与健康

医药生物技术是生物工程领域中最活跃，产业发展最迅速，效益最显著的领域。其投资比例及产品市场均占生物技术领域的首位，约60%的实际应用是在医药卫生领域。生物工程在医药领域的应用涉及新药开发、新诊断技术、预防措施及新的治疗技术。可以提供常规方法不能生产的药品或制剂；替代化学合成法或组织提取法等生产成本昂贵的药品生产技术；提供灵敏度高、反应专一、实用性强的临床诊断新试剂和新方法；提供安全性能好、免疫能力强的新一代疫苗。

抗生素是应用最广泛的生物工程药物。

1977年，美国首先采用大肠杆菌生产了人类第一个基因工程药物——人生长激素释放抑制激素，开辟了药物生产的新纪元。该激素可抑制生长激素、胰岛素和胰高血糖素的分泌，用来治疗肢端肥大症和急性胰腺炎。如果用常规方法生产该激素，50万头羊的下丘脑才能生产5mg，而用大肠杆菌生产，只需9L细菌发酵液。相类似的基因工程药物还有人胰岛素、人生长激素、人心钠素、人干扰素、肿瘤坏死因子、集落刺激因子等。

利用细胞培养技术或转基因动物来生产人类所需的蛋白质药物是生物工程的又一应用，如转基因羊生产人凝血因子IX；转基因牛生产人促红细胞生成素；转基因猪生产人体球蛋白等。生物工程在人类疾病的预防和诊断上也有广阔的前景，如用基因工程生产重组疫苗，可以达到安全、高效的目的，如病毒性肝炎疫苗（包括甲型和乙型肝炎等）、肠道传染病疫苗（包括霍乱、痢疾等）、寄生虫疫苗（包括血吸虫、疟疾等）、流行性出血热疫苗、EB病毒疫苗等。开发中的生物技术疫苗迅速增加，增加品种达44%（达77种），用于癌症、艾滋病、类风湿性关节炎、镰刀形贫血、骨质疏松症、百日咳、多发性硬化症、生殖器疱疹、乙型肝炎及其它感染性疾病。最近生物技术药物还试用于普通感冒、帕金森氏症、遗传性慢性舞蹈症。1998年初，美国批准了首个艾滋病疫苗进入人体试验。这预示在不远的将来，像乙型肝炎、脊髓灰质炎等病毒性疾病那样，艾滋病也可以得到有效的预防。

利用细胞工程可以生产单克隆抗体，可用于疾病治疗和诊断。如用于肿瘤治疗的“生物导弹”，将治疗肿瘤的药物和抗肿瘤细胞的抗体联结在一起，利用抗体与抗原的亲和性，使药物集中于肿瘤部位以杀死肿瘤细胞，减少药物对正常细胞的毒副作用。

用基因工程生产诊断用的DNA试剂，称之为DNA探针，主要用来诊断遗传性疾病和传染性疾病。导入正常的基因来治疗由于基因缺陷而引起的疾病，即基因治疗，目前已应用到免疫缺陷病、恶性肿瘤、遗传病、代谢性疾病、传染病、血友病等疾病。我国批准上市的生物工程药物有：IFN（interferon)-α1b，IFN-α2a，IFN-α2b，IL-γ，IL-2，G-CSF，GM-CSF，SK，EPO（人促红细胞生成素），EGF，b-FGF，Insulin，GH，乙肝疫苗，痢疾疫苗共15种。其中IFN-α1b是我国自行研制的品种，但在体内治疗性单抗及治疗性疫苗领域还是空白。

2000年世界上具有10亿～35亿美元年销售额的基因工程药物列于表6-1。截止至2004年6月年销售额最大的10种生物技术药物见表6-2。

表 6-1 2000 年世界上具有 10 亿～35 亿美元年销售额的基因工程药物

药　物	适 应 症	销售额/亿美元
EPO	贫血	35
GH	生长障碍	30
G-CSF	中性粒细胞减少症,白血病,艾滋病	16.5
人胰岛素	糖尿病	15
IFN-α	癌症、丙肝	10～20

表 6-2 截止至 2004 年 6 月年销售额最大的 10 种生物技术药物

商 品 名	排 位	2003 年 6 月～2004 年 6 月销售额/亿美元	2003 年度销售额 /亿美元	较 2002 年增长率/%	说　明
ERYPO	1	41.135	41.333	4.05	EPO-α
EPOGEN	2	30.269	30.352	6.87	EPO-α
REMICADE	3	22.730	20.781	36.71	Anti-TNF-α 抗体
ENBREL	4	20.220	16.169	72.38	TNF-αR-Fc
ARANESP	5	19.908	14.290	—	EPO 突变体
RITUXAN	6	19.340	17.528	48.10	Anti-CD20 抗体
NEULASTA	7	15.290	12.313	—	PEG 化 G-CSF
NEUPOGEN	8	13.623	14.257	−0.05	G-CSF
AVONEX	9	12.618	11.774	7.33	干扰素-β1α
HERCEPTIN	10	8.268	7.280	51.04	Anti-EGF RⅡ抗体

6.1.4 生物工程与化学工业

生物化学工程（又叫化学生物工程、生化工程或生物化工）是化学工程与生物技术相结合的一门新兴学科。生物化工是生物技术的重要分支。与传统化学工业相比，生物化工有某些突出特点。

① 主要以可再生资源作原料。现代化学工业以石油为主要原料，按现在的消费速度，石油资源很快就会枯竭。绿色植物利用太阳能（通过光合作用），把大气中的二氧化碳转变为碳水化合物，这是一种能够再生的资源。利用生物技术即可把碳水化合物转化为多种化工产品。如将世界上取之不尽、用之不竭的纤维素通过酶解生成葡萄糖，再发酵生成酒精，进而脱水成乙烯，一旦获得成功，将取代石油热裂解制乙烯的传统石油化工工艺。大量利用纤

维素的关键在于纤维素酶的克隆，以生产大量高效的纤维素酶，并制造高效的工程菌。

② 反应条件温和，多为常温、常压、能耗低、效率高的生产过程。常规的化学反应大多在高温高压或者强酸、强碱条件下进行，因此能耗大，对设备要求高。而生物酶催化反应一般在常温、常压和较温和的 pH 条件下进行，并且酶催化的反应速度很快，比非催化的反应速度高 10^8～10^{80}倍，比一般化学催化反应速度高 10^6～10^{14}倍。一个酶分子每分钟可以催化 1000～100 万以上的底物分子。

③ 选择性好、流程简单、一步生产法。化学合成化工产品时，各个反应要单独进行，几乎所有的化学反应都得不到纯的产物，在下一步反应前必须对反应生成物进行纯化。这种方法工序复杂，不仅费时，而且成本高，副产物多。酶对底物有严格的专一性，它可以从复杂的原料中加工其一成分或去除某种杂质以制备所需产品。并且微生物体内含有多种酶系，不需要对中间产物分离纯化，从原料经中间代谢产物转变为最终产品的许多反应可以在同一个生物反应器中完成。即生物体内虽然发生了许多化学反应，但在实际运行中可以一步完成。

④ 环境污染较少。使用化学催化剂一般都产生副产物。这些副产物的理化特性大多与产物类似，分离困难。如果副产物没有利用价值或剩余的原料不值得再重新利用，就会产生环境污染。若对这些废物进行分解处理，则需投入大量的财力、物力，增加许多费用。由于酶对底物有高度的特异性，转化效率极高（可达 100%），即使有少量废物，也容易被生物分解，并且还可作为营养资源，大大减少了环境污染。

⑤ 投资较小。

⑥ 能生产目前不能生产的或用化学法生产较困难的性能优异的产品。

由于这些特点，生物化工已成为化工领域重点发展的行业。生物工程在化学工业中的应用已取得了长足的进步，除传统的生物发酵产品乙醇、丙酮、丁醇、柠檬酸等得到技术改造外，各种氨基酸、核酸、水杨酸、长链二羟酸等化工产品均已经采用生物工程来合成。科学家们预测，随着生物工程的不断发展和完善，将生物催化工艺全面引入化学工业中势在必行。那时大型的条件苛刻的化学反应装置、设施将从化工厂中消失。

下面是一些以生物工程来生产化工产品的例子。

6.1.4.1 用腈水合酶生产丙烯酰胺

自 20 世纪 60 年代起，日本一直在研究腈类化合物的微生物降解、代谢途径和应用。1983 年日本工业发酵研究所用腈水合酶催化丙烯腈水合成丙烯酰胺，收率在 99%以上，1985 年日本日东化学公司在横滨建立一套年产 4000t 的工业生产装置，与传统的硫酸水合或骨架铜催化水合的化学法相比，该法实现常温、常压下反应连续进行，产品纯度达 100%，具有反应温和、成本低、应用价值大等优点。

6.1.4.2 脂肪酸

原是采用高温（250℃）、高压（50 大气压）下，由脂肪分解为脂肪酸和甘油来生产。采用固定化脂肪酶生物反应器，在常温、常压下，将脂肪分解为脂肪酸，生产成本下降一半。

6.1.4.3 微生物发酵法生产环氧乙烷和环氧丙烷

环氧丙烷和环氧乙烷是塑料和造漆工业的重要原料，而链烯烃的环氧化一直是化学工业中难度较大的反应工艺。英国 Dalton 和美国 Cetus 公司分别利用夹膜甲基球菌和烟色卡黑菌（含高活性卤性过氧化氢酶）及黄杆菌（富含卤代醇环氧化酶）发展起来的链烯氧化工艺技术，成功地用于丙烯和乙烯等的环氧化。用酶催化剂由烯烃制备环氧化合物的新工艺，第一步吡喃糖-2-氧化酶将葡萄糖和 O_2 转化为 H_2O_2，并副产左旋果糖。第二步卤过氧化酶和卤离子将 H_2O_2 及卤醇转化为环氧化物。此法具有反应条件温和、能耗低、成本低（以廉价的食盐作卤素的来源，催化过程中，卤离子能反复使用）、又无环境公害等优点，有可能将取代石油化工中用乙烯、丙烯经氧化、次氯酸化生产环氧乙烷、环氧丙烷的传统工艺。

6.1.4.4　生物法生产 1,3-丙二醇（1,3-PD）

美国杜邦公司和世界上第二大工业酶生产商 Genencor 国际有限公司合作，在世界范围内申请了一步发酵法生产 1,3-PD 的专利，并实现工业化。同时，欧共体国家（如德国、法国、丹麦等）也开展了甘油转化为 1,3-PD 的研究工作。我国大连理工大学生物化工研究所和德国国家生物研究中心合作研究开发甘油转化生产 1,3-PD 的技术，取得了一定进展。近来，该所又与中科院化工冶金研究所合作，开展连续发酵法联产甘油与 1,3-PD 的新工业技术的研究，该两步发酵法生产 1,3-PD 的技术，可望提高糖的转化率和 1,3-PD 的产率。通常可将微生物发酵分为两类：以葡萄糖作底物用基因工程菌生产 1,3-PD；用肠道细菌将甘油歧化为 1,3-PD。目前糖的转化率和产物的质量浓度均较低（仅为 6g/L），离工业化距离甚远；用肠道菌的分批流加发酵可以转化 60%以上的甘油，1,3-PD 的质量浓度可达 50%。结合国情，以玉米为原料的两步发酵法生产 1,3-PD，的新工艺，即玉米→糖化液→好氧发酵→甘油→厌氧发酵→1,3-PD，是一条既经济又切实可行的新工艺路线。

6.1.4.5　微生物氧化烃类生产有机酸

利用细胞或酶可生产的有机酸品种很多，如 L-苹果酸、乳酸、柠檬酸、衣康酸、醋酸、葡萄糖酸、聚 β-羟基丁酸和异抗坏血酸等，它们都是重要的精细化学品或精细化工原料。这些有机酸绝大多数都是用多酶催化体系即采用微生物发酵得到的。例如衣康酸，即甲基丁二酸，是塑料和造漆等工业的重要原料之一。过去人们多以蔗糖等为原料，用土曲霉或衣康酸曲霉发酵制备（衣康酸生成量 8.5%，糖转化率 56.3%，理论产率 78.5%）。如采用聚丙烯酰胺包埋土曲霉技术制作的多孔转盘式生物反应器用于衣康酸的连续生产，效果甚佳。衣康酸的生物合成为：

$$\underset{\text{葡萄糖}}{C_6H_{12}O_6} \longrightarrow CH_3\overset{\overset{O}{\|}}{C}COOH \xrightarrow{CO_2} CH_3COOH \longrightarrow$$

$$\underset{\text{丙酮酸}}{CH_3\overset{\overset{O}{\|}}{C}COOH} \xrightarrow{CO_2} \underset{\text{草酰乙酸}}{O{=}\overset{\overset{CH_2COOH}{|}}{C}{-}COOH}$$

$$\underset{\text{柠檬酸}}{\begin{array}{c} CH_2COOH \\ | \\ HO{-}C{-}COOH \\ | \\ CH_2COOH \end{array}} \xrightarrow{-H_2O} \underset{\text{顺-乌头酸}}{\begin{array}{c} CHCOOH \\ \| \\ C{-}COOH \\ | \\ CH_2COOH \end{array}} \xrightarrow{-CO_2} \underset{\text{衣康酸}}{\begin{array}{c} CH_2 \\ \| \\ C{-}COOH \\ | \\ CH_2COOH \end{array}}$$

葡萄糖酸的生物合成为：

$$\underset{(\beta\text{-D- 葡萄糖})}{\begin{array}{c} CH_2{-} \\ | \\ HCOH \\ | \\ HOCH \quad O \\ | \\ HCH \\ | \\ HC{-} \\ | \\ CH_2OH \end{array}} \xrightarrow{\text{葡萄糖氧化酶}} \underset{(\text{葡萄糖酸内酯})}{\begin{array}{c} C{=}O \\ | \\ HCOH \\ | \\ HOCH \quad O \\ | \\ HCH \\ | \\ HC{-} \\ | \\ CH_2OH \end{array}} \xrightarrow{\text{葡萄糖内酯酶}} \underset{(\text{葡萄糖酸})}{\begin{array}{c} COOH \\ | \\ HCOH \\ | \\ HOCH \\ | \\ HCOH \\ | \\ HCOH \\ | \\ CH_2OH \end{array}}$$

过去用化学法合成苹果酸，所得产物为 DL-苹果酸，尚需进行拆分才能得到 L-苹果酸，因为只有L型异构体才有生理活性，才能用于医药和食品添加剂。现在已能用延胡索酸在延胡索酸作用下进行水合，或直接用糖质原料进行微生物发酵制得L-苹果酸。

利用微生物对烷烃末端甲基进行单端氧化生成脂肪酸，进行双端氧化则生产羟酸、醛酸和二元酸。

由石蜡发酵可以生产柠檬酸，此工艺中的最大缺点是副产异柠檬酸，近年来随着S-22头酸酶研制成功，使柠檬酸和异柠檬酸的比率提高到97∶3，石蜡的产率高达14%。此外，用氨短杆菌、节杆菌可使异柠檬酸转化为柠檬酸。目前采用石蜡烃微生物发酵法生产柠檬酸已达到工业化水平。日本曾报道，用假丝酵母可使液体石蜡转化为琥珀酸。中国科学院微生物研究所研制出SB-7菌株，也可使液体石蜡转化为琥珀酸。

美国已研制成功以干果园草为原料经水解和微生物发酵生产醋酸和丙酸的技术。烷烃经生物氧化还可生产谷氨酸、富马酸，其产量和产率可分别达到75%和84%。用假单细胞杆菌可将萘转化成水杨酸，也已达到了工业化水平。

二羧酸是微生物双端氧化正烷烃的中间产物，如己二酸、癸二酸、十三烷二酸等。十三烷二酸是制造麝香十三烷二酸亚乙酯的原料，用长碳链二元酸可合成各种大环麝香。但长碳链二元酸用化学法合成较复杂，采用二元酸生产菌株使正构烷烃进行微生物氧化即可得到：

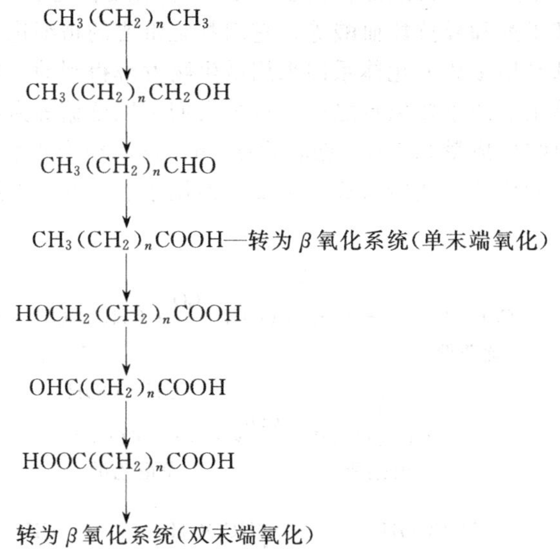

利用假丝酵母中的加氧酶和脱氢酶，以长链正构烷烃为原料一步即可高产率地氧化为ω-长链二羧酸。如正十六烷氧化为ω-十六烷二羧酸，烷烃消耗率97%，其中60%转化为二羧酸。中国科学院微生物研究所以C_{13}～C_{18}正烷烃为原料，用解酯假丝酵母ASZ1207经微生物氧化生产C_{13}～C_{18}脂肪酸，其中不饱和酸含量占80%。经研究证明，酵母菌、细菌、丝状真菌都有不同程度氧化正烷烃生成二羧酸的能力，特别是假丝酵母、毕赤式酵母是正烷烃发酵生产二羧酸的高产微生物。

6.1.4.6 L-色氨酸

L-色氨酸是人和动物体内的重要必需氨基酸，在医药、食品和饲料添加剂等方面具有广泛的用途，市场前景巨大。L-色氨酸的生产方法主要有四种，即蛋白水解提取法、化学合成法、微生物发酵法和酶促转化法。前三种方法分别存在着材料来源有限、需多步合成和光学拆分，以及得率低、周期长等缺点。而酶促转化法具有终产物积累量高、反应周期短、分离提纯容易等优点，它是廉价生产L-色氨酸较为有效的方法。在氨基酸主要生产国的日本，几家大公司如三井东压、三菱油化、三乐、味之素等均采用酶促转化法生产色氨酸。

L-色氨酸的酶法生产途径主要有四条（表6-3），其中以吲哚和DL-丝氨酸为原料的酶法途径已被三井东压公司工业化应用，但该途径所需两种酶（色氨酸合成酶和丝氨酸消旋酶）之一的丝氨酸消旋酶基因尚未被克隆，野生菌产酶活力较低，所以该途径效率不高。以丙酮酸、吲哚和氨为原料的酶法途径，由于吲哚对色氨酸酶抑制作用较弱，且丙酮酸价格不高，因而已被 Genex 等公司所采用，但该途径是色氨酸水解的逆反应，要求底物浓度较高，反应平衡不易把握。以 L-丝氨酸和吲哚为原料的酶法途径，所用的 L-丝氨酸价格几乎与 L-色氨酸相当，因此实用性不强。

表 6-3　L-色氨酸的酶促转化反应

反　　应	酶	微　生　物
①吲哚＋DL-丝氨酸→L-色氨酸＋H_2O	色氨酸合成酶丝氨酸消旋酶	大肠杆菌（*Escherichiacoli*） 恶臭假单胞菌（*Pseudomonasputida*）
②吲哚＋丙酮酸＋氨→L-色氨酸＋H_2O	色氨酸酶	雷氏变形菌（*Proteusrettgeri*）
③吲哚＋L-丝氨酸→L-色氨酸＋H_2O	色氨酸合成酶色氨酸酶	透明无色杆菌（*Achromobacterligu-idum*） 大肠杆菌（*Escherichiacoli*）
④DL-5-吲哚甲基乙内酰脲（IMH）→L-色氨酸＋NH_3＋CO_2	L-IMH 水解酶、*N*-氨甲酰基-L-色氨酸水解酶	产氨黄杆菌（*Flavobacteriumamino-genes*）

6.1.4.7　靛蓝

以色氨酸为原料，利用大肠杆菌工程菌合成靛蓝。

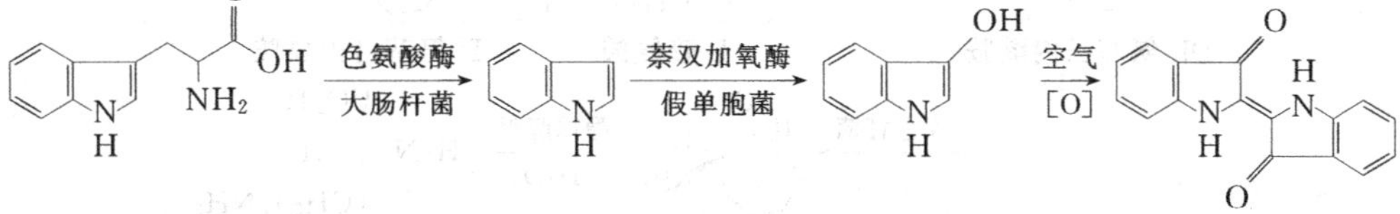

色氨酸 —(色氨酸酶 / 大肠杆菌)→ 吲哚 —(萘双加氧酶 / 假单胞菌)→ 吲哚酚 —(空气 / [O])→ 靛蓝

6.1.4.8　抗菌素的合成与改进

为了克服现有抗菌素的耐药性、抗菌谱不广或具有副作用的缺点，人们除寻求新的更有效的抗菌素外，还对原有的抗菌素品种进行了化学结构的改造，或引进特定的功能基团，这就是所谓的半合成抗菌素。例如，近年来采用青霉素酰化酶的基因工程菌合成 6-氨基青霉烷酸即 6-APA 获得成功，取代了化学法，实现了工业化。用大肠杆菌青霉素酰化酶制取 6-APA 的反应如下：

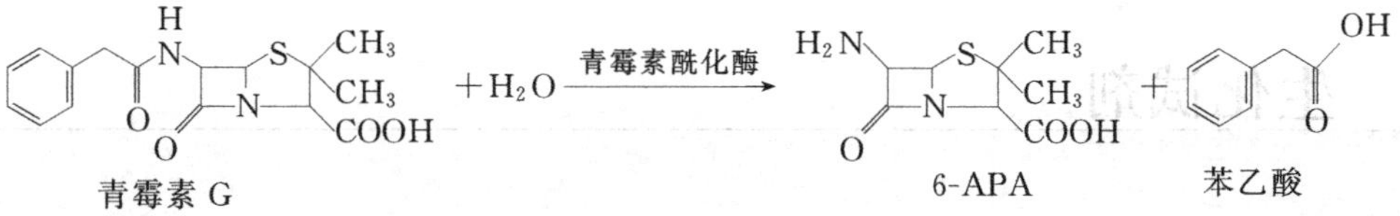

青霉素 G ＋ H_2O —(青霉素酰化酶)→ 6-APA ＋ 苯乙酸

该法的最大优点是所使用的青霉素酰化酶具有高度的专一性，它只水解侧链的酰胺键，而不影响 β 内酰胺环。使 6-APA 再与苯甘氨酸在黑色假单胞菌存在下反应，即得到氨苄青霉素。

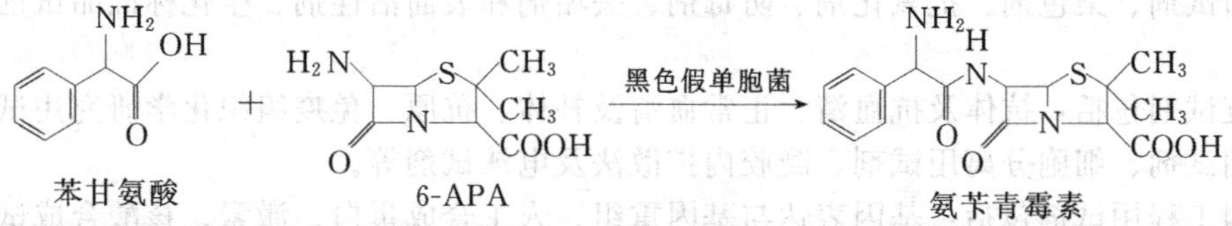

苯甘氨酸 ＋ 6-APA —(黑色假单胞菌)→ 氨苄青霉素

氨苄青霉素是目前半合成青霉素中产量最大的品种。

6.1.4.9　甾体激素类药物的合成

以发酵法生产氢化可的松、强的松龙、雌酚酮等 30 多种甾体激素类药物。如氢化泼尼松的生产，过去采用化学法，反应步骤冗长，产率很低。现采用雷菌和节杆菌进行羟化酶和$\Delta^{1,2}$脱氢酶催化，两步即可完成。甲基或次甲基的羟基化反应，用化学催化是难以控制的。现在利用羟化酶，此反应已得以实现。该反应在合成生育酚、多醚和大环抗菌素中具有重要意义。

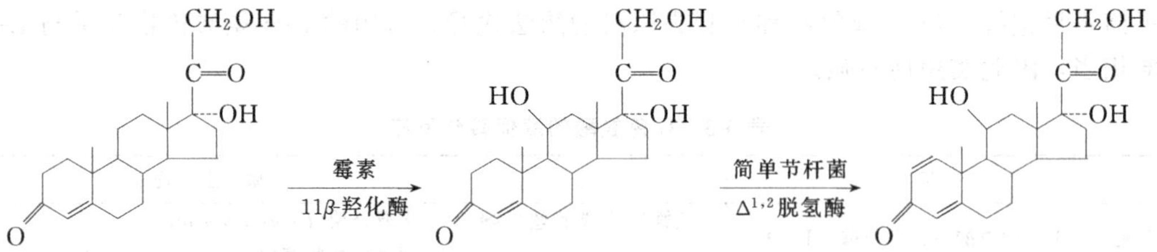

霉素 11β-羟化酶 简单节杆菌 $\Delta^{1,2}$脱氢酶

172,21-二羟基-4 原甾烯-3,20-二酮　　氢化可的松　　氢化泼尼松

6.1.4.10　不对称化合物的合成

手性化合物的合成、分离、纯化是化学合成中的难题，但利用酶的高度立体专一性制备不对称化合物，则很容易得到圆满解决，这在精细化学品合成中具有重要意义。例如，利用水解酶可将消旋化合物拆分成对映体；利用酶法还可合成光学活性氨基酸如 L-赖氨酸。由 DL-氨基已内酰胺生产 L-赖氨酸的过程如下：

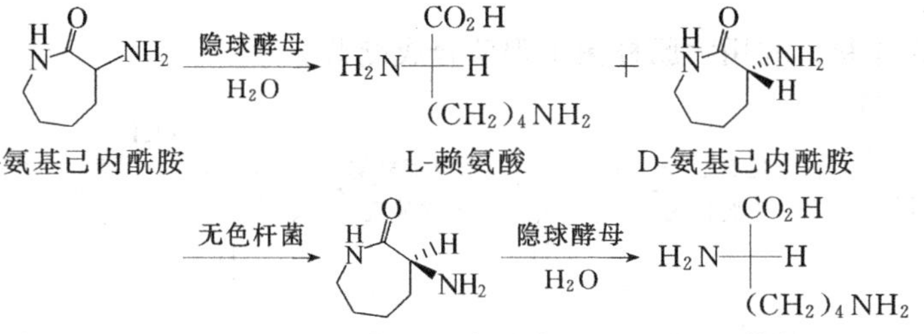

隐球酵母 H_2O

DL-氨基已内酰胺　　L-赖氨酸　　D-氨基已内酰胺

无色杆菌　隐球酵母 H_2O

L-氨基已内酰胺　　L-赖氨酸

利用氨基酸脱氢酶还可将α-酮酸还原氨化，制备高光学纯度的 L-氨基酸。如分别用亮氨酸脱氢酶、丙氨酸脱氢酶和苯丙氨酸脱氢酶生产 L-亮氨酸、L-丙氨酸及 L-苯丙氨酸。此外，也可用酶法生产 D-氨基酸，它是β-内酯抗菌素的组成部分，又是甜味剂合成和拟除虫菊酯中间体拆分所必须用的化合物。还有 DP-羟基苯甘氨酸是以酚、乙醛酸和尿素为原料，采用二步化学法和一步酶法，利用二氢嘧啶酶催化得到的。

6.2　生化试剂

生化试剂是化学试剂的一个大类，是研究生物的重要工具。生化试剂包括：电泳试剂、色谱试剂、离心分离试剂、免疫试剂、标记试剂、组织化学试剂、分子重整试剂、透变剂和致癌物质、杀虫剂、培养基、缓冲剂、电镜试剂、蛋白质和核酸沉淀剂、缩合剂、超滤膜、临床诊断试剂、染色剂、抗氧化剂、防霉剂、去垢剂和表面活性剂、生化标准品试剂、分离材料等。

免疫试剂包括：抗体及抗血清、正常血清及补体、抗原、免疫组织化学研究用试剂、细胞培养用试剂、细胞分离用试剂、凝胶内扩散法及电泳试剂等。

基因工程用试剂包括：基因表达与基因重组、人工合成蛋白、激素、核酸合成试剂、核酸制剂、内切酶等。

临床诊断试剂，主要是供医疗系统中的病理诊断、生化诊断、液晶诊断、同位素诊断与一般化学诊断等诊断检查中所用的一大类化学试剂。

工业用化学品，包括试制开发的工业用化学品。

6.3 生物农药

6.3.1 概述

生物农药包括生物化学农药和微生物农药两类。

生物化学农药必须符合两个条件：一是对防治对象没有直接毒性，而只有调节生长、干扰交配或引诱等特殊作用；二是必须是天然化合物，如果是人工合成的，其结构必须与天然化合物相同（允许异构体比例的差异）。这类农药可分为下列几类。

① 信息素　由动植物分泌的、能改变同种或不同种受体生物行为的化学物质，包括外激素、利己素、利他素。

② 激素　由生物体某一部位合成并可传导至其它部位，起控制、调节作用的生物化学物质。

③ 天然植物生长调节剂和昆虫生长调节剂　天然植物生长调节剂是指由植物或微生物产生的，对同种或不同种植物的生长发育（包括萌发、生长、开花、受精、坐果、成熟及脱落等过程）具有抑制、刺激等作用的化学物质或生物制剂。昆虫生长调节剂是对昆虫生长过程具有抑制、刺激等作用的化学物质。

④ 酶　在基因工程中作为载体，在机体生物化学反应中起催化作用的蛋白质分子。

微生物农药包括由细菌、真菌、病毒和原生物或基因修饰的微生物等自然产生的防治病、虫、草、鼠等有害生物的制剂，如苏云金杆菌、核型多角体病毒、井冈霉素等。

生物农药的分类有各种各样，如果根据来源来分，可以有两类分类方式。从纯来源来分，可以把生物农药分为以下 6 类：

① 植物体农药；

② 微生物体农药；

③ 动物体农药；

④ 植物源生物化学农药；

⑤ 动物源生物化学农药；

⑥ 微生物源生物化学农药等。

前三类又可归为生物体农药；后三类可归为生物化学农药。如果从产物归属来分，可以把生物农药分为 5 类：

① 天然产物，来自微生物、植物和动物；

② 信息素，来自昆虫、植物等；

③ 活体系统，包含病毒、细菌、真菌、原生动物、线虫；

④ 捕食昆虫和寄生昆虫；

⑤ 基因，来自微生物、植物、动物。

如果按其功能来分，可分为杀虫剂、杀菌剂、除草剂、病毒抑制剂、杀线虫剂、生长调节剂等。由于农药的快速发展和人类对生存环境的保护意识不断增强，以及化学农药自身存在的缺点，化学农药的发展越来越困难，越来越受到限制。限制化学农药发展的因素主要有以下几点。

① 农药开发难度加大。由于环境和登记的要求越来越高，迫使开发者寻找药效更好、使用更安全的化合物。但成功率急剧下降，1996 年与 1950 年相比，难度增加 40 倍，需从近 8 万个化合物中才能得到一个有用化合物。且从开发到登记成功周期加长，耗资巨大。

② 背负环境污染、破坏生态环境的恶名。从整体上讲，农药污染在整个环境污染中所占的比重应是比较小的。不可否认，化学农药的大量使用除引起人畜的直接中毒死亡外，还由于它在土壤和作物上的残留，对土壤、地下水、河流、湖泊造成污染，尤其给后代的生存、健康带来危险。使用高效、广谱的化学农药在杀死害虫的同时，也消灭了大量有益天敌，使自然界的生态平衡受到严重破坏。

③ 容易产生抗药性。实验表明，长期和大量使用化学农药容易使害虫产生抗药性。有资料统计，在湖北省天门地区，某一菊酯类农药的使用已达到几百甚至上千倍。

④ 受加入WTO和国家政策导向的影响。要与国际市场接轨，必须禁止或减少某些化学农药的使用次数和使用量，也使农药使用总量下降。

在国际上，化学农药的需求趋于饱和，部分年份和少数品种出现下降趋势；在国内，农药生产能力过剩，除少量杀菌剂和除草剂还有较大发展空间外，杀虫剂面临着品种更新和降低产量的境地。而生物农药是目前农药生产中升起的一颗新星，它的研究应用，具有巨大的潜力和广阔的前景。它被誉为“绿色农药”、“无公害农药”，又称为“生物源农药”，是直接利用自然生态中的有益生物（步行虫、瓢虫、菌丝体、伴孢晶体、芽孢等）或某些生物中的代谢物质（如杀虫素、抗菌素）用人工培养的方法，提取具有杀虫、防病作用的生物制剂。国内外研究和应用的生物农药种类很多，但以微生物农药居多，如细菌类、真菌类、病毒类、抗生素类、线虫类、原生动物类等。

与化学农药相比，生物农药有以下特点。

① 害虫不易产生抗药性。虫害和病菌对生物农药难以产生抗药性。生产周期长，使用寿命长，而且用量少，施药成本低。

② 专一性强，活性高。在生物体农药中，天敌昆虫、捕食螨常为寡食性或专性寄生；昆虫病原真菌、细菌、线虫、病毒、微孢子虫等均是从感病昆虫中分离出来的，经人工繁殖再作用于该种昆虫；植物体农药更是有针对性地对某一种特定功能基因进行定向重组或改造。生物化学农药的专一性也较强，如昆虫性信息素只对同种昆虫有效。另外，生物农药特别是生物化学农药对有害生物的活性较高。

③ 对非靶标生物相对安全，也即选择性较强，一般对脊椎动物无害，甚至不影响天敌。生物体农药均是活体生物，若不考虑生态因素，则其对非靶标生物几乎无影响。生物化学农药，因活性较高，用量较少，而且对害虫多为胃毒作用，因此也是相对安全的。

④ 残毒低，对环境安全；生物农药均是天然存在的活体生物或化合物，故在环境中会自然代谢，参与能量与物质循环。施用于环境中或作物上不易产生残留，不会引起生物富集现象。对农产品不超标，不污染农畜产品，不影响产品出口，是绿色农药。

⑤ 原料易获得，成本低。许多农副产品和工业废料（如豆饼、麦麸、淀粉渣等），都可以作为生产生物农药的原料。即生物农药是利用生物资源开发、制取、生产的农药，在自然生态环境中广泛存在，资源丰富，而且是再生资源，是生态资源。

⑥ 生产工艺简单。生物农药一般以微生物为主，采用普通的发酵工艺及设备就能进行生产。

⑦ 开发利用途径多。天敌类动物体农药可以人工繁育，也可以引种释放。微生物类生物农药可以直接利用，也可以经基因重组后利用。生物化学类农药不但可直接利用或经人工合成后利用，也可以采用生物工程技术来定向培养，或采用基因重组转化为植物体农药。因此可通过多种途径来开发利用生物农药。

⑧ 如果是活生物体，有些生物农药将害虫或病菌治杀后，其尸体残骸上的病菌可以再侵袭、拓展到同类标靶生物，即病原体可通过病虫或尸体传播，进而可深刻影响目标昆虫的种群。

⑨ 作用机理不同于常规农药。传统的杀虫剂大多是神经毒剂，而生物农药尤其是生物化学农药的作用机理一般均较为复杂，可在 IPM、抗性治理、协调治理中发挥显著作用。如印楝素作为拒食剂，可作用于昆虫下颚须上的抑食细胞，而作为生长调节剂则作用于脑神经肽；Bt 所产生的 δ-内毒素作用于昆虫中肠上的特异性受体，可以称为消化道毒剂；昆虫性信息素作用于昆虫触角上的化学感受器。天然产物和已商品化的人工合成除草剂之间很少存在共同的分子靶标部位，而且天然产物靶标中几乎没有与商品除草剂共有的作用部位。

⑩ 种类繁多，研发的选择余地大。生物农药的开发思路是在了解自然界中植物、昆虫、微生物彼此之间及各类群之内的相互关系的基础上，充分利用连接这种关系的信息系统来研究开发生物农药。凡对农业有害生物有控制作用的生物，均有可能通过多种途径被开发为生物农药。

由于生物农药的这些优点，因而是当前农作物病虫害防治中具有广阔发展前景的一种农药。但生物农药也有缺点，如一些生物农药的稳定性不如化学农药，生物农药的起效比较慢，防治效果缓慢，品种专一性强，杀虫、杀菌范围窄，价格往往要比化学农药高很多等。

近几年来，虽然生物农药的销售额仅占整个农药市场的 1%，每年仅约为 3 亿美元，但发展势头却非常迅猛，每年增加的速度为 10%～20%。生物农药是生态系统的调节者，生态系统的协调发展是保证农业可持续发展的前提，所以发展生物农药是环境及农业可持续发展的需要。在人类越来越关注环境质量的今天，发展和应用生物农药已逐渐成为一种趋势。

我国生物农药的研究开发始于 20 世纪 50 年代，直到 80 年代中期才开始正式列入国家科技攻关的发展计划。近十多年来，在生物农药的资源筛选评价、新产品开发、生产工艺、产品质量检测和新技术示范推广方面都取得了长足的进展。目前国内生物农药研究开发的热点，主要集中在苏云金芽孢杆菌杀虫剂、农用抗生素杀虫剂、农用抗生素杀菌剂、拮抗细菌生防制剂、昆虫病原真菌制剂和昆虫杆状病毒杀虫剂几个方面。生物农药技术产品开始逐渐走入市场。

6.3.2 植物体农药

植物体农药指具有防治农业有害生物功能的活体植物。目前仅转基因抗有害生物或抗除草剂的作物可称为植物体农药。植物体农药是直接利用作物本身为载体，经基因修饰或重组而开发为农药。在作物中引入一个目的基因，使植物组织产生一种原来不具备的、对病虫害有抵御作用的物质，或可免受某些有毒物质的损害，这样的基因重组作物即为植物体农药。早在公元前 5～7 世纪，就有用植物杀虫防病的记载，其实际应用可能更早。2000 多年来，人类从未中断过使用植物源农药。植物在自身防御功能及与有害生物适应演变、协同进化过程中，产生了对昆虫具有拒食、毒杀、麻醉、抑制生长发育及干扰正常行为的，对多种病原菌及杂草也有抑制作用的次生代谢物质，如木脂素类、黄酮、生物碱、萜烯类等。国外对印楝、番荔枝、巴婆、万寿菊等植物研究较多，其中研究最多的是印楝。国内对楝科、卫矛科、柏科、豆科、菊科等科属的多种植物研究较多。

国外对植物源农药的研究较早，孟山都公司的转基因作物（抗虫棉、玉米、大豆、抗草甘膦玉米），在 1986 年就已获美国 EPA 批准进入环境释放试验；1994 年，美国 EPA 批准商品化生产，并首次将转基因生物列入农药范畴。目前约有 90 种转基因植物产品已被批准商业化生产应用，其中大部分与病虫草害防治有关，如抗虫（玉米螟）玉米、抗虫（棉铃虫、红铃虫）棉花、抗虫（甲虫）马铃薯、抗病毒的西葫芦和番木瓜，抗除草剂（草甘膦、草铵磷、溴苯腈、磺酰脲、咪唑啉酮）的玉米、大豆、棉花、油菜、亚麻等。国内也已成功地开发了多种植物源农药，有些已进入工业化生产。烟碱、苦参碱、楝素、茴蒿素和茶皂素等 16 种植物源农药已登记注册，生产厂家达 46 家。

但是并非所有的转基因作物都是植物体农药。这里所说的植物体农药是指在作物中引入一个目的基因，而使植物组织产生一种原来不具备的对病虫害有抵御作用的物质，或可免受某些有毒物质的损害。这样的基因重组作物才是植物体农药。而目标基因来源于邻近这种属的植物，或目标基因的作用是使得转基因作物具备了形态抗性，及通过常规育种获得的具有耐病、虫害的作物均不属于植物体农药。

植物体农药因其自身集保护剂和被保护对象为一体，自诞生之日起就备受青睐，但不容乐观的是转基因作物对环境存在着多方面的潜在不利影响，如转基因作物本身由于具有抗虫、抗除草剂等性状而可能变为杂草，抗性基因也有漂移到杂草的潜在可能性；抗病毒作物的基因可能与其它病毒发生重组，而产生超病毒，给作物带来毁灭性灾难。另外，转基因食品对人类有无致病性、致畸性，目前尚无肯定的答案。因此，对植物体农药的研究和应用应保持谨慎的态度。

6.3.3 动物体农药

动物体农药主要指天敌昆虫、捕食螨及采用物理或生物技术改造的昆虫等。在早期的生物防治中，最重要的措施就是利用天敌昆虫和捕食螨。但是作为生物农药必须要符合农药的条件，即只有那些可作为商品的、能在市场上销售的、有针对性使用的天敌昆虫和捕食螨才能划归为生物体农药。仅寄生蜂而言，Greathead 于 1986 年报道世界有 90 个国家应用 393 种寄生蜂防治农林业中的 274 种害虫，有 860 例成功的生物防治例子。我国对赤眼蜂、蚜茧蜂、大草蛉、中华草蛉、小黑瓢虫、异色瓢虫等多种天敌昆虫的室内及田间研究均已取得了一定的进展。

动物体农药还包括“改造”的天敌昆虫。利用基因工程的方法，将对杀虫剂的抗性基因转到天敌中，使其产生抗药性，提高田间竞争力。一种带抗有机磷农药基因的工程益螨 *Metaseiulusoccidentalis* 已培育成功。或将昆虫显性不育基因如调控基因、结构基因，导入雄虫体内培养出不育雄虫，与田间正常雌虫交配后产生不育雌虫和带显性不育基因雄虫，从而达到防治害虫的目的。还可采用物理辐射获得不育雄虫，释放到田间，干扰正常交配而控制其种群发展。

6.3.4 微生物体农药

微生物体农药的研究主要集中于病原微生物的分离和人工培养上。微生物体农药又可分为真菌、细菌、病毒三类。真菌类生物农药一般是利用农业有害生物的致病真菌，如白僵菌、绿僵菌、淡紫拟青霉（防治植物线虫）、毒力虫霉（防治蚜虫）、蜡蚧轮枝菌（防治白粉虱）、绿毛粘帚霉（防治萝卜立枯病）等。杀虫真菌目前世界上已记载的约有 100 多属，800 多种，大部分是兼性或专性病原体，先后有 50 多个产品登记注册。半知菌亚门集中了大约 50%的杀虫真菌，如白僵菌属（*Beauveria*）、绿僵菌属（*Metarhizium*、被毛孢属（*Hirsutella*）、穗霉属（*Nomuraea*）、拟青霉属（*Paecilomyces*）、轮枝霉属（*Verticillium*）、棒孢霉属（*Culinomyces*）等。各国研究应用最多的是白僵菌，俄罗斯用它防治马铃薯甲虫，美国用它防治森林害虫。其次是绿僵菌［Metarhizium（Metsch）Sorokin］，正日益受到广泛的研究，主要防治地下害虫，全世界约有 200 多种昆虫能被这种真菌感染致死，如巴西、澳大利亚使用金龟子绿僵菌防治甘蔗和牧草害虫。和白僵菌一样，它致病力强，效果好，对人、畜、作物无毒，因而具有广阔的应用前景。然而和其它真菌杀虫剂一样，它的致死时间比化学杀虫剂长，因而影响了它的效果发挥。

世界各国已有 25 种以上的微生物真菌杀菌剂产品注册，应用最广的是木霉菌。以色列开发出一种名为 Trichodex 的哈茨木霉制剂，能防治灰霉病、霜霉病等多种叶部病害，已在欧洲和北美的 20 多个国家注册，日本山阳公司开发了用于防治烟草白绢病的木霉菌制剂。WRGrace 公司开发出了用于园艺的绿粘帚霉，Ecologicallabs 研制出木隔孢伏革霉防治森林病害。

细菌是一类非常重要的昆虫病原体，目前筛选的杀虫细菌有 100 多种，其中被开发成产品投入实际应用的主要有：苏云金芽孢杆菌、日本金龟子芽孢杆菌、球形芽孢杆菌、缓病芽孢杆菌。许多重要的杀虫细菌都集中在芽孢杆菌科，苏云金芽孢杆菌（*Bacillus thuringiensis*，Bt）是当今研究最多，用量最大的杀虫细菌。许多国家如美国、日本、朝鲜、法国、俄罗斯、比利时等国都有 Bt 制剂生产，产量属美国最大。我国自 20 世纪 50 年代末开始 Bt 杀虫剂的研究工作，历经漫长的商品开发过程。经过不断的研究和改进，我国 Bt 杀虫剂的商品化开发能力已登上一个新的台阶。Bt 杀虫剂已经成为我国生产无公害蔬菜生产的首选生物杀虫剂。目前 Bt 研究的焦点是开发 Bt 新资源和通过各种现代生物技术手段（基因重组、原生质体融合、加质粒消除、结合转移）研制出广谱、高效的 Bt 工程菌。除 Bt 外，我国开发成功的细菌制剂还有亚宝（枯草杆菌）、力宝（假单胞杆菌）、增产菌（蜡质芽孢杆菌）等。

昆虫病毒杀虫剂也是目前生物农药研究的一个重点，全世界已从 900 多种昆虫中发现了 1 690 多种病毒，研究开发出棉铃虫多角体病毒、毒蛾多角体病毒等大约 50 多种病毒制剂，登记注册的病毒杀虫剂有 30 多个品种，其中美国 6 种，欧洲 10 种，俄罗斯 11 种。目前，科研工作者们利用基因工程技术（插入激素或酶类、插入神经毒素、缺失 egt 基因、基因重组）改造昆虫病毒，获得了很多高毒力、抗分解的生物病毒，如美国的舞毒蛾 NPV、加拿大的云杉卷叶蛾 NPV、以色列的海灰翅夜蛾 NPV 等。

我国已成功研究出了十几种有开发前景的病毒株系，其中棉铃虫核多角体病毒、斜纹夜蛾多角体病毒和粘病毒已登记注册，年使用面积达到百万公顷以上。正在研究的有甜菜夜蛾核多角体病毒、八字地老虎核多角体病毒、杉叶毒蛾核多角体病毒、灰菜尺蛾多角体病毒等。

对于微生物体农药的研究并不只局限在病原微生物的分离和人工培养上。自 20 世纪 90 年代以来，新一代重组微生物的研究和开发成果显著。重组微生物是指利用基因工程技术修饰微生物本身基因，以提高其对害虫的感染力，或与异源病毒重组以扩大寄主范围，或将外源激素、酶和毒素基因导入杆状病毒基因组以增强其致病作用。目前，国外已有不少新型微生物农药投入市场，如采用质粒修饰与交换技术开发的新型 Bt 杀虫剂 Foil、condor 和 Cueless，利用基因转移与“生物微囊”技术开发的杀虫荧光假单胞菌制剂 MVP、M-Trak、M-Peril 等。随此方向研究的深入发展，也有可能产生重组真菌、重组线虫、重组微孢子虫，这些重组微生物农药均属于生物体农药。但重组微生物也存在着与植物体农药相同的潜在隐患——基因污染，因此对其研究和应用也应保持慎重的态度。

6.3.5 植物源生物化学农药

对害虫有拒食、内吸、毒杀、麻醉、忌避及一定生长抑制作用的植物提取物称为植物源杀虫剂。在国外，Grainge 和 Ahmed（1988）报道，约有 2400 种植物具有控制害虫的生物活性，生物碱类是植物中最毒的成分，对昆虫具有毒杀、拒食和抗生活性，烟碱、藜芦碱、乌头碱、尼鱼丁等很早就已经使用。萜烯类国外已经商品化的有印楝素。萘醌和黄酮类代表种类有胡桃醌、类鱼藤醌、鱼藤醌、苦参素等。

我国植物资源极其丰富，三万余种高等植物中近千种植物具有杀虫活性物质。植物性杀虫剂作用方式有毒杀、忌避和拒食、麻醉作用及抑制生长发育作用等，特别是后几种作用方式使植物性杀虫剂具有不污染环境，对人较安全，害虫不易产生抗性的特点，因而对植物源农药的研究正在广泛展开。

植物源杀虫剂的活性成分一般都是植物产生的次生代谢物质，包括生物碱类、糖苷类、萜类、甾类、醌类、酚类、香豆素类、奎宁类、木质素类等。后来从植物中还发现了作用机制完全不同的另一类化合物，即植物源的昆虫蜕皮激素类似物，这类物质属于昆虫生长调节剂类化合物，具有抗昆虫保幼激素的功能。其作用机理是害虫接触药剂后不久即产生拒食反应，停止进食或取食量显著减少，生长发育受抑制，不能蜕皮进入下一个发育阶段，幼虫处于垂死状态，这时害虫不能取食危害，但亦可维持不死，这种状态有时可达 3 天或更长时间，最后部分害虫死亡。有些试虫受药后还可正常进入下一个发育阶段，但会出现羽化不正常或可正常羽化者不能产卵或产卵量减少，卵不能正常孵化成幼虫等，从而减少害虫种群数，达到杀虫效果。

植物源农药主要包括植物毒素，即植物体产生的对有害生物有毒杀及特异作用（如对昆虫拒食、抑制生长发育、忌避、驱避、拒产卵等）的物质；植物内源激素，如乙烯、赤霉素、细胞分裂素、脱落酸、芸苔素内酯等；植物源昆虫激素，如早熟素等；异株克生物质，即植物产生的并释放到环境中能影响附近同种或异种植物生长的物质；防卫素，如豌豆素等。

开发植物源生物化学农药，主要是利用植物体内的次生代谢物质，主要有木脂素类、黄酮类、生物碱类、萜烯类等。这些物质是植物自身防御有害生物，适应演变、协同进化的结果。其中的多种次生代谢物质对昆虫具有拒食、毒杀、麻醉、抑制生长发育、干扰正常行为的活性，对多种病原菌及杂草也有抑制作用。国外研究较多的有印楝、番荔枝、巴婆、万寿菊等植物，其中最成功的当属印楝。我国在具活性成分植物的筛选、活性成分的生物测定及毒理学等理论研究领域取得显著的成果，研究内容涉及楝科、卫矛科、柏科、豆科、菊科等科属的多种植物。而且已成功地开发了许多植物农药，如烟碱、苦参碱、楝素、茴蒿素和茶皂素等植物农药。

以除虫菊素和烟碱作为先导化合物已经成功地开发出了一系列新型高效杀虫剂，如烟碱加工成硫酸烟碱制剂的商品已登记使用，以除虫菊素有效成分为模板，经结构改造后合成的拟除虫菊酯类杀虫剂目前占全世界杀虫剂用量的一半以上。印楝素是当前世界各国研究最多的一类植物源杀虫剂，它基本上达到了作物对新一代农药所要求的标准，即作用方式多样、作用机制独特、防治谱广。已发现它对 200 多种害虫有效，包括直翅目、鞘翅目、同翅目、鳞翅目及膜翅目等害虫；对天敌影响小；没有明显的植物毒性和脊椎动物毒性；在环境中降解迅速；地区资源丰富，可再生利用等，是一个比较理想的杀虫剂。鱼藤酮是我国重要植物源农药资源，其研究目前主要停留在生物学和制剂加工等方面。

相对于植物源杀虫剂来说，植物源杀菌剂的研究要少得多。但是，植物仍被认为是化学合成杀菌剂替代品最好的开发资源。植物中的抗生素、类黄酮、特异蛋白质、有机酸和酚类化合物等均有杀菌或抗菌活性。近年来，我国学者先后对黄连生物碱、小飞蓬精油、红树、厚朴、麻黄和细芥挥发油、风仙、骆驼蓬等的抑菌活性进行了初步探讨。植物源杀菌剂已开发成功的产品不多，目前仅有 Talenttm、Milsantm 等几种。

在植物中同样发现了具杀草活性的化合物，主要有醌酚类、生物碱类、肉桂酸类、香豆素类、噻吩类、类黄酮类、萜烯类、氨基酸类等，其中有些已被开发为除草剂。如从棉花根系分泌物中分离出的醌类物质独角金萌素（strigol），对寄生在玉米、高粱、甘蔗等上的杂草独角金有特效，在美国已广泛用于大豆、豌豆、花生、棉花等作物上防除独角金。

在植物源杀线虫剂研究方面也有一定的进展。至 1998 年已发现臭草、孔雀草、向日葵、印楝、百日菊等 41 属 47 种植物可用于防治线虫。

对于植物源病毒抑制剂的研究刚刚起步，已发现商陆、紫茉莉、洋葱、扁豆、甜菜等十几种植物中含有抑制病毒物质。

生物碱是人们较早知道的植物性有效杀虫成分，像烟草中的烟碱（Nicotin）、毒扁豆碱（Physostigmine）、藜芦生物碱（Ceveratrum）等。但生物碱大多毒性较大，主要是作为化学合成新农药的先导化合物。植物杀虫剂的另一主要化学结构物为萜类（Terpenoid），如苦皮藤（Celastrus angulatus）中提取到的苦皮藤酯（Kupiteng ester）对昆虫有毒杀、拒食、麻醉等作用；黄杜鹃（*Rhododendron lutescens*）所含的闹羊花毒素为四环二萜类化合物，对许多昆虫有防治作用。黄酮类植物杀虫剂主要有鲁藤酮（Derrin），毒性很强，但模拟合成困难。有些植物精油，如野薄荷（*Mentha arvensis*）的苦叶精油（Kuye essential oil）、茼蒿精油（Tonghao essential oil）、山苍子芳香油（Litsea cubeba oil）等，对昆虫有毒杀、忌避、拒食和抑制生长发育等作用。

6.3.6 动物源生物化学农药

将昆虫产生的激素、毒素、信息素、几丁质或其它动物产生的毒素、几丁质经提取或完全仿生合成的农药就是动物源生物化学农药，如昆虫保幼激素、性信息素、蜂毒等。动物源生物化学农药中，最常见的是昆虫信息素类，尤其是性信息素类。据估计，全世界现已合成昆虫性信息素 1000 多种，已商品化的 280 多种，已成为害虫治理中的一个重要手段。

我国在棉铃虫、棉红铃虫、梨小食心虫等性信息素的分离鉴定，人工合成及田间应用方面已取得可喜成绩。此外对报警信息素、聚集信息素和踪迹信息素也有一定的研究。昆虫激素在昆虫体内的含量极少，对其开发一般是人工合成相同的化合物，加工为农药使用。对于人工合成的衍生物，如烯虫酯、米满等不应属于生物农药。

除信息素外，节肢动物毒素也是一类动物源生物化学农药。如对各种蜘蛛和黄蜂的毒素研究发现，这类毒素结构相似，主要作用于昆虫神经-肌肉接头，阻断了以谷氨酸为传导介质的神经兴奋传导。这一新的作用靶标，已引起了人们开发新型杀虫剂的兴趣。另外，近几年来对几丁质的研究比较深入，而且在生物农药领域开创了一个新的方向。几丁质的脱乙酰化产物壳聚糖可阻碍植物病原菌的孢子萌发和生长，对小麦纹枯病、花生叶斑病、烟草斑纹病等真菌、病毒、细菌性病害均有较好的防效，而且壳聚糖的产物可诱导植物中的防御酶——几丁质酶的含量和活性大大提高（可达 4 倍），从而提高植物的抗病性。壳聚糖还能促使土壤中的微生物产生一种杀死线虫及其虫卵的酶，有望开发为杀线虫剂。

昆虫抗菌蛋白（antibiotic proteins）具广谱杀菌作用，对植物病原菌有极强的抗菌活性。它直接作用于细菌细胞膜，致其难以产生耐药菌。如家蚕鳞翅目 B 对十字花科蔬菜黑腐菌（*Xanthomonas campestris*）、水稻白叶枯病菌（*Xanthomonas campestris*）有极强的抗菌活性。

6.3.7 微生物源生物化学农药

抗生素类历来是生物农药发展的重点，由微生物产生的抗生素类、毒素类均属此类。放线菌中的链霉素有许多用于生产杀虫抗生素，仅我国就研制了杀蚜素（Shayasu）、韶关霉素（Shaoguanmeisu）、浏阳霉素（Liuyangmeius）、南昌霉素（Nanchangmeisu）等。

农用抗生素制剂的研究和开发以日本发展最快，居世界领先。1982～1994 年日本平均每年产生 110 个新抗生素专利，先后开发出了春日霉素、灭瘟素、多氧霉素、有效霉素等，年产量 4 万～5 万吨。美国对抗生素的研究水平也很高，投入生产的有 Avermectin、Tylosin、Oleandomyclin 等多个品种。德国、俄罗斯、意大利、印度、丹麦等国都已把农用抗生素的研究开发列入国家重点计划。

在微生物源抗生素中，最著名的为阿维菌素（Avermectins，简称 Avm），是近几年发展最快的一种大环内酯抗生素，是一种杀消化道线虫和外寄生虫的高效广谱驱虫剂，世界年销售额在 10 亿美元以上。它不仅对线虫而且对蜱螨类（Acarina）、甲虫类（Coleoptera）及磷翅目（Lepidoptera）、直翅目（Orthoptera）、双翅目（Diptera）和膜翅目（Hymenoptera）害虫也有杀灭作用，能防治柑橘、林业、棉花、蔬菜、烟草、水稻等多种作物上的多种害虫。近年来以阿维菌素为先导化合物来合成新的化合物的研究非常活跃，如双氢阿维菌素（Ivermectin），性能优于阿维菌素；4′-表甲基-4′-去氧阿维菌素 B_1 对夜蛾（Noctuidae）的杀虫活性比母体化合物提高1500倍。

链霉素作为农用抗生素杀菌也有很多的例子，如我国的井冈霉素（Jinggangmeisu）、农抗120（Nongkang 120）、赤霉素（Gibberellin）、春雷霉素（Kasugamycin）、中生霉素（Zhongshengmeisu）等，对防治植物细菌性病害及某些真菌性病害有很好的防治效果。

我国研究开发农用抗生素不仅历史悠久，而且处于世界先进水平。产品有井冈霉素、农抗120、公主岭霉素、灭瘟素、春雷霉素、链霉素等。国内农用抗生素的研究始于20世纪50年代，目前市场最大的品种首推井冈霉素，年产量约3万～4万吨，每年防治水稻纹枯病稳定在1.5亿～2亿亩。井冈霉素是我国生物农药商品化开发最成功的范例，已经彻底取代砷制剂。20世纪90年代以来，国内获得登记的主要农抗品种包括两种杀螨剂（10%浏阳霉素乳油、2.5%华光霉素可湿性粉剂）和新近开发成功的三种农抗杀菌剂（防治蔬菜真菌性病害的武夷霉素、防治作物细菌性病害的中生菌素及防治烟草病毒病的宁南霉素）。近年采用Avermectin品系开发的生物杀虫、杀螨剂是我国生物杀虫剂研究开发的重大突破。该类产品是一种农抗、畜抗多用途杀虫剂，已经取得农药和兽药登记。Avermectin的作用方式主要为神经毒剂，与神经传递介质GABA起拮抗作用，抑制害虫神经末端GABA的释放而被累积，从而阻断神经的传递影响昆虫生命。它对控制抗药性的棉铃虫、小菜蛾、叶螨、蚜虫、美洲斑潜蝇、柑橘潜叶蛾等重大农业害虫效果非常显著，对畜禽的肠道寄生虫也有极佳的防治效果；在常规使用剂量（2～6mg/kg）的情况之下，残效期一般10～15天，农产品的药物残留水平很低，是一种新型安全、可靠的生物杀虫剂。Avermectin产品已经开始实现大规模工业化生产，随着工业发酵水平的提高和产品使用成本降低，已表现出良好的市场开发前景。

6.4 生物表面活性剂

6.4.1 概述

表面活性剂广泛应用于现代工业、农业以及人们日常生活中。其中，约54%的表面活性剂作为家用洗涤剂，用于工业的占32%。几乎所有的表面活性剂是以石油为原料化学合成而来的。但化学合成的表面活性剂由于其原材料来源、价格、产品性能和环境污染等方面的问题，其使用受到一定的限制。因而人们寄希望于应用生物技术来生产活性高、性能优、环境友好的表面活性剂。生物表面活性剂的研制开发因此受到重视。

一般把由微生物、植物或动物产生的天然表面活性剂称为生物表面活性剂（biosurfactants），简称BS。这种微生物具有严格的亲水和疏水基团，生长在水不溶的物质中并以其为营养物，故也说生物表面活性剂主要是由微生物产生的一类具有表面活性作用的生物大分子物质。由于生物表面活性剂特有的产生方式，决定了其某些特性大大优于一般的人工合成表面活性剂。它们能吸收、乳化、润湿、分散、溶解水不溶的物质。生物表面活性剂在工业上有着广泛的应用，能用于石油的开采、输油管道的清洗、纺织工业、制药业、化妆品、家用清洁剂、造纸工业、陶瓷及冶金工业。然而最有应用前景的是清理污染的油罐、重油的运移、提高原油采收率和被碳或重金属离子，以及其它的污染剂污染的区域采取生物补救措施。大量的研究已经证明，生物表面活性剂的作用是微生物采油的重要机理之一。生物表面活性剂作为一种绿色天然产物，极有可能取代化学合成表面活性剂，其应用前景十分广阔。

虽然有些生物表面活性剂及其生产工艺过程都已申请专利，但仅有少数商品化，主要的原因是它们的生产成本较高。目前，生物表面活性剂的成本比化学表面活性剂的成本高3～10倍。从上述可知，生物表面活性剂最大的潜在应用是石油工业，然而按目前的价格，甚至还不能把生物表面活性剂用于石油开采。所以，未来的生物表面活性剂的广泛应用主要受到其生产成本的限制。

生物表面活性剂的高成本影响了其广泛应用，围绕降低生产成本将是生物表面活性剂研究开发的发展方向，决定生产成本的主要因素有底物原料、发酵工艺和下游回收方法等，今后的主要工作是选育能以廉价碳源如葡萄糖、淀粉为底物的菌种或构建基因工程菌；设计高生产力的发酵工艺和经济有效的回收方法。从新产品角度来看，利用生物表面活性剂的特殊性，开发出它的二次产品，用于化妆品、食品、制药等行业，由于用量少、附加值高，可以在很大程度上抵消生物表面活性剂的高成本。如 Calbiochen 公司生产的枯草杆菌脂肽，市场价格为 9.6 $/mg，它可用作防止蛋白质变性剂和血液凝集素。总之，通过各方面的共同努力，生物表面活性剂的价格逐步达到消费者可以接受的水平，则其应用前景十分广阔。

6.4.2 特点

生物表面活性剂和化学合成的表面活性剂一样，具有减小表面张力、稳定乳化作用、增加泡沫等作用。它的表面活性作用以及对热、pH 的稳定性均与化学合成的表面活性剂相当，如表 6-4 中的表面张力和界面张力；又如由地衣芽孢杆菌（*B. licheniformis* JF-2）生产菌产生的脂肽在 75℃时，至少可耐热 140h。生物表面活性剂在 pH＝5.5～12 之间保持稳定，当 pH 小于 5.5 时，会逐渐失活。但由于生物表面活性剂通常比合成表面活性剂化学结构更为复杂和庞大，单个分子占据更大的空间，因而显示出较低的临界胶束浓度。

表 6-4 几种化学表面活性剂和生物表面活性剂的物理性质比较

表面活性剂种类	表面张力/(mN/m)	界面张力(mN/m)	临界胶束浓度(mg/L)
化学表面活性剂			
十二烷基磺酸钠	37	0.02	2120
吐温 20	30	4.8	600
溴化十六烷基三甲基铵	30	5.0	1300
生物表面活性剂			
鼠李糖脂	25～30	0.05～4.0	5～200
槐糖脂	30～37	1.0～2.0	17～82
海藻糖脂	30～38	3.5～17	4～20
脂肽	27	0.1～0.3	12～20
枯草菌脂肽	27～32	1.0	23～160

生物表面活性剂还具有如下特点。

① 水溶性好，在油-水界面有高的表面活性。

② 在含油岩石表面润湿性好，能剥落油膜，分散原油，具有很强的乳化原油的能力。

③ 固体吸附量小。

④ 反应产物均一，可引进新类型的化学基团，其中有些基团是化学方法难以合成的。

⑤ 生物表面活性剂无毒、安全，可 100％被生物降解，是公认的环保"绿色"产品。

⑥ 生产原料源于天然农产品（如牛油、棕榈油、橄榄油、蔗糖、葡萄糖等）。

⑦ 生物表面活性剂生产工艺简单，在常温、常压下即可发生反应。若用化学生产条件极为复杂，有些需要苛刻的条件，如高温、高压。

与化学合成表面活性剂相比，生物表面活性剂具有选择性好、用量少、无毒，能够被生物完全降解，不对环境造成不利的影响，可用微生物方法引入化学方法难以合成的新化学基团等特点。另外，用微生物发酵生产，工艺简便，当发酵技术进一步成熟和产量达到一定规模后，生产成本可望进一步降低，进而可广泛应用于工业、农业、医药以及人们日常生活用品等各个领域。随着环保意识的不断增强，生物表面活性剂正愈来愈受到人们的关注。

生物表面活性剂通常是由微生物产生的，且多数是由细菌和酵母菌产生的，也有报道由真菌产生。微生物发酵法生产生物表面活性剂的生产菌种大致可分为三类，一类是严格以烷烃作为碳源的微生物，如棒状杆菌（*Corynebac-terium* sp.）；一类是以水溶性底物为碳源的微生物，如杆菌（*Bacillus* sp.）；另一类可以烷烃和水溶性底物两者作为碳源，如假单胞菌（*Pseudomonas* sp.）。

这些微生物在以碳氢化合物为底物的培养基上生长时，可合成一系列范围很广的具有表面活性作用的物质，如糖脂、脂蛋白、多糖-蛋白质复合物、磷脂、脂肪酸和中性脂等。多数生物表面活性剂分子中含有亲水基团和疏水基团两部分，亲水基团可以是离子或非离子形式的单糖、双糖、多糖、羧基、氨基或肽链，疏水部分则由饱和脂肪酸、不饱和脂肪酸或带羟基的脂肪酸组成。对于像蛋白质-多糖复合物等一些分子量较大的生物表面活性剂分子，其亲水及疏水部分可以由不同的分子组成。

6.4.3 分类

化学合成的表面活性剂是根据它们的极性基团来分类，而生物表面活性剂则不同。如果按用途可将广义的生物表面活性剂分为生物表面活性剂和生物乳化剂；前者是一些低分子量的小分子，能显著改变表/界面张力；后者是一些生物大分子，并不能显著降低表/界面张力，但对油/水界面表现出很强亲和力，因而可使乳状液得以稳定。如果按产生的方法可将生物表面活性剂分成整胞生物转换法（也称发酵法）和酶促反应法。如果按照生物表面活性剂的化学结构不同，则可作如下分类：

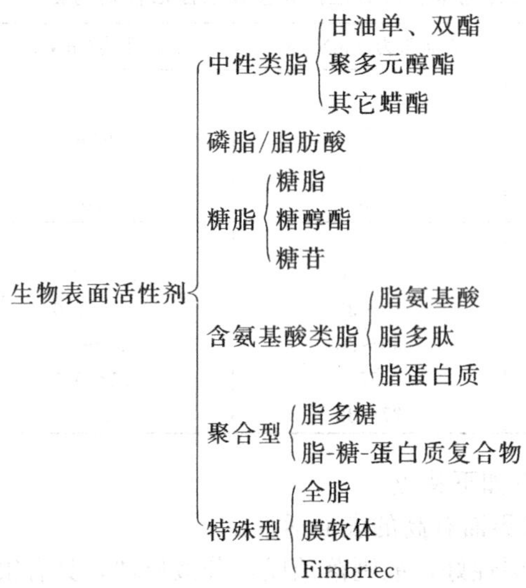

一般目前生物表面活性剂的分类，主要依据它们的化学组成和微生物来源。生物表面活性剂具有特定的结构，亲水基团一般是氨基酸或多肽、阴离子或阳离子、寡糖、二糖或多糖。亲脂基团一般是一种或几种脂肪酸的烃链，它可以是饱和的或不饱和的，脂肪酸通过一个糖脂键或酰胺键与亲水基团相连。大多数生物表面活性剂是中性或带负电的，带负电是由于羟基的原因。与其结构相应，生物表面活性剂主要可以分为五大类：糖脂、脂肪酸和磷脂、脂肽和脂蛋白、多聚生物表面活性剂和特殊生物表面活性剂，大多数生物表面活性剂为糖脂。糖脂类化合物多数是碳水化合物连接在长链脂肪酸上，如鼠李糖脂的基本结构是戊碳单糖——鼠李糖分子，两个鼠李糖分子构成双糖组成表面活性剂的亲水基团，疏水基团是乙缩醛，脂类部分包括脂和羟基。用核磁共振和质谱分析鼠李糖脂的结构是 L-鼠李糖或 L-鼠李糖-L-鼠李糖。其它的如缩氨脂、脂蛋白和异聚多糖类生物表面活性剂的结构更复杂。

有多种微生物可以合成不同类型的生物表面活性剂，特别是生长在不溶于水的底物中时。大多数生物表面活性剂是由细菌合成的，有些酵母、真菌也能合成某些表面活性剂，表

6-5 列出了生物表面活性剂的主要种类及其典型的微生物来源。

表 6-5　生物表面活性剂的主要种类及其典型微生物来源

生物表面活性剂	好氧或厌氧	微生物来源举例
糖脂		
鼠李糖脂	好氧	铜绿假单胞菌(*Pseudomonasaeruginosa*)
海藻糖脂		红串红球菌(*Rhodococcuserythropolis*) 灰暗诺卡菌(*Nocardiaerythropolis*)
槐二糖脂	好氧	球拟酵母(*Torulopsisbombicola*) 茂物假丝酵母(*Candidabigoriensis*)
纤维二糖脂		玉米黑粉菌(*Ustilagozeae*)
脂肽、地衣菌素	好氧	地衣芽孢杆菌(*Bacilluslicheniformis*)
黏液菌素		荧光假单胞菌(*P. fluorescens*)
枯草菌脂肽、枯草菌素	好氧	枯草芽孢杆菌(*B. subtilis*)
短杆菌肽		短芽孢杆菌(*B. brevis*)
多黏菌素		多黏芽孢杆菌(*B. polymyxa*)
脂肪酸、磷脂		氧化硫硫杆菌(*Thiobacillusthiooxidans*) 红串红球菌(*Rhodococcuserythropolis*)
多聚表面活性剂		乙酸钙不动菌(*Acinetobactercalcoaceticus*) 热带假丝酵母(*Candidatropicalis*)

糖脂类生物表面活性剂的分布比较广泛，是目前研究最多、应用最广的生物表面活性剂。糖脂的定义是指那些能溶于有机物如氯仿、己烷等的物质，在生物学的范围内就扩大到包括所有含脂类的脂肪酸。糖脂是研究得较深入、分离得较完全的一类生物表面活性剂。

在糖脂类生物表面活性剂中，最容易得到分离的是素状因子脂。这种脂类含有一种二糖海藻糖，它们含有 α-分支的 β-羟基脂肪酸均匀的混合物与海藻糖的 C-6 和 C-6′-羟基基团酯化，一般也称为分枝菌酸或霉菌酸，其化学式如下：

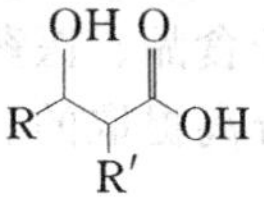

非离子型的海藻糖脂都是细胞壁缔合物。如由红球菌属产生的海藻糖-β-单霉菌酸酯的结构式如下：

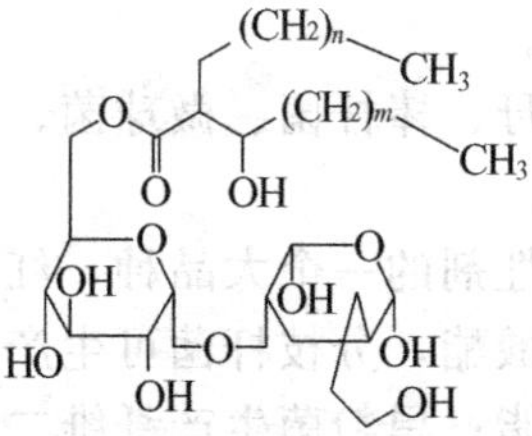

其中 $m+n=27\sim31$。海藻糖-6,6′-霉菌酸酯的结构式如下：

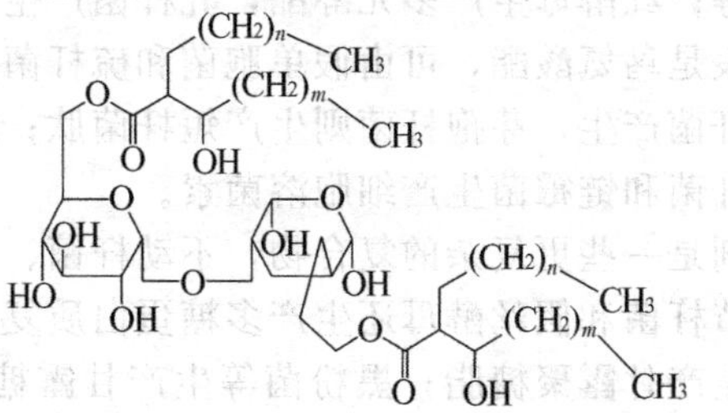

其中 $m+n=27\sim31$。

由于海藻糖二分枝菌酸既是一种生物表面活性剂，又是具有促免疫剂特性以及对各种分枝杆菌的致病作用，因此近年来对它作了广泛的研究。分枝菌酸可以在某些放线菌属细菌中发现，其中包括分枝杆菌、诺卡菌、棒状杆菌和短杆菌等。细菌酸链中的碳原子数和其不饱和度均是专一的。这类表面活性剂中大都含有棒状杆菌分枝菌酸，即含有碳原子数为 32～40 的分枝菌酸。如红平红球菌含有 $C_{32}H_{44}O_3$ 到 $C_{38}H_{76}O_3$ 的棒状杆菌分枝菌酸。在棒状杆菌、诺卡菌节杆菌中也可看到类似的结构。这些海藻糖二棒状杆菌分枝菌酸是细胞结合型的。相反，红平红球菌在生长限制条件下可以产生不同类型的海藻糖脂，而且其中 70%是非细胞结合型的。它所分泌的这些酯类是海藻糖的酸性四酯，是细胞的主要成分，在 2、3、4 和 2′-位置上被酯化，且带有 1 个琥珀酰基、1 个辛酰基和 2 个癸酰基残基。如作唯一碳源时加入有关的糖，组分中的海藻糖就被蔗糖、果糖和其它糖类代替。

糖脂类中还有一个主要的糖脂是鼠李糖脂。这类糖脂一般都有一个或二个鼠李糖及二个 β-羟基癸酸。如由绿脓杆菌产生的鼠李糖脂结构式为：

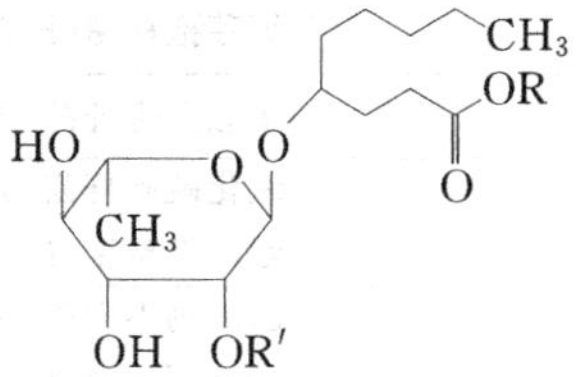

其中 R 可以是 β-羟基癸酸，H；R′可以是 L_1-α-鼠李糖 H。

6.4.4 制备

生物表面活性剂是由生物直接形成的具有表面活性剂特征的化合物，而且本身也是生物有效的。这一类表面活性剂存在于天然生物体内，是细胞、生物膜正常代谢活动所必不可少的成分。同时又是许多微生物的代谢产物，因而制备生物表面活性剂主要有下面的途径。

6.4.4.1 从生物体内提取

我国古代人用皂角、古埃及人用皂草提取皂液洗涤衣物，实际上这是一类天然生物表面活性剂。目前已大规模生产并广泛应用于食品、医药、化妆品工业的磷脂、卵磷脂类生物表面活性剂，是从蛋黄或大豆的油和渣中分离提取的。而由微生物产生的磷脂由于产量小，应用还不够广泛。

6.4.4.2 发酵法

几乎所有类别的生物表面活性剂都可以由发酵法获得。如甘油单酯可由不动杆菌和微球菌产生，甘油双酯可由棒杆菌产生。

产磷脂的菌属很多，如假丝酵母、棒杆菌、微球菌、不动杆菌、硫杆菌及曲霉等，棒杆菌和节杆菌等还能直接产生脂肪酸。

糖脂是发酵法生产生物表面活性剂的一个大品种，红球菌、节杆菌、分枝杆菌和棒杆菌可生产不同结构的海藻糖棒杆霉菌酸酯，分枝杆菌可生产海藻糖脂；假丝酵母会产生鼠李糖脂、槐糖脂，球拟酵母也产生槐糖脂；黑粉菌生产纤维二糖脂，节杆菌、棒杆菌和红球菌生产葡萄糖、果糖、蔗糖脂等；红酵母生产多元醇酯，乳杆菌产生二糖基二甘油酯。

脂氨基酸中的典型代表是鸟氨酸酯，可由假单胞菌和硫杆菌产生；鸟氨酸肽和赖氨酸肽由硫杆菌、链霉菌和葡糖杆菌产生，芽孢杆菌则生产短杆菌肽；脂蛋白质中芽孢杆菌生产枯草溶菌素和多糖菌素，农杆菌和链霉菌生产细胞溶菌素。

聚合型生物表面活性剂是一些更复杂的复合物，不动杆菌、节杆菌、假单胞菌及假丝酵母都可以产生脂杂多糖，节杆菌和假丝酵母还生产多糖蛋白质复合物；链霉菌生产甘露糖蛋白质复合物，假丝酵母还生产甘露聚糖脂；黑粉菌等生产甘露糖/赤藓糖脂，假单胞菌和德巴利氏酵母产生更加复杂的糖类-蛋白质-脂。固氮菌、产碱菌和假单胞菌可生产聚-β-羟基丁酸。由不动杆菌生产的膜载体是一种特殊型生物表面活性剂，有时由多种微生物产生的全胞也是一种特殊型生物表面活性剂。由发酵法制备生物表面活性剂的能力主要取决于能降解烃类的菌株，其次则取决于供菌株生长的碳源的组成。可做碳源的化合物有碳氢化合物、碳水化合物、动植物油等。一般在有脂质或有碳氢化合物存在的情况下，才能获得最佳的生物表面活性剂收率。

发酵法中所用的微生物可分为三类：完全以烷烃为碳源生产生物表面活性剂，如棒状杆菌；仅以水溶性底物为碳源，如枯草杆菌；以烃类和水溶性底物为碳源，如假单胞菌。

在生物表面活性剂生产用的培养基中，碳源是生物表面活性剂结构与产量的关键，其它可能影响生物表面活性剂生产的营养成分包括氮源、磷源、金属离子和其它添加剂。此外反应条件如温度、培养基 pH 和溶解氧水平或搅拌速度对生物表面活性剂的生产也有很大的影响。

生物表面活性剂的合成可通过油性物质的诱发作用、葡萄糖等物质的代谢抑制等方法进行调节，改变发酵条件如温度等都可对生物表面活性剂的合成进行调节。研究表明，烃和其它不溶于水的物质可以诱发微生物生产生物表面活性剂。在发酵液中生物表面活性剂往往浓度低且具亲水亲油性质，因此，生物表面活性剂的分离、提取和浓缩难度较大，是生物表面活性剂生产成本高的原因之一。不同的生物表面活性剂具有不同的分离、提取和浓缩方法。当以不溶于水的烷烃为碳源时，必须在分离提取前先去除残余烷烃；水溶性胞外生物表面活性剂的分离通常需要多种浓缩步骤；而不溶于水的生物表面活性剂，则可通过离心等技术进行分离。

发酵法生产生物表面活性剂已有间歇式、半连续式和连续式操作等多种模式，流化床反应器、固定化细胞等已用于中试和生产过程。最近几年来固定化细胞受到广泛重视，一般借助三种方法使细胞固定在惰性支撑体上：

① 由细胞和支撑体间表面吸附或共价键作用而固定；

② 用物理方法将细胞保留在膜或纤维系统中；

③ 将细胞固定在多孔介质上。

固定化细胞在生物表面活性剂生产中受到重视的原因是其具有如下明显的优点，这些优点在固定化酶时也成立。

① 产物与细胞自然分相，因而更易分离回收。

② 可以增大细胞密度。

③ 生物量利用率高，底物利用率高。

④ 适用于连续流程，尽管在高稀释率下，细胞仍保留在生化反应器中。

当然，固定化细胞还存在价格昂贵，由于细胞密度大而有可能使传质受阻等缺点。固定化细胞生产生物表面活性剂已用在鼠李糖脂生产中，并在流化床连续化反应中应用成功。增大生物表面活性剂的产率是提高其与化学合成表面活性剂竞争力的重要因素，一般可从三个方面着手达到增大产率的目的。

① 对生物合成进行控制，调控培养和发酵条件，使达到最适条件。

② 用致突变等手段筛选高产菌株。

③ 用克隆、放大、切除、转移基因等方法改变生产菌基因达到高产。

致突变等手段筛选高产菌株是微生物筛选中常用的方法，有时可获得惊人效果，但这类方法的随机性和盲目性较大。最近基因工程和分子生物学的进展已使改变菌种的底物选择性和提高产率成为现实，例如在 *Pseudomonas aeruginosa*（绿脓杆菌）菌株中插入 *Escherichia coli*（大肠杆菌）的 lac 质粒，便能使其具有利用工业废料生产鼠李糖脂的能力。

6.4.4.3 酶法

酶法即利用酶促反应生产生物表面活性剂。酶促反应可生产甘油单酯，如使用根霉脂肪酶、假单胞菌脂肪酶等，胰脂酶和放线菌磷脂酶生产磷脂。糖脂亦是酶促反应生产的生物表面活性剂中的一大类，由假丝酵母、毛霉、青霉、曲霉、紫色杆菌、假单胞菌的脂肪酶、胰脂酶，甚至由枯草生产的一种脂肽 subtilisin（证实是一种蛋白酶）可生产不同的糖脂：葡糖、果糖、蔗糖、半乳糖、乳糖、甘露糖、纤维二糖、麦芽糖、海藻糖脂等；胰脂酶、紫色杆菌、假单胞菌、根霉、毛霉等可生产山梨醇、失水山梨醇、核糖醇、木糖醇脂等；杏仁 β-葡糖苷酶和曲霉 β-葡糖苷酶能生产糖苷。由毛霉、根霉及假单胞菌脂肪酶生产的含氨基酸类脂有：酰基赖氨酸、酰基-β-内氨酸、酰基谷氨酸、1-O-(氨基酰基)-3-O-肉豆蔻酰甘油、O-酰基高丝氨酸等。

酶促反应合成生物表面活性剂起初在水溶液中进行。由于存在大量水，水解反应的热力学和动力学方面都比合成反应有利，因而妨碍了获得高产率生物表面活性剂。20 世纪 80 年代初，人们发现酶在非水介质中有很好的稳定性，酶在有机相中不溶可以阻止其严重失活。而少量水存在可显著改善酶的刚性，使其维持具有催化活性的必要构型。这一发现开创了非水酶学的研究领域并使之在生物表面活性剂的合成中得到应用。目前，非水溶液和无溶液法合成生物表面活性剂已成为酶法合成的主流。

虽然酶促反应合成生物表面活性剂起步较晚，但进展较快，显示出很强的活力。其原因有三点。

① 酶法合成的生物表面活性剂较之发酵法合成者，在结构上更接近化学法合成的商品表面活性剂，因而可以立即应用于化学合成产物原有的应用领域而无后顾之忧。

② 通过酶法处理，可以对亲油基结构进行修饰，并将之接驳到生物表面活性剂的亲水基结构上。

③ 发酵法是一种活体内（*in vivo*）生产方法，条件要求严格，产物较难提取；而酶法是一种离体（*in vitro*）生产方法，条件相对粗放，反应具有专一性，可在通常温度和压力下进行，产物易回收。

非水介质条件不仅有利于浓集反应物质，而且可使水解酶的催化转向，使化学平衡向热力学不利的产物形成方面偏移，即不是破坏化学键而是促成其合成。这一发现开创了非水酶学的研究领域，并使之在生物表面活性剂合成中得到应用。目前，非水溶剂和无溶剂法合成生物表面活性剂已成为酶法合成的主流，并使某些品种如甘油单酯、糖醇酯等获得 90%以上的产率。

酶法合成生物表面活性剂的最大问题是两种底物的互溶性问题，解决互溶性常用的方法如下。

① 选择合适的非水溶剂可加大两相溶解度，而要获得足够的动力学趋势和达到高产率并不需要两相完全混合。

② 改变底物的结构，如增大亲水底物的疏水性使之易溶入有机相或是将其吸附在支撑物上悬浮在有机相中，以增大与有机相中底物的接触机会。

③ 采用固定化酶，使之与两相均有接触。

固定化酶与固定化细胞一样已在生物表面活性剂合成中得到了广泛应用，这不仅有利于增加生物表面活性剂产率，而且通过使酶反复使用降低成本，还能适应于连续化生产过程。为了提高酶的催化活性，转基因酶在国外已被深入研究和采用，而国内在这方面还比较落后。例如单脂肪酸甘油酯（简称单甘酯，MG）有两种构型，即 1-MG（酯基连接在甘油的 1-位 OH 基上）和 2-MG（酯基连接在甘油的 2-位 OH 基上）。由于它有一个亲油的长链烷基和两个亲水的羟基，故有良好的表面活性，被广泛作为乳化剂用于食品工业，如对饼干、蛋糕、糖果、人造奶油中的油脂起乳化分散和防腐防冻保鲜作用；用于化妆品工业作护肤霜、冷霜、发乳等，并可作为组织改良剂；在医药领域作为药膏乳化剂。另外，含多价不饱和脂肪酸（EPA、DHA）的单甘酯对心血管疾病具有预防作用。在高分子合成领域还可用作合成塑料的抗静电剂。

以脂肪酶为催化剂在较低温度下合成单甘酯是近年来出现的新途径，工艺路线包括甘油三酯（TG）的水解，脂肪酸（酯）与甘油的酯化或转酯化，天然油脂或合成甘油三酯的醇解及甘油解，保护基团反应等 4 种方法，反应体系包括反胶团体系、无溶剂体系、选择性吸附体系、表面活性剂包埋体系。很多反应体系已在实验室规模上实现了间歇或连续生产。反应器类型包括间歇搅拌反应器、连续膜反应器等。

糖脂化合物是自然界中的一类在细胞膜上承担物质传输和能量传递的具有重要生理活性的物质，同时该类物质还具有两亲结构，能降低水的表面张力形成胶束，具有去污、乳化、洗涤、分散、湿润、渗透、扩散、起泡、抗氧、黏度调节、杀菌、防止老化、抗静电和防止晶析等多种功能，主要用作食品、化妆品、纤维等的乳化剂和溶剂。虽早在 40 年前就发现了糖基表面活性剂，但只在近 20 年才开始工业化。目前工业上生产糖脂主要采用化学法，由于糖环上—OH 众多，用化学法合成选择性差，产率不理想，且需要在高温高压条件下进行。脂肪酶催化合成糖脂是近几年出现的合成糖脂的新方法，由于脂肪酶具有高立体选择性、区域专一性和位置选择性，因而可合成光学纯的糖脂，具有重要的理论意义和应用价值。由于糖与油脂互不溶解，当今有机相中脂肪酶催化合成糖脂的研究主要采用在吡啶等强极性有机溶剂体系中进行糖的直接酯化，或将糖制成缩酮或糖苷的形式以增加其溶解性，或采用亲水载体吸附糖和酶的固定化体系。

6.4.5　应用

对生物表面活性剂的兴趣起始来源于在采油和相关行业中的应用，后来发展到在医药、化妆品和食品等有特殊要求的行业中。已发现生物表面活性剂在环境工程中亦有重要应用价值，如帮助水/污泥中有毒物质生物降解。此外，生物表面活性剂还用在煤炭、纺织、造纸、铀加工和陶瓷加工等行业中。由于技术保密的原因，文献中见到的具体报道还很有限，但许多跨国大公司和私人小公司在这方面均投入了许多精力进行研究开发。现在全世界范围内都承认生物表面活性剂是高价值、有特殊用途的生物制品，因此生物表面活性剂在各个工业领域中的应用将会愈来愈广泛。表 6-6 所列为生物表面活性剂在工业中的应用。

表 6-6　生物表面活性剂在工业中的应用

作　用	工业应用领域										
	农业	建筑	弹性体和塑料	食品饮料	工业清洗	皮革	金属	造纸	油漆涂料	石油及石化产品	纺织
乳化	+		+	+		+	+		+	+	+
破乳										+	
润湿、铺展、渗透	+	+	+	+	+	+	+	+	+	+	+
增溶、固体分散	+		+	+						+	+
加气、发泡		+	+	+			+			+	
消泡				+				+			
去污				+	+	+		+		+	+
抗静电			+						+		+
防蚀					+					+	

注：“+”表示可用于该领域。

6.4.5.1 *在石油及能源工业中的应用*

生物表面活性剂应用潜力最大的是石油工业。在石油工业中，最重要的应用领域是石油开采。在油田开采中，石油的采收率是较低的，早期的石油开发主要依靠自然能量，称为一次采油，一次采油的采收率只有15%左右。20世纪30～40年代开始推广以补充油藏能量的注水、注气为主的二次采油工艺技术，使石油的采收率提高至40%～50%，但仍有大量的原油滞留于储油层中。为进一步采集这些极为可观的残留原油，又发展了以改变石油与驱油工作剂之间的界面张力为主的三次采油新技术。以表面活性剂为主的化学驱，是提高原油采收率的重要三次采油方法。

所谓的三次采油（EOR）技术，通常采用向油井中注入化学合成的表面活性剂，以降低原油与水的界面张力，使地层毛细管孔隙中所夹持的原油大量释放出来，从而提高石油采集率。但化学合成的表面活性剂通常难以生物降解，会造成严重的环境污染。由于生物表面活性剂可被生物降解，不会对环境造成污染，因此生物表面活性剂为石油开采业所看好。此外，由于在石油开采中，对表面活性剂的纯度和专一性要求不高，这符合生物表面活性剂的特点。通常往石油层中注入某些微生物，同时注入一些微生物生长所必需的营养物，这些微生物在生长的同时，能产生生物表面活性剂。这些生物表面活性剂可降低原油与水两相的界面张力，从而可提高油田的开采量。与化学合成表面活性剂相比，生物表面活性剂在大面积油面和地下储藏条件下使用更为有效。

研究表明，生物表面活性剂的驱油效率比人工合成的表面活性剂的驱油效率高3.5～8倍，而价格却为人工合成的表面活性剂的30%。许多国家已经把产生生物表面活性剂的微生物采油作为长期开采油田项目的一部分。如紫红诺卡菌（*Nocardiarhodochrous*）产生的海藻糖脂，用于地下砂石中石油的回收，使出油率提高了30%。

从油井喷泉和油田盐水中分离而来的地衣芽孢杆菌（*B. licheniforms*）JF-2菌株，不但具有较高的产生生物表面活性剂的能力，而且还有厌氧、耐盐、耐热等特性，如能耐10% NaCl及50℃的高温，其产生的生物表面活性剂的主要成分是脂肽，将这种生物表面活性剂应用于石油开采业，可使石油采收率提高20%左右。

如果将生物表面活性剂用于处理重油，重油的黏滞度可从200Pa·s降低到100mPa·s，这就可使得处理过的重油用普通输油管道输送41868km以上，而普通的化学表面活性剂则不能达到这种处理效果。另外，利用生物表面活性剂合成菌株处理原油罐的污泥，可以回收90%以上的沉积于污泥中的原油。

应用生物表面活性剂生产菌或其所产生的生物表面活性剂，强化环境中有机物生物降解已引起广泛重视。如用生物表面活性剂帮助海上溢油生物降解，或给土壤提供帮助有机质生物降解的物质。加入表面活性剂（生物的或化学合成的），能够增强憎水性化合物的亲水性和生物可利用性，可以提高土壤微生物的数量，继而提高了烷烃的降解速度，而且降解速度的提高远远高于单独加入某种营养成分所提高的速度，因而已被认为是土壤现代生物修复技术的一部分。

也有人认为，在污泥中加入生物表面活性剂，有利于改善油/水/微生物细胞界面的接触行为，加快了微生物细胞对油类底物的利用速度，而不需要微生物受诱导就地产生生物表面活性剂来降低界面张力。实验还发现，生物表面活性剂在帮助微生物加快生物降解速度方面是一种必需因子，化学合成表面活性剂不能起代替作用。

如铜绿假单胞菌（*P. aeruginosa*）合成的海藻糖脂的加入，大大提高了Exxon Valdez原油泄漏所造成的阿拉斯加原油污染的降解速度。用铜绿假单胞菌合成的鼠李糖脂加入砂土或砂壤土中，烷烃的去除率分别提高25%～70%和40%～80%。糖脂类生物表面活性剂不仅可提高烷烃的去除率，而且可加速烷烃的矿化程度，缩短可被微生物利用的适应时间。生物表面活性剂同样也可用于修复受重金属、菲、多氯联苯污染的土壤。

由假单胞菌通过分批发酵或低稀释速率下连续发酵产生的生物表面活性剂，其主要成分是鼠李糖脂，它能去除不饱和土壤中的脂肪族及芳香族污染物，从而不会引起土壤的堵塞，并可将 48%的六氯二苯从污染土壤中回收，可用于土壤的生物治理。

6.4.5.2　*在食品工业中的应用*

食品加工的许多过程都必须借助于表面活性剂的作用而进行，因此，生物表面活性剂可用作食品加工业中的乳化剂、保湿剂、防腐剂、润湿剂、起泡剂、增稠剂、润滑剂等添加剂。卵磷脂及其衍生物、脂肪（含甘油）、山梨聚糖、乙二醇和单体甘油酯的乙氧基化衍生物都是目前常用的乳化剂，产朊假丝酵母（*Candidautilis*）合成的生物乳化剂可用作色拉调味剂。由于生物表面活性剂符合功能性食品和绿色食品添加剂的要求，在人类崇尚健康至上的今天乃至将来，必将成为一种广泛应用的食品添加剂。

但是在食品中使用新添加剂需要经过长时期的考察和多种毒性试验，因而在食品工业中还没有大规模使用生物表面活性剂。由酶法合成的各种生物表面活性剂，由于分子结构与化学合成相同或相近，可以直接用于食品工业。而由发酵法生产的生物表面活性剂中，糖脂可能较易被接受作为食品添加剂，这是因为其结构与化学合成糖脂十分相似，而化学合成糖脂已广泛地使用在食品中。

由 *Candida antarctica* T34（假丝酵母）以豆油为唯一碳源培养生产的生物表面活性剂，其中 80%为 4-*O*-(二-*O*-乙酰-二-*O*-烷酰基-β-D-吡喃甘露糖）赤藓糖醇及单烷酰基衍生物。这些新的甘露糖赤藓糖醇酯可望作为食品用表面活性剂。从原核生物得到的高分子量乳化剂也可以作为食品乳化剂，如由海底蓝藻细菌 Phormidium J-1（ATCC 39161）产生的 Emulcyan 是分子量超过 20 万的胞外复合物，由糖基、脂肪酸和蛋白质部分共同组成。2-*O*-(2-癸酰基）鼠李糖脂可用作制备化妆品、食品和药物用的乳状液。

6.4.5.3　*在其它方面的应用*

生物表面活性剂还可安全地用作化妆品生产中不可缺少的添加剂。浓度为 1mol/L 槐糖脂的产品就具有良好的皮肤亲和性，可用作一种皮肤保湿剂。槐糖脂已被日本 Kao 有限公司作为一种保湿剂用于化妆品，商品名为 Sofina，该公司开发已开出生产槐糖脂的发酵工艺流程，再经过两步酯化处理，这种产品可用于口红和作皮肤及头发的保湿剂。

磷脂作为生物细胞的重要组成部分，在细胞代谢和细胞膜渗透性调节方面起着重要作用，在化妆品中可作为保湿剂、乳化剂、分散剂、抗氧化剂、脂质的包裹剂、营养滋补剂等，赋予皮肤柔软性和润湿性。

生物表面活性剂还可用于纺织工业，如生物酶在棉织物前处理中的应用，发现生物酶处理织物染色的上染率和染样的表观得色深度值都比传统前处理工业的高，且生物酶处理后织物的染色效果较好，发现生物酶前处理后织物的性能比传统前处理后织物的性能较好，且酶处理后织物的手感、清晰度和光泽都有所改善，同时又降低了废液中的 COD 和 BOD 值，减少了对环境的污染。

生物表面活性剂在造纸工业中可用作制浆造纸废水的絮凝剂，用于废水脱色、固体悬浮物的去除、污泥的沉降，但目前还处于应用效果的研究中。能产生絮凝剂的微生物有很多种，有细菌、放线菌、真菌及藻类等，其化学本质与微生物产生的各种多糖类有关。生物絮凝剂还能有效改善污泥的沉降性能，防止污泥解絮，可使污泥的 SVI（污泥容积指数）从 290 下降到 50，而在污泥的沉降性能得到改善的同时又不会降低有机物的去除效率。生物表面活性剂在造纸工业中还可用作蒸煮剂、废纸脱墨剂、施胶剂、树脂障碍控制剂、消泡剂、柔软剂、抗静电剂、阻垢剂、软化剂、除油剂、杀菌灭藻剂、缓蚀剂等。

生物表面活性剂在农业中的用途也很广，可用于土壤的改良、用作肥料、喂养小牛、清洁、植物保护以及用作杀虫剂等方面。

生物表面活性剂还可用于高效细胞破碎和快速测定微生物的数量。由于生物表面活性剂可将细菌和真菌的细胞破碎，细胞内的ATP释放后可与荧光素酶和荧光素系统反应，产生荧光，通过测定所产生的荧光的量即能推算出细胞的数量，从而达到快速测定的目的。此外，生物表面活性剂还可用于洗涤剂制造、增加感光乳剂的稳定性等。同样，生物表面活性剂在造纸/织、农药、采矿等许多领域都有着极大的应用潜力。

生物表面活性剂由于具备化学合成表面活性剂很难具有的特殊结构，因而有可能具有一定的生理活性，具有作为药物的潜能。已有文献报道了生物表面活性剂的抗菌性和对AIDS病毒的抑制效应。由C_2～C_{25}溴代烷对4,6,4,6-二-*O*-苯亚甲基-*α*,*α*-海藻糖进行烷基化制备的2,2,3,3-四-*O*-烷基-*α*,*α*-海藻糖表现出有用的表面活性和鼠类的抗癌活性。肺组织中的表面活性剂是维持正常呼吸的必要因子，是一种磷脂蛋白质复合物。许多早产儿就是因为缺少此种物质而呼吸障碍。目前产生这种生物表面活性剂的人类基因已被克隆到细菌中，使得大规模生产这种生物表面活性剂作为药物成为可能。琥珀单酰海藻糖脂及其钠盐是优秀的表面活性剂、分散剂和乳化稳定剂，由*Rhodococcuserythropolis*（红色球菌）在甘油介质中生产的一种抗病毒丁二酰海藻糖脂能有效抵抗Herpes型单疱疹病毒（Herpessim-plex Type virus）。

参考文献

[1] 宋思扬，楼士林．生物技术概论．北京：科学出版社，2002.
[2] 王久金．生物工程技术简介．辽宁丝绸，1994，(3)：43-44.
[3] 石元春．关于生物工程产业．中国工程科学，2000，2 (7)：34-38.
[4] 范云六，张春义．21世纪农作物生物工程的发展与展望．中国工程科学，2000，2 (1)：28-33.
[5] 吴梧桐，王友同，吴文俊．21世纪生物工程药物的发展与展望．药物生物技术，2000，7 (2)：65-70.
[6] 韦平和，吴梧桐．色氨酸生物工程研究进展．药物生物技术，1998，5 (3)：180-185.
[7] 董学畅，张淑桂．生物工程及其在化学工业中的应用．云南化工，1996，(2)：51-54.
[8] 罗家立．生物工程技术的发展及其在石油化工中的应用．石油化工动态，2000，8 (2)：8-11.
[9] 张金国．生物工程在化学工业中的应用．现代化工，1996，(3)：49-50.
[10] 张瑛．新兴精细化工讲座．精细石油化工，1996，(2)：55-60.
[11] 周传恩．我国杀虫微生物的应用研究进展及发展前景．农药，2001，40 (7)：8-10.
[12] 张兴，马志卿，李广泽．试谈生物农药的定义和范畴．农药科学与管理，2002，23 (1)：32-36.
[13] 雷国明．我国细菌生物农药的研究和应用．植物医生，2000，13 (5)：9.
[14] 庚晋，周艳琼．我国生物农药开发透视．江西植保，2001，24 (2)：60-61，36.
[15] 王琦，梅汝鸿．我国生物农药的发展现状．中国微生态学杂志，2001，13 (3)：177-178.
[16] 蒋琳，马承铸．生物农药研究进展（综述）．上海农业学报，2000，16（增刊)：73-77.
[17] 张兴，马志卿，李广泽，冯俊涛．生物农药评述．西北农林科技大学学报（自然科学版），2002，30 (2)：142-148.
[18] 李首昌，刘凤沂，马建华．生物农药的开发与应用．现代化农业，2002，(7)：10-11.
[19] 梅建凤，闵航．生物表面活性剂及其应用．工业微生物，2001，31 (1)：54-57.
[20] 伍晓林，陈坚，伦世仪．生物表面活性剂在提高原油采收率方面的应用．生物学杂志，2000，17 (6)：25-28.
[21] 夏咏梅，方云．生物表面活性剂的开发和应用．日用化学工业，1999，(1)：27-31.
[22] 范立梅．生物表面活性剂及其应用．生物学通报，2000，35 (8)：21-22.
[23] 陈坚，华兆哲，伦世仪．生物表面活性剂在环境生物工程中的应用．环境科学，1996，17 (4)：84-87.
[24] 彭立凤，杨国营．脂肪酶催化合成生物表面活性剂．日用化学工业，2000，(2)：35-38.
[25] 易绍金，梅平．生物表面活性剂及其在石油与环保中的应用．湖北化工，2002，(1)：25-26.
[26] 房秀敏，江明．生物表面活性剂及其应用．现代化工，1995，(6)：17-19，37.
[27] 赵凤云，朱毅民．生物表面活性剂及其制备．现代化工，1994，(4)：43-45.
[28] 庄毅，马梦瑞．生物技术与生物表面活性剂．山东化工，1994，(1)：20-26.
[29] 刘清术，刘前刚，陈海荣，兰时乐．生物农药的研究动态、趋势及前景展望．农药研究与应用，2007，11 (1)：17-22，25.
[30] 朱小云，许海育．生物酶在棉织物前处理中的应用研究．染整科技，2005，(4)：10-15.
[31] 陈文求，孙争光．生物表面活性剂的生产与应用．胶体与聚合物，2007，25 (3)：45-46.
[32] 胡显文，陈惠鹏，汤仲明，马清钧．生物制药的现状和未来（一)：历史与现实市场．中国生物工程杂志，2004，24 (12)：95-101.

第7章　有机氟材料

有机氟材料主要包括氟氯烃及代用品、含氟聚合物及其加工产品、含氟精细化学品；人们通常还把有机氟工业的主要原料氟化氢也列入有机氟产品中。有机氟材料由于其分子侧基或侧链上含有空间位阻较小而亲电能力较强的氟原子，因而具有一些独特的、其它材料无法比拟的优良性能。发展有机氟工业对于我国化工新材料行业以及相关行业的发展均具有重要的和积极的影响。

7.1　理化性质

氟是元素周期表中电负性最强的元素，其原子共价半径为0.64Å（1Å=0.1nm），略大于氢原子，且原子极化率又最低（见表7-1）。C—F键的键能为485kJ/mol，C—H键的键能为416kJ/mol，C—Cl键的键能为326kJ/mol。因此，当碳氢键上的氢被氟取代后，键能将增加，范德华半径又稍大，可以把碳碳主键很好地屏蔽起来，即将碳骨架严密包住，促进了碳碳键的稳定性。因而含氟有机材料物理性能稳定，耐热性、耐化学药品性好，用作工业材料，可发挥其它材料没有的优异功能和特性。同时C—F键长为1.317Å，C—Cl键长为1.766Å，C—C键长为1.31Å。碳氟键的键长和碳碳键相近，键距短、极性小，因而表面能低，具有非黏着性、自润滑性、憎水憎油性。又由于极化性小，所以折射率小，可用作光学材料。还由于氟原子半径小，结合到某些化学药物中，增加生理活性，因而可用于医药、农药中。碳氟键能大，对电子射线、X射线具有感应性，使吸收X射线截面积增大，从而可用于抗蚀剂、保护膜等用途。有机氟化合物中由于氟原子引入，显示出各种各样非同寻常的特异性能，许多有机化合物的研究工作者正在利用这些特性，开发出多种多样的用途。

表7-1　原子性质的比较

元素＼性质	电负性	范德华原子半径/pm	原子极化率
H	2.20	120	0.667
F	3.98	147	0.557
Cl	3.16	175	2.18
Br	2.96	185	3.05
C	2.55	170	1.76

氟的基本化学特性可描述如下：

① 氟原子较小；

② 氟离子较小；

③ 氟的电负性最强；

④ 在化合物中氟常显示−1价；

⑤ 氟分子的分解热较小；

⑥ 与氟成键的生成热通常较大；

⑦ 在一中心原子外层氟原子常起屏蔽作用；

⑧ 氟化合物中的氢键是常见的；

⑨ 氟桥的生成是一个重要的结构特征；

⑩ C—F 键键能高，增加了含氟化合物的耐氧化性和耐热性，但也可以实现 C—F 键的断裂；

⑪ 氟原子半径和 C—F 键的键长类似氢原子和 C—H 键的键长，因而有类似的生物活性；

⑫ 氟原子或含氟基团使含氟化合物在细胞膜上的脂溶性增加，因而提高了它们吸收和传递的速度；

⑬ 氟只有一个稳定的同位素；

⑭ 氟没有长寿命的放射性同位素。

由于氟的这些基本特性，氟化学为尖端技术工业提供了至今尚不能代替的材料和原料，它们广泛应用于原子能、火箭技术、炼钢、石油精炼等方面。氟化学也在不断地向其它学科积极渗透，在农药、医药和生物化学领域正在取得或已经取得了很大的成功。反过来，这些成功又深化了人们对氟的基本化学的认识。

7.2 分类

有机氟材料是指碳原子上的氢被氟原子取代后的有机材料，主要包括：氟氯（溴）烃、含氢氟氯烃、氟烃、氟树脂及其制品、含氟弹性及其橡胶加工产品、含氟精细化学品（农药、医药、表面活性剂、芳香族中间体等）、氟氯烃替代品等。

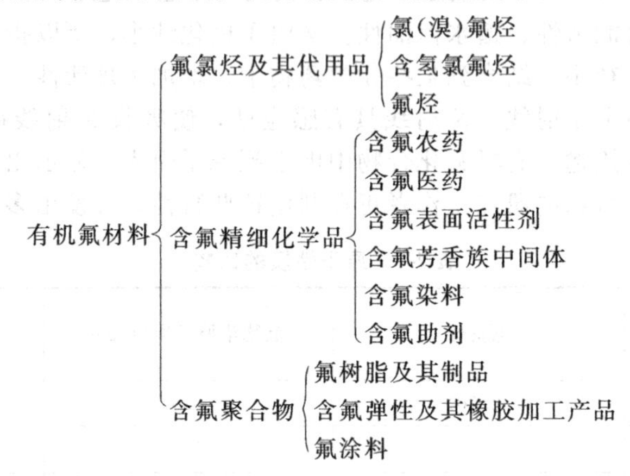

7.3 氟氯烃及代用品

由于制冷工业的迅速发展，大量的氟氯烃类（chlorofluorocarbons，CFCs）制冷剂，即氟里昂（freon），因泄漏或其它原因挥发而进入大气中，导致大气臭氧层的破坏，并加重了温室效应。此类氟里昂不但用于制冷剂，还用作气溶胶的喷射剂、聚氨酯、聚苯乙烯、聚乙烯的发泡剂、半导体工业和精密机械工业的清洗剂等，用量非常大。1991 年，我国加入了经修正的《关于消耗臭氧层物质的蒙特利尔议定书》（以下简称《议定书》），1993 年 1 月，国务院批准了我国执行《议定书》的《中国消耗臭氧层物质逐步淘汰国家方案》（以下简称《国家方案》），该方案于 1993 年 3 月得到了《议定书》多边基金执委会的认可。因此，我国的氟氯烃的使用将逐步削减，到 2010 年实现完全淘汰。

氟里昂一般是指卤代甲烷和卤代乙烷系列化合物，按卤代原子的种类、数量和取代方式的不同，通常将其分为 3 大类，即氟氯烃（CFCs）、氢氟氯烃（HCFCs）和氢氟烃（HFCs）。现已证明，对大气臭氧层起破坏作用的是卤代烃中的氯原子和溴原子，溴原子的破坏作用比氯原子强。在三大类的氟里昂中，前二类均含有氯原子。

氟里昂的代号通常以 3 位数字表示，其含义如下：百位数代表碳原子减 1，十位数代表氢原子加 1，个位数代表氟原子数，而碳中剩余的价键数即为氯的个数。如 F114 表示有 2 个碳、0 个氢和 4 个氟，即 $C_2Cl_2F_4$；F11 表示有 1 个碳、0 个氢和 1 个氟，即 CCl_3F_1。

破坏臭氧层的机理很复杂，但一般认为要经历以下步骤：

① 氟氯烃进入大气的平流层中后，经过强烈的紫外光照射，分解放出氯离原子：

$$R{-}Cl \xrightarrow{紫外光} R\cdot + Cl\cdot$$

② 游离的氯原子与臭氧分子反应生成一氧化氯和氧分子：

$$Cl\cdot + O_3 \longrightarrow ClO + O_2$$

③ 一氧化氯起着加速破坏臭氧层的催化作用，它与大气中的游离氧原子反应重新放出氯原子：

$$ClO + O\cdot \longrightarrow Cl\cdot + O_2$$

这样，一个氯原子可与数万个臭氧分子发生连锁反应，致使大气臭氧层的臭氧浓度急剧下降。

常见的氟氯烃有 F11、F12、F113、F22、F141b、F142b、F134a、F152a 等，其中 F11、F12、F113 等属于全氟氯烷烃（CFCs），是高臭氧层消耗的物质（ODS、ozone depleting substance），是《议定书》的受控物质。而 F22、F141b、F142b 等为含氢氯氟烃（HCFCs），有较低的臭氧消耗潜能值（ODP、ozone depleting potential），属过渡性替代物。这二类物质到 2010 年都将完全淘汰，实行从高 ODP 物质，经低 ODP 物质的过渡，最终到 ODP 为零的物质。ODP 为零的物质如 F134a、F152a 等，属于含氢氟烃（HFCs）。

有些氟里昂的替代物如下。

CFC-11：HCFC-123、HCFC-141b

CFC-12：HFC-134a

CFC-114：HCFC-124

CFC-115：HFC-125

CFC-113：HCFC-225ca、HCFC-225cb

HCFC-22：R134a、R407C、R404A、R410A、R410B

现在所开发的大多数替代物是由以上纯物质组成的二元或三元混合物。如用于冰箱的制冷剂可以选用发泡剂 HCFC-141b＋制冷剂 HFC-134a（以美国、日本为主的替代方案），也可以选用发泡剂环戊烷 C51110＋制冷剂异丁烷 HC-600a（以德国、英国、荷兰为主的替代方案）。采用 HCFCs 及 HCFCs 与其它物质组成的混合物，只能减缓大气臭氧层的破坏。在 21 世纪，随着 HCFCs 的使用量的减少，直到禁止使用 HCFCs，大气臭氧层才能逐渐恢复。

用 HCFCs 替代物对大气臭氧层仍有轻微的破坏作用，故只能作为过渡性替代品使用，最终将会被淘汰。部分 HFCs 对温室效应有影响。如 R22（HCFC-22）广泛用于商业制冷、运输、空调、热泵等制冷装置，有优良的性能，对臭氧层的破坏也较小（ODP＝0.05），是主要的过渡性替代制冷剂，但对臭氧层仍然有破坏作用。因此，各国先后提出禁用 R22。R22 比较好的替代物为 R134a，R407C，R404A，R410Λ，R410B 等。目前使用较多的是

R407C，可以直接用于多数原来用R22的设备，但还没有一种替代制冷剂完全符合和具有R22的所有优点。R410A是很有前途的一种，可以节能和减小设备的尺寸，但设备要重新设计，要有新的润滑油、电气绝缘、密封材料。对于混合制冷剂还有充灌、泄漏、补充等方面的问题，影响蒸发温度、冷凝温度的稳定。常见的氟碳化合物见表7-2。

表7-2 常见的氟碳化合物

氟碳化合物	其它名称	分子式	臭氧破坏系数(ODP①)	地球温暖化系数(GWP)
CFC-11	F11,R11	$CFCl_3$	1.0	0.35②
CFC-12	F12	CF_2Cl_2	1.0	1.0②
CFC-113	F113	$C_2F_3Cl_3$	0.8	0.49②
CFC-114	F114	$C_2F_4Cl_2$	1.0	1.5②
CFC-115	F115	C_2F_5Cl	0.8	2.8②
Halon-1211		CF_2ClBr	3.0	
Halon-1301		CF_3Br	10.0	0.8②
Halon-2402		$C_2F_4Br_2$	6.0	
HCFC-22	R22	$CHClF_2$	0.05	0.098②(0.07)
HCFC-123	R123	$C_2HCl_2F_3$	0.02	0.005②
HCFC-124		C_2HClF_4	0.02	0.10②
HCFC-141b		$CHCl_2\text{-}CH_2F$	0.1	0.029②
HCFC-142b		$CHClF\text{-}CH_2F$	0.06	0.11②
R134a	HFC-134a	$CF_3\text{-}CH_2F$	0	0.039②(0.1)
R125	HFC-125	$CF_3\text{-}CHF_2$	0	0.1②
R143a		$CF_3\text{-}CH_3$	0	1000
R32	HFC-32	CH_2F_2	0	200
R23		CHF_3	0	0.01②
R290(丙烷)		C_3H_8		3
RC290(环丙烷)		C_3H_6		
R600a(异丁烷)		$CH_3CH(CH_3)_2$		3
R152a	HFC-152a	$CF_2H\text{-}CH_3$	0	0.009②
R227ea		$CF_3\text{-}CFH\text{-}CF_3$		900
R227ca		$CF_3\text{-}CF_2\text{-}CHF_2$		
R245ca		$CF_3\text{-}CF_2\text{-}CH_3$		150
R236fa		$CF_3\text{-}CH_2\text{-}CF_3$		150
R236ea		$CF_3\text{-}CHF\text{-}CHF_2$		
R717		NH_3		<1
R846		SF_6		>20000
R744		CO_2		1
R218		C_3F_8		15000
R502	HCFC-22+CFC-115		0.5～1.5	0.19②
RC318		C_4F_8		15000
R1150(乙烯)		C_2H_4		
R1270(丙烯)		C_3H_6		

① 以CFC-11的系数为1。

② 以CFC-12的系数为1。

因此，替代品的发展方向为：

① 合成新的对温室效应影响小的 HFCs 及其混合物；

② 采用天然物质作制冷剂；

③ 用天然物质与 HFCs 合成新的二元或多元混合物。

在用作气雾剂用的抛射剂中，如定型发胶、摩丝、空气清新剂、杀虫剂、喷漆、涂膜和抛光剂、防锈剂等，用二甲醚（dimethyl ether，缩写 DME）来代替氟里昂，具有很好的发展前途。这在日本及欧美一些发达国家已有广泛的使用，在国内也已得到广泛的推广。二甲醚是最简单的脂肪醚，常压下沸点为－24.9℃，20℃时蒸气压为 0.53MPa，液态密度为 0.661g/mL，自燃温度 350℃，在空气中爆炸极限为 3.45%～26.7%（体积比）。二甲醚对于极性和非极性物质均有高度的溶解性。其化学性质稳定，不会与一般气雾剂成分反应。由于二甲醚在蒸气压、溶解性、稳定性、安全性等方面较氟里昂的其它代用品具有优势，且二甲醚的价格又较氟里昂便宜，所以必将得到广泛的应用。

三氟甲烷和七氟丙烷在灭火系统中也有较理想的应用效果，可以作为灭火剂的替代物。三氟甲烷和七氟丙烷均不含有氯和溴原子，对大气臭氧层的耗损潜能值基本为 0，这一性质完全符合环保要求。三氟甲烷是一种人工合成的无色、几乎无味、不导电气体，密度大约是空气密度的 2.4 倍。七氟丙烷在常压下为无色无味的气体，沸点－16.36℃，冰点－131℃，临界压力 2.0MPa，临界温度 101.7℃，临界体积 $1.61L/kg^3$，临界密度 $6.21kg/m^3$，在一定的压力下呈液态，有良好的热稳定性和化学稳定性。它们均能扑灭各类火灾，并且毒性很低，在正常情况下不会对人体产生不良影响。

7.4　含氟精细化学品

含氟精细化学品主要指含氟中间体、含氟医药、含氟农药、含氟表面活性剂及各种含氟处理剂等。

7.4.1　芳香族氟化物

含氟中间体的种类很多，其中最重要的、产品的产量占含氟中间体产量 90%以上的是芳香族氟化物，这也是含氟中间体今后发展的方向和重点。常见的含氟中间体见表 7-3。

表 7-3　常见的含氟中间体

分　类	代 表 品 种
氟(甲)苯类	氟苯
三氟甲苯类	三氟甲苯、对氯三氟甲苯、3,4-二氯三氟甲苯
氯溴碘氟苯类	2,4-二氯氟苯、2,6-二氯氟苯
硝基氟苯类	对硝基氟苯、2,4-二硝基氟苯
氟苯胺类	对氟苯胺、2,4-二氟苯胺、3,5-二氟苯胺、2,3,4-三氟苯胺
氟苯酚类	对氟苯酚
氟苯甲醛类	对氟苯甲醛、2,4-二氟苯甲醛、2-氯-6-氟苯甲醛
氟苯甲酮类	4,4′-二氟二苯甲酮
氟苯甲酸类	2,4,5-三氟苯甲酸、2,3,4,5-四氟苯甲酸、五氟苯甲酸、2,4-二氯-5-氟苯甲酸
氟苯甲酰氯类	2,4-二氯-5-氟苯甲酰氯
氟苯甲醚类	邻氟苯甲醚
氟吡啶类	2-氯-5-三氟甲基吡啶

芳香族氟化物由于引入了空间位阻较小、而亲电能力很强的氟原子，既保持了原有的特性，又大大提高了其活性，因而被用于生产具有特殊疗效的含氟医药和高效、广谱、低残留的农药以及耐水、耐污、耐日光照射、耐有机溶剂的高档染料的织物整理剂。

目前国际国内研制开发出来的芳香族氟化物有十几大类，近千个品种，其主要种类如下：氟（甲）苯类、三氟甲苯类、氯溴碘氟苯类、硝基氟苯类、氟苯胺类、氟苯酚类、氟苯甲醛类、氟苯甲酮类、氟苯甲酸类、氟苯甲酰氯类、氟苯甲醚类、氟吡啶类等。在上述氟化物中，绝大部分在欧、美、日有工业化生产。在我国，仅氟苯类、三氟甲苯类、氟氯苯类、氟苯胺类、硝基氟苯及氟苯甲酸类化合物有工业化生产。我国一半以上的含氟中间体实际是出口进入国际市场，主要是欧、美、日等国。

7.4.2 含氟医药

当药物中引入氟原子或含氟基团后，具有一系列特殊的性质，如拟态效应、亲脂性、稳定性等。因此，不少含氟药物比不含氟的药物毒性低、药效高、代谢强、药性更持久。

有机氟化合物在医药和农药方面具有广泛的应用前途。如目前市场上畅销的氟喹诺酮类抗感染药物，其中有诺氟沙星（氟哌酸，Norfloxacin）、环丙沙星（环丙氟哌酸，Ciprofloxacin）、培氟沙星（甲氟哌酸，Pefloxacin）、洛美沙星（Lomefloxacin）、氧氟沙星（氟嗪酸，Ofloxacin）、依诺沙星（氟啶酸，Enoxacin）等。另外，氟麻醉剂如氟烷（Halothane）、甲氧氟烷（Methoxyflurane、Penthrane）、恩氟烷（Enflurane、Ethrane）、异氟烷（Isoflurane）等都是麻醉效力较高的、无后麻醉作用的有机氟化物，另外如5-氟尿嘧啶、Halotestim等已用于治疗癌症，Haloperiolol用于镇静药，Sulindac用于治疗风湿性关节炎，Flumelramide用作利尿剂等。几种含氟抗生素见表7-4。

表 7-4 含氟抗生素

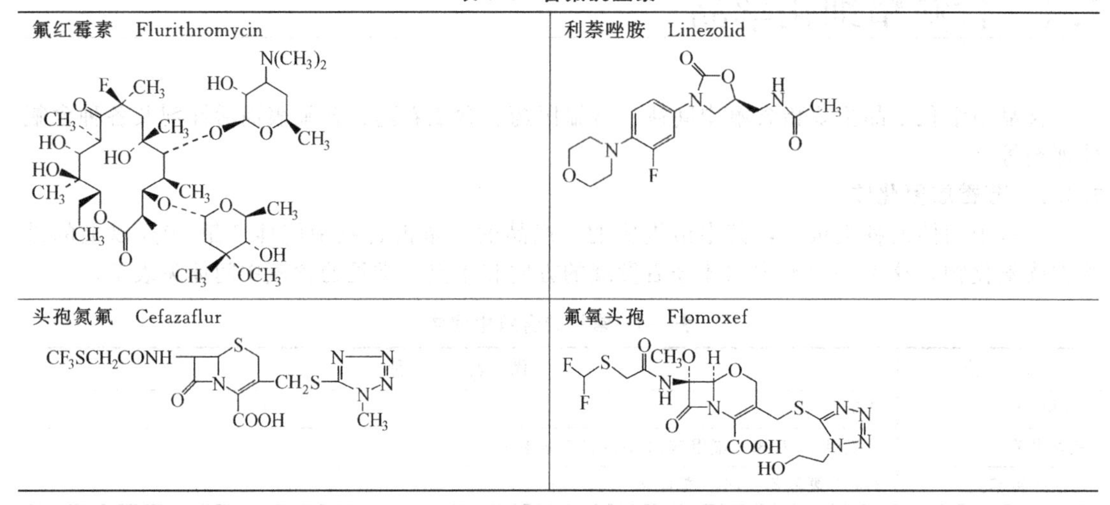

氟红霉素由发酵法得到。头孢氮氟和氟氧头孢的侧链含有氟，通过下列方法得到：

$$CF_3SAg + ICH_2COOH \xrightarrow[\text{室温,11天}]{CH_3COCH_3} CF_3SCH_2COOH \xrightarrow[\text{THF,DCC}]{\text{N-羟基琥珀酰亚胺}} CF_3SCH_2COO\text{—N(琥珀酰亚胺)}$$

$$HSCH_2CO_2C_2H_5 \xrightarrow[\text{EtONa,EtOH}]{F_2CHCl} \underset{(\text{I})}{F_2CHSCH_2CO_2C_2H_5} \xrightarrow{KOH} \underset{(\text{II})}{F_2CHSCH_2CO_2H}$$

在含氟药物中，发展很快的是氟喹诺酮类抗感染药物。在氟喹诺酮类中，最成功地被广泛应用的化合物之一是环丙沙星，自从其被应用起，氟喹诺酮类抗菌药对于各种感染治疗的价值才被承认。近来，微生物对其耐药性的增长引起很大的关注。在过去几年中，新氟喹诺酮的研究是以改善微生物特性为靶标的：

① 增强抗肺炎球菌的活性；

② 增强抗革兰阳性球菌的活性；

③ 增强抗葡萄球菌的活性，特别是耐甲氧西林金黄色葡萄球菌（MRSA）；

④ 增强抗厌氧菌的活性；

⑤ 增强抗耐环丙沙星和氧氟沙星菌的活性；

⑥ 增强抗革兰阴性菌的活性；

⑦ 降低耐药性出现率。

目前，很多新氟喹诺酮及结构修饰物的出现，使这类早期应用有限的化合物发展成具有相当广谱抗菌活性、良好药代动力学性质的药物。氟喹诺酮类抗菌药有很多特点使其应用增加，它像β-内酰胺类抗生素一样对大多数敏感细菌有快速的杀菌作用，这与大环内酯类不同。氟喹诺酮类抗菌药易于进入组织和哺乳动物细胞，这与大环内酯类药物相似。

环丙沙星、氧氟沙星对支原体、衣原体和军团菌有很强的活性，新氟喹诺酮的活性则进一步得到增强，可与大环内酯类及多西环素相比，代表药物有曲伐沙星、加替沙星、莫西沙星、吉米沙星和西他沙星的活性与环丙沙星相当。在肠杆菌科中有些菌对环丙沙星产生耐药，最常见的是大肠埃希菌、肠杆菌和克雷伯菌。与其它氟喹诺酮相比，克林沙星和西他沙星对耐环丙沙星的克雷伯菌和肠杆菌的临床分离株有较强的抗菌活性。并且新的药物不像环丙沙星和氧氟沙星那样容易产生耐药株。

新的氟喹诺酮类药物具有相当广谱的抗菌活性，包括肠杆菌科的很多菌属、链球菌、葡萄球菌及其它引起呼吸道感染的重要病原微生物。对肠球菌和非发酵革兰阴性菌的抗菌活性仍不令人满意，还有待于进一步改进。几种氟喹诺酮类抗感染药物见表 7-5。

表 7-5 氟喹诺酮类抗感染药物

诺氟沙星(氟哌酸) Norfloxacin 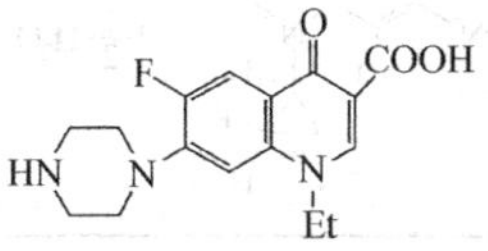	环丙沙星(环丙氟哌酸) Ciprofloxacin 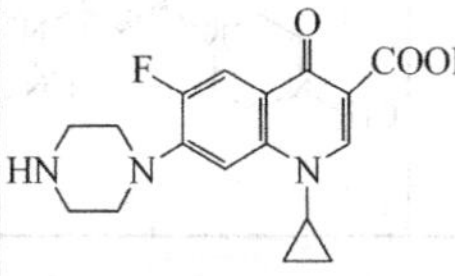	培氟沙星(甲氟哌酸) Pefloxacin 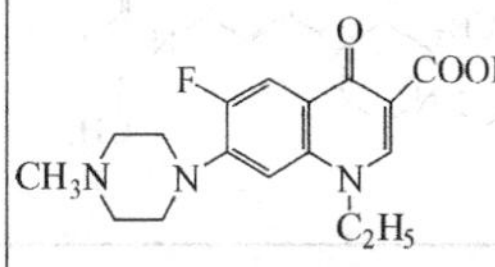
洛美沙星 Lomefloxacin 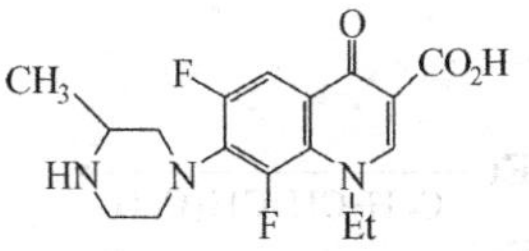	氧氟沙星(氟嗪酸) Ofloxacin 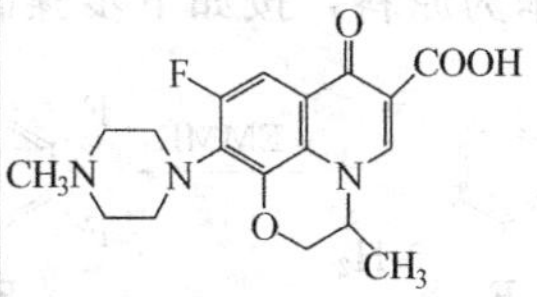	左氧氟沙星 Levofloxacin 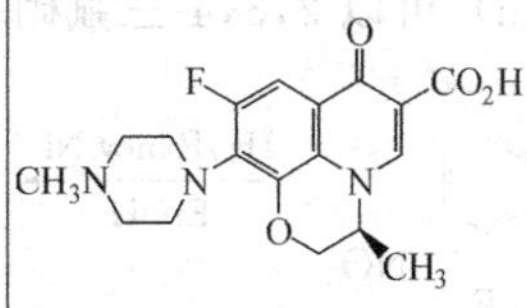 $1/2H_2O$
依诺沙星(氟啶酸) Enoxacin 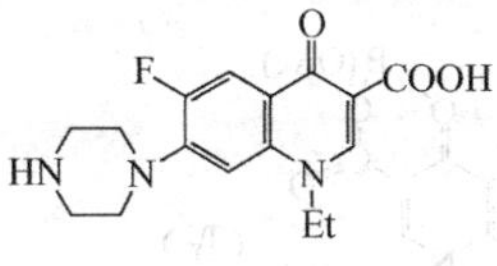	司氟沙星 Sparfloxacin 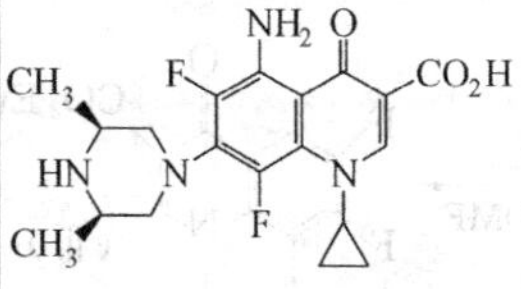	氟罗沙星 Fleroxacin 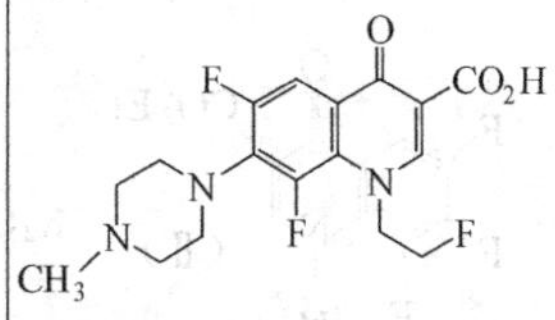

续表

替马沙星 Temafloxacin 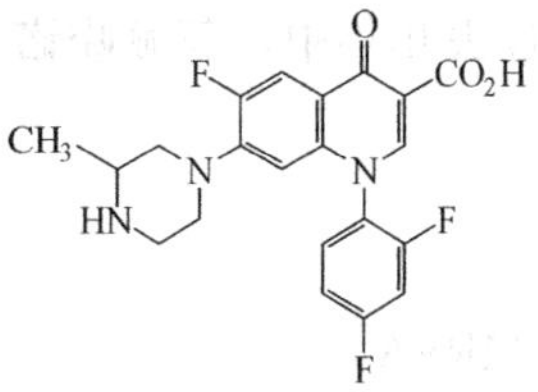 O; F; CO_2H; CH_3; N; HN; N; F; F	沙氟沙星 Sarafloxacin 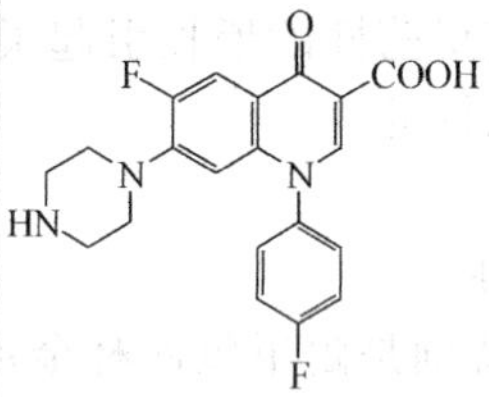 O; F; COOH; N; HN; N; F	特伐沙星 Trovafloxacin 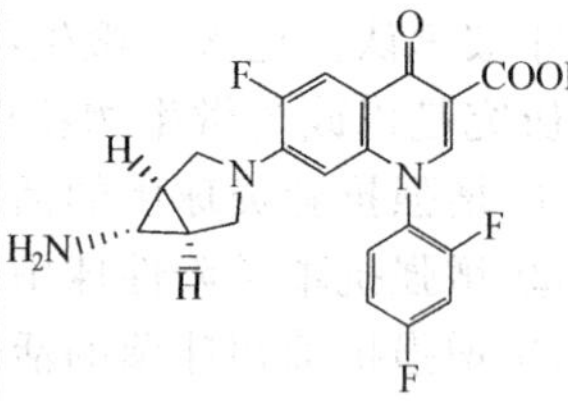 O; F; COOH; H; N; N; H_2N; H; F; F
格帕沙星 Grepafloxacin 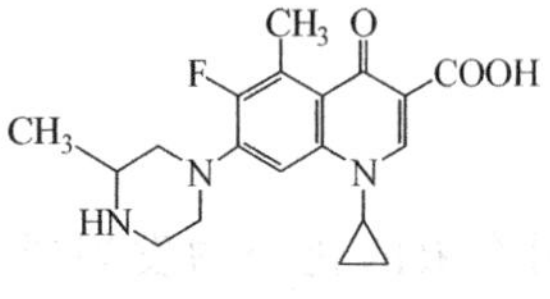 CH_3; O; F; COOH; CH_3; N; HN; N	帕楚沙星 Pazufloxacin 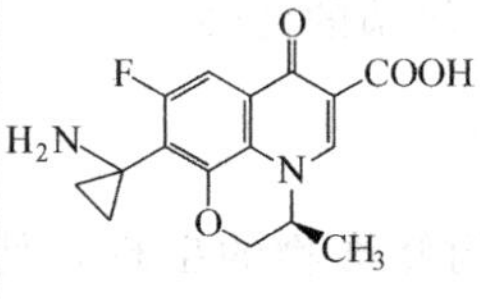 O; F; COOH; H_2N; N; O; CH_3	芦氟沙星 Rufloxacin 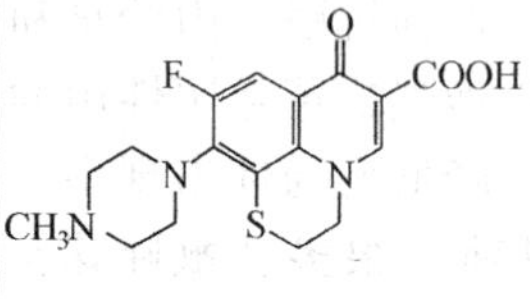 O; F; COOH; N; N; CH_3N; S
托氟沙星 Tosufloxacin 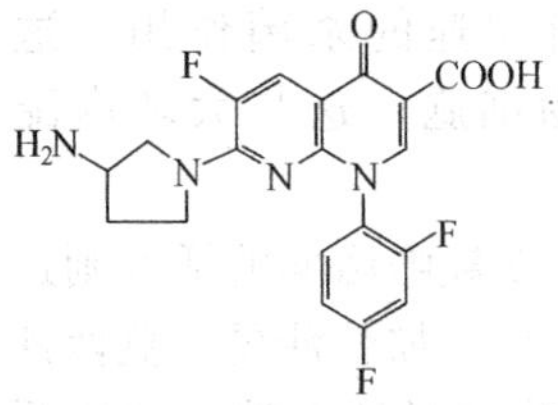 O; F; COOH; H_2N; N; N; N; F; F	加替沙星 Gatifloxacin 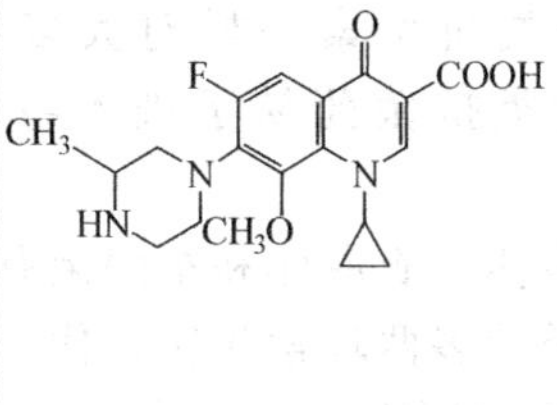 O; F; COOH; CH_3; N; HN; CH_3O; N	那氟沙星 nadifloxacin 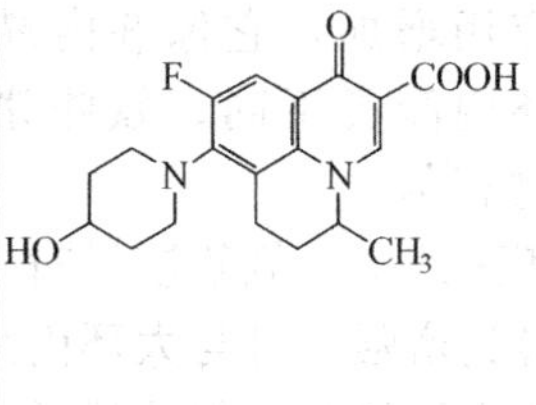 O; F; COOH; N; N; HO; CH_3
阿拉曲伐沙星 Alatrofloxacin 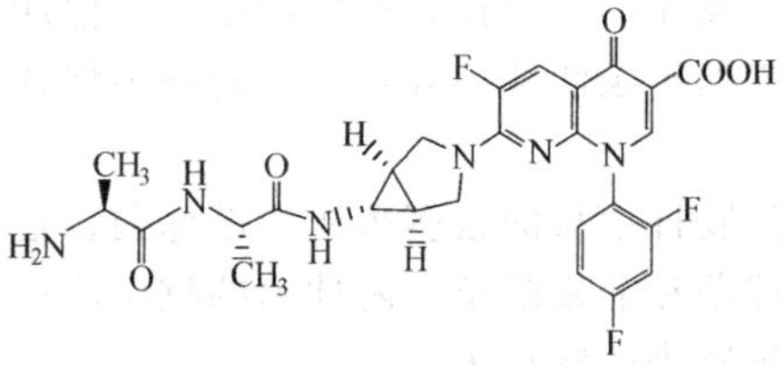 O; F; COOH; CH_3; H; O; H; N; N; N; N; H_2N; O; CH_3; N; H; H; F; F	巴洛沙星 Balofloxacin 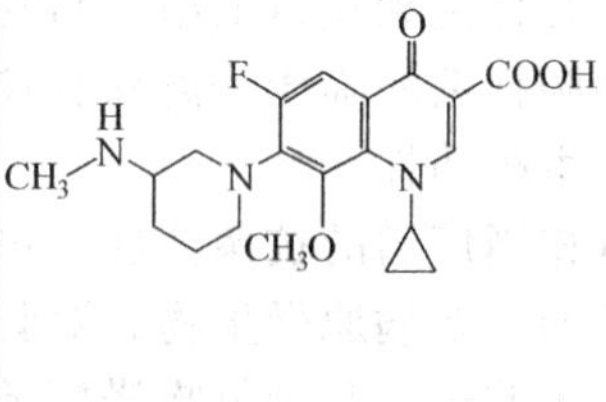 O; F; COOH; H; N; CH_3; N; CH_3O; N	克林沙星 Clinafloxacin 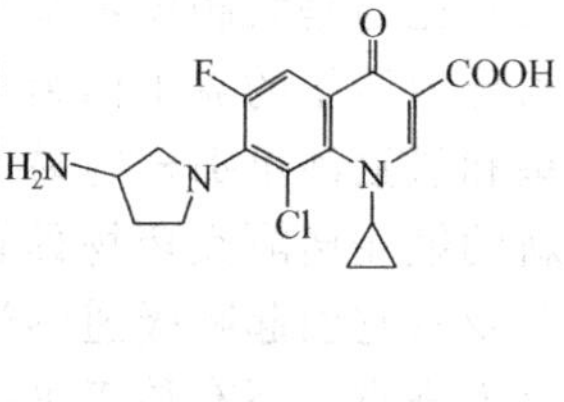 O; F; COOH; H_2N; N; Cl; N
普卢利沙星 Prulifloxacin 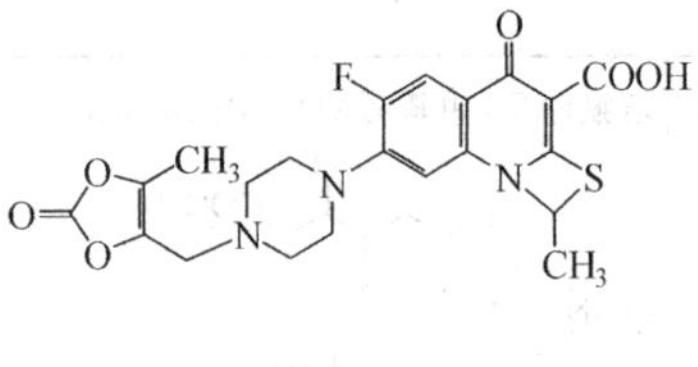 O; F; COOH; CH_3; O; O=; O; N; N; N; S; CH_3	氨氟沙星 Amifloxacin 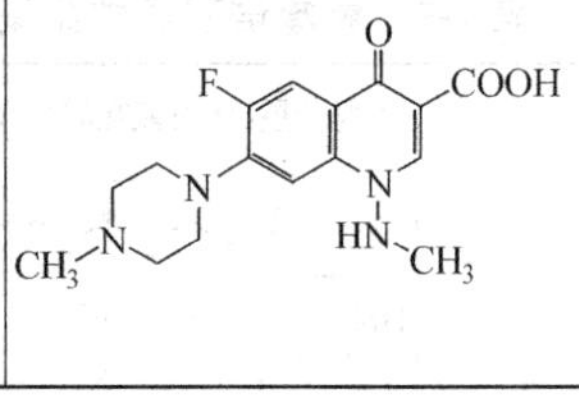 O; F; COOH; N; CH_3; N; N; HN; CH_3	西他沙星 Sitafloxacin 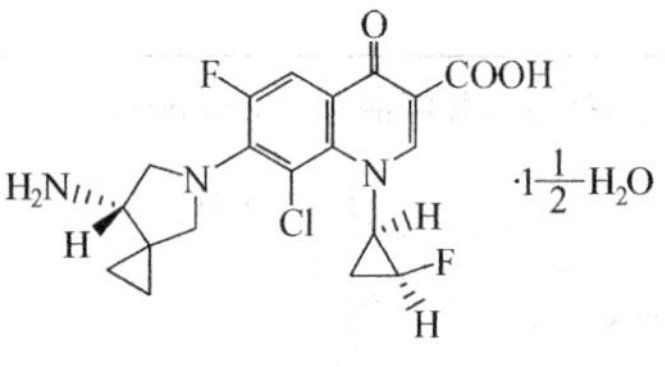 O; F; COOH; H_2N; N; H; Cl; N; H; F; H; $\cdot 1\frac{1}{2}H_2O$

氟喹诺酮类抗菌药物的合成多以相应的含氟中间体为原料来制备，如洛美沙星（Lomefloxacin）可以2,3,4-三氟硝基苯为原料，按如下步骤制备：

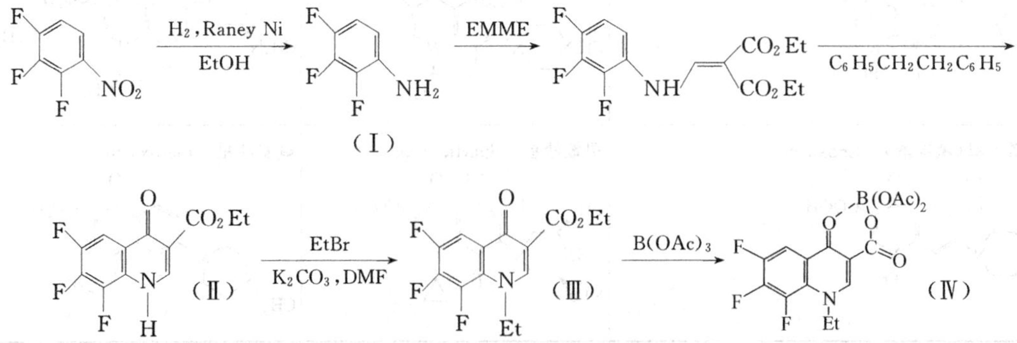

F; F; F; NO_2 $\xrightarrow[EtOH]{H_2, Raney\ Ni}$ F; F; F; NH_2 （Ⅰ） $\xrightarrow{EMME}$ F; F; F; NH; CO_2Et; CO_2Et $\xrightarrow{C_6H_5CH_2CH_2C_6H_5}$

O; CO_2Et; F; F; F; N; H （Ⅱ） $\xrightarrow[K_2CO_3, DMF]{EtBr}$ O; CO_2Et; F; F; F; N; Et （Ⅲ） $\xrightarrow{B(OAc)_3}$ $B(OAc)_2$; O; O; C=O; F; F; F; N; Et （Ⅳ）

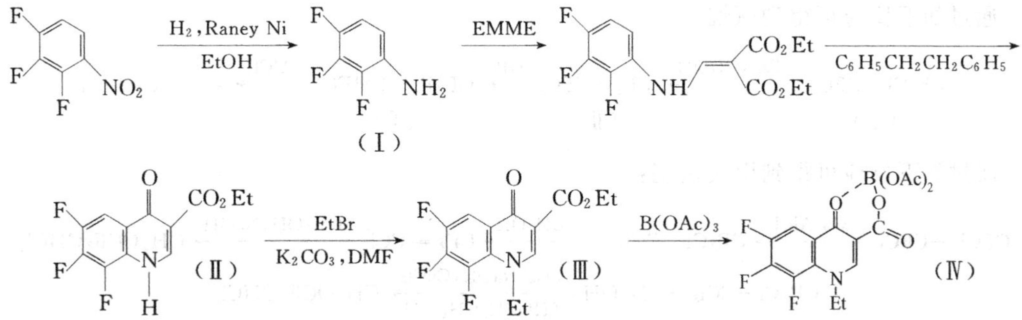

也可以2,3,4,5-四氟苯甲酸为原料制备：

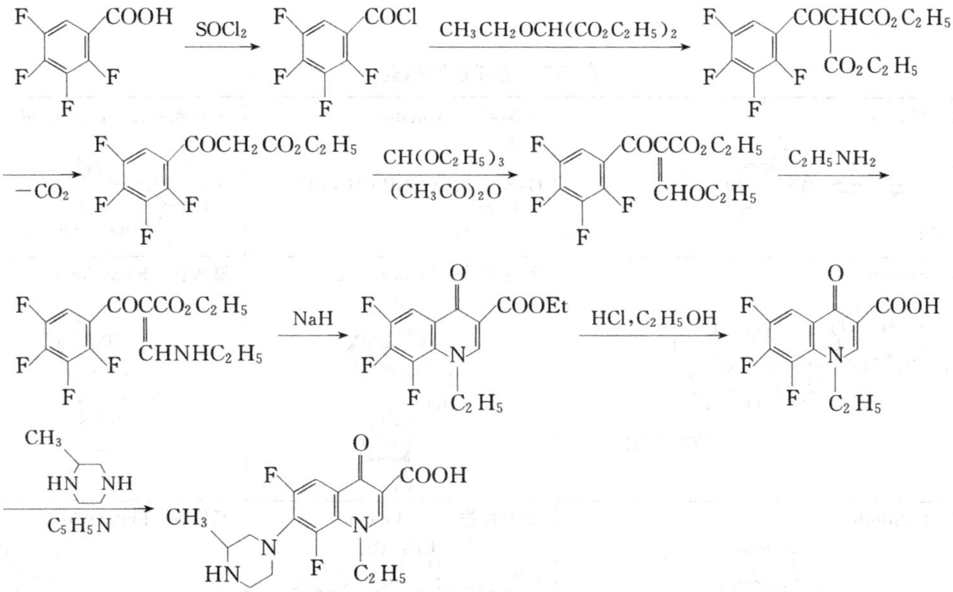

2,3,4,5-四氟苯甲酸可通过下列反应得到：

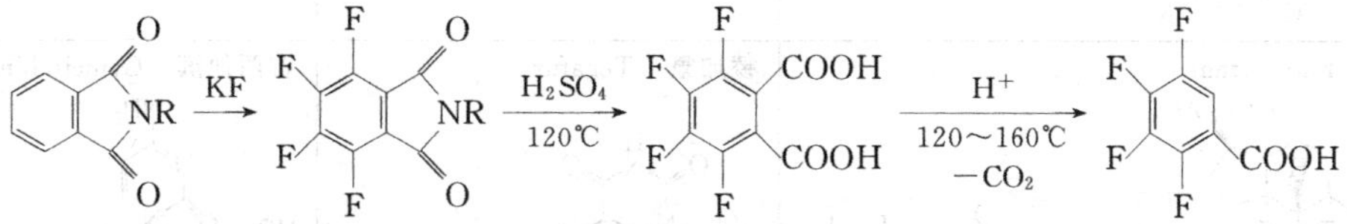

氟麻醉剂多以相应的氟氯烷为原料，通过脱氯、卤交换、加成、取代等反应得到。几种氟麻醉剂见表7-6。

表7-6　氟麻醉剂

氟烷　Halothane 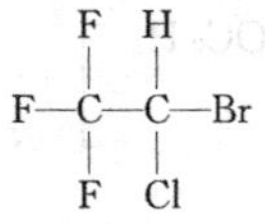	甲氧氟烷　Methoxyflurane、Penthrane 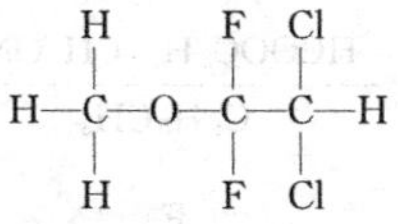	恩氟烷　Enflurane、Ethrane 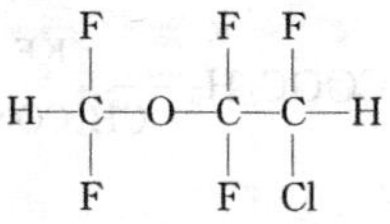
异氟烷　Isoflurane 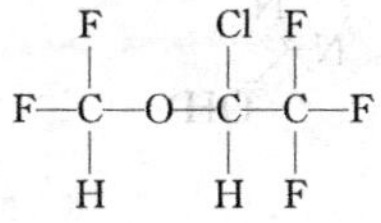	地氟烷　Desflurane 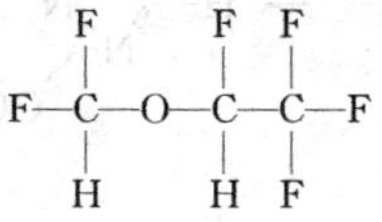	七氟烷　Sevoflurane 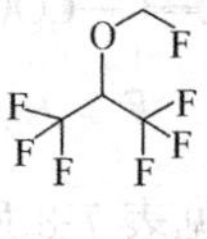

通过如下反应可得到氟烷：

$$\underset{(\text{I})}{CF_2Cl—CFCl_2} \xrightarrow{Zn,CH_3OH} \underset{(\text{II})}{CF_2=CFCl} \xrightarrow{HBr} \underset{(\text{III})}{CF_2Br—CHFCl} \xrightarrow{AlCl_3} CF_3—CHBrCl$$

通过如下反应可得到甲氧氟烷：

$$CFCl_2—CFCl_2 \xrightarrow{5\%\ AlCl_3} CF_2Cl—CCl_3 \xrightarrow{Zn,CH_3OH} CF_2=CCl_2 \xrightarrow{CH_3OH,NaOH} CH_3OCF_2CHCl_2$$

$$CF_2Cl—CCl_3 + CH_3OH \xrightarrow[(HOCH_2CH_2)_3N]{50\%\ NaOH,CuCl_2} CH_3OCF_2CHCl_2$$

含氟抗肿瘤药多以氟尿嘧啶为母体，通过侧链的改造得到。几种含氟抗肿瘤药见表 7-7。

表 7-7　含氟抗肿瘤药

氟尿嘧啶　Fluorouracil 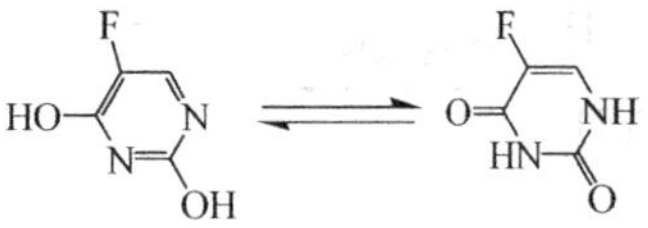	卡莫氟　Carmofur 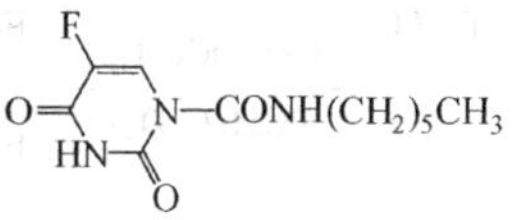	去氧氟尿苷　Doxifluridine 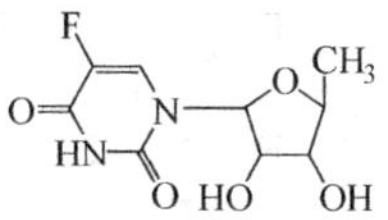
乙嘧替氟　Emitefur 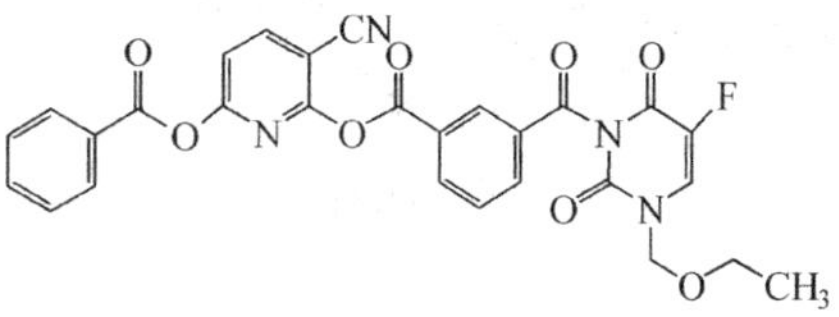	氟达拉滨　Fludarabine 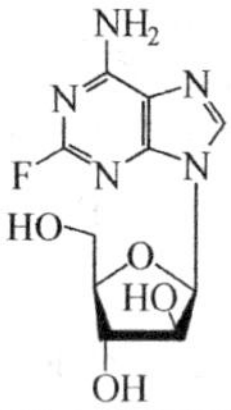	氟尿苷　Floxuridine 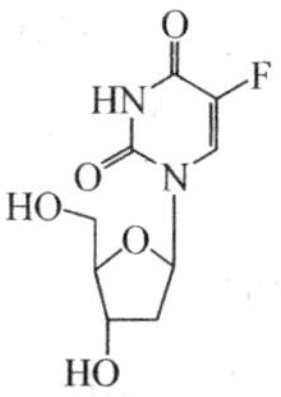
格非替尼　Gefitinib 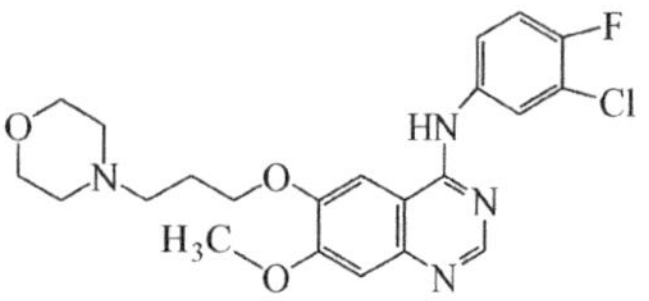	必卡鲁胺　Bicalutamide 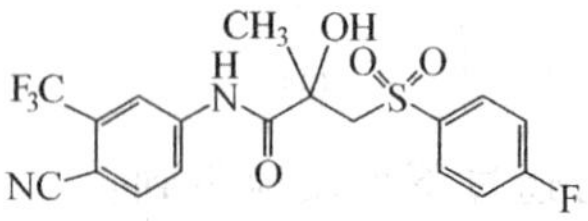	氟他胺　Flutamide 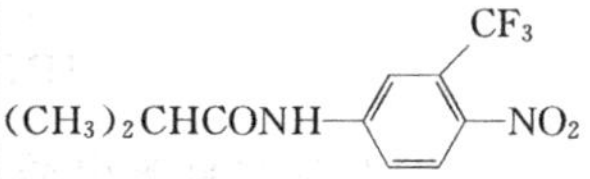
氟维司群　Fulvestrant 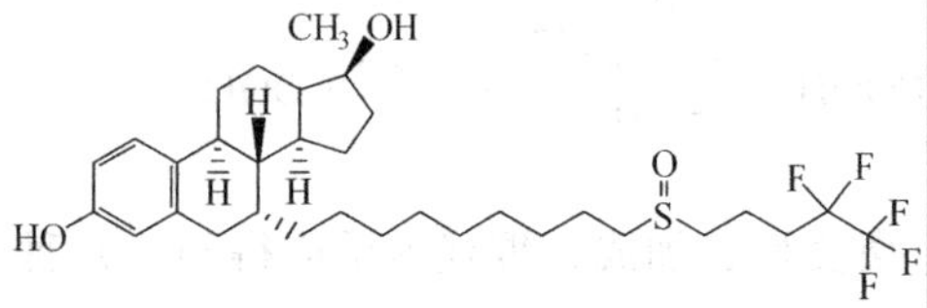	替加氟　Tegafur 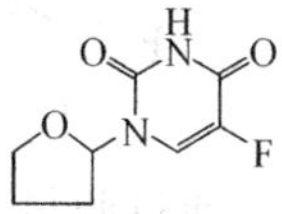	吉西他滨　Gemcitabine 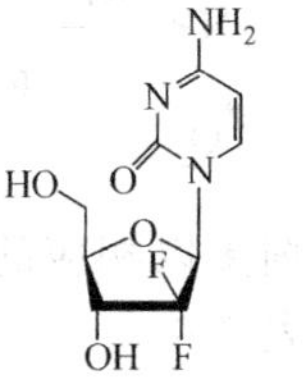

氟尿嘧啶可如下制备：

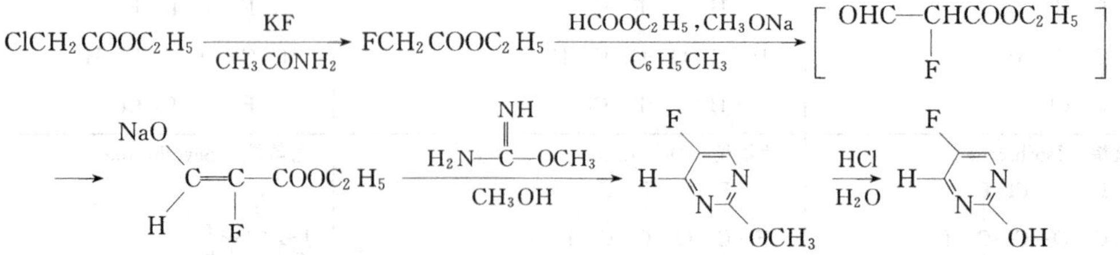

$$ClCH_2COOC_2H_5 \xrightarrow[CH_3CONH_2]{KF} FCH_2COOC_2H_5 \xrightarrow[C_6H_5CH_3]{HCOOC_2H_5,CH_3ONa} [OHC—CH(F)COOC_2H_5]$$

$$\longrightarrow (NaO)(H)C=C(F)—COOC_2H_5 \xrightarrow[CH_3OH]{H_2N—C(=NH)—OCH_3} \text{5-氟-2-甲氧基嘧啶} \xrightarrow[H_2O]{HCl} \text{5-氟-2-羟基嘧啶}$$

其它含氟药物见表 7-8 所列。

表 7-8 其它含氟药物

类别	药物	药物	药物
抗真菌感染药物	氟胞嘧啶 Flucytosine H N O N F NH_2	氟康唑 Fluconazole OH N N N—CH_2—C—CH_2—N N N F F	伏立康唑 Voriconazole CH_3 F OH N N N N N F F
抗真菌感染药物	氟曲马唑 Flutrimazole F F N N	沙康唑 Saperconazole F F O O CH_2O N N N N N O CH_3 N—$\overset{\vert}{C}HCH_2CH_3$ N N N N	
抗病毒药	卡培他滨 Capecitabine O HN O CH_3 N F O N O CH_3 HO OH		
解热镇痛药	氟尼柳 Diflunisal COOH F OH F		
非甾体消炎药	舒林酸 Sulindac F CH_2COOH CH_3 H CH_3S O	氟喹宗 Fluquazone CH_2CF_3 N O N Cl	
非甾体消炎药	氟比洛芬 Flurbiprofen CH_3 F OH O	氟比洛芬酯 Flurbiprofen Axetil CH_3 F O O CH_3 O CH_3 O	
镇痛药	氟吡汀 Flupirtine F H N N NH_2 O N O CH_3 H		
精神病治疗药	氟奋乃静 Fluphenazine $CH_2CH_2CH_2$—N N—CH_2CH_2OH N CF_3 S	癸氟奋乃静 Fluphenazine Decanoate N O CH_3 N O N CF_3 S	

续表

类别			
精神病治疗药	氟哌啶醇 Haloperidol F O $CCH_2CH_2CH_2$—N OH Cl	盐酸三氟拉嗪 Trifluoperazine Hydrochloride CH_3 N N N CF_3 S ·2HCl	
	五氟利多 Penfluridol F $CHCH_2CH_2CH_2$—N OH CF_3 Cl F	盐酸三氟哌多 Trifluperidol Hydrochloride F O $CCH_2CH_2CH_2$—N OH CF_3 ·HCl	
	舍吲哚 Sertindole F N Cl N O N NH	氟司必林 Fluspirilene F H O N N N F	氟西汀 Fluoxetine O H N CH_3 F_3C
	匹莫齐特 Pimozide F O H N N N F	氯哌莫齐 Clopimozide F $CHCH_2CH_2CH_2$—N N O N H Cl F	
	利培酮 Risperidone O N CH_2CH_2N N CH_3 N O F	氟伏沙明 Fluvoxamine OCH_3 N O NH_2 F_3C	氟西泮 Flurazepam $CH_2CH_2NEt_2$ N O Cl N F
	帕罗西汀 Paroxetine H N O O O F	西酞普兰 Citalopram NC O CH_3 N CH_3 F	哈拉西泮 Halazepam CH_2CF_3 N O Cl N
	氟托西泮 Flutoprazepam N O Cl N F	夸西泮 Quazepam F_3C S N N Cl F	依西普兰 Escitalopram NC O CH_3 N CH_3 F

续表

类别	药物	药物
精神病治疗药	西诺西泮　Cinolazepam 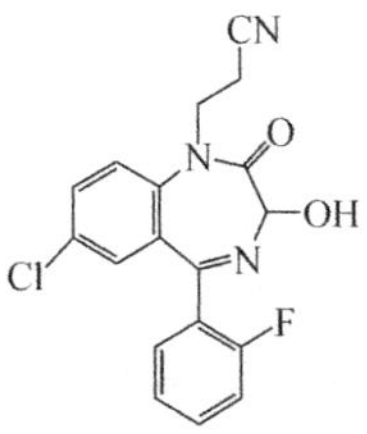 CN, N, O, OH, N, Cl, F	
镇静催眠药	咪达唑仑　Midazolam 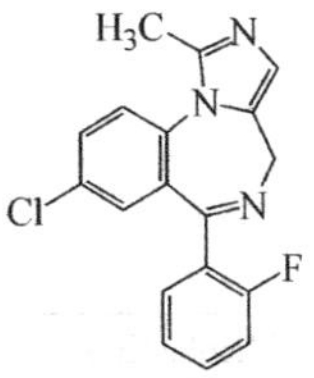 H_3C, N, N, N, Cl, F	
抗心律失常药	氟卡尼　Flecainide 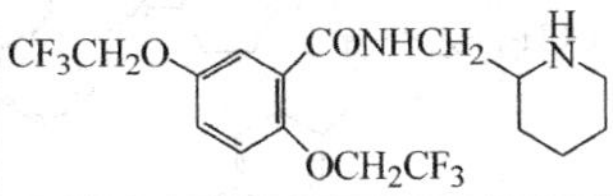 CF_3CH_2O, $CONHCH_2$, H N, OCH_2CF_3	
抗心律失常药	洛美利嗪　Lomerizine 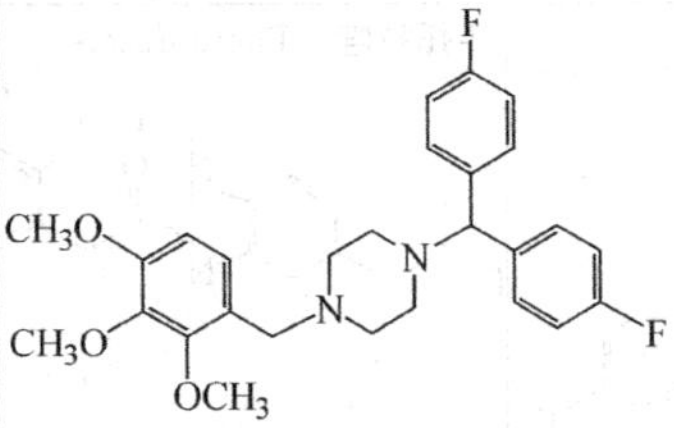 F, CH_3O, CH_3O, OCH_3, N, N, F	利多氟嗪　Lidoflazine 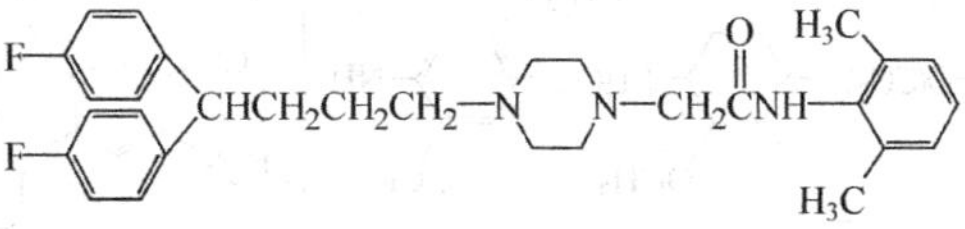 F, F, $CHCH_2CH_2CH_2$—N, N—$CH_2\overset{O}{\overset{\parallel}{C}}NH$—, H_3C, H_3C
	氟司喹南　Flosequinan 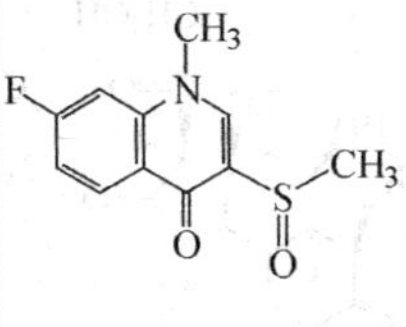 CH_3, N, F, O, S, CH_3, O	米贝地尔　Mibefradil 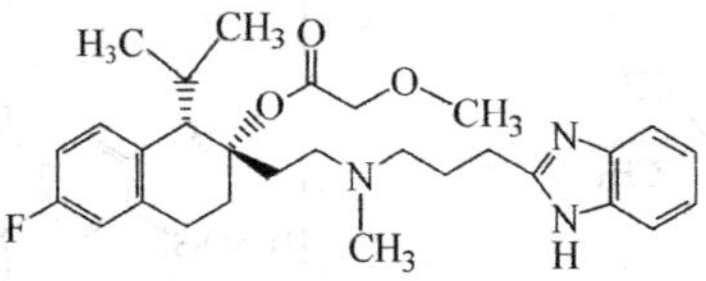 H_3C, CH_3, O, O, O, CH_3, F, N, CH_3, N, N H
抗高血压	酮色林　Ketanserin 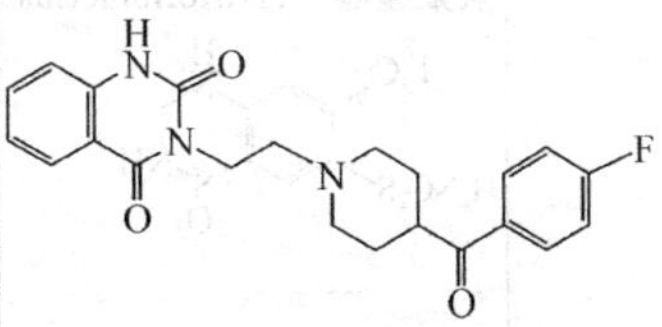 H N, O, N, O, N, O, F	氟伐他汀钠　Fluvastin Sodium 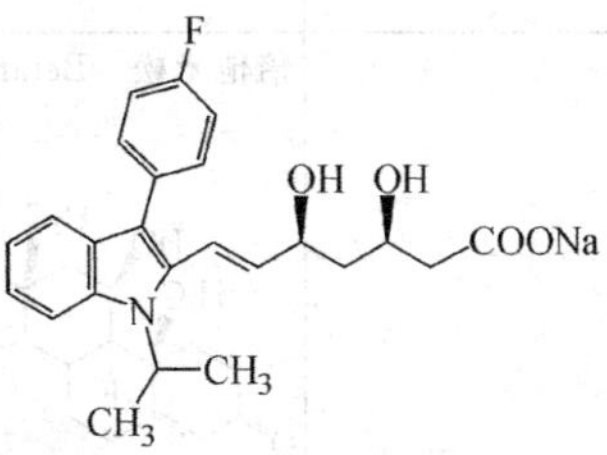 F, OH OH, COONa, N, CH_3, CH_3
抗高血压	瑞舒伐他汀　Rosuvastatin 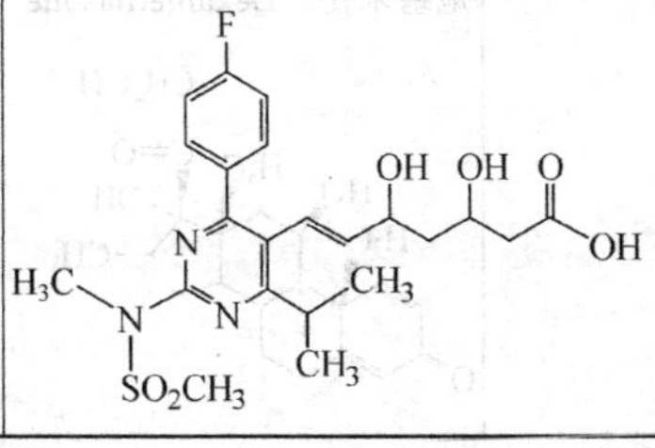 F, OH OH O, OH, N, N, H_3C, N, CH_3, CH_3, SO_2CH_3	阿托伐他汀　Atorvastatin 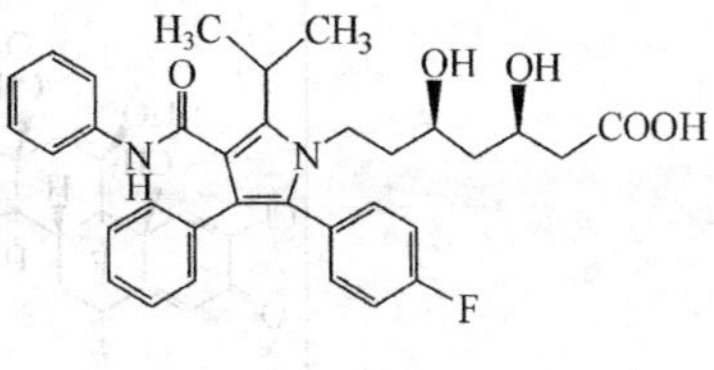 H_3C, CH_3, O, OH OH, COOH, N H, N, F

续表

类别	药物		
抗高血压	西立伐他汀 Cerivastatin 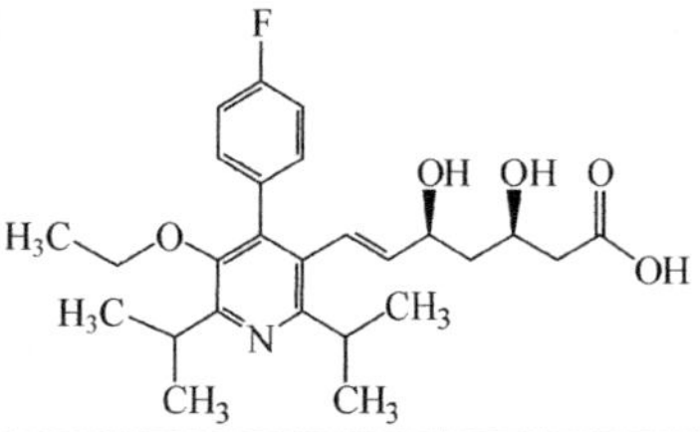		
周围血管扩张药	盐酸氟桂利嗪 Flunarizine Hydrochloride 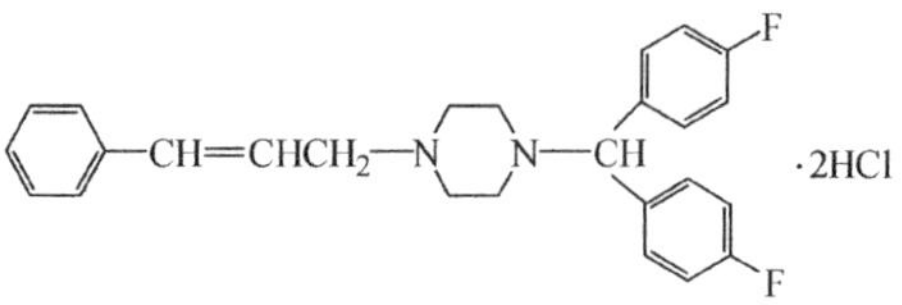		
抗组胺药	左卡巴斯汀 Levocabastine 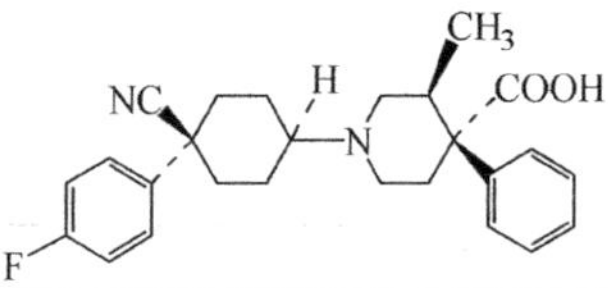	阿司咪唑 Astemizole 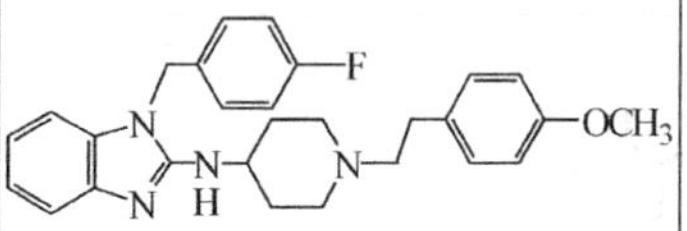	咪唑斯汀 Mizolastine 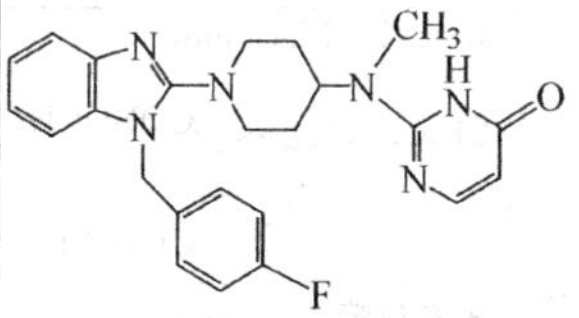
	西沙必利 Cisapride 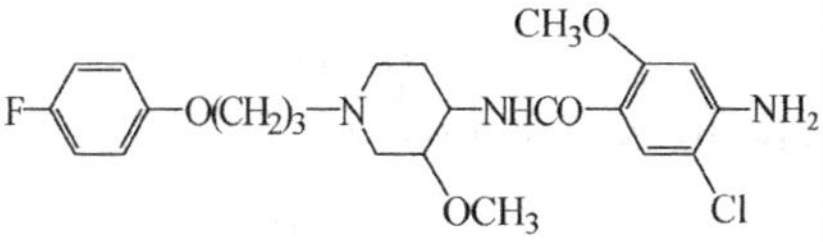	莫沙必利 Mosapride 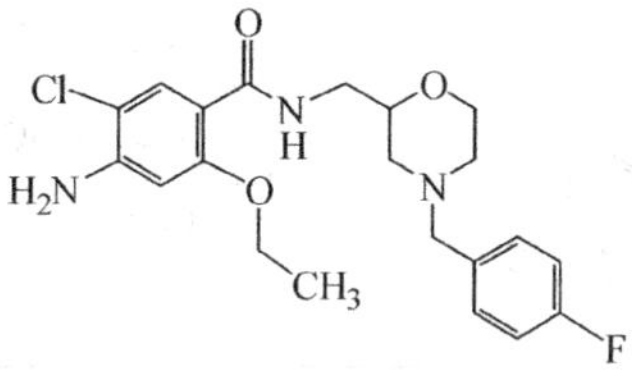	泮托拉唑 Pantoprazole 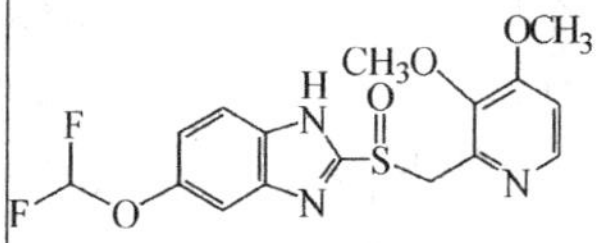
利尿剂	曲安奈德 Triamcinolone Acetonide 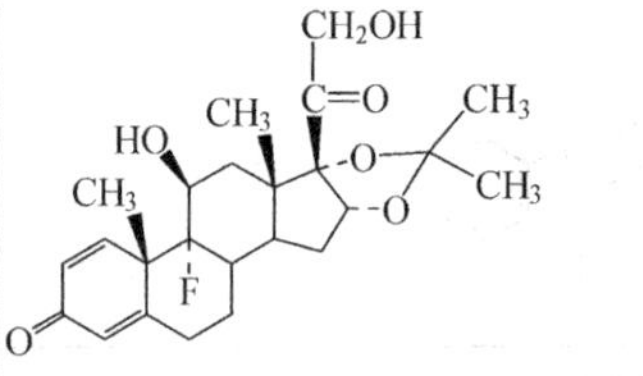	苄氟噻嗪 Bendroflumethiazide 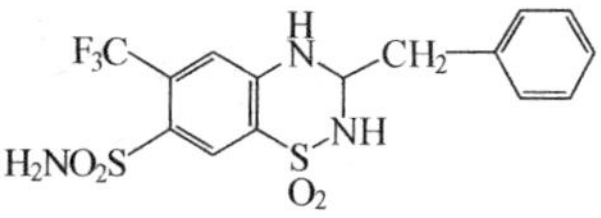	氟轻松 Fluocinolone Acetonide 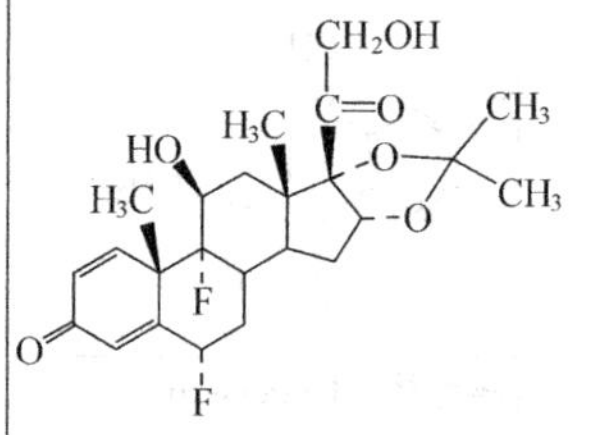
含氟甾体药物	哈西奈德 Halcinonide 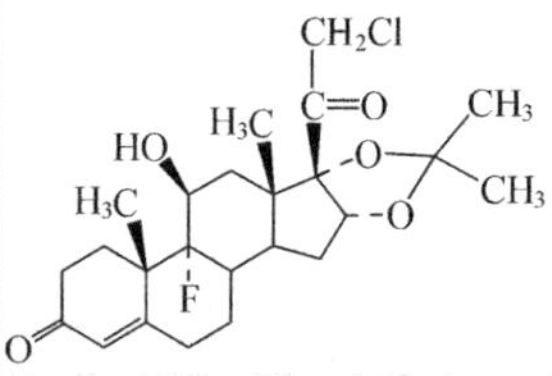	倍他米松 Betamethasone 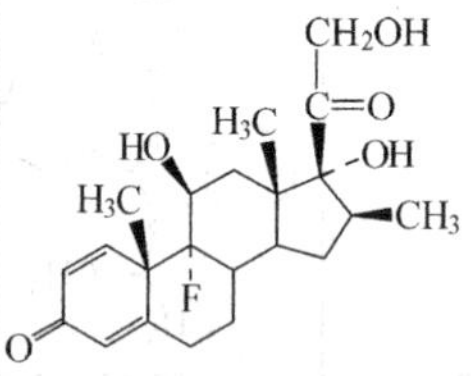	氢氟噻嗪 Hydroflumethiazide 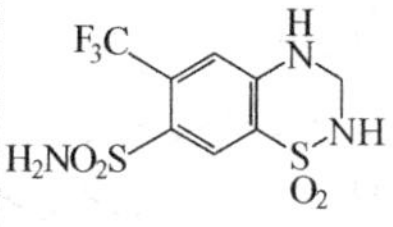
	氟氢可的松 Fludrocortisone 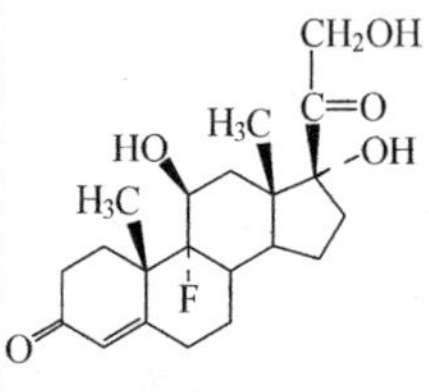	卤米松 Halometason 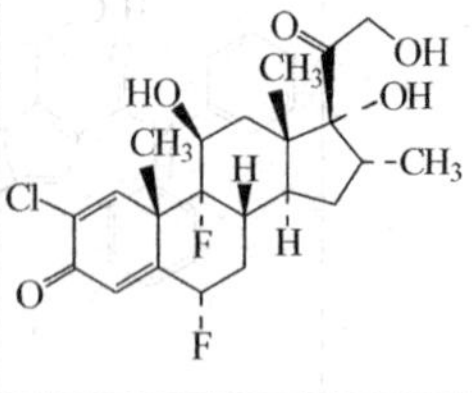	地塞米松 Dexamethasone 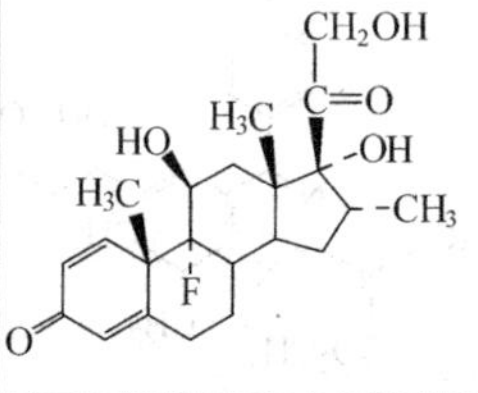

续表

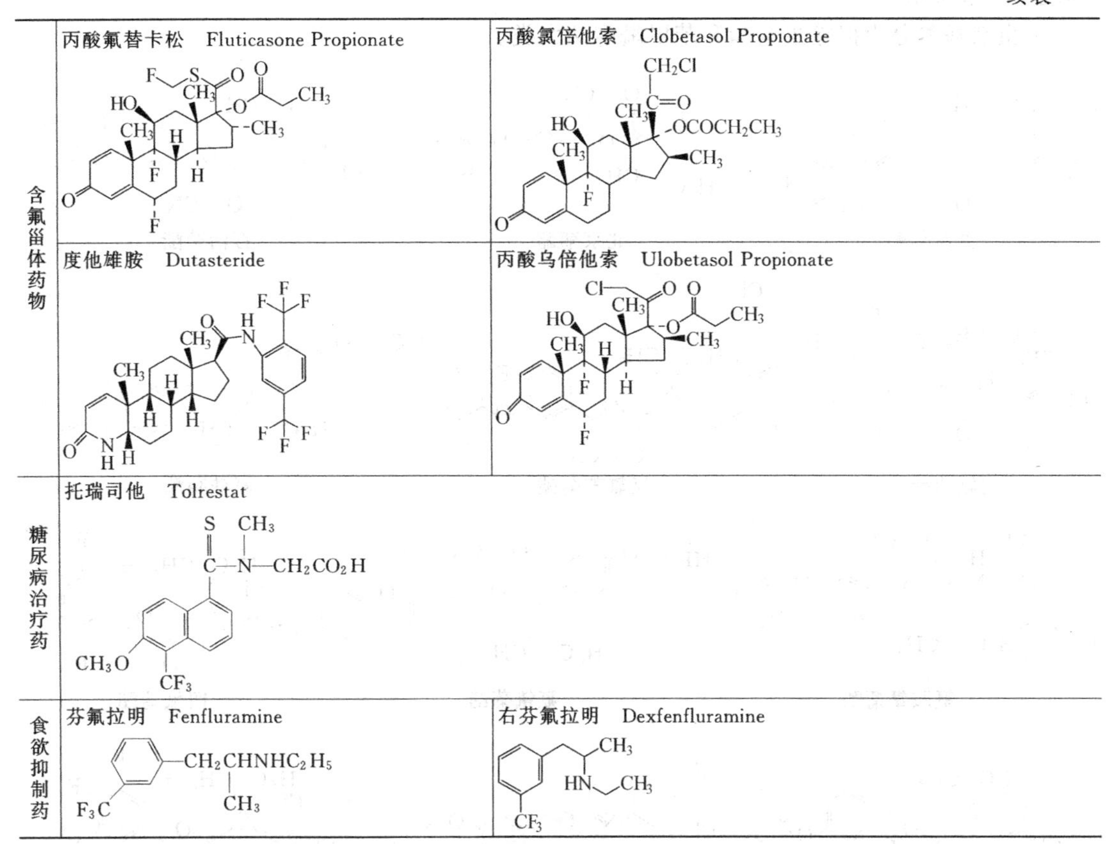

7.4.3　含氟农药

国内和国外已经开发的含氟农药有上百种，其分类如表 7-9。在农药方面有 Flamproisopropyl、Flaometuron、Fluorod-ifen、Acifluorfen 等以及杀鼠药氟二酸钠、氟鼠烷等。

表 7-9　含氟农药的分类

杀虫剂	拟除虫菊酯	氟氯菊酯(Bifenthrin)、北京菊酯、百治菊酯(Cyfloxylate)、四氟菊酯(Transfluthrin)、七氟菊酯(Tefluthrin)、三氟醚菊酯(Flufenprox)、氟氯苯菊酯(Flumethrin)、氟胺氰菊酯(Fluvalinate)、氟氯氰菊酯(Cyhalothrin)、五氟苯菊酯(Fenfluthrin)、溴氟菊酯、氟硅菊酯(Silafluofen)
	苯甲酰脲	氟虫脲(Flufenoxuron)、除虫脲(Diflubenzuron)、氟铃脲(Hexaflumuron)、苏脲 8 号、氯氟脲(定虫隆,Chlorfluazuron)、氟幼脲(Penfluron)、伏虫隆(Teflubenzuron)、啶蜱脲(Fluazuron)、氟酰脲(Novaluron)、氟螨脲(Lurfenuron)
	其它	29-氟代谷甾醇、Arprinocid、H-863
杀菌剂		氟硅唑(Nustar)、硅氟唑(Simeconazole)、氟菌唑(Triflumizole)、氟哒嗪酮、苯氟磺胺(Dichlofluanide)、Pyridinamine、粉唑醇(Flutriafo)、氟环唑(Epoxiconazole)、氟喹唑(Fluquinconazole)
除草剂		麦草伏(Flamprop)、氟草烟(Fluroxypyr-methyl)、氟乐灵、乙氧氟草醚、Flazasulfuron、三氟羧草醚(Acifluorfen Sodium)、氰氟草酯(Cyhalofop Butyl)、丙炔氟草胺(Flumioxazin)、戊噁唑草(Pentoxazone)、唑嘧磺胺酯(Clorynsulam-methyl)、异丙吡草酯(Isopropazal)、氟噻草胺(Flufenacet)、氟吡草腙(Diflufenzopyr)、氟噻乙草酯(Fluthiacet-ethyl)
杀鼠剂		氟鼠酮(Flocoumafen)、杀它仗(Stratagem)、溴杀灵(Bromethalin)
杀螨剂		芳氟胺(Fentrifanil)、氟螨噻(Flubenzimine)、Fipronil、Ac303630
植物生长调节剂		三氟吲哚丁酸、调嘧醇(Flurprimidol)、氟节胺(Flumetralin)
其它		含氟杀菌增效剂 A、伏蚊灵

7.4.3.1 杀虫剂

杀虫剂基本分为拟除虫菊酯和苯甲酰脲两大类。

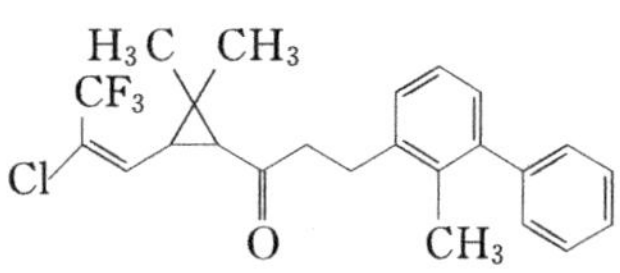

氟氯菊酯 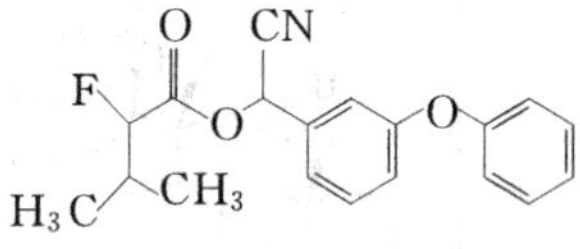　北京菊酯 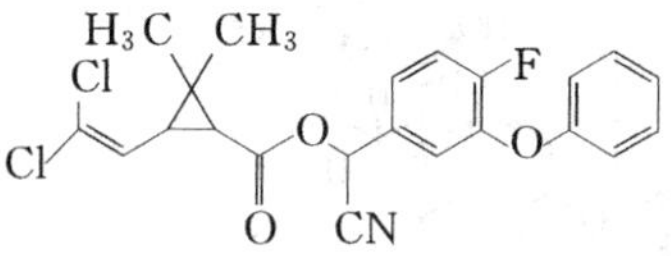　百治菊酯

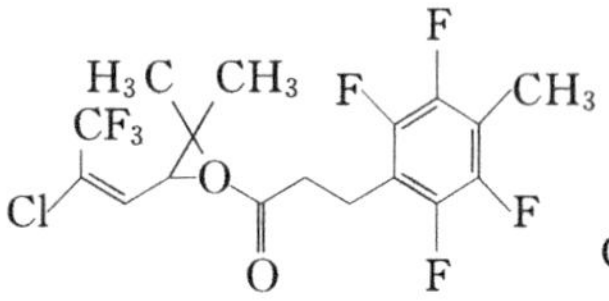

七氟菊酯 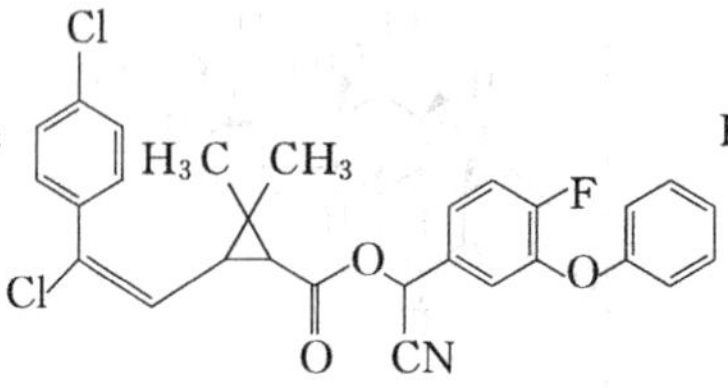　氟氯苯菊酯 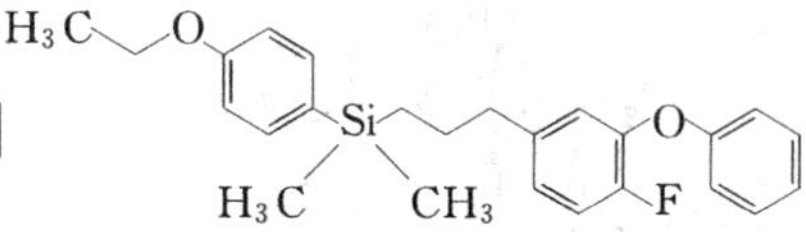　氟硅菊酯

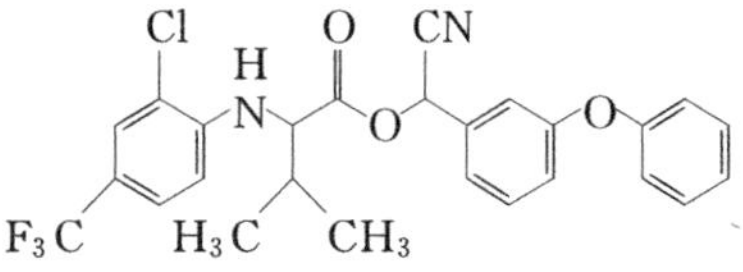

氟胺氰菊酯 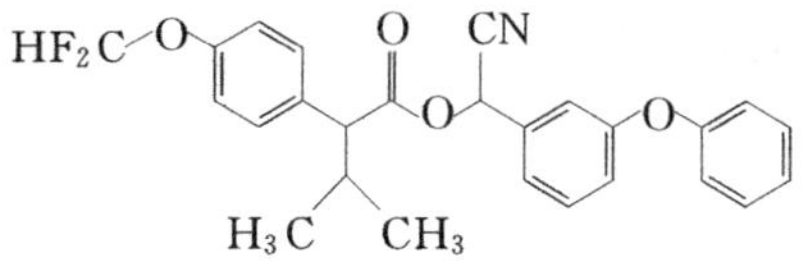　氟氰菊酯 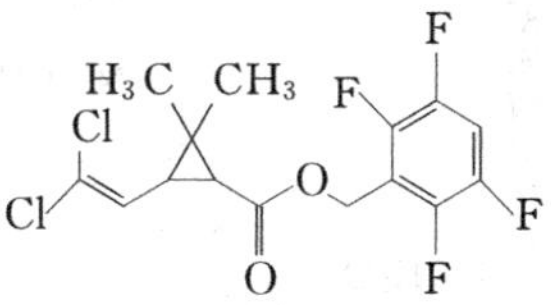　四氟菊酯

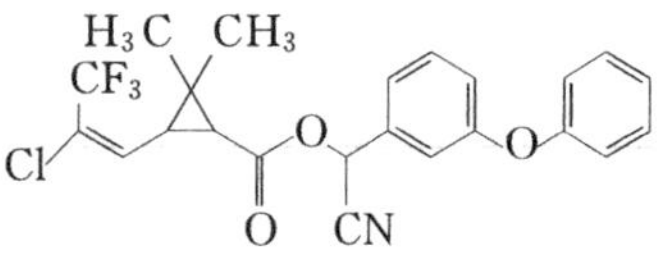

氟氯氰菊酯 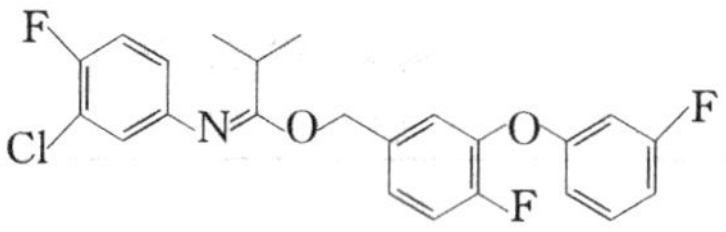　三氟醚菊酯 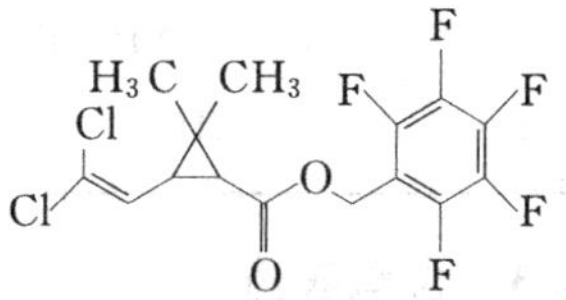　五氟苯菊酯

在含氟农药中，含氟除虫菊酯的数量是较多的，商品化的也不少。如氟氯菊酯（Bifenthrin）和北京菊酯，其药效比氧乐果要高13倍。其它的含氟除虫菊酯还有：百治菊酯（Cyfloxylate）、七氟菊酯（Tefluthrin）、氟氯苯菊酯（Flumethrin）、氟胺氰菊酯（Fluvalinate）、氟氯氰菊酯（Cyhalothrin）、五氟苯菊酯（Fenfluthrin）。

含氟苯甲酰苯基脲类杀虫剂有以下几种：

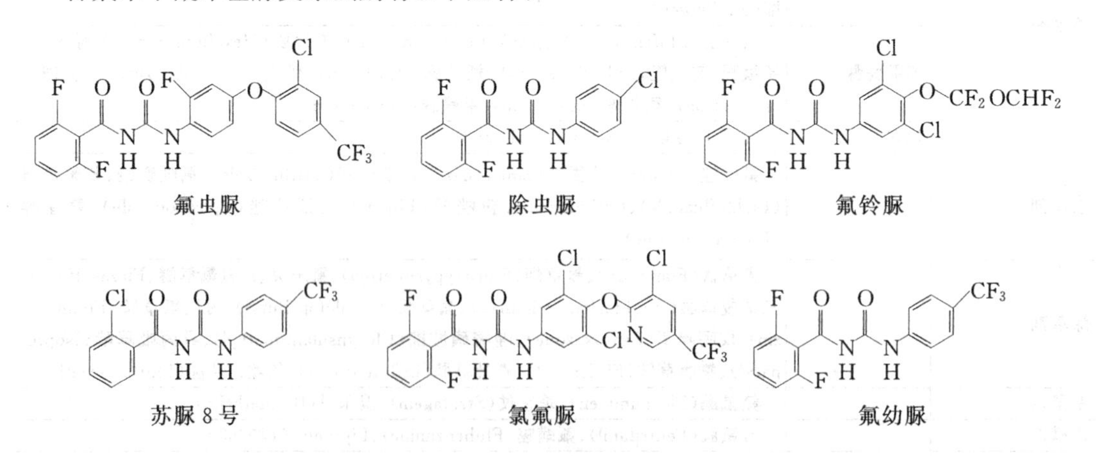

氟虫脲　除虫脲　氟铃脲

苏脲8号　氯氟脲　氟幼脲

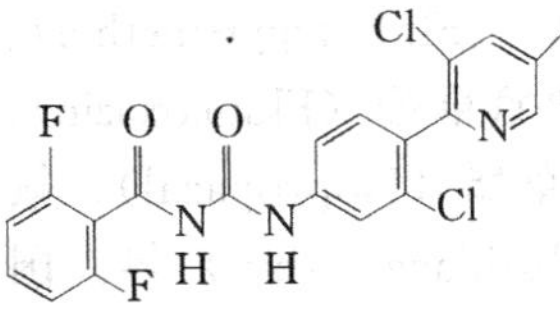

啶蜱脲 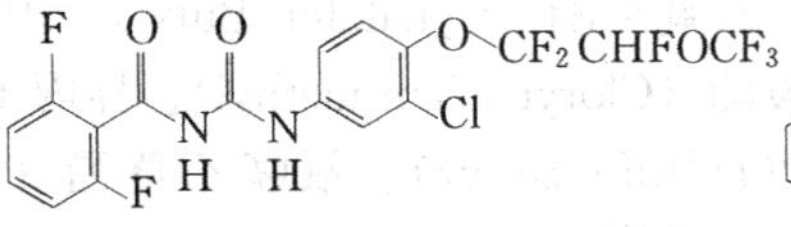　　氟酰脲 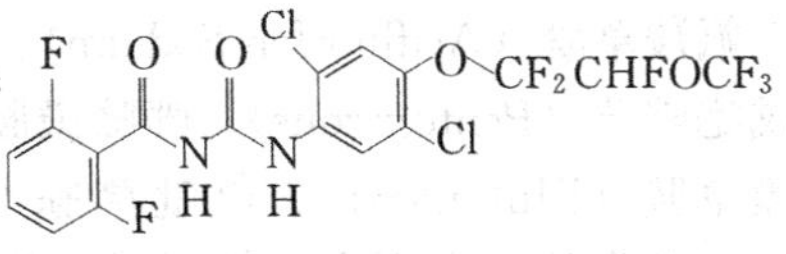　　氟螨脲

其它含氟杀虫剂如 29-氟代谷甾醇、H-863 和 Arprinocid 等。H-863 是从胡椒中提取的一种活性物质，经三氟甲基化后得到的一种杀虫剂，三氟甲基化后其药效提高了 10 倍。

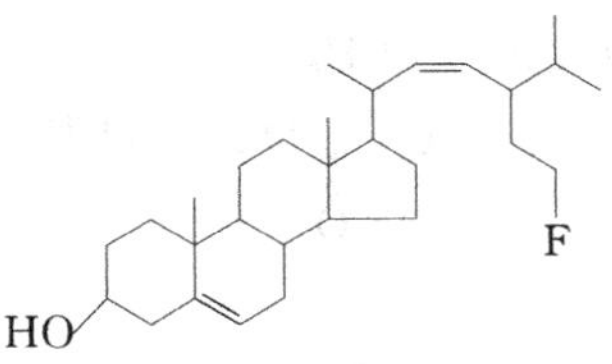

29-氟代谷甾醇 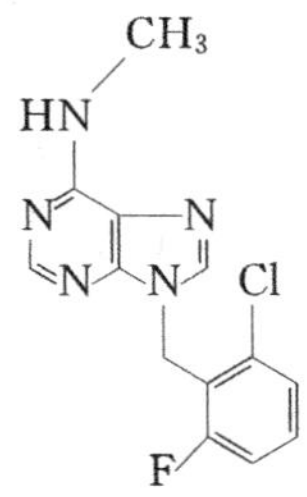　　Arprinocid 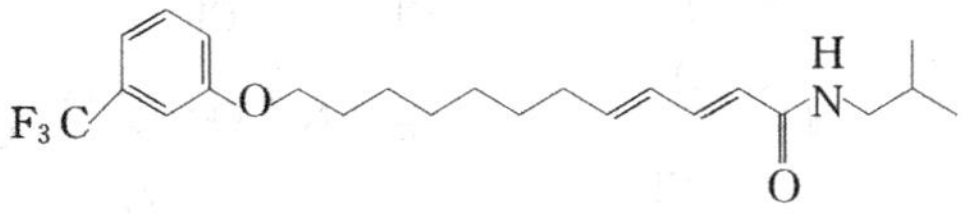　　H-863

7.4.3.2 杀菌剂

含氟的杀菌剂主要是三唑类的杀菌剂，如氟硅唑（Nustar）、硅氟唑（Simeconazole）、粉唑醇（Flutriafo）、氟环唑（Epoxiconazole）、氟喹唑（Fluquinconazole）等，其它的含氟杀菌剂如氟菌唑（Triflumizole）、氟哒嗪酮、苯氟磺胺（Dichlofluanide）、Pyridinamine 等。其中氟菌唑的 30%可湿性粉剂国外商品名为特富灵（Trifmine）。

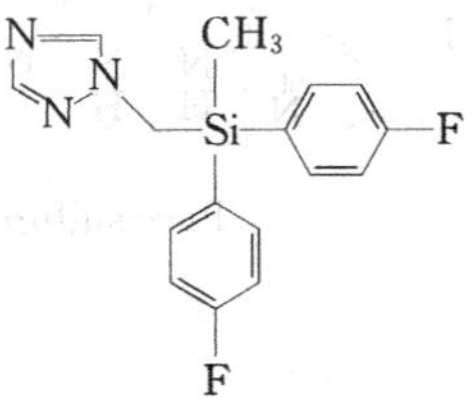

氟硅唑 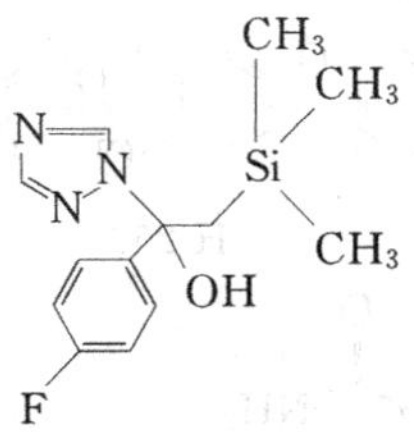　　硅氟唑 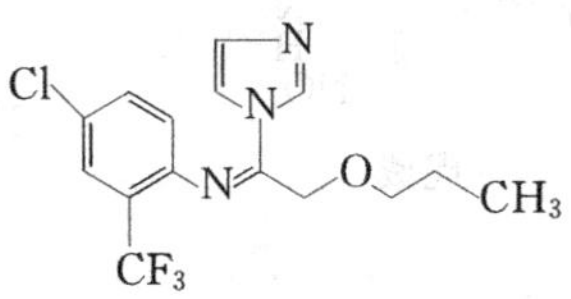　　氟菌唑

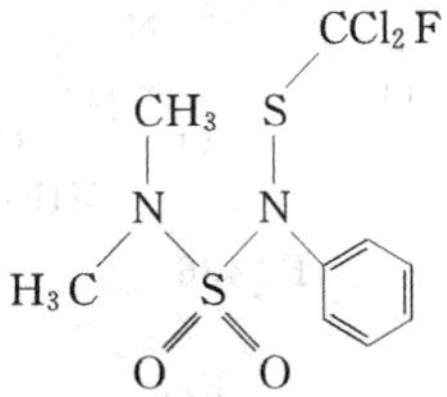

苯氟磺胺 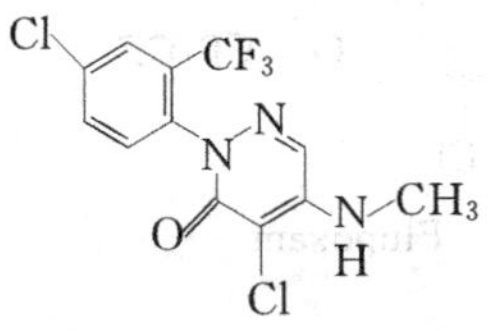　　Pyridinamine 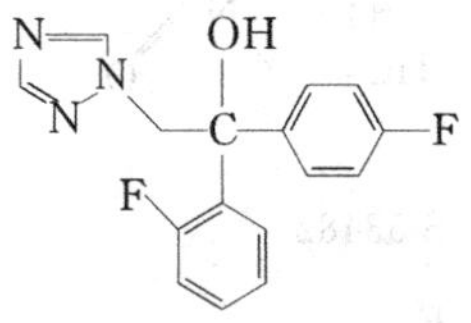　　粉唑醇

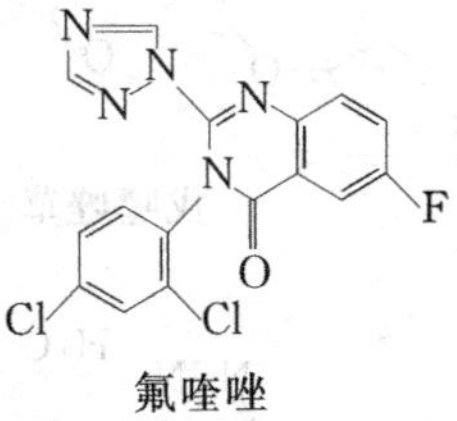

氟喹唑 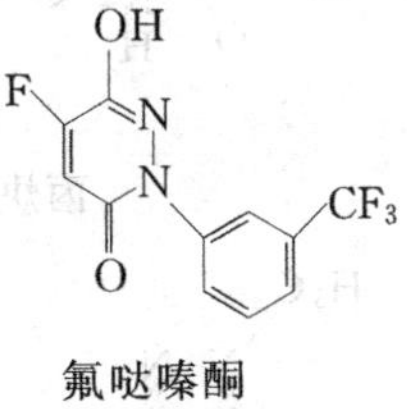　　氟哒嗪酮 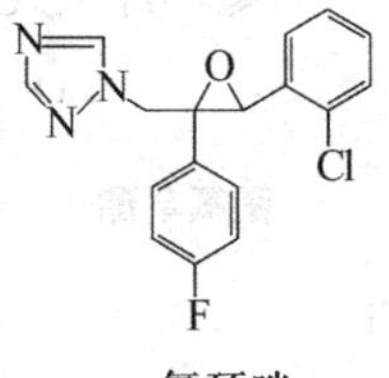　　氟环唑

7.4.3.3 除草剂

含氟除草剂是含氟农药中开发最早的一类，如日本的三菱化成公司在 1965 年就开发了氟代除草醚（Fluoronitrofen）。同时含氟除草剂也是含氟农药中发展较快的一种类别，种类

也较多，国外已有许多商品化的品种，如麦草伏（Flamprop）、氟草烟（Fluroxypyr-methyl）、三氟羧草醚（Acifluorfen Sodium）、氰氟草酯（Cyhalofop Butyl）、丙炔氟草胺（Flumioxazin）、戊噁唑草（Pentoxazone）、唑嘧磺胺酯（Clorynsulam-methyl）、异丙吡草酯（Isopropazal）、氟噻草胺（Flufenacet）、氟吡草腙（Diflufenzopyr）、氟噻乙草酯（Fluthiacet-ethyl）等。国内在开发的也有不少，如虎威、稳杀特等。

三氟羧草醚可用于大豆、小麦及水稻田一年生单、双子叶杂草的防除，是一种除草效果好、有发展前途的新型除草剂。

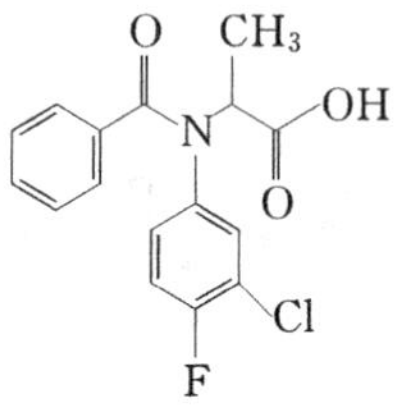

麦草伏 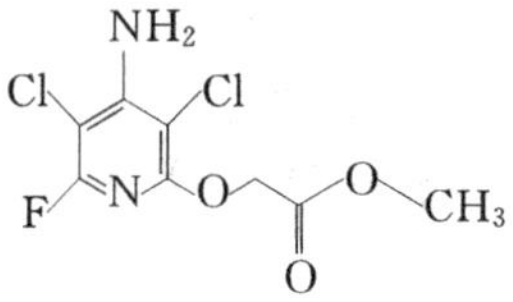　　氟草烟 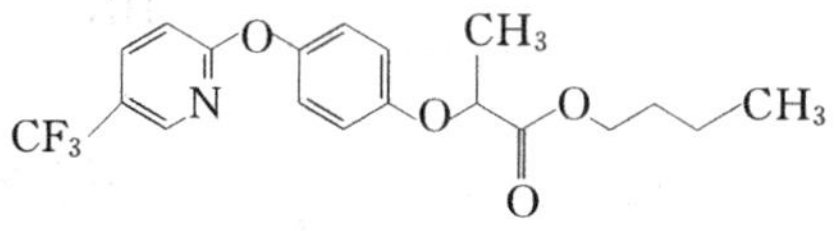　　稳杀特

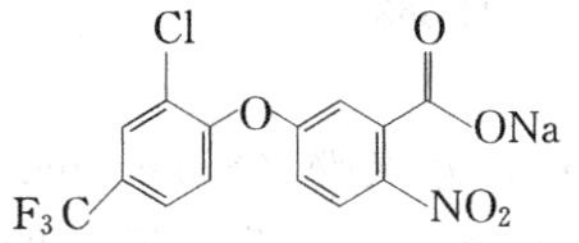

三氟羧草醚 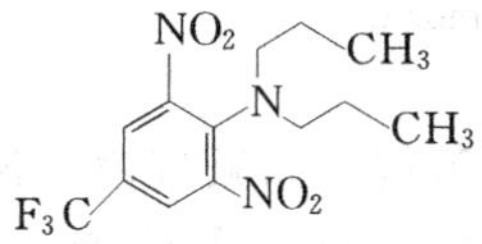　　氟乐灵 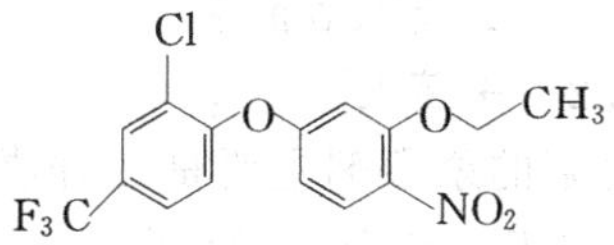　　乙氧氟草醚

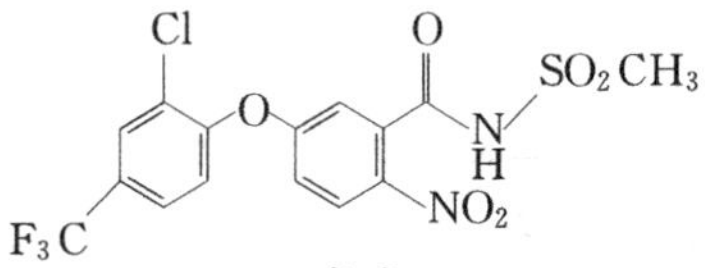

虎威 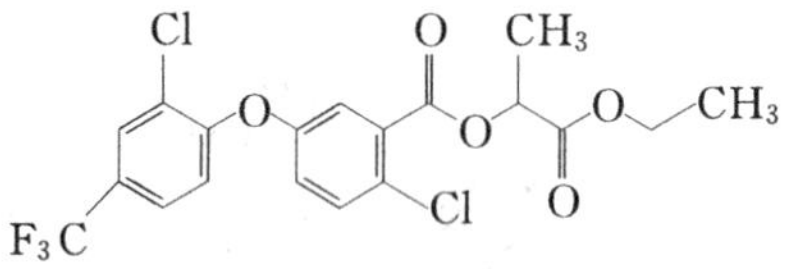　　H-252 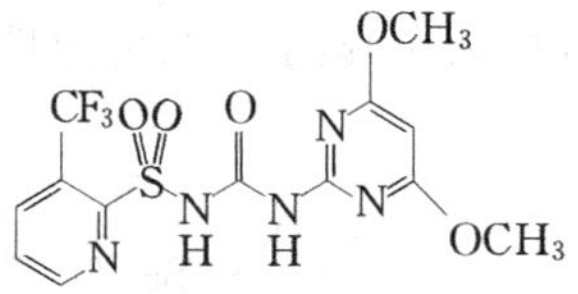　　Flazasulfuron

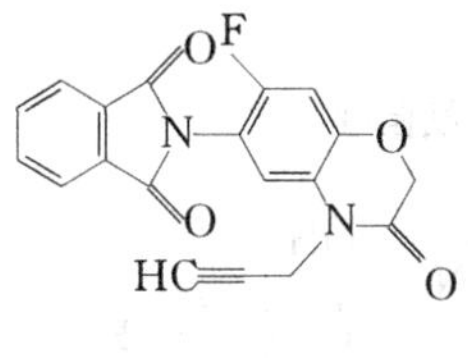

S-53482 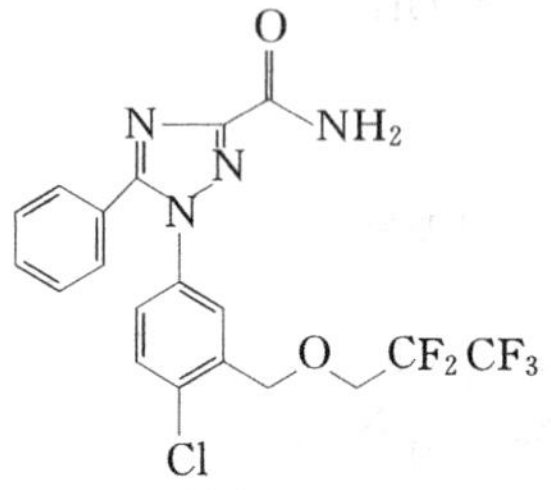　　Flupoxam 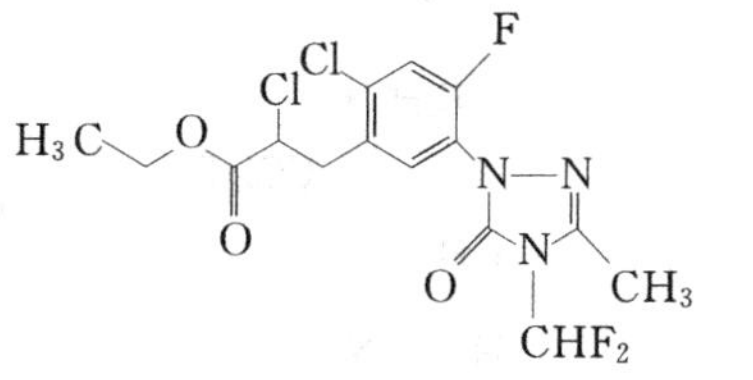　　F-8436

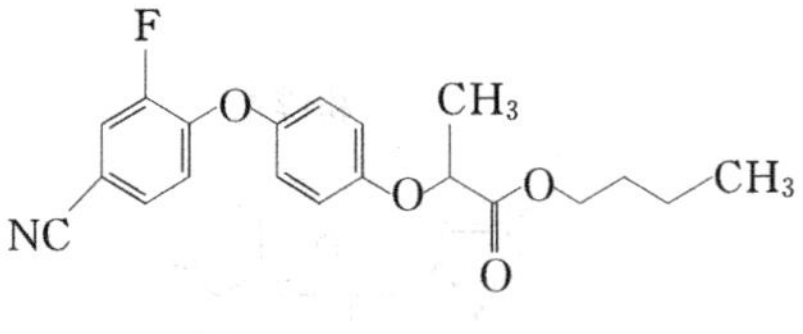

氰氟草酯 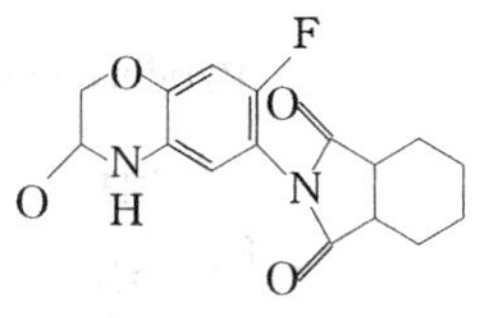　　丙炔氟草胺 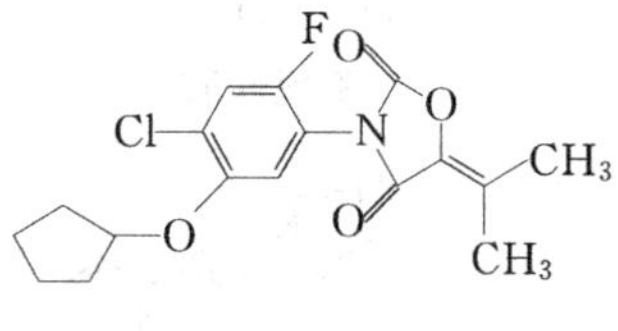　　戊噁唑草

唑嘧磺胺酯 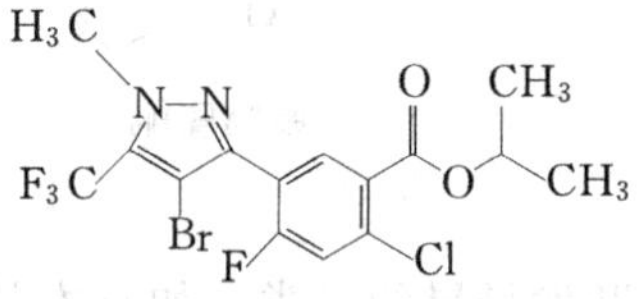　　异丙唑草酯 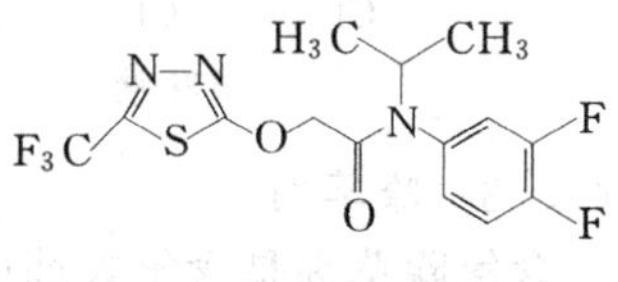　　氟噻草胺

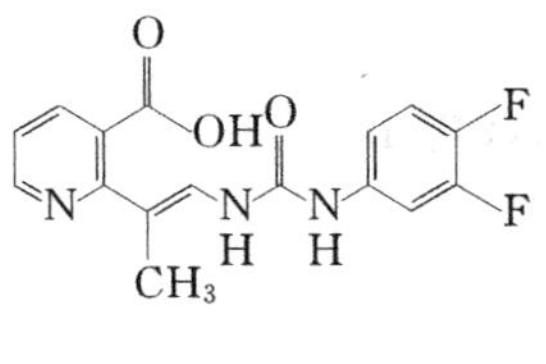

氟吡草腙 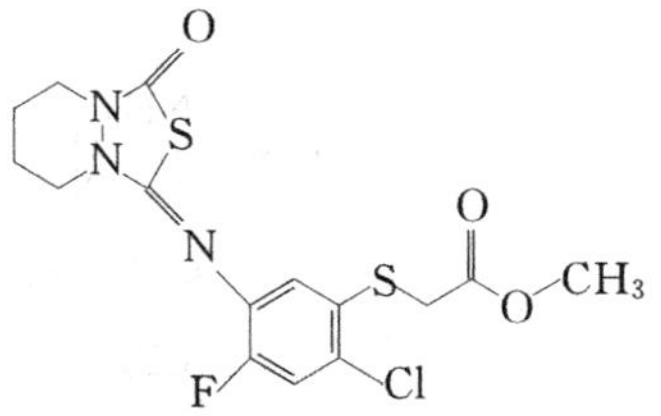　　　　氟噻乙草酯

7.4.3.4 杀鼠剂

在原有的杀鼠剂上引入含氟基团，改善了性能，如氟鼠酮（Flocoumafen），一次摄入中以致死，并且不产生忌食。

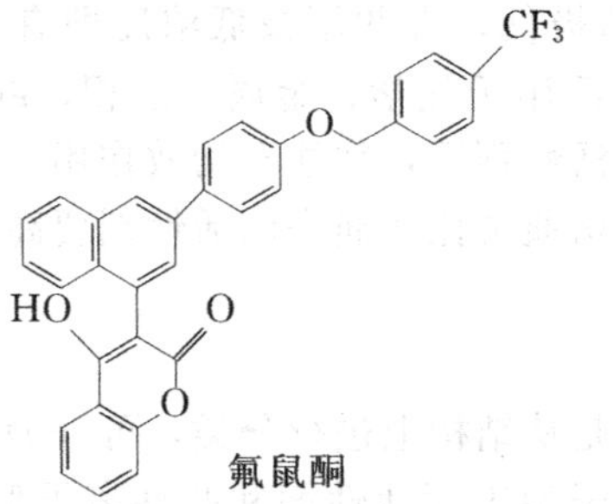

氟鼠酮 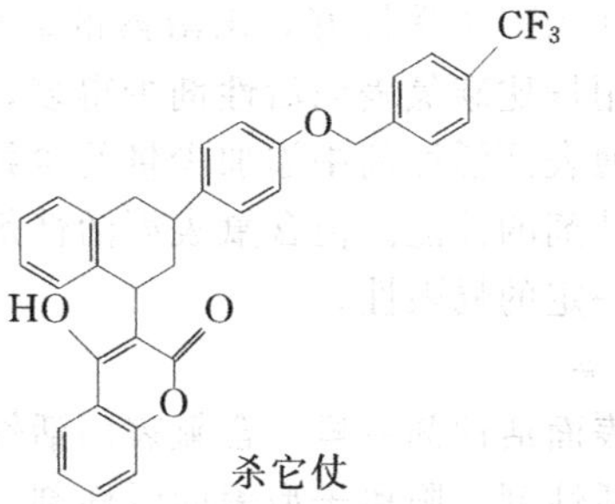　　　　杀它仗

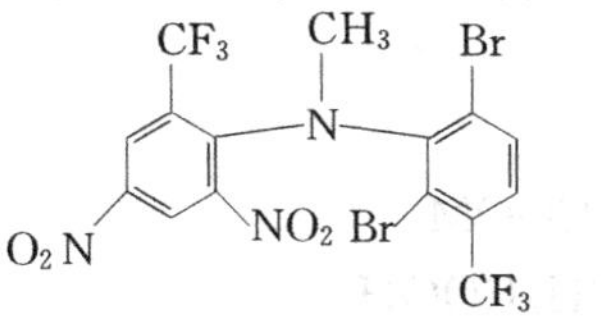

溴杀灵 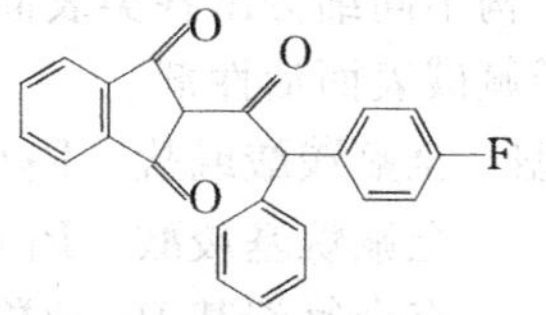　　　　氟苯敌鼠

7.4.3.5 杀螨剂

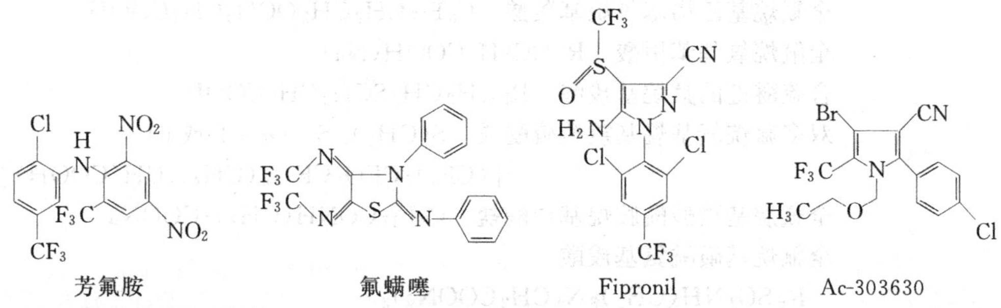

芳氟胺　　　　氟螨噻　　　　Fipronil　　　　Ac-303630

7.4.3.6 植物生长调节剂

在植物生长调节剂中引入氟，大大改善了性能，并降低了用量。如在吲哚丁酸上引入三氟甲基，得到三氟吲哚丁酸，用 10×10^{-6} 就能极大地刺激植物根部的生长；氟节胺（Flumetralin）每年施药一次，在整个生长季节都能控制烟草侧芽。

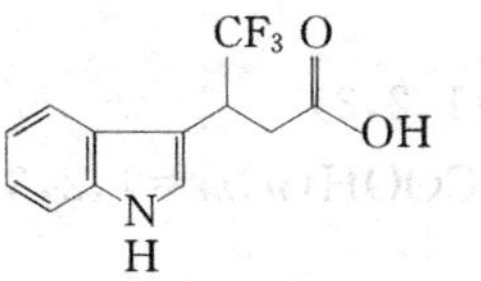

三氟吲哚丁酸 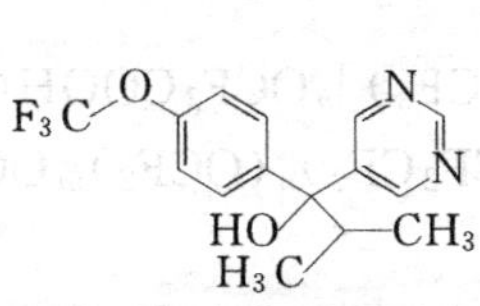　　　　调嘧醇 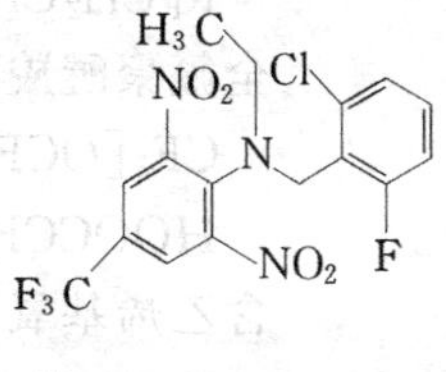　　　　氟节胺

7.4.3.7 其它含氟农药

其它含氟农药还有增效剂和杀蚁剂等。

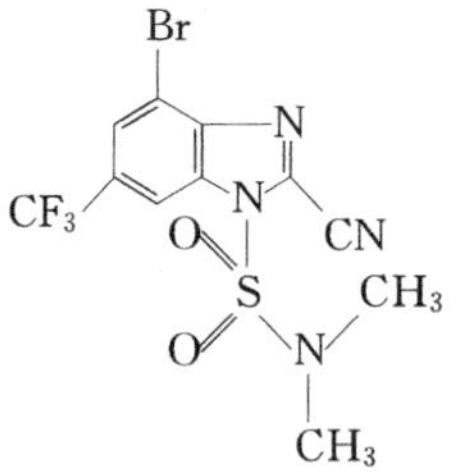

杀菌增效剂 A 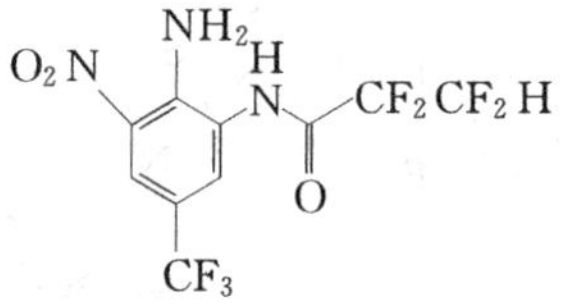　　　　除蚁灵

7.4.4 含氟表面活性剂

氟表面活性剂是碳氢表面活性剂的亲油基中的氢原子被氟原子部分或全部取代而成，其特点是耐温性和耐化学性好，水溶液的表面张力极低，因此用极低浓度即有较好的表面活性，故其使用量比碳氢表面活性剂少得多，可广泛用于化学、金属、照相、纤维各个部门。另外，在普通表面活性剂中添加少量的含氟表面活性剂后，往往有增效作用，可大大地改善普通表面活性剂的性能。但含氟表面活性剂的价格通常比普通表面活性剂要高出许多，对其应用形成了一定的局限性。

7.4.4.1　分类

和普通表面活性剂一样，含氟表面活性剂也是从结构上进行分类，可分为四大类型：阴离子型表面活性剂、阳离子型表面活性剂、非离子型表面活性剂和两性离子型表面活性剂，然后再按基团结构不同细分出各类表面活性剂。

（1）阴离子氟碳表面活性剂

① 羧酸盐型　全氟羧酸或盐　R_FCOOH 或 R_FCOOM

全氟烷基羧酸　$R_F(CH_2CF_2)_nCH_2COOH$

有全氟端基 R_F 的羧酸盐　$R_F(CH_2)_mCOONa$

全氟烷氧基羧酸　$R_FO(CH_2)_nCOOH$

全氟烷基乙烯基氧烷基羧酸　$C_8F_{17}CH_2CH_2OCH_2CH_2COOH$

全氟烷氧基苯甲酸　$R_FOC_6H_4COOH(Na)$

含硫醚键的氟烷基羧酸　$R_FCH_2CH_2SCH_2CH_2COOH$

双多氟烷氧基烷基羧酸硫醚或—$S(CH_2)_mS$—(m=2 或 6)

$[(CF_3)_2CFO(CF_2)_n(CH_2)_9CH(COOH)]S$

全氟烷基羧酸酰胺烷基羧酸盐　$C_8F_{17}CONH(CH_2)_5COONa$

全氟烷基磺酰氨基羧酸

$R_FSO_2NH(CH_2)_3N(CH_2COONa)_2$

$R_FSO_2N[CH_2CH(OH)CH_2COOH](CH_2)_3N(CH_3)CONHC_2H_5$

含羟基氟烷基氨基羧酸盐　$C_9F_{19}CH_2CH(OH)CH_2N(CH_3)CH_2COOK$

具有醚键和羟基的全氟烷基氨基羧酸盐

$R_FCH_2CH(OH)CH_2NH(CH_2)_3O[(CH_2)_4O]_8(CH_2)_3NHCH_2COONa$

全氟聚醚羧酸

$CF_3[OCF_2CF(CF_3)]_nOCF_2COOH$($n$=1,2,3)

$HOOCCF_2(OCF_2CF_2)_n(OCF_2)_mOCF_2COOH$($n,m$=1,2,3)

含乙烯基氧片段

$F_3C(CF_2)_mSO_2N(C_2H_5)(CH_2CH_2O)_n(CH_2)_3COOK$(或 Na,Li)

(m=3～25,n=2～50)

$C_9F_{19}CH_2CH(OH)CH_2NH(CH_2)_3O(CH_2CH_2O)_8(CH_2)_3NHCH_2COONa$

$R_FCH_2CH_2SCH(COOH)CH_2COO(CH_2CH_2O)_{22}H$

$R_FCH_2CH_2SCH(CH_2COOH)COO(CH_2CH_2O)_{22}H$

六氟丙烯环氧低聚物作为疏水基

$C_3F_7O[CF(CF_3)CF_2O]_nCF(CF_3)COONa(n=2\sim6)$

② 磺酸盐型　全氟烷基磺酸(盐)　$C_nF_{2n-1}SO_3H$

全氟辛磺酸四乙胺酰胺　$C_8F_{17}SO_3N(C_2H_5)_4$

氟磺酸季铵盐　$R_FSO_3^- R_2N^+(CH_2CH_2OH)_2$(R=烷基)

全氟烷基乙磺酸盐　$C_nF_{2n-1}CH_2CH_2SO_3NH_2$

全氟丙基烷基磺酸盐　$C_3F_7(CH_2)_nSO_3Na(n=5,7,9)$

全氟烷基苯磺酸(盐)　$C_nF_{2n-1}C_6H_4SO_3H$

全氟烷氧基苯磺酸(盐)　$R_FOC_6H_4SO_3H$

全氟酰基苯磺酸(盐)　$R_FCOC_6H_4SO_3H$，$HC_nF_{2n}COC_6H_4SO_3H$

三全氟乙基甲氧基烷基磺酸盐　$(C_2F_5)_3CO(CH_2)_3SO_3K$

有硫醚键和酰胺键的含氟疏水基磺酸(盐)

$CF_3(CF_2)_nCH_2CH_2SCH_2CH_2CONHC(CH_3)_2CH_2SO_3H$

全氟磺酰胺磺酸盐　$RFSO_2NH(CH_2)_3N(CH_3)CONH(CH_2)_2SO_3Na$

全氟羧酸酰胺磺酸盐　$R_FCONR(CH_2)_3SO_3Na$

氧杂氟烷基磺酸盐　$CF_3CF_2[CF_2CF(CF_3)O]_nCF_2CF_2SO_3M$　(M=K,Na)

含氟聚氧乙烯磺酸盐　$CF_3C_6H_{12}CH_2O(C_2H_4O)_5SO_3Na$

全氟烷基醚酰胺磺酸　$F[CF(CF_3)CF_2O]_nCF(CF_3)CONHCH_2CH_2SO_3Na$

含氟磺酸盐　$R_FC_2H_4OOCCH(SO_3Na)CH_2COOC_2H_4R_F$

$H(CF_2)_nC_2H_4OOCCH(SO_3Na)CH_2COOC_2H_4(CF_2)_nH$

全氟烷基醚磺酸盐　$CF_3CF_2(CF_2CF_2)_nOCF_2CF_2SO_3M$(M=碱金属)

丙酸全氟酯基磺酸盐　$CF_3(CF_2)_nCH_2OOCCH(CH_3)CH_2SO_3Na$

③ 硫酸盐型　全氟辛基甲基硫酸盐　$C_7F_{15}CH_2OSO_3Na$

氟化烷基醚基硫酸盐　$H(CF_2CF_2)_nCH_2(OCH_2CH_2)_mOSO_3NH_4$

$CF_3(CF_2CF_2)_nCH_2(OCH_2CH_2)_mOSO_3NH_4$

全氟丙氧基硫酸盐　$(F_3C)_2CFO(CH_2)_6OSO_3Na$

全氟辛磺酸酰胺硫酸盐　$C_8F_{17}SO_2NH(CH_2)_3NH(CH_2)_3NHCH_2CH_2OSO_3Na$

④ 磷酸盐型　全氟烷基醚磷酸酯　$CF_3(CF_2)_nCH_2CH_2OP(O)(OH)_2$

$[CF_3(CF_2)_nCH_2CH_2O]_2P(O)(OH)$

$[CF_3(CF_2)_nCH_2CH_2O]_2P(O)(ONH_4)$

单和双氟烷基磷酸铵盐　$(C_8F_{17}CH_2CH_2O)_{1.5}PO[(OH)NH(C_2H_4OH)_2]_{1.5}$

全氟烷基磷酸盐　$(CF_3)_2CF(CF_2)_6FCH_2CH_2OP(O)(OH)_2$

$[(CF_3)_2CF(CF_2)_6FCH_2CH_2O]_2P(O)(OH)$

$[(CF_3)_2CF(CF_2)_6FCH_2CH_2O]_3P(O)$

含氟辛聚体磷酸盐　$C_6F_{13}CH{=}C(CF_3)OPO(OH)_2$

全氟烷基乙二醇磷酸盐　$F(CF_2)_nCH(OH)CH_2OP(O)(OH)_2$

$F(CF_2)_nCH(CH_2OH)OP(O)(OH)_2$

$C_6F_{13}CH_2CH_2S(CH_2)_3P(O)(OC_2H_5)_2$

全氟烷基磺酰胺磷酸盐

$CF_3C(CF_2)_7SO_2N(C_2H_5)CH_2CH_2OP(O)(OH)_2$

$CF_3C(CF_2)_7SO_2N(C_2H_5)CH_2CH_2OP(O)(ONa)_2$

$[CF_3C(CF_2)_7SO_2N(C_2H_5)CH_2CH_2O]_2P(O)(ONa)$

(2) 阳离子氟碳表面活性剂

① 季铵盐型　含氟烷基胺季铵盐

$C_nF_{2n+1}CH_2CH_2N^+(CH_3)_2C_2H_5I^-$ (n=6 或 8)

$C_7F_{15}CH_2NH(CH_2)_2N^+(CH_3)_3Cl^-$

$H(CF_2)_nCH_2N^+R(CH_3)_2I^-$ (n=2,4,6;R=CH_3,C_2H_5,C_3H_7,C_4H_9)

$(CF_3)_2CF(CF_2)_6CH_2CH(OH)CH_2N^+(CH_3)_3I^-$

全氟烷基酰胺季铵盐

$C_7F_{15}CONH(CH_2)_3N^+(CH_3)_3I^-$

$F[C(CF_3)CF_2O]_nCF(CF_3)CONH(CH_2)_3N^+(C_2H_5)_2CH_3I^-$

$R_FO(C_3F_6O)CF(CF_3)CONH(CH_2)_3N^+(CH_3)_3Cl^-$

$CF_3CF_2CF_2CONHCH_2CH_2CH_2N^+(OH)(CH_3)_2HOCH_2COO^-$

含硫醚键氟烷基季铵盐

$R_F(CH_2)_nS(CH_2)_mN^+(CH_3)_2CH_2COOHCl^-$

$C_6F_{13}CH_2CH_2SCH_2N^+(CH_3)_2CH_2CH_2OHBr^-$

$(CF_3)CF(CF_2)_4(CH_2)_2SCH_2CH(CH_3)_2COOCH_2CH_2N^+(CH_3)_3I^-$

$R_FCH(OH)CH_2SCH_2CH_2N^+(CH_3)_2CH_2C_6H_5Br^-$ (R_F=C_6F_{13}或C_8F_{17})

② 其它　氟烷基铵盐　$[F(CF_2)_8CH(OH)CH_2]_2NCH_2CH_2NH_2 \cdot H_2SO_4$

杂环氮　N-全氟辛磺基哌嗪衍生物

(3) 非离子氟碳表面活性剂

① 聚氧乙烯基　含氟烷基乙氧基醚醇

$CF_3(CF_2)_nCH_2O(CH_2CH_2O)_mH$

$CF_3CF_2(CF_2CF_2)_mCH_2CH_2O(CH_2CH_2O)_nH$

$F(CF_2)_q(CH_2)_m(OCH_2CH_2)_nOH$

$H(CF_2CF_2)_nCH_2O(CH_2CH_2O)_mH$

有全氟烷基硫醚的聚氧乙烯醇

$C_6F_{13}CH_2CH_2S(CH_2CH_2O)_nH$

$R_FC_2H_4S(CH_2CH_2O)_mC_2H_4S(CH_2CH_2O)_nH$

全氟羧酰胺聚氧乙烯醚醇

$C_nF_{2n+1}CONH(CH_2CH_2O)_mH$

$C_nF_{2n+1}CH_2CON[(CH_2CH_2O)_mCH_3]_2$

含氟烷基磺酰氨基聚氧乙烯醚醇

$F_3C(CF_2)_7CHFCF_2SO_2N[CH_2CH_2O]_nH$

$R_FSO_2N(CH_3)CO(OCH_2CH_2)_nOC_4H_9$

② 其它　羟基为亲水基的氟碳表面活性剂　$C_9F_{19}CH_2CH(OH)CH_2OC_2H_5$

全氟羧酰胺　$C_2F_{15}CONH(CH_2)_3N(CH_2CH_2OH)_2$

(4) 两性氟碳表面活性剂

① 羧酸内酯(甜菜碱)　$R_FCH_2CH(OOCCH_3)CH_2N^+(CH_3)_2CH_2COO^-$

$R_FCH_2CH(OH)CH_2N^+(CH_3)_2CH_2COO^-$

$R_FCH_2CH(OCOCH_3)CH_2N^+(CH_3)_2CH_2COO^-$

$R_FCH_2CH_2SCH_2CH_2N^+(CH_3)_2CH_2COO^-$

② 磺酸内酯（磺酸甜菜碱） $C_8F_{17}CH_2CH_2CONH(CH_2)_3N^+(CH_3)_2CH_2CH_2CH_2SO_3^-$

$C_9F_{19}OC_6H_4CONH(CH_2)_6N^+(CH_3)_2CH_2CH_2CH_2SO_3^-$

③ 硫酸内酯（硫酸甜菜碱） $CF_3(CF_2)_6CF{=}CHCH_2N^+(CH_3)_2CH_2CH_2OSO_3^-$

$R_FCH_2CH_2SCH_2CH(OSO_3^-)CH_2N^+(CH_3)_3$

④ 其它 $n\text{-}C_8F_{17}SO_2NH(CH_2)_3N^+(CH_2COONa)_3Cl^-$

$C_6F_{13}SO_2NHCH_2CH_2CH_2N^+CH_3(CH_2CH_2CH_2SO_3Na)_2I^-$

7.4.4.2 特性

氟碳表面活性剂的独特性能常被概括为“三高”、“两憎”，即高表面活性、高热稳定性及高化学稳定性；它的含氟烃基同时具有憎水性和憎油性。

氟碳表面活性剂的这一憎水、憎油性，使其具有高的表面活性，是迄今为止表面活性最高的一种，表 7-10 是氟碳表面活性剂和普通烃类表面活性剂的表面活性比较。一般碳氢表面活性剂在溶液中的质量分数为 0.1%～1.0%范围时，才可使水的表面张力下降到 30～35mN/m。而氟碳表面活性剂其水溶液的最低表面张力可达到 20mN/m 以下，甚至到 15mN/m 左右。氟碳表面活性剂在溶液中的质量分数为 0.005%～0.1%，就可使水的表面张力下降至 20mN/m 以下。

表 7-10 氟碳表面活性剂与普通烃类表面活性剂表面活性的比较

项　目	氟碳表面活性剂	烃类表面活性剂
最低表面张力/(mN/m)	15	27
最低界面张力/(mN/m)	11.5	1～2
表面吸附能/(J/mol)①	5434～6228	3804～4974
H.L.B 基数②	0.870	0.475

① 0.1% $C_8F_{17}COONa$，$C_{13}H_{27}COONa$ 水溶液与环己烷的吸附能。

② H.L.B=Σ(亲水基数)−Σ(疏水基数)+7。

从表 7-11 可见，氟碳表面活性剂对有机物的表面张力降低的作用，比普通表面活性剂和聚硅氧烷类表面活性剂均要好。

表 7-11 在有机溶剂中氟类、聚硅氧烷类和烃类表面活性剂活性比较

表面活性剂			表面张力/(mN/m)		
类别	商品牌号	生产厂商	二甲苯	丁基-2-氧基乙醇醋酸酯	苯基缩水甘油醚
氟类	S-382	日本旭硝子	14.5	15.2	16.8
氟类	FC-431	美国 3M	19.6	19.8	20.6
聚硅氧烷类	L-5340	美国联合碳化物	27.7	27.6	24.2
烃类	L-44	德国巴斯夫	29.3	29.2	43.1
不添加			29.3	29.2	43.1

注：表面活性剂用量均为 0.5%。

氟碳表面活性剂有很高的化学稳定性，它可抵抗强氧化剂（如有机过氧化物）、强酸（如浓硝酸、发烟硫酸）和强碱的作用，而且在这种溶液中仍能稳定有效地发挥其表面活性剂的作用，不会发生反应或分解。若将其制成油溶性表面活性剂还可降低有机溶剂的表面张力。这点从表 7-12 中可见，氟碳表面活性剂有优秀的耐热性，在强酸、强碱中及氧化介质中均是优秀的，并且其临界胶束浓度要比其它表面活性剂低得多。

表 7-12 各类表面活性剂性质的比较

性　质	表面活性剂		
	烃类	有机硅类	氟碳类
有效率[①]/(Pa/cm)	2.5 以上	2.0～3.5	1.6～2.0
功效[②]/%	0.5～5	0.1～0.5	0.01～0.05
化学稳定性	良	良	优秀
强酸、强碱介质中的稳定性	差	中等	优秀
氧化介质中的稳定性	差	差	优秀
对热稳定性	中等	中等	优秀
在有机介质中的活性	几乎没有	中等～好	很好
相对价格指数[③]	1	约 10	约 100
相对使用价格	1	1～2	1～2
憎油链的生物降解性	中等～好	没有	没有

① 表示 CMC（临界胶束浓度）以上浓度时在水介质中的表面张力。

② 表示水中使用时的质量分数。

③ 指纯表面活性剂之间的相对价格。

氟碳表面活性剂有很高的耐热性，一般氟表面活性剂都能耐 400℃以上的高温。如无水全氟烷基磺酸加热到 400℃，3h 后才有微量分解，加热到 420℃以上才开始分解（分解温度随碳数的增加而提高）；全氟烷基羧酸更是到 550℃才会发生分解现象，但同样碳原子数目的碳氢表面活性剂，加热到 300℃左右就已大量分解。因而氟碳表面活性剂可在 300℃以上的高温下使用。

从表 7-13 可见，氟碳表面活性剂的大部分性质均比其它表面活性剂要佳。

表 7-13 各类表面活性剂的特性比较

特　性	表面活性剂		
	氟碳类	有机硅类	烃类
表面活性	④	③	③
耐热性	④	③	③
耐药品性	④	①	①
乳化力	④	②	③
渗透力	④	③	②
润湿力	④	③	②
消泡力	③	④	②
起泡力	②	①	③
洗净力	①	①	③
憎油性	④	②	①

注：优劣顺序④>③>②>①。

与普通的表面活性剂相比，氟碳表面活性剂具有以下特点。

① 一般的表面活性剂溶于水时可将水的表面张力降低到 27mN/m 左右，而氟碳表面活性剂则可使水的表面张力下降到 15mN/m 以下。氟碳表面活性剂这种大幅度降低表面张力的倾向，无论是在水中还是在有机溶剂中都相同。

② 添加氟碳表面活性剂的液体表面张力极度降低，湿润力和渗透力提高，在各种不同物质表面上都能很容易润湿铺展开来。因此，在用一般表面活性剂不能起泡的物质中，使用氟碳表面活性剂可形成始终保持稳定的泡沫。

③ 氟碳表面活性剂不仅可用作形成稳定泡沫的起泡剂，而且用作乳化剂形成稳定乳液的性能亦极佳。氟碳表面活性剂在强酸和强碱中均稳定、不分解，故可用在各种不同药液中降低其表面张力；有的氟碳表面活性剂在高温下极稳定，可在300℃以上高温使用。

④ 烃类表面活性剂的有效质量分数为0.01%～0.1%，而氟碳表面活性剂有效质量分数为0.001%～0.01%，是烃类表面活性剂实际用量的1/100～1/10。氟碳表面活性剂即使在质量分数低至1.0×10^{-8}，也可使溶液的表面张力降到20mN/m以下。实践证明，氟碳表面活性剂即使含量很低也呈现出很高的表面活性。

⑤ 氟碳表面活性剂所含全氟烷基兼具疏水性和疏油性，因此不仅在水中，而且在有机溶剂中也呈现出良好的表面活性，尤以导入极性较低的亲油基团时，就更加有效地降低溶剂的表面张力。由于氟碳表面活性剂在油内也能溶解，故又称油溶性表面活性剂。在水或溶剂内加入氟碳表面活性剂，能提高渗透性，并可使固体表面润湿良好。如对塑料进行处理，可降低其表面能，而赋予憎油性，耐摩擦性、不黏附性、抗静电和防污等功能。

⑥ 若把阴离子和阳离子两种不同类型的烃类表面活性剂在水中混合即产生沉淀，失去表面活性。而氟碳表面活性剂在水中会形成含水的稳定液晶，成为不溶于水的活性剂，分散在水中，因此两种不同类型的氟碳表面活性剂可以互配。

⑦ 氟碳表面活性剂的毒性比烃类表面活性剂小，例如$C_8F_{17}OC_6H_4SO_3Na$的毒性TLm(48h)为质量分数4.0×10^{-7}，由于其使用浓度很低，因此是绝对安全的。

但氟碳表面活性剂也有弱点，如对于降低碳氢油/水的界面张力的能力则不佳。例如全氟辛酸钠能将水的表面张力从72mN/m降至24mN/m，而在相同条件下只能将正庚烷/水的界面张力从50mN/m降至14mN/m。

另外，氟碳表面活性剂的一些品种在室温下的溶解度很小，其溶解度超过临界胶束浓度的温度——Krafft点高达80℃，如全氟辛基磺酸钾，不利于室温条件下的应用。但是，全氟盐类的Krafft点随全氟链的分支结构或全氟链中加入碳氢链而降低，特别是随盐类的离子不同而变化。例如，在全氟辛基链中插入丙烯基或变为分支的全氟链，均可使其的Krafft点降至0℃以下。因此，氟碳表面活性剂往往既含有全氟片段，又含有碳氢片段，使其可在合适的温度下使用。

7.4.4.3　*应用*

氟碳表面活性剂可广泛用于化学工业、纺织工业和造纸工业等领域。

(1) 在造纸业中的应用　氟表面活性剂常在纸张用高含固量涂料中用作分散剂，起防止颜料粒子聚沉，保护胶体等作用，赋予纸张涂料良好的流动性和涂布适应性，并提高成膜物质与颜料的混合性。氟碳表面活性剂作为消泡剂，对纸张涂料的消泡作用比一般消泡剂更佳。利用氟碳表面活性剂的润滑、抗静电等优异性能，作为纸张涂料润滑剂是较理想的材料，特别是在热感记录纸、传真纸的涂布过程中加入氟碳表面活性剂，可提高运行适应性，减轻过程中“糊头”现象；用在磁性记录卡片上，可大大减少信号干扰，提高使用效果。由于氟碳表面活性剂高的憎水憎油性及毒安全性，近年来，被大量用于特种纸加工方面，特别是用于食品包装纸、快餐饭盒、耐油容器包装纸方面。

(2) 在石油工业中的应用　氟碳表面活性剂能提高和改善地层岩石的润湿性、渗透性、扩散性以及原油的流动性，可以进一步提高驱油效率，这使得它在三次采油领域显示了巨大潜力。

在原油开采过程中，化学驱油法可提高原油采收率（可达到80%～85%），其中表面活性剂驱油及微乳状液驱油又是效率最高的两种化学驱油法。表面活性剂驱油法是利用表面活性剂来降低油水界面张力，增加洗油能力，此法可使原油产量提高1/3～1/2。微乳状液驱油也是将表面活性剂溶于地下矿化水中，再加入一定量油而形成微乳状液，它与油、水间无界面，与油完全混溶，洗油率更高，可使采油率提高到90%。

开采出来的原油绝大部分都含有水，而且水中溶有盐类等杂质，这会加大输油管线及设备的负荷，腐蚀管道以及造成结垢等危害。原油中的水是以油包水型乳状液形式存在的，利用表面活性剂的破乳性能，使它吸附在油水界面膜上，使界面膜强度大大降低而达到破乳的作用，从而最终达到油水分离的目的。

海上运输石油，石油泄漏事故时有发生，结果使原油扩散到海面，对海洋生态造成严重污染和危害。使用氟碳表面活性剂作集油剂收集海上原油，可降低海水的表面张力，使原油不能在海面上铺展、扩散，而使油面收缩、集中，形成厚度为0.5～1.0cm的油层，便于清理收集，从而减少污染。

用作原油蒸发抑制剂，氟碳表面活性剂的高表面活性和良好的铺展性能，可以在原油表面形成一层水膜，从而有效地抑制原油蒸发。

(3) 在涂料中的应用　在涂料中加入少量（0.05%～0.1%）油溶性氟碳表面活性剂可以降低溶剂的表面张力，增加润湿性、流平性，防止涂层在干燥以后出现边角缺漆、橘皮等现象产生，改善涂层的光泽，防止涂层中出现针孔现象等作用。还可以作为保护、防污、抗菌、能剥离涂料以及感光胶片涂料的添加剂。在潮气固化型的聚氨酯涂料中，添加氟表面活性剂可以使得气泡既小又容易分散，起很好的消泡作用等。

(4) 在金属工艺中的应用　金属材料在加工前必须进行去除油污及表面氧化层的工艺，在洗液中加入少量氟碳表面活性剂，与碳氢表面活性剂复配，能起到去油污性能好，对金属不腐蚀，提高乳化能力，提高清洗效率的作用，而且可赋予清洗后的金属有防水、防油、防污的效果。

我国每年用于清洗金属零部件及车辆保养使用的汽油大约要50万吨，目前已开始改用以氟碳表面活性剂为主要成分的水基化学清洗剂代替或部分代替成品油基型清洗剂，这样不仅能节约能源，防止环境污染，并能提高清洗效果。

铬雾抑制剂是氟碳表面活性剂的一项十分重要而典型的应用。镀铬过程中，在电镀液中添加少量氟碳表面活性剂，如全氟辛基磺酸钾就能大大降低镀液与基体间的界面张力，并在液面形成连续致密的细小泡沫层，能有效地阻止铬雾逸出，而且有提高电镀质量的作用。不仅在镀铬中如此，在镀其它金属时同样有效。

(5) 在消防领域的应用　随着工业的高速发展，油类物质发生火灾的频率迅速增加，而且使用常规的泡沫灭火剂难以扑灭大火。氟碳表面活性剂以其独特优良的性能在灭火剂研制中有着不可替代的特殊作用，作为新型的灭火剂正日益受到重视。

氟蛋白泡沫灭火剂是将普通蛋白泡沫灭火剂中加入0.005%～0.05%的阴离子型或非离子型氟碳表面活性剂，可以大大提高灭火速度。其灭火速度比普通蛋白泡沫灭火剂高3～4倍。而且泡沫有自封作用，可以自行扑灭覆盖灭火剂的油面上的局部燃烧的火苗，即有较好的耐复燃性。更重要的是，用氟蛋白泡沫灭火剂扑灭燃烧燃料槽或油罐中的火焰时，可以使用液下喷射新工艺，即将灭火剂从油罐底部的灭火设备引入，较低的表面张力使灭火剂能够迅速上移至油类液体表面，扑灭大火。氟蛋白泡沫灭火剂还可以与干粉灭火剂同时使用，氟碳表面活性剂具有较好的稳泡性能，能够保证泡沫不被干粉破坏，这也是普通泡沫灭火剂无法实现的。氟蛋白泡沫灭火剂已经被油库、炼油厂、加油站等处广泛应用，可以扑灭原油、汽油、柴油等油类火灾。

(6) 其它应用　氟碳表面活性剂还有许多其它应用，如可作为血液的代用品等。

在一些特殊的应用中，氟碳表面活性剂与适宜的碳氢表面活性剂联合使用，结果产生了一种增效剂的作用。在这种联合使用中，氟碳表面活性剂的作用是降低表面张力，而碳氢表面活性剂的作用是去污垢，并帮助氟碳表面活性剂降低表面张力，结果使系统增强了润湿与去垢的能力。

从表 7-14 可见，氟碳表面活性剂有着广泛的用途。

表 7-14　氟碳表面活性剂的用途分类

应用领域	用途实例
化学工业	乳化剂、乳液稳定剂、消泡剂、塑料改性剂、塑料发泡剂、脱模剂、电池组电解液、电镀浴池中添加剂、地板擦亮剂中的乳化剂、抗静电剂、防污添加剂、防污处理剂、灭火剂添加剂等
燃料工业	集油剂、燃料增效剂、石油开采、汽油挥发抑制剂等
机械工业	不锈钢及铝的蚀刻腐蚀抑制剂、金属表面处理剂、金属制品的防腐添加剂、清洗剂、助焊剂、电镀铬雾抑制剂、金属探伤剂等
纺织工业	织物防水防油整理剂、防污整理剂、纤维加工助剂、纤维油剂等
造纸工业	纸张防水防油整理剂、分散剂等
颜料、涂料、油墨	颜料表面处理剂、涂膜改性剂、涂膜保护剂、油墨改性剂、油漆、油墨、涂料等润湿性能改进剂、颜料分散剂、水溶性涂料乳化剂等
感光材料工业	感光胶片涂料助剂、感光乳胶乳化剂、消泡剂等
医药、化妆品	血液替代品乳化剂、毛发调理剂等
冶金工业	泡沫浮选剂、消泡剂等
电器工业	电子元件助焊剂、高压绝缘子、保护涂料添加剂、碱性电池电解液添加剂等
家庭用品	擦光蜡、洗涤剂、清洗剂、燃料添加剂、地板用蜡、汽车上光蜡等
建筑工业	水泥制品添加剂、石棉润湿剂等
皮革工业	皮革防水防油防污处理剂等
其它	农业上作防锈剂、杀虫添加剂、农用乙烯基薄膜防雾剂等

表 7-15 是氟碳表面活性剂作为各种实际用途时的功能和作用。

表 7-15　氟碳表面活性剂的实际用途

用途	功能和作用
泡沫灭火剂	氟碳表面活性剂特别适用于消灭油类火灾，它不仅可使水而且也可以使石油类有机溶剂的表面张力大幅度下降，使水溶液在油面上迅速铺展，可大幅度抑制油的蒸发，是汽油及其它油类火灾的高效灭火剂，具有泡沫流动性好，灭火速度快、抗复燃好，还能抗极性溶剂，目前有氟蛋白、“轻水型”和抗极性溶剂三类灭火剂
电镀用铬雾抑制剂	全氟辛酸磺酸酯在强酸性电解槽中不易分解，又能降低槽的表面张力，还能在液面上形成持续的泡沫层，这样可防止有害铬酸协和气向空中飞散，同时可改善被镀品的脱水情况，还可减少电解液损失
氟烯烃乳液聚合的乳化剂	由于它的表面活性、化学稳定性和惰性以及胶束高度氟化的性质，用于聚四氟乙烯或与其它氟碳烯烃共聚时的乳化剂起乳液分散作用，尤其全氟辛酸铵，成为全氟烯烃乳液聚合所必不可少的乳化剂
清洗剂	作为车间玻璃清洁剂及代替氟里昂和代替三氯乙烷作为金属脱脂清洗剂
添加剂，分散剂	由于它的润湿性，如在涂料内加少量的氟表面活性剂，可使涂料的耐水性、润湿性和渗透性明显提高，在使用时能均匀地涂刷于被涂物体的表面，在油污的表面上照样涂刷而不影响质量。加到印刷油墨内，可改善流动性、铺展性、润滑性和均匀性，并降低油墨的表面张力，提高它的黏附性，帮助其形成良好的涂膜层，从而使普通的油墨上一个档次。故可作为油漆、涂料、油墨、黏合剂和清漆的添加剂，颜料的分散剂

续表

用途	功能和作用
浸蚀(渍)浴添加剂	在金属热清洗及酸洗溶液中加入氟碳表面活性剂,可提高腐蚀速率及其均匀度,防止浴上泡沫产生,从而降低飞散损耗及汽化损耗,改善操作环境。在铝、铜、黄铜表面光泽处理浴液中添加氟碳表面活性剂时,除了可得到均一的光泽面外,还可缩短浸渍时间,增强对污染的抵抗力。 在金属刻蚀处理浴液中添加氟碳表面活性剂,能精确地进行刻蚀和控制,特别是在光刻时,在光刻胶聚合物中添加氟碳表面活性剂,可改善光刻胶与基片黏附性,光刻胶的剥离也比较容易,可以得到高分辨率的电路图形
脱模剂	在塑料用挤塑、注塑、模塑方法成型时,加入氟碳表面活性剂,由于氟碳表面活性剂具有低的表面自由能,含氟链定向排列在表面,从而形成不透湿、不粘的表面层,使模子如同穿上一套很好的外衣,不易沾污模腔,洗模、脱模时间减少,一次涂覆多次使用,不仅适用于热塑性、热固性树脂的脱模,还适用于不宜用有机硅脱模剂的电子零部件的脱模
油、盐酸、氯化钾发泡剂	氟碳表面活性剂化学稳定性好,可降低酸和氯化钾溶液的表面张力;具有憎水油性以及不乳化油和水的性质,表现出高度的活性和化学稳定性,因而可作为原油、汽油、柴油以及盐酸和氯化钾溶液发泡剂
集油剂	能使泄漏在海面上的原油的油膜收缩成块状,从而容易清理海面油污
抗磨损助剂	如用柠檬酸的全氟烷基三酯处理唱片的表面,可使唱片与唱片纹的摩擦系数降低,从而防止音质降低。还可做润滑油的抗磨损助剂
防尘剂	在光盘、音像行业中作清洗防尘剂
防雾剂	农用薄膜(聚氯乙烯)内加入少量油溶性氟碳表面活性剂,以防止塑料棚内生雾,而且塑料表面有憎水、憎油性,提高其平滑性,还有抗静电作用。
杀菌剂	作为高效杀菌剂
人工血乳化剂	用于人工血液的全氟碳化合物的乳化剂。
涂料流平剂	涂料在涂布时加入氟碳表面活性剂,使涂料表面平滑,不会产生陷穴、皱裂、橘皮、鱼眼等缺陷
地板抛光乳液中作流平剂、光泽改良剂	使抛光液的表面张力降低,提高了润湿性,并使其表面不受潮气的侵入,在地板蜡中添加氟碳表面活性剂,可改善地板的光泽和易润湿性,增强地板的耐磨性和耐污性
感光胶片助剂	氟碳表面活性剂具有低的临界胶束浓度,抗静电作用,在照相乳液中有优良的溶解性,有助于胶体层间润湿和铺展,并使胶片表面具有抗静电性和防尘性
塑料抗静电剂	加入氟碳表面活性剂,在塑料、橡胶等物体表面形成摩擦系数很低的全氟烃基链的定向排列层,大大减少了摩擦过程中所产生的静电现象,因而能避免塑料膜在加工时产生的粘连现象
锌、锂电池添加剂	由于氟碳表面活性剂化学稳定性好,安全性高,电导率高,用在锂电池和锌电池中可以提高使用寿命
纸张表面处理剂	由于氟碳表面活性剂高的憎水憎油性及毒安全性,被大量用于特种纸加工,特别是用于食品包装纸、快餐饭盒、耐油容器包装纸方面。当氟碳表面活性剂的亲水基部分吸附或结合在纸张表面时,氟碳链基朝外排列成低表面能的疏油、疏水膜,在不改变纸张本身性质的基础上达到抗油、抗水作用
燃料添加剂	在工业及民用燃气(钢瓶装液化石油气)中添加适量的氟碳表面活性剂(用量在0.01%~0.1%质量浓度),能使钢瓶内的混合气较充分的使用。如果在汽油中添加合适的氟碳表面活性剂,可改善发动机的工作特性,降低尾气的烟雾排放量,并能减少喷油嘴的积炭现象,延长机械的使用寿命

7.5 含氟聚合物

含氟聚合物是指主链或侧链的碳原子上含有氟原子的合成高分子材料。

杜邦公司早在1938年就开发成功“特富龙”(Teflon)系列含氟聚合物,Teflon系列包括液态树脂和粉末状态树脂,而从化合物方面分类则可分为二大类。

① 纯含氟化合物,包括聚四氟乙烯(PTFE)、聚全氟乙丙烯(FEP)、四氟乙烯-全氟

基乙烯醚共聚物（PFA）、乙烯-四氟乙烯共聚物（ETFE）等。这类树脂基本上是水分散体系，FEP、PFA和ETFE也可以制成粉末涂料。这类树脂制成的涂料，除PTFE可以作为单一涂层应用外，其余几种都需要配合使用附着力良好的底涂层。

② 树脂结合型含氟聚合物，它是由一种或多种纯含氟聚合物与另一种高性能树脂结合而成的。这些树脂包括聚亚苯基硫醚（PPS）、环氧树脂、聚酰亚胺等。树脂结合型的含氟涂料增强了韧性，改善了耐磨性和附着性能，同时由于这类树脂都是溶剂型体系，因此可以作为单一涂层在汽车、机械等工业领域得到应用。

含氟聚合物主要有聚四氟乙烯（PTFE）、聚全氟乙丙烯（FEP：F46）、聚氟乙烯（PVF）、聚偏氟乙烯（PVDF）、三氟氯乙烯和乙烯共聚物（PCTFE）、聚全氟代烷氧基（PFA）、四氟乙烯和乙烯共聚物（ETFE）及氟橡胶等。

氟碳树脂是以含氟烯烃的单体进行均聚或共聚，或以此基础与其它单体进行共聚，以及侧链含有氟碳化学键的单体自聚或共聚而得到的分子结构中含有较多C—F化学键的一类树脂。而氟碳涂料是以此树脂为基料，同时也包含了用其它树脂的改性。此外，还有一些新型的含氟树脂，如无定形透明氟树脂、软质氟树脂等。

氟碳树脂的诸多优异特性取决于树脂中含有大量的C—F化学键。由于氟原子具有小的原子半径、大的电负性、小的极化率，与碳原子组成共价键时，C—F键长很小，键能很大。又由于氟的电负性大，氟原子上带有较多负电荷，相邻氟原子之间相斥，使含氟烃链（如全氟烯烃聚合后呈现的全氟烷烃 C_nF_{2n+1}）的氟原子沿着锯齿状的碳键作螺线形分布，中间的一条碳链四周被一系列带负电的氟原子所包围，形成高度屏蔽；同时由于分布对称，整个分子是非极性的；又由于氟的极化率小，所以氟碳聚合物高度绝缘，在化学上突出地表现为它的高度热稳定性和化学惰性。

以氟烯烃聚合物或氟烯烃和其它单体的共聚物为成膜物质的涂料，在欧美等西方国家称之为“氟碳涂料”（fluorocarboncoating），在我国则常称作“含氟涂料”。以此氟碳树脂为基础的涂料或经改性的涂料将全部或部分地吸取氟碳树脂的超长特性，表现为优异的不粘性、低摩擦系数、不湿性、热稳定性、绝缘性、耐腐蚀性、耐候性、耐久性、耐化学药品性及耐污染等性能，是一种超耐候性、超耐久性的涂料，是集高、新、特为一体的涂料新品种。但缺点是均需在高温条件下固化，除极少量可在177℃以下固化外，绝大多数需要在260～343℃之间固化，有时高达427℃。

氟碳涂料有着卓越的性能，如用于建筑外墙装饰，其优越的耐候性能可使寿命达20年以上；作为防腐蚀涂料，还可用作飞机蒙皮、飞机油箱、汽车、文物保护涂料等；由于氟碳聚合物的高度绝缘性和高度热稳定性，此类涂料还可以用作高压绝缘涂料、电线电缆涂料等；利用氟碳涂料的低表面张力，可用作海洋防污涂料，也可制得汽车外壳保护涂层、墙壁抗涂写污染、飞机防冰雪、游艇耐污染涂料等。

聚四氟乙烯（PTFE）是目前氟塑料的主要品种，其产量虽然不算太大，但应用面非常之广。它具有优异的高、低温性能和化学稳定性，很好的电绝缘性、非黏附性、耐候性、不燃烧和良好的润滑性。PTFE是为国防和尖端技术需要而开发的，后来逐渐推广到民用。其用途涉及航空航天、石油化工、机械、电子、建筑、轻纺织等工业部门，成为现代科学技术军工和民用解决许多关键技术和提高生产技术水平不可或缺的材料。目前供应市场的三大产品是悬浮树脂、分散树脂和浓缩分散液，分别占消费量的50%～60%、20%～35%和10%～20%。悬浮法聚四氟乙烯主要用于机械工业用的密封圈、垫片，化工设备用的泵、阀、管配件和设备衬里，电绝缘零件和薄膜等。分散法聚四氟乙烯主要用于耐腐蚀、耐高温、高介电电线电缆、化工管道衬里、丝扣密封生料带等。聚四氟乙烯浓缩分散液主要用于食品、纺织、造纸、印染等领域中的防粘涂层、浸渍玻璃布、石棉等。以四氟乙烯为基础的氟树脂除了聚四氟乙烯外，还有聚全氟乙丙烯、可溶性聚四氟乙烯及全氟磺酸或羧酸的共聚树脂（离子膜树脂）、透明氟树脂（Tcflon AF）等。

聚偏氟乙烯类（PVDF）涂料具有较好的耐候性、抗酸雨性和污染性，其涂层具有优异的光泽保持性和室外暴晒抗粉化能力。由于其和聚丙烯酸酯有较好的相容性，可和丙烯酸树脂混合使用，制造成本低且表面缺陷少的涂料。一般是将其溶解于极性有机溶剂中，如*N*,*N*-二甲基甲酰胺、二甲基亚砜、乙酸乙酯等，用固化剂如三聚氰胺，在230℃左右烧结固化，也可制成水型涂料。引入共聚单体改性PVDF树脂，以降低其结晶度和提高其溶解度，如VDF、HFP（六氟丙烯）共聚物具有类似橡胶的性质，可作为聚四氟乙烯的黏合剂；VDF、HFP、TFE（四氟乙烯）组成的水性三元共聚物，具有类似橡胶的性质，且具有优良的耐化学品性。

7.6 氟化物的制备

氟化物主要通过取代、重氮化、卤原子交换等反应得到。

7.6.1 直接氟化法

用氟元素直接对芳烃进行取代是十分激烈的反应，一般氟元素必须在氮气或氩气的稀释下，在很低的温度下通入到芳烃的惰性溶剂稀释液中进行反应。这类反应机理类似于其它卤素分子的亲电取代反应。此外也可以用 XeF_2 或 XeF_4 作为氟化剂，其可能属于自由基反应历程。如苯用 XeF_2 和 HF 进行氟化制得氟苯：

$$C_6H_6 \xrightarrow[CCl_4]{XeF_2\text{-}HF} C_6H_5F$$

由于直接进行反应不易控制，副反应较多，且对设备的要求比较苛刻，因此这类反应较少用于含氟芳香族化合物的合成。

但相对于其它氟法的方法，直接氟化法简单经济，其研究一直在进行中。

如英国的BMFI Fluorochemical Limited公司在1999年的专利中提出在酸性介质中直接氟化，取得了较好的效果。

专利中的一个例子是将0.1mol 4-氰基苯酚溶于200ml 96%甲酸中，通入氮气并冷却至10℃，6h内通入0.2mol氟（用氮气稀释至浓度为10%），原料转化率为84%。

$$\text{4-HOC}_6H_4CN \xrightarrow{F_2+N_2} \underset{64\%}{\text{4-氰基-2-氟苯酚}} + \underset{10\%}{\text{4-氰基-2,6-二氟苯酚}}$$

酸性介质可以用甲酸、硫酸或发烟硫酸，介电常数最好是50～90，pH值最好少于1，反应温度在10～20℃，稀释剂可以用氮气或氩气，稀释后氟的含量在5%～15%之间。

该方法可用于苯或取代苯的氟化，苯上的取代基可以是—R、—OR、—X、—CN、—OH、$—NO_2$、$—NH_2$、—NHCOR、—COOR、—COOH、—COR、—COX、$—CX_3$、$—SO_2X$ 等。

7.6.2 芳伯胺重氮化法

芳伯胺重氮化法也称Schiemann Reaction，将芳伯胺重氮化，再将重氮盐转变为含氟的芳香族化合物，一般是转化成不溶性的重氮氟硼酸盐或氟磷酸盐；或芳伯胺直接用亚硝酸钠和氟硼酸进行重氮化。将该不溶性的重氮盐在氟化钠或铜盐存在下加热，就可以制得相应的氟取代芳香族化合物。

现在芳伯胺重氮化法多采用“一锅煮”的方法，即在制得重氮盐时，不分离出来，直接往该溶液中加入氟化钠、铜盐或铜，然后加热分解，制得相应的氟取代芳香族化合物。其收率比经典的分离后再分解的方法效果要好。

$$\text{NH}_2,\ \text{OMe} \xrightarrow[\text{HPF}_6]{\text{NaNO}_2/\text{HCl}} \text{N}_2^+\text{PF}_6^-,\ \text{OMe} \xrightarrow{\text{H}_2\text{O}} \text{F},\ \text{OMe}$$

许多含氟芳香族有机化合物均可以由相应的氨基化合物通过重氮法来制得，但该法也有许多缺点，如环境污染严重，对设备及反应条件要求较高，所用的氟硼酸或氟磷酸有毒，且刺激性强，而且在重氮氟硼酸盐或氟磷酸盐的热分解过程中，往往较难控制，导致收率较低等，这在客观上限制了该法的工业生产应用。

7.6.3　卤原子交换法

卤原子交换法是指在取代的芳香族化合物中，分子中的卤取代基被氟离子取代，得到相应的含氟化合物，如 2,4-二硝基氟苯的合成：

$$\text{Cl},\ \text{NO}_2,\ \text{NO}_2 \xrightarrow{\text{KF}} \text{F},\ \text{NO}_2,\ \text{NO}_2$$

卤原子交换（置换）反应在含氟芳香族化合物的合成中有着广泛的应用。反应通常以无水氟化钾、氟化钠为氟化剂，在季铵盐等相转移催化剂存在下，在高沸点强极性非质子性有机溶剂如二甲亚砜、二甲基甲酰胺、环丁砜等中进行。

在常用的氟化剂 KF、NaF、CsF 之间，有如下关系。

反应的活性：CsF＞KF＞NaF；

价格：CsF≫KF＞NaF。

综合反应的活性和价格的因素，通常选用无水氟化钾为氟化剂，同时氟化钾的颗粒大小和表面形态对反应的影响也很大。

常用的强极性的非质子性有机溶剂，要求溶剂应对氟碱金属离子有较好的溶解性。表 7-16 是 NaF、KF 在各种有机溶剂中的溶解度。

表 7-16　NaF、KF 在各种有机溶剂中的溶解度

溶剂	加 0.1mol/L 冠醚	NaF	KF
乙腈	—	0.029	0.031
	18-冠-6	0.026	0.94
丙酮	—	0.013	0.034
	18-冠-6	0.052	1.26
四氢呋喃	—	0.018	0.13
	18-冠-6	0.081	2.00

溶剂	加 0.1mol/L 冠醚	NaF	KF
二甲基甲酰胺	—	0.031	0.12
	18-冠-6	0.13	1.57
苯	—	0.0054	0.0026
	15-冠-5	0.012	—
	18-冠-6	0.0061	0.51
环己烷	—	＜0.0001	＜0.00009
	18-冠-6	＜0.0001	0.0051

从表 7-4 中可以看出，KF 在四氢呋喃和二甲基甲酰胺中的溶解性要比在其它溶剂中好，加入 0.1ml/mol 的 18-冠-6 后，其溶解性更好。

在 82℃时，2-氯-6-硝基苯腈与 KF 在不同溶剂中的反应速度为 DMSO＞TMSO（环丁亚砜）＞DMAc（二甲基乙酰胺）≫NMP(*N*-甲基吡咯烷酮)＞TMSO_2(环丁砜)≫乙腈、DME

（乙二醇二甲醚）。

反应体系一般要求绝对无水，因为有水时①会阻碍亲核取代反应的进行；②使生成物水解。

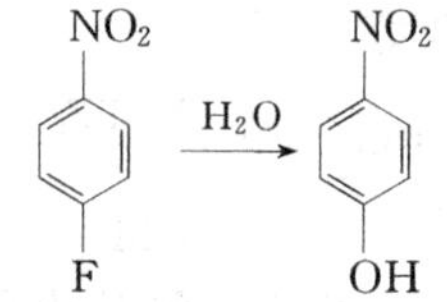

NO_2 NO_2

$\xrightarrow{H_2O}$

F OH

F具有很强的吸电子性，其存在使得中间形成的σ-络合物非常稳定，因而水解的副反应就非常容易发生。

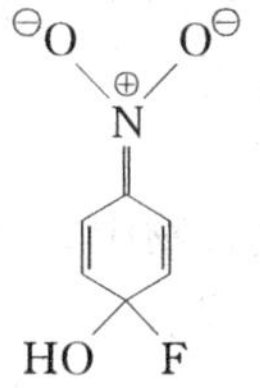

$^{\ominus}O$ $O^{\ominus}$

$\overset{\oplus}{N}$

HO F

当芳环上有其它吸电子基存在时，F很容易被—OH或—NH_2等亲核性基团取代。如：

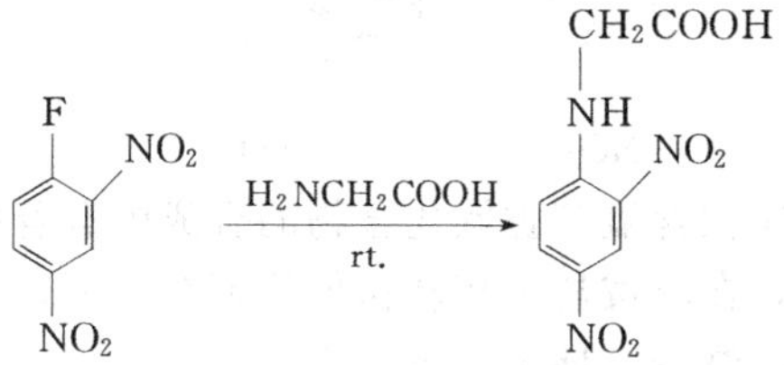

CH_2COOH

F NH

NO_2 NO_2

$\xrightarrow[rt.]{H_2NCH_2COOH}$

NO_2 NO_2

在氟代中，一般均使用相转移催化剂。冠醚是良好的相转移催化剂，特别是18-冠-6-醚，对KF有很好的催化作用，这在表7-4中可以看出。又如在对氯硝基苯中，不加18-冠-6-醚时，收率只有28.6%；加了18-冠-6-醚，反应时间虽然缩短了，收率却提高到85.7%。

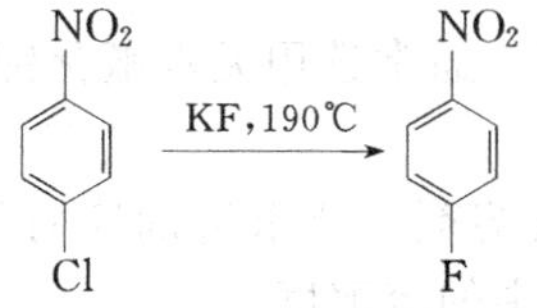

NO_2 NO_2

$\xrightarrow{KF,190℃}$

Cl F

25h 28.6%

17h,18-冠-6-醚 85.7%

聚乙二醇醚和冠醚有相似的作用，但效果要差得多。

冠醚的价格较贵，因而在生产上常用阳离子型表面活性剂作为相转移催化剂，如季铵盐、季鏻盐等。季铵盐便宜，但在150℃以上的反应温度下容易分解；季鏻盐的使用温度高些，但价格较贵。

近年来发现，4-烷基取代的吡啶季铵盐有较好的催化活性和稳定性。

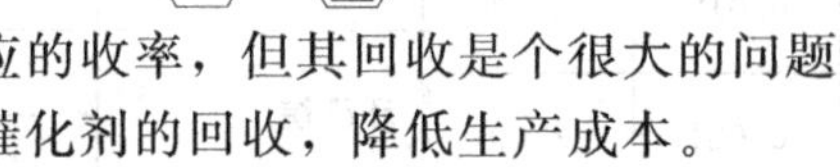

CH_3— —$\overset{\oplus}{N}$—CH_2CMe_3 $Cl^{\ominus}$

相转移催化剂能提高反应的收率，但其回收是个很大的问题。最近也有对催化剂负载高分子聚合物的研究，以解决催化剂的回收，降低生产成本。

卤原子交换反应具有重要的工业应用价值，可以采用廉价的卤取代化合物为原料。但是芳环上的卤取代基是否被其它基团活化常常决定了卤原子交换反应能否进行。一般情况下，在芳环上必须有强的吸电子基团，或者在卤取代基的邻对位有强的吸电子共轭效应的取代基存在，此时，卤原子交换反应才较易进行。这些基团主要包括NO_2、CF_3、CN、CHO和COOMe等。

虽然卤原子交换反应可以用来合成多种有机氟化物，但由于以上的原因，这种方法有较大的局限性。当卤取代基的邻、对位有强吸电性基团时，得到的有机氟化物的收率较高，而处于间位时，反应效果往往较差。如由 3,4-二氯苯甲氰合成 3,4-二氟苯甲氰，即使在压力反应器中于高温（290℃）下反应，收率也只有 65%。

虽然卤原子交换法在合成含氟芳香族化合物上有很大的优点，但必须解决氟化剂在溶剂中的溶解性问题，以及选择易回收的溶剂为反应介质。卤原子交换法和重氮盐法相比，它们合成的含氟芳香族化合物有很大的不同，两种方法不能相互替换。往往能用重氮盐法合成的含氟芳香族化合物，不能用卤原子交换法来合成，反之亦然。因此这两种方法有一定的互补，在含氟芳香族化合物的合成上都有一定的用途。

7.6.4 脱硝基氟化法

芳香族化合物上的硝基在某些情况下可以被氟取代，即通过脱硝氟代的方法来合成含氟芳香族化合物，近年来对这一方法的研究越来越多，也显示出较好的工业化前景。和卤原子交换法相似的，在脱硝氟代法中，分子中必须有其它的活化基团存在，此时反应才较易进行。如 2,3,5,6-四氯硝基苯，在氟化钾作用下进行脱硝氟代，可以得到相应的 2,3,5,6-四氯氟苯：

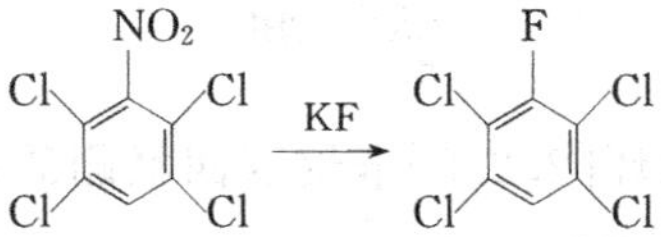

NO_2 Cl Cl Cl Cl —KF→ F Cl Cl Cl Cl

一般情况下，当氯和硝基处于邻、对位时，大多数是氯原子被氟取代。但由于硝基的吸电性比卤素强，相对于卤离子，硝基是更好的离去基团。因此在相同的活化条件下，硝基将比卤原子优先被氟取代，反应条件也更较为缓和。实际上脱硝氟代法所需的反应温度远远低于卤交换反应所需的高温，反应可以在无溶剂的状态下进行。特别是当硝基化合物中含有氰基、硝基、三氟甲基、卤素等其它取代基时，脱硝氟代较易进行，如能解决反应的安全性及控制副反应的发生，则不失为一种合成含氟芳香族化合物的有效方法。

如间硝基氟苯可以通过间二硝基苯的脱硝基氟代来合成，不但间二硝基苯相对较便宜，而且反应也比较容易进行，收率可以达到 80%以上：

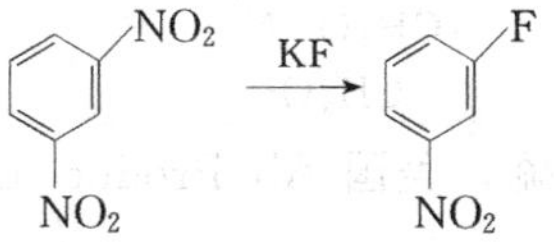

NO_2 NO_2 —KF→ F NO_2

但如果以间硝基氯苯为原料，则反应较难进行，而且间硝基氟苯的得率很低。

又如 4,4′-二氯苯基酮只有在非常苛刻的条件下才能通过卤原子交换反应得到 4,4′-二氟苯基酮，且收率较低；但如果以 4,4′-二硝基苯基酮为原料，经脱硝氟代合成 4,4′-二氟苯基酮，不仅产物收率高，所需反应条件也非常温和：

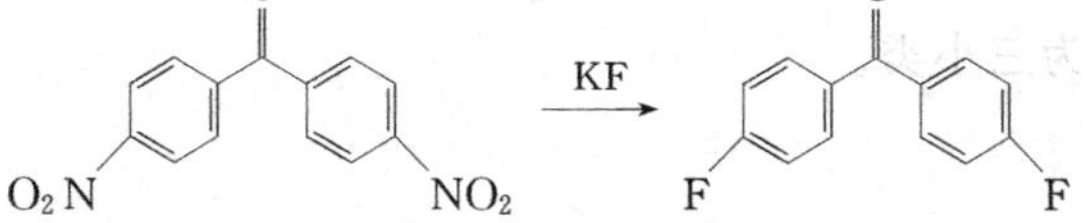

O O_2N NO_2 —KF→ O F F

7.6.5 氟正离子氟化法

氟正离子氟化法也叫亲电氟代法，属于亲电取代反应。

氟正离子分为 O-F 和 N-F 两类。

7.6.5.1 O-F 类氟正离子

常见的 O-F 类氟正离子氟化试剂有 CF_3OF、CF_2CF_3OF、$FClO_3$、CH_3COOF、

CF_3COOF 等，该类试剂可将富电子的芳烃或碳阴离子氟化：

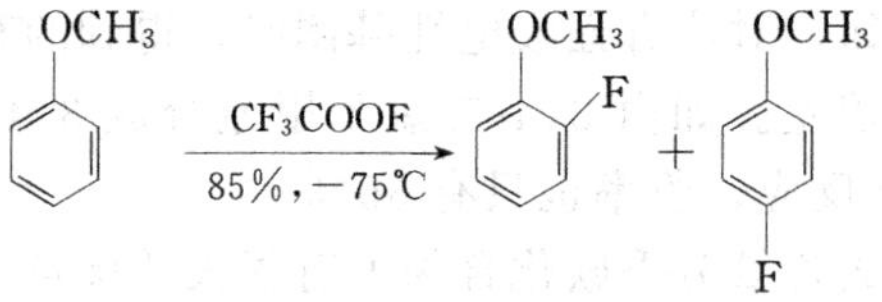

$$C_6H_5OCH_3 \xrightarrow[85\%, -75℃]{CF_3COOF} o\text{-}FC_6H_4OCH_3 + p\text{-}FC_6H_4OCH_3 \quad (9:1)$$

$$RCH_2COOH \xrightarrow{LiN(i\text{-}Pr)_2} RCHLiCOOLi \xrightarrow[②H_2O]{①FClO_3} RCHFCOOH$$

但这类试剂沸点低、易吸水、毒性大、价格较贵，其制备、操作和储存均不易，故限制了其应用。

7.6.5.2 N-F 类氟正离子

N-F 类氟正离子氟化试剂是一类新的亲电氟化剂，在 1995 年以后出现的亲电氟化剂几乎都是这种类型，它们通常较为稳定，可以方便地制备、储藏、运输，其中很多已经商品化。

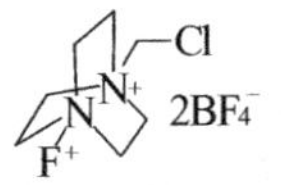

1-氯甲基-4-氟-1,4-二氮杂二环[2.2.2]辛烷双四氟硼酸盐，美国 Air Product Co. 生产的商品化试剂，商品名为 Selectfluor。

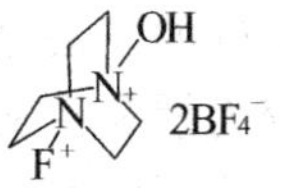

1-氟-4-羟基-1,4-二氮杂二环[2.2.2]辛烷双四氟硼酸盐，Mitsui Chemicals 生产的商品化试剂，商品名为 Accufluor。

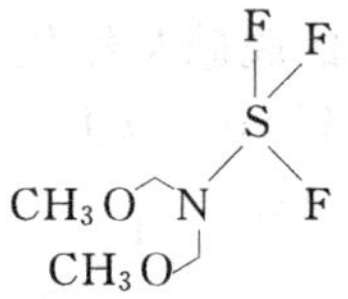

三氟化双(2-甲氧基乙基)氨基硫，美国 Air Product Co. 生产的商品化试剂，商品名为 Deoxo-Fluor。

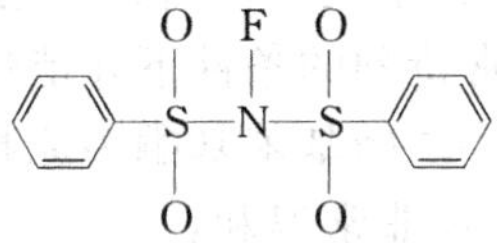

N-氟苯磺酰亚胺 (NFSI)，美国 Allied Signal Inc. 生产的商品化试剂。

这类氟化剂又可分为三小类。

(1) L_2N-F 类

$(CF_3SO_2)_2N—F$　$(PhSO_2)_2N—F$　$(CH_3SO_2)_2N—F$　$R^1SO_2—N(R^2)—F$

$CF_3SO_2N(F)$-

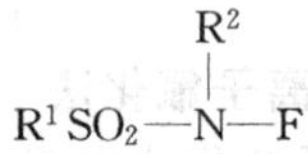

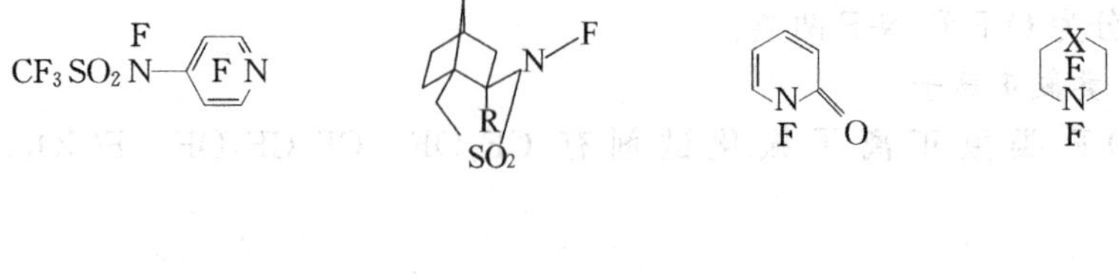

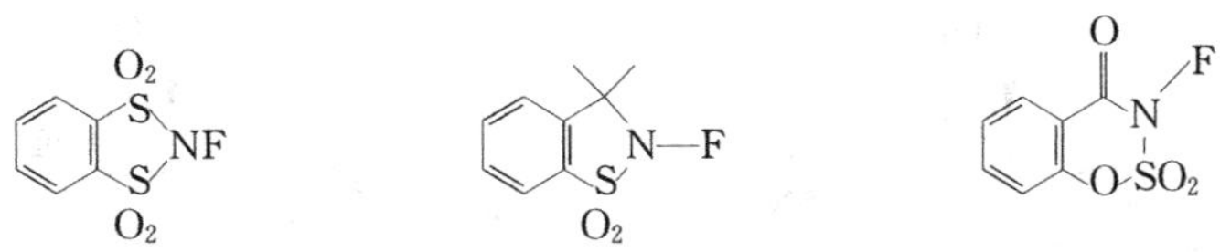

O_2 S NF S O_2　　N—F S O_2　　O N F O SO_2

(2) $L_3N^+FY^-$类

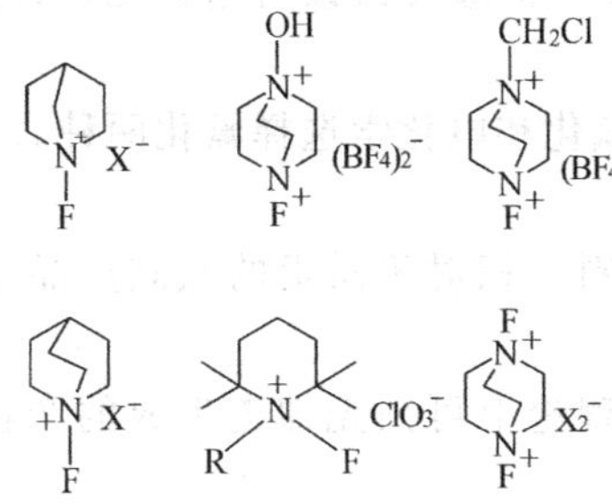

OH N^+ $(BF_4)_2^-$ F^+　　CH_2Cl N^+ $(BF_4)_2^-$ F^+　　N^+ X^- F

N^+ X^- F　　R N^+ F ClO_3^-　　F^+ N^+ X_2^- F^+

(3) Py-F类

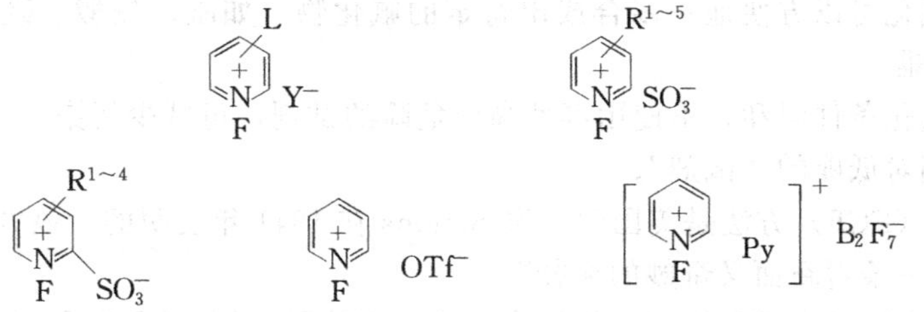

L N^+ Y^- F　　$R^{1\sim5}$ N^+ SO_3^- F

$R^{1\sim4}$ N^+ F SO_3^-　　N^+ F OTf^-　　$[N^+ F \quad Py]^+$ $B_2F_7^-$

这类氟化剂有下列通式：

R'' R' R''' $\ominus OTf$ R $N^{\oplus}$ R'''' F

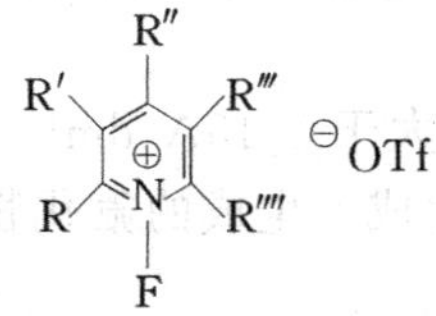

该系列化合物的氟化能力是可变的，可根据需要设计不同氟化能力的氟化剂，即通过改变吡啶环上的取代基。下列试剂的氟化能力如下：

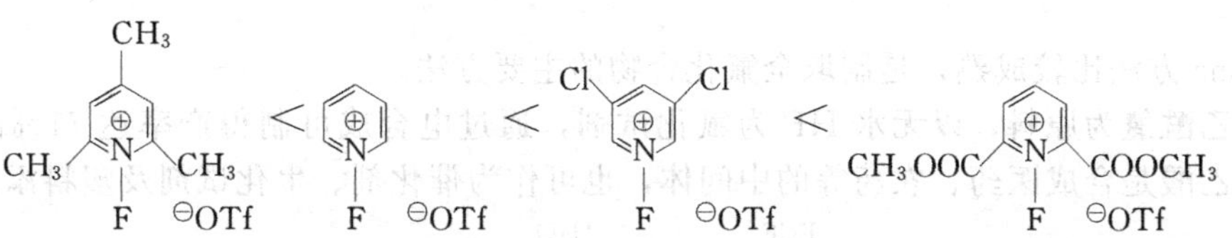

CH_3 CH_3 $N^{\oplus}$ CH_3 F $\ominus OTf$ < $N^{\oplus}$ F $\ominus OTf$ < Cl Cl $N^{\oplus}$ F $\ominus OTf$ < CH_3OOC $N^{\oplus}$ $COOCH_3$ F $\ominus OTf$

它们能应用的反应类型非常丰富，可用于芳香族的亲电取代、脂肪族的亲电取代等。

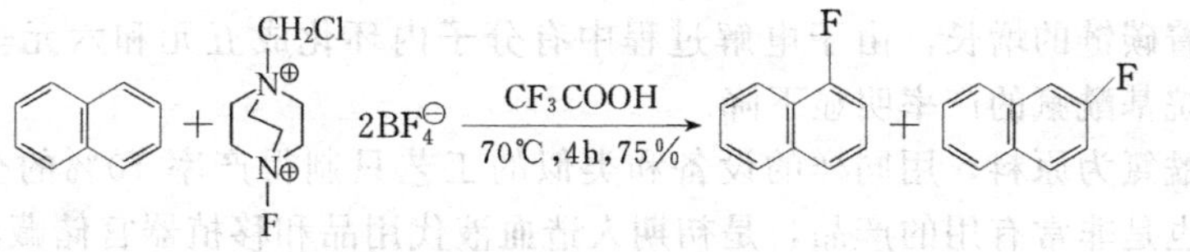

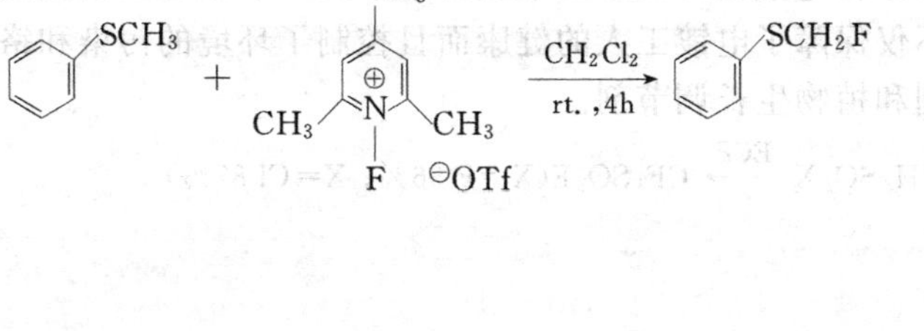

$$\text{萘} + CH_2Cl\text{-}N^{\oplus}\text{-}N^{\oplus}\text{-}F \ 2BF_4^{\ominus} \xrightarrow[70℃,4h,75\%]{CF_3COOH} \text{1-氟萘(F)} + \text{2-氟萘(F)}$$

$$PhSCH_3 + \text{2,4,6-}(CH_3)_3\text{-}N^{\oplus}\text{-}F \ \ominus OTf \xrightarrow[rt.,4h]{CH_2Cl_2} PhSCH_2F$$

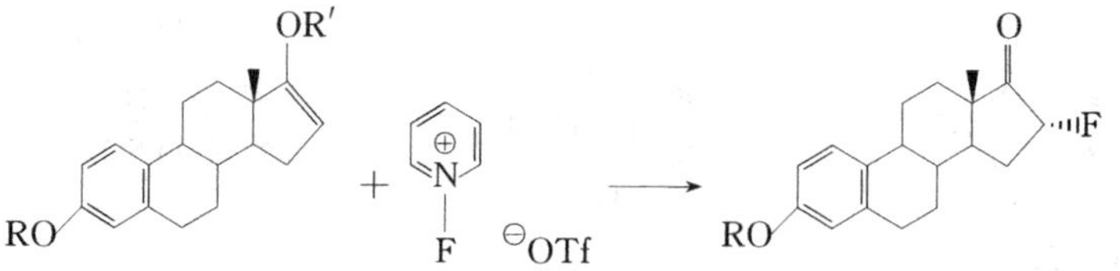

OR′ RO + N-F ⊖OTf → O F RO

N-F类氟化剂的制备通常由相应的胺类或铵盐用氟元素直接氟化得到，通常比较稳定。

7.6.6 电化学氟化法

电化学氟化法又分电化学全氟化和电化学选择氟化两种。

电化学氟化法有以下的优点。

① 反应过程使用廉价的粗材料。相对于昂贵的氟碳产品来说，无水氟化氢和碳氢化合物的价值十分低廉。

② 由于是电化学反应过程，理论上可预先知道生成的产物，电压、电流等参数可精密控制。

③ 相对于化学氟化装备如高压釜来说，装置简单、费用低廉。

④ 电化学氟化可以方便地一步合成出特定的氟化物，如醚、羧酸、磺酸等，而用其它方法制备非常困难。

⑤ 电化学氟化条件温和，不使用毒性高或危险的试剂，可减少污染。

⑥ 电能是相对低廉的“试剂”。

电化学氟化（ECF）方法是美国化学家Simons在1941年发明的。该方法“为氟碳化合物的制备开辟了一条崭新而又奇妙的途径”。

电化学氟化方法是在矩形钢制电解槽中交替地安装了一组Ni阳极和Fe阴极，加入无水氟化氢和少量有机物，通直流电进行电解。电解槽外用冷却夹套来移去电解过程中产生的热量。

通常槽电压为5～8V，电流密度大于2.15A/dm^2，温度范围是0～20℃。在此条件下，F_2不会逸出，而氟化产物则在阳极生成。生成的氟化物由于不溶于无水氟化氢，或沉积于电解槽底部，或挥发至冷阱中被收集。

在电解中，用机械搅拌或通入惰性气泡以及附加循环系统，目的是使电解槽中反应物分布均匀，改善热传导性，减少反应物与电极表面的过度接触，有利于提高化学产率和电流效率。

Simons方法比较成熟，是制取全氟化合物的主要方法。

如以乙酰氯为原料，以无水HF为氟化试剂，通过电合成可制得产率达71%的三氟乙酸。三氟乙酸是合成医药、农药等的中间体，也可作为催化剂、生化试剂及塑料添加剂。

$$CH_3COCl \xrightarrow{ECF} CF_3COF \xrightarrow{H_2O} CF_3COOH(71\%)$$

$$C_7H_{15}COCl \xrightarrow{ECF} C_7F_{15}COF \xrightarrow{H_2O} C_7F_{15}COOH(10\%)$$

缺点：随着碳链的增长，由于电解过程中有分子内环化成五元和六元全氟环醚的副产物，导致全氟烷基酰氟的产率明显下降。

如改用辛酰氯为原料，用同样的设备和类似的工艺只制得产率10%的全氟辛酸。当然它的全氟环醚也是非常有用的产品，是初期人造血液代用品和移植器官储藏液的主要成分。

以磺酰氯（或氟）为原料电氟化可制得全氟磺酰氟，其中长碳链全氟磺酰氟可作为镀铬工艺中的铬雾抑制剂，不仅保障了电镀工人的健康而且控制了环境的污染和铬酸的流失，其衍生物可用来合成除草剂和植物生长调节剂。

$$CH_3SO_2X \xrightarrow{ECF} CF_3SO_2F(X=F\ 96\%;\ X=Cl\ 87\%)$$

19 世纪 60 年代末，世界各发达国家竞相研制人造血液，氟碳代血液由于载氧好、不传播疾病及颗粒小而备受重视。

对环烷基取代的羧酸衍生物进行电解氟化制备的全氟双环醚，以及全氟有机氮化合物中的全氟叔胺、全氟双环三胺等，有望成为第二代人造血液代用品。

这种以碳氢羧酰氯或磺酰氯为原料的电解氟化法，电解最终产物为全氟羧酰氟或全氟磺酰氟，再经水解、酰胺化、季铵化等各种反应即可制备各类氟表面活性剂。该法工艺成熟简单，反应一步到位，20 世纪 40 年代由美国的 Simons 发明后，由 3M 公司最早应用于工业化生产，应用至今改变不大。由于电解过程中氟化反应是逐步进行的，故反应产物复杂，得率低，且产品结构单一，基本上以阴离子型为主。目前国内基本采用电解法进行生产，产品单一重复，主要为全氟辛基磺酸及其衍生物。

关于全氟化机理的研究分歧很大。目前主要有两种观点，但证据都还不充分。

① 在无水氟化氢中，以 Ni 为阳极上的反应中，认为先在阳极表面生成活化物（如 NiF_3、NiF_4、NiF_6^{2-} 等），然后活化物和有机物形成络合物被吸附在阳极表面，再由氟取代氢，得到氟化物。

② 另一种公认的观点是 EC 机理。即通过自由基机理进行，在阳极上氟离子被氧化成氟自由基，通过取代有机物中的氢原子而生成氟化物。

电化学选择氟化选择性氟化开始于 1970 年，当时苏联化学家 Rozhkov 等在含有 $Et_3N \cdot 3HF$ 的 MeCN 溶液中用 Pt 电极恒电位电解萘，得到了 α-氟化萘，开辟了电化学选择氟化的先河。

萘 $\xrightarrow{ECF}$ 1-氟萘 (27%)

甲苯（CH_3）$\xrightarrow{ECF}$ 3-氟甲苯（CH_3，F）(60%)

与电化学全氟化相比，电化学选择氟化是不成熟的。

缺点：①氟化的选择性低；②重复性不是很好。

发展高效的选择性氟化方法是现代有机氟化学研究的重要目标。

优点：①使用毒性较小，对反应条件要求不苛刻的有机溶剂。通常在有机溶剂中还需要加入支持电解质，这不仅可以增加有机溶剂的导电性，提高电流效率，而且还作为反应的氟源，为氟化反应提供氟离子。②在一些特殊的场合还是有其使用价值。

$$RSCH_2CF_3 \xrightarrow{ECF} RSCHFCF_3$$

R＝Ph，p-MeC_6H_4，p-$MeOC_6H_4$，p-ClC_6H_4，$PhCH_2$，25%～65%

2-R-1,3-二硫戊环-4-酮（S，S，R，O）$\xrightarrow{ECF}$ 5-F-2-R-1,3-二硫戊环-4-酮（F，S，S，R，O）

目前电化学选择氟化的研究主要集中在以下两个方面。

(1) 氟化剂的选择　氟化剂大多数为 $Et_3N \cdot 3HF$。新型的氟化剂如 $R_4NF \cdot nHF$，$Py \cdot nHF$。

特别是 $R_4NF \cdot nHF$，将它作为支持电解质和氟源对甲苯、苯、氟苯、氯苯、溴苯等进行的阳极氟化，可以在无其它溶剂下进行。

$R_4NF \cdot nHF$ 在室温下是低黏度的液体，有很高的电传导性和阳极稳定性，与一般的化学溶剂相比有独特的优点。它一经问世，即引起众多人的重视，并在电化学氟化中得到广泛应用。

例 1：用 $Et_4NF \cdot mHF$（m=4.0,4.45,4.7）为氟源，电解 1,4-二氟苯、1-氯-2,5-二氟苯、1-溴-2,5-二氟苯、1,2,4-三氟苯，首次分离得到纯品 3,3,6,6-四氟-1,4-环己二烯、1-氯-3,3,6,6-四氟-1,4-环己二烯、1-溴-3,3,6,6-四氟-1,4-环己二烯和 1,3,3,6,6-五氟-1,4-环己二烯。

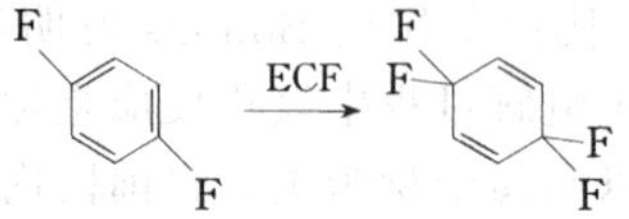

F F ECF F F F F

例 2：在 $Me_4NF \cdot 4HF$ 或 $Et_4NF \cdot 3HF$ 中成功地对羰基上带苯硫基的羟吲哚和 3-氧-1,2,3,4-四氢喹啉进行了电氟化，它们都是许多药品的起始原料或中间体。

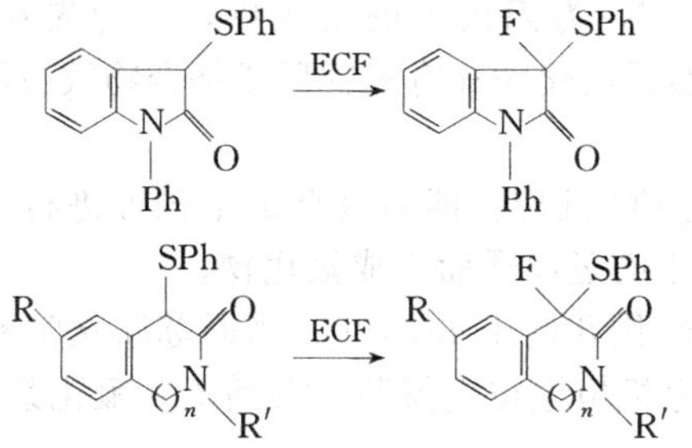

SPh N O Ph ECF F SPh N O Ph

SPh R O N R′ ECF F SPh R O N R′

(2) 溶剂的选择　大部分氟化是在含氟的乙腈中进行的。

但乙腈常常在阳极上形成非导电的聚合膜，使电极钝化。这是由于在电解时，底物被氧化成阳离子自由基后与 F-反应生成目标氟化物的同时，溶剂乙腈也要与阳离子自由基反应导致电极钝化或副反应等。

可以代替乙腈的溶剂有：环丁砜；DME（乙二醇二甲醚）；氯甲烷；四氢呋喃等。

但单独使用这些溶剂，有时效果不好，此时可以选用 DME 和乙腈的混合溶剂，可以得到较好的效果。

当然，对于不同的化合物，需要选择不同的溶剂/支持电解质体系；在不同的体系中，相同的化合物选择氟化的难易程度和产物都不尽相同。

尽管发展较快，但选择电氟化在很长一段时间里一直停留在学术研究的水平上，这是由于电解时所必需的高电极电势造成反应物发生聚合作用，导致总收率和电流效率很低。

7.6.7 聚合氟化方法

(1) 聚合法　高分子含氟聚合物材料通过聚合的方法获得，主要有乳液聚合、悬浮聚合、溶液聚合或辐射聚合等方法。聚合体系中通常含有以下几种组分：单体、引发剂、pH 缓冲剂、聚合调节剂、分散介质等，它们的选择与用量对聚合反应的结果及含氟聚合物性能的控制都非常重要。而且，聚合反应中温度、压力、转速等条件的选择也至关重要。

在聚合的方法中，悬浮聚合法，即在分散于水相的溶解有引发剂的单体液滴中进行的自由基聚合法，是合成含氟聚合物的主要方法。

(2) 齐聚法　是由氟单体加成聚合生成齐聚物的方法。在加聚反应中，把相对分子质量在 1500 以下，链长度不超过 5nm 的聚合反应叫作齐聚反应。早在 20 世纪 50 年代，美国的 DuPont 公司已经制备出了六氟丙烯的二聚体和三聚体，但是直到 70 年代，才最终确定了它们的结构。因此，该制备法是在 70 年代后才发展成熟完善的。

齐聚法生产氟表面活性剂一般是以氟阴离子为催化剂，单体主要有 3 种：四氟乙烯、六氟丙烯环氧、六氟丙烯。氟阴离子催化四氟乙烯等聚合反应，得到带不饱和双键的支链型全氟烷烃，再以双键为活性官能团进行各类反应后制得氟表面活性剂。

四氟乙烯齐聚所得产物主要是四、五、六、七齐聚体的混合物，其中五聚体约占整个混合物的 65%左右。

六氟丙烯的齐聚反应，不同的催化剂、溶剂和助剂，即在不同的条件下可定量地生成二聚体和三聚体。

六氟环氧丙烷在氟离子催化作用下，于非质子极性溶剂中可发生阴离子聚合反应，生成 C_6～C_{14}的全氟齐聚物。

采用齐聚法的安全性比较大，工艺设备简单，反应好控制，成本低，但由于齐聚产物为交叉结构，而支链产物的表面活性不高，产品的品种少，使用范围窄，故其应用受到较大限制。

采用齐聚法生产氟表面活性剂的公司有英国 ICI 公司、日本 Neos 公司等。

（3）调聚法　氟烯烃调聚法最早是由英国 Haszeldine R H 教授提出的方法，是利用全氟烷基碘等物质作为端基物调节聚合四氟乙烯等含氟单体制得低聚合度的含氟烷基调节物。他在 1951 年发现三氟碘甲烷可与乙烯和四氟乙烯发生调节聚合反应的工业生产路线。随后，美国 DuPont 公司又开发了用五氟化碘和四氟乙烯进行调聚反应，制得全氟烷基碘化物。现在工业上主要用五氟碘乙烷作调聚剂，以四氟乙烯（为主）、三氟氯乙烯、六氟丙烯、偏氟乙烯和对称二氟二氯乙烯等作调聚单体，在过氧化物引发剂作用下进行调聚反应，最终产物为全氟碘代烷。全氟碘代烷再通过各类反应即可制取各种类型的氟表面活性剂。制取的全氟烷烃基为直链结构，表面活性高，缺点是得到的产物是不同链长的化合物的混合物，反应条件苛刻，环境污染大。调聚法最大优点是能合成中间体全氟碘代烷，并进一步转化为另一重要中间体全氟醇，从此出发可合成各种类型的氟表面活性剂。

调聚法生产全氟烷基碘是目前国际上最先进和最理想的工艺，优点在于制得的全氟烷基碘是直链结构，表面活性高，此反应产率高，目标产物的得率是电解法的十倍。同时由于此法生产的全氟烷基碘产品简单，易于纯化，产率高而时间短，下游产品开发容易，生产成本只是电解法的三分之一。

采用调聚法生产含氟表面活性剂的有美国杜邦，日本旭硝子及大金等公司。调聚反应所得产物是链长不一的混合物，这样就可合成出不同长短的氟碳链疏水基，若以适当的比例混合使用，更能发挥最终产物的表面活性。

$$C_2F_5I + nCF_2{=}CF_2 \longrightarrow C_2F_5(CF_2CF_2)_nI$$

7.6.8　其它氟化方法

如氟代烷基磺酰氟 R_fSO_2F，是一种新型的氟代试剂。可将羟基置换为氟：

$$ROH \xrightarrow{R_fSO_2F/碱} RF$$

C8H17 HO —RfSO2F→ C8H17 F

参考文献

[1]　蔡强，龚红，田健．略论我国有机氟工业的发展．现代化工，1997，(4)：3-5.

[2]　高学农，吕树申，王世平，邓颂九．氟氯烃及其替代工质对环境的影响．化工环保，1998，18：242-243.

[3]　费人杰．关于替代氟里昂制冷剂的最新进展．环境保护，1997，(11)：42-44.

[4]　高彦华．氟里昂的一种新型代用品——二甲醚．湖北化工，1995，(3)：40-41.

[5]　任岩冰，李亚峰，张国军．七氟丙烷灭火剂及应用．当代化工，2002，31 (3)：151-153.

[6] 邹宗华，张瑞虹. 三氟甲烷在灭火系统中的应用. 消防科学与技术，2002，(2)：42-43.
[7] 蔡春，吕春绪. 含氟芳香族化合物的合成进展. 江苏化工，2001，29 (1)：24-26.
[8] Admas D J. J Fluorine Chem，1998，92：127.
[9] 张文珍. 氟喹诺酮类抗菌药物的研究进展. 安徽医药，2002，6 (2)：30.
[10] 陈德化，黄建华. 含氟芳香、杂环化合物的开发与进展. 有机氟工业，1995，(1)：12-27.
[11] 张一宾，钱跃言. 含氟农药的结构、特性及研究开发概况. 江苏化工，2002，30 (2)：13-15.
[12] 张一宾，钱跃言. 含氟农药的结构、特性及研究开发概况. 江苏化工，2002，30 (3)：5-10，47.
[13] 卞觉新. 含氟农药. 安徽化工，1996，82 (1)：52-61.
[14] 刘维屏，方卓. 新农药环境化学行为研究 (V)——三氟羧草醚 (Acifluorfen) 在土壤和水环境中的滞留、转化. 环境科学学报，1995，15 (3)：295-301.
[15] 蔡振良. 含氟表面活性剂的分类及应用介绍. 有机氟工业，1999，(4)：28-34.
[16] 肖进新，江洪. 碳氟表面活性剂. 日用化学工业，2001，31 (5)：24-27.
[17] 袁世炬，邓振强. 含氟表面活性剂结构、特性及应用. 湖北造纸，2001，(3)：29-31.
[18] 马希晨，曹亚峰，刘兆丽等. 阴离子型氟烃高分子表面活性剂. 大连轻工业学院学报，1997，16 (1)：5-8.
[19] 李好样. 含氟表面活性剂. 表面活性剂工业，1997，(3)：37-38.
[20] Leo Gehlhoff. 含氟的特种表面活性剂. 有机氟工业，1999，(2)：56-59.
[21] 朱顺根. 含氟表面活性剂. 化工生产与技术，1997，(3)：1-9，26.
[22] 谢银保. 有机氟表面活性剂的性能、合成与应用. 辽宁化工，1995，(3)：3-7.
[23] 吴学栋. 食品包装纸用含氟表面活性剂. 纸和造纸，1997，(3)：22-23.
[24] 胡庆华. 六氟丙烯齐聚物衍生的含氟表面活性剂的特性和应用. 有机氟工业，1998，(1)：38-39.
[25] 王大喜，杜永顺. 氟表面活性剂的研究与应用现状. 有机氟工业，2001，(2)：23-29.
[26] 倪玉德. 含氟聚合物及含氟涂料Ⅰ. 现代涂料与涂装，2000，(4)：29-30.
[27] 田军，徐锦芬，潘光明等. 含氟的聚合物及其应用. 功能高分子学报，1995，8 (4)：504-511.
[28] 边蕴静. 氟碳树脂涂料. 中国涂料，2000，(6)：22-25.
[29] 赵春喜. 氟聚合物的新进展. 有机氟工业，1998，(2)：8-12.
[30] 何燕. 聚四氟乙烯的生产应用与市场. 四川化工与腐蚀控制，2003，6 (1)：34-41.
[31] 滕名广. 我国聚四氟乙烯树脂的生产及发展. 有机氟工业，1998，(1)：1-6.
[32] 张侃，潘智存，刘德山等. 氟聚合物在精细化工方面的应用. 化工进展，2001，(4)：29-32.
[33] 张绍芬，谭海生，王久模. 氟表面活性剂研究综述. 华南热带农业大学学报，2007，13 (1)：22-26.
[34] 刘玉婷，傅雀军，吕博，尹大伟. 氟表面活性剂的工业合成及应用. 氟化工，2007，14 (6)：4-7，46.
[35] 陈延林，张永峰，郝振文. 氟碳表面活性剂工业应用研究进展. 有机氟工业，2007，(2)：38-42.
[36] 倪震宇. 含氟表面活性剂的技术及市场应用. 有机氟工业，2006，(4)：42-45.
[37] 王文贵，杨勇，陈秉倪. 高分子含氟聚合物材料. 上海涂料，2007，45 (5)：27-31.

第8章 电子化学品

8.1 概述

电子化学品是指为电子工业配套的精细化工产品，主要产品有为集成电路（IC）配套的光刻胶、超净高纯试剂、特种气体、封装材料、硅片磨抛材料；为印刷电路板配套的基板树脂、抗蚀干膜、清洗剂等；为平板显示器配套的液晶、偏振片、荧光粉等。为集成电路配套的电子化学品是其中最关键的材料。在化工行业中，它属于精细化工、化工新材料的范畴；在电子行业中，它是电子材料的一个重要分支。此外，因它涉及电子、冶金等领域而属于边缘科学。

电子化学品具有以下几个特点。

① 品种规格繁多，目前我国电子化学品所需品种近2万种，占各类电子材料品种65%。

② 质量要求高。对纯度、颗粒含量和其它物理化学性能均有极高要求。

③ 对生产环境、包装、运输和储存的洁净度要求苛刻。

④ 一般用量较小，但配套性和专用性强。

⑤ 产品更新换代快，附加值高。

⑥ 研制难度大，生产技术复杂，需要多学科共同配合开发。

电子化学品品种按国外统计分类，一般根据用途分为基板、光致抗蚀剂（即光刻胶）、保护气、特种气、溶剂、清洗前掺杂剂、焊剂掩膜、酸及腐蚀剂、电子专用黏结剂和辅助材料等。按国内统计分类，可分为光致抗蚀剂、电子封装材料、高纯超净试剂、特种气体、印刷线路板材料及配套化学品、液晶及配套材料、其它电子化学品等七大类。

电子化学品的产品和技术范围很广，包括气体、金属、塑料、树脂、陶瓷、普通或高纯有机或无机化合物。技术范围包括感光化学、电化学、高温等离子物理、激光辐射反应和聚合成型等。电子化学品是电子工业重要的支撑材料之一，其质量的好坏，不但直接影响到电子产品的质量，而且对微电子制造技术的产业化有重大影响。IC产业的发展要求电子化学品产业与之同步。因此，电子化学品成为世界各国为发展电子工业而优先开发的关键材料之一，电子化学品行业也因此成为化工行业中发展最快的部门之一。

目前全球信息产业的市场规模已突破2万亿美元，2005年，世界电子化学品产业的市场规模超过300亿美元，全球电子化学品需求见表8-1所示。

表8-1 全球电子化学品需求预测（亿美元）

主 要 产 品	2004年	2009年
封装和衬底材料	48.7	77.3
光刻胶和助剂	36.6	61.25
气体	30	46
半导体材料	19.65	32.3
其它	40.55	64.15
总计	175.5	281

我国的信息产业也在高速发展，我们十分重视电子化学品的研制、开发和生产工作，目前生产的产品已能够部分满足我国信息产业的需求，但与世界先进技术相比还有较大的差距。

8.2 光致抗蚀剂

光致抗蚀剂也叫光刻胶，是指通过紫外光、准分子激光、电子束、离子束、X射线等光源的照射或辐射，其溶解度发生变化的耐蚀刻薄膜材料。主要用于集成电路和半导体分立器件的微细加工，同时在平板显示、倒扣封装、磁头及精密传感器等制作过程中也有着广泛的应用。由于光刻胶具有光化学敏感性，可利用其进行光化学反应，将光刻胶涂覆在半导体、导体和绝缘体上，经曝光、显影后留下的部分对底层起保护作用，然后采用蚀刻剂进行蚀刻就可将所需要的微细图形从掩模版转移到待加工的衬底上。因此光刻胶是微细加工技术、制造微电子器件和印刷线路板中的关键性化工材料。

光致抗蚀剂按反应机理及显影原理分类，可以分为正型和负型两种。按曝光光源分类，可以分为可见光和紫外线光刻胶、辐射光刻胶等。光致抗蚀剂的配方比较复杂，除感光单体外，还有敏化剂、溶剂、稳定剂、阻聚剂、酸类和其它特殊添加剂。目前采用的曝光光源多为近紫外、中紫外、远紫外、电子束和X射线。其中4M位DRAM采用g线（436nm）；16M位DRAM采用I线（356nm）；高*NA*的透镜（*NA*>0.55），1G位DRAM，需用激元激光（KrF：249nm，ArF：193nm）步进重复缩小投影曝光或利用SOR（同步辐射光）作光源的X射线或电子束、离子束来曝光。光刻胶主要发展趋势如下。

① 生产线上正胶比例增加，过去负型抗蚀剂较多，现在正型胶销售额超过了负型胶。

② 改进紫外正胶对I线（波长365nm）的灵敏度，使之用于64M位储存器。

③ 开发深紫外、电子束、X射线等辐射抗蚀剂。

大规模集成电路的集成度以三年增长四倍的速度发展着，集成度的不断提高，不仅意味着最小器件尺寸的变小，也意味着高速、高可靠、低能耗和低成本。由于光刻工艺的极限分辨率R正比于曝光波长λ，反比于棱镜的孔径NA（$R=k\lambda/NA$）。因此，为满足微电子工业不断发展的需要，光刻工艺也历经了从G线（436nm）光刻、I线（365nm）光刻到深紫外（248nm）光刻及目前的193光刻的发展历程。光刻技术与集成电路发展的关系如表8-2所示。

表8-2 光刻技术与集成电路发展的关系

时　间	1986年	1989年	1992年	1995年	1998年	2001年	2004年	2007年	2010年
IC集成度	1M	4M	16M	64M	256M	1G	4G	16G	64G
技术水平/μm	1.2	0.8	0.5	0.35	0.25	0.18	0.13	0.10	0.07
可能采用的光刻技术	g线		g线、i线、KrF		i线、KrF	KrF	krF+RET ArF	ArF+RET、F_2、PXL、IPL	F_2+RET、EPL、EUV、IPL、EBOW

注：1. G线：G线光刻技术。
2. I线：I线光刻技术。
3. KrF：248nm光刻技术。
4. ArF：193nm光刻技术。
5. F_2：157nm光刻技术。
6. RET：光网增强技术。
7. EPL：为电子投影技术。
8. PXL：近X射线技术。
9. IPL：离子投影技术。
10. EUV：超紫外技术。
11. EBOW：电子束直写技术。

根据摩尔定律：集成电路的集成度每 2～3 年增加 4 倍。这使集成电路的线宽不断缩小，对光刻胶分辨率的要求不断提高。因为光刻胶的成像分辨率与曝光机曝光波长成正比，与曝光机透镜开口数成反比，所以缩短曝光波长是提高分辨率的主要途径。从表 8-3 可看出，随着集成电路的发展，曝光波长越来越短，曝光波长从全谱紫外到 G 线，到现在的 193nm，相应的光刻胶也不断发生变化。随着 KrF 准分子激光器技术的完善，248nm 曝光机已实用化。

表 8-3　集成电路制作中使用的主要光刻胶

光刻胶体系	成膜树脂	感光成分	曝光机	曝光波长
聚乙烯醇肉桂酸酯	聚乙烯醇肉桂酸酯	成膜树脂自身	高压汞灯	紫外全谱
环化橡胶-双叠氮	环化橡胶	双叠氮化合物	高压汞灯	紫外全谱
酚醛树脂-重氮萘醌	酚醛树脂	重氮萘醌化合物	①高压汞灯	紫外全谱
			②G 线 Stepper	435nm
			③I 线 Stepper	365nm
248nm	聚对羟基苯乙烯及其衍生物	光致产酸剂	KrF Excimer Laser	248nm
193nm	聚脂环族丙烯酸酯及其共聚物	光致产酸剂	ArF Excimer Laser	193nm

聚乙烯醇肉桂酸酯是由 Eastman-Kodak 公司于 1954 年开发成功的人类第一个感光聚合物，通过酯化反应把肉桂酸酰氯感光基团接枝在聚乙烯醇分子链上得到聚乙烯醇肉桂酸酯系列紫外负型光刻胶。其感光波长为 370～470nm，感光灵敏度高，分辨率好，可以长期储存，但与硅材料基片的黏附性不佳。环化橡胶-双叠氮型紫外负型胶则克服了这个缺点。它不但与硅材料黏附性好，而且感光速度快，抗湿法刻蚀能力强，成为 20 世纪 80 年代电子工业中应用的主要光刻胶。随着电子工业微细加工线宽的缩小，环化橡胶-双叠氮型紫外负型胶在集成电路制造中的应用不断缩小。但在半导体分立器件的制造中仍有一席之地。酚醛树脂-重氮萘醌系列光刻胶在 1950 年前后即已出现，但先被用于印刷业。与聚乙烯醇肉桂酸酯系列和环化橡胶-双叠氮型系列不同，酚醛树脂-重氮萘醌系列为紫外正型光刻胶。在 300～450nm 紫外线照射掩膜板后，曝光区的光刻胶膜发生光分解或降解反应，性质发生变化，溶于显影液，未曝光区胶膜则保留而形成正型图像。重氮萘醌化合物的不同使光刻胶的曝光波长也发生变化，主要有宽谱、G 线（436nm）和 I 线（365nm），是电子工业使用较多的光刻胶之一。

随着电子工业微细加工临界线宽的缩小，对微细加工分辨率的要求越来越高。采用更短的曝光波长是提高分辨率的重要方法之一。当 248nm（KrF）、193nm（ArF）及 157nm（F_2）等分子激发态激光源的步进式曝光机商品化后，远紫外光刻胶提高成像分辨率就成为可能。

8.2.1　深紫外光刻胶

深紫外光致抗蚀剂主要由成膜树脂、光致产酸剂、阻溶剂、交联剂以及一些添加剂组成。

成膜树脂有聚甲基丙烯酸酯及其共聚物、酚树脂体系、非聚对羟基苯乙烯的聚苯乙烯和含硅聚合物等。最早出现的深紫外光刻胶是聚甲基丙烯酸酯及其共聚物，但它感度低而无实用价值。化学增幅技术的采用可以提高感度，使聚甲基丙烯酸酯得以推广应用。正型聚（甲基）丙烯酸酯类成膜树脂主要有：甲基丙烯酸酯与甲基丙烯腈、甲基丙烯酸酐、聚对羟基苯乙烯、3-(叔丁氧碳酰)-1-乙烯基已内酰胺、*N*-苯基二甲基丙烯酰亚胺等单体的均聚或二元、三元或多元聚合物。光致产酸剂在深紫外光的照射下分解出酸，成膜聚合物发生脱除保护基反应，使曝光区聚合物的极性及其在碱溶液中的溶解度显著变大，从而增大体系的成像反差。例如带有缩酮基团的聚甲基丙烯酸酯在酸作用下发生如下反应：

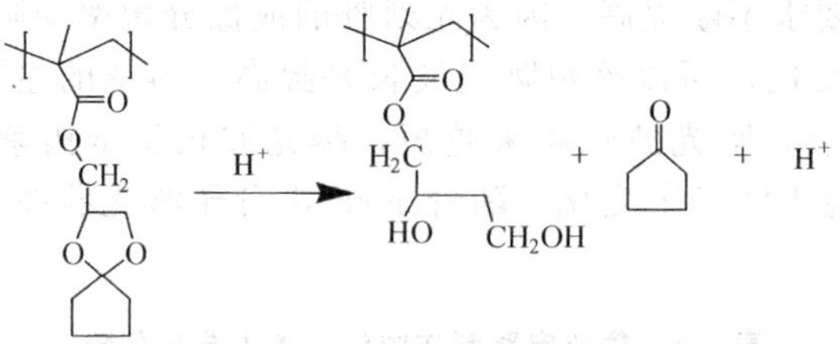

负型的聚甲基丙烯酸酯体系较少，其中成膜树脂主要有：聚环丙烯乙基甲基丙烯酸酯和甲基丙烯酸、甲基丙烯酸酯的共聚物和聚-4-羟基乙基丙烯酸酯。与正型聚甲基丙烯酸酯体系不同的是在深紫外光照射下，光致产酸剂分解出的酸催化树脂与交联剂或树脂本身之间发生交联，形成交联结构，使其在显影液中溶解度变小，显影时得负像。

酚树脂体系在深紫外光致抗蚀剂中已占重要地位，其种类远比其它类型深紫外光致抗蚀剂多。其中正型抗蚀剂中的成膜树脂主要有被保护基团部分（全部）保护的聚对羟基苯乙烯，被交联剂交联的酚醛树脂类聚合物，被交联剂交联的聚对羟基苯乙烯类衍生物、对羟基苯乙烯衍生物与砜基的共聚物、对羟基苯乙烯等。其中保护基团主要有：缩醛、缩酮、叔丁基、叔丁氧碳酰基、叔丁氧碳酰甲基、四氢吡喃基、呋喃基、乙烯氧乙基、α-甲基苄基、硅烷基、丁内酯基、戊内酯基等。将树脂交联起来的交联剂一般为带有两个羟基或两个乙烯基醚官能团的物质，如乙二醇双乙烯基醚、环已烷二甲撑双乙烯基醚、双酚 A 双乙烯基醚、1,4-二环已二醇、二乙烯基乙二醇、1,3-二羟基-1,2,3,4-四氢萘等。在深紫外光照射时，光致产酸剂产酸，使聚合物中发生保护基团的脱除或重排、或使被交联基团交联的树脂解交联，以及聚合物链断裂等反应，因而曝光区在显影液中的溶解度变大，显影时显正像。

非聚对羟基苯乙烯的聚苯乙烯体系中，正型成膜树脂有苯乙烯马来酸半酯的半聚物、2-(4-乙烯基苄基)丙二半酯、聚 α-乙酰氧苯乙烯、马来酰亚胺衍生物苯乙烯衍生物的共聚物等。在深紫外光照射时，光致产酸剂产生的酸催化树脂脱除保护基，或使主链断裂、或使体系中的光敏剂（如重氮化物）发生化学变化，由阻溶变为促溶，使曝光区在显影液中的溶度变大，得正型潜影。

光致产酸剂是化学增幅抗蚀剂组成物中极为重要的组分。光致产酸剂在深紫外光的作用下产酸，催化曝光区树脂发生各种化学反应，形成潜影。在深紫外光光致抗蚀剂中的产酸源有：硫、盐、碘、盐、三嗪类物质、磺酸酯类化合物、对甲苯磺酸衍生物、砜基重氮甲烷等。其中用得最多的是硫鎓盐。光致产酸剂的结构、性质以及在体系中的含量对于抗蚀剂的性质有很大影响。此外，有些光致产酸剂在体系中不仅起产酸的作用，而且也有一些其它的作用。例如苯基-双(4-叔丁氧碳酰氧苯基)硫鎓盐就可以同时也是阻溶剂，阻止非曝光区树脂的溶解。(4-甲氧-2,3-二甲基)苯基-二(4-乙烯基氧乙基)苯基硫鎓盐，可将聚对羟基苯乙烯衍生物用酸可分解基团交联，增大了体系的反差。浦野文良等在 1998 年开发了一种新的光致产酸剂，其结构如下。

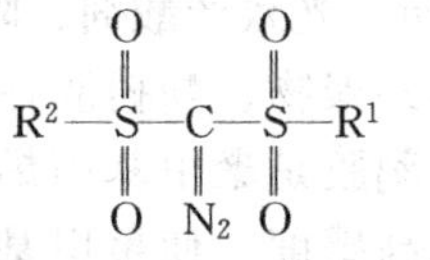

$$R^2-S(=O)_2-C(=N_2)-S(=O)_2-R^1$$

该光致产酸剂在光照时发生重排反应，生成磺酸：

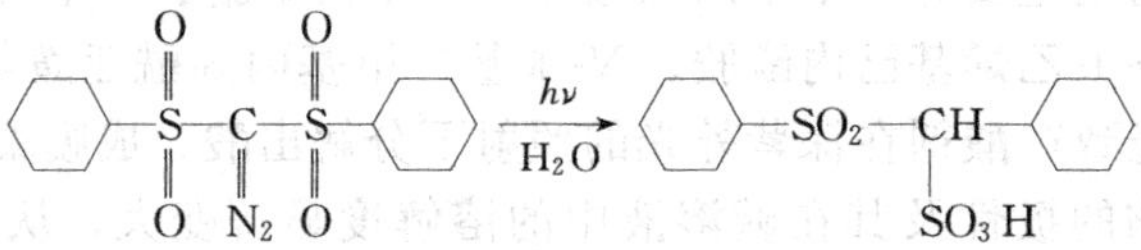

这种光致产酸剂一经开发就受到重视，因为其对 300nm 以下的光，特别是 KFr 二聚体激光有很好的透明性，在电子束和 X 射线照射下也容易产酸；它还具有热稳定性好(m. p. 140℃左右)，在加热条件下对抗蚀剂体系有很好的化学增幅作用，以及在抗蚀剂中的稳定性和相容性很好的特点。现在这种光致产酸剂已经广泛地应用于各种抗蚀体系。

阻溶剂是化学增幅技术中另一个重要组成部分，其作用是阻止某些特定区域的树脂在显影液中溶解，也可称为溶解速率调节剂。在光致产酸剂产生酸以后，曝光区的阻溶剂前驱体会发生变化，由阻溶变为可溶或促溶，在非曝光区仍起阻溶作用，增大了体系反差。已见报道的阻溶剂有：*O*,*O*-缩醛、*N*,*O*-缩醛、嚬哪二醇类物质、邻苯二醛、二酚类物质、(去氧)胆酸衍生物、苯甲酸酯、单或多苯环的单萜烯类物质、环烷烃羧酸叔丁酯、部分被保护的聚对羟基苯乙烯、被保护基团保护的酚醛树脂等。其中 *O*,*O*-缩醛对于酚醛树脂体系的阻溶能力比较好，但对于聚对羟基苯乙烯体系的阻溶能力很差。用二缩醛虽然提高了对非曝光区的阻溶能力，但对曝光区的促溶能力不好。低聚的 *N*,*O*-缩醛对于聚对羟基苯乙烯体系有很好的阻溶促溶能力，其结构如下。

R[1] O N R XCH$_2$CH R[2]

R：H；CH_3；CH_2CH_3

一般的阻溶剂是在曝光前阻溶，曝光后促溶。可是利用小分子或聚合的嚬哪二醇作为抗蚀剂体系的阻溶剂，却是曝光前促溶，曝光后变为阻溶，其阻溶机理如下：

$$\text{-(CH}_2\text{-CH)-} \cdots \text{OH, OH} \xrightarrow{H^+} \text{-(CH}_2\text{-CH)-} \cdots \text{C=O}$$

嚬哪二醇是酚树脂的溶解促进剂，而重排后的酮或醛类物质却变为阻溶剂，正是利用这种作用，增大了体系曝光区和非曝光区之间的反差，一般使体系显负像。

在深紫外抗蚀剂体系中还许多其它助剂，例如含有酸增殖剂、光吸收剂、碱性的化合物、光漂白剂、带有≡C—COOH 基团的化合物、N 上带有羟基的酰胺类物质等。

酸增殖剂主要包括磺酸酯类物质、苄基磺酸酯、邻二醇的单磺酰酯、乙酰乙酸酯衍生物、*β*-磺酰氧缩酮等。在光致产酸剂产酸后，它们能被有效地转化为强酸性物质，从而增加了体系中酸的浓度，大大提高体系的感度。但也要防止由此造成的体系中酸的过渡扩散和从抗蚀剂膜中被蒸发而破坏分辨率的问题。

许多光吸收剂是含有蒽环的化合物，它们能减小由于高反射性的基材导致的对非曝光区域的影响。例如 9-(2-甲氧乙氧) 甲基蒽、9-蒽基甲基乙酸酯等蒽类光吸收剂，在抗蚀剂溶液中很好地溶解，在存储过程中不会有颗粒状物质生成，更重要的是这种光吸收剂的加入对于体系的分辨率几无任何不利影响。

一般碱性化合物多为叔胺类物质，如三丁胺、三乙醇胺、三甲氧乙氧甲氧乙基胺等。它们控制酸的扩散并提高体系反差。同时也能提高深紫外抗蚀剂体系的抗污染能力，增强稳定性。也有人认为聚合的碱比小分子碱有更好的热稳定性，一种既含有聚合阳离子又含有阴离子的聚季铵碱能较好地控制碱在体系中的扩散，从而限制了体系中酸的扩散。

光漂白剂主要有磺酰类和重氮甲烷磺酰类化合物，它们在光的作用下能迅速分解，失去对光的吸收能力。因此，加入光漂白剂可减少反射光对体系成像的影响，阻止 T 形图像的形成。带有$\equiv$C—COOH 基团的化合物一般是金刚烷羧酸、双酚酸、胆酸等。它们在体系中的主要作用是提高抗蚀剂的曝光后经时稳定性，减轻重氮化物膜基材上的边缘粗糙现象。

8.2.2 248nm 深紫外光刻胶

原有的I线胶由于在 248nm 处有很强的非光漂白吸收（光学密度 $OD>1\mu m^{-1}$），它在 248nm 处光透明度低，光敏性差，无法继续使用。对于新一代的 248nm 深紫外光刻胶，其结构和组成肯定要发生变化。最早用于 248nm 光刻胶的材料是聚甲基丙烯酸酯，它在 248nm 波长下高度透明，分辨率也高，但它是通过主链断裂来成像的，而这种主链断裂需要的能量高，敏感度很低，因此它的光敏性仍是个问题。化学增幅技术能很好地解决大幅度提高光敏性的新技术。

1980 年 IBM 公司通过光致产酸剂（PAG）发现了 3 种互不相关的成像体系：环氧树脂的交联、聚苯二醛的解聚、叔丁氧基羰基的脱保。这 3 种体系的共同特点是在光刻胶中加入 PAG，PAG 在光辐照下产生酸。在加热的条件下，酸会催化聚合物分子链发生反应，使聚合物的溶解性质发生变化，并重新释放出酸，而释放出的酸又能继续催化聚合物发生反应，使聚合物完全发生反应所需要的能量很小，这大大降低了曝光所需要的能量，从而大幅度提高了光刻胶的光敏性。这种成像技术统称为“化学增幅技术”。

248nm 光刻胶是首先采用化学增幅技术的光刻胶体系，其反应机理见图 8-1。负型光刻胶存在溶胀问题，使分辨率受到限制。高分辨率的正型光刻胶是主要的发展方向。248nm 光刻胶一般由主体树脂、PAG、添加剂和溶剂等组成。要求主体树脂在 248nm 波长下有高的光透明度，而且具有高分辨率和高抗干法腐蚀性。线型结构的聚甲基丙烯酸由于抗干法腐蚀性很差而未被推广。纯聚对羟基苯乙烯（PHOST）在 248nm 是光学透明的（光学密度为 $0.22\mu m^{-1}$）的，含 *t*-BOC 悬挂基团的聚对羟基苯乙烯在 248nm 处更透明（光学密度为 $0.1\mu m^{-1}$），并有潜在可碱水显影的特性，具有高分辨率的可能性，成为 248nm 光刻胶的理想主体树脂。当 *t*-BOC 基团的保护率为 100%（见图 8-2）时，这种聚合物亲油性太高使胶膜脆易破裂，与基片黏附性差，中烘时质量损失大，造成胶膜收缩过大。而采用 *t*BOC 基团部分保护时（图 8-3）聚对羟基苯乙烯就不溶于碱水，并避免了胶膜脆易破裂、黏附性差和过度收缩的问题，因此商品化 248nm 光刻胶都采用此类结构。

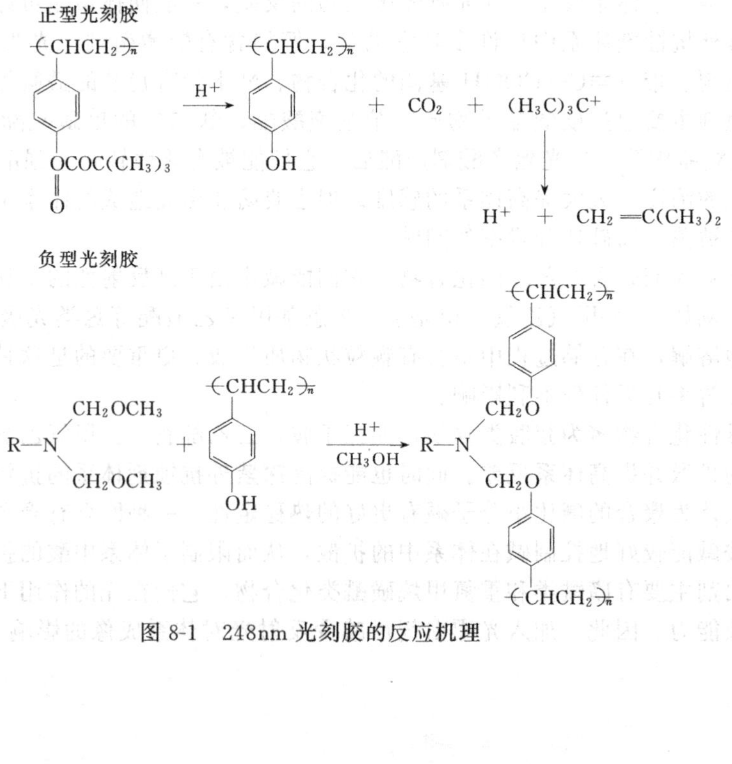

正型光刻胶

$-(CHCH_2)_n-$（苯环，对位 $OCOC(CH_3)_3$，羰基 O） $\xrightarrow{H^+}$ $-(CHCH_2)_n-$（苯环，对位 OH） $+ \; CO_2 \; + \; (H_3C)_3C^+$

$(H_3C)_3C^+ \longrightarrow H^+ \; + \; CH_2{=}C(CH_3)_2$

负型光刻胶

$R{-}N(CH_2OCH_3)_2$ $+$ $-(CHCH_2)_n-$（苯环，对位 OH） $\xrightarrow[CH_3OH]{H^+}$ $R{-}N(CH_2O{-}C_6H_4{-}(CHCH_2)_n{-})_2$

图 8-1 248nm 光刻胶的反应机理

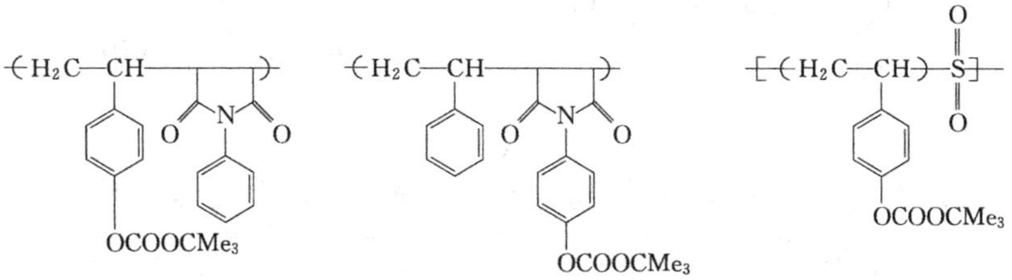

图 8-2　*t*-BOC 全保护的聚合物

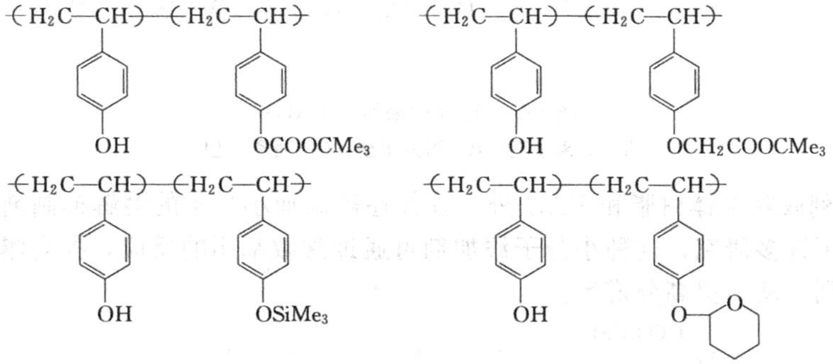

图 8-3　*t*-BOC 部分保护的聚对羟基苯乙烯

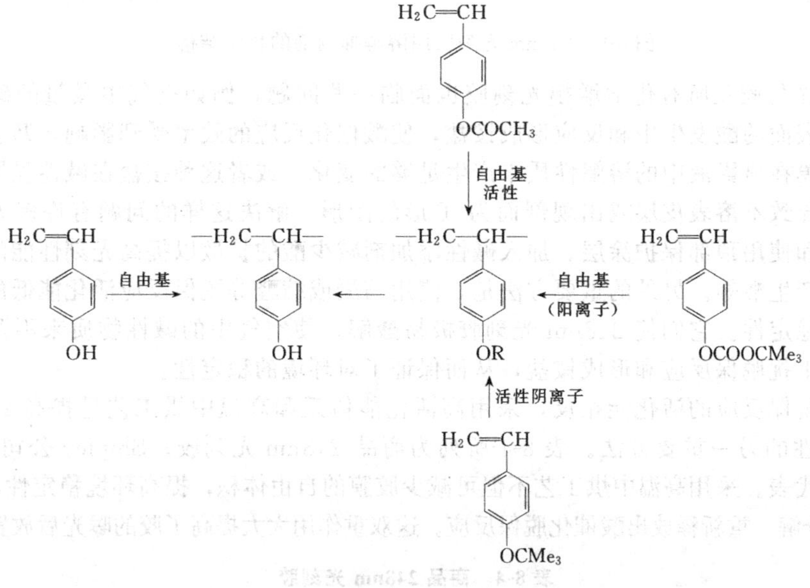

图 8-4　聚对羟基苯乙烯的合成

聚对羟基苯乙烯的合成（图 8-4）可采用 4-羟基苯乙烯自由基聚合，再通过氢化减少对 248nm 深紫外光的吸收，以满足 248nm 光刻胶的需要。

248nm 光刻胶中使用的 PAG 有一定的要求：易合成，毒性小；溶解性好，能与主体树脂相混溶，并对主体树脂的溶解抑制性好；有适合曝光波长的光谱特性和一定光效率；酸强度和扩散速度适当。早期的 SNR 200 缩聚型负胶中所使用的 PAG，因能释放出高挥发性的卤化氢而被淘汰。用于环氧树脂固化的金属卤化物型鎓盐，存在对器件污染问题也未得以广泛应用。而磺酸毒性小，酸强度和酸扩散度适当，在 248nm 光刻胶中普遍使用的是能产生磺酸的 PAG。这种 PAG 又分为离子型和非离子型两类，如图 8-5 所示。

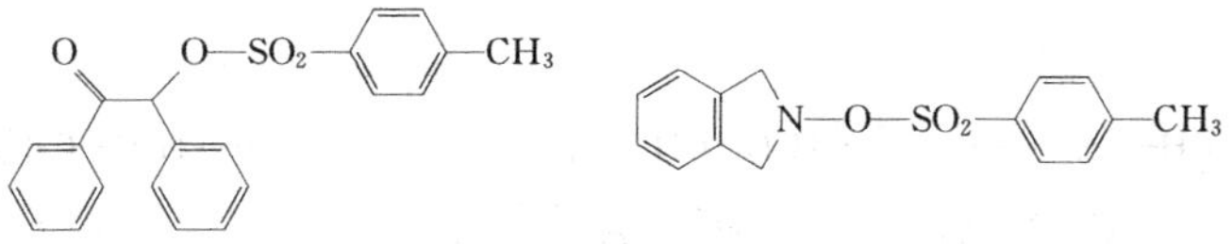

$O^{-}—SO_2—C_6H_4—CH_3$　$O^{-}—SO_2—C_6H_{13}$　$O^{-}—SO_2—C_2H_5$

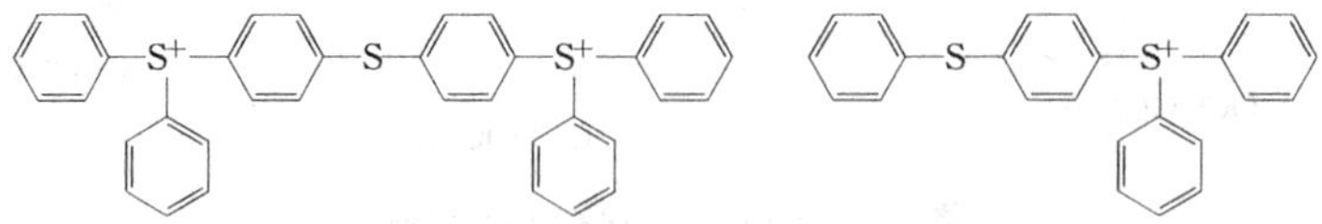

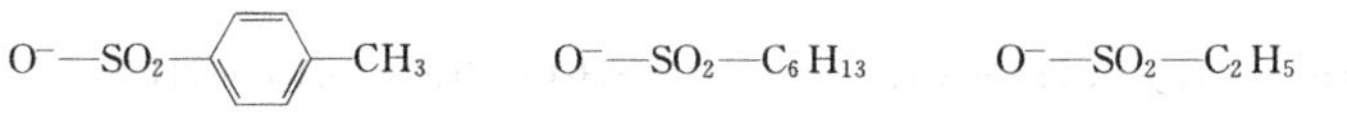

图 8-5　光致产酸剂（PAG）

A—非离子型；B—阳离子型；C—阴离子型

248nm 光刻胶除主体树脂和 PAG 外，往往还需添加小分子的溶解抑制剂（图 8-6），日本在这方面作了许多研究，这种小分子添加剂可通过酸敏基团的反应，提高曝光区和非曝光区的溶解度差别，从而提高分辨率。

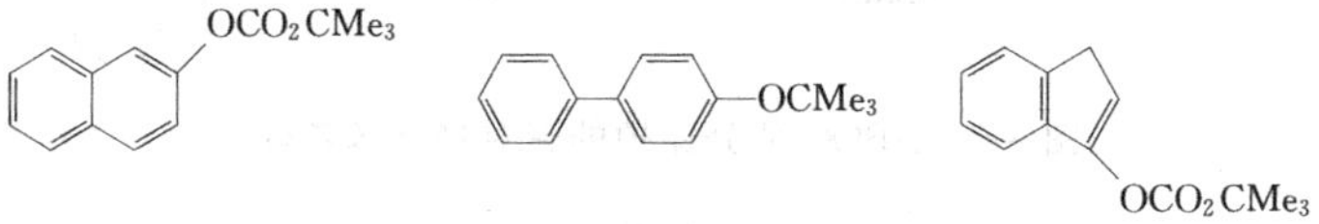

OCO_2CMe_3　$OCMe_3$　OCO_2CMe_3

图 8-6　248nm 光刻胶用溶解抑制剂的化学结构

248nm 光刻胶及所有化学增幅光刻胶也面临一些问题，例如空气中微量的碱性物质与曝光区胶膜表面的酸发生中和反应形成铵盐，使酸催化反应的效率受到影响，乃至停止而导致曝光区胶膜在显影液中的溶解性质未产生足够的变化。或者这种铵盐在碱性显影液中无法溶解，从而导致不溶表皮层或出现剖面为 T 形的图形。解决这样的问题有许多方法，例如活性炭过滤和使用顶部保护涂层、加入碱性添加剂减少酸的扩散以提高光刻性能的方法、通过中烘加热产生酸等。另外的重要方法是，使用缩酮或缩醛等脱保反应活化能低的悬挂基团来提高环境稳定性。它们使 248nm 光刻胶极易酸解，使空气中的碱性物质来不及扩散进入胶膜，无法干扰脱保反应和形成铵盐，从而保证了对环境的稳定性。

与降低脱保反应的活化能相反，采用高活化能体系和高温中烘工艺是提高 248nm 光刻胶环境稳定性的另一重要方法。表 8-4 所列为商品 248nm 光刻胶。Shipley 公司的 ESCAP 胶是其中的代表。采用高温中烘工艺不但可减少胶膜的自由体积，提高环境稳定性，而且铵盐在高温下会分解，重新释放出酸催化脱保反应。这双重作用大大提高了胶的曝光后放置稳定性。

表 8-4　商品 248nm 光刻胶

生产厂	商品名
Shipley	APEX-E　UV Ⅱ HS　UV Ⅲ
JSR	K Series　KRF-L　KRF-R
Olin	ARCHZ
TOK	TDUR-P007　TDUR-P009
Hoechest	AZDX-1179

8.2.3　193nm 光刻中的光致抗蚀剂

以 248nm 的 KrF 激光为光源，采用化学增幅抗蚀剂及大孔径分步投影曝光设备，已可以生产 256M 的随机存储器，其分辨率可达 0.18μm。1G 随机存储器的生产，其分辨率要求达到 0.15μm 左右。采用化学增幅抗蚀剂以 248nm 激光为曝光光源，利用相位移（phase shift）掩模，以及 OPC（optical proximity correction）等先进技术，可以使分辨率达到极限 0.1μm 左右，从而满足 1G 随机存储器的要求，但这也带来了工艺复杂性和对仪器要求的提高。因此采用 193nm ArF 激光更为合理。

8.2.3.1　193nm 光致抗蚀剂的主体树脂

193nm 光刻的光致抗蚀剂仍采用化学增幅抗蚀剂以实现高的光敏性，同时为与原有光刻工艺相衔接，降低光刻工艺成本，193nm 光致抗蚀剂的主体树脂除了满足在 193nm 波长处透明的要求外，还应该满足以下要求：

① 碱水溶性以满足碱性水溶液显影（四甲基氢氧化铵显影剂）的需要；

② 高的玻璃化温度（130～170℃）以满足后烘和加工工艺的要求；

③ 好的抗干法刻蚀性能及与基材良好的附着力；

④ 具有酸敏性能，从而可以应用于化学增幅抗蚀剂中。

193nm 光致抗蚀剂的主体树脂通常引入脂环基团，由于脂环基团的高碳含量，不仅可以满足在 193nm 波长处透明的要求，而且提高了树脂抗干法蚀刻的性能；为使胶膜对基材具有良好的附着力和水溶性，还必须引入羟基、羧基和酸敏基团。目前用于 193nm 光致抗蚀剂的主体树脂主要有以下三类。

① 丙烯酸树脂　丙烯酸树脂在 193nm 波长处吸收很小，易于带上在酸性条件下脱除的保护基，如叔丁酯基或脂环酯基，并易于合成，便宜。其缺点是抗干法蚀刻性差、附着力差、不耐湿法显影。NEC 公司的研究人员合成了具有如图 8-7(a) 结构的主体树脂，它在聚

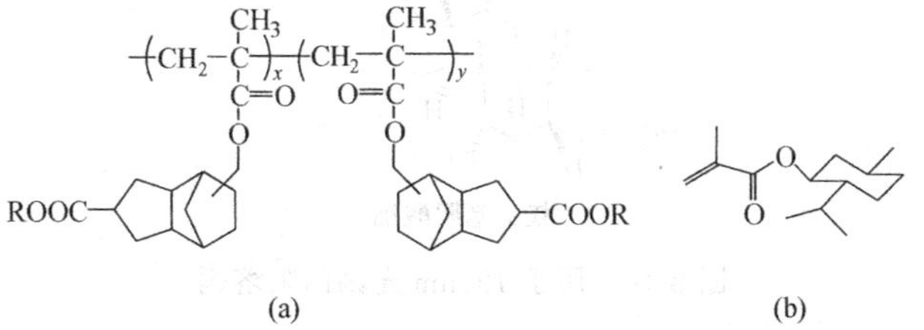

(a)　(b)

图 8-7　用于 193nm 光刻的丙烯酸树脂及单体

甲基丙烯酸树脂的侧键上带上脂环的基团，研究者称由于这种树脂既具有高碳含量可以耐干法刻蚀，又具有较好的附着力。Toshiba 公司的研究人员则在丙烯酸树脂中引入了蓋基，他们通过甲基丙烯酸蓋酯［图 8-7(b)］与其它丙烯酸单体共聚而得到了便宜、低毒的主体树脂。

② 马来酸酐共聚物　一般将马来酸酐与含双键的脂环单体进行共聚，由于在高分子链的主链引入了脂环结构，因此这类树脂具有良好的抗干法蚀刻性能。同时通过在侧链上引入羟基和羧基可以使它们具有良好的附着力和水溶性。例如 P（HNC/BNC/NC/MA）四元共聚的树脂作为 193nm 光致抗蚀剂的主体树脂。

③ 环化聚合物　这一类化合物具有良好的抗干法刻蚀性能，其它性能也很好。IBM 公司和 BF Goodrich 公司都已研制了这类 193nm 光致抗蚀剂。加州大学贝克利分校合成了如图 8-8(a) 所示的带保护基的双环聚合物作为主体树脂，具有非常好的性能。日本 JSR 公司

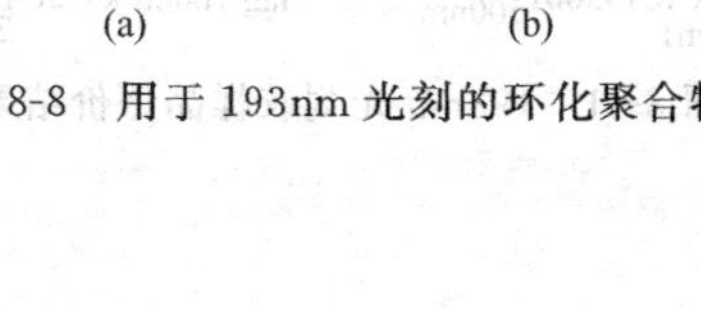

(a)　(b)

图 8-8　用于 193nm 光刻的环化聚合物

则提出了如图 8-8(b) 所示的树脂。

8.2.3.2 193nm 光致抗蚀剂中的光敏产酸物

用于 193nm 光致抗蚀剂中的光敏产酸物大多沿用 248nm 光致抗蚀剂的芳环鎓盐型光敏产酸物。由于芳环鎓盐型光敏产酸物中的苯环结构使其在 193nm 处的吸收非常强。为使光刻胶薄膜底部感光，光刻胶配方中光敏产酸物的质量分数必须较低（一般<5%）。这样也就限制了其光敏性的提高。NEC 公司合成了一类新的无芳环硫鎓盐作为 193nm 的光敏产酸物（图 8-9），这类光敏产酸物在 193nm 处吸收较为适中（透过率 64%/μm），它具有配制性能优异的光致抗剂所必须的高的光反应速度，好的热稳定性和强的阻溶作用。

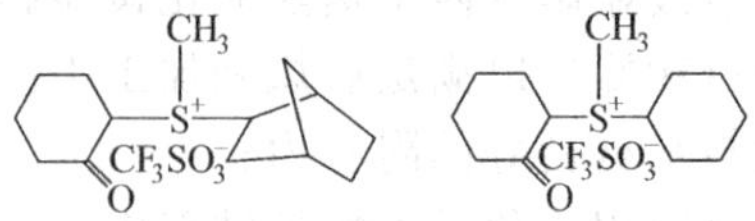

图 8-9 用于 193nm 光刻的无芳环光敏产酸物

8.2.3.3 193nm 光致抗蚀剂的添加剂

光致抗蚀剂的添加剂大多具有脂环结构和酸敏基团，通过引入脂环基团以提高体系的抗干法蚀刻性能，通过曝光区酸敏基团的反应提高曝光区与非曝光区的溶解度差。贝尔实验室采用胆酸酯（图 8-10）作为阻溶剂得到了满意的光致抗蚀剂配方。

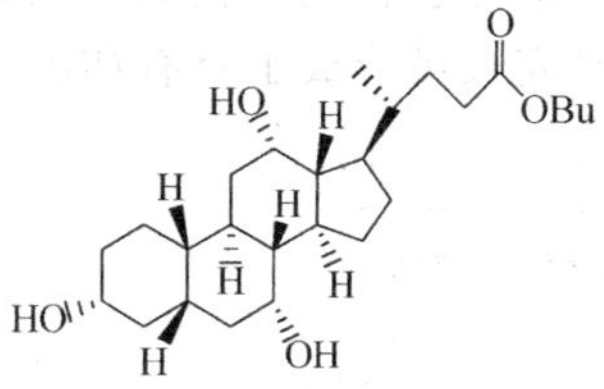

叔丁基胆酸酯

图 8-10 用于 193nm 光刻的阻溶剂

郑金红等人从主体树脂的结构设计、单体的合成工艺、主体树脂的合成工艺、光致产酸剂的评价、配方研究等多个方面论述了 193nm 光刻胶的研制工艺，合成出多种适用的单体及多种结构的主体树脂，进行了大量的配方研究，筛选出最佳配方。他们采用自制的降冰片烯衍生物-马来酸酐共聚体作为成膜用的主体树脂，硫鎓盐作为光致产酸剂，加入适宜的碱添加剂，经混溶粗滤，精滤等加工过程，制备出 193nm 光刻胶样品，经美国 SEMATECH 实验室应用评价，其最佳分辨率为 0.1μm，光敏度为 26mJ/cm^2，不但具有优异的分辨率和光敏性，而且还具有良好的黏附性和抗干法腐蚀性。样品的评价结果见图 8-11。

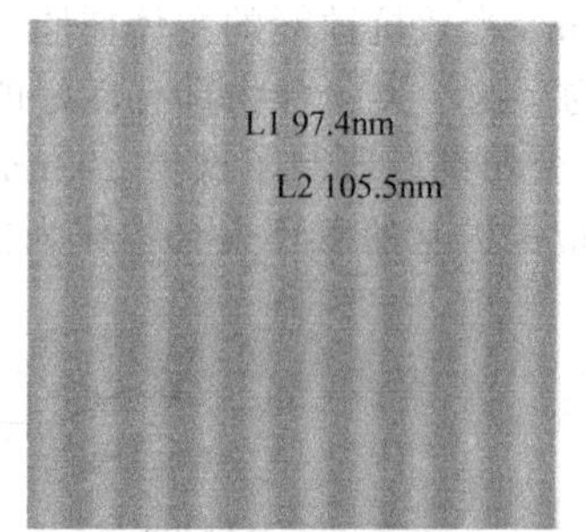

图 8-11 193nm 光刻胶样品评价结果

8.3　液晶

液晶是一些化合物所具有的介于固态晶体的三维有序和无规液态之间的一种中间相态，又称介晶相（mesophase），是一种取向有序流体，既具有液体的易流动性，又有晶体的双折射等各向异性的特征。1888 年奥地利植物学家 Reinitzer 首次发现液晶，但直到 1941 年 Kargin 提出液晶态是聚合物体系的一种普遍存在状，人们才开始了对高分子液晶的研究。1966 年 Dupont 公司首次使用各向异性的向列态聚合物溶液制备出了高强度、高模量的商品纤维—Fibre B，使高分子液晶研究走出了实验室。20 世纪 70 年代 Dupont 公司的 Kevlar 纤维的问世和商品化，开创了高分子液晶的新纪元。接着 Economy、Plate 和 Shibaev 分别合成了热熔型主链聚酯液晶和侧链型液晶聚合物。20 世纪 80 年代后期，Ringsdorf 合成了盘状主侧链型液晶聚合物。到目前为止，高分子液晶的研究已成为高分子学科发展的一个重要方向。特别是以 RCA 公司进行液晶显示和光阀方面的工作为标志，液晶得到了实际的应用。液晶高分子（LCP）的大规模研究工作起步更晚，但目前已发展为液晶领域中举足轻重的部分。如果说小分子液晶是有机化学和电子学之间的边缘科学，那么液晶高分子则牵涉到高分子科学、材料科学、生物工程等多门学科，而且在高分子材料、生命科学等方面都得到大量应用。

液晶最使人感兴趣的是：同一种液晶材料，在不同温度下可以处于不同的相，产生变化多端的相变现象。液晶系统分子间的作用力非常微弱，它的结构易受周围的机械应力、电磁场、温度和化学环境等变化的影响，因此在适度地控制周围的环境变化之下，液晶可以透光或反射光。由于只需很小的电场控制，因此液晶非常适合作为显示材料。

8.3.1　液晶的结构

自从液晶被发现以来，人们已经发现 20 多种不同的液晶相。从成分和呈现液晶相的物理条件来看，液晶可以分为热致液晶和溶致液晶两大类。热致液晶是指单一成分的纯化合物或均匀混合物在温度变化下出现的液晶相。溶致液晶是两种或两种以上组分形成的液晶，温度的改变及混合物中成分的变化均可以在溶液中形成液晶相，其中一种通常是水或其它的极性溶剂，常见的有肥皂水等。目前用于显示的液晶材料基本上都是热致液晶，而生物系统中则存在大量的溶致液晶，如生物膜，在生命活动中起着重要的作用。到目前为止发现的液晶物质已有近万种，构成液晶物质的分子，大体上呈细长棒状或扁平片状，并且在每种液晶相中形成特殊排列。

液晶是分子取向有序的流体，根据纹理结构的特点和性质，可以把液晶分为三种不同的类型，即向列相、胆甾相和近晶相液晶。

向列相液晶的特点是分子具有长程取向有序，但是分子质心分布是随机的。胆甾相也具有分子取向有序的特征，但在统计意义上分子排列是绕一个轴螺旋式变化。在与螺旋轴垂直的平面邻近的局部区域内，分子排列与向列相一样有优先取向方向，即取向有序。胆甾相液晶通常由手性分子构成。近晶相的特点是除了分子取向有序外，分子质心分布部分有序，通常有层状结构。

近晶相已经从 A 相扩展到 Q 相，而且出现众多的亚相和手征相，其结构几乎覆盖了从各向同性液体到各向异性晶体之间的所有有序性。液晶相的结构与分类见表 8-5。按惯例，近晶相的分类是根据发现的年代前后而命名为 A、B、C…M 相和 O 相与 S_{CA} 相结构比较接近，S_{CA}^{*} 由于具有一些明显的优点而在铁电液晶显示中受到重视。D 相是立方结构，它出现在 S_A 与 S_C，或者 N 与 S_C 相之间。

表 8-5 常见的液晶相

正交相	倾斜相 a<b	倾斜相 a>b	手征相	特 征
I				无任何长程序
N			CH(或 N^*)	分子取向序
S_A	S_C/S_{CA}		S_C^*/S_{CA}^*	沿层法线位置有序
S_B(或 $H_{ex}B$)	SF	ST	S_I^* S_F^*	层向键取向有序
L(或 B)	G	J	G^* J^*	层内六方位置有序
E	H	K	H^* K^*	层内长方位置有序
D	BP			立方相

对于简单的球形分子，如果知道其在物体中的位置就可确定物体的结构。假如又掌握两个分子间的相互作用与分子的性能，就可推测物体的性能。在不同的温度和压力下，这种由球形分子组成的材料一般以气相、液相或固相存在。但是对于高分子有机化合物（图 8-12）而言，分子在空间的位置并不是确定其物体结构的唯一因素。假如把每个分子简化为一个硬杆，那么它们在空间的指向（指向矢）可以决定这些分子组成的物体的结构。相同的质心坐标排列，可以有不同的指向矢排列，从而有可能获得性质完全不同的物质状态。如果质心坐标完全混乱，在一种状态下指向矢可能完全混乱（各向同性液体），而在另一种状态下，指向矢基本上都指向一个方向（相列相液晶）。正是指向矢这一自由度的出现，使非球形分子组成的材料呈现出许多绚丽多彩的、界于液体和固体之间的液态晶体。

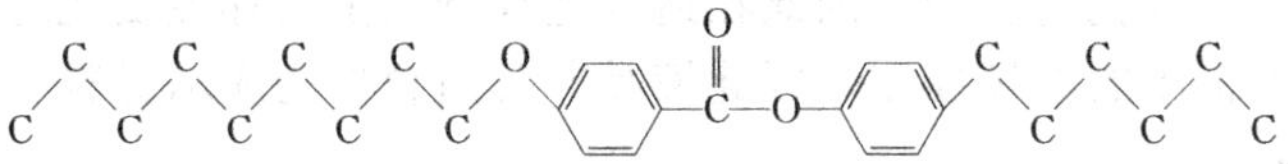

图 8-12 液晶分子的结构与空间排列

当温度升高，分子热运动使分子质心和指向矢混乱无规则排列，呈现为各相同性液体，此时分子的取向不再是明确的参量。当温度降低，有些材料会成为液晶，其中最常见的第一个液晶相是向列相液晶（nematic liquid crysrals）。此时分子的位置仍无规则排列，但大致都指向一个方向（图 8-13），这就确定了它们的光学和电学上的各向异性。利用这种电学上的各向异性来控制其光学性能，就使得液晶的工业应用成为可能。继续降温可相继出现近晶 A 相（S_A）、近晶 C 相（S_C 或 C）、其它高级液晶相或晶体。

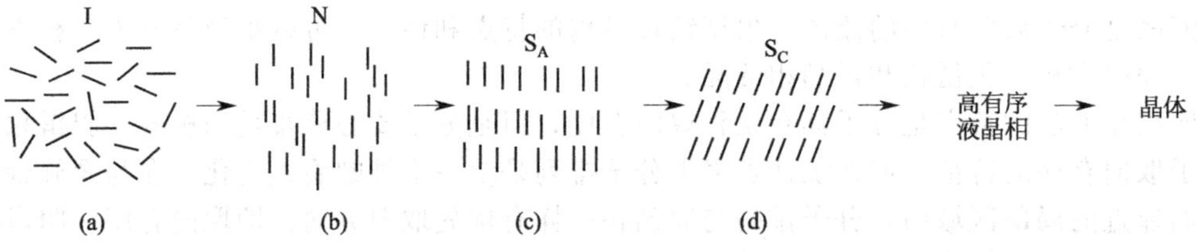

图 8-13 典型液晶的相图和分子排列

向列相（包括胆甾相）、蓝向和 D 相液晶没有层状结构，其它相的液晶都有一维的晶体结构，并且层中分子的排列和取向不同。例如在近晶 A 相（smectic A，S_A）中液晶分子在层内无序排列，但所有分子大致垂直于分子层或指向分子层的法线方向。当温度下降时有的材料的指向矢会偏离平面法线方向，得到近晶 C 相液晶。分子指向矢 $\vec{n}$ 与平面法线 z 的夹角 θ 与温指向矢会偏离平面法线方向，得到近晶 C 相液晶。分子指向矢 $\vec{n}$ 与平面法线 z 的

夹角 θ 与温度有关。分子的另一坐标（方位角 φ）是任意的，即分子可以在 θ 这个锥体上任意转动，而偏离这个锥体，即夹角偏离 θ，则需要很大的能量。图 8-14 表示近晶 C 相中分子的坐标排列。

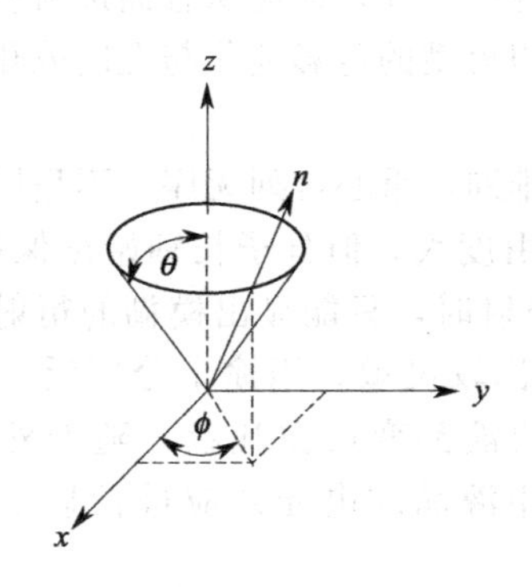

图 8-14 近晶 C 相中分子的坐标

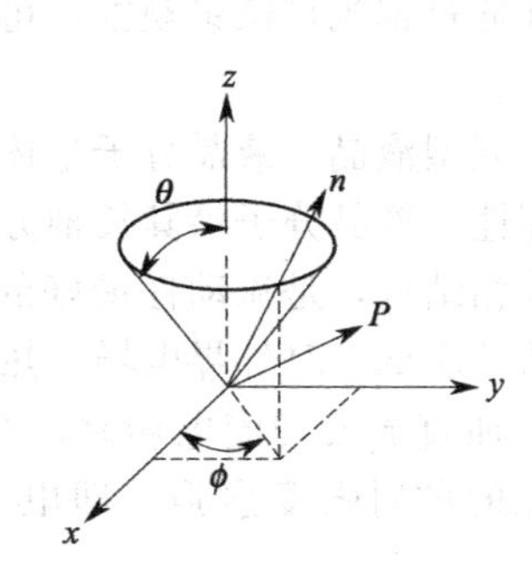

图 8-15 铁电液晶中分子的坐标

由非手性分子组成的近晶 C 相具有 C_{2b} 对称性，即当绕着垂直于分子层法线及指向矢的方向（$\vec{z}\times\vec{n}$）转 180°，以及沿着垂直于该方向的平面做镜像变换后，物体的性质不变。由手性分子组成的近晶 C 相，失去对由垂直于分子层的法线方向 z 与分子指向矢方向 $\vec{n}$ 构成的平面的镜面对称性，这时它具有以该平面法线为轴的有方向性的物理量，尤其当分子具有垂直于指向矢的固有电欧极矩时，近晶 C 相可以是铁电的，其电偶极矩就沿着 p 轴。铁电液晶中分子的坐标如图 8-15 所示。

$$\vec{P}=P_0\vec{z}\times\vec{n}$$

8.3.2 液晶的种类

目前高分子液晶的分类方法主要有两种，一种从液晶的形成过程考虑，将其分为热熔型和溶致型两类；另一种是从高分子的分子结构入手，将其分为主链型和侧链型两类。从使用情况看，这两种方法互相交叉。

热致型液晶的相变为：

$$\text{固体}\underset{\text{冷}}{\overset{\text{热}}{\rightleftarrows}}\text{液晶}\underset{\text{冷}}{\overset{\text{热}}{\rightleftarrows}}\text{液体}$$

溶致型液晶的相变为：

$$\text{固体}\underset{-H_2O}{\overset{+H_2O}{\rightleftarrows}}\underset{\text{(片层状)}}{\text{液晶}}\underset{-H_2O}{\overset{+H_2O}{\rightleftarrows}}\underset{\text{(立方形)}}{\text{液晶}}\underset{-H_2O}{\overset{+H_2O}{\rightleftarrows}}\underset{\text{(六角形)}}{\text{液晶}}\underset{-H_2O}{\overset{+H_2O}{\rightleftarrows}}\text{胶束}\underset{-H_2O}{\overset{+H_2O}{\rightleftarrows}}\text{均质溶液}$$

8.3.2.1 热致型液晶

一般具有强的永久偶极的长形分子，其分子能呈各种几何图形，如长形、盘形（甾体或稠环芳烃类）。其结构特点是分子各向异性，呈棒状或板状，分子中至少有一个大的偶极矩基团，使分子具有一定的永久偶极或诱导偶极矩。其基本结构如下。

酯类：R—⟨C₆H₄⟩—⟨C₆H₄⟩—CN

席夫碱型：R—⟨C₆H₄⟩—N═N—⟨C₆H₄⟩—CN

联苯型：R—⟨C₆H₄⟩—C(═O)—O—⟨C₆H₄⟩—CN

偶氮和氧化偶氮类：R—⟨C₆H₄⟩—N═N(→O)—⟨C₆H₄⟩—CN

环已烷型：　　R—⬡—⬡—CN

液晶具有液体的流动性和固体结构的有序性，对外界刺激如光、声、机械压力、温度、电磁场及化学环境变化等的反应灵敏。液晶在光学上是各向异性，即能从各面透射各种速度的光波，并通过偏光显微镜观察，可看到鲜明的色带，胆甾型的色彩变化与温度或化学蒸气的变化有关。

(1) 向列型液晶　液晶分子呈棒状形刚性部分平行排列，重心排列无序，不呈层状，保持一维有序性，液晶分子沿其长轴方向可移动，运动自由度大，但分子长轴始终保持平行，不影响液晶相结构，是流动性最好的液晶。用 X 射线照射时，只能显出模糊的衍射，比近晶型液晶的黏度低。对外界电场、热、切应力和图像都比较灵敏，用途十分广泛。当向列型液晶层上加直流或交流电场时，会使原来接近透明的液晶变成白浊状，随着外加电压的增大，光的散射强度愈强，即电光效应愈显著。利用液晶的电光效应进行显示，有如下 4 种。

① 动态散射型是利用外加电场使液晶分子取向，由光散射而显示。其显示有两种，一种是反射型，可直接读出；另一种是透射型，显示需要外加白炽光作背景光，才能产生光亮的显示。

② 宾-主效应型是利用染料的多向色，对平行或垂直于光轴的光具有不同的吸收性质，即在液晶（主）中添加微量染料（宾）而显色。这种显色结构在未加电场前，液晶和染料分子均为随机取向，当施加电场后，液晶分子则按一定方向取向，染料分子仍保持原来取向，因而呈现彩色变化（宾-主效应）。

③ 电控双折射效应型是在电场作用下，使用偏光板使液晶分子对入射光呈双折射和圆偏光而显示的。

④ 扭曲效应型是在外加电场下，使液晶分子取向与玻璃板呈 90° 的扭转而显示。研究得多的是动态散射，宾-主效应和场效应。这些效应是制造液晶显示器的物理基础。

(2) 近晶型液晶　在所有液晶聚集态结构中最接近固体晶体。分子刚性部分平行排列，构成垂直于分子长轴方向的层状结构，具有二维有序性。黏滞性高，对外界温度、电磁场的响应不灵敏。如油酸铵，对氧化偶氮苯二甲酸乙酯，对氧化偶氮肉桂酸乙酯，氢氧化铁及三氧化钨等。近晶型液晶在 X 射线下具有单方向的衍射现象，并具有光学上规则的性质，一般用途不大。

(3) 胆甾型液晶　胆甾醇本身无液晶性质，而它的衍生物均具有液晶特性。构成液晶的分子是扁平型的，依靠端基的相互作用平行排列成层状结构，但它们的长轴与层面平行而不是垂直。在相邻两层之间，由于伸出平面外的光学活性基团的作用，分子长轴取向依次规则地旋转一定角度，每层变化的角度约 15°；层层旋转构成螺旋结构。层间距随温度，化学组成或电场等的变化而改变。胆甾型液晶具有独特的光学性质。

① 具有圆偏振光的二向性。当白色光射到胆甾液晶上时，光被分解成两种：一种矢量按顺时针方向旋转；另一种则按逆时针方向旋转。两种光一个被透射，另一个被散射，这就是圆偏光的二向性。

② 具有旋光性。

③ 液晶态的颜色随着温度的不同而变化。

④ 某些气体能影响其光学性能，如选择性散射效应。

现胆甾型液晶已达 2000 种以上，其典型代表物有氯化（或溴化）胆甾醇、胆甾醇的壬酸酯、油酸酯及壬苯基碳酸酯、油烯基碳酸酯等。但在实际应用时很少单独使用，而是把两种或三种胆甾型液晶以适当比例混合起来使用，不同配比会使光学的颜色或电学的性质发生大幅度的变化（表 8-6）。

表 8-6　混合胆甾型液晶及其颜色

正交相胆甾烯基氯/%	胆甾烯基油烯基碳酸酯/%	颜色
20	80	蓝
25	75	绿
30	70	红

8.3.2.2　溶致型液晶

溶致型液晶高聚物则存在一临界浓度，在临界浓度以上，液晶化合物溶液呈现液晶相，而当浓度降低时，则转变为各向同性的溶液。液晶高聚物的这一特性赋予其优异的加工性能。如可以利用溶致型液晶聚合物的液晶相的高浓度低黏度特性，进行液晶纺丝制备高强度高模量的纤维。

溶致型高分子液晶，其液晶行为是首先在聚(L-谷氨酸-γ-苄酯）体系中发现的。而研究最多的则是聚芳香酰胺类如聚对苯甲酰胺（PBT）和聚对苯二甲对苯二胺（PPTA），聚芳香杂环类聚合物如聚双苯骈噻唑苯（PBT）。

要形成溶液型液晶，无论是小分子还是高分子，都必须具备下述两个条件：

① 必须具有一定尺寸的刚性棒状结构；

② 必须在适当的溶剂中具有超过临界浓度的溶解度。

对于聚肽一类溶液型主链高分子液晶来说，其刚性棒状结构来源于 α-螺旋构象，高分子链上的极性基团又与溶剂水有强烈的相互作用，使得上述两个必要条件得到满足。而对以聚芳香酰胺为代表的一类溶液型高分子液晶而言，要满足上述条件就必须借助于极强的溶剂，例如通常使用质量分数大于 99% 的浓硫酸等。

溶致型液晶在分子上具有亲水和亲酯的结构，如磷脂类：

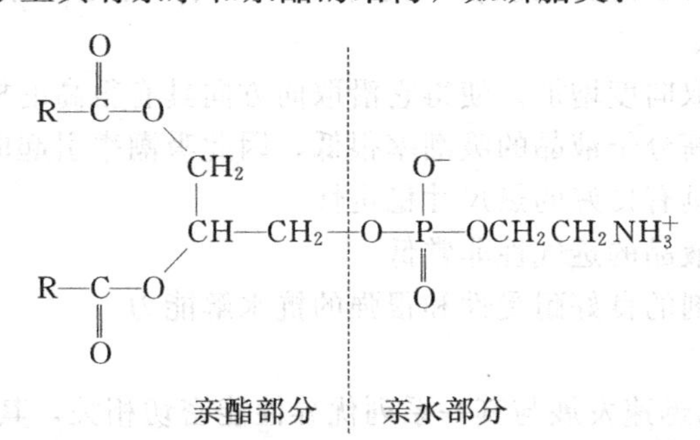

除了聚肽、聚芳香酰胺和聚芳香杂环类溶液主链高分子液晶以外，纤维素及其衍生物也能形成溶致型液晶。另外，近期的研究工作表明，容易形成热致型液晶的聚酯通过共聚，也能获得一些溶致型主链型聚酯液晶。例如，将环已基酯的低聚物与芳香酯的低聚物进行嵌段共聚，即可得到能生成溶致型液晶的聚酯。

形成溶致性高分子液晶的临界浓度 C_v（体积分数）可以用 Flory 半经验公式估算：

$$C_v = \frac{8}{X} \times \left(1 - \frac{2}{X}\right) \tag{8-1}$$

$$X = \frac{2q}{d} \tag{8-2}$$

式中　X——分子的轴比（长度与半径之比）；

q——构象持续长度，表征分子的刚性，q 越大，分子刚性越大；

d——分子直径。

构象持续长度是可以通过高分子溶液的均方根旋转半径测定得到的。表 8-7 比较了溶致性液晶高分子的实测 q 值。甲壳质 q 值比纤维素的大，甲壳质及其衍生物是链刚性偏大的高分子化合物。甲壳胺和纤维素都是半刚性链，应该有更大的形成液晶的倾向。

表 8-7 溶致性液晶高分子的构象持续长度实验值

高分子	溶剂	q/nm
纤维素	DMAC+5% LiCl	11
甲壳质	DMAC+5% LiCl	35
甲壳胺	0.1mol/L HAC+0.2mol/L NaCl	22

8.3.2.3 液晶性表征方法

(1) 偏光显微镜观察聚合物的液晶性　由于液晶聚合物刚性大分子的取向，使得其在熔融状态下可以通过带热台的偏光显微镜进行观察，如用 Leitz 公司的 ORTHOLU X Pol-BK 型热台偏光显微镜表征液晶的相转变、清亮点等。利用液晶聚合物刚性大分子松弛时间长的特性，可先在热台上制得液晶聚合物的骤冷样品再用偏光显微镜进行观察。如先用北京光电设备厂的 X 6 型精密熔点测定仪制得液晶聚合物的骤冷样品，再用江南光学仪器厂的 XPT-6 型偏光显微镜进行液晶观察。

(2) 差示扫描量热法 (DSC) 表征聚合物的液晶性　液晶相是热力学稳定存在的相系，因此加热液晶聚合物过程中出现明显的液晶相转变，从而在 DSC 谱图上出现多个熔融吸热峰。可采用的仪器有美国 Perkin Elmer DSC-7 型差示扫描量热计。此外液晶聚合物表征方法还有 X 射线衍射，小角中子散射等方法。

8.3.3 液晶的特性与应用

高分子液晶材料与普通的高分子材料相比，有较大的性质差别。

① 高分子液晶具有低得多的剪切黏度，同时在由各向同性至液晶态的相转变处，其黏度会有一个非常明显的降低。

② 由于液晶高分子的取向度增加，使得它沿取向方向具有很高的机械强度。

③ 由于结晶程度高，高分子液晶的吸潮率很低，因此吸潮率引起的体积变化也非常小。

④ 主链高分子液晶还具有良好的热尺寸稳定性。

⑤ 热熔型主链高分子液晶的透气性非常低。

⑥ 它还具有对有机溶剂的良好耐受性和很强的抗水解能力。

8.3.3.1 液晶的特性

液晶聚合物 (LCP) 的迅速发展与其一系列优异性能密切相关，其特性如下。

(1) 取向方向的高拉伸强度和高模量　绝大多数商业化液晶聚合物产品都具有这一特性。与柔性链高分子比较，分子主链或侧链带有介晶基元的液晶聚合物，最突出的特点是在外力场中容易发生分子链取向。实验研究表明，LCP 处于液晶态时无论是熔体还是溶液，都具有一定的取向序。当熔融加工时，在剪切应力作用下分子沿流动方向进一步取向而达到高度有序状态，冷却后这种取向就被固定下来因而具有自增强特性。当 LCP 液体流经喷丝孔、模口或流道，即使在很低剪切速率下获得的取向，在大多数情况下，不再进行后拉伸就能达到一般柔性链高分子经过后拉伸的分子取向序。因而，即使不添加增强材料，也能达到甚至超过普通工程材料用百分之十几玻璃纤维增强后的机械强度，表现出高强度高模量的特性。如 Kevlar 的比强度和比模量均达到钢的十倍。

(2) 突出的耐热性　由于 LCP 的介晶基元大多由芳环构成，其耐热性相对比较突出。如 Xydar 的熔点为 421℃，空气中的分解温度达到 560℃，其热变形温度也可达 350℃，明显高于绝大多数塑料，连续使用温度为 −50～240℃。此外，LCP 还有很高的锡焊耐热性，如 Ekonol 的锡焊耐热性为 300～340℃/60s。

(3) 很低的热膨胀系数　由于具有高的取向序，LCP 在其流动方向的膨胀系数要比普通工程塑料低一个数量级，达到一般金属的水平，甚至出现负值，如 Kevlar 的热膨胀系数为 $-2\times10^{-9}K^{-1}$。这样，LCP 在加工成型过程中不收缩或收缩很低，保证了制品尺寸的精确和稳定。

(4) 优异的阻燃性　LCP 分子链由大量芳环构成，因此不加任何阻燃剂就能达到 UL 94 VO 级的阻燃水平，其中 Xydar 的阻燃性最佳。除了含有酰肼键的纤维以外，LCP 都特别难以燃烧，燃烧后产生炭化，表示聚合物耐燃烧性指标——极限氧指数（LOI）相当高，如 Kevlar 在火焰中有很好的尺寸稳定性，若在其中添加少量磷等，LCP 的 LOI 值可达 40 以上。

(5) 优异的电性能　LCP 具有高的绝缘强度和低的介电常数，而且两者都很少随温度的变化而变化，并具有低的导热和导电性能，尤其厚度较小时的介电强度比普通工程塑料高得多，其体积电阻一般可高达 $10^{13}\Omega\cdot m$，抗电弧性也较高。

(6) 成型加工性好　LCP 的熔体黏度随剪切速率的增加而下降，流动性能好，成型压力低，因此可用普通的塑料加工设备来注射或挤出成型，所得成品的尺寸很精确。

此外，LCP 具有高抗冲性和抗弯模量以及很低的蠕变性能，其致密的结构使其在很宽的温度范围内不溶于一般的有机溶剂和酸、碱，具有突出的耐化学腐蚀性。LCP 也具有优良的耐候性、耐辐射性和振动吸收性。当然 LCP 尚存在制品的机械性能各向异性、接缝强度低、价格相对较高等缺点，这些都有待于进一步的改进。

8.3.3.2　液晶的应用

(1) 物理学方面的应用　液晶在光特性上显示出明显的各向异性，有些还具有光学活性，可以改变光的偏振方向。其应用主要表现在以下几个方面。

① 光导液晶光阀　利用 ZnS 层的电阻液晶的电阻高，在足够强的紫外光照射后，光导层电阻下降到低于液晶材料的电阻，实现液晶显示。为了改变显示的灵敏度，通常将硒蒸发作为光导层，一个不透明的高反射的光阻挡层放在光导层和液晶之间，以防止光导层被可见光激励。

② 光调制器　液晶分子呈均匀排列的向列相液晶和胆甾相液晶，都是光学单轴性物质。如果对这些液晶施加电场或磁场，则液晶分子的取向组织将发生变化，引起光轴旋转，而对液晶盒部分地施加电场或磁场，液晶分子的取向组织将会变得不均匀，产生部分折射梯度。利用液晶的这种性质，可以制造偏向器和光调制器。

③ 光通信用光路转换开关　在光导纤维通信系统中设置使液晶分子按某种方式排列的液晶盒，若对其施加电场，即可改变液晶分子的排列组织，进行光路转换。

④ 超声波测量　若用超声波作用于液晶分子呈某种排列的液晶盒，可以改变液晶分子排列。利用该原理，可以把超声波图像变换为可见图像。

(2) 电子学方面的应用

① 数字及图像的显示　尽管高分子液晶其响应时间较长，但因其结构特征带来的易固定性，若对高分子液晶从结构条件和实验条件两方面进行强化，也可得到响应值与低分子液晶相当的 LCP，从而用于显示。现在液晶已广泛应用于电子显示器件中。向列型混合液晶可用于台式电子计算机，测试和测量仪器上数字面板表上的显示器，多色显示器及平面电视显像管，体育比赛计分牌的显示器。例如将亚茴香基氨基醋酸酯、亚茴香氨基酚丁酸酯和对丁氧基苯亚甲基氨基苯基醋酸酯等量混合物，在 120℃ 搅拌熔化至透明，冷至 0℃ 即得室温液晶（−6～90℃）可用于数字显示及黑白电视显示屏。另外向列型液晶在电场作用下，光的反射或透射率会发生变化，因此可用来显示具有灰度的黑白单色的图像。与此相反，胆甾

型液晶加上电场时可使光有选择的反射或透射，故可显示彩色图像。此外，还可利用胆甾型液晶对温度的敏感性，用来对晶体二极管的焊接温度和超小型电路内部的过热现象进行测定，对薄膜电容器进行微孔检验，对集成电路接点的动态测试，以及整流器的工作温度的测量等。

② 微温传感器　在施行了水平取向处理的液晶盒中，向列相液晶和胆甾相液晶的混合物所形成的排列组织，是分子轴对于基片呈平行并顺次扭转的螺旋结构。而且其螺距随温度变化而发生显著改变，利用这个特性可以制造微温传感器。

③ 压力传感器　当胆甾相液晶受到除温度、电场、磁场等以外的外部压力作用时，也能使其螺距发生变化，从而改变反射光的色相，制成压力传感器。

④ 液晶电子光快门　把液晶盒置于一对偏振片之间，一面透射、一面给液晶盒施加电压。通过选择液晶分子的取向形态和偏振光片的组合，可以得到从暗视场到透射状态的转变。

⑤ 记录材料　LCP 因为易固定性可被用来作为热记录材料，即 LCP 在热条件下将外力场的刺激固定下来，从而能保留外界所给予的信息，起到储存的作用。若将这些记录材料再次在热条件下施以电场，则材料回复原来的变形（在外场作用下呈均匀定向排列的性能）状态，可重新记录和摹写。利用液晶的相态变化的显示和记录方式称为热感式记录；利用光化学反应原理实现显示和记录方式称为光感式记录。

罗朝晖等合成出一种含胆甾侧基的环状聚硅氧烷高聚物液晶，并用该液晶作为可擦存储器的记录材料，在记录和删除时无需外加电场，只需要一个简单的加热和冷却循环即可实现，记录的信息在玻璃态下可保存 6 个月不衰退。Ikeda 合成出了一种侧链仅含有偶氮液晶基元的均聚物，利用偶氮双键异构引起的相转变实现了光记录。该聚合物信息储存的光记录方法是通过其液晶态向列相在强偏振激光的照射下，受照射的局部区域吸热升温至液晶相转变温度。同时偶氮基团发生顺反异构化由棒状的反式结构转变为弯曲的顺式结构，从而对周围的液晶相产生扰动，使其由各向异性转变为各向同性。光源移走后受照射区域冷至玻璃化温度以下，所记录的信息就被冻结起来。由于偶氮苯基团具有很好的抗疲劳性，因此可以实现信息的反复重复擦写。

⑥ 导电液晶高分子　具有与 π 电子结构相关联的线型聚烯烃和芳杂环等的共轭聚合物具有较好的导电、非线性光学等性质。这些“离域电子聚合物”有可能成为可充电电池、电子显示器和探测器等器件的新型材料。在这些电子器件，这些材料常需要被制作成不同厚度的，因此要求这些材料具有可溶性和可加工性。但刚性的 π 共轭电子结构使这些聚合物丧失了这些性质。Uoda 等研究发现，在聚对苯（PPP）聚合物分子链上引入对称的侧基烷氧基得到的聚 2,5-二烷氧基苯可以溶于四氢呋喃中，且该聚合物仍然具有很好的导电性。崔峻等根据这一研究成果，合成出带有液晶基元的二烷氧基苯单体。该单体在催化剂 $FeCl_3$ 作用下和惰性气体 N_2 保护下，反应可得到侧链导电液晶聚合物聚 1,4-(2-甲氧基-5-正己酸联苯酯醚）苯。

⑦ 其它　LCP 优异的电绝缘性、低热膨胀系数、高耐热性和耐锡焊性等优点，使其在电子工业中的应用日益扩大。以表面装配技术和红外回流焊接装配技术为代表的高密度循环加工工艺，要求树脂能够经受 260℃以上的高温，还要求制品薄壁和小型化，故要求树脂能精密注射、不翘曲和耐焊接，这是一般工程塑料难以达到的，而 Vectra、Xydar 类 LCP 可满足这些要求。目前发达国家电子工业中将 LCP 用来制作接线板、线圈骨架、印刷电路板、集成电路封装和连接器，此外还用作磁带录像机部件、传感器护套和制动器材等。

(3) 生命科学方面　液晶在 0～250℃ 之间对温度变化都很灵敏，根据选用的混合物液晶能显示 1～5℃ 之间温度变化的全谱图，即使小于 0.125℃ 的温度变化，也可以清楚地看出。用涂有胆甾型液晶的黑底薄膜贴在病灶区的皮肤上，则能显示温度不到一度的彩色温度变化图。利用液晶诊断肿瘤、动脉血栓和静脉肿瘤，以提供手术的准确部位，并能根据皮肤温度的变化，以及交感神经系统的堵塞情况，以判断神经系统及血管系统是否开放。用液晶膜还能确定胎儿位置，显示血流图像，诊断烧伤程度等。用液晶诊断疾病已在医学的各个领域得到广泛的应用。生物液晶在夜视仿生、复眼的液晶结构和液晶态生物膜等方面的研究工作，正在朝深入和实用的方向发展。

甲壳素是一种天然高分子化合物。甲壳素的衍生物具有液晶相，经湿纺后可以用作外科手术缝合线或创伤面的被覆材料。这些物质具有生物活性，因此可以被人体所吸收，消除了手术拆线给病人带来的痛苦。聚甲基硅氧烷侧链液晶高聚物经过交联处理，可以得到液晶弹性体。用它制得的薄膜用来分离水杨酸类药物已经取得了良好的效果。

(4) 在材料学方面

① 无损探伤　胆甾相液晶对温度十分敏感，微小的温差就会引起它的螺距发生变化，引起反射光波长改变，使反射光的颜色有所不同。在航空工业中，为了减轻飞机的重量，许多构件的内部出现缺损时，用液晶物质进行探测非常方便。

② 液晶纺丝和防弹衣　利用液晶纺丝新工艺制造出来的 Kevlar 纤维是超高强度的合成纤维，其强度是尼龙、聚酯和玻璃纤维的两倍多，是钢丝的五倍，且还很轻，密度仅为 $1.45g/cm^3$，是玻璃纤维的 1/2，钢丝的 1/5，具有质轻、质地柔软、强度高的特点。这种纤维不但广泛应用于航天工业中，而且使防弹衣从“硬式”到“软式”的革命性转变，并进入实用阶段。

③ 汽车和机械零件　LCP 广泛用于制造汽车发动机内各种零部件（如燃油输送系统的泵和桨叶、调速传感器等），以及特殊的耐热、隔热部件和精密机械、仪器零件。LCP 可以用于巡航控制系统的驱动发动机中作为旋转磁铁的密封元件。Du Pont 公司采用 Kevlar 119 作为高级轿车轮胎补强纤维，使轮胎的各种性能提高 50%；日本住友化学公司开发的 PTEE/Ekonol E101 系列合金，可用于 200℃ 以上使用的无油润滑轴承以及耐溶剂轴承等。

④ 光导纤维　光纤通信中目前采用石英玻璃丝作为光导纤维。这种外径仅为 100～150μm 的细玻璃丝，只需 100gf（$1gf=9.80665\times10^{-3}N$）左右的拉力就被拉断。因此为了保护光纤表面，提高抗拉强度、抗弯强度，需给光纤涂以高分子树脂造成被覆层。LCP 就适用于光纤二次被覆材料，以及抗拉构件和连接器等。如尤尼崎卡和三菱化学开发的 PET 系非全芳烃 LCP，经改性后代替尼龙 12 作为光纤的二次涂层，由于其模量、强度均高，而膨胀系数小，从而降低了由光纤本身温度变形而引起的畸形，以及使光纤不易出现不规则弯曲，减少了光信号传输中的损耗。

⑤ 电流变流体　电流变流体（electrorheological fluid，简称 ER 流体）通常是由具有较高介电常数的分散颗粒分散于具有较低介电常数的绝缘液体中形成的一类悬浮液。主要特征在于其表观黏度和屈服应力等流变学性质能随外加电场的强度的变化发生快速、可逆的变化。即无外加电场时可以像水那样流动，施加电场后，表观黏度显著增大，甚至变成固体状物质。更为突出的是这种“液-固”行为仅在毫秒间实现，并且可逆。电流变流体的特性提供了一种新颖、高效的能量传递、运动控制的方法，是当前仿生智能材料的首选材料之一。在机械能传递和控制中具有广阔的前景。刘红波等合成出一种聚硅氧烷侧链液晶高聚物，并将其作为分散相分散在硅油中。为了便于分散，加入四氢呋喃将其混合均匀后放入真空烘箱，将四氢呋喃挥发掉得到均相的高分子液晶电流变流体。对该变流体研究发现，在剪切速率为 $300s^{-1}$时，电场强度（E）从 0 升到 2kV/mm，流体的剪切应力从 2kPa·s 迅速增加到 10kPa·s。该电流变流体不仅有较宽的使用温度，且体系不存在储存沉降等问题。

⑥ 高分子液晶合金　利用液晶高分子材料与已有的高聚物进行共混改性得到的两相体

系，由于两组分之间的协同效应具有优异的综合性能。利用高分子液晶对传统通用高分子材料进行改性是近些年来科研工作者研究的一大焦点。Zhang Baoyan 制备出一种高分子液晶，将该液晶与聚砜及聚乙烯吡咯烷酮以溶液法进行共混，采取 L-S 相转换法得到一种共混超滤膜。用 0.05% 的牛血清蛋白溶液测定其截留率，与未加入液晶组分的超滤膜相比较，共混超滤膜的截留率大幅度提高。另外，膜的耐热性、耐酸碱性也有较大程度的提高。利用高分子液晶对传统高分子材料进行改性，目前最为成熟的是环氧树脂。Baolong Zhang 等合成出一种侧链高分子液晶来增韧环氧基体。该化合物在增韧环氧树脂时柔性的液晶分子主链能弥补环氧基体的脆性，侧链的刚性单元又保证了改性体系的模量不会下降，从而提高体系的综合力学性能。在研究时还发现，体系的抗冲击性能随液晶聚合物的用量增大而增大，当用量摩尔分数为 20%～30% 时有最大抗冲击性能。经 SEM 观察分析，其冲击断口环氧树脂呈连续相，液晶则以微粒形式分散在树脂基体中。当受到冲击时，液晶微粒是应力集中源，并诱发周围环氧基体产生塑性形变吸收能量。常鹏善用含有芳酯的液晶环氧 4,4′-二缩水甘油醚基二苯基酰氧（PHBHQ）增韧 E-51 环氧树脂，选择熔点与液晶相玻璃化温度相一致，反应活性较低的混合芳香胺为固化剂。当 PHBHQ 质量分数达 50% 时，固化树脂冲击强度为 $40.2J/m^2$，与不加 PHBHQ 的冲击性能相比较，提高了 $31.72J/m^2$，此外玻璃化温度也有一定的提高。

⑦ 航空航天材料　LCP 由于具有耐各种辐射以及脱气性极低等优良的“外层空间性质”，可用作人造卫星的电子部件，而不会污染或干扰卫星中的电子装置，还可模塑成飞机内部的各种零件，如采用 Xydar 可满足长期在高温下运转的发动机零件的要求。利用 Kevlar 的强力，美国航空航天部门已大量用其作为高级复合材料，如波音 777 飞机每架用高级复合材料占总重的 60% 以上，其中大部分是 Du Pont 公司的 Kevlar 49 和 149。

(5) 环境方面

① 气体的检测　液晶对气体和蒸气污染的灵敏度高于氧、氮及惰性气体。它能记录有害气体的浓度，并能精确测定漏气部位，以保证安全。测量的灵敏度可达百万分之几，这对环境保护监测工作有重要价值。例如，胆甾液晶对不同有机溶剂气体可显示不同的颜色，见表 8-8。

表 8-8　胆甾液晶吸收气体前后的颜色变化

项　目	组成/%	吸收前颜色	被吸收的气体	吸收后颜色
胆甾烯基氯	15	红	丙酮、氯仿、苯	蓝
油酸胆甾醇酯	80			
壬酸胆甾醇酯	5			
胆甾烯基氯	20	绿	苯、石油醚	蓝
壬酸胆甾醇酯	80		氯仿、氯甲烷	红
胆甾烯基氯	25	黄红	氯仿、氯甲烷 苯、三氯乙烯 石油醚	红 深红 蓝
壬酸胆甾醇酯	75			
胆甾烯基氯	80	红	氯仿，二氯甲烷 石油醚	深红 蓝
壬酸胆甾醇酯	20			

② 辐射计量计　X 射线、γ 射线和中子等不可见的能量较高的辐射，它们对生命集体的损伤不能立刻被感知。超过致死剂量的辐射，会破坏人体的正常机能，尤其是造血机能。液晶为检测这种不易察觉的辐射提供了可能。

③ 微量毒气监测徽章　利用液晶的理化效应，液晶只要吸附少量的化学毒物，其颜色

就会变化。利用这个性质，可以制作个人佩戴的徽章，或制成液晶片挂在墙上。一旦有毒气逸出，液晶立即变色，发出警报颜色。

8.3.4　主链型液晶高聚物

液晶高聚物的分子结构一般呈刚性棒状。大多数液晶高聚物分子中含有苯环或其它环状结构。由刚性基元和桥键组成的液晶基元是液晶高聚物分子结构的重要特征。根据液晶基元在高分子链中的位置不同，液晶高聚物又可分为主链型液晶高聚物和侧链型液晶高聚物。液晶基元分布在聚合物主链结构上所形成的液晶聚合物称为主链 LCP，一类显示溶致液晶行为，以芳香族聚酰胺为代表；另一类则显示热致液晶行为，以芳香族聚酯及共聚酯为代表。

主链型液晶高聚物的分子链由苯环、杂环和非环状刚性共轭双键等刚性液晶基元彼此连接而成，这些链的化学组成和特性决定了其在空间取伸直链的构象状态。图 8-16(a) 表示主链型液晶高聚物的分子结构模型。

侧链型液晶高聚物的分子链一般由柔性主链、刚性侧链和间隔基元等 3 部分组成。主链一般为碳链等柔性链，侧链一般由刚性基元组成。主链和侧链之间常常插入由烷基组成的柔性间隔基团使侧链能获得相对的运动而形成液晶态。图 8-16(b) 表示侧链型液晶高聚物的分子结构模型。

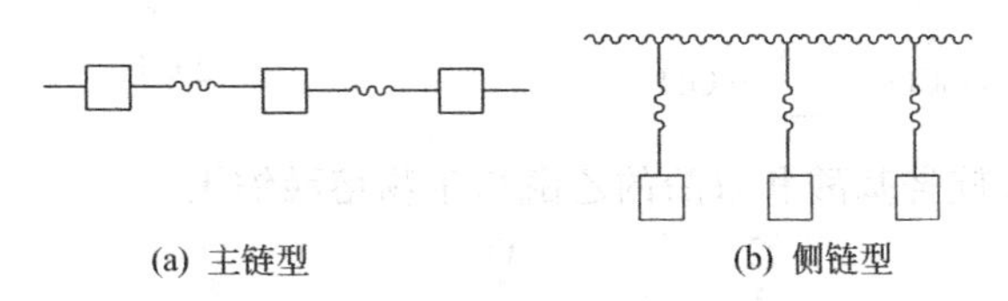

(a) 主链型　　(b) 侧链型

图 8-16　液晶高聚物的分子结构模型

目前 LCP 的合成主要采用缩聚反应，合成的 LCP 主要有主链型的聚酰胺类、聚酯类、聚醚类、聚噻唑、聚咪唑等，侧链的有聚异氰酸酯类、聚偶氮类、聚二甲基硅氧烷类、聚丙烯酸酯类等，此外还有一些特殊结构的高分子液晶。

8.3.4.1　聚芳香酰胺液晶

芳香族聚酰胺类液晶是通过酰胺键将单体连接成聚合物，因此所有能够形成酰胺的反应方法和试剂都有可能用于此类高分子液晶的合成。如聚对氨基苯甲酰胺（PBA）的合成以对氨基苯甲酸为原料，与过量的亚硫酰氯反应制备亚硫酰氨基苯甲酰氯；然后在四甲基脲（TMU）中进行溶液缩聚得到 PBA，反应方程式为：

$$H_2N-C_6H_4-COOH \xrightarrow{SOCl_2} O{=}S{=}N-C_6H_4-COCl \xrightarrow[LiOH]{TMU} \left(\overset{H}{\underset{|}{N}}-C_6H_4-\overset{O}{\overset{\|}{C}}\right)_n$$

近年来又开发了几种合成芳香族聚酰胺的新方法。

(1) 利用芳香族二元胺和二元酸的氧化反应

$$n\,HO-\overset{O}{\overset{\|}{C}}-C_6H_4-\overset{O}{\overset{\|}{C}}-OH + n\,H_2N-C_6H_4-NH_2 + Ph_3P + C_2Cl_6 \xrightarrow{2\,C_5H_5N}$$

$$\left(\overset{O}{\overset{\|}{C}}-C_6H_4-\overset{O}{\overset{\|}{C}}-\overset{H}{\underset{|}{N}}-C_6H_4-\overset{O}{\overset{|}{N}}\right)_n + Ph_3PO + C_2Cl_4 + 2\,C_5H_5N\cdot HCl + (n-1)H_2O$$

(2) 在咪唑或其衍生物存在下的酰胺化反应

$$n\,HO-\overset{O}{\overset{\|}{C}}-C_6H_4-\overset{O}{\overset{\|}{C}}-OH + n\,H_2N-C_6H_4-NH_2 + X-N\!\!\diagup\!\!\!\!\!\!\bigcirc\!\!\!\!N \longrightarrow$$

$$\text{-}\!\!\left(\overset{O}{\overset{\|}{C}}\text{-}C_6H_4\text{-}\overset{O}{\overset{\|}{C}}\text{-}\overset{H}{\overset{|}{N}}\text{-}C_6H_4\text{-}\overset{H}{\overset{|}{N}}\right)_n\text{-} + \text{N}\langle\text{imidazole}\rangle\text{N-H} + XOH + (n-1)H_2O$$

8.3.4.2 聚芳酯液晶

热致液晶芳香族聚酯是一种高性能热塑性塑料，因为硬棒状刚性分子的溶解度小，熔点又高，合成这类刚性长链芳香聚酯困难较大。若合成中等分子量产物时还比较方便，若要合成高分子量的聚酯，必须采用两步反应过程。第一步是均相的溶液聚合或熔融聚合，得到中等分子量的聚酯。第二步是在所得聚酯熔点以下的温度进行固相缩聚。合成方法大致有以下4种。

（1）芳香族二酰氯和羟基化合物溶液缩聚

$$2HO\text{-}C_6H_4\text{-}\overset{O}{\overset{\|}{C}}OCH_3 + HO\text{-}(CH_2)_n\text{-}OH \longrightarrow HO\text{-}C_6H_4\text{-}O\overset{O}{\overset{\|}{C}}O\text{-}(CH_2)_n\text{-}O\overset{O}{\overset{\|}{C}}O\text{-}C_6H_4\text{-}OH + 2CH_3OH$$

$$m\ Cl\overset{O}{\overset{\|}{C}}\text{-}C_6H_4\text{-}\overset{O}{\overset{\|}{C}}Cl + HO\text{-}C_6H_4\text{-}O\overset{O}{\overset{\|}{C}}O\text{-}(CH_2)_n\text{-}O\overset{O}{\overset{\|}{C}}O\text{-}C_6H_4\text{-}OH \longrightarrow \text{-}\!\left[\overset{O}{\overset{\|}{C}}\text{-}C_6H_4\text{-}O\overset{O}{\overset{\|}{C}}\text{-}C_6H_4\text{-}\overset{O}{\overset{\|}{C}}O\text{-}C_6H_4\text{-}O\overset{O}{\overset{\|}{C}}O\text{-}(CH_2)_n\right]_m\!\text{-} + 2m\ HCl$$

（2）二羧酸、芳香族羟基酸和双酚的乙酰衍生物熔融缩聚

$$n\ HO\overset{O}{\overset{\|}{C}}\text{-}C_6H_4\text{-}\overset{O}{\overset{\|}{C}}OH + m\ CH_3\overset{O}{\overset{\|}{C}}O\text{-}C_6H_4\text{-}\overset{O}{\overset{\|}{C}}OH + n\ CH_3\overset{O}{\overset{\|}{C}}O\text{-}C_6H_4\text{-}C(CH_3)_2\text{-}C_6H_4\text{-}O\overset{O}{\overset{\|}{C}}CH_3$$

$$\longrightarrow \text{-}\!\left[O\text{-}C_6H_4\text{-}\overset{O}{\overset{\|}{C}}\right]_m\!\left[O\text{-}C_6H_4\text{-}C(CH_3)_2\text{-}C_6H_4\text{-}O\overset{O}{\overset{\|}{C}}\text{-}C_6H_4\text{-}\overset{O}{\overset{\|}{C}}\right]_n + (m+2n)CH_3COOH$$

（3）芳香族羟基酸、芳香族二羧酸苯酯和双酚熔融缩聚

$$n\ HO\text{-}C_6H_4\text{-}C(CH_3)_2\text{-}C_6H_4\text{-}OH + n\ C_6H_5\text{-}O\overset{O}{\overset{\|}{C}}O\text{-}C_6H_5 + HOCH_2CH_2O\text{-}\!\left(\overset{O}{\overset{\|}{C}}\text{-}C_6H_4\text{-}O\right)_p\!\text{-}\!\left(ET\right)_q\!\text{-}H$$

$$\longrightarrow HOCH_2CH_2O\text{-}\!\left(\overset{O}{\overset{\|}{C}}\text{-}O\text{-}C_6H_4\text{-}C(CH_3)_2\text{-}C_6H_4\text{-}O\right)_n\!\left(\overset{O}{\overset{\|}{C}}\text{-}C_6H_4\text{-}O\right)_p\!\left(ET\right)_q\!\text{-}H + 2n\ C_6H_5\text{-}OH$$

式中ET代表：$\text{-}\overset{O}{\overset{\|}{C}}\text{-}C_6H_4\text{-}\overset{O}{\overset{\|}{C}}\text{-}OCH_2CH_2O\text{-}$

（4）二羧酸、双酚二乙酸酯和芳香族羟基酸醋酸酯与聚对苯二甲酸乙二醇酯熔融缩聚

$$n\ HO\text{-}\overset{O}{\overset{\|}{C}}\text{-}C_6H_4\text{-}\overset{O}{\overset{\|}{C}}\text{-}OH + m\ CH_3\overset{O}{\overset{\|}{C}}\text{-}O\text{-}C_6H_4\text{-}\overset{O}{\overset{\|}{C}}\text{-}OH +$$

$$n\ CH_3\overset{O}{\overset{\|}{C}}\text{-}O\text{-}C_6H_4\text{-}C(CH_3)_2\text{-}C_6H_4\text{-}O\text{-}\overset{O}{\overset{\|}{C}}CH_3 + HO\text{-}\!\left(ET\right)_p\!\text{-}H$$

$$\longrightarrow HO\!\!+\!\!\overset{O}{\overset{\|}{C}}-C_6H_4-\overset{O}{\overset{\|}{C}}-O-C_6H_4-\underset{CH_3}{\overset{CH_3}{C}}-C_6H_4-O\!\!+_n\!\!+\!\!\overset{O}{\overset{\|}{C}}-C_6H_4-O\!\!+_m\!\!(ET)_p H+(m+2n)CH_3COOH$$

式中 ET 代表：$-\overset{O}{\overset{\|}{C}}-C_6H_4-\overset{O}{\overset{\|}{C}}-OCH_2CH_2O-$

8.3.4.3 聚酯酰胺液晶

溶致型聚芳香酰胺液晶的分子刚性太大，而热致型聚芳酯液晶的熔点又太高，采用分子设计原理对其进行改性，比较突出的是聚酯酰胺液晶。热致型聚酯酰胺液晶是一种分子链上既有酯键，又有酰胺键的一类液晶聚合物。与酰胺液晶相比，由于酯键的引入降低了熔点，为熔融加工制备纤维和各类型材提供了方便。与聚酯液晶相比，由于酰胺键的存在，增强了分子链间的氢键作用，分子间作用力加大，力学性能大为改善。所以，聚酯酰胺液晶兼具了聚酯液晶和聚酰胺液晶的优点。

聚酯酰胺液晶可以分为三类：无规链结构聚酯酰胺、半规则链结构聚酯酰胺和规则链结构聚酯酰胺。

(1) 无规则链聚酯酰胺液晶　通过二元酸与二元酚、二元胺直接缩聚可得到无规则链聚酯酰胺液晶。合成方法是在二元酸的溶液中，同时滴加二元酚/二元胺混合物，或者先加入二元酚反应一段时间再加入二元胺反应。出现液晶性的温度为 225～300℃，聚酯合聚酰胺的序列长度和分布是聚酯酰胺产生液晶性的直接原因。Hoechest Celance 公司的 Vetra B 的合成反应如下。

$$HOOC-C_{10}H_6-OH + HOOC-C_6H_4-COOH + H_2N-C_6H_4-COOH \xrightarrow[\text{缩聚}]{\text{熔融}} HO\!\!+\!\!C_{10}H_6-\overset{O}{\overset{\|}{C}}\!\!+\!\!+\!\!O-C_6H_4-NH\!\!+\!\!+\!\!\overset{O}{\overset{\|}{C}}-C_6H_4-\overset{O}{\overset{\|}{C}}\!\!+$$

经分析聚合物熔点 280～285℃，特性黏数为 2,4,5,6-羟基萘环酸占 60%，对苯二甲酸占 20%，对氨基苯甲酸占 20%。

对乙酰氨基苯甲酸（PAB）与聚对苯二甲酸乙二酯（PET）在熔融状态下发生酯-酰胺交换反应，反应如下。

$$CH_3\overset{O}{\overset{\|}{C}}-NH-C_6H_4-COOH + \!\!+\!\!\overset{O}{\overset{\|}{C}}-C_6H_4-COOCH_2CH_2O\!\!+_n \xrightarrow[\text{真空}]{\text{熔融}} \!\!+\!\!\overset{O}{\overset{\|}{C}}-C_6H_4-\overset{O}{\overset{\|}{C}}NH-C_6H_4-COOCH_2CH_2O\!\!+_n$$

PAB 的含量与所得的聚酯酰胺液晶的溶解性、熔点和液晶性的关系见表 8-9。当 PAB 含量为 25% 时，液晶的熔点为 254℃，表现出向列相液晶结构。当 PAB 含量≥35%时，聚合物表现出很强的液晶性，但不溶于有机溶剂，熔融温度也太高。如果添加第三单体间氨基苯甲酸（MAB），破坏聚合物链规整性，例如 n(PET)∶n(PAB)∶n(MAB)＝60∶35∶5 时，所得共聚物不但易溶于有机溶剂，而且熔体呈现出向列型液晶织构和性质，熔点为 275℃。

表 8-9 PET/PAB 共聚物的性质

PAB 含量(摩尔分数)/%	IV①	T_g/℃	T_m/℃	液晶性
0	0.66	78	252	−
10	0.56	92	248	−
20	0.57	101	248	−
25	0.67	102	254	+
30	0.62	103	255	++
35	不溶	105	354	+++
40	不溶	101	371	+++

① 溶剂为 60 / 40 体积比的苯酚/四氯乙烷，25℃。

注：−—无；+—中等；++—强；+++—很强。

(2) 半规则链聚酯酰胺液晶 采用含酰胺键的二元苯环酰氯为复合单体与二元酚反应得到这类聚合物。

$$Cl-\overset{O}{\overset{\|}{C}}-C_6H_4-\overset{O}{\overset{\|}{C}}NH-C_6H_4-\overset{O}{\overset{\|}{C}}-Cl + HO-Ar-OH$$

$$\downarrow \text{界面缩聚 或常温溶液法}$$

$$-\overset{O}{\overset{\|}{C}}-C_6H_4-\overset{O}{\overset{\|}{C}}NH-C_6H_4-\overset{O}{\overset{\|}{C}}-O-Ar-O-\overset{O}{\overset{\|}{C}}-C_6H_4-NH-C_6H_4-\overset{O}{\overset{\|}{C}}-$$

$$-\overset{O}{\overset{\|}{C}}-C_6H_4-\overset{O}{\overset{\|}{C}}NH-C_6H_4-\overset{O}{\overset{\|}{C}}-O-Ar-O-\overset{O}{\overset{\|}{C}}-C_6H_4-\overset{O}{\overset{\|}{C}}NH-C_6H_4-\overset{O}{\overset{\|}{C}}-$$

$$-\overset{O}{\overset{\|}{C}}-C_6H_4-NH\overset{O}{\overset{\|}{C}}-C_6H_4-\overset{O}{\overset{\|}{C}}-O-Ar-O-\overset{O}{\overset{\|}{C}}-C_6H_4-\overset{O}{\overset{\|}{C}}NH-C_6H_4-\overset{O}{\overset{\|}{C}}-$$

由于复合单体的不对称结构，致使聚合物存在三种不同的链接方式，所以称为半规则链聚合物。在常温下以 1,1,2,2-四氯乙烷为溶剂，吡啶为缚酸剂，合成出两个系列的聚酯酰胺液晶。经 WAXD 分析，系列一为无定形聚合物，系列二为半结晶型聚合物。表 8-10 所列为系列二聚合物性质。

系列一：Ar= $-C_6H_3(X)-$ (X=Cl, Br, Me, Ph)

系列二：Ar= $-C_6H_4-O\text{+}CH_2\text{+}_nO-C_6H_4-$ (n=2～10, 12)

表 8-10 系列二聚合物性质

聚合物	T_g/℃	T_m/℃	T_i/℃	结晶度/%
Ⅱ-2	112	—	—	约 2
Ⅱ-3	90	305	375	14
Ⅱ-4	119	338	400	48
Ⅱ-5	80	262	373	32
Ⅱ-6	100	306	398	43
Ⅱ-7	77	255	360	26
Ⅱ-8	85	268	395	40
Ⅱ-9	73	203	320	31
Ⅱ-10	80	254	281	54
Ⅱ-12	72	249	—	63

(3) 规则链聚酯酰胺液晶　含酯（或酰胺）键的对称结构的复合二元酰氯单体与二元胺（或二元醇）反应制得具有严格有规交替结构的聚酯酰胺液晶。例如以芳香复合二元酰氯，在 NMP/LiCl 溶剂中与芳香二胺进行低温溶液缩聚，合成了一系列芳香聚酯酰胺，其液晶行为见表 8-11。显然，聚合物的刚性太高不能形成液晶相。在芳香聚酯酰胺体系中，虽然重复单元是全刚性的，但是刚性单元的空间构型对形成热致液晶同样重要。在 PEA-Ar-SO_2 中，在相邻两个砜基之间有五个苯环，分子链空间构型为每两个砜基之间为棒状链段结构，砜基相当于一个柔性结点，使整个分子类似用柔性结点连接起来的一段刚性棒，相邻的棒保持在夹角 100°的两个锥面上。这样的空间构型限制了刚性棒沿统一方向取向，从而不形成液晶。芳香二胺芳环上甲氧基的引入与相邻—NH—形成分子内氢键，聚合物熔点大为降低，表现出热致液晶性。

$$Cl-\overset{O}{\overset{\|}{C}}-C_6H_4-O\overset{O}{\overset{\|}{C}}-C_6H_4-\overset{O}{\overset{\|}{C}}-O-C_6H_4-\overset{O}{\overset{\|}{C}}-Cl + H_2N-C_6H_4-NH_2 \xrightarrow[\text{NMP-LiCl}]{0\sim5℃} \left[\overset{O}{\overset{\|}{C}}-C_6H_4-O\overset{O}{\overset{\|}{C}}-C_6H_4-\overset{O}{\overset{\|}{C}}-O-C_6H_4-\overset{O}{\overset{\|}{C}}-\overset{H}{\overset{|}{N}}-Ar-\overset{H}{\overset{|}{N}}\right]$$

Ar= —C₆H₄—（对位），—C₆H₄—（间位），—C₆H₄—SO_2—C₆H₄—，—C₆H₃(OCH_3)—

表 8-11　芳香聚酯酰胺液晶行为

聚合物	Ar	液晶行为	T_m/℃
PEA-Ar-P	对亚苯基	$T_m>T_d$	—
PEA-Ar-M	间亚苯基	$T_m>T_d$	—
PEA-Ar-SO_2	—C₆H₄—SO_2—C₆H₄—	无	397
PEA-Ar-MeOP	甲氧基亚苯基（OCH_3）	热致液晶	330

解孝林等采用复合单体（含酯键或酰胺键）与二元胺或二元醇反应合成了系列 E 和系列 A 的热致规则芳-脂族聚酯酰胺。

0.413g 二元酰氯、0.174g 癸二醇在 200mL 氯苯中回流 24h，所得黏稠液体冷却后倒入大量水中，经过滤、洗涤和干燥得到黄色粉状系列 A 聚酯酰胺：

$$\left[\overset{O}{\overset{\|}{C}}-C_6H_4-NH\overset{O}{\overset{\|}{C}}-C_6H_4-\overset{O}{\overset{\|}{C}}-NH-C_6H_4-\overset{O}{\overset{\|}{C}}-O-(CH_2)_{10}-O\right] \quad APP10$$

$$\left[\overset{O}{\overset{\|}{C}}-C_6H_4-NH\overset{O}{\overset{\|}{C}}-C_6H_4(m)-\overset{O}{\overset{\|}{C}}-NH-C_6H_4-\overset{O}{\overset{\|}{C}}-O-(CH_2)_{10}-O\right] \quad AMP10$$

往 0.116g 己二胺加入 20mL 含 5% $CaCl_2$ 的 *N*-甲基吡咯烷酮溶液，搅拌至溶解，滴加 0.443g E 系列复合二元酰氯，快速搅拌 15min，使溶液变稠后加入 1mL 吡啶，继续反应

4h。将反应液倒入大量水中，经后处理得到淡黄色粉状系列 E 聚酯酰胺：

$$\left[\overset{O}{\overset{\|}{C}}-C_6H_4-O\overset{O}{\overset{\|}{C}}-C_6H_4-\overset{O}{\overset{\|}{C}}-O-C_6H_4-\overset{O}{\overset{\|}{C}}-NH+CH_2\rangle_n NH\right] \quad EPP_6\ (n=6)\quad EPP_{10}\ (n=10)$$

$$\left[\overset{O}{\overset{\|}{C}}-C_6H_4-O\overset{O}{\overset{\|}{C}}-C_6H_4(m)-\overset{O}{\overset{\|}{C}}-O-C_6H_4-\overset{O}{\overset{\|}{C}}-NH+CH_2\rangle_n NH\right] \quad EMP_6\ (n=6)\quad EMP_{10}\ (n=10)$$

$$\left[\overset{O}{\overset{\|}{C}}-C_6H_4(m)-O\overset{O}{\overset{\|}{C}}-C_6H_4-\overset{O}{\overset{\|}{C}}-O-C_6H_4(m)-\overset{O}{\overset{\|}{C}}-NH+CH_2\rangle_n NH\right] \quad EPM_6\ (n=6)\quad EPM_{10}\ (n=10)$$

WAXD、DSC、热台偏光显微镜观察结果表明，它们为结晶型聚合物，酯、酰胺键的位置，芳环取代方式，脂肪族链长短直接影响聚合物的液晶性。聚合物的性质如表 8-12 所示。

表 8-12 热致规则芳-脂族聚酯酰胺的性质

聚合物	T_m/℃	熔体双折射	聚合物	T_m/℃	熔体双折射
EPP_6	382	弱，伴随分解	EMP_{10}	265	强
EMP_6	292	强	EPM_{10}	230	强
EPM_6	239	强	APP_{10}	253	弱，伴随分解
EPP_{10}	346	弱，伴随分解	AMP_{10}	188	强

（4）聚氨酯液晶 聚氨酯一般形成热致型主链液晶。自 limura 等第一次成功地合成了聚氨酯液晶后，已有一系列聚氨酯液晶问世。合成聚氨酯液晶主要有逐步加聚反应法和逐步缩聚反应法两种。逐步加聚反应法通过二异氰酸酯与二醇的加聚反应生成氨酯基：

$$\sim\sim NCO + HO\sim\sim \longrightarrow \sim\sim\overset{H}{\overset{|}{N}}-\overset{O}{\overset{\|}{C}}-O\sim\sim$$

4,4′-[1,4-亚苯基二(次甲基次氮基)] 二苯基乙醇与一系列的二异氰酸酯加聚可得到聚氨酯：

$$\underset{(1)}{2HOCH_2CH_2-C_6H_4-NH_2} + \underset{(2)}{OCH-C_6H_4-CHO} \xrightarrow[\text{甲醇,1h}]{\text{1mL 乙酸}} \underset{(3)}{HOCH_2CH_2-C_6H_4-N{=}CH-C_6H_4-CH{=}N-C_6H_4-CH_2CH_2OH}$$

$$\xrightarrow[\text{140℃,1h}]{OCN-R-NCO,\ DMSO} \left[OCONH-R-NHCOOCH_2CH_2-C_6H_4-N{=}CH-C_6H_4-CH{=}N-C_6H_4-CH_2CH_2\right]$$

逐步缩聚法则指在形成氨酯基团过程中有小分子化合物产生。利用 2,4-TCC 与 BHH-BP 反应得到聚氨酯 NM-2,4-LCPU-6 液晶，同时生成小分子 HCl：

$$\underset{2,4\text{-TDI}}{CH_3C_6H_3(NCO)_2} \xrightarrow[\text{乙醚}]{LiAlH_4} \xrightarrow[\text{水解}]{30\%\ NaOH} \underset{2,4\text{-TMA}}{CH_3C_6H_3(NH-CH_3)_2} \xrightarrow[\text{过量}]{Cl-CO-Cl} \xrightarrow[-2HCl]{\text{加热}} \underset{2,4\text{-TOC}}{CH_3C_6H_3[N(CH_3)-\overset{O}{\overset{\|}{C}}-Cl]_2}$$

$$\text{Cl}-\overset{\overset{\text{O}}{\|}}{\text{C}}-\text{N}(\text{CH}_3)-\text{C}_6\text{H}_3(\text{CH}_3)-\text{N}(\text{CH}_3)-\overset{\overset{\text{O}}{\|}}{\text{C}}-\text{Cl} + \text{HO}\text{-}(\text{CH}_2)_6\text{-O}-\text{C}_6\text{H}_4-\text{C}_6\text{H}_4-\text{O}\text{-}(\text{CH}_2)_6\text{-OH}$$

$$\xrightarrow[180℃,96h]{\text{邻二氯苯,Ar}} \text{-}[\overset{\overset{}{}}{\underset{\underset{\text{O}}{\|}}{\text{C}}}-\text{N}(\text{CH}_3)-\text{C}_6\text{H}_3(\text{CH}_3)-\text{N}(\text{CH}_3)-\underset{\underset{\text{O}}{\|}}{\text{C}}-\text{O}\text{-}(\text{CH}_2)_6\text{-O}-\text{C}_6\text{H}_4-\text{C}_6\text{H}_4-\text{O}\text{-}(\text{CH}_2)_6]\text{-}$$

NM-2,4-LCPU-6

由于聚氨酯自身的结构特点，其不容易形成热致型液晶。一般把柔性结构单元引入主链、刚性基团上引入取代基和破坏氢键等措施能使聚氨酯易于形成液晶。柔性基团可通过合成适当的二醇或二异氰酸酯引入，柔性段长度要适中。Limura 等用 3,4′-二甲基-4,3′-联苯二异氰酸酯与一系列二醇反应，制得聚氨酯中介晶相的出现依赖于链烷二醇中亚甲基单元的数目 n，只有在 $n=5\sim12$ 时才表现出介晶相。而且从介晶相到各向同性液体的转变温度随柔性链长度的增加而降低。在介晶基团上引入取代基，一方面破坏对称性，降低分子链结晶能力；另一方面还可降低聚氨酯的熔化温度。两者都使液晶相易于出现，且便于加工。Mormann 比较了取代的和非取代的聚酯氨酯，发现未取代产物由于热分解不表现液晶特性，而取代产物则有向列型液晶特性。取代基的大小要合适，取代基太小，不能阻止结晶，太大又会影响液晶相的稳定性。

氢键的存在使聚氨酯易于结晶，不利于液晶相的形成。虽然异氰酸酯基团相对于甲氧羰基对液晶相有稳定作用，但是一旦异氰酸酯基团与醇反应生成氨酯基，则由于氨酯基团间能形成氢键，使熔点升高，从而对液晶相有去稳定作用。研究发现，氢键对分子链的堆积方式、分子链的构象和取向，以及对温度都很敏感，乃至当聚氨酯熔融时都存在氢键的影响，氢键在稳定晶相和限制链段活动中起重要作用。

(5) 液晶环氧树脂　液晶环氧树脂是一种热固性液晶高分子，分子结构中有易取向的介晶单元和可反应的环氧基团，固化后可以得到高度有序、深度交联的固化网络。它融合了液晶有序和网络交联的共同特点，具有优异的机械、热、电、光等方面性能，特别是尺寸稳定性、耐热性、抗冲击性相对普通环氧树脂大大改善，取向方向介电性能优异，特别适用于对性能要求高的微电子封装材料、航空航天、军事国防等领域。

液晶环氧树脂合成基本原则是在液晶温度区域内固化环氧化合物，或者在体系固化过程中发生各相同性向液晶性的转变，最终液晶分子有序性被分子间交联所固定。

① 聚醚酯型液晶环氧树脂　这类液晶环氧树脂主要采用双键氧化法合成得到：

$$\text{CH}_2=\text{CH}\text{-}(\text{CH}_2)_n\text{-Br} + \text{HO}-\text{C}_6\text{H}_4-\overset{\overset{\text{O}}{\|}}{\text{C}}\text{OCH}_3$$

$$\downarrow \text{①K}_2\text{CO}_3 \;\; \text{②KOH}$$

$$\text{CH}_2=\text{CH}\text{-}(\text{CH}_2)_n\text{-O}-\text{C}_6\text{H}_4-\overset{\overset{\text{O}}{\|}}{\text{C}}\text{OCH}_3$$

$$\downarrow \text{①CH}_3\text{SO}_2\text{Cl} \;\; \text{②对苯二酚过氧化物}$$

$$\text{CH}_2=\text{CH}\text{-}(\text{CH}_2)_n\text{-O}-\text{C}_6\text{H}_4-\overset{\overset{\text{O}}{\|}}{\text{C}}\text{O}-\text{C}_6\text{H}_4-\text{O}\overset{\overset{\text{O}}{\|}}{\text{C}}-\text{C}_6\text{H}_4-\text{O}\text{-}(\text{CH}_2)_n\text{-CH}=\text{CH}_2$$

(A)

↓ 过氧化物

$$\overset{O}{\overbrace{CH_2-CH}}-(CH_2)_n-O-C_6H_4-\overset{O}{\overset{\|}{C}}O-C_6H_4-O\overset{O}{\overset{\|}{C}}-C_6H_4-O-(CH_2)_n-\overset{O}{\overbrace{CH-CH_2}}$$

(B)

化合物（A）和（B）都具有较强的热致向列型和近晶型兼有的液晶性。当 $n=6$ 时，前者的转变温度为 111～185℃，后者为 107～190℃。液晶环氧树脂（B）与对苯二胺进行热固化反应，在不同的固化条件下都能得到具有液晶织态的网络材料。液晶态下，固化主要得到近晶型网络材料。在高温各向同性体系中固化主要生成向列型网络材料。

② 聚酯型液晶环氧树脂　这类液晶环氧树脂的合成方法为：

$$HOOC-C_6H_4-COOH + HO-C_6H_4-COOH \longrightarrow HOOC-C_6H_4-OOC-C_6H_4-COO-C_6H_4-COOH$$

$$\xrightarrow{\overset{O}{\triangle}-CH_2OH} \overset{O}{\overbrace{H_2C-CH}}CH_2OOC-C_6H_4-OOC-C_6H_4-COO-C_6H_4-COOCH_2\overset{O}{\overbrace{CH-CH_2}}$$

(C)

化合物（C）在大于 158℃时就显示向列型液晶行为。在叔胺催化下，通过阴离子聚合机理可得到具有液晶织态的各向异性的网络材料。

③ 聚醚型液晶环氧树脂　聚醚型环氧树脂的合成及其网络的研究较多，主要的致介晶基团有联苯双酚和 4,4′-二羟基-α-甲基芪。联苯双酚直接和环氧氯丙烷在强碱的作用下生成液晶环氧树脂（D）：

$$\overset{O}{\overbrace{H_2C-CH}}CH_2-[O-C_6H_4-C_6H_4-OCH_2\overset{OH}{\overset{|}{C}H}CH_2O]_n-C_6H_4-C_6H_4-OCH_2\overset{O}{\overbrace{CH-CH_2}}$$

(D)

化合物（D）在 115～152℃产生液晶相转变，其与偏苯三甲酸（TMA）单酐和二苯砜二胺（DDS）的固化物显示了较好的电学性能和热性能（表 8-13）。

表 8-13　液晶环氧（D）与通用环氧树脂（Epon 828）固化物的性能比较

样　品	玻璃化温度/℃	介电强度/(kV/10mil)	损耗因子(1MHz)	热膨胀系数/$\times10^{-6}$℃$^{-1}$
(D)/TMA	183	12.38	0.0319	—
(D)/DDS	231	—	—	56.9
Epon 828/TMA	127	10.89	0.0317	—
Epon 828/DDS	200	—	—	67

注：1mil＝25.4×10^{-6}m。

4,4′-二羟基-α-甲基芪的合成：

$$HO-C_6H_4-CH=\overset{CH_3}{\overset{|}{C}}-C_6H_4-OH + Br-(CH_2)_n-Br \xrightarrow{K_2CO_3/DMF}$$

$$HO-[C_6H_4-CH=\overset{CH_3}{\overset{|}{C}}-C_6H_4-O-(CH_2)_n-O]-C_6H_4-CH=\overset{CH_3}{\overset{|}{C}}-C_6H_4-OH \xrightarrow[NaOH]{\overset{O}{\overbrace{H_2C-CH}}CH_2Cl}$$

$$\overset{O}{\overbrace{H_2C-CH}}CH_2O-[C_6H_4-CH=\overset{CH_3}{\overset{|}{C}}-C_6H_4-O-(CH_2)_n-O]-C_6H_4-CH=\overset{CH_3}{\overset{|}{C}}-C_6H_4-OCH_2\overset{O}{\overbrace{CH-CH_2}}$$

(E)

该类环氧树脂为分子量较高的液晶聚醚环氧树脂，也可以直接制备低分子量的液晶环氧树脂（F）：

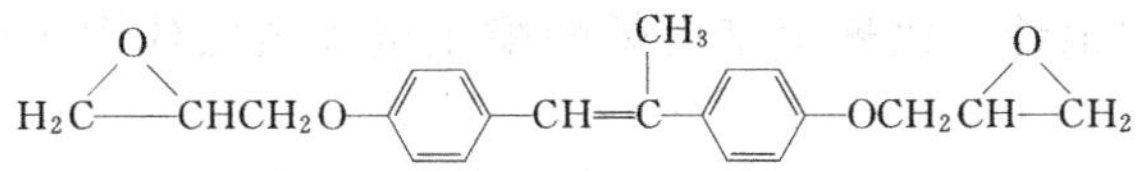

$H_2C-\overset{O}{-}-CHCH_2O-\langle\bigcirc\rangle-CH=\overset{CH_3}{C}-\langle\bigcirc\rangle-OCH_2CH-\overset{O}{-}-CH_2$

（F）

液晶环氧树脂（E）、（F）的分子量及分子量分布（$\overline{M}_w/\overline{M}_n$）对相转变的影响见表 8-14。

表 8-14　液晶环氧树脂（E）、（F）的分子量与液晶转变温度

样品	M_n	M_w/M_n	相转变温度/℃			
			升温		降温	
			T_m	T_{Ni}	T_{Ni}	T_c
E_1	3600	1.8	112	176	172	—
E_2	200	1.7	109	172	167	63
E_3	1700	1.45	103	140	137	68
E_4	1000	1.30	75	139	132	67
F	338	—	124	—	109	62

8.3.5　侧链型液晶高聚物

侧链液晶高分子（SCLCP）是液晶高分子的一个重要类别。与主链液晶高聚物相比，SCLCP 的刚性介晶基元是通过连接基团与大分子主链相连，大分子主链为柔性链。它既具有源于侧链液晶基元的阀值特性、回复特性等液晶性能，又具有源于聚合物材料优异的物理机械性能和加工性能；既具有小分子液晶的光电敏感性，又具有比小分子液晶低的取向松弛速率。而且在无电场作用时，液晶的取向状态能够长时间稳定，并可将液晶相冻结在玻璃化温度（T_g）以下长时间保存。

按照 SCLCP 大分子主链结构不同，SCLCP 主要分聚（甲基）丙烯酸酯类、聚酯类、聚硅氧烷类、环氧树脂类、聚醚类和聚乙烯类等。按介晶基元不同也可分为偶氮苯型、联苯型、胆甾型和手性 SCLCP 等。合成方法主要有自由基均聚与共聚法、酯缩合法、硅氢加成法、基团转移聚合及分子设计原理等。

8.3.5.1　侧链液晶聚（甲基）丙烯酸酯

新型功能性聚合物侧链液晶聚（甲基）丙烯酸酯具有可控的液晶相变温度及较好的光电性质，尤其是其液晶基元还易于在光照或磁场中发生大范围的可逆的分子取向，从而赋予其特殊的光电性质。这类液晶聚合物的在信息储存和气相色谱分析等方面具有很大的应用潜力。

（1）聚（甲基）丙烯酸酯的液晶性　侧链液晶聚（甲基）丙烯酸酯通常具有明显的玻璃化转变温度 T_g 和各向同性化温度 T_I，在 $T_g \sim T_I$ 之间可显示典型的热致液晶态，其液晶相态多为向列相或近晶相，链液晶聚（甲基）丙烯酸酯在液晶态温度范围内有时会出现两种有序相的混合相。在液晶态温度范围内，有时还会发生从一种液晶相态向另一种液晶相态的转化，即在不同的温度范围内显示出不同的液晶相态。然而，侧链液晶聚（甲基）丙烯酸酯却很少出现胆甾相，即使是其侧链全部由胆甾醇基组成也不显示胆甾相。只有在胆甾醇液晶基元与非胆甾液晶基元共存且前者含量为 8%～69%（摩尔分数）时才可呈现胆甾液晶相。这是由于侧链位置的无序化导致其中的胆甾液晶基元易于自由取向排列，一旦加长非胆甾液晶基元中的刚性链接的长度或缩短链接液晶基元与主链之间的柔性间隔长度，其胆甾螺旋扭曲能力便减弱。

侧链液晶聚（甲基）丙烯酸酯的相变温度随分子结构与分子量的不同发生较大变化，其 T_g 可低至摄氏零度以下，也可高达近 200℃，各向同性化温度 T_I 可低至近 50℃，也可高达 291℃。液晶态温度范围最窄为 10℃多，最宽为 200℃ 多，其变化规律总结如下。

① 当侧链相同时，以聚丙烯酸酯为主链时具有低得多的 T_g 和宽得多的液晶温度范围，因为聚丙烯酸酯主链的柔性，比聚甲基丙烯酸酯主链和聚氯代丙烯酸酯主链的柔性要大得多。

② 当主链相同时，连接液晶基元与主链的柔性间隔越长，则 T_g 越低，液晶态温度范围越宽。

③ 液晶基元所带末端基对液晶相变温度也有一定影响，但其规律性不很明显。另外，当所带末端基为烷氧基时，随着烷氧基变长，聚（甲基）丙烯酸酯的 T_I 明显升高，相应的液晶温度范围加宽。它们相应的液晶态温度范围也随烷氧基链的增长而加宽。看来柔性的长链烷氧基对液晶态的稳定性起了积极的作用。

（2）聚丙烯酸酯的光电性　液晶侧链聚丙烯酸酯的一个重要性质是，当其处于液晶态时，外加场（力场、电场、磁场）极易使其液晶基元发生大范围取向排列，其响应时间可短到几毫秒，最长也不过几秒。如结构式为$\text{+}CH_2CH[COO(CH_2)_nOC_6H_4C_6H_4COOC_6H_4COOCH(CF_3)C_6H_{13}]\text{+}_x$的液晶聚丙烯酸酯，当其相对分子质量位于 49000～54000 时，在 n 为 2、6、8 和 12 时，相应的响应时间分别为 1.1ms、1.9ms、4.5ms 和 9.6ms。又如结构式为$\text{+}CH_2CH[COO(CH_2)_{80}—C_6H_4—C_6H_4COO—C_6H_4COOCH(CF_3)R]\text{+}_x$ 的聚丙烯酸酯，当其相对分子质量位于 52000～64000 时，当 R 为正己基、正庚基、正辛基和正癸基时，相应的响应时间分别为 4.5ms、6.8ms、8.4ms 和 9.8ms。若撤去电场，液晶基元将发生解取向。所加电场的频率大小对液晶基元的取向方向将产生影响，当所加电场频率低于 6kHz 时，液晶基元将平行于电场方向排列，此时其介电极化能力的各向异性值为正值。当所加电场频率高于 6kHz 时，液晶基元将垂直于电场方向排列，此时其介电极化能力的各向异性值为负值。除了电场外，如果将向列液晶聚丙烯酸酯夹在两块表面事先按一定方向摩擦过的玻片之间，再将其热处理数小时，也可获得光学透明的 10μm 的液晶薄膜。这种透明的液晶膜具有单轴单晶的光学性质，如果将其冷却到 T_g 以下，其中的取向结构可以固定下来。

（3）聚（甲基）丙烯酸酯的合成　聚（甲基）丙烯酸酯（PMMA）的合成较多采用自由基聚合方法。李自法等以此法合成了一系列含有三个苯环通过酯键相连的液晶单体及其刚性 SCLCP。其刚性液晶单元不通过柔性间隔基而直接竖挂在 PMMA 大分子主链上。这使 SCLCP 的 T_g 高，高分子链刚性大。通过 DSC、POM（偏振显微镜）和 X 射线衍射研究发现，所有单体的聚合物均为向列型热致性液晶。

邹友思等把西夫碱和联苯结合成新的液晶基元直接悬挂在 PMMA 的主链上，合成了一种新型的无间隔 SCLCP，其中自由基聚合所得的分子量分布较宽，所用引发剂为过氧化苯甲酰。而基团转移聚合较好地抑制了分子量，得到分散指数小至 1.2～1.8 的 SCLCP。与一般单体的常温基团转移聚合不同，此反应在 85℃ 高温下进行。这为丙烯酸酯极性单体，尤其是大位阻单体的控制聚合开辟了新的途径。

张宝岩、谭惠民采用钴 γ 源辐射引发单体聚合，制备了分子量分布窄、符合要求的聚（甲基）丙烯酸酯，合成路线为：

$$ClCH_2CH_2OH + HO—C_6H_4—COOH \longrightarrow HOCH_2CH_2—O—C_6H_4—COOH \quad (A)$$

$$\xrightarrow{CH_2=CHCOOH} CH_2=CHCOOCH_2CH_2—O—C_6H_4—COOH \quad (B)$$

$$\xrightarrow{SOCl_2} CH_2=CHCOOCH_2CH_2—O—C_6H_4—CO—Cl \quad (C)$$

$$\xrightarrow{HO-C_6H_4-OCH_3} CH_2{=}CHCOOCH_2CH_2-O-C_6H_4-COO-C_6H_4-OCH_3$$

(D)

$$\xrightarrow[\text{②AIBN引发}]{\text{①钴}\gamma\text{源辐射}} \left[CH_2-CH\right]_n \quad (\text{侧基}: COOCH_2CH_2-O-C_6H_4-COO-C_6H_4-OCH_3)$$

8.3.5.2　含偶氮基团的侧链液晶高分子

20 世纪 80 年代初期 Flinkelmann 等人与 Ringsdorf 等人将偶氮单体与介晶单体共聚，得到了侧链上同时含有偶氮基团与介晶基团的液晶高分子。由于它们同时具有高分子材料、小分子液晶及偶氮发色团的综合性能，因此立即引起了人们的极大兴趣。1984 年 Ringsdorf 等人提出了含偶氮基团的侧链液晶高分子的结构模型（图 8-17），该模型的提出为含偶氮基团的侧链液晶高分子的合成提供了理论依据。

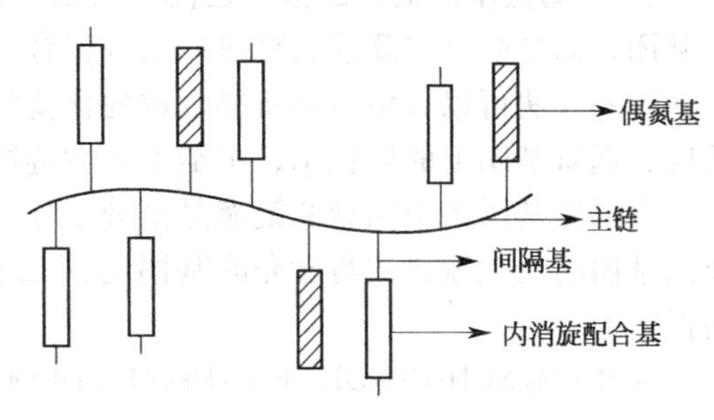

图 8-17　含偶氮基团的侧链液晶高分子的结构模型

按高分子主链结构不同，含偶氮基团的侧链液晶高分子主要可分为聚（甲基）丙烯酸酯型、聚酯型、聚硅氧烷型、聚苯乙烯型与聚氨酯型五大类。

（1）聚（甲基）丙烯酸酯型　含偶氮基团的聚（甲基）丙烯酸酯型侧链液晶高分子常用自由基聚合法合成。通常先合成含偶氮基团与含介晶基团的（甲基）丙烯酸酯单体，然后通过偶氮单体与介晶单体的自由基共聚制得。而当偶氮单体具有液晶性时，含偶氮基团的聚（甲基）丙烯酸酯型侧链液晶高分子，亦可以通过偶氮单体的自由基均聚或偶氮单体与非介晶单体［如（甲基）丙烯酸酯］的自由基共聚制得。

$$n\ NO_2-C_6H_4-N{=}N-C_6H_4-N(C_2H_5)(CH_2)_2OOC(R){=}CH_2 + n\ CH_2{=}CR-COO(CH_2)_6O-C_6H_4-C_6H_4-X$$

$$\xrightarrow{AIBN} \left[CH_2-C(R)\right]_n\left[CH_2-C(R)\right]_n$$

（第一单元侧基：$OOC(CH_2)_2N(C_2H_5)-C_6H_4-N{=}N-C_6H_4-NO_2$；第二单元侧基：$COO(CH_2)_6O-C_6H_4-C_6H_4-X$）

$R=CH_3, H$；$X=OCH_3, CN$

功能基化方法是先合成聚（甲基）丙烯酸、聚（甲基）丙烯酰氯及聚（甲基）丙烯酰胺等活性聚合物前体，然后将其与含活性基团（如羟基）的偶氮单体（具有液晶性）或偶氮单体与介晶单体进行酯化、酰胺化反应制得含偶氮基团的侧链液晶高分子。

$$\left[CH_2-CH(COOH)\right]_x \xrightarrow{N(C_4H_9)_4OH} \left[CH_2-CH(COO^{\ominus}\ N(C_4H_9)_4^{\oplus})\right]_x \xrightarrow[DMF,80^{\circ}C,50h]{Br(CH_2)_nO-C_6H_4-N{=}N-C_6H_4-NO_2}$$

$$\left[CH_2-CH\right]_p\left[CH_2-CH(COOH)\right]_q \quad (\text{第一单元侧基}: COO(CH_2)_nO-C_6H_4-N{=}N-C_6H_4-NO_2) \qquad (p+q=x)$$

功能基化方法特别适合于偶氮基团与介晶基团中含有硝基等阻聚或缓聚基团的情况。利用功能基化方法合成含偶氮基团的侧链液晶高分子时，由于聚合物的分子量是由活性聚合物前体决定的，因此只要合成出高分子量的聚合物前体，就可以很容易地获得分子量高且分布窄的含偶氮基团的聚合物，而高分子量对获得高质量的聚合物薄膜是至关重要的。

(2) 聚酯型　含偶氮基团的聚酯型侧链液晶高分子可以通过以下两种途径制得。

① 含偶氮基团的丙二酸二乙酯（丙二醇）与含介晶基团（包括偶氮介晶基团）的丙二醇（丙二酸二乙酯）缩合聚合。

② 含偶氮基团的丙二酸二乙酯（丙二醇）（具有液晶性）与不含介晶基团（包括偶氮介晶基团）的二醇（二酯或二酰氯）缩合聚合。

这些方法可以方便地对所要合成的含偶氮基团的聚酯型侧链液晶高分子中柔性间隔基的长度、偶氮基团上的取代基、主链上柔性链段的长度以及聚合物的分子量进行调节。

含偶氮基团的聚酯型侧链液晶高分子还可以利用含偶氮基团的介晶单体 DR-19 与不含介晶基团的烷二酰氯或与含介晶基团的丙二酸二乙酯（丙二酸、丙二酰氯）通过缩聚反应制得。

$$HOCH_2CH_2N(C_6H_4N{=}NC_6H_4NO_2)CH_2CH_2OH + C_2H_5OOCCH[(CH_2)_4OC_6H_4C_6H_4OCH_3]COOC_2H_5 \longrightarrow \text{-}[OCH_2CH_2N(C_6H_4N{=}NC_6H_4NO_2)CH_2CH_2OOCCH[(CH_2)_4OC_6H_4C_6H_4OCH_3]CO]_x\text{-}$$

DR-19

(3) 聚硅氧烷型　合成含偶氮基团的聚硅氧烷型侧链液晶高分子的方法有两种，即硅氢加成法与酯化法。前者通过金属络合物催化聚硅氧烷的活性氢与乙烯基取代的介晶单体及偶氮单体发生加成反应，这是制备含偶氮基团的聚硅氧烷型侧链液晶高分子的常用方法。例如：

$$(CH_3)_3SiO\text{-}(Si(CH_3)(H)\text{-}O)_{80}\text{-}Si(CH_3)_3 + x\,CH_2{=}CH(CH_2)_9\text{-}C_4H_6O_2\text{-}C_6H_4\text{-}CN + y\,CH_2{=}CH(CH_2)_{m-2}O\text{-}C_6H_4\text{-}N{=}N\text{-}C_6H_4\text{-}CN \xrightarrow{\text{Pt Cat.}} (CH_3)_3SiO\text{-}(Si(CH_3)[(CH_2)_mO\text{-}C_6H_4\text{-}N{=}N\text{-}C_6H_4\text{-}CN]\text{-}O)_x\text{-}(Si(CH_3)[(CH_2)_{11}\text{-}C_4H_6O_2\text{-}C_6H_4\text{-}CN]\text{-}O)_y\text{-}Si(CH_3)_3$$

酯化法是将侧链含氰基的聚硅氧烷水解为侧链含羧基的聚硅氧烷，再与低级脂肪醇进行酯化反应。1991 年 Sekimiya 等利用含酰氯侧基的聚硅氧烷与含活性羟基的介晶单体反应合成了聚硅氧烷型侧链液晶高分子。1993 年罗朝晖等通过侧链含羧基的聚硅氧烷与含羟基的偶氮苯进行酯化反应，得到了含偶氮基团的聚硅氧烷型侧链液晶高分子。1995 年 Abe 等人利用含酰氯侧基的聚硅氧烷与含活性羟基的偶氮介晶单体反应合成了含偶氮基团的聚硅氧烷型侧链液晶高分子。

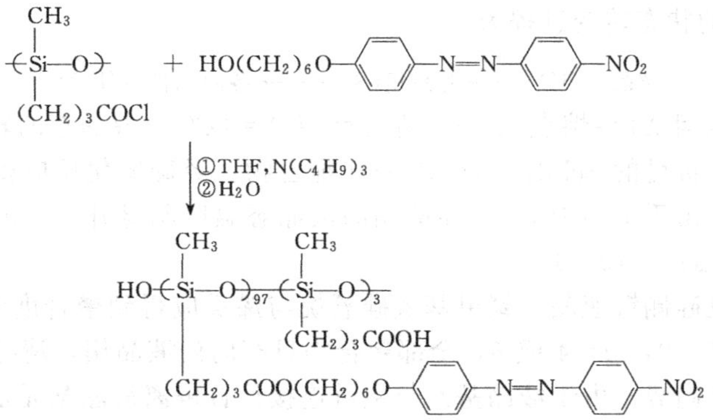

$$\left(\begin{array}{c}CH_3\\|\\Si-O\\|\\(CH_2)_3COCl\end{array}\right) + HO(CH_2)_6O-C_6H_4-N=N-C_6H_4-NO_2 \xrightarrow[②H_2O]{①THF,N(C_4H_9)_3}$$

$$HO\!\left(\begin{array}{c}CH_3\\|\\Si-O\\|\\(CH_2)_3COO(CH_2)_6O-C_6H_4-N=N-C_6H_4-NO_2\end{array}\right)_{97}\!\left(\begin{array}{c}CH_3\\|\\Si-O\\|\\(CH_2)_3COOH\end{array}\right)_3$$

(4) 含偶氮基团的侧链液晶高分子的应用　含偶氮基团的侧链液晶高分子用作信息存储材料，它通过偶氮基团的光异构化对其周围液晶相扰动进行信息存储，所存信息可通过将材料冷却到其玻璃化温度以下冻结起来。信息存储过程所需光能低、信息存储分辨率与信噪比高、信息存储时间长、非破坏性地读出信息以及所存信息可以反复擦写。侧链液晶高分子也可用作非线性光学（NLO）材料，具有加工方法简便、NLO系数高、抗激光损坏性能好以及NLO响应速度快等优点，而且同时具有在一定的条件（光、电、热、磁）下自动取向的特点，这使得NLO发色团的极化取向度大提高，且在玻璃化温度以下由于液晶的各向异性特征会被冻结下来，从而使NLO发色团的取向热稳定性也明显提高。此外，含偶氮基团的侧链液晶高分子还可用作电光显示材料。

8.3.5.3 有机硅侧链液晶

早在1979年Finkelmann等利用含氢硅油中活泼氢与烯类液晶单体作硅氢加成反应，制得有机硅侧链液晶聚合物。发现它具有和小分子液晶同样的光电效应，如Freedericksz转变、电控双折射效应、威廉姆斯畴形成、动态散射效应和向列型效应等。由于有机硅侧链液晶聚合物中液晶基元一端通过柔性隔离基团—$Si(CH_2)_n$—，—$O(CH_2)_n$—等连接在聚合物主链上，既具有源于侧链液晶基元的较好阈值特性和回复特性等液晶性能，还具有源于有机硅材料的优良物理机械性能，而且取向松弛速率比小分子液晶低得多；同时它还有较低的玻璃化温度 T_g、较好的黏温特性及较快的光电效应，取向态在无电场作用下可长时间保持稳定等特性。

(1) 近晶型有机硅侧链液晶　近晶型有机硅侧链液晶的一个重要作用是能够进行高分辨率的光储存。Cole等合成了两种侧链含氰基联苯液晶基元的近晶型聚硅氧烷：

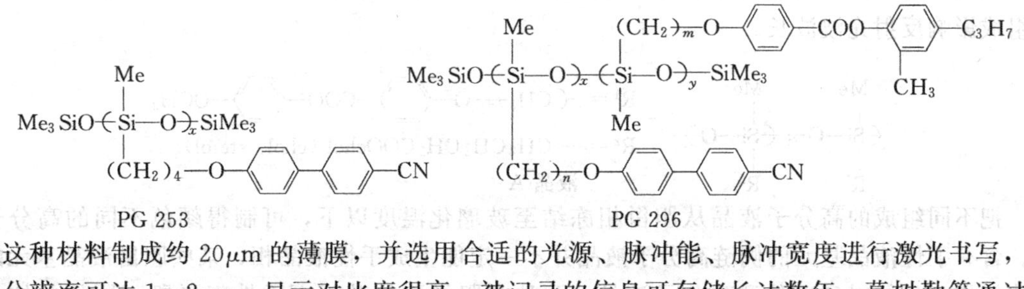

$$Me_3SiO\!\left(\begin{array}{c}Me\\|\\Si-O\\|\\(CH_2)_4-O-C_6H_4-C_6H_4-CN\end{array}\right)_x\!SiMe_3$$

PG 253

$$Me_3SiO\!\left(\begin{array}{c}Me\\|\\Si-O\\|\\(CH_2)_n-O-C_6H_4-C_6H_4-CN\end{array}\right)_x\!\left(\begin{array}{c}(CH_2)_m-O-C_6H_4-COO-C_6H_3(CH_3)-C_3H_7\\|\\Si-O\\|\\Me\end{array}\right)_y\!SiMe_3$$

PG 296

把这种材料制成约20μm的薄膜，并选用合适的光源、脉冲能、脉冲宽度进行激光书写，发现分辨率可达1～2μm，显示对比度很高，被记录的信息可存储长达数年。葛树勤等通过硅氢化反应把单体接枝到聚甲基硅氧烷上，制备出近晶型侧链液晶对烯丙氧基苯甲酸-对氰基苯酚酯聚硅氧烷，产率高达73%。

在有机硅侧链液晶高分子中，引入金属能使液晶性发生变化，例如液晶态温度升高、范围变宽，液晶织构变化，对光、电磁等外场刺激响应。一种含端烯基双键的席夫碱配体(Schiff-C_3～C_6)经硅氢加成反应可得到聚硅氧烷侧链液晶，它具有破扇状的近晶型液晶结

构，Schiff-C_3～C_6 的状态转变过程为

$$\text{结晶态(K)} \xrightarrow{90℃} \text{近晶相(S)} \xrightarrow{102℃} \text{各向同性液体(I)}$$

液晶温度变化范围 ΔT=熔点(T_m)－清亮点(T_i)=12℃，液晶态的转变具有可逆性。而内含氯桥基和金属有机键的 Schiff-C_{11}～C_{10}-Pd 配合物，经硅氢化反应得到的聚硅氧烷高分子侧链配合物液晶，由于 Pd 的引进，使液晶的液晶态温度明显升高、范围明显变宽（配体 ΔT=11℃，配合物 ΔT= 70℃）。

(2) 向列型有机硅侧链液晶　聚甲基氢硅氧烷与烯反应得到聚合度为 80 的向列型有机硅侧链液晶，n=4 或 10，m=4 或 6，全部聚合物只有向列液晶相，清亮点随柔性间隔段长度的增加呈明显下降趋势。由于液晶基元与主链连接位置偏离液晶基元重心，使运动受主链运动干扰较大，引起聚合物液晶相清亮点常常低于单体清亮点。

张维邦等在研究侧链含烯丙基苯甲酸对苯二酚酯衍生物的向列型聚硅氧烷液晶时发现，虽然有些反应单体没有液晶性，但可以得到高分子双变型液晶。

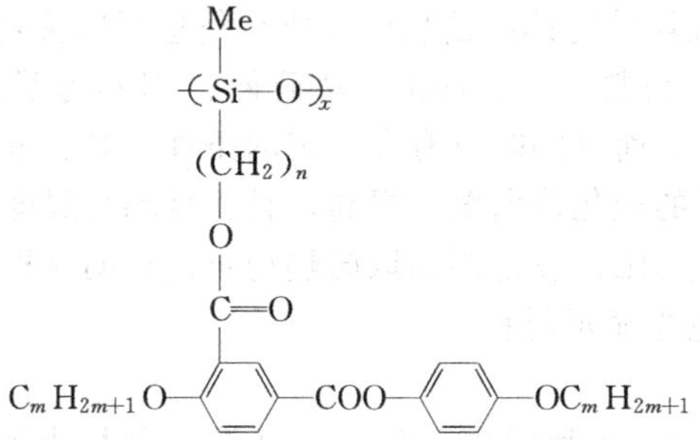

Me
$\text{-(Si—O)}_x\text{-}$
$(CH_2)_n$
O
C=O
$C_mH_{2m+1}O$—⟨苯环⟩—COO—⟨苯环⟩—OC_mH_{2m+1}

制备聚硅氧烷侧链液晶高分子主要采用硅氢加成反应，但是较难控制反应程度，反应转化率难达 100%，并且反应存在 α-加成和 β-加成两种加成方式的竞争。吴人洁等研究聚甲基氢硅氧烷与含液晶基元的烯化合物反应，以甲苯作溶剂，50℃下用氯铂酸催化，α-加成的选择性仅为 42%，并非一般文献所报道的 β-加成选择性为 100%。带烯端基刚性侧链液晶基团的聚硅氧烷具有显著而稳定的热致液晶性，液晶相态温度可宽至 307℃，它特有一种柱状液晶相，其广角 XRD 在 0.43～0.47nm 和 11.96～3.31nm 处出现 2 个特征峰，是一类性能优异的功能材料。

(3) 胆甾型有机硅侧链液晶　胆甾型有机硅侧链液晶具有手性碳，其中有些可形成胆甾相，具有螺旋结构，能选择反射圆偏振光、强烈的旋光性及二色性，以及存储效应、彩色效应、相变效应和方格栅效应等电光效应。含手性液晶基元侧链聚合物液晶 A 可生成胆甾相，其组成影响反射光波波长。

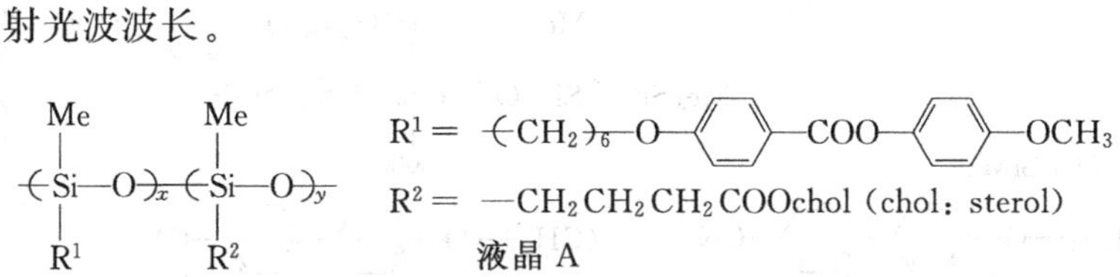

$\text{-(Si(Me)(R}^1\text{)—O)}_x\text{-(Si(Me)(R}^2\text{)—O)}_y\text{-}$

R^1 = $-(CH_2)_6-O-$⟨苯环⟩—COO—⟨苯环⟩—OCH_3
R^2 = $-CH_2CH_2CH_2COOchol$ (chol：sterol)

液晶 A

把不同组成的高分子液晶从胆甾相冻结至玻璃化温度以下，可制得颜色不同的高分子膜。含有手性液晶基元的侧链高分子液晶并不一定能生成手性液晶相，某些胆甾液晶基元的单体均聚，只能得到近晶型高分子液晶，两种含胆甾液晶基元而柔性间隔段不同的单体共聚，也只能在某些组成的共聚体中观察到胆甾相。采用手性单体和向列型单体共聚合一般能获得胆甾型有机硅侧链液晶。

具有多种功能基团的新型胆甾型液晶高分子是目前新的研究热点。对胆甾型高分子液晶的合成、聚集状态及性能的系统研究，为多功能实用性胆甾型液晶的制备提供了理论基础。Natarajan 等把染料基元引入高分子链中，制备出具有光致变色功能的胆甾型液晶。张宝砚

等把介晶单体十一烯酸胆甾醇酯（M_1）和非介晶手性单体十一烯酸薄荷醇酯（M_2）通过接枝共聚引入聚甲基含氢硅氧烷中，得到一系列侧链液晶。它们都是胆甾型液晶，具有较宽的介晶相范围，呈现出典型的胆甾液晶彩色 Grand-jean 织构及油丝织构。当 M_2 质量分数大于 0.3 时，液晶性能开始变弱。这些液晶都具有较高的热稳定性，热分解温度大于 310℃。

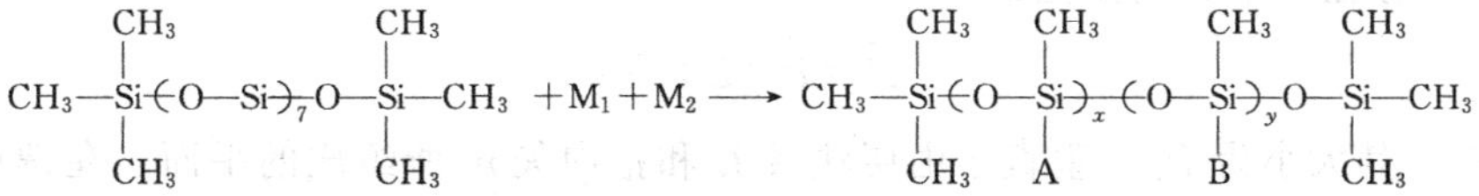

$$CH_3-\underset{CH_3}{\overset{CH_3}{Si}}(O-Si)_7O-\underset{CH_3}{\overset{CH_3}{Si}}-CH_3 + M_1 + M_2 \longrightarrow CH_3-\underset{CH_3}{\overset{CH_3}{Si}}(O-\underset{A}{\overset{CH_3}{Si}})_x(O-\underset{B}{\overset{CH_3}{Si}})_yO-\underset{CH_3}{\overset{CH_3}{Si}}-CH_3$$

$x+y=7$

A：$-(CH_2)_{10}COO-chol$；　B：$-(CH_2)_{10}-COO-$（薄荷基）

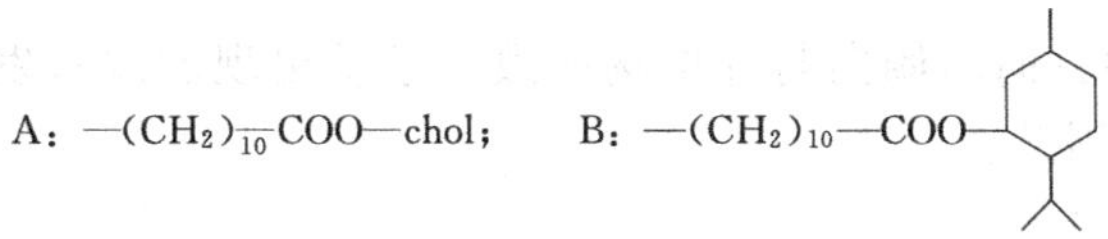

（4）偶氮苯型有机硅侧链液晶　它是一种典型的光学非线性材料，其非线性特性系数高、响应快、具有光致变色性。当偶氮苯型和非偶氮苯型液晶单体共聚时，得到的有机硅侧链液晶的稳定性和非线性光学系数都比较高。一种以聚硅氧烷为主链、含有苯甲酸-4-甲氧基苯酯和偶氮苯光色基元的光致变色有机硅侧链液晶，其保持最低介晶基元的极限摩尔含量为 80%。在液晶共聚物中 T_m、ΔH_m 和 ΔS_m 随非介晶基元组分含量 r 的增加而下降。当 $r=0.10$ 时，T_i、ΔH_i 和 ΔS_i 达到最小值。

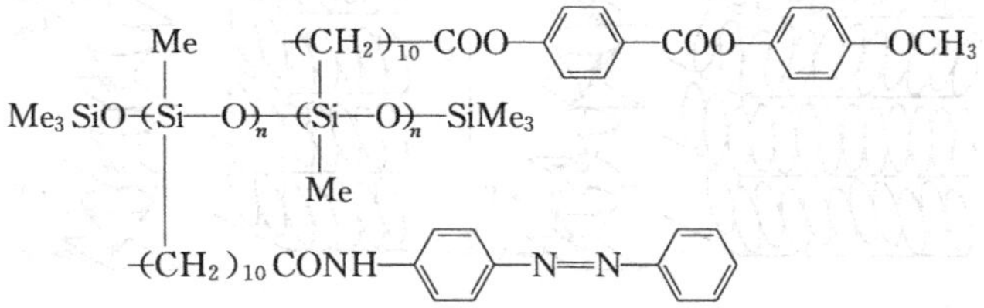

$$Me_3SiO(\underset{|}{\overset{Me}{Si}}-O)_n(\underset{Me}{\overset{|}{Si}}-O)_nSiMe_3$$

（侧链：$(CH_2)_{10}COO-C_6H_4-COO-C_6H_4-OCH_3$；$(CH_2)_{10}CONH-C_6H_4-N=N-C_6H_5$）

介晶基元 4′-硝基-4-烷氧基氧化偶氮苯经大分子酯化反应得到一种含有发色团的侧链液晶聚硅氧烷。经 DSC 和偏光显微镜对其热相变行为的分析表明，它有近晶 A 相（S_A）的似扇形织构，而且 S_A 相为双分子层。解决了大分子硅氢加成反应难以完全而残留硅氢键所带来的高分子易交联的问题。

8.3.6　铁电液晶

1975 年 Meyer 提出假设：如果组成倾斜近晶相的分子是手性的，则因其镜面对称性的消失而导致自发极化。据此法国 Orsay 的化学家首次合成出铁电液晶。一般铁电液晶分子具有两个共同特点。

① 存在一个极性基因，因而有个横向永久偶极矩，以产生极化作用。

② 存在一个手性中心。手性中心产生的空间作用使得近晶层内倾斜排列的分子逐层相对扭曲，最终使 S_mC^* 相具有一个螺旋结构，分子的取向分布在一个圆锥面上（图 8-18）。铁电液晶与普通液晶的主要区别在于它存在自发极化。由晶体物理学可知，在一个给定的相中，若存在自发极化，就得要求在所有与该相对称性一致的所有对称操作下极化矢量 $\vec{P}=(P_x,P_y,P_z)$ 保持不变。通常倾斜层状 S_mC 相有一个镜面对称和一个垂直于指向矢 $\vec{n}$ 的二次旋转轴 C_2。但在 S_mC^* 相中，由于手性分子的存在，使得镜面对称性消失，只剩下垂直于 $\vec{n}$ 二次旋转轴。于是，由对称操作（设二次旋转轴沿 y 方向）

$$\vec{P}=\begin{bmatrix}P_x\\P_y\\P_z\end{bmatrix}\xrightarrow{C_{2y}}\begin{bmatrix}-P_x\\P_y\\-P_z\end{bmatrix}$$

可得到 $P_x=0$，$P_z=0$，因此

$$\vec{P}=\begin{bmatrix}0\\P_y\\0\end{bmatrix}$$

即在沿 y 方向存在一个自发极化 $\vec{P}$，

$$\vec{P}=P_0(\vec{L}\times\vec{n})$$

自发极化 $\vec{P}$（其大小为 P_0）垂直于由层法线 L 和指向矢 $\vec{n}$ 所组成的平面。在螺旋结构中，一个周期内各层的极化矢量相互抵消，宏观上表现为自发极化为零。若外加一个电场，则所有各层的极化矢量 $\vec{P}$ 的方向均倾向与外电场一致，于是出现宏观自发极化。此时所有分子取向一致，螺旋结构被展开。

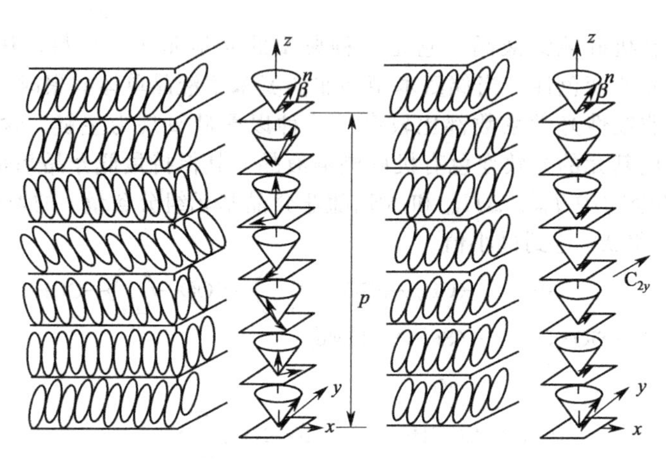

图 8-18 S_mC^* 相的结构

铁电液晶一般要求：

① 具有化学、光化学、热和电的稳定性；

② 具有在室温附近宽的 S_mC^* 相温度范围；

③ 蒸气压低，在可见光谱区无吸收；

④ 需要具有 $S_mC^*\leftrightarrow S_mA\leftrightarrow N^*\leftrightarrow I$ 的相序以改善排列质量；

⑤ 倾斜角 θ 尽量大，$\theta=22.5°$时最佳；

⑥ $\Delta n\approx 0.14$，以适合 $2\mu m$ 的盒厚；

⑦ 响应时间短；

⑧ 黏度低；

⑨ 自发极化较大；

⑩ $\Delta\varepsilon$ 小。

能同时满足这些条件几乎不可能，解决办法是使用混合物。其一，只混合具有 S_mC^* 相的化合物。此时因手性链具有非线性结构而使手性组合的黏度高，并难以调节螺距和自发极化的大小。其二是在 S_mC 主体中掺入手性添加剂以获得 S_mC^* 相。此时可获得具有低黏度优化的 S_mC^* 相，并可利用手性添加剂调节自发极化、螺距、响应时间和相变温度等参数的数值。

铁电液晶主要分为主链型、侧链型和主侧混合型三种。从应用角度看侧链型较为重要。

8.3.6.1 主链型铁电液晶高分子

Ujile 等人先通过合成含介晶单元的单体，再经过缩聚反应制备了一些主链型铁电液晶高分子（FLCP)。我国化学工作者也开展 FLCP 合成的研究。

① 嘧啶类铁电液晶 李国镇等人合成了 4 系列 14 个手性苯基嘧啶类化合物（RO—C₆H₄—嘧啶—R′），其中 R，R′分别为碳原子数 8～12 的正烷基和手性异戊基或异庚基。采用 Sawer-Jowei 方法对该具有手性近晶 C 相的两个系列铁电液晶作了测试，从示波器荧光屏上观察到电滞回线。而 2,5-二苯嘧啶类液晶（RO—C₆H₄—嘧啶—C₆H₄—OR′），有很宽的 S_C^* 相温度范围和较高的自发极化率，可用于宽范围视频彩色显示。

② 吡啶类铁电液晶 这类含氮杂环铁电液晶具有较宽的 S_C^* 相和较大的 P_S 值。例如，两个系列的 2,5-二苯基吡啶类手性液晶 A 和 B，它们都出现近晶相，并呈现多个近晶相态。由于吡啶环的存在，侧力引力较大，易形成层状排列，随着分子碳链的增长，化合物的熔点和清亮点下降，S_C^* 相范围变宽。

C_nH_{2n+1}—C₆H₄—吡啶—C₆H₄—$OCH_2\overset{*}{C}H(CH_3)C_2H_5$ （n=7～10）

(A)

C_nH_{2n+1}—C₆H₄—吡啶—C₆H₄—$OCH_2\overset{*}{C}H(CH_3)C_2H_5$ （n=7～10）

(B)

③ 含氟类铁电液晶 在铁电液晶分子中引入氟原子可以引起相变范围及介电各向异性的改变，具有增加液晶材料的互溶性，降低熔点和黏度的作用。马汝建等合成了一系列手性仲辛氧基联苯甲酸苯酚类含氟化合物：

$C_6H_{13}\overset{*}{C}H(CH_3)O$—C₆H₃F—C₆H₄—COO—C₆H₄—R （R 为烷基）

它们化学稳定性好，室温附近有较宽的手性近晶 C 相。因为手性碳原子与极性官能团相连，手性碳上甲基与联苯环上氢存在非键张力，不可自由旋转，故自发极化 P_S 较大，成为目前铁电液晶配方常用组分之一。

④ 联苯类铁电液晶 最早把手性基团引入联苯羧酸酯以合成联苯铁电液晶是在 1978 年。后来陈其超等通过改变手性基团和在苯环上引进不同取代基，制备宽温度带、低黏度和高稳定性的联苯羧酸酯类铁电液晶。奚关根等合成了中心桥键为—CH_2O—的醚类联苯类铁电液晶。

$(+)C_2H_5\overset{*}{C}H(CH_3)CH_2$—C₆H₄—C₆H₄—$CH_2O$—C₆H₄—$CH_3$

其 P_S 值比相应分子结构的羧酸酯的大。把它用于液晶混合配方中，能有效提高液晶螺距和降低驱动电压。一般 P_S 值在 1～6nC/cm² 之间，交换末端手性基团合成的双手性高极性铁电液晶的结构如下。

$C_nH_{2n+1}O$—C₆H₄—C₆H₄—$OC(=O)\overset{*}{C}H(Cl)\overset{*}{C}H(CH_3)C_2H_5$ （n=7,9）

其 P_S 值大为提高。当 $n=9$ 时，P_S 值随温度上升而下降。在 41～51℃间，P_S 值>100nC/cm^2，最高可达 142nC/cm^2。

8.3.6.2 侧链型铁电液晶高分子

有两种方法合成侧链型铁电液晶高分子，其一，先合成侧链上具有铁电性介晶单元的含双键单体，再聚合，并以自由基聚合为多见；其二，通过聚合物的活性官能团与含活性官能团的介晶化合物反应而得。

① 聚（甲基）丙烯酸酯铁电液晶　聚丙烯酸酯铁电液晶分子结构为

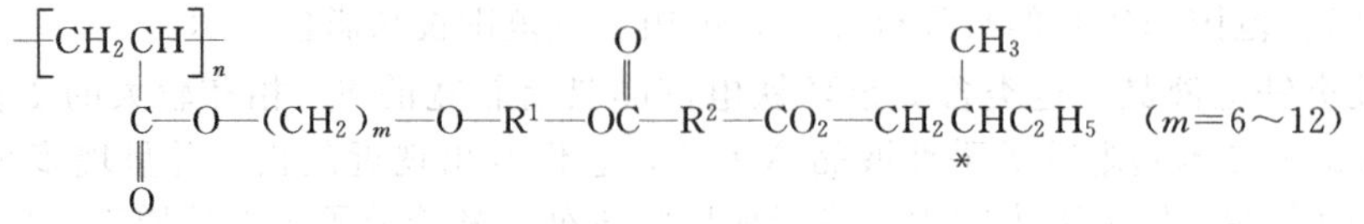

$$\left[CH_2CH\right]_n-C(=O)-O-(CH_2)_m-O-R^1-OC(=O)-R^2-CO_2-CH_2\overset{*}{C}H(CH_3)C_2H_5 \quad (m=6\sim12)$$

Uchida 等采用第一种合成法，先合成含有间隔基、铁电性结晶单元和末端带有反应官能团的分子，再将其与丙烯酸反应得到丙烯酸型铁电性介晶单体，然后聚合成侧链型铁电液晶高分子。类似地把介晶单元与 MMA 反应，经酯化反应接上手性基团，得到的甲基丙烯酸酯类铁电液晶单体再聚合，所得的侧链型 FLCP 结构为：

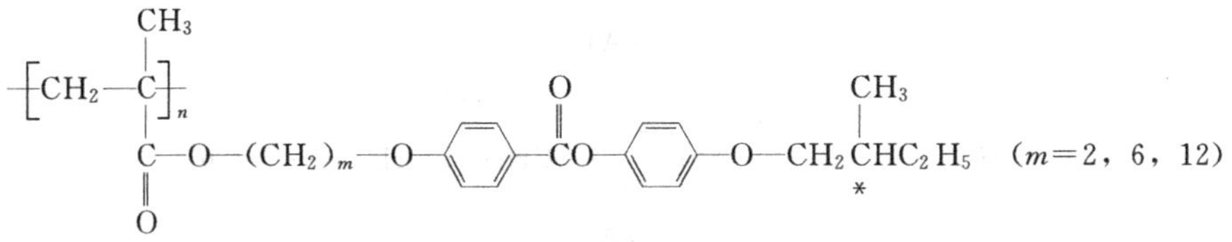

$$\left[CH_2-C(CH_3)\right]_n-C(=O)-O-(CH_2)_m-O-C_6H_4-CO(=O)-C_6H_4-O-CH_2\overset{*}{C}H(CH_3)C_2H_5 \quad (m=2,\ 6,\ 12)$$

② 聚硅氧烷类铁电液晶　Shenouda 等先合成带有乙烯基及手性介晶单元的小分子单体，再将其通过硅氢反应接枝到相应的高分子链上。结构通式为

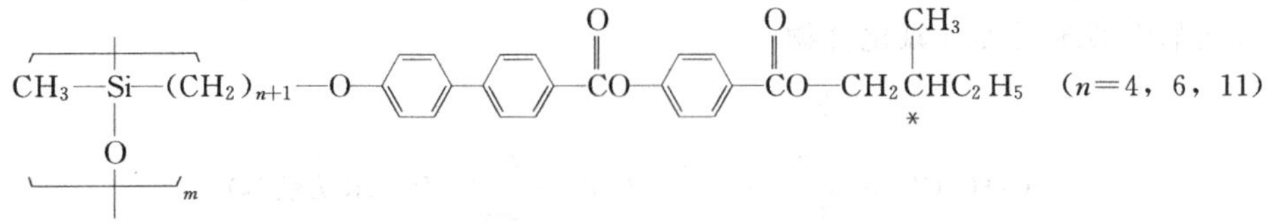

$$\left[CH_3-Si(-O-)-(CH_2)_{n+1}-O-C_6H_4-C_6H_4-CO(=O)-C_6H_4-CO(=O)-CH_2\overset{*}{C}H(CH_3)C_2H_5\right]_m \quad (n=4,\ 6,\ 11)$$

小分子铁电液晶由于其特有的性质受到人们的广泛关注。它在显示方面有重要的应用。此外，利用其双稳特性和快响应可制作光学开关阵列、空间光调制器，并在光纤通信中实现多路转换。利用它的电控双折射可制作可调波长的光滤波器，在光纤中实现波频复用，或制作全光型光波起偏器。铁电液晶高分子主要用于记录和存储材料、显示材料、铁电和压电材料、非线性光学材料，以及具有分离功能的材料和光致变色材料。

8.4 高纯试剂和气体

化学试剂常简称为试剂，是一大类具有各种标准纯度的纯化学物质，被广泛应用于教育、科学研究、分析测试，并可作为某些新型工业所需要的功能材料和原料的精细化学品。化学试剂的特点是品种多、门类广。据统计 1992 年全世界生产的化学试剂有 6 万多种，常用的化学试剂品种为 12700 多种。习惯上按学科和实际用途把试剂分为以下几类。

(1) 通用试剂　泛指符合标准纯度的有（无）机试剂，常用于科学研究、分析测试、合成反应和制备新材料等。

(2) 分析试剂　一般又分为化学分析试剂和仪器分析试剂两类。

① 化学分析试剂。

基准试剂 直接用来配制或标定容量分析中的标准溶液的纯化合物。

指示剂 用以指示标定终点的试剂，如pH指示剂、氧化还原指示剂、吸附指示剂、金属指示剂、荧光指示剂。

② 光谱分析试剂。

色谱纯试剂 专用于气相或液相色谱的试剂。

氘代试剂 专用于核子共振仪分析的试剂。

(3) 电子工业试剂 用于电子工业的专业化学品。

① MOS试剂 微电子专用试剂。

② 高纯试剂。

③ 光学纯试剂、光刻胶等特殊性能的精细化学品。

(4) 生化试剂 由生物体提取或化学合成的生物体基本化学物质，包括酶试剂、蛋白质试剂、核酸、氨基酸、维生素、激素及其衍生物、各种疫苗制品以及血液、脏器、动物制剂等，各种分子生物学、生物工程研究用的各种生化试剂，以及各种临床检验的试剂盒等。

通用试剂、分析试剂和生化试剂不属高纯试剂范畴，本节主要讨论用于电子工业的试剂，通称超净高纯试剂。

8.4.1 超净高纯试剂

超净高纯试剂（process chemicals）亦称湿法化学品或工艺化学品，是半导体制作过程中的关键性化工材料，主要用于芯片的清洗和蚀刻，它的纯度和洁净度对集成电路的成品率、电性能及可靠性都有着十分重要的影响。高纯试剂具有品种多、用量大、技术要求高、储存有效期短和强腐蚀性等特点。高纯试剂在半导体工业中的消耗比例大致为：氨水44%～8%，盐酸3%～6%，硫酸27%～33%，其它酸10%～20%，双氧水8%～22%，蚀刻剂12%～20%，有机溶剂10%～15%。常用高纯试剂的用途见表8-15。

表8-15 常用高纯试剂的用途

高纯试剂	用途
硫酸	在集成电路制作过程中应用最多。残留在基片及相关设备上的有机污染物会对正常生产产生不良影响，硫酸结合过氧化氢或臭氧可在沉积金属前去除基片表面上的有机污染物
过氧化氢	清洗过程中应用最广泛的强氧化剂。与硫酸共同使用可去除基片上的光刻胶或在扩散前去除基片上的有机污染物
盐酸	在集成电路制作过程中，基片表面的金属杂质可能会扩散进入基片，导致器件性能下降，成品率降低。盐酸能和大多数金属反应形成水溶性盐，然后被水清洗去除。使用高纯盐酸进行清洗可有效降低金属杂质
异丙醇	大量用于基片的清洗、干燥和生产设备的清洗
过氧化胺	用于减少污染物，降低缺陷密度
氢氟酸	半导体制作过程中应用最多的工艺化学品之一，可去除大多数氧化物

随着集成电路（IC）存储容量的逐渐增大，存储器电池的蓄电量需要尽可能的增大，因此氧化膜变得更薄，而超净高纯试剂中的碱金属杂质（Na、Ca等）会溶进氧化膜中，从而导致耐绝缘电压下降；若重金属杂质（Cu、Fe、Cr、Ag等）附着在硅晶片的表面上，会使p-n结耐电压降低。杂质分子或离子的附着又是造成腐蚀或漏电等化学故障的主要原因。因此，随着微电子技术的飞速发展，对超净高纯试剂的要求也越来越高，不同级别超净高纯试剂中的金属杂质和颗粒的含量要求各不相同，从而配套于不同线宽的IC

工艺技术。

对于兆位级器件，0.10μm的颗粒就可能造成器件失效。亚微米级（1.0～0.35μm）器件要求0.10μm的颗粒在10个/片以下，同时要求各种金属杂质如Cu、Fe、Cr、Ni、Na、Ag等，控制在目前分析技术的检测下限以下（约为1×10^{10}原子/cm^2）。目前国际SEMI标准化组织将超净高纯试剂按应用范围分为四个等级，标准见表8-16。

表8-16　高纯试剂的SEMI标准

SEMI标准	单项金属杂质/(μg/L)	控制粒径/μm	颗粒个数/(个/mL)	适用范围/μm
SEMI-C1	≤100	≥1.0	≤25	>1.2
SEMI-C7	≤10	≥0.5	≤25	0.8～1.2
SEMI-C8	≤1.0	≥0.5	≤5	0.2～0.6
SEMI-C12	≤0.1	≥0.2	供需双方协定	0.09～0.2

超净高纯试剂与集成电路发展的关系见表8-17。

表8-17　超净高纯试剂与集成电路发展的关系

项目	1986年	1989年	1992年	1995年	1998年	2001年	2004年	2007年	2010年
IC集成度	1M	4M	16M	64M	256M	1G	4G	16G	64G
技术水平/μm	1.2	0.8	0.5	0.35	0.23	0.18	0.13	0.10	0.07
金属杂质/$\times10^{-9}$ ≤	10		1			0.1			
控制粒径/μm ≥	0.5		0.5			0.2			
颗粒/(个/mL) ≤	≤25		≤5			TBD			
SEMI标准	C7		C8			C12			

超净高纯试剂通常由低纯试剂或工业品经过纯化精制而成，其工艺过程包括选料、提纯、过滤、分装、储存等环节。国际上SEMI-C7、SEMI-C8这些超净高纯试剂已全部实现工业化生产，用于超大规模集成电路的0.1μm工艺技术的超净高纯试剂也取得了突破性的进展。我国超净高纯试剂的研究始于20世纪70年代，20世纪80年代研制成功22种MOS级超净高纯试剂，并实现了工业化生产。北京试剂所的BV-Ⅲ级超净高纯试剂已达到SEMI-7标准，并实现百吨级的中试生产规模。目前试剂所正在进行0.2～0.6μm技术用BV-Ⅳ级（SEMI-C8）超净高纯试剂的研发，并取得了较大的突破。同时，试剂所还在进行0.09～0.2μm技术用BV-Ⅴ级（SEMI-C12）超净高纯试剂的前期研究工作。

基础材料微杂质含量、颗粒度控制与ULSI成品率的关系见表8-18，杂质颗粒度控制愈小，含量愈少，IC成品率愈高。

表8-18　材料颗粒度与ULSI成品率的关系

集成度		1M	4M	16M	64M	256M	1G	4G
杂质颗粒度的要求/μm		0.12	0.08	0.05	0.035	0.025	0.018	0.001
成品率50%	0.5μm	28.8%	4.7%					
	0.1μm			28%	21%	11%	4%	2.6%
成品率80%	0.5μm	9.1%	1.5%					
	0.1μm			16%	6.5%	3.8%	1.4%	0.83%

化学试剂重金属杂质的变化量也要引起足够的重视。在使用周期中，受光、热及储存、运输和包装等条件的影响，化学试剂中有害重金属杂质含量有不同程度的变化（表 8-19～表 8-22）。集成电路正朝主流是高密度、细线条、浅结的方向发展。器件表面有害重金属杂质沾污和可动离子敏感影响器件的界面态，使器件静态功耗电流增大，SiO_2 介质击穿强度降低，抗静电能力减弱，阈值电压漂移，器件功率老化出现早期失效，可导致产品性能、可靠性指标和器件成品率下降。因此，IC 产业必须对化学试剂的最佳使用寿命、稳定性、有害金属杂质含量、颗粒度的检测和受控以及影响该变化的包装材料和包装环境引起高度重视。

超净高纯试剂的纯度和洁净度对电路的成品率及电性能的可靠性有着重要的影响，随着集成度的提高，图形线条越来越精细，对超净高纯试剂的质量要求也越来越严格。当今世界超净高纯试剂的标准大约分为四类：

① 以 SEMI 标准为基础的美国试剂；

② 以 MERCK 为主的欧洲试剂；

③ 以关东、和光等为代表的日本试剂；

④ 以 IREA 公司为代表的俄罗斯及前苏联地区试剂。

表 8-19 氢氟酸（49%）的质量变化

杂质纯度 /$\times10^{-9}$	存放时间		变化量
	出厂	2 年后	
Al	0.8	0.8	
Ba	0.4	0.4	
Ca	0.4	0.9	增大 2.5 倍
Cr	0.4	0.4	
Fe	0.4	0.6	增大 1.5 倍
K	2.0	2.0	
Mg	0.4	0.4	
Na	0.4	0.4	
Ni	0.4	0.4	
Ti	0.4	0.4	
Zn	0.4	0.4	

表 8-20 氨水（28%）的质量变化

杂质纯度 /$\times10^{-9}$	存放时间			变化量
	出厂	2 周后	4 周后	
Al	0.1	0.1	0.1	
Ba	0.002	0.003	0.003	增大 1.5 倍
Ca	0.3	0.3	0.4	增大 1.3 倍
Cr	0.3	0.3	0.4	增大 1.3 倍
Fe	0.2	0.2	0.2	
K	0.05	0.2	0.2	增大 4.0 倍
Mg	0.02	0.02	0.02	
Na	0.04	0.2	0.2	增大 50 倍
Ni	0.3	0.3	0.3	
Ti	0.01	0.01	0.01	
Zn	0.2	0.2	0.3	增大 1.5 倍

表 8-21　硫酸（96%）的质量变化

杂质纯度/×10^{-9}	存放时间			变化量
	出厂	2周后	4周后	
Al	0.1	0.1	0.1	
Ba	0.1	0.1	0.1	
Ca	1.0	1.0	1.0	
Cr	0.1	0.1	0.1	
Fe	0.5	0.5	0.8	增大1.6倍
K	0.1	0.1	0.3	增大3.0倍
Mg	0.1	0.1	0.1	
Na	0.3	0.3	0.7	增大2.5倍
Ni	0.2	0.2	0.2	
Ti	0.2	0.2	0.2	
Zn	0.2	0.2	0.2	

表 8-22　硝酸（70%）的质量变化

杂质纯度/×10^{-9}	存放时间					变化量
	出厂	2周后	4周后	6周后	26周后	
Al	0.3	0.3	0.3	0.3	0.3	
Ba	0.1	0.1	0.1	0.1	0.1	
Ca	0.4	0.4	0.5	0.8	0.8	增大2.0倍
Cr	1.3	1.3	1.4	1.4	1.5	增大1.2倍
Fe	0.2	0.4	1.2	3.7	3.8	增大19倍
K	0.1	0.1	0.2	0.2	0.2	增大2.0倍
Mg	0.4	0.4	0.4	0.4	0.4	
Na	0.4	0.5	0.8	1.0	1.2	增大3.0倍
Ni	0.1	0.1	0.1	0.1	0.1	
Ti	0.1	0.4	0.8	0.8	1.3	增大13倍
Zn	0.2	0.2	0.2	0.3	0.3	增大1.5倍

它们的指标各不相同，但有逐步接近的倾向。表8-23～表8-25分别列出了20世纪80年代、90年代采用的颗粒标准和国内化学试剂厂MOS级企业执行标准。

表 8-23　20世纪80年代采用的颗粒标准

标准	ASTM					日本关东		
级别	0级					ELS	ELSS	ELSSS
颗粒大小/μm	5～10	10～25	25～50	50～100	>100	>2		
粒数/(个/100mL)	2700	670	93	16	1	<600	<300	<100

表 8-24　20 世纪 90 年代采用的颗粒标准

标准	ASHLAND			MERCK		
级别	Cleanroom	Cleanroom-LP	Cleanroom-MB	LSI	VLSI	ULSI
颗粒>0.5μm/(个/mL)	—	50～150	50～100			
颗粒>1.0μm/(个/mL)	10～25	2～10	2～10			
颗粒大小/μm				>1	>0.5	>0.5
粒数/(个/100mL)				<512	<256	<32～50

表 8-25　国内化学试剂厂 MOS 级企业执行标准——ASTM“0”级标准

杂质颗粒度控制/μm	5～10	10～20	25～50	50～100
颗粒含量控制/(个/100mL)	2700	670	93	16
K,Na,Fe 控制值	$0.5\times10^{-6}\sim0.1\times10^{-6}$			

8.4.2　超净高纯试剂的应用

在 1999～2004 年间，全球电子化学品市场的年平均净增长率约为 9%。2005 年的市场规模将超过 300 亿美元。光刻胶将是增长最强劲的产品，年均增长率可望达到 11.3%，市场销售额将达 36.6 亿美元。2009 年，国内市场微电子用光刻胶将超过 300t，超净高纯试剂中 BV-Ⅲ级（SEMI-C7 级）用量将超过 2000t，各种 MOS 级试剂将超过 8000t。到“十一五”期末，我国的电子化学品市场规模将超过 300 亿元，年增长率近 20%。

在半导体芯片生产中常用的试剂见表 8-26。

表 8-26　半导体芯片生产中常用的试剂

大类	小类	品名
溶剂类	醇类	甲醇、乙醇、异丙醇
	酮类	丁酮、丙酮
	酯类	乙酸乙酯、乙酸丁酯
	烃类	甲苯、二甲苯
	氯系	三氯乙烯、1,1,1-三氯乙烷、二氯甲烷、四氯化碳
	其它	显影剂、漂洗剂
酸类		硫酸、盐酸、硝酸、氢氟酸、磷酸、醋酸、混酸
碱类		氨水、显影剂(正型抗蚀剂用)
其它		过氧化氢、氟化铵水溶液

8.4.2.1　湿法清洗

超净高纯试剂的主要用途：

① 基片在涂胶前的湿法清洗；

② 在光刻过程中的蚀刻及最终的去胶；

③ 硅片本身制作过程中的清洗。

在工艺加工中硅片常被不同的杂质所沾污，导致 IC 产率下降约 50%。要获得高质量、高产率的集成电路芯片，必须将这些沾污物去除干净。有关沾污类型、来源和常用清洗试剂见表 8-27。

表 8-27 沾污类型、来源和常用清洗试剂

沾污类型	可能来源	清洗用化学品
颗粒	设备、超净间空气、工艺气体、化学试剂、去离子水	$NH_3 \cdot H_2O$, H_2O_2, H_2O; 胆碱, H_2O_2, H_2O
金属	设备、离子注入、灰化、反应离子刻蚀	HCl, H_2O_2, H_2O; H_2SO_4, H_2O; HF, H_2O
有机物	超净间空气、光刻胶残渣、存储容器、工艺化学试剂	H_2O_2, H_2SO_4; $NH_3 \cdot H_2O$, H_2O_2, H_2O
自然氧化物	超净间湿度、去离子水冲洗	HF, H_2O; NH_4F, HF, H_2O

8.4.2.2 湿法蚀刻

湿法蚀刻指借助于化学反应从硅片表面去除固体物质的过程。它可发生在全部或局部硅片表面未被掩膜保护的表面上，使固体表面全部或局部的溶解。湿法蚀刻依蚀刻对象的不同可分为绝缘膜、半导体膜、导体膜及有机材料等多种蚀刻。

① 绝缘膜的蚀刻绝缘膜蚀刻包括图形化二氧化硅（SiO_2）膜的蚀刻和氮化硅（Si_3N_4）膜的蚀刻。其中图形化二氧化硅膜采用缓冲氢氟酸蚀刻液（BHF）进行蚀刻，其目的是为了保护光刻掩膜和掩膜下的绝缘层。氮化硅膜在室温下用氢氟酸或磷酸进行蚀刻。

② 半导体膜蚀刻主要是指单晶硅和多晶硅的蚀刻，通常采用混合酸蚀刻液进行蚀刻。

③ 导体膜蚀刻在 Si 材料集成电路中，金属导线常采用 Al、Al-Si 合金膜，湿法蚀刻图形化后 Al 和 Al-Si 金属膜常采用磷酸蚀刻液进行蚀刻。

④ 有机材料蚀刻主要是指光刻胶在经过显影和图形转移后的去胶。常用的正胶显影液有氢氧化四甲基铵，去胶剂可采用热的过氧化氢-硫酸氧化去胶。

8.4.2.3 干式清洁技术

干式清洁技术是利用臭氧、氢氟酸和氯化氢，达到与 RCA 溶液相同的洁净效果。在干式清洁工艺中，利用臭氧除去有机物，用氢氟酸气体去除二氧化硅，利用氯化氢气体去除金属杂质。今后在 0.25μm 及以下的制作中，干式清洁技术将起重要作用。

8.4.3 超净高纯试剂的制备技术及配套处理技术

8.4.3.1 工艺制备技术

超净高纯试剂的生产，其关键是针对不同产品的不同特性而采取何种提纯技术。目前国内外制备超净高纯试剂的常用提纯技术主要有精馏、蒸馏、亚沸蒸馏、等温蒸馏、减压蒸馏、低温蒸馏、升华、气体吸收、化学处理、树脂交换、膜处理等技术，这些提纯技术各有特性，各有所长。不同的提纯技术适应于不同产品的提纯工艺，有的提纯技术如亚沸蒸馏技术只能用于制备量少的产品，而有的提纯技术如气体吸收技术可以用于大规模的生产。

8.4.3.2 颗粒分析测试技术

随着 IC 制作技术的不断发展，对超净高纯试剂中的颗粒要求越来越严，所需控制的粒径越来越小，从 5μm 到 1μm、0.5μm、0.2μm 及到目前的 0.1μm，因此对颗粒的分析测试技术提出了更高的要求。颗粒的测试技术从早期的显微镜法、库尔特法、光阻挡法发展到目前的激光光散射法。进入 20 世纪 90 年代，为了能够尽快地反映 IC 工艺过程中颗粒的真实变化，把原来的离线分析（取样在实验室分析）逐步过渡到在线分析。这就要求在技术上解决样品中夹带气泡的干扰问题，因为任何气泡在检测器内均可被当作颗粒而记录下来。气泡主要来源于样品中所溶解的气体、振荡或搅拌产生的气泡、温度高使样品挥发产生的气泡及管线不严而引起的气泡等。目前在线测定采用间断在线取样，在加压状态进样，进行颗粒测定，较好地解决了气泡的干扰问题。颗粒在线检测传感器采用了固态激光二极管技术，因而

可设计得很小、很轻，又坚固耐用，并可密封在线布置，仪器对超净水和超净高纯试剂的检出限可达 0.1μm。传感器的电学系统采用低压直流电源，因而能在潮湿和易燃环境中进行颗粒测定。

激光光散射型颗粒计数器的作用就是测量单个粒子通过狭窄的光束时所散发出来的散射光的强度，其工作原理如图 8-19 所示。

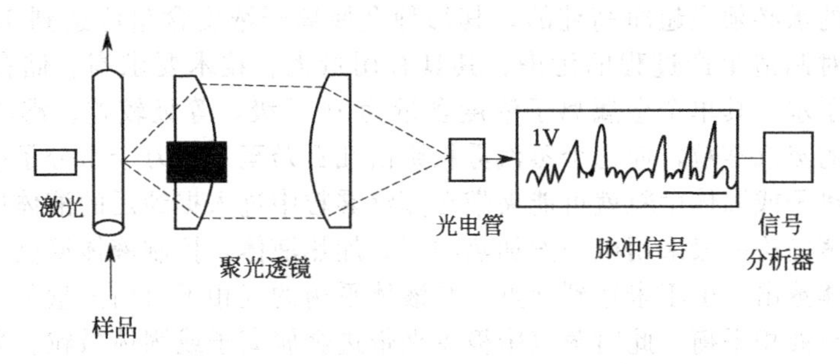

图 8-19　激光光散射型颗粒计数器工作原理

8.4.3.3　金属杂质分析测试技术

随着 IC 技术的不断发展，对金属及非金属杂质含量的要求越来越高，从原来控制的 10^{-6}级，发展到超大规模集成电路控制的 10^{-9}级及到极大规模集成电路的 10^{-12}级。而在分析测试手段上，原有的手段不断被淘汰，新的手段不断被推出。目前常用的痕量元素的分析测试方法主要有发射光谱法、原子吸收分光光度法、火焰发射光谱法、石墨炉原子吸收光谱、等离子发射光谱法（ICP）、电感耦合等离子体-质谱（ICP-MS）法等。随着 IC 技术向亚微米及深亚微米方向的发展，ICP-MS 法将成为金属杂质分析测试的主要手段。

8.4.3.4　非金属杂质分析测试技术

非金属杂质的分析测试主要是指阴离子的测试，最为常用的方法就是离子色谱法。离子色谱法采用离子交换的原理，由于被测阴离子水合离子半径和所带电荷不同，在阴离子交换树脂上造成分配系数不同，使阴离子在分离柱上得到分离，然后经过抑制柱去除洗脱液的导电性，采用电导检测器测定 Cl^-、NO^{3-}、SO_4^{2-}、PO_4^{3-} 等离子。

8.4.3.5　超净纯水技术

高纯试剂的制备离不开超纯水，它既直接用于超净高纯试剂的生产，又用于包装容器的超净清洗，其质量的好坏直接决定着超净高纯试剂产品的质量。同时，超纯水又是最纯、最廉价的清洗剂，就当今的水处理技术而言，已可将水提纯至接近理论纯水，电阻率（25℃）可达 18.25MΩ · cm。超纯水在制备过程中需要控制和测试的项目主要有残渣、可氧化的总碳量（TOC）、颗粒物质、细菌、被溶解的二氧化硅、电阻率、离子浓度等。

8.4.3.6　包装技术

超净高纯试剂大多属于易燃、易爆、强腐蚀的危险品，且随着微电子技术向深亚微米技术水平的发展，对其产品的质量提出了越来越高的要求，即不仅要求产品在储存的有效期内杂质及颗粒不能有明显的增加，而且要求包装后的产品在运输及使用过程中对环境不能有泄漏的危险。另外，必须使用方便且成本低廉，所有这些都对包装技术提出了更高的要求。用于超净高纯试剂包装容器的材质首先必须耐腐蚀，其次不能有颗粒及金属杂质的溶出，这样才能确保容器在使用点上不构成对超净高纯试剂质量的沾污。目前最广泛使用的材料是高密度聚乙烯（HDPE）、四氟乙烯和氟烷基乙烯基醚共聚物（PFA）、聚四氟乙烯（PTFE）。由于 HDPE 对多数超净高纯试剂的稳定性较好，而且易于加工，并具有适当的强度，因而它是超净高纯试剂包装容器的首选材料。

8.4.4 典型高纯化学试剂的制备

8.4.4.1 高纯水

超净高纯水是微电子工业生产不可缺少的重要基础材料，它既直接用于超净高纯试剂的生产，又用于包装容器的超净清洗，其质量的好坏直接决定着超净高纯试剂产品的质量。同时，超净高纯水又是最纯、最廉价的清洗剂。应用于大规模、超大规模集成电路的制造及超净高纯试剂生产的水必须是超净高纯的，其每种金属离子浓度含量应达到 10^{-9}级，以避免其本身所带杂质对制造生产过程的污染。其具有用量大、技术要求高、储存有效期短等特点。一般的去离子水，其单个金属离子浓度含量为 10^{-6}级，等级较差。沸腾蒸馏法因为沸腾时出现了大量的蒸汽雾粒，而每个蒸汽雾粒则由几百乃至几百万个水分子组成，这样在沸腾过程中，金属离子或固体微粒就可能夹带在蒸汽雾粒中进入提纯后的液体中去，提纯效果十分有限。亚沸蒸馏法一般采用电炉丝加热的形式加热液体，控制液体温度，在液体未达到沸腾的状态将液体蒸出。由于未达到沸点，与液体平衡的气相不再由大量蒸汽雾粒组成，基本是以分子状态与液相平衡，此时蒸汽中极少夹带进金属离子或固体微粒。采用亚沸蒸馏方法去除低沸点溶剂中的金属离子，可使其金属离子浓度含量达到 10^{-9}级。采用了两级亚沸蒸馏工艺，可使超净高纯水中的主要金属离子浓度含量达到 10^{-10}级以下。

方芳采用亚沸蒸馏方法制备超净高纯水，结果显示液体温度越高，冷却水温度越高，亚沸蒸馏速率越快。液体温度可以达到沸点，冷却水流量控制在 40L/h 左右为宜。并且所制得的超净高纯水中金属离子浓度含量均低于 10^{-10}级，符合生产超净高纯试剂所要求的技术指标。该套两级亚沸蒸馏装置还可用于其它具有挥发性的超净高纯试剂，如盐酸、硝酸等的提纯。实验证明：亚沸蒸馏工艺是一种去除液体中金属离子与固体微粒的极为有效的方法。

高纯水在电子工业中对保证产品质量起着非常重要的作用。如在集成电路半导体器件的切片、研磨、外延、扩散和蒸发等工序中，要反复使用高纯水进行清洗，集成电路在很小面积内有许多电路，相邻元件之间，只有 2×10^{-3}mm 左右的距离，因此对清洗用水要求非常严格。一般要求无离子、无可溶性有机物、无菌体和大于 0.5μm 的微粒子。表 8-28 为超大规模集成电路对超纯水的水质要求。对 4Mbit 以上的集成电路，应使用超滤膜装置（UF）过滤。

表 8-28 超大规模集成电路对超纯水的水质要求

水质项目		64Kbit	256Kbit		1Mbit	4Mbit	6Mbit	测定方法
		要求值	要求值	处理水例	要求值	推定值	推定值	
电阻率(20℃)/MΩ·cm		15～17	17～18	≥18	17.5～18	≥18	≥18	抵抗力计
微粒子/(个/mL)	0.2μm	50～150	10～50					光学显微镜
	0.1μm			≤50	≤2.5			
	0.1μm		50～150		10～20			电子显微镜
	0.05μm					10～20		
	0.03μm						≤10	
生菌/(个/100mL)		50～100	2～20	≤5	1～5	≤1	0.5	培养法

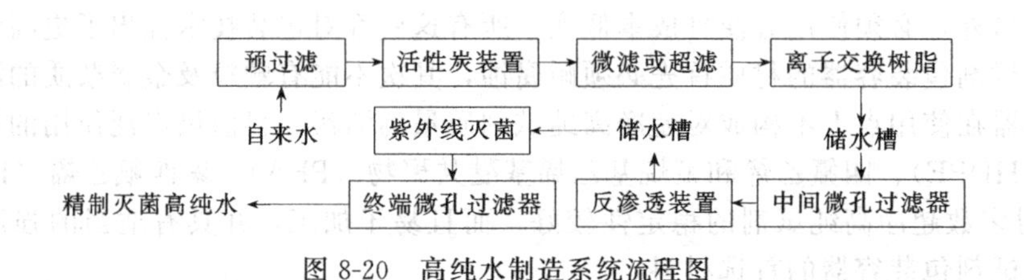

图 8-20 高纯水制造系统流程图

每个集成电路厂都有一个制造高纯水的中心系统，通过分配系统输送到使用点。图 8-20 为高纯水制造系统的流程图。系统中微滤膜是去除微粒及微生物的重要手段。另外，在纯水制造系统中，离子交换装置及管道系统等经一段时间使用后会有微生物繁殖。因此还应对系统装置进行灭菌消毒处理，才能使生产的纯水质量有所保证。系统中过滤细菌的微孔滤膜应尽量靠近终端，以保证最终的除菌效果，同时必须定期对微滤膜杀菌处理，及时更换到使用寿命的微滤膜。由于定期的杀菌处理，微滤膜的压力损失会有所升高。用于高纯水制备的微孔滤膜或超滤组件多为中孔纤维膜式，单位膜面积的渗透通量可达 2～4m^3/天。

8.4.4.2 双氧水

工业级双氧水（H_2O_2）常以蒽醌法生产，因含有大量有机杂质和阴阳离子而不能被直接用于电子产品的生产中。目前采用的主要除杂质方法有精馏法、吸附及离子交换法、超临界萃取法和膜分离等。国外生产的 H_2O_2 有常规用半导体级（各种金属离子含量低于 100×10^{-9}）、精细电子级（各种金属离子含量低于 10×10^{-9}）、半导体用超高纯 H_2O_2（各种金属离子含量低于 1×10^{-9}），需求量达 4 万吨/年，我国尚无超高纯 H_2O_2 的生产。表 8-29 为国内外企业对超净高纯双氧水部分质量指标的要求。

表 8-29 国内外企业对超净高纯双氧水部分质量指标

项目	上海贝岭	742 西门子	742 东芝
氧化物		500×10^{-9}	100×10^{-9}
硫酸盐		2×10^{-5}	400×10^{-9}
磷酸盐		1×10^{-5}	400×10^{-9}
总氮量		3×10^{-5}	1×10^{-5}
Al	200×10^{-9}	200×10^{-9}	5×10^{-9}
K	100×10^{-9}	100×10^{-9}	5×10^{-9}
As	10×10^{-9}		5×10^{-9}
Pb	20×10^{-9}	20×10^{-9}	5×10^{-9}
Fe	100×10^{-9}	100×10^{-9}	5×10^{-9}
Na	100×10^{-9}	500×10^{-9}	5×10^{-9}
Cu	20×10^{-9}	20×10^{-9}	4×10^{-9}
微粒子	>0.5μm，<250 个/mL >0.1μm，<64 个/mL	>0.5μm，<256 个/mL	>0.2μm，<400 个/mL

H_2O_2 不稳定，在受热、光照、粗糙表面、某些重金属等某些杂质存在下，极易分解并放出氧和大量的热，具有爆炸危险。故在精馏提纯时应严格操作注意防范。H_2O_2 为强氧化剂，具有腐蚀性，常对使用硼硅酸盐玻璃和聚偏氟乙烯材料制成的蒸馏设备。经过精馏提纯的 H_2O_2，各种金属离子的含量可降低至 100×10^{-9} 以下，符合半导体使用的要求。膜分离是新型的安全分离技术，选用化学性质稳定的聚四氟乙烯、偏聚氟乙烯、或惰性陶瓷膜等膜材料，可在室温操作，操作简单。例如采用树脂吸附-微孔陶瓷膜（孔径 0.2μm）集成分离技术，对 27.5%的工业级双氧水进行提纯，有机物总碳量净化度 88.7%，金属离子净化度为 98.7%，不挥发物含量下降 91.3%，可达到精细级超纯 H_2O_2 的标准。

8.4.4.3 氢氟酸

电子工业中使用高纯 49%HF 的溶液蚀刻微电子电路，目前只有美国和日本能生产高纯 49%HF 的溶液，其中美国消耗量为 9000t/年。纯净氟化氢气体用高纯水吸收成为氢氟酸溶液，再经 0.05μm 聚四氟乙烯过滤器除杂后制成超净高纯氢氟酸。其所含杂质极少，要求粒径大于 3μm 的颗粒为 0～1 个/mL，阳离子杂质（金属）小于 1×10^{-9}，阴离子杂质（磷酸等）小于 5×10^{-9}，主要用于 16M DRAM 芯片的清洗与腐蚀，该产品在国内属空白。纯净氢氟酸为试剂级氢氟酸在分馏塔中经精馏提纯制得。分馏塔内填充镍制弹簧及螺旋状氟树脂，分馏塔的温度控制在 20℃，可以得到电导率为 $10^{-6}\sim10^{-5}\Omega/cm^2$ 的氟化氢。

8.4.4.4 超净高纯盐酸

超净高纯盐酸的生产工艺，包括氯化氢的蒸发、气体净化、高纯水吸收以及最终提纯等步骤。该工艺是一种高质量、经济性和环保性兼容的电子化学品的生产方法。

(1) 蒸发与吸收　原料是工业盐酸，蒸馏法除去工业盐酸中的杂质（除砷外）。通过从汽相抽出氯化氢蒸气可除去的杂质，包括周期表第Ⅰ和Ⅱ族金属，以及由于它们与氯化氢接触生成的络合形式的杂质，也除去了这些金属的氧化物和碳酸盐；第Ⅲ族元素及其氧化物，以及这些元素卤化物的加合物。在吸收容器中加入超纯水，通过蒸馏所解吸出来的氯化氢气体被超纯水吸收，而制成盐酸。其中超纯水最好是比抗阻在 $17.7\times10^6\Omega\cdot cm$ 以上的纯水，比抗阻为 $18\times10^6\Omega\cdot cm$ 的纯水特别好。如果在吸收以前通过吸收去除氯化氢气体中的杂质，在吸收容器中得到的盐酸纯度将非常高，杂质浓度会低于 1×10^{-9}。

(2) 洗涤与过滤　在高纯水吸收氯化氢气体之前，先过滤并清洗气体。氯化氢通过过滤装置，可以除去蒸气夹带的任何固体物质，可以采用微滤装置和超滤以及薄膜，经过滤的蒸气然后通过洗涤器，根据不同的洗涤目的按顺序放置至少两个洗涤瓶，定期排放洗涤瓶底部的洗涤液，从而除去其中累积的杂质。在洗涤器除去的杂质中包括反应性挥发性物质，如金属卤化物；磷、砷和锑的卤化物；过渡金属卤化物；以及第Ⅲ和Ⅳ族金属的卤化物。

(3) 亚沸蒸馏　亚沸蒸馏的要点就在于将被提纯的液体加热到沸点以下的 5～20℃，由于未达到沸点，这时和液体平衡的气相也就不再由大量蒸气雾粒所组成，而是以分子状态与液相平衡。此时蒸气中就极少或可能不夹带进金属离子或固体微粒了，再在其气相空间放一个冷凝器，由于冷凝管表面温度远低于被加热的液体温度，所以以分子状态存在于气相空间的蒸气又在冷凝管上冷凝成液体，收集起来，就是用亚沸法提纯的液体了。亚沸法在除去液体的金属离子或固体微粒方面是非常有效的，是一种除去液体中金属离子与固体微粒的极为有效的方法。

采用本工艺可以有效地去除工业盐酸中 Fe、Cu、Pb、As 等离子，去除效果见表 8-30。

表 8-30　盐酸中杂质去除效果比较

项目	工业一等品	化学纯试剂	超净高纯盐酸
Fe	$\leqslant8\times10^{-5}$	$\leqslant1\times10^{-7}$	3×10^{-9}
Cu	—	$\leqslant1\times10^{-8}$	1×10^{-9}
As	$\leqslant8\times10^{-7}$	$\leqslant1\times10^{-8}$	1×10^{-9}
Pb	—	$\leqslant5\times10^{-8}$	1×10^{-9}
SO_4^{2-}	—	$\leqslant2\times10^{-7}$	2×10^{-8}

8.4.4.5 氨水

半导体芯片和超大规模集成电路的生产都要使用氨水作为清洗剂。无色透明的氨水具有氨气的独特气味。高纯氨水可用钢瓶液氨为原料，经 1%高锰酸钾溶液、5%氢氧化钙悬浊液和电导水的洗涤，再用高纯水吸收。成品的吸收瓶用冰水冷却，氨气的通入速度不宜过快。也可以用试剂级氨水为原料，加入少量 0.1mol/L 高锰酸钾溶液，进行常压蒸馏。当料液温度达到 40℃时开始有氨气蒸出，料液温度达到 55℃时开始沸腾，氨气用高纯水吸收。当气体吸收瓶液面有大量气泡逸出时，吸收氨水浓度达到 25%以上，质量符合高纯级的要求。如果工业液氨的质量较差时，可以用高锰酸钾溶液及 EDTA 溶液洗涤，除去一部分杂质。

8.4.4.6 高纯癸二酸、对硝基苯甲酸、苯甲酸、月桂酸

在生产耐高温、耐高压的小型铝电解电容器时要用到癸二酸、对硝基苯甲酸、苯甲酸、月桂酸及其铵盐等。这类有机酸在水中溶解度很小，即使在沸水中溶解度也不大，不能在水中由重结晶方法提纯。一般是在有机溶剂中多次重结晶才能获得较高纯度的产品。但是这种方法由于要使用易燃易爆的有机溶剂，要求设备密闭操作，后工序还得有溶剂的蒸馏回收过程，提纯后的产品有的指标仍难满足电容级要求，且设备投资大、操作费用高、安全性也较差。试将工业一级癸二酸、对硝基苯甲酸、苯甲酸或月桂酸等分别投入敞口带夹套的搪瓷反应釜中，按一定比例加入高纯水，搅匀后通入经净化的高纯氨气，直至反应完全，溶液 pH 达到 8 左右。加入适量的处理好的粉状活性炭，搅匀后保温 30min，真空抽滤至中间储槽，滤液必须十分清亮。趁热放出滤液经冷却结晶，离心过滤后得到铵盐结晶。再将此铵盐结晶溶于高纯水中，加热至一定温度，在不断搅拌下加入电容级甲酸回调至溶液呈酸性，冷却，析出结晶，过滤、干燥后即得高纯产品。若目的产物为有机酸铵盐，再将高纯湿有机酸加纯水通氨即可。

8.4.4.7 1,1,1-三氯乙烷

1,1,1-三氯乙烷在高温时分解出活性氯和氯化氢，它们与金属杂质离子反应生成金属氯化物。这些金属盐能在高温下汽化被氮气带走，或通过真空除去。利用这个性质，在大规模集成电路制造中用于硅片及高温掺杂石英管的清洗。

工业 1,1,1-三氯乙烷含有二氯乙烷和其它三氯乙烷异构体等杂质，即使采用萃取蒸馏，1,1,1-三氯乙烷的含量也只能达到 99%。要使含量达到 99.95%，必须采用化学法除杂。用氢氧化钙乳液回流，二氯乙烷转化为乙烯，1,1,2-三氯乙烷转化为 1,1-二氯乙烯，再加入高锰酸钾把所生成的烯烃氧化后洗涤除去。这些杂质与 1,1,1-三氯乙烷的沸点相差很大，少量的残留杂质再用精馏法全部去除。1,1,1-三氯乙烷在处理过程中不受影响。

去除低沸点溶剂中的金属离子并使其达到 10^{-9} 级，一般采用亚沸蒸馏。但 1,1,1-三氯乙烷在红外线照射下不稳定，采用普通亚沸蒸馏，其分解率达到 1%～2%，生成氯化氢和二氯乙烯。这时可以改用高真空度下的低温蒸馏深度冷却亚沸蒸馏法。把已去除有机杂质的 1,1,1-三氯乙烷加入亚沸仪（封闭常压加料口并增加液封深度）中，减压至 1.33～2.67kPa，通入已冷却到－30℃的无水乙醇，同时调节真空度至外面的真空度比内部的真空度稍高。此时 1,1,1-三氯乙烷蒸气被－30℃的无水乙醇冷却下来，它吸收环境的热量足以维持它的蒸馏温度。由于不加热，就排除了 1,1,1-三氯乙烷的分解问题。这样得到的 1,1,1-三氯乙烷达到规定的质量指标。

8.4.5 典型高纯气体的制备

8.4.5.1 高纯氢气

高纯氢是一种重要的工业原料，随着科学技术和新兴产业的迅速发展，在电子、药物、冶金、建材、石油化工、电力能源等工业部门，以及国防尖端技术和科学研究领域都获得了广泛的应用，其用量正逐年增长。例如，生产大规模和超大规模集成电路、非晶硅太阳能电池和性能优异的光导纤维，需要纯度为 5.0～6.5mol/L 的高纯氢或超纯氢；在石油及化学工业的各种催化加氢工艺中，为防止催化剂中毒，对氢中杂质含量的要求相当苛刻，大都需要纯度在 5N 以上的高纯氢；冶金工业用氢气还原金属氧化物制备 W、Ti、Co、Ni、Cr、Si 等高质量高纯物质产品时，氢气纯度越高，O_2、N_2、CO、H_2O 的含量越低，则产品质量越好；此外，在航空航天、药物合成、科学研究等国民经济的一些重要领域中，都迫切需要提供价格合理的、高质量的氢气。

常用的工业制氢方法只能得到含有各种杂质的粗氢，需进一步提纯与精制才能得到高纯氢或超纯氢。氢气的纯化方法很多，在工业上可采用的有：冷凝-低温吸附法、低温吸附法、变压吸附法、钯膜扩散法、金属氢化物分离法以及多种气体纯化技术组合的方法。

变压吸附法要求原料纯度为50%～90%，投资小、能耗低，但回收率只60%～80%。

催化脱氧加变温吸附法是应用最广的方法，它可以除去氢气中的O_2、CO_2和H_2O，当吸附器内装填有CO吸附剂时还可以除去氢气中的CO杂质。该方法原理简单、操作方便、设备成本低。然而该方法无法去除氢气中的N_2、CH_4和Ar，因此当对氢气中的N_2和CH_4含量有更高要求时必须采取其它方法或者再增加其它设备。

低温吸附法是国内制取高纯氢气应用较多的一种方法，它适用的范围广、产品氢气纯度高，但是原料氢气必须进行预处理，同时要消耗液氮，操作较烦琐。该方法也有氢气消耗。

金属氢化物吸收法是比较新的方法，近几年应用得较多，亦需原料氢中预先除去大部分O_2、CO、H_2O等杂质。但是其装置体积比较大，金属氢化物易粉化，使用寿命比较短，同样有氢气消耗。

钯膜扩散法在400～500℃温度下操作，对原料气中O_2、CO、H_2O等要求较高，以防钯膜中毒失效。经钯膜扩散法纯化后的氢气纯度较高，但是该方法也要将氢气进行预处理，也有氢气损耗，且装置成本较高，国内大型装置应用较少。

化学反应法是氢气纯化的经典方法，采用某些金属在高温下与氢气中的杂质进行反应。它适用范围较广、纯化深度较深，但原料氢气应进行预处理，且在高温下工作。

水电解制氢是目前国内氢气制备的主要生产方法之一，该法的优点有：①产品纯度较高；②生产工艺简单、连续，可实现自动化；③副产氧可用来生产高纯氧；④原料廉价、易得；⑤成品率高；⑥生产过程灵活，能中压制氢等。但是水电解制氢的能耗很高，生产每立方米氢气需直流电耗5kW·h，制氢费用中电能约占85%，生产过程的经济效益主要取决于电价。另一方面，电能利用率只是理论效率的50%～60%，为了从电解槽排出过剩能量所产生的低位热能，需消耗大量冷却水，水电解制得的氢纯度约为2～3mol/L，主要杂质是水、氧、氮，要制取5N以上的高纯氢或超纯氢，应作进一步纯化处理，国内外普遍采用催化吸附或低温吸附工艺过程来纯化氢气。低温吸附法氢气纯化工艺流程如图8-21所示。

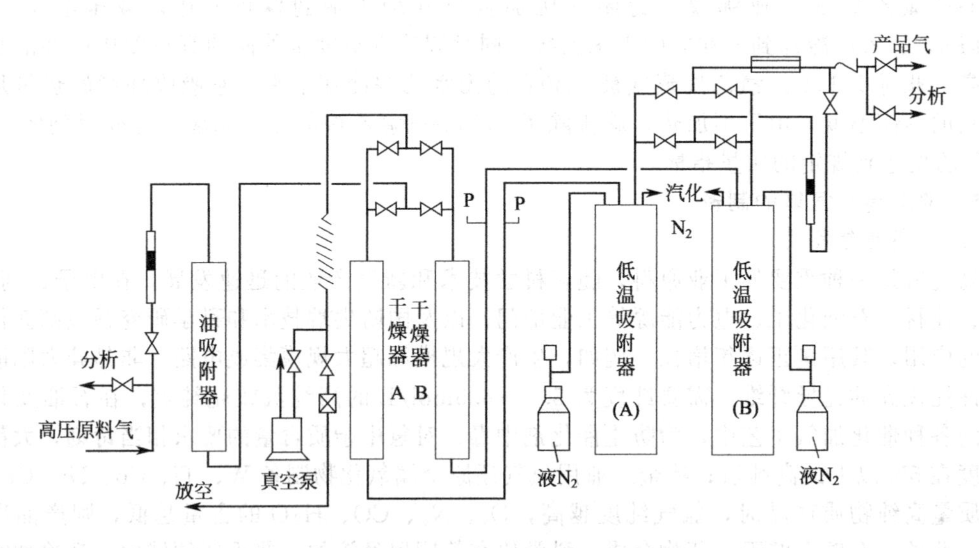

图8-21 低温吸附法氢气纯化工艺流程

生产中的技术要点如下。

① 水电解制氢所用的原料水应是负压脱气后的蒸汽冷凝水或去离子水，减少溶于水中的空气及其它杂质。制取高纯氢时，一般用电解稳定后生产的氢气。

② 严格控制低温吸附器的液氮面，防止液氮面忽高忽低波动，切忌吸附剂外露，导致被吸附的杂质脱附，影响产品质量。

③ 吸附剂采用逆流再生、正向填气的操作程序，提高吸附纯化效果。

④ 严格检查纯化系统的气密性，确保整个装置不内漏、不外漏。充装前用合格产品气彻底置换管道、阀门及接口。

⑤ 充装高纯氢或超纯氢气瓶，应进行内壁处理、试压、检漏，事先完成加热抽空、填气。待气瓶内余气分析 O_2、N_2、H_2O 等杂质合格后，再进行充装。对于电子工业用的超纯氢，需用高效过滤器除去气内夹带的颗粒杂质。

8.4.5.2 高纯氯气

高纯氯气是电子气体大家族中十分重要的品种，它在大规模集成电路制造过程是重要的等离子蚀刻剂；在光纤制造过程中，它是必需的脱羟基气体；随着 TFT 的发展，高纯氯气的消耗量将会很大。

我国工业液氯 GB/T 5138—1996 标准中把氯气分为三个技术等级：优等品、一等品、合格品。三种氯气的差别在于含水量，而对于其中的 CO_2、CH_4、H_2、CO 等没有要求。而纯度为 99.9995%的高纯氯气，要求 Cl_2 中 CO_2、CH_4、H_2、CO、H_2O 含量小于 1×10^{-6}（体积分数），各种金属离子的总含量小于 500×10^{-6}（体积分数）。液氯中的杂质可分为两类：轻组分如 CO_2、CH_4、H_2、CO、N_2+O_2；重组分如 H_2O 及各种金属卤化物。一般液氯中的重组分杂质可以通过吸附和精馏的联合方法净化，甚至可以在低温精馏塔的下部设有特殊的吸附剂来去除。氯气具有强的氧化性及腐蚀性，对几乎所有的常规吸附剂都有极强的破坏作用，即使是吸附剂初次使用没有问题，但经过几次再生后，由于脱附的 H_2O 同氯形成复杂的体系，使吸附剂发生粉化，导致净化不能完成，甚至管路、阀门严重堵塞。已筛选出三种新型的吸附剂，通过组合它们优势互补效果良好。吸附剂 A 则在低的湿度下效果优良，吸附剂 C 在湿度 40%（RH）的情况下还有 20%的吸附容量。吸附剂 B 则介于 A、C 之间。通过 C-B-A 的结合方式可以发挥每种吸附剂的特长，可有效避免传统氯气净化所存在的吸附剂爆裂、吸附水容量小、难以产业化等缺点。

在初级多层复合吸附床内原料氯中大量水（95%以上）被 A、B、C 的三种吸附剂吸附。若原料氯质量太差，也可以再引入另外一种可以耐水的吸附剂 D。脱水后的氯中还存在微量的水，可在下一净化器中彻底解决，在此净化器内 CO_2、H_2O 再次发生共吸附。在小规模的氯气生产时，采用液氯自然蒸发，而不使用液氯汽化器。氯中 CO_2、H_2O 的浓度分布规律：开始（30%左右）蒸发的氯气含有大量的 CO_2，此时，吸附剂很快发生“穿透”，气体中的 CO_2 超标，待到原料中 CO_2 浓度很低时，杂质 H_2O 浓度又很快升高，同时 CO_2 及 H_2O 又存在共吸附。为了深度脱除其中的重金属盐，在产品出塔和充瓶期间，增设络合吸附净化器，通过络合吸附使高纯氯中痕量的金属杂质通过化学反应而被清除。络合剂的选择及络合条件是重点，目前的络合剂种类不下百种，由于缺乏必需的中间实验数据，真正能用于实际的并不多，在选择络合剂时应遵循如下几个原则。

① 络合剂同卤化物如 $FeCl_3$ 等形成化学上和热力学上高度稳定的络合化合物。

② 极难挥发和对热很稳定。

③ 络合剂不与 Cl_2 发生反应。

采用这种方法脱除金属离子效果良好。

对于氯气中的“轻组分”杂质：CH_4、H_2、CO、N_2+O_2 则通过低温精馏技术来脱除，

CO_2 也可以在塔里得到分离。同其它气体的低温分离不同，由于氯气的毒性，为减少塔顶的排放量，在实际设计时应加大塔的高度。在－10℃的条件下，氯气同某难分杂质的相对分离系数接近 10，这意味只要这种杂质合格，其它杂质一定达到要求。在塔顶冷凝器的设计时不能采用传统的列管式换热器，由于焊点太多，在如此复杂的工况下极易发生安全事故，而新型结构冷凝器及回流阻力调节方法非常有效。为了安全起见，在产业化生产时应高度重视选择合适的金属材质。经验证明，普通的碳钢材料用于氯气的提纯是不合适的。对于精馏所用的填料可采用散堆高效精密填料，理论塔板数估计 60 块左右。操作温度－30℃，在此条件下分离系数较大。氯气的蒸发有两种方法：气瓶液氯蒸发和液氯经汽化器加热蒸发。若采用第二种方式，必须考虑其中的游离水进入系统的问题，必要时应增设分离器。由于采用液氯直接从气瓶进入系统，净化时减少了一道蒸发分离过程，同时由于气体汽化器有可能产生过热，在工艺设计时应充分考虑。

参考文献

[1] 郑金红，黄志齐，侯宏森. 感光科学与光化学，2003，21 (5)：346-356.
[2] 陈明，陈其道，洪啸吟. 感光科学与光化学，2002，18 (1)：77-84.
[3] 薛九枝. 现代显示，1994，(2)：10-24.
[4] 程定海，山桂云. 四川师范学院学报 (自然科学版)，2001 年，22 (2)：150-155.
[5] 黄毅萍，周冉. 安徽化工，1999 年，(6)：16-19.
[6] 付东升，张康助，张强. 化学推进剂与高分子材料，2003 年，1 (3)：18-22.
[7] 姜丽萍，王久芬. 华北工学院学报，2000 年，21 (4)：328-333.
[8] 解孝林，杨成，唐旭东，吴大成. 化学研究与应用，1996，8 (2)：159-164.
[9] 钟智凯. 高分子材料科学与工程，1994，(5)：7-11.
[10] 刘孝波，顾宜，江潞霞，蔡兴贤. 化工新型材料，1994，(9)：13-16.
[11] 黄美荣，李新贵，伍艳辉. 功能材料，2002，33 (5)：468-470.
[12] 张会旗，黄文强，李晨曦，何炳林. 功能高分子学报，1998，11 (3)：415-424.
[13] 孟勇，翁志学，黄志明，潘祖仁. 功能高分子学报，2003，16 (4)：575-584.
[14] 孙政民. 光电子技术，1995，15 (1)：25-33.
[15] 杭德余，郑志，陈闯，章于川. 液晶与显示，2002，17 (2)：98-103.
[16] 王斌，马祥梅. 淮南师范学院学报，2003，5 (3)：44-46.
[17] 穆启道. 化学试剂，2002，24 (3)，142-145.
[18] 施云海，许振良. 化学世界，2002，增刊，187-191.
[19] 郑金红，黄志齐，陈昕，焦小明，杨澜，文武，高子奇，王艳梅. 感光科学与光化学，2005，23 (4)：300-311.
[20] Hiroshi Ito. Proc. SOIE，1999，3678：2-12.
[21] Hiroshi Ito. Photopolym. Sci. Technol.，1998，11 (2)：379-393.
[22] 方芳，徐志刚. 精细与专用化学品，2005，13 (23)：23-2.
[23] 孙福楠，吴江红，冯庆祥. 低温与特气，2008，26 (1)：1-2.

第 9 章　智能材料

9.1　概述

20 世纪 80 年代中期，人们提出了智能材料（smart materials 或者 intelligent material system）的概念。智能材料是模仿生命系统，能感知环境变化并能实时地改变自身的一种或多种性能参数，作出所期望的、能与变化后的环境相适应的复合材料或材料的复合。如图 9-1 所示的智能材料，能感知环境的变化（传感器功能），能对信息进行分析处理并确定最适宜的响应值（处理功能），还能通过传感器功能部位进行反馈，做出主动的响应（执行元件功能）。智能材料是一种集材料与结构、智能处理、执行系统、控制系统和传感系统于一体的复杂材料体系。它的设计与合成几乎横跨所有的高技术学科领域。

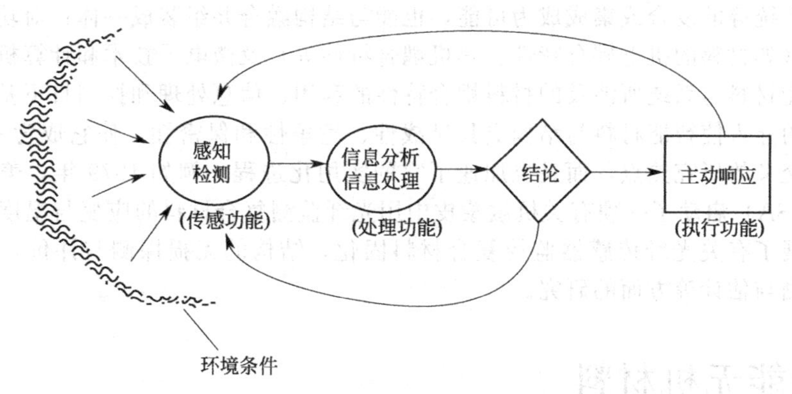

图 9-1　能感知环境条件且做出响应的智能材料

20 世纪 50 年代，人们提出了智能结构，当时把它称为自适应系统（adaptive system）。在智能结构发展过程中，人们越来越认识到智能结构的实现离不开智能材料的研究和开发。1988 年 9 月，美国国防军研究办公室组织了首届智能材料、结构和数学的专题研讨会。1989 年日本航空-电子技术审议会提出了从事具有对环境变化作出响应能力的智能型材料的研究。从此，这样的会议在国际上几乎是每年一届。从已公布的资料来看，美国相关的研究较为实用，是应用需求驱动了研究与开发。日本偏重于从哲学上澄清概念，目的是创新拟人智能的材料系统，甚至希望与自然协调发展。为推动我国有关智能材料的研究，国家自然科学基金委员会在 1991 年将其列入高技术材料的新概念、新构思项目，且于 1992 年对相关项目实行集团管理。

20 世纪 70 年代，美国弗吉尼亚理工学院及州立大学的 Claus 等将光纤埋入碳纤维增强复合材料中，使材料具有感知应力和断裂损伤的能力。这是智能材料的首次实验。智能材料的定义可归结为两种。第一种定义是基于技术观点：“在材料和结构中集成有执行器、传感器和控制器”。这个定义叙述了智能材料系统的组成，但没有说明这个系统的目标，也没有给出制造这种系统的指导思想。另一种定义是基于科学理念观点；“在材料系统微结构中集成智能与生命特征，达到减小质量、降低能耗并产生自适应功能的目的”。该定义给出了智能材料设计的指导性哲学思想，抓住材料仿生的本质，着重强调材料系统的目标，但没有定义使用材料的类型，也没有叙述其只有传感、执行与控制功能。人们认为若把两者有机地结合起来就能形成一个完整、科学的定义：智能材料是模仿生命系统，能感知环境变化，并能实时地改变自身的一种或多种性能参数，作出所期望的、能与变化后的环境相适应的复合材料或材料的复合。

智能材料来自于功能材料。功能材料有两类，一类是对外界（或内部）的刺激强度（如应力、应变、热、光、电、磁、化学和辐射等）具有感知的材料，通称感知材料，用它可做成各种传感器；另一类是对外界环境条件（或内部状态）发生变化作出响应或驱动的材料，这种材料可以做成各种驱动（或执行）器。智能材料是利用上述材料做成传感器和驱动器，借助现代信息技术对感知的信息进行处理并把指令反馈给驱动器，从而作出灵敏、恰当的反应，当外部刺激消除后又能迅速恢复到原始状态。这种集传感器、驱动器和控制系统于一体的智能材料，体现了生物的特有属性。

智能材料的提出是有理论技术基础的。20 世纪由于科技发展的需要，人们设计和制造出新的人工材料，使材料的发展进入了从使用到设计的历史阶段。可以说，人类迈进了材料合成阶段。高技术的要求促进了智能材料的研制，原因是：材料科学与技术已为智能材料的诞生奠定了基础，先进复合材料（层合板、三维及多缩编织）的出现，使传感器、驱动器和微电子控制系统等的复合或集成成为可能，也能与结构融合并组装成一体；对功能材料特性的综合探索（如材料的机电耦合特性、热机耦合特性等）及微电子技术和计算机技术的飞速发展，为智能材料与系统所涉及的材料耦合特性的利用、信息处理和控制打下基础；军事需求与工业界的介入使智能材料与结构更具挑战性、竞争性和保密性，使它成为一个高技术、多学科综合交叉的研究热点，而且也加速了它的实用化进程。例如 1979 年，美国国家航空航天局（NASA）启动了一项有关机敏蒙皮中用光纤监测复合材料的应变与温度的研究，此后就大量开展了有关光纤传感器监控复合材料固化，结构的无损探测与评价，运行状态监测，损伤探测与估计等方面的研究。

9.2 智能无机材料

9.2.1 无机智能结构材料

人体骨骼的功能是支撑身体、保护器官并提供造血场所，它实际上是具有自修复功能的无机非金属结构材料。由此可构思陶瓷结构材料的智能化途径。例如，为使陶瓷结构材料具有环境响应性，能自修复，可利用二氧化锌（ZnO_2）的应力诱发相变，使它从离子镍为主的正方晶结构（t 相）转变为稳定的单斜晶结构（m 相），引起体积膨胀，在 ZnO_2 陶瓷裂缝前端产生压缩应力，抑制裂缝的扩展，而使强度和韧性增加。

9.2.2 电致变色材料

电致变色（electrochromism，EC）是通过电化学氧化还原反应使物质的颜色发生可逆性变化的现象。无机 EC 材料为一般过渡金属氧化物、氮化物和配位化合物。

过渡金属易变价，许多过渡金属氧化物可在氧化还原时变色。电致变色可分为还原变色和氧化变色两类。在周期表上从 3d 到 5d 的过渡金属及其氧化物有电致变色活性。如图 9-2，左侧为还原变色型过镀金属；右侧为氧化变色型过渡金属。还原变色型材料为 n 型半导体，如 WO_3、MnO_3、TiO_2、V_2O_5、Nb_2O_5 等。以 WO_3 为例，其电致变色反应如下：

$$xM^{+} + WO_3 + xe \underset{\text{氧化}}{\overset{\text{还原}}{\rightleftharpoons}} M_xWO_3$$

漂白态　　　　　　蓝色

即将 WO_3 置于适当的电解质中，使其保持负电位，将电子（e）注入 WO_3 的传导带，且同时注入碱金属离子 M^+ 以保持电中性，则生成蓝色的钨酸盐 M_xWO_3。向相反方向改变电位，则发生氧化反应，蓝色消失而变为透明。

3d
4d
5d
Ti
V
Cr
Mr
Fe
Co
Ni
2r
Zb
Mo
Tc
Ru
Rh
Pd
Hf
Ta
W
Re
Os
Ir
Pt
还原变色型
氧化变色形

图 9-2　过渡金属及其氧化物 EC 活性

9.2.3　灵巧陶瓷材料

某些陶瓷材料亦具有形状记忆效应，特别是那些同时为铁电体又具有铁弹性的材料。此类材料在一定温度范围内在外电场作用下可自发极化，且极化可随外电场取向。而极化强度和电场之间的关系则是类似于磁滞回线的滞后曲线。再者，材料在一定温度范围内，其应力-应变曲线与铁电体的电滞回线相似。铁弹性的可恢复自发应变使材料具有形状记忆效应；而铁电性则使材料的自发应变不仅能用机械力来调控，也可用电场调控。锆钛酸铅镧（PLZT）陶瓷就是一例，它具有形状记忆效应，并在居里点温度下能形成尺寸小于光波长的微畴。如将 6.5/65/35PLZT 螺旋丝加热至 200℃（此温度远高于机械荷载恢复温度 $T_F=T_C$ 以上），再将螺旋丝冷却至 38℃（比 T_F 低得多），卸载后，此螺旋丝变形达 30%。而一旦将该螺旋丝加热至 180℃（高于 T_F），它就能恢复原来的形状，说明脆性陶瓷具有形状记忆效应。

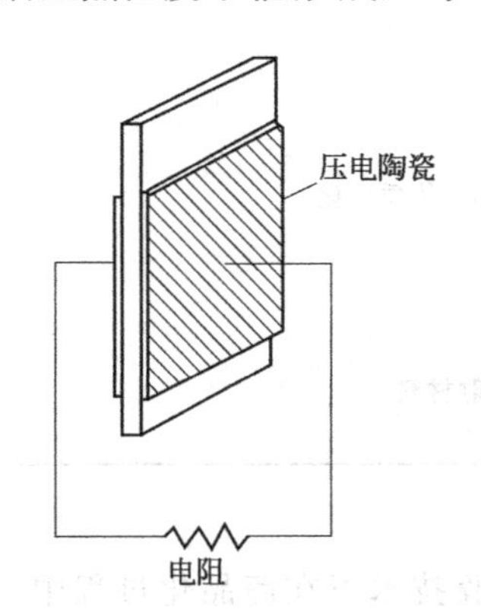

图 9-3　利用压电陶瓷的阻尼

利用（Pb，Nb）（Zr，Sn，Ti）O_3 陶瓷可制成多层状的记忆材料元件。例如，将这种膜叠合成 20 层的多层陶瓷电容器（MLCC）型结构，它的应变可达 3～4μm，此数值虽小于大多数形状记忆合金，但比一般压电执行元件所产生的应变要大 25 倍。此时的形状变化是由于从铁电到反铁电相变而产生的。

压电材料是具有压电效应的电介质。压电效应分为正、逆两种。若对电介质施加外力使其变形时，它就发生极化，引起表面带电，这种现象称为正压电效应。此时表面电荷密度与应力成正比，利用这种效应可制成执行元件。反之，若对电介质施加激励电场使其极化时，它就发生弹性形变，这种现象称为逆压电效应，此时应变与电场强度成正比，利用这种效应可制成传感器。

图 9-3 所示的双层结构压电材料外接电阻，能将振动能转变成电阻的热能，使热量逸出，即可抑制振动。当压电材料和外加电阻的阻抗一致时，得最大振动阻尼，放能内电阻的变化调控系统的阻尼特性。

9.3　智能高分子材料

在受到物理和化学刺激时，生物组织的形状和物理性质度可能发生变化，此时感应外界刺激的顺序是分子-组装体-细胞，即由分子构象到组装体的结构变化诱发生物化学反应，并激发细胞独特功能。此类过程通常可在温和条件下高效进行。20 世纪 90 年代，人们模仿生物组织所具有的传感、处理和执行功能，将功能高分子材料发展成为智能高分子材料。

美国麻省理工学院田中丰一教授在 1975 年就发现，当冷却聚丙烯酰胺凝胶时，凝胶可由透明逐渐变得混浊，最终呈不透明状；加热凝胶时，它又转为透明。这类可逆过程与聚合物网络的体积相转变有关。他进一步将离子化的部分水解聚丙烯酰胺聚凝胶置于水-丙酮溶液中，发现溶剂浓度或温度的微小变化可使凝胶突然膨胀到原来尺寸的数倍或收缩成紧缩的物质。田中丰一发现并开辟了一个新的研究领域——“灵巧凝胶”或“智能凝胶”。迄今已过去 20 余年，现在能响应刺激而溶胀的聚合物凝胶已发展成为软、湿有机材料。各先进国家的政府、产业界、学术界对此类刺激响应材料的研究与开发也甚为关注，并试图将生物组织所具有的智能型刺激响应功能引入到工业材料中，使智能材料在节省能源的同时还能与环境相协调。现在智能高分子材料正在飞速发展中。有人预计 21 世纪它将向模糊高分子材料发展。所谓模糊材料，指的是刺激响应性不限于一一对应，材料自身能进行判断，并依次发挥调节功能，就像动物大脑那样能记忆和判断。开发模糊高分子材料的最终目标是开发分子计算机。智能高分子材料的潜在用途见表 9-1。

表 9-1　智能高分子材料的潜在用途

领域	用　途
传感器	光、热、pH 和离子选择传感器，免疫检测，生物传感器，断裂传感器
驱动器	人工肌肉，微机械
显示器	可由任意角度观察的热、盐或红外敏感显示器
光通信	温度和电场敏感光栅，用于光滤波器和光控制
药物载体	信号控制释放，定位释放
大小选择分离	稀浆脱水，大分子溶液增浓，膜渗透控制
生物催化	活细胞固定，可逆溶胶生物催化剂，反馈控制生物催化剂，传质强化
生物技术	亲和沉淀，两相体系分配，制备色谱，细胞脱附
智能催化剂	温敏反应“开”和“关”催化系统
智能织物	热适应性织物和可逆收缩织物
智能调光材料	室温下透明，强阳光下变混浊的调光材料，阳光部分散射材料
智能黏合剂	表面基团富集随环境变化的黏合剂

9.3.1　温敏性凝胶

刺激响应性聚合物中研究最多的是智能凝胶。目前响应性凝胶技术正在商品化过程中，如田中丰一等组建的 Gel/Med 公司正从事智能凝胶药物制剂的研究。

温敏性凝胶是能响应温度变化而发生溶胀或收缩的凝胶。温敏性凝胶分为高温收缩和低温收缩型两类。聚异丙基丙烯酰胺（PIPAm）是典型的高温收缩凝胶。低温时，凝胶在水中溶胶，大分子链水合而伸展，当升至一定温度时，凝胶发生急剧的脱水合作用。由于侧链疏水基团的相互吸引，大分子链聚集而收缩。

聚丙烯酸（PAAC）和聚 *N*,*N*-二甲基丙烯酰胺（PDMAAm）网络互穿形成的聚合物网络水凝胶，在低温时凝胶网络内形成氢键，体积收缩；高温时氢键解离，凝胶溶胀。网络中 PAAC 是氢键供体，PDMAAm 是氢键受体。这种配合物在 60℃以下水溶液中很稳定，但高于 60℃时配合物解离。

9.3.2　光敏性凝胶

光敏性凝胶是指经光辐照（光刺激）而发生体积变化的凝胶。紫外光辐照时，凝胶网络中的光敏感基团发生光异构化或光解离，因基团构象和偶极矩变化而使凝胶溶胀或收缩。例如，光敏分子（敏变色分子）三苯基甲烷衍生物经光辐照转变成异构体——解离的三苯基甲烷衍生物。解离的异构体可以因热或光化学作用再回到基态。这种反应称为光异构化反应。

若将光敏分子引入聚合物分子链上，则可通过发色基团改变聚合物的某些性质。以少量的无色三苯基甲烷氢氧化物与丙烯酰胺（或 *N*,*N*-亚甲基双丙烯酰胺）共聚，可得到光刺激响应聚合物凝胶。

含无色三苯基甲烷氰基的聚异丙基丙烯酰胺凝胶的溶胀体积变化与温度关系的研究表明：无紫外线辐照时，该凝胶在 30℃出现连续的体积变化，用紫外线辐照后，氰基发生光解离；温度升至 32.6℃时，体积发生突变。在此温度以上，凝胶体积变化不明显。温度升至 35℃后再降温时，在 35℃处发生不连续溶胀，体积增加 10 倍左右。如果在 32℃条件下对凝胶进行交替紫外线辐照与去辐照，凝胶发生不连续的溶胀-收缩，其作用类似于开关。这个例子反映了光敏基团与热敏凝胶的复合效应。

凝胶吸收光子，使热敏大分子网络局部升温。达到体积相转变温度时，凝胶响应光辐照，发生不连续的相转变。例如，可将能吸收光的分子（如叶绿酸）与温度响应性 PIPAm 以共价键结合形成凝胶。当叶绿酸吸收光时温度上升，诱发 PIPAm 出现相转变。这类光响应凝胶能反复进行溶胀-收缩，应用于光能转变为机械能的执行元件和流量控制阀等方面。

9.3.3　磁场响应凝胶

包含有磁性微粒子的高吸水性凝胶称为磁场响应凝胶。这种凝胶可用作光开关和图像显示板等。国外学者将铁磁性“种子”材料预埋在凝胶中。当凝胶置于磁场时铁磁材料被加热而使凝胶的局部温度上升，导致凝胶膨胀或收缩；撤掉磁场，凝胶冷却，恢复至原来大小。他们采用不同方法包埋铁磁：一种是将微细镍针状结晶置于预先形成的凝胶中；另一种是以聚乙烯醇涂着于微米级镍薄片上，与单体溶液混合后再聚合成凝胶。这两种方法可用于植入型药物释放体系，电源和线圈构成的手表大小的装置产生磁场，使凝胶收缩而释放一定剂量的药物。这类方法还能制造人工肌肉型驱动器。

9.3.4　电场响应凝胶

聚电解质凝胶在电场刺激下，凝胶产生溶胀和收缩并将电能转变为机械能。科学家们将凝胶视作人工肌肉的候选材料，希望能在机器人驱动元件或假肢方面得到应用，但目前仍有许多基础性的科学和工程问题有待解决。

相继有人研制了能抓住或提起物件的可收缩凝胶装置。虽然此类凝胶的响应速率已得到改善，但仍不够快，距人工肌肉的商品化还有很大差距。最近美国学者制备出能在 100ms 内响应电脉冲的凝胶，这一时间相当于人类肌肉得到脑神经的电信号后收缩所需要的时间。他们把交联聚氧化乙烯粒子悬浮在硅油中，并用这类电流变液浸渍聚二甲基硅氧烷弹性体制成凝胶，通过预埋在凝胶中的两个柔性电极施加 1Hz 交流电场，试样在小于 100ms 的时间内产生变形。上述过程的机理尚不清楚。

$$\mathrm{CS{-}NH}\cdots\mathrm{O}\ (\mathrm{H}\cdots\mathrm{O})\ \underset{\mathrm{OH^-}}{\overset{\mathrm{H^+}}{\rightleftharpoons}}\ \mathrm{CS{-}NH_3^+} + \mathrm{O}\ \ \mathrm{O}\ \ \mathrm{O}$$

9.3.5　pH 响应凝胶

pH 响应凝胶是体积能随介质 pH 变化而变化的凝胶。这类凝胶大分子网络中具有离子解离基团，其网络结构和电荷密度随介质 pH 变化。

有人对甲壳素和壳聚糖为基础的智能水凝胶进行了研究，发现这种凝胶具有 pH 响应性。甲壳素是天然多糖聚合物，普遍存在于虾、蟹等低等动物的外壳中。甲壳素脱去部分乙酰基后则称为壳聚糖。甲壳素和壳聚糖不仅具有良好的生物相容性，而且可生物降解，是一种具有极大潜在应用价值的生物医学材料。

利用戊二醛使壳聚糖（$\mathrm{CS{-}NH_2}$）上的氨基交联，再和聚丙二醇聚醚（PE）形成半互穿聚合物网络。由于网络中氢键的形成和解离，使网络中大分子链间形成配合物或者解离，从而使此凝胶网络的溶胀行为对 pH 敏感。在碱性 pH 下，凝胶溶胀度显著降低，这是由于网络间形成氢链，使大分子链缔合。在酸性 pH 下，壳聚糖结构单元上的氨基（—NH_2）质子化，氢键被破坏，导致凝胶溶胀度增大。

9.3.6 化学物质响应凝胶

有些凝胶的溶胀行为会因特定物质的刺激（如糖类）而发生突变。例如药物释放凝胶体系可依据病灶引起的化学物质（或物理信号）的变化进行自反馈，通过凝胶的溶胀与收缩控制药物释放的通道。

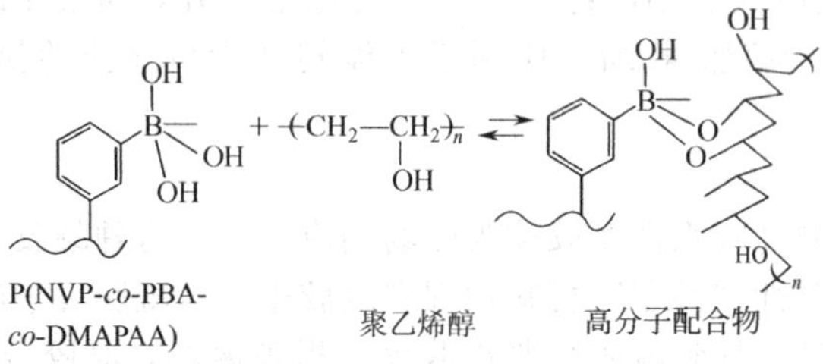

P(NVP-*co*-PBA-*co*-DMAPAA) + $\text{+}CH_2—CH(OH)\text{+}_n$ ⇌ 高分子配合物

P(NVP-*co*-PBA-*co*-DMAPAA)　　聚乙烯醇　　高分子配合物

图 9-4 苯基硼酸的乙烯基吡咯烷酮共聚物

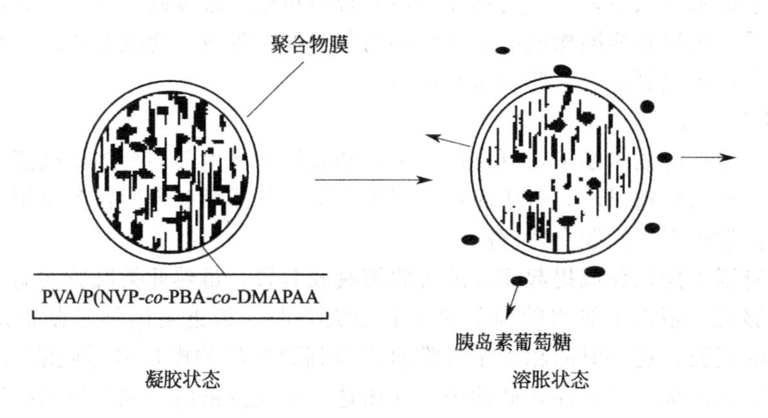

图 9-5 聚合物胰岛素载体释放药物示意

胰岛素释放体系的响应性是借助于多价烯基与硼酸基的可逆键合。对葡萄糖敏感的传感部分是含苯基硼酸的乙烯基吡咯烷酮共聚物。其中硼酸与聚乙烯醇（PVA）的顺式二醇键合，形成结构紧密的高分子配合物，如图 9-4 所示。这种高分子配合物可作为胰岛素的载体负载胰岛素，形成半透膜包覆药物控制释放体系。系统中聚合物配合物形成平衡解离随葡萄糖浓度而变化。也就是说，它能传感葡萄糖浓度信息，从而执行了药物释放功能。聚合物胰岛素载体释放药物示意如图 9-5 所示。

抗体是一种球蛋白，是动物体内注射抗原时产生的物质，能够专一性地与抗原结合。抗原为能刺激动物体产生抗体并能专一地与抗体结合的蛋白质。日本科学家利用抗原抗体的特性设计了能专一性地响应抗原的水凝胶。将山羊抗体兔抗体（GAG IgG）连接到琥珀酰亚胺丙烯酸酯（NSA）上，同样将兔抗原连接到 NSA 分别形成改性抗体和改性抗原。改性抗体与丙烯酰胺（AAm）在氧化还原引发剂过硫酸铵（APS）和四甲基乙二胺（TEMED）作用下形成高分子，然后加入改性抗原 APS、TEMED 和交联亚甲基双丙烯酰胺（MBAA），形成互穿网络聚合物。这样抗体和抗原处于同一网络不同的分子链上。反应机理如下。

$$\text{Y}{-}NH_2 + \text{NSA} \longrightarrow \text{Y}{-}NH{-}C(=O){-}CH{=}CH_2$$

GAG IgG　　NSA　　改性抗体

$$(\text{抗原}){-}NH_2 + \text{NSA} \longrightarrow (\text{抗原}){-}NH{-}C(=O){-}CH{=}CH_2$$

改性抗原

$$\text{Y}{-}NH{-}C(=O){-}CH{=}CH_2 \xrightarrow[\text{APS/TEMED}]{\text{AAm}}$$

$$\xrightarrow[\text{MBAA、APS/TEMED}]{\text{改性抗原，AAm}} \text{抗体/抗原互穿网络聚合物}$$

更有趣的是，抗原抗体网络凝胶只对兔抗原具有响应性，加入山羊抗原后体积没有发生变化。由于山羊抗原不能识别山羊抗体，它的加入不能离解兔抗原-山羊抗体间的结合键。通过在聚合物链上结合不同的抗体和抗原，可设计出具有专一抗原敏感性的水凝胶。科学家们认为这种水凝胶如果包裹药物，可利用特定的抗原的敏感性来控制药物的释放。

9.3.7 温度/pH 响应性凝胶

以上介绍的都是单一信号响应的水凝胶。最近日本学者设计了可同时响应温度和 pH 的水凝胶。将温敏性异丙基丙烯酰胺与 pH 敏感的丙烯酸形成共聚物，凝胶体积随温度的变化呈显著的非连续性相转变行为，但体积的非连续性随 pH 的变化而变化，在 pH＞7.5 时，凝胶的体积随温度呈连续性变化。对复合信号响应的凝胶有望用于药物释放载体，因为人患病时，人体温度发生变化，且药物经口腔、食管和胃肠部等 pH 会发生变化，因而温度和 pH 敏感性水凝胶的设计思路拓宽了水凝胶在药物释放载体中的应用。

9.4 智能药物释放体系

药学研究在近几十年的巨大发展，一方面通过有机合成或生物技术研究出许多令人注目的生理活性物质；另一方面不断研究改进给药方式，即把生理活性物质制成合适的剂型，如片剂、溶液、胶囊、针剂等，使所用的药物能充分发挥潜在的作用。“药物治疗”包括药物本身及给药方式两个方面，二者缺一不可。只有把生理活性物质制成合理的剂型才能发挥其疗效。

通常研究剂型主要是为了使药物能立即释放发挥药效。然而，人们逐渐认识到药物释放要受药物疗效和毒、副作用的限制。一般的给药方式，使人体内的药物浓度只能维持较短时间，血液中或体内组织中的药物浓度上下波动较大，时常超过药物最高耐受剂量或低于最低有效剂量，见图 9-6(a)。这样不但起不到应有的疗效，而且还可能产生副作用，在某些情况下甚至会导致医原性疾病或损害，这就促使人们对控速给药或程序化给药进行研究。用药物释放体系（drug delivery system，简称 DDS）来替代常规药物制剂，能够在固定时间内，按照预定方向向全身或某一特定器官连续释放一种或多种药物，并且在一段固定时间内，使药物在血浆和组织中的浓度能稳定在某一适当水平。该浓度是使治疗作用尽可能大而副作用尽可能小的最佳水平，见图 9-6(b)。药物释放体系在合理使用药物上已有重大进展，它不仅能改进很多现有药物的治疗指数，而且使一些按常规剂型给药时不能使用的药理活性物质

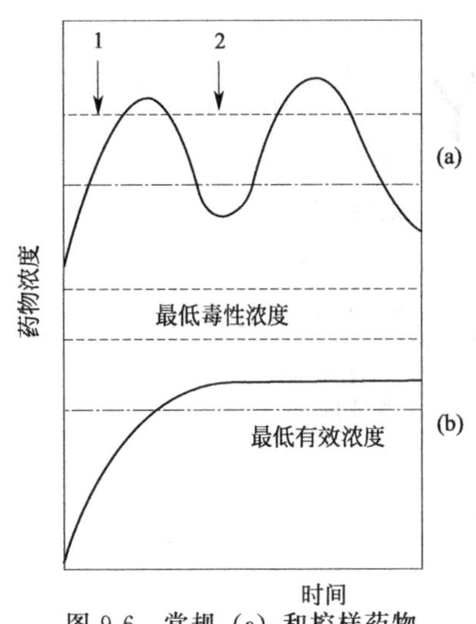

图 9-6 常规（a）和控样药物（b）制剂的药物水平

（毒性大、半衰期短）也可用于治疗。这样，药物治疗就可以达到疗效、选择性和安全性均好的目的。一般的药物释放体系（DDS）的原理框架由四个结构单元构成（图 9-7），即药物储存、释放程序、能源相控制单元四部分。所使用的材料大部分是具有响应功能的生物相容性高分子材料，包括天然和合成聚合物。根据控释药物和疗效的需要，改变 DDS 的四个结构单元就能设计出理想的药物释放体系。按药物在体系中的存放形式，通常可将药物释放体系分为储存器型和基材型。

储存器型 DDS 是利用高分子成膜性制成的微包囊，药物包于其中。此时药物的释放速率由聚合物种类及微包囊膜厚控制。这种方法应用方便，并能根据不同的使用目的改变药物微囊的粒径，粒径可以从微米到纳米。除高分子膜材外，还可根据渗透原理制成控制药物恒速释放的 DDS。对于水溶性药物，将其与可产生渗透压的试剂组合，并采用半透膜包覆。当这种体系浸入水或水溶液时，体系内的试剂经半透膜吸水生成溶液而产生渗透压，促使药物以恒速通过半透膜上的小孔外流。如果药物不易溶于水，可做成较复杂的双室体系。其中一室内的化合物经半透膜吸水变成溶液。产生的渗透压推动另一室的药物从膜上小孔释出。药物的溶解度和膜材料的性质对这类体系的设计影响很大。目前在口服治疗中已采用这种药物释放体系。还有一种典型的储存器 DDS，它用聚合物膜精确控制毛果芸香碱，以每天几微克到几毫克的速度择放，以便长期治疗慢性青光眼。

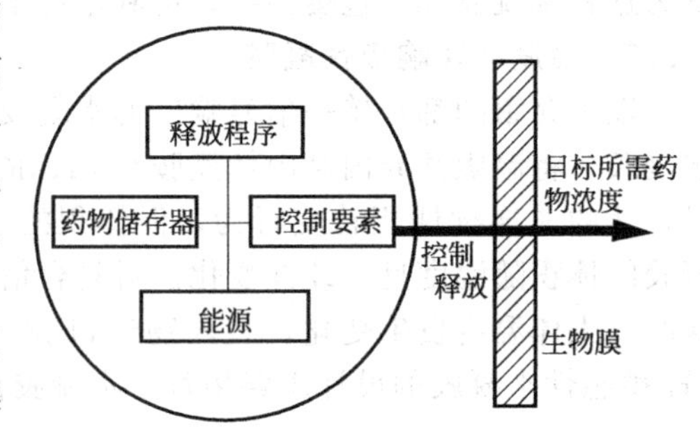

图 9-7 DDS 的结构单元

第二类药物释放体系——基材型 DDS，是以物理和化学方法固定药物的。如通过溶液中干燥法或在位（in sit）聚合法，可把药物包埋于高分子基材中，此时药物释放速率和总释放分布可由基材的形状，药物在基材中的分布以及高分子材料的化学、物理和生物学特性控制。例如，通过聚合物的溶胀、溶解和生物降解过程可控释放固定在基材内的药物，或利用聚合物对药物、溶质和水在其中扩散速率的控制作用来控释药物。

药物的释放受自身的溶解及在充满水的孔中的扩散控制。该半球形体系外层用非渗透性物质石蜡包裹，仅在平面的中心留有一开口小孔，半球内是聚合物与药物的混合物（如聚乙烯和水杨醛钠，或乙烯/醋酸乙烯醇共聚物和血清血蛋白）。用这种 DDS 可恒速控释这些小分子或大分子药物。

9.5 智能材料展望

智能材料具有传感、处理、执行三重功能及对环境的判断，自反馈响应特性，它是材料科学与工程学科发展的新阶段，它使信息科学软件系统渗入材料，由此赋予材料新的物性和新的功能。这方面的研究和开发孕育着新理论、新材料的出现，涉及科学技术的振兴，故它的研究成果势必波及信息、电子科学技术、宇宙、生命科学、海洋科学技术以及软科学技术。智能材料的出现将使人类文明进入一个新的高度，但目前距离实用阶段还有一定的距离。今后的研究重点包括以下六个方面：

① 智能材料概念设计的仿生学理论研究；

② 材料智能内禀特性及智商评价体系的研究；

③ 耗散结构理论应用于智能材料的研究；

④ 机敏材料的复合-集成原理及设计理论；

⑤ 智能结构集成的非线性理论；

⑥ 仿人智能控制理论。

智能材料的研究才刚刚起步。现有的智能材料仅仅才具有初级智能，距生物体功能还差之甚远。如生物体医治伤残的自我修复等高级功能在目前水平上还很难达到。但是任何事物的发展都有一个过程，智能材料本身也有其发展过程。目前，科学工作者正在智能材料结构的构思新制法（分子和原子控制、粒子束技术、中间相和分子聚集等）、自适应材料和结构、智能超分子和膜、智能凝胶、智能药物释放体系、神经网络、微机械、智能光电子材料等方面积极开展研究。可以预见，随着研究的深入，其它相关技术和理论的发展，智能材料必将朝着更加智能化、系统化，更加接近生物体功能的方向发展。

参考文献

[1] Claus R O, Mckeeman J C, May R G, et al. Structures and Mathematical Issues Workshop Proceeding, Virginia Polytechnic Institute and State University. Blacksburg, VA. 1988.

[2] Rogers C A. Journal of Intelligent Material Systems, 1992, 4 (1): 4-12.

[3] 魏中国，杨大智．高技术通讯，1993，3 (6)：37-39.

[4] Gandhi M V. Thompson B S. Conference Proceedings IEEE SOUTHEASTCON' 85 Raleigh, NC. USA. 1985, 241-245.

[5] 孙履厚．精细化工新材料与技术．北京：中国石化出版社，1998，632-640.

[6] Dagani R. Intelligent gels. Chem. Eng., News, 1997, 75 (23): 26～37.

[7] 绪方直哉．化学，1994，49：408-409.

[8] Luo L B, Kato M, Tsuruta T, et al. Macromolecules, 2000, 33: 4992.

[9] Dagani R. Chem Eng News, 1997, 75 (23): 26.

[10] Miyata T, Asami N, Uragami T. Nature, 1999, 399: 766.

[11] Kawasaki H, Sasaki S, Maeda H. J. Phys Chem B, 1997, 101: 5089.

[12] 一條久夫．工业材料，2000，(1)：37.

[13] Suh J-K F, Matthew H W T. Biomaterials, 2000, 21: 2589.

[14] Annaka M, Ogata Y, Nakahira T. J. Phys. Chem. B, 2000, 104: 6755.

[15] Umeno D, Kano T, Maeda M. Analytica Chimica Acta, 1998, 365: 101.

第 10 章　功能色素材料

10.1　概述

国家“863”计划中将材料按其性能特征和用途大致分为结构材料和功能材料两大类。功能材料种类繁多，功能各异，但其共同的特点为性能优异、可分子化设计与修饰、易加工成型并器件化，因而具有巨大的应用前景。功能色素材料为功能材料的主要类别之一。

功能色素材料指的是有特殊性能的有机染料和颜料，因此也称功能性染料，其特殊性能表现为光的吸收和发射性（如红外吸收、多色性、荧光、磷光、激光等），光导性，可逆变化性（如热、光氧化性，化学发光）等方面。这些特殊功能来自色素分子结构有关的各种物理及化学性能，并将这些性能与分子在光、热、电等条件的作用相结合而产生。例如红外吸收色素就是利用了染料分子共轭体系，造成分子光谱的近红外吸收；液晶彩色显示材料就是利用色素分子吸收光的方向性与色素分子在液晶中随电场变化发生定向排列的特性等。

早在 1871 年拜尔公司开发的作为 pH 指示剂的酚酞染料，可能是最早的功能色素。19 世纪 90 年代开始出现压敏复写纸。20 世纪 60 年代以来压热敏复写纸有了快速发展。随着电子工业等的发展，以及世界能源及信息面临的严峻形势以及传统的纺织、印染工业的停滞，染料工业的研究也就从传统的染料、颜料大规模转移到光、电功能性色素上，并与高新技术紧密相关，取得了长足进步。例如，激光染料的应用以及染料激光光盘及激光复印机的商品化，液晶显示的广泛应用等，都是功能性色素开发应用的体现。1989 年和 1992 年在日本的大阪和东京分别召开的第一、二届国际功能性染料学术会议，标志着功能色素材料正成为染料化学的一个独立研究分支及重要领域。

10.2　有机功能色素的分类

有机功能性色素的分类原则，可以用途为基础，也可以功能原理为依据。因此文献中出现过不同的分类结果。按照材料的功能原理可将功能性有机色素分为以下五大类二十二小类。随着研究开发的不断深入和应用技术领域的不断开拓，必定会有许多新的功能类别的功能色素出现。

（1）色异构功能色素　光变色色素、热变色色素、电变色色素、湿变色色素、压敏色素。

（2）能量转换与存储用功能色素　电致发光材料、化学发光材料、激光染料、有机非线性光学材料、太阳能转化用色素。

（3）信息记录及显示用功能色素　液晶显示用色素、滤色片用色素、光信息记录用色素、电子复印用色素、喷墨打印用色素、热转移成像用色素。

（4）生物医学用色素　医用色素、生物标识与着色色素、光动力疗法用色素、亲和色谱配基用色素。

（5）化学反应用色素材料　催化用色素、链终止用色素。

和传统染料一样，上述这些功能色素的吸收光、发射光、电子性能、化学反应性以及光化学反应性等性能都来源于其分子中的π共轭电子体系。这些关系可如图 10-1 所示。

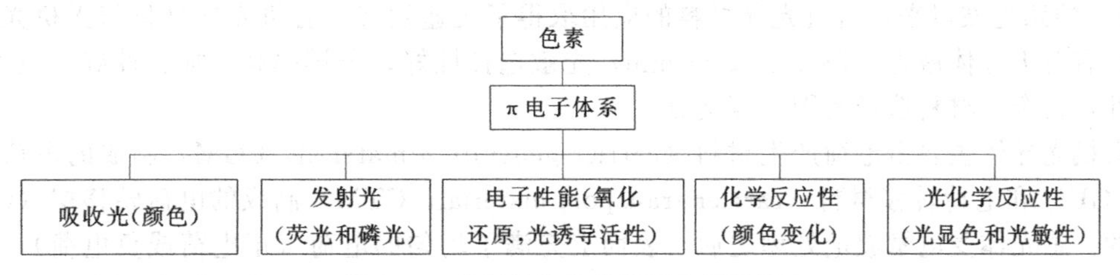

图 10-1 染料发色体的主要应用性能

功能色素的开发途径主要有筛选原有染料，利用传统的染料和颜料的某些潜在性能，例如，在电子照相和太阳能电池中的光导电性，在热转移印花中的升华性能，热转移记录系统中的扩散性能，热量记录中的光分解性能以及喷涂记录系统的荷电性能等。另一种途径是改变或修正传统染料的发色体系，使其具有新的功能，例如，用于液晶显示的二色性，用于热变色的热敏染料隐色体，用于记录系统的红外线吸收染料等。

由于功能色素的类别较多，各类材料的研究与技术开发的发展也不平衡，本章将有重点地选择几类典型材料加以叙述。

10.3 有机光导材料

经过半个多世纪的发展，以无机半导体为材料基础的微电子元件的尺寸已达到了微米和亚微米级（0.15μm），再要进一步提高集成度遇到了一些困难，为此，科学家们提出了一个有机分子区域内（尺寸分子）实现对电子运动的控制，甚至发展到对光子过程进行控制，使分子聚集体构成特殊的器件，从而开辟一条进一步提高集成度的途径。同时，研究证明有机固体的电子性质导电机理及杂质影响不同于传统的无机半导体。揭示有机固体中化学结构与物理性能之间的关系，尤其是一些特殊的物理性能与机理的揭示，对材料的分子设计和应用开发均具有重要的科学意义。因此，有机光电磁功能材料越来越受到了人们的重视。

目前已产业化的有利用有机光导现象制备激光打印机和复印感光鼓涂层的有机电荷产生与传输功能材料；利用压敏、热敏变色有机材料生产的传真纸、彩色和数字影像记录系统、无碳复写纸等；利用有机固态光化学反应进行的光信息储存可录激光光盘（CD-R）等。为使有机光电功能材料的应用更加广泛，人们在研究上述有机光电功能材料的性能与应用的对应关系的基础上正不断地对各类材料进行新的分子设计、聚集态及器件设计、开发新的功能。

电子照相又称光电成像，是一种高新成像技术。它包括两种技术，即光电复印和激光打印，前者是采用光消除静电来成像，后者采用激光/二极管发光来消除静电来成像。它们都涉及光与电能的相互作用，都需要用一些特殊的染料，这种技术也已应用到纺织品印花中。

电子照相（激光打印）的原理及过程包括以下几个过程：

① 给鼓状或连续带状的光导层表面以均匀的静电荷；

② 将均匀的静电荷的表面在透过图像或从图像上反射出来的光线中曝光，在印有图像处，光被阻断不能进入电荷层，而曝光部分的电荷被消除，因此在光导层上形成一个潜在的静电图像；

③ 带相反电荷的有色（或发色）颗粒，被吸引到潜在的正图像上，图像的光导层表面显影；

④ 显现出来的图像再通过静电吸收，用偏电流辊或其它方法转移到被印物体上；

⑤ 使被印物体上的图像固着；

⑥ 清扫。

自从1970年美国IBM公司首先在复印机中使用有机光导材料/聚乙烯咔唑/三硝基芴酮（TNF）的感光鼓以来，有机光导材料的应用取得了飞速发展。有机光导材料与无机光导材料相比有对半导体激光（780nm或830nm）光敏选择性好，分辨率高；加工性好，成本低；低毒性，安全；材料选择范围大等优点。

有机光导体主要由电荷产生材料（carrier generation material，CGM）制成的电荷产生层（CGU）和电荷转移材料（carrier transport material，CTM）制成的电荷转移层（CTL）组成的。感光体受电晕放电处理之后，表面上充满了均匀的电荷（正电荷或负电荷），受到光照时，CGL中的CGM分子发生电子跃迁，形成电荷载流子，当感光体表面带负电荷时，载流子中的空穴通过CTL中的CTM传递到表面和负电荷中和，使光照部位的电荷消失；载流子中的电子和感光体底部的电荷中和。同样，如果感光体表面带正电，则载流子中的电子通过CTL传递到表面和光照部位的正电荷中和，空穴和底部的负电荷中和。这样，未照光的部位保留着电荷，形成了静电潜影，当它和带有相反电荷的静电色粉接触后就能形成影像，将这个静电色粉的影像转印到纸上，再经热处理即得到复印件或打印件。

典型的有机电荷产生材料（CGM）有蒽醌类、偶氮类、方酸类、菁染料、酞菁类等化合物：

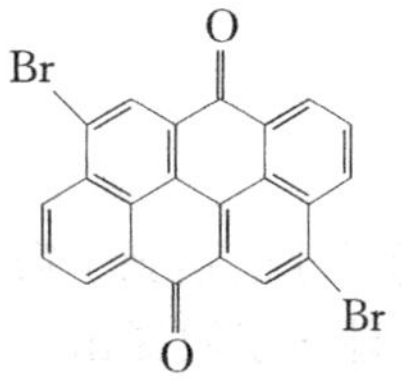

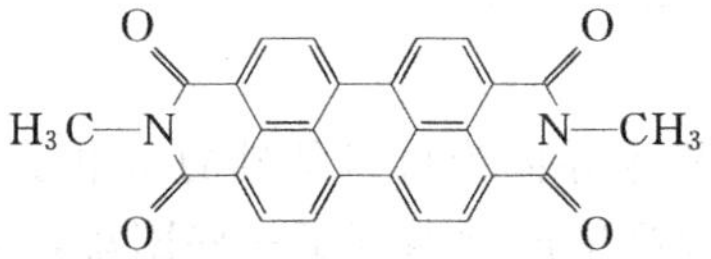

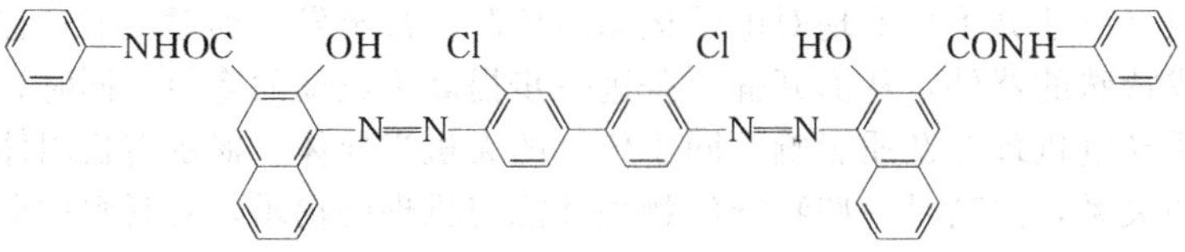

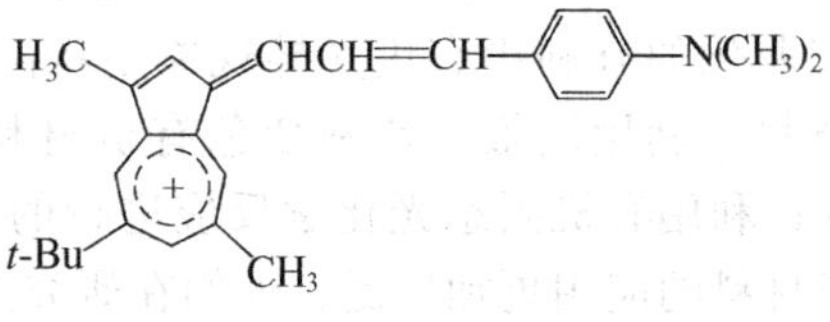

Br O Br O

O O H$_3$C—N N—CH$_3$ O O

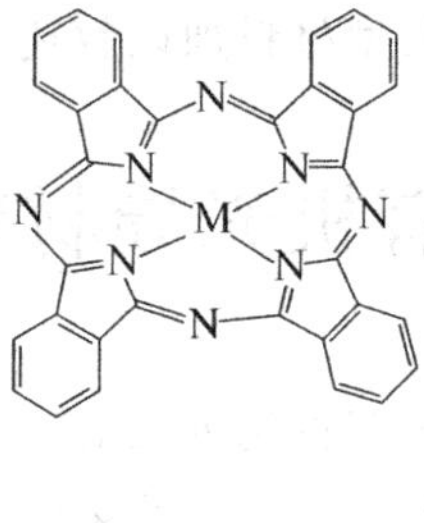

N N N M N N N N

NHOC OH Cl Cl HO CONH N=N N=N

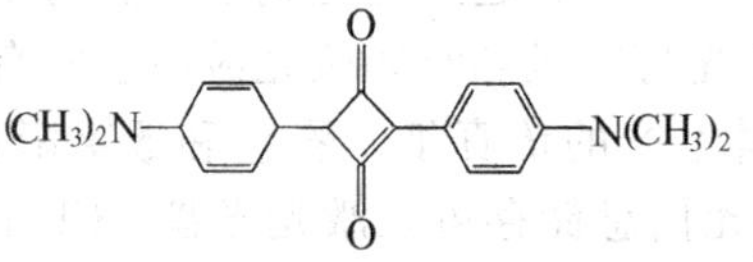

(CH$_3$)$_2$N O O N(CH$_3$)$_2$

H$_3$C CHCH=CH N(CH$_3$)$_2$ + t-Bu CH$_3$

酞菁类化合物有金属酞菁（Mpa）、萘酞菁、杂环酞菁等。金属酞菁（Mpa）具有四个异吲哚啉合成的有18个π电子的环状轮烯中心N与金属结合的结构，其结构与血晶、叶绿素结构相近。酞菁类化合物的典型化学合成方法分苯酐法和苯二腈法等。

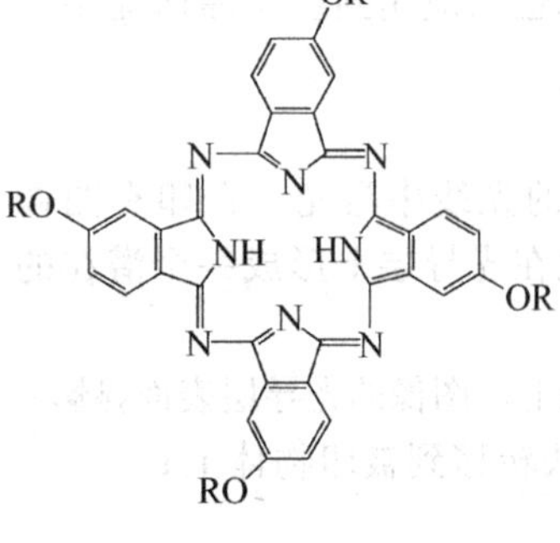

OR N N N RO NH HN OR N N N RO

或对称 OR

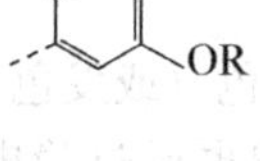

酞菁合成的苯酐法：

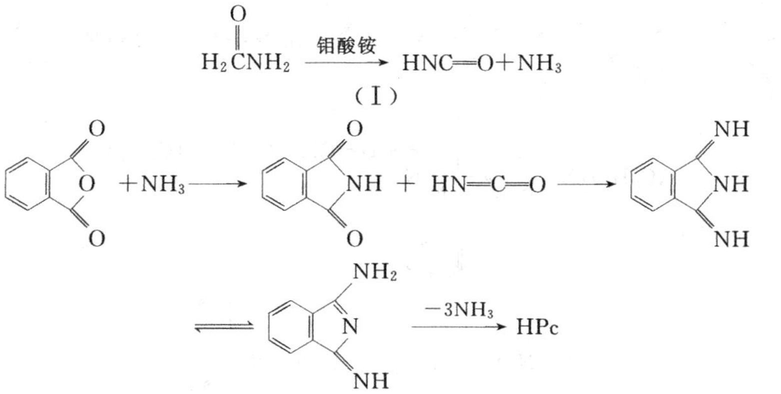

$$H_2\overset{O}{\overset{\|}{C}}NH_2 \xrightarrow{\text{钼酸铵}} HNC{=}O + NH_3$$

（Ⅰ）

O O + NH_3 ⟶ O NH O + HN=C=O ⟶ NH NH NH

⇌ NH_2 N NH $\xrightarrow{-3NH_3}$ HPc

酞菁合成的苯二腈法：

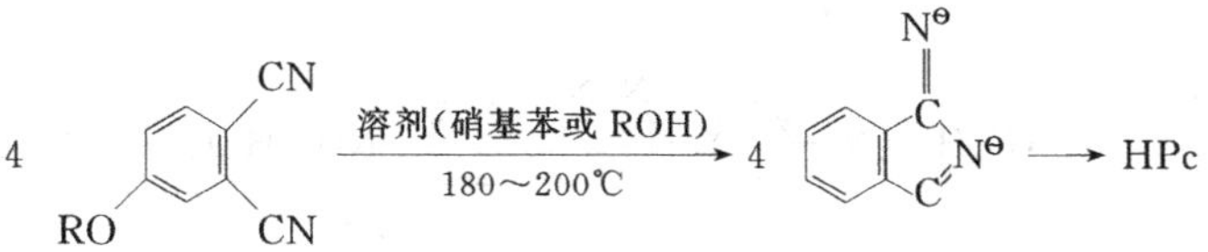

4 CN RO CN $\xrightarrow[180\sim200℃]{\text{溶剂(硝基苯或 ROH)}}$ 4 $N^{\ominus}$ C $N^{\ominus}$ C ⟶ HPc

苝类化合物的合成：

$\xrightarrow{[O]}$ O C O C O $\xrightarrow{NH_3}$ O C NH C O $\xrightarrow[\text{KOH, 230℃}]{\text{碱熔}}$ $\xrightarrow{[O]}$

O C NH C O O C NH C O $+ H_2SO_4 \longrightarrow P$

H_2SO_4/H_2O

O C O C O O C O C O $+2\ CH_3NH_3 \longrightarrow$ H_3CN O C C O O C NCH_3 C O

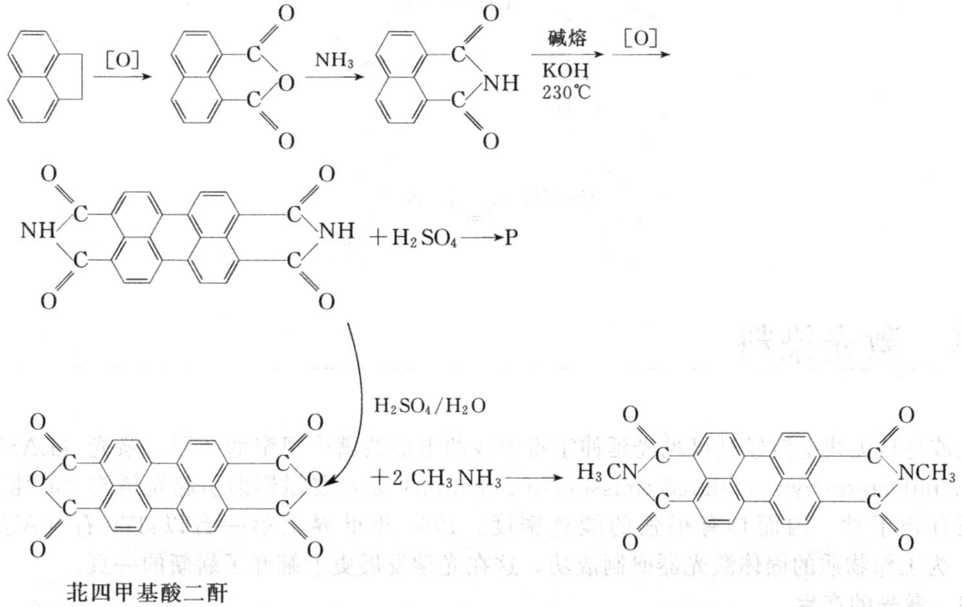

苝四甲基酸二酐

在 CTL 中的 CTM 化合物能接受由 CGL 来的电荷（如正穴），并把它传递到表面上，因此，要求 CTM 从 CGI 接受电荷的效率要高，常用的有吡唑啉类、腙类、噁唑类、噁二唑类、芳胺类、三芳甲烷类等电离势小的、具有给电子基的化合物；CTL 中的电荷移动度要大，一般来说，CGM 和 CTM 的电离势之差越小移动度越大；不阻碍光照射到 CGL 上，不能和 CGM 的吸收光谱重复。广泛应用的是共轭胺类化合物如：

CH_2O N N NO_2 CH_2O　　N S CN CN CN

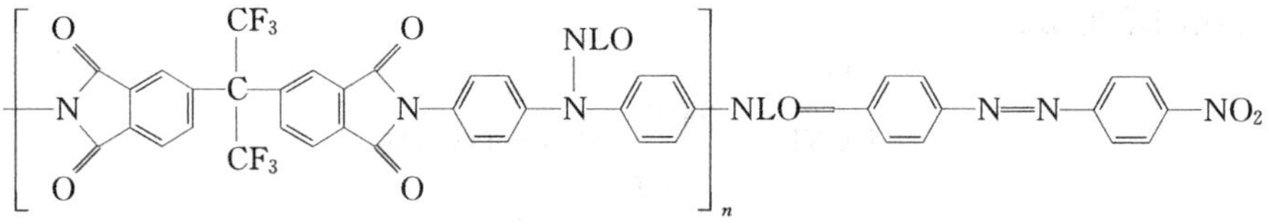

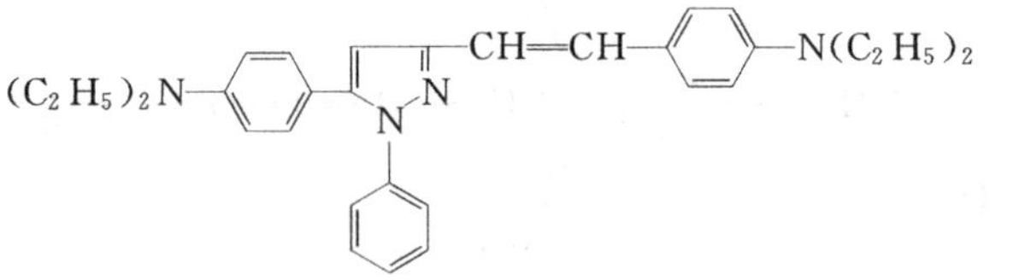

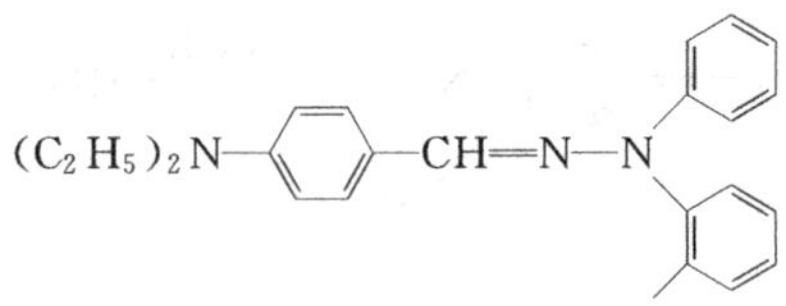

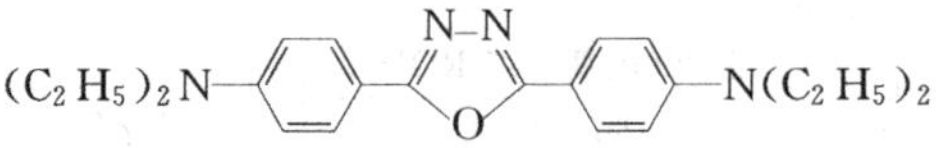

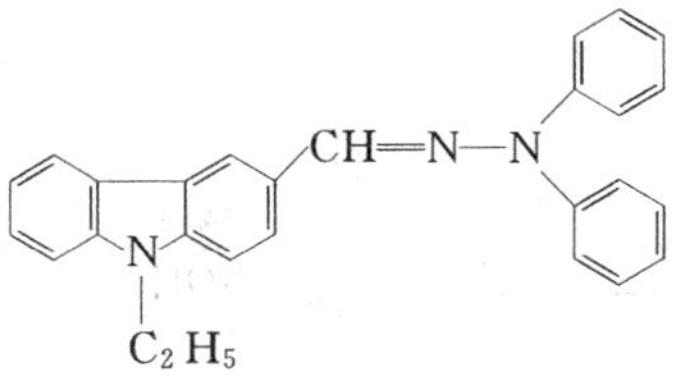

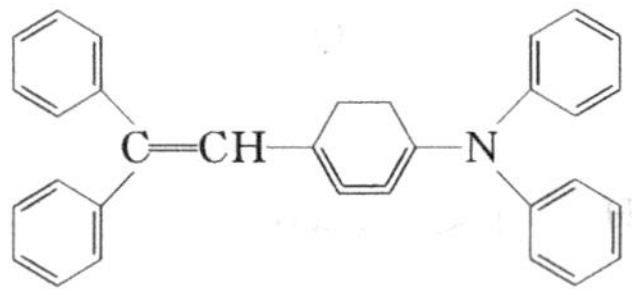

10.4 激光染料

光波是从无线电波经过可见光延伸宇宙射线的电磁波谱中很窄的一段。激光（LASER，light amplification by stimulated emission of radiation）是经受激辐射引起光频放大的纯单色光，具有相干性，因而具有很强的能量密度。1960 年世界上第一台以红宝石（Al_2O_3：Cr^{3+}）为工作物质的固体激光器研制成功，这在光学发展史上翻开了崭新的一页。

10.4.1 激光的产生

光的产生总是和原子中的电子跃迁有关。假如原子处于高能态 E_2，然后跃迁到低能态 E_1，则它以辐射形式发出能量，其辐射频率为

$$\nu=\frac{E_2-E_1}{h} \tag{10-1}$$

能量发射可以有两种途径：一是原子无规则地转变到低能态，称为自发发射；二是一个具有能量等于两能级差的光子与处于高能态的原子作用，使原子转变到低能，同时产生第二个光子，这一过程称为受激发射。受激发射产生的光就是激光。

当光入射到有大量粒子所组成的系统时，光的吸收、自发辐射和受激辐射三个基本过程是同时存在的。在热平衡状态，粒子在各能级上的分布服从玻耳兹曼分布律：

$$N_i=N_e e^{-E_i/kT} \tag{10-2}$$

其中，N_i 处在能级 E_i 的粒子数；N_e 为总粒子数；k 为玻耳兹曼数；T 为体系的绝对温度。因为 $E_2 > E_1$，所以高能级上的粒子数 N_2 总是小于低能级上的粒子数 N_1，产生激光作用的必要条件是使原子或分子系统的两个能级之间实现粒子数反转。

染料激光器属液体激光器，通过更换染料的类型、改变染料的浓度、溶剂种类、泵浦光源以及各种非线性效应的变频技术，使染料激光器输出波长范围不断扩大。第一台染料激光器是在 1966 年制成的，它的工作物质是溶解在乙醇中的氯化铝酞菁染料，用脉冲红宝石激光器作泵浦发射激光（波长 694.3nm）照射酞菁乙醇溶液时，酞菁分子便发射出 755nm 的激光束。此后，染料激光器与激光染料便获得了迅速发展。目前染料激光中心调谐波长范围为 308.5～1850nm，染料品种已有近千种。

10.4.2　染料激光原理

有机染料在可见光区域中有很强的吸收带，这是由于它们都有共轭体系构成的发色系统。对于一些简单的发色系统，人们可以运用经验的量子力学数据和公式预测其吸收性质，染料的长波长吸收带取决于从电子基态 S_0 到电子第一激发单线态 S_1 之间的跃迁。这个过程的跃迁矩（transition moment）通常很大，而反转过程 S_1、S_0 是对应于荧光同步辐射和染料激光器中受激同步辐射的过程，见图 10-2。

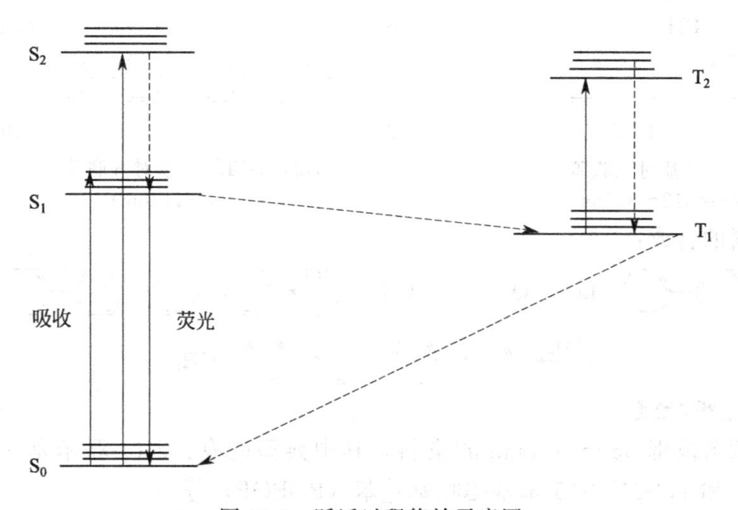

图 10-2　跃迁过程能效示意图

由于具有较大的跃迁矩，同步辐射的速率就很快（辐射寿命在纳秒数量级），因而染料激光的增益通常应超过固体激光器几个数量级。

用强光泵浦时（闪光灯或激光），染料分子被激发到单线态的较高能级，然后在几个皮秒内，它们弛豫到第一激发单线态的最低振动能级，对于最低的激光效率而言，期望染料分子保持在这一能级上，直到发生受激辐射。然而，通常情况下存在着一些非辐射失活过程的竞争，从而降低了荧光效率。这些非辐射过程可归结为两种类型：直接到 S_0 的弛豫过程（内转换，internal conversion）；系间窜跃到三线态的过程。由于三线态分子具有较长的寿命（微秒级），导致在泵浦过程中染料分子在第一激发三线态能级上的积累，而通常三线态分子对激光有吸收，对于这些都是应当避免的。同样地，也应当避免第一激发单线态对泵浦光和激光的吸收。

由于 S_1 的高振功能级弛豫到最低振动能级时消耗部分能量，荧光发射波长之吸收波长可能向长波长方向移动。染料分子的荧光光谱与其吸收光谱之间成镜面对应关系，最大荧光波长与最大吸收波长之差称之为 Stokes 位移，由于荧光是通过自发辐射向外发光而形成的，这种辐射是各自独立的，随机的，所发出的光子总是沿着四面八方传播，光能分散，光强度也不可能很强；又由于各光子之间没有固定联系，相干性很差，要实现激光作用就必须产生振荡，造成“粒子数反转”。在工作物质的两侧，放置两块反射镜互相平行，其中一块是全反射镜，另一块是部分反射镜，组成光学谐振腔，受激辐射的光在其间来回不断地被反射，每经过一次工作物质，就得到一次激发，造成大量的分子处于第一激发单线态状态分布，当激发态分布大于基态分布，光放大超过光损耗时就产生了光的振荡，即有激光从谐振腔部分反射镜发射出。

染料激光器按工作方式可分为连续波式染料激光器和脉冲式染料激光器两类。染料激光器的泵浦源有闪光灯泵浦及氮分子激光、红宝石激光、Nd：YAG激光、准分子激光、负离子激光、氪离子激光等泵浦。泵浦方式有纵向、横向、斜向三种。

10.4.3 典型激光染料

激光染料依据其化学结构可以分为联苯、噁唑、二苯乙烯类、香豆素类、呫吨、噁嗪、多次甲基菁类等。

10.4.3.1 联苯类

联苯类结构染料的激光调谐范围在310～410nm，是一类研究得较早的且激光输出性能较稳定的紫外区激光染料。例如2,2-甲基对三联苯和3,5,3,5-四叔丁基对五联苯：

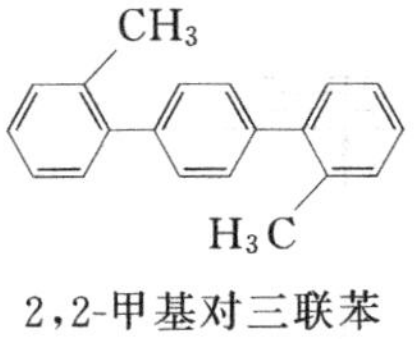

2,2-甲基对三联苯（λ^L＝312～352nm）

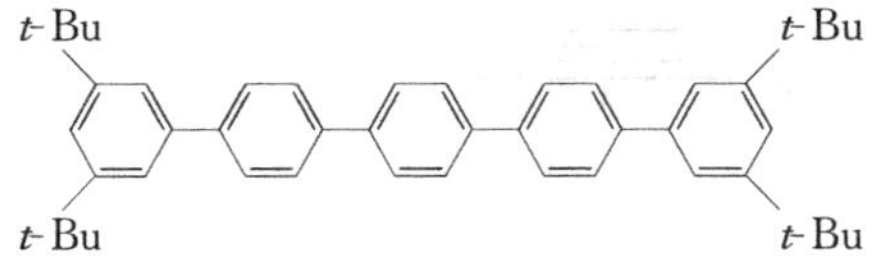

3,5,3,5,-四叔丁基对五联苯（λ^L＝360～410nm）

联苯类结构染料的合成：

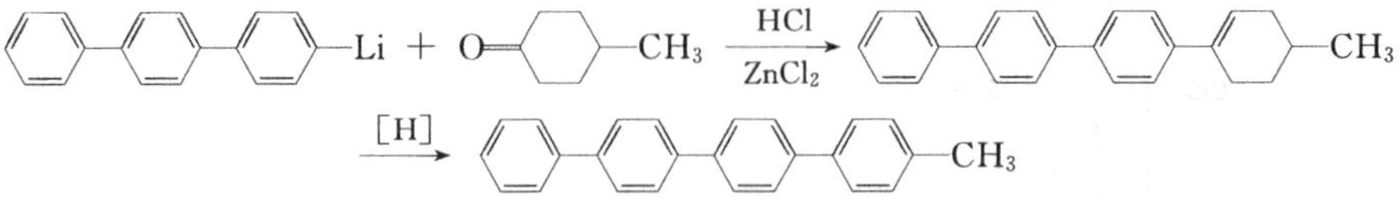

10.4.3.2 噁唑、噁二唑类

该类激光调谐范围350～460nm的染料，其中典型的有：2-(4-联苯基)-5-苯基-1,3,4-噁二唑（PBO）和1,4-二[2-(5-苯基噁唑基)]苯（POPOP）等：

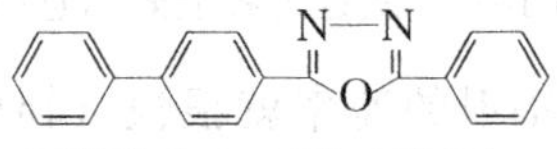

2-(4-联苯基)-5-苯基-1,3,4-噁二唑（λ^L＝312～352nm）

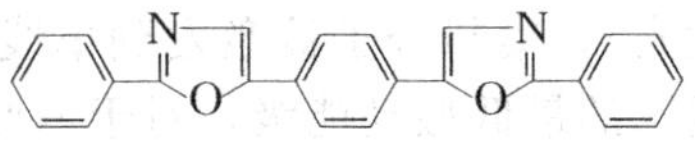

1,4-二[2-(5-苯基噁唑基)]苯（λ^L＝360～410nm）

噁二唑类结构激光染料的合成：

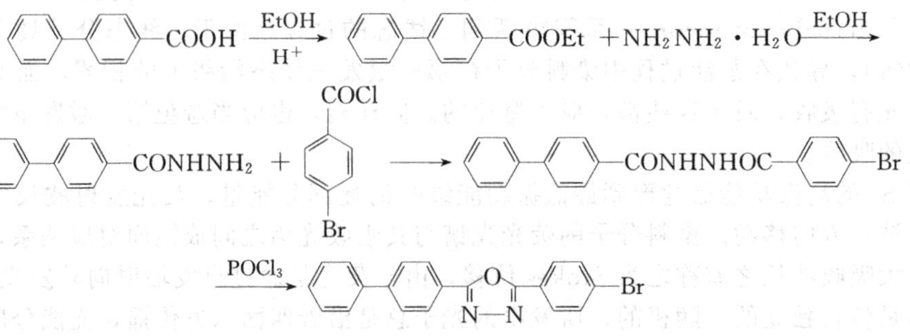

10.4.3.3　二苯乙烯类

此类染料有较好的稳定性，调谐范围为 395～470nm，如 4,4′-二苯基二苯乙烯（DPS）及联二苯乙烯-2,2′-二磺酸钠都是常用蓝区域的激光染料。

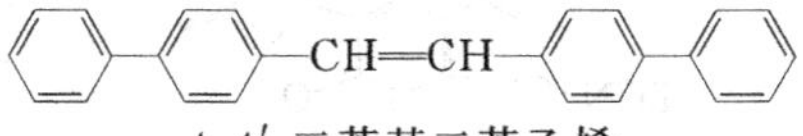

CH═CH

4,4′-二苯基二苯乙烯

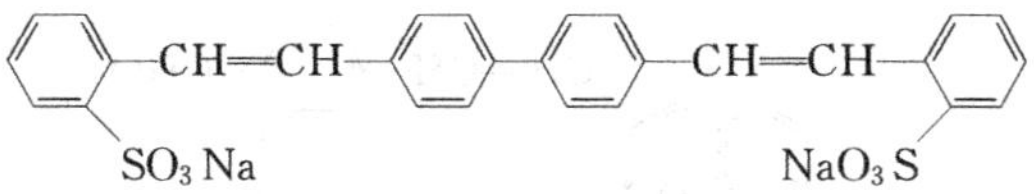

CH═CH　CH═CH

SO_3Na　NaO_3S

联二苯乙烯-2,2′-二磺酸钠

10.4.3.4　香豆素类

香豆素类染料有很好的荧光效率，是使用较广的激光染料，其输出激光范围为 420～570nm。香豆素类激光染料的结构：

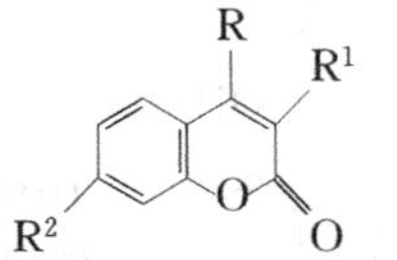

R　R^1　R^2　O　O

R^2=Cl,Br,CN 或 N（CH_3）$_2$

R^1=芳基及杂环基

R=Cl,Br,CN 或 OH

常用的结构有：

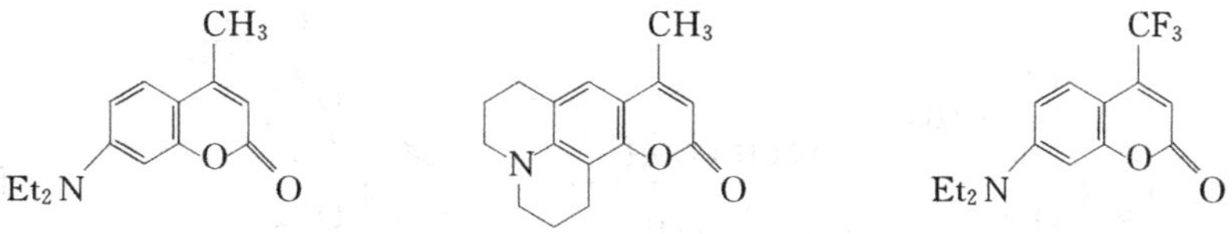

CH_3　Et_2N　O　O　　CH_3　N　O　O　　CF_3　Et_2N　O　O

香豆素 1（λ^L=460～480nm）　　香豆素 102（λ^L=470～510nm）

香豆素类激光染料的合成：

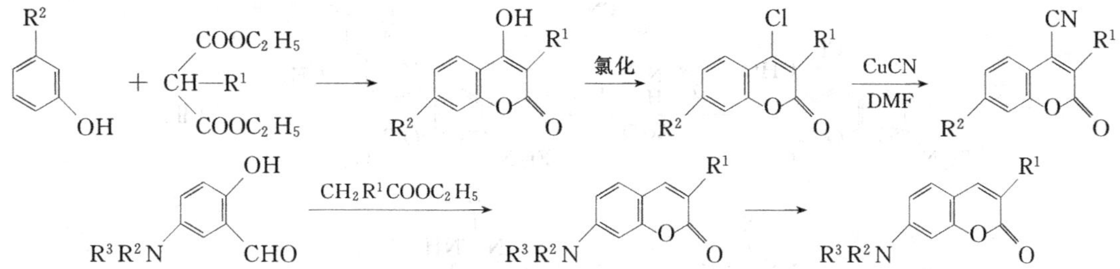

R^2　OH　+　$COOC_2H_5$　CH—R^1　$COOC_2H_5$　⟶　OH　R^1　R^2　O　O　$\xrightarrow{\text{氯化}}$　Cl　R^1　R^2　O　O　$\xrightarrow[\text{DMF}]{\text{CuCN}}$　CN　R^1　R^2　O　O

OH　R^3R^2N　CHO　$\xrightarrow{CH_2R^1COOC_2H_5}$　R^1　R^3R^2N　O　O　⟶　R^1　R^3R^2N　O　O

香豆素 102 的合成：

OH　NEt_2　$+F_3CCOCH_2COOEt \xrightarrow{EtOH}$　CF_3　Et_2N　O　O

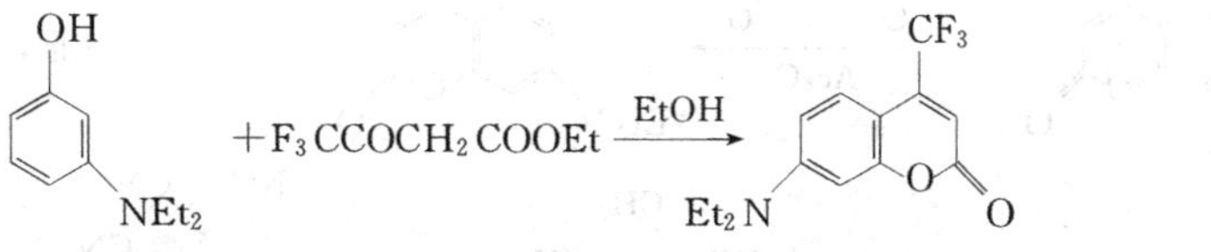

通常这类化合物的衍生物在 7-位上有电子给体（较为普遍的是乙氧基、二烷基氨基等），在 3-位上有吸电子取代基，这就导致其吸收和辐射波长向长波方向移动。如利用刚性化原理设计合成的“蝴蝶”式香豆素衍生物（**1**）：

N　X　N　O　O

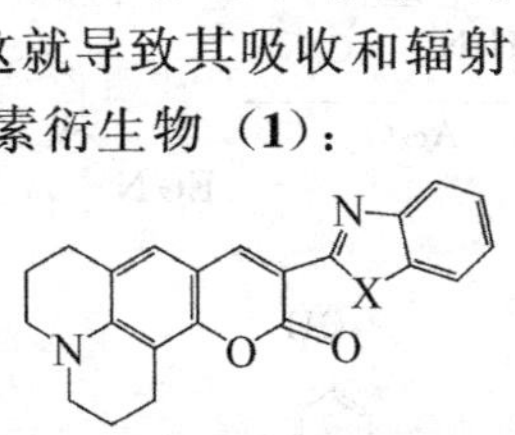

（**1**）：X=NH、O 或 S

“蝴蝶”式香豆素衍生物（**1**）具有接近于 100%的荧光量子效率。此外，这类化合物的 Stokes 位移随环境变化也有很大影响，比如化合物（**2**）在丙酮溶剂中 Stokes 位移为 67nm，而在聚酯中则达 115nm。化合物（**3**）其 Stokes 位移在极性溶剂中可达 110nm，在激光染料及太阳能聚集器上均有应用。

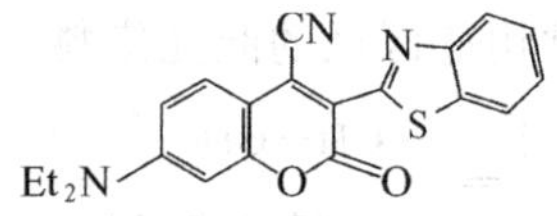

Et$_2$N　CN　N　S　O　O

（**2**）

CH═CH　CHO

Et$_2$N　O　O

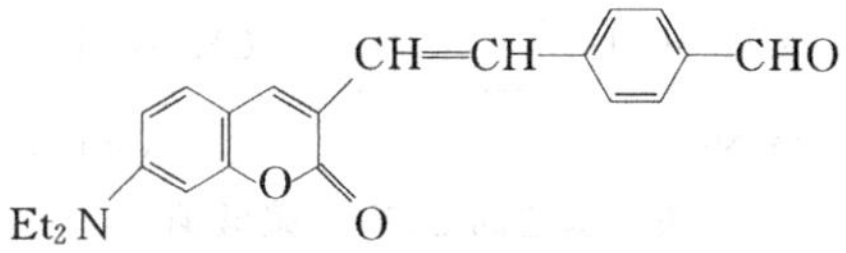

（**3**）

以 7-二乙氨基-4-氯-3-甲醛基香豆素为基础合成的新型香豆素类的荧光染料具有强烈的荧光。在该系化合物的结构中随着分子内 π-共轭体系的增大，染料的色光从黄色增至红色。

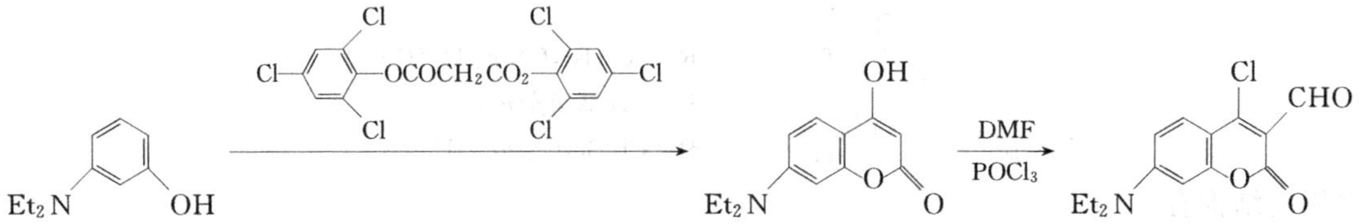

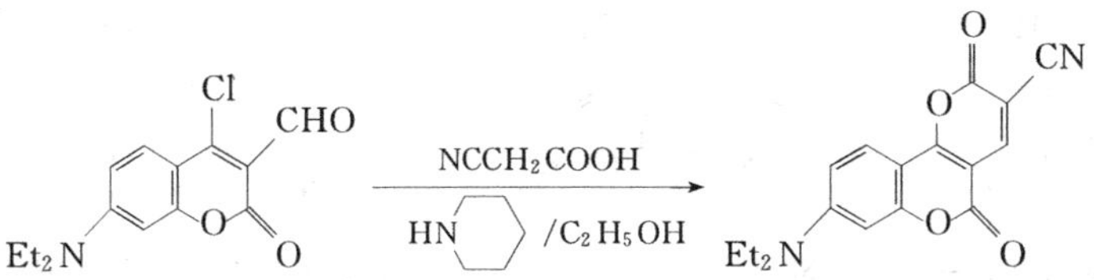

Cl　Cl　Cl—　—OCOCH$_2$CO$_2$—　—Cl　Cl　Cl

Et$_2$N　OH　→　OH　Et$_2$N　O　O　$\xrightarrow[POCl_3]{DMF}$　Cl　CHO　Et$_2$N　O　O

Cl　CHO　Et$_2$N　O　O　$\xrightarrow[HN\ \ /C_2H_5OH]{NCCH_2COOH}$　O　CN　O　Et$_2$N　O　O　（Ⅰ）

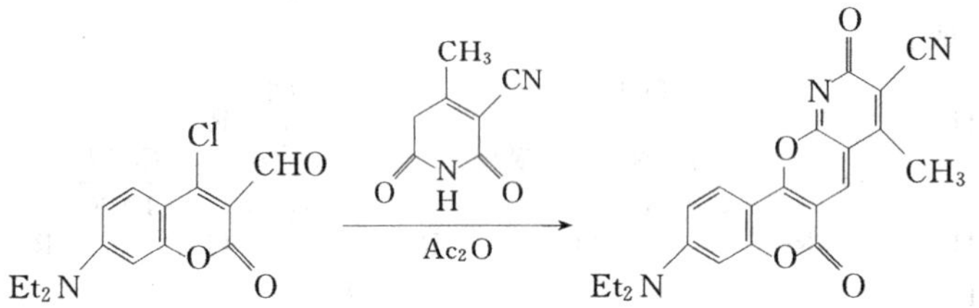

Cl　CHO　Et$_2$N　O　O　CH$_3$　CN　O　N　O　H　$\xrightarrow{Ac_2O}$　O　CN　N　O　CH$_3$　Et$_2$N　O　O　（Ⅱ）

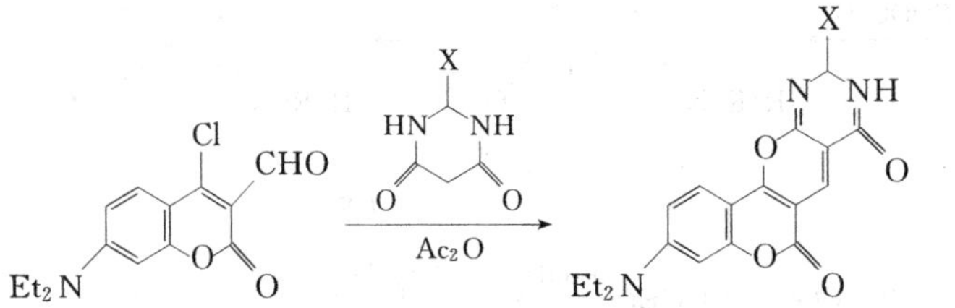

Cl　CHO　Et$_2$N　O　O　X　HN　NH　O　O　$\xrightarrow{Ac_2O}$　X　N　NH　O　O　Et$_2$N　O　O　（Ⅲ，X=O；Ⅳ，X=S）

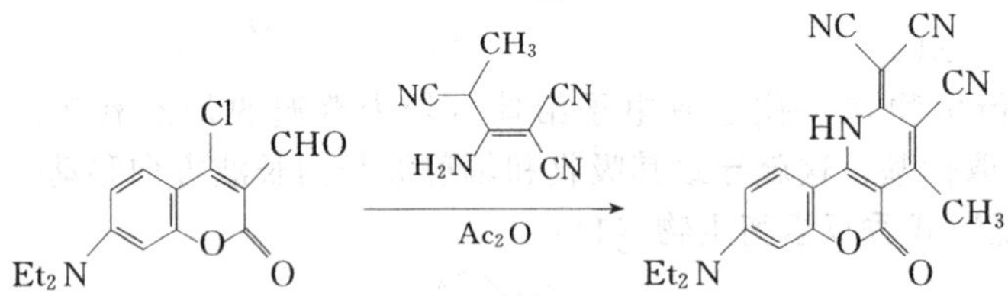

Cl　CHO　Et$_2$N　O　O　CH$_3$　NC　CN　H$_2$N　CN　$\xrightarrow{Ac_2O}$　NC　CN　CN　HN　CH$_3$　Et$_2$N　O　O　（Ⅴ）

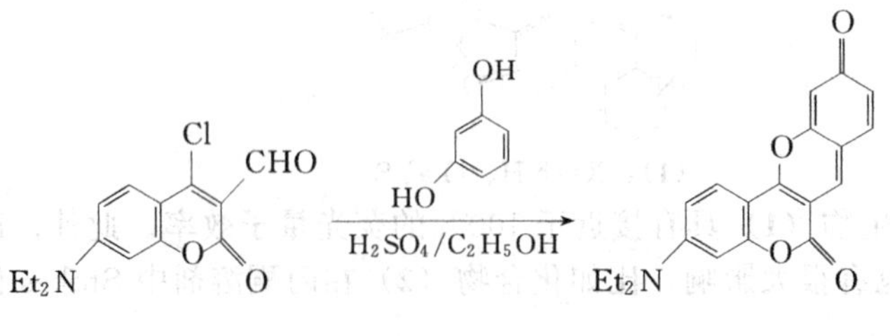

Cl　CHO　Et$_2$N　O　O　OH　HO　$\xrightarrow{H_2SO_4/C_2H_5OH}$　O　O　Et$_2$N　O　O　（Ⅵ）

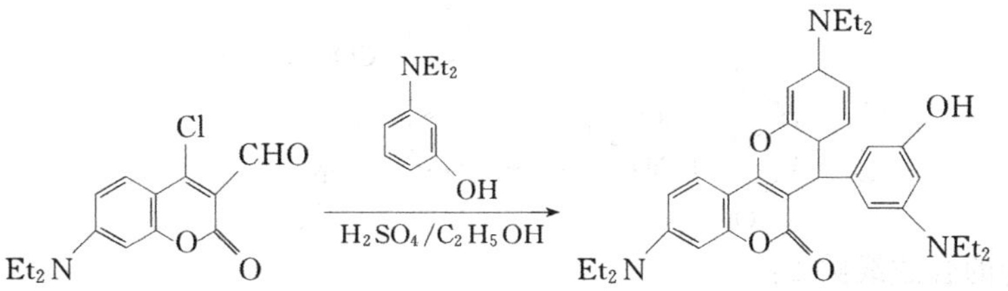

Cl CHO Et_2N O O + NEt_2 OH $\xrightarrow{H_2SO_4/C_2H_5OH}$ NEt_2 OH O NEt_2 Et_2N O O (Ⅶ)

10.4.3.5 咕吨类

咕吨类染料是一类常用的激光调谐范围为500～680nm的激光染料，其中最典型的是若丹明6G和荧光素，其激光输出效率高，它们不同于香豆素类染料。咕吨染料通常是水溶性的，但常在水溶液中又生成聚集体。咕吨染料中发色π电子分布是两个相同权重的共轭体：

N^+ O N　　N O N^+

因此，其激发态和基态均不存在着分子长轴方向平行的静电双偶极矩，主吸收带越迁矩平行于分子长轴方向，其荧光光谱与长波吸收带成镜面对应关系Stokes位移较小（10～20nm)。若丹明类化合物的研究有两大发展趋势。一是在氨基氮原于上连接一些“天线分子”或在苯基羧酸基上连接“天线分子”，形成三发色团或双发色团荧光染料，其目的是通过“天线分子”对紫外光能量的充分吸收，将能量通过分子内有效地传递到若丹明母体，从而提高这类化合物的激光输出效率。

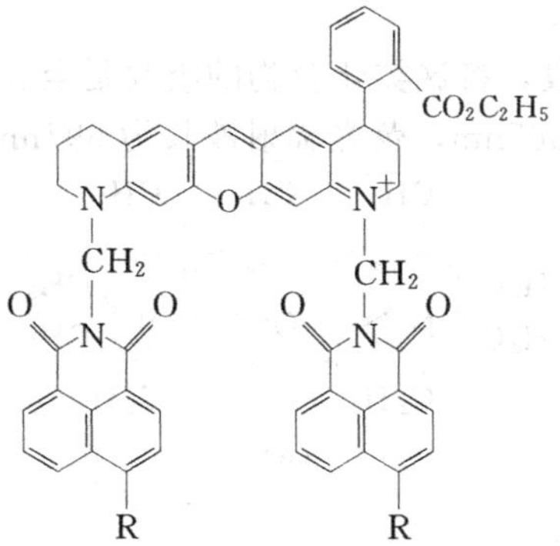

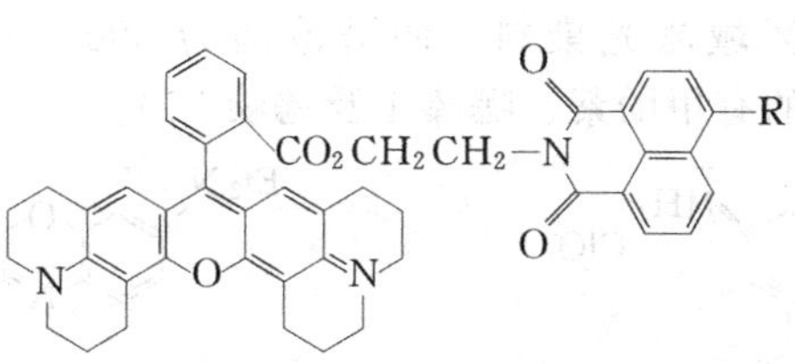

$CO_2C_2H_5$ N O N^+ CH_2 CH_2 O N O　O N O R R

$CO_2CH_2CH_2-N$ O O R N O N

若丹明类化合物的合成线路1：

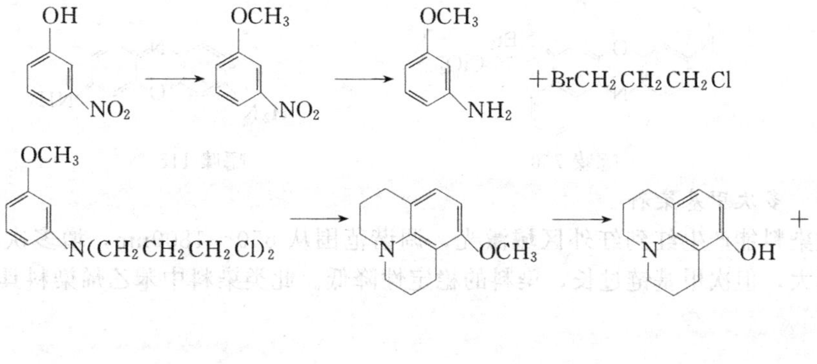

OH NO_2 → OCH_3 NO_2 → OCH_3 NH_2 $+BrCH_2CH_2CH_2Cl$

→ OCH_3 $N(CH_2CH_2CH_2Cl)_2$ → N OCH_3 → N OH +

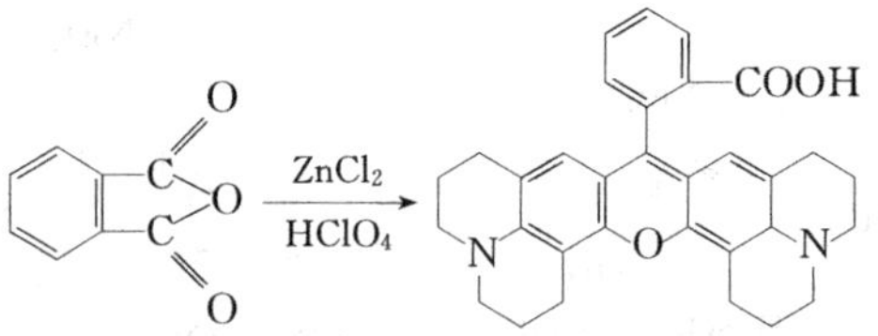

若丹明类化合物的合成线路2：

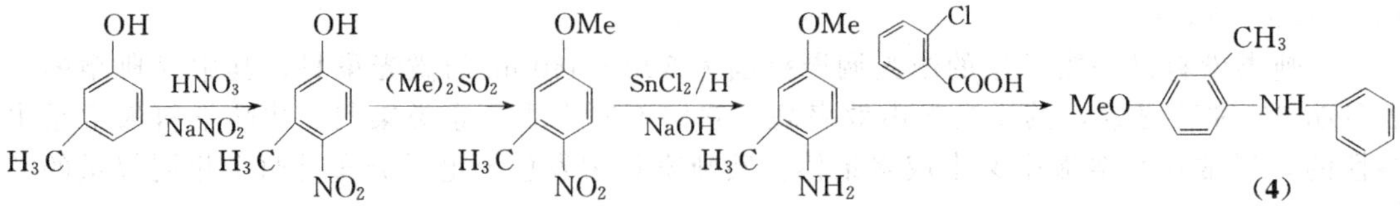

(4)

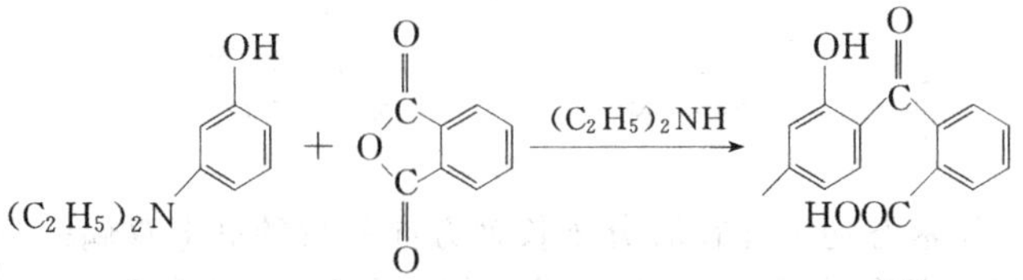

(5)

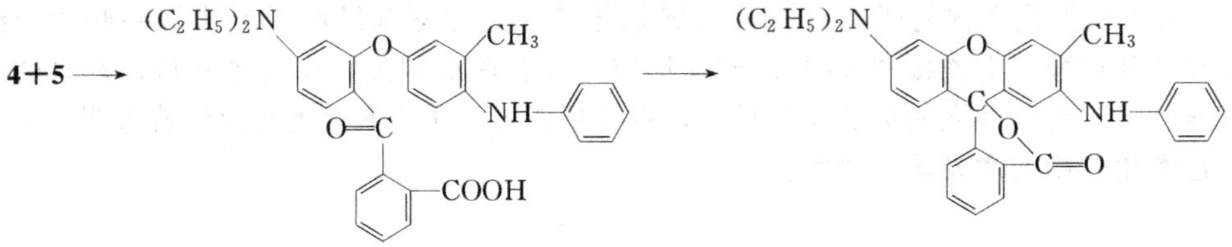

其次是采用扩大共轭体系的手段，将这类化合物的吸收延至长波长区域。最典型的是如下化合物（**6**），其最大吸收波长为667nm，荧光辐射波长为697nm，量子效率达55%。

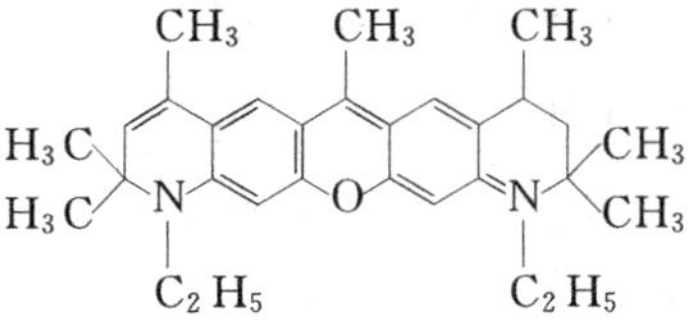

(6)

10.4.3.6 噁嗪类

噁嗪类是红及近红外区域激光染料，调谐范围为600～780nm，有较好的稳定性，Stokes位移约30nm。常用的有甲酚紫、噁嗪1及噁嗪750。

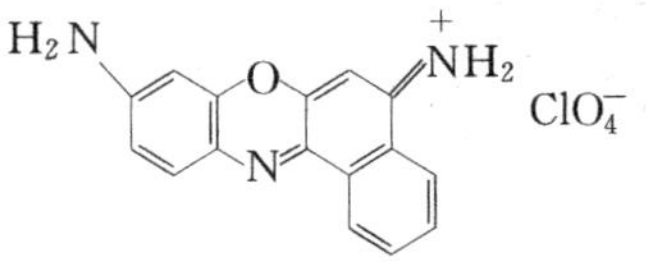

甲酚紫 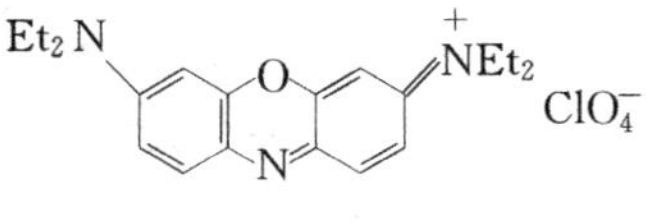　　噁嗪1

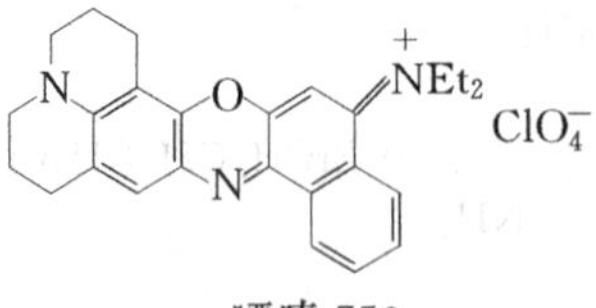

噁嗪750 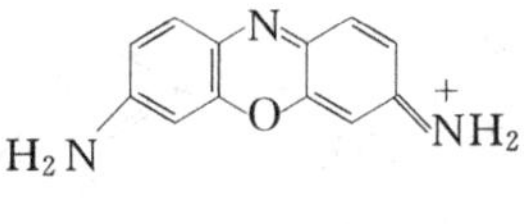　　噁嗪118

10.4.3.7 多次甲基染料

此类染料能产生红到红外区域激光，调谐范围从650～1800nm，增多次甲基链，激光波长也增大，但次甲基链过长，染料的稳定性降低。此类染料中苯乙烯染料具有激光输出效率高，调谐范围宽等优点，染料的 Stokes 位移大，用可见光区域的光激发，可得到近红外区的激光。常用的有 4-二氰亚甲基-2-甲基-6-(对二甲氨基苯乙烯基)-4*H*-吡喃（DCM），调谐范围 610～710nm、1-乙基-4[4(对甲氨基苯基)-1,3-丁二烯]吡啶高氯酸盐（Pyridin2）、3,3′-甲基噁三碳菁碘盐（DOTCI）、3,3′-二乙基-5,5′-二氯-11-二苯氨基-10,12-亚乙基噻三碳菁高氯酸盐（IR140）及 IR26。

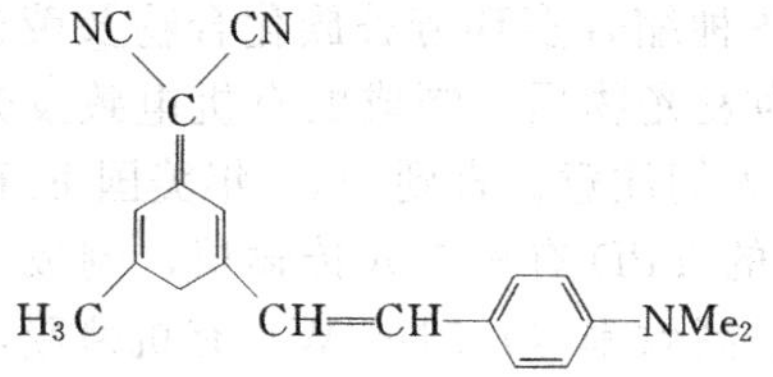

4-二氰亚甲基-2-甲基-6-(对二甲氨基苯乙烯基)-4*H*-吡喃

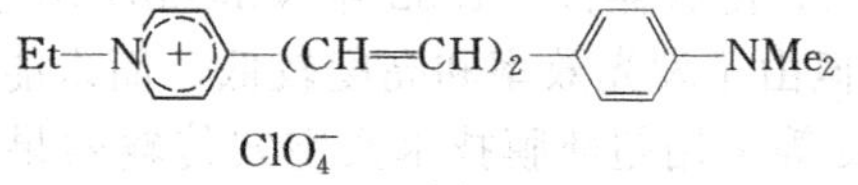

1-乙基-4[4(对甲氨基苯基)-1,3-丁二烯]吡啶高氯酸盐

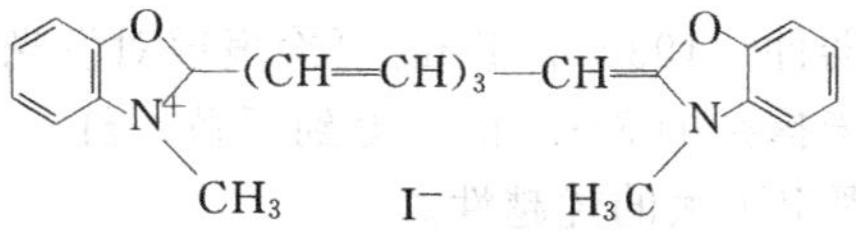

3,3′-甲基噁三碳菁碘盐

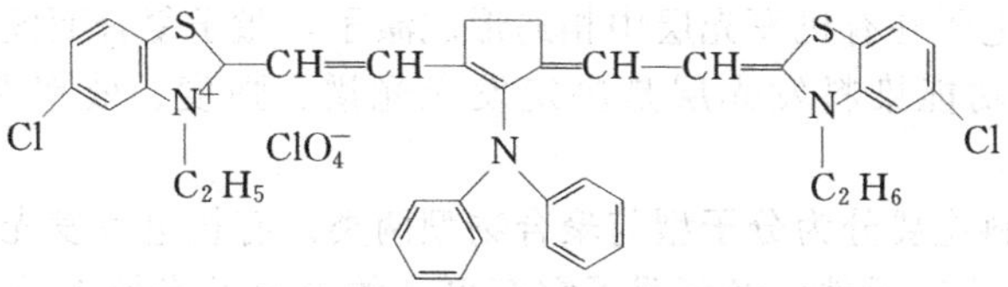

3,3′-二乙基-5,5′-二氯-11-二苯氨基-10,12-亚乙基噻三碳菁高氯酸盐(IR140)

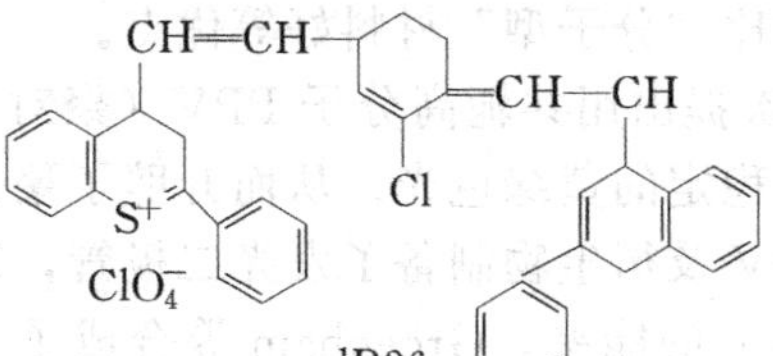

IR26

目前，调谐波长最长的激光染料如下式，但其激光转换效率很低且稳定性较差。

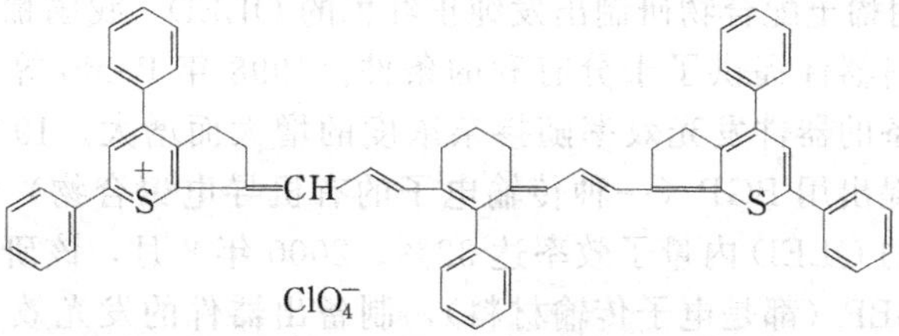

多次甲基染料还可以用作可饱和吸收体，利用对饱和染料的非线性吸收特征，在激光器内实现 Q 突变，获得窄脉宽、高功率的激光脉冲，比起转镜 Q 开关来，具有结构简单，使用方便，无电干扰等优点，在染料激光器里进行被动锁模，可获得微微秒级超短脉冲激光。

10.5　有机电致发光功能色素材料

电致发光（electroluminscence，EL）被称作为“冷光”的现象，是一种电控发光器件。早期采用无机材料作为发光材料，其发光效率差，而且无法制成大型显示器和纤维状制品。

采用功能有机色素作为有机电致发光材料，以高分子材料作基体，有可能制成超薄大屏幕显示器、可弯曲薄膜显示器和薄膜电光源等。

对有机化合物电致发光现象的研究始于20世纪30年代中期。1936年Destriau将有机荧光化合物分散在聚合物中制成薄膜，得到了最早的电致发光器件。1963年纽约大学的Pope等报道了蒽（Anthracene）单晶的电致发光现象。随后，Helfrich等相继报道了蒽、萘等稠杂芳香族化合物的电致发光。Vincett等用各种缩合多环芳香族化合物及荧光色素材料，制成EL薄膜器件。1982年Vincentt用蒽作为发光物质，制成的有机电致发光器件能发蓝光，但由于发光效率和亮度较低，而未能引起人们注意。直到1987年美国E. Kodak公司的Tang等采用超薄膜技术及空穴传输效果更好的TPD有机空穴传输层，制成了直流电压（小于10V）驱动的高亮度（大于1000cd/m^2）、高效率（1.51m/W）有机薄膜电致发光器件（organic electroluminescent device，OELD），使有机EL获得了划时代的发展。随后日本的安达等发表了利用电子传导层-有机发光层-空穴传导层的三层结构，同样得到了稳定、低驱动电压、高亮度的器件。1989年Tang再次报道对发光层进行了DCM_1、DCM_2掺杂，使掺杂的荧光产生率是未掺杂的3～5倍，得到了黄、红、蓝绿色的有效电致发光。使有机EL在多色显示方面表现出更大的优越性。

有机薄膜电致发光属于注入式的激子复合发光，即在电场的作用下，分别从正极注入的空穴与从负极注入的电子在有机发光层中相遇形成激子，激子复合而发光。这种器件都为多层结构，其中的有机功能染料发光层是决定发光光谱、强度、效率及寿命等指标的重要因素。

有机电致发光材料主要分为分子型与聚合物型两类。有机电致发光器件操作寿命是其广泛应用的关键，“分子型”元件已经证明了它有更高的电致发光效率及更好的元件性能，其耐久性、亮度及颜色方面的控制较佳。而聚合物电致发光没有小分子那么纯，但聚合物型的元件拥有易加工成型、易曲性比“分子型”材料好等优点。

1990年Burronghes等首次提出用共轭高分子PPV（聚对苯乙炔）制成聚合物有机EL器件，在低电压条件下可发出稳定的黄绿色光。从而开辟了聚合物电致发光这一新兴高技术领域。1992年Braum等用PPV及衍生物制备了发光二极管，得到有效的绿色和橙黄色两种颜色的发光。为了降低电子注入的能垒，Greenham等合成了MEH-CN-PPV。此后Garten等用聚3-辛基噻吩为发光层制成电致发光器件。

1994年Kido利用稀土配合物研制出发纯正红色的OLED。我国稀土资源丰富，为研究开发稀土有机发光材料器件提供了十分有利的条件。1998年Baldo等采用磷光染料对有机发光层进行掺杂，制备的器件发光效率随掺杂浓度的增大而增大。1999年Daldo等在研究激子传输规律之后，提出用BGP（一种传输电子的有机导电聚合物）做空穴阻挡层，用磷光染料掺杂，制备出的OLED内量子效率达32%。2000年8月，该研究小组又用二苯基吡啶铱掺杂到TAZ或GBP（都是电子传输材料），制备出器件的发光效率达15.4%±0.2%。2002年牛俊峰等合成了在聚对苯亚乙炔主链末端引入蒽基团的电致发光材料。以上研究极大推进有机电致发光器件的发展。

国际上许多著名的公司都投入了大量的人力、物力。1997年单色有机电致发光显示器首先在日本产品化，1999年5月日本先锋公司率先推出了为汽车音视通信设备而设计的多彩有机电致发光显示器面板。同年9月，使用了先锋公司多色有机电致发光显示器件的摩托罗拉手机大批量上市；10月Sanyo Electric公司和美国的Eastman Kodak公司又共同研发了一款全彩面板。总之，有机电致发光显示器件已经从研发阶段进入了使用化阶段，从样品研制阶段发展到了批量化生产阶段，从仅能提供单色显示的初级阶段发展到了可提供多色显示、全色显示的高级阶段。

10.5.1 载流子传输材料

载流于传输材料应具备以下条件：能够形成无针孔的均匀超薄膜；在接触电极和有机界面能形成电子匹配；保持使带电粒子及激发子在发光层内部有效存在的能量关系；具有电荷输送能力。载流子传输材料可分为空穴传输材料和电子传输材料。

10.5.1.1 空穴传输材料

空穴传输材料一般应具备较高的空穴迁移率、较低的离化能、较高的玻璃化温度、大的禁带宽度，可形成高质量薄膜，稳定性好。主要应用的空穴传输材料有多芳基甲烷、腙类化合物、多芳基胺化合物和丁二烯类化合物等。其中多芳基胺化合物空穴的活度大，具有优良的空穴传输能力，它与各种黏结树脂有很好的互溶性，在多层有机电致发光器件中，胺类化合物可以起到阻挡层的作用，因此引起研究者的广泛注意。有代表性的空穴传输材料如 TPD、NPB、*m*-MTDATA 等。空穴传输材料的分子设计及合成研究的重点在于材料要有高的耐热稳定性；在 HTL/阳极界面中要减少能势障碍；能自然形成好的薄膜形态。较新型的结构有星射型（starburst）的空穴输送材料，如噻吩三芳基胺类化合物 TAAS-1、TAAS-2、TAAS-3 等。

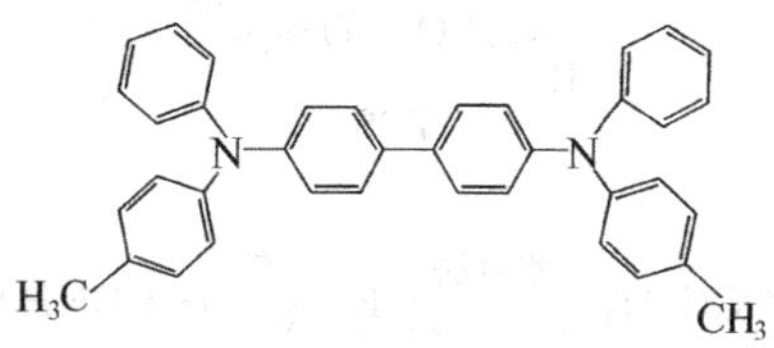

H_3C N N CH_3

TPD

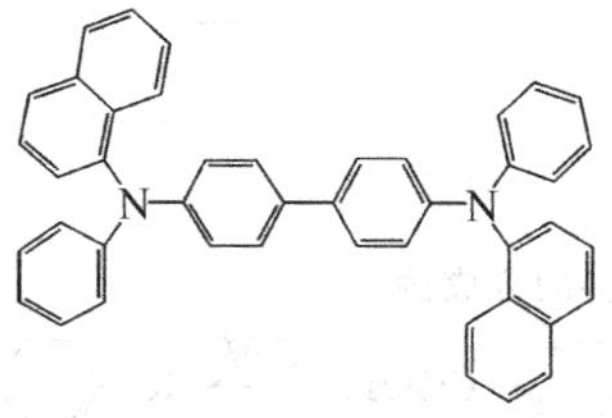

NPB

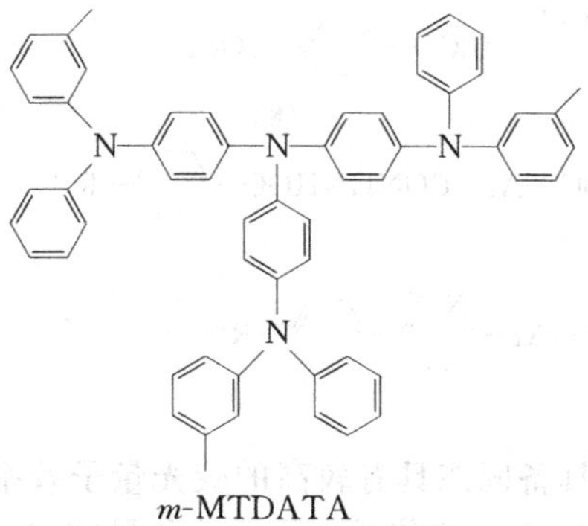

m-MTDATA

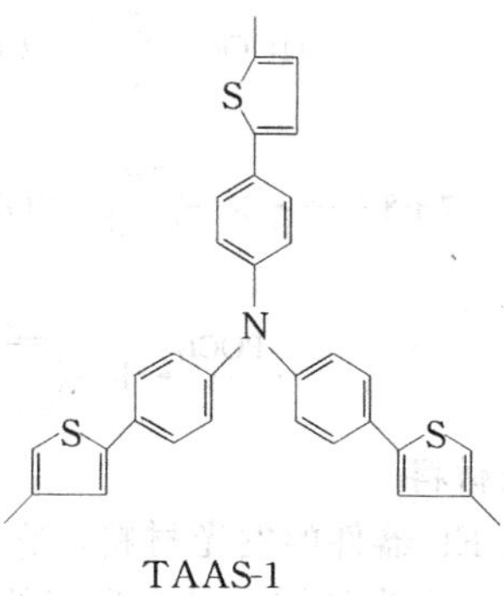

TAAS-1

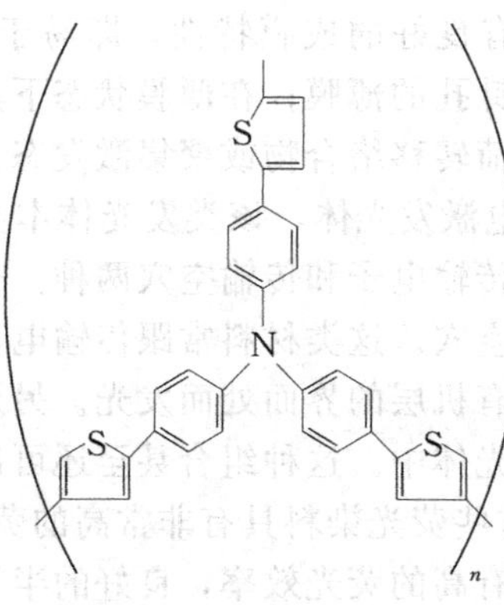

TAAS-2

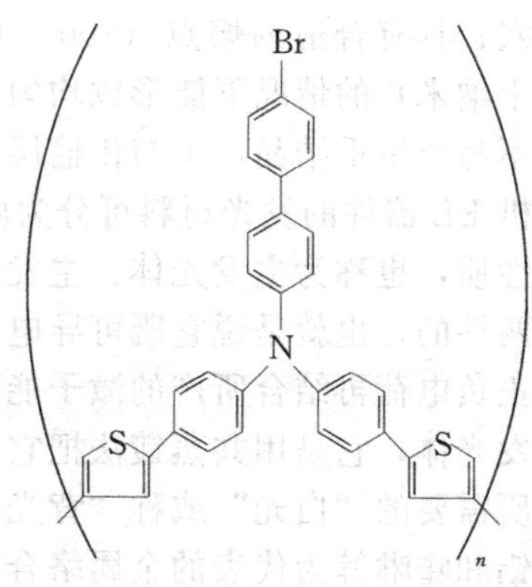

TAAS-3

10.5.1.2 电子传输材料

电子传输材料一般应具备较高的电子迁移率、较高的电子亲和势、较高的玻璃化温度、大的禁带宽度、可形成高质量薄膜、稳定性好。8-羟基奎宁和三价铝离子结合所生成的一种复杂的配位化合物 AlQ_3 是最常用的电子传输材料。由于其分子具有高度的对称性，所以 AlQ_3 薄膜的热稳定性和形态稳定性非常好。因为 $A1Q_3$ 膜的厚度小，电致发光响应时间很短（小于 1μs）。用 AlQ_3 作电子输送层的厚度一般小于 100nm，这样可以减少驱动电压。其它代表性的结构有三氮唑、苝类及噻吡喃硫酮等，如 PBD、TAZ、TPS 等。

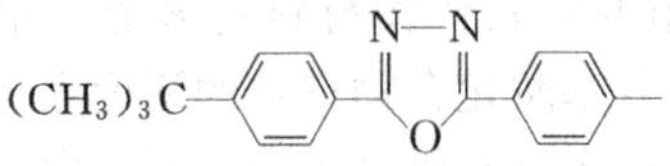

PBD

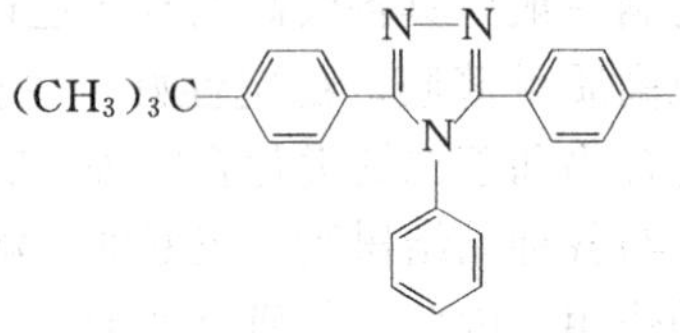

TAZ

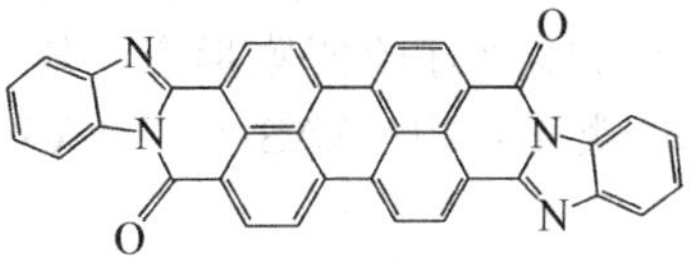

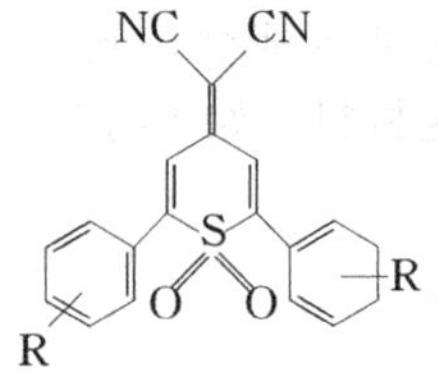

TPS

噁二唑类材料的合成例：

$$R-C_6H_4-COOH \xrightarrow{\text{乙醇}} R-C_6H_4-COOC_2H_5 \xrightarrow{\text{水合肼}} R-C_6H_4-CONHNH_2 \quad (7)$$

$$HOOC-C_6H_4-COOH \xrightarrow{SOCl_2} ClCO-C_6H_4-COCl \quad (8)$$

$$7+8 \longrightarrow R-C_6H_4-CONHNHOC-Ar-CONHNHOC-C_6H_4-R$$

$$\xrightarrow{POCl_3} R-C_6H_4-(C_2N_2O)-Ar-(C_2N_2O)-C_6H_4-R$$

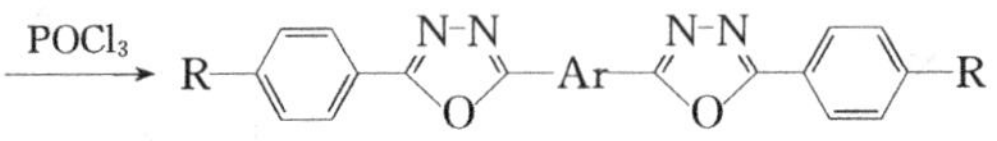

10.5.2 发光材料

作为有机 EL 器件的发光材料，它应同时具备固态具有较高的荧光量子效率，且荧光光谱要覆盖整个可见光区域；具有良好的半导体特性，或传导电子，或传导空穴，或既传导电子又传导空穴；具有合适的熔点（200～400℃），且有良好的成膜特性，即易于蒸发成膜，在很薄（几十纳米）的情况下能形成均匀、致密、无针孔的薄膜；在薄膜状态下具有良好的稳定性，即不易产生重结晶，不与传输层材料形成电荷转移络合物或聚集激发态。

用作有机 EL 器件的发光材料可分为两类，一是电激发光体，该类发光体本身已具有带电荷输送的性质，也称为主发光体。主发光体又分为传输电子和传输空穴两种。也有一些有机化合物是两性的，也就是说它既可导电子又可输送空穴。这类材料常跟传输电荷层一起使用，以期让正负电荷再结合所产的激子能够被局限在有机层的界面处而发光。另外一种发光体被称为客发光体，它是用共蒸镀法把它分散在主发光体中。这种组合甚至还可以产生液晶显示市场上所需要的“白光”或称“背光源”。因为这些荧光染料具有非常高的荧光效率。

以喹啉铝和喹啉锌为代表的金属络合物，因其具有高的荧光效率，良好的半导体特性和成膜特性，在薄膜状态下具有良好的稳定性等特点而被广泛应用。其中最常用的 AlQ_3 是一种性能优良的发光材料，既能传导电子又能传导空穴，有优良的成膜特性，较高的载流子迁移率及较好的稳定性。稀土络合物也是重要的有机分子型发光材料。该类金属络合物分子型

材料如 ZnQ_2、BeQ_2、CaQ_2、BTPOXD、DPNCI 等。

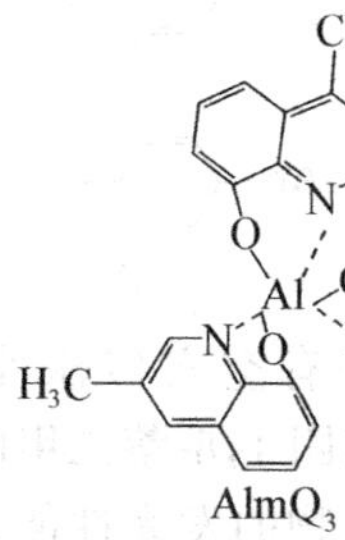

AlmQ3 AlQ3Cl

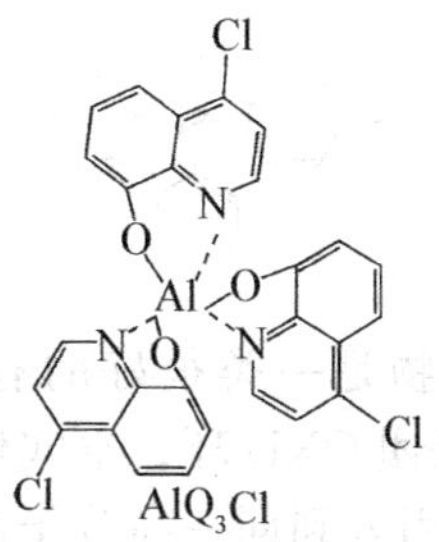

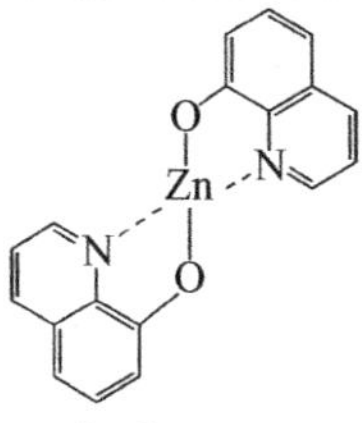

ZNQ2 BeQ2 CaQ3

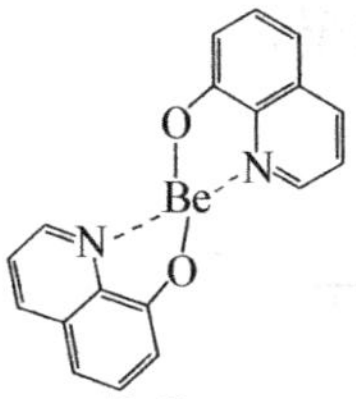

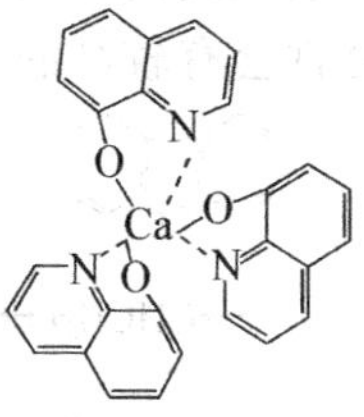

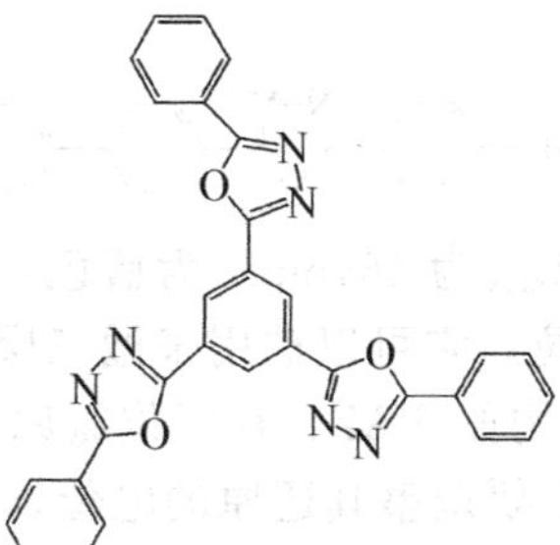

BTPOXD 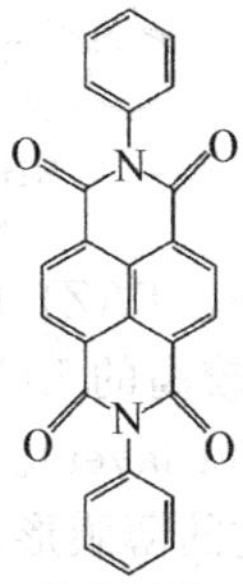 DPNTCI

噁二唑类衍生物（oxadiazole，OXD）是荧光性很强的一类化合物，具有良好的耐热性和较高的玻璃化温度。它们既可作电子传输材料，又可作发光材料。噁二唑系材料的光致发光和电致发光波段在蓝光和绿光区域，发光亮度高。电致发光亮度可达 100～300cd/m²，工作电压一般在 20V 左右；在空气中稳定性好，真空高温易蒸发成膜。已被作为有机电致发光器件的电子传输层参与了各种器件的构筑。含单或双 1,3,4-噁二唑结构的化合物材料如 PBD、双 1,3,4-噁二唑大分子化合物。

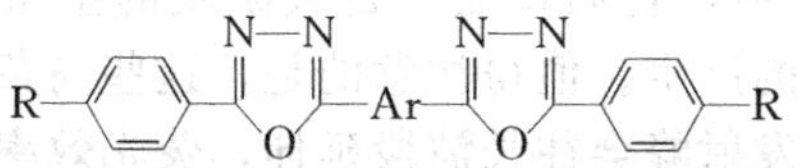

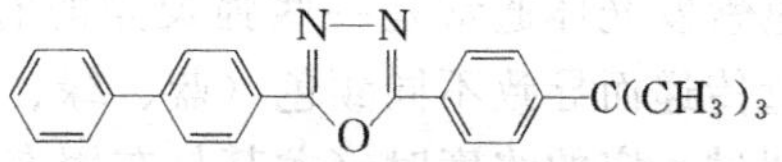

PBD

主链和侧链含有 1,3,4-噁二唑环系的高分子有机电致发光材料在单层电致发光器件中可以发射从蓝到黄各种颜色的光。已被合成并用于电致发光器件的电子传输层。典型的结构化合物如 P-P68、P-P71、PODSi、PODSiN 等。

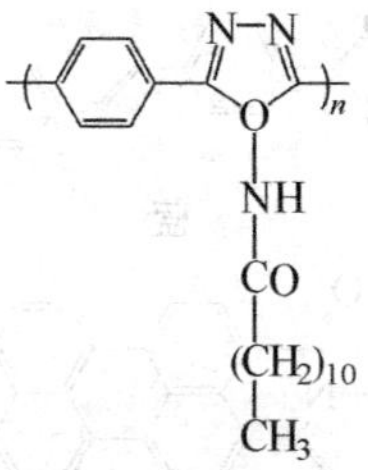

P-P68 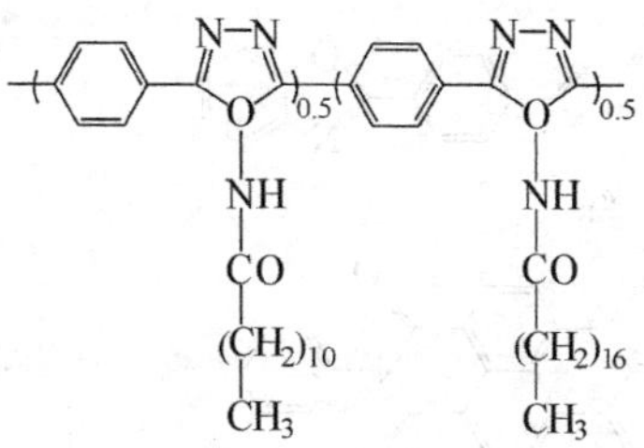 P-P71

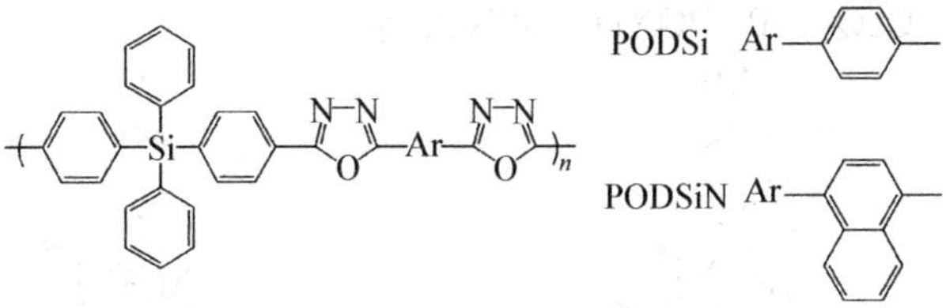

PODSi PODSiN

咔唑及其衍生物是一类很好的有机光导材料，咔唑基有空穴传输性能。化合物 NA-PVK 由电子传输基团 OXD 环、空穴传输基团咔唑和发光基团 1,8-萘二甲酰亚胺组成。该化合物将不同发色团引入到同一高分子侧链中，有望提高化合物的发光性能，用该化合物构成的单层电致发光器件会有较高的发光效率。

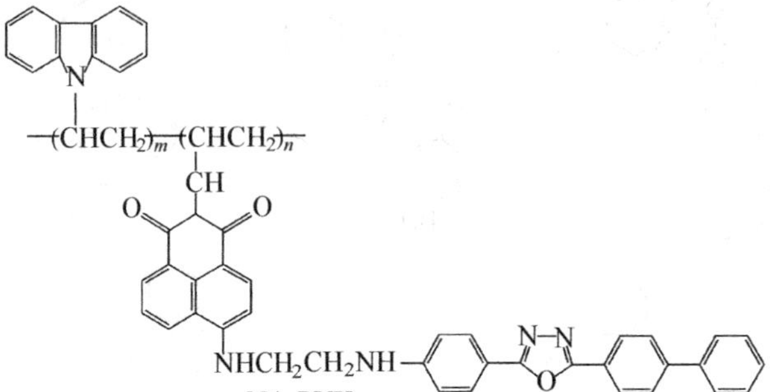

NA-PVK

三氮唑（1,2,3-triazole，TAZ）的发光 λ_{max} 为 464nm，为蓝色，而且它比 OXD 更有电子输送能力。因为 TAZ 有较高的 LUMO 能位，它可以被用来做三层式 EL 元件里的激子的局限层（exciton confinement layer）。典型结构如 TAZ，在四位氮原子上带有苯基，苯基对位上的取代基可用来控制它的薄膜形态及按需要调整其还原的电位。

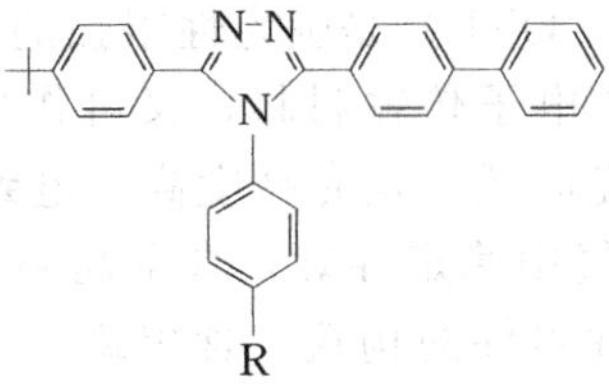

TAZ

有机色素发光体通常是一些强荧光的有机染料，它们接受来自被激发的主激发体的能量，经能量传递而导致不同颜色（蓝、绿、红）的产生。值得注意的是，这些高荧光度的有机染料在超过一定的浓度时（尤其是在固态中）发射峰会往长波段延伸，荧光效率也会在高浓度下急速下降甚至完全淬灭，而且荧光的波带会变宽。具有高荧光的有机色素的发光波长和“自我骤熄”问题的解决均可以通过分子设计及结构修饰来调谐和改进，这是该类材料研究的重点。有机色素发光体的典型结构有：

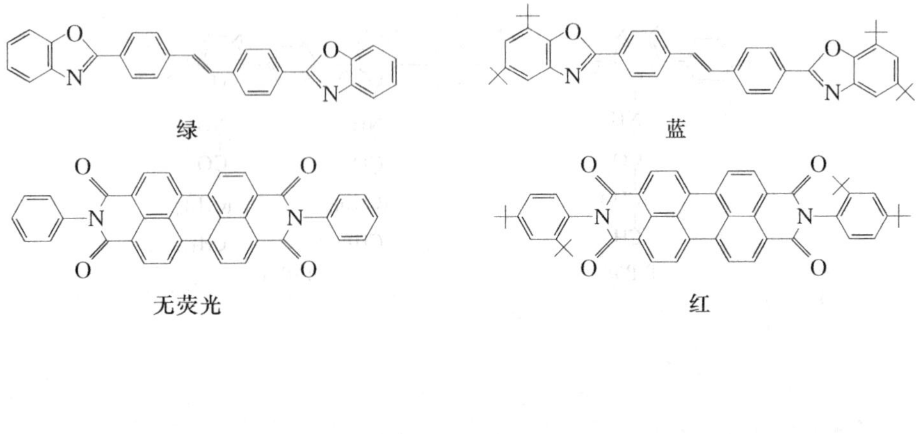

绿　　蓝

无荧光　　红

1,8-萘酰亚胺类通常是发绿色光。蓝色荧光色素还是荧光增白剂，如 BBOT。BBOT 是个很好的蓝色激光染料，它的光峰为 450nm，而且荧光量子效率也很高。但是它太容易与空穴输送层的 TPD 等形成电荷传递复合物，而导致绿色的电致发光，以致发蓝光的效率大大降低。把 Rubrene 分别散布在 $BeBq_2$ 层或空穴输送层 TPD 中，发现这两种掺杂的结果都能产生超过 $10000cd/m^2$ 的蓝光亮度。实验用的元件结构是（ITO/MTDATA/TPD/$BeBq_2$/Mg：In），$BeBq_2$ 是前述电子输送性的主发光体。

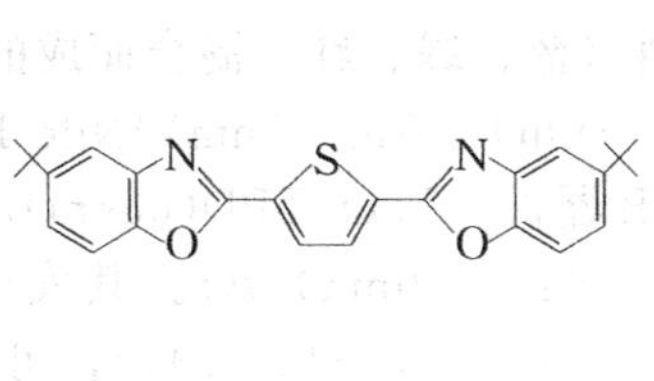

BBOT 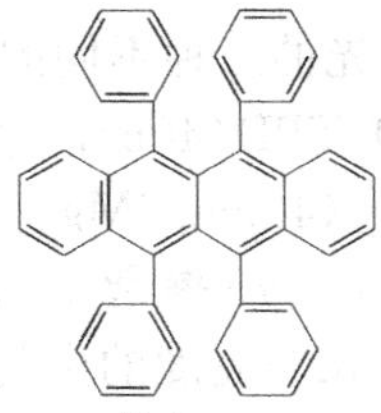　　Rubrene

DSA 衍生物是较好的蓝电致发光体系列，它的基本构造式为 $Ar_2C=CH-(Ar')-CH=CAr_2$。这些发蓝光的色素以 DSA 三取代衍生物为主，光峰在 440～490nm 之间，发光亮度平均在 $1000cd/m^2$ 左右。

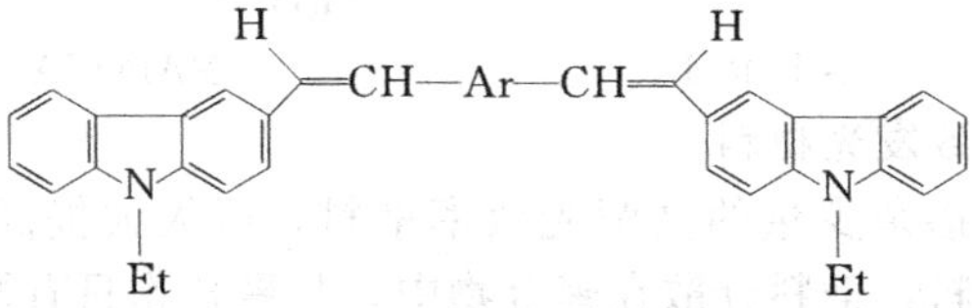

DSA

强红光荧光的发光色素不像蓝与绿光体那么多。如若丹明的 $GaCl_4^-$、$InCl_4^-$、$TaCl_4^-$ 盐等曾被用来做掺杂成橘红色的 EL。用 DCJ 掺杂的 AlQ_3 可以发红光。

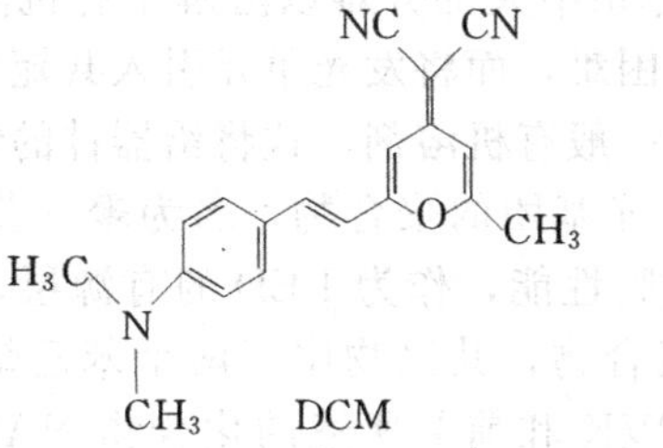

DCM 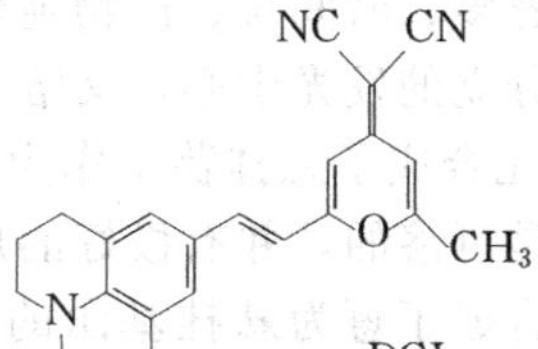　　DCJ

双色发体化合物

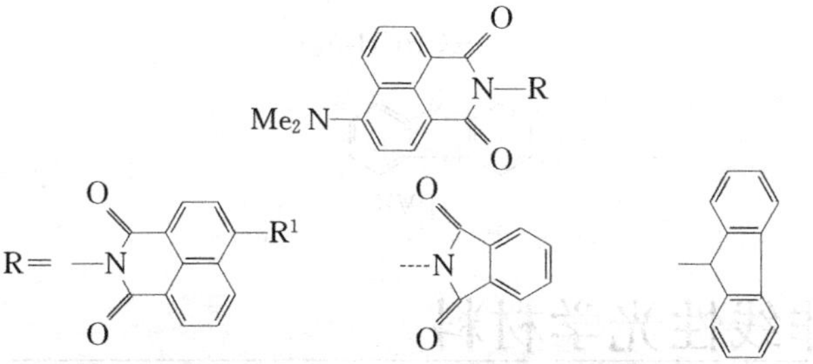

$R^1=H$　（化合物 NC）
$R^1=NMe_2$（化合物 NN）　　化合物 ND　　化合物 NE

在红光发光材料中对 DCM 客体发光材料进行改进，引入了刚性化结构的 DCJTI 材料是一种极有前景的红色客体发光体（波长 630nm），其合成方法如下：

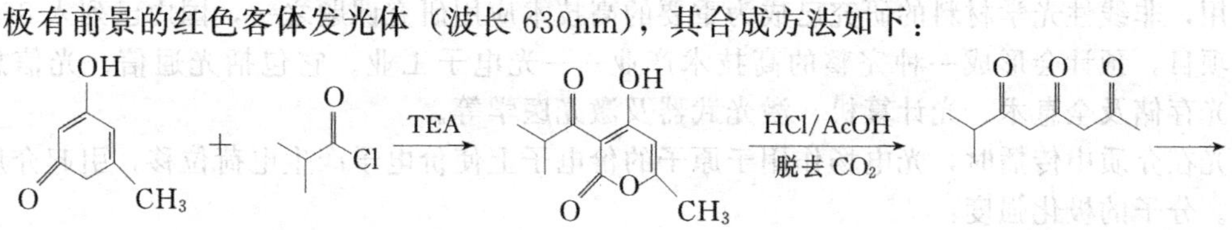

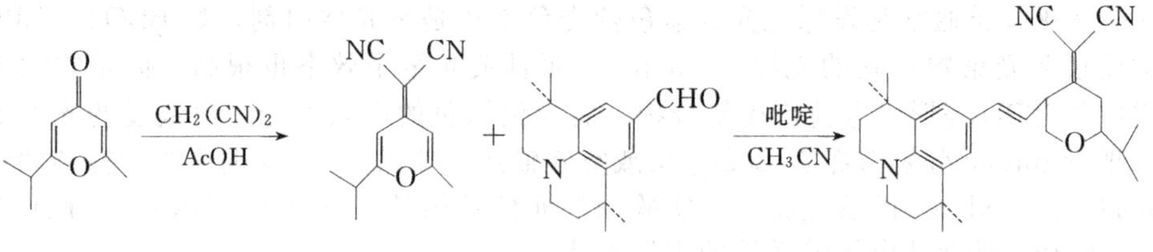

O
$CH_2(CN)_2$
AcOH
NC CN
CHO
N
吡啶
CH_3CN
NC CN
N
O
DCJTI

白光是将电致发光的三种不同的荧光染料（蓝、绿、红）混合而成的。电致发白光的元件构造层次是：ITO/TPD(40nm)/*p*-EtTAZ(3nm) /Alq_3(5nm)/Nile Red(1，摩尔分数)掺杂 Alq_3(5nm)/Alq_3(40nm)/Mg：Ag。RGB 器件：ITO/TPD(60nm)/NAPOXA(15nm)/Alq_3(30nm)/DCM(0.3%)掺杂 Alq_3(20nm)/Alq_3(20nm)/A1。其发光效率为 0.51m·W^{-1}，得到 4750cd·m^{-2}亮度的全色光，CIE 坐标为（0.31，0.41），可作为低压光源。

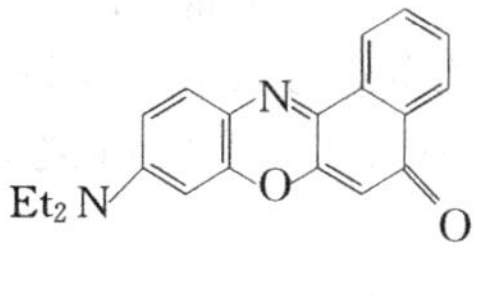

N
Et_2N
O
O
Nile Red

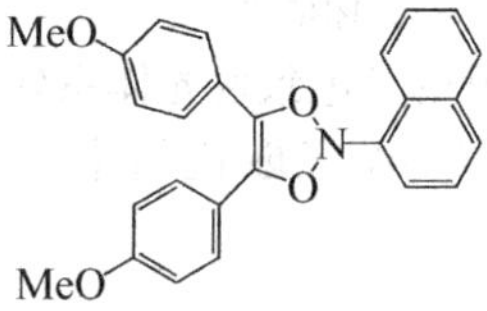

MeO
O
N
O
MeO
NAPOXA（蓝光）

10.5.3 有机悬挂体系电致发光材料

在电致发光聚合物中掺杂少量的高荧光效率染料，可大大提高电致发光亮度并调节颜色。但由于简单的掺杂染料，染料分散在聚合物中，与聚合物只有微弱的范德华力作用，产生的效率不高，稳定性也差。有机悬挂体系电致发光材料为有机色素类“发光单元”与可溶性共轭可聚合载流子，注入传输体键连合成的电致发光材料。该类材料可看作是一种分子内含有有机色素发光体的“悬挂体系”。共轭体系中大部分难以溶解于有机溶剂中，采用可溶性共聚法制备时步骤多、时间长、产物纯化困难，而将发光单元引入共轭可聚合载流子材料中，这样的材料有分立的发光中心，又溶于一般有机溶剂，这将给器件的制作带来极大的方便。Aguiar 等人首先合成了悬挂芪基作为发光基团的聚合物，名为聚（芪基-对甲氧基）苯乙烯。这个聚合物是可溶的，并有极好的成膜性能，作为 LED 的有源层，发出蓝光，长为 450nm。Aguiar 还合成了蒽为悬挂基团的聚合物，共聚物中每两个苯乙烯单元含有一个发色基团蒽。发光波长 590nm。聚乙烯咔唑 PVK 和前节所述的化合物 NA-PVK 均可看作是一种悬挂体系。

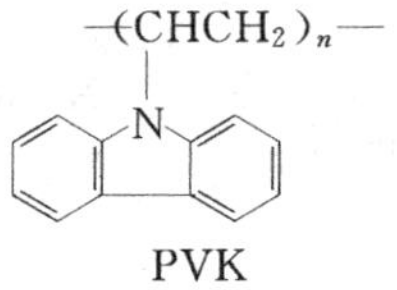

$-\!\!\left(CHCH_2\right)_n\!-$
N
PVK

10.6 有机非线性光学材料

非线性光学材料（NLO 材料）是激光技术的重要物质基础。随着激光技术的广泛发展和应用，非线性光学材料的研究已成为重要的高技术应用研究课题之一，国内已列入 863 高技术项目，预计会形成一种完整的高技术产业——光电子工业。它包括光通信、光信息处理、光存储及全息术、光计算机、激光武器及激光医学等。

光在介质中传播时，光电场作用于原子的价电子上使价电子产生电荷位移，引起介质的极化。分子的极化强度：

$$p=\mu+\alpha E'+\beta E'\cdot E'+\gamma E'\cdot E'\cdot E'+\cdots$$

$$p=p^0+\chi^{(1)}E+\chi^{(2)}E^2+\chi^{(3)}E^3+\cdots$$

其中 μ 为永久偶极矩，系数分别为线性极化率（α）和分子非线性极化率（β,γ，…）。β［$\chi^{(2)}$］表示二阶非线性光学特性，γ［$\chi^{(3)}$］表示三阶非线性光学特性。一般的光源，其电场强度与原子内的电场强度相比是很微弱的，近似呈线性光学。而激光是功率大、单色性好、方向性好的强光，相干性和光电场强度均很大。非线性光学材料在激光的激发下发生非线性极化，从而产生各种新现象和新效应。它可以改变入射光的频率及波长；引起材料的折射变化；发生多波相干混频，即当多种不同频率的光入射后，会产生新的组合频率的相干光以及产生光学参量振荡。由于非线性光学材料具有其特殊的功能，在现代高新技术中得到广泛的应用。近年来具有这种性能的功能材料备受重视。

非线性光学材料的具体用途有以下几个方面：

① 变频，使记录介质匹配，提高介质的记录功能；

② 倍频和混频，对弱光信号的放大；

③ 改变折射率，用于高速光调节器和高速光阀门；

④ 利用非线性响应，实现光记录、光放大和运算，以及激光锁模、调谐等功能。

非线性光学材料的研究早期以无机材料为主。现在实际应用的材料也是以无机化合物为多数，如石英、磷酸二氢钾、铌酸锂、磷酸氧钛钾、β-偏硼酸钡等。但无机材料的非线性光学现象主要是由晶格振动引起的，倍频系数不高，不能满意地用于小功率激光的倍频。而有机非线性材料主要是由共轭 π 电子引起的，所以能得到高的响应值和比较大的光学系数。而且，有机材料适应于广泛的波长范围，有机分子易于设计和剪裁组合，可通过分子设计和合成方法改变结构开发出新材料，同时，有机材料光学损伤值高，加工成型，便于器件化。

10.6.1 有机二阶非线性光学材料

关于有机材料的研究早期主要集中在二阶非线性光学材料上。实验合成发现了众多类的二阶有机材料。理论上探索非线性光学效应的微观机理与化合物结构间相互影响的关系，提出了“电荷转移（CT）”理论和分子工程、晶体工程的概念以及系统具体的分子设计方法。主要结构有尿素、L-磷酸、精胺酸、醌类、偏硝基苯胺、羟甲基四氢吡咯基硝基吡啶、氨基硝基二苯硫醚及其衍生物、二茂铁类、二氯硫脲合镉、苯基或吡啶基过渡金属羰基化合物等。通常扩大给体与受体之间的共轭体系能增加倍频系数值，但是由于增加共轭不可避免地造成了其光谱吸收红移，从而限制了其实际应用。研究表明，一些不对称的 1,2-二苯乙炔中的 —C≡C— 桥连部分能明显地减少分子的电荷转移性质，从而提高材料的光学透明度。但与此同时却造成了 β 值的降低。为了解决这一问题，Nguyen 等人提出新桥连连接给体与受体的方法：

$$\mathrm{D}-\mathrm{C_6H_4}-\mathrm{C{\equiv}C}-\underset{\mathrm{PMe_2Ph}}{\overset{\mathrm{PMe_2Ph}}{\mathrm{Pt}}}-\mathrm{C{\equiv}C}-\mathrm{C_6H_4}-\mathrm{NO_2}$$

该化合物不仅具有良好的可见透明性及优良的热稳定性，而且其 β 值也有明显增加。对非线性光学材料做成器件时，一般来说，要经受 250℃ 的短时高温和具有 100℃左右的承受加工和操作的长时间热稳定性。热稳定性良好的非线性光学材料的结构有：

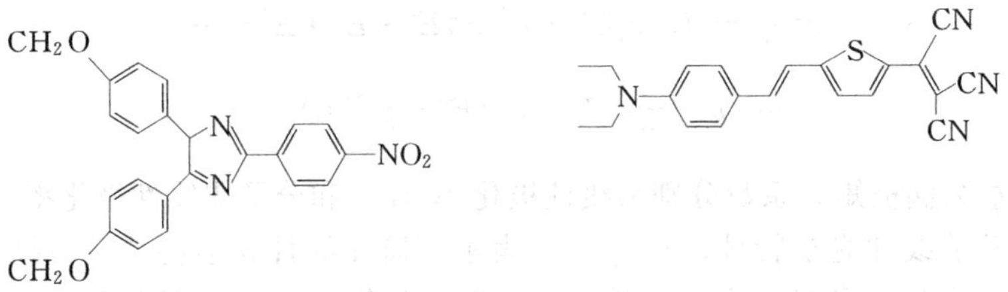

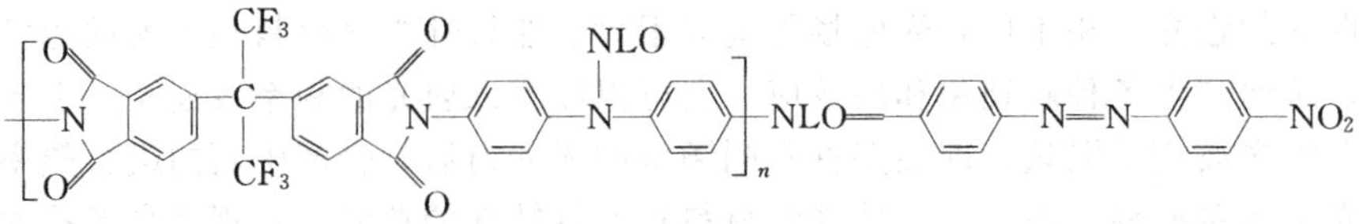

以 1,3-双(二氰亚甲基)-1,2-二氢化茚（DBMI）作电子受体，以 APT 为电子给体的、具有推拉效应的非线性光学材料，其 $\beta=1024\times10^{-30}$ esu，达到了一些聚合物的水平，且热稳定性也相当好。

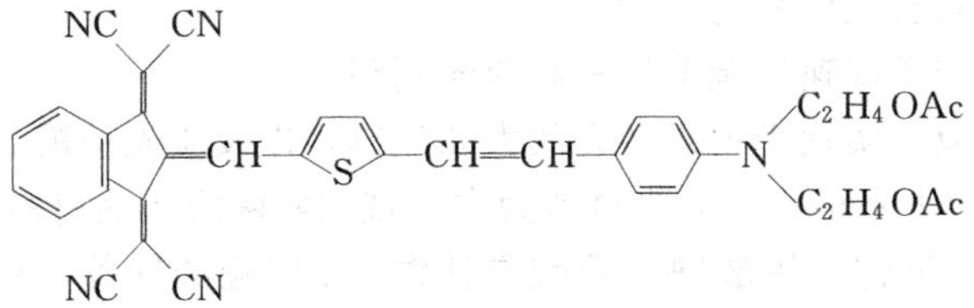

APT-DBMI

APT-DBMI 的合成：

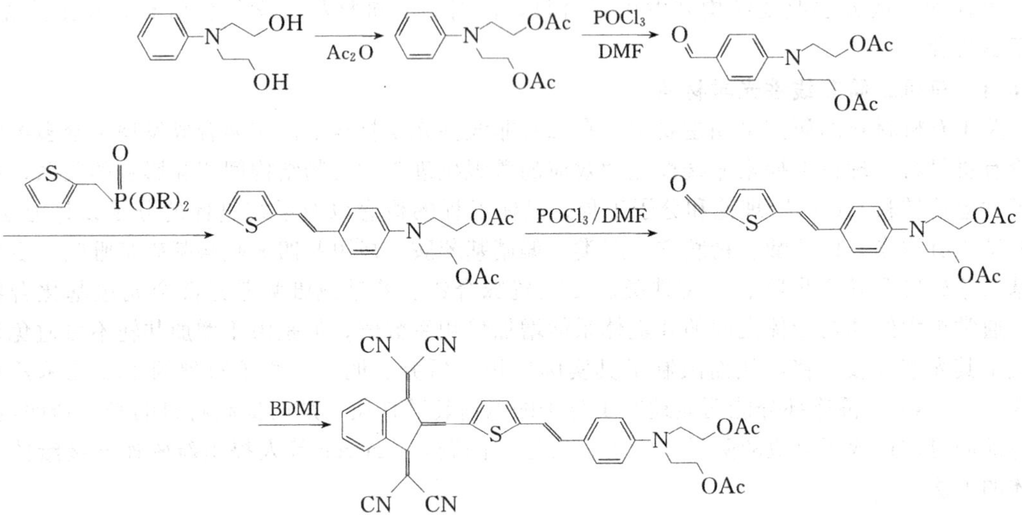

(APT-DBMI)

1994 年 Hamumoto 等人首先发现钒氧酞菁（VOPc）膜的二阶非线性光学特性(SHG)，表明具有中心对称的酞菁膜也具有 SHG 特性，如非取代的 CuPc 和 H_2Pc。如果再选择合适的给体和受体及具有分子内电荷转移特性的不对称酞菁化合物，作为二阶非线性光学材料应当是有前途的。然而合成和纯化方面的困难，在此方面的报道不多，已有的如硝基-三叔丁基取代的酞菁 LB 膜的 SHG 特性等 $\chi^{(2)}=(2\sim3)\times10^{-8}$ esu。卟啉系化合物的典型结构如下：

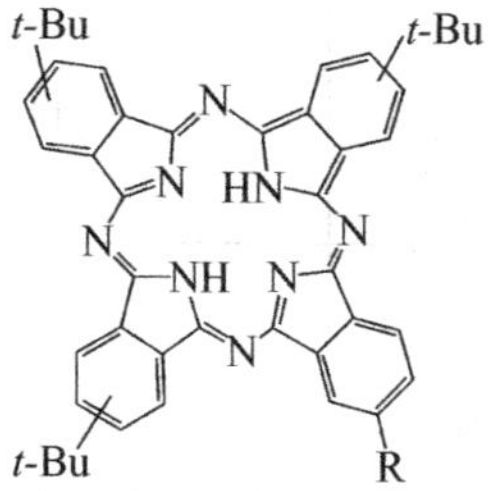

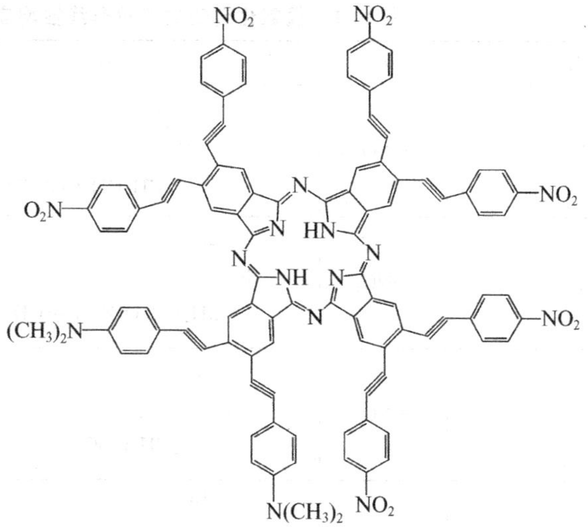

10.6.2 有机三阶非线性光学材料

三阶非线性光学效应包括非共振的克尔效应、光学双稳态、光学相共轭和三次谐波产生（THG）等。由于其在相共轭、光计算和光通信、光参量振荡和放大、光混频及动态全息摄影等方面以及作为光谱学工具的应用前景广泛而成为近十多年来非线性光学材料研究的重点。对有机三阶非线性光学材料的研究主要分为以聚双炔为代表的共轭高分子和以含发色团的共轭色素为代表的共轭低分子化合物等两类。

有机材料的极化源于离域的 π 电子体系。三阶非线性极化率 $\chi^{(3)}$ 和分子三阶非线性超极化率 γ 是材料非线性光学性能的主要指标。具有大 π 共轭结构的共轭分子有较强的光电耦合特征，增大共轭体系减小能隙可获得较高的三阶超极化率的三阶非线性光学材料。因此，具有离域 π 共轭电子结构的高分子化合物及以含发色团的共轭色素为代表的共轭小分子化合物可作为优选的三阶非线性光学材料。

10.6.2.1 偶氮化合物

偶氮化合物共轭体系长，电子流动性好，有利于产生非线性光学效应。它可以多层涂层应用于光学器件中。一些两端含吸、供电子基的偶氮芳环化合物具有较高的三阶超极化率。如下化合物（**9**）的 $\chi^{(3)}$ 值达 6×10^{-3} esu。在偶氮结构中引入芳香族羧基和芳香族磺酸基会明显增强材料的 THG 效应。表 10-1 列出了偶氮化合物的三阶非线性响应检测值。在偶氮芳环化合物材料中已观察到了光学双稳现象，这表明光学双稳现象可能具有电子过程即光诱导的折射率变化的性质。化合物（**10**）不但具有较强的 THG 效应，而且在 700～900nm 内发光，在单一波长光照射后可以产生含宽范围波长成分的变频光，在其光谱中出现了多条干涉条纹，这是折射率变化所致，正是三阶非线性光学效应的起因。

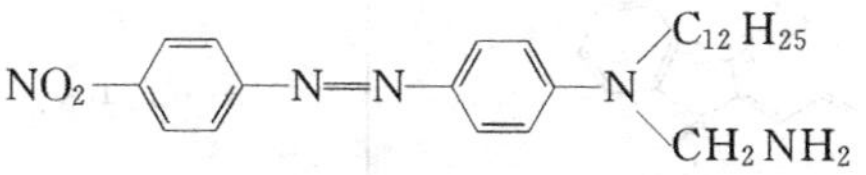

(**9**) 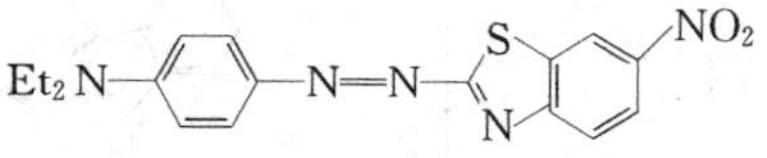　　(**10**)

10.6.2.2 简单多烯化合物

加强该系化合物 π 共轭系的电荷密度和增长 π 共轭系是提高材料的三阶非线性光学效应的关键。在多烯链端引入芳环和芳杂环基会明显提高材料的 THG 效应。表 10-2 列出了六种多烯化合物的三阶非线性光学极化率值。

表 10-1 偶氮化合物的三阶非线性响应检测值

编号	A	D	THG 相对强度
1	$-NO_2$	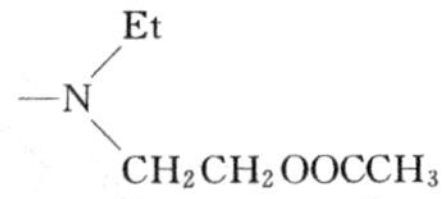 $-N(Et)CH_2CH_2OOCCH_3$	22
2	$-NO_2$	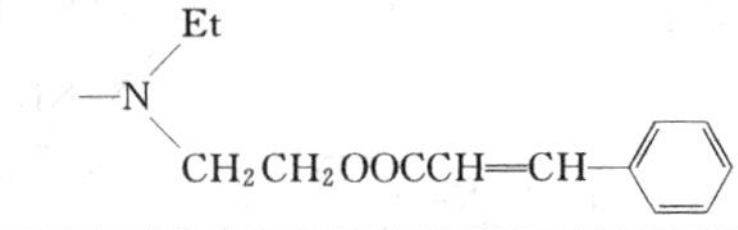 $-N(Et)CH_2CH_2OOCCH=CH-C_6H_5$	16
3	$-NO_2$	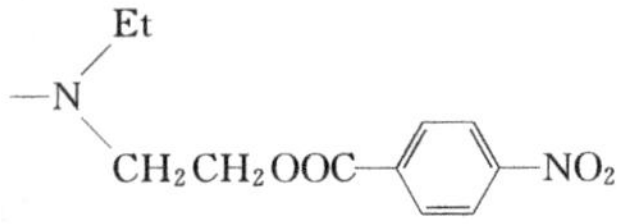 $-N(Et)CH_2CH_2OOC-C_6H_4-NO_2$	31
4	$-NO_2$	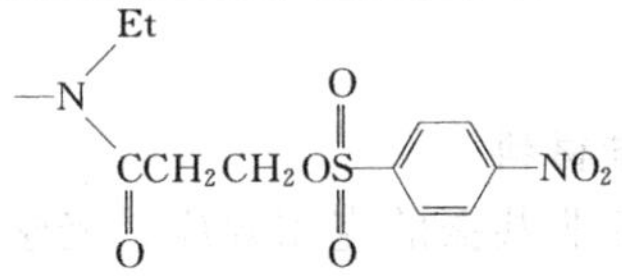 $-N(Et)C(=O)CH_2CH_2OS(=O)_2-C_6H_4-NO_2$	20
5	$-NO_2$	$-N(CH_2CH_2OOCCH_3)_2$	20
6	$-NO_2$	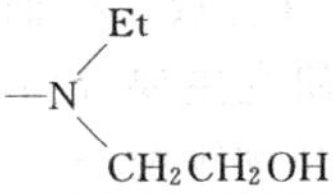 $-N(Et)CH_2CH_2OH$	2
7	$-NO_2$	$-N(CH_2CH_2OH)_2$	7
8	$-N(CH_3)_2$	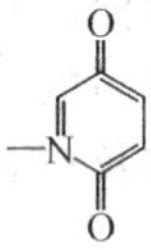 O, —N, O	12

表 10-2 多烯化合物的三阶非线性光学极化率

编号	化合物	$\chi^{(3)}\times10^{-12}$/esu
1	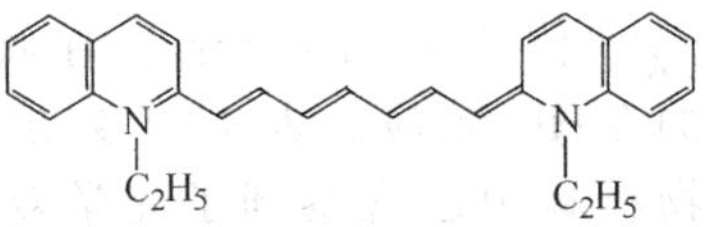 N, C_2H_5; N, C_2H_5	1.7
2	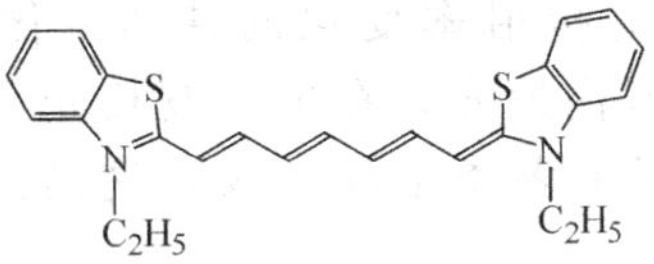 S, N, C_2H_5; S, N, C_2H_5	3.0
3	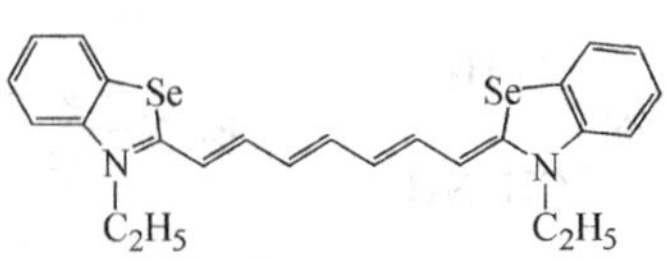 Se, N, C_2H_5; Se, N, C_2H_5	1.4
4	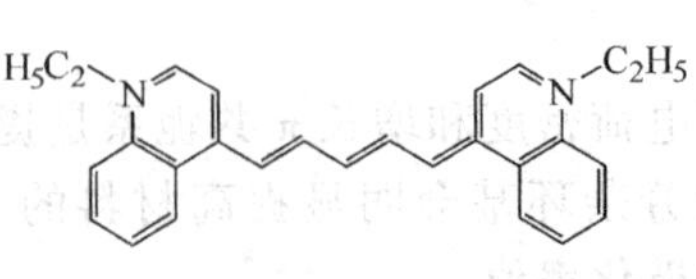 H_5C_2—N; N—C_2H_5	1.5

续表

编号	化合物	$\chi^{(3)}\times10^{-12}$/esu
5	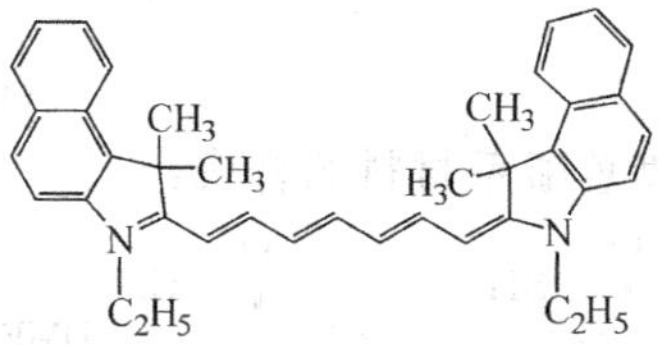	2.5
6	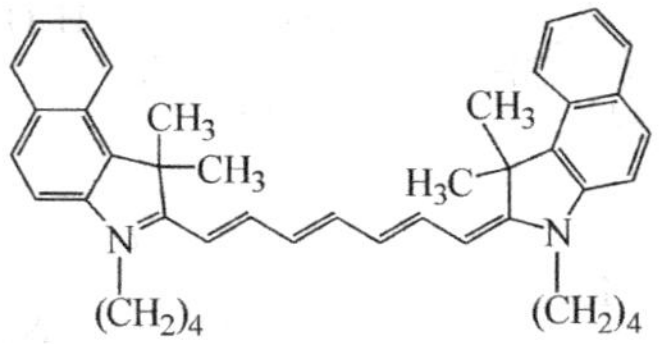	1.5

10.6.2.3　醌构化合物

醌构染料具有分子内电荷迁移发色素（CT 系），这非常有利于产生激光辐射引起的较大的偶极矩之差。蒽醌类化合物结构中的对醌基团为吸电子基（acceptor），芳环和引入的氨基、羟基等为供电子基（doner）。吸供电子基的排列可为左右对称的直线性排列，或者以一个吸电子基（或供电子基）为中心使供电子基（或吸电子基）呈放射状排列，这样相邻的吸供电子基之间所产生的永久偶极矩之差就可能是最大限度地减小而获得较大的三阶超极化率。研究表明，分子内吸供电子基排列对称性高时，激发态与基态间偶极矩差小，故蒽醌类化合物的 $\chi^{(3)}$ 值对称结构的远大于非对称结构的。在蒽醌环上引入强供电子的氨基大大加强了 CT 系使分子内的诱导偶极矩增大，可提高 $\chi^{(3)}$ 值。

醌构稠杂环分子具有较长的拟一维 π 共轭系母体结构，分子内 π 电荷的迁移性强。电子的非简谐效应比较显著，易因光致激发使分子的跃迁偶极矩增大而呈现较高的分子三阶非线性超极化率值。如表 10-3 中 3DDFWM 实验测定和计算萘醌并噻唑、四氧二苯并噻蒽化合物溶液的红外区、非共振 $\chi^{(3)}$ 值达 $3.7\sim4.3\times10^{-13}$ esu，γ 值达 $3.8\sim4.4\times10^{-31}$ esu。双(1,4-二羟基萘)四硫代富瓦烯衍生物的 $\chi^{(3)}$ 值达 $4.3\sim5.9\times10^{-13}$ esu，γ 值达 $8.6\sim11.9\times10^{-31}$ esu。

表 10-3　醌构化合物的三阶非线性光学性质 $\chi^{(3)}$ 和 γ 值

编号	化　合　物	λ_{max}(UV)/nm	$\chi^{(3)}$/10^{-13}esu	γ/10^{-31}esu
1	2-苯基-4,9-萘醌并噻唑	381.5	3.75	3.74
2	2-(4′-羟基苯基)-4,9-萘醌并噻唑	427.6	3.84	3.89
3	2-(4′-二甲氨基苯基)-4,9-萘醌并噻唑	507.5	3.811	3.82
4	2,2′-苯基-二(4,9-萘醌并噻唑)	450	4.32	4.38
5	5,7,12,14-四氧二苯并噻蒽	488	4.11	4.12
6	双(1,4-二羟基萘)四硫代富瓦烯	400	5.94	11.91
7	双(1,4-二乙氧基萘)四硫代富瓦烯	375	5.05	9.95
8	双(1,4-二正丁氧基萘)四硫代富瓦烯	374.5	4.48	8.77

萘醌并噻唑系材料的合成：

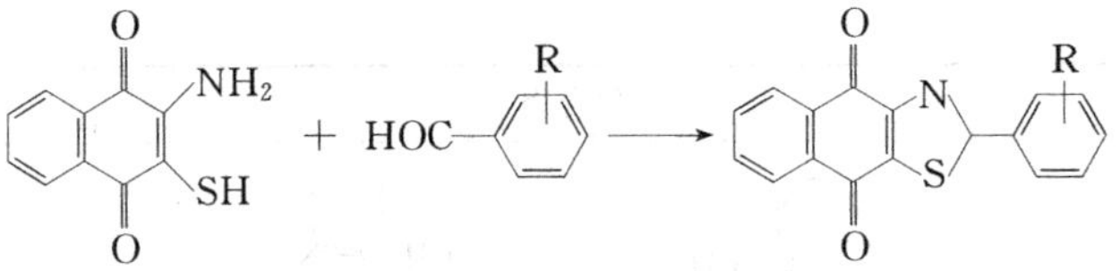

双萘醌并噻唑与四氧二苯并噻蒽醌系材料的合成：

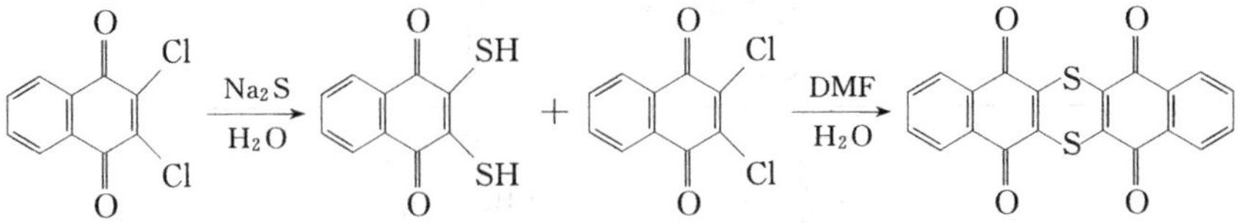

(11)

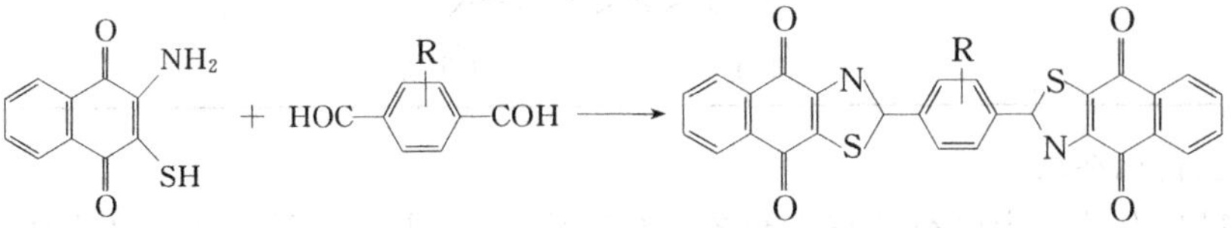

(12)

双(1,4-萘醌)四硫代富瓦烯系材料的合成：

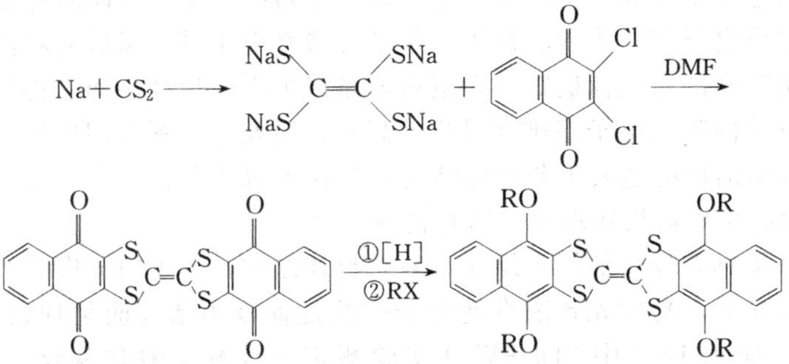

(13)

萘醌并噻唑化合物的 γ 值比类似结构的苯并噻唑类化合物的 γ 值要高 $10\sim10^3$ 量级。呈对称结构且其分子拟一维 π 共轭系较长的母体结构，有利于减少能隙，使得基态和激发态的永久偶极矩之差较小而增大其 γ 值。如化合物（**11**）、（**12**）其 γ 值比非对称结构的萘醌并噻唑化合物均要高。化合物（**13**）的 $\chi^{(3)}$ 达 5.94×10^{-13} esu，γ 达 11.91×10^{-31} esu。这是由于在较长的线性分子结构中对称分布的羟基给电性较强，增加了 π 电子共轭系的电荷密度。同时，由于羟基的极性作用增加了分子间的作用力，使得分子定向排列而形成拟二维或三维 π 共轭分子构造，对提高分子的 γ 值和材料的 $\chi^{(3)}$ 值均十分有利。

在较大平面结构的醌构化合物母体结构中引入取代基和杂原子的作用主要为形成吸供型 π 共轭体系，增强分子内的电荷迁移性。在四硫代富瓦烯结构中，多硫杂环中硫原子的 p-π 共轭增强作用明显，两端组装上带有给电子的萘环后既增长了分子的 π 共轭系，又由于稠杂环上给电子基羟基及烷氧基的促进作用，使得分子的 π 电荷密度进一步提高而具有较强的光电耦合特征，易在光电场激发下发生电子云分布的畸变，显示较高的三阶非线性光学活性。化合物（**12**）分子中噻蒽环上两个硫原子的 π 电子离域性较强使得其 γ 值较高。其真空镀膜（厚 1.9μm）的 $\chi^{(3)}$ 值达 4.7×10^{-13} esu。在萘醌并噻唑分子中接上带不同取代基的芳环后，由于立体效应使得芳环侧转而形成拟二维共轭结构，对提高分子的 γ 值和材料的稳定性都有利。

10.6.2.4 稠杂环类化合物

对该类化合物的研究以茚环分子为多。简并四波混频法（DFWM）研究苯并噻唑、苯并噁唑、苯并咪唑等化合物的 THG 效应表明：由于不存在单或双光子共振，该类分子的非线性光学效应直接取决于分子构型。分子的三阶超极化率随着拟一维分子的共轭链的增长而明显增大。在共轭结构中含硫的稠环对 γ 贡献明显。咪唑分子中氮键对分子中电子从拟一维到拟准二维离域有利。对苯并噻唑类衍生物，因为是硫杂环分子其 γ 值较高。在结构上增加分子的共轭长度、在分子中嵌入双键或供电子基以增大 π 电子的离域度等均能明显地增大化合物分子的 γ 值。该类化合物的典型结构如下：

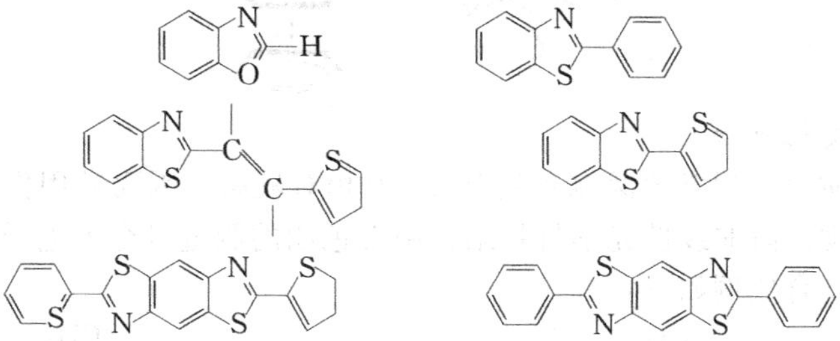

10.6.2.5　希夫碱系化合物

亚氨基与适当的共轭体系相连即脎系或席夫碱系化合物具较强的二阶、三阶非线性光学效应。与偶氮苯和对苯乙烯结构类似，在单席夫碱结构中引入吸供电子基及芳香羧基和芳香族磺酸基会明显增强其 THG 效应。一些对称型的化合物也具有较强的 THG 效应。

10.6.2.6　金属有机化合物

金属有机物的非线性光学材料的研究工作在近年来很活跃，其具有以下独特之处：存在着光子从金属到配体（MLCT）以及从配体到金属（LMCT）的跃迁；不饱和金属的光学可调和氧化还原可调性；配体、金属的多样性；金属原子的引入可将磁、电性质与光学性质结合起来，产生磁光、电光效应。这些特点都能用来做分子设计，以获得很大的非线性光学极化率。

三阶非线性光学材料在金属有机物方面的研究主要集中在酞菁类的金属配合物上，同时对二茂铁基类和其它类型的共轭体系也有研究。酞菁很稳定，在空气中加热到 400～500℃都无明显分解。由于它们具有优良的热稳定性和多方面的化学适应性，在工业上的其它产业也有着广泛的应用，因而受到研究学者们的关注，成为非线性光学材料的研究热点。由于在酞菁环面 π-π^* 电子跃迁，在可见和近红外区有很强的吸收。同时对单层酞菁铜（CuPc）和覆盖反射层的 CuPc 薄膜的光学写入特性研究表明，在激光辐射前后可以获得较高的反射率对比度。因此该类化合物在光信息存储领域具有潜在的应用价值。具有二维 π 电子共振结构的 AlPc-F、GaPc-Cl 等化合物通过共振作用增强了其 THG 效应，χ 值分别为 5×10^{-11} esu 和 2.5×10^{-11} esu。在酞菁环上引入不同的取代基以获得高 χ 值的材料是该类化合物研究与分子设计的重点。

酞菁分子的另一优势是易与多种金属络合，这使得介于有机金属化合物之间并可通过金属来调节大环分子的电子性质。

酞菁（H_2Pc） 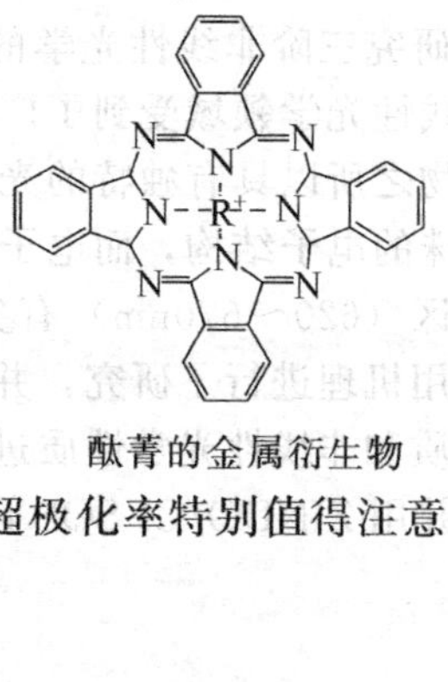　　酞菁的金属衍生物

二茂铁类金属有机物具有大的三阶非线性光学超极化率特别值得注意。二茂铁类金属有

机物合成路线各异，具有对光、热的良好稳定性，使其成为金属有机类三阶非线性光学材料的另一个研究热点。如下新型的二茂铁基三唑酮，在532nm的波长下检测，二茂铁带有小的稠杂环，其分子内电子迁移增强，因而具有较强的三阶非线性光学性能。其它金属有机化合物的三阶非线性光学性能研究也较多，如含有铜、钌的有机大分子化合物等。

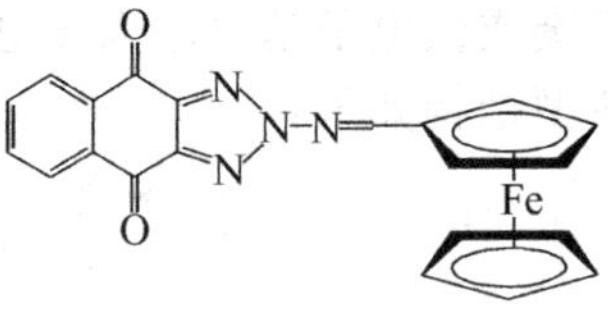

10.6.2.7 聚酰胺类化合物

芳香族的聚酰胺由于通常容易制备且其 T_g 值相对较高，因而常用作三阶非线性光学材料。芳香族聚酰胺类三阶非线性光学材料结构中发色团的侧链可全为电子给体，也可交替为电子给体和受体，其合成例如下：

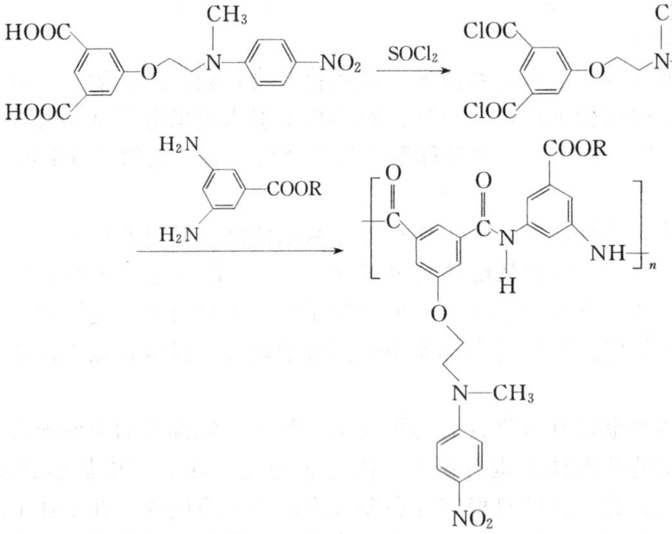

10.6.2.8 菁染料类化合物

菁染料具有典型的聚亚甲基和类多烯结构。在可见和红外有吸收的菁阳离子、部花菁和链花菁等。微扰理论INDO/SDCI法计算结果表明，菁染料分子的 γ 值随着链长增长，当 $n \geqslant 6$ 时达到最大的 1000×10^{-36} esu。当 n 足够大时端基的影响减弱，其 γ 值与多烯烃的 γ 值相近。

10.6.2.9 方酸化合物

自Cohen等首次合成了方酸化合物以来，由于方酸衍生物在光导材料、非线性光学材料、光记录材料等领域具有广泛的应用前景，方酸衍生物化学得到了迅速发展。1990年Kuzyk等发现2,4-二(3,3-二甲基-2-甲烯假吲哚)-1,3-环丁烷二酮，具有较大的三阶非线性光学极化系数，为研究三阶非线性光学的微观电子贡献及其机理提供了理论依据。此后1,3-方酸衍生物在非线性光学领域受到了广泛的重视。

1,3-方酸衍生物之所以具有独特的光学性质，其根本原因在于它拥有给予体-接受体-给予体（D-A-D）特殊的电子结构，而电子结构和分子的几何结构紧密相关。1,3-方酸衍生物在可见光和近红外区（620～670nm）有尖锐且很强的吸收。对阴离子显色剂染料异方酸与含氧酸根离子的作用机理进行了研究，并对1,3-方酸衍生物的亲电作用等进行了理论探讨，同时也对其光谱性质和非线性光学性质进行了系统研究。

Zhang等设计并用ZINDO/CI-SOS计算了在1,2-苯乙烯中插入1,3-方酸的二阶超极化率。比较出稠杂环取代基比苯环对 γ 有较大的影响；五元环较六元环有较大的影响；在各类五元环中，对 γ 的影响杂环以 N、S、O 的顺序递减。

不同杂原子方酸系列化合物的三阶非线性极化率见表 10-4。

表 10-4　不同杂原子方酸系列化合物的三阶非线性极化率计算值

编号	化合物	$\gamma\times10^{-34}$/esu
1	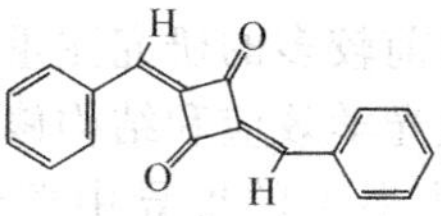 H O O H	−5.727
2	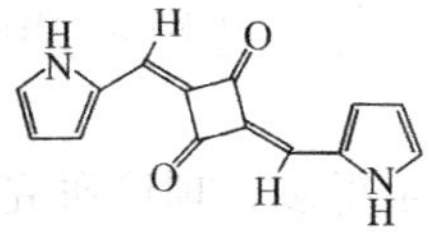 H N H O O H N H	−5.828
3	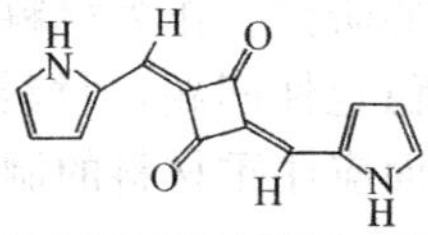 H N H O O H N H	−54.31
4	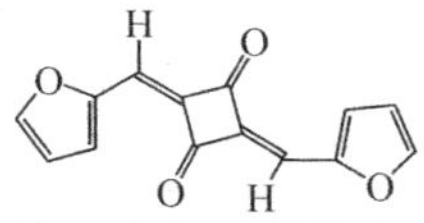 H O O H O	−31.88
5	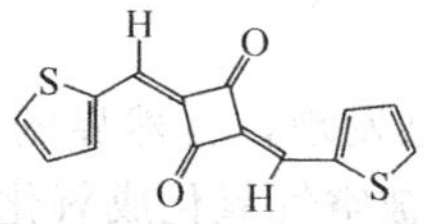 H S O O H S	−27.44

表 10-5　对称二苯乙烯方酸系列化合物的三阶非线性极化率计算值

编号	化合物	$\gamma\times10^{-34}$/esu
1	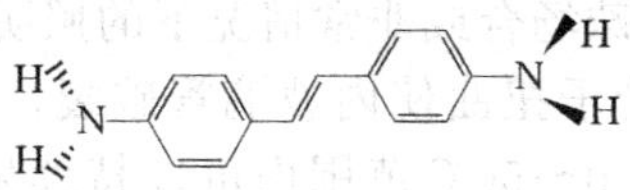 H N H H N H	−2.159
2	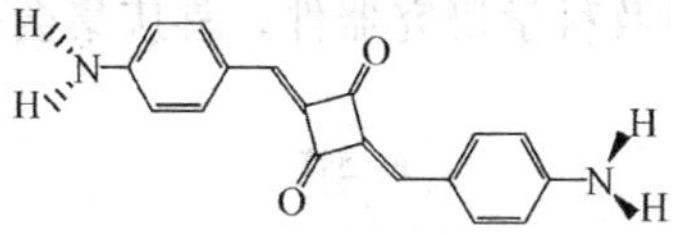 H N H O O H N H	−4.495
3	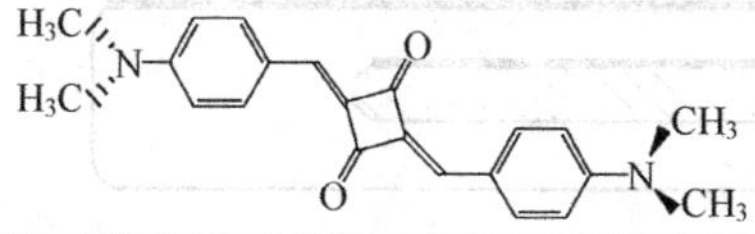 H_3C N H_3C O O CH_3 N CH_3	−3.345
4	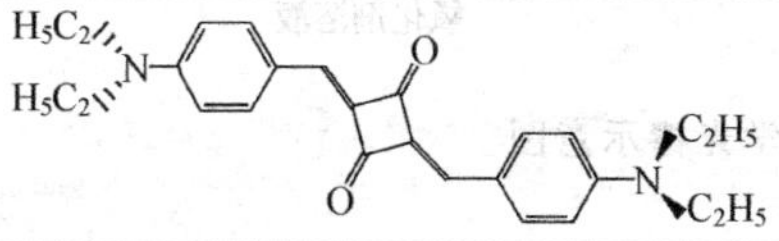 H_5C_2 N H_5C_2 O O C_2H_5 N C_2H_5	−6.269
5	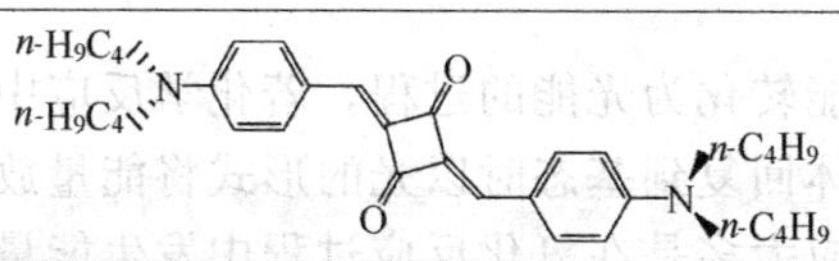 n-H_9C_4 N n-H_9C_4 O O n-C_4H_9 N n-C_4H_9	−2.796

应用 INDO/Cl 的方法研究一系列嵌入 1,3-方酸的对称二苯乙烯衍生物的电子光谱，探

讨 γ 和分子结构之间关系（见表 10-5），结果表明，在双推电子基团取代二苯乙烯衍生物中适当地嵌入方酸，可使其三阶非线性光学系数有所增加，达到并保持其透明性。

三阶有机非线性光学材料在基础研究和应用领域都受到了极大的重视。开发高度非线性超极化率且透明易加工及抗强激光损伤的三阶有机材料是实现光计算和光通信的关键之一。有机低分子三阶非线性光学材料的结构类型还有多省梯形分子、联苯醌、芳甲烷等。有机金属化合物和有机超导体的三阶非线性光学效应的研究也引人注目。由于没有结构对称性及材料类型的特别要求，三阶有机材料的研究面更宽。目前较多的研究注重于共轭高分子等，离实际应用尚有距离。应注重共轭低分子的三阶非线性光学效应和结构修正与性能间关系的研究，以指导材料分子设计。从分子三阶非线性超极化率 γ 的推导中探讨分子内 CT 型共轭系、晶体中的多维分子构造及对称型多烯色素、酞菁、菁、醌类和芳甲烷等分子结构的修正与三阶非线性光学效应的相互关系。

三阶超极化率的推导和计算比二阶超极化率要复杂得多，理论研究上尽管已有一些机理模型和计算方法，但尚未形成系统理论，有待进一步的研究。作为材料性能的研究应注意三阶有机材料本身因三阶非线性光学效应而性能变差的稳定性问题，材料的 λ_{max} 和 THG 波长的相互作用即材料的吸收端问题等。在实用化研究方面应注重材料的制备、成型技术和设备等的研究。

10.7 化学发光材料

化学发光（chemiluminscence）现象很早以前就已发现，自然界的萤火虫发光就是化学发光之例。萤火虫体内的荧光素在荧光酶的作用下，被空气氧化成氧化荧光素。这个反应必须与三磷酸腺酯（ATP）转化成单磷酸腺酯（AMP）的反应结合，ATP 转化成 AMP 放出的热量提供可转化光能所需的化学能。用于照明的化学发光器件是近二十几年来才推向实用化的。化学发光是冷光源，安全性强。现有的小型、简便照明器件可以连续发光数小时，并可发出各种颜色的光，适用于海事求救信号、特殊场合或非常情况下的照明等。

典型的化学光棒如图 10-3 示意。使用时将管子扭曲使内玻璃管破裂，氧化剂溶液和含有化学发光物质与荧光体的溶液混合而发光。在 0～50℃范围内可以持续发光照明数小时。适用于无电源或不可有明火、火星等场合的照明及科学研究器件，喜庆集会等。

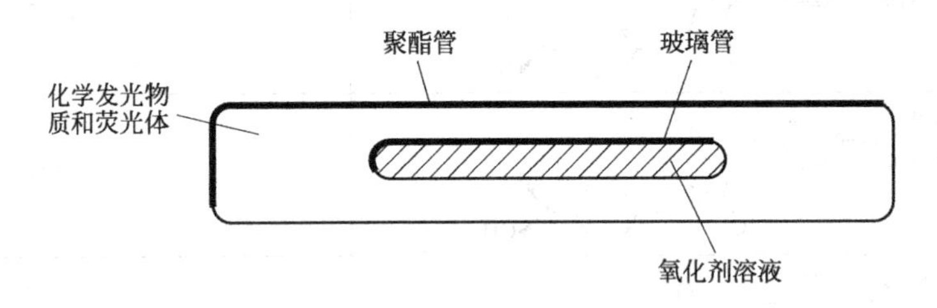

图 10-3 化学光棒示意图

10.7.1 化学发光的原理

化学发光是一种伴随着化学反应的化学能转化为光能的过程，若化学反应中生成处于电子激发态的中间体，而该电子激发态的中间体回复到基态时以光的形式将能量放出，这时在化学反应的同时就有发光现象。发光化学反应大多是在氧化反应过程中发生能量转换所引起的。化学发光原理如图 10-4。

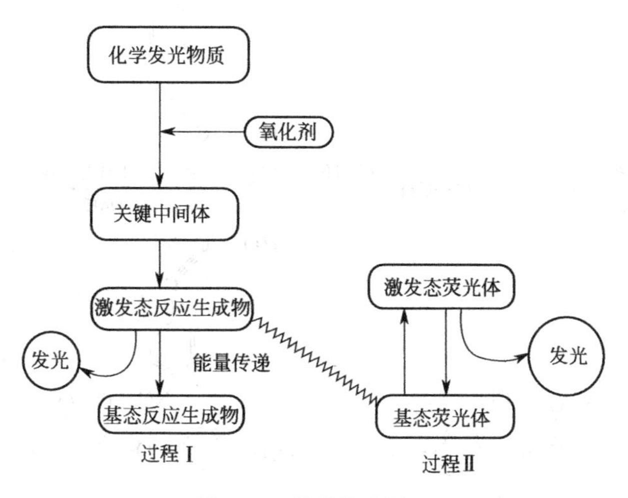

图 10-4　化学发光原理

10.7.2　化学发光材料

发光最强的化学发光物质是氨基苯二酰肼及其同系物。氨基苯二酰肼在碱性水溶液中，在氧化剂作用下发出蓝色光，最大波长 424nm，由于生成了氨基苯二甲酸二负离子的激发单线态，它回复基态时放出荧光。但该发光过程持续时间很短，无法提供实用。

$$\text{(氨基苯二酰肼)} \xrightarrow[\text{OH}^-]{\text{氧化剂}} \text{(氨基苯二甲酸二负离子)}\ (S^*) \longrightarrow \text{(基态)} + h\nu_f$$

现在已实用化的是采用过程 II 的途径，即在化学发光物质中配合荧光体，使得反应过程中激发共存荧光体按过程 II 进行发色反应，得到较强的有色发光，如下反应例。因此，化学发光材料主要由发光体（发光化合物）、氧化剂（过氧化氢）、荧光体（荧光化合物）组成。由这些化合物组成的化学发光材料可以达到发光强度大、持续时间长和具有实用化意义的目的。

$$\text{Ar–O–CO–CO–O–Ar} + H_2O_2 \longrightarrow \text{Ar–O–CO–CO–OOH} + \text{HO–Ar}$$

(Ar = 3,5,6-三氯-2-($COOC_4H_9$)苯基)

$$\text{Ar–O–CO–CO–OOH} \longrightarrow \text{(1,2-二氧杂环丁二酮)} + \text{HO–Ar}$$

$$\text{(1,2-二氧杂环丁二酮)} + \text{BPEA} \longrightarrow 2CO_2 + \text{BPEA}^*$$

BPEA

$$\text{BPEA}^* \longrightarrow \text{BPEA} + h\nu$$

化学发光体在反应过程中被消耗，要维持较长的发光时间，需要反应速度慢且平稳，同时要有较高的量子收率。常用的化学发光体有草酸酯（**14～16**）、草酰胺（**17**、**18**）及稠环类结构（**19**）等。

荧光体 BPEA 的合成：

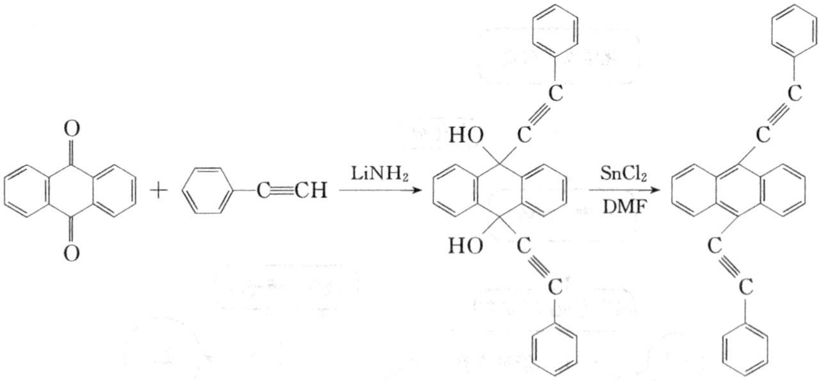

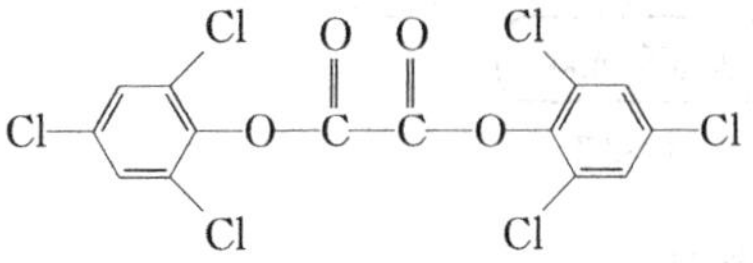

(14) 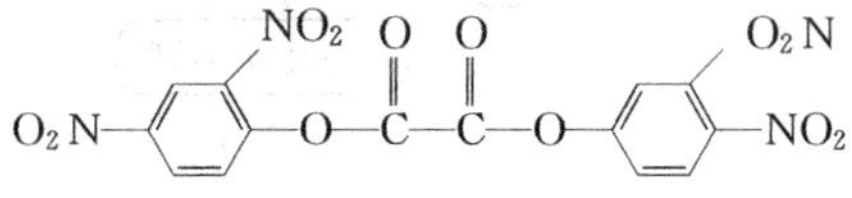　(15)

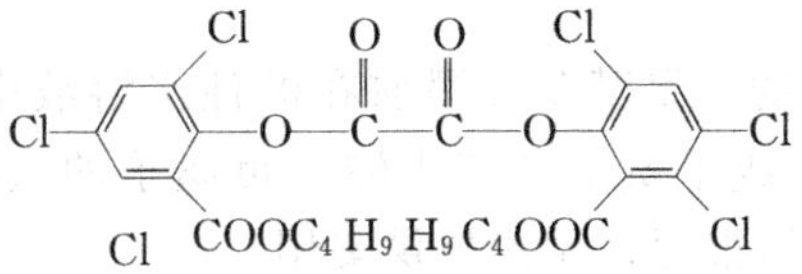

(16) 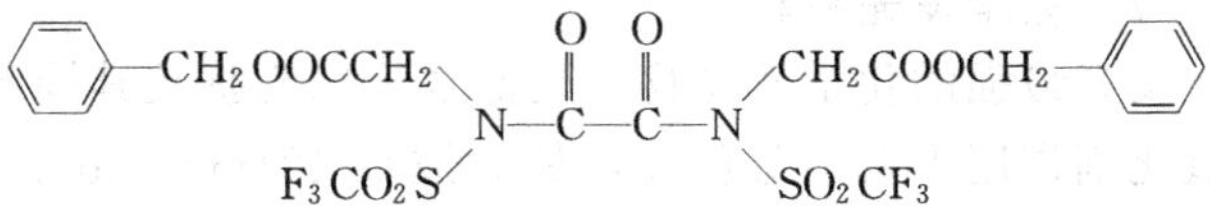　(17)

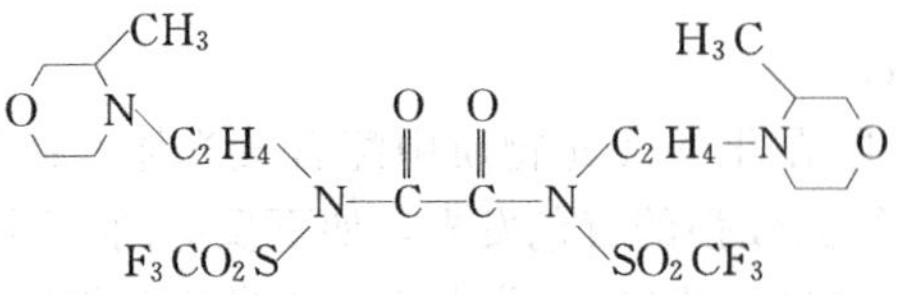

(18) 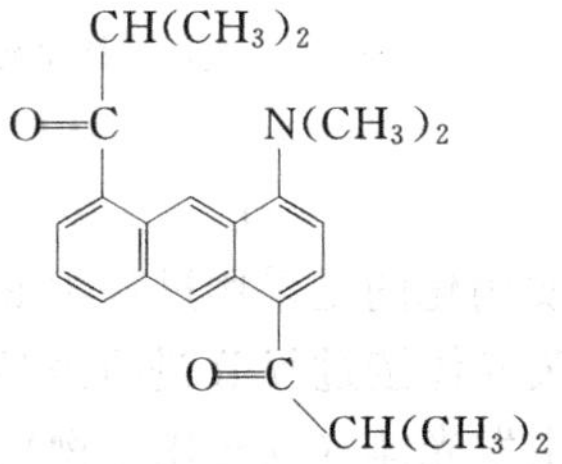　(19)

化学发光体的合成例：

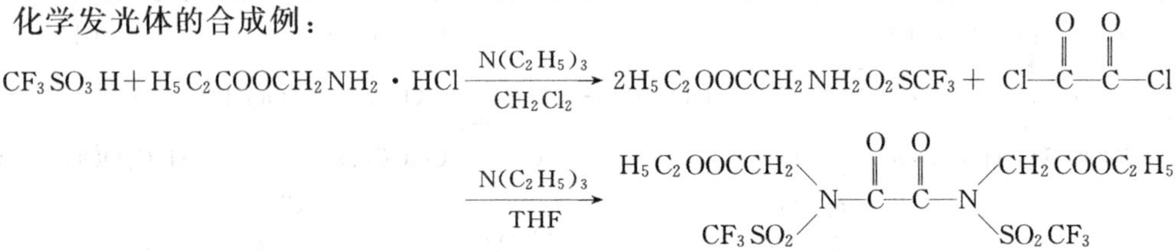

$$CF_3SO_3H + H_5C_2COOCH_2NH_2 \cdot HCl \xrightarrow[CH_2Cl_2]{N(C_2H_5)_3} 2H_5C_2OOCCH_2NH_2O_2SCF_3 + Cl-\overset{O}{\overset{\|}{C}}-\overset{O}{\overset{\|}{C}}-Cl$$

$$\xrightarrow[THF]{N(C_2H_5)_3} (H_5C_2OOCCH_2)(CF_3SO_2)N-\overset{O}{\overset{\|}{C}}-\overset{O}{\overset{\|}{C}}-N(CH_2COOC_2H_5)(SO_2CF_3)$$

荧光体在中间产物分解是通过能量转移而被激发的，从基态到激发态时要防止副反应的发生，因此荧光体的反应稳定性要高。常用的化学发光体有蒽、对二苯乙炔基苯、荧烷及多省稠环类结构等。在实用过程中要考虑所用的化合物都不溶于水，与过氧化氢水性体系混合反应时要选择加入适当的溶剂、反应促进剂、稳定剂等控制氧化反应。

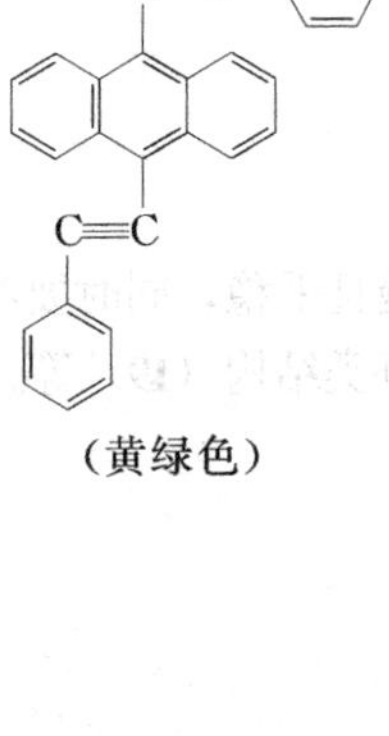

（黄绿色） 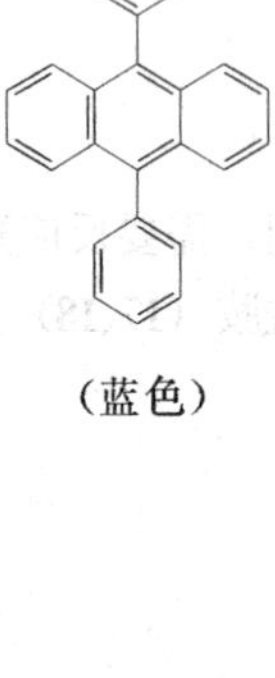　（蓝色） 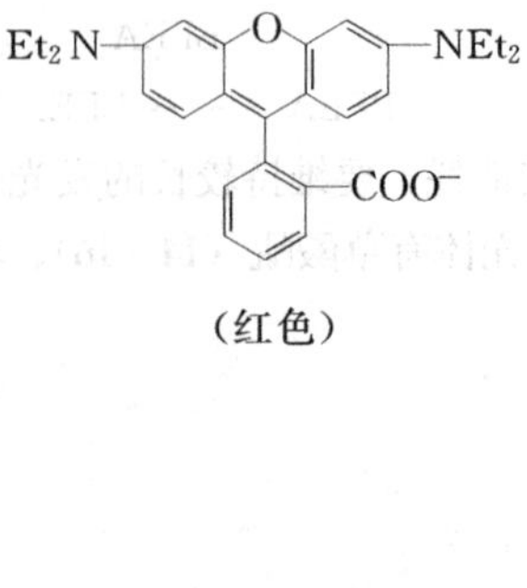　（红色） 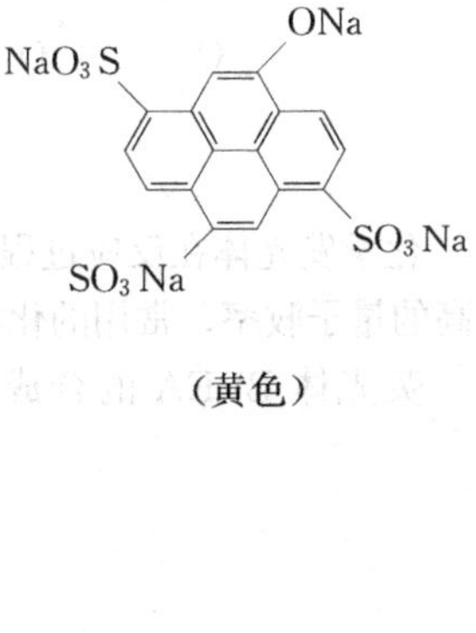　（黄色）

10.8　喷墨打印用和热扩散转移成像技术用功能色素

10.8.1　喷墨打印用功能色素

喷墨打印起始于 20 世纪 30 年代，80 年代后期有了迅速的发展。它采用与色带打印完全不同的工作原理，即用喷嘴喷出墨水（或彩色液），在纸上形成文字或图像。

喷墨打印有许多类型，用于办公及日常文件输出的类型多数采用液滴式喷射打印技术。它利用电压装置系统将计算机输出的点阵电信息转化为压强，控制喷嘴喷出液滴，在纸上形成文字或图像。喷墨打印机以黑白文件打印为主流，20 世纪 90 年代开始兴起彩色喷射打印机。喷墨打印除设备外，墨水是关键。墨水有三种类型，即水性墨水、溶剂性墨水及热熔性墨水，以水性墨水用量最大。

喷墨打印技术相对较简单，它在绘图、记录等工作用以达到应用。随着喷墨打印技术的推广，纺织品也逐渐采用此原理进行印花，即喷射印花技术。织物喷射打印印花被认为是 21 世纪印花技术发展的最前沿技术。它具有一些传统技术无法比拟的优势：适用于小批量、多品种；更新花样速度快；可达到单一品种定制；色彩还原水平及清晰度高。

织物喷射打印印花可用于多种织物。其关键技术在于：打印机及打印头的设计；织物的前处理技术及染料色浆的制造技术等。

对用作喷墨打印墨水色素的质量要求如表 10-6。水性墨水用染料以黑色染料应用最广，它多半属多偶氮染料，早期用直接染料，由于大多数属禁用染料，以后又选用了食用黑色染料。打印墨水也有彩色的，多数为直接或酸性染料中的黄、红和蓝色染料，青色的均采用酞菁类染料。

表 10-6　喷墨打印墨水用色素的质量要求

颜色	黄/品/青/黑
强度	高
溶解度	5%～20%
不溶物	无
电解质/金属离子	Cl^-，SO_4^{2-}，Ca^{2+} 均为 10^{-6} 级
牢度	耐光、耐水、耐渗化
色泽	各种纸上应基本一致，符合印刷品要求
毒性	通过 Ames
热稳定性	抗热结焦①

① 只对热溶性油墨的要求。

水性墨水用色素例：

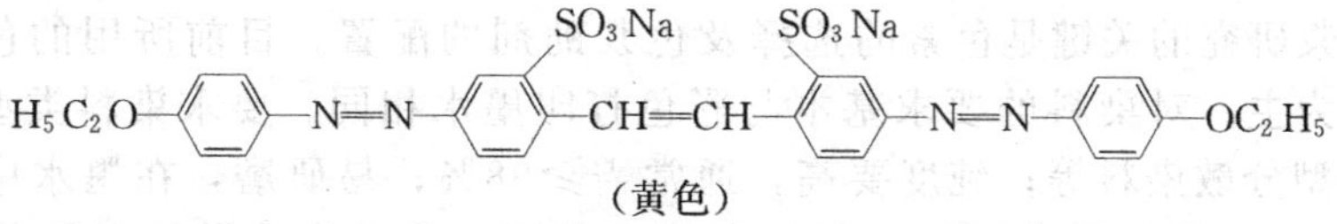

H_5C_2O—⟨苯⟩—N=N—⟨苯(SO_3Na)⟩—CH=CH—⟨苯(SO_3Na)⟩—N=N—⟨苯⟩—OC_2H_5

（黄色）

HO—⟨苯(COONa)⟩—N=N—⟨苯⟩—⟨苯⟩—N=N—⟨萘(NH_2, HO, SO_3Na)⟩

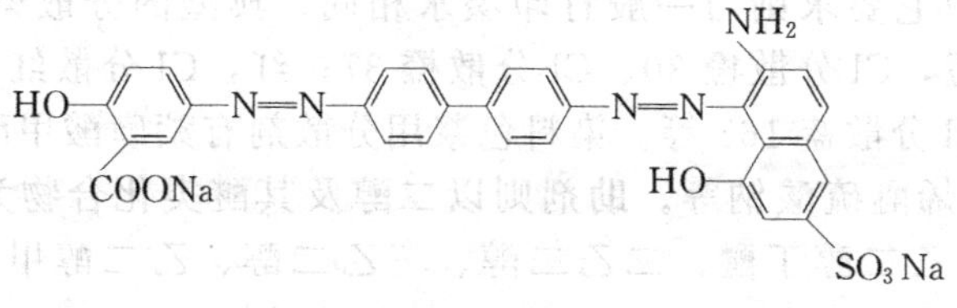

（红色）

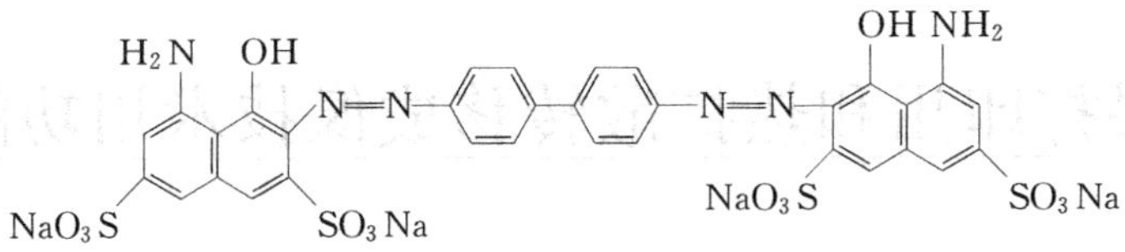

（蓝色）

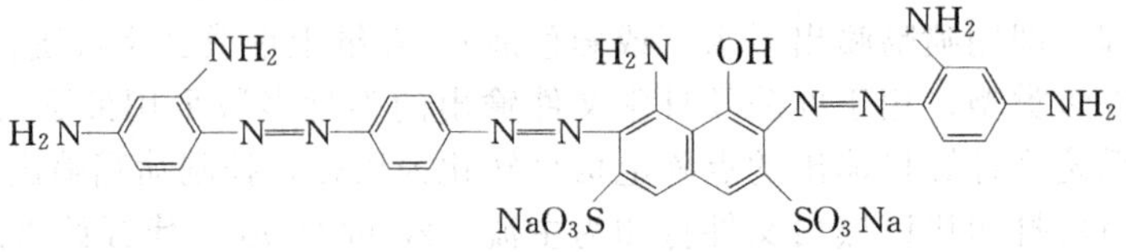

（黑色）

溶剂性墨水用色素例：

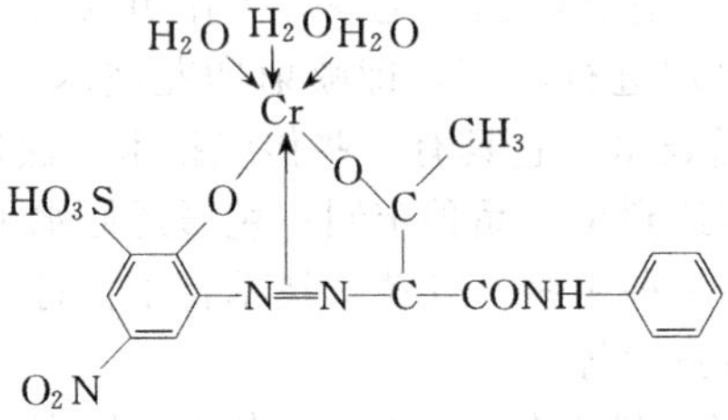

（黄色）

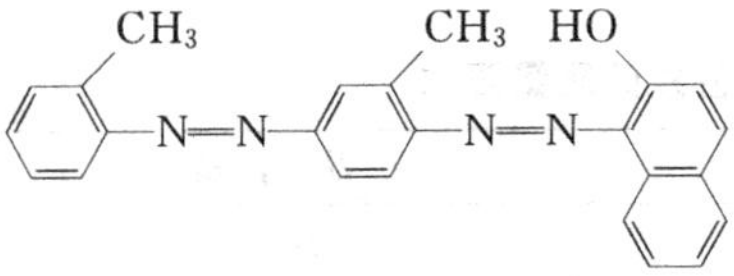

（红色） 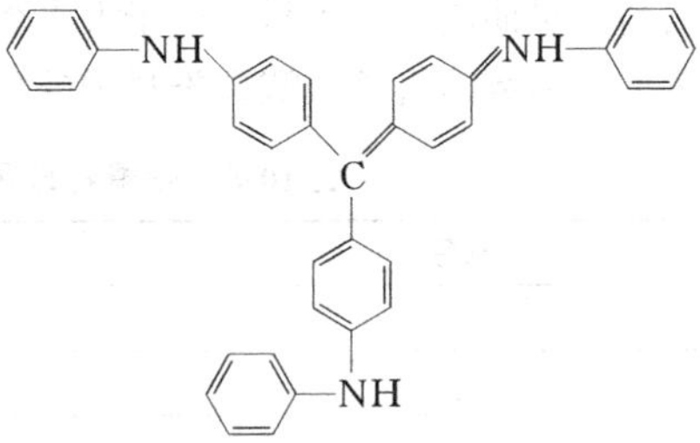　　（蓝色）

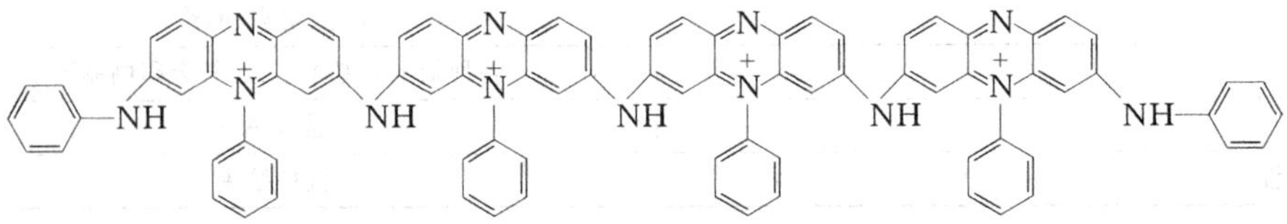

（黑色）

用作织物喷射打印印花的染料色浆分为转移印花用染料色浆和直接印花用染料色浆两类。染料色浆研究的关键是色素的选择及色浆助剂的配置。目前所用的色素以分散染料及活性染料为主。对染料的要求基本与彩色打印墨水相同。要求染料类型相同，如转移印花用的 S-型分散染料等；纯度要高，通常需≥98%；易研磨，在墨水中染料的粒径需 100%≤0.5μm。其它要求则与一般打印墨水相同。典型的分散染料如黄，CI 分散黄 42、CI 分散黄 54；橙，CI 分散橙 30、CI 分散橙 37；红，CI 分散红 60、CI 分散红 288；蓝，CI 分散蓝 56，CI 分散蓝 165 等。染料色浆用分散剂有萘磺酸甲醛缩合物、木质素磺酸钠、脂肪醇聚氧乙烯醚硫酸钠等。助剂则以二醇及其醚类化合物为主，如乙二醇、戊二醇、乙二醇甲醚、乙二醇丁醚、二乙二醇、三乙二醇、乙二醇甲醚、二乙二醇甲醚、乙二醇乙醚等。

10.8.2 热扩散转移成像技术用功能色素

分散染料热转移印花、传统的印花方法和活性染料湿法转移印花方法具有许多优点，但是它仍然要采用印刷方法印制转移纸，也就是说仍然需要对图案进行分色等复杂的工序，而且转移后的废纸处理也仍然是个问题。随着转移技术和控制技术的发展，近年来出现了两种热转移新技术，即热扩散转移和热蜡转移技术，它们均不需要事先印制带有图像的转移纸，而只需涂有染料的色带，通过电脑控制的热头打印色带就可以进行转印的图像。但它们两者的差异在于：热扩散转移印花中染料发生上染固着现象，而热蜡转移印花中不发生上染现象。

染料热扩散转移技术（简称 D2T2）是目前成像技术中最有希望与彩色相片市场竞争的技术，具有巨大的市场。其优点如下。

① 在所有的再成像技术中，唯一能得到质量很高的中性黑，可产生全色谱图像。

② 图像光密度最高，可达 2.5，是生成高质量彩色图像必不可缺的条件。

③ 可采用与目前流行彩色相片外观十分相似的基质片为接受片。

④ 生像颜色的坚牢度可达良级，包括耐光、耐热、耐磨等。

⑤ 技术上改进的潜力很大，有可能发展成为激光打印头产生的热作为能源。

关于染料热扩散转移机理，最初认为是通过升华，所以选用的染料主要是升华性的分散染料，它们的结构均较简单，因此这些染料的耐热牢度较差。近期发现，在 D2T2 中，一些染料的热扩散转移并不一定需要升华，而可以在染料热熔融状态下发生转移，即通过“熔态扩散”方式转移到接触表面，然后扩散到薄膜内部，并固着在里面，这样不仅扩大了染料的选择范围，而且提高了色牢度。

由于染料热扩散转移技术的成像基本原理与纺织品的转移印花十分相似，因此也是生产彩色印花织物最有希望的技术。但它与转移印花不同点在于纺织品转移印花是将染料色浆印在转移印花纸上，通过热处理将图形转移并固着在纺织品上。而染料热扩散转移技术是将染料涂在色带上，通过热头打印的作用使色带上的染料转移到受印面上并形成图像。其次转移印花的转移处理温度通常为 200℃左右，接触的时间约为 30s。而 D2T2 的转移温度高达 400℃，但接触的时间很短，通常为几毫秒。

染料热扩散转移技术是将黄、品红和青色染料分段图在带子上，当带子与接触面接触，来自磁盘的编码图像信息，对与色带接触的热头进行寻址。譬如说，该处需要一个黄色点，则热头就把黄色带迅速加热到 400℃以上，时间为 1～10ms，于是黄色染料色点就通过“热扩散”方式转移到受印面上。另外，通过控制热头（即小型发热元件）的通电量还可改变转移的染料量，控制色点的颜色浓淡。用这样的方法转移减色三原色的色点，就可得到精细的全色印花图像。所用的色带是在基质薄膜上涂以染料（或颜料）、黏合剂组成的油墨而制成的。基质薄膜可以用聚酯薄膜、电容器纸等。黏合剂可以用乙基纤维素、羟乙基纤维素、聚酰胺、聚醋酸乙烯酯、聚甲基丙烯酸酯、聚乙烯醇缩丁醛等。通常采用 6μm 厚的聚酯薄膜。转移记录用的接受纸是在基质上涂以聚酯、聚氨酯、聚酰胺、聚碳酸酯树脂等为接受层。

染料热扩散转移技术用染料主要有分散染料、溶剂染料及碱性染料等。对染料的要求有：颜色为黄/品红/青三原色；强度光密度达到 2.5 级；要求在制作色带的溶剂中溶解度≥3%；热稳定性达瞬间可耐 400℃；耐光牢度达到彩色照片要求；耐热牢度要求在保存图像的条件下无热迁移性；色带稳定性要求在使用条件下可保存 18 个月以上；无毒性等。为了提高颜色鲜艳度，还可应用具有良好溶解度和耐光牢度的荧光染料。典型的黄、品红和蓝色染料的结构如下。

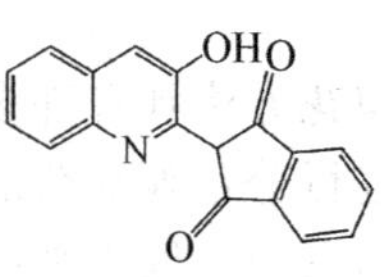

OH O N O　　O NH_2 O OH O　　O $NHCH_3$ O $NHCH_3$

CI 分散黄 54 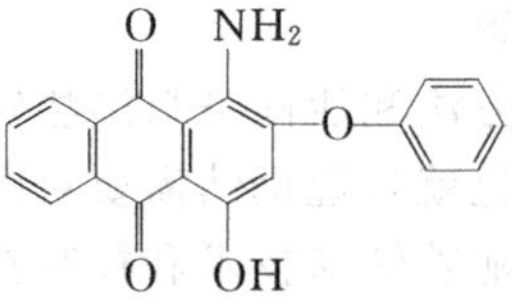　　CI 分散红 60 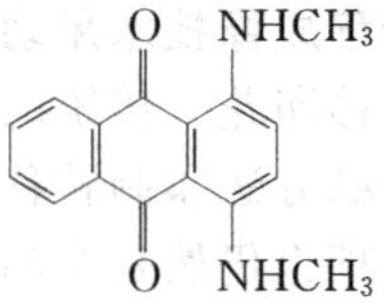　　CI 分散蓝 3

黄色染料：

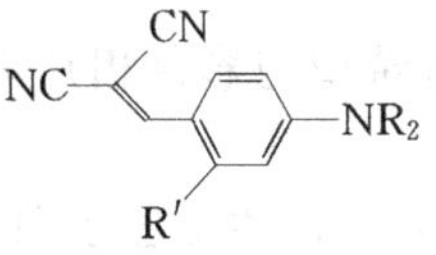

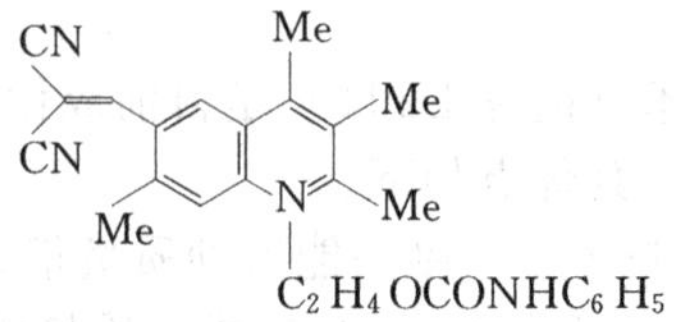

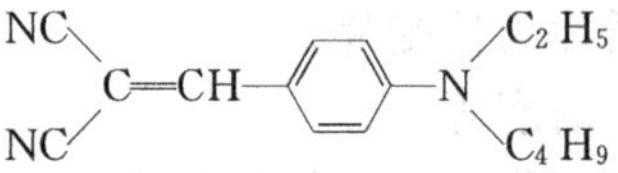

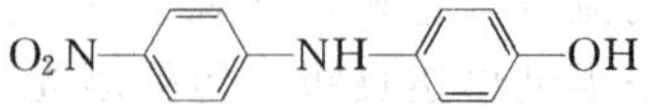

CN NC NR_2 R′

CN CN Me Me N Me Me $C_2H_4OCONHC_6H_5$

NC C=CH N C_2H_5 NC C_4H_9

O_2N—NH—OH

品红色染料：

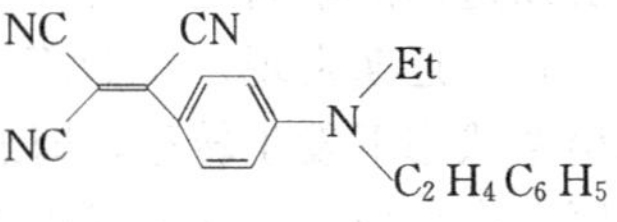

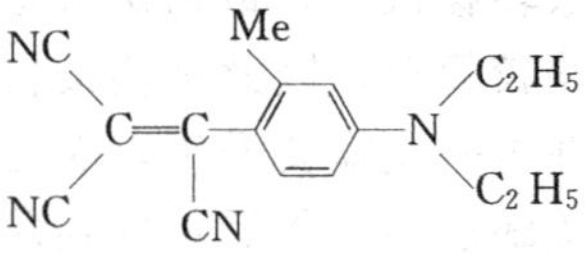

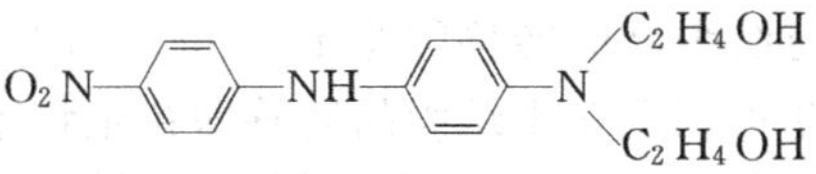

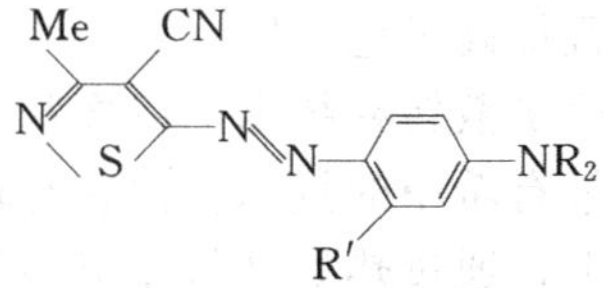

NC CN NC N Et $C_2H_4C_6H_5$

NC Me C=C N C_2H_5 NC CN C_2H_5

O_2N—NH—N C_2H_4OH C_2H_4OH

Me CN N S N=N NR_2 R′

蓝色染料：

NO_2 O_2N S N=N NR_2 R′

O NH_2 COOMe O NHMe

NHR' O O N NR_2

O $NHC_3H_7(n)$ $(n)H_7C_3NH$ O

O NH_2 O O OH

CN R″ N=N S N=N NR_2 R′

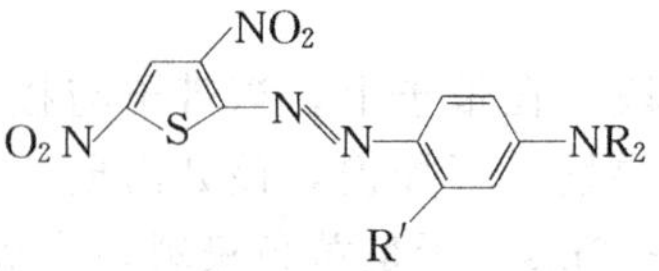

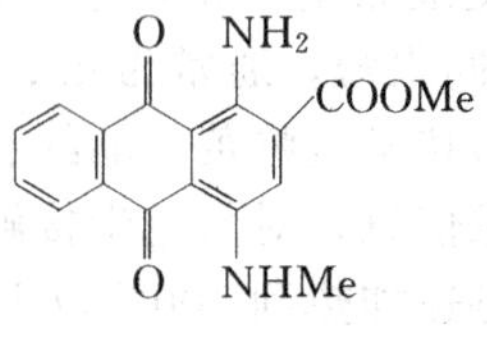

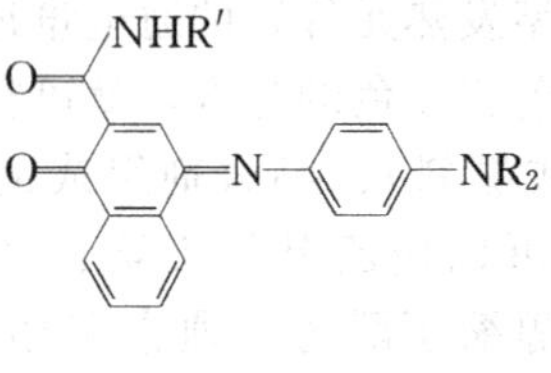

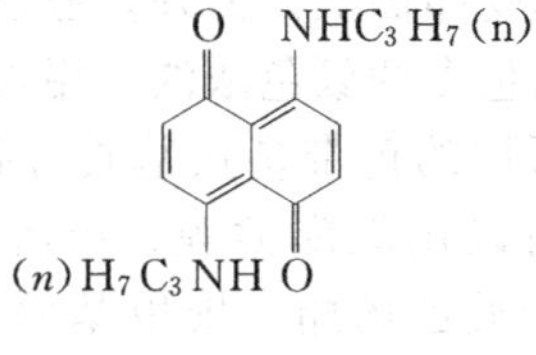

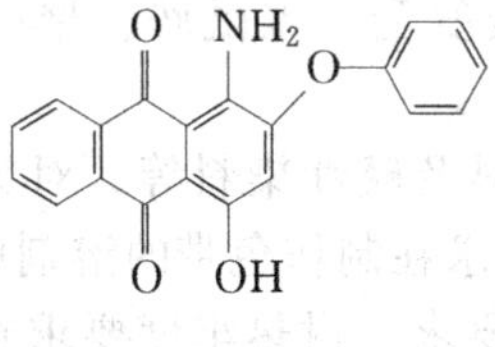

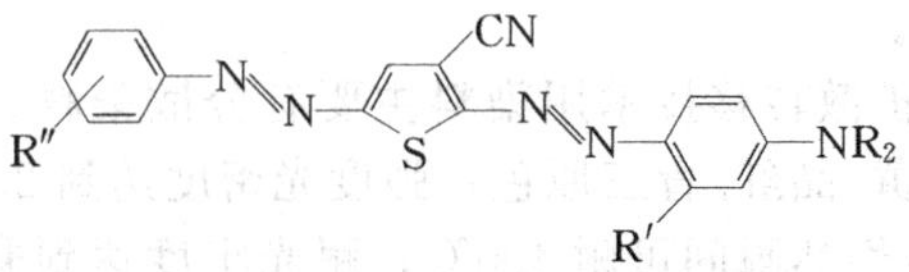

热扩散转移技术的发展不仅和所用的功能色素有关，同样取决于其它一些材料如受印薄膜、树脂和黏合剂，同理转移印花用的热喷头质量也非常重要。热扩散转移技术目前在纺织行业中工业化的大量应用还不多，但是它在服装等方面已有应用，而且获得很好的效果。对一些质地紧密平整的合成纤维，例如涤纶纺织品，直接可作为转移

印花的接受表面进行印花，其原理和分散染料在涤纶纺织品上的普通转移印花基本相同且效果更好。而对于其它纤维的织物，只要在其表面涂上可被分散染料上染的聚酯等材料后，就可以用于分散染料进行热扩散转移印花。热扩散转移印花技术只需应用三原色（或加黑色的四色）色带就可以进行印花，其效果远高于传统的印花，它将使纺织品印花发生质的变化。另外从理论上讲，利用其它染料在相应的对染料有亲和力的材料上也可以进行热转移印花，其原理和相应的纺织品转移印花类似。所以说，热扩散转移印花技术的应用前景是十分广阔的。

参考文献

[1] Grasso Robert P. O'Brien Michael K. US 5589100. 1996.
[2] Hu A T, et al. US 8521287, 1998.
[3] Irie M, et al. Pure Appl. Chem. 1996, 68: 1367.
[4] Sirdesai S. J. et al., US 5383959. 1995.
[5] Yoshihiro H, Muthyala Red. Chemistry and Applications of Leuco Dyes. New York: Plenum Press, 1997, 185-186.
[6] 陈孔常，田禾等. 北京：中国轻工业出版社，1999.
[7] Pai D M, et al, J. Image Sci. & Techno., 1996, 40.
[8] Huriye Icil, Siddik Icil, Cigdem Sayil. Spectroscopy letters, 1998, 31 (8): 1643.
[9] Yossi Assor, Zeev Burshlein, Salman Rosenuwaks. Applied Oprics, 1998, 37 (21): 4914.
[10] Kauffman J M. et al. US 50411238, 1991.
[11] Itoh U, et al. Japan. J. Appl. Phys. 1997, 16: 1059.
[12] 田禾，苏建华，孟凡顺等. 北京：化学工业出版社，2000.
[13] 宋心远. 新型染整技术. 北京：中国纺织工业出版社，2000.
[14] Tian H, Tang Y, Chen K C. Dyes and Pigments, 1994, 26: 159.
[15] Costela A, et al. Opt. Commun., 1996, 130: 44.
[16] 高建荣，陈兴，程侣伯等. 大连理工大学学报，1997，37 (5): 533.
[17] Matsuoka M. Chem. Lett., 1990: 2061-2067.
[18] Ikeda Hideji. JP 11 323, 1991, 3
[19] Miaoguchi Akira. JP 194520, 1991, 5.
[20] Matsumoto shiro. JP 121 826, 1989, 4.
[21] Jianrong Gao, et al. Materials Letters, 2002, 57 (3): 761-764.
[22] Jianrong Gao, et al. Chinese Chemica Letters, 2002, 13 (7): 609-612.
[23] 高建荣等，高技术通讯，1999，9 (2): 45-49.
[24] Karna S P. J. Phys. Chem., 2000, 104 (20): 4690-4694.
[25] Brellas J L, Adant C, Tackx P. Chem Rew, 1994, 94: 243-278.
[26] Friend R H, et al. Nature, 1990, 347, 539.
[27] Inganas O, et al. Science, 1995, 267, 1479.
[28] 赵德丰等. 染料工业，1998，35 (2).
[29] 罗先金等. 中国科学（B辑），2001，31 (6)
[30] Braun D, et al., Thin Solid Films, 1992, (216): 96
[31] Yu Chen, Sean M, O' Flaherty, Michael Hanack, et al. J. Materials Commun., 2003, 13: 2405-2408.
[32] Rangel-Rojo R, Kimura K, Matsuda H, et al. Optic Commun. 2003, 228: 181-186.
[33] Garten F, et al. Syn. Metals, 1996, (76): 85.
[34] Junji K, et al. Appl. Phys. Lett., 1994, 65 (17): 2124.
[35] Baldo M. A. et al. Nature, 1998, 395: 151.
[36] Baldo M. A. et al. Appl. Phys. Lett, 2000, 77: 904.
[37] 牛俊峰等. 化学学报，2002，60 (6): 1139-1143.
[38] 苏忠民，孙世玲，段红霞等. 分子科学学报，2001，17: 27-34.
[39] 杨明理，孙泽民，鄢国森等. 高等学校化学学报，1999，20 (3): 450-453.
[40] Zhang M, Su Z M, Qiu Y Q, et al. Synthetic Metals, 2003, 137: 1525-1526.
[41] Shirota Y, et al., Appl. Phys. Lett., 1994, 65: 807.
[42] 刘煜等. 化学研究与应用，2000，12 (6): 683-684.
[43] Schulz B, et al., Synth. Met., 1997, 84: 499-450.
[44] Meier M, et al., Synth. Met., 1996, 76: 95-99.
[45] Zhu W H, et al., Synth. Met., 1998, 96: 151-154.
[46] Chandross E A. Tetrohedron Lett. 1963, 761.

[47] Doed C D, Paul D B. Aust. J. Chem., 1984, 37: 73.
[48] Dugliss C H. US 4678608, 1987.
[49] Ladyjensky, J. EP 406551, 1994.
[50] Schwarz W M, et al., US 5665150, 1997.
[51] Gunn J, et al. US 5976491, 1999.